全国优秀数学教师专著系列

立体几何技巧与方法

Techniques and Methods for Solid Geometry, 2e

何万程　孙文彩　编

（第2版）

哈尔滨工业大学出版社
HARBIN INSTITUTE OF TECHNOLOGY PRESS

内 容 简 介

本书主要介绍了直线与平面的一些特有性质,以及立体几何中的一些基本结论与最新研究成果. 全书共分为六章:第一章直线与平面,第二章多面角,第三章多面体与平行六面体,第四章四面体,第五章规则多面体,第六章曲面体.

本书适合高中师生、高等院校数学与应用数学专业师生,以及数学爱好者参考阅读.

图书在版编目(CIP)数据

立体几何技巧与方法/何万程,孙文彩编. —2 版. —哈尔滨:
哈尔滨工业大学出版社,2022.10
　ISBN 978-7-5767-0395-5

Ⅰ.①立…　Ⅱ.①何…②孙…　Ⅲ.①立体几何课—
高中—教学参考资料　Ⅳ.①G634.633

中国版本图书馆 CIP 数据核字(2022)第 179403 号

LITI JIHE JIQIAO YU FANGFA(DI 2 BAN)

策划编辑	刘培杰　张永芹
责任编辑	张永芹　宋　淼
封面设计	孙茵艾
出版发行	哈尔滨工业大学出版社
社　　址	哈尔滨市南岗区复华四道街 10 号　邮编 150006
传　　真	0451-86414749
网　　址	http://hitpress.hit.edu.cn
印　　刷	哈尔滨市石桥印务有限公司
开　　本	787 mm×1 092 mm　1/16　印张 64.25　字数 1 494 千字
版　　次	2014 年 4 月第 1 版　2022 年 10 月第 2 版 2022 年 10 月第 1 次印刷
书　　号	ISBN 978-7-5767-0395-5
定　　价	168.00 元

(如因印装质量问题影响阅读,我社负责调换)

第二版序言

本书第二版修订增加了向量的内容，使之更加贴合现行的中学教材内容，并在第一版的基础上增加了四面体里的重心坐标、网格多面体与规范多面体、Conway 多面体表示法、均匀多面体的展开图表面切割以及体积计算、均匀多面体的对偶多面体、多面体星状化等内容．其中均匀多面体、均匀多面体的对偶多面体展开图表面切割在 Magnus J. Wenninger 所著的 *Polyhedron Models* 以及 *Dual Models* 两本专著里均有涉及，这两本专著里没有提供精确的切割参数，本书对其中的切割参数算进行了精确化计算．

本书中的大部分几何体都制作成了 3D 模型文档和 3D 打印文件（可以扫描下方二维码下载文件），读者可通过这些模型文件打开真 3D 模型，用鼠标操作模型进行移动、缩放、切割等操作，以便深入了解其结构．如果读者有 3D 打印机，可以直接用文件所提供的 3D 打印模型打印出这些几何体的实体．本书中的大部分规则多面体都提供纸模型制作的 PDF 文档，读者可以直接打印出来制作纸模型．

由于作者水平有限，本书有许多不完善之处，恳请读者批评指正．

3D 模型 PDF 文件

3D 打印文件

纸模型 PDF 文件

何万程　孙文彩
2022 年 9 月

第一版序言

立体几何是研究空间图形的性质、画法、计算以及应用的一门学科，现实生活中存在许多空间图形，直线、平面、多面角、四面体、平行六面体等都是我们日常生活中经常感知的图形，这些图形存在许多优美的性质与定理，一直以来是高考命题、数学竞赛与初等数学研究的热点内容之一，一方面它是平面几何相关性质与定理在三维空间的推广，另一方面它是高维欧氏空间单形的一个基本图形，许多结论都是探求高维欧氏空间中各种问题的基础.

关于立体几何的专著有许多，大多数都是以高考试题为主要研究对象，对于系统总结空间图形的一些研究成果不多，本书在总结前人研究成果的基础上，对我们熟悉的一些空间图形的新的研究成果进行了深入研究，形成了较完整的成果体系，编成了此书，其中所有直观图都使用正等测法绘图.

本书主要介绍了直线与平面的一些特有性质，异面直线相关研究，多面角、平行六面体、四面体、规则多面体、曲面体的一些基本结论与最新研究成果，目的是减少我们在初等数学研究中的重复劳动，扩展我们的认识，为进一步深入研究打下基础，为中学数学教学提供一些适宜的材料；由于书中经常要进行一元三次方程、一元四次方程的求解，并且常使用到特殊角的三角函数值，相关内容列为附录供读者参考.

在本书的写作过程中，得到许多专家和教授的指导与帮助，并提出了许多修改意见，在此深表感谢!

由于作者水平有限，本书有许多不完善之处，恳请读者批评指正.

何万程　孙文彩
2012 年 10 月

目 录

第一章	直线与平面	1
1.1	线、面间平行与垂直的一些性质	1
1.2	二面角的平分平面	6
1.3	共线、共点、共面问题	8
1.4	异面直线及其相关问题	29
1.5	长度、面积的射影	51
第二章	多面角	55
2.1	三面角	55
2.2	凸多面角	69
第三章	多面体与平行六面体	75
3.1	多面体	75
3.2	平行六面体的对角线	78
3.3	平行六面体与球、面积、体积问题	80
第四章	四面体	87
4.1	射影定理与余弦定理	87
4.2	体积、正弦定理、六棱构造四面体法	89
4.3	二面角及其平分平面、线面夹角	95
4.4	外接平行六面体、对棱所成角及距离	100
4.5	重心坐标与距离	104
4.6	重心	124
4.7	外接球	129
4.8	垂心与十二点球	136
4.9	内切球与旁切球	144
4.10	棱切球	158
4.11	半外接半棱切球与半棱切半内切球	172
4.12	特殊点重合的情况	178

4.13	等面四面体与正四面体 ··············	186
4.14	直角四面体 ·····················	202

第五章 规则多面体 209

5.1	正多面体 ·························	209
5.2	半正多面体 ·······················	234
5.3	正多面体和半正多面体的对偶多面体 ····	295
5.4	网格多面体与规范多面体 ·············	335
5.5	Conway 多面体表示法 ···············	348
5.6	Johnson 多面体 ····················	356
5.7	Kepler-Poinsot 多面体 ·············	511
5.8	均匀多面体 ·······················	522
5.9	均匀多面体的对偶多面体 ·············	747
5.10	正多面体的复合多面体 ···············	849
5.11	多面体星状化 ·····················	865

第六章 曲面体 883

6.1	球面多边形 ·······················	883
6.2	圆锥、圆柱的截线和测地线 ···········	925
6.3	环与牟合方盖 ·····················	931

附录 A	一元三次方程、一元四次方程的解法	**935**
附录 B	特殊角的三角函数值	**941**
附录 C	几何体名称中英文对照	**947**

索引	**959**
参考文献	**977**
编辑手记	**979**

第一章 直线与平面

1.1 线、面间平行与垂直的一些性质

立体几何研究的是以点、线、面为基本元素，以三维空间图形为主体的图形性质与位置关系，线、面间的平行与垂直关系是这种图形性质与位置关系中的一个基本关系.

线、面平行与垂直的对偶性

如果我们约定把两条重合直线看成平行直线的特殊情况，两个重合平面看成平行平面的特殊情况，把直线在平面内看成直线与平面平行的特殊情况，那么在立体几何中，关于线、面间平行与垂直的命题存在下列规律：把命题中某一直线（平面）换成平面（直线），同时把与这一直线（平面）有关的平行（垂直）关系换成垂直（平行）关系，则所得命题与原命题同为真假命题，我们把这种性质称为线、面间平行与垂直的对偶性（见文 [2]）.

命题 1.1.1. 过空间一点能作且仅能作一条直线 b 与已知直线 a 平行（图 1.1.1）.

把命题 1.1.1 中的"直线 b"换成"平面 β"，"平行"换成"垂直"，则得：

命题 1.1.2. 过空间一点能作且仅能作一个平面 β 与已知直线 a 垂直（图 1.1.2）.

这两个命题同为真，我们把命题 1.1.2 称为命题 1.1.1 关于直线 b 的对偶命题；命题 1.1.1 称为命题 1.1.2 关于平面 β 的对偶命题.

命题 1.1.3. 过空间一点能作且仅能作一个平面 β 与已知平面 α 平行（图 1.1.3）.

我们把命题 1.1.2 中的直线 a 换成平面 α，垂直换成平行，得到命题 1.1.3，命题 1.1.3 与命题 1.1.2 同为真命题，命题 1.1.3 称为命题 1.1.2 关于直线 a 的对偶命题，命题 1.1.2 称为命题 1.1.3 关于平面 α 的对偶命题.

同样可得到命题 1.1.3 关于平面 β 的对偶命题.

命题 1.1.4. 过空间一点能作且仅能作一条直线 a 与已知平面 α 垂直（图 1.1.4）.

这样命题 1.1.1 ~ 1.1.4 便构成了一个对偶命题链：$a \mathbin{/\mkern-3mu/} b \iff \beta \perp a \iff \beta \mathbin{/\mkern-3mu/} \alpha \iff a \perp \alpha$.

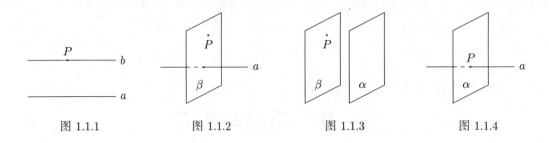

图 1.1.1　　　　图 1.1.2　　　　图 1.1.3　　　　图 1.1.4

命题 1.1.5. 过空间中任一点与已知直线 a 垂直的直线 b 有无数条.

命题 1.1.6. 过空间中任一点（点不在直线 a 上）与已知直线 a 平行的平面 β 有无数个.

命题 1.1.7. 过空间中任一点与已知平面 α 垂直的平面 β 有无数个.

命题 1.1.8. 过空间中任一点与已知平面 α 平行的直线 a 有无数条.

这样命题 1.1.5 ~ 1.1.8 也构成了一个对偶命题链.

如果约定"直线在平面上"也说成"平面在直线上"，一个命题换成其对偶命题时，若是平面换成直线，则将"平面上的直线"相应的换成"在直线上的平面"，反之亦然.

命题 1.1.9. 若直线 a 平行于平面 β 上的一条直线 b，则 $a \parallel \beta$.

命题 1.1.10. 若直线 a 垂直于含直线 b 上的一个平面 β，则 $a \perp b$.

命题 1.1.11. 若平面 α 平行于含直线 b 上的一个平面 β，则 $\alpha \parallel b$.

命题 1.1.12. 若平面 α 垂直于平面 β 上的一条直线 b，则 $\alpha \perp \beta$.

如果同时调换一个命题中的两个元素及其相应关系，则所得命题称为原命题关于这两个元素的双对偶命题，下面举出一组双对偶命题.

命题 1.1.13. 若平面 α 平行于两条相交直线 m、n，则平行于这两条直线所确定的平面 β.

命题 1.1.14. 若平面 α 垂直于两个相交平面 γ、δ，则垂直于这两个平面的交线 b.

命题 1.1.15. 若直线 a 平行于两个相交平面 γ、δ，则平行于这两个平面的交线 b.

命题 1.1.16. 若直线 a 垂直于两条相交直线 m、n，则垂直于这两条直线所确定的平面 β.

我们用数学符号表示命题 1.1.13 ~ 1.1.16，则很清楚地看出双对偶命题的元素对换规律.

命题 1.1.17. $\alpha \parallel m, \alpha \parallel n, m \cap n = A, m \subset \beta, n \subset \beta \Longrightarrow \alpha \parallel \beta$.

命题 1.1.18. $\alpha \perp \gamma, \alpha \perp \delta, \gamma \cap \delta = b \Longrightarrow \alpha \perp b$.

命题 1.1.19. $a /\!/ \gamma, a /\!/ \delta, \gamma \cap \delta = b \Longrightarrow a /\!/ b$.

命题 1.1.20. $a \perp m, a \perp n, m \cap n = A, m \subset \beta, n \subset \beta \Longrightarrow a \perp \beta$.

在这组命题（1.1.17～1.1.20）中，我们调换了命题 1.1.17 中两个元素及相应关系，这样便形成了一组双对偶命题链：$\alpha /\!/ \beta \Longleftrightarrow \alpha \perp b \Longleftrightarrow a /\!/ b \Longleftrightarrow a \perp \beta$.

类似的，我们还可定义三对偶命题、四对偶命题.

如果一个命题依次轮换各元素，在穷尽所有可能性之后，必然会回到原命题，这些对偶命题就形成了一个闭合对偶链，在对偶链命题中，若任何一个命题成立，则其余命题成立，若对偶链命题中任意一个命题不成立，则其余命题都不成立，因此研究立体几何中命题的对偶性及其命题真假性对我们学习立体几何定理有非常积极的作用.

线、面平行与垂直命题的"唯一性"特征与"无数性"特征

在立体几何中，直线和平面间平行与垂直命题除了具有一些对偶性外，某些命题还存在"唯一性"特征与"无数性"特征.

命题 1.1.21. 过直线外一点与已知直线平行的直线唯一. 我们简称为线线平行.

命题 1.1.22. 过平面外一点与已知平面平行的平面唯一. 我们简称为面面平行.

命题 1.1.23. 过一点与已知平面垂直的直线唯一. 我们简称为线面垂直.

命题 1.1.24. 过一点与已知直线垂直的平面唯一. 我们简称为线面垂直.

命题 1.1.21～1.1.24 中过点的直线或平面都是唯一的，我们常称为命题的唯一性特性，用集合 M 表示具有这种关系的命题集合：

$$M = \{位置关系 \mid 具有唯一性特征的线线平行，线面垂直，面面平行位置关系\},$$

很显然"同类平行唯一，异类垂直唯一".

如果我们约定直线在平面内也看成是直线平行于平面的特例，则有下列命题：

命题 1.1.25. 过空间中任一点与已知直线垂直的直线有无数条. 我们简称为线线垂直.

命题 1.1.26. 过空间中任一点与已知平面垂直的平面有无数个. 我们简称为面面垂直.

命题 1.1.27. 过平面内一点与已知平面平行的直线有无数条. 我们简称为线面平行.

命题 1.1.28. 过直线上一点与已知直线平行的平面有无数个. 我们简称为线面平行.

命题 1.1.25～1.1.28 中过点的直线或平面都有无数条（个），我们常称为命题的无数性特性，用集合 N 表示具有这种关系的命题集合：

$$N = \{位置关系 \mid 具有无数性特征的线线垂直，线面平行，面面垂直位置关系\},$$

很显然"同类垂直无数，异类平行无数".

命题 1.1.29. 选取集合 M 中两种位置关系（可重复）作为新命题条件（符合命题逻辑），则所推出的正确结论也是 M 中的一种位置关系.

分析： M 中三种命题元素具有 6 种组合可能，若 $a \perp \alpha$, $a \perp \beta$, 则 $\alpha \mathbin{/\mkern-3mu/} \beta$, 命题条件为两个线面垂直，均是 M 中两种位置关系，而结论 $\alpha \mathbin{/\mkern-3mu/} \beta$ 是 M 中一种位置关系.

若 $a \perp \alpha$, $a \mathbin{/\mkern-3mu/} \beta$, 则 $\alpha \perp \beta$, 命题条件为一个线面垂直，一个线面平行，均是 M 中具有"唯一性"特征的两种位置关系，那么结论 $\alpha \perp \beta$ 是 M 中具有"唯一性"特征的一种位置关系.

若 $\alpha \mathbin{/\mkern-3mu/} \beta$, $\alpha \mathbin{/\mkern-3mu/} \gamma$, 则 $\beta \mathbin{/\mkern-3mu/} \gamma$; 若 $a \perp \alpha$, $b \perp \alpha$, 则 $a \mathbin{/\mkern-3mu/} b$; 若 $a \mathbin{/\mkern-3mu/} b$, $c \mathbin{/\mkern-3mu/} b$, 则 $c \mathbin{/\mkern-3mu/} a$; 若 $a \mathbin{/\mkern-3mu/} b$, $a \perp \alpha$, 则 $b \perp \alpha$, 显而易见这些命题也是符合命题 1.1.29 的类型. □

命题 1.1.30. 分别选取集合 M、N 中一种位置关系作为新命题的条件（符合命题逻辑），则所推出的正确结论是 N 中的一种位置关系.

分析： 集合 M、N 中各有三种位置关系，若 $\beta \mathbin{/\mkern-3mu/} \gamma$, $\alpha \perp \beta$, 则 $\alpha \perp \gamma$, 命题中 $\beta \mathbin{/\mkern-3mu/} \gamma$ 是 M 中一种位置关系，$\alpha \perp \beta$ 是 N 中一种位置关系，则所得正确结论 $\alpha \perp \gamma$ 是 N 中一种位置关系. 若 $a \mathbin{/\mkern-3mu/} \alpha$, $\alpha \mathbin{/\mkern-3mu/} \beta$, 则 $a \mathbin{/\mkern-3mu/} \beta$（约定直线在平面内也看成是直线平行于平面的特例）. 若 $a \perp \alpha$, $\alpha \perp \beta$, 则 $a \mathbin{/\mkern-3mu/} \beta$（约定直线在平面内也看成是直线平行于平面的特例）. 若 $a \perp \alpha$, $b \mathbin{/\mkern-3mu/} \alpha$, 则 $a \perp b$; 若 $a \perp \alpha$, $a \mathbin{/\mkern-3mu/} b$, 则 $b \perp \alpha$; 若 $a \mathbin{/\mkern-3mu/} b$, $a \mathbin{/\mkern-3mu/} \alpha$, 则 $b \mathbin{/\mkern-3mu/} \alpha$; 若 $a \mathbin{/\mkern-3mu/} b$, $c \perp b$, 则 $a \perp c$, 都具有这种特征. □

如果我们取 N 中两种位置关系作为新命题的条件，则推不出具有集合 M 特征的位置关系，如果得到 N 中特征的位置关系也不一定正确，例如若 $\alpha \perp \beta$, $\gamma \perp \beta$, 则 $\alpha \perp \gamma$ 不一定正确；若 $a \perp b$, $c \perp b$, 则直线 a、c 位置关系难确定.

命题 1.1.31. 选取集合 M 中三种位置关系（可重复）作为新命题的条件（符合命题逻辑），则所推出的正确结论也是 M 中的一种位置关系.

例如，若 $a \mathbin{/\mkern-3mu/} b$, $a \perp \alpha$, $\alpha \mathbin{/\mkern-3mu/} \beta$, 则所推得的结论 $b \perp \alpha$, $a \perp \beta$, $b \perp \beta$ 均是符合集合 M 中特征的一种位置关系；若 $a \perp \alpha$, $\alpha \mathbin{/\mkern-3mu/} \beta$, $\beta \mathbin{/\mkern-3mu/} \gamma$, 则有结论 $a \perp \beta$, $a \perp \gamma$ 均是符合集合 M 中特征的一种位置关系；若 $a \perp \alpha$, $b \perp \alpha$, $c \perp \alpha$, 则 $a \mathbin{/\mkern-3mu/} b$, $b \mathbin{/\mkern-3mu/} c$, $a \mathbin{/\mkern-3mu/} c$; 若 $a \mathbin{/\mkern-3mu/} b$, $a \mathbin{/\mkern-3mu/} c$, $a \perp \alpha$, 则 $b \perp \alpha$, $c \perp \alpha$, 均是符合集合 M 中特征的一种位置关系.

顺便指出，文 [3]、文 [4] 分别从不同的角度也研究了这种直线、平面平行与垂直间的关系.

一些例子

下面我们选取文 [1] 中没有证明的一些命题举例证明.

定理 1.1.1（平行线定理）. 已知 $b \mathbin{/\mkern-3mu/} a$, $c \mathbin{/\mkern-3mu/} a$, 则 $b \mathbin{/\mkern-3mu/} c$.

证明： 如果 a、b、c 在同一平面内，那么结论成立．

现在证明 a、b、c 不在同一平面内的情况．如图 1.1.5，假设 b 与 c 是异面直线，a 和 b 在平面 α 内，a 和 c 在平面 β 内．过 b 和 c 作一平面 γ，设 γ 与 β 的交线是 l，则 l 与 c 相交．因为 $c \parallel a$，所以 l 与 a 相交，其交点 D 在 α 与 γ 的交线上．因为 α 与 γ 的交线是 b，所以 D 是 a 与 b 的交点，但 $b \parallel a$，所以这是不可能的，因此 b 与 c 不是异面直线．

如图 1.1.6，假设 b 与 c 相交，其交点是 D，a 和 b 在平面 α 内，a 和 c 在平面 β 内，则点 D 既在 α 内也在 β 内．设点 A 是 a 上一点，联结 AD，则 AD 在 α 与 β 的交线上，即 a 与 AD 重合，于是 a 与 b 相交，这与 $b \parallel a$ 矛盾．因此 b 与 c 不相交．

综合上面结论，得到 $b \parallel c$． □

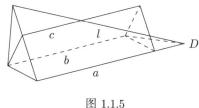

图 1.1.5

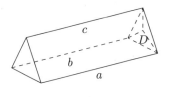

图 1.1.6

定理 1.1.2. 给定点 A 和平面 α，直线 a 过点 A，并且 $a \perp \alpha$，则直线 a 是唯一确定的．

证明： 如果 a 不是唯一的，直线 b 也过点 A，且 $b \perp \alpha$，则 a 与 b 确定一个平面，该平面与 α 的交线是 l，那么 $a \perp l$，$b \perp l$．这与在同一平面内过其中一点作平面内直线的垂线唯一确定矛盾，所以 a 是唯一确定的． □

推论 1.1.2.1. 过一不与平面 α 垂直的直线 l 有唯一平面 β 垂直于平面 α．

证明： 如果 l 在平面 α 内，则在 l 上取两点 A、B，过点 A、B 作平面 α 的垂线是唯一确定的，这两垂线确定了平面 β，所以平面 β 也是唯一确定的．

如果 l 不在 α 内，则在 l 上取一点 P（如果 l 与 α 相交，则点 P 不是 l 与 α 的交点），过点 P 作 α 的垂线，垂足为 Q，则点 Q 是唯一确定的，并且不在 l 上，那么过直线 l 和点 Q 确定了平面 β，所以平面 β 也是唯一确定的． □

定理 1.1.3. 给定点 A 和直线 a，平面 α 过点 A，且 $\alpha \perp a$，则平面 α 是唯一确定的．

证明： 如果 α 不是唯一的，平面 β 也过点 A，且 $\beta \perp a$，则 α 和 β 相交．设交线为 l，如果点 A 在 a 上，则 l 与 a 已相交；如果点 A 不在 a 上，则点 A 和 a 确定一个平面，在该平面内过点 A 作直线 a 的垂线是唯一存在的，所以 l 与 a 相交．过直线 a 作一平面 γ 不过直线 l，γ 与 α 相交于 p，γ 与 β 相交于 q，则在平面 γ 内过 l 与 a 的交点有两条不同的直线与 a 垂直，矛盾．所以 α 是唯一确定的． □

例 1.1.1. 点 A、B、C、D 共面，且射线 AB、AC、AD 两两不重合，E 为空间一点，$\angle BAE = \angle CAE = \angle DAE$，则 $AE \perp$ 平面 $ABCD$．

证明： 设点 A、B、C、D 所在的平面是 α，容易证明点 E 不在 α 内.

设有一平面 β 满足 $AE \perp \beta$，点 A、B_1、C_1、D_1 都在 β 内，且射线 AB_1、AC_1、AD_1 两两不重合，$\angle B_1AE = \angle C_1AE = \angle D_1AE$，$AE \perp \alpha$，点 B_1、C_1、D_1 在 α 内的射影分别是 B、C、D，不妨设 $AB = AC = AD$. 如图 1.1.7，若点 B_1、C_1、D_1 在 α、β 交线的同侧（含交线），由于 $\angle BAB_1 = \angle CAC_1 = \angle DAD_1$，所以 $BB_1 = CC_1 = DD_1$，$AB_1 = AC_1 = AD_1$，于是 $BC \parallel B_1C_1$，$BD \parallel B_1D_1$，即 $\alpha \parallel \beta$，与 α、β 相交矛盾. 如图 1.1.8，若 B_1、C_1、D_1 在 α、β 交线的异侧，则必定 $\angle BAE$、$\angle CAE$、$\angle DAE$ 中至少有两个角，其中一个是锐角，另一个是钝角，与 $\angle BAE = \angle CAE = \angle DAE$ 矛盾. 于是只能 β 与 α 重合，即 $AE \perp$ 平面 $ABCD$. □

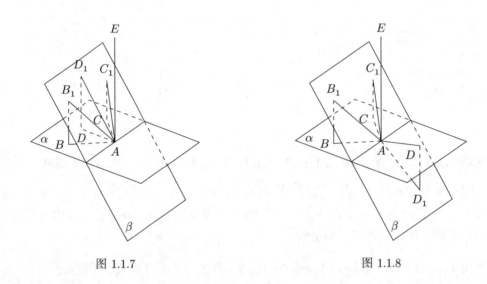

图 1.1.7　　　　　　　　　　　图 1.1.8

1.2　二面角的平分平面

定义 1.2.1. 延长二面角的两个半平面，与原二面角的平面角不相邻的二面角称为原二面角的对顶二面角，与原二面角的平面角相邻的二面角称为原二面角的补二面角.

从定义 1.2.1 知，二面角及其对顶二面角是其任一补二面角的补二面角.

我们容易得到：

定理 1.2.1. 二面角的平面角与其对顶二面角的平面角相等，与其补二面角的平面角互补.

定义 1.2.2. 把二面角的平面角二等分的半平面称为该二面角的内平分平面；把二面角其中一个补二面角的平面角二等分的半平面称为该二面角的外平分平面.

从定义 1.2.2 知，二面角的外平分平面是其对应补二面角的内平分平面.

定理 1.2.2. 二面角的内平分平面和其对应补二面角的外平分平面是唯一的.

证明： 假设二面角的平面角是 2α，二面角的内平分平面不是唯一的，还存在另一内平分平面，两内平分平面的二面角的平面角是 $\beta > \alpha$，因而其中一个内平分平面与二面角一半平面所得的二面角的平面角是 $\alpha + \beta > 2\alpha$，与内平分平面的定义矛盾，所以二面角的内平分平面是唯一的. 同理可证二面角的对应补二面角的外平分平面是唯一的. □

我们容易得到：

定理 1.2.3. 二面角的内平分平面与外平分平面互相垂直，二面角的内平分平面与其对顶二面角的内平分平面共面，两个外平分平面共面.

定理 1.2.4. 一个半平面是二面角的内平分平面的充要条件是该半平面上任意一点到二面角的两个面的距离相等.

证明：充分性

如图 1.2.1，设 A 是平面 γ 内的一点，$AB \perp \alpha$，$AC \perp \beta$，垂足分别是 B 和 C，$AB = AC$，如果点 A 在二面角 α-a-β 的棱 a 上，则结论成立. 如果点 A 不在 a 上，作 $BD \perp a$，与 a 相交于点 D，联结 AD、CD. 由前面的证明知道 $\angle BDC$ 是二面角 α-a-β 的平面角. 又因为 $\triangle ABD \cong \triangle ACD$，所以 $\angle ADB = \angle ADC$，因此平面 γ 是二面角 α-a-β 的内平分平面.

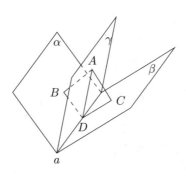

图 1.2.1

必要性

在二面角 α-a-β 的内平分平面 γ 内取一点 A，如果点 A 在 a 上，那么结论成立. 如果点 A 不在 a 上，作 $AB \perp \alpha$，$AC \perp \beta$，垂足分别是 B 和 C，作 $BD \perp a$，与 a 相交于点 D，联结 AD、CD. 因为 $AB \perp \alpha$，$AC \perp \beta$，所以 $AB \perp a$，$AC \perp a$，即 $a \perp$ 平面 ABC. 又因为 $BD \perp a$，所以 $a \perp$ 平面 ABD. 由于过点 A 且与 a 垂直的平面只有一个，所以点 A、B、C、D 共面，于是得 $CD \perp a$，所以 $\angle BDC$ 是二面角 α-a-β 的平面角，因此 $\angle ADB = \angle ADC$，于是 $\triangle ABD \cong \triangle ACD$，所以 $AB = AC$. □

1.3 共线、共点、共面问题

平面的基本性质是研究立体几何的基础,点、线、面是立体几何中的最基本的元素,因此共点、共线、共面问题是立体几何中一类不可忽视的问题.

所谓共点、共线、共面问题通常指线共点、面共点、点共线、面共线、点共面与线共面问题,证明这类问题常采用共面定理、同一法、向量法,等等.

公理 1.3.1. 如果一条直线上的两点在一个平面内,那么这条直线上所有的点都在这个平面内.

公理 1.3.2. 如果两个平面有一个公共点,那么它们还有其他公共点,这些公共点的集合是经过这个公共点的一条直线.

公理 1.3.3. 经过不在一条直线上的三点,有且只有一个平面.

推论 1.3.3.1. 经过一条直线和这条直线外的一点,有且只有一个平面.

推论 1.3.3.2. 经过两条相交直线,有且只有一个平面.

推论 1.3.3.3. 经过两条平行直线,有且只有一个平面.

定理 1.3.1. 设 A、B、C、D、P 是空间五点,则必定有 $\alpha\overrightarrow{PA}+\beta\overrightarrow{PB}+\gamma\overrightarrow{PC}+\delta\overrightarrow{PD}=\mathbf{0}$,其中 α、β、γ、δ 不全是零.

证明: 若 $\overrightarrow{PA}$、$\overrightarrow{PB}$、$\overrightarrow{PC}$、$\overrightarrow{PD}$ 中有零向量,例如 $\overrightarrow{PA}=\mathbf{0}$,则有 $\alpha=1$,$\beta=\gamma=\delta=0$,命题成立. 下面设 $\overrightarrow{PA}$、$\overrightarrow{PB}$、$\overrightarrow{PC}$、$\overrightarrow{PD}$ 都不是零向量.

若 $\overrightarrow{PA}$、$\overrightarrow{PB}$、$\overrightarrow{PC}$、$\overrightarrow{PD}$ 有两个共线,例如 $\overrightarrow{PA}$ 和 $\overrightarrow{PB}$ 共线,$\overrightarrow{PA}=a\neq 0$,$\overrightarrow{PB}=b\neq 0$,则 $\alpha=b$,$\beta=-b$,$\gamma=\delta=0$,命题成立.

若 $\overrightarrow{PA}$、$\overrightarrow{PB}$、$\overrightarrow{PC}$、$\overrightarrow{PD}$ 中没有两个共线,但有三个共面,例如 $\overrightarrow{PA}$、$\overrightarrow{PB}$、$\overrightarrow{PC}$ 共面,设 $PA=a$,$PB=b$,$\overrightarrow{PC}$ 在方向 $\overrightarrow{PA}$、$\overrightarrow{PB}$ 处的分向量有向长度分别是 a'、b',则 $a'b'\neq 0$,$\alpha=ab'$,$\beta=a'b$,$\gamma=-a'b'$,$\delta=0$,命题成立.

若 $\overrightarrow{PA}$、$\overrightarrow{PB}$、$\overrightarrow{PC}$、$\overrightarrow{PD}$ 没有三个共面,设 $PA=a$,$PB=b$,$PC=c$,$\overrightarrow{PD}$ 在方向 $\overrightarrow{PA}$、$\overrightarrow{PB}$、$\overrightarrow{PD}$ 处的分向量有向长度分别是 a'、b'、c',则 $a'b'c'\neq 0$,$\alpha=ab'c'$,$\beta=a'bc'$,$\gamma=a'b'c$,$\delta=-a'b'c'$,命题成立.

综合上述讨论知命题成立. □

定理 1.3.2. 设 A、B、C、D、P 是空间五点,则

$$\begin{vmatrix} 2PA^2 & PA^2+PB^2-AB^2 & PA^2+PC^2-AC^2 & PA^2+PD^2-AD^2 \\ PA^2+PB^2-AB^2 & 2PB^2 & PB^2+PC^2-BC^2 & PB^2+PD^2-BD^2 \\ PA^2+PC^2-AC^2 & PB^2+PC^2-BC^2 & 2PC^2 & PC^2+PD^2-CD^2 \\ PA^2+PD^2-AD^2 & PB^2+PD^2-BD^2 & PC^2+PD^2-CD^2 & 2PD^2 \end{vmatrix}=0.$$

证明： 由定理 1.3.1 知 $\alpha\overrightarrow{PA}+\beta\overrightarrow{PB}+\gamma\overrightarrow{PC}+\delta\overrightarrow{PD}=\mathbf{0}$，其中 α、β、γ、δ 不全是零，所以

$$2\alpha\left(\overrightarrow{PA}\right)^2+2\beta\overrightarrow{PA}\cdot\overrightarrow{PB}+2\gamma\overrightarrow{PA}\cdot\overrightarrow{PC}+2\delta\overrightarrow{PA}\cdot\overrightarrow{PD}=0,$$

由余弦定理，得

$$2\overrightarrow{PA}\cdot\overrightarrow{PB}=PA^2+PB^2-AB^2,$$
$$2\overrightarrow{PA}\cdot\overrightarrow{PC}=PA^2+PC^2-AC^2,$$
$$2\overrightarrow{PA}\cdot\overrightarrow{PD}=PA^2+PD^2-AD^2,$$

所以

$$2\alpha\cdot PA^2+\beta(PA^2+PB^2-AB^2)+\gamma(PA^2+PC^2-AC^2)$$
$$+\delta(PA^2+PD^2-AD^2)=0. \tag{1.3.1}$$

同理可得

$$\alpha(PA^2+PB^2-AB^2)+2\beta\cdot PB^2+\gamma(PB^2+PC^2-BC^2)$$
$$+\delta(PB^2+PD^2-BD^2)=0, \tag{1.3.2}$$
$$\alpha(PA^2+PC^2-AC^2)+\beta(PB^2+PC^2-BC^2)+2\gamma\cdot PC^2$$
$$+\delta(PC^2+PD^2-CD^2)=0, \tag{1.3.3}$$
$$\alpha(PA^2+PD^2-AD^2)+\beta(PB^2+PD^2-BD^2)+\gamma(PC^2+PD^2-CD^2)$$
$$+2\delta\cdot PD^2=0. \tag{1.3.4}$$

(1.3.1)(1.3.2)(1.3.3)(1.3.4) 组成关于 α、β、γ、δ 的方程组有非零解，所以

$$\begin{vmatrix} 2PA^2 & PA^2+PB^2-AB^2 & PA^2+PC^2-AC^2 & PA^2+PD^2-AD^2 \\ PA^2+PB^2-AB^2 & 2PB^2 & PB^2+PC^2-BC^2 & PB^2+PD^2-BD^2 \\ PA^2+PC^2-AC^2 & PB^2+PC^2-BC^2 & 2PC^2 & PC^2+PD^2-CD^2 \\ PA^2+PD^2-AD^2 & PB^2+PD^2-BD^2 & PC^2+PD^2-CD^2 & 2PD^2 \end{vmatrix}$$
$$=0. \qquad \square$$

例 1.3.1. 四个半径分别是 a、b、c、d 的球两两外切，求与这四个球均相切的球的半径.

解： 设四个半径分别是 a、b、c、d 的球心分别是 A、B、C、D，与这四个球都外切的球的球心是 P，半径是 r，则

$$AB=a+b,\ AC=a+c,\ AD=a+d,\ BC=b+c,\ BD=b+d,\ CD=c+d,$$
$$PA=r+a,\ PB=r+b,\ PC=r+c,\ PD=r+d,$$

代入定理 1.3.2 的方程整理得

$$(a^2b^2c^2 + a^2b^2d^2 + a^2c^2d^2 + b^2c^2d^2 - abcd(ab + ac + ad + bc + bd + cd))r^2$$
$$- abcd(abc + abd + acd + bcd)r + a^2b^2c^2d^2 = 0,$$

解得

$$r = \frac{2abcd}{abc + abd + acd + bcd \pm \sqrt{3\Delta}},$$

其中

$$\Delta = 2abcd(ab + ac + ad + bc + bd + cd) - (a^2b^2c^2 + a^2b^2d^2 + a^2c^2d^2 + b^2c^2d^2),$$

r 可能有一个或两个解. 同理可得与这四个球都内切的球的半径是 r, 则

$$r = \frac{2abcd}{-(abc + abd + acd + bcd) + \sqrt{3\Delta}},$$

r 可能有一个解或无解.

综合得, 当 $\Delta \geqslant 0$ 时才存在与球心是 A、B、C、D 的四个球均相切的球, 因为任意一球的半径必须不小于三球球心所在平面内与截这三球所得两两外切的圆都外切的最小圆的半径. 当

$$abcd(ab + ac + ad + bc + bd + cd) > a^2b^2c^2 + a^2b^2d^2 + a^2c^2d^2 + b^2c^2d^2$$

时仅有一个球与球心是 A、B、C、D 的四个球均内切（图 1.3.1 的粗线小球）, 其半径是

$$\frac{2abcd}{abc + abd + acd + bcd + \sqrt{3\Delta}},$$

仅有一个球与球心是 A、B、C、D 的四个球均外切（图 1.3.1 的粗线大球）, 其半径是

$$\frac{2abcd}{-(abc + abd + acd + bcd) + \sqrt{3\Delta}};$$

当

$$abcd(ab + ac + ad + bc + bd + cd) < a^2b^2c^2 + a^2b^2d^2 + a^2c^2d^2 + b^2c^2d^2$$

时仅有两个球与球心是 A、B、C、D 的四个球均内切（图 1.3.2 的粗线球）, 其半径是

$$\frac{2abcd}{abc + abd + acd + bcd \pm \sqrt{3\Delta}},$$

不存在球与球心是 A、B、C、D 的四个球均外切; 当

$$abcd(ab + ac + ad + bc + bd + cd) = a^2b^2c^2 + a^2b^2d^2 + a^2c^2d^2 + b^2c^2d^2$$

时仅有一个球与球心是 A、B、C、D 的四个球均内切（图 1.3.3 的粗线球）, 其半径是

$$\frac{abcd}{abc + abd + acd + bcd},$$

不存在球与球心是 A、B、C、D 的四个球均外切, 但有一平面与球心是 A、B、C、D 的四球都相切（图 1.3.3 的粗线平面）. □

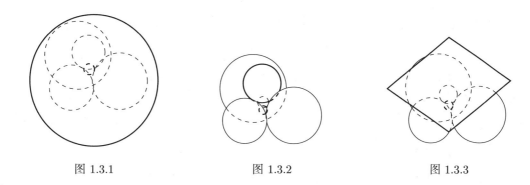

图 1.3.1　　　　　图 1.3.2　　　　　图 1.3.3

由例 1.3.1 的结论还可得，若两两外切的三个球半径分别是 a、b、c，则只有当 $2abc(a+b+c) \geqslant a^2b^2 + a^2c^2 + b^2c^2$ 时与这三个球都相切的平面才存在，否则必定有一球在另两个球的公切圆锥或公切圆柱内部，不存在与这三个球都相切的平面. 令

$$\Delta' = 2abc(ab + ac + ac) - (a^2b^2 + a^2c^2 + b^2c^2).$$

若存在与这三个球都相切的平面，设与这三个球都相切且与公切面都相切的球的半径是 d，则有

$$abcd(ab + ac + ad + bc + bd + cd) = a^2b^2c^2 + a^2b^2d^2 + a^2c^2d^2 + b^2c^2d^2,$$

当 a、b、c 不全相等时有两个球与这三个球都相切且与公切面都相切（图 1.3.4、图 1.3.5 的粗线球），其半径分别是

$$d = \frac{2abc}{ab + ac + bc \pm \sqrt{3\Delta'}};$$

当 $a = b = c$ 时有两个球与这三个球都相切且与公切面都相切，其半径是

$$d = \frac{a}{3},$$

另一球退化为另一个与三个球都相切的公切面.

求一个球与给定四个球都相切都可用例 1.3.1 的方法，只是表达式会更加复杂.

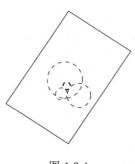　　　　　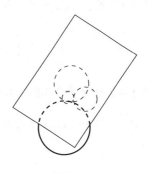

图 1.3.4　　　　　　　　　　图 1.3.5

定理 1.3.3. 若 $\overrightarrow{OA}$、$\overrightarrow{OB}$、$\overrightarrow{OC}$ 不共面，$x\overrightarrow{OA} + y\overrightarrow{OB} + z\overrightarrow{OC} = \mathbf{0}$，则 $x = y = z = 0$.

证明： 若 x、y、z 中有两个是 0，不妨设 $x \neq 0$，$y = z = 0$，则 $x\overrightarrow{OA} = \mathbf{0}$，即 $\overrightarrow{OA} = \mathbf{0}$，与 $\overrightarrow{OA}$、$\overrightarrow{OB}$、$\overrightarrow{OC}$ 不共面矛盾；若 x、y、z 中有一个是 0，不妨设 $x \neq 0$，$y \neq 0$，$z = 0$，则 $x\overrightarrow{OA} + y\overrightarrow{OB} = \mathbf{0}$，即 $\overrightarrow{OA}$、$\overrightarrow{OB}$ 共线，与 $\overrightarrow{OA}$、$\overrightarrow{OB}$、$\overrightarrow{OC}$ 不共面矛盾；若 $x \neq 0$，$y \neq 0$，$z \neq 0$，则 $\overrightarrow{OC} = -\dfrac{x}{z}\overrightarrow{OA} - \dfrac{y}{z}\overrightarrow{OB}$，即 $\overrightarrow{OA}$、$\overrightarrow{OB}$、$\overrightarrow{OC}$ 共面，与 $\overrightarrow{OA}$、$\overrightarrow{OB}$、$\overrightarrow{OC}$ 不共面矛盾. 所以必定 $x = y = z = 0$. □

在定理 1.3.3 中取 $z = 0$，立即得：

定理 1.3.4. 若 $\overrightarrow{OA}$、$\overrightarrow{OB}$ 不共线，$x\overrightarrow{OA} + y\overrightarrow{OB} = \mathbf{0}$，则 $x = y = 0$.

定理 1.3.5. 若 $\overrightarrow{OA}$、$\overrightarrow{OB}$、$\overrightarrow{OC}$ 不共面，$\overrightarrow{OP} = x\overrightarrow{OA} + y\overrightarrow{OB} + z\overrightarrow{OC}$，则 x、y、z 是唯一确定的.

证明： 若有 $\overrightarrow{OP} = x\overrightarrow{OA} + y\overrightarrow{OB} + z\overrightarrow{OC} = x'\overrightarrow{OA} + y'\overrightarrow{OB} + z'\overrightarrow{OC}$，则 $(x-x')\overrightarrow{OA} + (y-y')\overrightarrow{OB} + (z-z')\overrightarrow{OC} = \mathbf{0}$，由定理 1.3.3 得 $x = x'$，$y = y'$，$z = z'$，所以 x、y、z 是唯一确定的. □

在定理 1.3.5 中取 $z = 0$，立即得：

定理 1.3.6. 若 $\overrightarrow{OA}$、$\overrightarrow{OB}$ 不共线，$\overrightarrow{OA}$、$\overrightarrow{OB}$、$\overrightarrow{OP}$ 共面，且 $\overrightarrow{OP} = x\overrightarrow{OA} + y\overrightarrow{OB}$，则 x、y 是唯一确定的.

由向量的运算法则容易得：

定理 1.3.7. 若 $|\mathbf{a}| = a$，$|\mathbf{b}| = b$，$|\mathbf{c}| = c$，$\mathbf{a}$、$\mathbf{b}$ 的夹角是 γ，$\mathbf{a}$、$\mathbf{c}$ 的夹角是 β，$\mathbf{b}$、$\mathbf{c}$ 的夹角是 α，$\mathbf{v}_i = x_i\mathbf{a} + y_i\mathbf{b} + z_i\mathbf{c}$（$i = 1, 2$），则

$$\mathbf{v}_1 \cdot \mathbf{v}_2 = x_1 x_2 a^2 + y_1 y_2 b^2 + z_1 z_2 c^2$$
$$+ (x_1 y_2 + x_2 y_1) ab\cos\gamma + (x_1 z_2 + x_2 z_1) ac\cos\beta + (y_1 z_2 + y_2 z_1) bc\cos\alpha.$$

定理 1.3.8. 若 $\mathbf{v}_i = x_i\mathbf{a} + y_i\mathbf{b} + z_i\mathbf{c}$（$i = 1, 2$），则

$$\mathbf{v}_1 \times \mathbf{v}_2 = \begin{vmatrix} x_1 & y_1 \\ x_2 & y_2 \end{vmatrix} \cdot \mathbf{a} \times \mathbf{b} + \begin{vmatrix} x_1 & z_1 \\ x_2 & z_2 \end{vmatrix} \cdot \mathbf{a} \times \mathbf{c} + \begin{vmatrix} y_1 & z_1 \\ y_2 & z_2 \end{vmatrix} \cdot \mathbf{b} \times \mathbf{c}.$$

由定理 1.3.7 和定理 1.3.8 可得：

定理 1.3.9. 若 $\mathbf{v}_i = x_i\mathbf{a} + y_i\mathbf{b} + z_i\mathbf{c}$（$i = 1, 2, 3$），则

$$(\mathbf{v}_1, \mathbf{v}_2, \mathbf{v}_3) = \begin{vmatrix} x_1 & y_1 & z_1 \\ x_2 & y_2 & z_2 \\ x_3 & y_3 & z_3 \end{vmatrix} (\mathbf{a}, \mathbf{b}, \mathbf{c}).$$

定理 1.3.10. 若 $\boldsymbol{a}$、$\boldsymbol{b}$、$\boldsymbol{c}$ 不共面，$|\boldsymbol{a}| = a$，$|\boldsymbol{b}| = b$，$|\boldsymbol{c}| = c$，$\boldsymbol{a}$、$\boldsymbol{b}$ 的夹角是 γ，$\boldsymbol{a}$、$\boldsymbol{c}$ 的夹角是 β，$\boldsymbol{b}$、$\boldsymbol{c}$ 的夹角是 α，则

$$|(\boldsymbol{a},\boldsymbol{b},\boldsymbol{c})| = abc\sqrt{1 - \cos^2\alpha - \cos^2\beta - \cos^2\gamma + 2\cos\alpha\cos\beta\cos\gamma},$$

当 $\boldsymbol{a}$、$\boldsymbol{b}$、$\boldsymbol{c}$ 按顺序成右手系时 $(\boldsymbol{a},\boldsymbol{b},\boldsymbol{c})$ 的值的符号是正，当 $\boldsymbol{a}$、$\boldsymbol{b}$、$\boldsymbol{c}$ 按顺序成左手系时 $(\boldsymbol{a},\boldsymbol{b},\boldsymbol{c})$ 的值的符号是负.

证明： 不妨设 $\boldsymbol{a}$、$\boldsymbol{b}$、$\boldsymbol{c}$ 按顺序成右手系. 选定一个原点 O 建立空间直角坐标系 $O\text{-}xyz$，把 $\boldsymbol{a}$、$\boldsymbol{b}$、$\boldsymbol{c}$ 的起点放在点 O 处. 以 $\boldsymbol{a}$ 的方向为正方向建立 x 轴，其单位向量是 $\mathbf{i}$；过点 O，在过 x 轴且与 $\boldsymbol{b}$ 平行的平面内以包含 $\boldsymbol{b}$ 的半平面方向为正方向建立 y 轴，其单位向量是 $\mathbf{j}$；过点 O 且垂直于平面 xOy，以包含 $\boldsymbol{c}$ 一侧的空间为正方向建立 z 轴，其单位向量是 $\mathbf{k}$. 则 $\boldsymbol{a} = a\mathbf{i}$，设 $\boldsymbol{b} = x_1\mathbf{i} + y_1\mathbf{j}$，$\boldsymbol{c} = x_2\mathbf{i} + y_2\mathbf{j} + z_2\mathbf{k}$. 由定理 1.3.9 得 $(\boldsymbol{a},\boldsymbol{b},\boldsymbol{c}) = ay_1z_2$. 因为 $\boldsymbol{a}\cdot\boldsymbol{b} = ax_1 = ab\cos\gamma$，所以 $x_1 = b\cos\gamma$，再由 $x_1^2 + y_1^2 = b^2$ 得 $y_1 = b\sin\gamma$. 因为 $\boldsymbol{a}\cdot\boldsymbol{c} = ax_2 = ac\cos\beta$，所以 $x_2 = c\cos\beta$，又因为

$$\boldsymbol{b}\cdot\boldsymbol{c} = x_1x_2 + y_1y_2 = bc\cos\beta\cos\gamma + by_2\sin\gamma = bc\cos\alpha,$$

所以

$$y_2 = \frac{\cos\alpha - \cos\beta\cos\gamma}{\sin\gamma}\cdot c,$$

再由 $x_2^2 + y_2^2 = c^2$ 得

$$z_2 = \frac{\sqrt{1 - \cos^2\alpha - \cos^2\beta - \cos^2\gamma + 2\cos\alpha\cos\beta\cos\gamma}}{\sin\gamma}\cdot c.$$

因此

$$|(\boldsymbol{a},\boldsymbol{b},\boldsymbol{c})| = abc\sqrt{1 - \cos^2\alpha - \cos^2\beta - \cos^2\gamma + 2\cos\alpha\cos\beta\cos\gamma},$$

当 $\boldsymbol{a}$、$\boldsymbol{b}$、$\boldsymbol{c}$ 按顺序成右手系时 $(\boldsymbol{a},\boldsymbol{b},\boldsymbol{c})$ 的值的符号是正，当 $\boldsymbol{a}$、$\boldsymbol{b}$、$\boldsymbol{c}$ 按顺序成左手系时 $(\boldsymbol{a},\boldsymbol{b},\boldsymbol{c})$ 的值的符号是负. □

定理 1.3.11. 若 $\boldsymbol{a}$、$\boldsymbol{b}$、$\boldsymbol{c}$ 不共面，$\boldsymbol{v}_i = x_i\boldsymbol{a} + y_i\boldsymbol{b} + z_i\boldsymbol{c}$（$i = 1, 2$），$\boldsymbol{v}_1 \times \boldsymbol{v}_2 = x\boldsymbol{a} + y\boldsymbol{b} + z\boldsymbol{c}$，令

$$D = \begin{vmatrix} \boldsymbol{a}\cdot\boldsymbol{v}_1 & \boldsymbol{b}\cdot\boldsymbol{v}_1 & \boldsymbol{c}\cdot\boldsymbol{v}_1 \\ \boldsymbol{a}\cdot\boldsymbol{v}_2 & \boldsymbol{b}\cdot\boldsymbol{v}_2 & \boldsymbol{c}\cdot\boldsymbol{v}_2 \\ \begin{vmatrix} y_1 & z_1 \\ y_2 & z_2 \end{vmatrix} & \begin{vmatrix} z_1 & x_1 \\ z_2 & x_2 \end{vmatrix} & \begin{vmatrix} x_1 & y_1 \\ x_2 & y_2 \end{vmatrix} \end{vmatrix} (\boldsymbol{a},\boldsymbol{b},\boldsymbol{c}),$$

$$D_1 = \begin{vmatrix} \boldsymbol{b}\cdot\boldsymbol{v}_1 & \boldsymbol{c}\cdot\boldsymbol{v}_1 \\ \boldsymbol{b}\cdot\boldsymbol{v}_2 & \boldsymbol{c}\cdot\boldsymbol{v}_2 \end{vmatrix} (|\boldsymbol{v}_1|^2\cdot|\boldsymbol{v}_2|^2 - (\boldsymbol{v}_1\cdot\boldsymbol{v}_2)^2),$$

$$D_2 = \begin{vmatrix} \boldsymbol{c}\cdot\boldsymbol{v}_1 & \boldsymbol{a}\cdot\boldsymbol{v}_1 \\ \boldsymbol{c}\cdot\boldsymbol{v}_2 & \boldsymbol{a}\cdot\boldsymbol{v}_2 \end{vmatrix} (|\boldsymbol{v}_1|^2\cdot|\boldsymbol{v}_2|^2 - (\boldsymbol{v}_1\cdot\boldsymbol{v}_2)^2),$$

$$D_3 = \begin{vmatrix} \boldsymbol{a} \cdot \boldsymbol{v}_1 & \boldsymbol{b} \cdot \boldsymbol{v}_1 \\ \boldsymbol{a} \cdot \boldsymbol{v}_2 & \boldsymbol{b} \cdot \boldsymbol{v}_2 \end{vmatrix} (|\boldsymbol{v}_1|^2 \cdot |\boldsymbol{v}_2|^2 - (\boldsymbol{v}_1 \cdot \boldsymbol{v}_2)^2),$$

则

$$x = \frac{D_1}{D}, \quad y = \frac{D_2}{D}, \quad z = \frac{D_3}{D}.$$

证明： 由定理 1.3.7 得

$$x \cdot \boldsymbol{a} \cdot \boldsymbol{v}_1 + y \cdot \boldsymbol{b} \cdot \boldsymbol{v}_1 + z \cdot \boldsymbol{c} \cdot \boldsymbol{v}_1 = 0, \quad x \cdot \boldsymbol{a} \cdot \boldsymbol{v}_2 + y \cdot \boldsymbol{b} \cdot \boldsymbol{v}_2 + z \cdot \boldsymbol{c} \cdot \boldsymbol{v}_2 = 0,$$

由定理 1.3.8 得

$$(\boldsymbol{v}_1 \times \boldsymbol{v}_2, \boldsymbol{v}_1, \boldsymbol{v}_2) = \begin{vmatrix} x & y & z \\ x_1 & y_1 & z_1 \\ x_2 & y_2 & z_2 \end{vmatrix} (\boldsymbol{a}, \boldsymbol{b}, \boldsymbol{c}),$$

另外

$$(\boldsymbol{v}_1 \times \boldsymbol{v}_2, \boldsymbol{v}_1, \boldsymbol{v}_2) = (\boldsymbol{v}_1 \times \boldsymbol{v}_2) \cdot (\boldsymbol{v}_1 \times \boldsymbol{v}_2) = |\boldsymbol{v}_1|^2 \cdot |\boldsymbol{v}_2|^2 - (\boldsymbol{v}_1 \cdot \boldsymbol{v}_2)^2,$$

所以

$$x = \frac{D_1}{D}, \quad y = \frac{D_2}{D}, \quad z = \frac{D_3}{D}. \qquad \square$$

定理 1.3.12（空间向量共面定理）. 对空间任意一点 O 和不共线的三点 A、B、C，若 $\overrightarrow{OP} = x\overrightarrow{OA} + y\overrightarrow{OB} + z\overrightarrow{OC}$（其中 $x + y + z = k$），则当 $k = 1$ 时，对空间任意一点 O，总有 P、A、B、C 四点共面；当 $k \neq 1$ 时，若点 O 在平面 ABC 内，则 P、A、B、C 四点共面，若点 O 不在平面 ABC 内，则 P、A、B、C 四点不共面.

证明： 将向量关系式 $\overrightarrow{OP} = x\overrightarrow{OA} + y\overrightarrow{OB} + z\overrightarrow{OC}$ 等价变形为

$$\overrightarrow{AP} = (k-1)\overrightarrow{OA} + y\overrightarrow{AB} + z\overrightarrow{AC},$$

当 $k = 1$ 时，$\overrightarrow{AP} = y\overrightarrow{AB} + z\overrightarrow{AC}$，显然有 P、A、B、C 四点共面. 当 $k \neq 1$ 时，$k - 1 \neq 0$，当点 O 在平面 ABC 内时，可知点 P 在平面 ABC 内，则有 P、A、B、C 四点共面；当点 O 不在平面 ABC 内时，可知 $\overrightarrow{OA}$ 不在平面 ABC 内，则 P、A、B、C 四点不共面. $\qquad \square$

定理 1.3.13. 若 $\overrightarrow{OA}$、$\overrightarrow{OB}$、$\overrightarrow{OC}$ 不共面，$\overrightarrow{OP} = x\overrightarrow{OA} + y\overrightarrow{OB} + z\overrightarrow{OC}$，则 $\overrightarrow{OP}$ 平行于平面 ABC 的充要条件是 $x + y + z = 0$.

证明：充分性

因为 $x + y + z = 0$，所以 $\overrightarrow{OP} = x\overrightarrow{OA} + y\overrightarrow{OB} + z\overrightarrow{OC} = y(\overrightarrow{AO} + \overrightarrow{OB}) + z(\overrightarrow{AO} + \overrightarrow{OC}) = y\overrightarrow{AB} + z\overrightarrow{AC}$，所以 $\overrightarrow{OP}$ 平行于平面 ABC.

必要性

因为 $\overrightarrow{OP}$ 平行于平面 ABC，所以 $\overrightarrow{OP} = s\overrightarrow{AB} + t\overrightarrow{AC} = s(\overrightarrow{AO} + \overrightarrow{OB}) + t(\overrightarrow{AO} + \overrightarrow{OC}) = -(s+t)\overrightarrow{OA} + s\overrightarrow{OB} + t\overrightarrow{OC}$，所以 $x = -s - t$，$y = s$，$z = t$，即 $x + y + z = 0$. $\qquad \square$

在定理 1.3.13 中取 $z=0$，立即得：

定理 1.3.14. 若 $\overrightarrow{OA}$、$\overrightarrow{OB}$ 不共线，$\overrightarrow{OP}=x\overrightarrow{OA}+y\overrightarrow{OB}$，则 $\overrightarrow{OP}$ 平行于直线 AB 的充要条件是 $x+y=0$.

定理 1.3.15. 若 $\overrightarrow{OA}$、$\overrightarrow{OB}$、$\overrightarrow{OC}$ 不共面，$\overrightarrow{OP}=x\overrightarrow{OA}+y\overrightarrow{OB}+z\overrightarrow{OC}$，则点 A、B、C、P 共面的充要条件是 $x+y+z=1$.

证明：充分性

因为 $\overrightarrow{AB}=-\overrightarrow{OA}+\overrightarrow{OB}$，$\overrightarrow{AC}=-\overrightarrow{OA}+\overrightarrow{OC}$，又因为 $x+y+z=1$，所以 $\overrightarrow{AP}=-\overrightarrow{OA}+\overrightarrow{OP}=-(y+z)\overrightarrow{OA}+y\overrightarrow{OB}+z\overrightarrow{OC}=y\overrightarrow{AB}+z\overrightarrow{AC}$. 所以点 A、B、C、P 共面.

必要性

因为 $\overrightarrow{AB}=-\overrightarrow{OA}+\overrightarrow{OB}$，$\overrightarrow{AC}=-\overrightarrow{OA}+\overrightarrow{OC}$，$\overrightarrow{AP}=-\overrightarrow{OA}+\overrightarrow{OP}=(x-1)\overrightarrow{OA}+y\overrightarrow{OB}+z\overrightarrow{OC}$，又因为点 A、B、C、P 共面，所以必然有 $\overrightarrow{AP}=s\overrightarrow{AB}+t\overrightarrow{AC}$，而 $s\overrightarrow{AB}+t\overrightarrow{AC}=-(s+t)\overrightarrow{OA}+s\overrightarrow{OB}+t\overrightarrow{OC}$，所以 $x-1=-(s+t)$，$y=s$，$z=t$，即 $x+y+z=1$. □

类似定理 1.3.15 的证明得：

定理 1.3.16. 若 $\overrightarrow{OA}$、$\overrightarrow{OB}$ 不共线，$\overrightarrow{OP}=x\overrightarrow{OA}+y\overrightarrow{OB}$，则点 A、B、P 共线的充要条件是 $x+y=1$.

定理 1.3.17. 设 $\overrightarrow{AP_i}=x_i\boldsymbol{a}+y_i\boldsymbol{b}+z_i\boldsymbol{c}$（$i=1,2,3,4$），$\boldsymbol{a}$、$\boldsymbol{b}$、$\boldsymbol{c}$ 不共面，则点 P_1、P_2、P_3、P_4 共面的充要条件是

$$\begin{vmatrix} x_1 & y_1 & z_1 & 1 \\ x_2 & y_2 & z_2 & 1 \\ x_3 & y_3 & z_3 & 1 \\ x_4 & y_4 & z_4 & 1 \end{vmatrix}=0.$$

证明：充分性

若 $\overrightarrow{AP_1}$、$\overrightarrow{AP_2}$、$\overrightarrow{AP_3}$、$\overrightarrow{AP_4}$ 都共面，则必定

$$\begin{vmatrix} x_1 & y_1 & z_1 \\ x_2 & y_2 & z_2 \\ x_3 & y_3 & z_3 \end{vmatrix}=0,\quad \begin{vmatrix} x_1 & y_1 & z_1 \\ x_2 & y_2 & z_2 \\ x_4 & y_4 & z_4 \end{vmatrix}=0,\quad \begin{vmatrix} x_1 & y_1 & z_1 \\ x_3 & y_3 & z_3 \\ x_4 & y_4 & z_4 \end{vmatrix}=0,\quad \begin{vmatrix} x_2 & y_2 & z_2 \\ x_3 & y_3 & z_3 \\ x_4 & y_4 & z_4 \end{vmatrix}=0,$$

此时必定有

$$\begin{vmatrix} x_1 & y_1 & z_1 & 1 \\ x_2 & y_2 & z_2 & 1 \\ x_3 & y_3 & z_3 & 1 \\ x_4 & y_4 & z_4 & 1 \end{vmatrix}=0,$$

而此时必定点 P_1、P_2、P_3、P_4 共面. 若 $\overrightarrow{AP_1}$、$\overrightarrow{AP_2}$、$\overrightarrow{AP_3}$、$\overrightarrow{AP_4}$ 中有三个向量不共面，不妨设 $\overrightarrow{AP_1}$、$\overrightarrow{AP_2}$、$\overrightarrow{AP_3}$ 不共面，则必定有

$$\overrightarrow{AP_4} = \alpha \overrightarrow{AP_1} + \beta \overrightarrow{AP_2} + \gamma \overrightarrow{AP_3}, \quad \begin{vmatrix} x_1 & y_1 & z_1 \\ x_2 & y_2 & z_2 \\ x_3 & y_3 & z_3 \end{vmatrix} \neq 0,$$

令

$$D = \begin{vmatrix} x_1 & y_1 & z_1 \\ x_2 & y_2 & z_2 \\ x_3 & y_3 & z_3 \end{vmatrix}, \; D_1 = \begin{vmatrix} x_4 & y_4 & z_4 \\ x_2 & y_2 & z_2 \\ x_3 & y_3 & z_3 \end{vmatrix}, \; D_2 = \begin{vmatrix} x_1 & y_1 & z_1 \\ x_4 & y_4 & z_4 \\ x_3 & y_3 & z_3 \end{vmatrix}, \; D_3 = \begin{vmatrix} x_1 & y_1 & z_1 \\ x_2 & y_2 & z_2 \\ x_4 & y_4 & z_4 \end{vmatrix},$$

则

$$\alpha = \frac{D_1}{D}, \; \beta = \frac{D_2}{D}, \; \gamma = \frac{D_3}{D},$$

由

$$\begin{vmatrix} x_1 & y_1 & z_1 & 1 \\ x_2 & y_2 & z_2 & 1 \\ x_3 & y_3 & z_3 & 1 \\ x_4 & y_4 & z_4 & 1 \end{vmatrix} = 0,$$

得

$$D_1 + D_2 + D_3 = D,$$

所以

$$\alpha + \beta + \gamma = 1,$$

所以点 P_1、P_2、P_3、P_4 共面.

必要性

不妨设 $\overrightarrow{AP_4} = \alpha \overrightarrow{AP_1} + \beta \overrightarrow{AP_2} + \gamma \overrightarrow{AP_3}$，其中 α、β、γ 不全是 0，则

$$\begin{cases} \alpha x_1 + \beta x_2 + \gamma x_3 - x_4 = 0, \\ \alpha y_1 + \beta y_2 + \gamma y_3 - y_4 = 0, \\ \alpha z_1 + \beta z_2 + \gamma z_3 - z_4 = 0, \\ \alpha + \beta + \gamma - 1 = 0, \end{cases}$$

也就是说关于 s、t、u、v 的齐次方程组

$$\begin{cases} x_1 s + x_2 t + x_3 u + x_4 v = 0, \\ y_1 s + y_2 t + y_3 u + y_4 v = 0, \\ z_1 s + z_2 t + z_3 u + z_4 v = 0, \\ s + t + u + v = 0, \end{cases}$$

有非零解

$$\begin{cases} s = \alpha, \\ t = \beta, \\ u = \gamma, \\ v = -1, \end{cases}$$

所以

$$\begin{vmatrix} x_1 & y_1 & z_1 & 1 \\ x_2 & y_2 & z_2 & 1 \\ x_3 & y_3 & z_3 & 1 \\ x_4 & y_4 & z_4 & 1 \end{vmatrix} = 0.$$

$\square$

由定理 1.3.17 立即得：

推论 1.3.17.1. 设 $\overrightarrow{AP_i} = x_i\boldsymbol{a} + y_i\boldsymbol{b} + z_i\boldsymbol{c}$ ($i = 1, 2, 3$), $\boldsymbol{a}$、$\boldsymbol{b}$、$\boldsymbol{c}$ 不共面, 则 $\overrightarrow{AP_1}$、$\overrightarrow{AP_2}$、$\overrightarrow{AP_3}$ 共面的充要条件是

$$\begin{vmatrix} x_1 & y_1 & z_1 \\ x_2 & y_2 & z_2 \\ x_3 & y_3 & z_3 \end{vmatrix} = 0.$$

由向量的基本性质及推论 1.3.17.1 得：

定理 1.3.18. $\boldsymbol{a}$、$\boldsymbol{b}$、$\boldsymbol{c}$ 不共面, A 是空间中的一点, P_i 是直线 l_i 上的一点, $\overrightarrow{AP_i} = x_i\boldsymbol{a} + y_i\boldsymbol{b} + z_i\boldsymbol{c}$, 直线 l_i 的方向向量是 $t_i\boldsymbol{a} + u_i\boldsymbol{b} + v_i\boldsymbol{c}$, 其中 $i = 1, 2$, 则：

1. 直线 l_1、l_2 重合的充要条件是

$$t_1 : u_1 : v_1 = t_2 : u_2 : v_2 = (x_1 - x_2) : (y_1 - y_2) : (z_1 - z_2);$$

2. 直线 l_1、l_2 平行的充要条件是

$$t_1 : u_1 : v_1 = t_2 : u_2 : v_2 \neq (x_1 - x_2) : (y_1 - y_2) : (z_1 - z_2);$$

3. 直线 l_1、l_2 相交的充要条件是

$$t_1 : u_1 : v_1 \neq t_2 : u_2 : v_2$$

且

$$\begin{vmatrix} x_1 - x_2 & y_1 - y_2 & z_1 - z_2 \\ t_1 & u_1 & v_1 \\ t_2 & u_2 & v_2 \end{vmatrix} = 0;$$

4. 直线 l_1、l_2 是异面直线的充要条件是

$$\begin{vmatrix} x_1 - x_2 & y_1 - y_2 & z_1 - z_2 \\ t_1 & u_1 & v_1 \\ t_2 & u_2 & v_2 \end{vmatrix} \neq 0.$$

定理 1.3.19. a、b、c 不共面，A 是空间中的一点，P_i 是平面 π_i 上的一点，$\overrightarrow{AP_i} = x_i a + y_i b + z_i c$，向量 t_i、u_i 不平行但平行于平面 π_i，$t_i = l_i a + m_i b + n_i c$，$u_i = p_i a + q_i b + r_i c$，其中 $i = 1, 2$，则

1. 平面 π_1、π_2 重合的充要条件是

$$\begin{vmatrix} l_1 & m_1 & n_1 \\ p_1 & q_1 & r_1 \\ x_1 - x_2 & y_1 - y_2 & z_1 - z_2 \end{vmatrix} = 0, \begin{vmatrix} l_1 & m_1 & n_1 \\ p_1 & q_1 & r_1 \\ l_2 & m_2 & n_2 \end{vmatrix} = 0, \begin{vmatrix} l_1 & m_1 & n_1 \\ p_1 & q_1 & r_1 \\ p_2 & q_2 & r_2 \end{vmatrix} = 0$$

或

$$\begin{vmatrix} l_2 & m_2 & n_2 \\ p_2 & q_2 & r_2 \\ x_1 - x_2 & y_1 - y_2 & z_1 - z_2 \end{vmatrix} = 0, \begin{vmatrix} l_2 & m_2 & n_2 \\ p_2 & q_2 & r_2 \\ l_1 & m_1 & n_1 \end{vmatrix} = 0, \begin{vmatrix} l_2 & m_2 & n_2 \\ p_2 & q_2 & r_2 \\ p_1 & q_1 & r_1 \end{vmatrix} = 0;$$

2. 平面 π_1、π_2 平行的充要条件是

$$\begin{vmatrix} l_1 & m_1 & n_1 \\ p_1 & q_1 & r_1 \\ x_1 - x_2 & y_1 - y_2 & z_1 - z_2 \end{vmatrix} \neq 0, \begin{vmatrix} l_1 & m_1 & n_1 \\ p_1 & q_1 & r_1 \\ l_2 & m_2 & n_2 \end{vmatrix} = 0, \begin{vmatrix} l_1 & m_1 & n_1 \\ p_1 & q_1 & r_1 \\ p_2 & q_2 & r_2 \end{vmatrix} = 0$$

或

$$\begin{vmatrix} l_2 & m_2 & n_2 \\ p_2 & q_2 & r_2 \\ x_1 - x_2 & y_1 - y_2 & z_1 - z_2 \end{vmatrix} \neq 0, \begin{vmatrix} l_2 & m_2 & n_2 \\ p_2 & q_2 & r_2 \\ l_1 & m_1 & n_1 \end{vmatrix} = 0, \begin{vmatrix} l_2 & m_2 & n_2 \\ p_2 & q_2 & r_2 \\ p_1 & q_1 & r_1 \end{vmatrix} = 0;$$

3. 平面 π_1、π_2 相交的充要条件是

$$\begin{vmatrix} l_1 & m_1 & n_1 \\ p_1 & q_1 & r_1 \\ l_2 & m_2 & n_2 \end{vmatrix}、\begin{vmatrix} l_1 & m_1 & n_1 \\ p_1 & q_1 & r_1 \\ p_2 & q_2 & r_2 \end{vmatrix}$$

其中之一非零或

$$\begin{vmatrix} l_2 & m_2 & n_2 \\ p_2 & q_2 & r_2 \\ l_1 & m_1 & n_1 \end{vmatrix}、\begin{vmatrix} l_2 & m_2 & n_2 \\ p_2 & q_2 & r_2 \\ p_1 & q_1 & r_1 \end{vmatrix}$$

其中之一非零.

定理 1.3.20. a、b、c 不共面，A 是空间中的一点，P_i 是平面 π_i 上的一点，$\overrightarrow{AP_i} = x_i a + y_i b + z_i c$，向量 t_i、u_i 不平行但平行于平面 π_i，$t_i = l_i a + m_i b + n_i c$，$u_i = p_i a + q_i b + r_i c$，其中 $i = 1, 2$，平面 π_1、π_2 相交于直线 l，P 是 l 上一点，满足 $\overrightarrow{AP} = xa + yb + zc$，$l$ 的方

向向量是 $t\boldsymbol{a}+u\boldsymbol{b}+v\boldsymbol{c}$, 则

$$\begin{cases} \begin{vmatrix} t & u & v \\ l_1 & m_1 & n_1 \\ p_1 & q_1 & r_1 \end{vmatrix} = 0, \\ \begin{vmatrix} t & u & v \\ l_2 & m_2 & n_2 \\ p_2 & q_2 & r_2 \end{vmatrix} = 0, \end{cases}$$

$$\begin{cases} \begin{vmatrix} x-x_1 & y-y_1 & z-z_1 \\ l_1 & m_1 & n_1 \\ p_1 & q_1 & r_1 \end{vmatrix} = 0, \\ \begin{vmatrix} x-x_2 & y-y_2 & z-z_2 \\ l_2 & m_2 & n_2 \\ p_2 & q_2 & r_2 \end{vmatrix} = 0. \end{cases}$$

定理 1.3.21. 直线 l 交四面体 $ABCD$ 的面 BCD、ACD、ABD、ABC 所在平面的交点分别是 P_1、P_2、P_3、P_4, AP_1、BP_2、CP_3、DP_4 的中点分别是 Q_1、Q_2、Q_3、Q_4, 则点 Q_1、Q_2、Q_3、Q_4 共面.

证明: 设 $\overrightarrow{AB}$、$\overrightarrow{AC}$、$\overrightarrow{AD}$ 的单位向量分别是 $\boldsymbol{e}_1$、$\boldsymbol{e}_2$、$\boldsymbol{e}_3$, $\overrightarrow{AB}=a\boldsymbol{e}_1$, $\overrightarrow{AC}=b\boldsymbol{e}_2$, $\overrightarrow{AD}=c\boldsymbol{e}_3$, P 是直线 l 上一点, $\overrightarrow{AP}=p\boldsymbol{e}_1+q\boldsymbol{e}_2+r\boldsymbol{e}_3$, 直线 l 的方向向量是 $t\boldsymbol{e}_1+u\boldsymbol{e}_2+v\boldsymbol{e}_3$, 则

$$\overrightarrow{AP_2} = \left(q-\frac{pu}{t}\right)\boldsymbol{e}_2 + \left(r-\frac{pv}{t}\right)\boldsymbol{e}_3,$$
$$\overrightarrow{AP_3} = \left(p-\frac{qt}{u}\right)\boldsymbol{e}_1 + \left(r-\frac{qv}{u}\right)\boldsymbol{e}_3,$$
$$\overrightarrow{AP_4} = \left(p-\frac{rt}{v}\right)\boldsymbol{e}_1 + \left(q-\frac{ru}{v}\right)\boldsymbol{e}_2,$$

设 $\overrightarrow{AP_1} = (p+kt)\boldsymbol{e}_1 + (q+ku)\boldsymbol{e}_2 + (r+kv)\boldsymbol{e}_3$, 则

$$\frac{p+kt}{a} + \frac{q+ku}{b} + \frac{r+kv}{c} = 1,$$

由此可得

$$\overrightarrow{AQ_1} = \frac{p+kt}{2}\boldsymbol{e}_1 + \frac{q+ku}{2}\boldsymbol{e}_2 + \frac{r+kv}{2}\boldsymbol{e}_3,$$
$$\overrightarrow{AQ_2} = \frac{a}{2}\boldsymbol{e}_1 + \left(\frac{q}{2}-\frac{pu}{2t}\right)\boldsymbol{e}_2 + \left(\frac{r}{2}-\frac{pv}{2t}\right)\boldsymbol{e}_3,$$
$$\overrightarrow{AQ_3} = \left(\frac{p}{2}-\frac{qt}{2u}\right)\boldsymbol{e}_1 + \frac{b}{2}\boldsymbol{e}_2 + \left(\frac{r}{2}-\frac{qv}{2u}\right)\boldsymbol{e}_3,$$
$$\overrightarrow{AQ_4} = \left(\frac{p}{2}-\frac{rt}{2v}\right)\boldsymbol{e}_1 + \left(\frac{q}{2}-\frac{ru}{2v}\right)\boldsymbol{e}_2 + \frac{c}{2}\boldsymbol{e}_3,$$

因为

$$\begin{vmatrix} p+kt & q+ku & r+kv & 1 \\ a & q-\dfrac{pu}{t} & r-\dfrac{pv}{t} & 1 \\ p-\dfrac{qt}{u} & b & r-\dfrac{qv}{u} & 1 \\ p-\dfrac{rt}{v} & q-\dfrac{ru}{v} & c & 1 \end{vmatrix} = abc\left(\dfrac{p+kt}{a}+\dfrac{q+ku}{b}+\dfrac{r+kv}{c}-1\right)=0,$$

所以点 Q_1、Q_2、Q_3、Q_4 共面. □

定理 1.3.22. 点 P_1、P_2、P_3、P_4、P_5、P_6 分别是四面体 $ABCD$ 的棱 AB、AC、AD、BC、BD、CD 上一点, 则球 $AP_1P_2P_3$、$BP_1P_4P_5$、$CP_2P_4P_6$、$DP_3P_5P_6$ 共点.

证明: 由 Miquel 定理, 球 $AP_1P_2P_3$、$BP_1P_4P_5$、$CP_2P_4P_6$ 与平面 ABC 的交线圆交于同一点 Q_1, 球 $AP_1P_2P_3$、$BP_1P_4P_5$、$DP_3P_5P_6$ 与平面 ABD 的交线圆交于同一点 Q_2, 球 $AP_1P_2P_3$、$CP_2P_4P_6$、$DP_3P_5P_6$ 与平面 ACD 的交线圆交于同一点 Q_3.

设 AA' 是球 $AP_1P_2P_3$ 的一条直径, 以点 A 为反演中心, 球 $AP_1P_2P_3$ 的直径为反演半径作反演变换, 则球 $AP_1P_2P_3$ 变成过点 A' 且垂直于 AA' 的平面, 设这个平面是 π, $\odot AP_1Q_1P_2$ 变为平面 π 内的直线 $P'_1Q'_1P'_2$, $\odot AP_1Q_2P_3$ 变为平面 π 内的直线 $P'_1Q'_2P'_3$, $\odot AP_2Q_3P_3$ 变为平面 π 内的直线 $P'_2Q'_3P'_3$, $\odot Q_1P_1Q_2$ 变为平面 π 内的 $\odot Q'_1P'_1Q'_2$, $\odot Q_1P_2Q_3$ 变为平面 π 内的 $\odot Q'_1P'_2Q'_3$, $\odot Q_2P_3Q_3$ 变为平面 π 内的 $\odot Q'_2P'_3Q'_3$, 由 Miquel 定理得 $\odot Q'_1P'_1Q'_2$、$\odot Q'_1P'_2Q'_3$、$\odot Q'_2P'_3Q'_3$ 交于同一点 Q', 点 Q' 对应于 $\odot Q_1P_1Q_2$、$\odot Q_1P_2Q_3$、$\odot Q_2P_3Q_3$ 的交点 Q, 所以球 $AP_1P_2P_3$、$BP_1P_4P_5$、$CP_2P_4P_6$、$DP_3P_5P_6$ 交于点 Q. □

定理 1.3.23(空间 Desarges 定理). 如图 1.3.6, $\triangle ABC$ 和 $\triangle A'B'C'$ 不在同一平面内, AA'、BB'、CC' 交于一点或互相平行, 设 AB 和 $A'B'$, BC 和 $B'C'$, CA 和 $C'A'$ 互不平行, 则 AB 和 $A'B'$, BC 和 $B'C'$, CA 和 $C'A'$ 的交点共线.

证明: 只证明 AA'、BB'、CC' 交于一点的情形, AA'、BB'、CC' 互相平行的情形的证明完全类似.

因为 AA' 与 BB' 相交, 所以点 A、A'、B、B' 共面. 又 AB 和 $A'B'$ 互不平行, 所以 AB 与 $A'B'$ 相交. 同理可证 BC 和 $B'C'$ 相交, CA 和 $C'A'$ 相交.

设 AB 与 $A'B'$ 交于点 E, BC 和 $B'C'$ 交于点 G, CA 和 $C'A'$ 交于点 F, 点 A、B、C 在平面 α 内, 点 A'、B'、C' 在平面 β 内, 那么 α 和 β 不重合, 于是 α 和 β 相交. 因为点 E、F、G 既在 α 内又在 β 内, 所以点 E、F、G 在 α 和 β 的交线上, 即 AB 和 $A'B'$, BC 和 $B'C'$, CA 和 $C'A'$ 的交点共线. □

定理 1.3.24(空间 Desarges 定理的逆定理). 如图 1.3.6, $\triangle ABC$ 和 $\triangle A'B'C$ 不在同一平面内, AB 和 $A'B'$, BC 和 $B'C'$, CA 和 $C'A'$ 的交点共线, 则 AA'、BB'、CC' 交于一点或互相平行.

证明：因为 AB 与 $A'B'$ 相交，所以点 A、A'、B、B' 共面．又 AA' 和 BB' 互不平行，所以 AA' 与 BB' 相交．同理可证点 B、B'、C、C' 共面且 BB' 和 CC' 相交，点 C、C'、A、A' 共面且 CC' 和 AA' 相交．

设点 A、B、C 在平面 α 内，点 A'、B'、C' 在平面 β 内，那么 α 和 β 不重合，于是 α 和 β 相交．点 A、A'、B、B' 在平面 π_1 内，点 B、B'、C、C' 在平面 π_2 内，点 C、C'、A、A' 在平面 π_3 内，则平面 π_1、π_2、π_3 任意两个都不重合，否则将得到 A、A'、B、B'、C、C' 共面，即 α 和 β 重合，因为三个平面的交线或者共点或者互相平行或者完全重合，所以 AA'、BB'、CC' 交于一点或互相平行． □

定理 1.3.23 及定理 1.3.24 是平面图形的 Desarges 定理及其逆定理在空间的推广，它是射影几何中的一个重要命题．

定理 1.3.25（四面体 Menelaus 定理）．[①] 平面 $KLMN$ 分别交四面体 $ABCD$ 的棱 AB、BD、CD、AC 于 K、L、M、N（图 1.3.7），则 $\dfrac{\overline{AK}}{\overline{KB}} \cdot \dfrac{\overline{BL}}{\overline{LD}} \cdot \dfrac{\overline{DM}}{\overline{MC}} \cdot \dfrac{\overline{CN}}{\overline{NA}} = 1$．

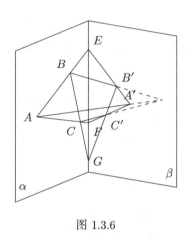

图 1.3.6

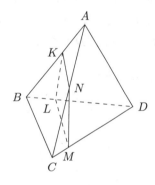

图 1.3.7

证明：设四边形 $KLMN$ 是四面体 $ABCD$ 被平面 α 所截的截面，AA_1、BB_1、CC_1、DD_1 是平面 α 的垂线（A_1、B_1、C_1、D_1 分别为垂足）．考察棱 AB 与平面 α 相交部分，显然 $\triangle AA_1K \backsim \triangle BB_1K$，所以
$$\frac{\overline{AK}}{\overline{KB}} = \frac{\overline{AA_1}}{\overline{BB_1}},$$

同理可证
$$\frac{\overline{BL}}{\overline{LD}} = \frac{\overline{BB_1}}{\overline{DD_1}}, \quad \frac{\overline{DM}}{\overline{MC}} = \frac{\overline{DD_1}}{\overline{CC_1}}, \quad \frac{\overline{CN}}{\overline{NA}} = \frac{\overline{CC_1}}{\overline{AA_1}},$$

相乘便得结论． □

[①]见文 [5]．

定理 1.3.26（四面体 Menelaus 定理的逆定理）.[①] 设点 K、L、M、N 分别在四面体 $ABCD$ 的棱 AB、BD、CD、AC 上（图 1.3.7），且满足 $\dfrac{\overline{AK}}{\overline{KB}} \cdot \dfrac{\overline{BL}}{\overline{LD}} \cdot \dfrac{\overline{DM}}{\overline{MC}} \cdot \dfrac{\overline{CN}}{\overline{NA}} = 1$，则这四点在同一平面内.

证明： 假设 K、L、M、N 不在同一平面内，过点 L、M、N 作平面 α，设它与棱 AB 交于点 K_1，由反证知 $K_1 \neq K$，所以 $\dfrac{\overline{AK_1}}{\overline{K_1B}} \neq \dfrac{\overline{AK}}{\overline{KB}}$，因此对于条件 $\dfrac{\overline{AK}}{\overline{KB}} \cdot \dfrac{\overline{BL}}{\overline{LD}} \cdot \dfrac{\overline{DM}}{\overline{MC}} \cdot \dfrac{\overline{CN}}{\overline{NA}} = 1$ 不成立，这与已知矛盾，从而平面 α 必过点 K，即 K、L、M、N 在同一平面内. □

例 1.3.2. 如图 1.3.8，在四面体 $ABCD$ 中，E、F 分别是 AB、BC 的中点，G、H 分别是 CD、AD 上的点，且 $\dfrac{DG}{DC} = \dfrac{DH}{DA} = \dfrac{1}{3}$，证明：直线 EH、FG、BD 相交于一点.

证明： 在四面体 $ABCD$ 中，E、F 分别是 AB、BC 的中点，则 $EF \parallel AC$，且 $EF = \dfrac{1}{2}AC$，G、H 分别是 CD、AD 上的点，且 $\dfrac{DG}{DC} = \dfrac{DH}{DA} = \dfrac{1}{3}$，则 $HG \parallel AC$，且 $GH = \dfrac{1}{3}AC$，所以 $EF \parallel AC \parallel HG$，则 EF 与 GH 确定一个平面，我们设为 β，但因 $EF \neq GH$，则 EH 与 FG 必交于一点 K，易证 $K \in$ 面 BCD，$K \in$ 面 ABD，所以 $K \in$ 面 $BCD \cap$ 面 ABD，所以直线 EH、FG、BD 相交于一点 K. □

例 1.3.3. 如图 1.3.9，已知三点 A、B、C 在两个相交的平面 α、β 内的射影 A_1、B_1、C_1 和 A_2、B_2、C_2 分别共线，求证：A、B、C 三点共线.

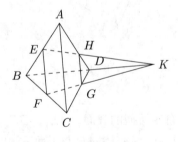

图 1.3.8

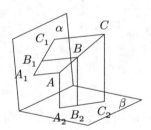

图 1.3.9

证明： 因为 A、B、C 在平面 α 内的射影为 A_1、B_1、C_1，且三点 A_1、B_1、C_1 共线，则有 $AA_1 \parallel BB_1 \parallel CC_1$，则 A、B、C 在 AA_1、BB_1、CC_1 所确定的平面 γ 内.

因为 A、B、C 在平面 β 内的射影为 A_2、B_2、C_2，且三点 A_2、B_2、C_2 共线，则有 $AA_2 \parallel BB_2 \parallel CC_2$，则 A、B、C 在 AA_2、BB_2、CC_2 所确定的平面 δ 内.

显然有 $\gamma \cap \delta = $ 直线 ABC，所以 A、B、C 共线. □

[①]见文 [5].

例 1.3.4. 如果空间四点 A、B、C、D 在两相交平面的一个平面上的射影为一线段, 在另一平面上的射影为一平行四边形, 求证: 空间四点 A、B、C、D 共面且为一平行四边形.

证明: 如图 1.3.10, α、β 是两相交平面, 四边形 $ABCD$ 在 α、β 上的射影分别为平行四边形 $A_1B_1C_1D_1$ 与线段 $A_2B_2C_2D_2$ (A_2、C_2 在线段 B_2D_2 上), 因为四边形 $ABCD$ 在平面 β 上的射影为线段 B_2D_2, 所以四边形 $ABCD$ 为一平面四边形, 且平面 $ABCD$ 垂直于平面 β, 又因为 $AA_1 \parallel DD_1$, $A_1B_1 \parallel D_1C_1$, 所以平面 $AA_1BB_1 \parallel$ 平面 DD_1CC_1, 所以有 $AB \parallel CD$, 同理可证 $AD \parallel BC$, 所以四边形 $ABCD$ 为平行四边形. □

例 1.3.5. 在四面体 $ABCD$ 中, 求证: 三个二面角 $C\text{-}AB\text{-}D$、$B\text{-}AC\text{-}D$、$C\text{-}AD\text{-}B$ 的平分面相交于同一条直线.

证明: 如图 1.3.11, 设二面角 $C\text{-}AB\text{-}D$、$B\text{-}AC\text{-}D$ 的平分面交于直线 AI, 则 AI 上的所有点到面 ABC 与面 ABD 的距离相等, 且到面 ABD 与面 ADC 的距离相等, 从而 AI 上的所有点到面 ABC 与面 ADC 的距离相等, 所以 AI 在二面角 $C\text{-}AD\text{-}B$ 的平分面上, 所以命题成立. □

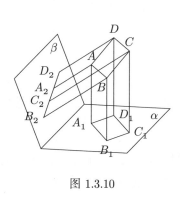

图 1.3.10

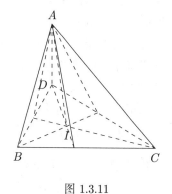

图 1.3.11

例 1.3.6. 四面体 $SABC$ 中, $\angle ASB$、$\angle BSC$ 的平分线分别为 SD、SE, $\angle ASC$ 的外角平分线为 SF, 求证: SD、SE、SF 三射线共面.

证明: 分两种情况.

若 $SF \parallel AC$, 则 $\triangle SAC$ 为等腰三角形, $SA = SC$, $\dfrac{AD}{DB} = \dfrac{AS}{SB}$, $\dfrac{BE}{EC} = \dfrac{SB}{SC}$, 两式相乘得, $\dfrac{AD}{DB} = \dfrac{EC}{EB}$, 所以 $DE \parallel AC \parallel SF$, 所以 SD、SE 在由 SF 和 DE 确定的平面内, 所以 SD、SE, SF 三射线共面.

若 SF 不平行于 AC, 由 $\dfrac{AF}{FC} = \dfrac{SA}{SC}$, $\dfrac{SA}{SB} = \dfrac{AD}{DB}$, $\dfrac{SB}{SC} = \dfrac{BE}{EC}$ 可得 $\dfrac{AD \cdot BE \cdot CF}{DB \cdot EC \cdot FA} = 1$, 又点 F 在 AC 的延长线上, 由 Menelaus 定理的逆定理知 D, E, F 三点共线, 所以 SD, SE, SF 共面于平面 SDF 中. □

文 [6] 探讨了四棱锥上的一个共面问题：

定理 1.3.27. [1] 四棱锥 S-$ABCD$ 底面对角线交于 P，记 $\dfrac{AP}{PC}=\lambda_1$，$\dfrac{BP}{PD}=\lambda_2$，则侧棱 SA、SB、SC、SD 上的点 A_1、B_1、C_1、D_1 共面的充要条件是 $\dfrac{\dfrac{SA}{SA_1}+\lambda_1\dfrac{SC}{SC_1}}{1+\lambda_1}=\dfrac{\dfrac{SB}{SB_1}+\lambda_2\dfrac{SD}{SD_1}}{1+\lambda_2}$.

推论 1.3.27.1. 正四棱锥 S-$ABCD$ 侧棱上四点 A_1、B_1、C_1、D_1 共面的充要条件是 $\dfrac{1}{SA_1}+\dfrac{1}{SC_1}=\dfrac{1}{SB_1}+\dfrac{1}{SD_1}$.

简单多面体截面的画法

画简单多面体的截面是学习立体几何中提供空间想象力和加深线面相交基本性质认识的很好的问题，其中常用到下面几个性质：

1. 若直线与平面相交且直线不在平面内，则仅有一交点.
2. 若两平面相交，则交于一直线.
3. 若三平面两两相交，则三平面的交线或者都平行或者共点.
4. 若一平面与两个平行平面其中一个相交，则与另外一个平面也相交，交线平行.

下面举几个简单例子说明一下.

例 1.3.7. 如图 1.3.12，正方体 $ABCD$-$EFGH$ 的棱 AE 上有一点 P，棱 BF 上有一点 Q，棱 DH 上有一点 R，画出平面 PQR 截正方体 $ABCD$-$EFGH$ 的截面.

解： 作直线 PQ 与 EF 的交点 S，作直线 PR 与 EH 的交点 T. 作直线 ST，与 FG 的交点为 U，与 GH 的交点为 V，则五边形 $PQUVR$ 就是所求的截面. □

例 1.3.8. 如图 1.3.13，正方体 $ABCD$-$EFGH$ 的棱 AE 上有一点 P，棱 BF 上有一点 Q，棱 GH 上有一点 R，画出平面 PQR 截正方体 $ABCD$-$EFGH$ 的截面.

解： 作直线 PQ 与 EF 的交点 S. 作直线 SR，与 FG 交于点 U，与 EH 交于点 T. 作直线 PT，与 DH 交于点 V. 则五边形 $PQURV$ 就是所求的截面. □

以上两个例子都比较简单，有两点是在多面体的同一面上的，这样求交点就很容易. 下面举两个稍为复杂点的例子.

---

[1] 见文 [6].

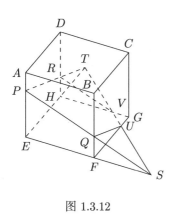
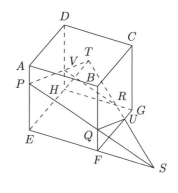

图 1.3.12　　　　　　　　　　　　　图 1.3.13

例 1.3.9. 五棱锥 A-$BCDEF$ 的棱 AB 上有一点 P，棱 CD 上有一点 Q，棱 AE 上有一点 R，求平面 PQR 截五棱锥 A-$BCDEF$ 所得的截面.

解： 如图 1.3.14，若 PR 不与平面 $BCDEF$ 平行，则过点 P, R 作 AF 的平行线分别与 FB、EF 相交于点 S、T. 作直线 PR、ST，两线相交于点 U. 作直线 QU，与 BC 相交于点 V，与 DE 相交于点 W，与 EF 相交于点 X. 连直线 PV，与 AC 相交于点 Y. 作直线 RX，与 AF 相交于点 Z. 则六边形 $PYQWRZ$ 就是所求的截面.

如图 1.3.15，若 $PR \parallel$ 平面 $BCDEF$，则过点 Q 作 PR 的平行线. 若这条平行线不与 CD 重合（若这条平行线不与 CD 重合，则如何操作，留给读者思考），则作与 BC 的交点 S，与 DE 的交点 T，与 EF 的交点 U. 作直线 RT，交 AD 于点 V. 连直线 RU，交 AF 于点 W. 则六边形 $PSQVRW$ 就是所求的截面. □

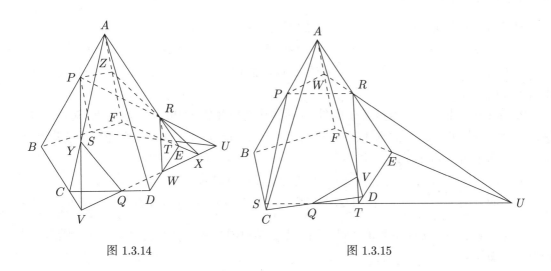

图 1.3.14　　　　　　　　　　　　　图 1.3.15

例 1.3.10. 三棱锥 A-BCD 的面 ABC 内有一点 P，面 ABD 内有一点 Q，面 BCD 内有一点 R，求平面 PQR 截三棱锥 A-BCD 所得的截面.

解：过点 P 作 AB 的平行线，交 BC 于点 S；过点 Q 作 AB 的平行线，交 BD 于点 T．过点 B 作 ST 的平行线，分别交直线 RS、RT 于点 S_1、T_1．过点 S_1 作 AB 的平行线，交直线 PR 于点 U；过点 T_1 作 AB 的平行线，交直线 QR 于点 V；直线 UV 交 AB 于点 W；直线 PW 与直线 BC 相交于点 X，直线 QW 与直线 BD 相交于点 Y．若 XY 在 $\triangle BCD$ 内，则 $\triangle WXY$ 就是所求的截面（图 1.3.16）；若 XY 不全在 $\triangle BCD$ 内，则四边形 WXZ_2Z_1 就是所求的截面（图 1.3.17）． □

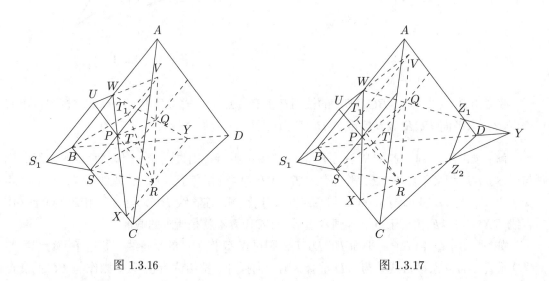

图 1.3.16　　　　　　　　　　　图 1.3.17

简单三视图复原几何体

对于简单的三视图复原几何体，可使用下面的方法：

1. 正（主）视图放在平面 xOz 的第一象限里，侧（左）视图放在平面 yOz 的第一象限里，俯视图放在平面 xOy 的第一象限里，且放置的方向与观察的方向一致，视图中重合的边界画成重合；

2. 确定正（主）视图、侧（左）视图、俯视图中对应几何体中的同一点的点，过正（主）视图的对应点作平面 xOz 的垂线，过侧（左）视图的对应点作平面 yOz 的垂线，过俯视图的对应点作平面 xOy 的垂线，这三条垂线的公共点就是几何体上的对应点；

3. 确定所有对应点后根据三视图里的线确定几何体的面．

上面的方法对于复杂的三视图复原几何体仍适用，但是不那么好确定点的位置．

例 1.3.11. 一个多面体的正视图、侧视图、俯视图分别如图 1.3.18(a)(b)(c) 所示，作出这个多面体．

解：如图 1.3.19，正视图放在长方形 $ABCD$ 的位置，侧视图放在梯形 $AHGD$ 的位置，俯视图放在 $\triangle ABI$ 的位置．点 E、H、I 对应多面体的同一个点，作图确定多面体的点就

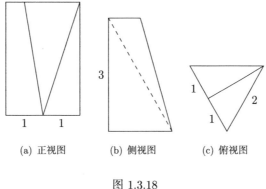

(a) 正视图　　　(b) 侧视图　　　(c) 俯视图

图 1.3.18

是点 I. 点 F、G、J 对应多面体的同一个点，作图确定多面体的点就是点 K. 所求的多面体就是一个正三棱柱切去一角后得到的多面体（图 1.3.20）。□

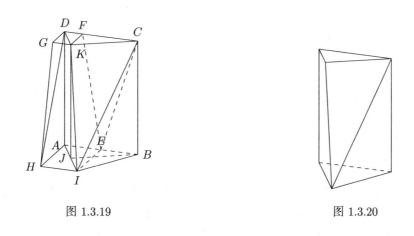

图 1.3.19　　　　　　　　　　图 1.3.20

例 1.3.12. 一个几何体的正视图、侧视图、俯视图分别如图 1.3.21(a)(b)(c) 所示，其中的曲线都是圆弧，作出这个几何体.

解： 如图 1.3.22，正视图放在正方形 $ACEG$ 的位置，侧视图放在正方形 $AKIG$ 的位置，俯视图放在闭合曲线 $BCNKL$ 的位置. 点 F、I、M 对应多面体的同一个点，作图确定多面体的点就是点 Q. 点 D、J、N 对应多面体的同一个点，作图确定多面体的点就是点 R. 点 E、H、O 对应多面体的同一个点，作图确定多面体的点就是点 S. 再结合视图中的线，因为光滑曲面内部的细节三视图里不会有所表示，所求的几何体就是正方体切去半个圆柱和八分之一个球面得到的几何体（图 1.3.23），这种是能得到的最一般的几何体. □

例 1.3.13. 一个多面体的正视图、侧视图、俯视图分别如图 1.3.24(a)(b)(c) 所示，作出这个多面体.

1.3 共线、共点、共面问题

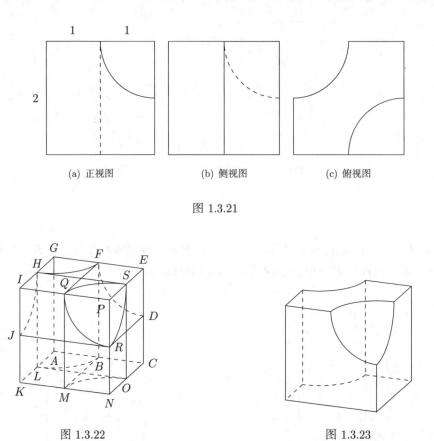

(a) 正视图　　(b) 侧视图　　(c) 俯视图

图 1.3.21

图 1.3.22　　　　　　　　　　图 1.3.23

解：如图 1.3.25，正视图放在长方形 $ABCD$ 的位置，侧视图放在正方形 $AEFD$ 的位置，俯视图放在长方形 $AEIB$ 的位置. 点 D、G、H 对应多面体的同一个点，作图确定多面体的点就是点 G. 点 C、F、I 对应多面体的同一个点，作图确定多面体的点就是点 K. 点 C、G、J 对应多面体的同一个点，作图确定多面体的点就是点 L. 正视图中的点 D 可能是点 D 本身生成的，也可能是点 G 生成的；侧视图中的点 D 可能是点 D 本身生成的，也可能是点 C 生成的；点 D 可生成俯视图中的点 A；所以点 D 可能是多面体上的点，也可能不是多面体上的点. 若点 D 不是多面体上的点，再结合视图中的线，所求的几何体就

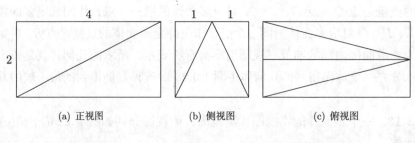

(a) 正视图　　(b) 侧视图　　(c) 俯视图

图 1.3.24

是图 1.3.26 的多面体；若点 D 是多面体上的点，再结合视图中的线，所求的几何体就是图 1.3.27 的多面体. □

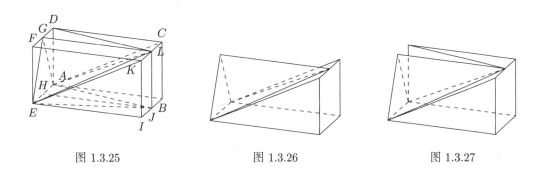

图 1.3.25　　　　　　　图 1.3.26　　　　　　　图 1.3.27

由例 1.3.13 的结果知，如果只知道一个几何体的三视图，一般情况下由这些视图所确定的几何体并不唯一. 而且因为光滑的曲面在三视图里不会画出曲面的细节，所以若三视图都是三个圆，则所确定的几何体不一定是球，可以在球上挖掉一个球缺，再把边界线部分磨光滑，在适当的角度下画这个几何体得到的三视图仍是三个圆. 类似地可以用光滑的曲面构造出三视图都是正方形的几何体，但它不是正方体.

1.4　异面直线及其相关问题

异面直线是立体几何中一个非常重要的概念，对异面直线的位置关系，所成角、距离的研究一直以来都是立体几何教学的重点与难点，也是高考与竞赛考查的一个热点问题.

定义 1.4.1. 我们把不同在任何一个平面内的两条直线叫作异面直线.

定义 1.4.2. 直线 a、b 是异面直线，经过空间一点 O，分别引直线 $a' \parallel a$，$b' \parallel b$（图 1.4.1），相交直线 a'、b' 所成的锐角（或直角）叫作异面直线 a、b 所成的角.

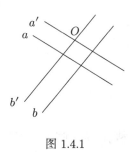

图 1.4.1

定义 1.4.3. 和两条异面直线都垂直相交的直线叫作两条异面直线的公垂线.

定义 1.4.4. 两条异面直线的公垂线在这两条异面直线间的线段，叫作这两条异面直线的公垂线段，公垂线段的长度，叫作两条异面直线的距离.

定理 1.4.1. 过平面外一点与平面内一点的直线，和平面内不经过该点的直线是异面直线.

证明： 如图 1.4.2，假设直线 AB 和 l 不是异面直线，则直线 AB 和 l 共面，设这个平面为 α，则 $B \in$ 直线AB，$AB \subset \alpha$，所以 $A \in \alpha$，这与已知点 A 在平面 α 外矛盾，定理获证. □

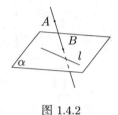

图 1.4.2

定理 1.4.2. 经过两条异面直线中的一条，有一个平面与另一条直线平行.

证明： 如图 1.4.3，直线 a、b 为异面直线，在直线 a 上任取一点 P，则直线 b、点 P 确定一个平面 γ，在平面 γ 内过 P 作直线 $b' \parallel b$，显然 $b' \cap a = P$，设相交直线 a、b' 确定的平面为 α，因为 $b \parallel b'$，$b' \subset \alpha$，$b \not\subset \alpha$，所以 $b \parallel \alpha$，结论获证. □

定理 1.4.3. 异面直线的公垂线存在且唯一.

证明： 如图 1.4.4，设 l_1、l_2 互为异面直线，过 l_2 作平面 φ_2 使 $l_1 \parallel \varphi_2$，在平面 φ_2 中作 l_1 的射影 l'_1，设 l'_1 与 l_2 的交点为 B.

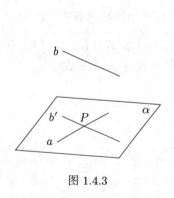

图 1.4.3

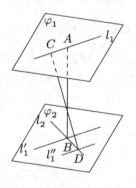

图 1.4.4

由于 l'_1 是 l_1 在 φ_2 中的射影，则 l_1 与 l'_1 确定一个平面 φ. 在 φ 内作 $AB \perp l_1$，与 l_1 的交点是 A，则 $AB \perp \varphi_2$，因此 $AB \perp l_2$，于是 AB 所在直线为一条所求的直线.

现在假设 $C \in l_1$，$D \in l_2$，联结 CD. 假设 CD 也是 l_1 与 l_2 的公垂线，那么过点 D 作 $l''_1 \parallel l_1$，则 $l'_1 \parallel l''_1$，因此 l'_1、l''_1、l_2 都在 φ_2 内，于是有 $CD \perp l_2$，$AB \perp l_2$，$CD \perp l''_1$，$AB \perp l'_1$，即 $AB \perp \varphi_2$，$CD \perp \varphi_2$，于是得 $AB \parallel CD$，即 l_1 与 l_2 共面，这和 l_1 与 l_2 是异面直线矛盾. 因此，异面直线的公垂线是唯一确定的. □

定理 1.4.4. [1] 已知异面直线 a、b 所成的角为 θ，它们的公垂线段 AA' 的长度为 d，在直线 a、b 上分别取点 E、F（点 A'、E 在 a 上，点 A、F 在 b 上），设 $A'E = m$，$AF = n$，则

$$EF = \sqrt{d^2 + m^2 + n^2 \pm 2mn\cos\theta},$$

$\overrightarrow{A'E}$、$\overrightarrow{AF}$ 的夹角为 θ 时取负，$\overrightarrow{A'E}$、$\overrightarrow{AF}$ 的夹角为 $180° - \theta$ 时取正.

推论 1.4.4.1. 在两条异面直线上各任取一点，这两点形成的所有线段中这两条异面直线的距离最小.

定理 1.4.5. [2] 在空间四边形 $ABCD$ 中，AB、CD 所成的角为 θ，则有

$$\cos\theta = \frac{|AC^2 + BD^2 - AD^2 - BC^2|}{2AB \cdot CD}.$$

推论 1.4.5.1. A、B、C、D 是空间不共线的四点，则异面直线 AB、CD 垂直的充要条件是 $AC^2 + BD^2 = AD^2 + BC^2$.

推论 1.4.5.2. 若空间四边形 $ABCD$ 中，$AC \perp BD$，$AD \perp BC$，则 $AB \perp CD$.

证明： 由推论 1.4.5.1 知

$$AC \perp BD \iff AB^2 + CD^2 = BC^2 + AD^2,$$
$$AD \perp BC \iff AB^2 + CD^2 = AC^2 + BD^2,$$

则有

$$AC^2 + BD^2 = AD^2 + BC^2 \iff AB \perp CD. \qquad \square$$

定理 1.4.6、1.4.8、1.4.9 的证明需要用到三面角第一余弦定理，定理 1.4.8 的证明还需要用到三面角正弦定理，三面角第一余弦定理和三面角正弦定理的证明，请参考第 2.1 节.

定理 1.4.6. 如图 1.4.5，二面角 $\varphi_1\text{-}AC\text{-}\varphi_2$ 的平面角是 γ，AB 在 φ_1 内，CD 在 φ_2 内，$\angle BAC = \alpha$，$\angle ACD = \beta$，$AC = a$，向量 $\overrightarrow{AB}$ 与 $\overrightarrow{CD}$ 的夹角是 θ，如果 AB 与 CD 所成的角是 ψ，则

$$\cos\theta = \sin\alpha\sin\beta\cos\gamma - \cos\alpha\cos\beta, \quad \cos\psi = |\sin\alpha\sin\beta\cos\gamma - \cos\alpha\cos\beta|.$$

证明： 过点 A 作 $AH \parallel CD$，则 $\angle CAH = 180° - \angle ACD = 180° - \beta$，由三面角的第一余弦定理得

$$\cos\theta = \cos\angle BAH = \sin\angle BAC \sin\angle CAH \cos\gamma + \cos\angle BAC \cos\angle CAH$$
$$= \sin\alpha\sin\beta\cos\gamma - \cos\alpha\cos\beta,$$

---
[1] 证明见文 [1].
[2] 证明见文 [7]、[8]、[9]，亦可见第 4.4 节.

因为
$$\cos\psi = |\cos\angle BAH|,$$
所以
$$\cos\psi = |\sin\alpha\sin\beta\cos\gamma - \cos\alpha\cos\beta|. \qquad \Box$$

由定理 1.4.6 的结论立即得：

推论 1.4.6.1（三余弦公式）. 平面 α 的垂线和斜线分别是 AC、AB，线面角 $\angle ABC = \theta_1$，平面 α 内另一直线 DE 与 BC 的夹角是 θ_2，设直线 AB、DE 所成的角为 θ，则有
$$\cos\theta = \cos\theta_1 \cos\theta_2.$$

三余弦公式是三面角第一余弦定理的特例.

定理 1.4.7. 二面角 $\alpha\text{-}l\text{-}\beta$ 的平面角为 θ，α、β 两个面内各有一点 P、Q，它们到棱 l 的距离分别为 a、b，$PQ = m$，异面直线 PQ、l 所成的角为 ψ，PQ、l 的距离为 d，PQ、l 的公垂线交直线 PQ 于点 T，则

（1） $\sin\psi = \dfrac{\sqrt{a^2 + b^2 - 2ab\cos\theta}}{m}$，$d = \dfrac{ab\sin\theta}{\sqrt{a^2 + b^2 - 2ab\cos\theta}}$.

（2） 公垂线在 PQ 上的垂足由 $\overline{PT} : \overline{TQ} = (a^2 - ab\cos\theta) : (b^2 - ab\cos\theta)$ 确定.

证明：如图 1.4.6，作 $PM \perp l$，$QN \perp l$，作 $AN \parallel PM$，$AN = PM$，联结 QA，过 N 作 $NB \perp QA$，由题意知，$PM = a$，$QN = b$，$\angle QNA = \theta$，$AQ = m\sin\psi$，由三角形余弦定理得
$$AN^2 + QN^2 - 2 \cdot AN \cdot QN \cdot \cos\theta = AQ^2,$$
由此得
$$\sin\psi = \dfrac{\sqrt{a^2 + b^2 - 2ab\cos\theta}}{m}.$$

易证 $BN \perp$ 面 QPA，所以 $BN = d$，在 $\triangle QNA$ 中，$NA = a$，$QN = b$，$\angle QNA = \theta$，$S_{\triangle ANQ} = \dfrac{1}{2}ab\sin\theta$，所以 $d \cdot QA = ab\sin\theta$，即
$$d = \dfrac{ab\sin\theta}{\sqrt{a^2 + b^2 - 2ab\cos\theta}}.$$

直线 AQ 上的有向线段规定与 $\overrightarrow{AQ}$ 同向时为正，反向时为负，则
$$\overline{AB} = AN \cdot \cos\angle NAQ = a \cdot \dfrac{AN^2 + AQ^2 - QN^2}{2 \cdot AN \cdot AQ} = \dfrac{a^2 - ab\cos\theta}{\sqrt{a^2 + b^2 - 2ab\cos\theta}},$$
同理得
$$\overline{BQ} = \dfrac{b^2 - ab\cos\theta}{\sqrt{a^2 + b^2 - 2ab\cos\theta}},$$
所以
$$\overline{PT} : \overline{TQ} = \overline{AB} : \overline{BQ} = (a^2 - ab\cos\theta) : (b^2 - ab\cos\theta). \qquad \Box$$

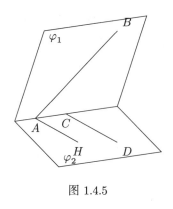
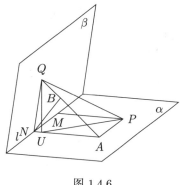

图 1.4.5　　　　　　　　　　　图 1.4.6

推论 1.4.7.1. 二面角 $\alpha\text{-}l\text{-}\beta$ 中 $\alpha \perp \beta$，α、β 两个面内各有一点 P、Q，它们到棱 l 的距离分别为 a、b，异面直线 PQ 与 l 的距离为 d，则

$$d = \frac{ab}{\sqrt{a^2+b^2}}.$$

推论 1.4.7.2.[①] 二面角 $\alpha\text{-}l\text{-}\beta$ 的平面角为 θ，α、β 两个面内各有一点 P、Q，$PQ = a$，PQ 与 α、β 所成角分别是 θ_1、θ_2，PQ、l 所成角是 ψ，PQ、l 的距离是 d，PQ、l 的公垂线交直线 PQ 于点 T，则：

（1）PQ、l 所成的角、距离由下面式子确定：

$$\sin \psi = \frac{\sqrt{\sin^2 \theta_1 + \sin^2 \theta_2 - 2\sin\theta_1 \sin\theta_2 \cos\theta}}{\sin\theta},$$

$$d = \frac{a \sin\theta_1 \sin\theta_2}{\sqrt{\sin^2\theta_1 + \sin^2\theta_2 - 2\sin\theta_1\sin\theta_2\cos\theta}};$$

（2）公垂线在 PQ 上的垂足由

$$\overrightarrow{PT} : \overrightarrow{TQ} = (\sin^2\theta_2 - \sin\theta_1\sin\theta_2\cos\theta) : (\sin^2\theta_1 - \sin\theta_1\sin\theta_2\cos\theta)$$

确定.

证明： 如图 1.4.6，作 $PM \perp l$，$QN \perp l$，作 $AN \parallel PM$，$AN = PM$，联结 QA，过 N 作 $NB \perp QA$，作点 Q 在 α 内的射影 U，则 $QN = \dfrac{QU}{\sin\theta} = \dfrac{a\sin\theta_1}{\sin\theta}$，同理得 $PM = AN = \dfrac{a\sin\theta_2}{\sin\theta}$，而 $AQ = a\sin\psi$，应用定理 1.4.7 即得结论. □

定理 1.4.8. 如图 1.4.7，二面角 $\varphi_1\text{-}AC\text{-}\varphi_2$ 的平面角是 γ，AB 在 φ_1 内，CD 在 φ_2 内，$\angle BAC = \alpha$，$\angle ACD = \beta$，$AC = a$，向量 $\overrightarrow{AB}$ 与 $\overrightarrow{CD}$ 的夹角是 θ，AB、CD 所成的角是

[①] 所成角公式在文 [10] 中亦可见到.

ψ,AB、CD 的公垂线交直线 AB 于点 K,交直线 CD 于点 L. 直线 AB 上的有向线段当与 $\overrightarrow{AB}$ 同向时为正,反向时为负. 直线 CD 上的有向线段当与 $\overrightarrow{CD}$ 同向时为正,反向时为负. 直线 AB、CD 的距离是 d,则

(1) $d = \dfrac{\sin\alpha\sin\beta\sin\gamma}{\sin\theta} \cdot a = \dfrac{\sin\alpha\sin\beta\sin\gamma}{\sin\psi} \cdot a$;

(2) AB、CD 的公垂线位置由下式确定:

$$\overline{AK} = \dfrac{\cos\alpha + \cos\beta\cos\theta}{\sin^2\theta} \cdot a, \quad \overline{CL} = \dfrac{\cos\beta + \cos\alpha\cos\theta}{\sin^2\theta} \cdot a.$$

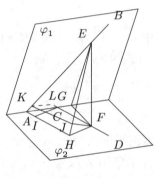

图 1.4.7

证明: 在 φ_2 内作 AB 的射影 l,分两种情况:

(a) 如果 l 与 CD 相交,设其交点是 F,过点 F 作 $l_1 \perp \varphi_2$,则 l_1 与 AB 相交,设交点是 E,作 $EG \perp AC$,与 AC 相交于点 G,联结 FG,作 $AH \parallel CD$,使 $FH \perp AH$,联结 EH,作 $CI \parallel FH$,与 AH 相交于点 I,作 $FJ \perp EH$,与 EH 相交于点 J,作 $JK \parallel AH$,与 AB 相交于点 K,作 $KL \parallel FJ$,与 CD 相交于点 L,则 $FG \perp AC$,$FH \perp CD$,$CI \perp AH$,$EH \perp AH$,所以 $CD \perp$ 平面 EFH,$AH \perp$ 平面 EFH,于是 $FJ \perp CD$,$AH \perp FJ$,$AH \perp EH$,所以 $FJ \perp$ 平面 AEH,$KL \perp CD$,并且 $\angle EHF$ 是二面角 E-AH-F 的平面角. 于是 $FJ \perp AB$,因此 $FJ = d$,$KL \perp AB$,即 KL 是 AB 与 CD 的公垂线. 因为

$$CI = a\sin(180° - \beta) = a\sin\beta,$$

所以

$$FH = CI = a\sin\beta.$$

因为

$$EG = AE\sin\alpha,$$

所以

$$EF = EG\sin\gamma = AE\sin\alpha\sin\gamma.$$

因为向量 $\overrightarrow{AB}$ 与 $\overrightarrow{CD}$ 的夹角是 $\angle EAH$，所以 $\angle EAH = \theta$ 或 $\angle EAH = 180° - \theta$，于是 $\sin\angle EAH = \sin\theta$，所以
$$EH = AE\sin\angle EAH = AE\sin\theta.$$
由此得
$$d = FJ = \frac{2S_{\triangle EFH}}{EH} = \frac{EF \cdot FH}{EH} = \frac{AE\sin\alpha\sin\gamma \cdot a\sin\beta}{AE\sin\theta} = \frac{\sin\alpha\sin\beta\sin\gamma}{\sin\theta} \cdot a.$$

直线 EH 上的有向线段当与 $\overrightarrow{HE}$ 同向时为正，反向为负，则 $\overrightarrow{AK}$ 与 $\overrightarrow{HJ}$ 的符号相同. 当 $\angle EAH = \theta$，且点 H 不与点 A 重合时，由三面角的第一余弦定理得
$$\cos\angle EHF = \frac{\cos\alpha - \cos(180°-\beta)\cos\theta}{\sin(180°-\beta)\sin\theta} = \frac{\cos\alpha + \cos\beta\cos\theta}{\sin\beta\sin\theta},$$
当 $\angle EAH = 180° - \theta$，且点 H 不与点 A 重合或点 H 与点 A 重合（此时必定 $\theta = 90°$）时上面的公式仍然成立，所以
$$\overline{EH} = \frac{\overline{FH}}{\cos\angle EHF} = \frac{\sin^2\beta\sin\theta}{\cos\alpha + \cos\beta\cos\theta} \cdot a, \quad \overline{AE} = \frac{\overline{EH}}{\sin\theta} = \frac{\sin^2\beta}{\cos\alpha + \cos\beta\cos\theta} \cdot a.$$
另外，因为 $\triangle FHJ \backsim \triangle EHF$，所以
$$\frac{\overline{JH}}{\overline{FH}} = \frac{FH}{\overline{EH}},$$
于是
$$\overline{JH} = \frac{FH^2}{\overline{EH}} = \frac{\cos\alpha + \cos\beta\cos\theta}{\sin\theta} \cdot a.$$
因为 $JK \parallel AH$，所以
$$\frac{\overline{AK}}{\overline{AE}} = \frac{\overline{JH}}{\overline{EH}},$$
于是得
$$\overline{AK} = \frac{\overline{AE} \cdot \overline{JH}}{\overline{EH}} = \frac{\cos\alpha + \cos\beta\cos\theta}{\sin^2\theta} \cdot a.$$
同理可得
$$\overline{CL} = \frac{\cos\beta + \cos\alpha\cos\theta}{\sin^2\theta} \cdot a.$$

（b）如果 l 与 CD 平行，则在 AB 上取一点 E，作 $EF \perp \varphi_2$，与 φ_2 相交于点 F，作 $FH \perp CD$，与 CD 相交于点 H，过点 A 作 $AL \perp CD$，则 $FH \perp AF$，平面 $AEF \perp \varphi_2$，所以 $FH \perp$ 平面 AEH，于是 $FH \perp AB$，因此
$$FH = d = a\sin(180° - \beta) = a\sin\beta.$$
而且 AL 是 AB 与 CD 的公垂线. 由三面角的正弦定理得
$$\frac{\sin\theta}{\sin\gamma} = \frac{\sin\alpha}{\sin 90°} = \sin\alpha,$$

于是
$$d = \frac{\sin\alpha \sin\beta \sin\gamma}{\sin\theta} \cdot a$$

仍然成立. 由三面角的第一余弦定理, 得

$$\cos\alpha = \cos(180° - \beta)\cos\theta = -\cos\beta\cos\theta.$$

所以
$$\frac{\cos\alpha + \cos\beta\cos\theta}{\sin^2\theta} = 0, \quad \frac{\cos\beta + \cos\alpha\cos\theta}{\sin^2\theta} = \cos\beta.$$

l 与 CD 平行时的结论仍成立.

综合得:

AB 与 CD 的距离是 $d = \dfrac{\sin\alpha \sin\beta \sin\gamma}{\sin\theta} \cdot a$, 而 $\sin\theta = \sin\psi$, 所以有 $d = \dfrac{\sin\alpha \sin\beta \sin\gamma}{\sin\theta} \cdot a = \dfrac{\sin\alpha \sin\beta \sin\gamma}{\sin\psi} \cdot a$.

点 A 到公垂线在 AB 上的垂足的有向距离是 $\dfrac{\cos\alpha + \cos\beta\cos\theta}{\sin^2\theta} \cdot a$; 点 C 到公垂线在 CD 上的垂足的有向距离是 $\dfrac{\cos\beta + \cos\alpha\cos\theta}{\sin^2\theta} \cdot a$. $\square$

对于定理 1.4.6 和定理 1.4.8, 还可以用向量方法证明. 设 $\overrightarrow{AB}$ 是直线 AB 的正方向, 单位向量是 e_{AB}, $\overrightarrow{AB'} = e_{AB}$, 点 B' 到直线 AC 的垂足是 B_1; $\overrightarrow{CD}$ 是直线 CD 的正方向, 单位向量是 e_{CD}, $\overrightarrow{CD'} = e_{CD}$, 点 D' 到直线 AC 的垂足是 D_1; $\overrightarrow{AC}$ 是直线 AC 的正方向, 单位向量是 e_{AC}. 记 $\overrightarrow{AK} = x$, $\overrightarrow{CL} = y$. 则

$$\begin{aligned}
\cos\theta &= \overrightarrow{AB'} \cdot \overrightarrow{CD'} = \left(\overrightarrow{AB_1} + \overrightarrow{B_1B'}\right) \cdot \left(\overrightarrow{CD_1} + \overrightarrow{D_1D'}\right) \\
&= \overrightarrow{B_1B'} \cdot \overrightarrow{D_1D'} + \overrightarrow{AB_1} \cdot \overrightarrow{CD_1} + \overrightarrow{AB_1} \cdot \overrightarrow{D_1D'} + \overrightarrow{B_1B'} \cdot \overrightarrow{CD_1} \\
&= \left|\overrightarrow{B_1B'}\right| \cdot \left|\overrightarrow{D_1D'}\right| \cos\langle\overrightarrow{B_1B'}, \overrightarrow{D_1D'}\rangle + \left|\overrightarrow{AB_1}\right| \cdot \left|\overrightarrow{CD_1}\right| \cos\langle\overrightarrow{AB_1}, \overrightarrow{CD_1}\rangle \\
&= \sin\alpha \sin\beta \cos\gamma - \cos\alpha \cos\beta,
\end{aligned}$$

所以
$$\cos\psi = |\cos\theta| = |\sin\alpha \sin\beta \cos\gamma - \cos\alpha \cos\beta|.$$

因为
$$\overrightarrow{KL} = -\overrightarrow{AK} + \overrightarrow{AC} + \overrightarrow{CL},$$

所以
$$\begin{aligned}
0 &= \overrightarrow{KL} \cdot \overrightarrow{AB'} = -\overrightarrow{AK} \cdot \overrightarrow{AB'} + \overrightarrow{AC} \cdot \overrightarrow{AB'} + \overrightarrow{CL} \cdot \overrightarrow{AB'} \\
&= -x + a\cos\alpha + y\cos\theta,
\end{aligned}$$

同理得
$$-x\cos\theta - a\cos\beta + y = 0,$$
解方程组
$$\begin{cases} -x + a\cos\alpha + y\cos\theta = 0, \\ -x\cos\theta - a\cos\beta + y = 0, \end{cases}$$
得
$$\begin{cases} x = \dfrac{\cos\alpha + \cos\beta\cos\theta}{\sin^2\theta} \cdot a, \\ y = \dfrac{\cos\beta + \cos\alpha\cos\theta}{\sin^2\theta} \cdot a, \end{cases}$$
所以
$$\begin{aligned} KL^2 &= AK^2 + AC^2 + CL^2 - 2\cdot\overrightarrow{AK}\cdot\overrightarrow{AC} - 2\cdot\overrightarrow{AK}\cdot\overrightarrow{CL} + 2\cdot\overrightarrow{AC}\cdot\overrightarrow{CL} \\ &= x^2 + a^2 + y^2 - 2ax\cos\alpha - 2xy\cos\theta - 2ay\cos\beta \\ &= \dfrac{1 - \cos^2\alpha - \cos^2\beta - \cos^2\theta - 2\cos\alpha\cos\beta\cos\theta}{\sin^2\theta} \cdot a^2, \end{aligned}$$
把 $\cos\theta = \sin\alpha\sin\beta\cos\gamma - \cos\alpha\cos\beta$ 代入上式分子, 化简得
$$KL^2 = \left(\dfrac{\sin\alpha\sin\beta\sin\gamma}{\sin\theta} \cdot a\right)^2,$$
所以
$$KL = \dfrac{\sin\alpha\sin\beta\sin\gamma}{\sin\theta} \cdot a = \dfrac{\sin\alpha\sin\beta\sin\gamma}{\sin\psi} \cdot a.$$

推论 1.4.8.1. 二面角 $\varphi_1\text{-}AC\text{-}\varphi_2$ 中 $\varphi_1 \perp \varphi_2$, AB 在 φ_1 内, CD 在 φ_2 内, $\angle BAC = \alpha$, $\angle ACD = \beta$, $AC = a$, AB、CD 所成的角是 θ, 则
$$d = \dfrac{\sin\alpha\sin\beta}{\sin\theta} \cdot a, \quad \overline{AK} = \dfrac{\cos\alpha\sin^2\beta}{\sin^2\theta} \cdot a, \quad \overline{CL} = \dfrac{\sin^2\alpha\cos\beta}{\sin^2\theta} \cdot a.$$

推论 1.4.8.2. 二面角 $\varphi_1\text{-}AC\text{-}\varphi_2$ 的平面角是 γ, AB 在 φ_1 内, CD 在 φ_2 内, $\angle BAC = \alpha$, $\angle ACD = \beta$, $AC = a$, AB、CD 的距离是 d, 则
$$d = \dfrac{a\sin\gamma}{\sqrt{\sin^2\gamma + \cot^2\alpha + \cot^2\beta + 2\cot\alpha\cot\beta\cos\gamma}},$$
$$\overline{AK} = \dfrac{\cot\alpha + \cot\beta\cos\gamma}{\sin\alpha(\sin^2\gamma + \cot^2\alpha + \cot^2\beta + 2\cot\alpha\cot\beta\cos\gamma)} \cdot a,$$
$$\overline{CL} = \dfrac{\cot\beta + \cot\alpha\cos\gamma}{\sin\beta(\sin^2\gamma + \cot^2\alpha + \cot^2\beta + 2\cot\alpha\cot\beta\cos\gamma)} \cdot a.$$

证明: 设 AB、CD 所成的角是 θ, 则
$$\sin^2\alpha\sin^2\beta(\sin^2\gamma + \cot^2\alpha + \cot^2\beta + 2\cot\alpha\cot\beta\cos\gamma)$$

$$\begin{aligned}
&= \sin^2\alpha\sin^2\beta\sin^2\gamma + \sin^2\alpha\cos^2\beta + \cos^2\alpha\sin^2\beta + 2\sin\alpha\sin\beta\cos\alpha\cos\beta\cos\gamma \\
&= \sin^2\alpha\sin^2\beta(1-\cos^2\gamma) + (1-\cos^2\alpha)\cos^2\beta + \cos^2\alpha(1-\cos^2\beta) \\
&\quad + 2\sin\alpha\sin\beta\cos\alpha\cos\beta\cos\gamma \\
&= 1 + \sin^2\alpha\sin^2\beta - \sin^2\alpha\sin^2\beta\cos^2\gamma - 1 + \cos^2\alpha + \cos^2\beta - \cos^2\alpha\cos^2\beta - \cos^2\alpha\cos^2\beta \\
&\quad + 2\sin\alpha\sin\beta\cos\alpha\cos\beta\cos\gamma \\
&= 1 + \sin^2\alpha\sin^2\beta - (1-\cos^2\alpha)(1-\cos^2\beta) \\
&\quad - \sin^2\alpha\sin^2\beta\cos^2\gamma + 2\sin\alpha\sin\beta\cos\alpha\cos\beta\cos\gamma - \cos^2\alpha\cos^2\beta \\
&= 1 - (\sin\alpha\sin\beta\cos\gamma - \cos\alpha\cos\beta)^2 \\
&= 1 - \cos^2\theta \\
&= \sin^2\theta,
\end{aligned}$$

倒数第三步到倒数第二步利用了定理 1.4.6，所以

$$\frac{\sin\gamma}{\sqrt{\sin^2\gamma + \cot^2\alpha + \cot^2\beta + 2\cot\alpha\cot\beta\cos\gamma}} = \frac{\sin\alpha\sin\beta\sin\gamma}{\sin\theta},$$

由定理 1.4.8 知命题成立. □

由推论 1.4.8.2 得：

推论 1.4.8.3. 已知 a、b 为异面直线，$\varphi_1 \perp \varphi_2$，$\varphi_1 \cap \varphi_2 = l$，$a \subset \varphi_1$，$b \subset \varphi_2$，直线 a、l 的夹角为 α，直线 b、l 的夹角为 β，$AB = m$，异面直线 a、b 间的距离为 d，则有

$$d = \frac{m}{\sqrt{1 + \cot^2\alpha + \cot^2\beta}}.$$

定理 1.4.9. 与异面直线 l_1、l_2 均相交的直线 l 满足以下条件：l_1 与 l 的所成角是 α ($0° < \alpha \leqslant 90°$)，$l_2$ 与 l 所成的角是 β ($0° < \beta \leqslant 90°$). l_1 与 l_2 的公垂线是 AB，A 在 l_1 上，B 在 l_2 上，$AB = d$，l_1 与 l_2 所成的角为 θ ($0° < \theta \leqslant 90°$)，若 l 存在，l_1 与 l 的交点是 C，l_2 与 l 的交点是 D，二面角 A-CD-B 的平面角为 γ，则：

（1） 只有 $|\alpha - \beta| < \theta < \alpha + \beta$ 时 l 才存在.

（2） 当 $\alpha = \beta = 90°$ 时，满足条件的 l 只有一条，就是 l_1 与 l_2 的公垂线.

（3） 当满足（1）且 α、β 不全是 $90°$ 时，若 $\alpha = 90°$ 或 $\beta = 90°$ 或 $\alpha + \beta \leqslant 90°$ 或 $\alpha + \beta + \theta \leqslant 180°$，则满足条件的 l 有两条.

此时有

$$AC = \frac{|\cos\alpha - \cos\beta\cos\theta|}{\sin\theta\sqrt{1 - \cos^2\alpha - \cos^2\beta - \cos^2\theta + 2\cos\alpha\cos\beta\cos\theta}} \cdot d,$$

$$BD = \frac{|\cos\beta - \cos\alpha\cos\theta|}{\sin\theta\sqrt{1 - \cos^2\alpha - \cos^2\beta - \cos^2\theta + 2\cos\alpha\cos\beta\cos\theta}} \cdot d,$$

$$CD = \frac{\sin\theta}{\sqrt{1-\cos^2\alpha-\cos^2\beta-\cos^2\theta+2\cos\alpha\cos\beta\cos\theta}} \cdot d.$$

设 $(\cos\alpha-\cos\beta\cos\theta)(\cos\alpha\cos\theta-\cos\beta)=k$，当 $k>0$ 时 $\overrightarrow{AC}$ 与 $\overrightarrow{BD}$ 的夹角是 θ，

$$\cos\gamma = \frac{\cos\theta-\cos\alpha\cos\beta}{\sin\alpha\sin\beta};$$

当 $k<0$ 时 $\overrightarrow{AC}$ 与 $\overrightarrow{BD}$ 的夹角是 $180°-\theta$，

$$\cos\gamma = -\frac{\cos\theta-\cos\alpha\cos\beta}{\sin\alpha\sin\beta};$$

当 $k=0$ 时点 A 与 C 重合或点 B 与 D 重合. 当 $\cos\alpha-\cos\beta\cos\theta>0$ 时 $\angle ACD=\alpha$，当 $\cos\alpha-\cos\beta\cos\theta<0$ 时 $\angle ACD=180°-\alpha$，当 $\cos\alpha-\cos\beta\cos\theta=0$ 时点 A 与 C 重合. 当 $\cos\beta-\cos\alpha\cos\theta>0$ 时 $\angle BDC=\beta$，当 $\cos\beta-\cos\alpha\cos\theta<0$ 时 $\angle BDC=180°-\beta$，当 $\cos\beta-\cos\alpha\cos\theta=0$ 时点 B 与 D 重合. $\angle ACD$、$\angle BDC$ 不能同时为钝角.

（4）当满足（1）且 α、β 不全是 $90°$ 时，若 $\alpha<90°$，$\beta<90°$，$\alpha+\beta>90°$，$\alpha+\beta+\theta>180°$，则满足条件的 l 有四条.

此时有两种情况：

（I）

$$AC = \frac{|\cos\alpha-\cos\beta\cos\theta|}{\sin\theta\sqrt{1-\cos^2\alpha-\cos^2\beta-\cos^2\theta+2\cos\alpha\cos\beta\cos\theta}} \cdot d,$$

$$BD = \frac{|\cos\beta-\cos\alpha\cos\theta|}{\sin\theta\sqrt{1-\cos^2\alpha-\cos^2\beta-\cos^2\theta+2\cos\alpha\cos\beta\cos\theta}} \cdot d,$$

$$CD = \frac{\sin\theta}{\sqrt{1-\cos^2\alpha-\cos^2\beta-\cos^2\theta+2\cos\alpha\cos\beta\cos\theta}} \cdot d.$$

设 $(\cos\alpha-\cos\beta\cos\theta)(\cos\alpha\cos\theta-\cos\beta)=k$，当 $k>0$ 时 $\overrightarrow{AC}$ 与 $\overrightarrow{BD}$ 的夹角是 θ，

$$\cos\gamma = \frac{\cos\theta-\cos\alpha\cos\beta}{\sin\alpha\sin\beta};$$

当 $k<0$ 时 $\overrightarrow{AC}$ 与 $\overrightarrow{BD}$ 的夹角是 $180°-\theta$，

$$\cos\gamma = -\frac{\cos\theta-\cos\alpha\cos\beta}{\sin\alpha\sin\beta};$$

当 $k=0$ 时点 A 与 C 重合或点 B 与 D 重合. 当 $\cos\alpha-\cos\beta\cos\theta>0$ 时 $\angle ACD=\alpha$，当 $\cos\alpha-\cos\beta\cos\theta<0$ 时 $\angle ACD=180°-\alpha$，当 $\cos\alpha-\cos\beta\cos\theta=0$ 时点 A 与 C 重合. 当 $\cos\beta-\cos\alpha\cos\theta>0$ 时 $\angle BDC=\beta$，当 $\cos\beta-\cos\alpha\cos\theta<0$ 时 $\angle BDC=180°-\beta$，当 $\cos\beta-\cos\alpha\cos\theta=0$ 时点 B 与 D 重合. $\angle ACD$、$\angle BDC$ 不能同时为钝角.

（II）

$$AC = \frac{\cos\alpha+\cos\beta\cos\theta}{\sin\theta\sqrt{1-\cos^2\alpha-\cos^2\beta-\cos^2\theta-2\cos\alpha\cos\beta\cos\theta}} \cdot d,$$

$$BD = \frac{\cos\beta + \cos\alpha\cos\theta}{\sin\theta\sqrt{1-\cos^2\alpha-\cos^2\beta-\cos^2\theta-2\cos\alpha\cos\beta\cos\theta}} \cdot d,$$

$$CD = \frac{\sin\theta}{\sqrt{1-\cos^2\alpha-\cos^2\beta-\cos^2\theta-2\cos\alpha\cos\beta\cos\theta}} \cdot d.$$

$\overrightarrow{AC}$ 与 $\overrightarrow{BD}$ 的夹角是 θ,

$$\cos\gamma = \frac{\cos\theta + \cos\alpha\cos\beta}{\sin\alpha\sin\beta},$$

$\angle ACD = \alpha$, $\angle BDC = \beta$.

证明: 分如下情形:

(1) 当 $\alpha = \beta = 90°$, 即 l 为公垂线时, l 存在, 并且 l 唯一确定.

(2) 假设 l 存在, 作 $BE \parallel AC$, 联结 CE、DE, 使 $AB \parallel CE$ (图 1.4.8), 则有

$$\cos\theta = |\sin\alpha\sin\beta\cos\gamma \pm \cos\alpha\cos\beta|, \tag{1.4.1}$$

其中 $0° < \gamma < 180°$. 当 $\angle ACD = \alpha$, $\angle BDC = \beta$ 或 $\angle ACD = 180°-\alpha$, $\angle BDC = 180°-\beta$ 时, (1.4.1) 取 "+" 号; 当 $\angle ACD = \alpha$, $\angle BDC = 180°-\beta$ 或 $\angle ACD = 180°-\alpha$, $\angle BDC = \beta$ 时, (1.4.1) 取 "−" 号.

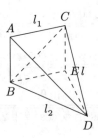

图 1.4.8

由于 $0° < \alpha \leqslant 90°$, $0° < \beta \leqslant 90°$, 那么 $\sin\alpha > 0$, $\sin\beta > 0$, $\cos\alpha \geqslant 0$, $\cos\beta \geqslant 0$, 由 (1.4.1) 得

$$|\cos\gamma| = \left|\frac{\cos\theta \pm \cos\alpha\cos\beta}{\sin\alpha\sin\beta}\right|.$$

由于

$$\left|\frac{\cos\theta - \cos\alpha\cos\beta}{\sin\alpha\sin\beta}\right| \leqslant \frac{|\cos\theta| + |\cos\alpha\cos\beta|}{|\sin\alpha\sin\beta|} = \left|\frac{\cos\theta + \cos\alpha\cos\beta}{\sin\alpha\sin\beta}\right|, \quad |\cos\gamma| < 1,$$

因此必须 $\left|\dfrac{\cos\theta - \cos\alpha\cos\beta}{\sin\alpha\sin\beta}\right| < 1$, 即

$$-1 < \frac{\cos\theta - \cos\alpha\cos\beta}{\sin\alpha\sin\beta} < 1.$$

上式可化为 $\cos\alpha\cos\beta - \sin\alpha\sin\beta < \cos\theta < \cos\alpha\cos\beta + \sin\alpha\sin\beta$，即

$$\cos(\alpha+\beta) < \cos\theta < \cos(\alpha-\beta).$$

由于 $0° < \alpha+\beta \leqslant 180°$，$0° < \theta \leqslant 90°$，$-90° < \alpha-\beta < 90°$，所以由上面的不等式得

$$|\alpha-\beta| < \theta < \alpha+\beta. \tag{1.4.2}$$

因此，当 l 存在时必须满足 $|\alpha-\beta| < \theta < \alpha+\beta$．

（3）设有向线段 $\overline{AC}$ 的数量是 x，其符号选择如下：当 $\angle BDE = \theta$ 时，x 为正；当 $\angle BDE = 180° - \theta$ 时，x 为负．设 $BD = y$．现在对 x，y 不全为零的情况进行讨论．

由上面的假设，求得如下量：

$$CD = \sqrt{x^2+y^2-2xy\cos\theta+d^2},\quad AD^2 = y^2+d^2,\quad BC^2 = x^2+d^2,$$

另外

$$\begin{aligned} AD^2 &= x^2 + CD^2 \pm 2x \cdot CD \cdot \cos\alpha \\ &= 2x^2 + y^2 - 2xy\cos\theta + d^2 \pm 2x\cos\alpha\sqrt{x^2+y^2-2xy\cos\theta+d^2}, \end{aligned} \tag{1.4.3}$$

$$\begin{aligned} BD^2 &= y^2 + CD^2 \pm 2y \cdot CD \cdot \cos\beta \\ &= x^2 + 2y^2 - 2xy\cos\theta + d^2 \pm 2y\cos\beta\sqrt{x^2+y^2-2xy\cos\theta+d^2}, \end{aligned} \tag{1.4.4}$$

于是得

$$2x^2+y^2-2xy\cos\theta+d^2 \pm 2x\cos\alpha\sqrt{x^2+y^2-2xy\cos\theta+d^2} = y^2+d^2, \tag{1.4.5}$$

$$x^2+2y^2-2xy\cos\theta+d^2 \pm 2y\cos\beta\sqrt{x^2+y^2-2xy\cos\theta+d^2} = x^2+d^2, \tag{1.4.6}$$

对 (1.4.5)(1.4.6) 进行化简．当 $x \neq 0$ 时，(1.4.5) 约去 $2x$；当 $y \neq 0$ 时，(1.4.6) 约去 $2y$．再把根式移向右边得

$$x - y\cos\theta = \mp\cos\alpha\sqrt{x^2+y^2-2xy\cos\theta+d^2}, \tag{1.4.7}$$

$$y - x\cos\theta = \mp\cos\beta\sqrt{x^2+y^2-2xy\cos\theta+d^2}, \tag{1.4.8}$$

当 (1.4.3)(1.4.5)(1.4.7) 取上方符号时，$x\cos\angle ACD \leqslant 0$；当 (1.4.3)(1.4.5)(1.4.7) 取下方符号时，$x\cos\angle ACD \geqslant 0$．当 (1.4.4)(1.4.6)(1.4.8) 取上方符号时，则 $\cos\angle BDC \leqslant 0$；而当 (1.4.4)(1.4.6)(1.4.8) 取下方符号时，则 $\cos\angle BDC \geqslant 0$．

(1.4.7)(1.4.8) 两边平方，得

$$x^2\sin^2\alpha + y^2(\cos^2\theta - \cos^2\alpha) - 2xy\sin^2\alpha\cos\theta = d^2\cos^2\alpha, \tag{1.4.9}$$

$$x^2(\cos^2\theta - \cos^2\beta) + y^2\sin^2\beta - 2xy\sin^2\beta\cos\theta = d^2\cos^2\beta, \tag{1.4.10}$$

其中当 $x = 0$ 时，(1.4.10) 仍然成立；当 $y = 0$ 时，(1.4.9) 仍然成立．

由 (1.4.9)(1.4.10) 消去 d，得

$$x^2(\cos^2\beta - \cos^2\alpha\cos^2\theta) + 2xy(\cos^2\alpha - \cos^2\beta)\cos\theta - y^2(\cos^2\alpha - \cos^2\beta\cos^2\theta) = 0,$$

即

$$((\cos\beta + \cos\alpha\cos\theta)x - (\cos\alpha + \cos\beta\cos\theta)y)$$
$$\cdot ((\cos\beta - \cos\alpha\cos\theta)x + (\cos\alpha - \cos\beta\cos\theta)y) = 0,$$

于是得到

$$x = (\cos\alpha + \cos\beta\cos\theta)t \text{ 或 } x = -(\cos\alpha - \cos\beta\cos\theta)t, \tag{1.4.11}$$
$$y = (\cos\beta + \cos\alpha\cos\theta)t \text{ 或 } y = (\cos\beta - \cos\alpha\cos\theta)t. \tag{1.4.12}$$

(1.4.11)(1.4.12) 同时取前式或同时取后式. 根据 $y \geqslant 0, t$ 的符号如下选取: 当 (1.4.11)(1.4.12) 同时取 "+" 号, 或同时取 "−" 号并且 $\cos\beta - \cos\alpha\cos\theta \geqslant 0$ 时, t 取 "+" 号; 当 (1.4.11)(1.4.12) 同时取 "−" 号, 并且 $\cos\beta - \cos\alpha\cos\theta \leqslant 0$ 时, t 取 "−" 号.

由 (1.4.9)(1.4.10) 消去 xy 项, 得

$$x^2\sin^2\alpha - y^2\sin^2\beta = -\frac{\sin^2\alpha - \sin^2\beta}{\sin^2\theta}d^2. \tag{1.4.13}$$

以下先讨论 $\alpha \neq \beta$ 时的情况. 此时由于 $0° < \alpha \leqslant 90°$, $0° < \beta \leqslant 90°$, 所以 $\sin^2\alpha - \sin^2\beta \neq 0$. 把 (1.4.11)(1.4.12) 代入 (1.4.13) 并且两边除以 $\sin^2\alpha - \sin^2\beta$ 得

$$(1 - \cos^2\alpha - \cos^2\beta - \cos^2\theta \mp 2\cos\alpha\cos\beta\cos\theta)t^2 = \frac{d^2}{\sin^2\theta}, \tag{1.4.14}$$

(1.4.11)(1.4.12)(1.4.14) 同时取上方符号或同时取下方符号. 若 (1.4.14) 中有一方程中 t^2 的系数为正, 则 (1.4.14) 有解. 此时有

$$x = \frac{(-1)^n(\cos\alpha \pm \cos\beta\cos\theta)}{\sin\theta\sqrt{1 - \cos^2\alpha - \cos^2\beta - \cos^2\theta \mp 2\cos\alpha\cos\beta\cos\theta}}d, \tag{1.4.15}$$

$$y = \frac{|\cos\beta \pm \cos\alpha\cos\theta|}{\sin\theta\sqrt{1 - \cos^2\alpha - \cos^2\beta - \cos^2\theta \mp 2\cos\alpha\cos\beta\cos\theta}}d. \tag{1.4.16}$$

当 (1.4.11)(1.4.12) 取前式时, (1.4.15)(1.4.16) 同时取上方符号; 当 (1.4.11)(1.4.12) 取后式时, (1.4.15)(1.4.16) 同时取下方符号. 根据 t 的符号选取情况, 得当 (1.4.15) 取上方符号时 $n = 0$; 当 (1.4.15) 取下方符号, 并且 $\cos\beta - \cos\alpha\cos\theta \leqslant 0$ 时, $n = 0$; 当 (1.4.15) 取下方符号, 并且 $\cos\beta - \cos\alpha\cos\theta \geqslant 0$ 时, $n = 1$.

当 $AC = BD = 0$ 时, $\alpha = \beta = 90°$, 代入 (1.4.15) 和 (1.4.16), 得 $x = y = 0$, 即此时 (1.4.15) 和 (1.4.16) 仍然成立.

下面讨论 $x \neq 0$ 并且 $y = 0$ 时的情况，对于 $x = 0$ 并且 $y \neq 0$ 时的情况可以用相同的方法讨论. 由于 $x \neq 0$ 并且 $y = 0$，从 (1.4.15) 和 (1.4.16) 得

$$\cos \beta \pm \cos \alpha \cos \theta = 0, \quad \cos \alpha \pm \cos \beta \cos \theta \neq 0.$$

由于当 $\cos \alpha = 0$ 并且 $\cos \theta = 0$ 时，$\cos \alpha \pm \cos \beta \cos \theta = 0$，因此 $\cos \alpha$ 和 $\cos \theta$ 不能同时为零. 又由于 $0° < \alpha \leqslant 90°$, $0° < \beta \leqslant 90°$, $0° < \theta \leqslant 90°$，因此 $\cos \alpha \geqslant 0$, $\cos \beta \geqslant 0$, $\cos \theta \geqslant 0$. 由上面结果得，当 $\cos \alpha = 0$ 时 $\cos \theta > 0$，此时 $\beta < 90°$（否则 $\alpha = \beta = 90°$），由此得到 $\cos \beta + \cos \alpha \cos \theta > 0$；当 $\cos \alpha > 0$ 时 $\cos \theta > 0$，仍然得到 $\cos \beta + \cos \alpha \cos \theta > 0$. 因此当满足 $\cos \theta > 0$ 时要 $y = 0$ 成立，必须 $\cos \beta - \cos \alpha \cos \theta = 0$，亦即 $\cos \beta = \cos \alpha \cos \theta$. 此时

$$1 - \cos^2 \alpha - \cos^2 \beta - \cos^2 \theta + 2 \cos \alpha \cos \beta \cos \theta$$
$$= 1 - \cos^2 \alpha - \cos^2 \alpha \cos^2 \theta - \cos^2 \theta + 2 \cos^2 \alpha \cos^2 \theta$$
$$= 1 - \cos^2 \alpha + \cos^2 \alpha \cos^2 \theta - \cos^2 \theta$$
$$= \sin^2 \alpha - \sin^2 \alpha \cos^2 \theta$$
$$= \sin^2 \alpha \sin^2 \theta > 0.$$

当 $\cos \theta = 0$ 时，无论 $\cos \beta + \cos \alpha \cos \theta = 0$ 或 $\cos \beta - \cos \alpha \cos \theta = 0$ 都得到 $\cos \beta = 0$，因此 $\cos \beta + \cos \alpha \cos \theta = 0$ 和 $\cos \beta - \cos \alpha \cos \theta = 0$ 同时成立，且此时 $1 - \cos^2 \alpha - \cos^2 \beta - \cos^2 \theta + 2 \cos \alpha \cos \beta \cos \theta = 1 - \cos^2 \alpha = \sin^2 \alpha > 0$.

由于 $\cos \beta - \cos \alpha \cos \theta = 0$，因此 (1.4.15) 取下方符号时 n 的取值为 0 或 1 均可，于是把 $\cos \beta = \cos \alpha \cos \theta$ 代入 (1.4.15)，得

$$x = \pm \frac{\cos \alpha - \cos \alpha \cos^2 \theta}{\sin \alpha \sin^2 \theta} d = \pm d \cot \alpha.$$

另外，由于 $y = 0$ 时，(1.4.9) 仍然成立，把 $y = 0$ 代入 (1.4.9)，并解出

$$x = d \cot \alpha.$$

因此 (1.4.15)(1.4.16) 仍然成立.

现在讨论 $\alpha = \beta$ 时的情况. 当 $\alpha = \beta = 90°$ 时的情况已经讨论过，现在假设 $\alpha = \beta < 90°$. 当 $x \neq 0$, $y \neq 0$ 时，由 (1.4.11)(1.4.12) 得到

$$x = \pm y. \tag{1.4.17}$$

把上式代入 (1.4.9) 或 (1.4.10)，得

$$(\cos^2 \theta - \cos^2 \alpha + \sin^2 \alpha \mp 2 \sin^2 \alpha \cos \theta) y^2 = d^2 \cos^2 \alpha, \tag{1.4.18}$$

于是得

$$x = \frac{\pm \cos \alpha}{\sqrt{\cos^2 \theta + 2 \sin^2 \alpha \mp 2 \sin^2 \alpha \cos \theta - 1}} d, \tag{1.4.19}$$

$$y = \frac{\cos\alpha}{\sqrt{\cos^2\theta + 2\sin^2\alpha \mp 2\sin^2\alpha\cos\theta - 1}}d. \tag{1.4.20}$$

(1.4.17)(1.4.18)(1.4.19)(1.4.20) 同时取上方符号或同时取下方符号，由于

$$(\cos^2\theta + 2\sin^2\alpha \mp 2\sin^2\alpha\cos\theta - 1)(1 \pm \cos\theta)^2$$
$$= \cos^2\theta + 2\sin^2\alpha \mp 2\sin^2\alpha\cos\theta - 1 \pm 2\cos^3\theta + 4\sin^2\alpha\cos\theta - 4\sin^2\alpha\cos^2\theta$$
$$\mp 2\cos\theta + \cos^4\theta + 2\sin^2\alpha\cos^2\theta \mp 2\sin^2\alpha\cos^3\theta - \cos^2\theta$$
$$= 2\sin^2\alpha \pm 2\sin^2\alpha\cos\theta - (1-\cos^2\theta)(1+\cos^2\theta) \mp 2\cos\theta(1-\cos^2\theta) - 2\sin^2\alpha\cos^2\theta$$
$$\mp 2\sin^2\alpha\cos^3\theta$$
$$= 2\sin^2\alpha \pm 2\sin^2\alpha\cos\theta - \sin^2\theta(1+\cos^2\theta) \mp 2\cos\theta\sin^2\theta - 2\sin^2\alpha\cos^2\theta \mp 2\sin^2\alpha\cos^3\theta$$
$$= 2\sin^2\alpha(1-\cos^2\theta) \pm 2\sin^2\alpha\cos\theta(1-\cos^2\theta) - \sin^2\theta(1+\cos^2\theta) \mp 2\sin^2\theta\cos\theta$$
$$= 2\sin^2\alpha\sin^2\theta \pm 2\sin^2\alpha\cos\theta\sin^2\theta - \sin^2\theta(1+\cos^2\theta) \mp 2\sin^2\theta\cos\theta$$
$$= \sin^2\theta(2\sin^2\alpha \pm 2\sin^2\alpha\cos\theta - 1 - \cos^2\theta \mp 2\cos\theta)$$
$$= \sin^2\theta(2 - 2\cos^2\alpha \mp 2\cos\theta(1-\sin^2\alpha) - 1 - \cos^2\theta)$$
$$= \sin^2\theta(1 - 2\cos^2\alpha - \cos^2\theta \mp 2\cos^2\alpha\cos\theta),$$

以上等式同时取上方符号或同时取下方符号. 于是得

$$\frac{\cos\alpha}{\sqrt{\cos^2\theta + 2\sin^2\alpha \mp 2\sin^2\alpha\cos\theta - 1}} = \frac{\cos\alpha \pm \cos\alpha\cos\theta}{\sin\theta\sqrt{1 - 2\cos^2\alpha - \cos^2\theta \mp 2\cos^2\alpha\cos\theta}},$$

上式同时取上方符号或同时取下方符号. 由于 $\cos\alpha - \cos\beta\cos\theta \geqslant 0$，因此当 (1.4.15) 取下方符号时 $n = 1$，于是 (1.4.15)(1.4.16) 在 $\alpha = \beta$ 且 $x \neq 0$，$y \neq 0$ 时仍然成立. 而当 $\alpha = \beta$，$x \neq 0$，$y = 0$ 或 $\alpha = \beta$，$x = 0$，$y \neq 0$ 时的情况实际上在上面 $x \neq 0$，$y = 0$ 或 $x = 0$，$y \neq 0$ 时已经包含了. 于是当 $\alpha = \beta$ 时 (1.4.15)(1.4.16) 仍然成立.

现在讨论 (1.4.14) 成立的条件，也就是 (1.4.15) 和 (1.4.16) 有解的条件. 由于

$$1 - \cos^2\alpha - \cos^2\beta - \cos^2\theta + 2\cos\alpha\cos\beta\cos\theta$$
$$= (\cos\theta - \cos(\alpha+\beta))(\cos(\alpha-\beta) - \cos\theta), \tag{1.4.21}$$
$$1 - \cos^2\alpha - \cos^2\beta - \cos^2\theta - 2\cos\alpha\cos\beta\cos\theta$$
$$= (\cos\theta + \cos(\alpha-\beta))(-\cos\theta - \cos(\alpha+\beta)). \tag{1.4.22}$$

当 (1.4.2) 成立时，则必然有

$$\cos(\alpha+\beta) < \cos\theta < \cos(\alpha-\beta),$$

因此 (1.4.21) 必为正，也就是说 (1.4.2) 成立时，(1.4.14) 必然成立，也是 l 必然存在. 现在讨论 (1.4.22) 为正的条件. 由于 $0° < \alpha \leqslant 90°$，$0° < \beta \leqslant 90°$，所以 $-90° < \alpha - \beta < 90°$，亦

即此时 $\cos(\alpha-\beta)>0$. 因此当 (1.4.22) 为正时只需要 $-\cos\theta-\cos(\alpha+\beta)>0$ 即可. 此时

$$\cos\theta<-\cos(\alpha+\beta)=\cos(180°-\alpha-\beta),$$

由于 $0°<\theta\leqslant 90°$, $0°\leqslant 180°-\alpha-\beta<180°$, 因此上式成立时必须满足 $180°-\alpha-\beta<90°$, 且 $\theta>180°-\alpha-\beta$, 即 $\alpha+\beta>90°$, 且 $\alpha+\beta+\theta>180°$.

现在确定 (1.4.15) 和 (1.4.16) 不同数值的个数. 在 $|\alpha-\beta|<\theta<\alpha+\beta$, $\alpha+\beta>90°$, $\alpha+\beta+\theta>180°$ 的情况下考察 (1.4.15) 和 (1.4.16) 取上方符号和取下方符号绝对值相等的情况, 此时得等式

$$\frac{|\cos\alpha+\cos\beta\cos\theta|}{\sqrt{1-\cos^2\alpha-\cos^2\beta-\cos^2\theta-2\cos\alpha\cos\beta\cos\theta}}$$
$$=\frac{|\cos\alpha-\cos\beta\cos\theta|}{\sqrt{1-\cos^2\alpha-\cos^2\beta-\cos^2\theta+2\cos\alpha\cos\beta\cos\theta}},$$
$$\frac{|\cos\beta+\cos\alpha\cos\theta|}{\sqrt{1-\cos^2\alpha-\cos^2\beta-\cos^2\theta-2\cos\alpha\cos\beta\cos\theta}}$$
$$=\frac{|\cos\beta-\cos\alpha\cos\theta|}{\sqrt{1-\cos^2\alpha-\cos^2\beta-\cos^2\theta+2\cos\alpha\cos\beta\cos\theta}},$$

亦即

$$\frac{|\cos\alpha+\cos\beta\cos\theta|}{\sqrt{1-\cos^2\alpha-\cos^2\beta-\cos^2\theta-2\cos\alpha\cos\beta\cos\theta}}$$
$$\cdot\frac{|\cos\beta-\cos\alpha\cos\theta|}{\sqrt{1-\cos^2\alpha-\cos^2\beta-\cos^2\theta+2\cos\alpha\cos\beta\cos\theta}}$$
$$=\frac{|\cos\alpha-\cos\beta\cos\theta|}{\sqrt{1-\cos^2\alpha-\cos^2\beta-\cos^2\theta+2\cos\alpha\cos\beta\cos\theta}}$$
$$\cdot\frac{|\cos\beta+\cos\alpha\cos\theta|}{\sqrt{1-\cos^2\alpha-\cos^2\beta-\cos^2\theta-2\cos\alpha\cos\beta\cos\theta}},$$

进一步简化上式, 得

$$|(\cos\alpha+\cos\beta\cos\theta)(\cos\beta-\cos\alpha\cos\theta)|=|(\cos\alpha-\cos\beta\cos\theta)(\cos\beta+\cos\alpha\cos\theta)|,$$

于是得

$$(\cos\alpha+\cos\beta\cos\theta)(\cos\beta-\cos\alpha\cos\theta)$$
$$+(\cos\alpha-\cos\beta\cos\theta)(\cos\beta+\cos\alpha\cos\theta)=0, \tag{1.4.23}$$

或

$$(\cos\alpha+\cos\beta\cos\theta)(\cos\beta-\cos\alpha\cos\theta)$$
$$-(\cos\alpha-\cos\beta\cos\theta)(\cos\beta+\cos\alpha\cos\theta)=0, \tag{1.4.24}$$

(1.4.23) 可化简为
$$2\cos\alpha\cos\beta\sin^2\theta = 0, \tag{1.4.25}$$

(1.4.24) 可化简为
$$2(\cos^2\alpha - \cos^2\beta)\cos\theta = 0. \tag{1.4.26}$$

当 (1.4.25) 成立时，必须有 $\alpha = 90°$ 或 $\beta = 90°$. 现在讨论 $\alpha = 90°$ 的情况，而 $\beta = 90°$ 的情况可用相同的方法讨论. 当 $\alpha = 90°$ 时，$\cos\beta - \cos\alpha\cos\theta \geqslant 0$，因此 (1.4.15) 和 (1.4.16) 取下方符号时 $n = 1$，代入 (1.4.15) 和 (1.4.16) 得 (1.4.15) 和 (1.4.16) 同时取上方符号和取下方符号时值是相等的，

$$x = \frac{\cos\beta\cos\theta}{\sin\theta\sqrt{1-\cos^2\beta-\cos^2\theta}}d, \quad y = \frac{\cos\beta}{\sin\theta\sqrt{1-\cos^2\beta-\cos^2\theta}}d.$$

当 (1.4.26) 成立时，有 $\alpha = \beta$ 或 $\theta = 90°$. 当 $\alpha = \beta$ 并且 $\theta < 90°$ 时，由上面讨论 $\alpha = \beta$ 时的情况有

$$\frac{\cos\alpha}{\sqrt{\cos^2\theta + 2\sin^2\alpha \mp 2\sin^2\alpha\cos\theta - 1}} = \frac{\cos\alpha \pm \cos\alpha\cos\theta}{\sin\theta\sqrt{1 - 2\cos^2\alpha - \cos^2\theta \mp 2\cos^2\alpha\cos\theta}},$$

由等式的左边知道，(1.4.15) 和 (1.4.16) 同时取上方符号和取下方符号值不相等. 另外当 $\theta = 90°$，由于 $\cos\beta - \cos\alpha\cos\theta \geqslant 0$，故 (1.4.15) 和 (1.4.16) 同时取上面符号时 $n = 1$，代入 (1.4.15) 和 (1.4.16)，得

$$x = \frac{\pm\cos\alpha}{\sqrt{1-\cos^2\alpha-\cos^2\beta}}d,$$
$$y = \frac{\cos\alpha}{\sqrt{1-\cos^2\alpha-\cos^2\beta}}d. \tag{1.4.27}$$

(1.4.15) 与 (1.4.27) 的符号选取相同，(1.4.15) 和 (1.4.16) 同时取上方符号和取下方符号值不相等.

现在讨论如何确定 $\angle DBE$，$\angle ACD$ 以及 $\angle BDC$.

先确定 $\angle DBE$. 因 $\cos\angle DBE$ 与 x 同号，而 x 与 $(\cos\alpha \pm \cos\beta\cos\theta)(\cos\alpha\cos\theta \pm \cos\beta)$ 同号，因此得到如下结果：如果 $(\cos\alpha \pm \cos\beta\cos\theta)(\cos\alpha\cos\theta \pm \cos\beta)$ 为非负时，那么就有 $\angle DBE = \theta$；如果 $(\cos\alpha \pm \cos\beta\cos\theta)(\cos\alpha\cos\theta \pm \cos\beta)$ 为非正时，那么就有 $\angle DBE = 180° - \theta$.

由于
$$CD^2 = AC^2 + BD^2 - 2AC \cdot BD \cdot \cos\angle DBE + d^2,$$
$$AD^2 = BD^2 + d^2, \quad BC^2 = AC^2 + d^2,$$

因此
$$2AC \cdot CD\cos\angle ACD = AC^2 + CD^2 - AD^2 = 2AC(AC - BD\cos\angle DBE),$$

$$2BD \cdot CD \cos \angle BDC = BD^2 + CD^2 - BC^2 = 2BD(BD - AC \cos \angle DBE).$$

由此得到 $\cos \angle ACD$ 与 $AC - BD \cos \angle DBE$ 同号，$\cos \angle BDC$ 与 $BD - AC \cos \angle DBE$ 同号．根据 x 的符号确定和 $\angle DBE$ 的确定方法，得

$$AC - BD \cos \angle DBE$$
$$= \pm \frac{(\cos \alpha \pm \cos \beta \cos \theta) \mp (\cos \beta \pm \cos \alpha \cos \theta) \cos \theta}{\sin \theta \sqrt{1 - \cos^2 \alpha - \cos^2 \beta - \cos^2 \theta \mp 2 \cos \alpha \cos \beta \cos \theta}} d, \quad (1.4.28)$$
$$BD - AC \cos \angle DBE$$
$$= \pm \frac{(\cos \beta \pm \cos \alpha \cos \theta) \mp (\cos \alpha \pm \cos \beta \cos \theta) \cos \theta}{\sin \theta \sqrt{1 - \cos^2 \alpha - \cos^2 \beta - \cos^2 \theta \mp 2 \cos \alpha \cos \beta \cos \theta}} d. \quad (1.4.29)$$

(1.4.28)(1.4.29) 两式除最前面的"$\pm$"号外，与 (1.4.15)(1.4.16) 一起同时取上方符号或同时取下方符号．如果同时取上方符号，则 (1.4.28)(1.4.29) 最前方同时取"$+$"号；如果同时取下方符号，则 (1.4.28) 最前方符号与 $\cos \beta - \cos \alpha \cos \theta$ 同号，并且 (1.4.29) 最前方符号与 $\cos \beta - \cos \alpha \cos \theta$ 同号．又由于

$$(\cos \alpha \pm \cos \beta \cos \theta) \mp (\cos \beta \pm \cos \alpha \cos \theta) \cos \theta = \cos \alpha \sin^2 \theta \geqslant 0,$$
$$(\cos \beta \pm \cos \alpha \cos \theta) \mp (\cos \alpha \pm \cos \beta \cos \theta) \cos \theta = \cos \beta \sin^2 \theta \geqslant 0,$$

因此 $\cos \angle ACD$ 与

$$\cos \alpha \pm \cos \beta \cos \theta \quad (1.4.30)$$

同号，并且 $\cos \angle BDC$ 与

$$\cos \beta \pm \cos \alpha \cos \theta \quad (1.4.31)$$

同号．因此当 (1.4.15)(1.4.16)、$\cos \alpha \pm \cos \beta \cos \theta$ 同时取上方符号或同时取下方符号，并且 $\cos \alpha \pm \cos \beta \cos \theta \geqslant 0$ 时 $\angle ACD = \alpha$；当 (1.4.15)(1.4.16) 同时取下方符号并且 $\cos \alpha - \cos \beta \cos \theta \leqslant 0$ 时 $\angle ACD = 180° - \alpha$．当 (1.4.15)(1.4.16)、$\cos \beta \pm \cos \alpha \cos \theta$ 同时取上方符号或同时取下方符号并且 $\cos \beta \pm \cos \alpha \cos \theta \geqslant 0$ 时 $\angle BDC = \beta$；当 (1.4.15)(1.4.16) 同时取下方符号并且 $\cos \beta - \cos \alpha \cos \theta \leqslant 0$ 时 $\angle BDC = 180° - \beta$．假设 $\cos \alpha - \cos \beta \cos \theta < 0$ 并且 $\cos \beta - \cos \alpha \cos \theta < 0$，两式相加得 $(\cos \alpha + \cos \beta)(1 - \cos \theta) < 0$，这显然是不成立的，因此 $\angle ACD$、$\angle BDC$ 不可能同时为钝角．

现在来确定二面角 A-CD-B 的平面角．由于

$$\cos \gamma = \frac{\cos \angle DBE + \cos \angle ACD \cos \angle BDC}{\sin \angle ACD \sin \angle BDC},$$

由于当 (1.4.15)(1.4.16) 同时取上方符号时，$\cos \theta + \cos \alpha \cos \beta$ 与分子同号，此时

$$\cos \gamma = \frac{\cos \theta + \cos \alpha \cos \beta}{\sin \alpha \sin \beta};$$

当 (1.4.15)(1.4.16) 同时取下方符号时，因 $\cos\theta - \cos\alpha\cos\beta$ 与分子只相差一个符号，而该符号又与 $(\cos\alpha - \cos\beta\cos\theta)(\cos\alpha\cos\theta - \cos\beta)$ 同号，那么就得

$$\cos\gamma = (-1)^n \frac{\cos\theta - \cos\alpha\cos\beta}{\sin\alpha\sin\beta},$$

令 $t = (\cos\alpha - \cos\beta\cos\theta)(\cos\alpha\cos\theta - \cos\beta)$，当 $t \geqslant 0$ 时，取 $n = 0$；当 $t \leqslant 0$ 时，取 $n = 1$.

现在确定 CD 的长度. 由于

$$|y - x\cos\theta| = \frac{\cos\beta\sin\theta}{\sqrt{1 - \cos^2\alpha - \cos^2\beta - \cos^2\theta \mp 2\cos\alpha\cos\beta\cos\theta}} d, \tag{1.4.32}$$

因此

$$CD = \frac{\sin\theta}{\sqrt{1 - \cos^2\alpha - \cos^2\beta - \cos^2\theta \mp 2\cos\alpha\cos\beta\cos\theta}} d. \tag{1.4.33}$$

其中 (1.4.15)(1.4.16)(1.4.32)(1.4.33) 同时取上方符号或同时取下方符号.

综合上面的讨论，得到以下结论：只有当 α、β 满足 $|\alpha - \beta| < \theta < \alpha + \beta$ 时，l 存在. 如果上面的条件已经满足，则当 $\alpha < 90°$，$\beta < 90°$，$\alpha + \beta > 90°$，$\alpha + \beta + \theta > 180°$ 时满足条件的 l 有四条，位置由 (1.4.15) 和 (1.4.16) 确定；当 $\alpha = 90°$，$\beta = 90°$ 时，满足条件的 l 只有一条，就是 l_1 与 l_2 的公垂线；其他情况下，满足条件的 l 有两条，位置由 (1.4.15) 和 (1.4.16) 确定（只取下方符号）. □

推论 1.4.9.1. 已知异面直线 l_1、l_2 上各有一点 E、F，$EF = a$，l_1、l_2 的距离为 d，l_1、l_2 所成的角为 θ，$EF \perp l_1$，EF 与 l_2 的夹角都为 α，则有

$$d = a\sqrt{1 - \frac{\cos^2\alpha}{\sin^2\theta}}.$$

定理 1.4.10（四面体 Steiner 体积公式）. 四面体 $ABCD$ 中，$AB = m$，$CD = n$，AB、CD 所成的角是 θ，AB、CD 的距离是 d，则

$$V_{\text{四面体 } ABCD} = \frac{1}{6} dmn \sin\theta.$$

证明： 如图 1.4.9，设 AB 在直线 a 上，CD 在直线 b 上，由于直线 a、b 异面，因此存在平面 α、β，$\alpha \parallel \beta$，$a \subset \alpha$，$b \subset \beta$，设直线 a 与点 D 确定的平面与平面 β 的交线为 c，则 $c \parallel a$，在 c 上取 $DE = AB$，设异面直线 a、b 所成的角为 θ，$AB = m$，$CD = n$，异面直线间的距离为 d，则四面体 $BCDE$ 的体积

$$V_{\text{四面体 } BCDE} = \frac{1}{6} dmn \sin\theta,$$

由于四面体 $ABCD$ 与四面体 $BCDE$ 同底等高，故

$$V_{\text{四面体 } ABCD} = V_{\text{四面体 } BCDE} = \frac{1}{6} dmn \sin\theta. \qquad □$$

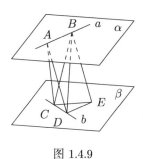

图 1.4.9

四面体 Steiner 体积公式可以用来计算异面直线所成的角，异面直线间的距离. 由四面体 Steiner 体积公式立即得：

推论 1.4.10.1. 两条定长线段分别在两条异面直线上滑动，以这两线段端点为顶点的四面体的体积为定值.

例 1.4.1. 直线 a、b 是异面直线，P 是空间一点，直线 l 过点 P，a 与 l 所成的角是 α（$0° < \alpha \leqslant 90°$），$b$ 与 l 所成的角是 β（$0° < \beta \leqslant 90°$），a 与 b 所成的角是 θ（$0° < \theta \leqslant 90°$），问直线 l 是否存在？如果存在，则 α、β 需要满足什么条件，满足条件的直线有多少条？

解： 过点 P 分别作 a、b 的平行线 a'、b'，直线 a'、b' 确定平面 π，分以下两种情形：

（1）如图 1.4.10，若 l 不在平面 π 内，则作 a 与 b'、l 确定的平面的交点 Q，过点 Q 作 l 的平行线交 b' 于点 P'，作 b 与 a、$P'Q$ 确定的平面的交点 U，过点 U 作 l 的平行线交 a 于点 T，则 a 与 TU 的所成的角是 α，b 与 TU 的所成的角是 β，回到定理 1.4.9 的情形. 此时的结论是：只有当 α、β 满足 $|\alpha - \beta| < \theta < \alpha + \beta$ 时，l 存在且不在平面内. 如果上面的条件已经满足，则当 $\alpha < 90°$，$\beta < 90°$，$\alpha + \beta > 90°$，$\alpha + \beta + \theta > 180°$ 时 l 不在平面 π 内且满足条件的 l 有四条；当 $\alpha = 90°$，$\beta = 90°$ 时，l 不在平面 π 内满足条件的 l 只有一条；其他情况下，l 不在平面 π 内且满足条件的 l 有两条.

（2）若 l 在平面 π 内，则只可能有 $\alpha + \beta = \theta$，$\alpha + \beta = 180° - \theta$，$|\alpha - \beta| = \theta$ 这些情形. 若 $\theta < 90°$，$\alpha + \beta = \theta$，则不可能有满足情形（1）的直线，且满足条件的直线有一条；若 $\theta < 90°$，$\alpha + \beta = 180° - \theta$，$|\alpha - \beta| \neq \theta$，此时在（1）的情形下 l 可能不存在，或可能有两条，此时满足条件的直线在（1）的情形下还要加一条；若 $\theta < 90°$，$\alpha + \beta \neq 180° - \theta$，$|\alpha - \beta| = \theta$，则不可能有满足情形（1）的直线，满足条件的直线有一条；若 $\theta < 90°$，$\alpha + \beta = 180° - \theta$，$|\alpha - \beta| = \theta$，则必定 $\alpha = 90°$，$\beta = 90° - \theta$ 或 $\alpha = 90° - \theta$，$\beta = 90°$，不可能有满足情形（1）的直线，满足条件的直线有一条；若 $\theta = 90°$，则只可能 $\alpha + \beta = 90°$，此时不可能有满足情形（1）的直线，满足条件的直线有两条. □

例 1.4.2. 过空间一点 P，是否存在与两异面直线 l_1，l_2 均相交的直线？

解： 如图 1.4.11，首先过直线 l_1 上任意一点作直线 l_2 的平行线 l_2'，由于 l_1 与 l_2' 是相交直线，所以它们确定平面 φ_1，显然 φ_1 是过直线 l_1 且与 l_2 平行的平面，而且通过 l_1 与 l_2'

只有一个平面. 同样过 l_2 且与 l_1 平行的平面只有一个. 下面我们根据点 P 的不同位置来探讨问题的解.

（1）若点 P 在平面 φ_1 内，但 P 不在直线 l_1 上，则过点 P 作任一直线 l，若 l 与 φ_1 相交，则 l 在平面 φ_1 内，于是 l 与 l_2 不可能相交，故在过点 P 的直线中，不存在与异面直线 l_1，l_2 均相交的直线. 同样可证若点 P 在平面 φ_2 内，但点 P 不在 l_2 上时，过点 P 的直线中，不存在与异面直线 l_1，l_2 均相交的直线.

（2）若点 P 在直线 l_1（或 l_2）上，则在直线 l_2（或 l_1）上任取一点 Q，于是 PQ 与异面直线 l_1、l_2 均相交，由点 Q 的任意性可知：过点 P 的直线中存在无数多条直线与异面直线 l_1、l_2 均相交.

（3）若点 P 不在平面 φ_1 内，也不在平面 φ_2 内，则点 P 不在直线 l_1 上，也不在直线 l_2 上. 因此点 P 与 l_1 确定平面 α_1，点 P 与 l_2 确定平面 α_2. 因为 P 是 α_1 与 α_2 的公共点，所以可设 α_1 与 α_2 相交于直线 l，而且 P 在直线 l 上. 因为 l 在 α_1 内，所以 l_1 与 l 相交或平行. 若 $l_1 \parallel l$，则因为 l 在 α_2 内，所以 $l_1 \parallel \alpha_2$，因此 α_2 与 φ_2 重合，与 P 不在平面 φ_2 内矛盾，故 l_1 与 l 必相交. 同理可证 l_2 与 l 相交. 所以 l 是经过点 P 与两异面直线 l_1，l_2 均相交的直线. 如果还存在过点 P 与两异面直线 l_1，l_2 均相交的直线 l'，则 l 与 l' 相交于点 P，设 l 与 l' 确定平面 β，由于 l_1 与 l 及 l' 都相交，并且 P 在直线 l_1 上，所以 l_1 在平面 β 内，这又与 l_1、l_2 相交矛盾. 故在过点 P 的直线中，存在唯一的一条直线与异面直线 l_1、l_2 均相交. □

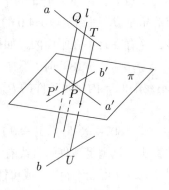

图 1.4.10

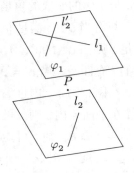

图 1.4.11

例 1.4.3（改自 1997 年全国高中联赛试题）.[①] 是否存在一条直线与空间三条两两互为异面直线的直线 a、b、c 均相交？若存在，则满足条件的直线有多少条，每两条满足条件的直线的位置关系是什么？

解：在直线 b 上取一点 B，由 a、b 成异面直线知，点 B 与直线 a 可以确定一个平面 α. 若平面 α 与直线 c 相交，则所求的直线 l 已存在；若平面 α 与直线 c 平行，则再取直线

[①] 解答中参考了文 [11].

b 上的另一点 B_1，过点 B_1 与直线 a 再作平面 α_1. 由 a、b 成异面直线知，平面 α_1 不同于平面 α，且平面 α_1 必与直线 c 相交，否则 $c \parallel \alpha$，$c \parallel \alpha_1$. 由此可推出直线 c 平行于平面 α 与平面 α_1 的交线 a，与已知 a、c 为异面直线矛盾. 所以，存在过直线 a 的平面 α 与直线 b 相交于点 B，与直线 c 相交于点 C. 又由点 B 的任意性知，这样的平面 α 有无穷多个（事实上，过直线 a 的所有平面中，最多有一个与直线 b 平行，也最多有一个与直线 c 平行，除这两个平面外，均与直线 b、c 同时相交）.

联结 BC，若直线 BC 与直线 a 不平行，则 BC 与 a 相交于点 A，即得与直线 a、b 均相交的直线 l（图 1.4.12）. 若直线 BC 与直线 a 平行，则过 a 再作均与直线 b、c 相交的平面 β，交点是 B_1、C_1. 由 b、c 是异面直线知，B_1C_1 不会与 BC 平行，从而，直线 B_1C_1 必与直线 a 相交. 则直线 B_1C_1 与直线 a、b、c 同时相交（图 1.4.13）. 由于过直线 a 的平面有无穷多个（最多去掉三个：与直线 b 平行、与直线 c 平行，或使 $BC \parallel a$ 的三个平面），故同时与直线 a、b、c 都相交的直线有无穷多条.

若两条直线 m、n 与直线 a、b、c 均相交，且 m、n 共面，由上面的结论知，a、b、c 其中两条必定共面，与已知矛盾，所以 m、n 一定是异面直线. □

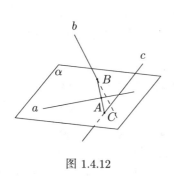

图 1.4.12

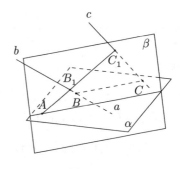

图 1.4.13

1.5 长度、面积的射影

引理 1.5.1. 以空间光滑曲线 l 上的点与其在平面 α 上的射影连线为母线形成的柱面 m，柱面 m 展开成平面时 l 形成曲线 l'，曲线 l' 在平面 α 上的射影形成直线 a，曲线 l 上任意一点 P 在 l' 上对应的点是 P'，l 过点 P 的切线与 α 所成的角是 θ，l' 过点 P' 的切线与 a 所成的角是 θ'，则 $\theta = \theta'$.

证明： 取 l 上另一点 Q，点 Q 在过点 P 且平行于 α 的平面内的射影是 Q_1，点 Q 在 l' 上的对应点是 Q'，设柱面 m 的展开平面为 π，点 Q_1 在 a 上的对应点是 Q'_1. 设 l 上的曲线段 PQ 在过点 P 且平行于 α 的平面内的射影的曲线段 PQ_1 的长度是 d，l' 上的曲线段 $P'Q'$ 在柱面 m 的展开平面内过点 P' 且与 a 平行的直线上的射影的线段 $P'Q'_1$ 的长度是

d'，则 $d = d'$，所以 $\dfrac{d}{QQ_1} = \dfrac{d'}{Q'Q_1'}$. 当 Q 无限接近 P 时，$\dfrac{d}{QQ_1}$ 无限接近 $\tan\theta$，$\dfrac{d'}{Q'Q_1'}$ 无限接近 $\tan\theta'$，即 $\tan\theta = \tan\theta'$，所以 $\theta = \theta'$. □

定理 1.5.1. 空间光滑曲线 l 上每一点的切线都与平面 α 成角 θ，l 在平面 α 内的射影是 l'，l 的长度是 d，l' 的长度（若射影在 l' 上有重叠，则重叠几次长度要加上几次）是 d'，则 $d' = d\cos\theta$.

证明： 以空间光滑曲线 l 上的点与其在平面 α 上的射影连线为母线形成的柱面 m，柱面 m 展开成平面时 l 形成曲线 l'，曲线 l 在平面 α 上的射影形成直线 a，曲线 l 上任意一点 P 在 l' 上对应的点是 P'，则 l 过点 P 的切线与 α 所成的角是 θ，设 l' 过点 P' 的切线与 a 所成的角是 θ'，由引理 1.5.1 得 $\theta = \theta'$，所以 l' 只能是直线，由此得 $d' = d\cos\theta$. □

定义 1.5.1. 在一个圆柱面上，从圆柱螺线起点运动到曲线上任意一点，其在底面的射影经过的路径长度与这个点到底面的距离成正比，这条曲线称为圆柱等速螺线.

圆柱等速螺线的直观图如图 1.5.1 所示，一般螺丝钉的螺纹除了尖端外的形状就是圆柱等速螺线.

定理 1.5.2. 圆柱底面半径是 r，圆柱等速螺线起点到终点在圆柱底面的射影总共旋转了 φ 弧度（φ 可大于 2π），在底面的射影经过的路径长度与终点到底面的距离的比是 k，则这条螺线的长度是 $\varphi\sqrt{r^2 + k^2}$.

证明： 设圆柱等速螺线从某点 P 到另外一点 Q 在圆柱底面的射影总共旋转了 φ' 弧度，设点 P 到圆柱底面和点 Q 到圆柱底面的距离差的绝对值是 h，则 $h = k\varphi'$，由定理 1.5.1 知切线与圆柱底面所成的角的正切值是 $\dfrac{k\varphi'}{r\varphi'} = \dfrac{k}{r}$，由定理 1.5.1 立即得结论. □

顺便提一下，能展开成平面的曲面上的图形问题，可以考虑把曲面展开成平面再去求解，这样可以变成我们熟悉的平面几何的问题.

引理 1.5.2. 如图 1.5.2，二面角 $\alpha\text{-}l\text{-}\beta$ 的平面角是 θ（$\theta \leqslant 90°$），点 A_1、A_2 在半平面 α 内，点 A_1、A_2 在半平面 β 内的射影分别是 A_1'、A_2'，过 A_1A_1' 且与 l 垂直的平面交 l 于点 B_1，过 A_2A_2' 且与 l 垂直的平面交 l 于点 B_2，则 $S_{\text{梯形 } A_1'A_2'B_2B_1} = S_{\text{梯形 } A_1A_2B_2B_1}\cos\theta$. 上述梯形对退化成三角形的情形仍然适用.

证明： 因为

$$A_1'B_1 = A_1B_1\cos\theta,\ A_2'B_2 = A_2B_2\cos\theta,$$

$$S_{\text{梯形 } A_1A_2B_2B_1} = \dfrac{(A_1B_1 + A_2B_2)B_1B_2}{2},\ S_{\text{梯形 } A_1'A_2'B_2B_1} = \dfrac{(A_1'B_1 + A_2'B_2)B_1B_2}{2},$$

所以

$$S_{\text{梯形 } A_1'A_2'B_2B_1} = S_{\text{梯形 } A_1A_2B_2B_1}\cos\theta. \qquad \square$$

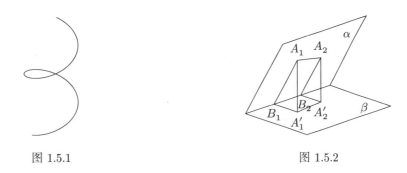

图 1.5.1　　　　　　　　　　　图 1.5.2

定理 1.5.3（面积射影定理）. 二面角 $\alpha\text{-}l\text{-}\beta$ 的平面角是 θ（$\theta \leqslant 90°$），封闭图形 F 在半平面 α 内，F 在半平面 β 内的射影是 F'，F 的面积是 S，F' 的面积是 S'，则 $S' = S\cos\theta$.

证明： 在 F 上取 n 个点 P_1、P_2、…、P_n，这些点在 β 内的射影分别是 P_1'、P_2'、…、P_n'，过 P_iP_i'（$1 \leqslant i \leqslant n$）且与 l 垂直的平面交 l 于点 Q_i，由引理 1.5.2 知

$$S_{\text{多边形 } P_1'P_2'\cdots P_n'} = S_{\text{多边形 } P_1P_2\cdots P_n} \cos\theta,$$

当 n 无限增大时 $S_{\text{多边形 } P_1P_2\cdots P_n}$ 无限接近 S，$S_{\text{多边形 } P_1'P_2'\cdots P_n'}$ 无限接近 S'，所以

$$S' = S\cos\theta. \qquad \Box$$

推论 1.5.3.1. 长半轴为 a，短半轴为 b 的椭圆面积是 $S_{\text{椭圆}} = \pi ab$.

证明： 二面角 $\alpha\text{-}l\text{-}\beta$ 的平面角是 θ（$\theta \leqslant 90°$），$\cos\theta = \dfrac{b}{a}$，半径为 r 的圆在半平面 α 内，这个圆在半平面 β 内的射影是长半轴为 a，短半轴为 b 的椭圆，由面积射影定理即得椭圆面积是

$$\pi a^2 \cdot \frac{b}{a} = \pi ab. \qquad \Box$$

例 1.5.1. 若两两外切的三个球半径分别是 a、b、c，存在一个公切面与这三个球都相切，求三球球心所确定的平面与公切面的夹角.

解： 设这三个球半径分别是 a、b、c 的球的球心分别是 A、B、C，共切面与这三个球的切点分别是 A'、B'、C'，三球球心所确定的平面与公切面的夹角是 θ，则

$$AB = a+b,\ AC = a+c,\ BC = b+c,$$

由勾股定理得

$$A'B' = \sqrt{(a+b)^2 - (a-b)^2} = 2\sqrt{ab},$$

同理得

$$A'C' = 2\sqrt{ac},\ B'C' = 2\sqrt{bc},$$

要共切面存在, 必须

$$A'B' + A'C' \geqslant B'C', \ A'B' + B'C' \geqslant A'C', \ A'C' + B'C' \geqslant A'B',$$

由此得

$$2abc(a+b+c) \geqslant a^2b^2 + a^2c^2 + b^2c^2,$$

此时有

$$S_{\triangle ABC} = \sqrt{abc(a+b+c)}, \ S_{\triangle A'B'C'} = \sqrt{2abc(a+b+c) - (a^2b^2 + a^2c^2 + b^2c^2)},$$

由面积射影定理得

$$\cos\theta = \frac{S_{\triangle A'B'C'}}{S_{\triangle ABC}} = \sqrt{\frac{2abc(a+b+c) - (a^2b^2 + a^2c^2 + b^2c^2)}{abc(a+b+c)}}.$$

当有一球在另两个球的公切圆锥或公切圆柱内部时, 则不存在与这三个球都相切的平面, 仅当 $a = b = c$ 时公切面与三球球心所确定的平面平行, 仅当

$$2abc(ab + ac + ac) = a^2b^2 + a^2c^2 + b^2c^2$$

时公切面与三球球心所确定的平面垂直. □

第二章 多面角

2.1 三面角

定义 2.1.1. 从三面角 $O\text{-}ABC$ 的顶点 O 出发作三射线 OA_0、OB_0、OC_0 分别垂直于平面 BOC、COA、AOB，并与射线 OA、OB、OC 分别在各平面同侧，则三面角 $O\text{-}A_0B_0C_0$ 称为三面角 $O\text{-}ABC$ 的补三面角，或三面角 $O\text{-}A_0B_0C_0$、$O\text{-}ABC$ 称为互补三面角.

引理 2.1.1. [①] 从平面上一点引两条射线，一条是平面的垂线，另一条是斜线，那么这两条射线形成锐角的充要条件是：它们在平面的同侧.

证明： 设 OA 是垂线，OB 是斜线，以 OB' 表示 OB 在平面 α 内的射影，那么三射线 OA、OB、OB' 共面. 如果 OA 和 OB 在 α 的同侧（图 2.1.1），那么 $\angle AOB < \angle AOB'$，即 $\angle AOB$ 是锐角；如果 OA 和 OB 在 α 的异侧（图 2.1.2），那么 $\angle AOB > \angle AOB'$，即 $\angle AOB$ 是钝角. □

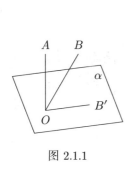

图 2.1.1

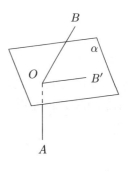

图 2.1.2

定理 2.1.1. [②] 如果 $O\text{-}A_0B_0C_0$ 是 $O\text{-}ABC$ 的补三面角，则 $O\text{-}ABC$ 也是 $O\text{-}A_0B_0C_0$ 的补三面角.

[①] 引自文 [14].
[②] 论证参考了文 [14].

证明： 从定义 2.1.1 和引理 2.1.1，有（图 2.1.3）

$$OB_0 \perp \text{平面 } COA,\ OC_0 \perp \text{平面 } AOB,\ \angle AOA_0 < 90°,$$

由此推出

$$OB_0 \perp OA,\ OC_0 \perp OA,$$

所以有

$$OA \perp \text{平面 } B_0OC_0,\ \angle A_0OA < 90°;$$

就是说，射线 $OA \perp$ 平面 B_0OC_0，且 OA 和 OA_0 在平面 B_0OC_0 的同侧. 同理，$OB \perp$ 平面 C_0OA_0，且 OB 和 OB_0 在平面 C_0OA_0 的同侧；$OC \perp$ 平面 A_0OB_0，且 OC 和 OC_0 在平面 A_0OB_0 的同侧. 根据定义，$O\text{-}ABC$ 是 $O\text{-}A_0B_0C_0$ 的补三面角. $\square$

定理 2.1.2. 两个互补三面角中，一个三面角的面角和另一个三面角相应的二面角的平面角互补.

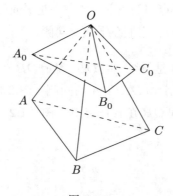

图 2.1.3

证明： 如图 2.1.3，过点 O 在平面 OBC 内的 $\angle BOC$ 内作射线 $OD \perp OC$，过点 O 在平面 OCA 内的 $\angle COA$ 内作射线 $OE \perp OC$. 因为

$$OA_0 \perp \text{平面 } OBC,\ OB_0 \perp \text{平面 } OCA,$$

所以

$$OA_0 \perp OC,\ OB_0 \perp OC,$$

于是得

$$OC \perp \text{平面 } OA_0B_0.$$

又因为

$$OD \perp OC,\ OE \perp OC,$$

所以
$$OC \perp 平面\ ODE.$$

于是射线 OA_0、OB_0、OD、OE 共面，如图 2.1.4 所示，有
$$\angle A_0OB_0 = \angle A_0OE + \angle DOB_0 - \angle DOE.$$

因为
$$\angle A_0OE = \angle DOB_0 = 90°,$$

所以
$$\angle A_0OB_0 = 180° - \angle DOE,$$

即二面角 A-OC-B 的平面角和 $\angle A_0OB_0$ 互为补角. 同理得二面角 B-OA-C 的平面角和 $\angle B_0OC_0$ 互为补角，二面角 C-OB-A 的平面角和 $\angle C_0OA_0$ 互为补角. □

推论 2.1.2.1. 三面角各二面角的平面角之和大于 $180°$ 且小于 $540°$.

证明： 作这个三面角的补三面角，则由补三面角的面角和大于 $0°$ 且小于 $360°$[①]即得三面角各二面角的平面角之和大于 $180°$ 且小于 $540°$. □

定理 2.1.3（正弦定理）. 在三面角 O-ABC 中，$\angle BOC = \alpha_1$，$\angle COA = \alpha_2$，$\angle AOB = \alpha_3$，二面角 C-OA-B、A-OB-C、B-OC-A 的平面角分别是 β_1、β_2、β_3，则
$$\frac{\sin\alpha_1}{\sin\beta_1} = \frac{\sin\alpha_2}{\sin\beta_2} = \frac{\sin\alpha_3}{\sin\beta_3}.$$

证明： 如图 2.1.5，在 OC 上取一点 D，使 $OD = 1$，作 $DE \perp OA$，与 OA 相交于点 E，作 $DF \perp OB$，与 OB 相交于点 F，作 $DG \perp 平面\ AOB$，垂足是 G，联结 EG、FG. 则 $\angle DEG$ 是二面角 C-OA-B 的平面角，$\angle DFG$ 是二面角 A-OB-C 的平面角，并且
$$DF = \sin\alpha_1,\quad DE = \sin\alpha_2.$$

又
$$DG = DF\sin\beta_2 = \sin\alpha_1\sin\beta_2,\quad DG = DE\sin\beta_1 = \sin\alpha_2\sin\beta_1,$$

所以
$$\sin\alpha_1\sin\beta_2 = \sin\alpha_2\sin\beta_1,$$

于是得
$$\frac{\sin\alpha_1}{\sin\beta_1} = \frac{\sin\alpha_2}{\sin\beta_2}.$$

同理可得 $\dfrac{\sin\alpha_1}{\sin\beta_1} = \dfrac{\sin\alpha_3}{\sin\beta_3}$，所以
$$\frac{\sin\alpha_1}{\sin\beta_1} = \frac{\sin\alpha_2}{\sin\beta_2} = \frac{\sin\alpha_3}{\sin\beta_3}. \qquad \Box$$

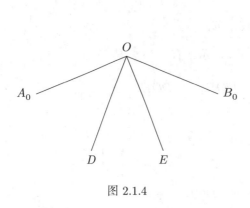

图 2.1.4

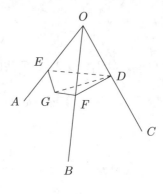

图 2.1.5

推论 2.1.3.1. $\sin\alpha_1\sin\alpha_2\sin\beta_3 = \sin\alpha_1\sin\alpha_3\sin\beta_2 = \sin\alpha_2\sin\alpha_3\sin\beta_1$.

推论 2.1.3.2. $\sin\alpha_1\sin\beta_2\sin\beta_3 = \sin\alpha_2\sin\beta_1\sin\beta_3 = \sin\alpha_3\sin\beta_1\sin\beta_2$.

定义 2.1.2. 推论 2.1.3.1 所得的值称为三面角 $O\text{-}ABC$ 的特征正弦，记为 $\sin\{O\}$，推论 2.1.3.2 所得的值称为三面角 $O\text{-}ABC$ 的顶点角正弦，记为 $\sin(O)$.

由推论 2.1.3.2，得

$$\sin(O) = \sin\alpha_1\sin\beta_2\sin\beta_3 = \sin\alpha_2\sin\beta_1\sin\beta_3 = \sin\alpha_3\sin\beta_1\sin\beta_2.$$

定理 2.1.4（第一余弦定理）. 在三面角 $O\text{-}ABC$ 中，$\angle BOC = \alpha_1$，$\angle COA = \alpha_2$，$\angle AOB = \alpha_3$，二面角 $C\text{-}OA\text{-}B$、$A\text{-}OB\text{-}C$、$B\text{-}OC\text{-}A$ 的平面角分别是 β_1、β_2、β_3，则

$$\cos\alpha_3 = \sin\alpha_1\sin\alpha_2\cos\beta_3 + \cos\alpha_1\cos\alpha_2,$$
$$\cos\alpha_2 = \sin\alpha_1\sin\alpha_3\cos\beta_2 + \cos\alpha_1\cos\alpha_3,$$
$$\cos\alpha_1 = \sin\alpha_2\sin\alpha_3\cos\beta_1 + \cos\alpha_2\cos\alpha_3.$$

证明： 如图 2.1.6，如果 $\angle AOC$ 和 $\angle BOC$ 都是锐角或都是钝角，在 OC 上取一点 D，使 $OD = 1$，作 $DE \perp OC$，与 OA 相交于点 E，作 $DF \perp OC$，与 OB 相交于点 F，联结 EF，则 $\angle EDF$ 是二面角 $B\text{-}OC\text{-}A$ 的平面角，并且

$$DF = \tan\alpha_1,\ DE = \tan\alpha_2,\ OF = \sec\alpha_1,\ OE = \sec\alpha_2.$$

于是

$$EF^2 = DF^2 + DE^2 - 2\cdot DF\cdot DE\cdot\cos\beta_3 = \tan^2\alpha_1 + \tan^2\alpha_2 - 2\tan\alpha_1\tan\alpha_2\cos\beta_3,$$

所以

$$\cos\alpha_3 = \frac{OE^2 + OF^2 - EF^2}{2\cdot OE\cdot OF}.$$

[①] 凸多面角的面角和小于 360° 的证明可参考文 [1]、文 [14]、文 [15].

$$= \frac{\sec^2 \alpha_1 + \sec^2 \alpha_2 - \tan^2 \alpha_1 - \tan^2 \alpha_2 + 2\tan\alpha_1 \tan\alpha_2 \cos\beta_3}{2\sec\alpha_1 \sec\alpha_2}$$

$$= \sin\alpha_1 \sin\alpha_2 \cos\beta_3 + \cos\alpha_1 \cos\alpha_2.$$

如果 $\angle AOC$ 和 $\angle BOC$ 中有一个角是锐角, 另一个是钝角, 假设 $\angle BOC$ 是钝角, 那么反向延长 OB, 得射线 OB', 那么三面角 $O\text{-}AB'\text{-}C$ 中, $\angle B'OC = 180° - \alpha_1$, $\angle COA = \alpha_2$, $\angle AOB' = 180° - \alpha_3$, 二面角 $B\text{-}OC\text{-}A$ 的平面角是 $180° - \beta_3$, 利用上面的结论得

$$\cos(180° - \alpha_3) = \sin(180° - \alpha_1)\sin\alpha_2 \cos(180° - \beta_3) + \cos(180° - \alpha_1)\cos\alpha_2,$$

即

$$\cos\alpha_3 = \sin\alpha_1 \sin\alpha_2 \cos\beta_3 + \cos\alpha_1 \cos\alpha_2.$$

如图 2.1.7, 如果 $\angle AOC$ 和 $\angle BOC$ 中有一个是直角, 设 $\angle AOC$ 是直角, 在 OC 上取一点 D, 使 $OD = 1$, 在 OA 上取一点 E, 使 $OE = 1$, 作 $DF \perp OC$, 与 OB 相交于点 F, 联结 EF, 过点 D 作 $DG \parallel OA$, $DG = 1$, 联结 EG, FG, 则四边形 $ODGE$ 是正方形, $\angle GDF$ 是二面角 $B\text{-}OC\text{-}A$ 的平面角, $OC \perp$ 平面 DFG. 因为 $OC \parallel EG$, 所以 $EG \perp$ 平面 DFG, 于是 $EG \perp FG$. 因为

$$OE = DG = EG = 1, \quad DF = \tan\alpha_1, \quad OF = \sec\alpha_1,$$

所以

$$FG^2 = DF^2 + DG^2 - 2 \cdot DF \cdot DG \cdot \cos\beta_3$$
$$= \tan^2 \alpha_1 + 1 - 2\tan\alpha_1 \cos\beta_3 = \sec^2 \alpha_1 - 2\tan\alpha_1 \cos\beta_3,$$
$$EF^2 = EG^2 + FG^2 = \sec^2 \alpha_1 + 1 - 2\tan\alpha_1 \cos\beta_3,$$

由此得

$$\cos\alpha_3 = \frac{OE^2 + OF^2 - EF^2}{2 \cdot OE \cdot OF} = \frac{1 + \sec^2 \alpha_1 - \sec^2 \alpha_1 - 1 + 2\tan\alpha_1 \cos\beta_3}{2\sec\alpha_1} = \sin\alpha_1 \cos\beta_3,$$

公式 $\cos\alpha_3 = \sin\alpha_1 \sin\alpha_2 \cos\beta_3 + \cos\alpha_1 \cos\alpha_2$ 仍然成立.

如果 $\angle AOC$ 和 $\angle BOC$ 都是直角, 那么 $\angle AOB = \alpha_1 = \beta_1$, $\cos\alpha_3 = \sin\alpha_1 \sin\alpha_2 \cos\beta_3 + \cos\alpha_1 \cos\alpha_2$ 仍然成立.

综合上面的证明, 得

$$\cos\alpha_3 = \sin\alpha_1 \sin\alpha_2 \cos\beta_3 + \cos\alpha_1 \cos\alpha_2.$$

同理可证

$$\cos\alpha_2 = \sin\alpha_1 \sin\alpha_3 \cos\beta_2 + \cos\alpha_1 \cos\alpha_3, \quad \cos\alpha_1 = \sin\alpha_2 \sin\alpha_3 \cos\beta_1 + \cos\alpha_2 \cos\alpha_3.$$

□

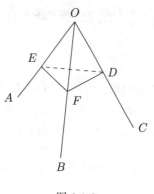
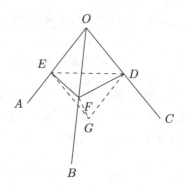

图 2.1.6　　　　　　　　　　图 2.1.7

推论 2.1.4.1. 如果两个三面角的两个面角与其所夹的二面角对应相等，或两个三面角的三个面角对应相等，则这两个三面角全等.

定理 2.1.5. 满足如下条件之一，就有 $\alpha_3 = \beta_3$：

（1）α_1、α_2 都是直角；

（2）α_1、α_2 其中之一是直角，且 β_3 是直角；

（3）α_1、α_3 都不是直角，且 $\cos\beta_3 = \dfrac{\cos\alpha_1 \cos\alpha_2}{1 - \sin\alpha_1 \sin\alpha_2}$.

满足如下条件之一，就有 $\alpha_3 < \beta_3$：

（1）α_1、α_2 其中之一是直角，且 β_3 是钝角；

（2）α_1、α_2 都是锐角或都是钝角，且 β_3 是直角或钝角；

（3）α_1、α_2 都不是直角的其余情况满足 $\cos\beta_3 < \dfrac{\cos\alpha_1 \cos\alpha_2}{1 - \sin\alpha_1 \sin\alpha_2}$.

满足如下条件之一，就有 $\alpha_3 > \beta_3$：

（1）α_1、α_2 其中之一是直角，且 β_3 是锐角；

（2）α_1、α_2 一个是锐角一个是钝角，且 β_3 是锐角或直角；

（3）α_1、α_2 都不是直角的其余情况满足 $\cos\beta_3 > \dfrac{\cos\alpha_1 \cos\alpha_2}{1 - \sin\alpha_1 \sin\alpha_2}$.

证明： 下面仅证明 $\alpha_3 < \beta_3$ 的情形，其他情形类似可证.

若 $\cos\alpha_3 > \cos\beta_3$，由三面角第一余弦定理得

$$\cos\alpha_3 = \sin\alpha_1 \sin\alpha_2 \cos\beta_3 + \cos\alpha_1 \cos\alpha_2 > \cos\beta_3,$$

于是

$$(1 - \sin\alpha_1 \sin\alpha_2)\cos\beta_3 < \cos\alpha_1 \cos\alpha_2,$$

当 α_1、α_2 不同为直角时，$1 - \sin\alpha_1 \sin\alpha_2 > 0$，所以

$$\cos\beta_3 < \dfrac{\cos\alpha_1 \cos\alpha_2}{1 - \sin\alpha_1 \sin\alpha_2},$$

当 α_1、α_2 同是锐角时，上式右边是正的，当 β_3 是直角或钝角时，上式必定成立，因此必定有 $\cos\alpha_3 > \cos\beta_3$；当 α_1、α_2 其中之一是直角时，上式右边是 0，当 β_3 是钝角时，上式必定成立，因此必定有 $\cos\alpha_3 > \cos\beta_3$；$\alpha_1$、$\alpha_2$ 都不是直角的其余情况，β_3 必须满足上式条件时才能有 $\cos\alpha_3 > \cos\beta_3$. 由此命题得证. □

定理 2.1.6. $\angle BAC$ 在平面 γ 内的射影是 $\angle BDC$，AB 与 γ 所成的角是 α，AC 与 γ 所成的角是 β，二面角 $A\text{-}BC\text{-}D$ 的平面角是 θ，则：

（1）当 $\angle ABC$、$\angle ACB$ 都不是钝角时 $\angle BAC < \angle BDC$；

（2）当 $\angle ABC$、$\angle ACB$ 其中之一是钝角，若 $\cos\theta = \cos\alpha\cos\beta$，则 $\angle BAC = \angle BDC$；若 $\cos\theta < \cos\alpha\cos\beta$，则 $\angle BAC > \angle BDC$；若 $\cos\theta > \cos\alpha\cos\beta$，则 $\angle BAC < \angle BDC$.

（3）$\alpha \leqslant \theta$，$\beta \leqslant \theta$，$\sin\angle ABC = \dfrac{\sin\alpha}{\sin\theta}$，$\sin\angle ACB = \dfrac{\sin\beta}{\sin\theta}$，$\sin\angle DBC = \dfrac{\tan\alpha}{\tan\theta}$，$\sin\angle DCB = \dfrac{\tan\beta}{\tan\theta}$.

证明： 如图 2.1.8，当 $\angle ABC$、$\angle ACB$ 其中之一是直角时，不妨设 $\angle ACB$ 是直角，则

$$\tan\angle BAC = \frac{BC}{AC}, \quad \tan\angle BDC = \frac{BC}{DC},$$

所以 $\tan\angle BAC < \tan\angle BDC$，即 $\angle BAC < \angle BDC$.

如图 2.1.9，当 $\angle ABC$、$\angle ACB$ 都是锐角时，在线段 BC 上取一点 E 使 $AE \perp BC$，由前面的结论知 $\angle BAE < \angle BDE$，$\angle CAE < \angle CDE$，所以 $\angle BAC < \angle BDC$.

如图 2.1.10，当 $\angle ABC$、$\angle ACB$ 其中之一是钝角时，不妨设 $\angle ACB$ 是钝角，在线段 BC 的延长线上取一点 E 使 $AE \perp BC$，因为

$$\cos\theta = \frac{S_{\triangle BDC}}{S_{\triangle BAC}} = \frac{DB \cdot DC \cdot \sin\angle BDC}{AB \cdot AC \cdot \sin\angle BAC} = \frac{\cos\alpha\cos\beta\sin\angle BDC}{\sin\angle BAC},$$

因此若 $\cos\theta = \cos\alpha\cos\beta$，则 $\angle BAC = \angle BDC$；若 $\cos\theta < \cos\alpha\cos\beta$，则 $\angle BAC > \angle BDC$；若 $\cos\theta > \cos\alpha\cos\beta$，则 $\angle BAC < \angle BDC$.

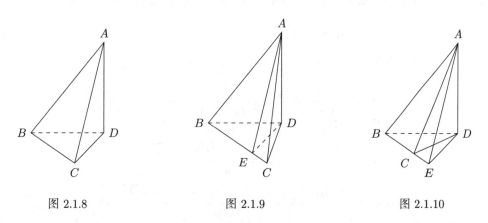

图 2.1.8　　　　　图 2.1.9　　　　　图 2.1.10

由上面的结论，立即得 $\alpha \leqslant \theta$，$\beta \leqslant \theta$，经计算易得

$$\sin \angle ABC = \frac{AE}{AB} = \frac{\dfrac{AD}{AB}}{\dfrac{AD}{AE}} = \frac{\sin \alpha}{\sin \theta}, \quad \sin \angle DBC = \frac{DE}{DB} = \frac{\dfrac{AD}{DB}}{\dfrac{AD}{DE}} = \frac{\tan \alpha}{\tan \theta},$$

同理可得

$$\sin \angle ACB = \frac{\sin \beta}{\sin \theta}, \quad \sin \angle DCB = \frac{\tan \beta}{\tan \theta}. \qquad \square$$

定理 2.1.7（第二余弦定理）. 在三面角 $O\text{-}ABC$ 中，$\angle BOC = \alpha_1$，$\angle COA = \alpha_2$，$\angle AOB = \alpha_3$，二面角 $C\text{-}OA\text{-}B$、$A\text{-}OB\text{-}C$、$B\text{-}OC\text{-}A$ 的平面角分别是 β_1、β_2、β_3，则

$$\cos \beta_3 = \sin \beta_1 \sin \beta_2 \cos \alpha_3 - \cos \beta_1 \cos \beta_2,$$
$$\cos \beta_2 = \sin \beta_1 \sin \beta_3 \cos \alpha_2 - \cos \beta_1 \cos \beta_3,$$
$$\cos \beta_1 = \sin \beta_2 \sin \beta_3 \cos \alpha_1 - \cos \beta_2 \cos \beta_3.$$

证明：在三面角 $O\text{-}ABC$ 的补三面角中应用第一余弦定理，得

$$\cos(180°-\beta_3) = \sin(180°-\beta_1)\sin(180°-\beta_2)\cos(180°-\alpha_3) + \cos(180°-\beta_1)\cos(180°-\beta_2),$$

即

$$\cos \beta_3 = \sin \beta_1 \sin \beta_2 \cos \alpha_3 - \cos \beta_1 \cos \beta_2,$$

同理可证

$$\cos \beta_2 = \sin \beta_1 \sin \beta_3 \cos \alpha_2 - \cos \beta_1 \cos \beta_3, \quad \cos \beta_1 = \sin \beta_2 \sin \beta_3 \cos \alpha_1 - \cos \beta_2 \cos \beta_3. \quad \square$$

推论 2.1.7.1. 如果两个三面角的两二面角与其所夹的面角对应相等，或两个三面角的三个二面角对应相等，则这两个三面角全等.

定理 2.1.8. 三面角 $O\text{-}ABC$ 中 $\angle BOC = \alpha_1$，$\angle COA = \alpha_2$，$\angle AOB = \alpha_3$，二面角 $C\text{-}OA\text{-}B$、$A\text{-}OB\text{-}C$、$B\text{-}OC\text{-}A$ 的平面角分别是 β_1、β_2、β_3，OA 与平面 BOC 所成的角是 θ_1，OB 与平面 COA 所成的角是 θ_2，OC 与平面 AOB 所成的角是 θ_3，则

$$\sin \theta_3 = \sin \alpha_1 \sin \beta_2 = \sin \alpha_2 \sin \beta_1,$$
$$\sin \theta_2 = \sin \alpha_1 \sin \beta_3 = \sin \alpha_3 \sin \beta_1,$$
$$\sin \theta_1 = \sin \alpha_2 \sin \beta_3 = \sin \alpha_3 \sin \beta_2,$$
$$\cos \theta_3 = \frac{\sqrt{\cos^2 \alpha_1 + \cos^2 \alpha_2 - 2\cos \alpha_1 \cos \alpha_2 \cos \alpha_3}}{\sin \alpha_3},$$
$$\cos \theta_2 = \frac{\sqrt{\cos^2 \alpha_1 + \cos^2 \alpha_3 - 2\cos \alpha_1 \cos \alpha_3 \cos \alpha_2}}{\sin \alpha_2},$$
$$\cos \theta_1 = \frac{\sqrt{\cos^2 \alpha_2 + \cos^2 \alpha_3 - 2\cos \alpha_2 \cos \alpha_3 \cos \alpha_1}}{\sin \alpha_1}.$$

证明： 如图 2.1.5，在 OC 上取一点 D，使 $OD = 1$，作 $DE \perp OA$，与 OA 相交于点 E，作 $DF \perp OB$，与 OB 相交于点 F，作 $DG \perp$ 平面 AOB，垂足是 G，联结 EG、FG、OG. 则 $\angle DOG$ 是 OC 与平面 AOB 所成的角，并且

$$DF = \sin\alpha_1, \ DE = \sin\alpha_2, \ OF = \cos\alpha_1, \ OE = \cos\alpha_2,$$
$$\angle OEG = \angle OFG = 90°,$$

于是点 O、E、G、F 共圆，并且 OG 是该圆的直径. 于是

$$\sin\theta_3 = \frac{DG}{OD} = DG,$$

由三面角正弦定理的证明中知

$$\sin\theta_3 = \sin\alpha_1 \sin\beta_2 = \sin\alpha_2 \sin\beta_1.$$

当 $\angle BOC$、$\angle COA$ 都不是直角时，由三角形的正弦定理得

$$\cos\theta_3 = \frac{OG}{OD} = OG = \frac{EF}{\sin\alpha_3}.$$

又

$$EF = \sqrt{OF^2 + OE^2 - 2 \cdot OF \cdot OE \cdot \cos\alpha_3}$$
$$= \sqrt{\cos^2\alpha_1 + \cos^2\alpha_2 - 2\cos\alpha_1 \cos\alpha_2 \cos\alpha_3},$$

所以

$$\cos\theta_3 = \frac{\sqrt{\cos^2\alpha_1 + \cos^2\alpha_2 - 2\cos\alpha_1 \cos\alpha_2 \cos\alpha_3}}{\sin\alpha_3}.$$

当 $\angle BOC$、$\angle COA$ 都是直角时，显然 $\theta_3 = 90°$，上面的余弦公式仍然成立.

当 $\angle BOC$、$\angle COA$ 中有一个是直角时，不妨设 $\angle COA$ 是直角，此时点 E 与点 O 重合，$\angle AOG = 90°$，此时

$$\cos\theta_3 = \frac{OG}{OD} = OG = \frac{OF}{\sin\alpha_3} = \frac{\cos\alpha_1}{\sin\alpha_3},$$

上面的余弦公式仍然成立.

同理可得

$$\sin\theta_2 = \sin\alpha_1 \sin\beta_3 = \sin\alpha_3 \sin\beta_1, \quad \sin\theta_1 = \sin\alpha_2 \sin\beta_3 = \sin\alpha_3 \sin\beta_2,$$
$$\cos\theta_2 = \frac{\sqrt{\cos^2\alpha_1 + \cos^2\alpha_3 - 2\cos\alpha_1 \cos\alpha_3 \cos\alpha_2}}{\sin\alpha_2},$$
$$\cos\theta_1 = \frac{\sqrt{\cos^2\alpha_2 + \cos^2\alpha_3 - 2\cos\alpha_2 \cos\alpha_3 \cos\alpha_1}}{\sin\alpha_1}.$$

□

二面角 π_1-m-π_2 的平面角为 γ，π_1、π_2 两个面内各有一点 T、U，TU 与 π_1、π_2 所成的角分别是 α、β，TU、m 所成的角是 θ，如图 2.1.11，把 AB 平移到与 m 相交，形成直线 PQ，点 P 在 m 上，则 PQ 在二面角 π_1-m-π_2 的补二面角内. 分别作点 Q 在 π_1、π_2 内的射影 A、B，直线 AP、BP 确定的平面与 m 相交于点 C，则

$$\angle ACB = 180° - \gamma,\ \angle AQB = 180° - \angle ACB = \gamma,$$
$$\angle AQP = 90° - \alpha,\ \angle BQP = 90° - \beta,\ \angle CQP = 90° - \theta,$$

应用定理 2.1.8 中的余弦公式即得推论 1.4.7.2 中的所成角公式，应用推论 1.4.7.2 中的所成角公式也立即得定理 2.1.8 中的余弦公式，推论 1.4.7.2 中的所成角公式与定理 2.1.8 中的余弦公式是等价的.

例 2.1.1. 射线 l 在二面角 π_1-m-π_2 内（含棱），二面角 π_1-m-π_2 的平面角为 γ，$l \cap m = P$，l 与 π_1 所成的角为 α，l 与 π_2 所成的角为 β，满足上述条件的射线 l 是否存在？若存在，确定其位置，并指出有多少条这样的射线满足条件.

解： 如图 2.1.11，设射线 l 存在，在 l 上取一点 Q，使 $PQ = 1$，点 Q 在平面 π_1、π_2 内的射影分别是 A、B，则

$$AQ = \sin\alpha,\ BQ = \sin\beta,$$

直线 AP、BP 确定的平面与 m 相交于点 C，则有 $0 < CQ \leqslant 1$. 如图 2.1.12，过点 Q 作 BC 的平行线，交直线 AC 于点 U，过点 Q 作 AC 的平行线，交直线 BC 于点 V. 规定直线 AC 所在方向上的有向线段的符号：取直线 AC 在半平面 π_1 内（含棱）的射线为正方向，直线 BC 所在方向上的有向线段的符号：取直线 BC 在半平面 π_2 内（含棱）的射线为正方向，此时

$$\overline{UA} = \sin\alpha \cot\gamma,\ \overline{CU} = \overline{VQ} = \sin\beta \csc\gamma,$$

所以

$$\overline{CA} = \overline{UA} + \overline{CU} = \sin\alpha \cot\gamma + \sin\beta \csc\gamma = \frac{\sin\alpha \cos\gamma + \sin\beta}{\sin\gamma};$$

同理可得

$$\overline{CB} = \frac{\sin\alpha + \sin\beta \cos\gamma}{\sin\gamma},$$

由此可知 $\overline{CA}$、$\overline{CB}$ 必定其一为正. 另外，由正弦定理和余弦定理得

$$CQ = \frac{AB}{\sin\gamma} = \frac{\sqrt{\sin^2\alpha + \sin^2\beta + 2\sin\alpha\sin\beta\cos\gamma}}{\sin\gamma},$$

由 $0 < CQ \leqslant 1$ 得

$$(\cos\gamma - \cos(\alpha+\beta))(\cos\gamma + \cos(\alpha-\beta)) \leqslant 0,$$

可以证明 $0° < \alpha + \beta \leqslant 180° - |\alpha - \beta| \leqslant 180°$，所以得

$$\cos(180° - |\alpha - \beta|) \leqslant \cos\gamma \leqslant \cos(\alpha+\beta),$$

即
$$\alpha + \beta \leqslant \gamma \leqslant 180° - |\alpha - \beta|,$$

此时在 m 上取一点 C, 使 $PC = \sqrt{1 - CQ^2} = \dfrac{\sqrt{\sin^2 \gamma - \sin^2 \alpha - \sin^2 \beta - 2\sin\alpha \sin\beta \cos\gamma}}{\sin\gamma}$, 在平面 π_1 内过点 C 且与 m 垂直的直线上取一点 A, 使 $\overline{CA} = \dfrac{\sin\alpha \cos\gamma + \sin\beta}{\sin\gamma}$, 在平面 π_2 内过点 C 且与 m 垂直的直线上取一点 B, 使 $\overline{CB} = \dfrac{\sin\alpha + \sin\beta \cos\gamma}{\sin\gamma}$, 过点 A 作 π_1 的垂线, 过点 B 作 π_2 的垂线, 两垂线交点是 Q. 当 γ 是锐角时, $\sin\alpha \cos\gamma + \sin\beta > 0$, $\sin\alpha + \sin\beta \cos\gamma > 0$, 则
$$(\sin\alpha + \sin\beta \cos\gamma) - (\sin\alpha \cos\gamma + \sin\beta)\cos\gamma = \sin\alpha \sin^2 \gamma > 0,$$

所以 $\overline{CB} > \overline{CA} \cos\gamma$, 同理可得 $\overline{CA} > \overline{CB} \cos\gamma$; 当 γ 是钝角时类似可得 $\overline{CB} > \overline{CA} \cos\gamma$, $\overline{CA} > \overline{CB} \cos\gamma$, 由此得点 Q 必定在二面角 π_1-m-π_2 内, 所以射线 PQ 就是所求的射线. 当 $\gamma = \alpha + \beta$ 或 $\gamma = 180° - |\alpha - \beta|$ 时, 满足条件的射线只有一条; 当 $\alpha + \beta < \gamma < 180° - |\alpha - \beta|$ 时, 满足条件的射线有两条; 当 $\gamma < \alpha + \beta$ 或 $\gamma > 180° - |\alpha - \beta|$ 时, 没有满足条件的射线存在. □

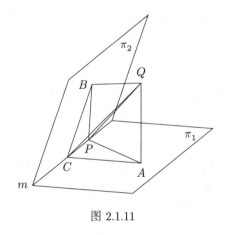

图 2.1.11

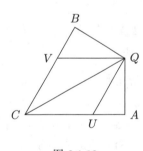

图 2.1.12

定理 2.1.9. 在三面角 O-ABC 中 $\angle BOC = \alpha_1$, $\angle COA = \alpha_2$, $\angle AOB = \alpha_3$, 射线 OD 与棱 OA、OB、OC 的夹角都是 θ.

（1）当 $1 + \cos\alpha_1 > \cos\alpha_2 + \cos\alpha_3$ 时射线 OA 与射线 OD 在平面 BOC 同侧; 当 $1 + \cos\alpha_1 = \cos\alpha_2 + \cos\alpha_3$ 时射线 OD 在平面 BOC 内; 当 $1 + \cos\alpha_1 < \cos\alpha_2 + \cos\alpha_3$ 时射线 OA 与射线 OD 在平面 BOC 异侧.

（2）$\tan\theta = \sqrt{\dfrac{2(1 - \cos\alpha_1)(1 - \cos\alpha_2)(1 - \cos\alpha_3)}{1 - \cos^2 \alpha_1 - \cos^2 \alpha_2 - \cos^2 \alpha_3 + 2\cos\alpha_1 \cos\alpha_2 \cos\alpha_3}}.$

证明: 分如下情形:

(1) 在棱 OA、OB、OC 上分别取一点 P、Q、R, 使 $OP = OQ = OR = 1$, 那么 OD 必然过 $\triangle PQR$ 的外心. 因为 $QR = \sqrt{2(1-\cos\alpha_1)}$, $RP = \sqrt{2(1-\cos\alpha_2)}$, $PQ = \sqrt{2(1-\cos\alpha_3)}$, 所以

$$\cos\angle QPR = \frac{RP^2 + PQ^2 - QR^2}{2RP \cdot PQ} = \frac{1 + \cos\alpha_1 - \cos\alpha_2 - \cos\alpha_3}{2\sqrt{(1-\cos\alpha_2)(1-\cos\alpha_3)}},$$

命题成立.

(2) 利用 (1) 的计算结果, 得 $\triangle PQR$ 的外接圆半径 $r = \dfrac{QR \cdot RP \cdot PQ}{4S_{\triangle PQR}}$, 所以

$$\tan\theta = \frac{\sin\theta}{\sqrt{1-\sin^2\theta}} = \frac{r}{\sqrt{1-r^2}}$$
$$= \sqrt{\frac{2(1-\cos\alpha_1)(1-\cos\alpha_2)(1-\cos\alpha_3)}{1-\cos^2\alpha_1-\cos^2\alpha_2-\cos^2\alpha_3+2\cos\alpha_1\cos\alpha_2\cos\alpha_3}}. \qquad \square$$

推论 2.1.9.1. 在三面角 $O\text{-}ABC$ 中二面角 $C\text{-}OA\text{-}B$、$A\text{-}OB\text{-}C$、$B\text{-}OC\text{-}A$ 的平面角分别是 β_1、β_2、β_3, 射线 OD 与平面 OBC、OCA、OAB 的夹角都是 θ, 则

$$\tan\theta = \sqrt{\frac{1-\cos^2\beta_1-\cos^2\beta_2-\cos^2\beta_3-2\cos\beta_1\cos\beta_2\cos\beta_3}{2(1+\cos\beta_1)(1+\cos\beta_2)(1+\cos\beta_3)}}.$$

证明: 取 OD 上一点 E, 其到平面 OBC、OCA、OAB 的射影分别是 P、Q、R, 则三面角 $E\text{-}PQR$ 是三面角 $O\text{-}ABC$ 的补三面角, 且 $\angle OEP$ 与 $\angle PEO$ 互余, 由定理 2.1.9 的 (2) 就立即得到结论. $\qquad \square$

定理 2.1.10. 以 α、β、γ 为面角的三面角存在的充要条件是 $\alpha+\beta+\gamma < 360°$, $\alpha+\beta > \gamma$, $\alpha+\gamma > \beta$, $\beta+\gamma > \alpha$.

证明: 充分性

由 $\alpha+\beta > \gamma$, $\alpha+\gamma > \beta$, $\beta+\gamma > \alpha$ 得 $0° \leqslant |\alpha-\beta| < \gamma < \alpha+\beta$. 若 $\alpha+\beta \leqslant 180°$, 则 $\cos(\alpha+\beta) < \cos\gamma < \cos(\alpha-\beta)$; 若 $\alpha+\beta > 180°$, 则 $0° < 180°-\gamma < \alpha+\beta-180° < 180°$, 也有 $\cos(\alpha+\beta) < \cos\gamma < \cos(\alpha-\beta)$, 所以

$$-1 < \frac{\cos\gamma - \cos\alpha\cos\beta}{\sin\alpha\sin\beta} < 1.$$

可令 $\cos\theta = \dfrac{\cos\gamma - \cos\alpha\cos\beta}{\sin\alpha\sin\beta}$ ($0° < \theta < 180°$), 作平面角是 θ 的二面角, 在其棱上取两点 P、A, 在其中一个半平面内取一点 B 使 $\angle APB = \alpha$, 在另一个半平面内取一点 C 使 $\angle APC = \beta$, 由三面角第一余弦定理, 知 $\angle BPC = \gamma$, 三面角 $P\text{-}ABC$ 就是满足条件的三面角.

必要性

证明可参考文 [1]、文 [14]、文 [15]. $\qquad \square$

推论 2.1.10.1. 若 α、β、γ 能构成三面角，则 $180°-\alpha$、$180°-\beta$、γ 也能构成三面角.

证明： 因为 $180°-\alpha+180°-\beta+\gamma=360°-\alpha-\beta+\gamma$，$0°<\alpha+\beta-\gamma<360°$，所以 $180°-\alpha+180°-\beta+\gamma<360°$. 因为 $180°-\alpha+180°-\beta-\gamma=360°-\alpha-\beta-\gamma>0°$，所以 $180°-\alpha+180°-\beta>\gamma$. 因为 $180°-\alpha+\gamma-(180°-\beta)=\beta+\gamma-\alpha>0°$，所以 $180°-\alpha+\gamma>180°-\beta$. 同理可得 $180°-\beta+\gamma>180°-\alpha$. 由此可得 $180°-\alpha$、$180°-\beta$、γ 也能构成三面角. $\square$

定理 2.1.11. 以 α、β、γ 为二面角的三面角存在的充要条件是以 $180°-\alpha$、$180°-\beta$、$180°-\gamma$ 为面角的三面角存在.

这个定理的证明只需要用补三面角的性质即可，这里证明从略.

定理 2.1.12. 设 $\theta=\dfrac{\alpha+\beta+\gamma}{2}$，$0°<\alpha<180°$，$0°<\beta<180°$，$0°<\gamma<180°$，则 α、β、γ 能构成三面角的充要条件是：$\sin\theta\sin(\theta-\alpha)\sin(\theta-\beta)\sin(\theta-\gamma)>0$.

证明： 若 α、β、γ 能构成三面角，则 $0°<\theta<180°$，$0°<\theta-\alpha<180°$，$0°<\theta-\beta<180°$，$0°<\theta-\gamma<180°$，所以 $\sin\theta\sin(\theta-\alpha)\sin(\theta-\beta)\sin(\theta-\gamma)>0$.

若 $\sin\theta\sin(\theta-\alpha)\sin(\theta-\beta)\sin(\theta-\gamma)>0$，由题设条件知 $0°<\theta<270°$，$-90°<\theta-\alpha<180°$，$-90°<\theta-\beta<180°$，$-90°<\theta-\gamma<180°$. 分如下情况进行讨论：

（1）θ 不可能是 $180°$，否则 $\sin\theta\sin(\theta-\alpha)\sin(\theta-\beta)\sin(\theta-\gamma)=0$.

（2）$\theta-\alpha$、$\theta-\beta$、$\theta-\gamma$ 均不可能是 $0°$，否则 $\sin\theta\sin(\theta-\alpha)\sin(\theta-\beta)\sin(\theta-\gamma)=0$.

（3）当 $180°<\theta<270°$ 时，必定 $\sin(\theta-\alpha)\sin(\theta-\beta)\sin(\theta-\gamma)<0$，所以 $\sin(\theta-\alpha)$、$\sin(\theta-\beta)$、$\sin(\theta-\gamma)$ 全是负数或两正一负，不妨设 $\sin(\theta-\alpha)<0$，那么就有 $-90°<\theta-\alpha<0°$，即 $0°<\alpha-\theta<90°$，由此得 $180°<\alpha<360°$. 这是不可能的.

（4）当 $0°<\theta<180°$ 时，必定 $\sin(\theta-\alpha)\sin(\theta-\beta)\sin(\theta-\gamma)>0$，所以 $\sin(\theta-\alpha)$、$\sin(\theta-\beta)$、$\sin(\theta-\gamma)$ 全是正数或两负一正. 若 $\sin(\theta-\alpha)$、$\sin(\theta-\beta)$、$\sin(\theta-\gamma)$ 两负一正，不妨设 $\sin(\theta-\alpha)<0$，$\sin(\theta-\beta)<0$，那么就有 $-90°<\theta-\alpha<0°$，$-90°<\theta-\beta<0°$，上面两式相加即得 $-180°<\gamma<0°$，这是不可能的. 所以必须 $\sin(\theta-\alpha)$、$\sin(\theta-\beta)$、$\sin(\theta-\gamma)$ 全是正数，即 $0°<\theta-\alpha<90°$，$0°<\theta-\beta<90°$，$0°<\theta-\gamma<90°$，亦即 $\alpha+\beta+\gamma<360°$，$\alpha+\beta>\gamma$，$\beta+\gamma>\alpha$，所以 α、β、γ 能构成三面角.

综合上述讨论可得 α、β、γ 能构成三面角. $\square$

引理 2.1.2. 设 $\theta=\dfrac{\alpha+\beta+\gamma}{2}$，那么

$$1-\cos^2\alpha-\cos^2\beta-\cos^2\gamma+2\cos\alpha\cos\beta\cos\gamma=4\sin\theta\sin(\theta-\alpha)\sin(\theta-\beta)\sin(\theta-\gamma).$$

证明： 应用倍角公式、角的和差化积以及积化和差公式对式子进行变换

$$1-\cos^2\alpha-\cos^2\beta-\cos^2\gamma+2\cos\alpha\cos\beta\cos\gamma$$

$$= -\cos^2\alpha + 2\cos\alpha\cos\beta\cos\gamma - \frac{1}{2}(2\cos^2\beta - 1 + 2\cos^2\gamma - 1)$$
$$= -\cos^2\alpha + 2\cos\alpha\cos\beta\cos\gamma - \frac{1}{2}(\cos 2\beta + \cos 2\gamma)$$
$$= -\cos^2\alpha + (\cos(\beta+\gamma) + \cos(\beta-\gamma))\cos\alpha - \cos(\beta+\gamma)\cos(\beta-\gamma)$$
$$= (\cos\alpha - \cos(\beta+\gamma))(\cos(\beta-\gamma) - \cos\alpha)$$
$$= 4\sin\frac{\alpha+\beta+\gamma}{2}\sin\frac{-\alpha+\beta+\gamma}{2}\sin\frac{\alpha-\beta+\gamma}{2}\sin\frac{\alpha+\beta-\gamma}{2}$$
$$= 4\sin\theta\sin(\theta-\alpha)\sin(\theta-\beta)\sin(\theta-\gamma). \qquad \square$$

由定理 2.1.12 及引理 2.1.2 立即得：

定理 2.1.13. 设 $0° < \alpha < 180°$，$0° < \beta < 180°$，$0° < \gamma < 180°$，则 α、β、γ 能构成三面角的充要条件是 $1 - \cos^2\alpha - \cos^2\beta - \cos^2\gamma + 2\cos\alpha\cos\beta\cos\gamma > 0$.

例 2.1.2. 已知三面角 $O\text{-}ABC$ 中，射线 OA 与平面 BOC 所成的角是 θ_A，射线 OB 与平面 AOC 所成的角是 θ_B，射线 OC 与平面 AOB 所成的角是 θ_C，求 $\angle BOC$、$\angle AOC$、$\angle AOB$.

解： 设 $\angle BOC = \alpha$、$\angle AOC = \beta$、$\angle AOB = \gamma$，则

$$\cos\theta_A = \frac{\sqrt{\cos^2\beta + \cos^2\gamma - 2\cos\alpha\cos\beta\cos\gamma}}{\sin\alpha},$$
$$\cos\theta_B = \frac{\sqrt{\cos^2\alpha + \cos^2\gamma - 2\cos\alpha\cos\beta\cos\gamma}}{\sin\beta},$$
$$\cos\theta_C = \frac{\sqrt{\cos^2\alpha + \cos^2\beta - 2\cos\alpha\cos\beta\cos\gamma}}{\sin\gamma},$$

令 $\Delta = 1 - \cos^2\alpha - \cos^2\beta - \cos^2\gamma + 2\cos\alpha\cos\beta\cos\gamma$，则

$$\sin\theta_A = \frac{\sqrt{\Delta}}{\sin\alpha}, \quad \sin\theta_B = \frac{\sqrt{\Delta}}{\sin\beta}, \quad \sin\theta_C = \frac{\sqrt{\Delta}}{\sin\gamma}, \tag{2.1.1}$$

记 $t = \sin\theta_A$，$u = \sin\theta_B$，$v = \sin\theta_C$，由 (2.1.1) 可得

$$\cos\alpha = \pm\sqrt{1 - \frac{\Delta}{t^2}}, \quad \cos\beta = \pm\sqrt{1 - \frac{\Delta}{u^2}}, \quad \cos\gamma = \pm\sqrt{1 - \frac{\Delta}{v^2}}, \tag{2.1.2}$$

由 $\Delta = 1 - \cos^2\alpha - \cos^2\beta - \cos^2\gamma + 2\cos\alpha\cos\beta\cos\gamma$ 得

$$(\Delta - 1 + \cos^2\alpha + \cos^2\beta + \cos^2\gamma)^2 = 4\cos^2\alpha\cos^2\beta\cos^2\gamma, \tag{2.1.3}$$

把 (2.1.2) 代入 (2.1.3)，整理得

$$4t^2u^2v^2\Delta^2 + P\Delta + 4t^4u^4v^4 = 0, \tag{2.1.4}$$

其中
$$P = t^4u^4 + t^4v^4 + u^4v^4 + t^4u^4v^4$$
$$- 2t^2u^2v^2(t^2 + u^2 + v^2 + t^2u^2 + t^2v^2 + u^2v^2),$$

(2.1.4) 求出的 Δ 必须是正数，将这些正数代入 (2.1.2)，使其都是实数，并且其 "$\pm$" 符号适当选取将使 $\Delta = 1 - \cos^2\alpha - \cos^2\beta - \cos^2\gamma + 2\cos\alpha\cos\beta\cos\gamma$ 成立，此时的 α、β、γ 就是所求的解. 由推论 2.1.10.1 知，若 $\angle BOC = \alpha$、$\angle AOC = \beta$、$\angle AOB = \gamma$ 是解，则 $\angle BOC = 180° - \alpha$、$\angle AOC = 180° - \beta$、$\angle AOB = \gamma$ 或 $\angle BOC = 180° - \alpha$、$\angle AOC = \beta$、$\angle AOB = 180° - \gamma$ 或 $\angle BOC = \alpha$、$\angle AOC = 180° - \beta$、$\angle AOB = 180° - \gamma$ 都是满足条件的解. □

2.2 凸多面角

定理 2.2.1. [①] 凸 n 面角各面角的平面角之和小于 $360°$.

定理 2.2.2. 凸 n 面角各二面角的平面角之和大于 $(n-2)180°$ 且小于 $n \cdot 180°$.

证明： 如图 2.2.1，设 $O\text{-}A_1A_2\ldots A_n$ 是凸 n 面角，在其内部作一射线 OP，则把凸 n 面角 $O\text{-}A_1A_2\ldots A_n$ 分割成 n 个三面角 $O\text{-}A_1PA_2, O\text{-}A_2PA_3, \ldots, O\text{-}A_nPA_1$. 设凸 n 面角 $O\text{-}A_1A_2\ldots A_n$ 的二面角的平面角之和是 S，由推论 2.1.2.1 得
$$S + 360° > n \cdot 180°,$$

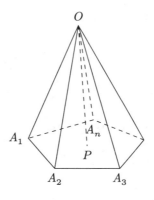

图 2.2.1

而凸 n 面角 $O\text{-}A_1A_2\ldots A_n$ 的每个二面角的平面角都小于 $180°$，所以
$$S < n \cdot 180°,$$

[①]证明可参考文 [1]、文 [14]、文 [15].

由此得
$$(n-2)180° < S < n \cdot 180°.$$
□

定理 2.2.3. 凸多面角的其中一个面角小于其余面角的和.

证明： 设这个凸多面角是 $P\text{-}A_1A_2\ldots A_n$，则
$$\angle A_1PA_2 < \angle A_2PA_3 + \angle A_3PA_1,$$
$$\angle A_3PA_1 < \angle A_3PA_4 + \angle A_4PA_1,$$
$$\vdots$$
$$\angle A_{n-1}PA_1 < \angle A_{n-1}PA_n + \angle A_nPA_1,$$

所以
$$\angle A_1PA_2 = \angle A_2PA_3 + \angle A_3PA_4 + \cdots + \angle A_nPA_1,$$

其余角的情况同理可证. □

定理 2.2.4. [①] n（n 是整数，$n \geqslant 3$）个角满足这些角的和小于 $360°$ 且任意一角小于其他角的和，则以这些角为面角能构成凸 n 面角的面角.

证明： 分如下情形：

（1）当 $n = 3$ 时，命题已成立.

（2）设 $n = k$ 时，命题成立. 设 $k+1$ 个角 α_1、α_2、$\ldots$、α_k、α_{k+1} 满足 $\alpha_1 + \alpha_2 + \cdots + \alpha_k + \alpha_{k+1} < 360°$，$\alpha_1 < \alpha_2 + \cdots + \alpha_k + \alpha_{k+1}$. 令 $\delta = \alpha_2 + \cdots + \alpha_k + \alpha_{k+1} - \alpha_1$，则 $\delta > 0$.

（a）当 $k = 3$ 时必定有 $\max\{|\alpha_1 - \alpha_2|, |\alpha_3 - \alpha_4|\} < \min\{\alpha_1 + \alpha_2, \alpha_3 + \alpha_4\}$，取一角 β 满足
$$\max\{|\alpha_1 - \alpha_2|, |\alpha_3 - \alpha_4|\} < \beta < \min\{\alpha_1 + \alpha_2, \alpha_3 + \alpha_4\},$$
则
$$\beta + \alpha_1 + \alpha_2 < \min\{\alpha_1 + \alpha_2, \alpha_3 + \alpha_4\} + \alpha_1 + \alpha_2 \leqslant \alpha_1 + \alpha_2 + \alpha_3 + \alpha_4 = 360°,$$
因此以 α_1、α_2、β 为面角能构成三面角，同理得以 α_3、α_4、β 为面角能构成三面角. 不妨设 $\alpha_1 + \alpha_2 \geqslant \alpha_3 + \alpha_4$.

（b）当 $k > 3$ 时，必定能按顺序取 $k-1$ 个角，使最大的两个角在这 $k-1$ 个角中. 取 $k-1$ 个角，使最大的两个角在这 $k-1$ 个角中，不妨设 α_1 是这 $k-1$ 个角中最大的. 取一角 α' 满足 $\alpha_k + \alpha_{k+1} - \delta < \alpha' \leqslant \alpha_k + \alpha_{k+1}$，则
$$\alpha_1 + \alpha_2 + \cdots + \alpha_{k-1} + \alpha' \leqslant \alpha_1 + \alpha_2 + \cdots + \alpha_{k-1} + \alpha_k + \alpha_{k+1} < 360°.$$

[①] 证明参考了文 [12].

另外，因为 $\alpha_1 = \alpha_2 + \cdots + \alpha_k + \alpha_{k+1} - \delta$，所以
$$\alpha_1 < \alpha_2 + \cdots + \alpha_{k-1} + \alpha',$$
因为
$$\alpha_1 + \alpha_2 + \cdots + \alpha_{k-1} > \alpha_k + \alpha_{k+1} \geqslant \alpha'.$$
由假设，以角 α_1、α_2、$\ldots$、α_{k-1}、α' 为面角能构成凸 k 面角. 取
$$\max\{\alpha_k + \alpha_{k+1} - \delta, |\alpha_k - \alpha_{k+1}|\} < \beta < \alpha_k + \alpha_{k+1},$$
则以角 α_1、α_2、$\ldots$、α_{k-1}、β 为面角能构成凸 k 面角，以角 α_k、α_{k+1}、β 为面角能构成三面角.

无论是（a）或（b），把两个多面角中面角是 β 的半平面重合，两个多面角在这个半平面两侧，则以角 α_1、α_2、$\ldots$、α_{k-1}、α_k、α_{k+1} 为面角能构成 $k+1$ 面角. 设以角 α_k、α_{k+1}、β 为面角的三面角中面角 α_k 所对的二面角是 γ，面角 α_{k+1} 所对的二面角是 γ'，以角 α_1、α_2、$\ldots$、α_{k-1}、β 为面角构成的凸 k 面角与 α_{k+1} 相邻的二面角是 γ_1，以角 α_1、α_2、$\ldots$、α_{k-1}、β 为面角构成的凸 k 面角与 α_k 相邻的二面角是 γ_1'，则
$$\cos\gamma = \frac{\cos\alpha_k - \cos\alpha_{k+1}\cos\beta}{\sin\alpha_{k+1}\sin\beta},$$
当 β 无限接近 $\alpha_k + \alpha_{k+1}$ 时 γ 无限接近 $0°$，同理可证当 β 无限接近 $\alpha_k + \alpha_{k+1}$ 时 γ' 无限接近 $0°$，即当 β 无限接近 $\alpha_k + \alpha_{k+1}$ 时 γ、γ' 同时曲线接近 $0°$，所以只要同时满足 $\gamma < 180° - \gamma_1$，$\gamma' < 180° - \gamma_1'$ 时，前面构造出的 $k+1$ 面角就是凸多面角，亦即 $k+1$ 时命题也成立.

由（1）（2）知当 $k \geqslant 3$ 时命题成立. $\square$

由定理 2.2.4 的证明立即得：

推论 2.2.4.1. 给定凸 n（n 是整数，$n \geqslant 4$）面角的各个面角，则满足条件的凸 n 面角有无数种.

由定理 2.2.3 及定理 2.2.4 立即得

定理 2.2.5. n（n 是整数，$n \geqslant 3$）个角能构成凸 n 面角的面角的充要条件是这些角的和小于 $360°$ 且任意一角小于其他角的和.

定义 2.2.1. 两个多面角的各面角对应相等，并且各二面角也对应相等，则称这两个多面角为全等多面角.

定义 2.2.2. 各面角相等，并且各二面角也相等的凸多面角称为正多面角.

引理 2.2.1. 空间有四个点 A、B、C、D，有一直线 a，$AB \perp a$，$BC \perp a$，$CD \perp a$，那么 A、B、C、D 共面.

证明： 分如下情形：

（1）没有任何三点共线

由于 A、B、C 不共线，且 $AB \perp a$，$BC \perp a$，因此 $a \perp$ 平面 ABC. 又由于 B、C、D 不共线，且 $BC \perp a$，$CD \perp a$，因此 $a \perp$ 平面 BCD. 因为过空间任意一点与直线垂直的平面是唯一的，而平面 ABC 和平面 BCD 都过点 B，且与 a 垂直，所以 A、B、C、D 共面.

（2）有三点共线

设 A、B、C 共线，那么就有一直线 l 过 A、B、C 三点. 如果 D 不在 l 上，那么 l 和 D 就唯一确定一个平面，亦即 A、B、C、D 共面；如果 D 在 l 上，那么通过 l 有无数个平面，亦即 A、B、C、D 也共面.

综合上述结论得到 A、B、C、D 共面. □

定理 2.2.6. 从正多面角 $O\text{-}A_1A_2\dots A_n$ 的各棱截取 n 个点 $B_1, B_2, \dots, B_n$，使其满足 $OB_1 = OB_2 = \dots = OB_n$，那么点 $B_1, B_2, \dots, B_n$ 共面，并且多边形 $B_1B_2\dots B_n$ 是正 n 边形，正 n 边形 $B_1B_2\dots B_n$ 的中心与点 O 的连线垂直于平面 $B_1B_2\dots B_n$.

证明： 如图 2.2.2，在等腰 $\triangle OB_1B_2$ 中过 B_1 作 OA_2 的垂线，垂足为 H_2，过 B_2 作 OA_1 的垂线，垂足为 H_1，两垂线的交点为 P_1，OP_1 与 B_1B_2 的交点为 Q_1；在等腰 $\triangle OB_2B_3$ 中过 B_2 作 OA_3 的垂线，垂足为 H_3，联结 B_3H_2，两线的交点为 P_2，OP_2 与 B_2B_3 的交点为 Q_2；在等腰 $\triangle OB_3B_4$ 中过 B_3 作 OA_4 的垂线，垂足为 H_4，联结 B_4H_3，两线的交点为 P_3，OP_3 与 B_3B_4 的交点为 Q_3. 由于 $OB_1 = OB_3$，$\angle B_1OB_2 = \angle B_2OB_3$，$OH_2 = OH_2$，由此得 $\triangle OB_1H_2 \cong \triangle OB_3H_2$，所以

$$\angle OH_2B_1 = \angle OH_2B_3 = 90°,$$

亦即 B_3H_2 也是 OA_2 的垂线. 同理可得到 B_4H_3 也是 OA_3 的垂线. 于是 OQ_1 是 B_1B_2 的中垂线，OQ_2 是 B_2B_3 的中垂线，OQ_3 是 B_3B_4 的中垂线，设二面角 $B_1\text{-}OB_2\text{-}B_3$ 的平分平面和二面角 $B_2\text{-}OB_3\text{-}B_4$ 的平分平面相交于直线 OR，联结 B_1R、B_2R、B_3R、B_4R、H_2R、H_3R、Q_1R、Q_2R、Q_3R. 由于

$$B_1H_2 = B_3H_2, \angle B_1H_2R = \angle B_3H_2R, H_2R = H_2R,$$

因此 $\triangle B_1H_2R \cong \triangle B_3H_2R$，所以 $B_1R = B_3R$. 同理可得 $B_2R = B_4R$.

由于

$$B_1H_2 = B_2H_3, \angle B_1H_2R = \angle B_2H_3R, H_2R = H_3R,$$

由此得 $\triangle B_1H_2R \cong \triangle B_2H_3R$，所以 $B_1R = B_2R$. 结合上面的结论得 $B_1R = B_2R = B_3R = B_4R$. 由于 Q_1 是 B_1B_2 的中点，$B_1R = B_2R$，所以 $Q_1R \perp B_1B_2$，于是 $B_1B_2 \perp$ 平面 OQ_1R，最后得 $OR \perp B_1B_2$. 同理得 $OR \perp B_2B_3$，$OR \perp B_3B_4$. 根据引理 2.2.1，得

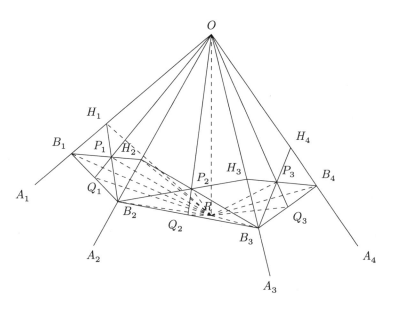

图 2.2.2

B_1、B_2、B_3、B_4 共面. 同理可得 B_2、B_3、B_4、B_5 共面，…，B_{n-3}、B_{n-2}、B_{n-1}、B_n 共面, 于是得 B_1、B_2、…、B_n 共面.

联结 B_1B_3，B_2B_4, 由于

$$B_1H_2 = B_2H_3, \angle B_1H_2B_3 = \angle B_2H_3B_4, B_3H_2 = B_4H_3,$$

由此得 $\triangle B_1H_2B_3 \cong \triangle B_2H_3B_4$, 所以 $B_1B_3 = B_2B_4$. 由于 $B_1B_3 = B_2B_4$, $B_1B_2 = B_2B_3$, $B_2B_3 = B_3B_4$, 由此得 $\triangle B_1B_2B_3 \cong \triangle B_2B_3B_4$, 所以 $\angle B_1B_2B_3 = \angle B_2B_3B_4$. 同理得 $\angle B_1B_2B_3 = \angle B_3B_4B_5$，…，$\angle B_1B_2B_3 = \angle B_nB_1B_2$, 由此得

$$\angle B_1B_2B_3 = \angle B_2B_3B_4 = \angle B_3B_4B_5 = \cdots = \angle B_nB_1B_2,$$

所以 $B_1B_2\ldots B_n$ 是正 n 边形. 设正 n 边形 $B_1B_2\ldots B_n$ 的中心是 S, 联结 Q_1S, 那么 $Q_1S \perp B_1B_2$, 于是 $B_1B_2 \perp$ 平面 OQ_1S, 即 $OS \perp B_1B_2$. 同理可得 $OS \perp B_2B_3$, 因此 $OS \perp$ 平面 $B_1B_2\ldots B_n$. □

例 2.2.1. 正 n 面角的面角等于 α, 二面角等于 β, 求 α 与 β 的关系.

解： 如图 2.2.2, 从正多面角 $O\text{-}A_1A_2\ldots A_n$ 的各棱截取 n 点 B_1、B_2、…、B_n, 使

$$OB_1 = OB_2 = \cdots = OB_n,$$

则

$$B_1H_2 = B_3H_2 = \sin\alpha, \ B_1B_2 = B_2B_3 = 2\sin\frac{\alpha}{2},$$

所以
$$B_1B_3 = 2B_1B_2 \sin\frac{(n-2)90°}{n} = 4\sin\frac{\alpha}{2}\cos\frac{180°}{n}.$$

由于
$$2B_1H_2\sin\frac{\beta}{2} = 2\sin\alpha\sin\frac{\beta}{2} = 4\sin\frac{\alpha}{2}\cos\frac{\alpha}{2}\sin\frac{\beta}{2} = B_1B_3 = 4\sin\frac{\alpha}{2}\cos\frac{180°}{n},$$

所以
$$\cos\frac{\alpha}{2}\sin\frac{\beta}{2} = \cos\frac{180°}{n}. \qquad \square$$

由上面的关系式知:

定理 2.2.7. 如果两个正多面角的棱数和面角都相等，那么这两个正多面角全等.

第三章 多面体与平行六面体

3.1 多面体

定义 3.1.1. 对于多面体 $A_1A_2...A_n$，存在一点 G 满足 $\overrightarrow{GA_1} + \overrightarrow{GA_2} + \cdots + \overrightarrow{GA_n} = \mathbf{0}$，则点 G 称为多面体 $A_1A_2...A_n$ 的重心. 若点 A_1、A_2、$\ldots$、A_n 共面，则点 G 也称为多边形 $A_1A_2...A_n$ 的重心.

定理 3.1.1. 给定空间若干点，则到这些点距离的平方和最小的点是这些点的重心.

证明： 设这些点是 P_1、P_2、$\ldots$、P_n，这些点的重心是 G，点 P 是空间任意一点，因为

$$\overrightarrow{PP_i}^2 = \left(\overrightarrow{PG} + \overrightarrow{GP_i}\right)^2 = PG^2 + GP_i^2 + 2\overrightarrow{PG} \cdot \overrightarrow{GP_i},$$

其中 $i = 1, 2, \ldots, n$，所以

$$\begin{aligned}
&PP_1^2 + PP_2^2 + \cdots + PP_n^2 \\
&= nPG^2 + GP_1^2 + GP_2^2 + \cdots + GP_n^2 + 2\overrightarrow{PG} \cdot \left(\overrightarrow{GP_1} + \overrightarrow{GP_2} + \cdots + \overrightarrow{GP_n}\right) \\
&= nPG^2 + GP_1^2 + GP_2^2 + \cdots + GP_n^2,
\end{aligned}$$

所以点 G 到点 P_1、P_2、$\ldots$、P_n 的距离平方和最小. □

定义 3.1.2. 如果多面体各顶点都在同一球面上，那么该球称为该多面体的外接球，该球的球心称为该多面体的外心.

定理 3.1.2. 如果多面体存在外接球，那么外接球与各面的截线是所在面的外接圆，外心在各面的射影是所在面所成多边形的外心.

证明： 如图 3.1.1，因为球与平面的截线是圆，截面各定点都在截线上，所以截线是截面的外接圆.

设点 O 是某多面体的外心，平面 $A_1...A_n$ 是该多边形的一个面，点 O 在平面 $A_1...A_n$ 的射影是 O'，因为 $OA_1 = OA_2 = \cdots = OA_n$，$\angle OO'A_1 = \angle OO'A_2 = \cdots = \angle OO'A_n = 90°$，所以 $\triangle OO'A_1 \cong \triangle OO'A_2 \cong \cdots \cong \triangle OO'A_n$，所以 $O'A_1 = O'A_2 = \cdots = O'A_n$，因此点 O' 是 n 边形 $A_1A_2...A_n$ 的外心. □

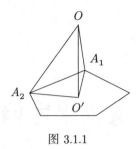

图 3.1.1

定理 3.1.3. 如果多面体存在外接球，则该外接球是唯一的．

证明： 如果多面体存在外接球，根据定理 3.1.2，过各面的外心作所在面的垂线，那么垂线的交点就是多面体的外心，所以该多面体的外心是唯一确定的．另外，球的半径是外心与该多面体的某一顶点连线的距离，所以球的半径也是唯一确定的，因而外接球也唯一确定． □

定义 3.1.3. 与多面体各面都相切，并且球心在多面体内部的球称为该多面体的内切球，其球心称为该多面体的内心．

定理 3.1.4. 多面体的内心是该多面体各二面角的内平分平面的交点．

证明： 因为内心到多面体各面的距离都等于内切球的半径，并且内心在多面体内部，所以内心在各二面角的内平分平面内． □

因为二面角的内平分平面是唯一确定的，所以多面体的二面角内平分平面也是唯一确定的，所以得

定理 3.1.5. 如果多面体存在内切球，则该内切球是唯一确定的．

定义 3.1.4. 与多面体各棱相切的球与各面的截线在所在面的多边形内，那么该球称为该多面体的内棱切球，其球心称为该多面体的内棱心．

定理 3.1.6. 多面体的内棱心在各面的射影是相应面的内心，内棱切球与各面的截线是相应面的内切圆．

证明： 因为球与平面的截线是圆，并且截线与截面的各边只有一交点，也就是与截面各边都相切．因为截线在截面所在的多边形内，所以截线是截面的内切圆．

如图 3.1.2，设点 R 是某多面体的内棱心，平面 $A_1A_2\ldots A_n$ 是该多边形的其中一个面，点 R 在平面 $A_1A_2\ldots A_n$ 的射影是 I'，棱切球与棱 A_1A_2、A_2A_3、…、A_nA_1 的切点分别是 B_1、B_2、…、B_n，因为 $RB_1 = RB_2 = \cdots = RB_n$，$\angle RI'A_1 = \angle RI'A_2 = \cdots = \angle RI'A_n = 90°$，所以 $\triangle RI'A_1 \cong \triangle RI'A_2 \cong \cdots \cong \triangle RI'A_n$，所以 $I'A_1 = I'A_2 = \cdots = I'A_n$，因此点 I' 是 n 边形 $A_1A_2\ldots A_n$ 的内心． □

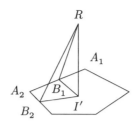

图 3.1.2

定理 3.1.7. 如果多面体存在内棱切球, 则该内棱切球是唯一的.

证明: 如果多面体存在内棱切球, 根据定理 3.1.6, 过各面的内心作所在面的垂线, 那么垂线的交点就是多面体的内棱心, 所以该多面体的内棱心是唯一确定的. 另外, 球的半径是内棱心与该多面体的某一棱的距离, 所以球的半径也是唯一确定的, 因而内棱切球也唯一确定. □

定理 3.1.8. 凸多面体面的边数不能都超过 5, 面角的面数不能都超过 5.

证明: 设这个多面体顶点数是 V, 面数是 F, 棱数是 E, 有 F_3 个三角形, F_4 个四边形, ……, F_n 个 n 边形, 有 A_3 个三面角, A_4 个四面角, ……, A_m 个 m 面角, 则

$$F = F_3 + F_4 + \cdots + F_n,$$
$$2E = 3F_3 + 4F_4 + \cdots + nF_n,$$
$$V = A_3 + A_4 + \cdots + A_m,$$
$$2E = 3A_3 + 4A_4 + \cdots + mA_m,$$

由此得 $2E \geqslant 3F$, $2E \geqslant 3V$, 因为

$$F + V = E + 2,$$

所以

$$2(F_3 + F_4 + \cdots + F_n) + 2V = 3F_3 + 4F_4 + \cdots + nF_n + 4,$$

即

$$2V = 4 + F_3 + 2F_4 + \cdots + (n-2)F_n,$$

所以

$$2(3F_3 + 4F_4 + \cdots + nF_n) \geqslant 3(4 + F_3 + 2F_4 + \cdots + (n-2)F_n),$$

即

$$3F_3 + 2F_4 + F_5 \geqslant 12 + F_7 + 2F_8 + \cdots + (n-6)F_n,$$

若 $F_3 = F_4 = F_5 = 0$, 则上面的不等式不能成立, 所以凸多面体面的边数不能都超过 5.

同理可得
$$3A_3 + 2A_4 + A_5 \geqslant 12 + A_7 + 2A_8 + \cdots + (m-6)A_m,$$
若 $A_3 = A_4 = A_5 = 0$，则上面的不等式不能成立，所以凸多面体面角的面数不能都超过 5. □

定理 3.1.9. 不存在七棱凸多面体.

证明： 设存在七棱凸多面体，这个多面体顶点数是 V，面数是 F，棱数是 E，则 $F + V = E + 2 = 9$. 另外由定理 3.1.8 的证明知 $3F \leqslant 2E = 14$，即 $F \leqslant 4$，$3V \leqslant 2E = 14$，即 $V \leqslant 4$，所以 $F + V \leqslant 8$，与 $F + V = 9$ 矛盾. 所以不存在七棱凸多面体. □

定理 3.1.10. 凸多面体有 V 个顶点，则这个多面体的面角和是 $(V-2)360°$.

证明： 设这个多面体的面数是 F，棱数是 E，面角和是 S，各面内取一点与该面的顶点连线形成若干三角形，这些三角形内角和是 T，所有面内所取的点分割成的角的和是 P，则
$$S = T - P = 2E \cdot 180° - F \cdot 360° = (E - F)360° = (V - 2)360°. \quad \Box$$

定理 3.1.11（Cauchy 凸多面体定理）. 两个凸多面体的对应面全等且同样放置，则这两个多面体全等或镜像对称.

该定理的证明较为复杂，这里就省略了，证明过程可参考文 [20].

3.2 平行六面体的对角线

定理 3.2.1. 平行六面体的对角线、对棱中点的连线、互相平行的面的对角线交点的连线相交于一点且互相平分.

证明： 如图 3.2.1，在平行六面体 $ABCD$-$A'B'C'D'$ 中，联结 AD'、BC'、AC、$A'C'$、AB'、$C'D$，则 $AB /\!/ C'D'$，$AB = C'D'$，$AA' /\!/ CC'$，$AA' = CC'$，$AD /\!/ B'C'$，$AD = B'C'$，所以 AC'、BD' 相交且互相平分，AC'、$A'C$ 相交且互相平分，AC'、$B'D$ 相交且互相平分，因此 BD'、$A'C$、$B'D$ 都相交于 AC' 的中点，也就是说 BD'、$A'C$、$B'D$、AC' 相交于一点且互相平分.

设 AB 的中点是 E，设 $C'D'$ 的中点是 F，则 EF 是 $\square ABC'D'$ 的中位线，所以 EF 也过点 O，且点 O 平分 EF，于是得对棱中点的连线相交于点 O 且互相平分.

设 $\square ABCD$ 的对角线 AC 与 BD 的交点是 G，$\square A'B'C'D'$ 的对角线 $A'C'$ 与 $B'D'$ 的交点是 G'，则 GG' 是 $\square BDD'B'$ 的中位线，所以 GG' 也过点 O，且点 O 平分 GG'，于是得到互相平行的面的对角线交点的连线相交于点 O 且互相平分. □

由定理 3.2.1 立即得

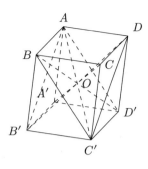

图 3.2.1

定理 3.2.2. 平行六面体的重心是对角线的交点.

定理 3.2.3. 在平行六面体 $ABCD\text{-}A'B'C'D'$ 中,$AA' = a$, $AB = b$, $AD = c$, $\angle A'AB = \alpha$, $\angle A'AD = \beta$, $\angle BAD = \gamma$,则

$$\cos\angle A'AC = \frac{b\cos\alpha + c\cos\beta}{\sqrt{b^2+c^2+2bc\cos\gamma}}, \quad AC'^2 = a^2+b^2+c^2+2ab\cos\alpha+2ac\cos\beta+2bc\cos\gamma.$$

证明: 因为 $\vec{AC} = \vec{AB} + \vec{AD}$,所以

$$|\vec{AC}| = \sqrt{\vec{AB}^2 + \vec{AD}^2 + 2\vec{AB}\cdot\vec{AD}} = \sqrt{b^2+c^2+2bc\cos\gamma},$$

这样就得

$$\cos\angle A'AC = \frac{\vec{AA'}\cdot\vec{AC}}{|\vec{AA'}|\cdot|\vec{AC}|} = \frac{\vec{AA'}\cdot\vec{AB} + \vec{AA'}\cdot\vec{AD}}{a\sqrt{b^2+c^2+2bc\cos\gamma}}$$

$$= \frac{ab\cos\alpha + ac\cos\beta}{a\sqrt{b^2+c^2+2bc\cos\gamma}} = \frac{b\cos\alpha + c\cos\beta}{\sqrt{b^2+c^2+2bc\cos\gamma}},$$

$$AC'^2 = \vec{AC'}^2 = \left(\vec{AA'} + \vec{AB} + \vec{AD}\right)^2$$

$$= \vec{AA'}^2 + \vec{AB}^2 + \vec{AD}^2 + 2\vec{AA'}\cdot\vec{AB} + 2\vec{AA'}\cdot\vec{AD} + 2\vec{AB}\cdot\vec{AD}$$

$$= a^2 + b^2 + c^2 + 2ab\cos\alpha + 2ac\cos\beta + 2bc\cos\gamma. \qquad \square$$

定理 3.2.4. 在平行六面体 $ABCD\text{-}A'B'C'D'$ 中,$AA' = a$, $AB = b$, $AD = c$, $\angle A'AB = \alpha$, $\angle A'AD = \beta$, $\angle BAD = \gamma$,则

$$\cos\angle A'AC' = \frac{a + b\cos\beta + c\cos\gamma}{\sqrt{a^2+b^2+c^2+2ab\cos\alpha+2ac\cos\beta+2bc\cos\gamma}},$$

$$\cos\angle BAC' = \frac{a\cos\alpha + b + c\cos\gamma}{\sqrt{a^2+b^2+c^2+2ab\cos\alpha+2ac\cos\beta+2bc\cos\gamma}},$$

$$\cos\angle DAC' = \frac{a\cos\alpha + b\cos\beta + c}{\sqrt{a^2+b^2+c^2+2ab\cos\alpha+2ac\cos\beta+2bc\cos\gamma}}.$$

证明： 由上面的计算，得

$$\cos\angle A'AC' = \frac{\overrightarrow{AA'} \cdot \overrightarrow{AC'}}{|\overrightarrow{AA'}| \cdot |\overrightarrow{AC'}|} = \frac{a + b\cos\beta + c\cos\gamma}{\sqrt{a^2 + b^2 + c^2 + 2ab\cos\alpha + 2ac\cos\beta + 2bc\cos\gamma}},$$

同理可得

$$\cos\angle BAC' = \frac{a\cos\alpha + b + c\cos\gamma}{\sqrt{a^2 + b^2 + c^2 + 2ab\cos\alpha + 2ac\cos\beta + 2bc\cos\gamma}},$$

$$\cos\angle DAC' = \frac{a\cos\alpha + b\cos\beta + c}{\sqrt{a^2 + b^2 + c^2 + 2ab\cos\alpha + 2ac\cos\beta + 2bc\cos\gamma}}. \qquad \square$$

3.3 平行六面体与球、面积、体积问题

定理 3.3.1. 平行六面体 $ABCD\text{-}A'B'C'D'$ 的体积是 V，$AC = a$，$BD = b$，AC 与 BD 所成角是 θ，平面 $ABCD$ 与 $A'B'C'D'$ 之间的距离是 d，则 $V = \frac{1}{2}abd\sin\theta$.

证明： 设 $\square ABCD$ 的面积是 S，则 $S = \frac{1}{2}ab\sin\theta$，所以 $V = \frac{1}{2}abd\sin\theta$. $\qquad \square$

定理 3.3.2. 平行六面体有外接球的充要条件是这个平行六面体是长方体.

证明： 当平行六面体有外接球时，平行六面体各面都有外接圆. 而平行四边形有外接圆时平行四边形必然是长方形，所以这个平行六面体必定是长方体.

另外，长方体各对角线长度相等，且相交于一点，这个交点把对角线平分，所以这个交点就是长方体外接球的球心. $\qquad \square$

由上面的推导知

定理 3.3.3. 长、宽、高分别是 a、b、c 的长方体外接球半径是 $\dfrac{\sqrt{a^2 + b^2 + c^2}}{2}$.

定理 3.3.4. 平行六面体有内切球的充要条件是这个平行六面体三个高相等.

证明： 平行六面体有内切球时，则两两平行的面的距离就是内切球的直径，所以平行六面体三个高相等.

另外，当平行六面体三个高相等时，与两两平行的面距离相等的三个平面相交于一点，这个点到平行六面体各面的距离相等. 而这个点与平行六面体各顶点的连线是以这个顶点为顶点以平行六面体的面为面的三面角各二面角内角平分平面的交线，所以这个交点到平行六面体各面的垂足在各面的平行四边形内，所以这个交点就是所求内切球的球心. $\qquad \square$

由三面角正弦定理的证明过程可得

定理 3.3.5. 平行六面体 $ABCD$-$A'B'C'D'$ 三个高相等的充要条件是 $\dfrac{AB}{\sin\angle A'AD} = \dfrac{AD}{\sin\angle A'AB} = \dfrac{AA'}{\sin\angle BAD}$.

由定理 2.1.8 得

推论 3.3.5.1. 平行六面体 $ABCD$-$A'B'C'D'$ 中
$$\frac{AB}{\sin\angle A'AD} = \frac{AD}{\sin\angle A'AB} = \frac{AA'}{\sin\angle BAD} = d,$$
则平行六面体 $ABCD$-$A'B'C'D'$ 的内切球半径是
$$\frac{d}{2}\sqrt{1-\cos^2\angle A'AD - \cos^2\angle A'AB - \cos^2\angle BAD + 2\cos\angle A'AD\cos\angle A'AB\cos\angle BAD}.$$

定理 3.3.6. 平行六面体有内棱切球的充要条件是这个平行六面体是正方体.

证明： 平行六面体有内棱切球时，则平行六面体各面都有内切圆. 而平行四边形有内切圆时这个平行四边形是菱形. 连平行两面菱形中心，则两面菱形中心与球心连线必定垂直于这两个面，所以侧棱与这两个面垂直，由此知过同一顶点的三棱两两互相垂直，所以这个平行六面体就是正方体.

另外，正方体有内棱切球是显然的. □

定理 3.3.7. 棱长是 a 的正方体内棱切球半径是 $\dfrac{\sqrt{2}}{2}a$.

证明： 因为正方体内棱切球直径就是正方体一面的外接圆直径，所以棱长是 a 的正方体内棱切球半径是 $\dfrac{\sqrt{2}}{2}a$. □

定理 3.3.8. 长方体 $ABCD$-$A'B'C'D'$，AC' 与平面 BAD 所成角大小是 θ_1，AC' 与平面 $A'AD$ 所成角大小是 θ_2，AC' 与平面 $A'AB$ 所成角大小是 θ_3，则
$$\cos^2\angle A'AC' + \cos^2\angle BAC' + \cos^2\angle DAC' = 1, \quad \sin^2\theta_1 + \sin^2\theta_2 + \sin^2\theta_3 = 1.$$

证明： 设 $AA' = a$，$AB = b$，$AD = c$，则
$$\cos^2\angle A'AC' = \frac{a^2}{a^2+b^2+c^2},\quad \cos^2\angle BAC' = \frac{b^2}{a^2+b^2+c^2},\quad \cos^2\angle DAC' = \frac{c^2}{a^2+b^2+c^2},$$
所以
$$\cos^2\angle A'AC' + \cos^2\angle BAC' + \cos^2\angle DAC' = 1,$$
类似可证明
$$\sin^2\theta_1 + \sin^2\theta_2 + \sin^2\theta_3 = 1.$$
□

定理 3.3.9. 棱长分别是 a、b、c（$a \leqslant b \leqslant c$）的长方体在平面上的射影面积最大是 $\sqrt{a^2b^2+a^2c^2+b^2c^2}$，最小是 ab.

证明： 首先证明一个结论. 若 $\boldsymbol{m}$、$\boldsymbol{n}$、$\boldsymbol{p}$ 是过原点的同一卦限内（含边界面）的非零向量，可设 $\boldsymbol{m}=\{x_m,y_m,z_m\}$，$\boldsymbol{n}=\{x_n,y_n,z_n\}$，其中分向量都是非负数，且每组分量不全为零，则 $\boldsymbol{m}\cdot\boldsymbol{n}=x_mx_n+y_my_n+z_mz_n\geqslant 0$，所以 $\boldsymbol{m}$、$\boldsymbol{n}$ 所成角不大于直角. 要 $\boldsymbol{m}$、$\boldsymbol{n}$ 所成角是直角，必定要 $\boldsymbol{m}$、$\boldsymbol{n}$ 其中一组的两个分量是零，而非零的分量对应另一组的分量必须是零. 这样，若 $\boldsymbol{m}$、$\boldsymbol{n}$、$\boldsymbol{p}$ 两两互相垂直，则这三个向量必须是坐标轴向量.

设这个平面是 F，平移长方体使长方体在平面 F 的一侧且与平面有公共点，设其中一个公共点是 A. 过点 A 作平面 F 含长方体一侧的射线 l，使 $l\perp$ 平面 F，由上面的结论知射线 l 必定有一段不在长方体外，所以以点 A 为顶点的三个面在平面上的射影无公共部分，且点 A 不在这些面的射影外. 设长方体的一条对角线是 AA'，过点 A' 作平面 F 的平行平面 F'，由上述讨论知点 A' 不在过点 A' 的长方体的面在平面 F' 内的射影外，而这些射影与过点 A 的长方体的面在 F 内的射影通过垂直于平面 F 的方向平移得到的，所以点 A' 在平面 F 内的射影不在过点 A 的长方体的面在 F 内的射影外，所以不过点 A 的长方体的面在 F 内的射影与过点 A 的长方体的面在 F 内的射影重合. 此时长方体在平面 F 上的射影是与点 A 相连的顶点形成三角形在平面 F 上射影面积的两倍. 设过点 A 边长是 a、b 的面与平面 F 的所成角是 α，过点 A 边长是 a、c 的面与平面 F 的所成角是 β，过点 A 边长是 b、c 的面与平面 F 的所成角是 γ，则过射线 l 的某一点和过点 A 的三个面可以补成另一个长方体，根据定理 3.3.8，得 $\cos^2\alpha+\cos^2\beta+\cos^2\gamma=1$，长方体在平面上的射影面积是 $ab\cos\alpha+ac\cos\beta+bc\cos\gamma$.

因为

$$ab\cos\alpha+ac\cos\beta+bc\cos\gamma = \sqrt{(ab\cos\alpha+ac\cos\beta+bc\cos\gamma)^2}$$
$$\geqslant ab\sqrt{\cos^2\alpha+\cos^2\beta+\cos^2\gamma}=ab,$$

仅当 α、β、γ 有两个是直角，即过点 a 且棱长是 a、b 的面在这个平面内时取得等号.

另外

$$ab\cos\alpha+ac\cos\beta+bc\cos\gamma$$
$$\leqslant \sqrt{(a^2b^2+a^2c^2+b^2c^2)(\cos^2\alpha+\cos^2\beta+\cos^2\gamma)}=\sqrt{a^2b^2+a^2c^2+b^2c^2},$$

仅当 $\dfrac{\cos\alpha}{ab}=\dfrac{\cos\beta}{ac}=\dfrac{\cos\gamma}{bc}$ 时，即与点 A 相连的顶点所在的平面与平面 F 平行时取得等号. □

正方体的截面

下面来讨论正方体的截面形状.

（1）当截面与正方体同一顶点发出的三棱相交时，截面是一个三角形（图 3.3.1）. 从顶点到截点的三条线段若三条都不相等，则截面三角形三边都不相等；若只有两条相等，则截面三角形是等腰三角形；若三条都相等，则截面三角形是正三角形. 由三余弦公式知截面三角形的内角一定是锐角，所以截面三角形一定是锐角三角形.

（2）当截面与正方体四个面相交时，截面是一个四边形，由于正方体四个面必定有两个是平行的，所以这个四边形必定是梯形（图 3.3.2）或平行四边形（图 3.3.3）. 若截面与正方体的其中一棱平行，则这个四边形是矩形，这个矩形其中一边长与正方体的棱长相等；若截面与正方体其中一面平行，或与正方体的其中一棱平行，而其中一顶点到截点距离的平方和等于棱长的平方时，则这个四边形是正方形，这个正方形的边长与正方体的棱长相等.

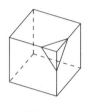 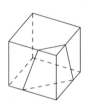 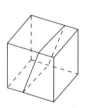

图 3.3.1　　　　　　　　图 3.3.2　　　　　　　　图 3.3.3

（3）当截面与正方体五个面相交时，截面是一个五边形，由于正方体五个面必定有两组四个面是平行的，所以这个五边形必定有两组边平行（图 3.3.4）. 由于正五边形没有两边平行，所以这个五边形一定不是正五边形.

（4）当截面与正方体六个面相交时，截面是一个六边形，这个六边形有三组边平行（图 3.3.5）. 下面来求截面是正六边形的情况. 如图 3.3.5，若六边形 $PQRSTU$ 是正六边形，不妨设正方形 $ABCD$-$A'B'C'D'$ 的棱长是 1，设 $CP = x$，$CU = y$，$BQ = z$，则 $D'S = CP = x$，$D'R = CU = y$，$C'T = BQ = z$，由此 $BP = 1 - x$，$DU = 1 - y$，$A'Q = 1 - z$，$DT = 1 - z$，$C'S = 1 - x$，$A'R = 1 - y$，在 $\triangle CPU$、$\triangle BPQ$、$\triangle DTU$ 中应用勾股定理，得

$$x^2 + y^2 = (1-x)^2 + z^2 = (1-y)^2 + (1-z)^2,$$

由 $(1-x)^2 + z^2 = (1-y)^2 + (1-z)^2$ 得

$$z = \frac{1 + 2x - x^2 - 2y + y^2}{2}.$$

设直线 $A'B'$、PQ 相交于点 V，则

$$A'V = \frac{D'S}{D'R} \cdot A'R = \frac{x(1-y)}{y},$$

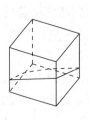

图 3.3.4

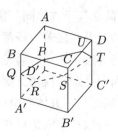

图 3.3.5

由 $\dfrac{A'V}{A'Q} = \dfrac{BP}{BQ}$ 得

$$\dfrac{\dfrac{x(1-y)}{y}}{1-z} = \dfrac{1-x}{z},$$

所以

$$z = \dfrac{(1-x)y}{x+y-2xy}.$$

由 $\dfrac{1+2x-x^2-2y+y^2}{2} = \dfrac{(1-x)y}{x+y-2xy}$ 得

$$(x-y)(2x^2y - x^2 + 2xy^2 - 6xy + 2x - y^2 + 2y + 1) = 0,$$

而

$$2x^2y - x^2 + 2xy^2 - 6xy + 2x - y^2 + 2y + 1$$
$$= (2x-1)y^2 + (2x^2 - 6x + 2)y - x^2 + 2x + 1,$$

当 $x = \dfrac{1}{2}$ 时,

$$(2x-1)y^2 + (2x^2 - 6x + 2)y - x^2 + 2x + 1 = \dfrac{7-2y}{4} > 0;$$

当 $x \neq \dfrac{1}{2}$ 时,令 $f(y) = (2x-1)y^2 + 2(x^2 - 3x + 1)y - x^2 + 2x + 1 = 0$,则

$$f(0) = -x^2 + 2x + 1 > 0,$$
$$f(1) = x^2 - 2x + 2 > 0,$$
$$f\left(\dfrac{1}{2}\right) = \dfrac{7-2x}{4} > 0,$$

因此 $f(y)$ 的对称轴必须在区间 $(0,1)$ 内,即 $0 < \dfrac{x^2-3x+1}{1-2x} < 1$,所以 $0 < x < \dfrac{3-\sqrt{5}}{2} < \dfrac{1}{2}$,而当 $x < \dfrac{1}{2}$ 时,$f(y)$ 开口向下,所以 $f(y) = 0$ 无 $0 < x < 1$,$0 < y < 1$ 的解,所以只

能 $x = y$,由此得 $z = \dfrac{1}{2}$,进而得 $x = y = \dfrac{1}{2}$,所以点 P、Q、R、S、T、U 分别是棱 BC、BA'、$A'D'$、$C'D'$、DC'、CD 的中点. 所以若截面是六边形,则仅当截点是棱的中点时截面是正六边形.

定理 3.3.10. 正方体的截面面积最大的是如图 3.3.6 所示的截面.

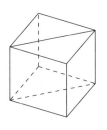

图 3.3.6

证明: 不妨设正方体棱长是 1,容易计算命题所截的截面面积是 $\sqrt{2}$.

对于截面是三角形的情形,容易证明截面面积最大是正方体某以顶点发出的三棱的两外三个顶点构成的三角形,其面积是 $\dfrac{\sqrt{3}}{2} < \sqrt{2}$.

当截面是四边形、五边形、六边形时,必定有两边互相平行,设其面积为 S. 取平行于这两条边在某一正方形面 $ABCD$ 的投影,其投影面积是 $S' > 0$,这两条线段投影分别是 ST 和 UV,其距离是 d,则 $S' \leqslant 1$,$0 < d \leqslant \sqrt{2}$. 由面积射影定理得

$$S = S'\sqrt{1 + \dfrac{1}{d^2}}.$$

当 $1 < d \leqslant \sqrt{2}$ 时,显然 $S < \sqrt{2}$,所以只需要讨论 $0 < d \leqslant 1$ 时的情形. 非三角形截面投影分图 3.3.7、图 3.3.8、图 3.3.9、图 3.3.10 四种情形. 现在固定 ST 与 UV 的方向并使 ST 和 UV 保持等距离,由图 3.3.7 的情形 ST 向 UV 方向逐渐移动时,投影面积逐渐变大. 当变为图 3.3.8 的情形时,ST 向右移动减掉一个梯形 S_1,UV 右侧加上一个以 UV 为底边的平行四边形 S_2,S_1 上底和下底比 UV 小且它们的高相等,所以 S_2 的面积比 S_1 大,此时面积仍然是逐渐增大的. 到达图 3.3.9 的情形时,ST 由小变大,UV 由大变小,当 $ST > UV$ 时,ST 向右移动减掉一个梯形 S_1,UV 向右移动减掉一个梯形 S_2,S_1 的上底下底比 S_2 的上底和下底都大且高相同所以 S_2 的面积比 S_1 大,所以面积是逐渐变大的;同理 $ST < UV$ 时,面积是逐渐变小的. 综上所述固定 ST 与 UV 的方向并使 ST 和 UV 保持等距离时,图 3.3.7、图 3.3.8 的情形截面面积不会是最大的,而在图 3.3.9 的情形下当 $ST = UV$ 时截面面积最大.

设在图 3.3.9 的情形下 $ST = UV$,ST 与 AB 的夹角是 α,则

$$S_{\triangle BST} = \dfrac{1}{2}\left(\dfrac{1}{2} - \dfrac{1}{2}\cos\alpha + \left(\dfrac{1}{2} - \dfrac{1}{2}\sin\alpha\right)\cot\alpha\right)\left(\dfrac{1}{2} - \dfrac{1}{2}\sin\alpha + \left(\dfrac{1}{2} - \dfrac{1}{2}\cos\alpha\right)\tan\alpha\right)$$

$$= \frac{1}{4}\left(d^2\sin 2\alpha + \frac{1}{\sin 2\alpha} - 2\sqrt{2}d\sin(\alpha+45°) + 1\right) \geqslant \frac{d^2-\sqrt{2}d+2}{2},$$

当且仅当 $\alpha = 45°$ 时取得等号，所以在图 3.3.9 的情形下当 ST、UV 的距离是 d 时投影面积最大值是

$$1 - 2\min(S_{\triangle BST}) = \frac{d(2\sqrt{2}-d)}{2},$$

截面的最大面积是

$$f(d) = \frac{\sqrt{d^2+1}(2\sqrt{2}-d)}{2},$$

则

$$f'(d) = -\frac{(\sqrt{2}d-1)^2}{2\sqrt{d^2+1}} \leqslant 0,$$

所以 $f(d)$ 是在 $(0,1]$ 内是严格单调减函数，所以 $f(d) < f(0) = \sqrt{2}$.

在图 3.3.10 的情形下，当 ST、UV 的距离是 d 时投影面积最大，则 ST、UV 最大，因此必定点 S 与点 A 重合，点 V 与点 C 重合，此时投影面积是

$$d \cdot \frac{\sqrt{2}}{\dfrac{\dfrac{d}{2}}{\dfrac{\sqrt{2}}{2}} + \dfrac{\sqrt{\left(\dfrac{\sqrt{2}}{2}\right)^2 - \left(\dfrac{d}{2}\right)^2}}{\dfrac{\sqrt{2}}{2}}} = \frac{2d}{d+\sqrt{2-d^2}},$$

所以截面面积是

$$g(d) = \frac{2\sqrt{d^2+1}}{d+\sqrt{2-d^2}},$$

则

$$g'(d) = \frac{2(3d-\sqrt{2-d^2})}{\sqrt{(1+d^2)(2-d^2)}(d+\sqrt{2-d^2})^2},$$

所以 $g(d)$ 在 $(0,1]$ 内先严格单调递减再严格单调递增，而 $g(0) = g(1) = \sqrt{2}$，所以当 $d=1$ 时截面积最大，此时投影是整个面，截面与该面夹角是 $45°$，这个截面即题设的截面.

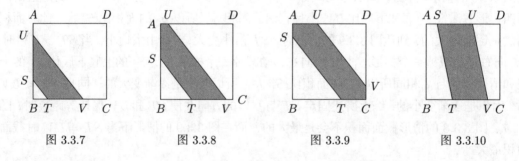

图 3.3.7　　　图 3.3.8　　　图 3.3.9　　　图 3.3.10

综合上述讨论，即得正方体的截面面积最大的是两个互相平行的面选取两条互相平行的对角线，这两条对角线以及顶点所围成的四边形的截面面积最大.　□

第四章 四面体

4.1 射影定理与余弦定理

定理 4.1.1（射影定理）. 在四面体 $ABCD$ 中，$\triangle ABC$ 的面积是 S_1，$\triangle ABD$ 的面积是 S_2，$\triangle ACD$ 的面积是 S_3，$\triangle BCD$ 的面积是 S_4，二面角 $A\text{-}BC\text{-}D$ 的平面角是 α_1，二面角 $A\text{-}BD\text{-}C$ 的平面角是 α_2，二面角 $A\text{-}CD\text{-}B$ 的平面角是 α_3，则 $S_1\cos\alpha_1 + S_2\cos\alpha_2 + S_3\cos\alpha_3 = S_4$.

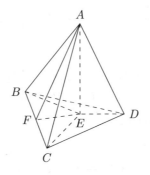

图 4.1.1

证明：如图 4.1.1，作 $AE \perp$ 平面 BCD，垂足是点 E. 若点 E 在 $\triangle BCD$ 内，作 $EF \perp BC$，与 BC 相交于点 F，联结 AF，则 $AE \perp BC$，所以 $BC \perp$ 平面 AEF，于是得 $AF \perp BC$，因此 $\angle AFE$ 是二面角 $A\text{-}BC\text{-}D$ 的平面角，即 $\angle AFE = \alpha_1$，所以 $EF = AF\cos\alpha_1$，于是得

$$S_{\triangle BCE} = \frac{1}{2} \cdot BC \cdot EF = \frac{1}{2} \cdot BC \cdot AF \cdot \cos\alpha_1 = S_1\cos\alpha_1.$$

同理可得 $S_{\triangle BDE} = S_2\cos\alpha_2$，$S_{\triangle CDE} = S_3\cos\alpha_3$. 又因为 $S_{\triangle BCE} + S_{\triangle BDE} + S_{\triangle CDE} = S_4$，所以

$$S_1\cos\alpha_1 + S_2\cos\alpha_2 + S_3\cos\alpha_3 = S_4.$$

点 E 在其他位置类似可证. □

推论 4.1.1.1. $S_1 + S_2 + S_3 > S_4$.

证明： 因为 $\cos\alpha_1 < 1$，$\cos\alpha_2 < 1$，$\cos\alpha_3 < 1$，所以 $S_1 + S_2 + S_3 > S_4$. □

例 4.1.1. 四面体的六个二面角的平面角中钝角的个数最多能有几个？

解： 设四面体是 $ABCD$，点 A 所对的面的面积是 S_A，二面角 $C\text{-}AB\text{-}D$ 的平面角是 θ_{AB}，其他以此类推.

首先四面体的六个二面角能有三个是钝角，只要构造一个正三棱锥 $A\text{-}BCD$，点 A 足够靠近平面 BCD 时即可.

下面证明四面体的六个二面角中不能有四个是钝角. 首先，以四面体同一个面的三棱为棱的三个二面角不能都是钝角，因为若都能是钝角，例如 θ_{BC}、θ_{CD}、θ_{DB} 都是钝角，则

$$S_A = S_D \cos\theta_{BC} + S_B \cos\theta_{CD} + S_C \cos\theta_{DB} < 0,$$

这是不可能的. 所以，如果四面体 $ABCD$ 的六个二面角中有四个是钝角，则必定是以两双对棱为棱的四个二面角，设 θ_{AB}、θ_{AC}、θ_{BD}、θ_{CD} 都是钝角，由三面角第二余弦定理

$$\cos\angle ABC = \frac{\cos\theta_{BD} + \cos\theta_{AB}\cos\theta_{BC}}{\sin\theta_{AB}\sin\theta_{BC}} < 0,$$

即 $\angle ABC$ 是钝角. 同理可得 $\angle ACB$ 也是钝角，但一个三角形内最多只能有一个钝角，所以六个二面角中不能有四个是钝角. □

顺便说一下，四面体的四个面可能都是直角三角形，例如四面体 $ABCD$ 中，$\angle BCD$ 是直角，AB 垂直于平面 BCD，则 $\angle ABC$、$\angle ABD$ 也是直角，且有 $AB \perp CD$，由三垂线定理得 $\angle ACD$ 也是直角. 类似的构造可得四面体的四个面都可能是钝角三角形.

定理 4.1.2（余弦定理）. 在四面体 $ABCD$ 中，$\triangle ABC$ 的面积是 S_1，$\triangle ABD$ 的面积是 S_2，$\triangle ACD$ 的面积是 S_3，$\triangle BCD$ 的面积是 S_4，二面角 $D\text{-}AB\text{-}C$ 的平面角是 α_{13}，二面角 $B\text{-}AC\text{-}D$ 的平面角是 α_{12}，二面角 $C\text{-}AD\text{-}B$ 的平面角是 α_{23}，则

$$S_1^2 + S_2^2 + S_3^2 - 2S_1S_2\cos\alpha_{12} - 2S_1S_3\cos\alpha_{13} - 2S_2S_3\cos\alpha_{23} = S_4^2.$$

证明： 设二面角 $A\text{-}BC\text{-}D$ 的平面角是 α_{14}，二面角 $A\text{-}BD\text{-}C$ 的平面角是 α_{24}，二面角 $A\text{-}CD\text{-}B$ 的平面角是 α_{34}，则由射影定理得到

$$S_2\cos\alpha_{12} + S_3\cos\alpha_{13} + S_4\cos\alpha_{14} = S_1,$$

两边乘以 S_1 并移项，得到

$$S_1^2 - S_1S_2\cos\alpha_{12} - S_1S_3\cos\alpha_{13} = S_1S_4\cos\alpha_{14}.$$

同理可得

$$S_2^2 - S_1S_2\cos\alpha_{12} - S_2S_3\cos\alpha_{23} = S_2S_4\cos\alpha_{24},$$

$$S_3^2 - S_1S_3\cos\alpha_{13} - S_2S_3\cos\alpha_{23} = S_3S_4\cos\alpha_{34}.$$

上面三式相加,得

$$S_1^2 + S_2^2 + S_3^2 - 2S_1S_2\cos\alpha_{12} - 2S_1S_3\cos\alpha_{13} - 2S_2S_3\cos\alpha_{23}$$
$$= S_4(S_1\cos\alpha_{14} + S_2\cos\alpha_{24} + S_3\cos\alpha_{34}),$$

又因为

$$S_1\cos\alpha_{14} + S_2\cos\alpha_{24} + S_3\cos\alpha_{34} = S_4,$$

所以

$$S_1^2 + S_2^2 + S_3^2 - 2S_1S_2\cos\alpha_{12} - 2S_1S_3\cos\alpha_{13} - 2S_2S_3\cos\alpha_{23} = S_4^2. \qquad \Box$$

4.2 体积、正弦定理、六棱构造四面体法

定理 4.2.1. 四面体 $ABCD$ 的体积是 V, $AB = a$, $AC = b$, $AD = c$, $\angle CAD = \alpha_1$, $\angle DAB = \alpha_2$, $\angle BAC = \alpha_3$, 二面角 C-AB-D、B-AC-D、C-AD-B 的平面角分别是 β_1、β_2、β_3, 则 $V = \dfrac{1}{6}abc\sin\{A\}$.

证明: 因为 AB 与平面 ACD 所成角的正弦等于 $\sin\alpha_2\sin\beta_3$, 所以点 B 到平面 ACD 的距离 h 是 $h = a\sin\alpha_2\sin\beta_3$, 所以

$$V = \frac{1}{3}S_{\triangle ACD}h$$
$$= \frac{1}{3}\cdot\frac{1}{2}bc\sin\alpha_1\cdot a\sin\alpha_2\sin\beta_3 = \frac{1}{6}abc\sin\alpha_1\sin\alpha_2\sin\beta_3 = \frac{1}{6}abc\sin\{A\}. \qquad \Box$$

推论 4.2.1.1. $V = \dfrac{2}{3a}\cdot S_{\triangle ABC}\cdot S_{\triangle ABD}\cdot\sin\beta_1 = \dfrac{2}{3b}\cdot S_{\triangle ABC}\cdot S_{\triangle ACD}\cdot\sin\beta_2 = \dfrac{2}{3c}\cdot S_{\triangle ABD}\cdot S_{\triangle ACD}\cdot\sin\beta_3$.

推论 4.2.1.2. $V = \dfrac{1}{3}\sqrt{2\cdot S_{\triangle ABC}\cdot S_{\triangle ABD}\cdot S_{\triangle ACD}\cdot\sin(A)}$.

证明: 因为

$$V = \frac{2}{3a}\cdot S_{\triangle ABC}\cdot S_{\triangle ABD}\cdot\sin\beta_1 = \frac{2}{3b}\cdot S_{\triangle ABC}\cdot S_{\triangle ACD}\cdot\sin\beta_2,$$

所以

$$V^2 = \frac{4}{9ab}\cdot S_{\triangle ABC}^2\cdot S_{\triangle ABD}\cdot S_{\triangle ACD}\cdot\sin\beta_1\cdot\sin\beta_2$$
$$= \frac{2}{9\cdot S_{\triangle ABC}}\cdot S_{\triangle ABC}^2\cdot S_{\triangle ABD}\cdot S_{\triangle ACD}\cdot\sin\alpha_3\cdot\sin\beta_1\cdot\sin\beta_2$$

$$= \frac{2}{9} \cdot S_{\triangle ABC} \cdot S_{\triangle ABD} \cdot S_{\triangle ACD} \cdot \sin(A),$$

即
$$V = \frac{1}{3}\sqrt{2 \cdot S_{\triangle ABC} \cdot S_{\triangle ABD} \cdot S_{\triangle ACD} \cdot \sin(A)}. \qquad \Box$$

定理 4.2.2. 四面体 $ABCD$ 的体积是 V, $AB = a$, $AC = b$, $AD = c$, $\angle CAD = \alpha_1$, $\angle DAB = \alpha_2$, $\angle BAC = \alpha_3$, $\theta = \dfrac{\alpha_1 + \alpha_2 + \alpha_3}{2}$, 则

$$V = \frac{1}{3}abc\sqrt{\sin\theta \sin(\theta - \alpha_1)\sin(\theta - \alpha_2)\sin(\theta - \alpha_3)}.$$

证明: 设 AB 与平面 ACD 所成角是 β, 点 B 与平面 ACD 的距离是 h, 则

$$\cos\beta = \frac{\sqrt{\cos^2\alpha_2 + \cos^2\alpha_3 - 2\cos\alpha_1\cos\alpha_2\cos\alpha_3}}{\sin\alpha_1},$$

所以

$$\sin\beta = \frac{\sqrt{\sin^2\alpha_1 - \cos^2\alpha_2 - \cos^2\alpha_3 + 2\cos\alpha_1\cos\alpha_2\cos\alpha_3}}{\sin\alpha_1}$$
$$= \frac{\sqrt{1 - \cos^2\alpha_1 - \cos^2\alpha_2 - \cos^2\alpha_3 + 2\cos\alpha_1\cos\alpha_2\cos\alpha_3}}{\sin\alpha_1},$$

由此得

$$h = a\sin\beta = \frac{\sqrt{1 - \cos^2\alpha_1 - \cos^2\alpha_2 - \cos^2\alpha_3 + 2\cos\alpha_1\cos\alpha_2\cos\alpha_3}}{\sin\alpha_1}a,$$

因此

$$V = \frac{1}{6}abc\sqrt{1 - \cos^2\alpha_1 - \cos^2\alpha_2 - \cos^2\alpha_3 + 2\cos\alpha_1\cos\alpha_2\cos\alpha_3}.$$

由引理 2.1.2 得

$$V = \frac{1}{3}abc\sqrt{\sin\theta\sin(\theta - \alpha_1)\sin(\theta - \alpha_2)\sin(\theta - \alpha_3)}. \qquad \Box$$

定理 4.2.3. 四面体 $ABCD$ 的体积是 V, $AB = a$, $AC = b$, $AD = c$, $CD = p$, $DB = q$, $BC = r$, 设

$$P_1 = (ap)^2(-a^2 + b^2 + c^2 - p^2 + q^2 + r^2),$$
$$P_2 = (bq)^2(a^2 - b^2 + c^2 + p^2 - q^2 + r^2),$$
$$P_3 = (cr)^2(a^2 + b^2 - c^2 + p^2 + q^2 - r^2),$$
$$P = (abr)^2 + (acq)^2 + (bcp)^2 + (pqr)^2,$$

则

$$V = \frac{1}{12}\sqrt{P_1 + P_2 + P_3 - P}.$$

证明： 设 $\angle CAD = \alpha_1$，$\angle DAB = \alpha_2$，$\angle BAC = \alpha_3$，由定理 4.2.2 的证明中知

$$V = \frac{1}{6}abc\sqrt{1 - \cos^2\alpha_1 - \cos^2\alpha_2 - \cos^2\alpha_3 + 2\cos\alpha_1\cos\alpha_2\cos\alpha_3},$$

把 $\cos\alpha_1 = \dfrac{b^2 + c^2 - p^2}{2bc}$，$\cos\alpha_2 = \dfrac{c^2 + a^2 - q^2}{2ca}$，$\cos\alpha_3 = \dfrac{a^2 + b^2 - r^2}{2ab}$ 代入上式，便得到

$$V = \frac{1}{12}\sqrt{P_1 + P_2 + P_3 - P}. \qquad \square$$

推论 4.2.3.1. 空间四点 A、B、C、D 的距离关系满足 $AB = a$，$AC = b$，$AD = c$，$CD = p$，$DB = q$，$BC = r$，则这四点能构成四面体的充要条件是 a、b、r，a、c、q，b、c、p，p、q、r，各自能构成一个三角形，并且 $P_1 + P_2 + P_3 > P$，P_1、P_2、P_3、P 的数值如定理 4.2.3 所述.

证明：充分性

如果 $P_1 + P_2 + P_3 > P$. 设三边长是 a、b、r 的三角形中边长为 r 所对的内角是 α_1，三边长是 a、c、q 的三角形中边长为 q 所对的内角是 α_2，三边长是 b、c、p 的三角形中边长为 p 所对的内角是 α_3，$\theta = \dfrac{\alpha_1 + \alpha_2 + \alpha_3}{2}$，则 $0 < \theta < 270°$，$-90° < \theta - \alpha_1 < 180°$，$-90° < \theta - \alpha_2 < 180°$，$-90° < \theta - \alpha_3 < 180°$，并且

$$P_1 + P_2 + P_3 - P = 16a^2b^2c^2\sin\theta\sin(\theta - \alpha_1)\sin(\theta - \alpha_2)\sin(\theta - \alpha_3),$$

所以 $\sin\theta\sin(\theta - \alpha_1)\sin(\theta - \alpha_2)\sin(\theta - \alpha_3)$ 必须是正数.

首先 $\sin(\theta - \alpha_1)$、$\sin(\theta - \alpha_2)$、$\sin(\theta - \alpha_3)$ 中不能有两个为负，否则不妨设 $\sin(\theta - \alpha_1) < 0$，$\sin(\theta - \alpha_2) < 0$，则 $\theta - \alpha_1 < 0°$，$\theta - \alpha_2 < 0°$，这样就得到 $\alpha_3 < 0°$，这是不可能的.

另外 $\sin\theta$ 也不能为负，否则 $\sin(\theta - \alpha_1)$、$\sin(\theta - \alpha_2)$、$\sin(\theta - \alpha_3)$ 中有且只有一项必须为负，不妨假设 $\sin(\theta - \alpha_1) < 0$. 由 $\sin\theta < 0$ 得 $\alpha_1 + \alpha_2 + \alpha_3 > 360°$；由 $\sin(\theta - \alpha_1) < 0$ 得到 $\alpha_2 + \alpha_3 < \alpha_1 < 180°$，又得 $\alpha_1 + \alpha_2 + \alpha_3 < 360°$，与 $\alpha_1 + \alpha_2 + \alpha_3 > 360°$ 矛盾.

所以 $\sin\theta$、$\sin(\theta - \alpha_1)$、$\sin(\theta - \alpha_2)$、$\sin(\theta - \alpha_3)$ 必须全部为正，这样就得到 $\alpha_1 + \alpha_2 + \alpha_3 < 360°$，$\alpha_1 + \alpha_2 > \alpha_3$，$\alpha_1 + \alpha_3 > \alpha_2$，$\alpha_2 + \alpha_3 > \alpha_1$，由面角能构成三面角的充要条件知点 A、B、C、D 能构成四面体.

必要性

必要性是显然的，证明略. $\qquad \square$

推论 4.2.3.2. 空间四点 A、B、C、D 的距离关系满足 $AB = a$，$AC = b$，$AD = c$，$CD = p$，$DB = q$，$BC = r$，则这四点共面的充要条件是 a、b、r，a、c、q，b、c、p，p、q、r，各自能构成一个三角形或退化成两个长度和等于第三个长度，并且 $P_1 + P_2 + P_3 = P$，P_1、P_2、P_3、P 的数值如定理 4.2.3 所述.

4.2 体积、正弦定理、六棱构造四面体法

证明：充分性

如果 $P_1+P_2+P_3=P$. 设三角形或退化为重合线段时，三边长是 a、b、r 中边长为 r 所对的内角是 α_1，三边长是 a、c、q 中边长为 q 所对的内角是 α_2，三边长是 b、c、p 中边长为 p 所对的内角是 α_3，$\theta=\dfrac{\alpha_1+\alpha_2+\alpha_3}{2}$，则因为

$$P_1+P_2+P_3-P=16a^2b^2c^2\sin\theta\sin(\theta-\alpha_1)\sin(\theta-\alpha_2)\sin(\theta-\alpha_3),$$

所以

$$\sin\theta\sin(\theta-\alpha_1)\sin(\theta-\alpha_2)\sin(\theta-\alpha_3)=0,$$

这样就得到 $\sin\theta$、$\sin(\theta-\alpha_1)$、$\sin(\theta-\alpha_2)$、$\sin(\theta-\alpha_3)$ 其中有一项为 0，于是 $\alpha_1+\alpha_2+\alpha_3=360°$ 或 $\alpha_1+\alpha_2=\alpha_3$ 或 $\alpha_1+\alpha_3=\alpha_2$ 或 $\alpha_2+\alpha_3=\alpha_1$，所以点 A、B、C、D 共面.

必要性

如果点 A、B、C、D 共面，则其体积必然为 0，所以 $P_1+P_2+P_3=P$. □

例 4.2.1. 过三面角 $O\text{-}ABC$ 内一点 P 作一平面截三面角成一四面体，

$$OP=d,\ \angle AOP=\alpha,\ \angle BOP=\beta,\ \angle COP=\gamma,$$

二面角 $B\text{-}OP\text{-}C$、$A\text{-}OP\text{-}C$、$A\text{-}OP\text{-}B$ 的平面角分别是 φ、θ、ω，求这个四面体的最小体积，并确定截面的位置.

证明： 如图 4.2.1，设过点 P 的平面与射线 OA、OB、OC 分别交于点 D、E、F，$OD=d$，$OE=b$，$OF=c$，四面体 $ODEF$ 的体积是 V，则

$$\cos\angle AOB=\sin\alpha\sin\beta\cos\omega+\cos\alpha\cos\beta,$$
$$\cos\angle AOC=\sin\alpha\sin\gamma\cos\theta+\cos\alpha\cos\gamma,$$
$$\cos\angle BOC=\sin\beta\sin\gamma\cos\varphi+\cos\beta\cos\gamma,$$

$$V=\frac{1}{6}abcT=\frac{1}{6}abd\sin\alpha\sin\beta\sin\omega+\frac{1}{6}acd\sin\alpha\sin\gamma\sin\theta+\frac{1}{6}bcd\sin\beta\sin\gamma\sin\varphi,$$

其中

$$T=\sqrt{1-\cos^2\angle AOB-\cos^2\angle AOC-\cos^2\angle BOC+2\cos\angle AOB\cos\angle AOC\cos\angle BOC}.$$

根据平均值不等式，得

$$V\geqslant\frac{d}{2}\sqrt[3]{a^2b^2c^2\sin^2\alpha\sin^2\beta\sin^2\gamma\sin\varphi\sin\theta\sin\omega},$$

于是

$$abc\geqslant\frac{27d^3\sin^2\alpha\sin^2\beta\sin^2\gamma\sin\varphi\sin\theta\sin\omega}{T^3},$$

即
$$V \geqslant \frac{9d^3 \sin^2\alpha \sin^2\beta \sin^2\gamma \sin\varphi \sin\theta \sin\omega}{2T^2}.$$

仅当 $abd\sin\alpha\sin\beta\sin\omega = acd\sin\alpha\sin\gamma\sin\theta = bcd\sin\beta\sin\gamma\sin\varphi$，即

$$a = \frac{3d\sin\beta\sin\gamma\sin\varphi}{T},\ b = \frac{3d\sin\alpha\sin\gamma\sin\theta}{T},\ c = \frac{3d\sin\alpha\sin\beta\sin\omega}{T}$$

时取得等号，此时四面体 $ODEF$ 体积的最小值是

$$\frac{9d^3 \sin^2\alpha \sin^2\beta \sin^2\gamma \sin\varphi \sin\theta \sin\omega}{2T^2},$$

此时四面体 $ODEP$、四面体 $ODFP$、四面体 $OEFP$ 的体积相等，于是 $\triangle DEP$、$\triangle DFP$、$\triangle EFP$ 的面积相等，即点 P 是 $\triangle DEF$ 的重心. □

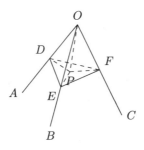

图 4.2.1

定理 4.2.4（第一正弦定理）. 四面体 $ABCD$ 体积是 V，则

$$\frac{AB\cdot AC\cdot BC}{\sin\{D\}} = \frac{AB\cdot AD\cdot BD}{\sin\{C\}} = \frac{AC\cdot AD\cdot CD}{\sin\{B\}} = \frac{BC\cdot BD\cdot CD}{\sin\{A\}}$$
$$= \frac{AB\cdot AC\cdot AD\cdot BC\cdot BD\cdot CD}{6\cdot V}.$$

证明：因为

$$\frac{AB\cdot AC\cdot BC}{\sin\{D\}} = \frac{AB\cdot AC\cdot AD\cdot BC\cdot BD\cdot CD}{AD\cdot BD\cdot CD\cdot \sin\{D\}} = \frac{AB\cdot AC\cdot AD\cdot BC\cdot BD\cdot CD}{6\cdot V},$$

同理得

$$\frac{AC\cdot AD\cdot CD}{\sin\{B\}} = \frac{AB\cdot AC\cdot AD\cdot BC\cdot BD\cdot CD}{6\cdot V},$$
$$\frac{AB\cdot AD\cdot BD}{\sin\{C\}} = \frac{AB\cdot AC\cdot AD\cdot BC\cdot BD\cdot CD}{6\cdot V},$$
$$\frac{BC\cdot BD\cdot CD}{\sin\{A\}} = \frac{AB\cdot AC\cdot AD\cdot BC\cdot BD\cdot CD}{6\cdot V},$$

所以
$$\frac{AB\cdot AC\cdot BC}{\sin\{D\}}=\frac{AB\cdot AD\cdot BD}{\sin\{C\}}=\frac{AC\cdot AD\cdot CD}{\sin\{B\}}=\frac{BC\cdot BD\cdot CD}{\sin\{A\}}$$
$$=\frac{AB\cdot AC\cdot AD\cdot BC\cdot BD\cdot CD}{6\cdot V}.\qquad \Box$$

定理 4.2.5（第二正弦定理）. 在四面体 $ABCD$ 中，二面角 C-AB-D 的平面角是 α_{AB}，其余二面角类似定义，其体积是 V，则

（1）对棱乘积的正弦定理
$$\frac{AB\cdot CD}{\sin\alpha_{AB}\sin\alpha_{CD}}=\frac{AC\cdot BD}{\sin\alpha_{AC}\sin\alpha_{BD}}=\frac{AD\cdot BC}{\sin\alpha_{AD}\sin\alpha_{BC}}=\frac{4S_{\triangle ABC}S_{\triangle ABD}S_{\triangle ACD}S_{\triangle BCD}}{9V^2};$$

（2）$\dfrac{S_{\triangle ABC}}{\sin(D)}=\dfrac{S_{\triangle ABD}}{\sin(C)}=\dfrac{S_{\triangle ACD}}{\sin(B)}=\dfrac{S_{\triangle BCD}}{\sin(A)}=\dfrac{2S_{\triangle ABC}S_{\triangle ABD}S_{\triangle ACD}S_{\triangle BCD}}{9V^2}.$

证明：分如下情形：

（1）因为
$$V=\frac{2}{3\cdot AB}\cdot S_{\triangle ABC}\cdot S_{\triangle ABD}\cdot \sin\alpha_{AB},\ V=\frac{2}{3\cdot CD}\cdot S_{\triangle ACD}\cdot S_{\triangle BCD}\cdot \sin\alpha_{CD},$$
所以
$$V^2=\frac{4}{9\cdot AB\cdot CD}\cdot S_{\triangle ABC}\cdot S_{\triangle ABD}\cdot S_{\triangle ACD}\cdot S_{\triangle BCD}\cdot \sin\alpha_{AB}\cdot \sin\alpha_{CD},$$
即
$$\frac{AB\cdot CD}{\sin\alpha_{AB}\sin\alpha_{CD}}=\frac{4\cdot S_{\triangle ABC}\cdot S_{\triangle ABD}\cdot S_{\triangle ACD}\cdot S_{\triangle BCD}}{9\cdot V^2}.$$
同理可证
$$\frac{AC\cdot BD}{\sin\alpha_{AC}\sin\alpha_{BD}}=\frac{4\cdot S_{\triangle ABC}\cdot S_{\triangle ABD}\cdot S_{\triangle ACD}\cdot S_{\triangle BCD}}{9\cdot V^2},$$
$$\frac{AD\cdot BC}{\sin\alpha_{AD}\sin\alpha_{BC}}=\frac{4\cdot S_{\triangle ABC}\cdot S_{\triangle ABD}\cdot S_{\triangle ACD}\cdot S_{\triangle BCD}}{9\cdot V^2},$$
所以
$$\frac{AB\cdot CD}{\sin\alpha_{AB}\sin\alpha_{CD}}=\frac{AC\cdot BD}{\sin\alpha_{AC}\sin\alpha_{BD}}=\frac{AD\cdot BC}{\sin\alpha_{AD}\sin\alpha_{BC}}$$
$$=\frac{4\cdot S_{\triangle ABC}\cdot S_{\triangle ABD}\cdot S_{\triangle ACD}\cdot S_{\triangle BCD}}{9\cdot V^2}.$$

（2）因为
$$V^2=\frac{2}{9}\cdot S_{\triangle ABC}\cdot S_{\triangle ABD}\cdot S_{\triangle ACD}\cdot \sin(A),$$
所以
$$\frac{S_{\triangle ABC}}{\sin(D)}=\frac{2\cdot S_{\triangle ABC}\cdot S_{\triangle ABD}\cdot S_{\triangle ACD}\cdot S_{\triangle BCD}}{9\cdot V^2}$$

同理可证

$$\frac{S_{\triangle ABD}}{\sin(C)} = \frac{2 \cdot S_{\triangle ABC} \cdot S_{\triangle ABD} \cdot S_{\triangle ACD} \cdot S_{\triangle BCD}}{9 \cdot V^2},$$

$$\frac{S_{\triangle ACD}}{\sin(B)} = \frac{2 \cdot S_{\triangle ABC} \cdot S_{\triangle ABD} \cdot S_{\triangle ACD} \cdot S_{\triangle BCD}}{9 \cdot V^2},$$

$$\frac{S_{\triangle BCD}}{\sin(A)} = \frac{2 \cdot S_{\triangle ABC} \cdot S_{\triangle ABD} \cdot S_{\triangle ACD} \cdot S_{\triangle BCD}}{9 \cdot V^2}.$$

所以

$$\frac{S_{\triangle ABC}}{\sin(D)} = \frac{S_{\triangle ABD}}{\sin(C)} = \frac{S_{\triangle ACD}}{\sin(B)} = \frac{S_{\triangle BCD}}{\sin(A)} = \frac{2 \cdot S_{\triangle ABC} \cdot S_{\triangle ABD} \cdot S_{\triangle ACD} \cdot S_{\triangle BCD}}{9V^2}. \quad \square$$

由六棱构造四面体

四面体 $ABCD$ 满足 $AB = a$，$AC = b$，$AD = c$，$CD = p$，$DB = q$，$BC = r$. 如图 4.2.2，先作底面 $\triangle BCD$，再在 $\triangle BCD$ 外作 $\triangle CDS$、$\triangle DBT$、$\triangle BCU$，使 $BU = BT = a$，$CS = CU = b$，$DS = DT = c$. 过点 S 作 CD 的垂线，过点 T 作 DB 的垂线，过点 U 作 BC 的垂线，三个垂足分别是 X、Y、Z，根据 Steiner 共点线定理，这三条垂线相交于同一点，设这个点是 P，那么点 P 就是点 A 在平面 BCD 内的射影，$SX^2 - PX^2 = TY^2 - PY^2 = UZ^2 - PZ^2 = h^2$，其中 $h > 0$，把点 P 按垂直平面 BCD 的方向上升 h，所得的点就是点 A.

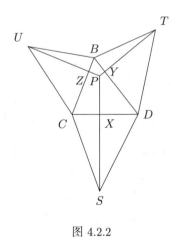

图 4.2.2

4.3 二面角及其平分平面、线面夹角

定理 4.3.1. 四面体 $ABCD$ 中，二面角 $D\text{-}AB\text{-}C$ 的平面角是 α_{12}，二面角 $B\text{-}AC\text{-}D$ 的平面角是 α_{13}，二面角 $C\text{-}AD\text{-}B$ 的平面角是 α_{23}，二面角 $A\text{-}BC\text{-}D$ 的平面角是 α_{14}，二面

角 A-BD-C 的平面角是 α_{24}，二面角 A-CD-B 的平面角是 α_{34}，则

$$\begin{vmatrix} -1 & \cos\alpha_{34} & \cos\alpha_{24} & \cos\alpha_{14} \\ \cos\alpha_{34} & -1 & \cos\alpha_{23} & \cos\alpha_{13} \\ \cos\alpha_{24} & \cos\alpha_{23} & -1 & \cos\alpha_{12} \\ \cos\alpha_{14} & \cos\alpha_{13} & \cos\alpha_{12} & -1 \end{vmatrix} = 0.$$

证明：在四面体 $ABCD$ 内任取一点 I，以 I 为起点分别向靠近平面 BCD、ACD、ABD、ABC 的方向作单位向量 $\overrightarrow{IT_A}$、$\overrightarrow{IT_B}$、$\overrightarrow{IT_C}$、$\overrightarrow{IT_D}$，则存在不全是 0 的常数 w、x、y、z，满足

$$w \cdot \overrightarrow{IT_A} + x \cdot \overrightarrow{IT_B} + y \cdot \overrightarrow{IT_C} + z \cdot \overrightarrow{IT_D} = 0,$$

该方程分别与 $\overrightarrow{IT_A}$、$\overrightarrow{IT_A}$、$\overrightarrow{IT_A}$、$\overrightarrow{IT_A}$ 作内积，并由 $\left(\overrightarrow{IT_A}\right)^2 = \left(\overrightarrow{IT_B}\right)^2 = \left(\overrightarrow{IT_C}\right)^2 = \left(\overrightarrow{IT_D}\right)^2 = 1$，$\overrightarrow{IT_A} \cdot \overrightarrow{IT_B} = -\cos\alpha_{34}$，$\overrightarrow{IT_A} \cdot \overrightarrow{IT_C} = -\cos\alpha_{24}$，$\overrightarrow{IT_A} \cdot \overrightarrow{IT_D} = -\cos\alpha_{14}$，$\overrightarrow{IT_B} \cdot \overrightarrow{IT_C} = -\cos\alpha_{23}$，$\overrightarrow{IT_B} \cdot \overrightarrow{IT_D} = -\cos\alpha_{13}$，$\overrightarrow{IT_C} \cdot \overrightarrow{IT_D} = -\cos\alpha_{12}$，得

$$\begin{cases} -w + x\cos\alpha_{34} + y\cos\alpha_{24} + z\cos\alpha_{14} = 0, \\ w\cos\alpha_{34} - x + y\cos\alpha_{23} + z\cos\alpha_{13} = 0, \\ w\cos\alpha_{24} + x\cos\alpha_{23} - y + z\cos\alpha_{12} = 0, \\ w\cos\alpha_{14} + x\cos\alpha_{13} + y\cos\alpha_{12} - z = 0, \end{cases}$$

上面的方程组有非零解，所以

$$\begin{vmatrix} -1 & \cos\alpha_{34} & \cos\alpha_{24} & \cos\alpha_{14} \\ \cos\alpha_{34} & -1 & \cos\alpha_{23} & \cos\alpha_{13} \\ \cos\alpha_{24} & \cos\alpha_{23} & -1 & \cos\alpha_{12} \\ \cos\alpha_{14} & \cos\alpha_{13} & \cos\alpha_{12} & -1 \end{vmatrix} = 0. \qquad \square$$

定理 4.3.2. 四面体 $ABCD$ 的体积是 V，$\triangle ABC$ 的面积是 S_1，$\triangle ABD$ 的面积是 S_2，$\triangle ACD$ 的面积是 S_3，$\triangle BCD$ 的面积是 S_4，$AB = a$，$AC = b$，$AD = c$，$CD = p$，$BD = q$，$BC = r$，二面角 D-AB-C 的平面角是 α_{12}，二面角 B-AC-D 的平面角是 α_{13}，二面角 C-AD-B 的平面角是 α_{23}，二面角 A-BC-D 的平面角是 α_{14}，二面角 A-BD-C 的平面角是 α_{24}，二面角 A-CD-B 的平面角是 α_{34}，则

$$\cos\alpha_{12} = \frac{a^2(b^2 + q^2 + c^2 + r^2 - a^2 - p^2) - (b^2 - r^2)(c^2 - q^2) - a^2 p^2}{16 S_1 S_2}, \quad \sin\alpha_{12} = \frac{3aV}{2 S_1 S_2},$$

$$\cos\alpha_{13} = \frac{b^2(a^2 + p^2 + c^2 + r^2 - b^2 - q^2) - (a^2 - r^2)(c^2 - p^2) - b^2 q^2}{16 S_1 S_3}, \quad \sin\alpha_{13} = \frac{3bV}{2 S_1 S_3},$$

$$\cos\alpha_{23} = \frac{c^2(a^2 + p^2 + b^2 + q^2 - c^2 - r^2) - (a^2 - q^2)(b^2 - p^2) - c^2 r^2}{16 S_2 S_3}, \quad \sin\alpha_{23} = \frac{3cV}{2 S_2 S_3},$$

$$\cos\alpha_{14} = \frac{r^2(a^2+p^2+b^2+q^2-c^2-r^2)-(a^2-b^2)(q^2-p^2)-c^2r^2}{16S_1S_4}, \quad \sin\alpha_{14} = \frac{3rV}{2S_1S_4},$$

$$\cos\alpha_{24} = \frac{q^2(a^2+p^2+c^2+r^2-b^2-q^2)-(a^2-c^2)(r^2-p^2)-b^2q^2}{16S_2S_4}, \quad \sin\alpha_{24} = \frac{3qV}{2S_2S_4},$$

$$\cos\alpha_{34} = \frac{p^2(b^2+q^2+c^2+r^2-a^2-p^2)-(b^2-c^2)(r^2-q^2)-a^2p^2}{16S_3S_4}, \quad \sin\alpha_{34} = \frac{3pV}{2S_3S_4}.$$

证明： 由三面角第一余弦定理得

$$\cos\alpha_{12} = \frac{\cos\angle CAD - \cos\angle BAC\cos\angle BAD}{\sin\angle BAC\sin\angle BAD},$$

由四面体的体积公式得

$$\sin\alpha_{12} = \frac{6V}{abc\sin\angle BAC\sin\angle BAD}.$$

由三角形的余弦定理得

$$\cos\angle CAD = \frac{b^2+c^2-p^2}{2bc}, \quad \cos\angle BAC = \frac{a^2+b^2-r^2}{2ab}, \quad \cos\angle BAD = \frac{a^2+c^2-q^2}{2ac},$$

由三角形的面积公式得

$$\sin\angle BAC = \frac{2S_1}{ab}, \quad \sin\angle BAD = \frac{2S_2}{ac},$$

代入 $\cos\alpha_{12}$ 的表达式里，就可以得

$$\cos\alpha_{12} = \frac{a^2(b^2+q^2+c^2+r^2-a^2-p^2)-(b^2-r^2)(c^2-q^2)-a^2p^2}{16S_1S_2}, \quad \sin\alpha_{12} = \frac{3aV}{2S_1S_2}.$$

同理可得到其余值. $\square$

推论 4.3.2.1. 四面体 $ABCD$ 的体积是 V，AB 与平面 ACD 的夹角是 θ，则 $\sin\theta = \dfrac{3V}{AB \cdot S_{\triangle ACD}}$.

定理 4.3.3. 四面体 $ABCD$ 中点 E 是棱 CD 内的一点，则半平面 ABE 是二面角 C-AB-D 的内平分平面的充要条件是 $\dfrac{S_{\triangle ABC}}{S_{\triangle ABD}} = \dfrac{CE}{DE}$.

证明：充分性

如图 4.3.1，作 $EF \perp$ 平面 ABC，垂足是 F，作 $EG \perp$ 平面 ABD，垂足是 G，设点 A 到平面 BCD 的距离是 d_1，点 B 到 CD 的距离是 d_2. 因为

$$\frac{S_{\triangle ABC}}{S_{\triangle ABD}} = \frac{CE}{DE},$$

所以

$$\frac{V_{\text{四面体 }ABCE}}{V_{\text{四面体 }ABDE}} = \frac{\frac{1}{3} \cdot S_{\triangle ABC} \cdot EF}{\frac{1}{3} \cdot S_{\triangle ABD} \cdot EG} = \frac{S_{\triangle ABC}}{S_{\triangle ABD}} \cdot \frac{EF}{EG} = \frac{CE}{DE} \cdot \frac{EF}{EG},$$

又因为
$$\frac{V_{\text{四面体 } ABCE}}{V_{\text{四面体 } ABDE}} = \frac{\frac{1}{3} \cdot S_{\triangle BCE} \cdot d_1}{\frac{1}{3} \cdot S_{\triangle BDE} \cdot d_1} = \frac{S_{\triangle BCE}}{S_{\triangle BDE}} = \frac{\frac{1}{2} \cdot CE \cdot d_2}{\frac{1}{2} \cdot DE \cdot d_2} = \frac{CE}{DE},$$

所以
$$\frac{CE}{DE} \cdot \frac{EF}{EG} = \frac{CE}{DE},$$

即 $EF = EG$,所以半平面 ABE 是二面角 $C\text{-}AB\text{-}D$ 的内平分平面.

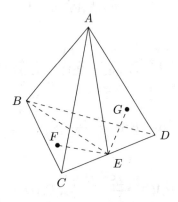

图 4.3.1

必要性

如图 4.3.1,作 $EF \perp$ 平面 ABC,垂足是 F,作 $EG \perp$ 平面 ABD,垂足是 G,设点 A 到平面 BCD 的距离是 d_1,点 B 到 CD 的距离是 d_2. 根据二面角内平分平面的性质,得 $EF = EG$,所以

$$\frac{V_{\text{四面体 } ABCE}}{V_{\text{四面体 } ABDE}} = \frac{\frac{1}{3} \cdot S_{\triangle ABC} \cdot EF}{\frac{1}{3} \cdot S_{\triangle ABD} \cdot EG} = \frac{S_{\triangle ABC}}{S_{\triangle ABD}},$$

$$\frac{V_{\text{四面体 } ABCE}}{V_{\text{四面体 } ABDE}} = \frac{\frac{1}{3} \cdot S_{\triangle BCE} \cdot d_1}{\frac{1}{3} \cdot S_{\triangle BDE} \cdot d_1} = \frac{S_{\triangle BCE}}{S_{\triangle BDE}} = \frac{\frac{1}{2} \cdot CE \cdot d_2}{\frac{1}{2} \cdot DE \cdot d_2} = \frac{CE}{DE},$$

因此
$$\frac{S_{\triangle ABC}}{S_{\triangle ABD}} = \frac{CE}{DE}. \qquad \square$$

定理 4.3.4. 四面体 $ABCD$ 中点 E 是棱 DC 延长线上的一点,则半平面是二面角 $C\text{-}AB\text{-}D$ 靠近半平面 ABC 的外平分平面的充要条件是

$$\frac{S_{\triangle ABC}}{S_{\triangle ABD}} = \frac{CE}{DE}.$$

证明：充分性

如图 4.3.2，作 $EG \perp$ 平面 ABC，垂足是 G，作 $EH \perp$ 平面 ABD，垂足是 H，设点 A 到平面 BCD 的距离是 d_1，点 B 到 CD 的距离是 d_2. 因为 $\dfrac{S_{\triangle ABC}}{S_{\triangle ABD}} = \dfrac{CE}{DE}$，所以

$$\frac{V_{\text{四面体 } ABCE}}{V_{\text{四面体 } ABDE}} = \frac{\frac{1}{3} \cdot S_{\triangle ABC} \cdot EG}{\frac{1}{3} \cdot S_{\triangle ABD} \cdot EH} = \frac{S_{\triangle ABC}}{S_{\triangle ABD}} \cdot \frac{EG}{EH} = \frac{CE}{DE} \cdot \frac{EG}{EH},$$

又因为

$$\frac{V_{\text{四面体 } ABCE}}{V_{\text{四面体 } ABDE}} = \frac{\frac{1}{3} \cdot S_{\triangle BCE} \cdot d_1}{\frac{1}{3} \cdot S_{\triangle BDE} \cdot d_1} = \frac{S_{\triangle BCE}}{S_{\triangle BDE}} = \frac{\frac{1}{2} \cdot CE \cdot d_2}{\frac{1}{2} \cdot DE \cdot d_2} = \frac{CE}{DE},$$

所以

$$\frac{CE}{DE} \cdot \frac{EG}{EH} = \frac{CE}{DE},$$

即 $EF = EG$，所以半平面是二面角 $C\text{-}AB\text{-}D$ 靠近半平面 ABC 的外平分平面.

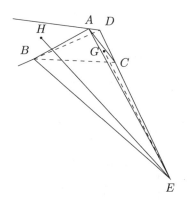

图 4.3.2

必要性

如图 4.3.2，作 $EG \perp$ 平面 ABC，垂足是 G，作 $EH \perp$ 平面 ABD，垂足是 H，设点 A 到平面 BCD 的距离是 d_1，点 B 到 CD 的距离是 d_2. 根据二面角内平分平面的性质，得 $EG = EH$，所以

$$\frac{V_{\text{四面体 } ABCE}}{V_{\text{四面体 } ABDE}} = \frac{\frac{1}{3} \cdot S_{\triangle ABC} \cdot EG}{\frac{1}{3} \cdot S_{\triangle ABD} \cdot EH} = \frac{S_{\triangle ABC}}{S_{\triangle ABD}},$$

$$\frac{V_{\text{四面体 } ABCE}}{V_{\text{四面体 } ABDE}} = \frac{\frac{1}{3} \cdot S_{\triangle BCE} \cdot d_1}{\frac{1}{3} \cdot S_{\triangle BDE} \cdot d_1} = \frac{S_{\triangle BCE}}{S_{\triangle BDE}} = \frac{\frac{1}{2} \cdot CE \cdot d_2}{\frac{1}{2} \cdot DE \cdot d_2} = \frac{CE}{DE},$$

因此
$$\frac{S_{\triangle ABC}}{S_{\triangle ABD}} = \frac{CE}{DE}.$$
□

4.4 外接平行六面体、对棱所成角及距离

定义 4.4.1. 过四面体的棱作与对棱平行的平面，这六个平面形围成的多面体是一个平行六面体，称为该四面体的外接平行六面体.

定理 4.4.1. 平行六面体 AC_1BD_1-A_1CB_1D 是四面体 $ABCD$ 的外接平行六面体，$AB = a$，$AC = b$，$AD = c$，$CD = p$，$BD = q$，$BC = r$，$AC_1 = l_1$，$AD_1 = l_2$，$AA_1 = l_3$，$\angle C_1AD_1 = \alpha$，$\angle A_1AC_1 = \beta$，$\angle A_1AD_1 = \gamma$，则

$$l_1 = \frac{1}{2}\sqrt{a^2 + p^2 + b^2 + q^2 - c^2 - r^2},$$
$$l_2 = \frac{1}{2}\sqrt{a^2 + p^2 + c^2 + r^2 - b^2 - q^2},$$
$$l_3 = \frac{1}{2}\sqrt{b^2 + q^2 + c^2 + r^2 - a^2 - p^2},$$
$$\cos\alpha = \frac{a^2 - p^2}{4l_1l_2}, \quad \cos\beta = \frac{b^2 - q^2}{4l_1l_3}, \quad \cos\gamma = \frac{c^2 - r^2}{4l_2l_3},$$
$$AB_1 = \frac{1}{2}\sqrt{3(a^2 + b^2 + c^2) - (p^2 + q^2 + r^2)}.$$

证明： 根据平行四边形的性质，得

$$\begin{cases} 2(l_1^2 + l_2^2) = a^2 + p^2, \\ 2(l_1^2 + l_3^2) = b^2 + q^2, \\ 2(l_2^2 + l_3^2) = c^2 + r^2, \end{cases}$$

解这个方程组得

$$\begin{cases} l_1 = \frac{1}{2}\sqrt{a^2 + p^2 + b^2 + q^2 - c^2 - r^2}, \\ l_2 = \frac{1}{2}\sqrt{a^2 + p^2 + c^2 + r^2 - b^2 - q^2}, \\ l_3 = \frac{1}{2}\sqrt{b^2 + q^2 + c^2 + r^2 - a^2 - p^2}. \end{cases}$$

由余弦定理得

$$\cos\alpha = \frac{l_1^2 + l_2^2 - p^2}{2l_1l_2} = \frac{a^2 - p^2}{4l_1l_2}.$$

同理可得

$$\cos\beta = \frac{b^2 - q^2}{4l_1l_3}, \quad \cos\gamma = \frac{c^2 - r^2}{4l_2l_3},$$

于是得到
$$AB_1 = \sqrt{l_1^2 + l_2^2 + l_3^2 + 2l_1l_2\cos\alpha + 2l_1l_3\cos\beta + 2l_2l_3\cos\gamma}$$
$$= \frac{1}{2}\sqrt{3(a^2+b^2+c^2)-(p^2+q^2+r^2)}. \qquad \square$$

推论 4.4.1.1. 四面体 $ABCD$ 中，$AB=a$，$AC=b$，$AD=c$，$CD=p$，$BD=q$，$BC=r$，则
$$a^2+p^2+b^2+q^2 > c^2+r^2,$$
$$a^2+p^2+c^2+r^2 > b^2+q^2,$$
$$b^2+q^2+c^2+r^2 > a^2+p^2.$$

证明： 由 $l_1>0$，$l_2>0$，$l_3>0$ 即得到结论. $\qquad \square$

推论 4.4.1.2. 四面体 $ABCD$ 中，$AB=a$，$AC=b$，$AD=c$，$CD=p$，$BD=q$，$BC=r$，则
$$3(a^2+b^2+c^2) > p^2+q^2+r^2, \quad 3(a^2+q^2+r^2) > b^2+c^2+p^2,$$
$$3(b^2+p^2+r^2) > a^2+c^2+q^2, \quad 3(c^2+p^2+q^2) > a^2+b^2+r^2.$$

证明： 由 $AB_1 > 0$ 即得 $3(a^2+b^2+c^2) > p^2+q^2+r^2$，其余不等式同理可证. $\qquad \square$

定理 4.4.2. 四面体外接平行六面体的体积是该四面体体积的 3 倍.

证明： 如图 4.4.1，设平行六面体 AC_1BD_1-A_1CB_1D 是四面体 $ABCD$ 的外接平行六面体，其体积是 V，点 C 到平面 AC_1BD_1 的距离是 d，则
$$V_{\text{四面体 } ABCC_1} = \frac{1}{3} \cdot S_{\triangle ABG} \cdot d = \frac{1}{3} \cdot \frac{1}{2} \cdot S_{\square AC_1BD_1} \cdot d = \frac{1}{6}V.$$
同理可得
$$V_{\text{四面体 } ABDD_1} = \frac{1}{6}V, \quad V_{\text{四面体 } ABDA_1} = \frac{1}{6}V, \quad V_{\text{四面体 } BCDB_1} = \frac{1}{6}V,$$
所以
$$V_{\text{四面体 } ABCD} = V - V_{\text{四面体 } ABCC_1} - V_{\text{四面体 } ABDD_1} - V_{\text{四面体 } ABDA_1} - V_{\text{四面体 } BCDB_1} = \frac{1}{3}V. \qquad \square$$

定理 4.4.3. 在四面体 $ABCD$ 中，$AB=a$，$AC=b$，$AD=c$，$CD=p$，$BD=q$，$BC=r$，AB 与 CD 所成角是 θ_1，AC 与 BD 所成角是 θ_2，AD 与 BC 所成角是 θ_3，则
$$\cos\theta_1 = \frac{|(b^2+q^2)-(c^2+r^2)|}{2ap},$$
$$\cos\theta_2 = \frac{|(a^2+p^2)-(c^2+r^2)|}{2bq},$$
$$\cos\theta_3 = \frac{|(a^2+p^2)-(b^2+q^2)|}{2cr}.$$

证明: 如图 4.4.2,设平行六面体 AC_1BD_1-A_1CB_1D 是四面体 $ABCD$ 的外接平行六面体,联结 C_1D_1,与 AB 相交于点 O,设 $\angle AOC_1 = \delta$,则 $\cos\theta_1 = |\cos\delta|$,由三角形余弦定理,得

$$AO^2 + C_1O^2 - 2 \cdot AO \cdot C_1O \cdot \cos\angle AOC_1 = \frac{1}{4}(a^2 + p^2 - 2ap\cos\delta) = AC_1^2,$$

$$AO^2 + D_1O^2 - 2 \cdot AO \cdot D_1O \cdot \cos\angle AOD_1 = \frac{1}{4}(a^2 + p^2 + 2ap\cos\delta) = AD_1^2,$$

所以

$$ap\cos\delta = AD_1^2 - AC_1^2.$$

又因为

$$AC_1 = \frac{1}{2}\sqrt{a^2 + p^2 + b^2 + q^2 - c^2 - r^2}, \quad AD_2 = \frac{1}{2}\sqrt{a^2 + p^2 + c^2 + r^2 - b^2 - q^2},$$

所以

$$ap\cos\delta = \frac{1}{2}((c^2 + r^2) - (b^2 + q^2)),$$

即

$$\cos\theta_1 = \frac{|(b^2 + q^2) - (c^2 + r^2)|}{2ap}.$$

同理可得

$$\cos\theta_2 = \frac{|(a^2 + p^2) - (c^2 + r^2)|}{2bq}, \quad \cos\theta_3 = \frac{|(a^2 + p^2) - (b^2 + q^2)|}{2cr}. \qquad \square$$

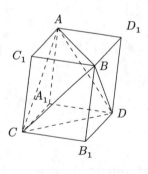

图 4.4.1

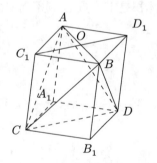

图 4.4.2

推论 4.4.3.1. 四面体 $ABCD$ 中,$AB = a$,$AC = b$,$AD = c$,$CD = p$,$BD = q$,$BC = r$,则

$$2ap > |(b^2 + q^2) - (c^2 + r^2)|,$$
$$2bq > |(a^2 + p^2) - (c^2 + r^2)|,$$
$$2cr > |(a^2 + p^2) - (b^2 + q^2)|.$$

证明： 由 $\cos\theta_1 < 1$，$\cos\theta_2 < 1$，$\cos\theta_3 < 1$ 即得到结论. $\square$

定理 4.4.4. 四面体 $ABCD$ 的体积是 V，$AB = a$，$AC = b$，$AD = c$，$CD = p$，$BD = q$，$BC = r$，AB 与 CD 所成角是 θ_1，AC 与 BD 所成角是 θ_2，AD 与 BC 所成角是 θ_3，AB 与 CD 的距离是 d_1，AC 与 BD 的距离是 d_2，AD 与 BC 的距离是 d_3，则

$$d_1 = \frac{6V}{ap\sin\theta_1}, \quad d_2 = \frac{6V}{bq\sin\theta_2}, \quad d_3 = \frac{6V}{cr\sin\theta_3}.$$

证明： 由四面体的外接平行六面体的体积公式，得

$$\frac{1}{2}ap\sin\theta_1 = 3V,$$

所以

$$d_1 = \frac{6V}{ap\sin\theta_1}.$$

同理可得

$$d_2 = \frac{6V}{bq\sin\theta_2}, \quad d_3 = \frac{6V}{cr\sin\theta_3}. \qquad \square$$

定理 4.4.5. 在四面体 $ABCD$ 中，$AB = a$，$AC = b$，$AD = c$，$CD = p$，$BD = q$，$BC = r$，AB 与 CD 的公垂线在 AB 的垂足是 H，则

$$\overline{AH} = \frac{2a^2p^2 + p^2(b^2 - q^2 + c^2 - r^2) - (b^2 - c^2)(b^2 + q^2 - c^2 - r^2)}{4a^2p^2 - (b^2 + q^2 - c^2 - r^2)^2} \cdot a,$$

$$\overline{BH} = \frac{2a^2p^2 + p^2(q^2 - b^2 + r^2 - c^2) - (q^2 - r^2)(b^2 + q^2 - c^2 - r^2)}{4a^2p^2 - (b^2 + q^2 - c^2 - r^2)^2} \cdot a,$$

其中有向线段 $\overline{AH}$ 如果与 $\overrightarrow{AB}$ 同向则取正号，反向取负号；有向线段 $\overline{BH}$ 如果与 $\overrightarrow{AB}$ 同向则取正号，反向取负号.

证明： 如图 4.4.2，设 $\angle AOC_1 = \delta$，由定理 1.4.8 得

$$\overline{AH} = \frac{\cos\angle BAC + \cos\angle ACD\cos\delta}{\sin^2\delta} \cdot b, \quad \overline{BH} = \frac{\cos\angle ABD + \cos\angle BDC\cos\delta}{\sin^2\delta} \cdot q.$$

因为

$$\cos\angle BAC = \frac{a^2 + b^2 - r^2}{2ab}, \quad \cos\angle ACD = \frac{b^2 + p^2 - c^2}{2bp},$$

$$\cos\angle ABD = \frac{a^2 + q^2 - c^2}{2aq}, \quad \cos\angle BDC = \frac{p^2 + q^2 - r^2}{2pq},$$

由定理 4.4.3 的证明知

$$\cos\delta = \frac{(c^2 + r^2) - (b^2 + q^2)}{2ap},$$

所以

$$\sin^2\delta = \frac{4a^2p^2 - (b^2 + q^2 - c^2 - r^2)^2}{4a^2p^2},$$

代入 $\overline{AH}$ 及 $\overline{BH}$ 的式子中，即得

$$\overline{AH} = \frac{2a^2p^2 + p^2(b^2 - q^2 + c^2 - r^2) - (b^2 - c^2)(b^2 + q^2 - c^2 - r^2)}{4a^2p^2 - (b^2 + q^2 - c^2 - r^2)^2} \cdot a,$$

$$\overline{BH} = \frac{2a^2p^2 + p^2(q^2 - b^2 + r^2 - c^2) - (q^2 - r^2)(b^2 + q^2 - c^2 - r^2)}{4a^2p^2 - (b^2 + q^2 - c^2 - r^2)^2} \cdot a. \quad \Box$$

4.5 重心坐标与距离

定义 4.5.1. 设 P 是 $\triangle ABC$ 所在平面内一点，关于 $\triangle ABC$，点 P 到直线 BC 的有向距离如下确定：当点 P 在直线 BC 上，有向距离是 0；当点 P 不在直线 BC 上，且到直线 BC 的距离是 d，则有向距离的绝对值等于 d，当点 P、A 在直线 BC 同侧时有向距离的符号是正，当点 P、A 在直线 BC 异侧时有向距离的符号是负. 关于 $\triangle ABC$，点 P 到直线 CA、AB 的有向距离类似进行定义.

定义 4.5.2. 设 P 是 $\triangle ABC$ 所在平面内一点，关于 $\triangle ABC$，$\triangle PBC$ 的有向面积如下确定：当点 P 在直线 BC 上，有向面积是 0；当点 P 不在直线 BC 上时，$\triangle PBC$ 的有向面积绝对值等于 $\triangle PBC$ 的面积，且符号与点 P 到直线 BC 的有向距离相同. 关于 $\triangle ABC$，$\triangle PCA$ 和 $\triangle PAB$ 的有向面积类似进行定义.

定义 4.5.3. 关于四面体 $ABCD$，点 P 到平面 BCD 的有向距离如下确定：当点 P 在平面 BCD 内有向距离是 0；当点 P 不在平面 BCD 上，且到平面 BCD 的距离是 d，则有向距离的绝对值等于 d，当点 P、A 在平面 BCD 同侧时有向距离的符号是正，当点 P、A 在平面 BCD 异侧时有向距离的符号是负. 关于四面体 $ABCD$，点 P 到平面 ABC、ABD、ACD 的有向距离类似进行定义.

定义 4.5.4. 关于四面体 $ABCD$，四面体 $PBCD$ 的有向体积如下确定：当点 P 在平面 BCD 内有向体积是 0；当点 P 不在平面 BCD 内时，四面体 $PBCD$ 的有向体积绝对值等于四面体 $PBCD$ 的体积，且符号与点 P 到平面 BCD 的有向距离相同. 关于四面体 $ABCD$，四面体 $PABC$、$PABD$、$PACD$ 的有向体积类似进行定义.

定理 4.5.1. 若空间四点 A、B、C、D 的不共面，则

$$\lambda_1 \overrightarrow{PA} + \lambda_2 \overrightarrow{PB} + \lambda_3 \overrightarrow{PC} + \lambda_4 \overrightarrow{PD} = \mathbf{0}$$

的充要条件是

$$\lambda_1 : \lambda_2 : \lambda_3 : \lambda_4 = V_A : V_B : V_C : V_D,$$

其中 V_A、V_B、V_C、V_D 分别表示关于四面体 $ABCD$ 中四面体 $PBCD$、四面体 $PACD$、四面体 $PABD$、四面体 $PABC$ 的有向体积.

证明： 当点 P 与点 A、B、C、D 其中之一重合时，命题成立. 下面设点 P 不与点 A、B、C、D 任意一点重合.

充分性

因为
$$\lambda_1 : \lambda_2 : \lambda_3 : \lambda_4 = V_A : V_B : V_C : V_D,$$

所以
$$\left(\lambda_1 \overrightarrow{PA} + \lambda_2 \overrightarrow{PB} + \lambda_3 \overrightarrow{PC} + \lambda_4 \overrightarrow{PD}\right) \cdot \left(\overrightarrow{PA} \times \overrightarrow{PB}\right)$$
$$= -\lambda_3 \left(\overrightarrow{PB}, \overrightarrow{PA}, \overrightarrow{PC}\right) + \lambda_4 \left(\overrightarrow{PD}, \overrightarrow{PA}, \overrightarrow{PB}\right) = 0,$$

同理得
$$\left(\lambda_1 \overrightarrow{PA} + \lambda_2 \overrightarrow{PB} + \lambda_3 \overrightarrow{PC} + \lambda_4 \overrightarrow{PD}\right) \cdot \left(\overrightarrow{PA} \times \overrightarrow{PC}\right) = 0,$$
$$\left(\lambda_1 \overrightarrow{PA} + \lambda_2 \overrightarrow{PB} + \lambda_3 \overrightarrow{PC} + \lambda_4 \overrightarrow{PD}\right) \cdot \left(\overrightarrow{PA} \times \overrightarrow{PD}\right) = 0,$$

所以 $\lambda_1 \overrightarrow{PA} + \lambda_2 \overrightarrow{PB} + \lambda_3 \overrightarrow{PC} + \lambda_4 \overrightarrow{PD}$ 与 $\overrightarrow{PA} \times \overrightarrow{PB}$、$\overrightarrow{PA} \times \overrightarrow{PC}$、$\overrightarrow{PA} \times \overrightarrow{PD}$ 都垂直，而点 B、C、D 不共线，所以 $\overrightarrow{PA} \times \overrightarrow{PB}$、$\overrightarrow{PA} \times \overrightarrow{PC}$、$\overrightarrow{PA} \times \overrightarrow{PD}$ 平行于与 $\overrightarrow{PA}$ 垂直的平面，由此得 $\lambda_1 \overrightarrow{PA} + \lambda_2 \overrightarrow{PB} + \lambda_3 \overrightarrow{PC} + \lambda_4 \overrightarrow{PD}$ 与 $\overrightarrow{PA}$ 平行. 同理得 $\lambda_1 \overrightarrow{PA} + \lambda_2 \overrightarrow{PB} + \lambda_3 \overrightarrow{PC} + \lambda_4 \overrightarrow{PD}$ 与 $\overrightarrow{PB}$ 平行，$\lambda_1 \overrightarrow{PA} + \lambda_2 \overrightarrow{PB} + \lambda_3 \overrightarrow{PC} + \lambda_4 \overrightarrow{PD}$ 与 $\overrightarrow{PC}$ 平行，$\lambda_1 \overrightarrow{PA} + \lambda_2 \overrightarrow{PB} + \lambda_3 \overrightarrow{PC} + \lambda_4 \overrightarrow{PD}$ 与 $\overrightarrow{PD}$ 平行，而 $\overrightarrow{PA}$、$\overrightarrow{PB}$、$\overrightarrow{PC}$、$\overrightarrow{PD}$ 不会两两全都共线，所以必定

$$\lambda_1 \overrightarrow{PA} + \lambda_2 \overrightarrow{PB} + \lambda_3 \overrightarrow{PC} + \lambda_4 \overrightarrow{PD} = \mathbf{0}.$$

必要性

因为
$$\lambda_1 \overrightarrow{PA} + \lambda_2 \overrightarrow{PB} + \lambda_3 \overrightarrow{PC} + \lambda_4 \overrightarrow{PD} = \mathbf{0},$$

所以
$$\left(\lambda_1 \overrightarrow{PA} + \lambda_2 \overrightarrow{PB} + \lambda_3 \overrightarrow{PC} + \lambda_4 \overrightarrow{PD}\right) \cdot \left(\overrightarrow{PA} \times \overrightarrow{PB}\right)$$
$$= -\lambda_3 \left(\overrightarrow{PB}, \overrightarrow{PA}, \overrightarrow{PC}\right) + \lambda_4 \left(\overrightarrow{PD}, \overrightarrow{PA}, \overrightarrow{PB}\right) = 0,$$

所以
$$\lambda_3 : \lambda_4 = V_C : V_D.$$

同理得
$$\lambda_1 : \lambda_4 = V_A : V_D, \ \lambda_2 : \lambda_4 = V_B : V_D,$$

所以
$$\lambda_1 : \lambda_2 : \lambda_3 : \lambda_4 = V_A : V_B : V_C : V_D. \qquad \square$$

取点 P 与点 A、B、C 共面，A、B、C 不共线，任取一点与上述四点不共面，由定理 4.5.1 立即得

定理 4.5.2. 若平面三点 A、B、C 不共线，点 P 是平面 ABC 内一点，则 $\lambda_1 \overrightarrow{PA} + \lambda_2 \overrightarrow{PB} + \lambda_3 \overrightarrow{PC} = \mathbf{0}$ 的充要条件是

$$\lambda_1 : \lambda_2 : \lambda_3 = S_A : S_B : S_C,$$

其中 S_A、S_B、S_C 分别表示关于 $\triangle ABC$ 中 $\triangle PBC$、$\triangle PAC$、$\triangle PAB$ 的有向面积.

因为在定理 4.5.2 的条件下，设 $\triangle ABC$ 的面积是 S，则 $S_A + S_B + S_C = S > 0$，因此得

定义 4.5.5. 设 P 是 $\triangle ABC$ 所在平面内一点，S_A、S_B、S_C 分别表示关于 $\triangle ABC$ 中 $\triangle PBC$、$\triangle PCA$、$\triangle PAB$ 的有向面积，则 $\left(\dfrac{S_A}{S}, \dfrac{S_B}{S}, \dfrac{S_C}{S}\right)$ 称为点 P 关于 $\triangle ABC$ 的重心坐标.

因为在定理 4.5.1 的条件下，设四面体 $ABCD$ 的体积是 V，则 $V_A + V_B + V_C + V_D = V > 0$，因此得

定义 4.5.6. 设 P 是空间一点，V_A、V_B、V_C、V_D 分别表示关于四面体 $ABCD$ 中四面体 $PBCD$、四面体 $PACD$、四面体 $PABD$、四面体 $PABC$ 的有向体积，则 $\left(\dfrac{V_A}{V}, \dfrac{V_B}{V}, \dfrac{V_C}{V}, \dfrac{V_D}{V}\right)$ 称为点 P 关于四面体 $ABCD$ 的重心坐标.

定理 4.5.3. 若点 P 关于四面体 $ABCD$ 的重心坐标是 $(\alpha, \beta, \gamma, \delta)$，则

$$\overrightarrow{QP} = \alpha \overrightarrow{QA} + \beta \overrightarrow{QB} + \gamma \overrightarrow{QC} + \delta \overrightarrow{QD}.$$

证明： 因为

$$\overrightarrow{PA} = \overrightarrow{QA} - \overrightarrow{QP}, \quad \overrightarrow{PB} = \overrightarrow{QB} - \overrightarrow{QP}, \quad \overrightarrow{PC} = \overrightarrow{QC} - \overrightarrow{QP}, \quad \overrightarrow{PD} = \overrightarrow{QD} - \overrightarrow{QP},$$

代入

$$\alpha \overrightarrow{PA} + \beta \overrightarrow{PB} + \gamma \overrightarrow{PC} + \delta \overrightarrow{PD} = \mathbf{0},$$

得

$$\overrightarrow{QP} = \alpha \overrightarrow{QA} + \beta \overrightarrow{QB} + \gamma \overrightarrow{QC} + \delta \overrightarrow{QD}. \qquad \square$$

定理 4.5.4. 若给定不共面的点 A、B、C、D 以及 α、β、γ、δ，且 $\alpha \overrightarrow{PA} + \beta \overrightarrow{PB} + \gamma \overrightarrow{PC} + \delta \overrightarrow{PD} = \mathbf{0}$，$\alpha + \beta + \gamma + \delta \neq 0$，则点 P 是唯一确定的.

证明： 不妨设 $\alpha + \beta + \gamma + \delta = 1$，由定理 4.5.3 得

$$\overrightarrow{QP} = \alpha\overrightarrow{QA} + \beta\overrightarrow{QB} + \gamma\overrightarrow{QC} + \delta\overrightarrow{QD},$$

若

$$\alpha\overrightarrow{QA} + \beta\overrightarrow{QB} + \gamma\overrightarrow{QC} + \delta\overrightarrow{QD} = \mathbf{0},$$

则 $\overrightarrow{QP} = \mathbf{0}$，即点 P、Q 重合，所以点 P 是唯一确定的. □

取点 P 与点 A、B、C 共面，A、B、C 不共线，任取一点与上述四点不共面，由定理 4.5.4 立即得

定理 4.5.5. 若给定不共线的点 A、B、C 以及 α、β、γ，且 $\alpha\overrightarrow{PA} + \beta\overrightarrow{PB} + \gamma\overrightarrow{PC} = \mathbf{0}$，$\alpha + \beta + \gamma \neq 0$，则点 P 是唯一确定的.

定理 4.5.6. 若关于四面体 $ABCD$，点 P 的重心坐标是 $(\alpha_P, \beta_P, \gamma_P, \delta_P)$，点 Q 的重心坐标是 $(\alpha_Q, \beta_Q, \gamma_Q, \delta_Q)$，则

$$\begin{aligned}\overrightarrow{PQ} &= (\beta_Q - \beta_P)\overrightarrow{AB} + (\gamma_Q - \gamma_P)\overrightarrow{AC} + (\delta_Q - \delta_P)\overrightarrow{AD} \\ &= (\alpha_Q - \alpha_P)\overrightarrow{BA} + (\gamma_Q - \gamma_P)\overrightarrow{BC} + (\delta_Q - \delta_P)\overrightarrow{BD} \\ &= (\alpha_Q - \alpha_P)\overrightarrow{CA} + (\beta_Q - \beta_P)\overrightarrow{CB} + (\delta_Q - \delta_P)\overrightarrow{CD} \\ &= (\alpha_Q - \alpha_P)\overrightarrow{DA} + (\beta_Q - \beta_P)\overrightarrow{DB} + (\gamma_Q - \gamma_P)\overrightarrow{DC}.\end{aligned}$$

证明： 由定理 4.5.3 得

$$\overrightarrow{AP} = \beta_P\overrightarrow{AB} + \gamma_P\overrightarrow{AC} + \delta_P\overrightarrow{AD},$$
$$\overrightarrow{AQ} = \beta_Q\overrightarrow{AB} + \gamma_Q\overrightarrow{AC} + \delta_Q\overrightarrow{AD},$$

所以

$$\begin{aligned}\overrightarrow{PQ} &= \overrightarrow{AQ} - \overrightarrow{AP} \\ &= (\beta_Q - \beta_P)\overrightarrow{AB} + (\gamma_Q - \gamma_P)\overrightarrow{AC} + (\delta_Q - \delta_P)\overrightarrow{AD},\end{aligned}$$

同理得

$$\overrightarrow{PQ} = (\alpha_Q - \alpha_P)\overrightarrow{BA} + (\gamma_Q - \gamma_P)\overrightarrow{BC} + (\delta_Q - \delta_P)\overrightarrow{BD},$$
$$\overrightarrow{PQ} = (\alpha_Q - \alpha_P)\overrightarrow{CA} + (\beta_Q - \beta_P)\overrightarrow{CB} + (\delta_Q - \delta_P)\overrightarrow{CD},$$
$$\overrightarrow{PQ} = (\alpha_Q - \alpha_P)\overrightarrow{DA} + (\beta_Q - \beta_P)\overrightarrow{DB} + (\gamma_Q - \gamma_P)\overrightarrow{DC},$$

所以

$$\overrightarrow{PQ} = (\beta_Q - \beta_P)\overrightarrow{AB} + (\gamma_Q - \gamma_P)\overrightarrow{AC} + (\delta_Q - \delta_P)\overrightarrow{AD}$$

$$= (\alpha_Q - \alpha_P)\overrightarrow{BA} + (\gamma_Q - \gamma_P)\overrightarrow{BC} + (\delta_Q - \delta_P)\overrightarrow{BD}$$
$$= (\alpha_Q - \alpha_P)\overrightarrow{CA} + (\beta_Q - \beta_P)\overrightarrow{CB} + (\delta_Q - \delta_P)\overrightarrow{CD}$$
$$= (\alpha_Q - \alpha_P)\overrightarrow{DA} + (\beta_Q - \beta_P)\overrightarrow{DB} + (\gamma_Q - \gamma_P)\overrightarrow{DC}. \qquad \Box$$

定理 4.5.7. 设点 P 关于四面体 $ABCD$ 的重心坐标是 $(\alpha, \beta, \gamma, \delta)$，直线 AP 交平面 BCD 于点 T，直线 BP 交平面 ACD 于点 U，直线 CP 交平面 ABD 于点 V，直线 DP 交平面 ABC 于点 W，则

$$\overrightarrow{AT} = \frac{\beta \overrightarrow{AB} + \gamma \overrightarrow{AC} + \delta \overrightarrow{AD}}{\beta + \gamma + \delta}, \quad \overrightarrow{BU} = \frac{\alpha \overrightarrow{BA} + \gamma \overrightarrow{BC} + \delta \overrightarrow{BD}}{\alpha + \gamma + \delta},$$
$$\overrightarrow{CV} = \frac{\alpha \overrightarrow{CA} + \beta \overrightarrow{CB} + \delta \overrightarrow{CD}}{\alpha + \beta + \delta}, \quad \overrightarrow{DW} = \frac{\alpha \overrightarrow{DA} + \beta \overrightarrow{DB} + \gamma \overrightarrow{DC}}{\alpha + \beta + \gamma},$$

点 T 关于 $\triangle BCD$，点 U 关于 $\triangle ACD$，点 V 关于 $\triangle ABD$，点 W 关于 $\triangle ABC$ 的重心坐标分别是

$$\left(\frac{\beta}{\beta + \gamma + \delta}, \frac{\gamma}{\beta + \gamma + \delta}, \frac{\delta}{\beta + \gamma + \delta}\right), \left(\frac{\alpha}{\alpha + \gamma + \delta}, \frac{\gamma}{\alpha + \gamma + \delta}, \frac{\delta}{\alpha + \gamma + \delta}\right),$$
$$\left(\frac{\alpha}{\alpha + \beta + \delta}, \frac{\beta}{\alpha + \beta + \delta}, \frac{\delta}{\alpha + \beta + \delta}\right), \left(\frac{\alpha}{\alpha + \beta + \gamma}, \frac{\beta}{\alpha + \beta + \gamma}, \frac{\gamma}{\alpha + \beta + \gamma}\right).$$

证明： 由定理 4.5.3 得

$$\overrightarrow{AP} = \beta \overrightarrow{AB} + \gamma \overrightarrow{AC} + \delta \overrightarrow{AD},$$

设 $\overrightarrow{AT} = t\overrightarrow{AP}$，则

$$\overrightarrow{AT} = t\beta \overrightarrow{AB} + t\gamma \overrightarrow{AC} + t\delta \overrightarrow{AD},$$

由定理 1.3.15 得

$$t\beta + t\gamma + t\delta = 1,$$

所以

$$t = \frac{1}{\beta + \gamma + \delta},$$

即

$$\overrightarrow{AT} = \frac{\beta \overrightarrow{AB} + \gamma \overrightarrow{AC} + \delta \overrightarrow{AD}}{\beta + \gamma + \delta}.$$

由 $\overrightarrow{AB} = \overrightarrow{AT} + \overrightarrow{TB}$，$\overrightarrow{AC} = \overrightarrow{AT} + \overrightarrow{TC}$，$\overrightarrow{AD} = \overrightarrow{AT} + \overrightarrow{TD}$，代入上式，得

$$\frac{\beta \overrightarrow{TB} + \gamma \overrightarrow{TC} + \delta \overrightarrow{TD}}{\beta + \gamma + \delta} = \mathbf{0},$$

所以点 T 关于 $\triangle BCD$ 的重心坐标是

$$\left(\frac{\beta}{\beta + \gamma + \delta}, \frac{\gamma}{\beta + \gamma + \delta}, \frac{\delta}{\beta + \gamma + \delta}\right).$$

命题中的其余结论同理可证. $\qquad \Box$

定理 4.5.8. 四面体 $ABCD$ 中，点 T、U、V、W 分别在平面 BCD、ACD、ABD、ABC 内，点 T 关于 $\triangle BCD$，点 U 关于 $\triangle ACD$，点 V 关于 $\triangle ABD$，点 W 关于 $\triangle ABC$ 的重心坐标分别是 $(t\beta, t\gamma, t\delta)$，$(u\alpha, u\gamma, u\delta)$，$(v\alpha, v\beta, v\delta)$，$(w\alpha, w\beta, w\gamma)$，若 $\alpha + \beta + \gamma + \delta = 0$，则直线 AT、BU、CV、DW 平行于 $\beta\overrightarrow{AB} + \gamma\overrightarrow{AC} + \delta\overrightarrow{AD}$；若 $\alpha + \beta + \gamma + \delta \neq 0$，则直线 AT、BU、CV、DW 共点，设直线 AT、BU、CV、DW 过点 P，则点 P 关于四面体 $ABCD$ 的重心坐标是 $\left(\dfrac{\alpha}{\alpha+\beta+\gamma+\delta}, \dfrac{\beta}{\alpha+\beta+\gamma+\delta}, \dfrac{\gamma}{\alpha+\beta+\gamma+\delta}, \dfrac{\delta}{\alpha+\beta+\gamma+\delta}\right)$.

证明： 因为
$$t\beta + t\gamma + t\delta = 1, \ u\alpha + u\gamma + u\delta = 1, \ v\alpha + v\beta + v\delta = 1, \ w\alpha + w\beta + w\gamma = 1,$$
$$\frac{\overrightarrow{AT}}{t} = \beta\overrightarrow{AB} + \gamma\overrightarrow{AC} + \delta\overrightarrow{AD}, \quad \frac{\overrightarrow{BU}}{u} = -(\alpha + \gamma + \delta)\overrightarrow{AB} + \gamma\overrightarrow{AC} + \delta\overrightarrow{AD},$$
$$\frac{\overrightarrow{CV}}{v} = \beta\overrightarrow{AB} - (\alpha + \beta + \delta)\overrightarrow{AC} + \delta\overrightarrow{AD}, \quad \frac{\overrightarrow{DW}}{w} = \beta\overrightarrow{AB} + \gamma\overrightarrow{AC} - (\alpha + \beta + \gamma)\overrightarrow{AD},$$

所以
$$\frac{1}{t} + \frac{1}{u} + \frac{1}{v} + \frac{1}{w} = 3(\alpha + \beta + \gamma + \delta).$$

若 $\alpha + \beta + \gamma + \delta = 0$，则
$$\frac{\overrightarrow{AT}}{t} = \frac{\overrightarrow{BU}}{u} = \frac{\overrightarrow{CV}}{v} = \frac{\overrightarrow{DW}}{w} = \beta\overrightarrow{AB} + \gamma\overrightarrow{AC} + \delta\overrightarrow{AD}.$$

即直线 AT、BU、CV、DW 平行于 $\beta\overrightarrow{AB} + \gamma\overrightarrow{AC} + \delta\overrightarrow{AD}$；若 $\alpha + \beta + \gamma + \delta \neq 0$，设点 P 关于四面体 $ABCD$ 的重心坐标是 $\left(\dfrac{\alpha}{\alpha+\beta+\gamma+\delta}, \dfrac{\beta}{\alpha+\beta+\gamma+\delta}, \dfrac{\gamma}{\alpha+\beta+\gamma+\delta}, \dfrac{\delta}{\alpha+\beta+\gamma+\delta}\right)$，直线 AP 交平面 BCD 于点 T'，直线 BP 交平面 ACD 于点 U'，直线 CP 交平面 ABD 于点 V'，直线 DP 交平面 ABC 于点 W'，由定理 4.5.7 得点 T' 关于 $\triangle BCD$，点 U' 关于 $\triangle ACD$，点 V' 关于 $\triangle ABD$，点 W' 关于 $\triangle ABC$ 的重心坐标分别是 $(t\beta, t\gamma, t\delta)$，$(u\alpha, u\gamma, u\delta)$，$(v\alpha, v\beta, v\delta)$，$(w\alpha, w\beta, w\gamma)$，所以点 T 与 T'，点 U 与 U'，点 V 与 V'，点 W 与 W' 分别重合，所以直线 AT、BU、CV、DW 过点 P。 □

定理 4.5.9（空间 Ceva 定理）. 四面体 $ABCD$ 中，点 T 在直线 CD 上且不与点 C、D 重合，点 U 在直线 DA 上且不与点 D、A 重合，点 V 在直线 AB 上且不与点 A、B 重合，点 W 在直线 BC 上且不与点 B、C 重合，平面 ABT、BCU、$CDVT$、DAW 共点，则
$$\frac{\overrightarrow{AV}}{\overrightarrow{VB}} \cdot \frac{\overrightarrow{BW}}{\overrightarrow{WC}} \cdot \frac{\overrightarrow{CT}}{\overrightarrow{TD}} \cdot \frac{\overrightarrow{DU}}{\overrightarrow{UA}} = 1.$$

证明： 设平面 ABT、BCU、$CDVT$、DAW 交于点 P，点 P 的重心坐标是 $(\alpha, \beta, \gamma, \delta)$，则
$$\frac{\overrightarrow{AV}}{\overrightarrow{VB}} \cdot \frac{\overrightarrow{BW}}{\overrightarrow{WC}} \cdot \frac{\overrightarrow{CT}}{\overrightarrow{TD}} \cdot \frac{\overrightarrow{DU}}{\overrightarrow{UA}} = \frac{\beta}{\alpha} \cdot \frac{\gamma}{\beta} \cdot \frac{\delta}{\gamma} \cdot \frac{\alpha}{\delta} = 1.$$ □

定理 4.5.10（空间 Ceva 定理的逆定理）. 四面体 $ABCD$ 中，点 T 在直线 CD 上且不与点 C、D 重合，点 U 在直线 DA 上且不与点 D、A 重合，点 V 在直线 AB 上且不与点 A、B 重合，点 W 在直线 BC 上且不与点 B、C 重合，若 $\dfrac{\overline{AV}}{\overline{VB}} \cdot \dfrac{\overline{BW}}{\overline{WC}} \cdot \dfrac{\overline{CT}}{\overline{TD}} \cdot \dfrac{\overline{DU}}{\overline{UA}} = 1$，则平面 ABT、BCU、$CDVT$、DAW 共点或交线互相平行.

证明：设直线 BT、DW 相交于点 P_A，点 P_A 关于 $\triangle BCD$ 的重心坐标是 $(\beta_A, \gamma_A, \delta_A)$，直线 AT、CU 相交于点 P_B，点 P_B 关于 $\triangle ACD$ 的重心坐标是 $(\alpha_B, \gamma_B, \delta_B)$，直线 BU、DV 相交于点 P_C，点 P_C 关于 $\triangle ABD$ 的重心坐标是 $(\alpha_C, \beta_C, \delta_C)$，直线 AW、CV 相交于点 P_D，点 P_D 关于 $\triangle ABC$ 的重心坐标是 $(\alpha_D, \beta_D, \gamma_D)$，因为

$$\dfrac{\overline{AV}}{\overline{VB}} \cdot \dfrac{\overline{BW}}{\overline{WC}} \cdot \dfrac{\overline{CT}}{\overline{TD}} \cdot \dfrac{\overline{DU}}{\overline{UA}} = 1,$$

不妨设

$$\dfrac{\overline{AV}}{\overline{VB}} = \dfrac{\beta}{\alpha}, \quad \dfrac{\overline{BW}}{\overline{WC}} = \dfrac{\gamma}{\beta}, \quad \dfrac{\overline{CT}}{\overline{TD}} = \dfrac{\delta}{\gamma}, \quad \dfrac{\overline{DU}}{\overline{UA}} = \dfrac{\alpha}{\delta},$$

由 Ceva 定理得

$$\beta_A : \gamma_A : \delta_A = \beta : \gamma : \delta, \quad \alpha_B : \gamma_B : \delta_B = \alpha : \gamma : \delta,$$
$$\alpha_C : \beta_C : \delta_C = \alpha : \beta : \delta, \quad \alpha_D : \beta_D : \gamma_D = \alpha : \beta : \gamma,$$

由定理 4.5.8 得直线 AP_A、BP_B、CP_C、DP_D 共点或互相平行，所以平面 ABT、BCU、$CDVT$、DAW 共点或交线互相平行. $\square$

定义 4.5.7. 平面 α、β 过二面角 A-a-B 的棱 a，且关于二面角 A-a-B 的平分平面对称，则称 β 是 α 关于二面角 A-a-B 的等角面或 α 是 β 关于二面角 A-a-B 的等角面.

定理 4.5.11. 点 P 和四面体 $ABCD$ 的任意顶点都不重合，点 P 关于四面体 $ABCD$ 的重心坐标是 $(\alpha, \beta, \gamma, \delta)$，则平面 ABP 关于二面角 C-AB-D 的等角面、平面 ACP 关于二面角 B-AC-D 的等角面、平面 ADP 关于二面角 B-AD-C 的等角面、平面 BCP 关于二面角 A-BC-D 的等角面、平面 BDP 关于二面角 A-BD-C 的等角面、平面 CDP 关于二面角 A-CD-B 的等角面共六平面共点或交线互相平行. 若六等角面共点于 Q，设

$$t = \dfrac{1}{\beta\gamma\delta S^2_{\triangle BCD} + \alpha\gamma\delta S^2_{\triangle ACD} + \alpha\beta\delta S^2_{\triangle ABD} + \alpha\beta\gamma S^2_{\triangle ABC}},$$

则点 Q 的重心坐标是

$$(t\beta\gamma\delta S^2_{\triangle BCD}, t\alpha\gamma\delta S^2_{\triangle ACD}, t\alpha\beta\delta S^2_{\triangle ABD}, t\alpha\beta\gamma S^2_{\triangle ABC}).$$

证明：设平面 ABP 交直线 CD 于点 T_1，则 $\dfrac{\overline{CT_1}}{\overline{T_1D}} = \dfrac{\delta}{\gamma}$（若平面 ABP 平行于直线 CD，则 $\gamma + \delta = 0$）. 设平面 ABP 关于二面角 C-AB-D 的等角面交直线 CD 于点 T_2，有向二面

角 C-AB-T_2 的平面角是 θ_C,有向二面角 T_2-AB-D 的平面角是 θ_D,则(下面等式的体积比都是指有向体积比,即交点在线段内比为正,交点在线段外比为负)

$$\frac{\overline{CT_2}}{\overline{T_2D}} = \frac{V_{\text{四面体 }ABCT_2}}{V_{\text{四面体 }ABDT_2}} = \frac{S_{\triangle ABC}}{S_{\triangle ABD}} \cdot \frac{\sin\theta_C}{\sin\theta_D}$$

$$= \frac{S^2_{\triangle ABC}}{S^2_{\triangle ABD}} \cdot \frac{S_{\triangle ABD}\sin\theta_C}{S_{\triangle ABC}\sin\theta_D} = \frac{S^2_{\triangle ABC}}{S^2_{\triangle ABD}} \cdot \frac{\overline{T_1D}}{\overline{CT_1}} = \frac{\gamma S^2_{\triangle ABC}}{\delta S^2_{\triangle ABD}},$$

平面 ABP 平行于直线 CD 或其等角面平行于直线 CD 时可以验证上述结论仍然成立.同理,设平面 ACP 关于二面角 B-AC-D 的等角面交直线 BD 于点 U_2,平面 ADP 关于二面角 B-AD-C 的等角面交直线 BC 于点 V_2,则

$$\frac{\overline{DU_2}}{\overline{U_2B}} = \frac{\delta S^2_{\triangle ACD}}{\beta S^2_{\triangle ABC}}, \quad \frac{\overline{BV_2}}{\overline{V_2C}} = \frac{\beta S^2_{\triangle ABD}}{\gamma S^2_{\triangle ACD}},$$

根据 Ceva 定理的逆定理,直线 BT_2、CU_2、DV_2 共点或互相平行,我们认为互相平行时的交点位于无穷远处,设交点是 T,点 T 关于 $\triangle BCD$ 的重心坐标是 $(\beta_A, \gamma_A, \delta_A)$,则

$$\beta_A : \gamma_A : \delta_A = \gamma\delta S^2_{\triangle ACD} : \beta\delta S^2_{\triangle ABD} : \beta\gamma S^2_{\triangle ABC}.$$

同理可得平面 ABP 关于二面角 C-AB-D 的等角面、平面 BCP 关于二面角 A-BC-D 的等角面、平面 BDP 关于二面角 A-BD-C 的等角面与平面 ACD 的交线共点或互相平行,我们认为互相平行时的交点位于无穷远处,设交点是 U,点 U 关于 $\triangle ACD$ 的重心坐标是 $(\alpha_B, \gamma_B, \delta_B)$;平面 ACP 关于二面角 B-AC-D 的等角面、平面 BCP 关于二面角 A-BC-D 的等角面、平面 CDP 关于二面角 A-CD-B 的等角面与平面 ABD 的交线共点或互相平行,我们认为互相平行时的交点位于无穷远处,设交点是 V,点 V 关于 $\triangle ABD$ 的重心坐标是 $(\alpha_C, \beta_C, \delta_C)$;平面 ADP 关于二面角 B-AD-C 的等角面、平面 BDP 关于二面角 A-BD-C 的等角面、平面 CDP 关于二面角 A-CD-B 的等角面与平面 ABC 的交线共点互相平行,我们认为互相平行时的交点位于无穷远处,设交点是 W,点 W 关于 $\triangle ABC$ 的重心坐标是 $(\alpha_D, \beta_D, \gamma_D)$;则

$$\alpha_B : \gamma_B : \delta_B = \gamma\delta S^2_{\triangle BCD} : \alpha\delta S^2_{\triangle ABD} : \alpha\gamma S^2_{\triangle ABC},$$
$$\alpha_C : \beta_C : \delta_C = \beta\delta S^2_{\triangle BCD} : \alpha\delta S^2_{\triangle ACD} : \alpha\beta S^2_{\triangle ABC},$$
$$\alpha_D : \beta_D : \gamma_D = \beta\gamma S^2_{\triangle BCD} : \alpha\gamma S^2_{\triangle ACD} : \alpha\beta S^2_{\triangle ABD},$$

由定理 4.5.8 得直线 AT、BU、CV、DW 共点或平行,所以平面 ABP 关于二面角 C-AB-D 的等角面、平面 ACP 关于二面角 B-AC-D 的等角面、平面 ADP 关于二面角 B-AD-C 的等角面、平面 BCP 关于二面角 A-BC-D 的等角面、平面 BDP 关于二面角 A-BD-C 的等角面、平面 CDP 关于二面角 A-CD-B 的等角面共六平面共点或交线互相平行. □

推论 4.5.11.1. 点 P 和四面体 $ABCD$ 的任意顶点都不重合,点 P 关于四面体 $ABCD$ 的重心坐标是 $(\alpha, \beta, \gamma, \delta)$,则平面 ABP 关于二面角 C-AB-D 的等角面、平面 ACP 关于

二面角 B-AC-D 的等角面、平面 ADP 关于二面角 B-AD-C 的等角面、平面 BCP 关于二面角 A-BC-D 的等角面、平面 BDP 关于二面角 A-BD-C 的等角面、平面 CDP 关于二面角 A-CD-B 的等角面交线平行的充要条件是 $\beta\gamma S^2_{\triangle BCD} + \alpha\gamma S^2_{\triangle ACD} + \alpha\beta S^2_{\triangle ABD} + \alpha\beta\gamma S^2_{\triangle ABC} = 0$.

定义 4.5.8. 若点 P 关于四面体 $ABCD$ 的六个等角面共点于 Q, 则称点 Q 是点 P 关于四面体 $ABCD$ 的等角共轭点.

定理 4.5.12. 四面体 $ABCD$ 的体积是 V, 点 P 是空间一点, 点 P 对四面体 $ABCD$ 顶点 A、B、C、D 的重心坐标是 $(\alpha, \beta, \gamma, \delta)$, 其中 $\alpha + \beta + \gamma + \delta = 1$, 点 P 到平面 BCD、ACD、ABD、ABC 的垂足分别为 A'、B'、C'、D', 定义 PA' 的有向距离如下: 点 A、P 在平面 BCD 同侧为正异侧为负, PB'、PC'、PD' 的有向距离类似定义, $\overrightarrow{PA'} = h_A$, $\overrightarrow{PB'} = h_B$, $\overrightarrow{PC'} = h_C$, $\overrightarrow{PC'} = h_C$, $\overrightarrow{PD'} = h_D$, 四面体 $A'B'C'D'$ 的体积为 V', 则

$$V' = \frac{81V^5 |\alpha\beta\gamma S^2_{\triangle ABC} + \alpha\beta\delta S^2_{\triangle ABD} + \alpha\gamma\delta S^2_{\triangle ACD} + \beta\gamma\delta S^2_{\triangle BCD}|}{4 S^2_{\triangle ABC} S^2_{\triangle ABD} S^2_{\triangle ACD} S^2_{\triangle BCD}}$$

$$= \frac{3V^2 |S_{\triangle ABC} h_A h_B h_C + S_{\triangle ABD} h_A h_B h_D + S_{\triangle ACD} h_A h_C h_D + S_{\triangle BCD} h_B h_C h_D|}{4 S_{\triangle ABC} S_{\triangle ABD} S_{\triangle ACD} S_{\triangle BCD}}.$$

定理 4.5.12 的证明只需要利用二面角余弦公式计算出四面体 $A'B'C'D'$ 的全部棱长就可以计算出体积了, 但是计算十分烦琐, 这里就省略了.

推论 4.5.12.1. 点 P 到四面体 $ABCD$ 各面的垂足共面的充要条件是 $\alpha\beta\gamma S^2_{\triangle ABC} + \alpha\beta\delta S^2_{\triangle ABD} + \alpha\gamma\delta S^2_{\triangle ACD} + \beta\gamma\delta S^2_{\triangle BCD} = 0$.

定理 4.5.13. 给定四面体 $ABCD$ 和四个正数 α、β、γ、δ, 点 P 使 $\alpha PA^2 + \beta PB^2 + \gamma PC^2 + \delta PD^2$ 取得最小值, 设 $t = \dfrac{1}{\alpha + \beta + \gamma + \delta}$, 则点 P 的重心坐标是 $(t\alpha, t\beta, t\gamma, t\delta)$.

证明: 设点 Q 是空间任意一点, 则

$$\alpha \overrightarrow{PA} + \beta \overrightarrow{PB} + \gamma \overrightarrow{PC} + \delta \overrightarrow{PD} = \mathbf{0}, \quad \overrightarrow{QA} = \overrightarrow{QP} + \overrightarrow{PA},$$

所以

$$QA^2 = \left(\overrightarrow{QA}\right)^2 = \left(\overrightarrow{QP} + \overrightarrow{PA}\right)^2 = PA^2 + QP^2 + 2\overrightarrow{QP} \cdot \overrightarrow{PA},$$

同理得

$$QB^2 = PB^2 + QP^2 + 2\overrightarrow{QP} \cdot \overrightarrow{PB},$$
$$QC^2 = PC^2 + QP^2 + 2\overrightarrow{QP} \cdot \overrightarrow{PC},$$
$$QD^2 = PD^2 + QP^2 + 2\overrightarrow{QP} \cdot \overrightarrow{PD},$$

所以

$$\alpha QA^2 + \beta QB^2 + \gamma QC^2 + \delta QD^2$$

$$= \alpha PA^2 + \beta PB^2 + \gamma PC^2 + \delta PD^2 + (\alpha + \beta + \gamma + \delta)QP^2$$
$$+ 2\overrightarrow{QP} \cdot \left(\alpha \overrightarrow{PA} + \beta \overrightarrow{PB} + \gamma \overrightarrow{PC} + \delta \overrightarrow{PD}\right).$$

设点 P 的重心坐标是 $\left(\dfrac{\alpha}{\alpha+\beta+\gamma+\delta}, \dfrac{\beta}{\alpha+\beta+\gamma+\delta}, \dfrac{\gamma}{\alpha+\beta+\gamma+\delta}, \dfrac{\delta}{\alpha+\beta+\gamma+\delta}\right)$，则

$$\alpha \overrightarrow{PA} + \beta \overrightarrow{PB} + \gamma \overrightarrow{PC} + \delta \overrightarrow{PD} = \mathbf{0},$$

所以

$$\alpha QA^2 + \beta QB^2 + \gamma QC^2 + \delta QD^2$$
$$= \alpha PA^2 + \beta PB^2 + \gamma PC^2 + \delta PD^2 + (\alpha + \beta + \gamma + \delta)QP^2,$$

所以点 P 使 $\alpha PA^2 + \beta PB^2 + \gamma PC^2 + \delta PD^2$ 取得最小值. □

定理 4.5.14. 给定四面体 $ABCD$ 和四个正数 α、β、γ、δ，点 P 使 $\alpha PA^2 + \beta PB^2 + \gamma PC^2 + \delta PD^2$ 取得最小值，点 Q 到平面 BCD、ACD、ABD、ABC 的距离分别是 d_A、d_B、d_C、d_D，且 $\alpha d_A^2 + \beta d_B^2 + \gamma d_C^2 + \delta d_D^2$ 取得最小值，则点 P、Q 互为四面体 $ABCD$ 的等角共轭点.

证明： 设四面体 $ABCD$ 的体积是 V，面 BCD、ACD、ABD、ABC 的面积分别是 S_A、S_B、S_C、S_D，则

$$S_A d_A + S_B d_B + S_C d_C + S_D d_D = 3V,$$

由 Cauchy-Schwarz 不等式得

$$\left(\frac{S_A^2}{\alpha} + \frac{S_B^2}{\beta} + \frac{S_C^2}{\gamma} + \frac{S_D^2}{\delta}\right)(\alpha d_A^2 + \beta d_B^2 + \gamma d_C^2 + \delta d_D^2)$$
$$\geqslant (S_A d_A + S_B d_B + S_C d_C + S_D d_D)^2$$
$$= 9V^2,$$

所以 $\alpha d_A^2 + \beta d_B^2 + \gamma d_C^2 + \delta d_D^2$ 取得最小值时仅当

$$\frac{d_A}{\beta\gamma\delta S_A} = \frac{d_B}{\alpha\gamma\delta S_B} = \frac{d_C}{\alpha\beta\delta S_C} = \frac{d_D}{\alpha\beta\gamma S_D},$$

由定理 4.5.11 及定理 4.5.13 知点 P、Q 互为四面体 $ABCD$ 的等角共轭点. □

定义 4.5.9. 四面体 $ABCD$ 中，若点 P、Q 在直线 CD 上，且关于棱 CD 的中点对称，则成平面 ABQ 是平面 ABP 关于棱 CD 的等截面，平面 ABP 是平面 ABQ 关于棱 CD 的等截面.

定理 4.5.15. 点 P 和四面体 $ABCD$ 的任意顶点都不重合，点 P 关于四面体 $ABCD$ 的重心坐标是 $(\alpha,\beta,\gamma,\delta)$，则平面 ABP 关于棱 CD 的等截面、平面 ACP 关于棱 BD 的等截面、平面 ADP 关于棱 BC 的等截面、平面 BCP 关于棱 AD 的等截面、平面 BDP 关于棱 AC 的等截面、平面 CDP 关于棱 AB 的等截面共六平面共点或交线互相平行. 若六等截面共点于 Q，设

$$t = \frac{1}{\beta\gamma\delta + \alpha\gamma\delta + \alpha\beta\delta + \alpha\beta\gamma},$$

则点 Q 的重心坐标是

$$(t\beta\gamma\delta, t\alpha\gamma\delta, t\alpha\beta\delta, t\alpha\beta\gamma).$$

证明： 设平面 ABP 交直线 CD 于点 T_1，则 $\dfrac{\overline{CT_1}}{\overline{T_1D}} = \dfrac{\delta}{\gamma}$（若平面 ABP 平行于直线 CD，则 $\gamma+\delta=0$）. 设平面 ABP 关于棱 CD 的等截面交直线 CD 于点 T_2，有向二面角 C-AB-T_2 的平面角是 θ_C，有向二面角 T_2-AB-D 的平面角是 θ_D，则

$$\frac{\overline{CT_2}}{\overline{T_2D}} = \frac{\overline{T_1D}}{\overline{CT_1}} = \frac{\gamma}{\delta},$$

平面 ABP 平行于直线 CD 或其等角面平行于直线 CD 时可以验证上述结论仍然成立. 同理，设平面 ACP 关于棱 BD 的等截面交直线 BD 于点 U_2，平面 ADP 关于棱 BC 的等截面交直线 BC 于点 V_2，则

$$\frac{\overline{DU_2}}{\overline{U_2B}} = \frac{\delta}{\beta}, \quad \frac{\overline{BV_2}}{\overline{V_2C}} = \frac{\beta}{\gamma},$$

根据 Ceva 定理的逆定理，直线 BT_2、CU_2、DV_2 共点或互相平行，我们认为互相平行时的交点位于无穷远处，设交点是 T，点 T 关于 $\triangle BCD$ 的重心坐标是 $(\beta_A, \gamma_A, \delta_A)$，则

$$\beta_A : \gamma_A : \delta_A = \gamma\delta : \beta\delta : \beta\gamma.$$

同理可得平面 ABP 关于棱 CD 的等截面、平面 BCP 关于棱 AD 的等截面、平面 BDP 关于棱 AC 的等截面与平面 ACD 的交线共点或互相平行，我们认为互相平行时的交点位于无穷远处，设交点是 U，点 U 关于 $\triangle ACD$ 的重心坐标是 $(\alpha_B, \gamma_B, \delta_B)$；平面 ACP 关于棱 BD 的等截面、平面 BCP 关于棱 AD 的等截面、平面 CDP 关于棱 AB 的等截面与平面 ABD 的交线共点或互相平行，我们认为互相平行时的交点位于无穷远处，设交点是 V，点 V 关于 $\triangle ABD$ 的重心坐标是 $(\alpha_C, \beta_C, \delta_C)$；平面 ADP 关于棱 BC 的等截面、平面 BDP 关于棱 AC 的等截面、平面 CDP 关于棱 AB 的等截面与平面 ABC 的交线共点互相平行，我们认为互相平行时的交点位于无穷远处，设交点是 W，点 W 关于 $\triangle ABC$ 的重心坐标是 $(\alpha_D, \beta_D, \gamma_D)$；则

$$\alpha_B : \gamma_B : \delta_B = \gamma\delta : \alpha\delta : \alpha\gamma, \ \alpha_C : \beta_C : \delta_C = \beta\delta : \alpha\delta : \alpha\beta, \ \alpha_D : \beta_D : \gamma_D = \beta\gamma : \alpha\gamma : \alpha\beta,$$

由定理 4.5.8 得直线 AT、BU、CV、DW 共点或平行，所以平面 ABP 关于棱 CD 的等截面、平面 ACP 关于棱 BD 的等截面、平面 ADP 关于棱 BC 的等截面、平面 BCP 关于

棱 AD 的等截面、平面 BDP 关于棱 AC 的等截面、平面 CDP 关于棱 AB 的等截面共六平面共点或交线互相平行. □

推论 4.5.15.1. 点 P 和四面体 $ABCD$ 的任意顶点都不重合，点 P 关于四面体 $ABCD$ 的重心坐标是 $(\alpha, \beta, \gamma, \delta)$，则平面 ABP 关于棱 CD 的等截面、平面 ACP 关于棱 BD 的等截面、平面 ADP 关于棱 BC 的等截面、平面 BCP 关于棱 AD 的等截面、平面 BDP 关于棱 AC 的等截面、平面 CDP 关于棱 AB 的等截面共六平面交线平行的充要条件是 $\beta\gamma\delta + \alpha\gamma\delta + \alpha\beta\delta + \alpha\beta\gamma = 0$.

定义 4.5.10. 若点 P 关于四面体 $ABCD$ 的六个等截面共点于 Q，则称点 Q 是点 P 关于四面体 $ABCD$ 的等截共轭点.

定理 4.5.16. 若点 P 关于四面体 $ABCD$ 的重心坐标是 $(\alpha_P, \beta_P, \gamma_P, \delta_P)$，点 Q 关于四面体 $ABCD$ 的重心坐标是 $(\alpha_Q, \beta_Q, \gamma_Q, \delta_Q)$，点 T 在直线 PQ 上，$\overrightarrow{PT} : \overrightarrow{TQ} = \lambda_P : \lambda_Q$，$\lambda_P + \lambda_Q = 1$，则点 T 关于四面体 $ABCD$ 的重心坐标是

$$(\lambda_Q\alpha_P + \lambda_P\alpha_Q, \lambda_Q\beta_P + \lambda_P\beta_Q, \lambda_Q\gamma_P + \lambda_P\gamma_Q, \lambda_Q\delta_P + \lambda_P\delta_Q).$$

证明： 因为

$$\overrightarrow{TA} = \lambda_Q\overrightarrow{PA} + \lambda_P\overrightarrow{QA}, \quad \overrightarrow{TB} = \lambda_Q\overrightarrow{PB} + \lambda_P\overrightarrow{QB},$$
$$\overrightarrow{TC} = \lambda_Q\overrightarrow{PC} + \lambda_P\overrightarrow{QC}, \quad \overrightarrow{TD} = \lambda_Q\overrightarrow{PD} + \lambda_P\overrightarrow{QD},$$

所以

$$\begin{aligned}
&(\lambda_Q\alpha_P + \lambda_P\alpha_Q)\overrightarrow{TA} + (\lambda_Q\beta_P + \lambda_P\beta_Q)\overrightarrow{TB} + (\lambda_Q\gamma_P + \lambda_P\gamma_Q)\overrightarrow{TC} + (\lambda_Q\delta_P + \lambda_P\delta_Q)\overrightarrow{TD} \\
&= \lambda_Q^2\big(\alpha_P\overrightarrow{PA} + \beta_P\overrightarrow{PB} + \gamma_P\overrightarrow{PC} + \delta_P\overrightarrow{PD}\big) + \lambda_P^2\big(\alpha_Q\overrightarrow{QA} + \beta_Q\overrightarrow{QB} + \gamma_Q\overrightarrow{QC} + \delta_Q\overrightarrow{QD}\big) \\
&\quad + \lambda_P\lambda_Q\big(\alpha_Q\overrightarrow{PA} + \beta_Q\overrightarrow{PB} + \gamma_Q\overrightarrow{PC} + \delta_Q\overrightarrow{PD}\big) \\
&\quad + \lambda_P\lambda_Q\big(\alpha_P\overrightarrow{QA} + \beta_P\overrightarrow{QB} + \gamma_P\overrightarrow{QC} + \delta_P\overrightarrow{QD}\big) \\
&= \lambda_P\lambda_Q\overrightarrow{PQ} + \lambda_P\lambda_Q\overrightarrow{QP}, \\
&= \mathbf{0},
\end{aligned}$$

又因为

$$\lambda_Q\alpha_P + \lambda_P\alpha_Q + \lambda_Q\beta_P + \lambda_P\beta_Q + \lambda_Q\gamma_P + \lambda_P\gamma_Q + \lambda_Q\delta_P + \lambda_P\delta_Q = 1,$$

所以点 T 关于四面体 $ABCD$ 的重心坐标是

$$(\lambda_Q\alpha_P + \lambda_P\alpha_Q, \lambda_Q\beta_P + \lambda_P\beta_Q, \lambda_Q\gamma_P + \lambda_P\gamma_Q, \lambda_Q\delta_P + \lambda_P\delta_Q). \quad \square$$

类似定理 4.5.16 的证明，可得

定理 4.5.17. 若点 P_i 关于四面体 $ABCD$ 的重心坐标是 $(\alpha_i, \beta_i, \gamma_i, \delta_i)$（$i = 1, 2, 3$），点 T 在平面 $P_1P_2P_3$ 内，点 T 关于 $\triangle P_1P_2P_3$ 的重心坐标是 (x, y, z)，则点 T 关于四面体 $ABCD$ 的重心坐标是

$$(x\alpha_1 + y\alpha_2 + z\alpha_3, x\beta_1 + y\beta_2 + z\beta_3, x\gamma_1 + y\gamma_2 + z\gamma_3, x\delta_1 + y\delta_2 + z\delta_3).$$

定理 4.5.18. 点 P 关于四面体 $ABCD$ 的重心坐标是 $(\alpha, \beta, \gamma, \delta)$，到面 BCD、ACD、ABD、ABC 的垂足分别是 T、U、V、W，$\triangle ABC$、$\triangle ABD$、$\triangle ACD$、$\triangle BCD$ 的面积是分别是 S_D、S_C、S_B、S_A，二面角 $D\text{-}AB\text{-}C$、$B\text{-}AC\text{-}D$、$C\text{-}AD\text{-}B$、$A\text{-}BC\text{-}D$、$A\text{-}BD\text{-}C$、$A\text{-}CD\text{-}B$ 的平面角分别是 θ_{AB}、θ_{AC}、θ_{AD}、θ_{BC}、θ_{BD}、θ_{CD}，则点 T 关于 $\triangle BCD$、点 U 关于 $\triangle ACD$、点 V 关于 $\triangle ABD$、点 W 关于 $\triangle ABC$ 的重心坐标分别是

$$\left(\frac{S_B}{S_A}\alpha\cos\theta_{CD} + \beta, \frac{S_C}{S_A}\alpha\cos\theta_{BD} + \gamma, \frac{S_D}{S_A}\alpha\cos\theta_{BC} + \delta\right),$$

$$\left(\frac{S_A}{S_B}\beta\cos\theta_{CD} + \alpha, \frac{S_C}{S_B}\beta\cos\theta_{AD} + \gamma, \frac{S_D}{S_B}\beta\cos\theta_{AC} + \delta\right),$$

$$\left(\frac{S_A}{S_C}\gamma\cos\theta_{BD} + \alpha, \frac{S_B}{S_C}\gamma\cos\theta_{AD} + \beta, \frac{S_D}{S_C}\gamma\cos\theta_{AB} + \delta\right),$$

$$\left(\frac{S_A}{S_D}\delta\cos\theta_{BC} + \alpha, \frac{S_B}{S_D}\delta\cos\theta_{AC} + \beta, \frac{S_C}{S_D}\delta\cos\theta_{AB} + \gamma\right).$$

证明： 设垂足 T 关于三角形的重心坐标是 $(\beta_T, \gamma_T, \delta_T)$，则

$$\overrightarrow{PT} = (\beta_T - \beta)\overrightarrow{AB} + (\gamma_T - \gamma)\overrightarrow{AC} + (\delta_T - \delta)\overrightarrow{AD},$$

由 $\overrightarrow{PT} \cdot \overrightarrow{BC} = 0$、$\overrightarrow{PT} \cdot \overrightarrow{BD} = 0$ 以及

$$2\overrightarrow{AB} \cdot \overrightarrow{AC} = AB^2 + AC^2 - BC^2,$$
$$2\overrightarrow{AB} \cdot \overrightarrow{AD} = AB^2 + AD^2 - BD^2,$$
$$2\overrightarrow{AC} \cdot \overrightarrow{AD} = AC^2 + AD^2 - CD^2,$$

得方程组

$$\begin{cases} 2(\beta_T - \beta)AB^2 + (\gamma_T - \gamma)(AB^2 + AC^2 - BC^2) + (\delta_T - \delta)(AB^2 + AD^2 - BD^2) \\ = (\beta_T - \beta)(AB^2 + AC^2 - BC^2) + 2(\gamma_T - \gamma)AB^2 + (\delta_T - \delta)(AC^2 + AD^2 - CD^2), \\ 2(\beta_T - \beta)AB^2 + (\gamma_T - \gamma)(AB^2 + AC^2 - BC^2) + (\delta_T - \delta)(AB^2 + AD^2 - BD^2) \\ = (\beta_T - \beta)(AB^2 + AC^2 - BC^2) + (\gamma_T - \gamma)(AC^2 + AD^2 - CD^2) + 2(\delta_T - \delta)AD^2, \\ \beta_T + \gamma_T + \delta_T = 1, \end{cases}$$

解这个方程组，并化简，得

$$\begin{cases} \beta_T = \dfrac{S_B}{S_A}\alpha\cos\theta_{CD} + \beta, \\ \gamma_T = \dfrac{S_C}{S_A}\alpha\cos\theta_{BD} + \gamma, \\ \delta_T = \dfrac{S_D}{S_A}\alpha\cos\theta_{BC} + \delta. \end{cases}$$

命题的其余结论同理可证. $\square$

定理 4.5.19. 若点 P 关于四面体 $ABCD$ 的重心坐标是 $(\alpha,\beta,\gamma,\delta)$, 则

$$PQ^2 = \alpha QA^2 + \beta QB^2 + \gamma QC^2 + \delta QD^2 \\ - \alpha\beta AB^2 - \alpha\gamma AC^2 - \alpha\delta AD^2 - \beta\gamma BC^2 - \beta\delta BD^2 - \gamma\delta CD^2.$$

证明： 由定理 4.5.3 得

$$\overrightarrow{PQ} = -\alpha\overrightarrow{QA} - \beta\overrightarrow{QB} - \gamma\overrightarrow{QC} - \delta\overrightarrow{QD},$$

所以

$$\begin{aligned} PQ^2 &= \left(\overrightarrow{PQ}\right)^2 \\ &= \alpha^2\left(\overrightarrow{QA}\right)^2 + \beta^2\left(\overrightarrow{QB}\right)^2 + \gamma^2\left(\overrightarrow{QC}\right)^2 + \delta^2\left(\overrightarrow{QD}\right)^2 \\ &\quad + 2\alpha\beta\overrightarrow{QA}\cdot\overrightarrow{QB} + 2\alpha\gamma\overrightarrow{QA}\cdot\overrightarrow{QC} + 2\alpha\delta\overrightarrow{QA}\cdot\overrightarrow{QD} \\ &\quad + 2\beta\gamma\overrightarrow{QB}\cdot\overrightarrow{QC} + 2\beta\delta\overrightarrow{QB}\cdot\overrightarrow{QD} + 2\gamma\delta\overrightarrow{QC}\cdot\overrightarrow{QD} \\ &= \alpha^2 QA^2 + \beta^2 QB^2 + \gamma^2 QC^2 + \delta^2 QD^2 \\ &\quad + 2\alpha\beta\overrightarrow{QA}\cdot\overrightarrow{QB} + 2\alpha\gamma\overrightarrow{QA}\cdot\overrightarrow{QC} + 2\alpha\delta\overrightarrow{QA}\cdot\overrightarrow{QD} \\ &\quad + 2\beta\gamma\overrightarrow{QB}\cdot\overrightarrow{QC} + 2\beta\delta\overrightarrow{QB}\cdot\overrightarrow{QD} + 2\gamma\delta\overrightarrow{QC}\cdot\overrightarrow{QD}, \end{aligned}$$

由余弦定理，得

$$\begin{aligned} 2\overrightarrow{QA}\cdot\overrightarrow{QB} &= QA^2 + QB^2 - AB^2, \\ 2\overrightarrow{QA}\cdot\overrightarrow{QC} &= QA^2 + QC^2 - AC^2, \\ 2\overrightarrow{QA}\cdot\overrightarrow{QD} &= QA^2 + QD^2 - AD^2, \\ 2\overrightarrow{QB}\cdot\overrightarrow{QC} &= QB^2 + QC^2 - BC^2, \\ 2\overrightarrow{QB}\cdot\overrightarrow{QD} &= QB^2 + QD^2 - BD^2, \\ 2\overrightarrow{QC}\cdot\overrightarrow{QD} &= QC^2 + QD^2 - CD^2, \end{aligned}$$

代入上一方程整理，得

$$PQ^2 = (\alpha+\beta+\gamma+\delta)(\alpha QA^2 + \beta QB^2 + \gamma QC^2 + \delta QD^2)$$

$$-\alpha\beta AB^2 - \alpha\gamma AC^2 - \alpha\delta AD^2 - \beta\gamma BC^2 - \beta\delta BD^2 - \gamma\delta CD^2$$
$$= \alpha QA^2 + \beta QB^2 + \gamma QC^2 + \delta QD^2$$
$$-\alpha\beta AB^2 - \alpha\gamma AC^2 - \alpha\delta AD^2 - \beta\gamma BC^2 - \beta\delta BD^2 - \gamma\delta CD^2. \qquad \square$$

在定理 4.5.19 中取点 Q 分别为 A, B, C, D 立即得

推论 4.5.19.1. 若点 P 关于四面体 $ABCD$ 的重心坐标是 $(\alpha, \beta, \gamma, \delta)$, 则

$$PA^2 = \beta AB^2 + \gamma AC^2 + \delta AD^2$$
$$-\alpha\beta AB^2 - \alpha\gamma AC^2 - \alpha\delta AD^2 - \beta\gamma BC^2 - \beta\delta BD^2 - \gamma\delta CD^2$$
$$= (1-\alpha)(\beta AB^2 + \gamma AC^2 + \delta AD^2) - \beta\gamma BC^2 - \beta\delta BD^2 - \gamma\delta CD^2,$$
$$PB^2 = \alpha AB^2 + \gamma BC^2 + \delta BD^2$$
$$-\alpha\beta AB^2 - \alpha\gamma AC^2 - \alpha\delta AD^2 - \beta\gamma BC^2 - \beta\delta BD^2 - \gamma\delta CD^2$$
$$= (1-\beta)(\alpha AB^2 + \gamma BC^2 + \delta BD^2) - \alpha\gamma AC^2 - \alpha\delta AD^2 - \gamma\delta CD^2,$$
$$PC^2 = \alpha AC^2 + \beta BC^2 + \delta CD^2$$
$$-\alpha\beta AB^2 - \alpha\gamma AC^2 - \alpha\delta AD^2 - \beta\gamma BC^2 - \beta\delta BD^2 - \gamma\delta CD^2$$
$$= (1-\gamma)(\alpha AC^2 + \beta BC^2 + \delta CD^2) - \alpha\beta AB^2 - \alpha\delta AD^2 - \beta\delta BD^2,$$
$$PD^2 = \alpha AD^2 + \beta BD^2 + \gamma CD^2$$
$$-\alpha\beta AB^2 - \alpha\gamma AC^2 - \alpha\delta AD^2 - \beta\gamma BC^2 - \beta\delta BD^2 - \gamma\delta CD^2$$
$$= (1-\delta)(\alpha AD^2 + \beta BD^2 + \gamma CD^2) - \alpha\beta AB^2 - \alpha\gamma AC^2 - \beta\gamma BC^2.$$

在定理 4.5.19 中取点 Q 为 P 立即得

推论 4.5.19.2. 若点 P 关于四面体 $ABCD$ 的重心坐标是 $(\alpha, \beta, \gamma, \delta)$, 则

$$\alpha PA^2 + \beta PB^2 + \gamma PC^2 + \delta PD^2 = \alpha\beta AB^2 + \alpha\gamma AC^2 + \alpha\delta AD^2 + \beta\gamma BC^2 + \beta\delta BD^2 + \gamma\delta CD^2.$$

由定理 4.5.19 以及推论 4.5.19.1 得

定理 4.5.20. 若点 P 关于四面体 $ABCD$ 的重心坐标是 $(\alpha_P, \beta_P, \gamma_P, \delta_P)$, 点 Q 关于四面体 $ABCD$ 的重心坐标是 $(\alpha_Q, \beta_Q, \gamma_Q, \delta_Q)$, 则

$$PQ^2 = -(\alpha_P - \alpha_Q)(\beta_P - \beta_Q)AB^2 - (\alpha_P - \alpha_Q)(\gamma_P - \gamma_Q)AC^2$$
$$- (\alpha_P - \alpha_Q)(\delta_P - \delta_Q)AD^2 - (\beta_P - \beta_Q)(\gamma_P - \gamma_Q)BC^2$$
$$- (\beta_P - \beta_Q)(\delta_P - \delta_Q)BD^2 - (\gamma_P - \gamma_Q)(\delta_P - \delta_Q)CD^2.$$

定理 4.5.21. 点 P 关于四面体 $ABCD$ 的重心坐标是 $(\alpha, \beta, \gamma, \delta)$, 四面体 $ABCD$ 的体积是 V, $\triangle ABC$ 的面积是 S_D, $\triangle ABD$ 的面积是 S_C, $\triangle ACD$ 的面积是 S_B, $\triangle BCD$ 的

面积是 S_A，二面角 D-AB-C 的平面角是 θ_{AB}，二面角 B-AC-D 的平面角是 θ_{AC}，二面角 C-AD-B 的平面角是 θ_{AD}，二面角 A-BC-D 的平面角是 θ_{BC}，二面角 A-BD-C 的平面角是 θ_{BD}，二面角 A-CD-B 的平面角是 θ_{CD}，则

$$\alpha = \frac{t_\alpha}{144V^2},\ \beta = \frac{t_\beta}{144V^2},\ \gamma = \frac{t_\gamma}{144V^2},\ \delta = \frac{t_\delta}{144V^2},$$

其中

$$\begin{aligned}
t_\alpha =\ & 8S_A(-S_A \cdot PA^2 + S_B\cos\theta_{CD}\cdot PB^2 + S_C\cos\theta_{BD}\cdot PC^2 + S_D\cos\theta_{BC}\cdot PD^2) \\
& + BC\cdot BD\cdot CD(AB^2\cdot CD\cos\angle CBD + AC^2\cdot BD\cos\angle BCD \\
& + AD^2\cdot BC\cos\angle BDC - BC\cdot BD\cdot CD), \\
t_\beta =\ & 8S_B(S_A\cos\theta_{CD}\cdot PA^2 - S_B\cdot PB^2 + S_C\cos\theta_{AD}\cdot PC^2 + S_D\cos\theta_{AC}\cdot PD^2) \\
& + AC\cdot AD\cdot CD(AB^2\cdot CD\cos\angle CAD + BC^2\cdot AD\cos\angle ACD \\
& + BD^2\cdot AC\cos\angle ADC - AC\cdot AD\cdot CD), \\
t_\gamma =\ & 8S_C(S_A\cos\theta_{BD}\cdot PA^2 + S_B\cos\theta_{AD}\cdot PB^2 - S_C\cdot PC^2 + S_D\cos\theta_{AB}\cdot PD^2) \\
& + AB\cdot AD\cdot BD(AC^2\cdot BD\cos\angle BAD + BC^2\cdot AD\cos\angle ABD \\
& + CD^2\cdot AB\cos\angle ADB - AB\cdot AD\cdot BD), \\
t_\delta =\ & 8S_D(S_A\cos\theta_{BC}\cdot PA^2 + S_B\cos\theta_{AC}\cdot PB^2 + S_C\cos\theta_{AB}\cdot PC^2 - S_D\cdot PD^2) \\
& + AB\cdot AC\cdot BC(AD^2\cdot BC\cos\angle BAC + BD^2\cdot AC\cos\angle ABC \\
& + CD^2\cdot AB\cos\angle ACB - AB\cdot AC\cdot BC).
\end{aligned}$$

证明： 设 $t = \alpha\beta AB^2 + \alpha\gamma AC^2 + \alpha\delta AD^2 + \beta\gamma BC^2 + \beta\delta BD^2 + \gamma\delta CD^2$，由推论 4.5.19.1 得方程组

$$\begin{cases} PA^2 = \beta AB^2 + \gamma AC^2 + \delta AD^2 - t, \\ PB^2 = \alpha AB^2 + \gamma BC^2 + \delta BD^2 - t, \\ PC^2 = \alpha AC^2 + \beta BC^2 + \delta CD^2 - t, \\ PD^2 = \alpha AD^2 + \beta BD^2 + \gamma CD^2 - t, \\ \alpha + \beta + \gamma + \delta = 1, \end{cases}$$

解这个方程组，并化简，得

$$\begin{cases} \alpha = \dfrac{t_\alpha}{144V^2}, \\ \beta = \dfrac{t_\beta}{144V^2}, \\ \gamma = \dfrac{t_\gamma}{144V^2}, \\ \delta = \dfrac{t_\delta}{144V^2}, \end{cases}$$

其中

$$t_\alpha = 8S_A(-S_A \cdot PA^2 + S_B\cos\theta_{CD} \cdot PB^2 + S_C\cos\theta_{BD} \cdot PC^2 + S_D\cos\theta_{BC} \cdot PD^2)$$
$$+ BC \cdot BD \cdot CD(AB^2 \cdot CD\cos\angle CBD + AC^2 \cdot BD\cos\angle BCD$$
$$+ AD^2 \cdot BC\cos\angle BDC - BC \cdot BD \cdot CD),$$
$$t_\beta = 8S_B(S_A\cos\theta_{CD} \cdot PA^2 - S_B \cdot PB^2 + S_C\cos\theta_{AD} \cdot PC^2 + S_D\cos\theta_{AC} \cdot PD^2)$$
$$+ AC \cdot AD \cdot CD(AB^2 \cdot CD\cos\angle CAD + BC^2 \cdot AD\cos\angle ACD$$
$$+ BD^2 \cdot AC\cos\angle ADC - AC \cdot AD \cdot CD),$$
$$t_\gamma = 8S_C(S_A\cos\theta_{BD} \cdot PA^2 + S_B\cos\theta_{AD} \cdot PB^2 - S_C \cdot PC^2 + S_D\cos\theta_{AB} \cdot PD^2)$$
$$+ AB \cdot AD \cdot BD(AC^2 \cdot BD\cos\angle BAD + BC^2 \cdot AD\cos\angle ABD$$
$$+ CD^2 \cdot AB\cos\angle ADB - AB \cdot AD \cdot BD),$$
$$t_\delta = 8S_D(S_A\cos\theta_{BC} \cdot PA^2 + S_B\cos\theta_{AC} \cdot PB^2 + S_C\cos\theta_{AB} \cdot PC^2 - S_D \cdot PD^2)$$
$$+ AB \cdot AC \cdot BC(AD^2 \cdot BC\cos\angle BAC + BD^2 \cdot AC\cos\angle ABC$$
$$+ CD^2 \cdot AB\cos\angle ACB - AB \cdot AC \cdot BC). \qquad \square$$

定理 4.5.22. 点 A'、B'、C'、D' 不共面，A'、B'、C'、D'、P 关于四面体 $ABCD$ 的重心坐标分别是 $(\alpha_A, \beta_A, \gamma_A, \delta_A)$、$(\alpha_B, \beta_B, \gamma_B, \delta_B)$、$(\alpha_C, \beta_C, \gamma_C, \delta_C)$、$(\alpha_D, \beta_D, \gamma_D, \delta_D)$、$(\alpha, \beta, \gamma, \delta)$，$P$ 关于四面体 $A'B'C'D'$ 的重心坐标是 $(\alpha', \beta', \gamma', \delta')$，则

$$\alpha = \alpha'\alpha_A + \beta'\alpha_B + \gamma'\alpha_C + \delta'\alpha_D,$$
$$\beta = \alpha'\beta_A + \beta'\beta_B + \gamma'\beta_C + \delta'\beta_D,$$
$$\gamma = \alpha'\gamma_A + \beta'\gamma_B + \gamma'\gamma_C + \delta'\gamma_D,$$
$$\delta = \alpha'\delta_A + \beta'\delta_B + \gamma'\delta_C + \delta'\delta_D.$$

证明： 因为 A' 关于四面体 $ABCD$ 的重心坐标是 $(\alpha_A, \beta_A, \gamma_A, \delta_A)$，所以

$$\alpha_A\overrightarrow{A'A} + \beta_A\overrightarrow{A'B} + \gamma_A\overrightarrow{A'C} + \delta_A\overrightarrow{A'D} = \mathbf{0},$$

由上式得

$$(\alpha_A + \beta_A + \gamma_A + \delta_A)\overrightarrow{PA'} - \alpha_A\overrightarrow{PA} - \beta\overrightarrow{PB} - \gamma_A\overrightarrow{PC} - \delta_A\overrightarrow{A'D} = \mathbf{0},$$

即

$$\overrightarrow{PA'} = \alpha_A\overrightarrow{PA} + \beta_A\overrightarrow{PB} + \gamma_A\overrightarrow{PC} + \delta_A\overrightarrow{A'D},$$

同理得

$$\overrightarrow{PB'} = \alpha_B\overrightarrow{PA} + \beta_B\overrightarrow{PB} + \gamma_B\overrightarrow{PC} + \delta_B\overrightarrow{B'D},$$

$$\overrightarrow{PC'} = \alpha_C \overrightarrow{PA} + \beta_C \overrightarrow{PB} + \gamma_C \overrightarrow{PC} + \delta_C \overrightarrow{C'D},$$
$$\overrightarrow{PD'} = \alpha_D \overrightarrow{PA} + \beta_D \overrightarrow{PB} + \gamma_D \overrightarrow{PC} + \delta_D \overrightarrow{C'D}.$$

因为 P 关于四面体 $A'B'C'D'$ 的重心坐标是 $(\alpha', \beta', \gamma', \delta')$,,所以
$$\alpha' \overrightarrow{PA'} + \beta' \overrightarrow{PB'} + \gamma' \overrightarrow{PC'} + \delta' \overrightarrow{PD'} = \mathbf{0},$$
即
$$(\alpha'\alpha_A + \beta'\alpha_B + \gamma'\alpha_C + \delta'\alpha_D)\overrightarrow{PA} + (\alpha'\beta_A + \beta'\beta_B + \gamma'\beta_C + \delta'\beta_D)\overrightarrow{PB}$$
$$+ (\alpha'\gamma_A + \beta'\gamma_B + \gamma'\gamma_C + \delta'\gamma_D)\overrightarrow{PC} + (\alpha'\delta_A + \beta'\delta_B + \gamma'\delta_C + \delta'\delta_D)\overrightarrow{PD}$$
$$= \mathbf{0},$$
而
$$(\alpha'\alpha_A + \beta'\alpha_B + \gamma'\alpha_C + \delta'\alpha_D) + (\alpha'\beta_A + \beta'\beta_B + \gamma'\beta_C + \delta'\beta_D)$$
$$+ (\alpha'\gamma_A + \beta'\gamma_B + \gamma'\gamma_C + \delta'\gamma_D) + (\alpha'\delta_A + \beta'\delta_B + \gamma'\delta_C + \delta'\delta_D)$$
$$= \alpha'(\alpha_A + \beta_A + \gamma_A + \delta_A) + \beta'(\alpha_B + \beta_B + \gamma_B + \delta_B)$$
$$+ \gamma'(\alpha_C + \beta_C + \gamma_C + \delta_C) + \delta'(\alpha_D + \beta_D + \gamma_D + \delta_D)$$
$$= \alpha' + \beta' + \gamma' + \delta'$$
$$= 1,$$
所以
$$\alpha = \alpha'\alpha_A + \beta'\alpha_B + \gamma'\alpha_C + \delta'\alpha_D,$$
$$\beta = \alpha'\beta_A + \beta'\beta_B + \gamma'\beta_C + \delta'\beta_D,$$
$$\gamma = \alpha'\gamma_A + \beta'\gamma_B + \gamma'\gamma_C + \delta'\gamma_D,$$
$$\delta = \alpha'\delta_A + \beta'\delta_B + \gamma'\delta_C + \delta'\delta_D. \qquad \square$$

对于三角形的重心坐标利用上面完全类似的方法便可推得类似的结论，这里就不再详细推导了，只列出结论. 本节以下所提到的点都是共面的.

定理 4.5.23. 若点 P 关于 $\triangle ABC$ 的重心坐标是 (α, β, γ)，则
$$\overrightarrow{QP} = \alpha \overrightarrow{QA} + \beta \overrightarrow{QB} + \gamma \overrightarrow{QC}.$$

定理 4.5.24. 若关于 $\triangle ABC$，点 P 的重心坐标是 $(\alpha_P, \beta_P, \gamma_P)$，点 Q 的重心坐标是 $(\alpha_Q, \beta_Q, \gamma_Q)$，则
$$\overrightarrow{PQ} = (\beta_Q - \beta_P)\overrightarrow{AB} + (\gamma_Q - \gamma_P)\overrightarrow{AC}$$
$$= (\alpha_Q - \alpha_P)\overrightarrow{BA} + (\gamma_Q - \gamma_P)\overrightarrow{BC}$$
$$= (\alpha_Q - \alpha_P)\overrightarrow{CA} + (\beta_Q - \beta_P)\overrightarrow{CB}.$$

定理 4.5.25. 设点 P 关于 $\triangle ABC$ 的重心坐标是 (α,β,γ)，直线 AP 交直线 BC 于点 T，直线 BP 交直线 AC 于点 U，直线 CP 交直线 AB 于点 V，则

$$\overrightarrow{AT} = \frac{\beta\overrightarrow{AB}+\gamma\overrightarrow{AC}}{\beta+\gamma},\ \overrightarrow{BU} = \frac{\alpha\overrightarrow{BA}+\gamma\overrightarrow{BC}}{\alpha+\gamma},\ \overrightarrow{CV} = \frac{\alpha\overrightarrow{CA}+\beta\overrightarrow{CB}}{\alpha+\beta},$$

且有

$$\overrightarrow{BT}:\overrightarrow{TC} = \gamma:\beta,\ \overrightarrow{AU}:\overrightarrow{UC} = \gamma:\alpha,\ \overrightarrow{AV}:\overrightarrow{VB} = \beta:\alpha.$$

定理 4.5.26. 设 $\triangle ABC$ 中，点 T 是直线 BC 上一点，点 U 是直线 AC 上一点，点 V 是直线 AB 上一点，且有 $\overrightarrow{BT}:\overrightarrow{TC} = \gamma:\beta,\ \overrightarrow{AU}:\overrightarrow{UC} = \gamma:\alpha,\ \overrightarrow{AV}:\overrightarrow{VB} = \beta:\alpha$. 则当 $\alpha+\beta+\gamma=0$ 时直线 AT、BU、CV 平行于 $\beta\overrightarrow{AB}+\gamma\overrightarrow{AC}$；当 $\alpha+\beta+\gamma\neq 0$ 时直线 AT、BU、CV 过点 P，点 P 关于 $\triangle ABC$ 的重心坐标是 $\left(\dfrac{\alpha}{\alpha+\beta+\gamma},\dfrac{\beta}{\alpha+\beta+\gamma},\dfrac{\gamma}{\alpha+\beta+\gamma}\right)$.

定理 4.5.27. 若点 P 关于 $\triangle ABC$ 的重心坐标是 $(\alpha_P,\beta_P,\gamma_P)$，点 Q 关于 $\triangle ABC$ 的重心坐标是 $(\alpha_Q,\beta_Q,\gamma_Q)$，点 T 在直线 PQ 上，$\overrightarrow{PT}:\overrightarrow{TQ} = \lambda_P:\lambda_Q$，$\lambda_P+\lambda_Q=1$，则点 T 于 $\triangle ABC$ 的重心坐标是

$$(\lambda_Q\alpha_P+\lambda_P\alpha_Q,\lambda_Q\beta_P+\lambda_P\beta_Q,\lambda_Q\gamma_P+\lambda_P\gamma_Q).$$

定理 4.5.28. 点 P 关于 $\triangle ABC$ 的重心坐标是 (α,β,γ)，到边 BC、AC、AB 的垂足分别是 T、U、V，$BC=a$，$AC=b$，$AB=c$，$\angle BAC$ 记为 A，$\angle ABC$ 记为 B，$\angle ACB$ 记为 C，则

$$\overrightarrow{BT}:\overrightarrow{TC} = \left(\frac{c}{a}\alpha\cos B+\gamma\right):\left(\frac{b}{a}\alpha\cos C+\beta\right),$$
$$\overrightarrow{AU}:\overrightarrow{UC} = \left(\frac{c}{b}\beta\cos A+\gamma\right):\left(\frac{a}{b}\beta\cos C+\alpha\right),$$
$$\overrightarrow{AV}:\overrightarrow{VB} = \left(\frac{b}{c}\gamma\cos A+\beta\right):\left(\frac{a}{c}\gamma\cos B+\alpha\right).$$

定理 4.5.29. 若点 P 关于 $\triangle ABC$ 的重心坐标是 (α,β,γ)，则

$$PQ^2 = \alpha QA^2+\beta QB^2+\gamma QC^2-\alpha\beta AB^2-\alpha\gamma AC^2-\beta\gamma BC^2.$$

推论 4.5.29.1. 若点 P 关于 $\triangle ABC$ 的重心坐标是 (α,β,γ)，则

$$PA^2 = \beta AB^2+\gamma AC^2-\alpha\beta AB^2-\alpha\gamma AC^2-\beta\gamma BC^2$$
$$= (1-\alpha)(\beta AB^2+\gamma AC^2)-\beta\gamma BC^2,$$
$$PB^2 = \alpha AB^2+\gamma BC^2-\alpha\beta AB^2-\alpha\gamma AC^2-\beta\gamma BC^2$$
$$= (1-\beta)(\alpha AB^2+\gamma BC^2)-\alpha\gamma AC^2,$$
$$PC^2 = \alpha AC^2+\beta BC^2-\alpha\beta AB^2-\alpha\gamma AC^2-\beta\gamma BC^2$$
$$= (1-\gamma)(\alpha AC^2+\beta BC^2)-\alpha\beta AB^2.$$

推论 4.5.29.2. 若点 P 关于 $\triangle ABC$ 的重心坐标是 (α,β,γ)，则

$$\alpha PA^2+\beta PB^2+\gamma PC^2=\alpha\beta AB^2+\alpha\gamma AC^2+\beta\gamma BC^2.$$

定理 4.5.30. 若点 P 关于 $\triangle ABC$ 的重心坐标是 $(\alpha_P,\beta_P,\gamma_P)$，点 Q 关于 $\triangle ABC$ 的重心坐标是 $(\alpha_Q,\beta_Q,\gamma_Q)$，则

$$\begin{aligned}PQ^2=&-(\alpha_P-\alpha_Q)(\beta_P-\beta_Q)AB^2-(\alpha_P-\alpha_Q)(\gamma_P-\gamma_Q)AC^2\\&-(\beta_P-\beta_Q)(\gamma_P-\gamma_Q)BC^2.\end{aligned}$$

定理 4.5.31. 点 P 关于 $\triangle ABC$ 的重心坐标是 (α,β,γ)，$\triangle ABC$ 的面积是 S，$BC=a$，$AC=b$，$AB=c$，$\angle BAC$ 记为 A，$\angle ABC$ 记为 B，$\angle ACB$ 记为 C，则

$$\alpha=\frac{a(-a\cdot PA^2+b\cdot PB^2\cdot\cos C+c\cdot PC^2\cdot\cos B+abc\cos A)}{8S^2},$$
$$\beta=\frac{b(a\cdot PA^2\cdot\cos C-b\cdot PB^2+c\cdot PC^2\cdot\cos A+abc\cos B)}{8S^2},$$
$$\gamma=\frac{c(a\cdot PA^2\cdot\cos B+b\cdot PB^2\cdot\cos A-c\cdot PC^2+abc\cos C)}{8S^2}.$$

定理 4.5.32. 点 A'、B'、C' 不共线，A'、B'、C'、P 关于 $\triangle ABC$ 的重心坐标分别是 $(\alpha_A,\beta_A,\gamma_A)$、$(\alpha_B,\beta_B,\gamma_B)$、$(\alpha_C,\beta_C,\gamma_C)$、$(\alpha,\beta,\gamma)$，$P$ 关于 $\triangle A'B'C'$ 的重心坐标是 (α',β',γ')，则

$$\alpha=\alpha'\alpha_A+\beta'\alpha_B+\gamma'\alpha_C,\quad \beta=\alpha'\beta_A+\beta'\beta_B+\gamma'\beta_C,\quad \gamma=\alpha'\gamma_A+\beta'\gamma_B+\gamma'\gamma_C.$$

一些确定四面体的问题

以下问题以确定四面体六棱长度视为确定了四面体，平面几何中能比较简单地确定边角关系以及通过三面角第一、第二定理能确定面角再确定边的例子这里不讲了．

若四面体 $ABCD$ 中 AB、AC、AD 的长度已知，AB 与平面 ACD 的所成角、AC 与平面 ABD 的所成角、AD 与平面 ABC 的所成角都是已知的，利用例 2.1.2 的结论便可确定 AB、AC、AD 的夹角，四面体 $ABCD$ 的其余三棱长度就确定了．

若四面体 $ABCD$ 中 BC、BD、CD 的长度已知，以 BC、BD、CD 为棱的二面角已知．设以 BC 为棱的二面角的平面角大小是 θ_{BC}，其余类推．四面体 $ABCD$ 过点 A 的高线是 AP，其中点 P 是点 A 在平面 BCD 内的垂足，则

$$\frac{S_{\triangle ABC}}{BC}\sin\theta_{BC}=\frac{S_{\triangle ABD}}{BD}\sin\theta_{BD}=\frac{S_{\triangle ACD}}{CD}\sin\theta_{CD}=AP,$$

另外由射影定理得

$$S_{\triangle ABC}\cos\theta_{BC}+S_{\triangle ABD}\cos\theta_{BD}+S_{\triangle ACD}\cos\theta_{CD}=S_{\triangle BCD},$$

结合上一式子便可求得 $S_{\triangle ABC}$、$S_{\triangle ABD}$、$S_{\triangle ACD}$，再由三角形重心坐标求点到三顶点距离得结论可求得 PB、PC、PD，这样就可以求得 AB、AC、AD.

若四面体 $ABCD$ 中 BC、BD、CD 的长度已知，棱 AB、AC、AD 与平面 BCD 的所成角已知. 设棱 AB 与平面 BCD 的所成角是 θ_{AB}，其余类推. 四面体 $ABCD$ 过点 A 的高线是 AP，其中点 P 是点 A 在平面 BCD 内的垂足，则

$$AB\sin\theta_{AB} = AC\sin\theta_{AC} = AD\sin\theta_{AD},$$

上式的值都是 AP，由上式便可求得 AB、AC、AD 的长度之比，再由

$$PB = AB\cos\theta_{AB},\ PC = AC\cos\theta_{AC},\ PD = AD\cos\theta_{AD},$$

就可以求得 PB、PC、PD 的长度之比，再由平面四点六长度的方程便可求得 PB、PC、PD 的长度（参考推论 4.2.3.2），这样就可以求得 AB、AC、AD.

若四面体 $ABCD$ 中 AB、AC、AD 的长度已知，以 BC、BD、CD 为棱的二面角已知. 设以 BC 为棱的二面角的平面角大小是 θ_{BC}，其余类推. 类似四面体 $ABCD$ 中 BC、BD、CD 的长度已知，棱 AB、AC、AD 与平面 BCD 的所成角已知的推导，得

$$\begin{cases} \dfrac{S_{\triangle ABC}}{BC}\sin\theta_{BC} = \dfrac{S_{\triangle ABD}}{BD}\sin\theta_{BD} = \dfrac{S_{\triangle ACD}}{CD}\sin\theta_{CD}, \\ S_{\triangle ABC}\cos\theta_{BC} + S_{\triangle ABD}\cos\theta_{BD} + S_{\triangle ACD}\cos\theta_{CD} = S_{\triangle BCD}, \end{cases}$$

上面方程组中面积全部用边长表示，解这个方程组就可以求得 BC、BD、CD. 但是这个方程组的解每个都一般是关于其棱长平方的 20 次方程的解，非常复杂.

4.6 重心

定理 4.6.1. 四面体各顶点与各自对面的重心的连线共点.

证明： 如图 4.6.1，设平行六面体 $AC_1BD_1\text{-}A_1CB_1D$ 是四面体 $ABCD$ 的外接平行六面体，$\triangle ABC$ 的重心是 G，联结 C_1D_1，与 AB 相交于点 O，联结 CO，因为点 O 是 AB 的中点，所以点 G 在 CO 上. 因为 $CD \parallel C_1D_1$，所以点 C、D、C_1、D_1、G、O 共面，所以 CO 与 C_1D 相交，设交点是 G_1，则因为 $CD = 2C_1O$，所以 $CG_1 = 2G_1O$，因此 G_1 是 $\triangle ABC$ 的重心，即点 G 与 G_1 重合，也就是说，平行六面体 $AC_1BD_1\text{-}A_1CB_1D$ 的对角线 C_1D 经过 $\triangle ABC$ 的重心. 同理可证平行六面体 $AC_1BD_1\text{-}A_1CB_1D$ 的对角线 CD_1 经过 $\triangle ABD$ 的重心，平行六面体 $AC_1BD_1\text{-}A_1CB_1D$ 的对角线 A_1B 经过 $\triangle ACD$ 的重心，平行六面体 $AC_1BD_1\text{-}A_1CB_1D$ 的对角线 AB_1 经过 $\triangle BCD$ 的重心. 因为平行六面体的对角线交于一点，所以四面体各顶点与各自对面的重心的连线共点. □

定义 4.6.1. 四面体各顶点与各自对面的重心的连线称为四面体的重心.

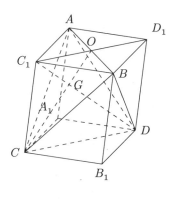

图 4.6.1

定理 4.6.2. 四面体对棱中点的连线交于四面体重心且平分连线.

证明: 因为四面体外接平行六面体各面对角线的交点就是四面体各棱的中点,由平行六面体的性质和定理 4.6.1 立即知四面体对棱中点的连线交于四面体重心且平分连线. □

定理 4.6.3. 在四面体 $ABCD$ 中, $AB=a$, $AC=b$, $AD=c$, $CD=p$, $BD=q$, $BC=r$, $\triangle BCD$ 的重心是 G_1, 则 $AG_1 = \dfrac{1}{3}\sqrt{3(a^2+b^2+c^2)-(p^2+q^2+r^2)}$.

证明: 设平行六面体 AC_1BD_1-A_1CB_1D 是四面体 $ABCD$ 的外接平行六面体, 则

$$AB_1 = \frac{1}{2}\sqrt{3(a^2+b^2+c^2)-(p^2+q^2+r^2)}.$$

由定理 4.6.1 的证明知

$$AG_1 = 2G_1B_1,$$

所以

$$AG_1 = \frac{2}{3}AB_1 = \frac{1}{3}\sqrt{3(a^2+b^2+c^2)-(p^2+q^2+r^2)}. \quad \square$$

定理 4.6.4. 点 G 是四面体 $ABCD$ 的重心的充要条件是

$$\frac{AG}{GG_1} = \frac{BG}{GG_2} = \frac{CG}{GG_3} = \frac{DG}{GG_4} = 3,$$

其中点 G_1 是直线 AG 与平面 BCD 的交点, 点 G_2 是直线 BG 与平面 ACD 的交点, 点 G_3 是直线 CG 与平面 ABD 的交点, 点 G_4 是直线 DG 与平面 ABC 的交点.

证明: 充分性

如图 4.6.2, 因为 AG_1 与 BG_2 相交于点 G, 所以点 A、B、G、G_1、G_2 共面, 设平面 $ABGG_1G_2$ 与 CD 相交于点 E, 平面 $ACGG_1G_3$ 与 DB 相交于点 F, 平面 $ADGG_1G_4$ 与 BC 相交于点 H, 联结 G_1G_2, 因为

$$\frac{AG}{GG_1} = \frac{BG}{GG_2} = 3,$$

所以 $G_1G_2 \parallel AB$，由此得
$$\frac{BE}{G_1E} = \frac{AE}{G_2E} = \frac{AB}{G_1G_2} = 3.$$
同理可得
$$\frac{CF}{G_1F} = 3, \quad \frac{DH}{G_1H} = 3,$$
所以点 G_1 是 $\triangle BCD$ 的重心．同理可证点 G_2 是 $\triangle ACD$ 的重心，点 G_3 是 $\triangle ABD$ 的重心，点 G_4 是 $\triangle ABC$ 的重心．所以点 G 是四面体 $ABCD$ 的重心．

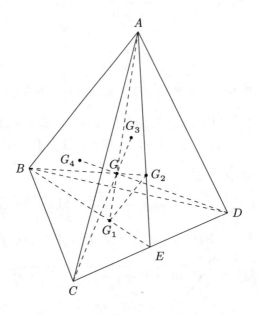

图 4.6.2

必要性

如图 4.6.2，作 CD 的中点 E，联结 AE、BE，则点 G_1 在 BE 上，点 G_2 在 AE 上，联结 G_1G_2，因为
$$\frac{AE}{G_2E} = \frac{BE}{G_1E} = 3,$$
所以 $G_1G_2 \parallel AB$，由此得
$$\frac{AG}{GG_1} = \frac{BG}{GG_2} = \frac{AE}{G_2E} = 3.$$
同理可得 $\dfrac{CG}{GG_3} = \dfrac{DG}{GG_4} = 3$，所以
$$\frac{AG}{GG_1} = \frac{BG}{GG_2} = \frac{CG}{GG_3} = \frac{DG}{GG_4} = 3. \qquad \square$$

定理 4.6.5. 点 G 是四面体 $ABCD$ 的重心的充要条件是
$$V_{\text{四面体 } ABCG} = V_{\text{四面体 } ABDG} = V_{\text{四面体 } ACDG} = V_{\text{四面体 } BCDG}.$$

证明：充分性

如图 4.6.3，设平面 ABG 与 CD 相交于点 E，作 $CS \perp$ 平面 ABG，垂足是 S，作 $DT \perp$ 平面 ABG，垂足是 T，因为点 E、S、T 既在平面 ABG 上又在平面 $CDST$ 上，所以点 E 在直线 ST 上．因为

$$V_{\text{四面体 } ABCG} = V_{\text{四面体 } ABDG},$$
$$V_{\text{四面体 } ABCG} = \frac{1}{3} \cdot S_{\triangle ABG} \cdot CS,$$
$$V_{\text{四面体 } ABDG} = \frac{1}{3} \cdot S_{\triangle ABG} \cdot DT,$$

所以 $CS = DT$，由此得 $\triangle CES \cong \triangle DET$，因此 $CE = DE$，即点 E 是 CD 的中点．同理可得平面 ACG 与 BD 的交点是 BD 的中点，平面 ADG 与 BC 的交点是 BC 的中点．因为平面 ABG、平面 ACG、平面 ADG 的交线是 AG，所以直线 AG 通过 $\triangle BCD$ 的重心．同理可得直线 BG 通过 $\triangle ACD$ 的重心，直线 CG 通过 $\triangle ABD$ 的重心，直线 DG 通过 $\triangle ABC$ 的重心，所以点 G 是四面体 $ABCD$ 的重心．

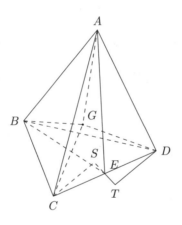

图 4.6.3

必要性

如图 4.6.3，作 $CS \perp$ 平面 ABG，垂足是 S，作 $DT \perp$ 平面 ABG，垂足是 T，则 $CS \parallel DT$，所以点 C、D、S、T 共面．设 ST 与 CD 相交于点 E，因为 BE 经过 $\triangle BCD$ 的重心，所以点 E 是 CD 的重心，因此得 $\triangle CES \cong \triangle DET$，所以 $CS = DT$．因为

$$V_{\text{四面体 } ABCG} = \frac{1}{3} \cdot S_{\triangle ABG} \cdot CS, \quad V_{\text{四面体 } ABDG} = \frac{1}{3} \cdot S_{\triangle ABG} \cdot DT,$$

所以 $V_{\text{四面体 } ABCG} = V_{\text{四面体 } ABDG}$．同理可得 $V_{\text{四面体 } ABCG} = V_{\text{四面体 } ACDG}$，$V_{\text{四面体 } ABCG} = V_{\text{四面体 } BCDG}$，所以 $V_{\text{四面体 } ABCG} = V_{\text{四面体 } ABDG} = V_{\text{四面体 } ACDG} = V_{\text{四面体 } BCDG}$． □

由定理 4.5.1 得

定理 4.6.6. 四面体 $ABCD$ 的重心是 G，则
$$\overrightarrow{GA} + \overrightarrow{GB} + \overrightarrow{GC} + \overrightarrow{GD} = \mathbf{0},$$
点 G 关于四面体 $ABCD$ 的重心坐标是
$$\left(\frac{1}{4}, \frac{1}{4}, \frac{1}{4}, \frac{1}{4}\right).$$

由定理 4.6.6 可知四面体重心的定义与一般多面体重心的定义是等价的. 由推论 4.5.19.2 得

定理 4.6.7. 四面体 $ABCD$ 的重心是 G，$AB = a$，$AC = b$，$AD = c$，$CD = p$，$DB = q$，$BC = r$，则 $AG^2 + BG^2 + CG^2 + DG^2 = \dfrac{1}{4}(a^2 + b^2 + c^2 + p^2 + q^2 + r^2)$.

定理 4.6.8. 在空间所有点中，重心到四面体四顶点距离的平方和是最小的.

证明： 设点 G 是四面体 $ABCD$ 的重心，点 M 是空间任一点，由定理 4.5.19 得
$$MA^2 + MB^2 + MC^2 + MD^2 = GA^2 + GB^2 + GC^2 + GD^2 + 4MG^2,$$
所以在空间所有点中，重心到四面体四顶点距离的平方和是最小的. □

定义 4.6.2. 由通过一个四面体顶点且平行于各自的对面的平面形成的四面体称做给定四面体的反余四面体.

定理 4.6.9. 四面体与其反余四面体的重心重合，且反余四面体棱长是原四面体对应棱长的三倍，四面体的顶点是其反余四面体所在面的重心，反余四面体的棱被给定四面体的交于该棱的两个面三等分.

证明： 如图 4.6.4，作四面体 $ABCD$ 的外接平行六面体 $ARBS\text{-}QDPC$，再把与平行六面体 $ARBS\text{-}QDPC$ 全等的二十六个平行六面体向四周叠放，使这些平行六面体把平行六面体 $ARBS\text{-}QDPC$ 包围在其中间，全部二十七个平行六面体组成一个大的平行六面体 $WNXM\text{-}LYKZ$.

容易证明四面体 $KLMN$ 各面与四面体 $ABCD$ 的对应面平行，并且四面体 $KLMN$ 与四面体 $ABCD$ 的重心重合（因为平行六面体 $WNXM\text{-}LYKZ$ 各对角线的交点与平行六面体 $ARBS\text{-}QDPC$ 各对角线的交点重合），四面体 $KLMN$ 的棱长是四面体 $ABCD$ 对应的棱长的三倍.

设 MN 与 WX 相交于点 O，AQ 与平面 $WNXM$ 的交点是 E，则 $\dfrac{AE}{LW} = \dfrac{EO}{WO} = \dfrac{1}{3}$，所以点 A 在直线 LO 上，即点 A 在 $\triangle LMN$ 边 MN 的中线上. 由于过空间一点与不过该点的平面平行的平面是唯一确定的，所以四面体 $KLMN$ 是四面体 $ABCD$ 的反余四面体. 同理可得点 A 在 $\triangle LMN$ 边 LM、LN 的中线上，所以点 A 是 $\triangle LMN$ 的重心. 同理可证四面体 $ABCD$ 其余点的情况. 所以四面体的顶点是其反余四面体所在面的重心.

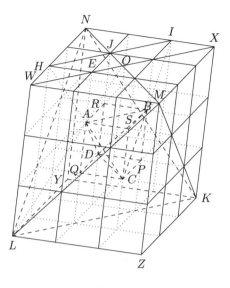

图 4.6.4

设 AC 与 NW 相交于点 H，BC 与 NX 相交于点 I，HI 与 MN 相交于点 J，则

$$\frac{JN}{MN} = \frac{1}{2} \cdot \frac{JN}{ON} = \frac{1}{2} \cdot \frac{HN}{WN} = \frac{1}{2} \times \frac{2}{3} = \frac{1}{3},$$

所以平面 ABC 三等分 MN. 同理可证四面体 $ABCD$ 其余平面的情况. 所以反余四面体的棱被给定四面体的交于该棱的两个面三等分. □

4.7 外接球

图 4.7.1 是四面体外接球的直观图.

定理 4.7.1. 四面体存在外接球.

证明： 如图 4.7.2，在四面体 $ABCD$ 中，设点 E 是 AB 的中点，点 O_1 是 $\triangle ABC$ 的外心，点 O_2 是 $\triangle ABD$ 的外心，过点 O_1 作平面 ABC 的垂线 l_1，过点 O_2 作平面 ABD 的垂线 l_2，过点 E 与 l_1 作平面 α，过点 E 与 l_2 作平面 β. 因为 $AB \perp EO_1$，$AB \perp l_1$，$AB \perp EO_2$，$AB \perp l_2$，所以 $AB \perp \alpha$，$AB \perp \beta$，因此 α 与 β 重合，即点 E、点 O_1、点 O_2、直线 l_1、直线 l_2 共面，于是直线 l_1 与直线 l_2 相交，设交点是 O. 因为 $\triangle AO_1O \cong \triangle BO_1O \cong \triangle CO_1O$，$\triangle AO_2O \cong \triangle BO_2O \cong \triangle DO_2O$，所以 $AO = BO = CO$，$AO = BO = DO$，即 $AO = BO = CO = DO$，因此点 O 是四面体 $ABCD$ 的外心，AO 是四面体 $ABCD$ 外接球的半径. □

4.7 外接球

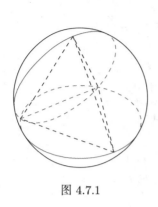

图 4.7.1

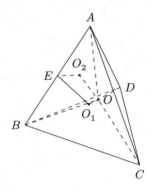

图 4.7.2

定理 4.7.2. 四面体 $ABCD$ 的体积是 V, 外接球半径是 R, $AB = a$, $AC = b$, $AD = c$, $CD = p$, $DB = q$, $BC = r$, 则

$$R = \frac{\sqrt{(ap+bq+cr)(-ap+bq+cr)(ap-bq+cr)(ap+bq-cr)}}{24V}.$$

证明: 由定理 1.3.2 得

$$\begin{vmatrix} 2R^2 & 2R^2-a^2 & 2R^2-b^2 & 2R^2-c^2 \\ 2R^2-a^2 & 2R^2 & 2R^2-r^2 & 2R^2-q^2 \\ 2R^2-b^2 & 2R^2-r^2 & 2R^2 & 2R^2-p^2 \\ 2R^2-c^2 & 2R^2-q^2 & 2R^2-p^2 & 2R^2 \end{vmatrix} = 0,$$

整理得

$$576V^2 R^2 = (ap+bq+cr)(-ap+bq+cr)(ap-bq+cr)(ap+bq-cr),$$

所以

$$R = \frac{\sqrt{(ap+bq+cr)(-ap+bq+cr)(ap-bq+cr)(ap+bq-cr)}}{24V}. \qquad \Box$$

推论 4.7.2.1. 四面体 $ABCD$ 外接球半径是 R, $AB=a, AC=b, AD=c, \angle CAD=\alpha$, $\angle BAD=\beta$, $\angle BAC=\gamma$, 则

$$R = \frac{1}{2}\sqrt{\frac{U}{1-\cos^2\alpha-\cos^2\beta-\cos^2\gamma+2\cos\alpha\cos\beta\cos\gamma}},$$

其中

$$U = a^2\sin^2\alpha + b^2\sin^2\beta + c^2\sin^2\gamma + 2ab(\cos\alpha\cos\beta - \cos\gamma)$$
$$+ 2ac(\cos\alpha\cos\gamma - \cos\beta) + 2bc(\cos\beta\cos\gamma - \cos\alpha).$$

推论 4.7.2.2. $ap+bq > cr$, $ap+cr > bq$, $bq+cr > ap$.

证明： 由 $R > 0$ 得
$$(-ap + bq + cr)(ap - bq + cr)(ap + bq - cr) > 0,$$

因此 $-ap + bq + cr$，$ap - bq + cr$，$ap + bq - cr$ 中必然有一个是正的，其余两个同号. 如果一个是正的，两个是负的，不妨设 $-ap + bq + cr > 0$，$ap - bq + cr < 0$，$ap + bq - cr < 0$，后两式相加，得到 $ap < 0$，这是不可能的. 因此必须三式都是正的，所以结论成立. □

推论 4.7.2.2 还有一个简单的证明方法：

在 AB、AC、AD 上分别截取点 X、Y、Z 使 $AX = bc$，$AY = ca$，$AZ = ab$，则
$$\frac{AX}{AY} = \frac{b}{a} = \frac{AC}{AB},$$

所以 $\triangle AXY \backsim \triangle ACB$，所以
$$\frac{XY}{BC} = \frac{AX}{AC},$$

即
$$XY = \frac{AX \cdot BC}{AC} = cr.$$

同理可得 $XZ = bq$，$YZ = ap$. 在 $\triangle XYZ$ 中，因为
$$YZ + XZ > XY, \ YZ + XY > XZ, \ XY + XZ > YZ,$$

所以
$$ap + bq > cr, \ ap + cr > bq, \ bq + cr > ap.$$

在定理 4.5.19 中取点 P 是四面体 $ABCD$ 的重心 G，点 Q 是四面体的外心 O，得

定理 4.7.3. 四面体 $ABCD$ 的外心是 O，重心是 G，外接圆半径是 R，$AB = a$，$AC = b$，$AD = c$，$CD = p$，$DB = q$，$BC = r$，则 $OG = \dfrac{\sqrt{16R^2 - (a^2 + b^2 + c^2 + p^2 + q^2 + r^2)}}{4}$.

定理 4.7.4. 在 $\angle XOY$ 所在平面内，直线 OX 上的有向线段正方向是 $\overrightarrow{OX}$，直线 OY 上的有向线段正方向是 $\overrightarrow{OY}$. 点 P 到直线 OX 的有向距离的绝对值等于点 P 到直线 OX 的距离，且当点 P 在直线 OX 上是 0，点 P、Y 在直线 OX 同侧时是正，点 P、Y 在直线 OX 异侧时是负；点 P 到直线 OY 的有向距离的绝对值等于点 P 到直线 OY 的距离，且当点 P 在直线 OY 上是 0，点 P、X 在直线 OY 同侧时是正，点 P、X 在直线 OY 异侧时是负. $\angle XOY = \alpha$，P 到直线 OX、OY 的垂足分别是 A、B，有向距离分别是 d_X、d_Y，$\overrightarrow{OA} = x$，$\overrightarrow{OB} = y$，则
$$d_X = \frac{y - x\cos\alpha}{\sin\alpha}, \ d_Y = \frac{x - y\cos\alpha}{\sin\alpha}.$$

证明： 如图 4.7.3，设点 A 到直线 OY 的垂足是 C，过点 B 作 AP 的平行线交直线 AC 于点 D，则 $\overline{OC} = x\cos\alpha$，$\overline{CB} = \overline{OB} - \overline{OC} = y - x\cos\alpha$. 令直线 BD 上的有向线段的方向与直线 PA 上的有向线段的方向相同，则

$$d_X = \overline{AP} = \overline{DB} = \frac{\overline{CB}}{\sin\alpha} = \frac{y - x\cos\alpha}{\sin\alpha},$$

同理可得

$$d_Y = \frac{x - y\cos\alpha}{\sin\alpha}. \qquad \square$$

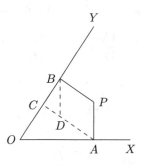

图 4.7.3

在定理 4.7.4 的条件下来确定 d_X 和 d_Y 均不是正数的情形. 不妨设 $x \leqslant y$，必定 $x - y\cos\alpha \leqslant y - x\cos\alpha$，即 $d_X \geqslant d_Y$. 若 α 是锐角或直角，$y > 0$，则 $y - x\cos\alpha \geqslant y - y\cos\alpha > 0$，所以必须 $x \leqslant y \leqslant 0$；若 α 是钝角，$x > 0$，则 $y - x\cos\alpha > 0$，所以必须 $x \leqslant 0$.

设四面体 $ABCD$ 的外心是 O，在四面体 $ABCD$ 中，下面考察点 O 到平面 ABC、ABD、ACD 的有向距离都不是正数的情况是否存在. 设 O 到平面 ABC、ABD、ACD 的有向距离都不是正数.

1. 若二面角 B-AC-D 和 B-AD-C 的平面角都是锐角或直角，则由前面的讨论知 $\angle ABC$、$\angle ABD$、$\angle ACD$、$\angle ADC$ 都是直角或钝角，但在 $\triangle ACD$ 中是不可能的.

2. 若二面角 B-AC-D 和 B-AD-C 的平面角都是钝角，设二面角 B-AC-D 的平面角是 θ_1，二面角 B-AD-C 的平面角是 θ_2，则由前面的讨论知 $\angle ABC$、$\angle ADC$ 中至少一个是直角或钝角，$\angle ABD$、$\angle ACD$ 中至少一个是直角或钝角. 若 $\angle ABC$、$\angle ABD$ 都是直角或钝角，则必须 $\angle BAC$、$\angle BAD$ 都是锐角，由三面角第一余弦定理得 $\cos\angle BAD = \sin\angle BAC \sin\angle CAD \cos\theta_1 + \cos\angle BAC \cos\angle CAD$，所以 $\angle CAD$ 也是锐角；若 $\angle ABC$、$\angle ACD$ 都是直角或钝角，则必须 $\angle BAC$、$\angle CAD$ 都是锐角，由三面角第一余弦定理得 $\cos\angle BAC = \sin\angle BAD \sin\angle CAD \cos\theta_2 + \cos\angle BAD \cos\angle CAD$，所以 $\angle BAD$ 也是锐角；其余情况也能得到 $\angle BAC$、$\angle BAD$、$\angle CAD$ 都是锐角. 但

$$(\cos\angle BAD - \cos\angle BAC \cos\angle CAD) + (\cos\angle BAC - \cos\angle BAD \cos\angle CAD)$$
$$= (\cos\angle BAC + \cos\angle BAD)(1 - \cos\angle CAD) > 0,$$

与二面角 B-AC-D 和 B-AD-C 都是钝角矛盾.

综上所述, 得二面角 B-AC-D 和 B-AD-C 的平面角其中之一是锐角或直角, 另外一个是钝角, 同理二面角 B-AC-D 和 C-AB-D 的平面角其中之一是锐角或直角, 另外一个是钝角, 但此时二面角 B-AC-D、B-AD-C、C-AB-D 的平面角其中必定有两个都是锐角或直角, 或者两个都是钝角, 这些情形上面的讨论中又否定了, 所以点 O 到平面 ABC、ABD、ACD 的有向距离最多只能有两个不是正数.

定理 4.7.5. 四面体 $ABCD$ 的体积是 V, 外心是 O, 点 O 到平面 ABC、ABD、ACD、BCD 的有向距离分别是 d_D、d_C、d_B、d_A, $\triangle ABC$ 的面积是 S_D, $\triangle ABD$ 的面积是 S_C, $\triangle ACD$ 的面积是 S_B, $\triangle BCD$ 的面积是 S_A, $AB = a$, $AC = b$, $AD = c$, $CD = p$, $DB = q$, $BC = r$, 令

$$Z_A = (a^2 + b^2)p^2q^2 + (a^2 + c^2)p^2r^2 + (b^2 + c^2)q^2r^2 - a^2p^4 - b^2q^4 - c^2r^4 - 2p^2q^2r^2,$$

$$Z_B = (q^2 + r^2)b^2c^2 + (q^2 + a^2)b^2p^2 + (r^2 + a^2)c^2p^2 - q^2b^4 - r^2c^4 - a^2p^4 - 2b^2c^2p^2,$$

$$Z_C = (p^2 + r^2)a^2c^2 + (p^2 + b^2)a^2q^2 + (r^2 + b^2)c^2q^2 - p^2a^4 - r^2c^4 - b^2q^4 - 2a^2c^2q^2,$$

$$Z_D = (p^2 + q^2)a^2b^2 + (p^2 + c^2)a^2r^2 + (q^2 + c^2)b^2r^2 - p^2a^4 - q^2b^4 - c^2r^4 - 2a^2b^2r^2,$$

则

$$d_A = \frac{Z_A}{96S_AV}, \quad d_B = \frac{Z_B}{96S_BV}, \quad d_C = \frac{Z_C}{96S_CV}, \quad d_D = \frac{Z_D}{96S_DV}.$$

证明: 如图 4.7.4, 设 $\triangle BCD$ 的外心是 O_A, 外接圆半径是 r_A, 关于 $\triangle BCD$, 点 O_A 到直线 CD 的有向距离是 l_A. 设 $\triangle ACD$ 的外心是 O_B, 外接圆半径是 r_B, 关于 $\triangle ACD$, 点 O_B 到直线 CD 的有向距离是 l_B. 设 CD 的中点是 E, 二面角 A-CD-B 的平面角是 θ, 则

$$l_A = r_A \cos \angle CBD = \frac{pqr}{4S_A} \cdot \frac{q^2 + r^2 - p^2}{2qr},$$

$$l_B = r_B \cos \angle CAD = \frac{bcp}{4S_B} \cdot \frac{b^2 + c^2 - p^2}{2bc},$$

$$\cos \theta = \frac{p^2(b^2 + q^2 + c^2 + r^2 - a^2 - p^2) - (b^2 - c^2)(r^2 - q^2) - a^2p^2}{16S_AS_B},$$

$$\sin \theta = \frac{3pV}{2S_AS_B},$$

在以点 E 为角的顶点, 关于 $\triangle BCD$ 点 O_A 到直线 CD 的有向距离正方向及关于 $\triangle ACD$ 点 O_B 到直线 CD 的有向距离正方向为角的两边所在射线的方向, 在这个角中由定理 4.7.4 得

$$d_A = \frac{l_B - l_A \cos \theta}{\sin \theta} = \frac{t}{192S_AV},$$

其中

$$t = 16(b^2 + c^2 - p^2)S_A^2$$

$$-(q^2+r^2-p^2)(p^2(b^2+q^2+c^2+r^2-a^2-p^2)-(b^2-c^2)(r^2-q^2)-a^2p^2),$$

把
$$16S_A^2 = 2p^2q^2 + 2p^2r^2 + 2q^2r^2 - p^4 - q^4 - r^4$$

代入上式化简, 得
$$d_A = \frac{Z_A}{96S_AV}.$$

同理可证
$$d_B = \frac{Z_B}{96S_BV}, \quad d_C = \frac{Z_C}{96S_CV}, \quad d_D = \frac{Z_D}{96S_DV}. \qquad \Box$$

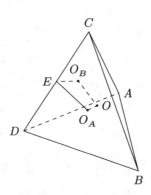

图 4.7.4

推论 4.7.5.1. 四面体 $ABCD$ 的体积是 V, 外心是 O, $\triangle ABC$ 的面积是 S_D, $\triangle ABD$ 的面积是 S_C, $\triangle ACD$ 的面积是 S_B, $\triangle BCD$ 的面积是 S_A, $AB = a$, $AC = b$, $AD = c$, $CD = p$, $DB = q$, $BC = r$, 令

$$Z_A = (a^2+b^2)p^2q^2 + (a^2+c^2)p^2r^2 + (b^2+c^2)q^2r^2 - a^2p^4 - b^2q^4 - c^2r^4 - 2p^2q^2r^2,$$
$$Z_B = (q^2+r^2)b^2c^2 + (q^2+a^2)b^2p^2 + (r^2+a^2)c^2p^2 - q^2b^4 - r^2c^4 - a^2p^4 - 2b^2c^2p^2,$$
$$Z_C = (p^2+r^2)a^2c^2 + (p^2+b^2)a^2q^2 + (r^2+b^2)c^2q^2 - p^2a^4 - r^2c^4 - b^2q^4 - 2a^2c^2q^2,$$
$$Z_D = (p^2+q^2)a^2b^2 + (p^2+c^2)a^2r^2 + (q^2+c^2)b^2r^2 - p^2a^4 - q^2b^4 - c^2r^4 - 2a^2b^2r^2,$$

则
$$Z_A\overrightarrow{OA} + Z_B\overrightarrow{OB} + Z_C\overrightarrow{OC} + Z_D\overrightarrow{OD} = \mathbf{0}.$$

点 O 关于四面体 $ABCD$ 的重心坐标是
$$\left(\frac{Z_A}{288V^2}, \frac{Z_B}{288V^2}, \frac{Z_C}{288V^2}, \frac{Z_D}{288V^2}\right).$$

由此得

定理 4.7.6. 四面体 $ABCD$ 的外心是 O，$AB = a$，$AC = b$，$AD = c$，$CD = p$，$DB = q$，$BC = r$，令

$$Z = (a^2 + b^2)p^2q^2 + (a^2 + c^2)p^2r^2 + (b^2 + c^2)q^2r^2 - a^2p^4 - b^2q^4 - c^2r^4 - 2p^2q^2r^2,$$

如果 $Z > 0$，则点 A 和点 O 在平面 BCD 的同侧；如果 $Z < 0$，则点 A 和点 O 在平面 BCD 的异侧；如果 $Z = 0$，则点 O 在平面 BCD 内.

定义 4.7.1. 过四面体一棱 a 中点垂直于该棱对棱的平面称为棱 a 的 Monge 平面.

定理 4.7.7. 四面体的六个 Monge 平面共点，且该点与四面体外心所连线段的中点是四面体的重心.

证明： 设四面体 $ABCD$ 棱 AB 的 Monge 平面是 α，AB 的中点是 P，CD 的中点是 Q，过 Q 且垂直于直线 CD 的平面是 β，四面体 $ABCD$ 的重心是 G，外心是 O，点 M 是点 O 关于点 G 的对称点，则 $\alpha \parallel \beta$，点 O 在 β 内，所以 M 在 α 内. 同理可得四面体其他 Monge 平面也过点 M，命题得证. $\square$

定义 4.7.2. 四面体的六个 Monge 平面的交点称为这个四面体的 Monge 点.

定理 4.7.8. 对于四面体 $ABCD$，点 H_1 和直线 h_1 分别是面 BCD 的垂心和高线，点 H_2 和直线 h_2 分别是面 ACD 的垂心和高线，点 H_3 和直线 h_3 分别是面 ABD 的垂心和高线，点 H_4 和直线 h_4 分别是面 ABC 的垂心和高线，则过点 H_1 和直线 h_1、点 H_2 和直线 h_2、点 H_3 和直线 h_3、点 H_4 和直线 h_4 的平面过四面体 $ABCD$ 的 Monge 点.

证明： 设四面体 $ABCD$ 的重心是 G，外心是 O，Monge 点是 M，这点 G、M 到平面 BCD 的射影分别是 G'、M'，$\triangle BCD$ 的重心是 G_1、外心是 O_1，h_1 在平面 BCD 的垂足是 A'，因为 $OG = GM$，所以 $O_1G' = G'M'$. 因为点 G_1、G、A 共线，所以点 G_1、G'、A' 也共线，且

$$\frac{G_1G'}{G'A'} = \frac{G_1G}{GA} = \frac{1}{3}.$$

因为点 O_1、G_1、H_1 共线，且

$$\frac{O_1G_1}{G_1H_1} = \frac{1}{2},$$

所以

$$\frac{O_1M'}{M'G'} \cdot \frac{G'A'}{A'G_1} \cdot \frac{G_1H_1}{H_1O_1} = \left(-\frac{2}{1}\right) \cdot \left(-\frac{3}{4}\right) \cdot \left(-\frac{2}{3}\right) = -1.$$

由 Menelaus 定理的逆定理得点 A'、M'、H_1 共线. 因为 MM' 和 AA' 垂直于平面 BCD，所以 $MM' \parallel AA'$，所以直线 MM' 在点 H_1 和直线 h_1 确定的平面内，即该平面过点 M.

同理可证过点 H_2 和直线 h_2、点 H_3 和直线 h_3、点 H_4 和直线 h_4 的平面过点 M. $\square$

4.8 垂心与十二点球

定义 4.8.1. 如果四面体的高共点，则该点称为四面体的垂心，该四面体称为垂心四面体.

定理 4.8.1. 四面体的高共点的充要条件是该四面体的对棱互相垂直.

证明：充分性

如图 4.8.1，在四面体 $ABCD$ 中，作四面体 $ABCD$ 的高 AH_1、BH_2、CH_3、DH_4，因为 $AB \perp CD$，$AH_1 \perp CD$，所以 $CD \perp$ 平面 ABH_1，因此得平面 $ACD \perp$ 平面 ABH_1. 因为 $BH_2 \perp$ 平面 ACD，所以 BH_2 在平面 ABH_1 内，因此 AH_1 与 BH_2 相交，设交点是 H. 因为 $AC \perp BD$，$AH_1 \perp BD$，所以 $BD \perp$ 平面 ACH_1，由此得平面 $ABD \perp$ 平面 ACH. 同理可得平面 $ABD \perp$ 平面 BCH，所以 $CH \perp$ 平面 ABD，因此点 H 在 CH_3 上. 同理可得点 H 在 DH_4 上，所以 AH_1、BH_2、CH_3、DH_4 共点.

必要性

如图 4.8.1，在四面体 $ABCD$ 中，作四面体 $ABCD$ 的高 AH_1、BH_2、CH_3、DH_4，AH_1、BH_2、CH_3、DH_4 的交点是 H，因为 $AH \perp CD$，$AB \perp CD$，所以 $CD \perp$ 平面 ABH，因此 $AB \perp CD$. 同理可得 $AC \perp BD$，$AD \perp BC$. □

定理 4.8.2. 四面体对棱互相垂直的充要条件是四面体有一高的垂足是所在面的垂心.

证明：充分性

如图 4.8.1，在四面体 $ABCD$ 中，作四面体 $ABCD$ 的高 AH_1、BH_2、CH_3、DH_4，因为点 H_1 是 $\triangle BCD$ 的垂心，所以 $BH_1 \perp CD$. 又因为 $AH_1 \perp CD$，所以 $CD \perp$ 平面 ABH_1，因此有 $AB \perp CD$. 同理可证 $AC \perp BD$，$AD \perp BC$.

必要性

如图 4.8.1，在四面体 $ABCD$ 中，作四面体 $ABCD$ 的高 AH_1、BH_2、CH_3、DH_4，因为 $AH_1 \perp CD$，$AB \perp CD$，所以 $CD \perp$ 平面 ABH_1，因此有 $BH_1 \perp CD$. 同理可得 $CH_1 \perp BD$，$DH_1 \perp BC$，所以点 H_1 是 $\triangle BCD$ 的垂心. 同理得点 H_2 是 $\triangle ACD$ 的垂心，点 H_3 是 $\triangle ABD$ 的垂心，点 H_4 是 $\triangle ABC$ 的垂心. □

推论 4.8.2.1. 垂心四面体如果所有面都是锐角三角形，那么垂心在四面体内；如果有一个面是钝角三角形，那么垂心在四面体外.

定理 4.8.3. 四面体对棱互相垂直的充要条件是对棱的平方和相等.

证明：充分性

如图 4.8.2，设平行六面体 AC_1BD_1-A_1CB_1D 是四面体 $ABCD$ 的外接平行六面体，$AB = a$，$AC = b$，$AD = c$，$CD = p$，$DB = q$，$BC = r$，$a^2 + p^2 = b^2 + q^2 = c^2 + r^2 = l^2$，

$l > 0$，所以
$$AC_1 = \frac{1}{2}\sqrt{a^2+p^2+b^2+q^2-c^2-r^2} = \frac{l}{2},$$
$$AD_1 = \frac{1}{2}\sqrt{a^2+p^2+c^2+r^2-b^2-q^2} = \frac{l}{2},$$
$$AA_1 = \frac{1}{2}\sqrt{b^2+q^2+c^2+r^2-a^2-p^2} = \frac{l}{2},$$

因此平行六面体 $AC_1BD_1\text{-}A_1CB_1D$ 各面都是菱形，所以各面的对角线互相垂直．因为四面体的棱与外接平行六面体的对面的非四面体对棱的对角线平行，所以四面体的对棱垂直．

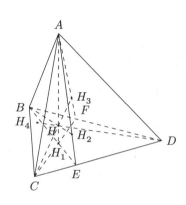

图 4.8.1

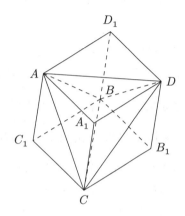

图 4.8.2

必要性

如图 4.8.2，设平行六面体 $AC_1BD_1\text{-}A_1CB_1D$ 是四面体 $ABCD$ 的外接平行六面体，$AB = a$, $AC = b$, $AD = c$, $CD = p$, $DB = q$, $BC = r$．因为四面体的棱与外接平行六面体的对面的非四面体对棱的对角线平行，所以四面体的外接平行六面体的各面的对角线垂直，即四面体的外接平行六面体的各面都是菱形，所以 $AC_1 = AD_1$．因为

$$AC_1 = \frac{1}{2}\sqrt{a^2+p^2+b^2+q^2-c^2-r^2},$$
$$AD_1 = \frac{1}{2}\sqrt{a^2+p^2+c^2+r^2-b^2-q^2},$$

所以 $a^2+p^2+b^2+q^2-c^2-r^2 = a^2+p^2+c^2+r^2-b^2-q^2$，由此得 $b^2+q^2 = c^2+r^2$．同理可得 $a^2+p^2 = b^2+q^2$．所以得到 $a^2+p^2 = b^2+q^2 = c^2+r^2$． □

由定理 4.8.1、定理 4.8.2 和定理 4.8.3 立即得一个四面体是垂心四面体的充要条件是以下其中之一：

（1）四面体的对棱互相垂直；

（2）四面体高在某一面的射影是所在面的垂心；

（3）四面体对棱的平方和相等．

定理 4.8.4. 垂心四面体中任一顶点的三面角的面角或者都是锐角,或者都是直角,或者都是钝角.

证明: 如图 4.8.2,在四面体 $ABCD$ 中,$AB = a$, $AC = b$, $AD = c$, $CD = p$, $DB = q$, $BC = r$, $a^2 + p^2 = b^2 + q^2 = c^2 + r^2 = l^2$, $l > 0$. 因为 $a^2 + b^2 - r^2 = a^2 + c^2 - q^2 = b^2 + c^2 - p^2 = a^2 + b^2 + c^2 - l^2$,所以三面角 $A\text{-}BCD$ 的所有面角的余弦值同号,所以 $\angle BAC$、$\angle BAD$、$\angle CAD$ 或者都是锐角,或者都是直角,或者都是钝角. 同理可证其他三面角的情况. □

定理 4.8.5. 如果四面体的一个三面角的所有面角都是直角,那么该四面体是垂心四面体.

证明: 设四面体 $ABCD$ 中,$\angle BAC$、$\angle BAD$、$\angle CAD$ 都是直角,那么 AB 是四面体 $ABCD$ 的高,且点 A 是 $\triangle ACD$ 的垂心,所以四面体 $ABCD$ 是垂心四面体. □

定义 4.8.2. 有一个三面角的所有面角都是直角的四面体称为直角四面体.

由六棱确定的四面体体积公式以及外接球半径公式可得

定理 4.8.6. 四面体 $ABCD$ 的外接平行六面体,$AB = a$, $AC = b$, $AD = c$, $CD = p$, $DB = q$, $BC = r$,若 $a^2 = w + x$, $b^2 = w + y$, $c^2 = w + z$, $p^2 = y + z$, $q^2 = x + z$, $r^2 = x + y$,则

(1) 四面体 $ABCD$ 的体积是
$$\frac{\sqrt{wxy + wxz + wyz + xyz}}{6};$$

(2) 四面体 $ABCD$ 的外接球半径是
$$\sqrt{\frac{P}{wxy + wxz + wyz + xyz}},$$

其中
$$P = w^2(xy + xz + yz) + x^2(wy + wz + yz)$$
$$+ y^2(wx + wz + xz) + z^2(wx + wy + xy).$$

类似定理 4.7.5 的证明得

定理 4.8.7. 垂心四面体 $ABCD$ 的体积是 V,垂心是 H,点 H 到平面 ABC、ABD、ACD、BCD 的有向距离分别是 d_D、d_C、d_B、d_A,$\triangle ABC$ 的面积是 S_D,$\triangle ABD$ 的面积是 S_C,$\triangle ACD$ 的面积是 S_B,$\triangle BCD$ 的面积是 S_A,$AB^2 = w + x$, $AC^2 = w + y$, $AD^2 = w + z$, $BC^2 = x + y$, $BD^2 = x + z$, $CD^2 = y + z$,则
$$d_A = \frac{xyz}{12S_A V}, \quad d_B = \frac{wyz}{12S_B V}, \quad d_C = \frac{wxz}{12S_C V}, \quad d_D = \frac{wxy}{12S_D V}.$$

推论 4.8.7.1. 四面体 $ABCD$ 的体积是 V，外接球球心是 O，$BC=r$，$\triangle ABC$ 的面积是 S_D，$\triangle ABD$ 的面积是 S_C，$\triangle ACD$ 的面积是 S_B，$\triangle BCD$ 的面积是 S_A，$AB^2=w+x$，$AC^2=w+y$，$AD^2=w+z$，$BC^2=x+y$，$BD^2=x+z$，$CD^2=y+z$，则

$$xyz\overrightarrow{HA}+wyz\overrightarrow{HB}+wxz\overrightarrow{HC}+wxy\overrightarrow{HD}=\mathbf{0}.$$

点 H 关于四面体 $ABCD$ 的重心坐标是

$$\left(\frac{xyz}{36V^2},\frac{wyz}{36V^2},\frac{wxz}{36V^2},\frac{wxy}{36V^2}\right).$$

由推论 4.5.19.1 得

定理 4.8.8. 垂心四面体 $ABCD$ 的垂心是 H，$AB^2=w+x$，$AC^2=w+y$，$AD^2=w+z$，$BC^2=x+y$，$BD^2=x+z$，$CD^2=y+z$，则

$$HA^2=\frac{w^2(xy+xz+yz)}{36V^2},\quad HB^2=\frac{x^2(wy+wz+yz)}{36V^2},$$
$$HC^2=\frac{y^2(wx+wz+xz)}{36V^2},\quad HD^2=\frac{z^2(wx+wy+xy)}{36V^2}.$$

由定理 4.8.7 得垂心到四面体四面的四个有向距离或者全是正数，或者一个是正数其他都是 0，或者一个是正数其他是负数.

由定理 4.7.8 立即得

定理 4.8.9. 垂心四面体的垂心与 Monge 点重合.

再根据 Monge 点的性质立即得

定理 4.8.10. 垂心四面体的外心、重心、垂心在同一直线上，并且重心把外心和垂心的连线平分（图 4.8.3）.

推论 4.8.10.1. 四面体 $ABCD$ 中，$AB=a$，$AC=b$，$AD=c$，$CD=p$，$DB=q$，$BC=r$，$a^2+p^2=b^2+q^2=c^2+r^2=l^2$，$l>0$，点 O 是外心，点 G 是重心，点 H 是垂心，则

$$OG=HG=\frac{\sqrt{16R^2-3l^2}}{4},\quad OH=\frac{\sqrt{16R^2-3l^2}}{2}.$$

证明： 由重心的结论，有

$$OG=HG=\frac{\sqrt{16R^2-(a^2+b^2+c^2+p^2+q^2+r^2)}}{4}=\frac{\sqrt{16R^2-3l^2}}{4}. \qquad \square$$

定义 4.8.3. 空间五点，任一点是其余四点组成四面体的垂心，则称这五点为一个垂心组.

定理 4.8.11. 垂心四面体的四个顶点与其垂心组成一个垂心组.

证明：如图 4.8.1，在四面体 $ABCD$ 中，作四面体 $ABCD$ 的高 AH_1、BH_2、CH_3、DH_4，四面体 $ABCD$ 的垂心是 H. 因为 $AD \perp BC$，$AD \perp BH$，所以 $AD \perp$ 平面 BCH. 同理可证 $BD \perp$ 平面 ACH，$CD \perp$ 平面 ABH. 因为 $DH \perp$ 平面 ABC，所以点 D 是四面体 $ABCH$ 的垂心. 同理可证点 C 是四面体 $ABDH$ 的垂心，点 B 是四面体 $ACDH$ 的垂心，点 A 是四面体 $BCDH$ 的垂心，所以点 A、B、C、D、H 是一个垂心组. □

定理 4.8.12. P 是给定一点，a、b、c、d 是给定长度，满足 $PA = a$，$PB = b$，$PB = c$，$PD = d$，$\triangle BCD$ 各边长固定，则当点 A 和平面 BCD 在过点 P 且与平面 BCD 平行的平面两侧且 $PA \perp$ 平面 BCD 时四面体 $ABCD$ 的体积最大.

证明：若点 A 和平面 BCD 在过点 P 且与平面 BCD 平行的平行同侧或点 A 在过点 P 且与平面 BCD 平行的平面内时，过点 P 作 $PD \perp$ 平面 BCD，$PE = a$，且点 E 和平面 BCD 在过点 P 且与平面 BCD 平行的两侧，则四面体 $EBCD$ 面 BCD 的高比四面体 $ABCD$ 面 BCD 的高大，此时四面体 $ABCD$ 的体积一定不会最大.

若 A 和平面 BCD 在过点 P 且与平面 BCD 平行的平面两侧，但 PA 与平面 BCD 不垂直时，过点 P 作 $PE \perp$ 平面 BCD，$PE = a$，且点 D 和平面 BCD 在过点 P 且与平面 BCD 平行的平面两侧，则四面体 $EBCD$ 面 BCD 的高比四面体 $ABCD$ 面 BCD 的高大，此时四面体 $ABCD$ 的体积一定不会最大.

综合上述讨论，所以当点 A 和平面 BCD 在过点 P 且与平面 BCD 平行的平面两侧且 $PA \perp$ 平面 BCD 时四面体 $ABCD$ 的体积最大. □

由定理 4.8.12 及当 A、B、C、D 趋向共面时四面体 $\triangle ABCD$ 的体积趋向 0，立即得

定理 4.8.13. P 是给定一点，a、b、c、d 是给定长度，满足 $PA = a$，$PB = b$，$PB = c$，$PD = d$，则四面体 $ABCD$ 的体积可以无限趋近 0，当四面体 $ABCD$ 是垂心四面体，点 P 是在四面体 $ABCD$ 内且是其垂心时四面体 $ABCD$ 的体积最大.

下面来求体积最大时的一些值用于确定这个四面体. 设过点 A、B、C、D 的四面体 $ABCD$ 高的垂足分别是 W、X、Y、Z，$PW = w$，$PX = x$，$PY = y$，$PZ = z$，则 $PA \cdot PW = PB \cdot PX = PC \cdot PY = PD \cdot PZ$，设 $PA \cdot PW = PB \cdot PX = PC \cdot PY = PD \cdot PZ = s$. 设过点 B、C、D 的 $\triangle BCD$ 高的垂足分别是 X'、Y'、Z'，$WX' = x'$，$WY' = y'$，$WZ' = z'$，则

$$WB \cdot WX' = WC \cdot WY' = WD \cdot WZ',$$

设 $WB \cdot WX' = WC \cdot WY' = WD \cdot WZ' = s'$，因为

$$\frac{AW}{WX'} = \frac{BW}{PW},$$

所以

$$BW \cdot WX' = AW \cdot PW = w(a+w).$$

设 $WB=b', WC=c', WD=d'$,则 $CX'=\sqrt{c'^2-x'^2}$, $BX'=b'+x'$, $DX'=\sqrt{d'^2-x'^2}$, $x'=\dfrac{s'}{b}$,由

$$\frac{CX'}{WX'}=\frac{BX'}{DX'}$$

整理得方程

$$2s'^3+(a'^2+b'^2+c'^2)s'^2-a'^2b'^2c'^2=0,$$

该方程有唯一正根. 再把 $s'=w(a+w)$, $a'^2=a^2-w^2$, $b'^2=b^2-w^2$, $c'^2=c^2-w^2$, $w=\dfrac{s}{a}$ 代入上面的方程,整理得方程

$$3s^4+2(a^2+b^2+c^2+d^2)s^3+(a^2b^2+a^2c^2+a^2d^2+b^2c^2+b^2d^2+c^2d^2)s^2-a^2b^2c^2d^2=0,$$

该方程有唯一的正根,求出 s 后就可以确定 w、x、y、z,再由 $s'=w(a+w)$, $a'^2=a^2-w^2$, $b'^2=b^2-w^2$, $c'^2=c^2-w^2$, $b'x'=c'y'=d'z'=s'$ 就可以确定 x'、y'、z',接着整个四面体的六棱就确定了,最后用六棱确定的体积公式便可求得体积.

定理 4.8.14. 垂心四面体各棱的中点,各面高的垂足,共十二点在同一球面上,球心是该四面体的重心,且球的直径平方的四倍等于四面体对棱的平方和.

证明: 如图 4.8.4,设在四面体 $ABCD$ 中,点 E 是 AB 的中点,点 F 是 AC 的中点,点 G 是 AD 的中点,点 H 是 CD 的中点,点 I 是 DB 的中点,点 J 是 BC 的中点. 因为

$$EF \parallel BC,\ EF=\frac{1}{2}BC,\ HI \parallel BC,\ HI=\frac{1}{2}BC,$$

所以 $EF \parallel HI \parallel BC$, $EF=HI$. 同理可得 $EI \parallel FH \parallel AD$, $EI=FH$. 又因为 $AD\perp BC$,所以四边形 $EFHI$ 是矩形. 同理可得四边形 $EGHJ$ 是矩形,所以点 E、F、G、H、I、J 在同一球面上,其直径是 EH,因此球心是四面体 $ABCD$ 的重心. 因为四面体各面的中点和所在面的高的垂足共圆,所以四面体 $ABCD$ 各棱的中点,各面高的垂足在同一球面上. 并且得到

$$4\cdot EH^2=(2\cdot EF)^2+(2\cdot FH)^2=AD^2+BC^2. \qquad \square$$

定理 4.8.15. 垂心四面体的四面的重心,四高的垂足,各顶点到垂心距离三分之二处,这十二点在同一球面上,并且球的半径是该四面体外接球半径的三分之一.

证明: 如图 4.8.5,定理 4.8.15 可叙述为点 H 是四面体 $ABCD$ 的垂心,外接球半径是 R,点 G_1 是 $\triangle BCD$ 的重心,点 G_2 是 $\triangle ACD$ 的重心,点 G_3 是 $\triangle ABD$ 的重心,点 G_4 是 $\triangle ABC$ 的重心,AH_1、BH_2、CH_3、DH_4 是四面体 $ABCD$ 的高,点 D_1 在 AH 上且 $AD_1=\dfrac{2}{3}AH$,点 D_2 在 BH 上且 $BD_2=\dfrac{2}{3}BH$,点 D_3 在 CH 上且 $CD_3=\dfrac{2}{3}CH$,点 D_4

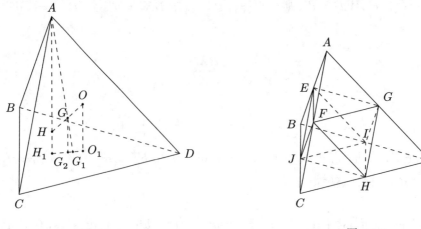

图 4.8.3　　　　　　　　　　图 4.8.4

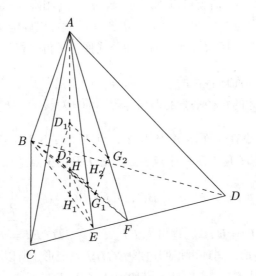

图 4.8.5

在 DH 上且 $DD_4 = \dfrac{2}{3}DH$，则点 G_1、G_2、G_3、G_4、H_1、H_2、H_3、H_4、D_1、D_2、D_3、D_4 十二点在同一球面上，该球的半径是 $\dfrac{R}{3}$.

现在来证明定理 4.8.15，设平面 ABH 与 CD 相交于点 E，作 CD 的中点 F，联结 AF、BF，则点 G_1 在 BF 上，点 G_2 在 AF 上. 因为 $AH \perp BE$，$BH \perp AE$，所以点 H 是 $\triangle ABE$ 的垂心，因此得 $EH \perp AB$. 又因为 $CD \perp AB$，所以 $AB \perp$ 平面 EFH，因此 $AB \perp FH$. 因为

$$\dfrac{FG_1}{BF} = \dfrac{FG_2}{AF} = \dfrac{1}{3},\ \dfrac{D_1H}{AH} = \dfrac{D_2H}{BH} = \dfrac{1}{3},\ \dfrac{AG_2}{AF} = \dfrac{AD_1}{AH} = \dfrac{2}{3},\ \dfrac{BG_1}{BF} = \dfrac{BD_2}{BH} = \dfrac{2}{3},$$

142

所以
$$G_1G_2 \parallel AB, \ D_1D_2 \parallel AB, \ G_2D_1 \parallel FH, \ G_1D_2 \parallel FH,$$
由此得
$$G_1G_2 \parallel D_1D_2, \ G_2D_1 \parallel G_1D_2, \ G_1G_2 \perp G_2D_1,$$
因此四边形 $G_1G_2D_1D_2$ 是矩形. 同理可得四边形 $G_1G_3D_1D_3$ 是矩形, 四边形 $G_1G_4D_1D_4$ 是矩形, 所以点 G_1、G_2、G_3、G_4、D_1、D_2、D_3、D_4 在同一球面上, G_1D_1 是直径. 又因为 $D_1H_1 \perp G_1H_1$, 所以点 H_1 也在以 G_1D_1 为直径的球面上. 同理可得点 H_2 也在以 G_1D_1 为直径的球面上, 点 H_3 也在以 G_1D_1 为直径的球面上, 点 H_4 也在以 G_1D_1 为直径的球面上, 所以点 G_1、G_2、G_3、G_4、H_1、H_2、H_3、H_4、D_1、D_2、D_3、D_4 十二点在同一球面上. 因为
$$G_1G_2 = \frac{AB}{3}, \ G_1G_3 = \frac{AC}{3}, \ G_1G_4 = \frac{AD}{3}, \ G_2G_3 = \frac{BC}{3}, \ G_2G_4 = \frac{BD}{3}, \ G_3G_4 = \frac{CD}{3},$$
所以四面体 $G_1G_2G_3G_4$ 外接球的半径是 $\frac{R}{3}$, 即所定义的十二点球的半径是 $\frac{R}{3}$. □

定义 4.8.4. 定理 4.8.14 所定义的十二点球称为四面体的第一类十二点球, 定理 4.8.15 所定义的十二点球称为第二类十二点球.

定理 4.8.16. 四面体 $ABCD$ 的外心 O、重心 G、第二类十二点球球心 S、垂心 H 依次分布在一直线上, 并且 $OG:GS:SH = 3:1:2$.

证明: 如图 4.8.6, 因为点 D_1 在 AH 上且 $AD_1 = \frac{2}{3}AH$, 联结 GS、SH. 因为
$$\frac{G_1S}{SD_1} \cdot \frac{D_1H}{HA} \cdot \frac{AG}{GG_1} = \frac{1}{1} \times \frac{1}{3} \times \frac{3}{1} = 1,$$
所以点 G、S、H 共线. 由定理 4.8.10 知点 O、G、S 共线, 所以外心 O、重心 G、第二类十二点球球心 S、垂心 H 依次分布在一直线上. 又因为
$$\frac{HD_1}{D_1A} \cdot \frac{AG_1}{G_1G} \cdot \frac{GS}{SH} = \frac{1}{2} \cdot \frac{4}{1} \cdot \frac{GS}{SH} = 2 \cdot \frac{GS}{SH} = 1,$$
所以
$$\frac{GS}{SH} = \frac{1}{2}.$$
又因为 $OG = HG$, 所以
$$OG:GS:SH = 3:1:2.$$
□

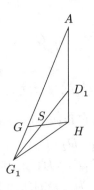

图 4.8.6

4.9 内切球与旁切球

定理 4.9.1. 四面体有内切球.

证明: 如图 4.9.1, 设在四面体 $ABCD$ 中, 二面角 C-AB-D 和 B-AC-D 的内平分平面相交于直线 l, 二面角 C-AB-D 和 B-AC-D 的内平分平面都与平面 BCD 相交, 所以 l 过点 A 并且与平面 BCD 相交. 设二面角 A-BC-D 的内平分平面与 l 相交于点 I, 点 I 到平面 BCD 的距离是 d_A, 点 I 到平面 ACD 的距离是 d_B, 点 I 到平面 ABD 的距离是 d_C, 点 I 到平面 ABC 的距离是 d_D. 因为点 I 在二面角 C-AB-D 的内平分平面上, 所以 $d_C = d_D$; 因为点 I 在二面角 B-AC-D 的内平分平面上, 所以 $d_B = d_D$; 因为点 I 在二面角 A-BC-D 的内平分平面上, 所以 $d_A = d_D$; 因此 $d_A = d_C = d_B = d_D$, 即点 I 就四面体 $ABCD$ 的内心, 点 I 到平面 BCD 的距离是内切球的半径. □

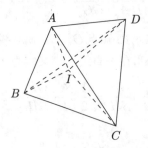

图 4.9.1

定理 4.9.2. 四面体 $ABCD$ 的体积是 V, 内切球半径是 r, $\triangle BCD$ 的面积是 S_1, $\triangle ACD$ 的面积是 S_2, $\triangle ABD$ 的面积是 S_3, $\triangle ABC$ 的面积是 S_4, 则

$$r = \frac{3V}{S_1 + S_2 + S_3 + S_4}.$$

证明: 如图 4.9.1 所示, 设四面体 $ABCD$ 的内心是 I, 则

$$\frac{1}{3}S_1 r = V_{\text{四面体 } BCDI}, \quad \frac{1}{3}S_2 r = V_{\text{四面体 } ACDI}, \quad \frac{1}{3}S_3 r = V_{\text{四面体 } ABDI}, \quad \frac{1}{3}S_4 r = V_{\text{四面体 } ABCI},$$

所以

$$\frac{1}{3}(S_1 + S_2 + S_3 + S_4)r = V_{\text{四面体 } BCDI} + V_{\text{四面体 } ACDI} + V_{\text{四面体 } ABDI} + V_{\text{四面体 } ABCI} = V,$$

所以

$$r = \frac{3V}{S_1 + S_2 + S_3 + S_4}. \qquad \square$$

由定理 4.5.1 得

定理 4.9.3. 四面体 $ABCD$ 的体积是 V, 内心是 I, 内切球半径是 r, $\triangle ABC$ 的面积是 S_D, $\triangle ABD$ 的面积是 S_C, $\triangle ACD$ 的面积是 S_B, $\triangle BCD$ 的面积是 S_A, 则

$$S_A \overrightarrow{IA} + S_B \overrightarrow{IB} + S_C \overrightarrow{IC} + S_D \overrightarrow{ID} = \mathbf{0},$$

点 I 关于四面体 $ABCD$ 的重心坐标是

$$\left(\frac{S_A r}{3V}, \frac{S_B r}{3V}, \frac{S_C r}{3V}, \frac{S_D r}{3V} \right).$$

由推论 4.5.19.1 得

定理 4.9.4. 四面体 $ABCD$ 的内心是 I, 内切球半径是 r', 体积是 V, $\triangle ABC$ 的面积是 S_D, $\triangle ABD$ 的面积是 S_C, $\triangle ACD$ 的面积是 S_B, $\triangle BCD$ 的面积是 S_A, $AB = a$, $AC = b$, $AD = c$, $CD = p$, $DB = q$, $BC = r$, 则

$$IA^2 = \frac{(S_B + S_C + S_D)(a^2 S_B + b^2 S_C + c^2 S_D) - (r^2 S_B S_C + q^2 S_B S_D + p^2 S_C S_D)}{9V^2} r'^2,$$

$$IB^2 = \frac{(S_A + S_C + S_D)(a^2 S_A + r^2 S_C + q^2 S_D) - (b^2 S_A S_C + c^2 S_A S_D + p^2 S_C S_D)}{9V^2} r'^2,$$

$$IC^2 = \frac{(S_A + S_B + S_D)(b^2 S_A + r^2 S_B + p^2 S_D) - (a^2 S_A S_B + c^2 S_A S_D + q^2 S_B S_D)}{9V^2} r'^2,$$

$$ID^2 = \frac{(S_A + S_B + S_C)(c^2 S_A + q^2 S_B + p^2 S_C) - (a^2 S_A S_B + b^2 S_A S_C + r^2 S_B S_C)}{9V^2} r'^2.$$

定理 4.9.5. 四面体的外接球半径是 R, 内切球半径是 r, 则 $R \geqslant 3r$, 且仅当四面体是正四面体时等号才成立.

证明: 设四面体是 $ABCD$, 顶点 A、B、C、D 所对的面的重心分别是 A'、B'、C'、D', 则四面体 $A'B'C'D'$ 的外接球半径是 $\dfrac{R}{3}$. 过四面体 $A'B'C'D'$ 的外接球分别作平面平行于平面 BCD, 使这个平面在点 A 与平面 BCD 之间(有可能与平面 BCD 重合), 类似作出另外三个平面, 这四个平面构成四面体 $A_1 B_1 C_1 D_1$, 其内切球半径就是 $\dfrac{R}{3}$, 显然四面

体是 $ABCD$ 在四面体 $A_1B_1C_1D_1$ 内,所以 $\dfrac{R}{3} \geqslant r$,即 $R \geqslant 3r$. 仅当四面体是正四面体时 $ABCD$ 与四面体 $A_1B_1C_1D_1$ 重合,此时等号才成立. □

在定理 4.5.19 中取点 P 是四面体 $ABCD$ 的重心 G,点 Q 是四面体的内心 I,得

定理 4.9.6. 四面体 $ABCD$ 的重心是 G,内心是 I,内切球半径是 r',体积是 V,$\triangle ABC$ 的面积是 S_D,$\triangle ABD$ 的面积是 S_C,$\triangle ACD$ 的面积是 S_B,$\triangle BCD$ 的面积是 S_A,$AB=a$,$AC=b$,$AD=c$,$CD=p$,$DB=q$,$BC=r$,则

$$IG^2 = \frac{tr'^2}{9V^2} - \frac{a^2+b^2+c^2+p^2+q^2+r^2}{16},$$

其中

$$\begin{aligned}t = &(a^2+b^2+c^2)S_A^2 + (a^2+q^2+r^2)S_B^2 + (b^2+p^2+r^2)S_C^2 + (c^2+p^2+q^2)S_D^2 \\ &+ (b^2+q^2+c^2+r^2-2a^2)S_AS_B + (a^2+p^2+c^2+r^2-2b^2)S_AS_C \\ &+ (a^2+p^2+b^2+q^2-2c^2)S_AS_D + (a^2+p^2+b^2+q^2-2r^2)S_BS_C \\ &+ (a^2+p^2+c^2+r^2-2q^2)S_BS_D + (b^2+q^2+c^2+r^2-2p^2)S_CS_D.\end{aligned}$$

在定理 4.5.19 中取点 P 是四面体 $ABCD$ 的内心 I,点 Q 是四面体的外心 O,得

定理 4.9.7. 四面体 $ABCD$ 的外心是 O,内心是 I,外接球半径是 R,内切球半径是 r',体积是 V,$\triangle ABC$ 的面积是 S_D,$\triangle ABD$ 的面积是 S_C,$\triangle ACD$ 的面积是 S_B,$\triangle BCD$ 的面积是 S_A,$AB=a$,$AC=b$,$AD=c$,$CD=p$,$DB=q$,$BC=r$,则

$$OI^2 = R^2 - \frac{a^2S_AS_B + b^2S_AS_C + c^2S_AS_D + r^2S_BS_C + q^2S_BS_D + p^2S_CS_D}{9V^2}r'^2.$$

在定理 4.5.19 中取点 P 是四面体 $ABCD$ 的内心 I,点 Q 是四面体的垂心 H,得

定理 4.9.8. 垂心四面体 $ABCD$ 的垂心是 H,内心是 I,内切球半径是 r,体积是 V,$\triangle ABC$ 的面积是 S_D,$\triangle ABD$ 的面积是 S_C,$\triangle ACD$ 的面积是 S_B,$\triangle BCD$ 的面积是 S_A,$AB^2 = w+x$,$AC^2 = w+y$,$AD^2 = w+z$,$CD^2 = y+z$,$DB^2 = x+z$,$BC^2 = x+y$,则

$$HI^2 = \frac{tr}{108V^3} - \frac{ur^2}{9V^2},$$

其中

$$\begin{aligned}t = &S_Aw^2(xy+xz+yz) + S_Bx^2(wy+wz+yz) \\ &+ S_Cy^2(wx+wz+xz) + S_Dz^2(wx+wy+xy),\end{aligned}$$

$$\begin{aligned}u = &(w+x)S_AS_B + (w+y)S_AS_C + (w+z)S_AS_D \\ &+ (x+y)S_BS_C + (x+z)S_BS_D + (y+z)S_CS_D.\end{aligned}$$

定义 4.9.1. 点 P 是四面体 $ABCD$ 棱 CD 上一点，面 ABP 把四面体 $ABCD$ 的全面积平分，则点 P 称为棱 CD 的界点. 四面体其余棱的界点类似定义.

定理 4.9.9. 点 P 是四面体 $ABCD$ 棱 CD 上的界点，$\triangle BCD$、$\triangle ACD$、$\triangle ABD$、$\triangle ABC$ 的面积分别是 S_A、S_B、S_C、S_D，则 $\dfrac{CP}{PD} = \dfrac{S_A + S_B + S_C - S_D}{S_A + S_B - S_C + S_D}$.

证明： 因为
$$S_{\triangle ACP} + S_{\triangle BCP} = \frac{S_A + S_B + S_C + S_D}{2} - S_D = \frac{S_A + S_B + S_C - S_D}{2},$$
$$S_{\triangle ADP} + S_{\triangle BDP} = \frac{S_A + S_B + S_C + S_D}{2} - S_C = \frac{S_A + S_B - S_C + S_D}{2},$$

所以
$$\frac{CP}{PD} = \frac{S_{\triangle ACP}}{S_{\triangle ADP}} = \frac{S_{\triangle BCP}}{S_{\triangle BDP}} = \frac{S_{\triangle ACP} + S_{\triangle BCP}}{S_{\triangle ADP} + S_{\triangle BDP}} = \frac{S_A + S_B + S_C - S_D}{S_A + S_B - S_C + S_D}. \qquad \square$$

由 Ceva 定理及 Menelaus 定理易证.

定理 4.9.10. 点 T、U、V 分别是四面体 $ABCD$ 棱 CD、BD、BC 上的界点，$\triangle ACD$、$\triangle ABD$、$\triangle ABC$ 的面积分别是 S_A、S_B、S_C、S_D，则直线 BT、CU、DV 共点，设这个点是 P，点 P 关于 $\triangle BCD$ 的重心坐标是

$$\left(\frac{S_A - S_B + S_C + S_D}{3S_A + S_B + S_C + S_D}, \frac{S_A + S_B - S_C + S_D}{3S_A + S_B + S_C + S_D}, \frac{S_A + S_B + S_C - S_D}{3S_A + S_B + S_C + S_D} \right).$$

定义 4.9.2. 定理 4.9.10 中点 P 称为四面体 $ABCD$ 中 $\triangle BCD$ 的界点. 四面体其余面的界点类似定义.

取
$$\alpha = \frac{-S_A + S_B + S_C + S_D}{2(S_A + S_B + S_C + S_D)}, \quad \beta = \frac{S_A - S_B + S_C + S_D}{2(S_A + S_B + S_C + S_D)},$$
$$\gamma = \frac{S_A + S_B - S_C + S_D}{2(S_A + S_B + S_C + S_D)}, \quad \delta = \frac{S_A + S_B + S_C - S_D}{2(S_A + S_B + S_C + S_D)},$$
$$t = \frac{2(S_A + S_B + S_C + S_D)}{3S_A + S_B + S_C + S_D}, \quad u = \frac{2(S_A + S_B + S_C + S_D)}{S_A + 3S_B + S_C + S_D},$$
$$v = \frac{2(S_A + S_B + S_C + S_D)}{S_A + S_B + 3S_C + S_D}, \quad w = \frac{2(S_A + S_B + S_C + S_D)}{S_A + S_B + S_C + 3S_D},$$

由定理 4.5.8 立即得

定理 4.9.11. 四面体 $ABCD$ 中，$\triangle BCD$、$\triangle ACD$、$\triangle ABD$、$\triangle ABC$ 的界点分别是 T、U、V、W，面积分别是 S_A、S_B、S_C、S_D，则直线 AT、BU、CV、DW 相交于点 N，点 N 关于四面体 $ABCD$ 的重心坐标是

$$\left(\frac{p_A}{2p}, \frac{p_B}{2p}, \frac{p_C}{2p}, \frac{p_D}{2p} \right).$$

其中

$$p_A = -S_A + S_B + S_C + S_D,$$
$$p_B = S_A - S_B + S_C + S_D,$$
$$p_C = S_A + S_B - S_C + S_D,$$
$$p_D = S_A + S_B + S_C - S_D,$$
$$p = S_A + S_B + S_C + S_D.$$

定义 4.9.3. 定理 4.9.11 中的点 N 称为四面体 $ABCD$ 的界心.

取点 P 是四面体 $ABCD$ 的内心，点 Q 是四面体 $ABCD$ 的界心，$\lambda_P = \lambda_Q = \dfrac{1}{2}$，由定理 4.5.16 立即得

定理 4.9.12. 设点 G 是四面体 $ABCD$ 的重心，点 I 是四面体 $ABCD$ 的内心，点 N 是四面体 $ABCD$ 的界心，则 I、G、N 共线，点 G 是线段 IN 的中点.

旁切球的内容参考了文 [14].

定义 4.9.4. 与四面体各面都相切，并且球心在四面体外的球称为该四面体的旁切球，其球心称为该四面体的旁心.

定义 4.9.5. 过四面体一面三顶点的棱的反向延长线以及该面所包含的区域称为该面的临面区；过四面体一棱两顶点的棱的反向延长线以及该棱所包含的区域称为该棱的临棱区；过四面体一顶点的三棱的反向延长线所包含的区域称为该顶点的临顶区.

图 4.9.2 画了四面体 $ABCD$ 中面 BCD 的临面区 X、棱 AB 的临棱区 Y 和点 A 的临顶区 Z. 图 4.9.3 画了四面体的内切球，临面区和临棱区的旁切球各一个.

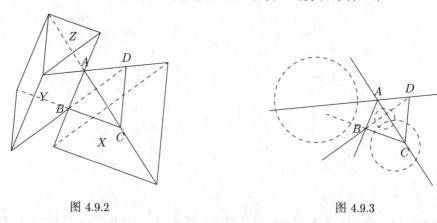

图 4.9.2   图 4.9.3

定义 4.9.6. 如果线段 AB 内存在一点 C，在 AB 的延长线或反向延长线上存在一点 D，如果 $\dfrac{AC}{BC} = \dfrac{AD}{BD}$，则点 D 称为点 C 关于线段 AB 的调和共轭点，点 C 也称为点 D 关于线段 AB 的调和共轭点，或者点 C、D 互为线段 AB 的调和共轭点.

定理 4.9.13. 如果点 C 是线段 AB 内的一点，则当 $\dfrac{AC}{BC} > 1$ 时，点 C 关于线段 AB 的调和共轭点在 AB 的延长线上；当 $\dfrac{AC}{BC} < 1$ 时，点 C 关于线段 AB 的调和共轭点在 BA 的延长线上；当 $\dfrac{AC}{BC} = 1$ 时，点 C 关于线段 AB 的调和共轭点不存在.

证明： 当 $\dfrac{AC}{BC} > 1$ 时，设点 C 关于线段 AB 的调和共轭点是点 D，那么

$$\frac{AD}{BD} = \frac{AC}{BC} > 1,$$

即 $AD > DB$. 如果点 D 在 BA 的延长线上，那么 $AD = BD - AB < DB$，与 $AD > DB$ 矛盾，所以点 D 在 AB 的延长线上. 于是

$$\frac{AD}{BD} = \frac{AB + BD}{BD} = \frac{AB}{BD} + 1 = \frac{AC}{BC},$$

从而求出

$$BD = \frac{AB \cdot BC}{AC - BC},$$

因而点 D 的位置可以从上式确定.

同理可证当 $\dfrac{AC}{BC} < 1$ 时，点 C 关于线段 AB 的调和共轭点在 BA 的延长线上.

当 $\dfrac{AC}{BC} = 1$ 时，设点 C 关于线段 AB 的调和共轭点是点 D，并且在 AB 的延长线上. 于是

$$\frac{AD}{BD} = \frac{AB + BD}{BD} = \frac{AB}{BD} + 1 = \frac{AC}{BC} = 1,$$

从而 $AB = 0$，这是不可能的，所以点 D 不在 AB 的延长线上. 同理可证点 D 不在 BA 的延长线上. 所以当 $\dfrac{AC}{BC} = 1$ 时，点 C 关于线段 AB 的调和共轭点不存在. □

很明显，四面体的临顶区不存在旁切球.

仿照定理 3.1.4 和定理 3.1.5 的证明可得定理 4.9.14 和定理 4.9.15.

定理 4.9.14. 如果四面体的临面区存在旁切球，那么旁心就是以该面各棱为棱的二面角的外平分平面与以不是该面的棱为棱的二面角的内平分平面的交点.

定理 4.9.15. 如果四面体的临面区存在旁切球，那么该旁切球是唯一存在的.

定理 4.9.16. 四面体的临面区有旁切球.

证明： 如图 4.9.4，设四面体 $ABCD$ 的内心是 I，若四面体 $ABCD$ 在面 BCD 的临面区存在旁切球，其旁心是 I_A，二面角 $C\text{-}AB\text{-}D$ 和 $B\text{-}AC\text{-}D$ 的内平分平面相交于直线 l，则点

I 和 I_A 在 l 上. 设 l 与平面 BCD 相交于点 P, 那么根据四面体 $ABCP$ 和二面角 A-BC-D 的内、外平分平面的性质, 得

$$\frac{AI}{IP} = \frac{AI_A}{I_A P} = \frac{S_{\triangle ABC}}{S_{\triangle BCP}};$$

根据四面体 $ABDP$ 和二面角 A-BD-C 的内、外平分平面的性质, 得

$$\frac{AI}{IP} = \frac{AI_A}{I_A P} = \frac{S_{\triangle ABD}}{S_{\triangle BDP}};$$

根据四面体 $ACDP$ 和二面角 A-CD-B 的内、外平分平面的性质, 得

$$\frac{AI}{IP} = \frac{AI_A}{I_A P} = \frac{S_{\triangle ACD}}{S_{\triangle CDP}};$$

于是得点 I_A 是点 I 关于线段 AP 的调和共轭点, 并且

$$\frac{AI}{IP} = \frac{AI_A}{I_A P} = \frac{S_{\triangle ABC} + S_{\triangle ABD} + S_{\triangle ACD}}{S_{\triangle BCP} + S_{\triangle BDP} + S_{\triangle CDP}} = \frac{S_{\triangle ABC} + S_{\triangle ABD} + S_{\triangle ACD}}{S_{\triangle BCD}}.$$

因为

$$S_{\triangle ABC} + S_{\triangle ABD} + S_{\triangle ACD} > S_{\triangle BCD},$$

所以

$$\frac{AI}{IP} = \frac{AI_A}{I_A P} > 1,$$

根据定理 4.9.13 知点 I_A 是唯一存在的. □

定理 4.9.17. 四面体 $ABCD$ 的体积是 V, 面 BCD 临面区的旁切球半径是 r_A, $\triangle BCD$ 的面积是 S_1, $\triangle ACD$ 的面积是 S_2, $\triangle ABD$ 的面积是 S_3, $\triangle ABC$ 的面积是 S_4, 则

$$r_A = \frac{3V}{S_2 + S_3 + S_4 - S_1}.$$

证明： 如图 4.9.4, 因为

$$\frac{1}{3}S_1 r_A = V_{\text{四面体 } BCDI_A}, \quad \frac{1}{3}S_2 r_A = V_{\text{四面体 } ACDI_A},$$
$$\frac{1}{3}S_3 r_A = V_{\text{四面体 } ABDI_A}, \quad \frac{1}{3}S_4 r_A = V_{\text{四面体 } ABCI_A},$$

所以

$$\frac{1}{3}(S_2+S_3+S_4-S_1)r_A = V_{\text{四面体 } ABCI_A} + V_{\text{四面体 } ABDI_A} + V_{\text{四面体 } ACDI_A} - V_{\text{四面体 } BCDI_A} = V,$$

所以

$$r_A = \frac{3V}{S_2 + S_3 + S_4 - S_1}. \quad \square$$

由定理 4.5.1 得

定理 4.9.18. 四面体 $ABCD$ 的体积是 V，在面 BCD 的临面区的旁心是 I_A，旁切球半径是 r_A，$\triangle ABC$ 的面积是 S_D，$\triangle ABD$ 的面积是 S_C，$\triangle ACD$ 的面积是 S_B，$\triangle BCD$ 的面积是 S_A，则

$$-S_A\overrightarrow{I_AA} + S_B\overrightarrow{I_AB} + S_C\overrightarrow{I_AC} + S_D\overrightarrow{I_AD} = \mathbf{0},$$

点 I_A 关于四面体 $ABCD$ 的重心坐标是

$$\left(-\frac{S_A r_A}{3V}, \frac{S_B r_A}{3V}, \frac{S_C r_A}{3V}, \frac{S_D r_A}{3V}\right).$$

由推论 4.5.19.1 得

定理 4.9.19. 四面体 $ABCD$ 在面 BCD 的面 BCD 的临面区的旁心是 I_A，旁切球半径是 r_A，体积是 V，$\triangle ABC$ 的面积是 S_D，$\triangle ABD$ 的面积是 S_C，$\triangle ACD$ 的面积是 S_B，$\triangle BCD$ 的面积是 S_A，$AB = a$，$AC = b$，$AD = c$，$CD = p$，$DB = q$，$BC = r$，则

$$I_AA^2 = \frac{(S_B + S_C + S_D)(a^2 S_B + b^2 S_C + c^2 S_D) - (r^2 S_B S_C + q^2 S_B S_D + p^2 S_C S_D)}{9V^2} r_A^2,$$

$$I_AB^2 = \frac{(-S_A + S_C + S_D)(-a^2 S_A + r^2 S_C + q^2 S_D) - (-b^2 S_A S_C - c^2 S_A S_D + p^2 S_C S_D)}{9V^2} r_A^2,$$

$$I_AC^2 = \frac{(-S_A + S_B + S_D)(-b^2 S_A + r^2 S_B + p^2 S_D) - (-a^2 S_A S_B - c^2 S_A S_D + q^2 S_B S_D)}{9V^2} r_A^2,$$

$$I_AD^2 = \frac{(-S_A + S_B + S_C)(-c^2 S_A + q^2 S_B + p^2 S_C) - (-a^2 S_A S_B - b^2 S_A S_C + r^2 S_B S_C)}{9V^2} r_A^2.$$

在定理 4.5.19 中取点 P 是四面体 $ABCD$ 的重心 G，点 Q 是四面体的面 BCD 的临面区的旁心 I_A，得

定理 4.9.20. 四面体 $ABCD$ 的重心是 G，面 BCD 的临面区的旁心是 I_A，旁切球半径是 r_A，体积是 V，$\triangle ABC$ 的面积是 S_D，$\triangle ABD$ 的面积是 S_C，$\triangle ACD$ 的面积是 S_B，$\triangle BCD$ 的面积是 S_A，$AB = a$，$AC = b$，$AD = c$，$CD = p$，$DB = q$，$BC = r$，则

$$I_AG^2 = \frac{tr_A^2}{9V^2} - \frac{a^2 + b^2 + c^2 + p^2 + q^2 + r^2}{16},$$

其中

$$\begin{aligned}
t &= (a^2 + b^2 + c^2)S_A^2 + (a^2 + q^2 + r^2)S_B^2 + (b^2 + p^2 + r^2)S_C^2 + (c^2 + p^2 + q^2)S_D^2 \\
&\quad - (b^2 + q^2 + c^2 + r^2 - 2a^2)S_A S_B - (a^2 + p^2 + c^2 + r^2 - 2b^2)S_A S_C \\
&\quad - (a^2 + p^2 + b^2 + q^2 - 2c^2)S_A S_D + (a^2 + p^2 + b^2 + q^2 - 2r^2)S_B S_C \\
&\quad + (a^2 + p^2 + c^2 + r^2 - 2q^2)S_B S_D + (b^2 + q^2 + c^2 + r^2 - 2p^2)S_C S_D.
\end{aligned}$$

在定理 4.5.19 中取点 P 是四面体 $ABCD$ 的面 BCD 的临面区的旁心 I_A，点 Q 是四面体的外心 O，得

定理 4.9.21. 四面体 $ABCD$ 的外心是 O, 面 BCD 的临面区的旁心是 I_A, 外接球半径是 R, 旁切球半径是 r_A, 体积是 V, $\triangle ABC$ 的面积是 S_D, $\triangle ABD$ 的面积是 S_C, $\triangle ACD$ 的面积是 S_B, $\triangle BCD$ 的面积是 S_A, $AB = a$, $AC = b$, $AD = c$, $CD = p$, $DB = q$, $BC = r$, 则

$$OI_A^2 = R^2 - \frac{-a^2 S_A S_B - b^2 S_A S_C - c^2 S_A S_D + r^2 S_B S_C + q^2 S_B S_D + p^2 S_C S_D}{9V^2} r_A^2.$$

在定理 4.5.19 中取点 P 是四面体 $ABCD$ 的面 BCD 的临面区的旁心 I_A, 点 Q 是四面体的垂心 H, 得

定理 4.9.22. 垂心四面体 $ABCD$ 的垂心是 H, 面 BCD 的临面区的旁心是 I_A, 旁切球半径是 r_A, 体积是 V, $\triangle ABC$ 的面积是 S_D, $\triangle ABD$ 的面积是 S_C, $\triangle ACD$ 的面积是 S_B, $\triangle BCD$ 的面积是 S_A, $AB^2 = w + x$, $AC^2 = w + y$, $AD^2 = w + z$, $CD^2 = y + z$, $DB^2 = x + z$, $BC^2 = x + y$, 则

$$HI_A^2 = \frac{tr_A}{108V^3} - \frac{ur_A^2}{9V^2},$$

其中

$$\begin{aligned}t = &- S_A w^2(xy + xz + yz) + S_B x^2(wy + wz + yz) \\ &+ S_C y^2(wx + wz + xz) + S_D z^2(wx + wy + xy),\\ u = &- (w+x)S_A S_B - (w+y)S_A S_C - (w+z)S_A S_D \\ &+ (x+y)S_B S_C + (x+z)S_B S_D + (y+z)S_C S_D.\end{aligned}$$

由定理 4.5.20 得

定理 4.9.23. 四面体 $ABCD$ 的内心是 I, 面 BCD 的临面区的旁心是 I_A, 内切球半径是 r', 旁切球半径是 r_A, 体积是 V, $\triangle ABC$ 的面积是 S_D, $\triangle ABD$ 的面积是 S_C, $\triangle ACD$ 的面积是 S_B, $\triangle BCD$ 的面积是 S_A, 则

$$II_A^2 = \frac{4S_A^2 t r'^2 r_A^2}{81V^4},$$

其中

$$t = (S_B + S_C + S_D)(a^2 S_B + b^2 S_C + c^2 S_D) - (r^2 S_B S_C + q^2 S_B S_D + p^2 S_C S_D).$$

定理 4.9.24. 四面体 $ABCD$ 的内心是 I, 面 BCD、ACD 的临面区的旁心分别是 I_A、I_B, 内切球半径分别是 r_A、r_B, 体积是 V, $\triangle ABC$ 的面积是 S_D, $\triangle ABD$ 的面积是 S_C, $\triangle ACD$ 的面积是 S_B, $\triangle BCD$ 的面积是 S_A, 则

$$I_A I_B^2 = \frac{4t r_A^2 r_B^2}{81V^4},$$

其中

$$t = a^2 S_A S_B (S_C + S_D)^2 + (b^2 S_A S_C + c^2 S_A S_D - r^2 S_B S_C - q^2 S_B S_D)(S_A - S_B)(S_C + S_D) - p^2 S_C S_D (S_A - S_B)^2.$$

仿照定理 3.1.4 和定理 3.1.5 的证明可得定理 4.9.25 和定理 4.9.26.

定理 4.9.25. 如果四面体的临棱区存在旁切球，那么旁心就是以该棱为棱的二面角的对顶二面角的内平分平面、以对棱为棱的二面角的平分平面、以其他棱为棱的二面角外平分平面的交点.

定理 4.9.26. 如果四面体的临棱区存在旁切球，则该旁切球是唯一的.

定理 4.9.27. 四面体的一组对棱的两临棱区最多有一个旁切球.

证明： 如图 4.9.5，设四面体 $ABCD$ 的内心是 I，四面体 $ABCD$ 在棱 AB 的临棱区存在旁切球，其旁心是 I_1，二面角 $C\text{-}AB\text{-}D$ 的内平分平面与 CD 相交于点 E，二面角 $A\text{-}CD\text{-}B$ 的内平分平面与 AB 相交于点 F，则点 I 和 I_1 在 EF 上. 根据四面体 $BCEF$ 和二面角 $A\text{-}BC\text{-}D$ 的内、外平分平面的性质，得

$$\frac{EI}{IF} = \frac{EI_1}{I_1 F} = \frac{S_{\triangle BCE}}{S_{\triangle BCF}};$$

根据四面体 $ADEF$ 和二面角 $B\text{-}AD\text{-}C$ 的内、外平分平面的性质，得

$$\frac{EI}{IF} = \frac{EI_1}{I_1 F} = \frac{S_{\triangle ADE}}{S_{\triangle ADF}};$$

根据四面体 $ACEF$ 和二面角 $B\text{-}AC\text{-}D$ 的内、外平分平面的性质，得

$$\frac{EI}{IF} = \frac{EI_1}{I_1 F} = \frac{S_{\triangle ACE}}{S_{\triangle ACF}};$$

根据四面体 $BDEF$ 和二面角 $A\text{-}BD\text{-}C$ 的内、外平分平面的性质，得

$$\frac{EI}{IF} = \frac{EI_1}{I_1 F} = \frac{S_{\triangle BDE}}{S_{\triangle BDF}};$$

于是得点 I_1 是点 I 关于线段 EF 的调和共轭点，并且

$$\frac{EI}{IF} = \frac{EI_1}{I_1 F} = \frac{S_{\triangle BCE} + S_{\triangle ADE} + S_{\triangle ACE} + S_{\triangle BDE}}{S_{\triangle BCF} + S_{\triangle ADF} + S_{\triangle ACF} + S_{\triangle BDF}} = \frac{S_{\triangle ACD} + S_{\triangle BCD}}{S_{\triangle ABC} + S_{\triangle ABD}}.$$

因为点 I_1 在 EF 的延长线上，所以必须

$$\frac{EI}{IF} = \frac{EI_1}{I_1 F} > 1,$$

即

$$S_{\triangle ACD} + S_{\triangle BCD} > S_{\triangle ABC} + S_{\triangle ABD}.$$

同理可得如果在 CD 的临棱区有旁切球, 必须

$$S_{\triangle ABC} + S_{\triangle ABD} > S_{\triangle ACD} + S_{\triangle BCD}.$$

因此在 AB 与 CD 的临棱区中最多只能有一个旁切球. 当 $S_{\triangle ABC} + S_{\triangle ABD} = S_{\triangle ACD} + S_{\triangle BCD}$ 时 AB 与 CD 的临棱区不存在旁切球. $\square$

推论 4.9.27.1. 如果四面体在临棱区存在旁切球, 那么含该棱的两面面积之和小于不含该棱的两面面积之和.

定理 4.9.28. 四面体 $ABCD$ 的体积是 V, 棱 AB 临棱区的旁切球半径是 r_1, $\triangle BCD$ 的面积是 S_1, $\triangle ACD$ 的面积是 S_2, $\triangle ABD$ 的面积是 S_3, $\triangle ABC$ 的面积是 S_4, 则

$$r_1 = \frac{3V}{S_1 + S_2 - S_3 - S_4}.$$

证明: 如图 4.9.5, 因为

$$\frac{1}{3}S_1 r_1 = V_{\text{四面体 } BCDI_1}, \quad \frac{1}{3}S_2 r_1 = V_{\text{四面体 } ACDI_1},$$
$$\frac{1}{3}S_3 r_1 = V_{\text{四面体 } ABDI_1}, \quad \frac{1}{3}S_4 r_1 = V_{\text{四面体 } ABCI_1},$$

所以

$$\frac{1}{3}(S_1 + S_2 - S_3 - S_4)r_1 = V_{\text{四面体 } BCDI} + V_{\text{四面体 } ACDI} - V_{\text{四面体 } ABDI} - V_{\text{四面体 } ABCI} = V,$$

所以

$$r_1 = \frac{3V}{S_1 + S_2 - S_3 - S_4}. \qquad \square$$

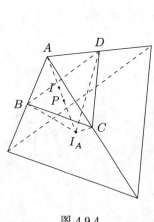

图 4.9.4

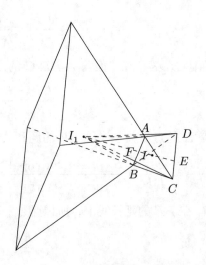

图 4.9.5

由定理 4.5.1 得

定理 4.9.29. 四面体 $ABCD$ 的体积是 V, 在棱 AB 的临棱区存在旁切球, 其旁心是 I_1, 旁切球半径是 r_1, $\triangle ABC$ 的面积是 S_D, $\triangle ABD$ 的面积是 S_C, $\triangle ACD$ 的面积是 S_B, $\triangle BCD$ 的面积是 S_A, 则

$$S_A\overrightarrow{I_1A} + S_B\overrightarrow{I_1B} - S_C\overrightarrow{I_1C} - S_D\overrightarrow{I_1D} = \mathbf{0},$$

点 I_1 关于四面体 $ABCD$ 的重心坐标是

$$\left(\frac{S_A r_1}{3V}, \frac{S_B r_1}{3V}, -\frac{S_C r_1}{3V}, -\frac{S_D r_1}{3V}\right).$$

由推论 4.5.19.1 得

定理 4.9.30. 四面体 $ABCD$ 在面 BCD 的棱 BCD 的临棱区存在旁切球, 其旁心是 I_1, 旁切球半径是 r_1, 体积是 V, $\triangle ABC$ 的面积是 S_D, $\triangle ABD$ 的面积是 S_C, $\triangle ACD$ 的面积是 S_B, $\triangle BCD$ 的面积是 S_A, $AB = a$, $AC = b$, $AD = c$, $CD = p$, $DB = q$, $BC = r$, 则

$$I_1A^2 = \frac{(S_B - S_C - S_D)(a^2 S_B - b^2 S_C - c^2 S_D) - (-r^2 S_B S_C - q^2 S_B S_D + p^2 S_C S_D)}{9V^2} r_1^2,$$

$$I_1B^2 = \frac{(S_A - S_C - S_D)(a^2 S_A - r^2 S_C - q^2 S_D) - (-b^2 S_A S_C - c^2 S_A S_D + p^2 S_C S_D)}{9V^2} r_1^2,$$

$$I_1C^2 = \frac{(S_A + S_B - S_D)(b^2 S_A + r^2 S_B - p^2 S_D) - (a^2 S_A S_B - c^2 S_A S_D - q^2 S_B S_D)}{9V^2} r_1^2,$$

$$I_1D^2 = \frac{(S_A + S_B - S_C)(c^2 S_A + q^2 S_B - p^2 S_C) - (a^2 S_A S_B - b^2 S_A S_C - r^2 S_B S_C)}{9V^2} r_1^2.$$

在定理 4.5.19 中取点 P 是四面体 $ABCD$ 的重心 G, 点 Q 是四面体的棱 AB 的临棱区的旁心 I_1, 得

定理 4.9.31. 四面体 $ABCD$ 的重心是 G, 棱 AB 的临棱区存在旁切球, 其旁心是 I_1, 旁切球半径是 r_1, 体积是 V, $\triangle ABC$ 的面积是 S_D, $\triangle ABD$ 的面积是 S_C, $\triangle ACD$ 的面积是 S_B, $\triangle BCD$ 的面积是 S_A, $AB = a$, $AC = b$, $AD = c$, $CD = p$, $DB = q$, $BC = r$, 则

$$I_1 G^2 = \frac{t r_A^2}{9V^2} - \frac{a^2 + b^2 + c^2 + p^2 + q^2 + r^2}{16},$$

其中

$$\begin{aligned}
t = {} & (a^2 + b^2 + c^2) S_A^2 + (a^2 + q^2 + r^2) S_B^2 + (b^2 + p^2 + r^2) S_C^2 + (c^2 + p^2 + q^2) S_D^2 \\
& + (b^2 + q^2 + c^2 + r^2 - 2a^2) S_A S_B - (a^2 + p^2 + c^2 + r^2 - 2b^2) S_A S_C \\
& - (a^2 + p^2 + b^2 + q^2 - 2c^2) S_A S_D - (a^2 + p^2 + b^2 + q^2 - 2r^2) S_B S_C \\
& - (a^2 + p^2 + c^2 + r^2 - 2q^2) S_B S_D + (b^2 + q^2 + c^2 + r^2 - 2p^2) S_C S_D.
\end{aligned}$$

在定理 4.5.19 中取点 P 是四面体 $ABCD$ 的棱 AB 的临棱区的旁心 I_1, 点 Q 是四面体的外心 O, 得

定理 4.9.32. 四面体 $ABCD$ 的外心是 O, 棱 AB 的临棱区存在旁切球, 其旁心是 I_1, 外接球半径是 R, 旁切球半径是 r_1, 体积是 V, △ABC 的面积是 S_D, △ABD 的面积是 S_C, △ACD 的面积是 S_B, △BCD 的面积是 S_A, $AB = a$, $AC = b$, $AD = c$, $CD = p$, $DB = q$, $BC = r$, 则

$$OI_1^2 = R^2 - \frac{a^2 S_A S_B - b^2 S_A S_C - c^2 S_A S_D - r^2 S_B S_C - q^2 S_B S_D + p^2 S_C S_D}{9V^2} r_1^2.$$

在定理 4.5.19 中取点 P 是四面体 $ABCD$ 的棱 AB 的临棱区的旁心 I_1, 点 Q 是四面体的垂心 H, 得

定理 4.9.33. 垂心四面体 $ABCD$ 的垂心是 H, 棱 AB 的临棱区存在旁切球, 其旁心是 I_1, 旁切球半径是 r_1, 体积是 V, △ABC 的面积是 S_D, △ABD 的面积是 S_C, △ACD 的面积是 S_B, △BCD 的面积是 S_A, $AB^2 = w+x$, $AC^2 = w+y$, $AD^2 = w+z$, $CD^2 = y+z$, $DB^2 = x+z$, $BC^2 = x+y$, 则

$$HI_1^2 = \frac{tr_1}{108V^3} - \frac{ur_A^2}{9V^2},$$

其中

$$t = S_A w^2(xy + xz + yz) + S_B x^2(wy + wz + yz)$$
$$- S_C y^2(wx + wz + xz) - S_D z^2(wx + wy + xy),$$
$$u = (w+x)S_A S_B - (w+y)S_A S_C - (w+z)S_A S_D$$
$$- (x+y)S_B S_C - (x+z)S_B S_D + (y+z)S_C S_D.$$

由定理 4.5.20 得

定理 4.9.34. 四面体 $ABCD$ 的内心是 I, 棱 AB 的临棱区存在旁切球, 其旁心是 I_1, 内切球半径是 r', 旁切球半径是 r_1, 体积是 V, △ABC 的面积是 S_D, △ABD 的面积是 S_C, △ACD 的面积是 S_B, △BCD 的面积是 S_A, 则

$$II_1^2 = \frac{4tr'^2 r_1^2}{81V^4},$$

其中

$$t = -a^2 S_A S_B (S_C + S_D)^2 - p^2 S_C S_D (S_A + S_B)^2$$
$$+ (b^2 S_A S_C + c^2 S_A S_D + r^2 S_B S_C + q^2 S_B S_D)(S_A + S_B)(S_C + S_D).$$

定理 4.9.35. 四面体 $ABCD$ 的面 BCD 的临面区的旁心是 I_A, 其半径是 r_A, 棱 AB 的临棱区存在旁切球, 其旁心是 I_1, 半径是 r_1, 体积是 V, △ABC 的面积是 S_D, △ABD 的面积是 S_C, △ACD 的面积是 S_B, △BCD 的面积是 S_A, 则

$$I_A I_1^2 = \frac{4S_B^2 t r_A^2 r_1^2}{81V^4},$$

其中

$$t = (-a^2 S_A + r^2 S_C + q^2 S_D)(-S_A + S_C + S_D) + b^2 S_A S_C + c^2 S_A S_D - p^2 S_C S_D.$$

定理 4.9.36. 四面体 $ABCD$ 的面 BCD 的临面区的旁心是 I_A，其半径是 r_A，棱 CD 的临棱区存在旁切球，其旁心是 I_1，半径是 r_1，体积是 V，$\triangle ABC$ 的面积是 S_D，$\triangle ABD$ 的面积是 S_C，$\triangle ACD$ 的面积是 S_B，$\triangle BCD$ 的面积是 S_A，则

$$I_A I_1^2 = \frac{4 S_B^2 t r_A^2 r_1^2}{81 V^4},$$

其中

$$t = (-a^2 S_A + r^2 S_C + q^2 S_D)(-S_A + S_C + S_D) + b^2 S_A S_C + c^2 S_A S_D - p^2 S_C S_D.$$

定理 4.9.37. 四面体 $ABCD$ 的棱 AB、AC 的临棱区都存在旁切球，其旁心分别是 I_1、I_2，其半径分别是 r_1、r_2，体积是 V，$\triangle ABC$ 的面积是 S_D，$\triangle ABD$ 的面积是 S_C，$\triangle ACD$ 的面积是 S_B，$\triangle BCD$ 的面积是 S_A，则

$$I_1 I_2^2 = \frac{42 t r_1^2 r_2^2}{81 V^4},$$

其中

$$t = (a^2 S_A S_B + p^2 S_C S_D - b^2 S_A S_C - q^2 S_B S_D)(S_B - S_C)(S_A - S_D)$$
$$+ c^2 S_A S_D (S_B - S_C)^2 + r^2 S_B S_C (S_A - S_D)^2.$$

现在来讨论四面体旁切球的个数.

设四面体 $ABCD$ 中，$\triangle BCD$ 的面积是 S_1，$\triangle ACD$ 的面积是 S_2，$\triangle ABD$ 的面积是 S_3，$\triangle ABC$ 的面积是 S_4，并且 $S_1 \geqslant S_2 \geqslant S_3 \geqslant S_4$.

令 $E_{12} = S_1 + S_2 - S_3 - S_4$，$E_{13} = S_1 + S_3 - S_2 - S_4$，$E_{14} = S_1 + S_4 - S_2 - S_3$，于是必然有 $E_{12} \geqslant 0$，$E_{13} \geqslant 0$.

如果 $E_{12} = 0$，那么 $S_1 - S_4 + S_2 - S_3 = S_1 - S_3 + S_2 - S_4 = 0$. 但是 $S_1 \geqslant S_2 \geqslant S_3 \geqslant S_4$，所以必须 $S_1 = S_2 = S_3 = S_4$，这样必然得到 $E_{13} = 0$，$E_{14} = 0$.

同理，如果 $E_{13} = 0$，必然得到 $E_{14} = 0$.

因此，我们得到

定理 4.9.38. 在四面体 $ABCD$ 中，$\triangle BCD$ 的面积是 S_1，$\triangle ACD$ 的面积是 S_2，$\triangle ABD$ 的面积是 S_3，$\triangle ABC$ 的面积是 S_4，并且 $S_1 \geqslant S_2 \geqslant S_3 \geqslant S_4$，那么

（1）当 $S_1 = S_2 = S_3 = S_4$ 时，四面体有四个旁切球；

（2）当 $S_1 = S_2 > S_3 = S_4$ 时，四面体有五个旁切球；

（3）当 $S_1 > S_2 \geqslant S_3 > S_4$ 并且 $S_1 + S_4 = S_2 + S_3$ 时，四面体有六个旁切球；

（4）在不满足以上三个条件的时候，四面体有七个旁切球.

由定理 4.5.18 可得

定理 4.9.39. 设点 I 是四面体 $ABCD$ 的内心或旁心，点 A、B、C、D 所对的面的面积分别是 S_A、S_B、S_C、S_D，以 AB 为棱的二面角是 θ_{AB}，其余类推. 点 I 关于四面体 $ABCD$ 的重心坐标是 $\left(\dfrac{k_A S_A}{t}, \dfrac{k_B S_B}{t}, \dfrac{k_C S_C}{t}, \dfrac{k_D S_D}{t}\right)$，其中 k_A、k_B、k_C、k_D 都是 1 或 -1，视实际情况而定，$t = k_A S_A + k_B S_B + k_C S_C + k_D S_D$，则该内切球或旁切球与平面 BCD、平面 ACD、平面 ABD、平面 ABC 的切点分别是 T_A、T_B、T_C、T_D，则点 T_A、T_B、T_C、T_D 分别关于 $\triangle BCD$、$\triangle ACD$、$\triangle ABD$、$\triangle ABC$ 的重心坐标分别是

$$\left(\frac{S_B(k_B + k_A \cos\theta_{CD})}{t}, \frac{S_C(k_C + k_A \cos\theta_{BD})}{t}, \frac{S_D(k_D + k_A \cos\theta_{BC})}{t}\right),$$

$$\left(\frac{S_A(k_A + k_B \cos\theta_{CD})}{t}, \frac{S_C(k_C + k_B \cos\theta_{AD})}{t}, \frac{S_D(k_D + k_B \cos\theta_{AC})}{t}\right),$$

$$\left(\frac{S_A(k_A + k_C \cos\theta_{BD})}{t}, \frac{S_B(k_B + k_C \cos\theta_{AD})}{t}, \frac{S_D(k_D + k_C \cos\theta_{AB})}{t}\right),$$

$$\left(\frac{S_A(k_A + k_D \cos\theta_{BC})}{t}, \frac{S_B(k_B + k_D \cos\theta_{AC})}{t}, \frac{S_C(k_C + k_D \cos\theta_{AB})}{t}\right).$$

4.10 棱切球

图 4.10.1 所画的是四面体内棱切球的直观图.

定理 4.10.1. 空间一点是四面体的内棱心的充要条件是：该点与四面体各顶点的连线与过该顶点三棱的夹角相等并且都是锐角.

证明：充分性

如图 4.10.2，设空间一点 R 与四面体 $ABCD$ 各顶点的连线与过该顶点三棱的夹角相等，联结 AR、BR、CR、DR，过点 R 作棱 AB、AC、AD、BC、BD、CD 的垂线，垂足分别是 E、F、H、G、I、J，并且都在各棱内，则 $\triangle AER \cong \triangle AFR \cong \triangle AGR$，所以 $ER = FR = GR$. 同理可得 $ER = HR = IR$，$FR = HR = JR$，$GR = IR = JR$，所以 $ER = FR = GR = HR = IR = JR$，所以点 R 是四面体 $ABCD$ 的内棱心.

必要性

如图 4.10.2，设点 R 是四面体 $ABCD$ 的内棱心，内棱切球与棱 AB、AC、AD、BC、BD、CD 的切点分别是 E、F、H、G、I、J，并且都在各棱内，则 $ER = FR = GR = HR = IR = JR$，所以 $\angle EAR = \angle FAR = \angle GAR < 90°$，即 AR 与 AB、AC、AD 的夹角相等. 同理可证 BR 与 AB、BD、BC 的夹角相等，CR 与 AC、BC、CD 的夹角相等，DR 与 AD、BD、CD 的夹角相等. □

定理 4.10.2. 四面体 $ABCD$ 有内棱切球相切的充要条件是：$AB + CD = AC + BD = AD + BC$.

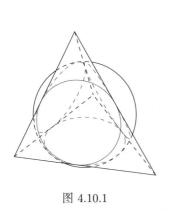

图 4.10.1

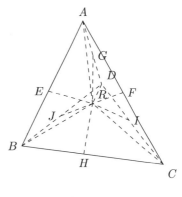

图 4.10.2

证明：充分性

如图 4.10.3，设 $\triangle ABC$ 的内切圆与 AB、AC、BC 分别相切于点 E、F、G，$\triangle ABD$ 的内切圆与 AB、AD、BD 分别相切于点 E'、H、I，$\triangle ACD$ 的内切圆与 AC、AD、BD 分别相切于点 F'、H'、J，$\triangle BCD$ 的内切圆与 BC、BD、CD 分别相切于点 G'、I'、J'.

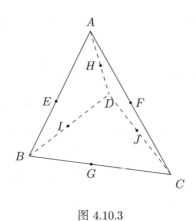

图 4.10.3

因为
$$AB + CD = AC + BD = AD + BC,$$
所以
$$AE' + BE' + CJ + DJ = AF' + CF' + BI + DI,$$
又因为
$$BE' = BI, \quad CJ = CF',$$
所以
$$AE' + DJ = AF' + DI,$$
由于
$$AE' = AH, \quad DJ = DH', \quad AF' = AH, \quad DI = DH,$$

所以
$$AH + DH' = AH' + DH,$$
因为
$$AH' + DH' = AH + DH \ (= AD),$$
以上两式相减, 得 $AH - AH' = AH' - AH$, 亦即 $AH = AH'$, 因此点 H 与 H' 重合.

同理可证点 E 与 E' 重合, 点 F 与 F' 重合, 点 G 与 G' 重合, 点 I 与 I' 重合, 点 J 与 J' 重合. 因此该四面体有内棱切球.

必要性

如图 4.10.3, 设内棱切球与 AB、AC、BC、AD、BD、CD 分别相切于点 E、F、G、H、I、J.

因为
$$AE = AF = AH,\ BE = BG = BI,\ CF = CG = CJ,\ DH = DI = DJ,$$
所以
$$AE + BE + CJ + DJ = AF + CF + BI + DI = AH + DH + BG + CG,$$
亦即
$$AB + CD = AC + BD = AD + BC. \qquad \square$$

定理 4.10.3. 四面体 $ABCD$ 中二面角 $D\text{-}AB\text{-}C$ 的平面角是 α_{12}, 二面角 $B\text{-}AC\text{-}D$ 的平面角是 α_{13}, 二面角 $C\text{-}AD\text{-}B$ 的平面角是 α_{23}, 二面角 $A\text{-}BC\text{-}D$ 的平面角是 α_{14}, 二面角 $A\text{-}BD\text{-}C$ 的平面角是 α_{24}, 二面角 $A\text{-}CD\text{-}B$ 的平面角是 α_{34}, 则 $AB + CD = AC + BD = AD + BC$ 的充要条件是 $\alpha_{12} + \alpha_{34} = \alpha_{13} + \alpha_{24} = \alpha_{14} + \alpha_{23}$.

证明: 设四面体 $ABCD$ 的体积是 V, $\triangle ABC$ 的面积是 S_1, $\triangle ABD$ 的面积是 S_2, $\triangle ACD$ 的面积是 S_3, $\triangle BCD$ 的面积是 S_4.

充分性

设 $AB = a$, $AC = b$, $AD = c$, $CD = p$, $BD = q$, $BC = r$, 则

$$\cos\alpha_{12} = \frac{a^2(b^2+q^2+c^2+r^2-a^2-p^2) - (b^2-r^2)(c^2-q^2) - a^2p^2}{16S_1S_2},\quad \sin\alpha_{12} = \frac{3aV}{2S_1S_2},$$

$$\cos\alpha_{13} = \frac{b^2(a^2+p^2+c^2+r^2-b^2-q^2) - (a^2-r^2)(c^2-p^2) - b^2q^2}{16S_1S_3},\quad \sin\alpha_{13} = \frac{3bV}{2S_1S_3},$$

$$\cos\alpha_{23} = \frac{c^2(a^2+p^2+b^2+q^2-c^2-r^2) - (a^2-q^2)(b^2-p^2) - c^2r^2}{16S_2S_3},\quad \sin\alpha_{23} = \frac{3cV}{2S_2S_3},$$

$$\cos\alpha_{14} = \frac{r^2(a^2+p^2+b^2+q^2-c^2-r^2) - (a^2-b^2)(q^2-p^2) - c^2r^2}{16S_1S_4},\quad \sin\alpha_{14} = \frac{3rV}{2S_1S_4},$$

$$\cos\alpha_{24} = \frac{q^2(a^2+p^2+c^2+r^2-b^2-q^2) - (a^2-c^2)(r^2-p^2) - b^2q^2}{16S_2S_4},\quad \sin\alpha_{24} = \frac{3qV}{2S_2S_4},$$

$$\cos\alpha_{34} = \frac{p^2(b^2+q^2+c^2+r^2-a^2-p^2)-(b^2-c^2)(r^2-q^2)-a^2p^2}{16S_3S_4}, \quad \sin\alpha_{34} = \frac{3pV}{2S_3S_4}.$$

计算化简得

$$\cos(\alpha_{12}+\alpha_{34})-\cos(\alpha_{13}+\alpha_{24}) = -\frac{9V^2(a+p+b+q)(a+p-b-q)}{8S_1S_2S_3S_4},$$

$$\cos(\alpha_{12}+\alpha_{34})-\cos(\alpha_{14}+\alpha_{23}) = -\frac{9V^2(a+p+c+r)(a+p-c-r)}{8S_1S_2S_3S_4}.$$

因为 $\alpha_{12}+\alpha_{34} = \alpha_{13}+\alpha_{24} = \alpha_{14}+\alpha_{23}$，则由上面的结论得 $a+p = b+q$，$a+p = c+r$，即 $AB+CD = AC+BD = AD+BC$.

必要性

因为 $AB+CD = AC+BD = AD+BC$，设 $AB = w+x$，$AC = w+y$，$AD = w+z$，$BC = x+y$，$BD = x+z$，$CD = y+z$，则

$$\sin(\alpha_{12}+\alpha_{34}) = \sin(\alpha_{13}+\alpha_{24}) = \sin(\alpha_{14}+\alpha_{23}) = \frac{3wxyz(w+x+y+z)V}{2S_1S_2S_3S_4},$$

$$\cos(\alpha_{12}+\alpha_{34}) = \cos(\alpha_{13}+\alpha_{24}) = \cos(\alpha_{14}+\alpha_{23}) = -\frac{wxyzt}{2S_1S_2S_3S_4},$$

其中

$$t = w^2(xy+xz+yz) + x^2(wy+wz+yz) + y^2(wx+wz+xz) + z^2(wx+wy+xy) + 2wxyz,$$

所以 $\alpha_{12}+\alpha_{34} = \alpha_{13}+\alpha_{24} = \alpha_{14}+\alpha_{23}$. $\square$

定理 4.10.4. 四面体 $ABCD$ 中，$\triangle BCD$ 的界心是 T，$\triangle ACD$ 的界心是 U，$\triangle ABD$ 的界心是 V，$\triangle ABC$ 的界心是 W，则直线 AT、BU、CV、DW 共点的充要条件是 $AB+CD = AC+BD = AD+BC$.

证明： 设 $AB = a$，$AC = b$，$AD = c$，$CD = p$，$BD = q$，$BC = r$，则点 T 关于 $\triangle BCD$、点 U 关于 $\triangle ACD$、点 V 关于 $\triangle ABD$、点 W 关于 $\triangle ABC$ 的重心坐标分别是

$$\left(\frac{-p+q+r}{p+q+r}, \frac{p-q+r}{p+q+r}, \frac{p+q-r}{p+q+r}\right), \quad \left(\frac{-p+c+b}{p+c+b}, \frac{p-c+b}{p+c+b}, \frac{p+c-b}{p+c+b}\right),$$

$$\left(\frac{-q+c+a}{q+c+a}, \frac{q-c+a}{q+c+a}, \frac{q+c-a}{q+c+a}\right), \quad \left(\frac{-r+b+a}{r+b+a}, \frac{r-b+a}{r+b+a}, \frac{r+b-a}{r+b+a}\right).$$

充分性

因为 $AB+CD = AC+BD = AD+BC$，设 $AB = w+x$，$AC = w+y$，$AD = w+z$，$BC = x+y$，$BD = x+z$，$CD = y+z$，则点 T 关于 $\triangle BCD$、点 U 关于 $\triangle ACD$、点 V 关于 $\triangle ABD$、点 W 关于 $\triangle ABC$ 的重心坐标分别是

$$\left(\frac{x}{x+y+z}, \frac{y}{x+y+z}, \frac{z}{x+y+z}\right), \quad \left(\frac{w}{w+y+z}, \frac{y}{w+y+z}, \frac{z}{w+y+z}\right),$$

$$\left(\frac{w}{w+x+z}, \frac{x}{w+x+z}, \frac{z}{w+x+z}\right), \left(\frac{w}{w+x+y}, \frac{x}{w+x+y}, \frac{y}{w+x+y}\right),$$

由定理 4.5.8 得 AT、BU、CV、DW 共点, 公共点关于四面体 $ABCD$ 的重心坐标是

$$\left(\frac{w}{w+x+y+z}, \frac{x}{w+x+y+z}, \frac{y}{w+x+y+z}, \frac{z}{w+x+y+z}\right).$$

必要性

因为 AT、BU、CV、DW 共点, 则有

$$-p+q+r=t\beta, \quad p-q+r=t\gamma, \quad p+q-r=t\delta,$$
$$-p+c+b=u\alpha, \quad p-c+b=u\gamma, \quad p+c-b=u\delta,$$
$$-q+c+a=v\alpha, \quad q-c+a=v\beta, \quad q+c-a=v\delta,$$
$$-r+b+a=w\alpha, \quad r-b+a=w\beta, \quad r+b-a=w\gamma,$$

由

$$\frac{-q+c+a}{q-c+a}=\frac{-r+b+a}{r-b+a}=\frac{v}{w}$$

整理得 $b+q=c+r$, 由

$$\frac{-p+c+b}{p-c+b}=\frac{-r+b+a}{r+b-a}=\frac{u}{w}$$

整理得 $a+p=c+r$, 所以 $AB+CD=AC+BD=AD+BC$. □

由定理 4.10.2 的证明、六棱确定的四面体面积公式和外接球半径公式得:

定理 4.10.5. 若四面体 $ABCD$ 中, $AB=a$, $AC=b$, $AD=c$, $CD=p$, $DB=q$, $BC=r$, 点 A、B、C、D 到内棱切球的切线长分别是 w、x、y、z, 体积是 V, 外接球半径是 R, 则

$$w+x=a, \quad w+y=b, \quad w+z=c, \quad y+z=p, \quad x+z=q, \quad x+y=r;$$

$$V=\frac{\sqrt{2wxyz(wx+wy+wz+xy+xz+yz)-(wxy)^2-(wxz)^2-(wyz)^2-(xyz)^2}}{3};$$

$$R=\frac{1}{2}\sqrt{\frac{(wx+yz)(wy+xz)(wz+xy)(wx+wy+wz+xy+xz+yz)}{2wxyz(wx+wy+wz+xy+xz+yz)-(wxy)^2-(wxz)^2-(wyz)^2-(xyz)^2}}.$$

推论 4.10.5.1. 若四面体有内棱切球, 外接球半径是 R, 内棱切球半径是 ρ, 则 $R^2 \geqslant 3\rho^2$, 当且仅当四面体是正四面体时等号才成立.

证明: 由平均值不等式, 得

$$(wx+yz)(wy+xz)(wz+xy)(wx+wy+wz+xy+xz+yz)$$
$$\geqslant 2\sqrt{wxyz} \cdot 2\sqrt{wxyz} \cdot 2\sqrt{wxyz} \cdot 6\sqrt[6]{w^3x^3y^3z^3}$$

$$= 48w^2x^2y^2z^2,$$

所以 $R^2 \geqslant 3\rho^2$，当且仅当四面体是正四面体时等号成立. □

定理 4.10.6. 若四面体 $ABCD$ 中，点 A、B、C、D 到内棱切球的切线长分别是 w、x、y、z，体积是 V，内棱切球半径是 ρ，则 $\rho = \dfrac{2wxyz}{3V}$.

证明： 由定理 1.3.2 得

$$\begin{vmatrix} 2(\rho^2+w^2) & 2(\rho^2-wx) & 2(\rho^2-wy) & 2(\rho^2-wz) \\ 2(\rho^2-wx) & 2(\rho^2+x^2) & 2(\rho^2-xy) & 2(\rho^2-xz) \\ 2(\rho^2-wy) & 2(\rho^2-xy) & 2(\rho^2+y^2) & 2(\rho^2-yz) \\ 2(\rho^2-wz) & 2(\rho^2-xz) & 2(\rho^2-yz) & 2(\rho^2+z^2) \end{vmatrix} = 0,$$

整理化简得

$$9V^2\rho^2 = 4w^2x^2y^2z^2,$$

所以

$$\rho = \frac{2wxyz}{3V}. \qquad \square$$

类似定理 4.7.5 得

定理 4.10.7. 四面体 $ABCD$ 有内棱切球，体积是 V，内棱心是 P，点 P 到平面 ABC、ABD、ACD、BCD 的有向距离分别是 d_D、d_C、d_B、d_A，$\triangle ABC$ 的面积是 S_D，$\triangle ABD$ 的面积是 S_C，$\triangle ACD$ 的面积是 S_B，$\triangle BCD$ 的面积是 S_A，$AB=w+x$，$AC=w+y$，$AD=w+z$，$BC=x+y$，$BD=x+z$，$CD=y+z$，令 $Z_A = wxy+wxz+wyz-xyz$，$Z_B = wxy+wxz-wyz+xyz$，$Z_C = wxy-wxz+wyz+xyz$，$Z_D = -wxy+wxz+wyz+xyz$，则

$$d_A = \frac{xyzZ_A}{3S_AV}, \quad d_B = \frac{wyzZ_B}{3S_BV}, \quad d_C = \frac{wxzZ_C}{3S_CV}, \quad d_D = \frac{wxyZ_D}{3S_DV}.$$

推论 4.10.7.1. 四面体 $ABCD$ 有内棱切球，内棱心是 P，体积是 V，$\triangle ABC$ 的面积是 S_D，$\triangle ABD$ 的面积是 S_C，$\triangle ACD$ 的面积是 S_B，$\triangle BCD$ 的面积是 S_A，$AB=w+x$，$AC=w+y$，$AD=w+z$，$BC=x+y$，$BD=x+z$，$CD=y+z$，令 $Z_A = wxy+wxz+wyz-xyz$，$Z_B = wxy+wxz-wyz+xyz$，$Z_C = wxy-wxz+wyz+xyz$，$Z_D = -wxy+wxz+wyz+xyz$，则

$$xyzZ_A\overrightarrow{PA} + wyzZ_B\overrightarrow{PB} + wxzZ_C\overrightarrow{PC} + wxyZ_D\overrightarrow{PD} = \mathbf{0}.$$

点 P 关于四面体 $ABCD$ 的重心坐标是

$$\left(\frac{xyzZ_A}{9V^2}, \frac{wyzZ_B}{9V^2}, \frac{wxzZ_C}{9V^2}, \frac{wxyZ_D}{9V^2}\right).$$

由定理 4.10.7 得，关于四面体 $ABCD$，点 O 到平面 ABC、ABD、ACD、BCD 的四个有向距离中最多只能有一个不是正数，因为如果至少能有两个不是正数，例如 d_A、d_B 都不是正数，则 $Z_A \leqslant 0$，$Z_B \leqslant 0$，即 $Z_A + Z_B \leqslant 0$，但 $Z_A + Z_B = 2wxy + 2wxz > 0$，这就与上面的结论矛盾．

由此得

定理 4.10.8. 四面体 $ABCD$ 中，点 A、B、C、D 到内棱切球的切线长分别是 w、x、y、z，内棱切球球心是 R，令 $Z = wxy + wxz + wyz - xyz$，如果 $Z > 0$，那么点 R 与点 A 在平面 BCD 的同侧；如果 $Z < 0$，那么点 R 与点 A 在平面 BCD 的异侧；如果 $Z = 0$，那么点 R 在平面 BCD 内．

定理 4.10.9. 如果四面体既存在垂心又存在内棱切球，则该四面体是一个正三棱锥．

证明： 设在四面体 $ABCD$ 中，$AB = a, AC = b, AD = c, CD = p, DB = q, BC = r$，如果四面体既存在垂心又存在内棱切球，那么就有 $a + p = b + q = c + r$，$a^2 + p^2 = b^2 + q^2 = c^2 + r^2$，前一式平方减去后一式，得 $2ap = 2bq = 2cr$，再用 $a^2 + p^2 = b^2 + q^2 = c^2 + r^2$ 减去上一式，得 $(a - p)^2 = (b - q)^2 = (c - r)^2$．如果 $a - p = b - q = c - r$，那么与 $a + p = b + q = c + r$ 相加，便得 $a = b = c$，与 $a + p = b + q = c + r$ 相减，便得 $p = q = r$，所以四面体 $ABCD$ 是正三棱锥．对于满足 $(a - p)^2 = (b - q)^2 = (c - r)^2$ 的其他情况同样可以证明四面体 $ABCD$ 是正三棱锥，所以如果四面体既存在垂心又存在内棱切球，则该四面体是一个正三棱锥． $\square$

在定理 4.5.19 中取点 P 是四面体 $ABCD$ 的重心 G，点 Q 是四面体的内棱心，得

定理 4.10.10. 四面体 $ABCD$ 有内棱切球，重心是 G，内棱心是 P，其半径是 ρ，$AB = w + x$，$AC = w + y$，$AD = w + z$，$CD = y + z$，$DB = x + z$，$BC = x + y$，则

$$PG^2 = \rho^2 + \frac{w^2 + x^2 + y^2 + z^2 - 2(wx + wy + wx + xy + xz + yz)}{16}.$$

在定理 4.5.19 中取点 P 是四面体 $ABCD$ 的内棱心，点 Q 是四面体的外心 O，得

定理 4.10.11. 四面体 $ABCD$ 有内棱切球，内棱心是 P，其半径是 ρ，外心是 O，外接球半径是 R，体积是 V，$AB = w + x$，$AC = w + y$，$AD = w + z$，$CD = y + z$，$DB = x + z$，$BC = x + y$，则

$$OP^2 = R^2 - \frac{wxyzt}{9V^2}.$$

其中

$$t = w^2(xy + xz + yz) + x^2(wy + wz + yz) + y^2(wx + wz + xz) + z^2(wx + wy + xy).$$

因为同时有垂心和内棱切球的四面体是正三棱锥，由定理 4.5.20 得

定理 4.10.12. 正三棱锥 A-BCD，侧棱长是 a，底面棱长是 b，垂心是 H，内棱心是 P，则
$$HP^2 = \frac{3(a-b)^2 b^2}{4(3a^2 - b^2)}.$$

在定理 4.5.19 中取点 P 是四面体 $ABCD$ 的内心，点 Q 是四面体的内棱心，得

定理 4.10.13. 四面体 $ABCD$ 有内棱切球，内棱心是 P，其半径是 ρ，内心是 I，内切球半径是 r'，体积是 V，$AB = a = w+x$，$AC = b = w+y$，$AD = c = w+z$，$CD = p = y+z$，$DB = q = x+z$，$BC = r = x+y$，则

$$IP^2 = \rho^2 + \frac{w^2 S_A + x^2 S_B + y^2 S_C + z^2 S_D}{3V} r'$$
$$- \frac{a^2 S_A S_B + b^2 S_A S_C + c^2 S_A S_D + r^2 S_B S_C + q^2 S_B S_D + p^2 S_C S_D}{9V^2} r'^2.$$

在定理 4.5.19 中取点 P 是四面体 $ABCD$ 的面 BCD 的临面区的旁心 I_A，点 Q 是四面体的内棱心，得

定理 4.10.14. 四面体 $ABCD$ 有内棱切球，内棱心是 P，其半径是 ρ，面 BCD 的临面区的旁心是 I_A，旁切球半径是 r_A，体积是 V，$AB = a = w+x$，$AC = b = w+y$，$AD = c = w+z$，$CD = p = y+z$，$DB = q = x+z$，$BC = r = x+y$，则

$$I_A P^2 = \rho^2 + \frac{-w^2 S_A + x^2 S_B + y^2 S_C + z^2 S_D}{3V} r_A$$
$$- \frac{-a^2 S_A S_B - b^2 S_A S_C - c^2 S_A S_D + r^2 S_B S_C + q^2 S_B S_D + p^2 S_C S_D}{9V^2} r_A^2.$$

在定理 4.5.19 中取点 P 是四面体 $ABCD$ 的棱 AB 的临棱区的旁心 I_1，点 Q 是四面体的内棱心，得

定理 4.10.15. 四面体 $ABCD$ 有内棱切球，内棱心是 P，其半径是 ρ，棱 AB 的临棱区有旁切球，旁心是 I_1，旁切球半径是 r_1，体积是 V，$AB = a = w+x$，$AC = b = w+y$，$AD = c = w+z$，$CD = p = y+z$，$DB = q = x+z$，$BC = r = x+y$，则

$$I_1 P^2 = \rho^2 + \frac{w^2 S_A + x^2 S_B - y^2 S_C - z^2 S_D}{3V} r_1$$
$$- \frac{a^2 S_A S_B - b^2 S_A S_C - c^2 S_A S_D - r^2 S_B S_C - q^2 S_B S_D + p^2 S_C S_D}{9V^2} r_1^2.$$

定义 4.10.1. 与四面体各棱或其所在直线相切，并且至少有一个四面体的面与球的截线不在该面所含的三角形内，则称该球为该四面体的外棱切球，其球心称为该四面体的外棱心. 如果外棱切球的各切点都在临面区边界上，则称棱切球在临面区与四面体各棱相切；如果外棱切球有五个切点在临棱区边界上，则称棱切球在临棱区与四面体各棱相切；如果外棱切球有三个切点在临顶区边界上，则称棱切球在临顶区与四面体各棱相切.

图 4.10.4 所画的是四面体临面区的外棱切球直观图.

仿照定理 3.1.6 和定理 3.1.7 的证明, 得到定理 4.10.16 和定理 4.10.17.

定理 4.10.16. 如果四面体 $ABCD$ 的临面区 BCD 存在外棱切球与各棱相切, 则球与平面 BCD 的截线是 $\triangle BCD$ 的内切圆, 与平面 ACD、ABD、ABC 的截线分别是 $\triangle ACD$、$\triangle ABD$、$\triangle ABC$ 的旁切圆; 在平面 BCD 的射影是 $\triangle BCD$ 的内心, 在平面 ACD 的射影是 $\triangle ACD$ 的与点 A 分在 CD 两侧的旁心, 在平面 ABD 的射影是 $\triangle ABD$ 的与点 A 分在 BD 两侧的旁心, 在平面 ABC 的射影是 $\triangle ABC$ 的与点 A 分在 BC 两侧的旁心.

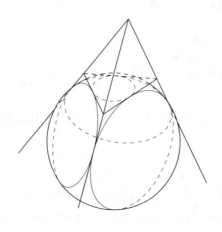

图 4.10.4

定理 4.10.17. 如果四面体的某个临面区存在外棱切球与各棱相切, 则该棱切球是唯一确定的.

仿照定理 4.10.1 和定理 4.10.2 的证明, 得到定理 4.10.18 和定理 4.10.19.

定理 4.10.18. 空间一点 P 是四面体 $ABCD$ 的平面 BCD 的临面区的外棱心的充要条件是: AP 与棱 AB、AC、AD 的夹角相等, BP 与 AB 的延长线、棱 BC、BD 的夹角相等, CP 与 AC 的延长线、棱 BC、CD 的夹角相等, DP 与 AD 的延长线、棱 BD、CD 的夹角相等, 并且这些夹角都是锐角.

定理 4.10.19. 球 R 是四面体 $ABCD$ 的外棱切球, 并且球 R 在平面 BCD 的临面区与四面体 $ABCD$ 各棱相切的充要条件是: $AB - CD = AC - BD = AD - BC$.

类似定理 4.10.3 的证明得

定理 4.10.20. 四面体 $ABCD$ 中二面角 $D\text{-}AB\text{-}C$ 的平面角是 α_{12}, 二面角 $B\text{-}AC\text{-}D$ 的平面角是 α_{13}, 二面角 $C\text{-}AD\text{-}B$ 的平面角是 α_{23}, 二面角 $A\text{-}BC\text{-}D$ 的平面角是 α_{14}, 二面角 $A\text{-}BD\text{-}C$ 的平面角是 α_{24}, 二面角 $A\text{-}CD\text{-}B$ 的平面角是 α_{34}, 则 $AB - CD = AC - BD = AD - BC$ 的充要条件是: $\alpha_{12} - \alpha_{34} = \alpha_{13} - \alpha_{24} = \alpha_{14} - \alpha_{23}$.

由定理 4.10.2 以及六棱确定的四面体面积公式和外接球半径公式得

定理 4.10.21. 若四面体 $ABCD$ 中，$AB=a$，$AC=b$，$AD=c$，$CD=p$，$DB=q$，$BC=r$，点 A、B、C、D 到平面 BCD 的外棱切球的切线长分别是 w、x、y、z，体积是 V，外接球半径是 R，则

$$w-x=a,\ w-y=b,\ w-z=c,\ y-z=p,\ x+z=q,\ x+y=r.$$

$$V = \frac{\sqrt{2wxyz(wx+wy+wz-xy-xz-yz)-(wxy)^2-(wxz)^2-(wyz)^2-(xyz)^2}}{3}.$$

$$R = \frac{1}{2}\sqrt{\frac{(wx-yz)(wy-xz)(wz-xy)(wx+wy+wz-xy-xz-yz)}{2wxyz(wx+wy+wz-xy-xz-yz)-(wxy)^2-(wxz)^2-(wyz)^2-(xyz)^2}}.$$

仿照定理 4.10.6 和定理 4.10.8 的证明，得到定理 4.10.22 和定理 4.10.24.

定理 4.10.22. 四面体 $ABCD$ 中，点 A、B、C、D 到平面 BCD 的外棱切球的切线长分别是 w、x、y、z，在平面 BCD 的临面区的外棱切球半径是 ρ_A，体积为 V，则 $\rho_A = \dfrac{2wxyz}{3V}$.

类似定理 4.7.5 的证明得

定理 4.10.23. 四面体 $ABCD$ 在面 BCD 的临面区有外棱切球，体积是 V，外棱心是 P_A，点 P_A 到平面 ABC、ABD、ACD、BCD 的有向距离分别是 d_D、d_C、d_B、d_A，$\triangle ABC$ 的面积是 S_D，$\triangle ABD$ 的面积是 S_C，$\triangle ACD$ 的面积是 S_B，$\triangle BCD$ 的面积是 S_A，$AB=w+x$，$AC=w+y$，$AD=w+z$，$BC=x+y$，$BD=x+z$，$CD=y+z$，令 $Z_A=-wxy-wxz-wyz-xyz$，$Z_B=wxy+wxz-wyz-xyz$，$Z_C=wxy-wxz+wyz-xyz$，$Z_D=-wxy+wxz+wyz-xyz$，则

$$d_A = \frac{xyzZ_A}{3S_AV},\ d_B = \frac{wyzZ_B}{3S_BV},\ d_C = \frac{wxzZ_C}{3S_CV},\ d_D = \frac{wxyZ_D}{3S_DV}.$$

推论 4.10.23.1. 四面体 $ABCD$ 在面 BCD 的临面区有外棱切球，体积是 V，外棱心是 P_A，$\triangle ABC$ 的面积是 S_D，$\triangle ABD$ 的面积是 S_C，$\triangle ACD$ 的面积是 S_B，$\triangle BCD$ 的面积是 S_A，$AB=w+x$，$AC=w+y$，$AD=w+z$，$BC=x+y$，$BD=x+z$，$CD=y+z$，令 $Z_A=-wxy-wxz-wyz-xyz$，$Z_B=wxy+wxz-wyz-xyz$，$Z_C=wxy-wxz+wyz-xyz$，$Z_D=-wxy+wxz+wyz-xyz$，则

$$xyzZ_A\overrightarrow{P_AA} + wyzZ_B\overrightarrow{P_AB} + wxzZ_C\overrightarrow{P_AC} + wxyZ_D\overrightarrow{P_AD} = \mathbf{0}.$$

点 P_A 关于四面体 $ABCD$ 的重心坐标是

$$\left(\frac{xyzZ_A}{9V^2}, \frac{wyzZ_B}{9V^2}, \frac{wxzZ_C}{9V^2}, \frac{wxyZ_D}{9V^2}\right).$$

由定理 4.10.23 得，显然 $Z_A<0$；另外有 Z_B, Z_C, Z_C 中最多一个不是正数，因为若至少有两个不是正数，例如 Z_B, Z_C 都不是正数，则 $Z_B+Z_C\leqslant 0$，但 $Z_B+Z_C=2wxy-2xyz>0$，这就与上面的结论矛盾. 即 d_A 是负数，其他最多一个不是正数.

由此得

定理 4.10.24. 四面体 $ABCD$ 中，点 A、B、C、D 到平面 BCD 的外棱切球的切线长分别是 w、x、y、z，在平面 BCD 的临面区的外棱切球球心是 R_A，令

$$Z_1 = -wxy - wxz - wyz - xyz,$$

$$Z_2 = -wxy + wxz + wyz - xyz,$$

（1）因为 $Z_1 < 0$，所以点 R_A 与点 A 在平面 BCD 的异侧.

（2）如果 $Z_2 > 0$，那么点 R_A 与点 D 在平面 ABC 的同侧；如果 $Z_2 < 0$，那么点 R_A 与点 D 在平面 ABC 的异侧；如果 $Z_2 = 0$，那么点 R_A 在平面 BCD 内.

仿照定理 4.10.9 的证明，可得

定理 4.10.25. 四面体 $ABCD$ 存在垂心，并且在平面 BCD 的临面区存在外棱切球与各棱相切，则四面体 $ABCD$ 是 $\triangle BCD$ 为正三角形的正三棱锥 $A\text{-}BCD$.

定理 4.10.26. 除了在临面区有可能存在外棱切球外，在临棱区以及临顶区均不存在外棱切球.

证明： 分如下情形：

（1）在临棱区的情况

不失一般情况，如图 4.10.5，设在四面体 $ABCD$ 棱 CD 的临棱区有一球与该四面体的各棱均相切，与 AB、AC、AD、BC、BD、CD 的切点分别为 E、F、G、H、I、J. 因为

$$BE = BH = BI, \quad AE = AF = AG, \quad CF = CH = CJ, \quad DG = DI = DJ,$$

所以

$$BE - AE = BH - AF = BI - AC,$$

亦即

$$AB = BC - AC = BD - AD,$$

在 $\triangle ABC$ 和 $\triangle ABD$ 中，这与 $AB > BC - A$ 及 $AB > BD - AD$ 矛盾，因此在临棱区不可能存在外棱切球.

（2）在临顶区的情况

不失一般情况，如图 4.10.6，假设在四面体 $ABCD$ 顶点 A 的临顶区有一球与该四面体的各棱均相切，设与 AB、AC、AD、BC 的切点分别为 E、F、G、H. 因为

$$AE = AF = AG, \quad BE = BH, \quad CF = CH,$$

所以

$$BE - AE = BH - AF,$$

亦即

$$AB = BC + CH - AF = BC + CF - AF = BC + AC,$$

在 $\triangle ABC$ 中，这与 $AB < BC + AC$ 矛盾，因此在临顶区不可能存在外棱切球. □

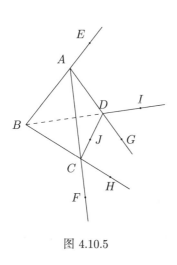

图 4.10.5

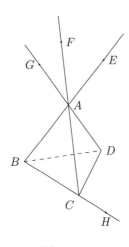

图 4.10.6

定义 4.10.2. 对棱相等的四面体称为等面四面体, 所有棱都相等的四面体称为正四面体.

定理 4.10.27. 如果四面体存在外棱切球, 则外棱切球或者只有唯一一个, 或者有四个; 如果存在四个外棱切球, 则该四面体是等面四面体.

证明: 假设四面体 $ABCD$ 有两个外棱切球, 分别在平面 BCD 及平面 ACD 的临面区与四面体各棱相切, 并令 $AB = a$, $AC = b$, $AD = c$, $CD = p$, $BD = q$, $BC = r$, 则由外棱切球存在的充要条件, 分别得

$$a - p = b - q = c - r, \ a - p = q - b = r - c,$$

因此得到 $a = p$, $b = q$, $c = r$, 满足上面条件的四面体是等面四面体.

根据等面四面体的关系还可以得到

$$p - a = b - q = r - c, \ p - a = q - b = c - r,$$

也就是在平面 ABD 及平面 ABC 的临面区分别有一球与四面体各棱相切, 外棱切球有四个. □

定理 4.10.28. 如果四面体既有内棱切球又有外棱切球, 则该四面体是一个外棱切球所在临面区所在平面的三角形是正三角形的正三棱锥.

证明: 设四面体 $ABCD$ 有内棱切球和一个外棱切球, 外棱切球平面 BCD 的临面区与四面体各棱相切, 并令 $AB = a$, $AC = b$, $AD = c$, $CD = p$, $BD = q$, $BC = r$, 则由内棱切球和外棱切球存在的充要条件, 分别得

$$a + p = b + q = c + r, \ a - p = b - q = c - r,$$

两式相加，并除以 2，得 $a = b = c$；前式减后式，并除以 2，得 $p = q = r$. 因此四面体 $ABCD$ 是 $\triangle BCD$ 为正三角形的正三棱锥 $A\text{-}BCD$.   □

在定理 4.5.19 中取点 P 是四面体 $ABCD$ 的重心 G，点 Q 是四面体的面 BCD 的临面区的外棱心 P_A，得

定理 4.10.29. 四面体 $ABCD$ 的面 BCD 的临面区有外棱切球，重心是 G，外棱心是 P_A，其半径是 ρ_A，$AB = w - x$，$AC = w - y$，$AD = w - z$，$CD = y + z$，$DB = x + z$，$BC = x + y$，则

$$P_A G^2 = \rho_A^2 + \frac{w^2 + x^2 + y^2 + z^2 + 2(wx + wy + wx - xy - xz - yz)}{16}.$$

在定理 4.5.19 中取点 P 是四面体 $ABCD$ 的面 BCD 的临面区的外棱心 P_A，点 Q 是四面体的外心 O，得

定理 4.10.30. 四面体 $ABCD$ 的面 BCD 的临面区有外棱切球，外棱心是 P_A，其半径是 ρ_A，外心是 O，外接球半径是 R，体积是 V，$AB = w + x$，$AC = w + y$，$AD = w + z$，$CD = y + z$，$DB = x + z$，$BC = x + y$，则

$$OP_A^2 = R^2 + \frac{wxyzt}{9V^2}.$$

其中

$$t = w^2(xy + xz + yz) - x^2(wy + wz - yz) - y^2(wx + wz - xz) - z^2(wx + wy - xy).$$

因为同时有垂心和外棱切球的四面体是正三棱锥，由定理 4.5.20 得

定理 4.10.31. 正三棱锥 $A\text{-}BCD$，侧棱长是 a，底面棱长是 b，垂心是 H，底面的临面区的外棱心是 P_A，则

$$HP_A^2 = \frac{3(a+b)^2 b^2}{4(3a^2 - b^2)}.$$

在定理 4.5.19 中取点 P 是四面体 $ABCD$ 的内心，点 Q 是四面体的内棱心，得

定理 4.10.32. 四面体 $ABCD$ 的面 BCD 的临面区有外棱切球，外棱心是 P_A，其半径是 ρ_A，内心是 I，内切球半径是 r'，体积是 V，$AB = a = w - x$，$AC = b = w - y$，$AD = c = w - z$，$CD = p = y + z$，$DB = q = x + z$，$BC = r = x + y$，则

$$IP_A^2 = \rho_A^2 + \frac{w^2 S_A + x^2 S_B + y^2 S_C + z^2 S_D}{3V} r'$$
$$- \frac{a^2 S_A S_B + b^2 S_A S_C + c^2 S_A S_D + r^2 S_B S_C + q^2 S_B S_D + p^2 S_C S_D}{9V^2} r'^2.$$

在定理 4.5.19 中取点 P 是四面体 $ABCD$ 的面 BCD 的临面区的旁心 I_A，点 Q 是四面体的面 BCD 的临面区的外棱心 P_A，得

定理 4.10.33. 四面体 $ABCD$ 的面 BCD 的临面区有外棱切球，外棱心是 P_A，其半径是 ρ_A，面 BCD 的临面区的旁心是 I_A，旁切球半径是 r_A，体积是 V，$AB=a=w-x$，$AC=b=w-y$，$AD=c=w-z$，$CD=p=y+z$，$DB=q=x+z$，$BC=r=x+y$，则

$$I_A P_A^2 = \rho_A^2 + \frac{-w^2 S_A + x^2 S_B + y^2 S_C + z^2 S_D}{3V} r_A$$
$$- \frac{-a^2 S_A S_B - b^2 S_A S_C - c^2 S_A S_D + r^2 S_B S_C + q^2 S_B S_D + p^2 S_C S_D}{9V^2} r_A^2.$$

在定理 4.5.19 中取点 P 是四面体 $ABCD$ 的面 ACD 的临面区的旁心 I_B，点 Q 是四面体的面 BCD 的临面区的外棱心 P_A，得

定理 4.10.34. 四面体 $ABCD$ 的面 BCD 的临面区有外棱切球，外棱心是 P_A，其半径是 ρ_A，面 ACD 的临面区的旁心是 I_B，旁切球半径是 r_B，体积是 V，$AB=a=w-x$，$AC=b=w-y$，$AD=c=w-z$，$CD=p=y+z$，$DB=q=x+z$，$BC=r=x+y$，则

$$I_B P_A^2 = \rho_A^2 + \frac{w^2 S_A - x^2 S_B + y^2 S_C + z^2 S_D}{3V} r_B$$
$$- \frac{-a^2 S_A S_B + b^2 S_A S_C + c^2 S_A S_D - r^2 S_B S_C - q^2 S_B S_D + p^2 S_C S_D}{9V^2} r_B^2.$$

在定理 4.5.19 中取点 P 是四面体 $ABCD$ 的棱 AB 的临棱区的旁心 I_1，点 Q 是四面体的面 BCD 的临面区的外棱心 P_A，得

定理 4.10.35. 四面体 $ABCD$ 的面 BCD 的临面区有外棱切球，外棱心是 P_A，其半径是 ρ_A，棱 AB 的临棱区有旁切球，旁心是 I_1，旁切球半径是 r_1，体积是 V，$AB=a=w-x$，$AC=b=w-y$，$AD=c=w-z$，$CD=p=y+z$，$DB=q=x+z$，$BC=r=x+y$，则

$$I_1 P_A^2 = \rho_A^2 + \frac{w^2 S_A + x^2 S_B - y^2 S_C - z^2 S_D}{3V} r_1$$
$$- \frac{a^2 S_A S_B - b^2 S_A S_C - c^2 S_A S_D - r^2 S_B S_C - q^2 S_B S_D + p^2 S_C S_D}{9V^2} r_1^2.$$

在定理 4.5.19 中取点 P 是四面体 $ABCD$ 的棱 CD 的临棱区的旁心 I_2，点 Q 是四面体的面 BCD 的临面区的外棱心 P_A，得

定理 4.10.36. 四面体 $ABCD$ 的面 BCD 的临面区有外棱切球，外棱心是 P_A，其半径是 ρ_A，棱 CD 的临棱区有旁切球，旁心是 I_2，旁切球半径是 r_2，体积是 V，$AB=a=w-x$，$AC=b=w-y$，$AD=c=w-z$，$CD=p=y+z$，$DB=q=x+z$，$BC=r=x+y$，则

$$I_2 P_A^2 = \rho_A^2 + \frac{-w^2 S_A - x^2 S_B + y^2 S_C + z^2 S_D}{3V} r_2$$
$$- \frac{a^2 S_A S_B - b^2 S_A S_C - c^2 S_A S_D - r^2 S_B S_C - q^2 S_B S_D + p^2 S_C S_D}{9V^2} r_2^2.$$

因为同时有内棱切球和外棱切球的四面体是正三棱锥，由定理 4.5.20 得

定理 4.10.37. 正三棱锥 A-BCD，侧棱长是 a，底面棱长是 b，内棱心是 P，底面的临面区的外棱心是 P_A，则

$$PP_A^2 = \frac{3a^2b^2}{3a^2 - b^2}.$$

因为同时有两个外棱切球的四面体是正四面体，由定理 4.5.20 得

定理 4.10.38. 棱长是 1 的正四面体两个外棱心距离是 2.

定义 4.10.3. 与临棱区的所有棱相切，且切点在临棱区的球称为该四面体的侧半棱切球.

类似内棱切球的证明，可得

定理 4.10.39. 四面体 $ABCD$ 棱 AB 的临棱区存在侧半棱切球的充要条件是：$AC + BD = AD + BC$.

定理 4.10.40. 四面体 $ABCD$ 棱 AB 的临棱区存在侧半棱切球，其半径是 ρ，四面体 $ABCD$ 的体积是 V，$AB = a$, $AC = b$, $AD = c$, $CD = p$, $BD = q$, $BC = r$, $b + q = c + r = t$, $b = \frac{t}{2} - x$, $q = \frac{t}{2} + x$, $c = \frac{t}{2} - y$, $r = \frac{t}{2} + y$，则

$$\rho = \frac{|a^2 - (x+y)^2|}{24V}\sqrt{((a+t)^2 - (x-y)^2)(p^2 - (x-y)^2)}.$$

证明： 设 $\triangle ABC$ 的与点 C 在 AB 两侧的旁切圆半径是 r_1，$\triangle ABD$ 的与点 D 在 AB 两侧的旁切圆半径是 r_2，二面角 C-AB-D 的平面角是 θ，则

$$\rho = \frac{\sqrt{r_1^2 + r_2^2 - 2r_1 r_2 \cos\theta}}{\sin\theta},$$

利用旁切圆半径公式以及二面角公式代入上式化简，即得

$$\rho = \frac{|a^2 - (x+y)^2|}{24V}\sqrt{((a+t)^2 - (x-y)^2)(p^2 - (x-y)^2)}. \qquad \square$$

4.11 半外接半棱切球与半棱切半内切球

定义 4.11.1. 过四面体的一个顶点且与这个顶点所对的面的三棱相切的球称为这个四面体的第一类内半外接半棱切球.

图 4.11.1 就是四面体 $ABCD$ 中过点 A 的第一类内半外接半棱切球的直观图.

定理 4.11.1. 四面体的第一类内半外接半棱切球是唯一存在的.

证明： 如图 4.11.1，若四面体 $ABCD$ 中过点 A 的第一类内半外接半棱切球存在，设这个球与棱 AB,AC,AD 分别交于点 E,F,G，与棱 CD、DB、BC 分别切于点 H、I、J，则 $\odot HIJ$ 是 $\triangle BCD$ 的内切圆，所以点 H、I、J 是存在且唯一确定的，且 $BI=BJ, CH=CJ$，$DH=DI$. 再根据切割线定理，点 E、F、G 是存在且唯一确定的，$\triangle AEF$ 的外接圆必定与 BC 相切于点 J，$\triangle AEG$ 的外接圆必定与 BD 相切于点 I，$\triangle AFG$ 的外接圆必定与 CD 相切于点 H，所以所求的球就是四面体 $AEFG$ 的外接球或四面体 $AHIJ$ 的外接球. 因为四面体的外接球是存在且唯一确定的，所以 $ABCD$ 中过点 A 的第一类内半外接半棱切球存在且唯一确定. □

若给定四面体 $ABCD$ 的各棱长，则四面体 $AEFG$ 和四面体 $AHIJ$ 的各棱长都容易求出，于是点 D 的第一类内半外接半棱切球的半径以及球心位置就可以利用四面体 $AEFG$ 和四面体 $AHIJ$ 去求.

定义 4.11.2. 过四面体的一个顶点且与这个顶点所对的面的三棱所在直线相切而切点不全在棱内部的球称为这个四面体的第一类外半外接半棱切球.

图 4.11.2 就是四面体一个第一类外半外接半棱切球的直观图.

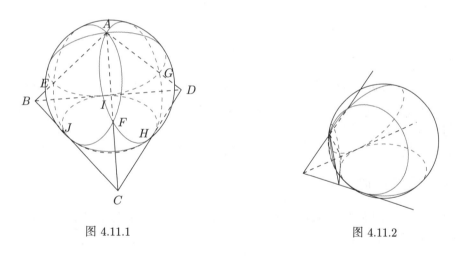

图 4.11.1　　　　　　　　　　　图 4.11.2

类似定理 4.11.1 的证明可得

定理 4.11.2. 四面体的第一类外半外接半棱切球是唯一存在的.

类似第一类内半外接半棱切球的半径求法及球心位置判断法就可以得第一类外半外接半棱切球的半径求法及球心位置判断法.

定义 4.11.3. 与过四面体某顶点的三棱相切且过这个顶点所对的面的三顶点的球称为这个四面体的第二类半外接半棱切球.

图 4.11.3 就是四面体 $ABCD$ 中与棱 AB、AC、AD 都相切且过点 B、C、D 的第二类半外接半棱切球的直观图.

定理 4.11.3. 四面体 $ABCD$ 中与棱 AB、AC、AD 都相切且过点 B、C、D 的第二类半外接半棱切球存在的充要条件是点 A 在平面 BCD 内的射影是 $\triangle BCD$ 的外心.

证明：充分性

如图 4.11.4, 设点 E 是 $\triangle BCD$ 的外心, $AE \perp$ 平面 BCD. 在平面 ABE 内过点 B 作 AB 的垂线, 交直线 AE 于点 O, 联结 CO、DO. 易得 $BO = CO = DO$, $BO \perp AB$, $CO \perp AC$, $DO \perp AD$. 所以点 O 就是与棱 AB、AC、AD 都相切且过点 B、C、D 的第二类半外接半棱切球.

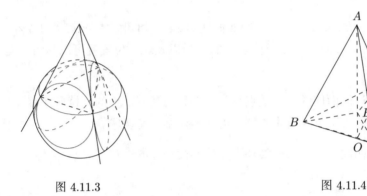

图 4.11.3   图 4.11.4

必要性

如图 4.11.4, 若四面体 $ABCD$ 中与棱 AB、AC、AD 都相切且过点 B、C、D 的第二类半外接半棱切球存在, 则球必定与棱 AB、AC、AD 分别切于点 B、C、D. 联结 AO、BO、CO、DO, AO 与平面 BCD 交于点 E. 因为 $\triangle EBO \cong \triangle ECO \cong \triangle EDO$, 所以 $BE = CE = DE$ 且 $\angle BEO = \angle CEO = \angle DEO$, 即点 E 是 $\triangle BCD$ 的外心且 $AE \perp$ 平面 BCD. □

由定理 4.11.3 的证明中得

定理 4.11.4. 若四面体过给定平面三顶点的第二类半外接半棱切球存在, 则这个第二类半外接半棱切球是唯一的.

定理 4.11.5. 四面体 $ABCD$ 中, $\triangle BCD$ 的外接圆圆心是 E, 其半径是 r, $AE \perp$ 平面 BCD, $AE = d$, 与棱 AB、AC、AD 都相切且过点 B、C、D 的第二类半外接半棱切球半径是 r_1, 则 $r_1 = \dfrac{r}{d}\sqrt{r^2 + d^2}$.

证明： 如图 4.11.4, 因为 $\triangle ABO \backsim \triangle AEB$, 所以 $\dfrac{BO}{AB} = \dfrac{BE}{AE}$, 即 $BO = \dfrac{BE}{AE} \cdot AB$, 亦即 $r_1 = \dfrac{r}{d}\sqrt{r^2 + d^2}$. □

定义 4.11.4. 与四面体 $ABCD$ 的射线 AB、AC、AD 及平面 BCD 都相切的球称为四面体 $ABCD$ 关于点 A 的第一类半棱切半内切球. 当点 A 与球心在平面 BCD 同侧, 则

称为四面体 $ABCD$ 关于点 A 的第一类内半棱切半内切球;当点 A 与球心在平面 BCD 异侧,则称为四面体 $ABCD$ 关于点 A 的第一类外半棱切半内切球.

图 4.11.5 画了四面体的第一类内半棱切半内切球和第一类外半棱切半内切球各一个的直观图.

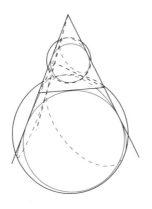

图 4.11.5

定理 4.11.6. 四面体的关于每个顶点的第一类内半棱切半内切球唯一存在.

证明: 因为与四面体 $ABCD$ 的射线 AB、AC、AD 距离都相等的轨迹是与射线 AB、AC、AD 的夹角都相等的直线,这条直线设为 l. l 上的点到射线 AB、AC、AD 的距离是这个点与点 A 距离的严格单调递增函数. 当 l 与平面 BCD 相交时,则在点 A 的同侧,l 上的点到平面 BCD 同侧的距离是这个点与点 A 距离的严格单调减函数,并且在与平面 BCD 的交点处与平面 BCD 的距离是 0;当 l 与平面 BCD 平行时,l 上的点到平面 BCD 的距离是定值. 根据界值定理以及函数单调性的性质,到射线 AB、AC、AD 和平面 BCD 距离都相等的点必定存在并且唯一. □

定理 4.11.7. 四面体 $ABCD$ 的关于顶点 A 的第一类外半棱切半内切球存在的充要条件是与存在过顶点 A 与三射线 AB、AC、AD 的夹角相等的射线,这个夹角小于这条射线与平面 BCD 的所成角. 若四面体 $ABCD$ 的关于顶点 A 的外半棱切半内切球存在,则这个球是唯一的.

证明: 因为与四面体 $ABCD$ 的射线 AB、AC、AD 距离都相等的轨迹是与射线 AB、AC、AD 的夹角都相等的直线,这条直线设为 l. l 上的点到射线 AB、AC、AD 的距离是这个点与点 A 距离的严格单调增函数. 当 l 与平面 BCD 相交时,则在点 A 的异侧,l 上的点到平面 BCD 某侧的距离是这个点与点 A 距离的严格单调增函数,并且在与平面 BCD 的交点处与平面 BCD 的距离是 0. 当 l 与射线 AB、AC、AD 的夹角小于这条射线与平面 BCD 的所成角,此时到射线 AB、AC、AD 的距离增长速度比到平面 BCD 距离的增长速度快,并且两个增长速度都是 l 上的点到点 A 距离的一次函数,所以到射线 AB、AC、AD

和平面 BCD 距离都相等的点必定存在并且唯一. 类似可以证明 l 与射线 AB、AC、AD 的夹角不小于这条射线与平面 BCD 的所成角时关于顶点 A 的外半棱切半内切球不存在.

当四面体 $ABCD$ 的关于顶点 A 的第一类外半棱切半内切球存在类似可以证明与射线 AB、AC、AD 的夹角相等, 这个夹角小于这条射线与平面 BCD 的所成角. $\square$

定理 4.11.8. 四面体 $ABCD$ 的体积为 V, $AB = a$, $AC = b$, $AD = c$, $CD = p$, $BD = q$, $BC = r$, 四面体 $ABCD$ 关于点 A 的第一类内半棱切半内切球半径是 r_{Ai}, 四面体 $ABCD$ 关于点 A 的第一类外半棱切半内切球半径是 r_{Ao}, 则

$$r_{Ai} = \frac{3V}{\dfrac{K}{4L} + S_{\triangle BCD}}, \quad r_{Ao} = \frac{3V}{\dfrac{K}{4L} - S_{\triangle BCD}},$$

其中

$$\begin{aligned}
K &= (ap^2 + bc(b+c))(q^2 + r^2 - p^2) + (bq^2 + ac(a+c))(p^2 + r^2 - q^2) \\
&\quad + (cr^2 + ab(a+b))(p^2 + q^2 - r^2) - 2(a^3p^2 + b^3q^2 + c^3r^2),
\end{aligned}$$
$$L = \sqrt{(-a+b+r)(a-b+r)(-a+c+q)(a-c+q)(-b+c+p)(b-c+p)}.$$

证明: 如图 4.11.6, 设四面体 $ABCD$ 关于点 A 的第一类内半棱切半内切球球心是 O, 与射线 AB 切于点 E, 其到平面 ABC 的射影是 F, AO 与射线 AB 的夹角是 θ, $\angle BAC = 2\alpha$, 则 $AE = r_{Ai} \cot\theta$, $EF = AE\tan\alpha = r_{Ai}\tan\alpha\cot\theta$, 所以

$$\begin{aligned}
EO &= r_{Ai}\sqrt{1 - \tan^2\alpha\cot^2\theta} \\
&= \frac{|-ab(a+b) + (a^2+b^2)c - (a+b)c^2 + 2abc + ap^2 + bq^2 - cr^2|}{\sqrt{(a+b+r)(a+b-r)(-a+c+q)(a-c+q)(-b+c+p)(b-c+p)}} r_{Ai},
\end{aligned}$$

当 $-ab(a+b) + (a^2+b^2)c - (a+b)c^2 + 2abc + ap^2 + bq^2 - cr^2 > 0$ 时点 O 与点 D 在平面 ABC 同侧; 当 $-ab(a+b) + (a^2+b^2)c - (a+b)c^2 + 2abc + ap^2 + bq^2 - cr^2 = 0$ 时点 O 在平面 ABC 内; 当 $-ab(a+b) + (a^2+b^2)c - (a+b)c^2 + 2abc + ap^2 + bq^2 - cr^2 < 0$ 时点 O 与点 D 在平面 ABC 异侧. $V_{\text{四面体 } OABC} = \dfrac{1}{3}S_{\triangle ABC} \cdot EO$. 若点 O 与点 D 在平面 ABC 同侧, 则

$$\begin{aligned}
& V_{\text{四面体 } OABC} + V_{\text{四面体 } OABD} + V_{\text{四面体 } OACD} \\
&= \frac{K}{12\sqrt{(-a+b+r)(a-b+r)(-a+c+q)(a-c+q)(-b+c+p)(b-c+p)}} r_{Ai},
\end{aligned}$$

于是

$$r_{Ai} = \frac{3V}{\dfrac{K}{4L} + S_{\triangle BCD}}.$$

其中 $L = \sqrt{(-a+b+r)(a-b+r)(-a+c+q)(a-c+q)(-b+c+p)(b-c+p)}$, 上面的公式对点 O 在其他位置同样适用.

同理可得
$$r_{Ao} = \frac{3V}{\dfrac{K}{4L} - S_{\triangle BCD}},$$

其中 $L = \sqrt{(-a+b+r)(a-b+r)(-a+c+q)(a-c+q)(-b+c+p)(b-c+p)}$. □

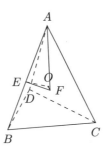

图 4.11.6

定义 4.11.5. 与过四面体某顶点的三面相切且过这个顶点所对的面的三棱相切的球称为这个四面体的第二类内半棱切半内切球. 与过四面体某顶点的三面相切且过这个顶点所对的面的三棱所在直线相切，但切点不全在棱内部的球称为这个四面体的第二类外半棱切半内切球.

图 4.11.7 所画的是四面体的其中一个第二类内半棱切半内切球的直观图，图 4.11.8 所画的是四面体的其中一个第二类外半棱切半内切球的直观图.

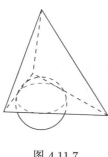
图 4.11.7

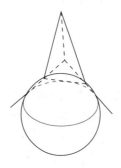
图 4.11.8

类似定理 4.11.3 的证明可得定理 4.11.9 和定理 4.11.10.

定理 4.11.9. 四面体 $ABCD$ 中与面 ABC、ABD、ACD 都相切且与棱 BC、BD、CD 都相切的第二类内半棱切半内切球存在的充要条件是点 A 在平面 BCD 内的射影是 $\triangle BCD$ 的内心.

定理 4.11.10. 四面体 $ABCD$ 中与面 ABC、ABD、ACD 都相切且与棱 BC 相切，和棱 DB、DC 的延长线都相切的第二类外半棱切半内切球存在的充要条件是点 A 在平面 BCD 内的射影是 $\triangle BCD$ 的旁心，该旁心与点 D 在直线 BC 两侧.

类似定理 4.11.4 的证明可得定理 4.11.11 和定理 4.11.12.

定理 4.11.11. 若四面体过给定平面三顶点的第二类内半棱切半内切球存在，则这个第二类内半棱切半内切球是唯一的.

定理 4.11.12. 若四面体过给定平面三顶点的第二类外半棱切半内切球存在，则这个第二类外半棱切半内切球是唯一的.

类似定理 4.11.5 的证明可得定理 4.11.13 和定理 4.11.14.

定理 4.11.13. 四面体 $ABCD$ 中，$\triangle BCD$ 的内切圆圆心是 E，其半径是 r，$AE \perp$ 平面 BCD，$AE = d$，与面 ABC、ABD、ACD 都相切且与棱 BC、BD、CD 都相切的第二类内半棱切半内切球半径是 r_1，则 $r_1 = \dfrac{r}{d}\sqrt{r^2+d^2}$.

定理 4.11.14. 四面体 $ABCD$ 中，$\triangle BCD$ 的旁切圆圆心是 E，点 D 和点 E 在直线 BC 两侧，其半径是 r，$AE \perp$ 平面 BCD，$AE = d$，与面 ABC、ABD、ACD 都相切且与棱 BC 相切，和棱 DB、DC 的延长线都相切的第二类外半棱切半内切球半径是 r_1，则 $r_1 = \dfrac{r}{d}\sqrt{r^2+d^2}$.

4.12 特殊点重合的情况

定理 4.12.1. 如果四面体的重心、外心、内心任意两心重合，则该四面体是等面四面体.

证明： 分如下情形：

（1）重心和外心重合

如图 4.12.1，设四面体 $ABCD$ 的外心是 O，棱 AB、CD 的中点分别是 E、F，因为四面体 $ABCD$ 的重心和外心重合，所以点 O 是 EF 的中点，联结 AO、BO、CO、DO. 因为 $AO = BO$，$AE = BE$，所以 $\triangle AOB$ 是等腰三角形，并且 $EF \perp AB$. 同理可得 $\triangle COD$ 是等腰三角形，并且 $EF \perp CD$. 又因为 $AO = CO$，$EO = FO$，$\angle AEO = \angle CFO = 90°$，所以 $\triangle AEO \cong \triangle CFO$，因此 $AE = CF$，即 $AB = CD$. 同理可证 $AC = BD$，$AD = BC$，所以四面体 $ABCD$ 是等面四面体.

（2）重心和内心重合

设四面体 $ABCD$ 的重心是 G，联结 AG、BG、CG、DG. 因为四面体 $ABCD$ 的重心和内心重合，那么点 G 到四面体各面的距离相等. 又因为四面体 $ABCG$、$ABDG$、$ACDG$、$BCDG$ 的体积相等，所以四面体各面的面积相等，所以四面体 $ABCD$ 是等面四面体（定理 4.13.5）.

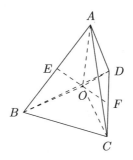

图 4.12.1

（3）外心和内心重合[①]

如图 4.12.2，作四面体 $ABCD$ 的外心 O，$\triangle ABC$ 的外心 O_1，$\triangle ABD$ 的外心 O_2，棱 AB 的中点 E，联结 AO_1、AO_2、EO、EO_1、EO_2，那么 $\angle OO_1E = \angle OO_2E = 90°$. 因为四面体 $ABCD$ 的外心与内心重合，所以 $OO_1 = OO_2$，由此得到 $\triangle OO_1E \cong \triangle OO_2E$，所以 $EO_1 = EO_2$. 又因为 $\angle AEO_1 = \angle AEO_2 = 90°$，所以 $\triangle AEO_1 \cong \triangle AEO_2$，于是 $\angle AO_1E = \angle AO_2E$. 但是 $\angle AO_1E = \angle ACB$，$\angle AO_2E = \angle ADB$，所以 $\angle ACB = \angle ADB$. 同理可得 $\angle CAD = \angle CBD$，$\angle ABC = \angle ADC$，$\angle BAD = \angle BCD$，$\angle ABD = \angle ACD$，$\angle BAC = \angle BDC$. 设 $\angle ACB = \angle ADB = \alpha$，$\angle CAD = \angle CBD = \alpha'$，$\angle ABC = \angle ADC = \beta$，$\angle BAD = \angle BCD = \beta'$，$\angle ABD = \angle ACD = \gamma$，$\angle BAC = \angle BDC = \gamma'$，则

$$\alpha + \beta + \gamma' = 180°, \ \alpha + \beta' + \gamma = 180°, \ \alpha' + \beta + \gamma = 180°, \ \alpha' + \beta' + \gamma' = 180°.$$

上面四式前两式和后两式分别相加，得

$$2\alpha + \beta + \beta' + \gamma + \gamma' = 360°, \ 2\alpha' + \beta + \beta' + \gamma + \gamma' = 360°,$$

于是得

$$\alpha = \alpha'.$$

同理可得

$$\beta = \beta', \ \gamma = \gamma',$$

所以

$$\triangle ABC \cong \triangle BAD \cong \triangle CDA \cong \triangle DCB,$$

因此

$$AB = CD, \ AC = BD, \ AD = BC,$$

即四面体 $ABCD$ 是等面四面体. □

[①] 证明参考了文 [13].

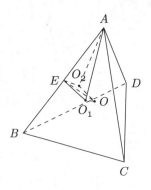

图 4.12.2

定理 4.12.2. 如果四面体的重心、外心、内心之一和垂心重合，则该四面体是正四面体.

证明： 分如下情形：

（1）重心和垂心重合

因为四面体的重心和垂心重合，则四面体高的垂足既是该面的垂心又是该面的重心，所以所在面是正三角形，因此该四面体就是正四面体.

（2）外心和垂心重合

因为四面体的外心和垂心重合，则四面体高的垂足既是该面的垂心又是该面的外心，所以所在面是正三角形，因此该四面体就是正四面体.

（3）内心和垂心重合[①]

如图 4.12.3，设四面体 $ABCD$ 的内心与垂心重合于点 H. 因为点 H 是四面体的垂心，所以 AH、BH、CH 分别垂直于它们的对面，设它们的延长线与对面分别相交于 H_1、H_2、H_3，这三点分别是所在面的垂心，因为 $AH_3 \perp BD$，$AH_2 \perp CD$，并且垂足分别为 E、F，设 AH 在平面 BCD 的垂足是 H_1，联结 H_1E、H_1F，又因为点 H 是四面体的内心，所以 $HH_2 = HH_3$，因此 $\triangle AHH_2 \cong \triangle AHH_3$，由此得 $\angle HAH_2 = \angle HAH_3$. 因而又得到 $\triangle AH_1E \cong \triangle AH_1$，所以 $H_1E = H_1F$. 即 H_1 到 $\triangle BCD$ 两边 BD 与 CD 的距离相等. 同理可得 H_1 到另一边 BC 的距离也与它们相等，即 $\triangle BCD$ 是正三角形. 同理可证四面体的其他三个面都是正三角形，因此四面体 $ABCD$ 是正四面体. □

推论 4.12.2.1. 如果四面体的重心或外心和第二类十二点球的球心或垂心重合，则该四面体是正四面体.

证明： 因为四面体的外心、重心、第二类十二点球的球心、垂心依次排列在同一直线上，并且由该四点分成的三线段的比例是 $3:1:2$，所以当四面体的重心或外心和第二类十二点球的球心或垂心重合时重心也必然与垂心重合，由定理 4.12.2 知该四面体是正四面体. □

[①] 证明参考了文 [13].

定理 4.12.3. 四面体重心与内棱心重合的充要条件是：该四面体有一对棱棱长的和是其余四棱各棱长的两倍.

证明：充分性

如图 4.12.4，设四面体 $ABCD$ 中 $AB = a$，$CD = p$，$AC = BD = AD = BC = b$，并且 $a + p = 2b$，棱 AB、CD 的中点分别是 E、F，联结 EF，则四面体 $ABCD$ 的重心 G 是 EF 的中点，因为

$$CE = DE = \frac{\sqrt{4b^2 - a^2}}{2} = \frac{\sqrt{(2a+p)p}}{2},$$

所以

$$EG = FG = \frac{EF}{2} = \frac{\sqrt{CE^2 - CF^2}}{2} = \frac{\sqrt{2ap}}{4},$$

于是

$$AG = BG = \sqrt{AE^2 + EG^2} = \frac{\sqrt{2a(2a+p)}}{4},$$
$$CG = DG = \sqrt{CF^2 + FG^2} = \frac{\sqrt{2p(a+2p)}}{4},$$

因而

$$\cos \angle CAG = \frac{b^2 + AG^2 - CG^2}{2 \cdot b \cdot AG} = \sqrt{\frac{2a}{2a+p}},$$
$$\cos \angle AGC = \frac{AG^2 + CG^2 - b^2}{2 \cdot AG \cdot CG} = -\sqrt{\frac{ap}{(2a+p)(a+2p)}} < 0,$$

由此得到点 G 到棱 AC 垂线的垂足在 AC 内，并且垂线长度是

$$AG \cdot \sin \angle CAG = \frac{\sqrt{2ap}}{4}.$$

同理得到点 G 到其余棱的垂线的垂足在相应棱内，并且垂线长度是

$$\frac{\sqrt{2ap}}{4},$$

所以点 G 也是四面体 $ABCD$ 的内棱心.

必要性

如图 4.12.4，设四面体 $ABCD$ 的重心是 G，棱 AB、CD 的中点分别是 E、F，联结 EF，则点 G 是 EF 的中点，过点 G 作 AB 与 CD 的垂线，垂足分别是 E' 与 F'，联结 GE'、GF'. 因为点 G 与四面体 $ABCD$ 的内棱心重合，所以 $GE' = GF'$，由此得 $\triangle EE'G \cong \triangle FF'G$，因此 $EE' = FF'$. 设点 A 到棱切球切点的距离是 w，点 B 到棱切球切点的距离是 x，点 C 到棱切球切点的距离是 y，点 D 到棱切球切点的距离是 z，不妨设 $w \geqslant x \geqslant y \geqslant z$，那么

$$EE' = \frac{w-x}{2}, \quad FF' = \frac{y-z}{2},$$

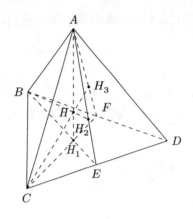

图 4.12.3

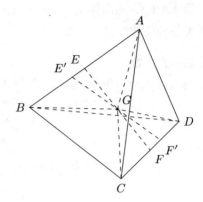

图 4.12.4

由此得
$$w + z = x + y.$$

同理,从对棱 AD、BC 得
$$w + y = x + z,$$

由前两式可得到
$$w = x, \ y = z,$$

所以点 E' 与点 E 重合,点 F' 与点 F 重合,因此

$AG = BG$,$CG = DG$,

$AC = w + y$,$BD = x + z = w + y$,$AD = w + z = w + y$,$BC = x + y = w + y$,

所以
$$AC = BD = AD = BC,$$

于是 CE 是 AB 的中垂线. 设 $AB = a$,$CD = p$,$AC = BD = AD = BC = b$,则由内棱切球存在的充要条件得
$$a + p = 2b. \qquad \square$$

定理 4.12.4. 四面体的垂心、外心、内心之一与内棱心重合,则该四面体是正四面体.

证明: 分如下情形:

(1) 垂心与内棱心重合时

因为四面体的垂心和内棱心重合,则四面体高的垂足既是该面的垂心又是该面的内心,所以所在面是正三角形,因此该四面体就是正四面体.

(2) 外心与内棱心重合时

因为四面体的外心和内棱心重合,则四面体高的垂足既是该面的外心又是该面的内心,所以所在面是正三角形,因此该四面体就是正四面体.

（3）内心与内棱心重合时

如图 4.12.5，设四面体 $ABCD$ 的内心是 I，$\triangle ABC$，$\triangle ABD$ 的内心分别是 I_1、I_2，内棱切球与 AB 的切点是 E，联结 EI，EI_1、EI_2、II_1、II_2，则

$$EI_1 \perp AB, \quad EI_2 \perp AB,$$

所以 $\angle I_1 E I_2$ 是二面角 $C\text{-}AB\text{-}D$ 的平面角. 因为点 I 也是四面体 $ABCD$ 的内棱心，所以

$$II_1 \perp AB, \quad II_2 \perp AB,$$

所以

$$AB \perp \text{平面 } EII_1, \quad AB \perp \text{平面 } EII_2.$$

因为过点 E 与直线 AB 垂直的平面是唯一的，所以点 E、I、I_1、I_2 共面，设四面体的内切球半径是 r，内棱切球半径是 ρ，则

$$\sin \angle IEI_1 = \sin \angle IEI_2 = \frac{r}{\rho},$$

所以

$$\cos \angle I_1 E I_2 = 1 - 2\sin^2 \angle IEI_1 = 1 - \frac{2r^2}{\rho^2}.$$

同理可证其他二面角平面角的余弦值都等于 $1 - \frac{2r^2}{\rho^2}$，所以四面体 $ABCD$ 的所有面的内角都相等，即所有面都是正三角形，因而四面体 $ABCD$ 是正四面体. □

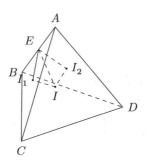

图 4.12.5

定理 4.12.5. 四面体的重心、垂心、外心、内心、内棱心都不可能与任何一个外棱心重合.

证明： 因为如果垂心、外心、内棱心与外棱心重合，那么过外棱心作一面的垂线，使垂足为该面三角形的旁心，则必然得到该三角形的垂心、外心、内心之一与该旁心重合，这是不可能的，所以四面体的垂心、外心、内棱心与任何一个外棱心都不重合.

如果四面体 $ABCD$ 的平面 BCD 的临面区有外棱切球, 并且重心 G 与该外棱心重合. 棱 AB、CD 的中点分别是 E、F, 联结 EF, 则点 G 是 EF 的中点, 过点 G 作 AB 与 CD 的垂线, 垂足分别是 E' 与 F', 类似重心与内棱心重合的证明中可以得 $EE' = FF'$. 设点 A 到棱切球切点的距离是 l_A, 点 B 到棱切球切点的距离是 l_B, 点 C 到棱切球切点的距离是 l_C, 点 D 到棱切球切点的距离是 l_D, 不妨假设 $l_B \geqslant l_C \geqslant l_D$, 那么

$$EE' = \frac{l_A + l_B}{2}, \ FF' = \frac{l_C - l_D}{2},$$

所以

$$l_A + l_B = l_C - l_D.$$

同理得

$$l_A + l_C = l_B - l_D, \ l_A + l_D = l_B - l_C.$$

前面两个方程相加化简, 得

$$l_A = -l_D.$$

这是不可能的, 所以四面体的重心与任何一个外棱心都不重合.

因为内心与四面体各面的切点都在所在三角形内部, 所以四面体的内心与任何一个外棱心都不重合. □

定理 4.12.6. 四面体的重心、垂心、外心、内心、内棱心都不可能与任何一个旁心重合.

证明: 因为四面体的重心、内心都在四面体内部, 而旁心都在四面体外部, 所以是不可能重合的.

如果四面体的垂心在四面体外, 则垂心必定在四面体的临顶区, 所以是不可能与旁心重合的.

如图 4.12.2, 如果四面体 $ABCD$ 的外心和某一旁心重合, 并且外心在面 BCD 的临面区, 类似外心和内心重合的证明得

$$\angle ACB = \angle ADB, \ \angle ABC = \angle ADC, \ \angle ABD = \angle ACD,$$

以及

$$\angle CAD + \angle CBD = 180°,$$
$$\angle BAD + \angle BCD = 180°,$$
$$\angle BAC + \angle BDC = 180°.$$

设 $\angle CBD = \alpha$, $\angle BCD = \beta$, $\angle BDC = \gamma$, 则

$$\alpha + \beta + \gamma = 180°.$$

于是
$$\angle BAC + \angle BAD + \angle CAD = 180° - \alpha + 180° - \beta + 180° - \gamma = 360°,$$
这是不可能的，所以此时外心是不可能与旁心重合的.

如果四面体 $ABCD$ 的外心和某一旁心重合，并且外心在某一临棱区，类似外心和内心重合的证明得到四面体 $ABCD$ 是等面四面体，但等面四面体在临棱区是不存在旁切球的，所以此时外心是不可能与旁心重合的.

如果四面体的内棱心与一旁心重合，则该旁切球必然有一个切点不在所在平面的三角形外，而该切点又必须是该三角形的内心，这是不可能的，所以内棱心是不可能与旁心重合的. □

定理 4.12.7. 任何一个旁心与任何一个外棱心都不可能重合.

证明： 如果四面体 $ABCD$ 的一个旁心和某一外棱心重合，并且旁心在某一临棱区，则该旁切球必然有一切点在所在平面的三角形某一内角的对顶角内，而该切点又必须是该三角形的内心，这是不可能的，即此时旁心不可能与外棱心重合.

如果四面体 $ABCD$ 的一个旁心和某一外棱心重合，并且旁心在平面 BCD 的临面区，设四面体 $ABCD$ 的旁心是 I，$\triangle ABC, \triangle ABD$ 的旁心分别是 I_1、I_2，外棱切球与 AB 的切点是 E，联结 EI、EI_1、EI_2、II_1、II_2，则
$$EI_1 \perp AB, \quad EI_2 \perp AB,$$
所以 $\angle I_1 E I_2$ 是二面角 C-AB-D 的平面角. 因为点 I 也是四面体 $ABCD$ 的外棱心，所以
$$II_1 \perp AB, \quad II_2 \perp AB,$$
所以
$$AB \perp \text{平面 } EII_1, \quad AB \perp \text{平面 } EII_2.$$
因为过点 E 与直线 AB 垂直的平面是唯一的，所以点 E、I、I_1、I_2 共面，设四面体的旁切球半径是 r，外棱切球半径是 ρ，则
$$\sin \angle IEI_1 = \sin \angle IEI_2 = \frac{r}{\rho},$$
所以
$$\cos \angle I_1 E I_2 = 1 - 2\sin^2 \angle IEI_1 = 1 - \frac{2r^2}{\rho^2}.$$
同理可证二面角 B-AC-D 和二面角 B-AD-C 的平面角的余弦值都等于 $1 - \frac{2r^2}{\rho^2}$，二面角 A-BC-D、A-BD-C、A-CD-B 的平面角的余弦值都等于 $1 + \frac{2r^2}{\rho^2}$，根据三面角的第二余弦定理知
$$\angle ABC = \angle ACB = \angle ABD = \angle ADB = \angle ACD = \angle ADC,$$

以及
$$\angle BAC = \angle BAD = \angle CAD,$$

所以四面体 $ABCD$ 是以 $\triangle BCD$ 为底面的正三棱锥. 设 $AB = AC = AD = x$, $BC = BD = CD = y$, 因为旁切球与平面 ABC 的切点是 $\triangle ABC$ 的旁心, 旁切球与平面 BCD 的切点是 $\triangle BCD$ 的内心, 则该旁心与外棱心重合时, $\triangle ABC$ 的与点 A 相对的旁切球半径与 $\triangle BCD$ 的内切圆半径必须相等, 所以得

$$\frac{y}{2}\sqrt{\frac{2x+y}{2x-y}} = \frac{\sqrt{3}}{6}y,$$

上面方程两边除以 y, 两边平方后求解得

$$x + y = 0,$$

这是不可能的, 所以此时旁心是不可能与外棱心重合的. □

4.13 等面四面体与正四面体

定理 4.13.1. 一个四面体是等面四面体的充要条件是: 该四面体的外接平行六面体是长方体.

证明: 充分性

设四面体 $ABCD$ 的外接平行六面体 AC_1BD_1-A_1CB_1D 是长方体, 那么 $AB = C_1D_1$, $CD = A_1B_1$. 因为 $AB = A_1B_1$, 所以 $AB = CD$. 同理可得 $AC = BD$, $AD = BC$, 所以四面体 $ABCD$ 是等面四面体.

必要性

设平行六面体 AC_1BD_1-A_1CB_1D 是四面体 $ABCD$ 的外接平行六面体. 因为 $AB = CD, AB = C_1D_1, CD = A_1B_1, AB = A_1B_1, CD = C_1D_1$, 所以 $AB = C_1D_1, CD = A_1B_1$, 即 $\square AC_1BD_1$ 和 $\square A_1CB_1D$ 都是矩形. 同理可得 $\square AC_1CA_1$ 和 $\square B_1DD_1B$ 都是矩形, $\square AA_1DD_1$ 和 $\square C_1CB_1B$ 都是矩形, 所以平行六面体 AC_1BD_1-A_1CB_1D 是长方体. □

定理 4.13.2. 一个四面体是等面四面体的充要条件是三双对棱中点的连线两两互相垂直.

证明: 如图 4.13.1, 平行六面体 AC_1BD_1-A_1CB_1D 是四面体 $ABCD$ 的外接平行六面体, 则棱 AB 与 CD 中点的连线与 AA_1 平行, AC 与 BD 的中点连线与 AD_1 平行, AD 与 BC 的连线与 AC_1 平行.

充分性

当四面体 $ABCD$ 三双对棱中点的连线两两互相垂直时, AA_1、AC_1、AD_1 两两互相垂直, 平行六面体 AC_1BD_1-A_1CB_1D 是长方体, 由定理 4.13.1 知四面体 $ABCD$ 是等面四面体.

必要性

如果四面体 $ABCD$ 是等面四面体，那么 AA_1、AC_1、AD_1 两两互相垂直，所以四面体 $ABCD$ 三双对棱中点的连线两两互相垂直. □

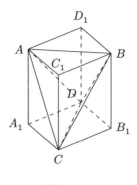

图 4.13.1

定理 4.13.3. 一个四面体是等面四面体的充要条件是对棱中点的连线是该双对棱的公垂线.

证明： 如图 4.13.1，平行六面体 AC_1BD_1-A_1CB_1D 是四面体 $ABCD$ 的外接平行六面体，则棱 AB 与 CD 的中点连线与 AA_1 平行，AC 与 BD 的中点连线与 AD_1 平行，AD 与 BC 的中点连线与 AC_1 平行.

充分性

因为四面体 $ABCD$ 对棱 AB 与 CD 的中点连线是 AB 与 CD 的公垂线，所以 $AA_1 \perp$ 平面 AC_1BD_1，于是 $AA_1 \perp AC_1$，$AA_1 \perp AD_1$. 同理可得 $AC_1 \perp AA_1$，$AC_1 \perp AD_1$，$AD_1 \perp AA_1$，$AD_1 \perp AC_1$，所以平行六面体 AC_1BD_1-A_1CB_1D 是长方体，由定理 4.13.1 知四面体 $ABCD$ 是等面四面体.

必要性

因为四面体 $ABCD$ 是等面四面体，所以平行六面体 AC_1BD_1-A_1CB_1D 是长方体，所以 AB 与 CD 的中点连线与平面 AC_1BD_1、A_1CB_1D 都垂直，即 AB 与 CD 的中点连线与 AB、CD 都垂直，所以 AB 与 CD 的中点连线是 AB、CD 的公垂线. 同理可得 AC 与 BD 的中点连线是 AC、BD 的公垂线，AD 与 BC 的中点连线是 AD、BC 的公垂线. □

定理 4.13.4. 一个四面体是等面四面体的充要条件是四面体四个面的周长都相等.

证明：充分性

设四面体 $ABCD$ 中 $AB = a$，$AC = b$，$AD = c$，$CD = p$，$BD = q$，$BC = r$，且

$$a + b + r = a + b + q = b + c + p = p + q + r.$$

由 $a+b+r=p+q+r$，$a+c+q=p+q+r$，两边相加化简，得
$$2a+b+c=2p+q+r,$$
再由 $b+c+p=p+q+r$ 得
$$b+c=q+r,$$
所以 $a=p$. 同理得 $b=q$，$c=r$. 所以四面体 $ABCD$ 是等面四面体.

必要性

如果四面体 $ABCD$ 是等面四面体，那么 $AB=CD$，$AC=BD$，$AD=BC$，所以
$$\triangle ABC \cong \triangle BAD \cong \triangle CDA \cong \triangle DCB,$$
于是四面体 $ABCD$ 的各面周长相等. □

定理 4.13.5. 一个四面体是等面四面体的充要条件是四面体四个面的面积都相等.

证明：充分性

如图 4.13.2，作四面体 $ABCD$ 中 $\triangle ABC$ 和 $\triangle BCD$ 边 BC 的高 AE 和 DF，点 G 是 EF 的中点，联结 AG、DG，过点 D 作 $l \parallel BC$，作 $EH \perp BC$，与 l 相交于点 H，联结 AH，点 M 是 AD 的中点，点 N 是 DH 的中点，联结 GN、MN. 因为 $S_{\triangle ABC}=S_{\triangle BCD}$，所以 $AE=DE$. 因为 G 是 EF 的中点，所以 $\triangle AEG \cong \triangle DFG$，因此 $AG=DG$. 因为点 M 是 AD 的中点，所以 $GM \perp AD$. 点 G 是 EF 的中点，点 M 是 AD 的中点，点 N 是 DH 的中点，$MN \parallel AH$，$GN \parallel EH$. 因为 $AE \perp BC$，$EH \perp BC$，所以 $BC \perp$ 平面 AEH，因此 $AH \perp BC$，由此得 $MN \perp BC$，$GN \perp BC$，所以 $BC \perp$ 平面 GMN，因此 $GM \perp BC$，由此得 GM 是 AD 与 BC 的公垂线，并且经过 AD 的中点. 同理可得 AD 与 BC 的公垂线经过 BC 的中点，即 AD 与 BC 的中点连线是 AD、BC 的公垂线. 同理可得 AB 与 CD 的中点连线是 AB、CD 的公垂线，AC 与 BD 的中点连线是 AC、BD 的公垂线. 由定理 4.13.3 知四面体 $ABCD$ 是等面四面体.

必要性

如果四面体 $ABCD$ 是等面四面体，那么 $AB=CD$，$AC=BD$，$AD=BC$，所以 $\triangle ABC \cong \triangle BAD \cong \triangle CDA \cong \triangle DCB$，于是 $S_{\triangle ABC}=S_{\triangle ABD}=S_{\triangle ACD}=S_{\triangle BCD}$. □

推论 4.13.5.1. 一个四面体是等面四面体的充要条件是：该四面体的高都相等.

定理 4.13.6. 一个四面体是等面四面体的充要条件：是四面体内（包括四面体各面所包含的三角形内的点以及棱上的点）任一点到该四面体各面距离的和是定值.

证明：充分性

如图 4.13.3，设点 P 是四面体 $ABCD$ 内的一点，点 P 到平面 BCD、ACD、ABD、ABC 的垂线的垂足分别是 P_1、P_2、P_3、P_4.

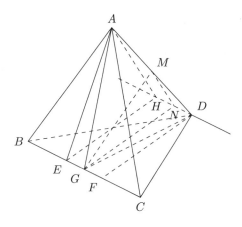

图 4.13.2

设 $PP_1+PP_2+PP_3+PP_4=l$, 四面体 $ABCD$ 在平面 BCD 上高是 h_A, 四面体 $ABCD$ 在平面 ACD 上高是 h_B, 四面体 $ABCD$ 在平面 ABD 上高是 h_C, 四面体 $ABCD$ 在平面 ABC 上高是 h_D, 如果点 P 是四面体在平面 BCD 上高的垂足, 那么 $h_A=l$. 同理可得 $h_B=l$, $h_C=l$, $h_D=l$, 则 $h_A=h_B=h_C=h_D$, 由推论 4.13.5.1 知四面体 $ABCD$ 是等面四面体.

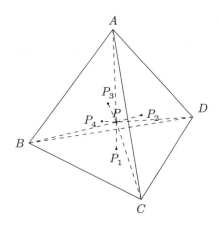

图 4.13.3

必要性

因为四面体 $ABCD$ 是等面四面体, 所以四面体各面的面积相等, 由此得到四面体的高都相等. 设四面体各面的面积是 S, 高是 h, 那么

$$\frac{1}{3}S\cdot PP_1+\frac{1}{3}S\cdot PP_2+\frac{1}{3}S\cdot PP_3+\frac{1}{3}S\cdot PP_4=\frac{1}{3}Sh,$$

于是

$$PP_1+PP_2+PP_3+PP_4=h,$$

即 $PP_1 + PP_2 + PP_3 + PP_4$ 是定值. □

定理 4.13.7. 一个四面体是等面四面体的充要条件是：该四面体三双对棱为棱的二面角对应相等.

证明：充分性

设四面体 $ABCD$ 中以 AB、CD 为棱的二面角相等，以 AC、BD 为棱的二面角相等，以 AD、BC 为棱的二面角相等，那么由三面角全等的判定定理知 $\angle ABC = \angle BAD$，$\angle BAC = \angle ABD$，所以 $\triangle ABC \cong \triangle BAD$，于是 $AC = BD$，$AD = BC$. 同理可得 $AB = CD$，所以四面体 $ABCD$ 是等面四面体.

必要性

因为四面体 $ABCD$ 是等面四面体，那么 $\angle BAC = \angle BDC, \angle BAD = \angle ADC, \angle CAD = \angle ADB$，由三面角全等的判定定理知四面体 $ABCD$ 中以 AB、CD 为棱的二面角相等. 同理可得四面体 $ABCD$ 中以 AC、BD 为棱的二面角相等，以 AD、BC 为棱的二面角相等. □

定理 4.13.8. 一个四面体是等面四面体的充要条件是：该四面体每一顶点的三个面角的和都等于 $180°$.

证明：充分性

如图 4.13.4，把四面体 $ABCD$ 在平面 BCD 内展开，使 $\triangle ABC \cong \triangle GBC$，$\triangle ABD \cong \triangle FBD$，$\triangle ACD \cong \triangle ECD$. 因为四面体 $ABCD$ 每一顶点的三个面角的和都等于 $180°$，所以点 E、D、F，点 E、C、G，点 F、B、G 分别共线，并且 $GB = FB = AB$，$GC = EC = AC$，$FD = ED = AD$，所以 $\triangle BCD$ 是 $\triangle EFG$ 的中位三角形，所以 $CD = GB = FB$，$BD = GC = EC$，$BC = FD = ED$，因此 $AB = CD$，$AC = BD$，$AD = BC$，所以四面体 $ABCD$ 是等面四面体.

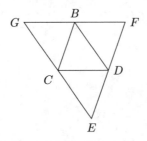

图 4.13.4

必要性

因为四面体 $ABCD$ 是等面四面体，所以 $\angle BAD = \angle ABC$，$\angle CAD = \angle ACB$. 因为

$$\angle BAC + \angle ABC + \angle ACB = 180°,$$

所以
$$\angle BAC + \angle BAD + \angle CAD = 180°.$$
同理可得其他三顶点的三个面角的和等于 180°. □

定理 4.13.9. 一个四面体是等面四面体的充要条件是：该四面体的每一顶点与对面三角形重心的连线等长.

证明：充分性

如图 4.13.1, 因为四面体 $ABCD$ 中，点 A 到 $\triangle BCD$ 重心的距离等于 AB_1 的三分之二，点 B 到 $\triangle ACD$ 重心的距离等于 A_1B 的三分之二，所以 $AB_1 = A_1B$，因此 $\square AA_1B_1B$ 是矩形，于是 $AA_1 \perp AB$. 同理可得 $AA_1 \perp C_1D$，所以 $AA_1 \perp$ 平面 AC_1B_1D，于是 $AA_1 \perp AC_1$，$AA_1 \perp AD_1$. 同理得 $AC_1 \perp AA_1$，$AC_1 \perp AD_1$，$AD_1 \perp AA_1$，$AD_1 \perp AC_1$，即平行六面体 AC_1BD_1-A_1CB_1D 是长方体，由定理 4.13.1 知四面体 $ABCD$ 是等面四面体.

必要性

因为四面体 $ABCD$ 是等面四面体，所以其外接平行六面体 AC_1BD_1-A_1CB_1D 是长方体，于是 $\square AA_1B_1B$ 是矩形，因此 $AB_1 = A_1B$. 因为四面体 $ABCD$ 中，点 A 到 $\triangle BCD$ 重心的距离等于 AB_1 的三分之二，点 B 到 $\triangle ACD$ 重心的距离等于 A_1B 距离的三分之二，所以点 A 到 $\triangle BCD$ 重心的距离等于点 B 到 $\triangle ACD$ 重心的距离. 同理可得点 A 到 $\triangle BCD$ 重心的距离等于点 C 到 $\triangle ABD$ 重心的距离，点 A 到 $\triangle BCD$ 重心的距离等于点 D 到 $\triangle ABC$ 重心的距离，所以四面体 $ABCD$ 的每一顶点与对面三角形重心的连线等长. □

定理 4.13.10. 一个四面体是等面四面体的充要条件是从四面体任一顶点出发的三个面之间所成的三个二面角的余弦之和等于 1.

证明：充分性

设四面体 $ABCD$ 中以 AB 为棱的二面角的平面角是 θ_1，以 AC 为棱的二面角的平面角是 θ_2，以 AD 为棱的二面角的平面角是 θ_3，以 CD 为棱的二面角的平面角是 θ_4，以 DB 为棱的二面角的平面角是 θ_5，以 BC 为棱的二面角的平面角是 θ_6. 于是

$$\cos\theta_1 + \cos\theta_2 + \cos\theta_3 = 1, \quad \cos\theta_1 + \cos\theta_5 + \cos\theta_6 = 1,$$
$$\cos\theta_2 + \cos\theta_4 + \cos\theta_6 = 1, \quad \cos\theta_3 + \cos\theta_4 + \cos\theta_5 = 1,$$

前两式和后两式分别相加，得

$$2\cos\theta_1 + \cos\theta_2 + \cos\theta_3 + \cos\theta_5 + \cos\theta_6 = 2,$$
$$2\cos\theta_4 + \cos\theta_2 + \cos\theta_3 + \cos\theta_5 + \cos\theta_6 = 2,$$

所以
$$\cos\theta_1 = \cos\theta_4,$$

即 $\theta_1 = \theta_4$. 同理可得 $\theta_2 = \theta_5$，$\theta_3 = \theta_6$，由定理 4.13.7 知四面体 $ABCD$ 是等面四面体.

必要性

设四面体 $ABCD$ 各面的面积等于 S，以 AB、CD 为棱的二面角的平面角是 θ_1，以 AC、BD 为棱的二面角的平面角是 θ_2，以 AD、BC 为棱的二面角的平面角是 θ_3，则由四面体的射影定理得

$$S\cos\theta_1 + S\cos\theta_2 + S\cos\theta_3 = S,$$

所以

$$\cos\theta_1 + \cos\theta_2 + \cos\theta_3 = 1. \qquad \Box$$

定理 4.13.11. 一个四面体是等面四面体的充要条件是：四面体任一面与其他的面所成的三个二面角的余弦之和都等于 1.

证明：充分性

设四面体 $ABCD$ 中以 AB 为棱的二面角的平面角是 θ_1，以 AC 为棱的二面角的平面角是 θ_2，以 AD 为棱的二面角的平面角是 θ_3，以 CD 为棱的二面角的平面角是 θ_4，以 DB 为棱的二面角的平面角是 θ_5，以 BC 为棱的二面角的平面角是 θ_6. 于是

$$\cos\theta_1 + \cos\theta_2 + \cos\theta_6 = 1, \quad \cos\theta_1 + \cos\theta_3 + \cos\theta_5 = 1,$$
$$\cos\theta_2 + \cos\theta_3 + \cos\theta_4 = 1, \quad \cos\theta_4 + \cos\theta_5 + \cos\theta_6 = 1,$$

前两式和后两式分别相加，得到

$$2\cos\theta_1 + \cos\theta_2 + \cos\theta_3 + \cos\theta_5 + \cos\theta_6 = 2,$$
$$2\cos\theta_4 + \cos\theta_2 + \cos\theta_3 + \cos\theta_5 + \cos\theta_6 = 2,$$

所以

$$\cos\theta_1 = \cos\theta_4,$$

即

$$\theta_1 = \theta_4.$$

同理可得 $\theta_2 = \theta_5$，$\theta_3 = \theta_6$，由定理 4.13.7 知四面体 $ABCD$ 是等面四面体.

必要性

设四面体 $ABCD$ 各面的面积等于 S，以 AB、CD 为棱的二面角的平面角是 θ_1，以 AC、BD 为棱的二面角的平面角是 θ_2，以 AD、BC 为棱的二面角的平面角是 θ_3，则由四面体的射影定理得

$$S\cos\theta_1 + S\cos\theta_2 + S\cos\theta_3 = S,$$

所以

$$\cos\theta_1 + \cos\theta_2 + \cos\theta_3 = 1. \qquad \Box$$

定理 4.13.12. 等面四面体各面是全等的锐角三角形.

证明： 设四面体 $ABCD$ 是等面四面体，所以 $AB = CD$，$AC = BD$，$AD = BC$，因此 $\triangle ABC \cong \triangle BAD \cong \triangle CDA \cong \triangle DCB$. 根据三面角的基本性质，得

$$\angle BAD + \angle CAD > \angle BAC,$$

由定理 4.13.8 得

$$\angle BAC + \angle BAD + \angle CAD = 180°,$$

所以 $\angle BAC < 90°$. 同理可得 $\angle ABC < 90°$，$\angle ACB < 90°$，所以 $\triangle ABC$ 是锐角三角形. 因为 $\triangle ABC \cong \triangle BAD \cong \triangle CDA \cong \triangle DCB$，所以四面体 $ABCD$ 各面是全等的锐角三角形. □

定理 4.13.13. 等面四面体的重心、外心、内心重合.

证明： 如图 4.13.5，在等面四面体 $ABCD$ 中，点 E 是 AB 的中点，点 F 是 CD 的中点，联结 EF，点 G 是 EF 的中点，则点 G 是四面体 $ABCD$ 的重心，联结 AG、BG、CG、FG. 由定理 4.13.3 知 EF 是 AB、CD 的公垂线，所以 EG 是 $\triangle ABG$ 的中垂线，FG 是 $\triangle CDG$ 的中垂线，因此 $AG = BG$，$CG = DG$. 同理得 $AG = CG$，$BG = DG$，即点 G 也是四面体 $ABCD$ 的外心.

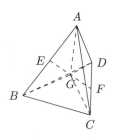

图 4.13.5

设四面体 $ABCD$ 各面的面积等于 S，因为点 G 是四面体 $ABCD$ 的重心，所以

$$V_{\text{四面体 } BCDG} = V_{\text{四面体 } ACDG} = V_{\text{四面体 } ABDG} = V_{\text{四面体 } ABCG}.$$

因此点 G 到各面的距离相等，即点 G 也是四面体 $ABCD$ 的内心. □

根据第 4.12 节中的讨论，立即可得

推论 4.13.13.1. 一个四面体是等面四面体的充要条件是该四面体的重心、外心、内心重合.

例 4.13.1. 已知等面四面体 $ABCD$ 中，$AB=a$，$AC=b$，$AD=c$，求四面体 $ABCD$ 外接平行六面体的各棱长，四面体 $ABCD$ 的体积，各二面角的平面角，三双对棱所成角和距离，各棱与不通过该棱的平面的所成角，外接球半径，内切球半径，临面区的旁切球半径，临面区的外棱切球半径.

解： 如图 4.13.1，平行六面体 $AC_1BD_1\text{-}A_1CB_1D$ 是四面体 $ABCD$ 的外接平行六面体，设 $AC_1=l_1$，$AD_1=l_2$，$AA_1=l_3$. 根据定理 4.4.1 知

$$l_1 = \frac{1}{2}\sqrt{2(a^2+b^2-c^2)},$$
$$l_2 = \frac{1}{2}\sqrt{2(a^2+c^2-b^2)},$$
$$l_3 = \frac{1}{2}\sqrt{2(b^2+c^2-a^2)},$$
$$AA_1 = \frac{1}{2}\sqrt{2(a^2+b^2+c^2)},$$

根据定理 4.4.2 得四面体 $ABCD$ 的体积 V 是

$$V = \frac{1}{3}l_1l_2l_3 = \frac{1}{12}\sqrt{2(-a^2+b^2+c^2)(a^2-b^2+c^2)(a^2+b^2-c^2)}.$$

设四面体 $ABCD$ 各面的面积是 S，则

$$S = \frac{1}{4}\sqrt{(a+b+c)(-a+b+c)(a-b+c)(a+b-c)},$$

根据三角形的正弦定理，得

$$\sin\angle BAC = \frac{2S}{ab} = \frac{\sqrt{(a+b+c)(-a+b+c)(a-b+c)(a+b-c)}}{2ab},$$
$$\sin\angle BAD = \frac{2S}{ab} = \frac{\sqrt{(a+b+c)(-a+b+c)(a-b+c)(a+b-c)}}{2ac},$$
$$\sin\angle CAD = \frac{2S}{ab} = \frac{\sqrt{(a+b+c)(-a+b+c)(a-b+c)(a+b-c)}}{2bc},$$

设以 AB 或 CD 为棱的二面角的平面角是 θ_1，以 AC 或 BD 为棱的二面角的平面角是 θ_2，以 AD 或 BC 为棱的二面角的平面角是 θ_3，则

$$\sin\theta_1 = \frac{3aV}{2S^2} = \frac{2a\sqrt{2(-a^2+b^2+c^2)(a^2-b^2+c^2)(a^2+b^2-c^2)}}{(a+b+c)(-a+b+c)(a-b+c)(a+b-c)},$$
$$\sin\theta_2 = \frac{3bV}{2S^2} = \frac{2b\sqrt{2(-a^2+b^2+c^2)(a^2-b^2+c^2)(a^2+b^2-c^2)}}{(a+b+c)(-a+b+c)(a-b+c)(a+b-c)},$$
$$\sin\theta_3 = \frac{3cV}{2S^2} = \frac{2c\sqrt{2(-a^2+b^2+c^2)(a^2-b^2+c^2)(a^2+b^2-c^2)}}{(a+b+c)(-a+b+c)(a-b+c)(a+b-c)}.$$

根据定理 4.4.3，设 AB 与 CD 所成角是 φ_1，AC 与 BD 所成角是 φ_2，AD 与 BC 所成角是 φ_3，则

$$\cos\varphi_1 = \frac{|b^2-c^2|}{a^2},\quad \cos\varphi_2 = \frac{|a^2-c^2|}{b^2},\quad \cos\varphi_3 = \frac{|a^2-b^2|}{c^2}.$$

设 AB 与 CD 的距离是 d_1，设 AC 与 BD 的距离是 d_2，设 AD 与 BC 的距离是 d_3，则

$$d_1 = l_3 = \frac{1}{2}\sqrt{2(-a^2+b^2+c^2)},$$
$$d_2 = l_2 = \frac{1}{2}\sqrt{2(a^2-b^2+c^2)},$$
$$d_3 = l_1 = \frac{1}{2}\sqrt{2(a^2+b^2-c^2)}.$$

四面体 $ABCD$ 的高 h 是

$$h = \frac{3V}{S} = \sqrt{\frac{2(-a^2+b^2+c^2)(a^2-b^2+c^2)(a^2+b^2-c^2)}{(a+b+c)(-a+b+c)(a-b+c)(a+b-c)}},$$

设 AB 与平面 ACD、BCD，CD 与平面 ABC、ABD 所成角是 ψ_1；AC 与平面 ABD、BCD，BD 与平面 ABC、ACD 所成角是 ψ_2；AD 与平面 ABC、BCD，BC 与平面 ABD、ACD 所成角是 ψ_3；则

$$\sin\psi_1 = \frac{h}{a} = \frac{1}{a}\sqrt{\frac{2(-a^2+b^2+c^2)(a^2-b^2+c^2)(a^2+b^2-c^2)}{(a+b+c)(-a+b+c)(a-b+c)(a+b-c)}},$$
$$\sin\psi_2 = \frac{h}{b} = \frac{1}{b}\sqrt{\frac{2(-a^2+b^2+c^2)(a^2-b^2+c^2)(a^2+b^2-c^2)}{(a+b+c)(-a+b+c)(a-b+c)(a+b-c)}},$$
$$\sin\psi_3 = \frac{h}{c} = \frac{1}{c}\sqrt{\frac{2(-a^2+b^2+c^2)(a^2-b^2+c^2)(a^2+b^2-c^2)}{(a+b+c)(-a+b+c)(a-b+c)(a+b-c)}}.$$

四面体 $ABCD$ 的外接球半径 R 是

$$R = \frac{AB_1}{2} = \frac{1}{4}\sqrt{2(a^2+b^2+c^2)},$$

四面体 $ABCD$ 的内切球半径 r 是

$$r = \frac{3V}{4S} = \frac{1}{4}\sqrt{\frac{2(-a^2+b^2+c^2)(a^2-b^2+c^2)(a^2+b^2-c^2)}{(a+b+c)(-a+b+c)(a-b+c)(a+b-c)}},$$

四面体 $ABCD$ 的临面区的旁切球半径 r_1 是

$$r = \frac{3V}{2S} = \frac{1}{2}\sqrt{\frac{2(-a^2+b^2+c^2)(a^2-b^2+c^2)(a^2+b^2-c^2)}{(a+b+c)(-a+b+c)(a-b+c)(a+b-c)}},$$

四面体 $ABCD$ 的临面区的外棱切球半径 ρ_1 是

$$\rho_1 = \frac{(a+b+c)(-a+b+c)(a-b+c)(a+b-c)}{24V}$$
$$= \frac{(a+b+c)(-a+b+c)(a-b+c)(a+b-c)}{2\sqrt{2(-a^2+b^2+c^2)(a^2-b^2+c^2)(a^2+b^2-c^2)}}.$$

$\square$

定理 4.13.14. 正四面体的重心、垂心、外心、内心、内棱心重合.

证明： 因为正四面体是等面四面体，所以正四面体的重心、外心、内心重合.

因为正四面体的对棱平方和相等，所以正四面体存在垂心. 因为正四面体各面是正三角形，正三角形的重心与垂心重合，所以四面体的重心与垂心重合.

因为正四面体的对棱和相等，所以正四面体存在内棱心. 因为正四面体各棱与重心所成的三角形是全等的等腰三角形，所以过重心的前面所述的各等腰三角形的中垂线相等，所以正四面体的重心与内棱心重合.

综上所述，得到正四面体的重心、垂心、外心、内心、内棱心重合. □

例 4.13.2. 已知正四面体的棱长是 1，求该正四面体外接平行六面体的各棱长、体积、各二面角的平面角、三双对棱所成角和距离、各棱与不通过该棱的平面所成的角、外接球半径、内切球半径、临面区的旁切球半径、内棱切球半径和临面区的外棱切球半径.

解： 设题目所设的正四面体的外接平行六面体棱长是 l，体积是 V，各二面角的平面角是 θ，各对棱所成角是 φ，各对棱距离是 d，各棱与不通过该棱的平面的所成角是 ψ，外接球半径是 R，内切球半径是 r，临面区的旁切球半径是 r_1，内棱切球半径是 ρ，临面区的外棱切球半径是 ρ_1. 由例 4.13.1 立即得到

$$l = d = \frac{\sqrt{2}}{2}, \ V = \frac{\sqrt{2}}{12}, \ \sin\theta = \frac{2\sqrt{2}}{3}, \ \cos\varphi = 0, \ \sin\psi = \frac{\sqrt{6}}{3},$$

$$R = \frac{\sqrt{6}}{4}, \ r = \frac{\sqrt{6}}{12}, \ r_1 = \frac{\sqrt{6}}{6}, \ \rho = \frac{l}{2} = \frac{\sqrt{2}}{4}, \ \rho_1 = \frac{3\sqrt{2}}{4},$$

即

$$\cos\theta = \frac{1}{3}, \ \varphi = 90°, \ \cos\psi = \frac{\sqrt{3}}{3}. \qquad \square$$

引理 4.13.1. 设平面内一点 P 到平面内四点 A、B、C、D 的距离之和最小，则

（1）当四边形 $ABCD$ 是凸四边形时点 P 是其对角线的交点；

（2）点 A、B、C、D 中有一点在以其余三点为顶点的三角形内部时，点 P 就是在三角形内部的那个点；

（3）点 A、B、C、D 中有三点共线，另外一点不在该直线上时，点 P 就是共线三点按直线某一方向顺序排列的中间那点；

（4）点 A、B、C、D 在一直线上，则点 P 是按直线某一方向排列的中间那两点形成的线段内部（含端点）的任意一点.

证明： 分如下情形：

（1）当点 A、B、C、D 能构成一个凸四边形.

如图 4.13.6，设 AC 与 BD 相交于点 P，另取一点 Q 不与点 P 重合，则当点 Q 在线段 AC 上时，

$$AQ + CQ = AC, \ BQ + DQ > BD;$$

当点 Q 在线段 BD 上时，
$$AQ + CQ > AC,\ BQ + DQ = BD;$$

当点 Q 既不在线段 AC 上也不在线段 BD 上时，
$$AQ + CQ > AC,\ BQ + DQ > BD;$$

无论哪种情况，都有
$$AQ + BQ + CQ + DQ > AC + BD = AP + BP + CP + DQ,$$

所以点 P 就是所求的点.

（2）点 A、B、C、D 中有一点在以其余三点为顶点的三角形内部

不失一般性，设点 D 在 $\triangle ABC$ 内，那么所求的点就是点 D. 下面对这个结论进行证明.

另取一点 P 不与点 D 重合，则点 D 必然是以下情况之一：(a) 在 $\triangle ABP$ 内，(b) 在 $\triangle ACP$ 内，(c) 在 $\triangle BCP$ 内，(d) 在线段 AP 内部，(e) 在线段 BP 内部，(f) 在线段 CP 内部.

如果点 D 是 a)(b)(c) 中的一种，不失一般性，如图 4.13.7，设点 D 在 $\triangle ABP$ 内，则
$$AP + BP > AD + BD.$$

另外，因为
$$CP + DP > CD,$$

所以
$$AP + BP + CP + DP > AD + BD + CD.$$

如果点 D 是 d)(e)(f) 中的一种，证明类似上面.

（3）点 A、B、C、D 中有三点共线，另外一点不在该直线上

不失一般性，设点 A、B、C 共线，点 B 在点 A 和点 C 之间，点 D 不在直线 AC 上，那么所求的点就是点 B.

这种情况的证明类似于（1）的证明.

（4）点 A、B、C、D 在一直线上

不失一般性，设这四点按 A、B、C、D 的顺序排列，那么所求的点是线段 BC 上的任何一点，包括两个端点. 下面对这个结论进行证明.

如果点 P 不在直线 AD 上，则过点 P 作直线 AD 的垂线，垂足是 Q，根据直角三角形的性质，得
$$AQ < AP,\ BQ < BP,\ CQ < CP,\ DQ < DP,$$

即
$$AQ + BQ + CQ + DQ < AP + BP + CP + DP,$$

所以点 P 不是所求的点.

假设点 P 是线段 BC 上的任何一点,包括两个端点,则
$$\begin{aligned}AP + BP + CP + DP &= (AC + BP) + (BP + CP) + (CP + CD) \\ &= AC + 2 \cdot (BP + CP) + CD \\ &= AC + 2 \cdot BC + CD.\end{aligned}$$

假设点 P 是线段 AB 上的任何一点,但不包括点 B,则
$$\begin{aligned}AP + BP + CP + DP &= AP + BP + (BP + BC) + (BP + BC + CD) \\ &= AB + 2 \cdot BC + CD + 2 \cdot BP.\end{aligned}$$

假设点 P 是线段 CD 上的任何一点,但不包括点 C,则
$$\begin{aligned}AP + BP + CP + DP &= (AB + BC + CP) + (BC + CP) + CP + DP \\ &= AB + 2 \cdot BC + CD + 2 \cdot CP.\end{aligned}$$

假设点 P 是线段 DA 延长线上的任何一点,但不包括点 A,则
$$\begin{aligned}AP + BP + CP + DP &= AP + (AB + AP) + (BC + AB + AP) \\ &\quad + (CD + BC + AB + AP) \\ &= 3 \cdot AB + 2 \cdot BC + CD + 4 \cdot AP.\end{aligned}$$

假设点 P 是线段 AD 延长线上的任何一点,但不包括点 D,则
$$\begin{aligned}AP + BP + CP + DP &= (AB + BC + CD + DP) + (BC + CD + DP) \\ &\quad + (CD + DP) + DP \\ &= AB + 2 \cdot BC + 3 \cdot CD + 4 \cdot DP.\end{aligned}$$

从上面的计算可以知道当点 P 在直线 AD 上时,如果点 P 是线段 BC 上任何一点,包括两端点,则 $AP + BP + CP + DP$ 最小. □

定理 4.13.15. 如果给定空间四点 A、B、C、D 不共面,则:

(1)如果存在一点 M,使点 M 不在四面体 $ABCD$ 外,并且 $\angle AMB = \angle CMD$,$\angle AMC = \angle BMD$,$\angle AMD = \angle BMC$,则点 M 到点 A、B、C、D 距离之和比空间任意其他点到点 A、B、C、D 距离之和都小并且点 M 在四面体 $ABCD$ 内;

(2)如果满足(1)条件的点 M 不存在,则到点 A、B、C、D 距离之和最小的点就是点 A、B、C、D 其中一点.

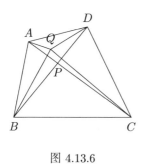
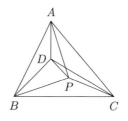

图 4.13.6　　　　　　　　　　　　　图 4.13.7

证明： 首先证明四面体 $ABCD$ 外的点到点 A、B、C、D 距离之和不会最小. 因为假定点 P 在四面体 $ABCD$ 外，作点 P 到四面体 $ABCD$ 一面（假设为平面 ABC）的射影 Q，使 P 和不在该面的顶点分别在该面两侧，则

$$QA + QB + QC + QD < PA + PB + PC + PD.$$

如果点 Q 在 $\triangle ABC$ 外，作点 Q 到 $\triangle ABC$ 一边（假设为 AB）的射影 R，使 Q 和不在该边的顶点分别在该边两侧，则

$$RA + RB + RC + RD < QA + QB + QC + QD.$$

如果点 R 在线段 AB 外，作点 S 到线段 AB 各顶点距离最小的顶点（假设为点 A），则

$$AB + AC + AD < RA + RB + RC + RD.$$

综上所述，总可以在非四面体 $ABCD$ 外的区域找到一点，该点到点 A、B、C、D 距离之和比点 P 到点 A、B、C、D 距离之和小，所以四面体 $ABCD$ 外的点到点 A、B、C、D 距离之和不会最小.

再证明四面体 $ABCD$ 面内的点和棱内的点到 A、B、C、D 距离之和不会最小. 设点 S 是 $\triangle BCD$ 内或 $\triangle BCD$ 边界棱内部一点，不妨设点 S 不在棱 BC 上，则到点 A、D 距离和等于 $AS + DS$ 的点在一个旋转椭球面 S_1 上，到点 B、C 距离和等于 $BS + CS$ 的点在另一个旋转椭球面 S_2 上，这两个旋转椭球面有公共点 S，椭球面 S_1 在点 S 处的切平面 α 与 $\angle ASD$ 的平分线垂直，椭球面 S_1 在点 S 处的切平面 β 与平面 BCD 垂直. 因为 β 必定与直线 AD 相交，所以 α 与 β 不可能重合，所以椭球 S_1 与 S_2 的公共部分必定包含不止点 S 一点，这些公共部分必定包含四面体 $ABCD$ 内部的一部分或者亦包含一部分四面体的顶点，这些公共部分处边界外的点到点 A、B、C、D 距离之和必定小于 $AS + BS + CS + DS$，所以四面体 $ABCD$ 面内的点和棱内的点到 A、B、C、D 距离之和不会最小.

由上面的讨论知，当点 M 在四面体 $ABCD$ 内，$AM + BM + CM + DM$ 最小时，必定点 M 是两个旋转椭球面的公共切点，设这两个椭球面分别是以 A、D 为焦点的椭圆形成的旋转椭球面和以 B、C 为焦点的椭圆形成的旋转椭球面，则 $\angle AMD$ 和 $\angle BMC$ 的角平分线在同一直线 l 上，若 $\angle AMD \ne \angle BMC$，则 BC 绕 l 旋转至与平面 AMD 重合，形

成线段 $B'C'$, 若四点 A、B'、C'、D 形成凸四边形, 则 AC'、$B'D$ 的交点 E' 连同 $B'C'$ 绕 l 旋转使 $B'C'$ 回到 BC 时, 点 E' 旋转至点 E, 此时必定

$$AE + BE + CE + DE < AM + BM + CM + DM,$$

与 $AM + BM + CM + DM$ 最小矛盾; 若四点 A、B'、C'、D 不能形成凸四边形, 则必定 A、B、C、D 其中一点到 A、B、C、D 距离之和小于 $AM + BM + CM + DM$, 与 $AM + BM + CM + DM$ 最小矛盾, 所以必定 $\angle AMD = \angle BMC$. 同理可得 $\angle AMB = \angle CMD$, $\angle AMC = \angle BMD$.

(1) 过点 A、B、C、D 分别作与直线 AM、BM、CM、DM 垂直的平面, 这四个平面形成新的四面体 $EFGH$, 四面体 $EFGH$ 每一三面角与三面角 M-ABC、M-ABD、M-ACD、M-BCD 其中一个互为补三面角, 所以四面体 $EFGH$ 各面角全等, 即是四面体 $EFGH$ 等面四面体, 设其各面面积为 S, 体积为 V. 另取与点 M 不重合的点 N, 点 N 到四面体 $EFGH$ 各面的距离分别是 w、x、y、z 则

$$S \cdot AM + S \cdot BM + S \cdot CM + S \cdot DM = Sw + Sx + Sy + Sz = 3V,$$

所以

$$AM + BM + CM + DM = w + x + y + z < AN + BN + CN + DN,$$

即点 M 到点 A、B、C、D 距离之和最小. 由上面的证明还可得点 M 是唯一的.

若点 M 在平面 ABC 内, 则

$$\angle AMB + \angle AMC + \angle BMC = 360°,$$

这样

$$\angle AMB + \angle AMD + \angle BMD = 360°,$$
$$\angle AMC + \angle AMD + \angle CMD = 360°,$$
$$\angle BMC + \angle BMD + \angle CMD = 360°,$$

即点 M 同时也在平面 ABD、ACD、BCD 内, 这是不可能的, 所以点 M 在四面体 $ABCD$ 内.

(2) 此时必定到点 A、B、C、D 距离之和最小的点不在四面体 $ABCD$ 内, 否则四面体 $ABCD$ 内必定存在一点 M 满足 $\angle AMB = \angle CMD$, $\angle AMC = \angle BMD$, $\angle AMD = \angle BMC$, 而到点 A、B、C、D 距离之和最小的点只能在四面体 $ABCD$ 内或在四面体 $ABCD$ 的某一顶点, 所以到点 A、B、C、D 距离之和最小的点就是点 A、B、C、D 其中一点. □

定理 4.13.16. [①] A、B、C、D 是空间四定点, P 是空间一点, $\boldsymbol{w}$、$\boldsymbol{x}$、$\boldsymbol{y}$、$\boldsymbol{z}$ 分别是 $\overrightarrow{PA}$、$\overrightarrow{PB}$、$\overrightarrow{PC}$、$\overrightarrow{PD}$ 的单位向量, 则

[①] 证明参考了人教论坛的会员 wwdwwd1/17 的方法.

（1）若 $w+x+y+z=\mathbf{0}$，则点 P 到点 A、B、C、D 距离的和比其他点到点 A、B、C、D 距离的和小；

（2）若满足 $w+x+y+z=\mathbf{0}$ 的点 P 不存在，则点 A、B、C、D 其中一点到点 A、B、C、D 距离的和比其他点到点 A、B、C、D 距离的和小.

证明：分如下情形：

（1）满足 $w+x+y+z=\mathbf{0}$ 的点 P 存在，另取一点 Q，w'、x'、y'、z' 分别是 $\overrightarrow{QA}$、$\overrightarrow{QB}$、$\overrightarrow{QC}$、$\overrightarrow{QD}$ 的单位向量，则

$$\begin{aligned}
&PA+PB+PC+PD \\
&= \overrightarrow{PA}\cdot w + \overrightarrow{PB}\cdot x + \overrightarrow{PC}\cdot y + \overrightarrow{PD}\cdot z \\
&= \left(\overrightarrow{PQ}+\overrightarrow{QA}\right)\cdot w + \left(\overrightarrow{PQ}+\overrightarrow{QB}\right)\cdot x + \left(\overrightarrow{PQ}+\overrightarrow{QC}\right)\cdot y + \left(\overrightarrow{PQ}+\overrightarrow{QD}\right)\cdot z \\
&= \overrightarrow{QA}\cdot w + \overrightarrow{QB}\cdot x + \overrightarrow{QC}\cdot y + \overrightarrow{QD}\cdot z + \overrightarrow{PQ}\cdot(w+x+y+z) \\
&= \overrightarrow{QA}\cdot w + \overrightarrow{QB}\cdot x + \overrightarrow{QC}\cdot y + \overrightarrow{QD}\cdot z \\
&< \overrightarrow{QA}\cdot w' + \overrightarrow{QB}\cdot x' + \overrightarrow{QC}\cdot y' + \overrightarrow{QD}\cdot z' \\
&= QA+QB+QC+QD,
\end{aligned}$$

所以点 P 到点 A、B、C、D 距离的和比其他点到点 A、B、C、D 距离的和小.

（2）由引理 4.13.1 及定理 4.13.15 即得若满足 $w+x+y+z=\mathbf{0}$ 的点 P 不存在，则点 A、B、C、D 其中一点到点 A、B、C、D 距离的和比其他点到点 A、B、C、D 距离的和小. □

设 $AB=a$，$AC=b$，$AD=c$，$CD=p$，$BD=q$，$BC=r$，$PA=w$，$PB=x$，$PC=y$，$PD=z$，则

$$\frac{\overrightarrow{PA}}{w}+\frac{\overrightarrow{PB}}{x}+\frac{\overrightarrow{PC}}{y}+\frac{\overrightarrow{PD}}{z}=0,$$

由推论 4.5.19.1 得方程组

$$\begin{cases} w^2\left(\dfrac{1}{w}+\dfrac{1}{x}+\dfrac{1}{y}+\dfrac{1}{z}\right)^2 = \left(\dfrac{1}{x}+\dfrac{1}{y}+\dfrac{1}{z}\right)\left(\dfrac{a^2}{x}+\dfrac{b^2}{y}+\dfrac{c^2}{z}\right)-\dfrac{p^2}{yz}-\dfrac{q^2}{xz}-\dfrac{r^2}{xy}, \\ x^2\left(\dfrac{1}{w}+\dfrac{1}{x}+\dfrac{1}{y}+\dfrac{1}{z}\right)^2 = \left(\dfrac{1}{w}+\dfrac{1}{y}+\dfrac{1}{z}\right)\left(\dfrac{a^2}{w}+\dfrac{r^2}{y}+\dfrac{q^2}{z}\right)-\dfrac{b^2}{wy}-\dfrac{c^2}{wz}-\dfrac{p^2}{yz}, \\ y^2\left(\dfrac{1}{w}+\dfrac{1}{x}+\dfrac{1}{y}+\dfrac{1}{z}\right)^2 = \left(\dfrac{1}{w}+\dfrac{1}{x}+\dfrac{1}{z}\right)\left(\dfrac{b^2}{w}+\dfrac{r^2}{x}+\dfrac{p^2}{z}\right)-\dfrac{a^2}{wx}-\dfrac{c^2}{wz}-\dfrac{q^2}{xz}, \\ z^2\left(\dfrac{1}{w}+\dfrac{1}{x}+\dfrac{1}{y}+\dfrac{1}{z}\right)^2 = \left(\dfrac{1}{w}+\dfrac{1}{x}+\dfrac{1}{y}\right)\left(\dfrac{c^2}{w}+\dfrac{q^2}{x}+\dfrac{p^2}{y}\right)-\dfrac{a^2}{wx}-\dfrac{b^2}{wy}-\dfrac{r^2}{xy}, \end{cases}$$

由这个方程组便可求得 w、x、y、z 的值.

下面讨论一些特殊四面体到其各顶点距离之和最小的情形.

容易看出，等面四面体中的外心是空间所有点中到四面体各顶点距离之和最小的.

如图 4.13.8，若四面体 $ABCD$ 满足 $AB = a$，$AC = BD = b$，$AD = BC = c$，$CD = p$，取 AB 的中点 E，CD 的中点 F，则类似等面四面体公垂线的证明，可以证明 EF 就是 AB、CD 的公垂线. 在 EF 上取一点 M，则必定有 $AM = BM$，$CM = DM$，所以 $\angle AMC = \angle BMD$，$\angle AMD = \angle BMC$，因此只要满足 $\dfrac{EM}{FM} = \dfrac{a}{p}$ 就有 $\angle AMB = \angle CMD$，此时点 M 到四面体 $ABCD$ 各顶点距离之和最小.

如图 4.13.9，四面体 $ABCD$ 是正三棱锥 A-BCD，设 E 是底面 BCD 的中心，在直线 AE 上取一点 P，使四面体 $PBCD$ 是正四面体，在直线 AE 上取一点 M，使 M 是正四面体 $PBCD$ 的中心，则若正三棱锥 A-BCD 的侧棱大于底面棱的 $\dfrac{\sqrt{6}}{4}$ 时必定有 $\angle AMB = \angle CMD$，$\angle AMC = \angle BMD$，$\angle AMD = \angle BMC$，此时点 M 到四面体 $ABCD$ 各顶点距离之和最小，
$$\sin \angle EBM = \sin \angle ECM = \sin \angle EDM = \frac{1}{3};$$

若正三棱锥 A-BCD 的侧棱不大于底面棱的 $\dfrac{\sqrt{6}}{4}$，则点 A 到四面体 $ABCD$ 各顶点距离之和最小.

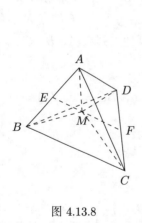

图 4.13.8

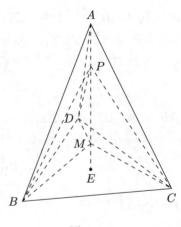

图 4.13.9

4.14 直角四面体

定理 4.14.1. 四面体 $ABCD$ 在点 A 处的三个面角都是直角，则

（1）$AB \perp$ 平面 ACD，$AC \perp$ 平面 ABD，$AD \perp$ 平面 ABC，以 AB、AC、AD 为棱的二面角都是直二面角；

（2）三双对棱互相垂直，$\angle ABC$ 是 BC 与平面 ABD 的所成角，$\angle ACB$ 是 BC 与平面 ACD 的所成角，$\angle ABD$ 是 BD 与平面 ABC 的所成角，$\angle ADB$ 是 BD 与平面 ACD 的

所成角，$\angle ACD$ 是 CD 与平面 ABC 的所成角，$\angle ADC$ 是 CD 与平面 ABD 的所成角；

（3）四面体 $ABCD$ 是垂心四面体，点 A 是垂心．

证明：分如下情形：

（1）因为 $AB \perp AC$，$AB \perp AD$，所以 $AB \perp$ 平面 ACD，所以 $\angle CAD$ 是二面角 $C\text{-}AB\text{-}D$ 的平面角，即二面角 $C\text{-}AB\text{-}D$ 是直二面角．同理可得 $AC \perp$ 平面 ABD，二面角 $B\text{-}AC\text{-}D$ 是直二面角，$AD \perp$ 平面 ABC，二面角 $B\text{-}AD\text{-}C$ 是直二面角．

（2）因为 AB 与平面 ACD 垂直，所以 AB 与 CD 垂直，$\angle ACB$ 是 BC 与平面 ACD 的所成角．同理可得 AC 与 BD 垂直，AD 与 BD 垂直，$\angle ABC$ 是 BC 与平面 ABD 的所成角，$\angle ABD$ 是 BD 与平面 ABC 的所成角，$\angle ADB$ 是 BD 与平面 ACD 的所成角，$\angle ACD$ 是 CD 与平面 ABC 的所成角，$\angle ADC$ 是 CD 与平面 ABD 的所成角．

（3）因为 AB 与平面 ACD 垂直，即 AB 是四面体 $ABCD$ 的高．又因为 $\triangle ACD$ 是直角三角形，所以点 A 是 $\triangle ACD$ 的垂心．由垂心四面体存在的充要条件得到四面体 $ABCD$ 是垂心四面体．同理可得 AC、AD 是四面体 $ABCD$ 的高，所以点 A 是四面体 $ABCD$ 的垂心． □

定理 4.14.2. 四面体 $ABCD$ 在点 A 处的三个面角都是直角，那么 $\triangle BCD$ 是锐角三角形．

证明：设 $AB = a$，$AC = b$，$AD = c$，则

$$BC = \sqrt{a^2 + b^2}, \ BD = \sqrt{a^2 + c^2}, \ CD = \sqrt{b^2 + c^2},$$

由三角形的余弦定理得

$$\cos \angle CBD = \frac{BC^2 + BD^2 - CD^2}{2 \cdot BC \cdot BD} = \frac{a^2}{\sqrt{(a^2+b^2)(a^2+c^2)}} > 0,$$

所以 $\angle CBD$ 是锐角．同理可得 $\angle BCD$、$\angle BDC$ 是锐角，所以 $\triangle BCD$ 是锐角三角形． □

定理 4.14.3. 四面体 $ABCD$ 在点 A 处的三个面角都是直角，$\triangle ABC$ 的面积是 S_1，$\triangle ABD$ 的面积是 S_2，$\triangle ACD$ 的面积是 S_3，$\triangle BCD$ 的面积是 S_4，则

$$S_1^2 + S_2^2 + S_3^2 = S_4^2.$$

证明：因为以 AB、AC、AD 为棱的二面角都是直二面角，由四面体的余弦定理立即得到

$$S_1^2 + S_2^2 + S_3^2 = S_4^2. \qquad \square$$

定理 4.14.4. 四面体 $ABCD$ 在点 A 处的三个面角都是直角，设 $AB = a$，$AC = b$，$AD = c$，则在棱 AB、CD 的临棱区都不存在旁切球时 $a = b + c$，在棱 AC、BD 的临棱区都不存在旁切球时 $b = a + c$，在棱 AD、BC 的临棱区都不存在旁切球时 $c = a + b$．

证明： 设 $\triangle ABC$ 的面积是 S_1，$\triangle ABD$ 的面积是 S_2，$\triangle ACD$ 的面积是 S_3，$\triangle BCD$ 的面积是 S_4，如果在棱 AB、CD 的临棱区都不存在旁切球，那么必须满足

$$S_1 + S_2 = S_3 + S_4.$$

又因为

$$S_1^2 + S_2^2 + S_3^2 = S_4^2,$$

代入上式并移项，得

$$S_1 + S_2 - S_3 = \sqrt{S_1^2 + S_2^2 + S_3^2},$$

上式两边平方，并化简，得到

$$S_1 S_2 = S_3(S_1 + S_2).$$

因为

$$S_1 = \frac{1}{2}ab, \ S_2 = \frac{1}{2}ac, \ S_3 = \frac{1}{2}bc,$$

把这些表达式代入

$$S_1 S_2 = S_3(S_1 + S_2),$$

化简后得 $a = b + c$.

同理可得在棱 AC、BD 的临棱区都不存在旁切球时 $b = a + c$，在棱 AD、BC 的临棱区都不存在旁切球时 $c = a + b$. □

推论 4.14.4.1. 直角四面体至少有六个旁切球.

证明： 如定理 4.14.4 所述条件，如果 AB、CD、AC、BD 的临棱区都不存在旁切球，那么必须满足 $a = b + c$，$b = a + c$，两式相加，化简后得 $c = 0$，这是不可能的，因此 $a = b + c$，$b = a + c$ 只能有一式成立. 同理可得 $a = b + c$，$c = a + b$ 只能有一式成立；$b = a + c$，$c = a + b$ 只能有一式成立；因此 $a = b + c$，$b = a + c$，$c = a + b$ 只能有一式成立，即四面体 $ABCD$ 至少有六个旁切球. □

定理 4.14.5. 四面体 $ABCD$ 在点 A 处的三个面角都是直角，如果四面体 $ABCD$ 有内棱切球，则 $AB = AC = AD$.

证明： 设 $AB = a$，$AC = b$，$AD = c$，则

$$BC = \sqrt{a^2 + b^2}, \ BD = \sqrt{a^2 + c^2}, \ CD = \sqrt{b^2 + c^2}.$$

如果四面体 $ABCD$ 有内棱切球，那么必须满足

$$AB + CD = AC + BD = AD + BC,$$

即

$$a + \sqrt{b^2 + c^2} = b + \sqrt{a^2 + c^2} = c + \sqrt{a^2 + b^2}.$$

由
$$a+\sqrt{b^2+c^2}=b+\sqrt{a^2+c^2}$$

两边平方化简得
$$a\sqrt{b^2+c^2}=b\sqrt{a^2+c^2},$$

再两边平方化简，得 $a^2=b^2$，即 $a=b$.

同理可得 $a=c$，所以 $a=b=c$. □

四面体 $ABCD$ 在点 A 处的三个面角都是直角，如果 $AB=AC=AD=1$，根据四面体内棱切球半径的公式得内棱切球的半径是 $\sqrt{2}-1$.

定理 4.14.6. 四面体 $ABCD$ 在点 A 处的三个面角都是直角，如果四面体 $ABCD$ 有外棱切球，则该外棱切球必然在平面 BCD 的临面区，并且 $AB=AC=AD$.

证明： 设 $AB=a$，$AC=b$，$AD=c$，则
$$BC=\sqrt{a^2+b^2},\ BD=\sqrt{a^2+c^2},\ CD=\sqrt{b^2+c^2}.$$

如果四面体 $ABCD$ 在平面 BCD 的临面区有外棱切球，那么必须满足
$$AB-CD=AC-BD=AD-BC,$$

即
$$a-\sqrt{b^2+c^2}=b-\sqrt{a^2+c^2}=c-\sqrt{a^2+b^2}.$$

由 $a-\sqrt{b^2+c^2}=b-\sqrt{a^2+c^2}$ 两边平方平化简得
$$a\sqrt{b^2+c^2}=b\sqrt{a^2+c^2},$$

再两边平方化简，得 $a^2=b^2$，即 $a=b$，此时
$$a-\sqrt{b^2+c^2}<0,\ b-\sqrt{a^2+c^2}<0,$$

所以
$$a-\sqrt{b^2+c^2}=b-\sqrt{a^2+c^2}$$

成立. 同理可得 $a=c$，所以 $a=b=c$.

如果四面体 $ABCD$ 在平面 ABC 的临面区有外棱切球，那么必须满足
$$AD-BC=BD-AC=CD-AB,$$

即
$$c-\sqrt{a^2+b^2}=\sqrt{a^2+c^2}-b=\sqrt{b^2+c^2}-a.$$

类似上面的讨论可得到 $a = b = c$，但是如果满足上面条件时

$$c - \sqrt{a^2 + b^2} < 0, \quad \sqrt{a^2 + c^2} - b > 0, \quad \sqrt{b^2 + c^2} - a > 0,$$

所以

$$c - \sqrt{a^2 + b^2} = \sqrt{a^2 + c^2} - b = \sqrt{b^2 + c^2} - a$$

不成立，则四面体 $ABCD$ 在平面 ABC 的临面区不存在外棱切球. 同理可得四面体 $ABCD$ 在平面 ABD 的临面区不存在外棱切球，四面体 $ABCD$ 在平面 ACD 的临面区不存在外棱切球. □

四面体 $ABCD$ 在点 A 处的三个面角都是直角，如果 $AB = AC = AD = 1$，根据四面体内棱切球半径的公式得四面体 $ABCD$ 在平面 BCD 的临面区有外棱切球的半径是 $\sqrt{2} + 1$.

定理 4.14.7. 四面体 $ABCD$ 在点 A 处的三个面角都是直角，AE 是垂直于平面 BCD 的高线，则

$$\frac{1}{AE^2} = \frac{1}{AB^2} + \frac{1}{AC^2} + \frac{1}{AD^2}.$$

证明： 如图 4.14.1，延长 BE 交 CD 于点 F，联结 AF. 因为 $AB \perp$ 平面 ACD，所以 $AB \perp CD$. 因为 $AE \perp$ 平面 BCD，所以 $AE \perp CD$，由此得 $CD \perp$ 平面 ABF，于是 $AF \perp CD$，因此

$$\frac{1}{AF^2} = \frac{1}{AC^2} + \frac{1}{AD^2},$$

所以

$$\frac{1}{AE^2} = \frac{1}{AB^2} + \frac{1}{AF^2} = \frac{1}{AB^2} + \frac{1}{AC^2} + \frac{1}{AD^2}. \qquad \square$$

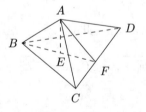

图 4.14.1

定理 4.14.8. 四面体 $ABCD$ 在点 A 处的三个面角都是直角，则 AB 与 CD 的公垂线是 $\triangle ACD$ 边 CD 的高线，AC 与 BD 的公垂线是 $\triangle ABD$ 边 BD 的高线，AD 与 BC 的公垂线是 $\triangle ABC$ 边 BC 的高线.

证明： 如图 4.14.1，AE 是垂直于平面 BCD 的高线，延长 BE 交 CD 于点 F，联结 AF. 因为 $AB \perp$ 平面 ACD，所以 $AB \perp AF$. 由定理 4.14.7 中的证明知 $AF \perp CD$，所以

AF 是 AB 与 CD 的公垂线,所以 AB 与 CD 的公垂线是 $\triangle ACD$ 边 CD 的高线. 同理可证 AC 与 BD 的公垂线是 $\triangle ABD$ 边 BD 的高线,AD 与 BC 的公垂线是 $\triangle ABC$ 边 BC 的高线. □

例 4.14.1. 四面体 $ABCD$ 在点 A 处的三个面角都是直角,$AB=a$,$AC=b$,$AD=c$,求四面体 $ABCD$ 的体积,外接平行六面体的棱长和两临棱的夹角,以 BC、BD、CD 为棱的二面角的平面角,AB、AC、AD 与平面 BCD 所成角,外接球半径,内切球半径,临面区 BCD 的旁切球半径.

解: 四面体 $ABCD$ 的体积 V 是
$$V = \frac{1}{3} S_{\triangle ACD} \cdot a = \frac{1}{3} \times \frac{1}{2} bc \cdot a = \frac{1}{6} abc.$$

设 $CD=p$,$DB=q$,$BC=r'$,则
$$p = \sqrt{b^2+c^2},\ q = \sqrt{a^2+c^2},\ r' = \sqrt{a^2+b^2}.$$

设平行六面体 AC_1BD_1-A_1CB_1D 是四面体 $ABCD$ 的外接平行六面体,棱长是 l,相关的角 $\angle C_1AD_1 = \alpha$,$\angle A_1AC_1 = \beta$,$\angle A_1AD_1 = \gamma$,则得
$$l = \frac{1}{2}\sqrt{a^2+p^2+b^2+q^2-c^2-r^2} = \frac{1}{2}\sqrt{a^2+b^2+c^2},$$

以及
$$\cos\alpha = \frac{a^2-p^2}{4l^2} = \frac{a^2-b^2-c^2}{a^2+b^2+c^2},$$
$$\cos\beta = \frac{b^2-q^2}{4l^2} = \frac{-a^2+b^2-c^2}{a^2+b^2+c^2},$$
$$\cos\gamma = \frac{c^2-r^2}{4l^2} = \frac{-a^2-b^2+c^2}{a^2+b^2+c^2},$$

如图 4.14.1,AE 是垂直于平面 BCD 的高线,延长 BE 交 CD 于点 F,联结 AF. 则
$$\frac{1}{AF^2} = \frac{1}{b^2} + \frac{1}{c^2},\ \frac{1}{AE^2} = \frac{1}{a^2} + \frac{1}{b^2} + \frac{1}{c^2},$$
即
$$AE = \frac{abc}{\sqrt{a^2b^2+a^2c^2+b^2c^2}},\ AF = \frac{bc}{\sqrt{b^2+c^2}}.$$

由定理 4.14.7 的证明知 $\angle AFE$ 是二面角 A-CD-B 的平面角,$\angle AFE$ 是锐角. 设 BC、BD、CD 为棱的二面角的平面角分别是 θ_1、θ_2、θ_3,则
$$\sin\theta_3 = \frac{AE}{AF} = a\sqrt{\frac{b^2+c^2}{a^2b^2+a^2c^2+b^2c^2}},$$
所以
$$\cos\theta_3 = \frac{bc}{\sqrt{a^2b^2+a^2c^2+b^2c^2}}.$$

同理可得
$$\cos\theta_1 = \frac{ab}{\sqrt{a^2b^2+a^2c^2+b^2c^2}},\ \cos\theta_2 = \frac{ac}{\sqrt{a^2b^2+a^2c^2+b^2c^2}}.$$

设 AB、AC、AD 与平面 BCD 所成角分别是 ψ_1、ψ_2、ψ_3，则
$$\sin\psi_1 = \frac{AE}{a} = \frac{bc}{\sqrt{a^2b^2+a^2c^2+b^2c^2}},$$
$$\sin\psi_2 = \frac{AE}{b} = \frac{ac}{\sqrt{a^2b^2+a^2c^2+b^2c^2}},$$
$$\sin\psi_3 = \frac{AE}{c} = \frac{ab}{\sqrt{a^2b^2+a^2c^2+b^2c^2}}.$$

如图 4.14.2，以点 A 为长方体的一个顶点，AB、AC、AD 为长方体的三棱作长方体 $ABEC$-$DFGH$，则四面体 $ABCD$ 的外接球也是长方体 $ABEC$-$DFGH$ 的外接球. 设四面体 $ABCD$ 的外接球半径是 R，则
$$R = \frac{1}{2}\sqrt{a^2+b^2+c^2}.$$

设 $\triangle ABC$ 的面积是 S_1，$\triangle ABD$ 的面积是 S_2，$\triangle ACD$ 的面积是 S_3，$\triangle BCD$ 的面积是 S_4，则
$$S_1 = \frac{1}{2}ab,\ S_2 = \frac{1}{2}ac,\ S_3 = \frac{1}{2}bc,$$
$$S_4 = \sqrt{S_1^2+S_2^2+S_3^2} = \frac{1}{2}\sqrt{a^2b^2+a^2c^2+b^2c^2}.$$

设四面体内切球的半径是 r，临面区 BCD 的旁切球半径是 r_A，则
$$r = \frac{3V}{S_1+S_2+S_3+S_4} = \frac{ab+ac+bc-\sqrt{a^2b^2+a^2c^2+b^2c^2}}{2(a+b+c)},$$
$$r_A = \frac{3V}{S_1+S_2+S_3-S_4} = \frac{ab+ac+bc+\sqrt{a^2b^2+a^2c^2+b^2c^2}}{2(a+b+c)}.\ \square$$

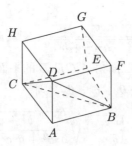

图 4.14.2

第五章 规则多面体

5.1 正多面体

定义 5.1.1. 各面都是全等的正多边形,各顶点所成的多面角都全等的凸多面体称为正多面体,也称为 Plato 多面体.

正多面体的种类

定理 5.1.1. 正多面体只有五种.

证明: 设正多面体每个顶点有 m 条棱,每个面都是正 n 边形,多面体的顶点数是 V,面数是 F,棱数是 E. 因为两个相邻面有一公共棱,所以
$$E = \frac{nF}{2}.$$
因为两个相邻顶点有一公共棱,所以
$$E = \frac{mV}{2}.$$
又由多面体的 Euler 定理,得 $V + F - E = 2$. 从上面三式可得
$$V = \frac{4n}{2m+2n-mn}, \quad F = \frac{4m}{2m+2n-mn}, \quad E = \frac{2mn}{2m+2n-mn}.$$

要使上面的式子成立,必须满足 $2m+2n-mn > 0$,即 $\frac{1}{m} + \frac{1}{n} > \frac{1}{2}$. 因为 $m \geqslant 3$,所以
$$\frac{1}{n} > \frac{1}{2} - \frac{1}{m} \geqslant \frac{1}{2} - \frac{1}{3} = \frac{1}{6},$$
于是得 $n < 6$.

当 $n = 3$ 时,$m < 6$,所以 m 能取的值是 3、4、5.

当 $n = 4$ 时,$m < 4$,所以 m 能取的值是 3.

当 $n = 5$ 时,$m < \frac{10}{3}$,所以 m 能取的值是 3.

当 $n = 3$,$m = 3$ 时,$V = 4$,$F = 4$,$E = 6$;当 $n = 3$,$m = 4$ 时,$V = 6$,$F = 8$,$E = 12$;当 $n = 3$,$m = 5$ 时,$V = 12$,$F = 20$,$E = 30$;当 $n = 4$,$m = 3$ 时,$V = 8$,

$F=6$, $E=12$; 当 $n=5$, $m=3$ 时, $V=20$, $F=12$, $E=30$. 所以正多面体只有上述五种. □

正多面体的直观图、展开图、顶点数、面数、棱数列成表 5.1.1.

表 5.1.1 正多面体直观图、展开图、顶点数、面数、棱数

名称	直观图	展开图	顶点数	面数	棱数
正四面体	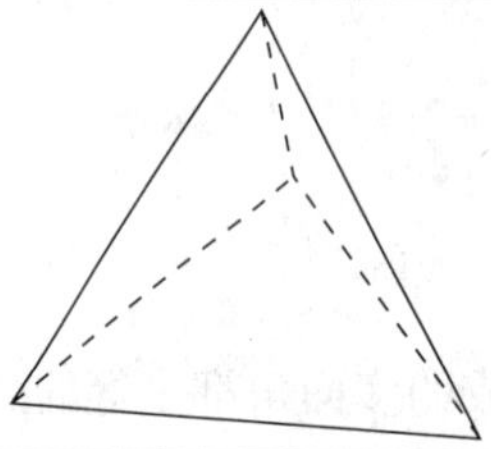	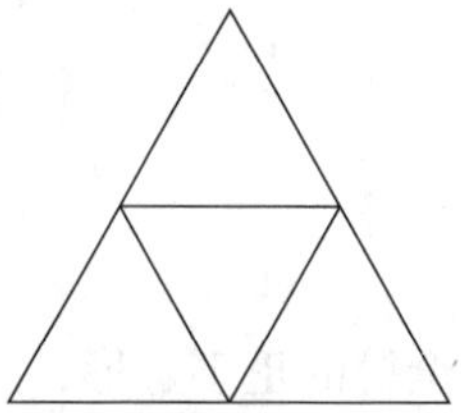	4	4	6
正方体	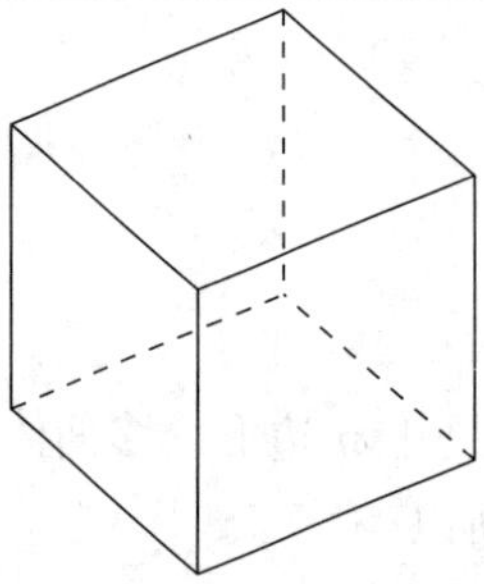	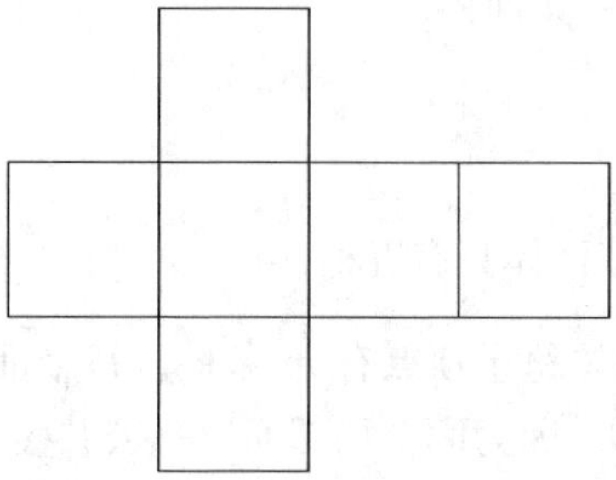	8	6	12
正八面体	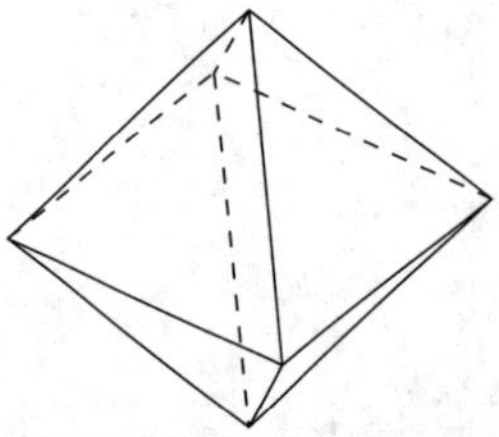	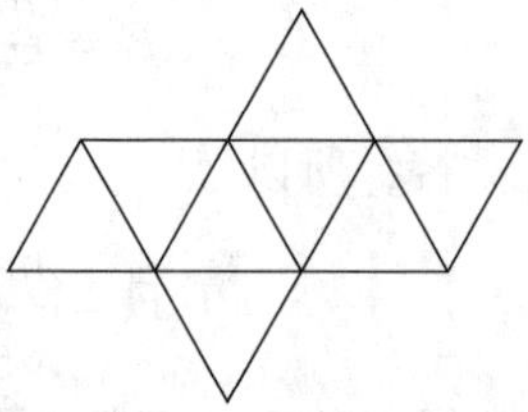	6	8	12
正十二面体	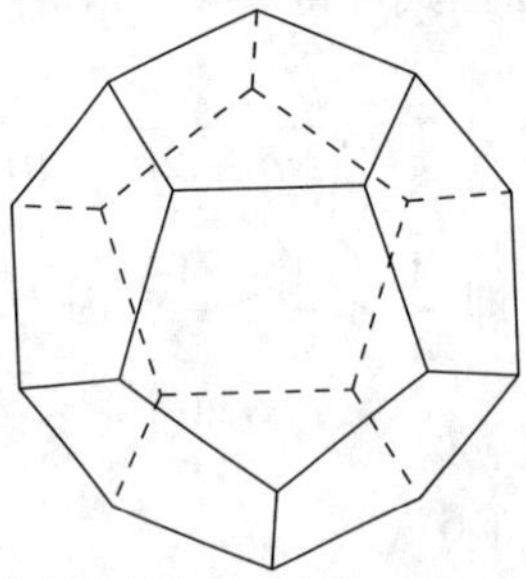	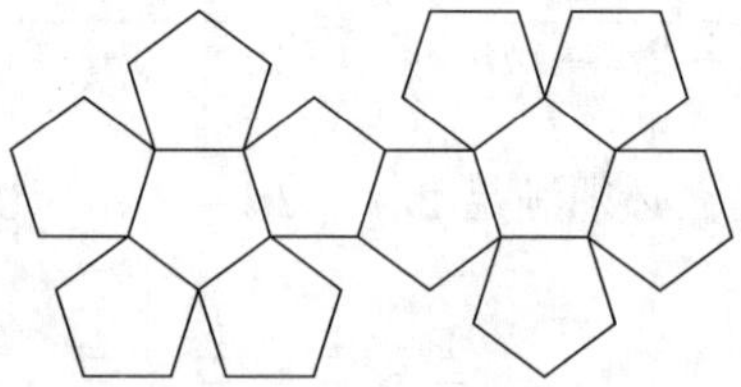	20	12	30

表 5.1.1 （续）

名称	直观图	展开图	顶点数	面数	棱数
正二十面体			12	20	30

正多面体的几何性质

由正多面体的性质立即得到

定理 5.1.2. 如果两个正多面体是同类型的正多面体，那么这两个正多面体的二面角都相等．

定理 5.1.3. 正多面体的外接球、内切球、内棱切球都存在，并且三球球心重合．

证明： 如图 5.1.1，设 AB、AC、AD、AE 是正多面体三条相邻的棱，点 P 是 AC 的中点，点 Q 是 AD 的中点，点 O_1 是平面 ABC 所在正多边形的中心，点 O_2 是平面 ACD 所在正多边形的中心，点 O_3 是平面 ADE 所在正多边形的中心，过点 O_1 作平面 ABC 的垂线 l_1，过点 O_2 作平面 ACD 的垂线 l_2，过点 O_3 作平面 ADE 的垂线 l_3，联结 PO_1、PO_2、QO_1、QO_2．因为正多面体各面都是全等的正多边形，所以各面的内切圆半径和外接圆半径分别相等，并且 $PO_1 \perp AC$，$PO_2 \perp AC$，$QO_1 \perp AD$，$QO_2 \perp AD$，所以 $\angle O_1PO_2$ 是二面角 $B\text{-}AC\text{-}D$ 的平面角，$\angle O_2QO_3$ 是二面角 $C\text{-}AD\text{-}E$ 的平面角．

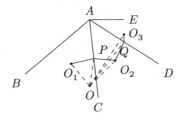

图 5.1.1

又因为 $l_1 \perp AC$，$l_2 \perp AC$，所以点 P 与直线 l_1 所成的平面与 AC 垂直，点 P 与直线 l_2 所成的平面与 AC 垂直．由于过一定点与固定直线垂直的平面是唯一的，所以点 P、直线 l_1、直线 l_2 共面，那么 l_1、l_2 相交（如果 l_1、l_2 平行，则点 O_1、P、O_2 共线，这是不可能的）．同理可证点 Q、直线 l_2、直线 l_3 共面，并且 l_2、l_3 相交．设 l_1、l_2 的交点是 O，l_2、l_3 的交点是 O'，联结 PO、QO'．因为 $PO_1 = PO_2$，$\angle OO_1P = \angle OO_2P = 90°$，所

以 $\triangle OO_1P \cong \triangle OO_2P$，于是 $\angle OPO_1 = \angle OPO_2$，即 OP 是 $\angle O_1PO_2$ 的平分线. 同理得 $O'Q$ 是 $\angle O_2QO_3$ 的平分线.

根据正多面体的定义得 $\angle O_1PO_2 = \angle O_2QO_3$，所以 $\angle OPO_2 = \angle OQO_2$. 又因为 $PO_2 = QO_2$，所以 $\triangle OPO_2 \cong \triangle O'QO_2$，于是 $OO_2 = O'O_2$，即点 O 与点 O' 重合. 所以过一顶点的相邻三面中心相应面的垂线共点，因此正多面体过各面中心相应面的垂线共点，而该点就是正多面体的外接球、内切球、旁切球的球心. □

定义 5.1.2. 正多面体的外心、内心、内棱心重合的点称为该正多面体的中心.

定理 5.1.4. 正多面体除正四面体外过任顶点和正多面体中心的直线必然经过正多面体的另一顶点，并且这两个顶点到正多面体中心的距离都相等.

证明： 分如下情形：

（1）正方体

因为正方体的中心就是各对角线的交点，且所有对角线长度都相等，该交点平分任一对角线，所以命题成立.

（2）正八面体

如图 5.1.2，根据正多面体的性质，点 B、C、D、E 共面并且四边形 $BCDE$ 是正方形，点 A、C、F、E 共面并且四边形 $ACFE$ 是正方形，点 A、B、F、D 共面并且四边形 $ABFD$ 是正方形. 设三正方形的交点是 O，则点 O 是三正方形的对角线的交点，所以上述命题成立.

（3）正十二面体

如图 5.1.3，联结 AB'、$A'B$，点 K 是 $I'J'$ 的中点，联结 BK、$A'K$，因为 $BK \perp I'J'$，$A'K \perp I'J'$，所以 $I'J' \perp$ 平面 $A'BK$，于是就有 $I'J' \perp A'B$. 同理可得 $IJ \perp AB'$. 又因为 $CE \parallel AB$，$FH \parallel AB$，所以 $CE \parallel FH$. 因为 $CE = FH$，所以四边形 $CEHF$ 是平行四边形. 根据三面角第一余弦定理知 $\angle ECF = \angle CEH$，所以四边形 $CEHF$ 是矩形，所以 $CF \parallel EH$，$CF \perp AB$，$EH \perp AB$. 因为 $I'J' \parallel CF$，$IJ \parallel EH$，所以 $I'J' \parallel IJ$，$IJ \perp AB$，因此四边形 $ABA'B'$ 是矩形，设 AA' 与 BB' 相交于点 O，那么 $AO = BO = A'O = B'O$. 对其他棱同样可以得到上面的结论. 因为两相邻棱有一个公共点，所以点任何与上面定义的矩形相似的矩形的对角线的交点是点 O，所以上述命题成立.

（4）正二十面体

如图 5.1.4，联结 CF、HL. 因为 $CF \parallel DE$，$HL \parallel DE$，所以 $CF \parallel HL$. 因为 $CF = HL$，所以四边形 $CFHL$ 是平行四边形. 根据三面角第一余弦定理知 $\angle FCL = \angle CFH$，所以四边形 $CFHL$ 是矩形，设 CH 与 FL 相交于点 O，则 $CO = FO = HO = LO$. 对其他棱同样可以得到上面的结论. 因为两相邻棱有一个公共点，所以任何与上面定义的矩形相似的矩形的对角线的交点是点 O，所以上述命题成立. □

定义 5.1.3. 除正四面体外，连线经过正多面体的中心的两点称为相对顶点，连两双相对顶点的两条棱称为正多面体的对棱，由对棱围成的两个面称为正多面体的对面.

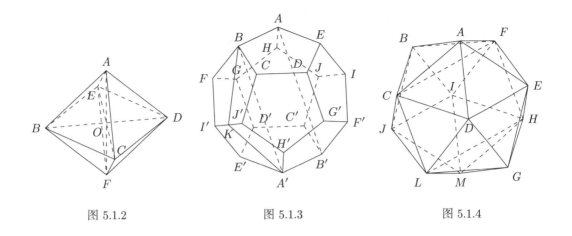

图 5.1.2　　　　　图 5.1.3　　　　　图 5.1.4

定理 5.1.5. 除正四面体外，正多面体的对棱、对面都平行.

证明： 因为除正四面体外，各正多面体的相对顶点的连线相交于正多面体的中心，所以由对棱的四顶点围成一个矩形，则对棱平行. 因为由对棱围成的两个面是正多面体的对面，所以对面平行. □

正多面体的构造法

下面的直棱柱和正棱锥的构造法里包含了正四面体和正方体的构造法，这些多面体的构造法证明比较简单，这里就省略了它们的证明.

（1）**直棱柱**

把底面的顶点按垂直于底面的方向上升 a，得到的点和底面的顶点一起就是侧棱长度是 a 的直棱柱的顶点. 正方体可以使用这种构造法.

（2）**正棱锥**

作底面的正多边形的中心 O，设外接圆半径是 R，把点 O 按垂直于底面的方向上升高度 $\sqrt{a^2-R^2}$，得到的点和底面的顶点一起就是侧棱长度是 a 的正棱锥的顶点. 正四面体可以使用这种构造方法.

（3）**正八面体**

作三条两两互相垂直且相交于同一点 O 的直线，分别在这三条直线上各取两个点到点 O 的距离相等，得六个点，这六个点就是正八面体的六个顶点.

（4）**正十二面体**

如图 5.1.5，以点 O 为中心作大、小两组正五边形，这两组边平行的正五边形的顶点构成大、小两个正十边形，且小正五边形的内切圆直径与大正五边形的外接圆半径相等，小正五边形边长是 a，一个顶点到对边距离是 b，大、小两组正五边形的外接圆半径分别是 R_2、R_1、小正五边形的内切圆半径是 r_1. 实线小正五边形不动，作为底面. 实线大正五边形的顶点按垂直底面的方向上升 $h_1=\sqrt{a^2-(R_2-R_1)^2}$，虚线大正五边形的顶点按垂

直底面的方向上升 $h_2 = \sqrt{b^2 - (R_2 - r_1)^2}$，虚线小正五边形的顶点按垂直底面的方向上升 $h_1 + h_2$. 这十五个点和底面五个点一起构成了正十二面体的二十个顶点.

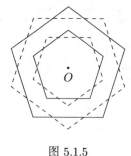

图 5.1.5

（5）正二十面体

在侧面是正三角形的正五反棱柱（正反棱柱的构造法可参考第287页中半正多面体中的正反棱柱构造法）两个正五边形面上各补上一个侧面是正三角形的正五棱锥，即得正二十面体.

正多面体的几何量计算

例 5.1.1. 正多面体的棱长是 1，求各种正多面体的二面角的平面角 θ 或其余弦值，全面积 S，体积 V，外接球的半径 R，内切球的半径 r，内棱切球的半径 ρ.

解：分如下情形：

（1）正四面体

因为正四面体在第 4.13 节里面已有详尽的讨论，这里重复一下结果

$$\cos\theta = \frac{1}{3},\ S = \sqrt{3},\ V = \frac{\sqrt{2}}{12},\ R = \frac{\sqrt{6}}{4},\ r = \frac{\sqrt{6}}{12},\ \rho = \frac{\sqrt{2}}{4}.$$

（2）正方体

正方体的几何量很容易求，这里省略过程，结果如下：

$$\theta = 90°,\ S = 6,\ V = 1,\ R = \frac{\sqrt{3}}{2},\ r = \frac{1}{2},\ \rho = \frac{\sqrt{2}}{2}.$$

（3）正八面体

如图 5.1.2，因为四边形 $BCDE$ 是正方形，所以

$$\cos\theta = \frac{\cos 90° - \cos^2 60°}{\sin^2 60°} = -\frac{1}{3},\ S = 8 \times \frac{1}{2} \times 1^2 \times \sin 60° = 2\sqrt{3}.$$

由于正八面体由两个正四棱锥 $A\text{-}BCDE$ 和 $F\text{-}BCDE$ 组成，并且两正棱锥体积相等，所以

$$V = 2V_{\text{四棱锥 } A\text{-}BCDE},$$

又因为棱锥 A-$BCDE$ 的高是 AF 的一半，四边形 $ABFD$ 是正方形，所以

$$V = 2 \times \frac{1}{3} \times 1^2 \cdot \frac{AF}{2} = \frac{AF}{3} = \frac{\sqrt{2}}{3}, \ R = \frac{AF}{2} = \frac{\sqrt{2}}{2}.$$

边长是 1 的正三角形的外接圆半径 R' 是 $\frac{\sqrt{3}}{3}$，所以

$$r = \sqrt{R^2 - R'^2} = \frac{\sqrt{6}}{6}, \ \rho = \frac{AB}{2} = \frac{1}{2}.$$

（4）正十二面体

根据三面角第一余弦定理及三角形面积公式，得

$$\cos\theta = \frac{\cos 108° - \cos^2 108°}{\sin^2 108°} = -\frac{\sqrt{5}}{5}, \ S = 12 \times 5 \times \frac{1}{2} \times \left(\frac{\sin 54°}{\sin 72°}\right)^2 \times \sin 72° = 3\sqrt{25 + 10\sqrt{5}}.$$

因为正十二面体的中心、相邻两面的中心和这两面公共棱的中点共面，并且这四点共圆，设一面的内切圆半径是 r'，则

$$r' = \frac{1}{2}\tan 54° = \frac{\sqrt{25 + 10\sqrt{5}}}{10},$$

所以

$$r = r'\tan\frac{\theta}{2} = \frac{r'(1-\cos\theta)}{\sin\theta} = \frac{\sqrt{250 + 110\sqrt{5}}}{20}, \ \rho = r'\sec\frac{\theta}{2} = r'\sqrt{\frac{2}{1+\cos\theta}} = \frac{3+\sqrt{5}}{4},$$

并且由此得

$$R = \sqrt{\rho^2 + \left(\frac{1}{2}\right)^2} = \frac{\sqrt{15}+\sqrt{3}}{4}, \ V = \frac{1}{3}Sr = \frac{15 + 7\sqrt{5}}{4}.$$

（5）正二十面体

如图 5.1.4，因为五边形 $BCDEF$ 是正五边形，所以

$$\cos\theta = \frac{\cos 108° - \cos^2 60°}{\sin^2 60°} = -\frac{\sqrt{5}}{3}, \ S = 20 \times \frac{1}{2} \times 1^2 \times \sin 60° = 5\sqrt{3}.$$

因为正十二面体的中心、相邻两面的中心和这两面公共棱的中点共面，并且这四点共圆，设一面的内切圆半径是 r'，则

$$r' = \frac{1}{2}\tan 30° = \frac{\sqrt{3}}{6},$$

所以

$$r = r'\tan\frac{\theta}{2} = \frac{r'(1-\cos\theta)}{\sin\theta} = \frac{3\sqrt{3}+\sqrt{15}}{12}, \ \rho = r'\sec\frac{\theta}{2} = r'\sqrt{\frac{2}{1+\cos\theta}} = \frac{\sqrt{5}+1}{4},$$

并且由此得到

$$R = \sqrt{\rho^2 + \left(\frac{1}{2}\right)^2} = \frac{\sqrt{10+2\sqrt{5}}}{4}, \ V = \frac{1}{3}Sr = \frac{15+5\sqrt{5}}{12}. \quad \square$$

棱长是 1 的正多面体几何量精确值及近似值分别整理成表 5.1.2、表 5.1.3.

表 5.1.2　棱长是 1 的正多面体几何量精确值

名称	θ	S	V	R	r	ρ
正四面体	$\arccos\dfrac{1}{3}$	$\sqrt{3}$	$\dfrac{\sqrt{2}}{12}$	$\dfrac{\sqrt{6}}{4}$	$\dfrac{\sqrt{6}}{12}$	$\dfrac{\sqrt{2}}{4}$
正方体	$90°$	6	1	$\dfrac{\sqrt{3}}{2}$	$\dfrac{1}{2}$	$\dfrac{\sqrt{2}}{2}$
正八面体	$\arccos\left(-\dfrac{1}{3}\right)$	$2\sqrt{3}$	$\dfrac{\sqrt{2}}{3}$	$\dfrac{\sqrt{2}}{2}$	$\dfrac{\sqrt{6}}{6}$	$\dfrac{1}{2}$
正十二面体	$\arccos\left(-\dfrac{\sqrt{5}}{5}\right)$	$3\sqrt{25+10\sqrt{5}}$	$\dfrac{15+7\sqrt{5}}{4}$	$\dfrac{\sqrt{15}+\sqrt{3}}{4}$	$\dfrac{\sqrt{250+110\sqrt{5}}}{20}$	$\dfrac{3+\sqrt{5}}{4}$
正二十面体	$\arccos\left(-\dfrac{\sqrt{5}}{3}\right)$	$5\sqrt{3}$	$\dfrac{15+5\sqrt{5}}{12}$	$\dfrac{\sqrt{10+2\sqrt{5}}}{4}$	$\dfrac{3\sqrt{3}+\sqrt{15}}{12}$	$\dfrac{\sqrt{5}+1}{4}$

表 5.1.3　棱长是 1 的正多面体几何量近似值

名称	θ	S	V	R	r	ρ
正四面体	$70°31'44''$	1.732050808	0.1178511302	0.6123724357	0.2041241452	0.3535533906
正方体	$90°00'00''$	6.000000000	1.000000000	0.8660254038	0.5000000000	0.7071067812
正八面体	$109°28'16''$	3.464101615	0.4714045208	0.7071067812	0.4082482905	0.5000000000
正十二面体	$116°33'54''$	20.64572881	7.663118961	1.401258538	1.113516364	1.309016994
正二十面体	$138°11'23''$	8.660254038	2.181694991	0.9510565163	0.7557613141	0.8090169944

表 5.1.2 和表 5.1.3 中，θ 是二面角的平面角，S 是全面积，V 是体积，R 是外接球的半径，r 是内切球的半径，ρ 是内棱切球的半径.

正多面体的互容性

以下用符号 $m(n)$ 表示在一个正 m 面体内含有一个正 n 面体的互容关系.

（1）$4(6)$

如图 5.1.6，在正四面体上四个面的中心，四个高的中点是一个正方体的八个顶点.

证明： 设正四面体 $ABCD$ 的棱长是 1，其中心是 O，AO_1、BO_2、CO_3、DO_4 是其高，点 H_1、H_2、H_3、H_4 分别是 AO_1、BO_2、CO_3、DO_4 的中点，则点 O_1、O_2、O_3、O_4 分别是 $\triangle BCD$、$\triangle ACD$、$\triangle ABD$、$\triangle ACD$ 的中心，并且 AO_1、BO_2、CO_3、DO_4 的交点是 O. 设直线 H_1H_2 与平面 ACD，BCD 相交于点 E，F，过点 E 作 $HG \parallel CD$，与 AC 相交于点 G，与 AD 相交于点 H，过点 F 作 $IJ \parallel CD$，与 BC 相交于点 I，与 BD 相交于点 J，联结 GI、HJ，则 $GH \parallel IJ$，$EF \parallel AB$，所以

$$GH = IJ = \dfrac{H_1H_2}{AB} \cdot CD = \dfrac{1}{3},$$

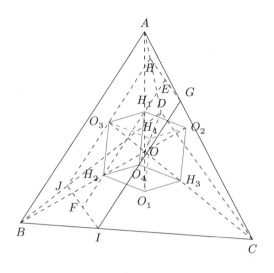

图 5.1.6

于是四边形 $GHJI$ 是平行四边形，点 O_3 在 HJ 上，点 O_4 在 GI 上，因此点 H_1、O_3、H_2、O_4 共面，设 H_1H_2 与 O_3O_4 交点平分 H_1H_2 与 O_3O_4. 又因为 $O_3O_4 /\!/ CD$，$AB \perp CD$，所以 $H_1H_2 \perp O_3O_4$，由此得四边形 $H_1O_3H_2O_4$ 是菱形. 又因为

$$H_1H_2 = O_1O_2 = \frac{1}{3},$$

所以四边形 $H_1O_3H_2O_4$ 是正方形.同理可得四边形 $H_1O_2H_4O_3$ 是正方形，四边形 $H_1O_2H_3O_4$ 是正方形，四边形 $H_2O_1H_3O_4$ 是正方形，四边形 $H_2O_1H_4O_3$ 是正方形，四边形 $H_3O_1H_4O_2$ 是正方形,所以六面体 $H_1O_2H_4O_3H_2O_1H_3O_4$ 是正方体,并且正方体 $H_1O_2H_4O_3H_2O_1H_3O_4$ 棱长是

$$\frac{1}{3} \times \frac{1}{\sqrt{2}} = \frac{\sqrt{2}}{6}. \qquad \square$$

（2） **6(4)**

如图 5.1.7，引正方体各面的六条对角线就是正四面体的六棱.

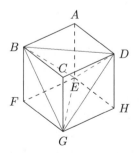

图 5.1.7

证明： 设正方体 $ABCDEFGH$ 的棱长是 1，因为

$$BD = BE = BG = DE = DG = EG = \sqrt{2},$$

所以四面体 $BDEG$ 各面都是正三角形，所以四面体 $BDEG$ 是正四面体. □

（3） 6(8)

如图 5.1.8，正方体各面的中心是正八面体的六个顶点.

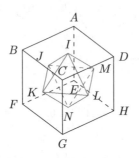

图 5.1.8

证明： 设正方体 $ABCDEFGH$ 的棱长是 1，点 I、J、K、L、M、N 分别是正方体 $ABCDEFGH$ 中正方形 $ABCD$，正方形 $ABFE$，正方形 $BCGF$，正方形 $CDHG$，正方形 $ADHE$，正方形 $EFGH$ 的中心. 因为点 I、K、N、M 在与平面 $ABFE$、平面 $CDHG$ 平行并且距离相等的平面内，所以点 I、K、N、M 共面并且 LN 与 KM 的交点平分 LN 与 KM. 又因为 $LN = KM = 1$，所以四边形 $LKNM$ 是菱形. 又因为 LN 垂直于 KM，所以四边形 $LKNM$ 是正方形，并且边长是 $\frac{\sqrt{2}}{2}$. 同理可得四边形 $JKLM$ 是正方形，并且边长是 $\frac{\sqrt{2}}{2}$，四边形 $IJNL$ 是正方形，并且边长是 $\frac{\sqrt{2}}{2}$，所以八面体 $IJKLMN$ 各面都是正三角形. 根据三面角第一余弦定理知八面体 $IJKLMN$ 各二面角的平面角都相等，所以八面体 $IJKLMN$ 是正八面体. □

（4） 6(12)

如图 5.1.9，在正方体的面 $BCGH$ 内作对称轴 PQ，取对称轴的黄金分割，$P'Q'$ 是较小的一段，并且 P'、Q' 与上、下面等距. 类似的在其他五面内取点，这样就取得十二个点. 再把正方体的中心与八个顶点相连，黄金分割这连线，使其较短部分靠近顶点，又得到八个点，所得的二十个点就是正十二面体的顶点.

证明： 设正方体 $ABCDEFGH$ 的棱长是 1，其中心是 O，点 I 是 OB 靠近点 B 的黄金分割点，点 J 是 OE 靠近点 E 的黄金分割点，点 K 是正方形 $ABFE$ 的与 AB 平行的半对称轴靠近 BF 的黄金分割点，直线 IJ 与平面 $ABCD$ 相交于点 W，则点 W 在点 B 和正

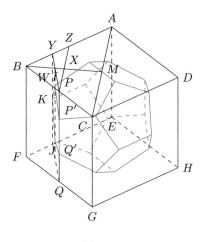

图 5.1.9

方形的中心 M 的连线上,作 $KY \parallel BE$,与 AB 相交于点 Y,作 $PZ \parallel AC$,与 AB 相交于点 Z,与 BM 相交于点 X,则

$$\frac{ZY}{YB} = \frac{\sqrt{5}-1}{2}, \quad \frac{XP}{PZ} = \frac{1}{2}, \quad \frac{WX}{BW} = \frac{\frac{BM}{2}-BW}{BW} = \frac{1}{2} \times \frac{2}{3-\sqrt{5}} - 1 = \frac{\sqrt{5}-1}{4},$$

于是

$$\frac{ZY}{YB} \cdot \frac{BW}{WX} \cdot \frac{XP}{PZ} = \frac{\sqrt{5}-1}{2} \times \frac{4}{\sqrt{5}-1} \times \frac{1}{2} = 1,$$

所以点 P、M、Y 共线. 又因为 $PQ \parallel BF$,$IJ \parallel BF$,$KY \parallel BF$,所以 $PQ \parallel IJ \parallel KY$,因此点 P'、Q'、I、J、K 共面. 因为

$$WX = \frac{1}{2}BM - BW = \frac{1}{2}BM - \frac{3-\sqrt{5}}{2}BM = \frac{\sqrt{10}-2\sqrt{2}}{4},$$

$$\frac{YW}{WP} \cdot \frac{PX}{XZ} \cdot \frac{ZB}{BY} = \frac{2}{\sqrt{5}-1} \cdot \frac{YW}{WP} = 1,$$

所以

$$WP = \sqrt{WX^2 + PX^2} = \frac{\sqrt{5-2\sqrt{5}}}{2},$$

$$WY = \frac{\sqrt{5}-1}{2} \cdot WP = \frac{\sqrt{50-22\sqrt{5}}}{4},$$

即

$$PY = WP + WY = \frac{\sqrt{5}+1}{2} \cdot WP = \frac{\sqrt{10+2\sqrt{5}}}{2}.$$

因为

$$PP' = QQ' = \frac{\sqrt{5}-1}{2} \times \frac{1}{2} = \frac{\sqrt{5}-1}{4},$$

$$PQ' = PQ - QQ' = \frac{5-\sqrt{5}}{4},$$
$$WI = \frac{3-\sqrt{5}}{2} \times \frac{1}{2} = \frac{3-\sqrt{5}}{4},$$

所以

$$P'I = Q'J = \sqrt{WP^2 + (PP' - WI)^2} = \frac{3-\sqrt{5}}{2},$$
$$IK = JK = \sqrt{WY^2 + (KY - WI)^2} = \frac{3-\sqrt{5}}{2},$$
$$P'K = Q'K = \sqrt{PW^2 + (KY - PP')^2} = \frac{\sqrt{5}-1}{2},$$
$$P'J = Q'I = \sqrt{WP^2 + (PQ' - WI)^2} = \frac{\sqrt{5}-1}{2},$$
$$IJ = 1 - 2WI = \frac{\sqrt{5}-1}{2},$$

所以五边形 $P'Q'JKI$ 是正五边形. 同理可证所得的十二面体其他面都是正五边形, 所以所得的十二面体是正十二面体. □

(5) 6(20)

如图 5.1.10, 在正方体的面 $BCGH$ 内作对称轴 PQ, 取对称轴的黄金分割, $P'Q'$ 是较长的一段, 并且 P'、Q' 与上、下面等距. 类似的在其他五面内取点, 这样就得到的十二个点是正二十面体的顶点.

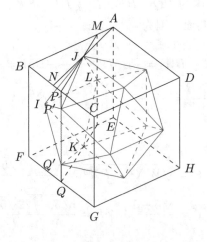

图 5.1.10

证明: 设正方体 $ABCDEFGH$ 的棱长是 1, 点 I 是正方形 $ABFE$ 的与 AB 平行的半对称轴靠近 BF 的黄金分割点, 点 J 是正方形 $ABCD$ 的与 AD 平行的半对称轴靠近 AB 的黄金分割点, 点 K 是正方形 $EFGH$ 的与 EH 平行的半对称轴靠近 EF 的黄金分割点,

点 L 是正方形 $ABFE$ 的与 AB 平行的半对称轴靠近 AE 的黄金分割点, 延长 PJ 与 AB 相交于点 M, 延长 AJ 与 BC 相交于点 N, 作 $JT \parallel AD$, 与 AB 相交于点 T. 因为

$$\frac{BM}{MA} = \frac{2AT - MA}{MA} = 2 \cdot \frac{AT}{MA} - 1 = 2 \times \frac{2}{3-\sqrt{5}} - 1 = \sqrt{5} + 2,$$

$$\frac{AJ}{JN} = 1,$$

$$\frac{NP}{PB} = \frac{PB - BN}{PB} = 1 - 2 \cdot \frac{TJ}{PB} = 1 - 2 \times \frac{3-\sqrt{5}}{2} = \sqrt{5} - 2,$$

所以

$$\frac{AJ}{JN} \cdot \frac{NP}{PB} \cdot \frac{BM}{MA} = 1,$$

于是点 P、J、M 共线. 又因为 $PQ \parallel BF$, $JK \parallel BF$, $LM \parallel BF$, 所以 $PQ \parallel JK \parallel LM$, 于是点 P'、Q'、J、K、L 共面. 因为

$$BM = BT + MT = \frac{1}{2} + \frac{1}{2} \times \frac{\sqrt{5}-1}{2} = \frac{\sqrt{5}+1}{4},$$

所以

$$JP = \frac{BT}{BM} \cdot MP = \frac{1}{2}\sqrt{BM^2 + BP^2} = \frac{\sqrt{10-2\sqrt{5}}}{4}.$$

因为

$$PP' = \frac{1}{2} \times \frac{3-\sqrt{5}}{2} = \frac{3-\sqrt{5}}{4}, \quad P'Q' = \frac{\sqrt{5}-1}{2},$$

所以

$$P'J = \sqrt{PP'^2 + JP^2} = \frac{\sqrt{5}-1}{2},$$

因此所定义的二十面体的棱长相等. 过点 I 作平面 $P'Q'JKL$ 的垂线, 则垂足是五边形 $P'Q'JKL$ 的外接圆圆心, 所以五边形 $P'Q'JKL$ 是正五边形. 根据三面角第一余弦定理知所定义的二十面体的二面角的平面角都相等, 所以所定义的二十面体是正二十面体. □

（6） 8(6)

如图 5.1.11, 正八面体各面的中心是正方体的八个顶点.

证明: 设正八面体 $ABCDEF$ 的棱长是 1, 则 G、H、I、J、K、L、M、N 分别是 $\triangle ABC$、$\triangle ACD$、$\triangle ADE$、$\triangle AEB$、$\triangle FBC$、$\triangle FCD$、$\triangle FDE$、$\triangle FEB$ 的中心, 则点 G、H、I、J 在与平面 $BCDE$ 平行并且与点 A 的距离是点 A 与平面 $BCDE$ 距离的一半的平面内, 并且 $GH \parallel BD$, $IJ \parallel BD$, $GJ \parallel CE$, $HI \parallel CE$, 所以 $GH \parallel IJ$, $GJ \parallel HI$. 因为 $BD \perp CE$, 所以 $GH \perp GJ$, 因此四边形 $GHIJ$ 是矩形. 又因为

$$GH = HI = IJ = GJ = \frac{1}{2} \times \frac{2}{3} \cdot BD = \frac{\sqrt{2}}{3},$$

所以四边形 $GHIJ$ 是正方形. 同理可得四边形 $GJNK$、四边形 $GHLK$、四边形 $HIML$、四边形 $IJNM$、四边形 $KLMN$ 是正方形, 所以六面体 $GHIJKLMN$ 是正方体. □

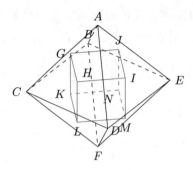

图 5.1.11

（7） 8(20)

如图 5.1.12，把正八面体的棱黄金分割，把同顶点的棱相间截取较长、较短线段，所得的十二个点是正二十面体的顶点.

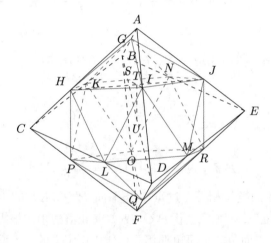

图 5.1.12

证明： 设正八面体 $ABCDEF$ 的棱长是 1，点 G、H、I、J、K、L、M、N、O、P、Q、R 分别是棱 AB、AC、AD、AE、BC、CD、DE、EB、FC、FD、FE 的黄金分割点，并且 BG、AH、DI、AJ、CK、CL、EM、EN、BO、FP、DQ、FR 是较长的一段，因为 $KN \parallel CE$，$HJ \parallel CE$，所以 $KN \parallel HJ$，于是点 H、J、K、N 共面. 设 KN 与平面 ABD 相交于点 S，HJ 与平面 ABD 相交于点 T，BD 与 CE 相交于点 U，则

$$TU = \frac{3-\sqrt{5}}{2} \cdot AU = \frac{3\sqrt{2}-\sqrt{10}}{4}, \quad SU = \frac{\sqrt{5}-1}{2} \cdot BU = \frac{\sqrt{10}-\sqrt{2}}{4},$$

所以

$$DS = SU + DU = \frac{\sqrt{10}+\sqrt{2}}{4}, \quad \tan \angle TSU = \frac{TU}{SU} = \frac{\sqrt{5}-1}{2}.$$

因为
$$DI = \frac{\sqrt{5}-1}{2} \cdot AD = \frac{\sqrt{5}-1}{2}, \angle IDS = 45°,$$
所以
$$IS = \sqrt{DI^2 + DS^2 - 2 \cdot DI \cdot DS \cdot \cos \angle IDS} = \frac{\sqrt{5-\sqrt{5}}}{2},$$
于是
$$\cos \angle DSI = \frac{DS^2 + IS^2 - DI^2}{2 \cdot DS \cdot DI} = \frac{\sqrt{50+10\sqrt{5}}}{10},$$
由此得
$$\tan \angle DSI = \frac{\sqrt{5}-1}{2},$$
所以
$$\angle TSU = \angle IDS,$$
即点 I、T、S 共线，于是点 H、I、J、K、N 共面. 另外因为
$$AG = \frac{3-\sqrt{5}}{2} \cdot AB = \frac{3-\sqrt{5}}{2},$$
$$AH = \frac{\sqrt{5}-1}{2} \cdot AC = \frac{\sqrt{5}-1}{2},$$
所以
$$GH = \sqrt{AG^2 + AH^2 - 2 \cdot AG \cdot AH \cdot \cos \angle GAH} = \frac{3\sqrt{2}-\sqrt{10}}{2},$$
$$GI = \sqrt{2} \cdot AG = \frac{3\sqrt{2}-\sqrt{10}}{2},$$
因此二十面体 $GHIJKLMNOPQR$ 各棱等长. 过点 G 作平面 $HIJKN$ 的垂线，则垂足是五边形 $HIJNK$ 的外接圆圆心，所以五边形 $HIJNK$ 是正五边形. 同理可得，连所定义的二十面体各顶点的五棱的其余顶点所成的五边形都是正五边形，根据三面角第一余弦定理，所定义的二十面体的二面角的平面角都相等，所以所定义的二十面体是正二十面体. □

（8）**12**(6)

如图 5.1.13，正十二面体各面取一条对角线所得的十二条对角线就是正方体的十二条棱.

证明：设正十二面体的棱长是 1，则
$$CD = DE = EF = FC = \frac{\sqrt{5}+1}{2}.$$
因为 $CD \parallel AB$，$EF \parallel AB$，所以 $CD \parallel EF$，因此点 C、D、E、F 共面. 根据三面角第一余弦定理知
$$\angle CDE = \angle DEF = \angle EFC = \angle FCD,$$
所以四边形 $CDEF$ 是正方形. 同理可证所得的六面体各面都是正方形，所以所得的六面体是正方体. □

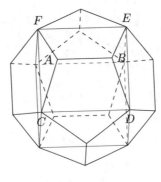

图 5.1.13

（9） 12(20)

如图 5.1.14，正十二面体各面的中心是正二十面体的十二个顶点.

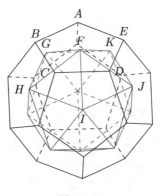

图 5.1.14

证明： 设正十二面体的棱长是 1，点 F、G、H、I、J、K 分别是平面 $ABCDE$ 以及邻近五面的中心，则点 F、G、H、I、J、K 在与平面 $ABCD$ 平行的平面内，所以点 F、G、H、I、J、K 共面. 设正十二面体二面角的平面角是 θ，则

$$AG = \frac{1}{2} \times \tan 54° \times \sqrt{2 \times (1-\cos\theta)} = \frac{5+3\sqrt{5}}{10},$$

因此所定义的二十面体的棱长都相等. 过点 F 作平面 $GHIJK$ 的垂线，则垂足是五边形 $GHIJK$ 的外接圆圆心，所以五边形 $GHIJK$ 是正五边形. 同理可得，连所定义的二十面体各顶点的五棱的其余顶点所成的五边形都是正五边形，根据三面角第一余弦定理，所定义的二十面体的二面角的平面角都相等，所以所定义的二十面体是正二十面体. □

（10） 20(12)

如图 5.1.15，正二十面体各面的中心是正十二面体的二十个顶点.

证明： 设正十二面体的棱长是 1，点 G、H、I、J、K 分别是 $\triangle ABC$、$\triangle ACD$、$\triangle ADE$、$\triangle AEF$、$\triangle AFB$ 的中心. 因为点 G、H、I、J、K 在与平面 $BCDEF$ 平行并且与平面

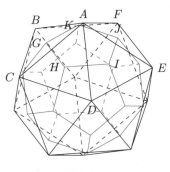

图 5.1.15

$BCDEF$ 的距离是点 A 到平面 $BCDEF$ 距离的三分之一的平面内,所以点 G、H、I、J、K 共面. 设正二十面体二面角的平面角是 θ,则

$$GH = \frac{\sqrt{3}}{6} \times \sqrt{2 \times (1-\cos\theta)} = \frac{\sqrt{5}+1}{6}.$$

过点 A 作平面 $GHIJK$ 的垂线,则垂足是五边形 $GHIJK$ 的外接圆圆心,所以五边形 $GHIJK$ 是正五边形. 同理证所定义的二十面体的其他面都是正五边形,所以所定义的二十面体是正二十面体. □

以下十种情形可以由上面十种情形复合构造而成.

(11) 4(8)

综合 6(8)、6(4) 考虑,得正四面体各棱的中点就是正八面体的六个顶点,并且如果正四面体棱长是 1,则正八面体棱长是

$$\frac{\sqrt{2}}{2} \times \frac{\sqrt{2}}{2} = \frac{1}{2}.$$

(12) 4(12)

综合 4(8)、8(20)、20(12) 考虑,其中内正十二面体有四个顶点是正四面体某一面的中心,并且如果正四面体棱长是 1,则正十二面体的棱长是

$$\frac{1}{2} \times \frac{3\sqrt{2}-\sqrt{10}}{2} \times \frac{\sqrt{5}+1}{6} = \frac{\sqrt{10}-\sqrt{2}}{12}.$$

(13) 4(20)

综合 4(8)、8(20) 考虑,其中内正二十面体有四个面是正四面体某一面的内接正三角形,并且如果正四面体棱长是 1,则正二十面体的棱长是

$$\frac{1}{2} \times \frac{3\sqrt{2}-\sqrt{10}}{2} = \frac{3\sqrt{2}-\sqrt{10}}{4}.$$

(14) 8(4)

综合 8(6)、6(4) 考虑,如图 5.1.11 的点 G, I, L, N 就是内正四面体的顶点,并且如果正八面体棱长是 1,则正四面体的棱长是

$$\frac{\sqrt{2}}{3} \times \sqrt{2} = \frac{2}{3}.$$

（15） 8(12)

综合 8(20)、20(12) 考虑，其中内正十二面体有八个顶点是正八面体某面的中心，并且如果正八面体棱长是 1，则正十二面体的棱长是

$$\frac{3\sqrt{2}-\sqrt{10}}{2} \times \frac{\sqrt{5}+1}{6} = \frac{\sqrt{10}-\sqrt{2}}{6}.$$

（16） 12(4)

综合 12(6)、6(4) 考虑，内正四面体的顶点都是正十二面体的顶点，并且如果正十二面体棱长是 1，则正四面体的棱长是

$$\frac{\sqrt{5}+1}{2} \times \sqrt{2} = \frac{\sqrt{10}+\sqrt{2}}{2}.$$

（17） 12(8)

综合 6(12)、6(8) 考虑，正十二面体的三双对棱满足任意两条不同组的棱互相垂直，则这六棱的中点就是内正八面体的顶点，并且如果正十二面体棱长是 1，则正八面体的棱长是

$$\frac{2}{3-\sqrt{5}} \times \frac{\sqrt{2}}{2} = \frac{3\sqrt{2}+\sqrt{10}}{4}.$$

（18） 20(4)

综合 20(12)、12(6)、6(4) 考虑，内正四面体的顶点都是正二十面体某面的中心，并且如果正二十面体棱长是 1，则正四面体的棱长是

$$\frac{\sqrt{5}+1}{6} \times \frac{\sqrt{5}+1}{2} \times \sqrt{2}$$
$$= \frac{3\sqrt{2}+\sqrt{10}}{6}.$$

（19） 20(6)

综合 20(12)、12(6) 考虑，内正方体的顶点都是正二十面体某面的中心，并且如果正二十面体棱长是 1，则正方体的棱长是

$$\frac{\sqrt{5}+1}{6} \times \frac{\sqrt{5}+1}{2} = \frac{3+\sqrt{5}}{6}.$$

（20） 20(8)

综合 6(20)、6(8) 考虑，正十二面体的三双对棱满足任意两条不同组的棱互相垂直，则这六棱的中点就是内正八面体的顶点，并且如果正二十面体棱长是 1，则正八面体的棱长是

$$\frac{2}{\sqrt{5}-1} \times \frac{\sqrt{2}}{2} = \frac{\sqrt{10}+\sqrt{2}}{4}.$$

我们可以看到，以不是正四面体的正多面体每个面的中心为顶点的多面体是正多面体，并且与原来的正多面体不是同一类型.

若以正四面体各面的中心为顶点的多面体是正四面体，其棱长是原四面体的

$$\frac{1}{2} \times \frac{2}{3} = \frac{1}{3}.$$

正多面体相容关系的直观图汇成表 5.1.4，外正多边形棱长是 1 的内正多面体棱长汇成表 5.1.5.

表 5.1.4　正多面体相容关系的直观图

相容关系	直观图
4(6)	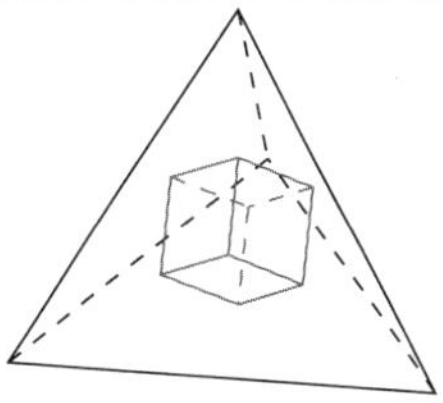
4(8)	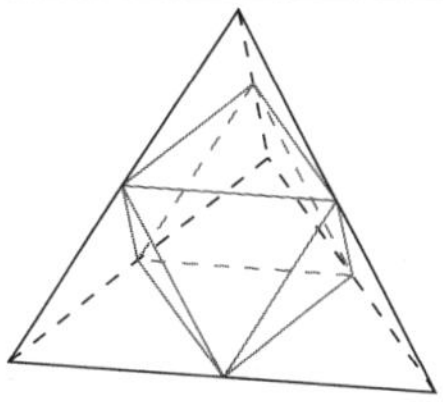
4(12)	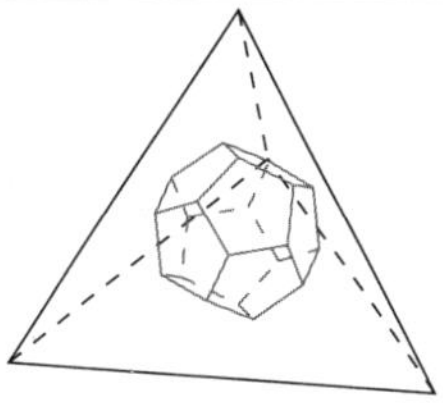
4(20)	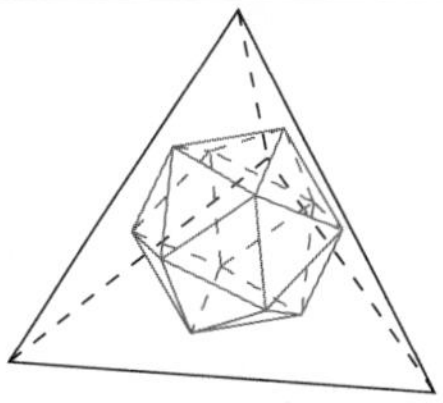
6(4)	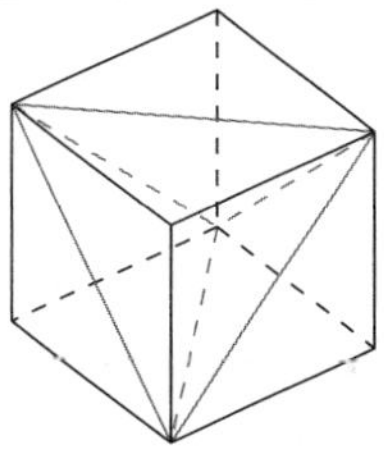

表 5.1.4 （续）

内容关系	直观图
6(8)	
6(12)	
6(20)	
8(4)	
8(6)	
8(12)	

表 5.1.4 （续）

内容关系	直观图
8(20)	
12(4)	
12(6)	
12(8)	
12(20)	
20(4)	

表 5.1.4 （续）

内容关系	直观图
20(6)	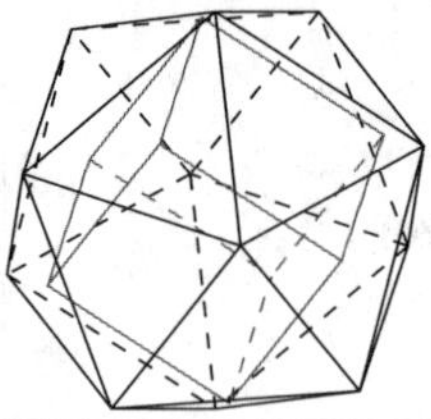
20(8)	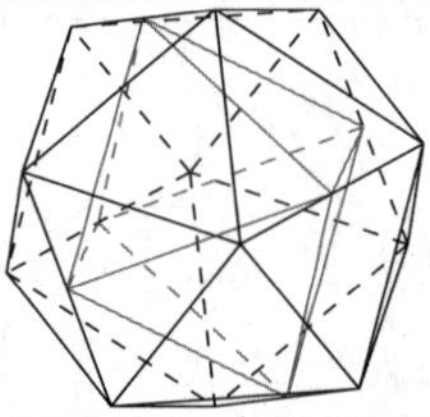
20(12)	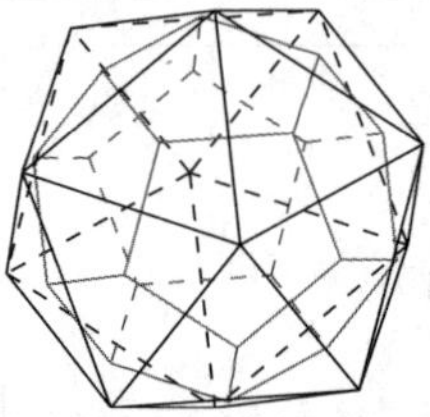

表 5.1.5 外正多边形棱长是 1 的内正多面体棱长

相容关系	内正多面体棱长精确值	内正多面体棱长近似值
4(6)	$\dfrac{\sqrt{2}}{6}$	0.2357022604
4(8)	$\dfrac{1}{2}$	0.5000000000
4(12)	$\dfrac{\sqrt{10}-\sqrt{2}}{12}$	0.1456720081
4(20)	$\dfrac{3\sqrt{2}-\sqrt{10}}{4}$	0.2700907567
6(4)	$\sqrt{2}$	1.414213562
6(8)	$\dfrac{\sqrt{2}}{2}$	0.7071067812
6(12)	$\dfrac{3-\sqrt{5}}{2}$	0.3819660113
6(20)	$\dfrac{\sqrt{5}-1}{2}$	0.6180339887
8(4)	$\dfrac{2}{3}$	0.6666666667

表 5.1.5 （续）

相容关系	内正多面体棱长精确值	内正多面体棱长近似值
8(6)	$\dfrac{\sqrt{2}}{3}$	0.4714045208
8(12)	$\dfrac{\sqrt{10}-\sqrt{2}}{6}$	0.2913440163
8(20)	$\dfrac{3\sqrt{2}-\sqrt{10}}{2}$	0.5401815135
12(4)	$\dfrac{\sqrt{10}+\sqrt{2}}{2}$	2.288245611
12(6)	$\dfrac{\sqrt{5}+1}{2}$	1.618033989
12(8)	$\dfrac{3\sqrt{2}+\sqrt{10}}{4}$	1.851229587
12(20)	$\dfrac{5+3\sqrt{5}}{10}$	1.170820393
20(4)	$\dfrac{3\sqrt{2}+\sqrt{10}}{6}$	1.234153058
20(6)	$\dfrac{3+\sqrt{5}}{6}$	0.8726779962
20(8)	$\dfrac{\sqrt{10}+\sqrt{2}}{4}$	1.144122806
20(12)	$\dfrac{\sqrt{5}+1}{6}$	0.5393446629

越对称体积越大吗？

以下内容除了计算外大部分来自 http://www.matrix67.com/blog/archives/5503.

在所有周长相等的长方形中，正方形拥有最大的面积；在所有周长相等的平面图形中，圆拥有最大的面积；在所有表面积相等的长方体中，正方体拥有最大的体积；在所有表面积相等的立体图形中，球拥有最大的体积. 所有这类问题的答案都是越对称的图形越好吗？George Pólya 在《*Mathematical Discovery*》一书中的第 15 章里举了下面这个例子.

内接于单位球的八点构成的多面体中，正方体是最对称的，其体积是

$$\left(\sqrt{\dfrac{4}{3}}\right)^3 = \dfrac{8}{9}\sqrt{3}.$$

然而意外的是正方体的体积不是最大的，例如图 5.1.16 中取单位球赤道上六点分别与南、北极相连构成一个双六棱锥，这个双六棱锥的体积是

$$2 \times \dfrac{1}{3} \times 6 \times \dfrac{1}{2} \times 1^2 \times \dfrac{\sqrt{3}}{2} = \sqrt{3},$$

它的体积比正方体大. 看来, 在与几何图形相关的最值问题中, 并不是最对称的那个图形就是最好的. 球面上四点构成的多面体体积最大的是正四面体; 球面上五点、六点、七点构成的多面体体积最大的是其中两点连线是该球的直径, 其余点在过球心且垂直于前面的直径的大圆上, 大圆上这些点构成一个正多边形.

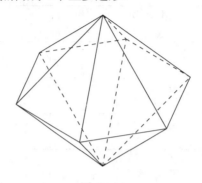

图 5.1.16

为什么会出现这种情况呢? 其中一种原因是, 立方体虽然非常对称, 但它的面太少了. 可以想象, 如果两个多面体内接于同一个球里, 并且它们的顶点数相同, 那么谁的面更多一些, 谁就有希望占据更大的空间. 事实上, 我们可以推出, 对于顶点数目一定的多面体, 如果面数达到最大, 则每个面都将会是三角形. 根据 Euler 公式, 多面体的顶点数 V、棱数 E 和面数 F 满足 $E = F + V - 2$, 另外注意到多面体所有面的边数之和为 $2 \cdot E$（因为每条棱都被算了两次）, 因而平均每个面的边数就可以表示为

$$\frac{2 \cdot E}{F} = \frac{2 \cdot (F + V - 2)}{F} = 2 + \frac{2 \cdot V - 4}{F}.$$

从这个式子中可以看出, 当顶点数目一定时, 随着面数的增加, 多面体平均每个面的边数将会减少. 面数最多的情况, 也就是多面体平均每个面的边数最少的情况, 也就是每个面都是三角形的情况.

然而, 上面的双六棱锥体积还不是最大的, 体积最大的多面体是如图 5.1.17 的多面体, 设联结 AB、GH 中点的直线是 l, 其中 $AB \perp l$, $CD \perp l$, $EF \perp l$, $GH \perp l$, $AB \perp GH$, $AB \parallel EF$, $GH \parallel CD$, AB、CD、EF、GH 的中点都在 l 上, AB 与 GH 到球心距离相等, CD 与 EF 到球心距离相等, $AB = GH$, $CD = EF$.

这个多面体体积的最大值这里也做过:

http://kuing.orzweb.net/viewthread.php?tid=3636&extra=page%3D1

设 $AB = GH = 2a$, $CD = EF = 2b$, O 是球心, 则这个多面体的体积是图 5.1.18 的五棱锥 $D\text{-}AEOFB$ 体积的四倍. 梯形 $AEFB$ 的面积是

$$(a+b)\left(\sqrt{1-a^2} + \sqrt{1-b^2}\right),$$

$\triangle EFO$ 的面积是

$$b\sqrt{1-b^2},$$

所以凹五边形 $AEOFB$ 的面积是

$$(a+b)\left(\sqrt{1-a^2}+\sqrt{1-b^2}\right)-b\sqrt{1-b^2}=(a+b)\sqrt{1-a^2}+a\sqrt{1-b^2},$$

由此得图 5.1.17 的多面体的体积是

$$V=\frac{4}{3}b\big((a+b)\sqrt{1-a^2}+a\sqrt{1-b^2}\big).$$

令 $a=\cos\alpha$，$b=\cos\beta$，其中 α、β 都是锐角，则

$$V=\frac{2}{3}\cos\beta(\sin 2\alpha+2\sin(\alpha+\beta))=\frac{2}{3}\cos\beta(\sin 2\alpha+2\sin(180°-\alpha-\beta)),$$

由 Jensen 不等式，得

$$\sin 2\alpha+2\sin(180°-\alpha-\beta)\leqslant 3\sin\frac{2\alpha+2(180°-\alpha-\beta)}{3}=3\sin\frac{360°-2\beta}{3},$$

仅当 $2\alpha=180°-\alpha-\beta$，即 $\alpha=\dfrac{180°-\beta}{3}$ 时取得等号，所以

$$V\leqslant 2\cos\beta\sin\frac{360°-2\beta}{3}.$$

令

$$f(x)=2\cos x\sin\frac{360°-2x}{3},$$

则

$$f'(x)=\frac{1}{6}\left(5\sin\frac{5(90°+x)}{3}-\sin\frac{90°+x}{3}\right),$$

令 $t=\dfrac{90°+x}{3}$，则 $30°<t<60°$，且

$$5\sin 5t-\sin t=4\sin t(20\sin^4 t-25\sin^2 t+6),$$

所以当

$$\sin t=\frac{\sqrt{250-10\sqrt{145}}}{20}$$

时 $f(x)$ 取得最大值，由此得体积的最大值是

$$\frac{\sqrt{4750+290\sqrt{145}}}{50},$$

此时

$$a=\cos\alpha=\sin\frac{90°+\beta}{3}=\frac{\sqrt{250-10\sqrt{145}}}{20},$$
$$b=\cos\beta=\frac{\sqrt{70+2\sqrt{145}}}{10}.$$

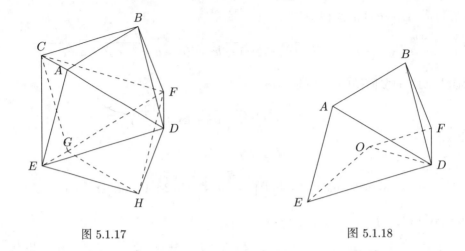

图 5.1.17　　　　　　　　　图 5.1.18

下面对正方体、双六棱锥和上面多面体的体积的近似值进行比较.

$$\frac{8}{9}\sqrt{3} \approx 1.5396007178390020387,$$

$$\sqrt{3} \approx 1.7320508075688772935,$$

$$\frac{\sqrt{4750+290\sqrt{145}}}{50} \approx 1.8157161042244203975.$$

5.2　半正多面体

定义 5.2.1. 如果多面体各面由两种或以上边长相等的正多边形构成，并且所有多面角都全等，两面分别是两种类型相同的正多边形所夹的二面角相等，则该多面体称为半正多面体.

半正多面体的种类[①]

用符号 $m_1^{n_1} \cdot m_2^{n_2} \cdots \cdot m_k^{n_k}$ 表示依次由连续 n_1 个正 m_1 边形，连续 n_2 个正 m_2 边形，……，连续 n_k 个正 m_k 边形，构成一个多面角的半正多面体.

设半正多面体每一个多面角顶点都围绕 s 个正多边形，其中 s_1 个正 r_1 边形，s_2 个正 r_2 边形，……，s_n 个正 r_n 边形，则

$$s = s_1 + s_2 + \cdots + s_n.$$

又设此半正多面体中共有 f_1 个正 r_1 边形，f_2 个正 r_2 边形，……，f_n 个正 r_n 边形. 设半正多面体共 v 个顶点，f 个面，e 条棱，则

$$f = f_1 + f_2 + \cdots + f_n, \quad sv = 2e, \quad s_i v = f_i r_i,$$

[①]论证参考了文 [16].

其中 $1 \leqslant i \leqslant n$. 把上面的式子代入 Euler 公式 $v+f-e=2$, 并进行整理, 得到半正多面体的特征方程:

$$\frac{s_1}{r_1}+\frac{s_2}{r_2}+\cdots+\frac{s_n}{r_n}=\frac{2}{v}+\frac{s-2}{2}.$$

半正多面体有以下性质:

性质 5.2.1. $s \geqslant 3$, $r_i \geqslant 3$.

性质 5.2.2. r_i 中至少有一个应小于 6.

证明: 如果所有 $r_i \geqslant 6$, 那么特征方程是

$$\frac{2}{v}+\frac{s-2}{2} \leqslant \frac{s}{6} < \frac{s}{6}+\left(\frac{s}{3}-1\right)=\frac{s-2}{2},$$

于是 $v<0$, 而这是不可能的. $\square$

性质 5.2.3. $s<6$.

证明: 由性质 5.2.1 得

$$\frac{2}{v}+\frac{s-2}{2}=\frac{s_1}{r_1}+\frac{s_2}{r_2}+\cdots+\frac{s_n}{r_n} \leqslant \frac{s}{3},$$

所以

$$\frac{s}{3}-\frac{s-2}{2} \geqslant \frac{2}{v}>0,$$

从上面的不等式可得到 $s<6$. $\square$

综合性质 5.2.1 和性质 5.2.3, 我们有 $3 \leqslant s \leqslant 5$. 下面我们分三种情况: $s=3$, $s=4$, $s=5$ 作详尽无遗的讨论. 根据不同的 s, r_i, f_i, 求 v 的正整数解.

类型一 $s=3$

每一顶点围绕 3 个正多边形, 设为正 r_1, r_2, r_3 边形各一个, 这里有两种情况:

(1) $r_1=r_2 \neq r_3$, 则 r_1 必须是偶数 (因为围绕同一顶点的三个正多边形如果 $r_1=r_2$ 是奇数, 设为 $2n+1$, 这个正多边形是 $A_1A_2\ldots A_{2n+1}$, 若 $A_{2n+1}A_1$ 所在面的多边形的边数是 $2n+1$, A_1A_2 所在面的多边形的边数是 r_3, 则 A_2A_3 所在面的多边形的边数是 $2n+1$, $\ldots\ldots$, 最后可推得 $A_{2n+1}A_1$ 所在面的多边形的边数是 r_3, 与前面假设矛盾), 特征方程是

$$\frac{2}{v}=\frac{2}{r_1}+\frac{1}{r_3}-\frac{1}{2}.$$

当 $r_1 \geqslant 12$ 时, $\frac{2}{v}=\frac{2}{r_1}+\frac{1}{r_2}-\frac{1}{2} \leqslant \frac{2}{12}+\frac{1}{3}-\frac{1}{2}=0$, 这是不可能的, 所以分别取 $r_1=4$、6、8、10, 求 r_3 和 v 的正整数解.

当 $r_1=4$ 时, 特征方程是 $\frac{2}{v}=\frac{1}{r_3}$, 取 $r_3=n$, 得 $v=2n$, 此时得半正多面体 $4^n \cdot n$.

当 $r_1 = 6$ 时，特征方程是 $\frac{2}{v} = \frac{1}{r_3} - \frac{1}{6}$，由 $\frac{1}{r_3} - \frac{1}{6} > 0$ 得 $r_3 < 6$，当 $r_3 = 3$、4、5 时，$v = 12$、24、60，此时分别得半正多面体 $3 \cdot 6^2$、$4 \cdot 6^2$、$5 \cdot 6^2$.

当 $r_1 = 8$ 时，特征方程是 $\frac{2}{v} = \frac{1}{r_3} - \frac{1}{4}$，由 $\frac{1}{r_3} - \frac{1}{4} > 0$ 得 $r_3 < 4$，当 $r_3 = 3$ 时，$v = 24$，此时得半正多面体 $3 \cdot 8^2$.

当 $r_1 = 10$ 时，特征方程是 $\frac{2}{v} = \frac{1}{r_3} - \frac{3}{10}$，由 $\frac{1}{r_3} - \frac{3}{10} > 0$ 得 $r_3 < \frac{10}{3}$，当 $r_3 = 3$ 时，$v = 60$，此时得半正多面体 $3 \cdot 10^2$.

（2）r_1、r_2、r_3 互不相等时，不妨设 $r_1 < r_2 < r_3$，此时 r_1 只能取 3、4、5. 从特征方程得

$$\frac{2}{v} = \frac{1}{r_1} + \frac{1}{r_2} + \frac{1}{r_3} - \frac{1}{2}.$$

当 $r_1 = 3$ 或 $r_1 = 5$ 时，类似 $r_1 = r_2 \neq r_3$ 的讨论，考察围绕正三角形周围的多边形的情形，这种情况不能构成满足条件的多面体.

当 $r_1 = 4$ 时，特征方程是 $\frac{2}{v} = \frac{1}{r_2} + \frac{1}{r_3} - \frac{1}{4}$. 若 r_2、r_3 其中之一是奇数，类似 $r_1 = r_2 \neq r_3$ 的讨论，考察围绕边数是奇数的正多边形周围的多边形的情形，这种情况不能构成满足条件的多面体. 上面不定方程的正整数解只有取 $r_1 = 4$，$r_2 = 6$，$r_3 = 8$，$v = 48$；$r_1 = 4$，$r_2 = 6$，$r_3 = 10$，$v = 120$；得半正多面体为 $4 \cdot 6 \cdot 8$，$4 \cdot 6 \cdot 10$.

类型二 $s = 4$

这里有四种情况：

（1）$r_1 = r_2$，$r_3 \neq r_4$，r_1、r_3、r_4 互不相等，则特征方程是

$$\frac{2}{v} = \frac{2}{r_1} + \frac{1}{r_3} + \frac{1}{r_4} - 1.$$

不妨假设 $r_3 < r_4$，分两种情况：

（a）$r_1 = r_2 < r_3$.

这时候 r_1 只能是 3、4、5.

当 $r_1 > 3$ 时，即使 $r_1 = r_2 = 4$、$r_3 = 5$、$r_4 = 6$，仍有 $\frac{2}{v} < 0$，出现矛盾.

当 $r_1 = 3$ 时，类似类型一中 $r_1 = r_2 \neq r_3$ 的讨论，考察围绕正三角形周围的多边形的情形，这种情况不能构成满足条件的多面体.

（b）$r_3 < r_1 = r_2$. 这时候 r_3 只能是 3、4、5.

当 $r_3 = 3$ 时，特征方程是 $\frac{2}{v} = \frac{2}{r_1} + \frac{1}{r_4} - \frac{2}{3}$，如果 r_1、r_4 中较小的一个是 r，则由 $0 < \frac{2}{r_1} + \frac{1}{r_4} - \frac{2}{3} < \frac{3}{r_1} - \frac{2}{3}$ 得 $r_1 < \frac{9}{2}$，因此 $r_1 = 4$. 如果 $r_1 = r_2 = 4$，则由特征方程得 $v = \frac{12 r_4}{6 - r_4}$，此时 r_4 只能取 5. 我们取 $r_1 = r_2 = 4$，$r_3 = 3$，$r_4 = 5$，$v = 60$，得半正多面

体为 $3 \cdot 4 \cdot 5 \cdot 4$. 如果 $r_3 = 4$, 则即使 $r_1 = r_2 = 5$, 仍然有 $\frac{2}{v} < 0$, 出现矛盾结论.

(2) $r_1 = r_2$, $r_3 = r_4$, $r_1 \neq r_3$. 特征方程是

$$\frac{2}{v} = \frac{2}{r_1} + \frac{2}{r_3} - 1,$$

不妨假设 $r_1 = r_2 < r_3 = r_4$, r_1、r_2 只能取 3、4、5.

当 $r_1 = r_2 = 3$ 时, 由特征方程得

$$v = \frac{6r_3}{6 - r_3} = \frac{36}{6 - r_3} - 6,$$

r_3 和 r_4 只能取 4、5. 当分别取 $r_1 = r_2 = 3$ 时, $r_3 = r_4 = 4$, $v = 12$, 得半正多面体 $3 \cdot 4 \cdot 3 \cdot 4$; $r_3 = r_4 = 5$, $v = 30$, 得半正多面体 $3 \cdot 5 \cdot 3 \cdot 5$.

当 $r_1 = r_2 > 3$ 时, 即使 $r_1 = r_2 = 4$, $r_3 = r_4 = 5$, 仍然 $\frac{2}{v} < 0$, 出现矛盾结论.

(3) $r_1 = r_2 = r_3 \neq r_4$. 特征方程是

$$\frac{2}{v} = \frac{3}{r_1} + \frac{1}{r_4} - 1.$$

当 $r_1 = r_2 = r_3 < r_4$ 时, r_1、r_2、r_3 只能取 3、4、5. 分别取 $r_1 = r_2 = r_3 = 3$, $\frac{2}{v} = \frac{1}{r_4}$, 取 $r_4 = n$, $v = 2n$, 得半正多面体 $3^3 \cdot n$; 当 $r_1 = r_2 = r_3 > 3$ 时, 即使 $r_1 = r_2 = r_3 = 4$, $r_4 = 5$, 仍有 $\frac{2}{v} < 0$, 出现矛盾结论.

当 $r_1 = r_2 = r_3 > r_4$ 时, r_1、r_2、r_3 只能取 3、4、5. 当 $r_4 = 3$ 时, 由特征方程得 $v = \frac{6r_1}{9 - 2r_1}$, r_1 只能是 4. 分别取 $r_1 = r_2 = r_3 = 4$, $r_4 = 3$, $v = 24$, 得半正多面体 $3 \cdot 4^3$.

当 $r_4 > 3$ 时, 即使 $r_1 = r_2 = r_3 = 5$, $r_4 = 4$, 仍然有 $\frac{2}{v} < 0$, 出现矛盾结论.

(4) r_1、r_2、r_3、r_4 互不相等时. 即使 $r_1 = 3$, $r_2 = 4$, $r_3 = 5$, $r_4 = 6$, 仍然有 $\frac{2}{v} < 0$, 出现矛盾结论.

类型三 $s = 5$

因为即使 $r_1 = r_2 = r_3 = 3$, $r_4 = 4$, $r_5 = 5$ 时, 仍有 $\frac{2}{v} < 0$, 出现矛盾. 所以只有在 $r_1 = r_2 = r_3 = r_4 = 3 < r_5$ 时有解.

当 $r_1 = r_2 = r_3 = r_4 = 3$ 时, 特征方程是

$$\frac{2}{v} = \frac{1}{r_5} - \frac{1}{6},$$

于是得 $v = \frac{12r_5}{6 - r_5}$, r_5 只能取 4、5. 取 $r_5 = 4$, $v = 24$, 得半正多面体为 $3^4 \cdot 4$; 取 $r_5 = 5$, $v = 60$, 得半正多面体为 $3^4 \cdot 5$.

半正多面体的顶点构成、顶点数、面数、棱数汇成表 5.2.1.

表 5.2.1　半正多面体的顶点构成、顶点数、面数、棱数

名称	顶点构成	顶点数	面数	棱数
截顶正四面体	$3 \cdot 6^2$	12	8	18
截顶正方体	$3 \cdot 8^2$	24	14	36
截顶正八面体	$4 \cdot 6^2$	24	14	36
截顶正十二面体	$3 \cdot 10^2$	60	32	90
截顶正二十面体	$5 \cdot 6^2$	60	32	90
截半正方体	$3 \cdot 4 \cdot 3 \cdot 4$	12	14	24
截半正十二面体	$3 \cdot 5 \cdot 3 \cdot 5$	30	32	60
小削棱正方体	$3 \cdot 4^3$	24	26	48
小削棱正十二面体	$3 \cdot 4 \cdot 5 \cdot 4$	60	62	120
大削棱正方体	$4 \cdot 6 \cdot 8$	48	26	72
大削棱正十二面体	$4 \cdot 6 \cdot 10$	120	62	180
扭棱正方体	$3^4 \cdot 4$	24	38	60
扭棱正十二面体	$3^4 \cdot 5$	60	92	150
正 n 棱柱	$4^2 \cdot n$	$2n$	$n+2$	$3n$
正 n 反棱柱	$3^3 \cdot n$	$2n$	$2n+2$	$4n$

定义 5.2.2. 表 5.2.1 中前十三种半正多面体称为 Archimedes 多面体.

Archimedes 多面体各种正多边形数量汇成表 5.2.2, 其中 f_n 表示正 n 边形的数量, Archimedes 多面体的直观图和展开图汇成表 5.2.3.

表 5.2.2　Archimedes 多面体各种正多边形数量

名称	f_3	f_4	f_5	f_6	f_8	f_{10}
截顶正四面体	4			4		
截顶正方体	8				6	
截顶正八面体		6		8		
截顶正十二面体	20					12
截顶正二十面体			12	20		
截半正方体	8	6				
截半正十二面体	20		12			
小削棱正方体	8	18				
小削棱正十二面体	20	30	12			
大削棱正方体		12		8	6	
大削棱正十二面体		30		20		12
扭棱正方体	32	6				
扭棱正十二面体	80		12			

表 5.2.3 Archimedes 多面体的直观图和展开图

名称	直观图	展开图
截顶正四面体	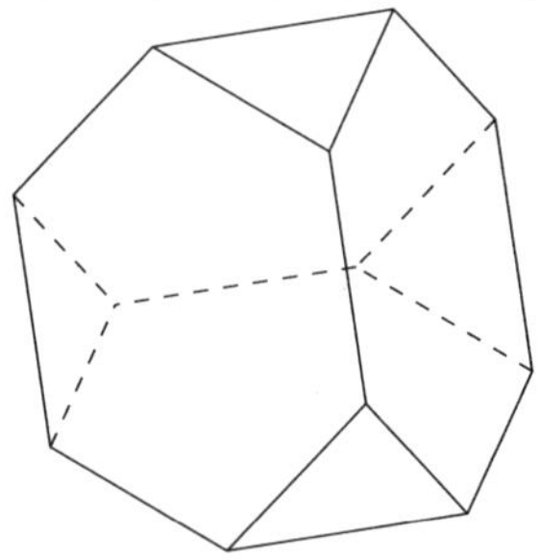	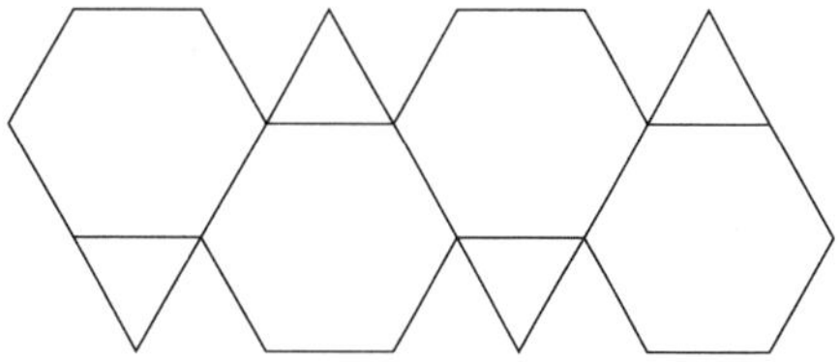
截顶正方体	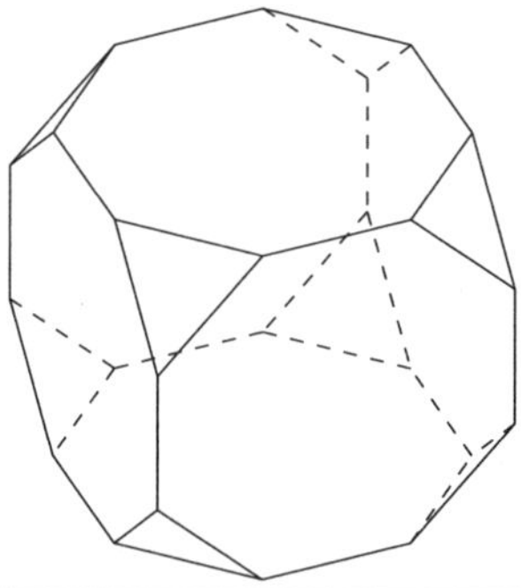	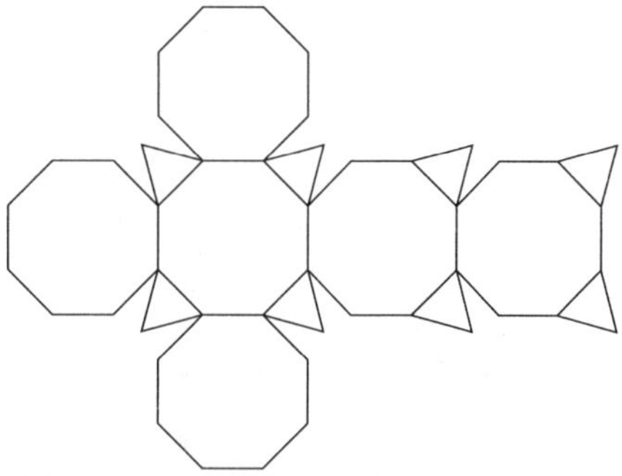
截顶正八面体	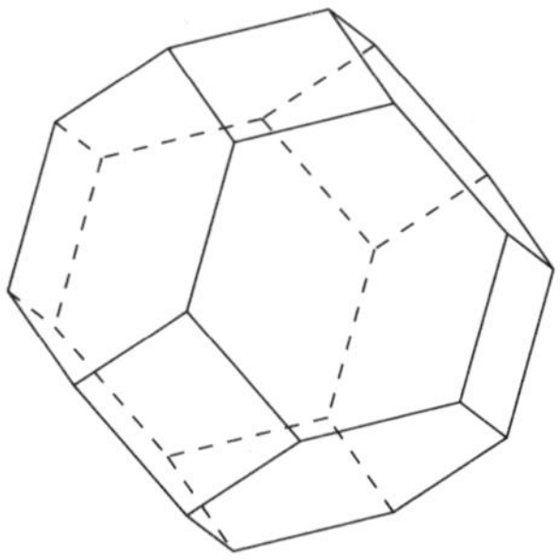	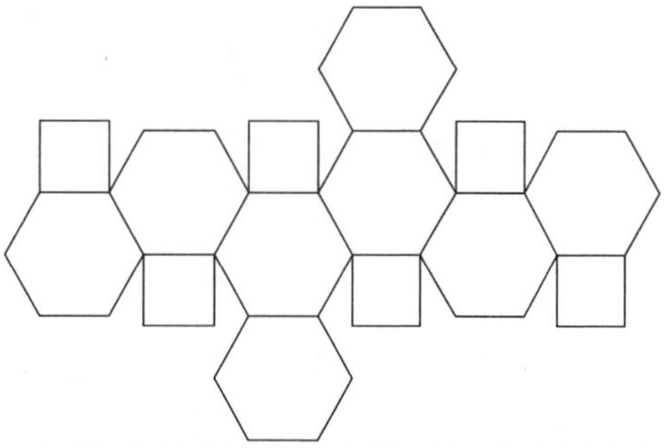
截顶正十二面体	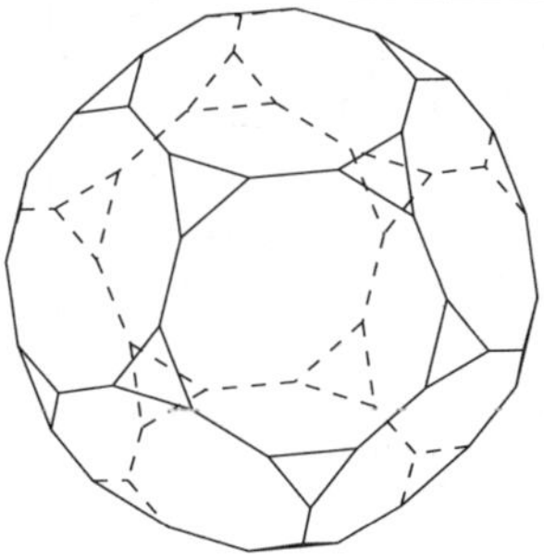	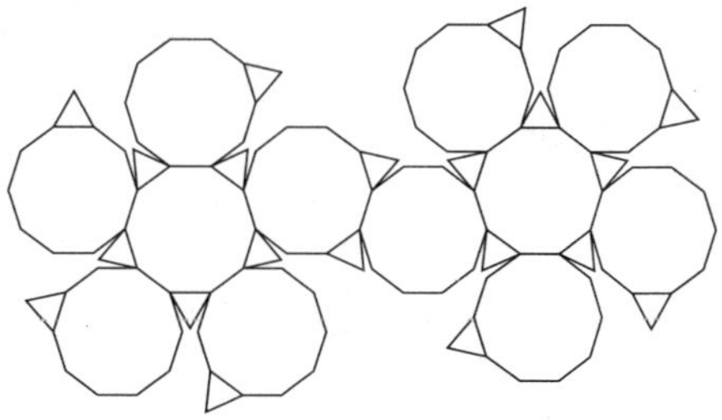

表 5.2.3 （续）

名称	直观图	展开图
截顶正二十面体	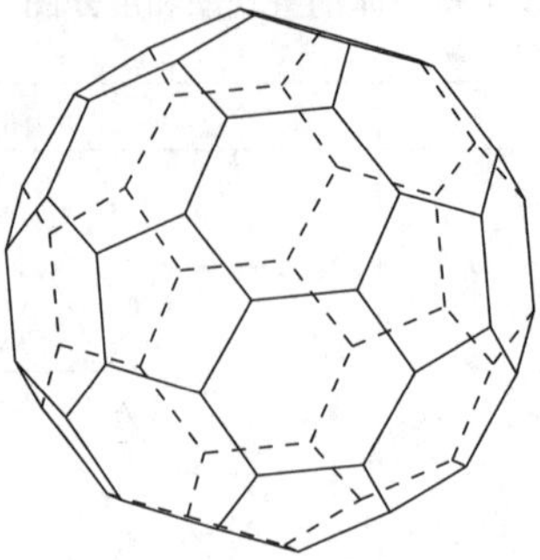	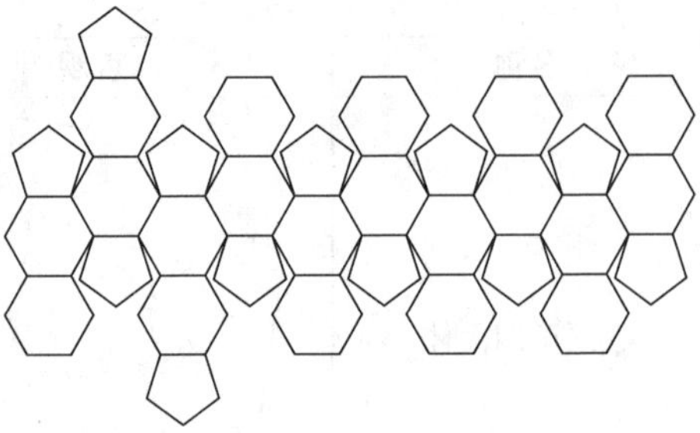
截半正方体	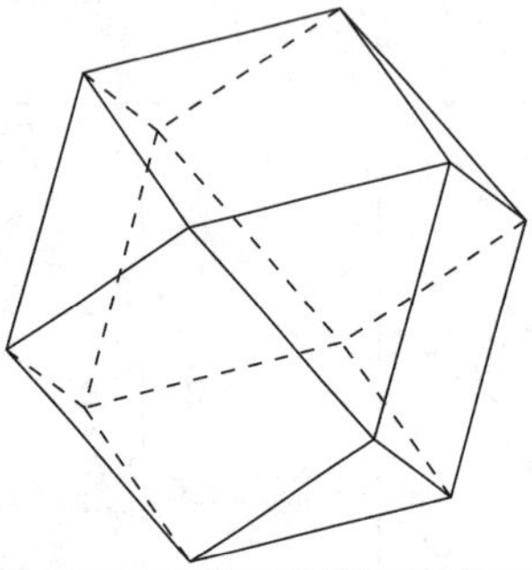	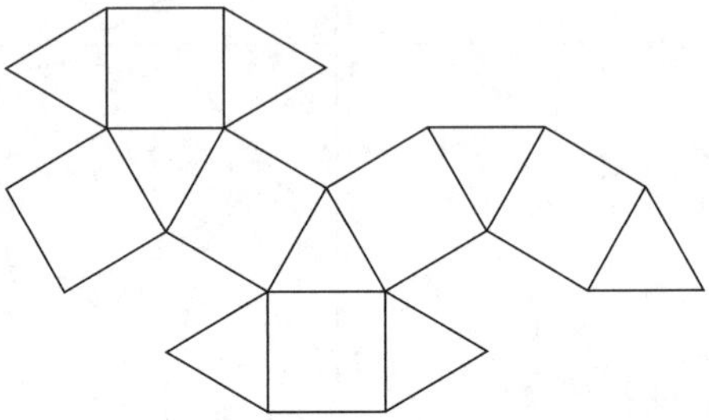
截半正十二面体	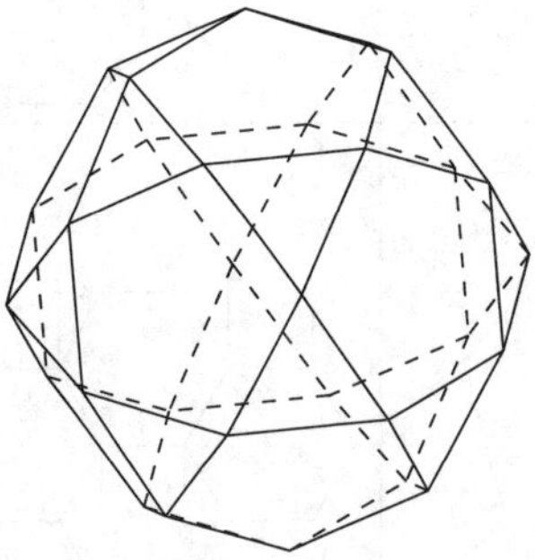	
小削棱正方体	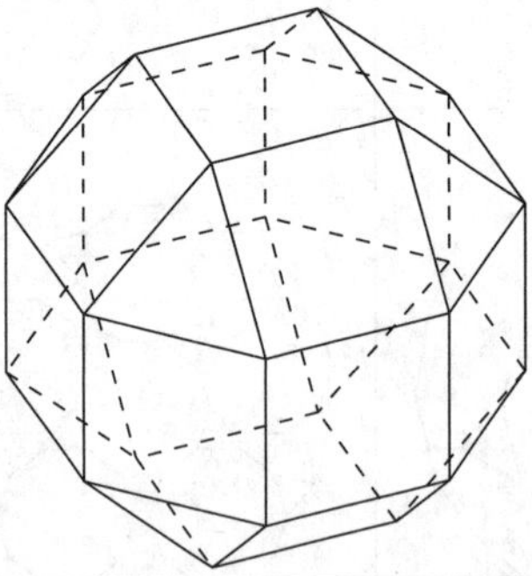	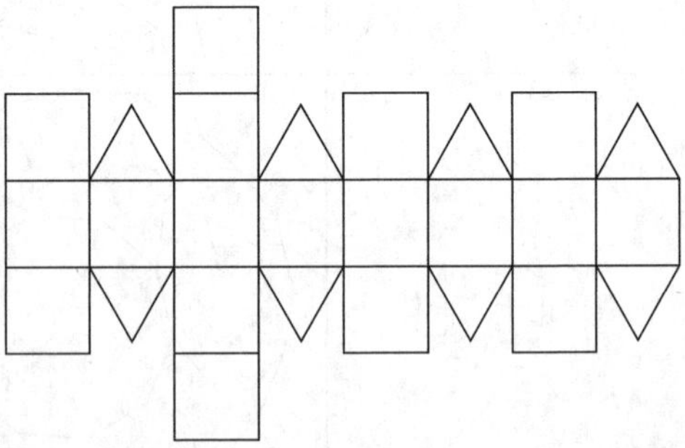

表 5.2.3 （续）

名称	直观图	展开图
小削棱正十二面体	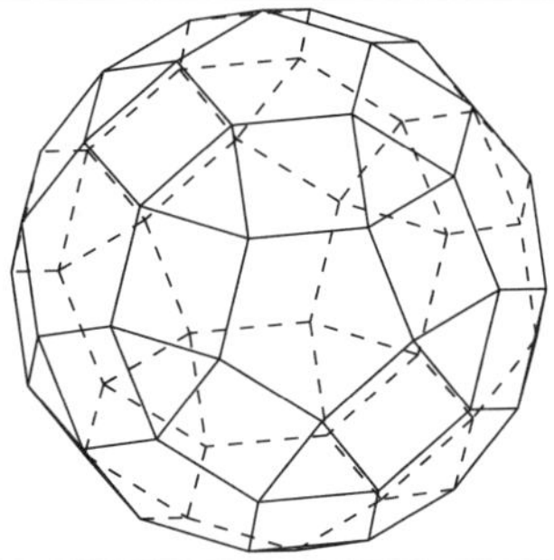	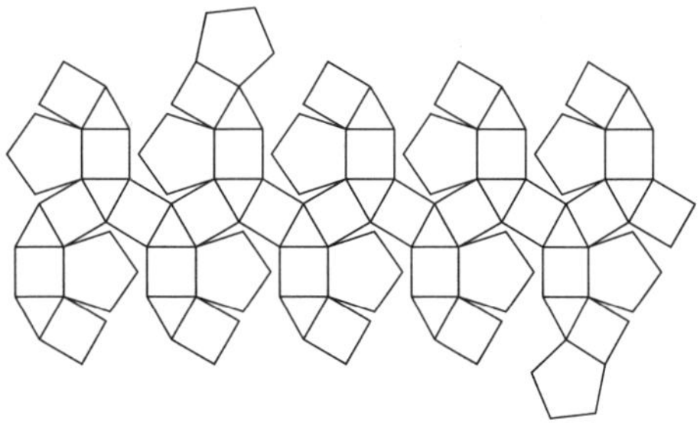
大削棱正方体	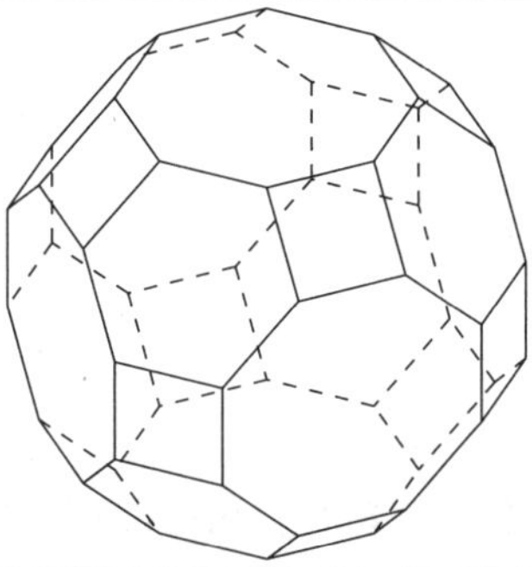	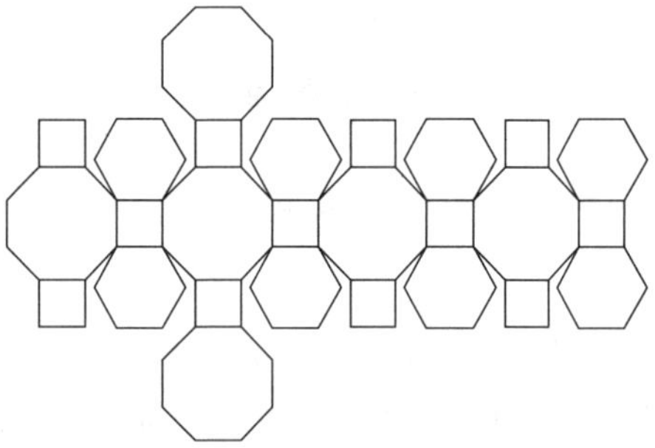
大削棱正十二面体	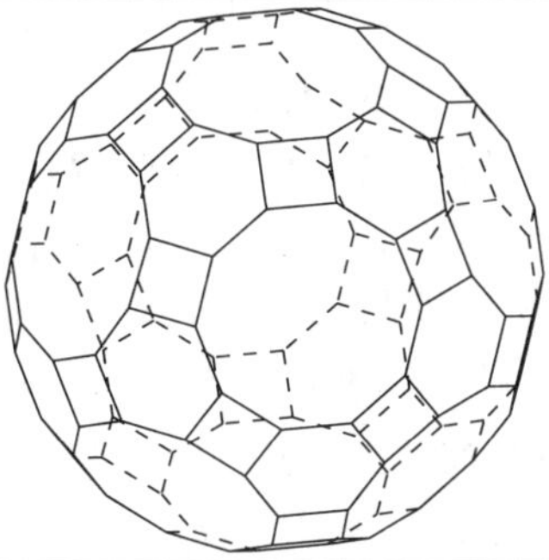	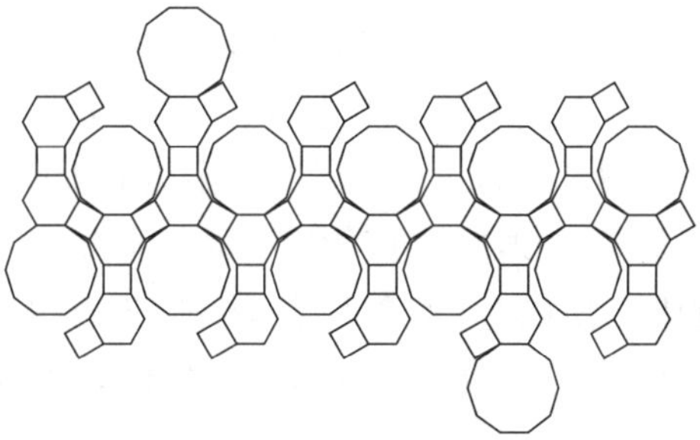
扭棱正方体	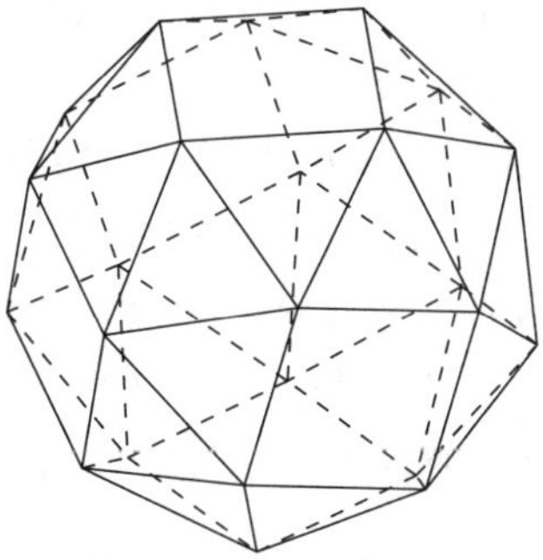	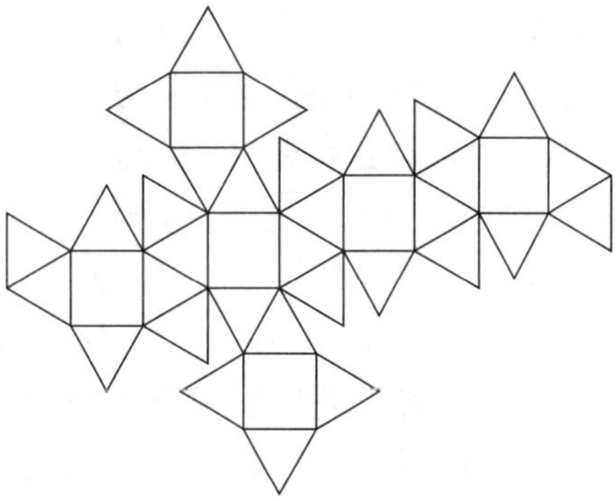

表 5.2.3 （续）

名称	直观图	展开图
扭棱半正十二面体	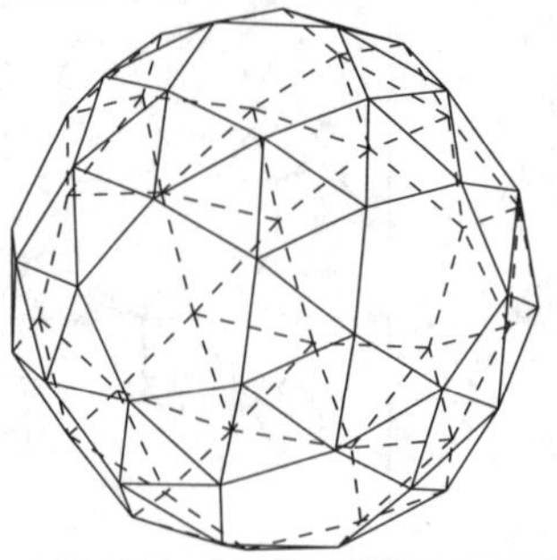	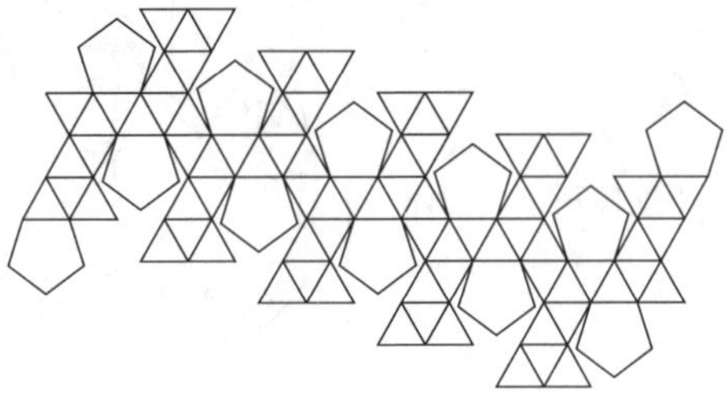

半正多面体的几何性质

定理 5.2.1. 半正多面体存在外接球和内棱切球而不存在内切球，并且两球的球心重合.

证明：如图 5.2.1，选择半正多面体中面数最多的正多边形，考察这些多边形相邻边数都相同并且最小的正多边形，则半正多面体的所有顶点和棱都在上述的组合中．在这些组合中选取一个组合，其中两旁都有正多边形的正多边形的中心是 O_1，与该正多边形相邻并且边数相同的两个正多边形的中心分别是 O_2、O_3，A_1、A_2 分别是这两个正多边形与两旁都有正多边形的正多边形的公共棱的中点，则 $\angle O_1A_1O_2$、$\angle O_1A_2O_3$ 分别是这两个正多边形与两旁都有正多边形的正多边形所夹二面角的平面角，所以 $\angle O_1A_1O_2 = \angle O_1A_2O_3$. 分别过 O_1、O_2、O_3 作相应平面的垂线 l_1、l_2、l_3，因为 l_1、l_2、A_1O_1、A_1O_2 都垂直于过点 A_1 的棱，所以 l_1、l_2、A_1 共面，同理可得 l_1、l_3、A_2 共面. 设 l_1、l_2 相交于点 O，l_1、l_3 相交于点 O'，则四边形 $O_1A_1O_2O$ 和 $O_1A_2O_3O'$ 都共圆，并且直径分别是 A_1O 和 A_2O'，过点 A_1 的棱垂直于 A_1O，过点 A_2 的棱垂直于 A_1O'. 因为 $A_1O_1 = A_1O_2$，$A_1O_2 = A_2O_3$，所以 $A_1O = A_2O'$，于是得 $\triangle O_1A_1O \cong \triangle O_1A_2O'$，因此 $O_1O = O_1O'$，即点 O 和 O' 重合，并且到点 A_1、A_2 的距离相等，过点 A_1 的棱垂直于 A_1O，过点 A_2 的棱垂直于 A_2O. 又因为任何这种组合必然有相邻的组合，两个组合有两个面重合，所以过这些组合的正多边形的中心作相应面的垂线都交于同一点，该点与各棱中点的连线等长且垂直于对应棱，所以这些连线是对应棱的中垂线，因为半正多面体有外接球和内棱切球并且球心重合.

选择半正多面体中边数最大的正多边形，考察与这个多边形相邻且边数都相同的正多边形，可知相邻这些边数都相同的正多边形至少有 3 个，所以边数最大的正多边形与相邻边数都相同的正多边形所夹的二面角的内平分平面的交点在边数最大的正多边形的射影是相应平面的中心，如果半正多面体有内切球，则这些二面角的平分平面的交点是外接球球心. 但内切球球心到不同类型的正多面体的距离不相等，所以半正多面体不存在内切球. □

定义 5.2.3. 半正多面体的外接球球心和内棱切球球心重合的点称为半正多面体的中

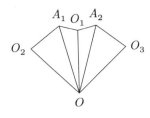

图 5.2.1

心.

定理 5.2.2. 由半正多面体一顶点引出的棱的其他各顶点共面,这些顶点所组成的多边形共圆,该多面体的中心与该顶点的连线经过上述多边形外接圆的圆心并且垂直于上述平面.

证明: 如图 5.2.2 所示,设 AB 和 AC 是半正多面体的两条棱,点 O 是半正多面体的中心,联结 AO、BO、CO. 因为 $AB = AC$,$BO = CO$,所以 $\triangle ABO \cong \triangle ACO$,也就是 $\triangle ABO$ 与 $\triangle ACO$ 关于边 AO 的高线的垂足重合,假设垂足是点 D,则 $BD = CD$,$BD \perp AO$,$CD \perp AO$. 根据上面的证明知由点 A 引出的半正多面体的棱的其他各顶点与点 D 的连线都等长并且垂直于 AO,因为过一点与直线垂直的平面是唯一的,所以由半正多面体一顶点引出的棱的其他各顶点共面,这些顶点所组成的多边形共圆,该多面体的中心与该顶点的连线经过上述多边形外接圆的圆心并且垂直于上述平面. □

引理 5.2.1. [①] 两个边数相同,对应边相等,并且都有外接圆的凸多边形全等.

证明: 如图 5.2.3,以 P 表示凸 n 边形 $A_1 A_2 \ldots A_n$,Q 表示凸 n 边形 $B_1 B_2 \ldots B_n$,设 R、r 分别为 P、Q 的外接圆半径. 如果 P 和 Q 的外接圆半径不相等,不妨设 $R > r$. 不妨设 $A_1 A_n$、$B_1 B_n$ 分别为 P、Q 的最长边. 已知外接圆半径越大,同长度的弦所张的圆心角(圆心角比 $180°$ 小的那些)越小. 由于 $R > r$,故此 $\angle A_i A_n A_{i+1} < \angle B_i B_n B_{i+1}$. 便有

$$\angle A_1 A_n A_i = \angle A_1 A_n A_2 + \angle A_2 A_n A_3 + \cdots + \angle A_{i-1} A_n A_i$$
$$< \angle B_1 B_n B_2 + B_2 B_n B_3 + \cdots + \angle B_{i-1} B_n B_i$$
$$= B_1 B_n B_i \, (2 \leqslant i \leqslant n - 1),$$

同理

$$\angle A_n A_1 A_i < \angle B_n B_1 B_i \, (2 \leqslant i \leqslant n - 1).$$

把 $A_1 A_n$ 移至跟 $B_1 B_n$ 重合. 考虑 $\triangle A_1 A_i A_n$ 及 $\triangle B_1 B_i B_n$($2 \leqslant i \leqslant n - 1$),由上面的证明知,$\triangle A_1 A_i A_n$ 被 $\triangle B_1 B_i B_n$ 覆盖,即顶点 A_i 是 $\triangle B_1 B_i B_n$ 的内点,也就是说是凸 n 边形 Q 的内点. 因此 P 完全被 Q 所覆盖,而且 P 并不与 Q 重合. 根据凸多边形的周界

[①] 引理 5.2.1 的证明改写自智星论坛的会员虚竹子的证明.

性质，凸多边形 P 的周界严格小于 Q 的周界，但这与两者对应边长相等的假设矛盾．所以 P 及 Q 的外接圆半径相等，由此得 P 和 Q 全等． □

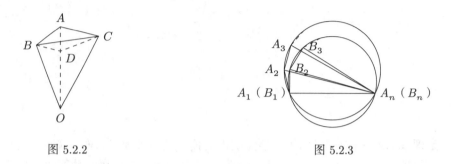

图 5.2.2 　　　　　　　　　　　　图 5.2.3

由定理 5.2.2、引理 5.2.1 和三面角第一余弦定理得

定理 5.2.3. 如果两个半正多面体是同类的半正多面体，则以对应棱为棱的二面角相等．

Archimedes 多面体的构造法

下面讨论从正多面体构造 Archimedes 多面体的方法．k 表示正多面体与 Archimedes 多面体棱长的比值．

（1） 截顶正四面体

如图 5.2.4，取正四面体各棱的三等分点，所得的顶点就是截顶正四面体的所有顶点．

证明： 因为正四面体各棱的三等分点在同一平面构成一个正六边形，靠近正四面体同一顶点的三个三等分点构成正三角形．另外因为两个相邻的正六边形所夹的二面角就是正四面体的二面角；而靠近正四面体同一顶点的三个三等分点与该顶点构成正四面体，所以正三角形和相邻的正六边形所夹的二面角是正四面体二面角的补二面角．所以所得的多面体就是截顶正四面体．

因为正四面体的棱长是由其构造的截顶正四面体的棱长的 3 倍，所以 $k = 3$． □

（2） 截顶正方体

如图 5.2.5，从正方体的各顶点起在各棱截取长是棱长的 $\dfrac{2-\sqrt{2}}{2}$ 的线段，这些线段除正方体顶点外的端点就是截顶正方体的所有顶点．

证明： 因为靠近顶点的两个相邻截点和该顶点构成一个等腰直角三角形，所以各面由截点构成的八边形的内角都等于 135°，而且等腰直角三角形的边长是正方体棱长的

$$\sqrt{2} \times \dfrac{2-\sqrt{2}}{2} = \sqrt{2} - 1,$$

八边形与正方体棱重合的边是正方体棱长的

$$1 - 2 \times \frac{2 - \sqrt{2}}{2} = \sqrt{2} - 1,$$

所以各面由截点构成正八边形，靠近同一顶点的三个截点构成正三角形．另外，两个相邻的正八边形所夹的二面角就是正方体的二面角；根据三面角第一余弦定理，正三角形和相邻的正八边形所夹的二面角相等．所以所得的多面体就是截顶正方体．

因为截顶正方体的棱长是原正方体的 $\sqrt{2} - 1$，所以 $k = \dfrac{1}{\sqrt{2} - 1} = \sqrt{2} + 1$． □

（3） 截顶正八面体

如图 5.2.6，取正八面体各棱的三等分点，所得的顶点就是截顶正八面体的所有顶点．

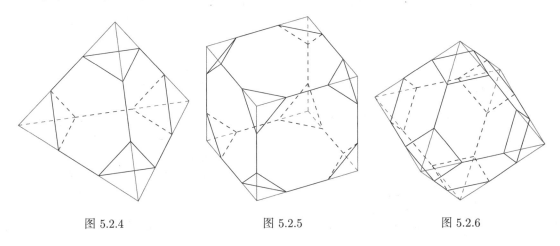

图 5.2.4　　　　　　　图 5.2.5　　　　　　　图 5.2.6

证明： 因为正八面体各棱的三等分点在同一平面构成一个正六边形，根据正多面角的性质，靠近正八面体同一顶点的四个三等分点构成正四边形．另外因为两个相邻的正六边形所夹的二面角就是正八面体的二面角；根据三面角第一余弦定理，正四边形和相邻的正六边形所夹的二面角相等．所以所得的多面体就是截顶正八面体．

因为正八面体的棱长是由其构造的截顶正八面体的棱长的 3 倍，所以 $k = 3$． □

（4） 截顶正十二面体

如图 5.2.7，从正十二面体的各顶点起在各棱截取长是棱长的 $\dfrac{5 - \sqrt{5}}{10}$ 的线段，这些线段除正十二面体顶点外的端点就是截顶正十二面体的所有顶点．

证明： 因为靠近顶点的两个相邻截点和该顶点构成一个等腰三角形，所以各面由截点构成的八边形的内角都等于 144°，而且等腰直角三角形的边长是正方体棱长的

$$\frac{\sqrt{5} + 1}{2} \times \frac{5 - \sqrt{5}}{10} = \frac{\sqrt{5}}{5},$$

十边形与正十二面体棱重合的边是正十二面体棱长的

$$1 - 2 \times \frac{5-\sqrt{5}}{10} = \frac{\sqrt{5}}{5},$$

所以各面由截点构成正十边形,靠近同一顶点的三个截点构成正三角形.另外,两个相邻的正十边形所夹的二面角就是正十二面体的二面角;根据三面角第一余弦定理,正三角形和相邻的正十边形所夹的二面角相等.所以所得的多面体就是截顶正十二面体.

因为截顶正十二面体的棱长是原正十二面体的 $\frac{\sqrt{5}}{5}$,所以 $k = \frac{1}{\frac{\sqrt{5}}{5}} = \sqrt{5}$. □

(5) 截顶正二十面体

如图 5.2.8,取正二十面体各棱的三等分点,所得的顶点就是截顶正二十面体的所有顶点.

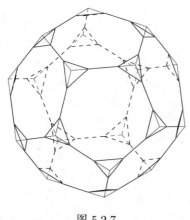

图 5.2.7

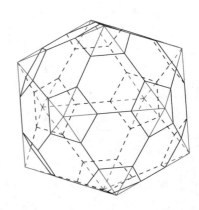

图 5.2.8

证明: 因为正二十面体各棱的三等分点在同一平面构成一个正六边形,根据正多面角的性质,靠近正二十面体同一顶点的五个三等分点构成正五边形.另外因为两个相邻的正六边形所夹的二面角就是正二十面体的二面角;根据三面角第一余弦定理,正五边形和相邻的正六边形所夹的二面角相等.所以所得的多面体就是截顶正二十面体.

因为正二十面体的棱长是由其构造的截顶正二十面体的棱长的 3 倍,所以 $k = 3$. □

(6) 截半正方体

如图 5.2.9 正方体各棱的中点或如图 5.2.10 正八面体各棱的中点就是截半正方体的所有顶点.

证明: 根据正多面角的性质,围绕同一顶点的四个棱的中点构成正四边形,而同一平面上的三棱中点构成正三角形.另外,根据三面角的第一余弦定理,围绕同一顶点的四个棱的中点与该顶点构成的正棱锥底面与侧面所成的二面角相等,而每个相邻的正三角形和正四边形所夹的二面角是上述一个二面角的补二面角,所以所得的多面体就是截半六面体.

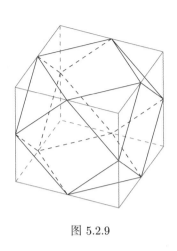
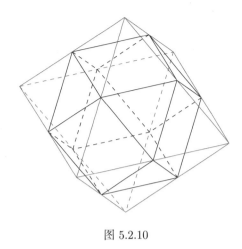

图 5.2.9   图 5.2.10

根据中位线的性质，得到 $k = 2$.

同理可证正方体各棱的中点构成截半正方体的所有顶点，此时 $k = \sqrt{2}$. □

（7） 截半正十二面体

如图 5.2.11 正十二面体各棱的中点或如图 5.2.12 正二十面体各棱的中点就是截半正十二面体的所有顶点.

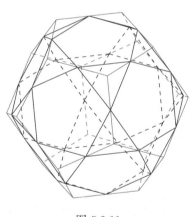
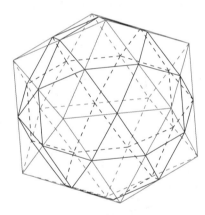

图 5.2.11   图 5.2.12

证明： 根据正多面角的性质，围绕同一顶点的五个棱的中点构成正五边形，而同一平面上的三棱中点构成正三角形. 另外，根据三面角的第一余弦定理，围绕同一顶点的五个棱的中点与该顶点构成的正棱锥底面与侧面所成的二面角相等，而每个相邻的正三角形和正五边形所夹的二面角是上述一个二面角的补二面角，所以所得的多面体就是截半十二面体.

根据中位线的性质，得到 $k = 2$.

同理可证正十二面体各棱的中点就是截半正十二面体的所有顶点，此时 $k = \sqrt{5} - 1$. □

（8）小削棱正方体

如图 5.2.13，在正方体的各面作一个中心与相应面中心重合，边与相应面的边平行并且长度是正方体棱长的 $\sqrt{2}-1$ 的正方形，所得的顶点就是小削棱正方体的所有顶点.

证明： 因为靠近正方体某一面和靠近垂直于该面的棱的两顶点连线长度是正方体棱长的 $\dfrac{1-(\sqrt{2}-1)}{2}\times\sqrt{2}=\sqrt{2}-1$，并且由于正方体的中心到各面中的正四边形的顶点的距离都相等，所以所得的多面体有外接球和内棱切球，因此所得的多面体各面中的四边形都是正四边形，各面中的三角形都是正三角形. 因为相邻两个正多边形的中心与公共棱中点的连线所成的角是这两个正多边形所夹二面角的平面角，正方体的中心到同类型的正多边形的距离相等，所以正三角形和相邻的正四边形、两相邻的正四边形所夹的二面角的平面角分别相等，所以所得的多面体是小削棱正方体.

因为小削棱正方体的棱长是原正方体的 $\sqrt{2}-1$，所以 $k=\dfrac{1}{\sqrt{2}-1}=\sqrt{2}+1$. □

类似可得，如图 5.2.14，在正八面体的各面作一个中心与相应面中心重合，边与相应面的边平行并且长度是正八面体棱长的 $\dfrac{3\sqrt{2}-2}{7}$ 的正三角形，所得的顶点就是小削棱正方体的所有顶点，此时 $k=\dfrac{3\sqrt{2}+2}{2}$.

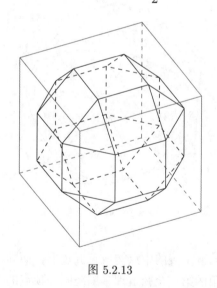

图 5.2.13

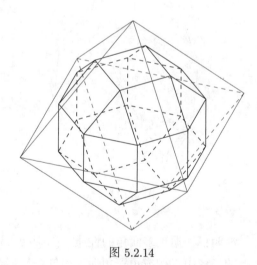

图 5.2.14

（9）小削棱正十二面体

如图 5.2.15，在正十二面体的各面作一个中心与相应面中心重合，边与相应面的边平行并且长度是正十二面体棱长的 $\dfrac{\sqrt{5}+1}{6}$ 的正五边形，所得的顶点就是小削棱正十二面体的所有顶点.

证明： 设正十二面体的二面角的平面角是 θ. 因为靠近正十二面体某两相邻面的相交

棱,但不在正十二面体面上的棱长度是正十二面体棱长的 $\dfrac{1-\dfrac{\sqrt{5}+1}{6}}{2}\times\tan 54°\times 2\times\sin\dfrac{\theta}{2}=\dfrac{\sqrt{5}+1}{6}$,并且由于正十二面体的中心到正五边形的顶点的距离都相等,所以所得的多面体有外接球和内棱切球,因此所得的多面体各面中的四边形都是正四边形,各面中的三角形都是正三角形. 因为相邻两个正多边形的中心与公共棱中点的连线所成的角是这两个正多边形所夹二面角的平面角,正十二面体的中心到同类型的正多边形的距离相等,所以正三角形和相邻的正四边形、正四边形和相邻的正五边形所夹的二面角的平面角分别相等,所以所得的多面体是小削棱正十二面体.

因为小削棱正方体的棱长是原正方体的 $\dfrac{\sqrt{5}+1}{6}$,所以 $k=\dfrac{1}{\dfrac{\sqrt{5}+1}{6}}=\dfrac{3\sqrt{5}-3}{2}$. □

类似可得,如图 5.2.16,在正二十面体的各面作一个中心与相应面中心重合,边与相应面的边平行并且长度是正二十面体棱长的 $\dfrac{3\sqrt{5}+1}{22}$ 的正三角形,所得的顶点就是小削棱正方体的所有顶点,此时 $k=\dfrac{3\sqrt{5}-1}{2}$.

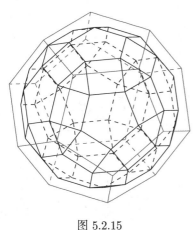

图 5.2.15

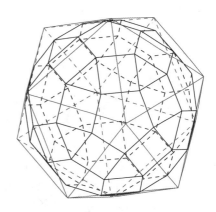

图 5.2.16

(10) 大削棱正方体

如图 5.2.17,在正方体的各面作一个中心与相应面中心重合,相隔一边的边与相应面的边平行并且长度是正方体棱长的 $\dfrac{2\sqrt{2}-1}{7}$ 的正八边形,所得的顶点就是大削棱正方体的所有顶点.

证明: 如图 5.2.18,设 PQ 是正方体的一条棱,其中 $FG\parallel PQ$,$EI\parallel PQ$,$DJ\parallel PQ$,$CH\parallel PQ$,则 $FG=CH$,$EI=DJ$,$GP=HP$,$IP=JP$,所以 $CF\parallel GH$,$DE\parallel IJ$,$GH\parallel AB$,$IJ\parallel AB$,于是得 $AB\parallel CF\parallel DE$. 设点 K 是 AB 的中点,联结 PK,分别与

GH、IJ 相交于点 L、M,平面 PQK 分别与 CF、DE 相交于点 S、T,则

$$\angle KLS = \angle KMT, \quad \frac{KL}{KM} = \frac{FG \cdot \sin 45°}{EI \cdot \sin 45°} = \frac{FG}{EI} = \frac{LS}{MT},$$

所以 $\triangle KLS \backsim \triangle KMT$,于是 $\angle LKS = \angle MKT$,即点 K、S、T 共线,因此点 A、B、C、D、E、F 共面. 其余类似六点同理可证是共面的. 因为靠近正方体某一面和靠近垂直于该面的棱的两顶点连线长度是正方体棱长的

$$\frac{1-\left(\sqrt{2}+1\right) \times \frac{2\sqrt{2}-1}{7}}{2} \times \sqrt{2} = \frac{2\sqrt{2}-1}{7},$$

并且由于正方体的中心到正八边形的顶点的距离都相等,所以所得的多面体有外接球和内棱切球,因此所得多面体各面中的四边形是正四边形,所得多面体各面中的六边形是正六边形. 因为相邻两个正多边形的中心与公共棱中点的连线所成的角是这两个正多边形所夹二面角的平面角,正方体的中心到同类型的正多边形的距离相等,所以正四边形和相邻的正六边边形、正四边形和相邻的正八边形、正六边形和相邻的正八边形所夹的二面角的平面角分别相等,所以所得的多面体是大削棱正方体.

因为大削棱正方体的棱长是原正方体的 $\frac{2\sqrt{2}-1}{7}$,所以 $k = \frac{1}{\frac{2\sqrt{2}-1}{7}} = 2\sqrt{2}+1$. □

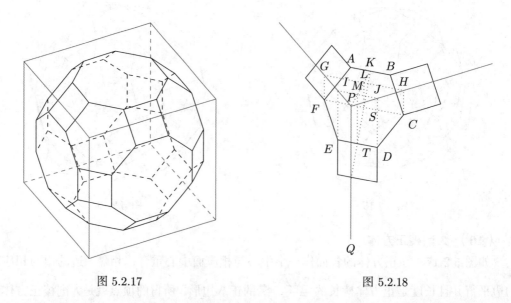

图 5.2.17　　　　　　图 5.2.18

类似的,如图 5.2.19,在正八面体的各面作一个中心与相应面中心重合,相隔一边的边与相应面的边平行并且长度是正八面体棱长的 $\frac{2-\sqrt{2}}{3}$ 的正六边形,所得的顶点就是大削棱正方体的所有顶点,此时 $k = \frac{3\sqrt{2}+6}{2}$.

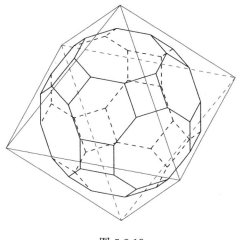

图 5.2.19

（11） 大削棱正十二面体

如图 5.2.20，在正十二面体的各面作一个中心与相应面中心重合，相隔一边的边与相应面的边平行并且长度是正十二面体棱长的 $\dfrac{\sqrt{5}+1}{10}$ 的正十边形，所得的顶点就是大削棱正十二面体的所有顶点.

证明： 如图 5.2.21，PQ 是正方体的一条棱，其中 $FG \parallel PQ$，$EI \parallel PQ$，$DJ \parallel PQ$，$CH \parallel PQ$，则 $FG = CH$，$EI = DJ$，$GP = HP$，$IP = JP$，所以 $CF \parallel GH$，$DE \parallel IJ$，$GH \parallel AB$，$IJ \parallel AB$，于是得 $AB \parallel CF \parallel DE$. 设点 K 是 AB 的中点，联结 PK，分别与 GH、IJ 相交于点 L、M，平面 PQK 分别与 CF、DE 相交于点 S、T，则

$$\angle KLS = \angle KMT, \quad \frac{KL}{KM} = \frac{FG \cdot \sin 36°}{EI \cdot \sin 36°} = \frac{FG}{EI} = \frac{LS}{MT},$$

所以 $\triangle KLS \sim \triangle KMT$，于是 $\angle LKS = \angle MKT$，即点 K、S、T 共线，因此点 A、B、C、D、E、F 共面. 其余类似六点同理可证是共面的. 设正二十面体的二面角的平面角是 θ. 因为靠近正十二面体某两相邻面的相交棱，但不在正十二面体面上的棱长度是正十二面体的

$$\frac{1-\left(\dfrac{\sqrt{5}+1}{10}+2\times\dfrac{\sqrt{5}+1}{10}\times\dfrac{2}{\sqrt{5}+1}\right)}{2}\times\tan 54° \times 2 \times \sin\frac{\theta}{2}$$
$$= \frac{\sqrt{5}+1}{10},$$

并且由于正十二体的中心到正十边形的顶点的距离都相等，所以所得的多面体有外接球和内棱切球，因此所得多面体各面中的四边形是正四边形，所得多面体各面中的六边形是正六边形. 因为相邻两个正多边形的中心与公共棱中点的连线所成的角是这两个正多边形所夹二面角的平面角，正十二面体的中心到同类型的正多边形的距离相等，所以正四边形和

相邻的正六边边形、正四边形和相邻的正十边形、正六边形和相邻的正十边形所夹的二面角的平面角分别相等，所以所得的多面体是大削棱正十二面体．

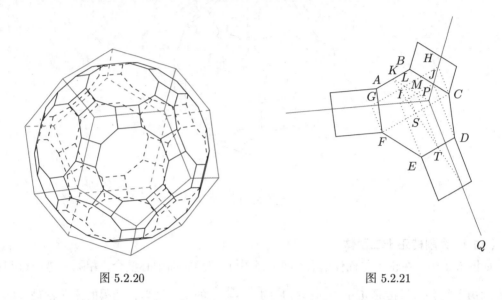

图 5.2.20　　　　　　　　　　　图 5.2.21

因为大削棱正方体的棱长是原正方体的 $\dfrac{\sqrt{5}+1}{10}$，所以

$$k = \dfrac{1}{\dfrac{\sqrt{5}+1}{10}} = \dfrac{5\sqrt{5}-5}{2}.$$

□

类似的，如图 5.2.22，在正二十面体的各面作一个中心与相应面中心重合，相隔一边的边与相应面的边平行并且长度是正二十面体棱长的 $\dfrac{\sqrt{5}-1}{6}$ 的正六边形，所得的顶点就是大削棱正十二面体的所有顶点，此时 $k = \dfrac{3\sqrt{5}+3}{2}$．

（12）扭棱正方体

引理 5.2.2. 正 n 边形 $A_1 A_2 \ldots A_n$ 里取 n 个点 P_1、P_2、$\ldots$、P_n，点 P_1、P_2、$\ldots$、P_n 分别到边 $A_n A_1$、$A_1 A_2$、$\ldots$、$A_{n-1} A_n$ 的距离都相等，点 P_1、P_2、$\ldots$、P_n 分别到边 $A_1 A_2$、$A_2 A_3$、$\ldots$、$A_n A_1$ 的距离都相等，那么 n 边形 $P_1 P_2 \ldots P_n$ 是正 n 边形，并且两个正 n 边形的中心重合．

证明： 如图 5.2.23，设正 n 边形 $A_1 A_2 \ldots A_n$ 的中心是 O，点 P_1、P_2、$\ldots$、P_n 到边 $A_n A_1$、$A_1 A_2$、$\ldots$、$A_{n-1} A_n$ 垂线的垂足分别是 X_1、X_2、$\ldots$、X_n，点 P_1、P_2、$\ldots$、P_n 到边 $A_1 A_2$、$A_2 A_3$、$\ldots$、$A_n A_1$ 垂线的垂足分别是 Y_1、Y_2、$\ldots$、Y_n，则四边形 $A_1 X_1 P_1 Y_1$、$A_2 X_2 P_2 Y_2$、$\ldots$、$A_n X_n P_n Y_n$ 全等且都有外接圆，并且直径分别是 $A_1 P_1$、$A_2 P_2$、$\ldots$、$A_n P_n$．联结 $A_1 O$、$A_2 O$、$P_1 O$、$P_2 O$、$A_1 P_1$、$A_2 P_2$，则 $A_1 O = A_2 O$，$\angle P_1 A_1 O = \angle P_2 A_2 O$，$A_1 P_1 = A_2 P_2$，

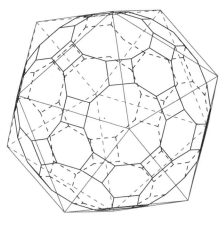

图 5.2.22

所以 $\triangle P_1A_1O \cong \triangle P_2A_2O$,所以 $P_1O = P_2O$,$\angle P_1OA_1 = \angle P_2OA_2$,由此得 $\angle P_1OP_2 = \angle A_1OA_2$,所以 n 边形 $P_1P_2\ldots P_n$ 也是正 n 边形. $\square$

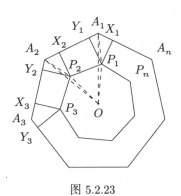

图 5.2.23

如图 5.2.24,当正方体的每个外表面正朝向自己时,则里面含有一个如图 5.2.25 所示的四边形,其中 d_1、d_2 是各顶点到对应边的距离,如果如图 5.2.24 所示的三角形是正三角形,那么前面所有四边形的顶点就是扭棱正方体的所有顶点.

证明: 根据引理 5.2.2,所得的四边形是正方形,并且其中心与正方体所在面的正方形的中心重合,并且正方体的中心到各面的距离相等,所以所得的多面体有外接球. 因为图 5.2.24 中的三角形都是正三角形,所以所得的多面体有内棱切球. 因为相邻两个正多边形的中心与公共棱中点的连线所成的角是这两个正多边形所夹二面角的平面角,正方体的中心到同类型的正多边形的距离相等,所以正三角形和相邻的正方形、两相邻的正三角形所夹的二面角的平面角分别相等,所以所得的多面体是扭棱正方体. $\square$

下面来确定 d_1、d_2. 设扭棱正方体的棱长是 1,并且 $d_1 \leqslant d_2$. 根据正三角形的边长,

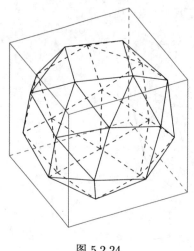
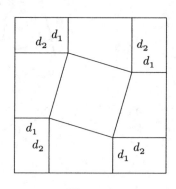

图 5.2.24　　　　　　　　　图 5.2.25

列出以下方程组：

$$\begin{cases} d_1^2 + d_2^2 + (d_2 - d_1)^2 = 1, & (5.2.1) \\ 2d_1^2 + \left(\sqrt{1 - (d_2 - d_1)^2} - (d_2 - d_1)\right)^2 = 1, & (5.2.2) \end{cases}$$

把 (5.2.2) 的平方项展开，把根号移至右边，把 1 移至左边，然后两边平方后化简方程，得

$$d_1^4 + (d_2 - d_1)^4 - (d_2 - d_1)^2 = 0. \tag{5.2.3}$$

由 (5.2.1) 得

$$(d_2 - d_1)^2 = 1 - d_1^2 - d_2^2,$$

把上式代入 (5.2.3)，得

$$2d_1^4 + 2d_1^2 d_2^2 + d_2^4 - d_1^2 - d_2^2 = 0. \tag{5.2.4}$$

展开 (5.2.1) 的平方项，得

$$2(d_1^2 + d_2^2) = 2d_1 d_2 + 1. \tag{5.2.5}$$

(5.2.4) 式乘以 2，然后进行下列运算

$$4d_1^4 + 8d_1^2 d_2^2 + 4d_2^4 - 4d_1^2 d_2^2 - 2d_2^4 - 2d_1^2 - 2d_2^2 = 4(d_1^2 + d_2^2)^2 - 4d_1^2 d_2^2 - 2d_2^4 - 2d_1^2 - 2d_2^2.$$

把 (5.2.5) 右边代入上式，然后化简，得

$$4d_1 d_2 - 2d_2^4 - 2d_1^2 - 2d_2^2 + 1 = 0.$$

再从 (5.2.5) 得

$$d_1 d_2 = d_1^2 + d_2^2 - \frac{1}{2}, \tag{5.2.6}$$

代入上式，得
$$2d_1^2 + 2d_2^2 - 2d_2^4 - 1 = 0, \tag{5.2.7}$$

由此解出
$$d_1^2 = d_2^4 - d_2^2 + \frac{1}{2}. \tag{5.2.8}$$

把 (5.2.5) 右边的 1 移到方程左边，然后两边平方，得
$$4d_1^2 d_2^2 = (1 - 2d_1^2 - 2d_2^2)^2.$$

由 (5.2.6) 和 (5.2.7) 得
$$4d_2^2 \left(d_2^4 - d_2^2 + \frac{1}{2}\right) = (1 - 2d_2^4 - 1)^2,$$

由于 $d_2 \neq 0$，进一步化简，得
$$d_2^6 - d_2^4 + d_2^2 - \frac{1}{2} = 0,$$

解上面的方程，得到 d_2 唯一符合条件的解：设 $P = 2 - \sqrt[3]{2(-13 + 3\sqrt{33})} + \sqrt[3]{2(13 + 3\sqrt{33})}$，$Q = -1 - \sqrt[3]{-17 + 3\sqrt{33}} + \sqrt[3]{17 + 3\sqrt{33}}$，则
$$d_2 = \sqrt{\frac{P}{6}} \approx 0.80485953511220974134.$$

再将上值代入 (5.2.8)，得到
$$d_1 = \sqrt{\frac{Q}{6}} \approx 0.52138709836937678179.$$

如果交换 d_1、d_2 的数值同样可以得到扭棱正方体．

利用 (5.2.2) 的关系，得到对应正方体的棱长
$$d_1 + d_2 + \sqrt{1 - (d_2 - d_1)^2} = \sqrt{\frac{4 + \sqrt[3]{199 + 3\sqrt{33}} + \sqrt[3]{199 - 3\sqrt{33}}}{3}}$$
$$\approx 2.2852270178519241870,$$

所以
$$k = \sqrt{\frac{4 + \sqrt[3]{199 + 3\sqrt{33}} + \sqrt[3]{199 - 3\sqrt{33}}}{3}} \approx 2.2852270178519241870.$$

类似可得，如图 5.2.26，当正八面体的每个外表面正朝向自己的时候，则里面含有一个如图 5.2.27 所示的三角形，其中 d_1、d_2 是各顶点到对应边的距离，如果如图 5.2.26 所示的其他三角形是正三角形，那么前面所有三角形的顶点就是扭棱正方体的所有顶点．此时
$$d_1 = \frac{1}{4}\sqrt{2\left(4 + \sqrt[3]{P} - \sqrt[3]{Q}\right)} \approx 0.41366244722052225998,$$

$$d_2 = \frac{1}{4}\sqrt{2\left(2 + \sqrt[3]{Q} - \sqrt[3]{P}\right)} \approx 0.76084386030218357515,$$

以及

$$k = \sqrt{3}(d_1 + d_2) + \sqrt{1 - (d_2 - d_1)^2}$$

$$= \sqrt{\frac{6 + \sqrt[3]{199 + 3\sqrt{33}} + \sqrt[3]{199 - 3\sqrt{33}}}{2}} \approx 2.9721025865001022774,$$

其中 $P = -17 + 3\sqrt{33}$，$Q = 17 + 3\sqrt{33}$. 交换 d_1、d_2 的数值同样可以得到扭棱正方体.

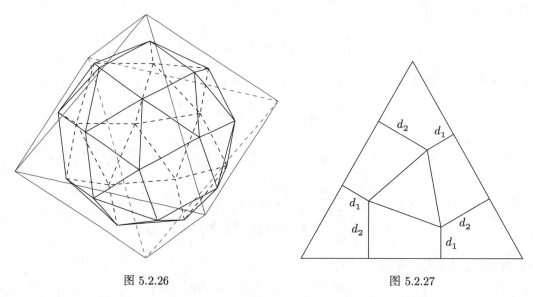

图 5.2.26　　　　　　　　　　　　图 5.2.27

（13）扭棱正十二面体

如图 5.2.28，当正二十面体的每个外表面正朝向自己时，则里面含有一个如图 5.2.29 所示的三角形，其中 d_1、d_2 是各顶点到对应边的距离，如果如图 5.2.28 所示的其他三角形是正三角形，那么前面所有三角形的顶点就是扭棱正十二面体的所有顶点.

证明：根据引理 5.2.2，所得的三角形是正三角形，并且其中心与正二十面体所在面的正三角形的中心重合，并且正二十面体的中心到各面的距离相等，所以所得的多面体有外接球. 因为靠近正二十面体每顶点的上述三角形五个顶点在平行于正二十面体每顶点的正二十面体的五个顶点所在的平面内，所以靠近正二十面体每顶点的上述三角形五个顶点共面，再根据引理 5.2.2，上述五点构成的五边形是正五边形. 因为图 5.2.28 中的其他三角形都是正三角形，所以所得的多面体有内棱切球. 因为相邻两个正多边形的中心与公共棱中点的连线所成的角是这两个正多边形所夹二面角的平面角，正二十面体的中心到同类型的正多边形的距离相等，所以正三角形和相邻的正五边形、两相邻的正三角形所夹的二面角的平面角分别相等，所以所得的多面体是扭棱正十二面体. □

下面来确定 d_1、d_2.

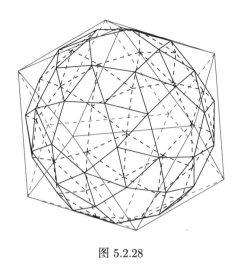 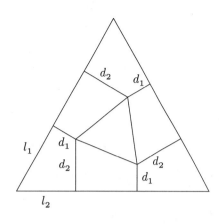

图 5.2.28 　　　　　　　　　　　图 5.2.29

设扭棱正十二面体的棱长是 1，$d_1 \leqslant d_2$，计算出以下量

$$l_1 = (d_1 + d_2 \sec 60°) \cot 60° = \frac{d_1 + 2d_2}{\sqrt{3}},$$

$$l_2 = (d_1 \sec 60° + d_2) \cot 60° = \frac{2d_1 + d_2}{\sqrt{3}},$$

以及

$$l = l_1 - l_2 = \frac{d_2 - d_1}{\sqrt{3}},$$

根据正三角形的边长，以及正二十面体的每个二面角 θ 的余弦 $\cos\theta = -\frac{\sqrt{5}}{3}$，得

$$d_1^2 + d_2^2 - 2d_1 d_2 \cos\theta + l^2 = d_1^2 + d_2^2 + \frac{2\sqrt{5}}{3} d_1 d_2 + l^2,$$

以及

$$2d_1^2(1-\cos\theta) + \left(\sqrt{1-(d_2-d_1)^2}-l\right)^2 = 2\left(1+\frac{\sqrt{5}}{3}\right)d_1^2 + \left(\sqrt{1-(d_2-d_1)^2}-l\right)^2,$$

列出以下方程组：

$$\begin{cases} d_1^2 + d_2^2 + \dfrac{2\sqrt{5}}{3} d_1 d_2 + l^2 = 1, & (5.2.9) \\ 2\left(1+\dfrac{\sqrt{5}}{3}\right)d_1^2 + \left(\sqrt{1-(d_2-d_1)^2}-l\right)^2 = 1. & (5.2.10) \end{cases}$$

(5.2.9) 化简，得

$$4d_1^2 + 2(\sqrt{5}-1)d_1 d_2 + 4d_2^2 - 3 = 0. \tag{5.2.11}$$

由于 (5.2.9) 和 (5.2.10) 的左边都相等，于是得

$$d_1^2 + d_2^2 + \frac{2\sqrt{5}}{3}d_1d_2 + l^2 = 2\left(1 + \frac{\sqrt{5}}{3}\right)d_1^2 + \left(\sqrt{1-(d_2-d_1)^2} - l\right)^2,$$

从中解出 l，得

$$l = \frac{\frac{2\sqrt{5}}{3}d_1^2 + 2\left(1 - \frac{\sqrt{5}}{3}\right)d_1d_2 - 2d_2^2 + 1}{\sqrt{1-(d_2-d_1)^2}},$$

把上面的值代入 (5.2.9)，并且化简方程，得

$$16d_1^4 - 32d_1^3d_2 + 16d_1^2d_2^2 - 12(6+\sqrt{5})d_1^2 + 12(3-\sqrt{5})d_1d_2 - 36d_2^2 + 27 = 0. \quad (5.2.12)$$

由 (5.2.12) 得

$$d_1d_2 = \frac{3 - 4d_1^2 - 4d_2^2}{2(\sqrt{5}-1)},$$

并替换 (5.2.12) 中的 $d_1^3d_2$ 和 d_1d_2 项分解出的 d_1d_2 项，然后化简方程，得

$$16d_1^4 + 16d_1^2d_2^2 - 36d_1^2 - 12d_2^2 + 9 = 0. \quad (5.2.13)$$

从 (5.2.13) 解出

$$d_2^2 = \frac{16d_1^4 - 36d_1^2 + 9}{4(3-4d_1^2)}. \quad (5.2.14)$$

把 $4d_1^2 + 2(\sqrt{5}-1)d_1d_2 + 4d_2^2 - 3 = 0$ 变为

$$2(\sqrt{5}-1)d_1d_2 = 3 - 4d_1^2 - 4d_2^2,$$

然后两边平方，得

$$16d_1^4 + 8(1+\sqrt{5})d_1^2d_2^2 + 16d_2^4 - 24d_1^2 - 24d_2^2 + 9 = 0.$$

把 (5.2.12) 代入上式，并且两边乘以 $(3-4d_1d_2)^2$，化简后得

$$d_1^2\left(64(3-\sqrt{5})d_1^6 - 192(3-\sqrt{5})d_1^4 + 72(7-2\sqrt{5})d_1^2 - 27(3-\sqrt{5})\right) = 0.$$

由于 $d_1 \neq 0$，进一步化简，得到

$$64(3-\sqrt{5})d_1^6 - 192(3-\sqrt{5})d_1^4 + 72(7-2\sqrt{5})d_1^2 - 27(3-\sqrt{5}) = 0. \quad (5.2.15)$$

解方程 (5.2.15)，得到 d_1 符合条件的唯一的解：令

$$P_1 = -86 - 36\sqrt{5} + 6\sqrt{3(131+60\sqrt{5})},$$

$$Q_1 = 86 + 36\sqrt{5} + 6\sqrt{3(131+60\sqrt{5})},$$

则
$$d_1 = \frac{1}{4}\sqrt{16 + 2\sqrt[3]{2P_1} - 2\sqrt[3]{2Q_1}} \approx 0.35423979478186617487,$$
再把上值代入 (5.2.14),得到
$$d_2 = \frac{1}{4}\sqrt{10 - 2\sqrt{5} + 2\sqrt[3]{4P_2} - 2\sqrt[3]{4Q_2}} \approx 0.68834150330467753292,$$
其中
$$P_2 = 23 - 2\sqrt{5} + 3\sqrt{3(131 + 60\sqrt{5})},$$
$$Q_2 = -23 + 2\sqrt{5} + 3\sqrt{3(131 + 60\sqrt{5})}.$$
因此得到 d_1、d_2 唯一的解
$$\begin{cases} d_1 = \dfrac{1}{4}\sqrt{16 + 2\sqrt[3]{2P_1} - 2\sqrt[3]{2Q_1}} \approx 0.35423979478186617487, \\ d_2 = \dfrac{1}{4}\sqrt{10 - 2\sqrt{5} + 2\sqrt[3]{4P_2} - 2\sqrt[3]{4Q_2}} \approx 0.68834150330467753292. \end{cases}$$
如果交换 d_1、d_2 的数值同样可以得到扭棱正十二面体.

由此得到对应正二十面体的棱长
$$l_1 + l_2 + \sqrt{1 - (d_2 - d_1)^2} = \frac{1}{4}\sqrt{2(5 - \sqrt{5} + \sqrt[3]{4P} - \sqrt[3]{4Q})} \approx 2.7483408068884900247,$$
所以
$$k = \frac{1}{4}\sqrt{2(5 - \sqrt{5} + \sqrt[3]{4P} - \sqrt[3]{4Q})} \approx 2.7483408068884900247.$$
其中 $P = 23 - 2\sqrt{5} + \sqrt{3537 + 1620\sqrt{5}}$, $Q = -23 + 2\sqrt{5} + \sqrt{3537 + 1620\sqrt{5}}$.

类似的,如图 5.2.30,当正十二面体的每个外表面正朝向自己的时候,则里面含有一个如图 5.2.31 所示的五边形,其中 d_1、d_2 是各顶点到对应边的距离,如果如图 5.2.30 所示的其他三角形是正三角形,那么前面所有五边形的顶点就是扭棱正十二面体的所有顶点. 此时
$$d_2 = \frac{1}{12}\sqrt{6(10 - 4\sqrt{5} + \sqrt[3]{10P_1} - \sqrt[3]{10Q_1})} \approx 0.66738944334485788557,$$
$$d_1 = \frac{1}{12}\sqrt{6(-5 - 7\sqrt{5} + \sqrt[3]{20P_2} - \sqrt[3]{20Q_2})} \approx 0.44062928575910221364,$$
以及
$$k = \sqrt{5 - 2\sqrt{5}}(d_1 + d_2) + \sqrt{1 - (d_1 - d_2)^2}$$
$$= \sqrt{\frac{61 - 25\sqrt{5} + \sqrt[3]{20P} + \sqrt[3]{20Q}}{6}} \approx 1.7789733591643951113,$$

其中

$$P_1 = 565 + 289\sqrt{5} + 3\sqrt{373710 + 167130\sqrt{5}},$$
$$Q_1 = -565 - 289\sqrt{5} + 3\sqrt{373710 + 167130\sqrt{5}},$$
$$P_2 = 395 + 176\sqrt{5} + 3\sqrt{35685 + 15960\sqrt{5}},$$
$$Q_2 = -395 - 176\sqrt{5} + 3\sqrt{35685 + 15960\sqrt{5}},$$
$$P = 3950 - 1759\sqrt{5} - 3\sqrt{15(-164029 + 73356\sqrt{5})},$$
$$Q = 3950 - 1759\sqrt{5} + 3\sqrt{15(-164029 + 73356\sqrt{5})}.$$

交换 d_1、d_2 的数值同样可以得到扭棱正十二面体.

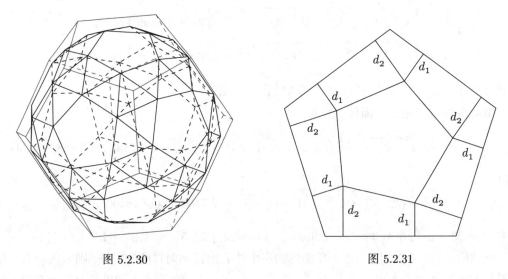

图 5.2.30　　　　　　　　　　　　图 5.2.31

总结

由正多面体构造 Archimedes 多面体的方法有五大种：

截顶法：截取正多面体的各个角，使原来的多面体各面的正多边形变为边数两倍的正多边形；

截半法：取正多面体的各棱的中点；

小削棱法：在正多面体的各面作一个中心与相应面中心重合，边与相应面的边平行，大小适当的正多边形；

大削棱法：在正多面体的各面作一个中心与相应面中心重合，相隔一边的边与相应面的边平行，边数是正多面体各面边数两倍、大小适当的正多边形；

扭棱法：在正多面体的各面作一个中心与相应面中心重合，边与相应面的边不平行，大小适当的正多边形.

其中正四面体用截半法得到的是其内容正八面体，这在正多面体的互容性里有讨论；正四面体用小削棱法实质就是将其内容正八面体进行截半构造，此时 $k = 4$；正四面体用大削棱法实质就是将其内容正八面体进行截顶构造，此时 $k = 6$；正四面体用扭棱法得到的是其内容正八面体，这在正多面体的互容性里有讨论.

截顶法、截半法、小削棱法、大削棱法得到的 Archimedes 多面体是中心对称的，而扭棱法得到的 Archimedes 多面体并不具有中心对称性.

定义 5.2.4. 图 5.2.25、图 5.2.31 中如果 $d_1 > d_2$，图 5.2.29、图 5.2.31 中如果 $d_1 < d_2$，则称扭棱正方体、扭棱正十二面体是右旋的；图 5.2.25、图 5.2.31 中如果 $d_1 < d_2$，图 5.2.29、图 5.2.31 中如果 $d_1 > d_2$，则称扭棱正方体、扭棱正十二面体是左旋的.

图 5.2.32、5.2.33 两个 Archimedes 多面体是左右旋的，图 5.2.34、5.2.35 两个 Archimedes 多面体是左旋的. 扭棱法构造的 Archimedes 多面体相当于把正多面体扭棱构造法中每个外表面正朝向自己的时候内正多边形都向同一旋转方向扭转一个小的适当角度得到的. 如果直接从 Archimedes 多面体判别右（左）旋，如图 5.2.36、5.2.37、5.2.38、5.2.39，选定扭棱正方体或扭棱正十二面体的其中一个正方形面或正五边形面，然后选择与这个正方形面或正五边形面相距最近的正方形面或正五边形面，再选取夹这些正方形面或正五边形面且与这些正方形面或正五边形面有公共边的正三角形面，所有选取的正方形面或正五边形面及正三角形面形成右（左）手法则，即逆（顺）时针方向旋转，则这个 Archimedes 多面体是右（左）旋的.

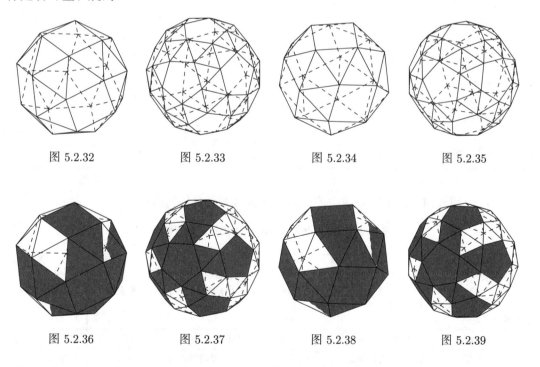

图 5.2.32　　　图 5.2.33　　　图 5.2.34　　　图 5.2.35

图 5.2.36　　　图 5.2.37　　　图 5.2.38　　　图 5.2.39

表 5.2.4 列出半正多面体构造 Archimedes 多面体的结果，表 5.2.5、表 5.2.6 分别列出

了外多面体与内多面体棱长比精确值和近似值，表 5.2.7、表 5.2.8、表 5.2.9、表 5.2.10、表 5.2.11 分别列出各种构造法的直观图.

表 5.2.4 半正多面体构造 Archimedes 多面体

构造结果 \ 构造法 \ 正多面体	截顶法	截半法	小削棱法	大削棱法	扭棱法
正四面体	截顶正四面体	正八面体	截半正方体	截顶正八面体	正二十面体
正方体	截顶正方体	截半正方体	小削棱正方体	大削棱正方体	扭棱正方体
正八面体	截顶正八面体	截半正方体	小削棱正方体	大削棱正方体	扭棱正方体
正十二面体	截顶正十二面体	截半正十二面体	小削棱正十二面体	大削棱正十二面体	扭棱正十二面体
正二十面体	截顶正二十面体	截半正十二面体	小削棱正十二面体	大削棱正十二面体	扭棱正十二面体

表 5.2.5 外多面体与内多面体棱长比的精确值

比值 \ 构造法 \ 正多面体	截顶法	截半法	小削棱法	大削棱法	扭棱法
正四面体	3	2	4	6	$\dfrac{3\sqrt{2}+\sqrt{10}}{2}$
正方体	$\sqrt{2}+1$	$\sqrt{2}$	$\sqrt{2}+1$	$2\sqrt{2}+1$	
正八面体	3	2	$\dfrac{3\sqrt{2}+2}{2}$	$\dfrac{3\sqrt{2}+6}{2}$	
正十二面体	$\sqrt{5}$	$\sqrt{5}-1$	$\dfrac{3\sqrt{5}-3}{2}$	$\dfrac{5\sqrt{5}-5}{2}$	
正二十面体	3	2	$\dfrac{3\sqrt{5}-1}{2}$	$\dfrac{3\sqrt{5}+3}{2}$	

表 5.2.5 扭棱构造法中除正四面体外的精确值可参考具体构造法.

表 5.2.6 外多面体与内多面体棱长比的近似值

比值 \ 构造法 \ 正多面体	截顶法	截半法	小削棱法	大削棱法	扭棱法
正四面体	3.000000000	2.000000000	4.000000000	6.000000000	3.702459174
正方体	2.414213562	1.414213562	2.414213562	3.828427125	2.285227018

表 5.2.6 （续）

比值 \ 构造法 正多面体	截顶法	截半法	小削棱法	大削棱法	扭棱法
正八面体	3.000000000	2.000000000	3.121320344	5.121320344	2.972102587
正十二面体	2.236067977	1.236067977	1.854101966	3.090169944	1.778973359
正二十面体	3.000000000	2.000000000	2.854101966	4.854101966	2.748340807

表 5.2.7 截顶构造法的直观图

正多面体	直观图
正四面体	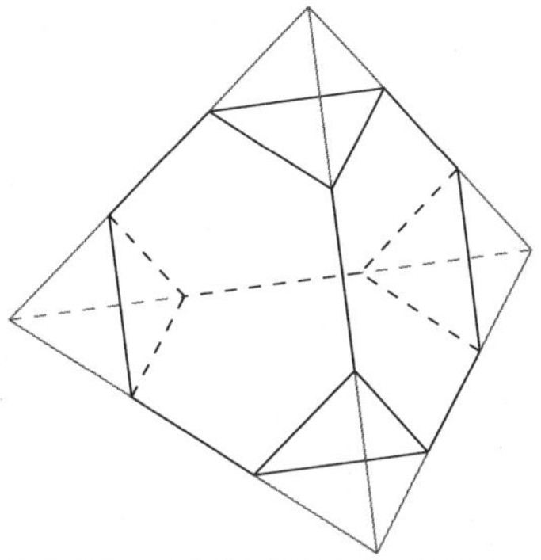
正方体	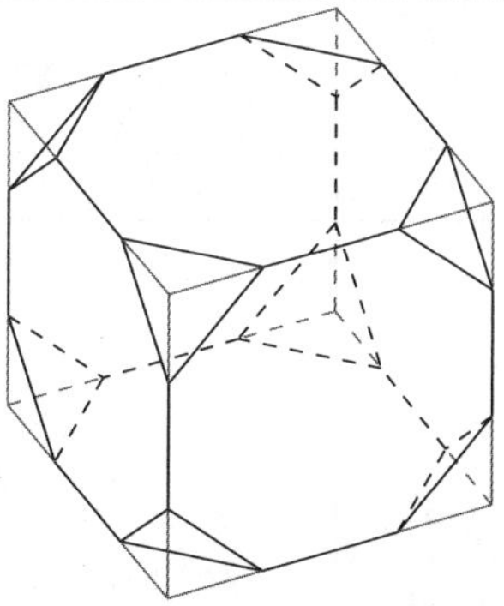
正八面体	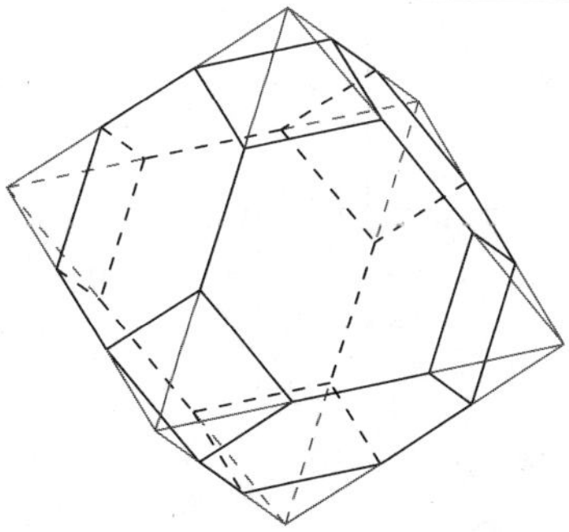

表 5.2.7 （续）

正多面体	直观图
正十二面体	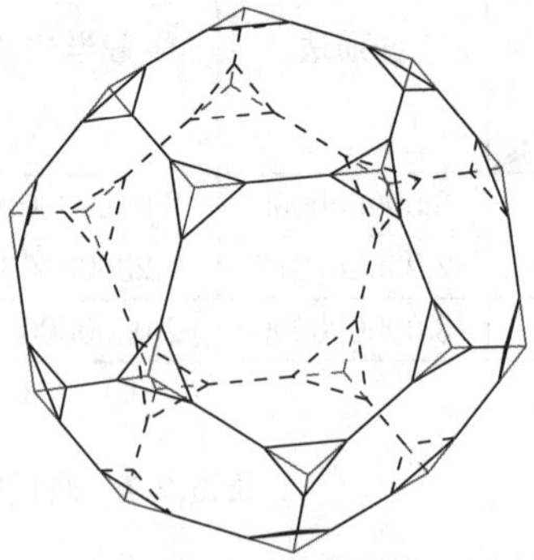
正二十面体	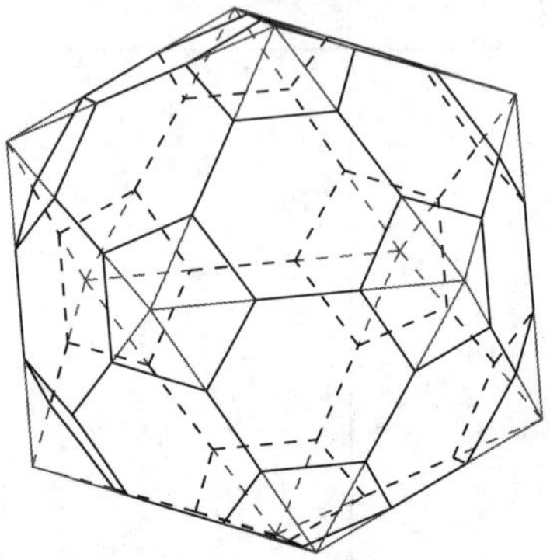

表 5.2.8 截半构造法的直观图

正多面体	直观图
正四面体	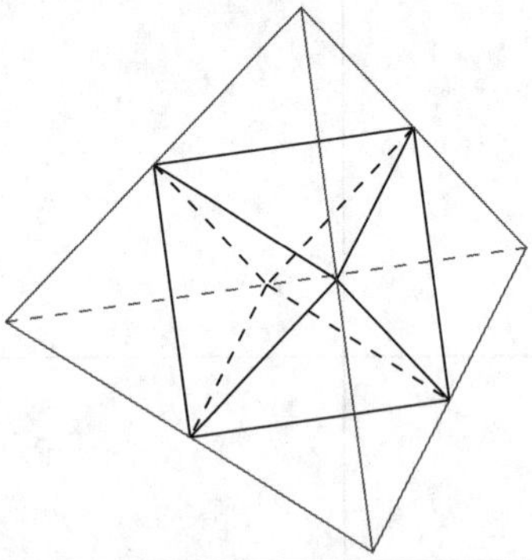

表 5.2.8 （续）

正多面体	直观图
正方体	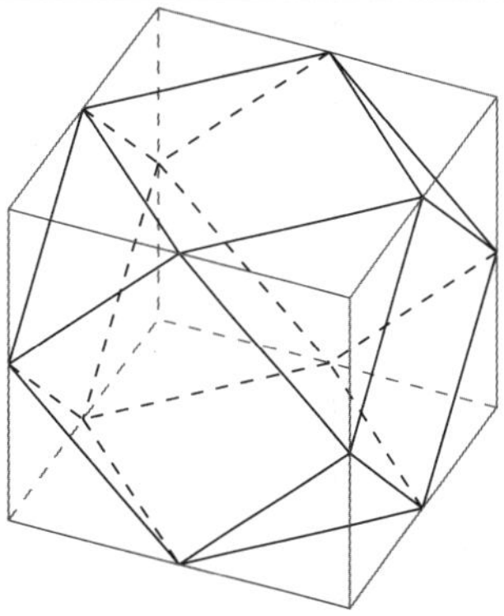
正八面体	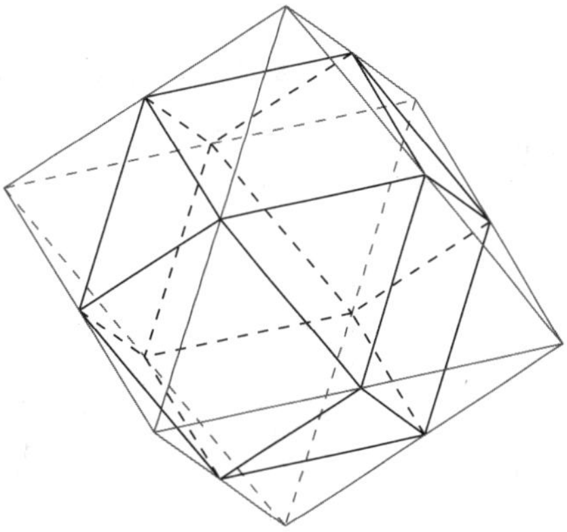
正十二面体	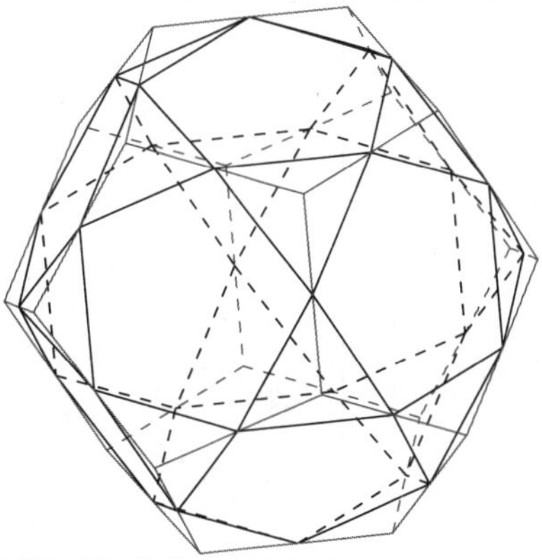

表 5.2.8 （续）

正多面体	直观图
正二十面体	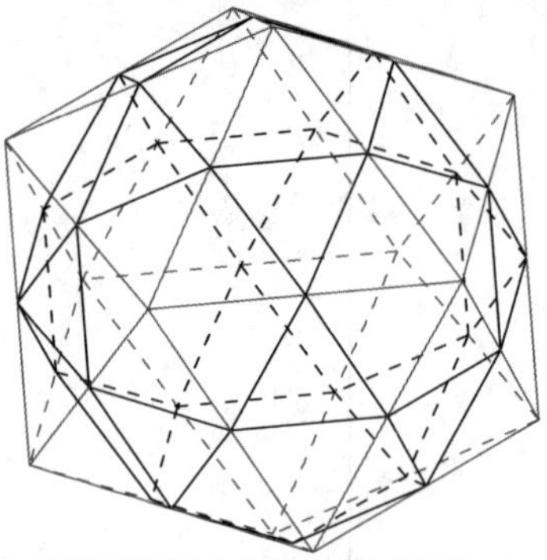

表 5.2.9 小削棱构造法的直观图

正多面体	直观图
正四面体	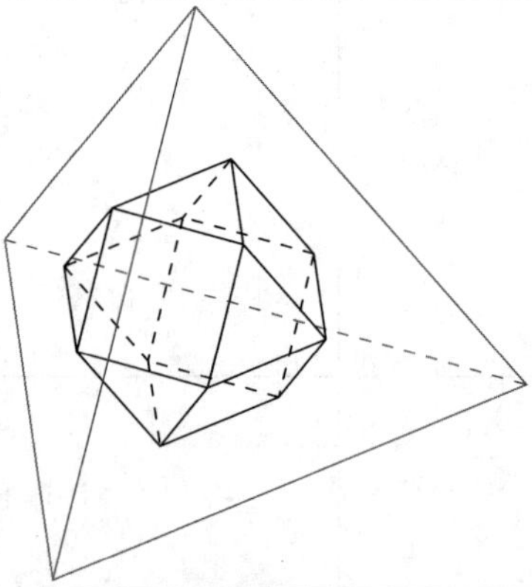
正方体	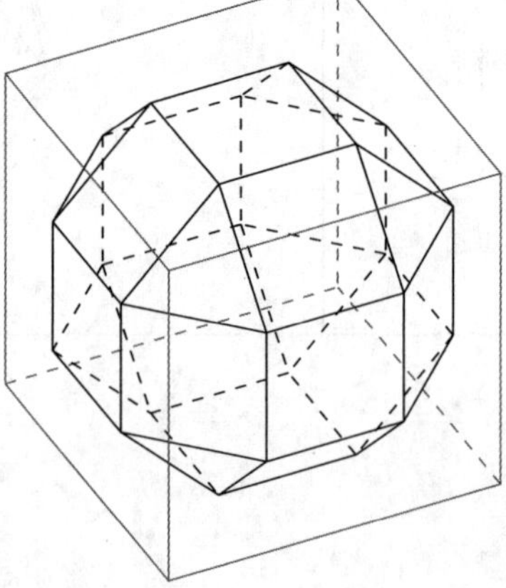

表 5.2.9 （续）

正多面体	直观图
正八面体	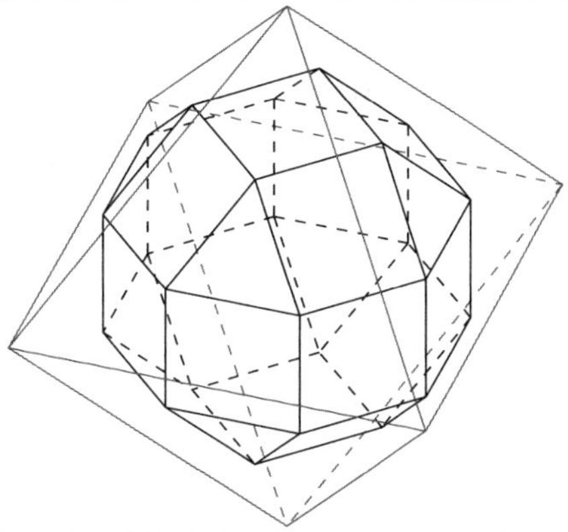
正十二面体	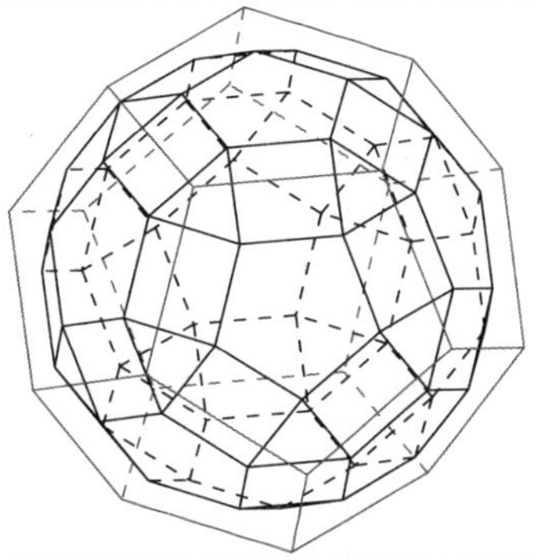
正二十面体	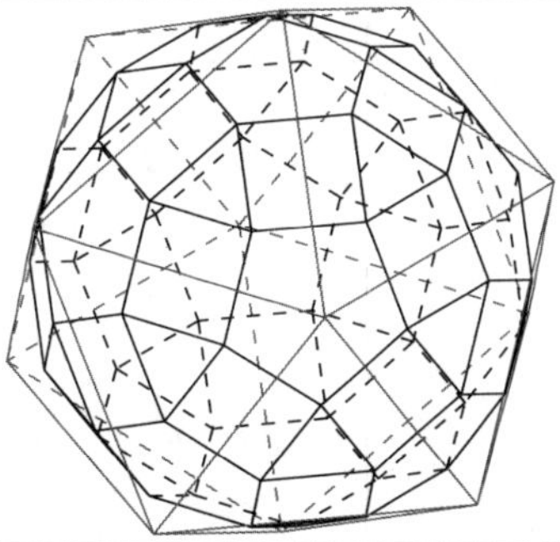

表 5.2.10 大削棱构造法的直观图

正多面体	直观图
正四面体	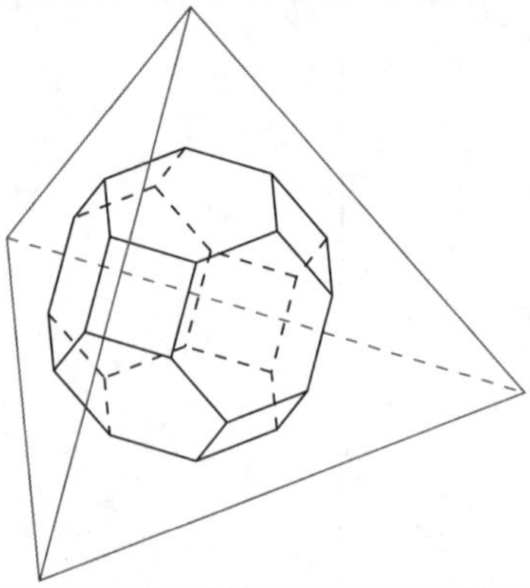
正方体	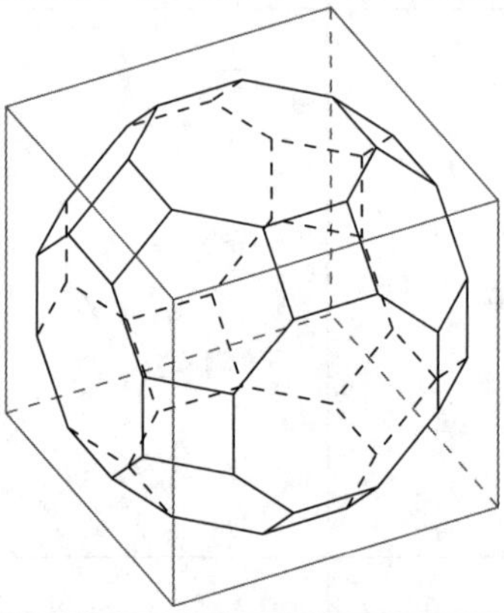
正八面体	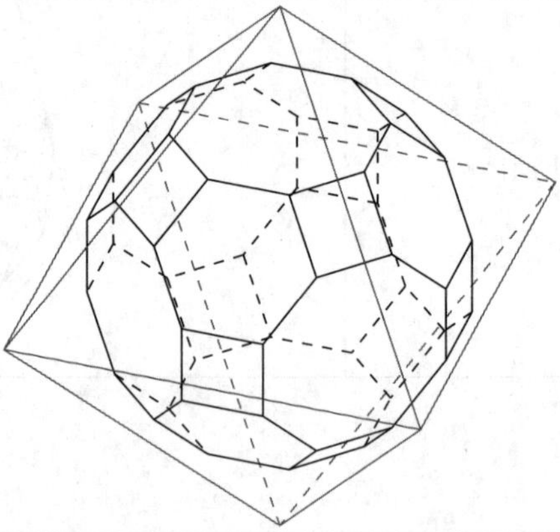

表 5.2.10 （续）

正多面体	直观图
正十二面体	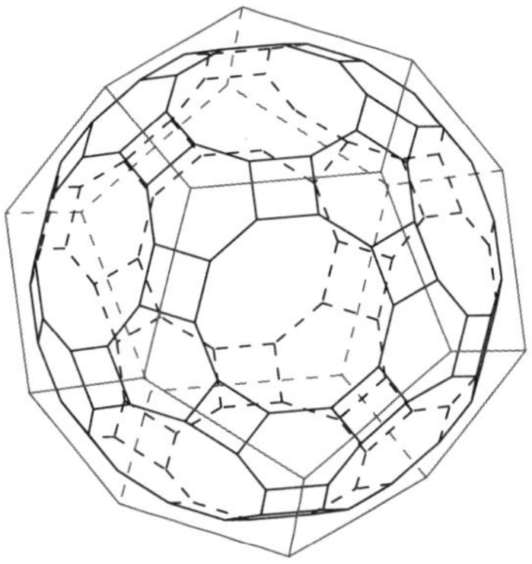
正二十面体	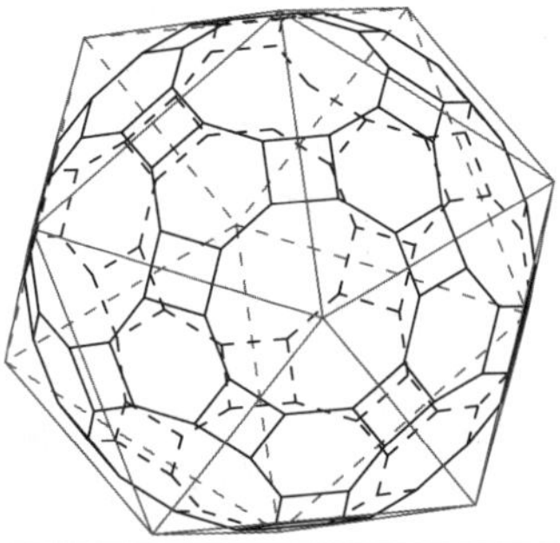

表 5.2.11　扭棱构造法的直观图

正多面体	直观图
正四面体	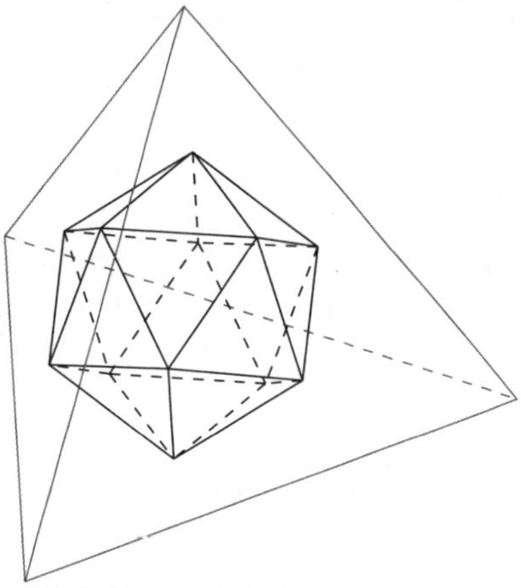

表 5.2.11 （续）

正多面体	直观图
正方体	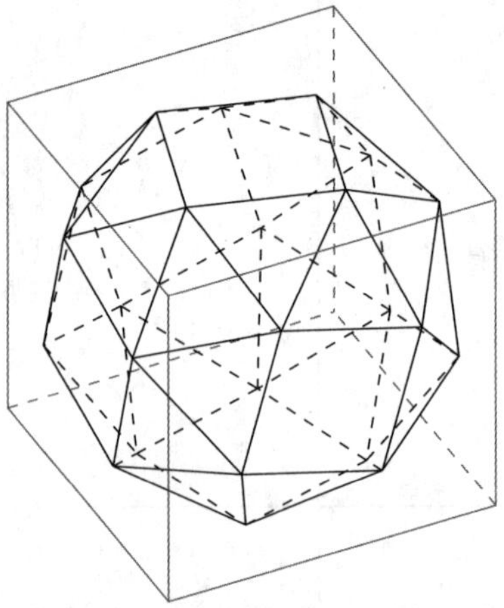
正八面体	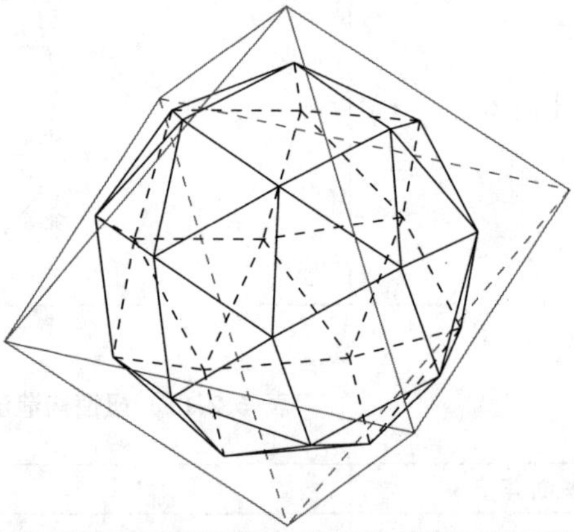
正十二面体	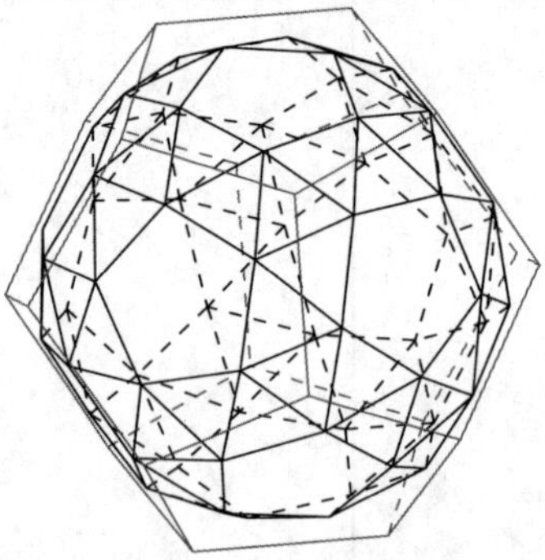

表 5.2.11 （续）

正多面体	直观图
正二十面体	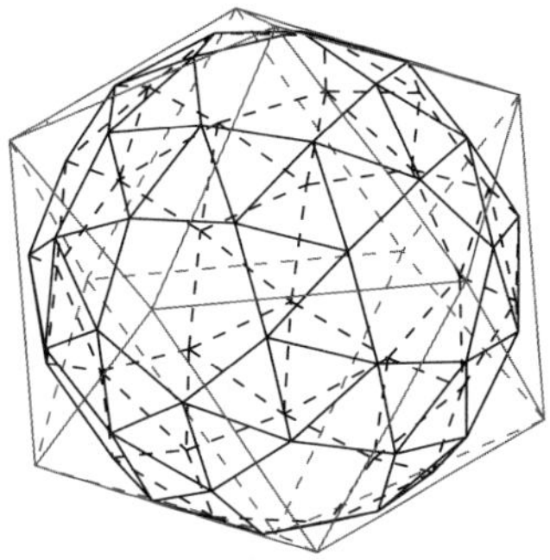

Archimedes 多面体几何量的计算

下面来讨论 Archimedes 多面体几何量的计算方法.

例 5.2.1. 求棱长是 1 的 Archimedes 多面体的相邻的正 m 边形和正 n 边形所夹二面角的平面角 $\theta_{m,n}$ 或其余弦值，全面积 S，体积 V，中心到正 n 边形的距离 r_n，外接球的半径 R，内棱切球的半径 ρ.

解： 分如下情形：

（1）截顶正四面体

构造截顶正四面体的正四面体的棱长是 3. 那么截顶正四面体中心到各正六边形的距离是
$$r_6 = 3 \times \frac{\sqrt{6}}{12} = \frac{\sqrt{6}}{4},$$
于是截顶正四面体的外接球和棱切球的半径 R 和 ρ 就是
$$R = \sqrt{r_6^2 + 1^2} = \frac{\sqrt{22}}{4}, \quad \rho = \sqrt{r_6^2 + \left(\frac{\sqrt{3}}{2}\right)^2} = \frac{3\sqrt{2}}{4}.$$
截顶正四面体的中心到各正三角形的中心的距离是
$$r_3 = \sqrt{\rho^2 - \left(\frac{\sqrt{3}}{6}\right)^2} = \frac{5\sqrt{6}}{12}.$$
截顶正四面体的全面积是
$$S = 4 \times 6 \times \frac{1}{2} \times 1 \times \frac{\sqrt{3}}{2} + 4 \times \frac{1}{2} \times 1 \times \frac{\sqrt{3}}{2} = 7\sqrt{3}.$$
截顶正四面体的体积是
$$V = 4 \times \frac{1}{3} \times 6 \times \frac{1}{2} \times 1 \times \frac{\sqrt{3}}{2} \cdot r_6 + 4 \times \frac{1}{3} \times \frac{1}{2} \times 1 \times \frac{\sqrt{3}}{2} \cdot r_3 = \frac{23\sqrt{2}}{12}.$$

截顶正四面体的两个正六边形之间的二面角的余弦是
$$\cos\alpha_{6,6} = \frac{1}{3}.$$

截顶正四面体的正三角形和正六边形之间的二面角的余弦是
$$\cos\alpha_{3,6} = -\cos\alpha_{6,6} = -\frac{1}{3}.$$

（2）截顶正方体

构造截顶正方体的正方体的棱长是 $1+\sqrt{2}$. 那么截顶正方体中心到各正八边形的距离是
$$r_8 = \left(1+\sqrt{2}\right)\times\frac{1}{2} = \frac{1+\sqrt{2}}{2},$$

于是截顶正方体的外接球和棱切球的半径 R 和 ρ 就是
$$R = \sqrt{r_6^2 + 1^2} = \frac{\sqrt{22}}{4}, \quad \rho = \sqrt{r_6^2 + \left(\frac{\sqrt{3}}{2}\right)^2} = \frac{3\sqrt{2}}{4}.$$

截顶正方体的中心到各正三角形的中心的距离是
$$r_3 = \sqrt{\rho^2 - \left(\frac{\sqrt{3}}{6}\right)^2} = \frac{5\sqrt{6}}{12}.$$

截顶正方体的全面积是
$$S = 4\times 6\times\frac{1}{2}\times 1\times\frac{\sqrt{3}}{2} + 4\times\frac{1}{2}\times 1\times\frac{\sqrt{3}}{2} = 7\sqrt{3}.$$

截顶正方体的体积是
$$V = 4\times\frac{1}{3}\times 6\times\frac{1}{2}\times 1\times\frac{\sqrt{3}}{2}\cdot r_6 + 4\times\frac{1}{3}\times\frac{1}{2}\times 1\times\frac{\sqrt{3}}{2}\cdot r_3 = \frac{23\sqrt{2}}{12}.$$

截顶正方体的两个正八边形之间的二面角为
$$\theta_{8,8} = 90°.$$

截顶正方体的正三角形和正八边形之间的二面角的余弦是
$$\cos\alpha_{3,8} = \cos\left(\arccos\frac{\sqrt{3}}{6\rho} + \arccos\frac{1+\sqrt{2}}{2\rho}\right) = -\frac{\sqrt{3}}{3}.$$

（3）截顶正八面体

构造截顶正八面体的正八面体的棱长是 3. 那么截顶正八面体中心到各正六边形的距离是
$$r_6 = 3\times\frac{\sqrt{6}}{6} = \frac{\sqrt{6}}{2},$$

于是截顶正八面体的外接球和棱切球的半径 R 和 ρ 就是

$$R = \sqrt{r_6^2 + 1^2} = \frac{\sqrt{10}}{2}, \quad \rho = \sqrt{r_6^2 + \left(\frac{\sqrt{3}}{2}\right)^2} = \frac{3}{2}.$$

截顶正八面体的中心到各正方形的中心的距离是

$$r_4 = \sqrt{\rho^2 - \left(\frac{1}{2}\right)^2} = \sqrt{2}.$$

截顶正八面体的全面积是

$$S = 8 \times 6 \times \frac{1}{2} \times 1 \times \frac{\sqrt{3}}{2} + 6 \times 1 \times 1 = 6 + 12\sqrt{3}.$$

截顶正八面体的体积是

$$V = 8 \times \frac{1}{3} \times 6 \times \frac{1}{2} \times 1 \times \frac{\sqrt{3}}{2} \cdot r_6 + 6 \times \frac{1}{3} \times 1 \times 1 \cdot r_4 = 8\sqrt{2}.$$

截顶正八面体的两正六边形之间的二面角的余弦是

$$\cos \alpha_{6,6} = -\frac{1}{3}.$$

截顶正八面体的正方形和正六边形之间的二面角的余弦是

$$\cos \alpha_{4,6} = \cos\left(\arccos \frac{\sqrt{3}}{2\rho} + \arccos \frac{1}{2\rho}\right) = -\frac{\sqrt{3}}{3}.$$

（4）截顶正十二面体

构造截顶正十二面体的正十二面体的棱长是 $\sqrt{5}$. 那么截顶正十二面体中心到各正十边形的距离是

$$r_{10} = \sqrt{5} \times \frac{\sqrt{250 + 110\sqrt{5}}}{20} = \frac{\sqrt{50 + 22\sqrt{5}}}{4},$$

于是截顶正十二面体的外接球和棱切球的半径 R 和 ρ 就是

$$R = \sqrt{r_{10}^2 + \left(\frac{1+\sqrt{5}}{2}\right)^2} = \frac{\sqrt{74 + 30\sqrt{5}}}{4}, \quad \rho = \sqrt{r_{10}^2 + \left(\frac{\sqrt{5+2\sqrt{5}}}{2}\right)^2} = \frac{5 + 3\sqrt{5}}{4}.$$

截顶正十二面体的中心到各正三角形的中心的距离是

$$r_3 = \sqrt{\rho^2 - \left(\frac{\sqrt{3}}{6}\right)^2} = \frac{9\sqrt{3} + 5\sqrt{15}}{12}.$$

截顶正十二面体的全面积是

$$S = 12 \times 10 \times \frac{1}{2} \times 1 \times \frac{\sqrt{5 + 2\sqrt{5}}}{2} + 20 \times \frac{1}{2} \times 1 \times \frac{\sqrt{3}}{2} = 5\sqrt{3} + 30\sqrt{5 + 2\sqrt{5}}.$$

截顶正十二面体的体积是

$$V = 12 \times \frac{1}{3} \times 10 \times \frac{1}{2} \times 1 \times \frac{\sqrt{5+2\sqrt{5}}}{2} \cdot r_{10} + 20 \times \frac{1}{3} \times \frac{1}{2} \times 1 \times \frac{\sqrt{3}}{2} \cdot r_3 = \frac{495+235\sqrt{5}}{12}.$$

截顶正十二面体的两正十边形之间的二面角的余弦是

$$\cos\alpha_{10,10} = -\frac{\sqrt{5}}{5},$$

截顶正十二面体的正三角形和正五边形之间的二面角的余弦是

$$\cos\alpha_{3,10} = \cos\left(\arccos\frac{\sqrt{3}}{6\rho} + \arccos\frac{\sqrt{5+2\sqrt{5}}}{2\rho}\right) = -\frac{\sqrt{75+30\sqrt{5}}}{15}.$$

（5）截顶正二十面体

构造截顶正二十面体的正二十面体的棱长是 3. 那么截顶正二十面体中心到各正六边形的距离是

$$r_6 = 3 \times \frac{3\sqrt{3}+\sqrt{15}}{12} = \frac{3\sqrt{3}+\sqrt{15}}{4},$$

于是截顶正二十面体的外接球和棱切球的半径 R 和 ρ 就是

$$R = \sqrt{r_6^2 + 1^2} = \frac{\sqrt{58+18\sqrt{5}}}{4}, \quad \rho = \sqrt{r_6^2 + \left(\frac{\sqrt{3}}{2}\right)^2} = \frac{3+3\sqrt{5}}{4}.$$

截顶正二十面体的中心到各正五边形的中心的距离是

$$r_5 = \sqrt{\rho^2 - \left(\frac{\sqrt{25+10\sqrt{5}}}{10}\right)^2} = \frac{\sqrt{1250+410\sqrt{5}}}{20}.$$

截顶正二十面体的全面积是

$$S = 12 \times 5 \times \frac{1}{2} \times 1 \times \frac{\sqrt{25+10\sqrt{5}}}{10} + 20 \times 6 \times \frac{1}{2} \times 1 \times \frac{\sqrt{3}}{2} = 30\sqrt{3} + 3\sqrt{25+10\sqrt{5}}.$$

截顶正二十面体的体积是

$$V = 12 \times \frac{1}{3} \times 5 \times \frac{1}{2} \times 1 \times \frac{\sqrt{25+10\sqrt{5}}}{10} \cdot r_5 + 20 \times 6 \times \frac{1}{3} \times \frac{1}{2} \times 1 \times \frac{\sqrt{3}}{2} \cdot r_6$$
$$= \frac{125+43\sqrt{5}}{4}.$$

截顶正二十面体的两正六边形之间的二面角是

$$\cos\alpha_{6,6} = -\frac{\sqrt{5}}{3}.$$

截顶正二十面体的正三角形和正五边形之间的二面角的余弦是

$$\cos\alpha_{5,6} = \cos\left(\arccos\frac{\sqrt{3}}{2\rho} + \arccos\frac{\sqrt{25+10\sqrt{5}}}{10\rho}\right) = -\frac{\sqrt{75+30\sqrt{5}}}{15}.$$

（6）截半正方体

构造截半正方体的正八面体的棱长是 2. 那么截半正方体中心到各正三角形的距离是

$$r_3 = 2 \times \frac{\sqrt{6}}{6} = \frac{\sqrt{6}}{3},$$

于是截半正方体的外接球和棱切球的半径 R 和 ρ 就是

$$R = \sqrt{r_3^2 + \left(\frac{\sqrt{3}}{3}\right)^2} = 1, \ \rho = \sqrt{r_3^2 + \left(\frac{\sqrt{3}}{6}\right)^2} = \frac{\sqrt{3}}{2}.$$

截半正方体的中心到各正方形的中心的距离是

$$r_4 = \sqrt{\rho^2 - \left(\frac{1}{2}\right)^2} = \frac{\sqrt{2}}{2}.$$

截半正方体的全面积是

$$S = 6 \times 1 \times 1 + 8 \times \frac{1}{2} \times 1 \times \frac{\sqrt{3}}{2} = 6 + 2\sqrt{3}.$$

截半正方体的体积是

$$V = 6 \times \frac{1}{3} \times 1 \times 1 \cdot r_4 + 8 \times \frac{1}{3} \times \frac{1}{2} \times 1 \times \frac{\sqrt{3}}{2} \cdot r_3 = \frac{5\sqrt{2}}{3}.$$

截半正方体的正三角形和正方形之间的二面角的余弦是

$$\cos \alpha_{3,4} = \cos\left(\arccos \frac{\sqrt{3}}{6\rho} + \arccos \frac{1}{2\rho}\right) = -\frac{\sqrt{3}}{3}.$$

（7）截半正十二面体

构造截半正十二面体的正二十面体的棱长是 2. 那么截半正十二面体中心到各正三角形的距离是

$$r_3 = 2 \times \frac{3\sqrt{3} + \sqrt{15}}{12} = \frac{3\sqrt{3} + \sqrt{15}}{6},$$

于是截半正十二面体的外接球和棱切球的半径 R 和 ρ 就是

$$R = \sqrt{r_3^2 + \left(\frac{\sqrt{3}}{3}\right)^2} = \frac{1+\sqrt{5}}{2}, \ \rho = \sqrt{r_3^2 + \left(\frac{\sqrt{3}}{6}\right)^2} = \frac{\sqrt{5+2\sqrt{5}}}{2}.$$

截半正十二面体的中心到各正五边形的中心的距离是

$$r_5 = \sqrt{\rho^2 - \left(\frac{\sqrt{25+10\sqrt{5}}}{10}\right)^2} = \frac{\sqrt{25+10\sqrt{5}}}{5}.$$

截半正十二面体的全面积是

$$S = 12 \times 5 \times \frac{1}{2} \times 1 \times \frac{\sqrt{25+10\sqrt{5}}}{10} + 20 \times \frac{1}{2} \times 1 \times \frac{\sqrt{3}}{2} = 5\sqrt{3} + 3\sqrt{25+10\sqrt{5}}.$$

截半正十二面体的体积是
$$V = 12 \times \frac{1}{3} \times 5 \times \frac{1}{2} \times 1 \cdot \frac{\sqrt{25+10\sqrt{5}}}{10} \cdot r_5 + 20 \times \frac{1}{3} \times \frac{1}{2} \times 1 \times \frac{\sqrt{3}}{2} \cdot r_3 = \frac{45+17\sqrt{5}}{6}.$$
截半正十二面体的正三角形和正五边形之间的二面角的余弦是
$$\cos\alpha_{3,5} = \cos\left(\arccos\frac{\sqrt{3}}{6\rho} + \arccos\frac{\sqrt{25+10\sqrt{5}}}{10\rho}\right) = -\frac{\sqrt{75+30\sqrt{5}}}{15}.$$

（8）小削棱正方体

构造小削棱正方体的正方体的棱长是 $1+\sqrt{2}$. 那么小削棱正方体中心到各正方形的距离是
$$r_4 = \left(1+\sqrt{2}\right) \times \frac{1}{2} = \frac{1+\sqrt{2}}{2},$$
于是小削棱正方体的外接球和棱切球的半径 R 和 ρ 就是
$$R = \sqrt{r_4^2 + \left(\frac{\sqrt{2}}{2}\right)^2} = \frac{\sqrt{5+2\sqrt{2}}}{2}, \quad \rho = \sqrt{r_4^2 + \left(\frac{1}{2}\right)^2} = \frac{\sqrt{4+2\sqrt{2}}}{2}.$$
小削棱正方体的中心到各正三角形的中心的距离是
$$r_3 = \sqrt{\rho^2 - \left(\frac{\sqrt{3}}{6}\right)^2} = \frac{3\sqrt{3}+\sqrt{6}}{6}.$$
小削棱正方体的全面积是
$$S = 18 \times 1 \times 1 + 8 \times \frac{1}{2} \times 1 \times \frac{\sqrt{3}}{2} = 18 + 2\sqrt{3}.$$
小削棱正方体的体积是
$$V = 18 \times \frac{1}{3} \times 1 \times 1 \cdot r_4 + 8 \times \frac{1}{3} \times \frac{1}{2} \times 1 \times \frac{\sqrt{3}}{2} \cdot r_3 = \frac{12+10\sqrt{2}}{3}.$$
小削棱正方体的两正方形之间的二面角是
$$\alpha_{4,4} = 2\arccos\frac{1}{2\rho} = 135°.$$
小削棱正方体的正三角形和正方形之间的二面角的余弦是
$$\cos\alpha_{3,4} = \cos\left(\arccos\frac{\sqrt{3}}{6\rho} + \arccos\frac{1}{2\rho}\right) = -\frac{\sqrt{6}}{3}.$$

（9）小削棱正十二面体

构造小削棱正十二面体的正十二面体的棱长是 $\frac{3\sqrt{5}-3}{2}$. 那么小削棱正十二面体中心到各正五边形的距离是
$$r_5 = \frac{3\sqrt{5}-3}{2} \times \frac{\sqrt{250+110\sqrt{5}}}{20} = \frac{3\sqrt{25+10\sqrt{5}}}{10},$$

于是小削棱正十二面体的外接球和棱切球的半径 R 和 ρ 就是

$$R = \sqrt{r_5^2 + \left(\frac{\sqrt{50+10\sqrt{5}}}{10}\right)^2} = \frac{\sqrt{11+4\sqrt{5}}}{2},$$

$$\rho = \sqrt{r_5^2 + \left(\frac{\sqrt{25+10\sqrt{5}}}{10}\right)^2} = \frac{\sqrt{10+4\sqrt{5}}}{2}.$$

小削棱正十二面体的中心到各正三角形的中心的距离是

$$r_3 = \sqrt{\rho^2 - \left(\frac{\sqrt{3}}{6}\right)^2} = \frac{3\sqrt{3}+2\sqrt{15}}{6}.$$

小削棱正十二面体的中心到各正方形的中心的距离是

$$r_4 = \sqrt{\rho^2 - \left(\frac{1}{2}\right)^2} = \frac{2+\sqrt{5}}{2}.$$

小削棱正十二面体的全面积是

$$S = 12 \times 5 \times \frac{1}{2} \times 1 \times \frac{\sqrt{25+10\sqrt{5}}}{10} + 20 \times \frac{1}{2} \times 1 \times \frac{\sqrt{3}}{2} + 30 \times 1 \times 1 = 30+5\sqrt{3}+3\sqrt{25+10\sqrt{5}}.$$

小削棱正十二面体的体积是

$$\begin{aligned}V &= 12 \times \frac{1}{3} \times 5 \times \frac{1}{2} \times 1 \times \frac{\sqrt{25+10\sqrt{5}}}{10} \cdot r_5 + 20 \times \frac{1}{3} \times \frac{1}{2} \times 1 \cdot \frac{\sqrt{3}}{2} \cdot r_3 \\ &\quad + 30 \times \frac{1}{3} \times 1 \times 1 \cdot r_4 \\ &= \frac{60+29\sqrt{5}}{3}.\end{aligned}$$

小削棱正十二面体的正三角形和正方形之间的二面角的余弦是

$$\cos\alpha_{3,4} = \cos\left(\arccos\frac{\sqrt{3}}{6\rho} + \arccos\frac{1}{2\rho}\right) = -\frac{\sqrt{3}+\sqrt{15}}{6}.$$

小削棱正十二面体的正三角形和正五边形之间的二面角的余弦是

$$\cos\alpha_{3,5} = \cos\left(\arccos\frac{\sqrt{3}}{6\rho} + \arccos\frac{\sqrt{25+10\sqrt{5}}}{10\rho}\right) = -\frac{\sqrt{195-6\sqrt{5}}}{15}.$$

小削棱正十二面体的两个正方形之间的二面角是

$$\alpha_{4,4} = 2\arcsin\frac{1+2\cos 36°}{4r_4} = 144°.$$

小削棱正十二面体的正方形和正五边形之间的二面角的余弦是

$$\cos\alpha_{4,5} = \cos\left(\arccos\frac{1}{2\rho} + \arccos\frac{\sqrt{25+10\sqrt{5}}}{10\rho}\right) = -\frac{\sqrt{50+10\sqrt{5}}}{10}.$$

（10）大削棱正方体

构造大削棱正方体的正方体的棱长是 $1+2\sqrt{2}$. 那么大削棱正方体中心到各正八边形的距离是

$$r_8 = \frac{1+2\sqrt{2}}{2},$$

于是大削棱正方体的外接球和棱切球的半径 R 和 ρ 就是

$$R = \sqrt{r_8^2 + \left(\frac{\sqrt{4+2\sqrt{2}}}{2}\right)^2} = \frac{\sqrt{13+6\sqrt{2}}}{2}, \ \rho = \sqrt{r_8^2 + \left(\frac{1+\sqrt{2}}{2}\right)^2} = \frac{\sqrt{12+6\sqrt{2}}}{2}.$$

大削棱正方体的中心到各正方形的中心的距离是

$$r_4 = \sqrt{\rho^2 - \left(\frac{1}{2}\right)^2} = \frac{3+\sqrt{2}}{2}.$$

大削棱正方体的中心到各正六边形的中心的距离是

$$r_6 = \sqrt{\rho^2 - \left(\frac{\sqrt{3}}{2}\right)^2} = \frac{\sqrt{3}+\sqrt{6}}{2}.$$

大削棱正方体的全面积是

$$\begin{aligned} S &= 12 \times 1 \times 1 + 8 \times 6 \times \frac{1}{2} \times 1 \times \frac{\sqrt{3}}{2} + 6 \times 8 \times \frac{1}{2} \times 1 \times \frac{1+\sqrt{2}}{2} \\ &= 24 + 12\sqrt{2} + 12\sqrt{3}. \end{aligned}$$

大削棱正方体的体积是

$$\begin{aligned} V &= 12 \times \frac{1}{3} \times 1 \times 1 \cdot r_4 + 8 \times 6 \times \frac{1}{3} \times \frac{1}{2} \times 1 \times \frac{\sqrt{3}}{2} \cdot r_6 + 6 \times 8 \times \frac{1}{3} \times \frac{1}{2} \times 1 \times \frac{1+\sqrt{2}}{2} \cdot r_8 \\ &= 22 + 14\sqrt{2}. \end{aligned}$$

大削棱正方体的正方形和正六边形之间的二面角的余弦是

$$\cos\alpha_{4,6} = \cos\left(\arccos\frac{1}{2\rho} + \arccos\frac{\sqrt{3}}{2\rho}\right) = -\frac{\sqrt{6}}{3}.$$

大削棱正方体的正方形和正八边形之间的二面角是

$$\alpha_{4,8} = \arccos\frac{1}{2\rho} + \arccos\frac{1+\sqrt{2}}{2\rho} = 135°.$$

大削棱正方体的正六边形和正八边形之间的二面角的余弦是

$$\cos\alpha_{6,8} = \cos\left(\arccos\frac{\sqrt{3}}{2\rho} + \arccos\frac{1+\sqrt{2}}{2\rho}\right) = -\frac{\sqrt{3}}{3}.$$

（11）大削棱正十二面体

构造大削棱正十二面体的正十二面体的棱长是 $\dfrac{5\sqrt{5}-5}{2}$. 那么大削棱正十二面体中心到各正十边形的距离是

$$r_{10} = \dfrac{5\sqrt{5}-5}{2} \times \dfrac{\sqrt{250+110\sqrt{5}}}{20} = \dfrac{\sqrt{25+10\sqrt{5}}}{2},$$

于是大削棱正十二面体的外接球和棱切球的半径 R 和 ρ 就是

$$R = \sqrt{r_{10}^2 + \left(\dfrac{1+\sqrt{5}}{2}\right)^2} = \dfrac{\sqrt{31+12\sqrt{5}}}{2}, \quad \rho = \sqrt{r_{10}^2 + \left(\dfrac{\sqrt{5+2\sqrt{5}}}{2}\right)^2} = \dfrac{\sqrt{30+12\sqrt{5}}}{2}.$$

大削棱正十二面体的中心到各正方形的中心的距离是

$$r_4 = \sqrt{\rho^2 - \left(\dfrac{1}{2}\right)^2} = \dfrac{3+2\sqrt{5}}{2}.$$

大削棱正十二面体的中心到各正六边形的中心的距离是

$$r_6 = \sqrt{\rho^2 - \left(\dfrac{\sqrt{3}}{2}\right)^2} = \dfrac{2\sqrt{3}+\sqrt{15}}{2}.$$

大削棱正十二面体的全面积是

$$\begin{aligned} S &= 30 \times 1 \times 1 + 20 \times 6 \times \dfrac{1}{2} \times 1 \times \dfrac{\sqrt{3}}{2} + 12 \times 10 \times \dfrac{1}{2} \times 1 \times \dfrac{\sqrt{5+2\sqrt{5}}}{2} \\ &= 30 + 30\sqrt{3} + 30\sqrt{5+2\sqrt{5}}. \end{aligned}$$

大削棱正十二面体的体积是

$$\begin{aligned} V &= 30 \times \dfrac{1}{3} \times 1 \times 1 \cdot r_4 + 20 \times 6 \times \dfrac{1}{3} \times \dfrac{1}{2} \times 1 \times \dfrac{\sqrt{3}}{2} \cdot r_6 \\ &\quad + 12 \times 10 \times \dfrac{1}{3} \times \dfrac{1}{2} \times 1 \times \dfrac{\sqrt{5+2\sqrt{5}}}{2} \cdot r_{10} \\ &= 95 + 50\sqrt{5}. \end{aligned}$$

大削棱正十二面体的正方形和正六边形之间的二面角的余弦是

$$\cos \alpha_{4,6} = \cos\left(\arccos \dfrac{1}{2\rho} + \arccos \dfrac{\sqrt{3}}{2\rho}\right) = -\dfrac{\sqrt{3}+\sqrt{15}}{6}.$$

大削棱正十二面体的正方形和正十边形之间的二面角的余弦是

$$\cos \alpha_{4,10} = \cos\left(\arccos \dfrac{1}{2\rho} + \arccos \dfrac{\sqrt{5+2\sqrt{5}}}{2\rho}\right) = -\dfrac{\sqrt{50+10\sqrt{5}}}{10}.$$

大削棱正十二面体的正六边形和正十边形之间的二面角的余弦是

$$\cos\alpha_{6,10} = \cos\left(\arccos\frac{\sqrt{3}}{2\rho} + \arccos\frac{\sqrt{5+2\sqrt{5}}}{2\rho}\right) = -\frac{\sqrt{75+30\sqrt{5}}}{15}.$$

(12) 扭棱正方体

构造扭棱正方体的正方体的棱长是

$$a = d_1 + d_2 + \sqrt{1-(d_2-d_1)^2}$$
$$= \frac{1}{3}\sqrt{3\left(4 + \sqrt[3]{199+3\sqrt{33}} + \sqrt[3]{199-3\sqrt{33}}\right)} \approx 2.2852270178519241870,$$

扭棱正方体的中心到各正方形中心的距离是

$$r_4 = \frac{a}{2} = \frac{1}{6}\sqrt{3\left(4 + \sqrt[3]{199+3\sqrt{33}} + \sqrt[3]{199-3\sqrt{33}}\right)} \approx 1.1426135089259620935.$$

于是扭棱正方体的外接球和棱切球的半径 R 和 ρ 就是

$$R = \sqrt{r_4^2 + \left(\frac{\sqrt{2}}{2}\right)^2}$$
$$= \frac{\sqrt{3\left(10 + \sqrt[3]{199+3\sqrt{33}} + \sqrt[3]{199-3\sqrt{33}}\right)}}{6} \approx 1.3437133737446017013,$$

$$\rho = \sqrt{r_4^2 + \left(\frac{1}{2}\right)^2}$$
$$= \frac{\sqrt{3\left(7 + \sqrt[3]{199+3\sqrt{33}} + \sqrt[3]{199-3\sqrt{33}}\right)}}{6} \approx 1.2472231679936432518.$$

扭棱正方体的中心到各正三角形的中心的距离是

$$r_3 = \sqrt{\rho^2 - \left(\frac{\sqrt{3}}{6}\right)^2}$$
$$= \frac{1}{6}\sqrt{3\left(6 + \sqrt[3]{199+3\sqrt{33}} + \sqrt[3]{199-3\sqrt{33}}\right)} \approx 1.2133558000218923103.$$

扭棱正方体的全面积是

$$S = 6 + 32 \times \frac{1}{2} \times 1 \times \frac{\sqrt{3}}{2} = 6 + 8\sqrt{3}.$$

扭棱正方体的体积是

$$V = 6 \times \frac{1}{3} \times 1 \cdot r_4 + 32 \times \frac{1}{3} \times \frac{1}{2} \times 1 \times \frac{\sqrt{3}}{2} \cdot r_3$$

$$= 2r_4 + \frac{8\sqrt{3}}{3}r_3$$
$$= \frac{\sqrt{188 + \sqrt[3]{3(2149479 + 15037\sqrt{33})} + \sqrt[3]{3(2149479 - 15037\sqrt{33})}}}{3}$$
$$\approx 7.8894773999753902065.$$

扭棱正方体的两正三角形之间的二面角是

$$\cos\alpha_{3,3} = \cos\left(2\arccos\frac{\sqrt{3}}{6\rho}\right) = -\frac{-1 + 2\sqrt[3]{19 + 3\sqrt{33}} + 2\sqrt[3]{19 - 3\sqrt{33}}}{9},$$

由此得 $\alpha_{3,3} \approx 153°14'5''$. 扭棱正方体的正三角形和正方形之间的二面角是

$$\cos\alpha_{3,4} = \cos\left(\arccos\frac{\sqrt{3}}{6\rho} + \arccos\frac{1}{2\rho}\right) = -\frac{\sqrt{11 - 2\sqrt[3]{17 + 3\sqrt{33}} + 2\sqrt[3]{-17 + 3\sqrt{33}}}}{3},$$

由此得 $\alpha_{3,4} \approx 142°59'0''$.

（13）扭棱正十二面体

构造扭棱正十二面体的正二十面体的棱长是

$$a = l_1 + l_2 + \sqrt{1 - (d_2 - d_1)^2}$$
$$= \frac{1}{4}\sqrt{2\left(5 - \sqrt{5} + \sqrt[3]{4P} - \sqrt[3]{4Q}\right)} \approx 2.7483408068884900247,$$

其中

$$P = 23 - 2\sqrt{5} + \sqrt{3537 + 1620\sqrt{5}}, \quad Q = -23 + 2\sqrt{5} + \sqrt{3537 + 1620\sqrt{5}}.$$

扭棱正十二面体的中心到各正三角形中心的距离是

$$r_3 = \frac{\sqrt{3}(3 + \sqrt{5})}{12}a$$
$$= \frac{1}{12}\sqrt{6\left(19 + 7\sqrt{5} + \sqrt[3]{4P_1} + \sqrt[3]{4Q_1}\right)} \approx 2.0770896597432085994,$$

其中

$$P_1 = 5112 + 2285\sqrt{5} + 3\sqrt{7137 + 3192\sqrt{5}}, \quad Q_1 = 5112 + 2285\sqrt{5} - 3\sqrt{7137 + 3192\sqrt{5}},$$

于是扭棱正十二面体的外接球和棱切球的半径 R 和 ρ 就是

$$R = \sqrt{r_3^2 + \left(\frac{\sqrt{3}}{3}\right)^2}$$
$$= \frac{1}{12}\sqrt{6\left(27 + 7\sqrt{5} + \sqrt[3]{4P_1} + \sqrt[3]{4Q_1}\right)} \approx 2.1558373751156397018,$$

$$\rho = \sqrt{r_3^2 + \left(\frac{\sqrt{3}}{6}\right)^2}$$
$$= \frac{1}{12}\sqrt{6\left(21 + 7\sqrt{5} + \sqrt[3]{4P_1} + \sqrt[3]{4Q_1}\right)} \approx 2.09705383525208799 24.$$

扭棱正十二面体的中心到各正五边形的中心的距离是

$$r_5 = \sqrt{\rho^2 - \left(\frac{\sqrt{25 + 10\sqrt{5}}}{10}\right)^2}$$
$$= \frac{1}{60}\sqrt{30\left(75 + 23\sqrt{5} + 5\sqrt[3]{4P_1} + 5\sqrt[3]{4Q_1}\right)} \approx 1.9809159472818407390.$$

扭棱正十二面体的全面积是

$$S = 12 \times 5 \times \frac{1}{2} \times 1 \times \frac{\sqrt{25 + 10\sqrt{5}}}{10} + 80 \times \frac{1}{2} \times 1 \times \frac{\sqrt{3}}{2} = 20\sqrt{3} + 3\sqrt{25 + 10\sqrt{5}}.$$

扭棱正十二面体的体积是

$$V = 12 \times \frac{1}{3} \times 5 \times \frac{1}{2} \times 1 \times \frac{\sqrt{5(5 + 2\sqrt{5})}}{10} \cdot r_5 + 80 \times \frac{1}{3} \times \frac{1}{2} \times 1 \times \frac{\sqrt{3}}{2} \cdot r_3$$
$$= \sqrt{25 + 10\sqrt{5}}\, r_5 + \frac{20\sqrt{3}}{3} r_3$$
$$= \frac{1}{12}\sqrt{10\left(3523 + 1431\sqrt{5} + \sqrt[3]{20P_2} + \sqrt[3]{20Q_2}\right)} \approx 37.6166499627333 62976.$$

其中 $P_2 = t + 3\sqrt{15}u$, $Q_2 = t - 3\sqrt{15}u$,

$$t = 7956906970 + 3558044979\sqrt{5},$$
$$u = 979572765797019 + 438078498540652\sqrt{5},$$

扭棱正十二面体的两正三角形之间的二面角是

$$\cos \alpha_{3,3} = \cos\left(2\arccos \frac{\sqrt{3}}{6\rho}\right) = \frac{1 - \sqrt[3]{P_3} - \sqrt[3]{Q_3}}{9},$$

由此得 $\alpha_{3,3} \approx 164°10'31''$. 其中

$$P_3 = 98 + 54\sqrt{5} + 6\sqrt{6(93 + 49\sqrt{5})}, \quad Q_3 = 98 + 54\sqrt{5} - 6\sqrt{6(93 + 49\sqrt{5})},$$

扭棱正十二面体的正三角形和正五边形之间的二面角是

$$\cos \alpha_{3,5} = \cos\left(\arccos \frac{\sqrt{3}}{6\rho} + \arccos \frac{\sqrt{25 + 10\sqrt{5}}}{10\rho}\right)$$
$$= -\frac{1}{15}\sqrt{5\left(55 + 14\sqrt{5} + 2\sqrt[3]{20P_4} + 2\sqrt[3]{20Q_4}\right)},$$

$$\alpha_{3,5} \approx 152°55'48'',$$

由此得 $\alpha_{3,5} \approx 152°55'48''$,其中

$$P_4 = 395 + 176\sqrt{5} + 3\sqrt{35685 + 15960\sqrt{5}},$$
$$Q_4 = -395 - 176\sqrt{5} + 3\sqrt{35685 + 15960\sqrt{5}}. \qquad \square$$

棱长是 1 的 Archimedes 多面体中心到各面距离汇成表 5.2.12,Archimedes 多面体的二面角汇成表 5.2.13,其中 $\theta_{m,n}$ 是相邻的正 m 边形和正 n 边形所夹二面角的平面角,Archimedes 多面体的全面积、体积、外接球及内棱切球半径精确值和近似值分别汇成表 5.2.14、表 5.2.15.

表 5.2.12 棱长是 1 的 Archimedes 多面体中心到各面距离

名称	所在面的边数	距离精确值	距离近似值
截顶正四面体	3	$\dfrac{5\sqrt{6}}{12}$	1.0206207261596575409
	6	$\dfrac{\sqrt{6}}{4}$	0.612372435695794524555
截顶正方体	3	$\dfrac{3\sqrt{3}+2\sqrt{6}}{6}$	1.6825219847121646795
	8	$\dfrac{1+\sqrt{2}}{2}$	1.2071067811865475244
截顶正八面体	4	$\sqrt{2}$	1.4142135623730950488
	6	$\dfrac{\sqrt{2}}{6}$	1.2247448713915890491
截顶正十二面体	3	$\dfrac{9\sqrt{3}+5\sqrt{15}}{12}$	2.9127811665964150056
	10	$\dfrac{\sqrt{50+22\sqrt{5}}}{4}$	2.4898982848827802734
截顶正二十面体	5	$\dfrac{\sqrt{1250+410\sqrt{5}}}{20}$	2.3274384367663271103
	6	$\dfrac{3\sqrt{3}+\sqrt{15}}{4}$	2.2672839422285121914
截半正方体	3	$\dfrac{\sqrt{6}}{3}$	0.8164965809277260327 3
	4	$\dfrac{\sqrt{2}}{2}$	0.70710678118654752440

表 5.2.12 （续）

名称	所在面的边数	距离精确值	距离近似值
截半正十二面体	3	$\dfrac{3\sqrt{3}+\sqrt{15}}{6}$	1.5115226281523414610
	5	$\dfrac{\sqrt{25+10\sqrt{5}}}{5}$	1.3763819204711735382
小削棱正方体	3	$\dfrac{3\sqrt{3}+2\sqrt{6}}{6}$	1.6825219847121646795
	4	$\dfrac{1+\sqrt{2}}{2}$	1.2071067811865475244
小削棱正十二面体	3	$\dfrac{3\sqrt{3}+2\sqrt{15}}{6}$	2.1570198525202442752
	4	$\dfrac{2+\sqrt{5}}{2}$	2.1180339887498948482
	5	$\dfrac{3\sqrt{25+10\sqrt{5}}}{10}$	2.0645728807067603073
大削棱正方体	4	$\dfrac{3+\sqrt{2}}{2}$	2.2071067811865475244
	6	$\dfrac{\sqrt{3}+\sqrt{6}}{2}$	2.0907702751760276959
	8	$\dfrac{1+2\sqrt{2}}{2}$	1.9142135623730950488
大削棱十二面体	4	$\dfrac{3+2\sqrt{5}}{2}$	3.7360679774997896964
	6	$\dfrac{2\sqrt{3}+\sqrt{15}}{2}$	3.6685424806725857361
	10	$\dfrac{\sqrt{25+10\sqrt{5}}}{2}$	3.4409548011779338455
扭棱正方体	3		1.2133558000218923103
	4		1.1426135089259620935
扭棱正十二面体	3		2.0770896597432085994
	5		1.9809159472818407390

表 5.2.13 Archimedes 多面体的二面角

名称	m,n	$\theta_{m,n}$ 的精确值	$\theta_{m,n}$ 的近似值
截顶正四面体	3,6	$\arccos\left(-\dfrac{1}{3}\right)$	109°28′16″
	6,6	$\arccos\dfrac{1}{3}$	70°31′44″

表 5.2.13 （续）

名称	m,n	$\theta_{m,n}$ 的精确值	$\theta_{m,n}$ 的近似值
截顶正方体	3,8	$\arccos\left(-\dfrac{\sqrt{3}}{3}\right)$	125°15′52″
	8,8	90°	90°00′00″
截顶正八面体	4,6	$\arccos\left(-\dfrac{\sqrt{3}}{3}\right)$	125°15′52″
	6,6	$\arccos\left(-\dfrac{1}{3}\right)$	109°28′16″
截顶正十二面体	3,10	$\arccos\left(-\dfrac{\sqrt{75+30\sqrt{5}}}{15}\right)$	142°37′21″
	10,10	$\arccos\left(-\dfrac{\sqrt{5}}{5}\right)$	116°33′54″
截顶正二十面体	5,6	$\arccos\left(-\dfrac{\sqrt{75+30\sqrt{5}}}{15}\right)$	142°37′21″
	6,6	$\arccos\left(-\dfrac{\sqrt{5}}{3}\right)$	138°11′23″
截半正方体	3,4	$\arccos\left(-\dfrac{\sqrt{3}}{3}\right)$	125°15′52″
截半正十二面体	3,5	$\arccos\left(-\dfrac{\sqrt{75+30\sqrt{5}}}{15}\right)$	142°37′21″
小削棱正方体	3,4	$\arccos\left(-\dfrac{\sqrt{6}}{3}\right)$	144°44′08″
	4,4	135°	135°00′00″
小削棱正十二面体	3,4	$\arccos\left(-\dfrac{\sqrt{3}+\sqrt{15}}{6}\right)$	159°05′41″
	3,5	$\arccos\left(-\dfrac{\sqrt{195-6\sqrt{5}}}{15}\right)$	152°37′21″
	4,4	144°	144°00′00″
	4,5	$\arccos\left(-\dfrac{\sqrt{50+10\sqrt{5}}}{10}\right)$	148°56′32″
大削棱正方体	4,6	$\arccos\left(-\dfrac{\sqrt{6}}{3}\right)$	144°44′08″
	4,8	135°	135°00′00″
	6,8	$\arccos\left(-\dfrac{\sqrt{3}}{3}\right)$	125°15′52″

表 5.2.13 （续）

名称	m,n	$\theta_{m,n}$ 的精确值	$\theta_{m,n}$ 的近似值
大削棱正十二面体	4, 6	$\arccos\left(-\dfrac{\sqrt{3}+\sqrt{15}}{6}\right)$	159°05′41″
	4, 10	$\arccos\left(-\dfrac{\sqrt{50+10\sqrt{5}}}{10}\right)$	148°16′57″
	6, 10	$\arccos\left(-\dfrac{\sqrt{75+30\sqrt{5}}}{15}\right)$	142°37′21″
扭棱正方体	3, 3		153°14′05″
	3, 4		142°59′00″
扭棱正十二面体	3, 3		164°10′31″
	3, 5		150°55′48″

表 5.2.14　棱长是 1 的 Archimedes 多面体的全面积、体积、外接球及内棱切球半径精确值

名称	全面积	体积	外接球半径	内棱切球半径
截顶正四面体	$7\sqrt{3}$	$\dfrac{23\sqrt{2}}{12}$	$\dfrac{\sqrt{22}}{4}$	$\dfrac{3\sqrt{2}}{4}$
截顶正方体	$12+12\sqrt{2}+2\sqrt{3}$	$\dfrac{21+14\sqrt{2}}{3}$	$\dfrac{\sqrt{7+4\sqrt{2}}}{2}$	$\dfrac{2+\sqrt{2}}{2}$
截顶正八面体	$6+12\sqrt{3}$	$8\sqrt{2}$	$\dfrac{\sqrt{10}}{2}$	$\dfrac{3}{2}$
截顶正十二面体	$5\sqrt{3}+30\sqrt{5}+2\sqrt{5}$	$\dfrac{495+235\sqrt{5}}{12}$	$\dfrac{\sqrt{74+30\sqrt{5}}}{4}$	$\dfrac{5+3\sqrt{5}}{4}$
截顶正二十面体	$30\sqrt{3}+3\sqrt{25+10\sqrt{5}}$	$\dfrac{125+43\sqrt{5}}{4}$	$\dfrac{\sqrt{58+18\sqrt{5}}}{4}$	$\dfrac{3+3\sqrt{5}}{4}$
截半正方体	$6+2\sqrt{3}$	$\dfrac{5\sqrt{2}}{3}$	1	$\dfrac{\sqrt{3}}{2}$
截半正十二面体	$5\sqrt{3}+3\sqrt{25+10\sqrt{5}}$	$\dfrac{45+17\sqrt{5}}{6}$	$\dfrac{1+\sqrt{5}}{2}$	$\dfrac{\sqrt{5+2\sqrt{5}}}{2}$
小削棱正方体	$18+2\sqrt{3}$	$\dfrac{12+10\sqrt{2}}{3}$	$\dfrac{\sqrt{5+2\sqrt{2}}}{2}$	$\dfrac{\sqrt{4+2\sqrt{2}}}{2}$
小削棱正十二面体	$30+5\sqrt{3}+3\sqrt{25+10\sqrt{5}}$	$\dfrac{60+29\sqrt{5}}{3}$	$\dfrac{\sqrt{11+4\sqrt{5}}}{2}$	$\dfrac{\sqrt{10+4\sqrt{5}}}{2}$
大削棱正方体	$24+12\sqrt{2}+12\sqrt{3}$	$22+14\sqrt{2}$	$\dfrac{\sqrt{13+6\sqrt{2}}}{2}$	$\dfrac{\sqrt{12+6\sqrt{2}}}{2}$
大削棱正十二面体	$30+30\sqrt{3}+30\sqrt{5+2\sqrt{5}}$	$95+50\sqrt{5}$	$\dfrac{\sqrt{31+12\sqrt{5}}}{2}$	$\dfrac{\sqrt{30+12\sqrt{5}}}{2}$
扭棱正方体	$6+8\sqrt{3}$			
扭棱正十二面体	$20\sqrt{3}+3\sqrt{25+10\sqrt{5}}$			

表 5.2.15　棱长是 1 的 Archimedes 多面体的全面积、体积、外接球及内棱切球半径近似值

名称	全面积	体积	外接球半径	内棱切球半径
截顶正四面体	12.12435565	2.710575995	1.172603940	1.060660172
截顶正方体	32.43466436	13.59966329	1.778823646	1.707106781
截顶正八面体	26.78460969	11.31370850	1.581138830	1.500000000
截顶正十二面体	100.9907602	85.03966456	2.969449016	2.927050983
截顶正二十面体	72.60725303	55.28773076	2.478018659	2.427050983
截半正方体	9.464101615	2.357022604	1.000000000	0.8660254038
截半正十二面体	29.30598284	13.83552594	1.618033989	1.538841769
小削棱正方体	21.46410162	8.714045208	1.398966326	1.306562965
小削棱正十二面体	59.30598284	41.61532378	2.232950509	2.176250899
大削棱正方体	61.75517244	41.79898987	2.317610913	2.263033438
大削棱正十二面体	174.2920303	206.8033989	3.802394500	3.769377128
扭棱正方体	19.85640646	7.889477400	1.343713374	1.247223168
扭棱正十二面体	55.28674496	37.61664996	2.155837375	2.097053835

表 5.2.12、表 5.2.13、表 5.2.14 中扭棱正方体和扭棱正十二面体除全面积外的精确值可以由其构造法和例 5.2.1 的计算公式计算.

正棱柱与正反棱柱

这里所讨论的正 n 棱柱是侧面是正方形，两底面是正 n 边形的棱柱. 正 n 反棱柱是侧面是正三角形，两底面是正 n 边形的拟柱体.

正反棱柱的构造法

如图 5.2.40，高与底面棱长比是 $\sqrt{2\cos\dfrac{180°}{n}+1}$ 的正 $2n$ 棱柱 $A_1A_2\ldots A_{2n}$-$B_1B_2\ldots B_{2n}$ 的顶点 $A_1,A_3,\ldots,A_{2n-1},B_2,B_4,\ldots,B_{2n}$ 就是侧面是正三角形正 n 反棱柱的所有顶点.

证明： 因为 n 边形 $A_1A_3\ldots A_{2n-1}$、$B_2B_4\ldots B_{2n}$ 是边长相等的正 n 边形，并且所得的多面体有外接球，这个外接球就是正 $2n$ 棱柱 $A_1A_2\ldots A_{2n}$-$B_1B_2\ldots B_{2n}$ 的外接球. 设正 $2n$ 棱柱 $A_1A_2\ldots A_{2n}$-$B_1B_2\ldots B_{2n}$ 的棱长是 1，正 $2n$ 边形 $A_1A_2\ldots A_{2n}$ 的中心是 P，正 $2n$ 边形 $B_1B_2\ldots B_{2n}$ 的中心是 Q，则

$$A_1A_3=2\cos\frac{90°}{n},\ A_1P=B_2Q=\frac{1}{2}\csc\frac{90°}{n},\ PQ=\sqrt{2\cos\frac{180°}{n}+1},$$

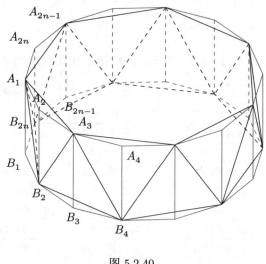

图 5.2.40

所以

$$A_1B_2 = \sqrt{A_1P^2 + B_2Q^2 + PQ^2 - 2 \cdot A_1P \cdot B_2Q \cdot \cos\frac{180°}{n}} = 2\cos\frac{90°}{n},$$

因此所得多面体的棱长都是 $2\cos\dfrac{90°}{n}$，即所得多面体的三角形都是正三角形，并且所得多面体有内棱切球．因为相邻两个正多边形的中心与公共棱中点的连线所成的角是这两个正多边形所夹二面角的平面角，正 $2n$ 棱柱的中心到同类型的正多边形的距离相等，所以所得多面体的正三角形和相邻的正 n 边形、两相邻的正三角形所夹的二面角的平面角分别相等，所以所得的多面体是侧面是正三角形正 n 反棱柱． □

在实际作图中，可以不使用上面的计算结果，直接作两个中心重、合边长是 a 的正 n 边形，这些顶点构成正 $2n$ 边形，边长是 b．把其中一个正 n 边形的顶点按垂直于正 $2n$ 边形所在面的方向上升 $\sqrt{a^2 - b^2}$，连同没上升的正 n 边形的顶点一起就构成侧面是正三角形正 n 反棱柱．

图 5.2.41、5.2.42、5.2.43 分别是侧面是正方形的正三、五、六棱柱的直观图，图 5.2.44、5.2.45、5.2.46 分别是侧面是正三角形的正四、五、六反棱柱．侧面是正方形的正四棱柱就是正方体，侧面是正三角形的正三反棱柱就是正八面体．

正棱柱与正反棱柱的几何量计算

下面讨论正棱柱与正反棱柱的几何量计算，其中正棱柱的计算比较简单，而正反棱柱的计算需要用到其构造法．

例 5.2.2. 求棱长是 1，侧面是正方形的正 n 棱柱，侧面是正三角形的正 n 反棱柱相邻的正 m 边形和正 n 边形所夹二面角的平面角 θ_{mn} 或其余弦值，全面积 S，体积 V，中心到

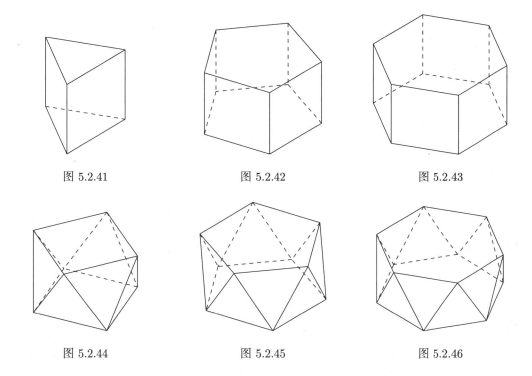

图 5.2.41　　　　　　图 5.2.42　　　　　　图 5.2.43

图 5.2.44　　　　　　图 5.2.45　　　　　　图 5.2.46

正 n 边形的距离 r_n，外接球的半径 R，内棱切球的半径 ρ.

解：分如下情形：

（1）侧面是正方形的正 n 棱柱

观察正棱柱的底面可以立即得到下面的量

$$r_n = \frac{1}{2}, \quad r_4 = \frac{1}{2}\cot\frac{180°}{n},$$

$$R = \sqrt{\left(\frac{\sqrt{2}}{2}\right)^2 + \left(\frac{1}{2}\cot\frac{180°}{n}\right)^2} = \frac{1}{2}\sqrt{1 + \csc^2\frac{180°}{n}},$$

$$\rho = \frac{1}{2}\csc\frac{180°}{n},$$

$$S = n\cdot 1\cdot 1 + 2\cdot n\cdot \frac{1}{2}\cdot 1\cdot \frac{1}{2}\cot\frac{180°}{n} = n + \frac{n}{2}\cot\frac{180°}{n},$$

$$V = \frac{n}{4}\cot\frac{180°}{n},$$

两正方形之间的二面角是

$$\theta_{4,4} = \frac{n-2}{n}\cdot 180°,$$

正方形和正 n 边形之间的二面角为

$$\theta_{4,n} = 90°.$$

（2）侧面是正三角形的正 n 反棱柱

由侧面是正三角形的正 n 反棱柱的构造法得到要构造侧面是正三角形的正 n 反棱柱的正 $2n$ 棱柱的棱长是

$$\frac{1}{2}\sec\frac{90°}{n},$$

因此

$$r_n = \frac{1}{2}\sqrt{2\cos\frac{180°}{n}+1} \cdot \frac{1}{2}\sec\frac{90°}{n} = \frac{1}{4}\sqrt{4-\sec^2\frac{90°}{n}}.$$

外接球半径是

$$R = \sqrt{r_n^2 + \left(\frac{1}{2}\csc\frac{180°}{n}\right)^2} = \frac{1}{4}\sqrt{4+\csc^2\frac{90°}{n}}.$$

内棱切球半径是

$$\rho = \sqrt{r_n^2 + \left(\frac{1}{2}\cot\frac{180°}{n}\right)^2} = \frac{1}{4}\csc\frac{90°}{n}.$$

侧面是正三角形的正 n 反棱柱到正三角形的距离是

$$r_3 = \sqrt{\rho^2 - \left(\frac{\sqrt{3}}{6}\right)^2} = \frac{1}{12}\cot\frac{90°}{n}\sqrt{12-3\sec^2\frac{90°}{n}}.$$

全面积是

$$S = 2n \cdot \frac{1}{2} \cdot 1 \times \frac{\sqrt{3}}{2} + 2 \cdot n \cdot \frac{1}{2} \times 1 \times \frac{1}{2}\cot\frac{180°}{n}$$
$$= \frac{\sqrt{3}n}{2} + \frac{n}{2}\cot\frac{180°}{n}.$$

体积是

$$V = 2n \cdot \frac{1}{3} \times \frac{1}{2} \times 1 \times \frac{\sqrt{3}}{2} \cdot r_3 + 2 \cdot n \cdot \frac{1}{3} \times \frac{1}{2} \times 1 \times \frac{1}{2}\cot\frac{180°}{n} \cdot r_n$$
$$= \frac{n}{24}\left(\cot\frac{180°}{n} + \cot\frac{90°}{n}\right)\sqrt{4-\sec^2\frac{90°}{n}}.$$

两三角形之间的二面角的余弦是

$$\cos\theta_{3,3} = \cos\left(2\arccos\frac{\sqrt{3}}{6\rho}\right) = \frac{1}{3}\left(1-4\cos\frac{180°}{n}\right).$$

正三角形和正 n 边形之间的二面角的余弦是

$$\cos\theta_{3,n} = \cos\left(\arccos\frac{\sqrt{3}}{6\rho} + \arccos\left(\frac{1}{2\rho}\cot\frac{180°}{n}\right)\right) = -\frac{\sqrt{3}}{3}\tan\frac{90°}{n}. \qquad \square$$

三维凸均匀密铺

三维凸均匀密铺是一种三维正密铺,是指能用正多面体和半正多面体通过面面重合的形式密铺整个空间,并且每个顶点不计旋转方向所分布的多面体排列都相同. 现在已发现有二十八种有此性质的密铺,其中包括正方体密铺和七种变形,正四面体、正八面体密铺和四种变形,十种柱体形式的平面密铺(若包含正方体密铺则为十一种),五种上面的几何体通过延伸或旋转变换的密铺. 通过计算正多面体和半正多面体的二面角,二面角的和是 360° 的那些正多面体和半正多面体就包含那些密铺.

第一种

这种密铺(图 5.2.47)的密铺点周围有八个正方体.

第二种

这种密铺(图 5.2.48)的密铺点周围有两个正八面体和四个截半正方体.

第三种

这种密铺(图 5.2.49)的密铺点周围有一个正八面体和四个截顶正方体.

第四种

这种密铺(图 5.2.50)的密铺点周围有两个正方体、一个截半正方体和两个小削棱正方体.

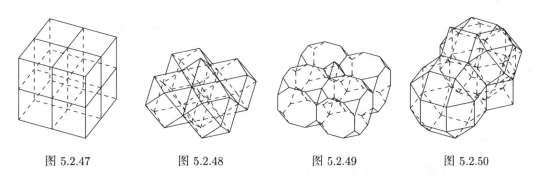

图 5.2.47　　　　图 5.2.48　　　　图 5.2.49　　　　图 5.2.50

第五种

这种密铺(图 5.2.51)的密铺点周围有四个小削棱正方体.

第六种

这种密铺（图 5.2.52）的密铺点周围有一个正方体、一个小削棱正方体和两个大削棱正方体.

第七种

这种密铺（图 5.2.53）的密铺点周围有一个正方体、一个小削棱正方体、一个截顶正方体和两个正八棱柱.

第八种

这种密铺（图 5.2.54）的密铺点周围有两个大削棱正方体和两个正八棱柱.

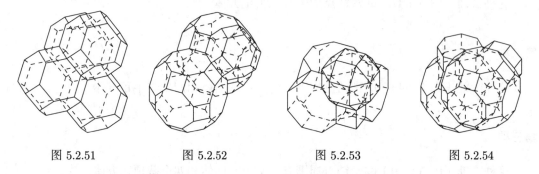

图 5.2.51　　　　　图 5.2.52　　　　　图 5.2.53　　　　　图 5.2.54

第九种

这种密铺（图 5.2.55）的密铺点周围有两个正方体和四个正八棱柱.

第十种

这种密铺（图 5.2.56）的密铺点周围有六个正三棱柱和四个正方体.

第十一种

这种密铺（图 5.2.57）的密铺点周围有八个正四面体和六个正八面体.

第十二种

这种密铺（图 5.2.58）的密铺点周围有一个正方体和三个小削棱正方体.

第十三种

这种密铺（图 5.2.59）的密铺点周围有两个截顶正四面体、一个截半正方体和两个截顶正八面体.

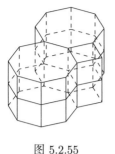 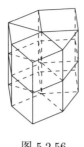 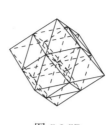 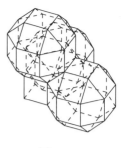

图 5.2.55　　　　　图 5.2.56　　　　　图 5.2.57　　　　　图 5.2.58

第十四种

这种密铺（图 5.2.60）的密铺点周围有一个截顶正四面体一个截顶正方体、一个小削棱正方体和一个大削棱正方体.

第十五种

这种密铺（图 5.2.61）的密铺点周围有两个四面体和四个截顶正四面体.

第十六种

这种密铺（图 5.2.62）的密铺点周围有六个正六棱柱.

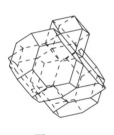 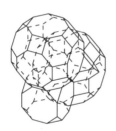 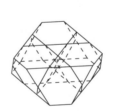 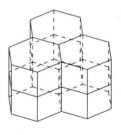

图 5.2.59　　　　　图 5.2.60　　　　　图 5.2.61　　　　　图 5.2.62

第十七种

这种密铺（图 5.2.63）的密铺点周围有四个正三棱柱和四个正六棱柱.

第十八种

这种密铺（图 5.2.64）的密铺点周围有十二个正三棱柱.

第十九种

这种密铺（图 5.2.65）的密铺点周围有两个正三棱柱和两个正十二棱柱.

第二十种

这种密铺（图 5.2.66）的密铺点周围有两个正三棱柱、四个正方体和两个正六棱柱.

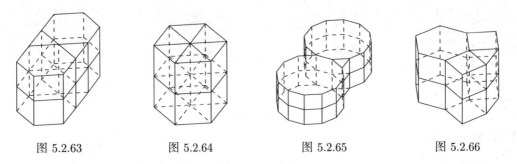

图 5.2.63　　　　图 5.2.64　　　　图 5.2.65　　　　图 5.2.66

第二十一种

这种密铺（图 5.2.67）的密铺点周围有两个正方体、两个正六棱柱和两个正十二棱柱.

第二十二种

这种密铺（图 5.2.68）的密铺点周围有八个正三棱柱和两个正六棱柱.

第二十三种

这种密铺（图 5.2.69）的密铺点周围有十二个正三棱柱.

第二十四种

这种密铺（图 5.2.70）的密铺点周围有六个正三棱柱和两个正方体.

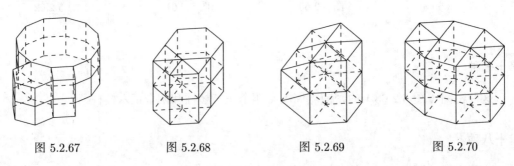

图 5.2.67　　　　图 5.2.68　　　　图 5.2.69　　　　图 5.2.70

第二十五种

这种密铺（图 5.2.71）的密铺点周围有六个正三棱柱和两个正方体.

第二十六种

这种密铺（图 5.2.72）的密铺点周围有八个正四面体和六个正八面体.

第二十七种

这种密铺（图 5.2.73）的密铺点周围有四个正四面体、三个正八面体和六个正三棱柱.

第二十八种

这种密铺（图 5.2.74）的密铺点周围有四个正四面体、三个正八面体和六个正三棱柱.

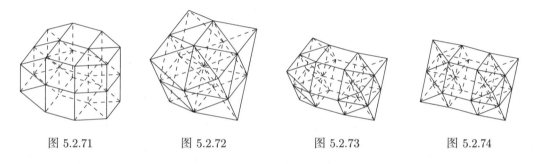

图 5.2.71　　　　图 5.2.72　　　　图 5.2.73　　　　图 5.2.74

5.3 正多面体和半正多面体的对偶多面体

根据正多面角的结论和定理 5.2.2, 作过联结正多面体或半正多面体同一顶点的棱的中点所构成的多边形外接圆, 再过这些中点作该圆的切线, 这些切线的交点得到另外一个与上述多边形边数相同的多边形. 设上述正多面体或半正多面体的一个顶点是 P, 正多面体或半正多面体的中心是 O, 联结点 P 的一棱的中点是 Q, 上述圆的圆心是 S, 则点 S 在 OP 上, 并且 $QS \perp OP$. 设过点 Q 的圆的切线是 l, 则 $l \perp QS$; 又因为 l 在上述圆所在的平面内, 而该平面与 OP 垂直, 所以 $l \perp OP$, 于是得到 $l \perp$ 平面 OPQ. 对其他棱的中点同理得到类似的结论, 所以过同一棱的两顶点用上述方法作圆, 然后再作该棱中点对两圆的切线, 则两切线是重合的. 又因为联结正多面体或半正多面体同一顶点的棱的中点所构成的多边形是全等的, 根据顶点的对应关系得到如果上述两多边形有一公共点, 则以上述两多边形的顶点分别作其外接圆的切线, 这些切线的交点形成线段在过公共点的切线的两交点重合. 综上所述, 在正多面体或半正多面体每个顶点都用上述方法作多边形, 得到另一个多面体.

定义 5.3.1. 在正多面体或半正多面体的每个顶点作过联结正多面体或半正多面体同一顶点的棱的中点所构成的多边形外接圆, 再过这些中点作该圆的切线, 这些切线的交点得到另外一个与上述多边形边数相同的多边形, 由这些多边形的顶点组成的多面体称为该正多面体或半正多面体的对偶多面体,正多面体或半正多面体也称为正多面体或半正多面体所对应的对偶多面体的对偶多面体.

正多面体和半正多面体的对偶多面体的几何性质

定理 5.3.1. 正多面体或半正多面体的对偶多面体的棱数与原多面体的棱数相同,面数和原多面体的顶点数相同,顶点数和原多面体的面数相同.

证明: 由上面的讨论知道,正多面体或半正多面体的对偶多面体的每条棱与原多面体的棱一一对应,原多面体的每个顶点对应一个对偶多面体的面,原多面体的每个面对应一个对偶多面体的顶点,所以正多面体或半正多面体的对偶多面体的棱数与原多面体的棱数相同,面数和原多面体的顶点数相同,顶点数和原多面体的面数相同. □

定理 5.3.2. 正多面体或半正多面体的对偶多面体存在内棱切球和内切球,并且这些球的球心就是原多面体的中心,内棱切球的半径和原多面体的内棱切球的半径相等.

证明: 因为设 a 是正多面体或半正多面体的一棱,a 的中点是 P,正多面体或半正多面体的中心是点 O,a 与 O 所在平面是 α,该多面体的对偶多面体与 a 相交的棱是 a_1,则 a 与 a_1 的交点是 P,并且由定义 5.3.1 前面的讨论知 $a_1 \perp \alpha$,于是 $a_1 \perp OP$,因此原多面体的内棱切球就是其对偶多面体的内棱切球. 另外,因为联结同一顶点的正多面体或半正多面体的棱的中点构成的多边形是全等的,所以正多面体或半正多面体的中心到其对偶多面体各面的距离相等,因此正多面体或半正多面体的对偶多面体存在内切球,并且球心就是原多面体的中心. □

定义 5.3.2. 正多面体或半正多面体的对偶多面体的内棱切球球心和内切球球心重合的点称为该多面体的中心.

定理 5.3.3. 半正多面体的对偶多面体不存在外接球.

证明: 设半正多面体的对偶多面体存在外接球,则各面有外接圆,圆心与中心的连线垂直于对应面. 因为半正多面体的对偶多面体各面都是全等的多边形,则中心与各面外接圆圆心的距离相等,所以外接球球心和内切球球心重合. 又因为半正多面体的对偶多面体的内棱切球与内切球的球心重合,所以各面的外接圆圆心也是内切圆圆心,于是由一面的外接圆圆心,该面一棱的中点和该棱的一顶点构成的直角三角形全等,即各面都是全等的正多边形. 但半正多面体的对偶多面体各面都不是正多边形,因此半正多面体的对偶多面体不存在外接球. □

定理 5.3.4. 正多面体或半正多面体的外接球半径是 R,该多面体及其对偶多面体的内棱切球的半径是 ρ,该多面体的对偶多面体的内切球半径是 r,则

$$\rho^2 = Rr.$$

证明：如图 5.3.1，设点 O 是正多面体或半正多面体的中心，点 P 是该多面体的一个顶点，点 Q 是该多面体与点 P 相联结的一棱的中点，过点 P 并且与 OP 相交的该多面体的对偶多面体的面与 OP 交点是 S，则 $OQ \perp PQ$，$OP \perp QS$，$OP = R$，$OS = r$，$OQ = \rho$. 由前面的垂直线段知

$$\triangle OQP \backsim \triangle OSQ,$$

所以得

$$\frac{OQ}{OP} = \frac{OS}{OQ},$$

由此可得

$$\rho^2 = Rr. \qquad \square$$

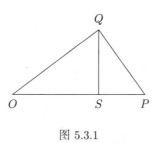

图 5.3.1

定理 5.3.5. 正多面体或半正多面体的对偶多面体的二面角都相等，其大小与正多面体或半正多面体的中心和某一棱两顶点所联结射线所成角互补.

证明：设正多面体或半正多面体的中心是 O，一棱两顶点分别是 A、B，AB 中点是 M，这个正多面体或半正多面体的对偶多面体与线段 AB 相交的两面的公共棱是 a，分别与 AO、BO 垂直的两面的内切圆圆心分别是 P、Q，则 a 过点 M，$a \perp PM$，$a \perp QM$，所以 $\angle PMQ$ 就是这两个面所成二面角的平面角. 又因为 $PM \perp AO$，$QM \perp BO$，所以 $\angle PMQ$ 与 $\angle AOB$ 互补. 所以多面体或半正多面体的对偶多面体的二面角都相等，其大小与正多面体或半正多面体的中心和某一棱两顶点所联结射线所成角互补. 设多面体或半正多面体的对偶多面体某一二面角的平面角是 θ，内棱切球半径是 ρ，内切球半径是 r，则

$$\sin \frac{\theta}{2} = \frac{r}{\rho},$$

所以多面体或半正多面体的对偶多面体的二面角都相等. $\qquad \square$

由定理 5.3.4 和定理 5.3.5 立即得

定理 5.3.6. 两个同种正多面体或半正多面体的对偶多面体的二面角都相等.

正多面体和半正多面体的对偶多面体的构造法

虽然用多面体或半正多面体的对偶多面体的定义可以作出这些多面体，但切线画圆作切线的作图并不简便，下面就用别的方法构造这些多面体.

（1） 正多面体的对偶多面体

这些多面体同一顶点发出的棱的中点构成正多边形，其切线必定平行于这个多边形的某一边或某一对角线，根据这个规律就可以作出正多面体的对偶多面体的顶点.

（2） 截顶正多面体、侧面是正方形的正棱柱的对偶多面体

这些多面体同一顶点发出的棱的中点构成等腰三角形，其底边所对顶点的切线必定平行于等腰三角形的底边，其余两顶点切线的交点必定在底边的中线上，根据这个规律就可以作出截顶正多面体、侧面是正方形的正棱柱的对偶多面体的顶点.

（3） 截半正多面体的对偶多面体

这些多面体同一顶点发出的棱的中点构成矩形，切线的交点必定在这个矩形的对称轴上，根据这个规律就可以作出截半正多面体的对偶多面体的顶点.

（4） 小削棱正多面体、侧面是正三角形的正反棱柱的对偶多面体

这些多面体同一顶点发出的棱的中点构成等腰梯形，过底边两顶点的切线的交点必定在这个等腰梯形的对称轴上，不同底边的两顶点的切线交点的连线与底边平行，根据这个规律就可以作出小削棱正多面体、侧面是正三角形的正反棱柱的对偶多面体的顶点.

（5） 大削棱正多面体的对偶多面体

这些多面体同一顶点发出的棱的中点构成三边不相等的三角形，有一顶点重合的相邻两个三角形中过大削棱正多面体同一面的边所对的顶点作这条边的平行线，两平行线交点与这个重合顶点连线就是过这个重合顶点的切线，根据这个规律就可以作出大削棱正多面体的对偶多面体的顶点.

（6） 扭棱正多面体的对偶多面体

这些多面体同一顶点发出的棱的中点构成有四边相等和一条最大边的五边形，这个五边形是轴对称图形，与最大边两顶点的切线的交点必定在这个五边形的对称轴上，过不是最大边的顶点的切线与过这个顶点的两线段的另外两顶点的连线平行，得到两个交点，再根据切线长关系，不是最大边所对顶点的切线的两切线分别已经有一个交点，而切点是外切多边形过在这条切线上的线段的中点，根据这个规律就可以作出扭棱正多面体的对偶多面体的顶点.

正多面体的对偶多面体

因为构成正多面体的对偶多面体的多边形都是全等的正多边形，并且这个对偶多面体的二面角都相等，面数与原多面体的顶点数相等，于是得

定理 5.3.7. 正多面体的对偶多面体是与原多面体顶点数相同的正多面体.

例 5.3.1. 正多面体的棱长是 1，求其对偶多面体的棱长.

解：设由联结正 m 面体同一顶点的三棱的中点构成的正 n 边形边长是 a，则该正 n 边形的外接圆半径是 $\dfrac{a}{2}\csc\dfrac{180°}{n}$，所以正 m 面体的对偶多面体的棱长是 $2\cdot\dfrac{a}{2}\csc\dfrac{180°}{n}\cdot\cot\dfrac{180°}{n}=a\sec\dfrac{180°}{n}$.

由联结正四面体同一顶点的三棱的中点构成的正三角形边长是 $\dfrac{1}{2}$，所以正四面体的对偶多面体的棱长是 $\dfrac{1}{2}\times\sec 60°=1$.

由联结正方体同一顶点的三棱的中点构成的正三角形边长是 $\dfrac{\sqrt{2}}{2}$，所以正方体的对偶多面体的棱长是 $\dfrac{\sqrt{2}}{2}\times\sec 60°=\sqrt{2}$.

由联结正八面体同一顶点的三棱的中点构成的正方形边长是 $\dfrac{1}{2}$，所以正八面体的对偶多面体的棱长是 $\dfrac{1}{2}\times\sec 45°=\dfrac{\sqrt{2}}{2}$.

由联结正十二面体同一顶点的三棱的中点构成的正三角形边长是 $\dfrac{\sqrt{5}+1}{4}$，所以正十二面体的对偶多面体的棱长是 $\dfrac{\sqrt{5}+1}{4}\times\sec 60°=\dfrac{\sqrt{5}+1}{2}$.

由联结正十二面体同一顶点的三棱的中点构成的正五边形边长是 $\dfrac{1}{2}$，所以正二十面体的对偶多面体的棱长是 $\dfrac{1}{2}\times\sec 36°=\dfrac{\sqrt{5}-1}{2}$. □

棱长是 1 的正多面体的对偶多面体及其棱长汇成表 5.3.1.

表 5.3.1　棱长是 1 的正多面体的对偶多面体及其棱长

名称	对偶多面体	棱长精确值	棱长近似值
正四面体	正四面体	1	1.000000000
正方体	正八面体	$\sqrt{2}$	1.414213562
正八面体	正方体	$\dfrac{\sqrt{2}}{2}$	0.7071067812
正十二面体	正二十面体	$\dfrac{\sqrt{5}+1}{2}$	1.618033989
正二十面体	正十二面体	$\dfrac{\sqrt{5}-1}{2}$	0.6180339887

Archimedes 多面体的对偶多面体

定义 5.3.3. Archimedes 多面体的对偶多面体称为 Catalan 多面体. 左旋的扭棱正方体和扭棱正十二面体对应的 Catalan 多面体称为右旋的, 右旋的扭棱正方体和扭棱正十二面体对应的 Catalan 多面体称为左旋的.

Catalan 多面体的顶点数、面数、棱数汇成表 5.3.2, Catalan 多面体的直观图和展开图汇成表 5.3.3.

表 5.3.2 Catalan 多面体的顶点数、面数、棱数

Archimedes 多面体	对偶多面体	顶点数	面数	棱数
截顶正四面体	三角四面体	8	12	18
截顶正方体	三角八面体	14	24	36
截顶正八面体	四角六面体	14	24	36
截顶正十二面体	三角二十面体	32	60	90
截顶正二十面体	五角十二面体	32	60	90
截半正方体	菱形十二面体	14	12	24
截半正十二面体	菱形三十面体	32	30	60
小削棱正方体	斜方二十四面体	26	24	48
小削棱正十二面体	斜方六十面体	62	60	120
大削棱正方体	三角十二面体	26	48	72
大削棱正十二面体	三角三十面体	62	120	180
扭棱正方体	五角二十四面体	38	24	60
扭棱正十二面体	五角六十面体	92	60	150

表 5.3.3 Catalan 多面体的直观图和展开图

名称	直观图	展开图
三角四面体	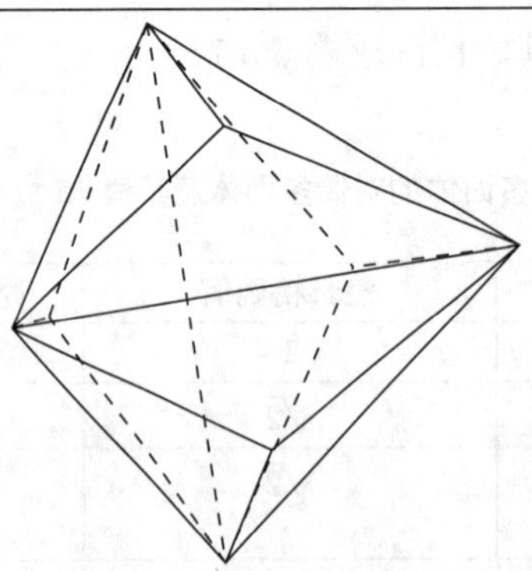	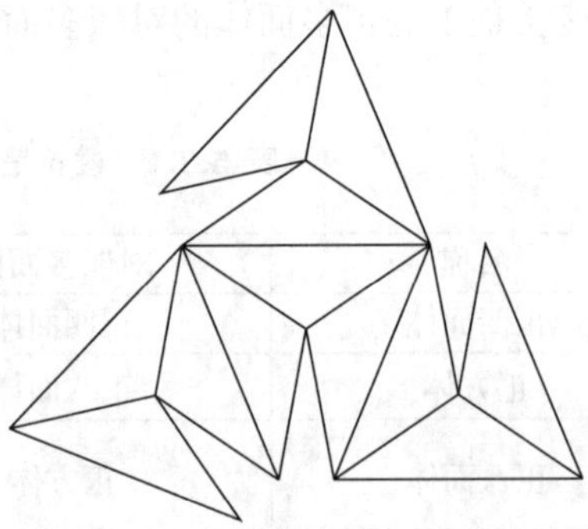

表 5.3.3 （续）

名称	直观图	展开图
三角八面体	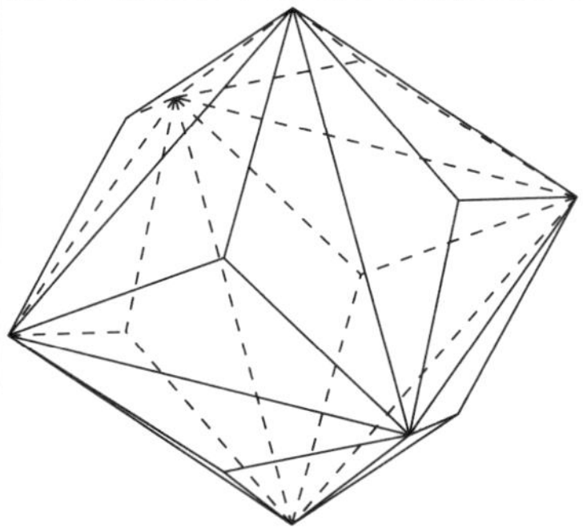	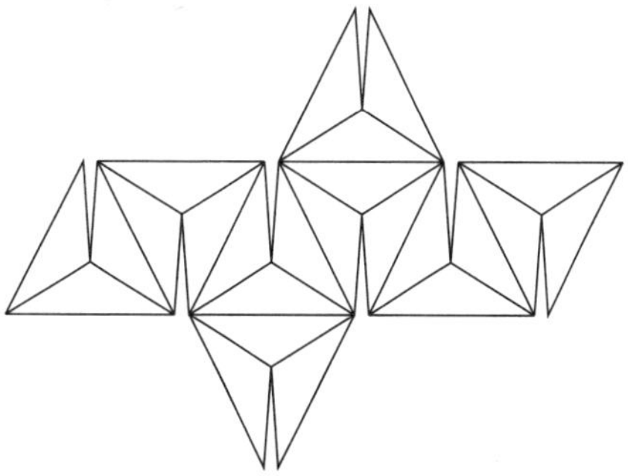
四角六面体	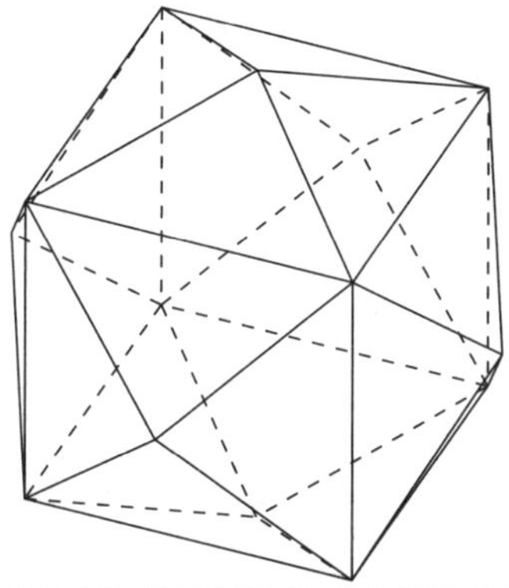	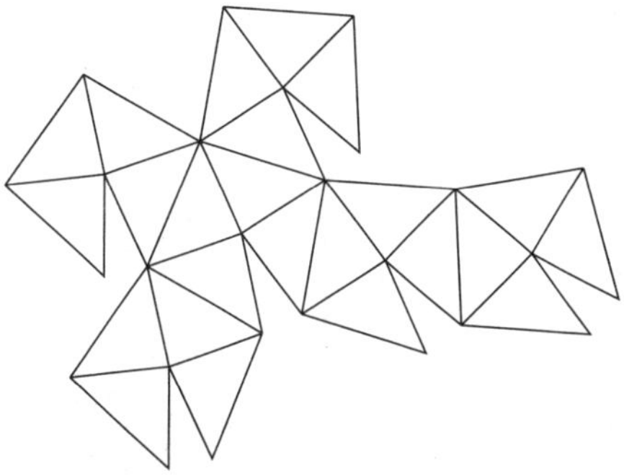
三角二十面体	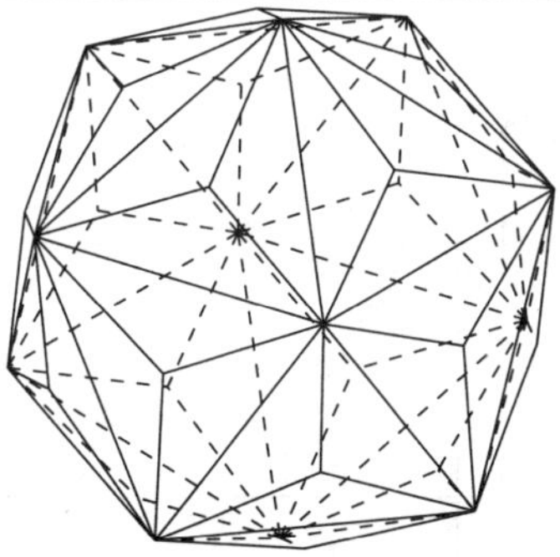	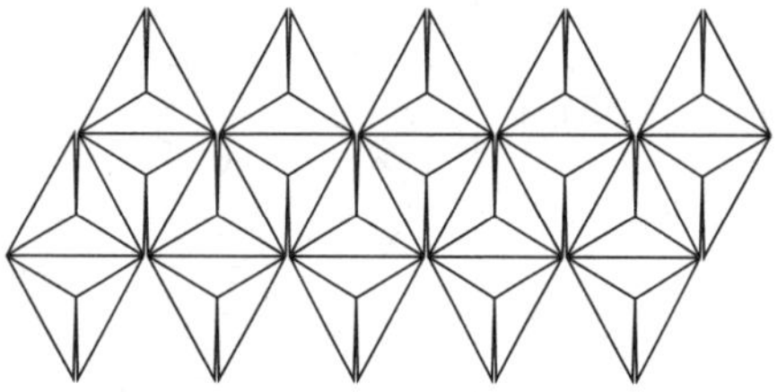
五角十二面体	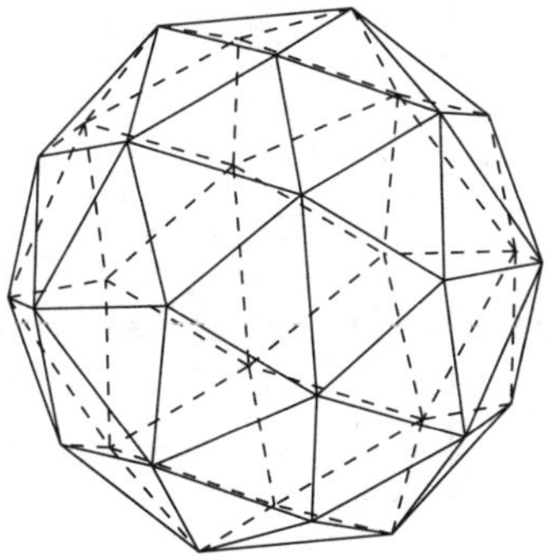	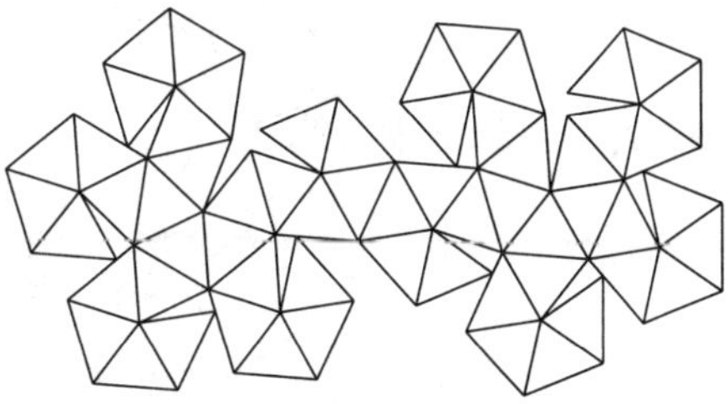

表 5.3.3 （续）

名称	直观图	展开图
菱形十二面体	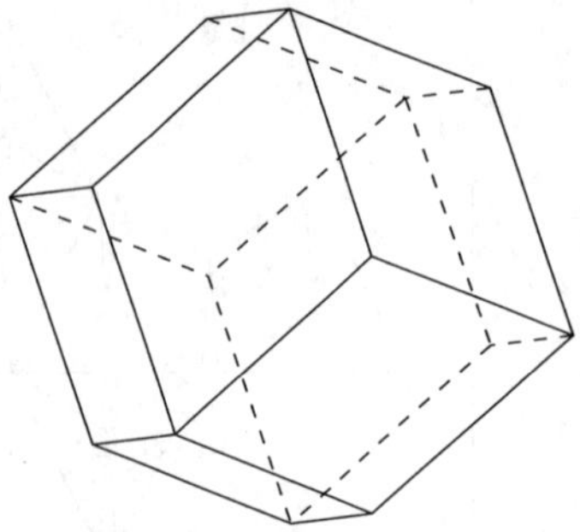	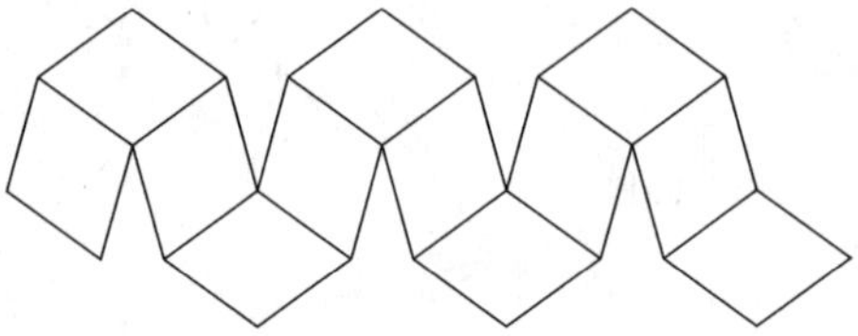
菱形三十面体	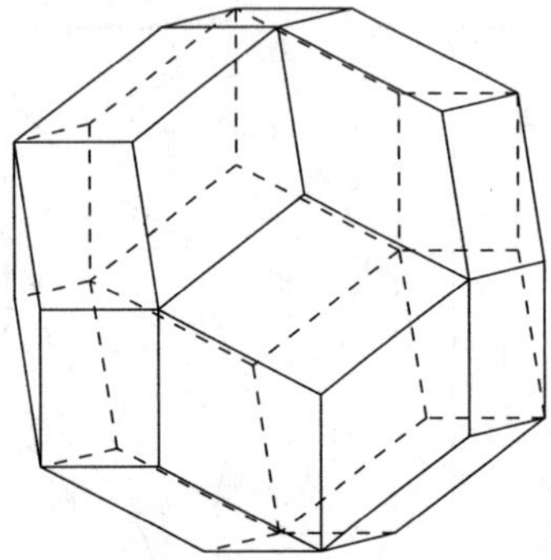	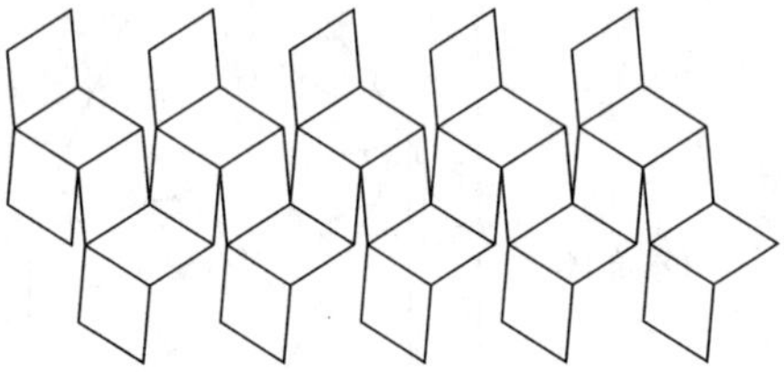
斜方二十四面体	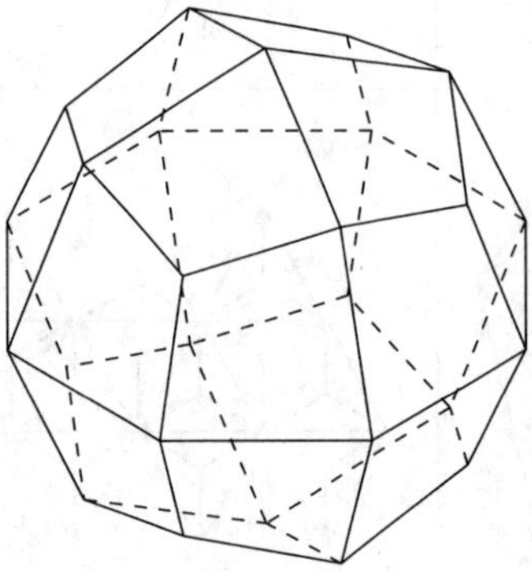	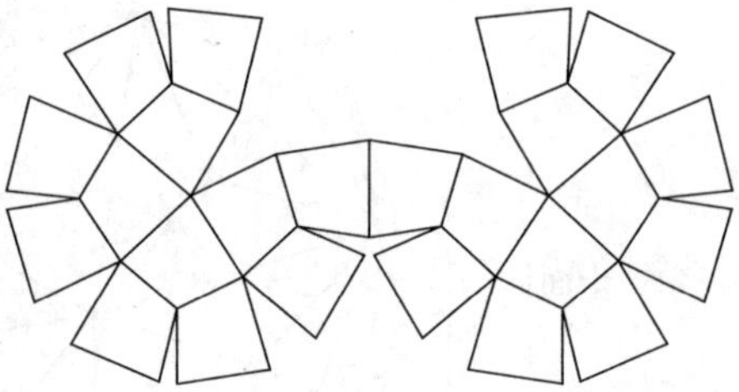
斜方六十面体	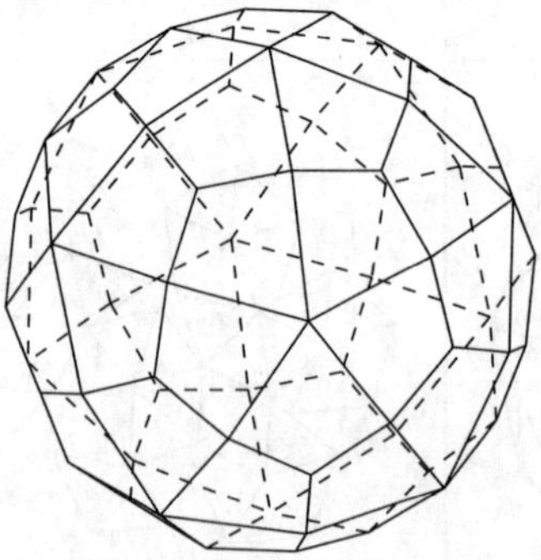	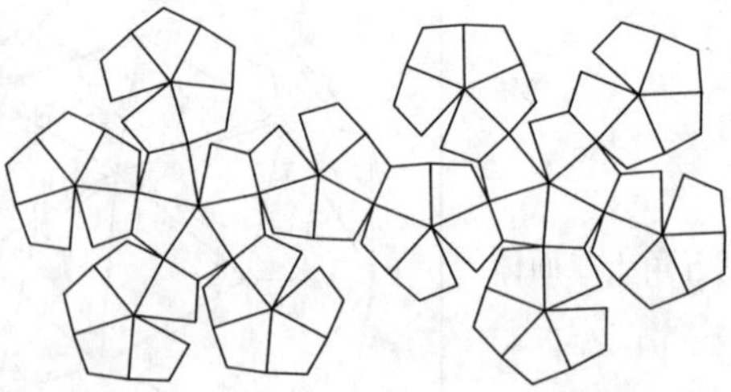

表 5.3.3 （续）

名称	直观图	展开图
三角十二面体	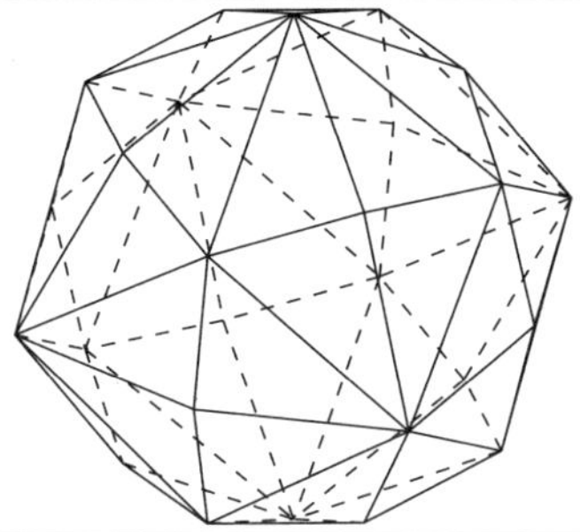	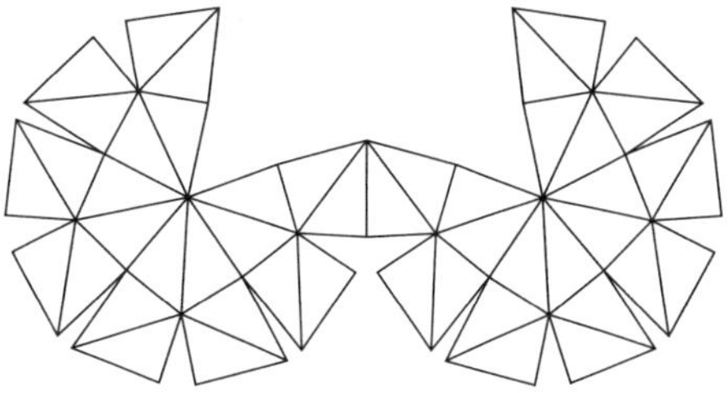
三角三十面体	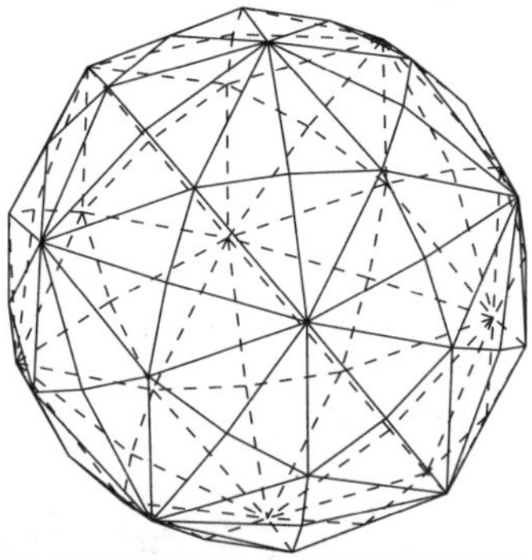	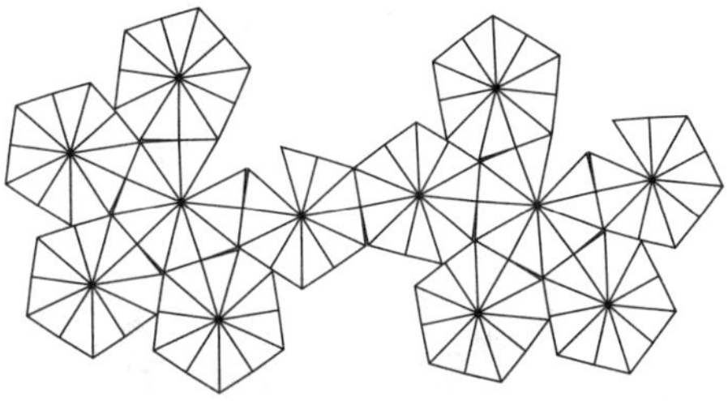
五角二十四面体	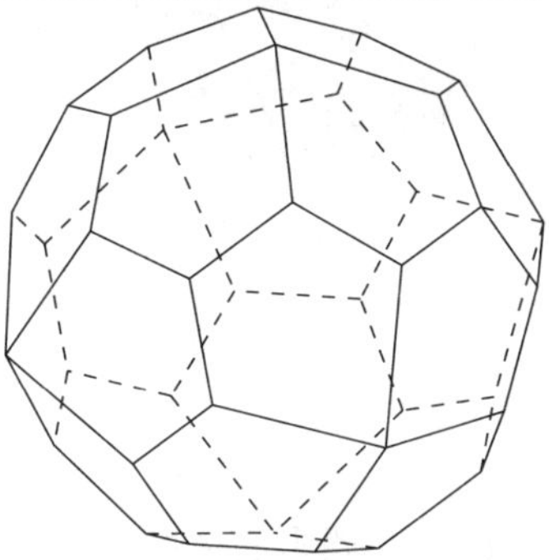	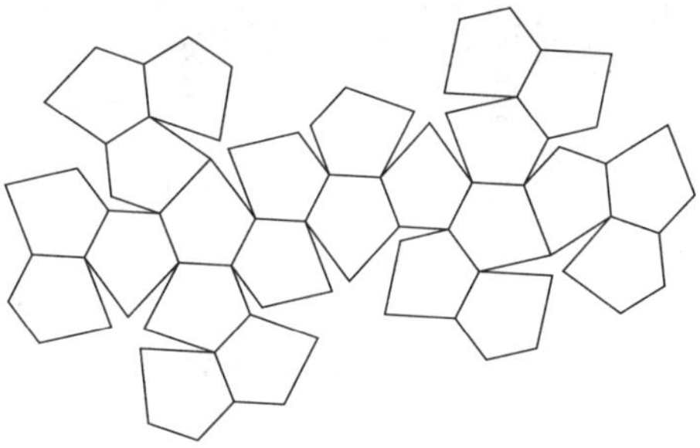
五角六十面体	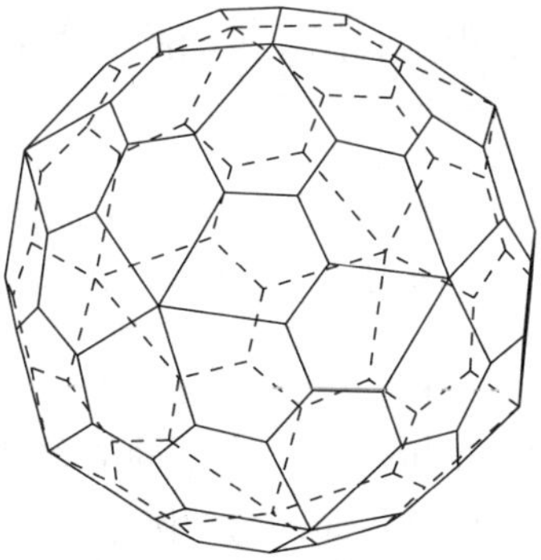	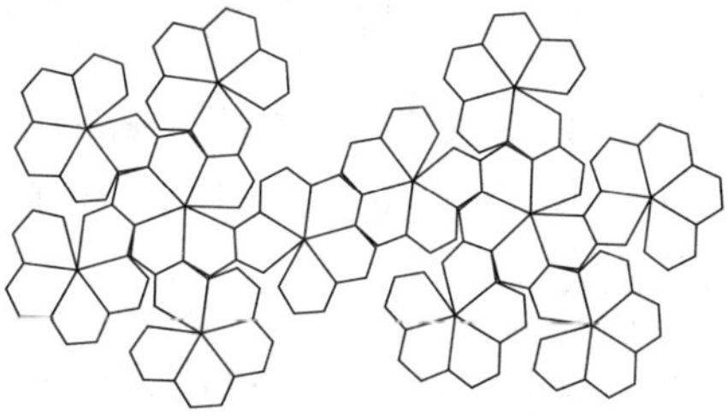

根据 Catalan 多面体的构造法可知截顶的 Archimedes 多面体的对偶 Catalan 多面体可看作正多面体各面补上一个正棱锥得到的.

5.3 正多面体和半正多面体的对偶多面体

图 5.3.2 的五角二十四面体和图 5.3.3 的五角六十面体是右旋的，图 5.3.4 的五角二十四面体和图 5.3.5 的五角六十面体是左旋的. 若直接从 Catalan 多面体判别，如图 5.3.6、5.3.7、5.3.8、5.3.9，选取五角二十四面体有四个面的顶点或五角六十面体有五个面的顶点，选取以这个顶点为公共点的面构成一部分，再选择不在这部分内部且与这部分内部两个相邻面都有公共边的五边形面，所选取的部分以及后面选取的五边形面形成右（左）手法则，即逆（顺）时针旋转的方向，则这个 Catalan 多面体是右（左）旋的.

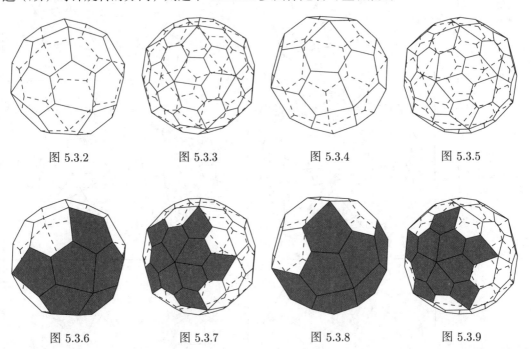

图 5.3.2　　　　图 5.3.3　　　　图 5.3.4　　　　图 5.3.5

图 5.3.6　　　　图 5.3.7　　　　图 5.3.8　　　　图 5.3.9

Catalan 多面体几何量的计算

虽然通过定理 5.3.4 可以先求得半正多面体的对偶多面体的内切球半径，然后通过勾股定理可以求得该多面体各面的内切圆半径，但是我们在下面的例题中考虑只从平面图形出发来求半正多面体的对偶多面体各面的内切圆半径.

例 5.3.2. 求棱长是 1 的 Archimedes 多面体的对偶 Catalan 多面体各面多边形的边长和内角大小以及二面角 θ 或其余弦值的大小、全面积 S，体积 V，内棱切球半径 ρ、内切球半径 r 的大小.

解： 以下设 R' 是 Catalan 多面体各面内切圆的半径. 在下面的解答过程中，我们仍考虑只从平面图形出发来求半正多面体的对偶多面体各面的内切圆半径.

（1）三角四面体

如图 5.3.10，设点 X、Y、Z 是截顶正四面体与同一顶点相联结的三棱的中点，其中 XY、XZ 在正六边形内，YZ 在正三角形内，$\triangle XYZ$ 的外接圆圆心是 O，$\triangle ABC$ 各边与

⊙O 相切，切点分别是 X、Y、Z. 则
$$XY = XZ = \frac{\sqrt{3}}{2}, \quad YZ = \frac{1}{2},$$

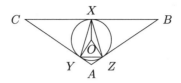

图 5.3.10

所以
$$\sin\frac{\angle YXZ}{2} = \frac{YZ}{2XY} = \frac{\sqrt{3}}{6},$$

于是得
$$\cos\angle YXZ = 1 - 2\sin^2\frac{\angle YXZ}{2} = \frac{5}{6},$$
$$\sin\angle YXZ = \frac{\sqrt{11}}{6},$$
$$R' = \frac{YZ}{2\sin\angle YXZ} = \frac{3\sqrt{11}}{22},$$

从以上量得
$$\cos\frac{\angle A}{2} = \sin\frac{\angle YOZ}{2} = \frac{YZ}{2R'} = \frac{\sqrt{11}}{6},$$
$$\cos\frac{\angle B}{2} = \cos\frac{\angle C}{2} = \sin\frac{\angle XOY}{2} = \sin\frac{\angle XOZ}{2} = \frac{XY}{2R'} = \frac{\sqrt{33}}{6},$$

所以
$$AY = AZ = R' \cot\frac{\angle A}{2} = \frac{3}{10},$$
$$BX = CX = BZ = CY = R' \cot\frac{B}{2} = \frac{3}{2},$$
$$\cos\angle A = 2\cos^2\frac{\angle A}{2} - 1 = -\frac{7}{18},$$
$$\cos\angle B = \cos\angle C = 2\cos^2\frac{\angle B}{2} - 1 = \frac{5}{6},$$

因此
$$AB = AC = AZ + BZ = \frac{9}{5}, \quad BC = 2BX = 3,$$

由此得
$$S = 12 \times \frac{1}{2}(AB + AC + BC)R' = \frac{27\sqrt{11}}{5}.$$

因为
$$\rho = \frac{3\sqrt{2}}{4},$$
所以
$$r = \sqrt{\rho^2 - R'^2} = \frac{9\sqrt{22}}{44},$$
于是
$$\sin\frac{\theta}{2} = \frac{r}{\rho} = \frac{3\sqrt{11}}{11}, \quad V = \frac{1}{3}Sr = \frac{81\sqrt{2}}{20},$$
由此得
$$\cos\theta = 1 - 2\sin^2\frac{\theta}{2} = -\frac{7}{11}.$$

（2）三角八面体

如图 5.3.11，设点 X、Y、Z 是截顶正方体与同一顶点相联结的三棱的中点，其中 XY、XZ 在正八边形内，YZ 在正三角形内，$\triangle XYZ$ 的外接圆圆心是 O，$\triangle ABC$ 各边与 $\odot O$ 相切，切点分别是 X、Y、Z. 则

$$XY = XZ = \frac{\sqrt{2+\sqrt{2}}}{2}, \quad YZ = \frac{1}{2},$$

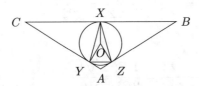

图 5.3.11

所以
$$\sin\frac{\angle YXZ}{2} = \frac{YZ}{2XY} = \frac{\sqrt{4-2\sqrt{2}}}{4},$$
于是得
$$\cos\angle YXZ = 1 - 2\sin^2\frac{\angle YXZ}{2} = \frac{2+\sqrt{2}}{4},$$
$$\sin\angle YXZ = \frac{\sqrt{10-4\sqrt{2}}}{4},$$
$$R' = \frac{YZ}{2\sin\angle YXZ} = \frac{\sqrt{170+68\sqrt{2}}}{34},$$
从以上量得
$$\cos\frac{\angle A}{2} = \sin\frac{\angle YOZ}{2} = \frac{YZ}{2R'} = \frac{\sqrt{10-4\sqrt{2}}}{4},$$

$$\cos\frac{\angle B}{2} = \cos\frac{\angle C}{2} = \sin\frac{\angle XOY}{2} = \sin\frac{\angle XOZ}{2} = \frac{XY}{2R'} = \frac{\sqrt{12+2\sqrt{2}}}{4},$$

所以

$$AY = AZ = R'\cot\frac{\angle A}{2} = \frac{2-\sqrt{2}}{2},$$

$$BW = BZ = DX = DY = R'\cot\frac{\angle B}{2} = \frac{2+\sqrt{2}}{2},$$

$$\cos\angle A = 2\cos^2\frac{\angle A}{2} - 1 = -\frac{2\sqrt{2}-1}{4},$$

$$\cos\angle B = \cos\angle C = 2\cos^2\frac{\angle B}{2} - 1 = \frac{2+\sqrt{2}}{4},$$

因此

$$AB = AC = AZ + BZ = 2,$$
$$BC = 2BX = 2+\sqrt{2},$$

由此得

$$S = 24 \times \frac{1}{2}(AB + AC + BC)R' = 12\sqrt{7+4\sqrt{2}}.$$

因为

$$\rho = \frac{2+\sqrt{2}}{2},$$

所以

$$r = \sqrt{\rho^2 - R'^2} = \frac{\sqrt{391 + 272\sqrt{2}}}{17},$$

于是

$$\sin\frac{\theta}{2} = \frac{r}{\rho} = \frac{\sqrt{170+68\sqrt{2}}}{17}, \quad V = \frac{1}{3}Sr = 12 + 8\sqrt{2},$$

由此得

$$\cos\theta = 1 - 2\sin^2\frac{\theta}{2} = -\frac{3+8\sqrt{2}}{17}.$$

（3）四角六面体

如图 5.3.12，设点 X、Y、Z 是截顶正八面体与同一顶点相联结的三棱的中点，其中 XY、XZ 在正六边形内，YZ 在正方形内，$\triangle XYZ$ 的外接圆圆心是 O，$\triangle ABC$ 各边与 $\odot O$ 相切，切点分别是 X、Y、Z. 则

$$XY = XZ = \frac{\sqrt{3}}{2}, \ YZ = \frac{\sqrt{2}}{2},$$

所以

$$\sin\frac{\angle YXZ}{2} = \frac{YZ}{2XY} = \frac{\sqrt{6}}{6},$$

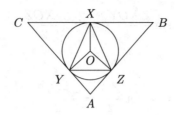

图 5.3.12

于是得
$$\cos\angle YXZ = 1 - 2\sin^2\frac{\angle YXZ}{2} = \frac{2}{3},$$
$$\sin\angle YXZ = \frac{\sqrt{5}}{3},$$
$$R' = \frac{YZ}{2\sin\angle YXZ} = \frac{3\sqrt{10}}{20},$$

从以上量得
$$\cos\frac{\angle A}{2} = \sin\frac{\angle YOZ}{2} = \frac{YZ}{2R'} = \frac{\sqrt{5}}{3},$$
$$\cos\frac{\angle B}{2} = \cos\frac{\angle C}{2} = \sin\frac{\angle XOY}{2} = \sin\frac{\angle XOZ}{2} = \frac{XY}{2R'} = \frac{\sqrt{30}}{6},$$

所以
$$AY = AZ = R'\cot\frac{\angle A}{2} = \frac{3\sqrt{2}}{8},$$
$$BX = CX = BZ = CY = R'\cot\frac{\angle B}{2} = \frac{3\sqrt{2}}{4},$$
$$\cos\angle A = 2\cos^2\frac{\angle A}{2} - 1 = \frac{1}{9},$$
$$\cos\angle B = \cos\angle C = 2\cos^2\frac{\angle B}{2} - 1 = \frac{2}{3},$$

因此
$$AB = AC = AZ + BZ = \frac{9\sqrt{2}}{8}, \quad BC = 2BX = \frac{3\sqrt{2}}{2},$$

由此得
$$S = 24 \times \frac{1}{2}(AB + AC + BC)R' = \frac{27\sqrt{5}}{2}.$$

因为
$$\rho = \frac{3}{2},$$

所以
$$r = \sqrt{\rho^2 - R'^2} = \frac{9\sqrt{10}}{20},$$

于是
$$\sin\frac{\theta}{2} = \frac{r}{\rho} = \frac{3\sqrt{10}}{10}, \quad V = \frac{1}{3}Sr = \frac{81\sqrt{2}}{8},$$

由此得
$$\cos\theta = 1 - 2\sin^2\frac{\theta}{2} = -\frac{4}{5}.$$

（4）三角二十面体

如图 5.3.13，设点 X、Y、Z 是截顶正十二面体与同一顶点相联结的三棱的中点，其中 XY、XZ 在正十边形内，YZ 在正三角形内，$\triangle XYZ$ 的外接圆圆心是 O，$\triangle ABC$ 各边与 $\odot O$ 相切，切点分别是 X、Y、Z. 则
$$XY = XZ = \frac{\sqrt{10+2\sqrt{5}}}{4}, \quad YZ = \frac{1}{2},$$

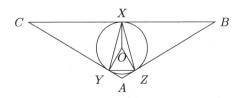

图 5.3.13

所以
$$\sin\frac{\angle YXZ}{2} = \frac{YZ}{2XY} = \frac{\sqrt{50-10\sqrt{5}}}{20},$$

于是得
$$\cos\angle YXZ = 1 - 2\sin^2\frac{\angle YXZ}{2} = \frac{15+\sqrt{5}}{20},$$
$$\sin\angle YXZ = \frac{\sqrt{170-30\sqrt{5}}}{20},$$
$$R' = \frac{YZ}{2\sin\angle YXZ} = \frac{\sqrt{10370+1830\sqrt{5}}}{244},$$

从以上量得
$$\cos\frac{\angle A}{2} = \sin\frac{\angle YOZ}{2} = \frac{YZ}{2R'} = \frac{\sqrt{170-30\sqrt{5}}}{20},$$
$$\cos\frac{\angle B}{2} = \cos\frac{\angle C}{2} = \sin\frac{\angle XOY}{2} = \sin\frac{\angle XOZ}{2} = \frac{XY}{2R'} = \frac{\sqrt{350+10\sqrt{5}}}{20},$$

所以
$$AY = AZ = R'\cot\frac{\angle A}{2} = \frac{15-\sqrt{5}}{44},$$

$$BX = CX = BZ = CY = R' \cot \frac{\angle B}{2} = \frac{5+\sqrt{5}}{4},$$

$$\cos \angle A = 2\cos^2 \frac{\angle A}{2} - 1 = -\frac{3+3\sqrt{5}}{20},$$

$$\cos \angle B = \cos \angle C = 2\cos^2 \frac{\angle B}{2} - 1 = \frac{15+\sqrt{5}}{20},$$

因此

$$AB = AC = AZ + BZ = \frac{35+5\sqrt{5}}{22}, \quad BC = 2BX = \frac{5+\sqrt{5}}{2},$$

由此得

$$S = 60 \times \frac{1}{2}(AB + AC + BC)R' = \frac{75\sqrt{626+234\sqrt{5}}}{22}.$$

因为

$$\rho = \frac{5+3\sqrt{5}}{4},$$

所以

$$r = \sqrt{\rho^2 - R'^2} = \frac{5\sqrt{2501+1098\sqrt{5}}}{122},$$

于是

$$\sin \frac{\theta}{2} = \frac{r}{\rho} = \frac{\sqrt{10370+1830\sqrt{5}}}{122}, \quad V = \frac{1}{3}Sr = \frac{2375+1125\sqrt{5}}{44},$$

由此得

$$\cos \theta = 1 - 2\sin^2 \frac{\theta}{2} = -\frac{24+15\sqrt{5}}{61}.$$

(5) 五角十二面体

如图 5.3.14,设点 X、Y、Z 是截顶正二十面体与同一顶点相联结的三棱的中点,其中 XY、XZ 在正六边形内,YZ 在正五边形内,$\triangle XYZ$ 的外接圆圆心是 O,$\triangle ABC$ 各边与 $\odot O$ 相切,切点分别是 X、Y、Z. 则

$$XY = XZ = \frac{\sqrt{3}}{2}, \quad YZ = \frac{\sqrt{5}+1}{4},$$

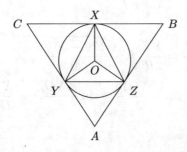

图 5.3.14

所以
$$\sin\frac{\angle YXZ}{2} = \frac{YZ}{2XY} = \frac{\sqrt{15}+\sqrt{3}}{12},$$

于是得
$$\cos\angle YXZ = 1 - 2\sin^2\frac{\angle YXZ}{2} = \frac{9-\sqrt{5}}{12},$$
$$\sin\angle YXZ = \frac{\sqrt{58+18\sqrt{5}}}{12},$$
$$R' = \frac{YZ}{2\sin\angle YXZ} = \frac{3\sqrt{4578+218\sqrt{5}}}{436},$$

从以上量得
$$\cos\frac{\angle A}{2} = \sin\frac{\angle YOZ}{2} = \frac{YZ}{2R'} = \frac{\sqrt{58+18\sqrt{5}}}{12},$$
$$\cos\frac{\angle B}{2} = \cos\frac{\angle C}{2} = \sin\frac{\angle XOY}{2} = \sin\frac{\angle XOZ}{2} = \frac{XY}{2R'} = \frac{\sqrt{126-6\sqrt{5}}}{12},$$

所以
$$AY = AZ = R'\cot\frac{\angle A}{2} = \frac{21+15\sqrt{5}}{76},$$
$$BX = CX = BZ = CY = R'\cot\frac{\angle B}{2} = \frac{3\sqrt{5}-3}{4},$$
$$\cos\angle A = 2\cos^2\frac{\angle A}{2} - 1 = \frac{9\sqrt{5}-7}{36},$$
$$\cos\angle B = \cos\angle C = 2\cos^2\frac{B}{2} - 1 = \frac{9-\sqrt{5}}{12},$$

因此
$$AB = AC = AZ + BZ = \frac{18\sqrt{5}-9}{19},$$
$$BC = 2BX = \frac{3\sqrt{5}-3}{2},$$

由此得
$$S = 60 \times \frac{1}{2}(AB+AC+BC)R' = \frac{135\sqrt{922-210\sqrt{5}}}{38}.$$

因为
$$\rho = \frac{3+3\sqrt{5}}{4},$$

所以
$$r = \sqrt{\rho^2 - R'^2} = \frac{9\sqrt{1853+654\sqrt{5}}}{218},$$

于是
$$\sin\frac{\theta}{2} = \frac{r}{\rho} = \frac{3\sqrt{4578+218\sqrt{5}}}{218}, \quad V = \frac{1}{3}Sr = \frac{3645+405\sqrt{5}}{76},$$
由此得
$$\cos\theta = 1 - 2\sin^2\frac{\theta}{2} = -\frac{80+9\sqrt{5}}{109}.$$

（6）菱形十二面体

如图 5.3.15，设点 W、X、Y、Z 是截半正方体与同一顶点相联结的四棱的中点，其中 WX、YZ 在正方形内，XY、ZW 在正三角形内，矩形 $WXYZ$ 的外接圆圆心是 O，菱形 $ABCD$ 各边与 $\odot O$ 相切，切点分别是 W、X、Y、Z. 则

$$WX = YZ = \frac{\sqrt{2}}{2}, \quad XY = ZW = \frac{1}{2},$$

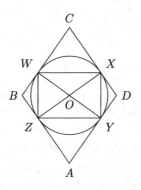

图 5.3.15

所以
$$R' = \frac{1}{2}\sqrt{WX^2 + XY^2} = \frac{\sqrt{3}}{4},$$
从以上量得
$$\cos\frac{\angle A}{2} = \cos\frac{\angle C}{2} = \sin\frac{\angle YOZ}{2} = \frac{YZ}{2R'} = \frac{\sqrt{6}}{3},$$
$$\cos\frac{\angle B}{2} = \cos\frac{\angle D}{2} = \sin\frac{\angle XOY}{2} = \frac{XY}{2R'} = \frac{\sqrt{3}}{3},$$
所以
$$AY = AZ = CW = CX = R'\cot\frac{\angle A}{2} = \frac{\sqrt{6}}{4},$$
$$BW = BZ = DX = DY = R'\cot\frac{\angle B}{2} = \frac{\sqrt{6}}{8},$$
$$\cos\angle A = \cos\angle C = 2\cos^2\frac{\angle A}{2} - 1 = \frac{1}{3},$$

$$\cos \angle B = \cos \angle D = 2\cos^2 \frac{\angle B}{2} - 1 = -\frac{1}{3},$$

因此

$$AB = BC = CD = DA = AZ + BZ = \frac{3\sqrt{6}}{8},$$

由此得

$$S = 12 \times \frac{1}{2}(AB + BC + CD + DA)R' = \frac{27\sqrt{2}}{4}.$$

因为

$$\rho = \frac{\sqrt{3}}{2},$$

所以

$$r = \sqrt{\rho^2 - R'^2} = \frac{3}{4},$$

于是

$$\frac{\theta}{2} = \arcsin \frac{r}{\rho} = 60°, \quad V = \frac{1}{3}Sr = \frac{27\sqrt{2}}{16},$$

由此得

$$\theta = 120°.$$

（7）菱形三十面体

如图 5.3.16，设点 W、X、Y、Z 是截半正十二面体与同一顶点相联结的四棱的中点，其中 WX、YZ 在正方形内，XY、ZW 在正三角形内，矩形 $WXYZ$ 的外接圆圆心是 O，菱形 $ABCD$ 各边与 $\odot O$ 相切，切点分别是 W、X、Y、Z. 则

$$WX = YZ = \frac{\sqrt{5}+1}{4},$$
$$XY = ZW = \frac{1}{2},$$

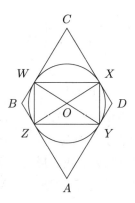

图 5.3.16

所以
$$R' = \frac{1}{2}\sqrt{WX^2 + XY^2} = \frac{\sqrt{10+2\sqrt{5}}}{8},$$

从以上量得
$$\cos\frac{\angle A}{2} = \cos\frac{\angle C}{2} = \sin\frac{\angle YOZ}{2} = \frac{YZ}{2R'} = \frac{\sqrt{50+10\sqrt{5}}}{10},$$
$$\cos\frac{\angle B}{2} = \cos\frac{\angle D}{2} = \sin\frac{\angle XOY}{2} = \frac{XY}{2R'} = \frac{\sqrt{50-10\sqrt{5}}}{10},$$

所以
$$AY = AZ = CW = CX = R'\cot\frac{\angle A}{2} = \frac{\sqrt{5+2\sqrt{5}}}{4},$$
$$BW = BZ = DX = DY = R'\cot\frac{\angle B}{2} = \frac{\sqrt{10-2\sqrt{5}}}{8},$$
$$\cos\angle A = \cos\angle C = 2\cos^2\frac{\angle A}{2} - 1 = \frac{\sqrt{5}}{5},$$
$$\cos\angle B = \cos\angle D = 2\cos^2\frac{\angle B}{2} - 1 = -\frac{\sqrt{5}}{5},$$

因此
$$AB = BC = CD = DA = AZ + BZ = \frac{\sqrt{50+10\sqrt{5}}}{8},$$

由此得
$$S = 30 \times \frac{1}{2}(AB + BC + CD + DA)R' = \frac{75\sqrt{5}+75}{8}.$$

因为
$$\rho = \frac{\sqrt{5+2\sqrt{5}}}{2},$$

所以
$$r = \sqrt{\rho^2 - R'^2} = \frac{5+3\sqrt{5}}{8},$$

于是
$$\frac{\theta}{2} = \arcsin\frac{r}{\rho} = 72°, \quad V = \frac{1}{3}Sr = \frac{125+50\sqrt{5}}{16},$$

由此得
$$\theta = 144°.$$

（8）斜方二十四面体

如图 5.3.17，设点 W、X、Y、Z 是小削棱正方体与同一顶点相联结的四棱的中点，其中 WX 在正三角形内，XY、YZ、ZW 在正方形内，等腰梯形 $WXYZ$ 的外接圆圆心是 O，四边形 $ABCD$ 各边与 $\odot O$ 相切，切点分别是 W、X、Y、Z. 则
$$WX = \frac{1}{2}, \quad XY = YZ = ZW = \frac{\sqrt{2}}{2},$$

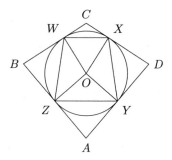

图 5.3.17

所以
$$\cos\angle WXY = -\frac{YZ-WX}{2XY} = -\frac{2-\sqrt{2}}{4},$$

由此得
$$R' = \frac{\sqrt{WX^2+XY^2-2\cdot WX\cdot XY\cdot \cos\angle WXY}}{2\cdot \sin\angle WXY} = \frac{\sqrt{204+34\sqrt{2}}}{34},$$

从以上量得到
$$\cos\frac{\angle A}{2} = \cos\frac{\angle B}{2} = \cos\frac{\angle D}{2} = \sin\frac{\angle YOZ}{2} = \frac{YZ}{2R'} = \frac{\sqrt{12-2\sqrt{2}}}{4},$$
$$\cos\frac{\angle C}{2} = \sin\frac{\angle WOX}{2} = \frac{WX}{2R'} = \frac{\sqrt{6-\sqrt{2}}}{4},$$

所以
$$AY = AZ = BW = BZ = DX = DY = R'\cot\frac{\angle A}{2} = \frac{\sqrt{4-2\sqrt{2}}}{2},$$
$$CW = CX = R'\cot\frac{\angle C}{2} = \frac{\sqrt{20-2\sqrt{2}}}{14},$$
$$\cos\angle A = \cos\angle B = \cos\angle D = 2\cos^2\frac{\angle A}{2} - 1 = \frac{2-\sqrt{2}}{4},$$
$$\cos\angle C = 2\cos^2\frac{\angle C}{2} - 1 = -\frac{2+\sqrt{2}}{8},$$

因此
$$AB = DA = 2BW = \sqrt{4-2\sqrt{2}},\ BC = CD = BW + CW = \frac{2\sqrt{10-\sqrt{2}}}{7},$$

由此得
$$S = 24\times\frac{1}{2}(AB+BC+CD+DA)R' = \frac{24\sqrt{62-16\sqrt{2}}}{7}.$$

因为
$$\rho = \frac{\sqrt{4+2\sqrt{2}}}{2},$$

所以
$$r = \sqrt{\rho^2 - R'^2} = \frac{\sqrt{238 + 136\sqrt{2}}}{17},$$
于是
$$\sin\frac{\theta}{2} = \frac{r}{\rho} = \frac{\sqrt{204 + 34\sqrt{2}}}{17}, \quad V = \frac{1}{3}Sr = \frac{32\sqrt{2} + 16}{7},$$
由此得
$$\cos\theta = 1 - 2\sin^2\frac{\theta}{2} = -\frac{7 + 4\sqrt{2}}{17}.$$

（9）斜方六十面体

如图 5.3.18，设点 W、X、Y、Z 是小削棱正十二面体与同一顶点相联结的四棱的中点，其中 WX 在正三角形内，XY、ZW 在正方形内，YZ 在正五边形内，等腰梯形 $WXYZ$ 的外接圆圆心是 O，四边形 $ABCD$ 各边与 $\odot O$ 相切，切点分别是 W、X、Y、Z. 则
$$WX = \frac{1}{2}, \quad XY = ZW = \frac{\sqrt{2}}{2}, \quad YZ = \frac{\sqrt{5} + 1}{4},$$

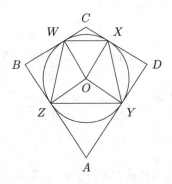

图 5.3.18

所以
$$\cos\angle WXY = -\frac{YZ - WX}{2XY} = -\frac{\sqrt{10} - \sqrt{2}}{8},$$
由此得
$$R' = \frac{\sqrt{WX^2 + XY^2 - 2 \cdot WX \cdot XY \cdot \cos\angle WXY}}{2 \cdot \sin\angle WXY} = \frac{\sqrt{1230 + 164\sqrt{5}}}{82},$$
从以上量得
$$\cos\frac{\angle A}{2} = \sin\frac{\angle YOZ}{2} = \frac{YZ}{2R'} = \frac{\sqrt{175 + 45\sqrt{5}}}{20},$$
$$\cos\frac{\angle B}{2} = \cos\frac{\angle D}{2} = \sin\frac{\angle XOY}{2} = \frac{XY}{2R'} = \frac{\sqrt{75 - 10\sqrt{5}}}{10},$$
$$\cos\frac{\angle C}{2} = \sin\frac{\angle WOX}{2} = \frac{WX}{2R'} = \frac{\sqrt{150 - 20\sqrt{5}}}{20},$$

所以
$$AY = AZ = R'\cot\frac{\angle A}{2} = \frac{\sqrt{10+4\sqrt{5}}}{6},$$
$$BW = BZ = DX = DY = R'\cot\frac{\angle B}{2} = \frac{\sqrt{10-4\sqrt{5}}}{2},$$
$$CW = CX = R'\cot\frac{\angle C}{2} = \frac{\sqrt{50-4\sqrt{5}}}{22},$$
$$\cos\angle A = 2\cos^2\frac{\angle A}{2} - 1 = \frac{9\sqrt{5}-5}{40},$$
$$\cos\angle B = \cos\angle D = 2\cos^2\frac{\angle B}{2} - 1 = \frac{5-2\sqrt{5}}{10},$$
$$\cos\angle C = 2\cos^2\frac{\angle C}{2} - 1 = -\frac{5+2\sqrt{5}}{20},$$

因此
$$AB = DA = AZ + BZ = \frac{\sqrt{25-5\sqrt{5}}}{3},$$
$$BC = CD = BW + CW = \frac{\sqrt{425-155\sqrt{5}}}{11},$$

由此得
$$S = 60 \times \frac{1}{2}(AB+BC+CD+DA)R' = \frac{100\sqrt{79-16\sqrt{5}}}{11}.$$

因为
$$\rho = \frac{\sqrt{10+4\sqrt{5}}}{2},$$

所以
$$r = \sqrt{\rho^2 - R'^2} = \frac{\sqrt{3895+1640\sqrt{5}}}{41},$$

于是
$$\sin\frac{\theta}{2} = \frac{r}{\rho} = \frac{\sqrt{1230+164\sqrt{5}}}{41},\ V = \frac{1}{3}Sr = \frac{400\sqrt{5}+500}{33},$$

由此得
$$\cos\theta = 1 - 2\sin^2\frac{\theta}{2} = -\frac{19+8\sqrt{5}}{41}.$$

（10）三角十二面体

如图 5.3.19，设点 X、Y、Z 是大削棱正方体与同一顶点相联结的三棱的中点，其中 XY 在正八边形内，XZ 在正六边形内，YZ 在正方形内，$\triangle XYZ$ 的外接圆圆心是 O，$\triangle ABC$ 各边与 $\odot O$ 相切，切点分别是 X、Y、Z．则
$$XY = \frac{\sqrt{2+\sqrt{2}}}{2},\ XZ = \frac{\sqrt{3}}{2},\ YZ = \frac{\sqrt{2}}{2},$$

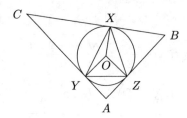

图 5.3.19

所以

$$\cos\angle YXZ = \frac{XY^2 + XZ^2 - YZ^2}{2\cdot XY\cdot XZ} = \frac{\sqrt{60+6\sqrt{2}}}{12},$$

$$\sin\angle YXZ = \sqrt{1-\cos^2\angle YXZ} = \frac{\sqrt{84-6\sqrt{2}}}{12},$$

$$R' = \frac{YZ}{2\sin\angle YXZ} = \frac{\sqrt{8148+582\sqrt{2}}}{194},$$

从以上量得

$$\cos\frac{\angle A}{2} = \sin\frac{\angle YOZ}{2} = \frac{YZ}{2R'} = \frac{\sqrt{84-6\sqrt{2}}}{12},$$

$$\cos\frac{\angle B}{2} = \sin\frac{\angle XOZ}{2} = \frac{XZ}{2R'} = \frac{\sqrt{14-\sqrt{2}}}{4},$$

$$\cos\frac{\angle C}{2} = \sin\frac{\angle XOY}{2} = \frac{XY}{2R'} = \frac{\sqrt{78+36\sqrt{2}}}{12},$$

所以

$$AY = AZ = R'\cot\frac{\angle A}{2} = \frac{\sqrt{60-6\sqrt{2}}}{14},$$

$$BX = BZ = R'\cot\frac{\angle B}{2} = \frac{\sqrt{12-6\sqrt{2}}}{2},$$

$$CX = CY = R'\cot\frac{\angle C}{2} = \frac{\sqrt{204+138\sqrt{2}}}{14},$$

$$\cos\angle A = 2\cos^2\frac{\angle A}{2} - 1 = \frac{2-\sqrt{2}}{12},$$

$$\cos\angle B = 2\cos^2\frac{\angle B}{2} - 1 = \frac{6-\sqrt{2}}{8},$$

$$\cos\angle C = 2\cos^2\frac{\angle C}{2} - 1 = \frac{6\sqrt{2}+1}{12},$$

因此

$$AB = AZ + BZ = \frac{35+5\sqrt{5}}{22},$$

$$BC = BX + CX = \frac{2\sqrt{60 + 6\sqrt{2}}}{7},$$

$$CA = AY + CY = \frac{3\sqrt{12 + 6\sqrt{2}}}{7},$$

由此得

$$S = 48 \times \frac{1}{2}(AB + AC + BC)R' = \frac{72\sqrt{26 + 12\sqrt{2}}}{7}.$$

因为

$$\rho = \frac{\sqrt{12 + 6\sqrt{2}}}{2},$$

所以

$$r = \sqrt{\rho^2 - R'^2} = \frac{3\sqrt{2910 + 1552\sqrt{2}}}{97},$$

于是

$$\sin\frac{\theta}{2} = \frac{r}{\rho} = \frac{\sqrt{8148 + 582\sqrt{2}}}{97},$$

$$V = \frac{1}{3}Sr = \frac{144 + 144\sqrt{2}}{7},$$

由此得

$$\cos\theta = 1 - 2\sin^2\frac{\theta}{2} = -\frac{71 + 12\sqrt{2}}{97}.$$

（11）三角三十面体

如图 5.3.20，设点 X、Y、Z 是大削棱正十二面体与同一顶点相联结的三棱的中点，其中 XY 在正十边形内，XZ 在正六边形内，YZ 在正方形内，$\triangle XYZ$ 的外接圆圆心是 O，$\triangle ABC$ 各边与 $\odot O$ 相切，切点分别是 X、Y、Z. 则

$$XY = \frac{\sqrt{10 + 2\sqrt{5}}}{4}, \quad XZ = \frac{\sqrt{3}}{2}, \quad YZ = \frac{\sqrt{2}}{2},$$

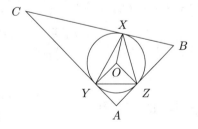

图 5.3.20

所以

$$\cos\angle YXZ = \frac{XY^2 + XZ^2 - YZ^2}{2 \cdot XY \cdot XZ} = \frac{\sqrt{375 + 30\sqrt{5}}}{30},$$

$$\sin \angle YXZ = \sqrt{1-\cos^2 \angle YXZ} = \frac{\sqrt{525-30\sqrt{5}}}{30},$$

$$R' = \frac{YZ}{2\sin \angle YXZ} = \frac{\sqrt{50610+2892\sqrt{5}}}{482},$$

从以上量得

$$\cos \frac{\angle A}{2} = \sin \frac{\angle YOZ}{2} = \frac{YZ}{2R'} = \frac{\sqrt{525-30\sqrt{5}}}{30},$$

$$\cos \frac{\angle B}{2} = \sin \frac{\angle XOZ}{2} = \frac{XZ}{2R'} = \frac{\sqrt{350-20\sqrt{5}}}{20},$$

$$\cos \frac{\angle C}{2} = \sin \frac{\angle XOY}{2} = \frac{XY}{R'} = \frac{\sqrt{99+15\sqrt{5}}}{12},$$

所以

$$AY = AZ = R'\cot \frac{\angle A}{2} = \frac{\sqrt{150-12\sqrt{5}}}{22},$$

$$BX = BZ = R'\cot \frac{\angle B}{2} = \frac{\sqrt{30-12\sqrt{5}}}{2},$$

$$CX = CY = R'\cot \frac{\angle C}{2} = \frac{\sqrt{150+60\sqrt{5}}}{10},$$

$$\cos \angle A = 2\cos^2 \frac{\angle A}{2} - 1 = \frac{5-2\sqrt{5}}{30},$$

$$\cos \angle B = 2\cos^2 \frac{\angle B}{2} - 1 = \frac{15-2\sqrt{5}}{20},$$

$$\cos \angle C = 2\cos^2 \frac{\angle C}{2} - 1 = \frac{9+5\sqrt{5}}{24},$$

因此

$$AB = AZ + BZ = \frac{\sqrt{1275-465\sqrt{5}}}{11},$$

$$BC = BX + CX = \frac{2\sqrt{75-15\sqrt{5}}}{5},$$

$$CA = AY + CY = \frac{3\sqrt{975+285\sqrt{5}}}{55},$$

由此得

$$S = 120 \times \frac{1}{2}(AB+AC+BC)R' = \frac{180\sqrt{179-24\sqrt{5}}}{11}.$$

因为

$$\rho = \frac{\sqrt{30+12\sqrt{5}}}{2},$$

所以

$$r = \sqrt{\rho^2 - R'^2} = \frac{3\sqrt{46995+19280\sqrt{5}}}{241},$$

于是
$$\sin\frac{\theta}{2} = \frac{r}{\rho} = \frac{\sqrt{50610 + 2892\sqrt{5}}}{241}, \quad V = \frac{1}{3}Sr = \frac{900 + 720\sqrt{5}}{11},$$

由此得
$$\cos\theta = 1 - 2\sin^2\frac{\theta}{2} = -\frac{179 + 24\sqrt{5}}{241}.$$

（12）五角二十四面体

如图 5.3.21，设点 V、W、X、Y、Z 是扭棱正方体与同一顶点相联结的五棱的中点，其中 VW 在正方形内，WX、XY、YZ、ZV 在正三角形内，五边形 $VWXYZ$ 的外接圆圆心是 O，五边形 $ABCDE$ 各边与 $\odot O$ 相切，切点分别是 V、W、X、Y、Z. 设 $WX = XY = YZ = ZV = a$，$VW = b$，则

$$XZ = 2 \cdot \frac{\sqrt{R'^2 - \left(\frac{a}{2}\right)^2}}{R'} \cdot a = \frac{\sqrt{4R'^2 - a^2}}{R'}.$$

图 5.3.21

因为
$$\frac{\sqrt{a^2 + b^2 - 2ab\cos\angle VWX}}{2\sin\angle VWX} = R',$$

所以
$$a^2 + b^2 - 2ab\cos\angle VWX = 4R'^2 - 4R'^2\cos^2\angle VWX.$$

因为
$$\cos\angle VWX = -\frac{XZ - b}{2a} = -\frac{a\sqrt{4R'^2 - a^2} - bR'}{2aR'},$$

代入上一方程，两边乘以 a^2R'，并通过移项把含有根号的因式放到方程左边，把不含根号的因式放到方程右边，化简后得

$$a(2R'^2 - a^2)\sqrt{4R'^2 - a^2} = bR'^3,$$

把上面方程两边平方，化简后得

$$(16a^2 - b^2)R'^6 - 20a^4R'^4 + 8a^6R'^2 - a^8 = 0.$$

把 $a = \dfrac{1}{2}$, $b = \dfrac{\sqrt{2}}{2}$ 代入方程，化简后得

$$896R'^6 - 320R'^4 + 32R'^2 - 1 = 0,$$

解这个方程，得满足条件的 R' 的唯一解

$$R' = \frac{\sqrt{840 + 42\sqrt[3]{566 + 42\sqrt{33}} + 42\sqrt[3]{566 - 42\sqrt{33}}}}{84} \approx 0.46409568899278580471,$$

由此得

$$\cos \angle A = \cos \angle B = \cos \angle C = \cos \angle E = \cos\left(2\arccos\frac{1}{4R'}\right)$$

$$= \frac{2 - \sqrt[3]{19 + 3\sqrt{33}} - \sqrt[3]{19 - 3\sqrt{33}}}{6},$$

$$\angle A = \angle B = \angle C = \angle E \approx 114°48'43'',$$

$$\cos \angle D = \cos\left(2\arccos\frac{\sqrt{2}}{4R'}\right)$$

$$= \frac{5 - \sqrt[3]{19 + 3\sqrt{33}} - \sqrt[3]{19 - 3\sqrt{33}}}{3},$$

$$\angle D \approx 80°45'6'',$$

通过余切关系得

$$AX = AY = BY = BZ = CV = CZ = EW = EX = R' \cot \frac{\angle A}{2}$$

$$= \frac{\sqrt{6\left(4 - \sqrt[3]{2(13 + 3\sqrt{33})} + \sqrt[3]{2(-13 + 3\sqrt{33})}\right)}}{12} \approx 0.29673267798599365525,$$

$$DV = DW = R' \cot \frac{\angle D}{2}$$

$$= \frac{\sqrt{6\left(\sqrt[3]{6(9 + \sqrt{33})} + \sqrt[3]{6(9 - \sqrt{33})}\right)}}{12} \approx 0.54577648445886681200,$$

由上面的量得

$$AB = BC = EA = 2AX$$

$$= \frac{\sqrt{6\left(4 - \sqrt[3]{2(13 + 3\sqrt{33})} + \sqrt[3]{2(-13 + 3\sqrt{33})}\right)}}{6} \approx 0.59346535597198731050,$$

$$CD = DE = CV + DV$$

$$= \frac{\sqrt{3\left(4 + \sqrt[3]{19 + 3\sqrt{33}} + \sqrt[3]{19 - 3\sqrt{33}}\right)}}{6} \approx 0.84250916244486046725,$$

由含有内切圆的多边形的面积公式得

$$S = 24 \times \frac{1}{2}(AB + BC + CD + DE + EA)R'$$
$$= \sqrt{6\left(38 + \sqrt[3]{2501 + 363\sqrt{33}} + \sqrt[3]{2501 - 363\sqrt{33}}\right)} \approx 19.299406563296038279.$$

因为

$$\rho = \frac{\sqrt{3\left(7 + \sqrt[3]{199 + 3\sqrt{33}} + \sqrt[3]{199 - 3\sqrt{33}}\right)}}{6} \approx 1.2472231679936432518$$

（其精确值可以用例 5.2.1 中的方法求得），所以

$$r = \sqrt{\rho^2 - R'^2}$$
$$= \frac{\sqrt{42\left(78 + \sqrt[3]{66(6039 + 49\sqrt{33})} + \sqrt[3]{66(6039 - 49\sqrt{33})}\right)}}{84}$$
$$\approx 1.1576617909555498021,$$

由此得

$$\cos\theta = \cos\left(2\arcsin\frac{r}{\rho}\right) = \frac{1 - \sqrt[3]{2(283 + 21\sqrt{33})} - \sqrt[3]{2(283 - 21\sqrt{33})}}{21}$$
$$\theta \approx 136°18'33'',$$
$$V = \frac{1}{3}Sr$$
$$= \frac{\sqrt{6\left(113 + \sqrt[3]{1327067 + 1419\sqrt{33}} + \sqrt[3]{1327067 - 1419\sqrt{33}}\right)}}{6}$$
$$\approx 7.4473951888148613654.$$

（13）五角六十面体

如图 5.3.22，设点 V、W、X、Y、Z 是扭棱正十二面体与同一顶点相联结的五棱的中点，其中 VW 在正五边形内，WX、XY、YZ、ZV 在正三角形内，五边形 $VWXYZ$ 的外接圆圆心是 O，五边形 $ABCDE$ 各边与 $\odot O$ 相切，切点分别是 V、W、X、Y、Z. 设 $WX = XY = YZ = ZV = a$，$VW = b$，利用五角二十四面体的方法，得到关于 R' 的方程

$$(16a^2 - b^2)R'^6 - 20a^4R'^4 + 8a^6R'^2 - a^8 = 0.$$

把 $a = \frac{1}{2}$，$b = \frac{\sqrt{5} + 1}{4}$ 代入方程，化简后得

$$\left(928 - 32\sqrt{5}\right)R'^6 - 320R'^4 + 32R'^2 - 1 = 0,$$

5.3 正多面体和半正多面体的对偶多面体

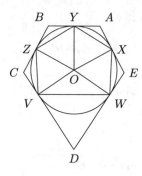

图 5.3.22

解这个方程,得到满足条件的 R' 的唯一解

$$R' = \frac{\sqrt{627(87+3\sqrt{5})(40+P+Q)}}{2508} \approx 0.486366642528279793266,$$

其中

$$P = \sqrt[3]{3322+1314\sqrt{5}+6\sqrt{96702+54090\sqrt{5}}},$$

$$Q = \sqrt[3]{3322+1314\sqrt{5}-6\sqrt{96702+54090\sqrt{5}}},$$

由此得

$$\cos\angle A = \cos\angle B = \cos\angle C = \cos\angle E = \cos\left(2\arccos\frac{1}{4R'}\right)$$

$$= \frac{4-\sqrt[3]{2\left(49+27\sqrt{5}+3\sqrt{6(93+49\sqrt{5})}\right)}-\sqrt[3]{2\left(49+27\sqrt{5}-3\sqrt{6(93+49\sqrt{5})}\right)}}{12}$$

$$\angle A = \angle B = \angle C = \angle E \approx 118°8'12'',$$

$$\cos\angle D = \cos\left(2\arccos\frac{\sqrt{5}+1}{8R'}\right)$$

$$= \frac{12+8\sqrt{5}-\sqrt[3]{2P_1}-\sqrt[3]{2Q_1}}{12}$$

$$\angle D \approx 67°27'13'',$$

其中

$$P_1 = 981+439\sqrt{5}+3\sqrt{6(32613+14585\sqrt{5})},$$

$$Q_1 = 981+439\sqrt{5}-3\sqrt{6(32613+14585\sqrt{5})},$$

通过余切关系得

$$AX = AY = BY = BZ = CV = CZ = EW = EX = R'\cot\frac{\angle A}{2}$$

$$= \frac{2-2\sqrt{5}+\sqrt[3]{2P_2}+\sqrt[3]{2Q_2}}{12} \approx 0.291449767737249120721,$$

$$DV = DW = R'\cot\frac{\angle D}{2}$$

$$= \frac{2-2\sqrt{5}+\sqrt[3]{2P_3}+\sqrt[3]{2Q_3}}{12} \approx 0.72853847965035469104,$$

其中

$$P_2 = 37 - 5\sqrt{5} + 3\sqrt{6\left(-143+69\sqrt{5}\right)},$$

$$Q_2 = 37 - 5\sqrt{5} - 3\sqrt{6\left(-143+69\sqrt{5}\right)},$$

$$P_3 = 489637 + 197851\sqrt{5} + 93\sqrt{6\left(8362577+3739941\sqrt{5}\right)},$$

$$Q_3 = 489637 + 197851\sqrt{5} - 93\sqrt{6\left(8362577+3739941\sqrt{5}\right)},$$

由上面的量得

$$AB = BC = EA = 2AX$$

$$= \frac{2-2\sqrt{5}+\sqrt[3]{2P_2}+\sqrt[3]{2Q_2}}{6} \approx 0.58289953474498241442,$$

$$CD = DE = CV + DV$$

$$= \frac{53-17\sqrt{5}+\sqrt[3]{2P_4}+\sqrt[3]{2Q_4}}{186} \approx 1.0199882470228458983,$$

其中

$$P_4 = 425071 - 34529\sqrt{5} + 2883\sqrt{6\left(-5367+2531\sqrt{5}\right)},$$

$$Q_4 = 425071 - 34529\sqrt{5} + 2883\sqrt{6\left(-5367+2531\sqrt{5}\right)},$$

由含有内切圆的多边形的面积公式得

$$S = 60 \times \frac{1}{2}(AB+BC+CD+DE+EA)R'$$

$$= \frac{5}{62}\sqrt{6\left(4\left(16897-3141\sqrt{5}\right)+\sqrt[3]{10P_5}+\sqrt[3]{10Q_5}\right)} \approx 55.280530923261226254,$$

其中 $P_5 = t + 2883\sqrt{30}u$, $Q_5 = t - 2883\sqrt{30}u$, $t = 17913557628415 - 7596049296123\sqrt{5}$, $u = -44758534990035447 + 20838979261125485\sqrt{5}$. 因为

$$\rho = \frac{1}{12}\sqrt{6\left(21+7\sqrt{5}+\sqrt[3]{4P_6}+\sqrt[3]{4Q_6}\right)} \approx 2.0970538352520879924,$$

其中 $P_6 = 5112 + 2285\sqrt{5} + 3\sqrt{7137+3192\sqrt{5}}$, $Q_6 = 5112 + 2285\sqrt{5} - 3\sqrt{7137+3192\sqrt{5}}$ (其精确值可以用例 5.2.1 中的方法求得), 所以

$$r = \sqrt{\rho^2 - R'^2}$$

$$= \frac{1}{2508}\sqrt{1254\left(3809 + 1443\sqrt{5} + \sqrt[3]{4P_7} + \sqrt[3]{4Q_7}\right)} \approx 2.0398731549542790000,$$

其中 $P_7 = t_1 + 627\sqrt{u_1}$, $Q_7 = t_1 - 627\sqrt{3u_1}$,

$$t_1 = 41398270391 + 18509124564\sqrt{5},$$
$$u_1 = 852772300599 + 381385736504\sqrt{5},$$

由此得

$$\cos\theta = \cos\left(2\arcsin\frac{r}{\rho}\right) = -\frac{-47 + 20\sqrt{5} + \sqrt[3]{2P_8} + \sqrt[3]{2Q_8}}{627},$$

$$\theta \approx 153°10'43'',$$

$$V = \frac{1}{3}Sr = \frac{5}{62}\sqrt{6\left(227738 + 93188\sqrt{5} + \sqrt[3]{4P_9} + \sqrt[3]{4Q_9}\right)}$$

$$\approx 37.588423673993486442,$$

其中 $P_8 = t_2 + 627\sqrt{6u_2}$, $Q_8 = t_2 - 627\sqrt{6u_2}$, $P_9 = t_3 + 2883\sqrt{3u_3}$, $Q_9 = t_3 - 2883\sqrt{3u_3}$,

$$t_2 = 6192143 + 2563547\sqrt{5},$$
$$u_2 = 5760573 + 2813807\sqrt{5},$$
$$t_3 = 10195805825570138 + 4559719388003035\sqrt{5},$$
$$u_3 = 3080409605751804551 + 1377819324658718076\sqrt{5}. \qquad \square$$

Catalan 多面体的各种棱长精确值和近似值分别汇成表 5.3.4、表 5.3.5,Catalan 多面体的各种面角精确值和近似值分别汇成表 5.3.6、表 5.3.7,Catalan 多面体的二面角大小、全面积、体积精确值和近似值分别汇成表 5.3.8、表 5.3.9,Catalan 多面体的内棱切球半径、内切球半径精确值和近似值分别汇成表 5.3.10、表 5.3.11. 表 5.3.4、表 5.3.6、表 5.3.8、表 5.3.10 中五角二十四面体和五角六十面体的精确值可以采用例 5.3.2 的方法求得.

表 5.3.4 棱长是 1 的 Archimedes 多面体对偶 Catalan 多面体的各种棱长精确值

名称	棱长	
三角四面体	3	$\frac{9}{5}$
三角八面体	$2+\sqrt{2}$	2
四角六面体	$\frac{3\sqrt{2}}{2}$	$\frac{9\sqrt{2}}{8}$
三角二十面体	$\frac{5+\sqrt{5}}{2}$	$\frac{35+5\sqrt{5}}{22}$
五角十二面体	$\frac{3\sqrt{5}-3}{2}$	$\frac{18\sqrt{5}-9}{19}$

表 5.3.4 （续）

名称	棱长		
菱形十二面体	$\dfrac{3\sqrt{6}}{8}$		
菱形三十面体	$\dfrac{\sqrt{50+10\sqrt{5}}}{8}$		
斜方二十四面体	$\sqrt{4-2\sqrt{2}}$	$\dfrac{2\sqrt{10-\sqrt{2}}}{7}$	
斜方六十面体	$\dfrac{\sqrt{25-5\sqrt{5}}}{3}$	$\dfrac{\sqrt{425-155\sqrt{5}}}{11}$	
三角十二面体	$\dfrac{2\sqrt{60+6\sqrt{2}}}{7}$	$\dfrac{3\sqrt{12+6\sqrt{2}}}{7}$	$\dfrac{2\sqrt{30-3\sqrt{2}}}{7}$
三角三十面体	$\dfrac{2\sqrt{75-15\sqrt{5}}}{5}$	$\dfrac{3\sqrt{975+285\sqrt{5}}}{55}$	$\dfrac{\sqrt{1275-465\sqrt{5}}}{11}$
五角二十四面体	—	—	
五角六十面体	—	—	

表 5.3.5 棱长是 1 的 Archimedes 多面体对偶 Catalan 多面体的各种棱长近似值

名称	棱长		
三角四面体	3.0000000000000000000	1.8000000000000000000	
三角八面体	3.4142135623730950488	2.0000000000000000000	
四角六面体	2.1213203435596425732	1.5909902576697319299	
三角二十面体	3.6180339887498948482	2.0991063585226794765	
五角十二面体	1.8541019662496845446	1.6446959786840112913	
菱形十二面体	0.9185586535436917868 2		
菱形三十面体	1.0633135104400499152		
斜方二十四面体	1.0823922002923939688	0.8371860758042764231 6	
斜方六十面体	1.2391601148672816338	0.8049919843938111698 8	
三角十二面体	2.3644524131865197592	1.9397429472460411059	1.4500488186822163018
三角三十面体	2.5755459331956214849	2.1901744798065037825	1.3942870166557737040
五角二十四面体	0.8425091624448604672 5	0.5934653559719873105 0	
五角六十面体	1.0199882470228458983	0.5828995347449824144 2	

表 5.3.6 Catalan 多面体的各种面角精确值

名称	面角		
三角四面体	$\arccos\left(-\dfrac{7}{18}\right)$	$\arccos\dfrac{5}{6}$	

表 5.3.6 （续）

名称	面角		
三角八面体	$\arccos\left(-\dfrac{2\sqrt{2}-1}{4}\right)$	$\arccos\dfrac{2+\sqrt{2}}{4}$	
四角六面体	$\arccos\dfrac{1}{9}$	$\arccos\dfrac{2}{3}$	
三角二十面体	$\arccos\left(-\dfrac{3\sqrt{5}+3}{20}\right)$	$\arccos\dfrac{15+\sqrt{5}}{20}$	
五角十二面体	$\arccos\dfrac{9\sqrt{5}-7}{36}$	$\arccos\dfrac{9-\sqrt{5}}{12}$	
菱形十二面体	$\arccos\left(-\dfrac{1}{3}\right)$	$\arccos\dfrac{1}{3}$	
菱形三十面体	$\arccos\left(-\dfrac{\sqrt{5}}{5}\right)$	$\arccos\dfrac{\sqrt{5}}{5}$	
斜方二十四面体	$\arccos\left(-\dfrac{2+\sqrt{2}}{8}\right)$	$\arccos\dfrac{2-\sqrt{2}}{4}$	
斜方六十面体	$\arccos\left(-\dfrac{5+2\sqrt{5}}{20}\right)$	$\arccos\dfrac{5-2\sqrt{5}}{10}$	$\arccos\dfrac{9\sqrt{5}-5}{40}$
三角十二面体	$\arccos\dfrac{2-\sqrt{2}}{12}$	$\arccos\dfrac{6-\sqrt{2}}{8}$	$\arccos\dfrac{6\sqrt{2}+1}{12}$
三角三十面体	$\arccos\dfrac{5-2\sqrt{5}}{30}$	$\arccos\dfrac{15-2\sqrt{5}}{20}$	$\arccos\dfrac{9+5\sqrt{5}}{24}$
五角二十四面体	—	—	
五角六十面体	—	—	

表 5.3.7　Catalan 多面体的各种面角近似值

名称	面角		
三角四面体	112°53′07″	33°33′26″	
三角八面体	117°12′02″	31°23′59″	
四角六面体	83°37′14″	48°11′23″	
三角二十面体	119°02′21″	30°28′49″	
五角十二面体	68°37′07″	55°41′26″	
菱形十二面体	109°28′16″	70°31′44″	
菱形三十面体	116°33′54″	63°26′06″	
斜方二十四面体	115°15′47″	81°34′44″	
斜方六十面体	118°16′07″	86°58′27″	67°46′59″
三角十二面体	87°12′07″	55°01′29″	37°46′24″
三角三十面体	88°59′30″	58°14′17″	32°46′13″

表 5.3.7 （续）

名称	面角	
五角二十四面体	114°48′43″	80°45′06″
五角六十面体	118°08′12″	67°27′13″

表 5.3.8　棱长是 1 的 Archimedes 多面体对偶 Catalan 多面体的二面角大小、全面积、体积精确值

名称	二面角	全面积	体积
三角四面体	$\arccos\left(-\dfrac{7}{11}\right)$	$\dfrac{27\sqrt{11}}{5}$	$\dfrac{81\sqrt{2}}{20}$
三角八面体	$\arccos\left(-\dfrac{3+8\sqrt{2}}{17}\right)$	$12\sqrt{7+4\sqrt{2}}$	$12+8\sqrt{2}$
四角六面体	$\arccos\left(-\dfrac{4}{5}\right)$	$\dfrac{27\sqrt{5}}{2}$	$\dfrac{81\sqrt{2}}{8}$
三角二十面体	$\arccos\left(-\dfrac{24+15\sqrt{5}}{61}\right)$	$\dfrac{75\sqrt{626+234\sqrt{5}}}{22}$	$\dfrac{2375+1125\sqrt{5}}{44}$
五角十二面体	$\arccos\left(-\dfrac{80+9\sqrt{5}}{109}\right)$	$\dfrac{135\sqrt{922-210\sqrt{5}}}{38}$	$\dfrac{3645+405\sqrt{5}}{76}$
菱形十二面体	$120°$	$\dfrac{27\sqrt{2}}{4}$	$\dfrac{27\sqrt{2}}{16}$
菱形三十面体	$144°$	$\dfrac{75\sqrt{5}+75}{8}$	$\dfrac{125+50\sqrt{5}}{16}$
斜方二十四面体	$\arccos\left(-\dfrac{7+4\sqrt{2}}{17}\right)$	$\dfrac{24\sqrt{62-16\sqrt{2}}}{7}$	$\dfrac{32\sqrt{2}+16}{7}$
斜方六十面体	$\arccos\left(-\dfrac{19+8\sqrt{5}}{41}\right)$	$\dfrac{100\sqrt{79-16\sqrt{5}}}{11}$	$\dfrac{400\sqrt{5}+500}{33}$
三角十二面体	$\arccos\left(-\dfrac{71+12\sqrt{2}}{97}\right)$	$\dfrac{72\sqrt{26+12\sqrt{2}}}{7}$	$\dfrac{144+144\sqrt{2}}{7}$
三角三十面体	$\arccos\left(-\dfrac{179+24\sqrt{5}}{241}\right)$	$\dfrac{180\sqrt{179-24\sqrt{5}}}{11}$	$\dfrac{900+720\sqrt{5}}{11}$
五角二十四面体	—	—	—
五角六十面体	—	—	—

表 5.3.9　棱长是 1 的 Archimedes 多面体对偶 Catalan 多面体的二面角大小、全面积、体积近似值

名称	二面角	全面积	体积
三角四面体	129°31′16″	17.9097738679191 59185	5.7275649276110349476
三角八面体	147°21′00″	42.691767495934186821	23.313708498984760390

表 5.3.9 （续）

名称	二面角	全面积	体积
四角六面体	143°07′48″	30.186917696247160902	14.318912319027587369
三角二十面体	160°36′45″	116.57717814542100715	111.14946533380144110
五角十二面体	156°43′07″	75.565544704433850714	59.876414880097563514
菱形十二面体	120°00′00″	9.5459415460183915794	2.3864853865045978949
菱形三十面体	144°00′00″	30.338137289060528404	14.800212429686842801
斜方二十四面体	138°07′05″	21.513454645857756671	8.7506905708484345088
斜方六十面体	154°07′17″	59.767395102644803054	42.255369424239875108
三角十二面体	155°04′56″	67.424848155089284364	49.663821854532241004
三角三十面体	164°53′16″	183.19554518150396045	228.17899489089532558
五角二十四面体	136°18′33″	19.299406563296038279	7.4473951888148613654
五角六十面体	153°10′43″	55.280530923261226254	37.588423673993486442

表 5.3.10 棱长是 1 的 Archimedes 多面体对偶 Catalan 多面体的内棱切球半径、内切球半径精确值

名称	内棱切球半径	内切球半径
三角四面体	$\dfrac{3\sqrt{2}}{4}$	$\dfrac{9\sqrt{22}}{44}$
三角八面体	$\dfrac{2+\sqrt{2}}{2}$	$\dfrac{\sqrt{391+272\sqrt{2}}}{17}$
四角六面体	$\dfrac{3}{2}$	$\dfrac{9\sqrt{10}}{20}$
三角二十面体	$\dfrac{5+3\sqrt{5}}{4}$	$\dfrac{5\sqrt{2501+1098\sqrt{5}}}{122}$
五角十二面体	$\dfrac{3+3\sqrt{5}}{4}$	$\dfrac{9\sqrt{1853+654\sqrt{5}}}{218}$
菱形十二面体	$\dfrac{\sqrt{3}}{2}$	$\dfrac{3}{4}$
菱形三十面体	$\dfrac{\sqrt{5+2\sqrt{5}}}{2}$	$\dfrac{5+3\sqrt{5}}{8}$
斜方二十四面体	$\dfrac{\sqrt{4+2\sqrt{2}}}{2}$	$\dfrac{\sqrt{238+136\sqrt{2}}}{17}$
斜方六十面体	$\dfrac{\sqrt{10+4\sqrt{5}}}{2}$	$\dfrac{\sqrt{3895+1640\sqrt{5}}}{41}$
三角十二面体	$\dfrac{\sqrt{12+6\sqrt{2}}}{2}$	$\dfrac{3\sqrt{2910+1552\sqrt{2}}}{97}$
三角三十面体	$\dfrac{\sqrt{30+12\sqrt{5}}}{2}$	$\dfrac{3\sqrt{46995+19280\sqrt{5}}}{241}$
五角二十四面体	—	—
五角六十面体	—	—

表 5.3.11　棱长是 1 的 Archimedes 多面体对偶 Catalan 多面体的内棱切球半径、内切球半径近似值

名称	内棱切球半径	内切球半径
三角四面体	1.0606601717798212866	0.9594032236002469543
三角八面体	1.7071067811865475244	1.6382813268065143234
四角六面体	1.5000000000000000000	1.4230249470757706994
三角二十面体	2.9270509831248422723	2.8852583129200411870
五角十二面体	2.4270509831248422723	2.3771316059838161118
菱形十二面体	0.8660254037844386467	0.7500000000000000000
菱形三十面体	1.5388417685876267013	1.4635254915624211362
斜方二十四面体	1.3065629648763765279	1.2202629537976100741
斜方六十面体	2.1762508994828215111	2.1209910195184334175
三角十二面体	2.2630334384537146236	2.2097412102566332828
三角三十面体	3.7693771279217166027	3.7366464560831424485
五角二十四面体	1.2472231679936432518	1.1576617909555498021
五角六十面体	2.0970538352520879924	2.0398731549542790000

正棱柱和正反棱柱的对偶多面体

由于侧面是正方形的正 n 棱柱的对偶多面体与原多面体侧棱相交的棱垂直于原多面体的侧棱，因此这些棱在同一平面内，所以侧面是正方形的正 n 棱柱的对偶多面体是底面重合，两顶点关于底面对称的两个正 n 棱锥组合起来的多面体，这个多面体称为正 n 双锥. 侧面是正三角形的正 n 反棱柱的对偶多面体称为正 n 偏方面体.

图 5.3.23、5.3.24、5.3.25 分别是侧面是正方形的正三、五、六棱柱的对偶多面体，图 5.3.26、5.3.27、5.3.28 分别是侧面是正三角形的正四、五、六反棱柱的对偶多面体的直观图. 其中侧面是正方形的正 n 棱柱的对偶多面体有 $n+2$ 个顶点，有 $2n$ 个面，有 $3n$ 条棱；侧面是正三角形的正 n 反棱柱有 $2n+2$ 个顶点，有 $2n$ 个面，有 $4n$ 条棱.

图 5.3.23

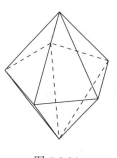

图 5.3.24

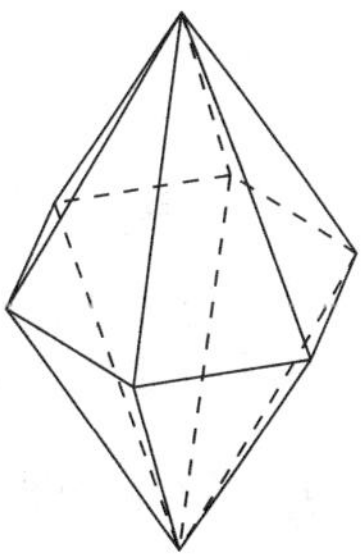

图 5.3.25

5.3 正多面体和半正多面体的对偶多面体

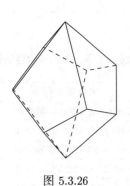
图 5.3.26

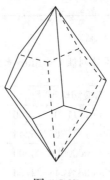
图 5.3.27

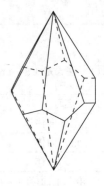
图 5.3.28

例 5.3.3. 求棱长是 1，侧面是正方形的正 n 棱柱和侧面是正三角形的正 n 反棱柱各面多边形的边长和内角大小以及二面角 θ 的大小、全面积 S，体积 V，内棱切球半径 ρ 的大小、内切球半径 r 的大小.

解：分如下情形：

（1）正 n 双锥

如图 5.3.29，设点 S、T、U 是侧面是正方形的正 n 棱柱与同一顶点相联结的三棱的中点，其中 ST、SU 在正方形内，TU 在正 n 边形内，$\triangle STU$ 的外接圆圆心是 O，$\triangle XYZ$ 各边与 $\odot O$ 相切，切点分别是 S、T、U. 则

$$ST = SU = \frac{\sqrt{2}}{2},\ TU = \cos\frac{180°}{n},\ \cos\angle STU = \frac{TU}{2ST} = \frac{\sqrt{2}}{2}\cos\frac{180°}{n},$$

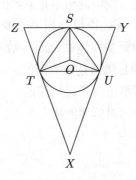

图 5.3.29

所以

$$\sin\angle STU = \frac{1}{2}\sqrt{2 + 2\sin^2\frac{180°}{n}},$$

于是 $\triangle STU$ 的外接圆半径等于

$$R' = \frac{SU}{2\sin\angle STU} = \frac{1}{2\sqrt{1 + \sin^2\frac{180°}{n}}},$$

由此得到

$$\sin\frac{\angle SOT}{2} = \sin\frac{\angle SOU}{2} = \frac{ST}{2R'} = \frac{1}{2}\sqrt{2+2\sin^2\frac{180°}{n}},$$

$$\sin\frac{\angle TOU}{2} = \frac{TU}{2R'} = \cos\frac{180°}{n}\sqrt{1+\sin^2\frac{180°}{n}},$$

于是

$$\cos\frac{\angle SOT}{2} = \cos\frac{\angle SOU}{2} = \frac{\sqrt{2}}{2}\cos\frac{180°}{n},$$

$$\cos\frac{\angle TOU}{2} = \sin^2\frac{180°}{n},$$

所以

$$\sin\frac{\angle XYZ}{2} = \sin\frac{\angle XZY}{2} = \frac{\sqrt{2}}{2}\cos\frac{180°}{n},$$

$$\sin\frac{\angle YXZ}{2} = \sin^2\frac{180°}{n},$$

$$SY = SZ = TZ = UY = R'\tan\frac{\angle SOT}{2} = \frac{1}{2}\sec\frac{180°}{n},$$

$$TX = UX = R'\tan\frac{\angle TOU}{2} = \frac{1}{2}\cot\frac{180°}{n}\csc\frac{180°}{n},$$

于是得

$$XY = XZ = UX + UY = \frac{1}{2}\csc^2\frac{180°}{n},$$

$$YZ = 2SY = \sec\frac{180°}{n},$$

$$S = \frac{2n}{2}(XY+XZ+YZ)R' = \frac{n\left(\sin^2\frac{180°}{n}+\cos\frac{180°}{n}\right)}{\sin\frac{360°}{n}\sin\frac{180°}{n}\sqrt{1+\sin^2\frac{180°}{n}}}.$$

由例 5.2.2 得

$$\rho = \frac{1}{2}\csc\frac{180°}{n},$$

所以

$$r = \sqrt{\rho^2 - R'^2} = \frac{1}{2\sin\frac{180°}{n}\sqrt{1+\sin^2\frac{180°}{n}}},$$

$$\sin\frac{\theta}{2} = \frac{r}{\rho} = \frac{1}{\sqrt{1+\sin^2\frac{180°}{n}}},$$

$$V = \frac{1}{3}Sr = \frac{n\left(\sin^2\frac{180°}{n}+\cos\frac{180°}{n}\right)}{3\sin\frac{360°}{n}\left(1-\cos\frac{360°}{n}\right)\left(1+\sin^2\frac{180°}{n}\right)}.$$

5.3 正多面体和半正多面体的对偶多面体

（2）正 n 偏方体

如图 5.3.30，设点 P、Q、R、S 是侧面是正三角形的正 n 反棱柱与同一顶点相联结的四棱的中点，其中 PQ、QR、RS 在正方形内，SP 在正 n 边形内，四边形 $PQRS$ 的外接圆圆心是 O，四边形 $WXYZ$ 各边与 $\odot O$ 相切，切点分别是 W、X、Y、Z. 则四边形 $PQRS$ 是等腰梯形，$PS \parallel QR$，则

$$PQ = QR = RS = \frac{1}{2}, \quad SP = \cos\frac{180°}{n},$$

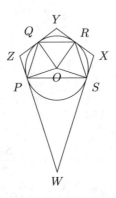

图 5.3.30

所以

$$\cos\angle QPS = \cos\angle PSR = \frac{SP - QR}{2PQ} = \frac{1}{2}\left(2\cos\frac{180°}{n} - 1\right),$$

于是

$$\cos\angle PQR = \cos\angle QRS = -\frac{1}{2}\left(2\cos\frac{180°}{n} - 1\right),$$

由余弦定理和四点共圆的性质，知四边形 $PQRS$ 的外接圆半径是

$$R' = \frac{1}{\sin\angle PQR} \cdot \frac{1}{4}\sqrt{2(1-\cos\angle PQR)} = \frac{1}{2\sqrt{3 - 2\cos\frac{180°}{n}}},$$

所以

$$\sin\frac{\angle POQ}{2} = \sin\frac{\angle QOR}{2} = \sin\frac{\angle ROS}{2} = \frac{1}{4R'} = \frac{1}{2}\sqrt{3 - 2\cos\frac{180°}{n}},$$

$$\sin\frac{\angle SOP}{2} = \frac{1}{2R'}\cos\frac{180°}{n} = \cos\frac{180°}{n}\sqrt{3 - 2\cos\frac{180°}{n}},$$

于是

$$\cos\frac{\angle WXY}{2} = \cos\frac{\angle XYZ}{2} = \cos\frac{\angle YZW}{2} = \frac{1}{2}\sqrt{3 - 2\cos\frac{180°}{n}},$$

$$\cos\frac{\angle ZWX}{2} = \cos\frac{180°}{n}\sqrt{3 - 2\cos\frac{180°}{n}},$$

$$SX = RX = RY = QY = QZ = PZ = R'\tan\frac{\angle WXY}{2} = \frac{1}{2\sqrt{1+2\cos\dfrac{180°}{n}}},$$

$$PW = SW = R'\tan\frac{\angle ZWX}{2} = \frac{\cos\dfrac{180°}{n}}{2\left(1-\cos\dfrac{180°}{n}\right)\sqrt{1+2\cos\dfrac{180°}{n}}},$$

由此得

$$WX = ZW = PW + PZ = \frac{1}{2\left(1-\cos\dfrac{180°}{n}\right)\sqrt{1+2\cos\dfrac{180°}{n}}},$$

$$XY = YZ = 2PZ = \frac{1}{\sqrt{1+2\cos\dfrac{180°}{n}}},$$

$$S = \frac{2n}{2}(WX+XY+XZ+YZ)R' = \frac{n}{4\left(1-\cos\dfrac{180°}{n}\right)}\sqrt{\frac{6-4\cos\dfrac{180°}{n}}{1+2\cos\dfrac{180°}{n}}},$$

由正多面体的例 5.2.2 得

$$\rho = \frac{1}{4}\csc\frac{90°}{n},$$

所以

$$r = \sqrt{\rho^2 - R'^2} = \frac{1}{4\sin\dfrac{90°}{n}\sqrt{3-2\cos\dfrac{180°}{n}}},$$

$$\sin\frac{\theta}{2} = \frac{r}{\rho} = \frac{1}{\sqrt{3-2\cos\dfrac{180°}{n}}},$$

$$V = \frac{1}{3}Sr = \frac{n}{48\sin\dfrac{90°}{n}\left(1-\cos\dfrac{180°}{n}\right)}\sqrt{\frac{2}{1+2\cos\dfrac{180°}{n}}}. \qquad \square$$

5.4 网格多面体与规范多面体

网格球

将一个多面体的面用三角形网格划分成更小的面,再将顶点往外推到在一个球面上或近似球面,这样的多面体就称为网格球. 网格球顶是网格球的一部分,它是 Buckminster Fuller 首先并应用到建筑上的,这种建筑结构稳固,需要的零件较少,搭建起来较快,搬运起来也较轻,在加拿大蒙特尔举行的 1967 年世界博览会的美国馆曾采用网格球顶.

构造一个网格球最简捷的方法是使用面为正三角形的正多面体（一般使用正二十面体）对其面进行三角形网格剖分，然后把顶点移到与中心等距. 如图 5.4.1, $\triangle ABC$ 是面为正三角形的正多面体的一个面，在其内部作三点 D、E、F，使点 D 在直线 AE 上，点 E 在直线 BF 上，点 F 在直线 CD 上，$AE:BE=BF:CF=CD:AD=m:n$，其中 m、n 都是非负整数，$m+n>0$. 易得当 $m=0$ 或 $n=0$ 时，$\triangle DEF$ 与 $\triangle ABC$ 重合；当 $m=n$ 时，点 D、E、F 重合. 对线段 AE、BF、CD 进行 m 等分，对线段 BE、CF、AD 进行 n 等分，设正多面体的中心是 O，这些分点其中一个是 V，保持 $\overrightarrow{OV}$ 的方向不变把 V 沿着 $\overrightarrow{OV}$ 的方向移动到 OV 与正多面体的外接球半径相等处，其余所有分点都如此操作；然后 $\triangle DEF$ 的对应分点用球面大圆弧联结，这些大圆弧的交点划分成一个三角形网格；设点 D'、E'、F' 分别是与面 ABC 公用棱 CA、AB、BC 的邻面先展开成都与面 ABC 共面再按照上述方法在面内取三点后能形成平行四边形 $AEBE'$、$BFCF'$、$CDAD'$ 的三点，这些邻面恢复到原有位置时空间四边形 $AEBE'$、$BFCF'$、$CDAD'$ 对边的分点按上述方法推到正多面体的外接球上，再用大圆弧联结，这些大圆弧构成一个三角形网格. 所有面都完成这些操作后就构成了一个网格球，我们称这个网格球是用模式 $G(m,n)$ 构成的网格球，当 m、n 都是正整数且不相同时，同一个正多面体用模式 $G(m,n)$ 与用模式 $G(n,m)$ 构造出的网格球是镜像全等的. 用正四面体构造出的网格球称为网格四面体，用正八面体构造出的网格球称为网格八面体，用正二十面体构造出的网格球称为网格二十面体. 模式 $G(1,1)$ 构造出的网格四面体的顶点是正方体的顶点，此时我们仍然认为正方体面内的两个面数是 2.

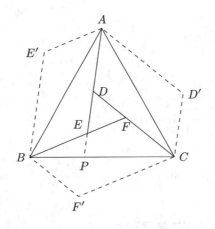

图 5.4.1

图 5.4.2、图 5.4.3、图 5.4.4 分别是用模式 $G(3,0)$、$G(2,2)$、$G(3,2)$ 构造出来的网格四面体，图 5.4.5、图 5.4.6、图 5.4.7 分别是用模式 $G(3,0)$、$G(2,2)$、$G(3,2)$ 构造出来的网格八面体，图 5.4.8、图 5.4.9、图 5.4.10 分别是用模式 $G(3,0)$、$G(2,2)$、$G(3,2)$ 构造出来的网格二十面体.

对于模式 $G(m,n)$ 构造出的网格二十面体，如图 5.4.1 中 $\triangle DEF$ 内不含边界所构造出

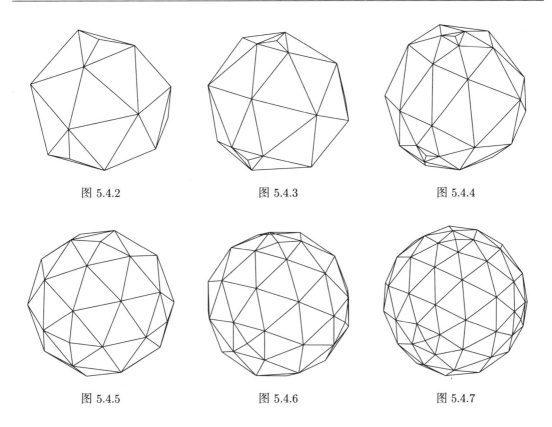

图 5.4.2　　　　　　　　图 5.4.3　　　　　　　　图 5.4.4

图 5.4.5　　　　　　　　图 5.4.6　　　　　　　　图 5.4.7

的顶点共 $\dfrac{(m-n+1)(m-n+2)}{2} - 3(m-n)$ 个，面共 $(m-n)^2$ 个；AE、BF、CD 所含的顶点除点 A、B、C 外共 $3m-3$ 个；空间四边形 $AEBE'$ 内不含边界所构造出的顶点共 $(m-1)(n-1)$ 个，面共 $2mn$ 个；所以模式 $G(m,n)$ 构造出的网格二十面体顶点数是

$$20\left(\dfrac{(m-n+1)(m-n+2)}{2} - 3(m-n) + 3m - 3\right) + 30(m-1)(n-1) + 12$$
$$= 10(m^2 + mn + n^2) + 2,$$

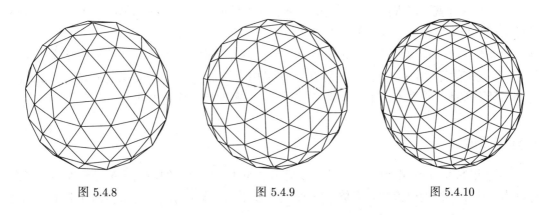

图 5.4.8　　　　　　　　图 5.4.9　　　　　　　　图 5.4.10

面数是
$$20(m-n)^2 + 30 \times 2mn = 20(m^2 + mn + n^2),$$

由 Euler 公式得棱数是
$$10(m^2 + mn + n^2) + 2 + 20(m^2 + mn + n^2) - 2 = 30(m^2 + mn + n^2).$$

同理可得模式 $G(m,n)$ 构造出的网格四面体顶点数是
$$2(m^2 + mn + n^2) + 2,$$

面数是
$$4(m^2 + mn + n^2),$$

棱数是
$$6(m^2 + mn + n^2);$$

模式 $G(m,n)$ 构造出的网格八面体顶点数是
$$4(m^2 + mn + n^2) + 2,$$

面数是
$$8(m^2 + mn + n^2),$$

棱数是
$$12(m^2 + mn + n^2).$$

如图 5.4.1,延长 AE 交 BC 于点 P,容易计算得 $BP:PC = n:m$,$AE:EP = m(m+n):n^2$,且
$$AP = \frac{m}{\sqrt{m^2 + mn + n^2}} \cdot AB, \quad BP = \frac{n}{\sqrt{m^2 + mn + n^2}} \cdot AB,$$

利用余弦定理及三面角的余弦定理便可求得网格球的所有棱长,然后再计算每个三角形外接圆半径,这样就可以求出中心到面的距离,接着就能求出多面体的体积,求出外接圆到各棱中点的距离后就可以确定邻面的二面角了.

图 5.4.11 的多面体称为 Campanus 球,它的顶点是由经度是 30° 整数倍的经线和纬度是 30° 整数倍的纬线的所有交点以及南极、北极构成. Campanus 球是文艺复兴时期非常流行的一种多面体,它是不同于上述网格球的另外一种网格球构造方法.

规范多面体

1992 年 Schramm 得到一个定理: 任何凸多面体或各顶点的多面角都是三面角的多面体都有一个拓扑结构等价的多面体,它所有边都与一个球相切,且这个多面体的重心就是

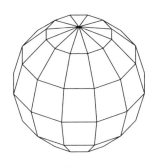

图 5.4.11

这个球的球心. 满足上述定理条件的多面体称为规范多面体. 联结规范多面体某个顶点的所有棱的切点在一个圆上,这些面交这个圆形成一个多边形,在这个圆面内按多边形某个旋转方向按顺序作这个圆的切线,相邻切点的两切线的交点构成一个新的多边形,所有规范多面体的顶点都按上述方法构造出新的多边形面后就形成一个新的多面体,这个新的多面体显然也是规范多面体,这个多面体的顶点数与原规范多面体的面数相同,面数与原规范多面体的顶点数相同,棱数与原规范多面体的棱数相同,所构造出来的多面体称为原规范多面体的对偶多面体. 显然上述对偶多面体的构造方法包含了正多面体、半正多面体的对偶多面体的构造方法.

对于凸多面体,为了确定一个规范多面体及其对偶多面体的几何量,我们可设每个顶点到这个内棱切球的切线长. 有了切线长,每个面的内切圆半径就确定了,因为设内切圆半径是 r,各切线长分别是 a_1、a_2、$\dots$、a_n,则

$$\arctan \frac{a_1}{r} + \arctan \frac{a_2}{r} + \cdots + \arctan \frac{a_n}{r} = 180°,$$

$\arctan \frac{a_i}{r}$ 是关于 r 的严格单调减函数,当 r 趋向 0 时上式值趋向 $n \cdot 90°$,当 r 趋向正无穷大时上式值趋向 $0°$,所以上述关于 r 的方程若有唯一解. 内切圆半径确定后,整个面的边与角就全部确定了,设球心是 O,联结顶点 P 有 k 条棱,这些棱与内棱切球的切点按一个方向旋转分别是 T_1、T_2、$\dots$、T_k,二面角 T_1-OP-T_2、T_2-OP-T_3、$\dots$、T_{k-1}-OP-T_k、T_k-OP-T_1 的平面角分别是 α_1、α_2、$\dots$、α_{k-1}、α_k,则

$$\alpha_1 + \alpha_2 + \cdots + \alpha_{k-1} + \alpha_k = 360°,$$

这些二面角可通过三面角第一余弦定理得到. 所有顶点按上述条件列出方程组成的方程组就能确定切线长,切线长确定后所有面的内切圆半径就能确定,接着所有面的角以及所有相邻面的二面角都确定,整个规范多面体就能确定了. 设规范多面体的内棱切球半径是 ρ,顶点 P 到内棱切球的切线长是 a,则 $OP^2 = \rho^2 + a^2$,过所有联结点 P 的棱与内棱切球的切点的圆的半径是 r_1,则 $r_1 = \frac{a\rho}{OP}$,由此对偶多面体的所有几何量就能确定了.

虽然用上述方法可确定规范多面体的几何量,但所列的方程组要求解是非常困难的. 1997 年 George W. Hart 提出了一种规范化算法,这个算法可通过计算机程序输入一个多

面体的顶点、棱、面的信息后构造出一个与规范多面体的误差限制到规定的范围之内的多面体，从而达到建模以及制作纸模型等等实际应用的需要．设原点是 O，这个算法会使得到的多面体各棱与单位球近似相切，算法通过若干次迭代，使 O 到各棱的距离小于指定的误差．这个算法每次迭代分为三步：

第一步：调整棱，使棱与单位球更接近相切．如果原点到棱的距离在允许的误差内则跳过操作；若超过误差，具体步骤是设棱的两顶点分别是 P_1、P_2，先求出与原点最近的点，这个点是 Q，则

$$\overrightarrow{OQ} = \overrightarrow{OP_1} - \frac{\overrightarrow{P_2P_1} \cdot \overrightarrow{OP_1}}{\overrightarrow{P_1P_2} \cdot \overrightarrow{OP_1}} \cdot \overrightarrow{P_2P_1},$$

再把 $\overrightarrow{OP_1} + 0.5 \cdot \left(1 - \sqrt{\overrightarrow{OQ} \cdot \overrightarrow{OQ}}\right) \cdot \overrightarrow{OQ}$ 赋值给 $\overrightarrow{OP_1}$，把 $\overrightarrow{OP_2} + 0.5 \cdot \left(1 - \sqrt{\overrightarrow{OQ} \cdot \overrightarrow{OQ}}\right) \cdot \overrightarrow{OQ}$ 赋值给 $\overrightarrow{OP_2}$．所有棱都进行了上述操作后，该步骤完成．

第二步：重设中心．设所有顶点的 x、y、z 坐标的平均值分别是 $\bar{x}$、$\bar{y}$、$\bar{y}$，把各顶点的 x 坐标值减去 $\bar{x}$ 赋值给该顶点的 x 坐标，把各顶点的 y 坐标值减去 $\bar{y}$ 赋值给该顶点的 y 坐标，把各顶点的 x 坐标值减去 $\bar{z}$ 赋值给该顶点的 z 坐标，该步骤完成．

第三步：调整平面．通过前两个步骤后，应该在同一平面内的顶点通常都不共面，这个步骤就要调整其变成近似共面．具体方法是计算所有相邻两棱所在面的单位法向量，这些单位法向量的分量的平均值作为该平面的法向量，再把这个法向量变为单位向量；计算应共面的顶点的重心（坐标分量的平均值作为对应坐标分量），这个重心在过原点的法向量的射影到原点的距离作为该平面到原点的距离．设通过上述计算得到的单位法向量是 $\boldsymbol{n}$，中心是 C，P 是这个面的一顶点，若 $\boldsymbol{n} \cdot \overrightarrow{OC} < 0$ 则把 $-\boldsymbol{n}$ 赋值给 $\boldsymbol{n}$；把 $\overrightarrow{OP} + 0.2 \cdot \boldsymbol{n} \cdot (\overrightarrow{OC} - \boldsymbol{n}) \cdot \boldsymbol{n}$ 赋值给 $\overrightarrow{OP}$；所有顶点都做了以上操作后这个平面的调整完成．所有面都做了上述操作后，该步骤完成．

图 5.4.12 的凸多面体由八个正三角形、两个正方体和四个正五边形所构成，通过上述规范化算法后得到图 5.4.13 的凸多面体，图 5.4.14 是图 5.4.13 的多面体的对偶多面体．

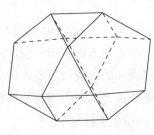

图 5.4.12

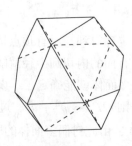

图 5.4.13

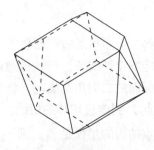

图 5.4.14

Goldberg 多面体

正四面体或正方体或正十二面体的两面之间添加若干六边形，使其成为一个新的凸多面体，且各个非六边形面周围按同一方向旋转的六边形分布全部是相同的，这样的多面体称为 Goldberg 多面体. 显然截顶正四面体、截顶正八面体、截顶正二十面体都是 Goldberg 多面体，而且这三种 Goldberg 多面体是唯一全部面都是正多边形的 Goldberg 多面体.

通过前面所讲的正四面体或正八面体或正二十面体构成的网格球可简单构造出 Goldberg 多面体. 方法是过网格球的顶点作垂直于顶点与中心连线的平面，过网格球同一面顶点的垂直平面构造出一个顶点，这些顶点就构成了 Goldberg 多面体的顶点. 有时这样构造出来的多面体的某些面不是六边形或变成凹多面体，此时只需要适当调整垂直平面到中心的距离即可，一般调整过非六面角的那些顶点的面距离就可以. 模式 $G(n,m)$ 构造出来的网格球得到的 Goldberg 多面体称为模式 $G(m,n)$ 的 Goldberg 多面体. 当 m、n 都是正整数且不相同时，同一个网格球用模式 $G(m,n)$ 与用模式 $G(n,m)$ 构造出的 Goldberg 多面体是镜像全等的. 然而这样构造出来的 Goldberg 多面体与球体偏差相对都有些大，我们可以用规范化算法把这些多面体进行改造，使其最大限度接近球形.

这样构造出来的 Goldberg 多面体由于顶点数与原网格球的面数相同，面数与原网格球的顶点数相同，棱数与原网格球的棱点数相同，所以 Goldberg 多面体可看作是构造它的网格球的对偶多面体，其中模式 $G(m,n)$ 四面体型的 Goldberg 多面体的顶点数是

$$4(m^2+mn+n^2),$$

面数是

$$2(m^2+mn+n^2)+2,$$

棱数是

$$6(m^2+mn+n^2);$$

模式 $G(m,n)$ 六面体型的 Goldberg 多面体的顶点数是

$$8(m^2+mn+n^2),$$

面数是

$$4(m^2+mn+n^2)+2,$$

棱数是

$$12(m^2+mn+n^2).$$

模式 $G(m,n)$ 十二面体型的 Goldberg 多面体的顶点数是

$$20(m^2+mn+n^2),$$

面数是

$$10(m^2+mn+n^2)+2,$$

棱数是
$$30(m^2+mn+n^2).$$

显然截顶正四面体、截顶正八面体、截顶正二十面体就是规范化后的 $G(1,1)$ 模式的 Goldberg 多面体.

以下所说的 Goldberg 多面体都是规范化后的 Goldberg 多面体.

图 5.4.15、图 5.4.16、图 5.4.17 分别是模式 $G(3,0)$、$G(2,2)$、$G(3,2)$ 四面体型的 Goldberg 多面体, 图 5.4.18、图 5.4.19、图 5.4.20 分别是模式 $G(3,0)$、$G(2,2)$、$G(3,2)$ 六面体型的 Goldberg 多面体, 图 5.4.21、图 5.4.22、图 5.4.23 分别是模式 $G(3,0)$、$G(2,2)$、$G(3,2)$ 十二面体型的 Goldberg 多面体.

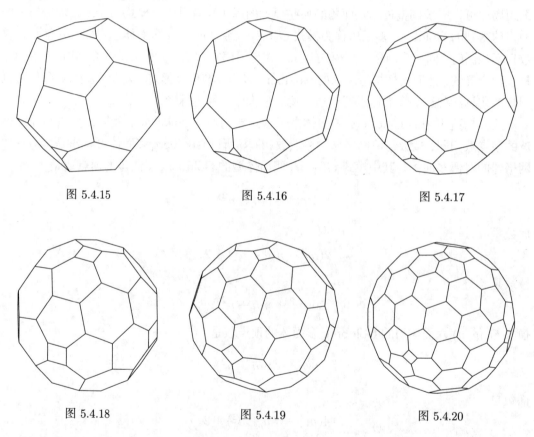

图 5.4.15　　　　　图 5.4.16　　　　　图 5.4.17

图 5.4.18　　　　　图 5.4.19　　　　　图 5.4.20

Goldberg 多面体几何量是可以用规范多面体的通用计算方法计算的, 但是通用方法所列的方程一般都很复杂, 对于 Goldberg 多面体会有自己特别的计算方法, 可以利用三面角第一余弦定理计算邻面的二面角来确定方程, 这里举些简单例子. 图 5.4.24、图 5.4.25、图 5.4.26 分别是模式 $G(2,0)$ 的四面体型、六面体型、十二面体型的 Goldberg 多面体, 图 5.4.27、图 5.4.28、图 5.4.29 分别是模式 $G(2,1)$ 的四面体型、六面体型、十二面体型的 Goldberg 多面体, 这是除截顶正四面体、截顶正八面体、截顶正二十面体外最简单的 Goldberg 多面体. 设内棱切球半径是 1, 图 5.4.27、图 5.4.28、图 5.4.29 中设与非六边形面相邻的六边形

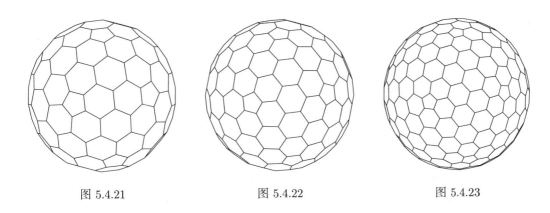

图 5.4.21　　　　　　　图 5.4.22　　　　　　　图 5.4.23

面朝我们观察到的一面由与非六边形面公用的棱的左侧端点开始按逆时针顺序顶点到内棱切球的切线长分别是 a、b、c、d、e、a，再结合邻近非六边形面相邻的六边形面的情形得 $b=d=e$. 设六边形面的内切圆半径是 r，由三切线长都是 b 和三切线长都是 c 的那棱的二面角的余弦值得

$$\arctan\frac{r}{b}=\arctan\frac{r}{c},$$

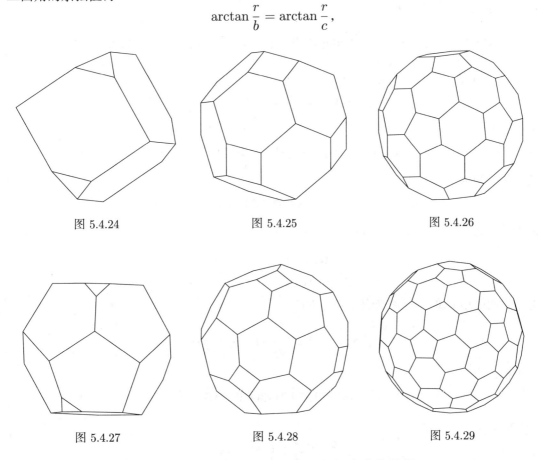

图 5.4.24　　　　　　　图 5.4.25　　　　　　　图 5.4.26

图 5.4.27　　　　　　　图 5.4.28　　　　　　　图 5.4.29

即 $b=c$，再由半圆心角的正切值和为 $180°$ 再利用正切和公式化简得

$$r=\sqrt{b(2a+b)},$$

设切线长是 a 的两切点与内切圆圆心连线所成的角是 α，切线长是 b 的两切点与内切圆圆心连线所成的角是 β，由二倍角公式

$$\sin\alpha = \frac{2a\sqrt{b(2a+b)}}{(a+b)^2}, \quad \cos\alpha = \frac{a^2-2ab-b^2}{(a+b)^2}, \quad \sin\beta = -\frac{\sqrt{b(2a+b)}}{a+b}, \quad \cos\beta = -\frac{a}{a+b},$$

考察以联结非六边形面顶点与三个六边形面的公共顶点的棱为棱的二面角，对于十二面体型 Goldberg 多面体，由三面角第一余弦定理得两方程

$$\frac{\cos\beta - \cos^2\beta}{\sin^2\beta} = 2r^2 - 1, \quad \frac{\cos\beta - \cos^2\beta}{\sin^2\beta} = \frac{\cos 108° - \cos^2\alpha}{\sin^2\alpha},$$

由此得方程组

$$\begin{cases} 4ab^2 + 2b^3 + a - b = 0, \\ (29-\sqrt{5})a^3 + (7-3\sqrt{5})a^2b - 3(3+\sqrt{5})ab^2 - (3+\sqrt{5})b^3 = 0, \end{cases}$$

解这个方程组得 a 是方程

$$87362x^6 + (131984\sqrt{5} - 270954)x^4 + (31562 - 108\sqrt{5})x^2 - 29\sqrt{5} - 423 = 0$$

的正根，约为

$$0.12402883029171698549,$$

b 是方程

$$2x^6 + (12\sqrt{5} - 30)x^4 + (42 - 12\sqrt{5})x^2 + 3\sqrt{5} - 7 = 0$$

的正根，约为

$$0.13898058431936053312.$$

同理可得对于四面体型 Goldberg 多面体，

$$a = \frac{3\sqrt{5}-5}{10}, \quad b = \frac{3-\sqrt{5}}{2};$$

对于六面体型 Goldberg 多面体，a 是方程

$$98x^6 - 10x^4 + 34x^2 - 1 = 0$$

的正根，约为

$$0.17203096912300626585,$$

b 是方程

$$2x^6 - 6x^4 + 18x^2 - 1 = 0$$

的正根，约为

$$0.23791466162654382223.$$

类似上面的计算方法，设内棱切球半径是 1，图 5.4.24、图 5.4.25、图 5.4.26 中设与非六边形面相邻的六边形面朝我们观察到的一面由与非六边形面公用的棱的左侧端点开始按逆时针顺序顶点到内棱切球的切线长分别是 a、b、a、a、b、a，则对于四面体型 Goldberg 多面体，

$$a = \frac{2-\sqrt{2}}{2},\ b = \frac{\sqrt{2}}{2};$$

对于六面体型 Goldberg 多面体，

$$a = \frac{\sqrt{6}-\sqrt{2}}{4},\ b = \frac{\sqrt{2}}{4};$$

对于十二面体型 Goldberg 多面体，

$$a = \frac{\sqrt{5}-3+2\sqrt{5-2\sqrt{5}}}{4},\ b = \frac{3-\sqrt{5}}{4}.$$

由此可见，就算比较简单的情形，要求 Goldberg 多面体几何量的精确解都比较困难.

网格正方体及其对偶多面体

类似网格球的方法，如图 5.4.30，正方形 $ABCD$ 正方体的一个面，在其内部作四点 E、F、G、H，使点 E 在直线 AF 上，点 F 在直线 BG 上，点 G 在直线 CH 上，点 H 在直线 DE 上，$AF:BF=BG:CG=CH:DH=DE:AE=m:n$，其中 m、n 都是非负整数，$m+n>0$. 易得当 $m=0$ 或 $n=0$ 时，正方形 $EFGH$ 与正方形 $ABCD$ 重合；当 $m=n$ 时，点 E、F、G、H 重合. 对线段 AF、BG、CH、DE 进行 m 等分，对线段 BF、CG、DH、AE 进行 n 等分，设正方体的中心是 O，这些分点其中一个是 V，保持 $\overrightarrow{OV}$ 的方向不变把 V 沿着 $\overrightarrow{OV}$ 的方向移动到 OV 与正多面体的外接球半径相等处，其余所有分点都如此操作；然后正方形 $EFGH$ 的对应分点用球面大圆弧联结，这些大圆弧的交点划分成一个空间四边形网格；设点 E'、F'、G'、H' 分别是与面 $ABCD$ 公用棱 DA、AB、BC、CD 的邻面先展开成都与面 $ABCD$ 共面再按照上述方法在面内取四点后能形成平行四边形 $AFBF'$、$BGCG'$、$CHAH'$、$DEAE'$ 的四点，这些邻面恢复到原有位置时空间四边形 $AFBF'$、$BGCG'$、$CHAH'$、$DEAE'$ 对边的分点按上述方法推到正多面体的外接球上，再用大圆弧联结，这些大圆弧构成一个四边形网格. 所有面都完成这些操作后就构成了一个网格球，但这样得到的多面体原先的小正方形面不一定能共面，我们可以使用规范化算法把这个多面体变为规范多面体，我们称这个网格多面体是用模式 $C(m,n)$ 构成的网格正方体，当 m、n 都是正整数且不相同时，同一个正方体用模式 $C(m,n)$ 与用模式 $C(n,m)$ 构造出的网格正方体是镜像全等的. 用模式 $C(n,m)$ 构造出的网格正方体的对偶多面体的模式称为 $C(m,n)$. 显然菱形十二面体和斜方二十四面体都属于网格正方体，截半正方体和小削棱正方体都属于网格正方体的对偶多面体. 延长 AP 交 BC 于点 P，计算易得 $BP:PC=n:(m-n)$，$AF:FP=m^2:n^2$ 且

$$AP = \frac{m}{\sqrt{m^2+n^2}} \cdot AB,\ BP = \frac{n}{\sqrt{m^2+n^2}} \cdot AB.$$

5.4 网格多面体与规范多面体

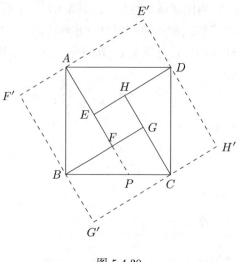

图 5.4.30

图 5.4.31、图 5.4.32、图 5.4.33 分别是模式 $C(3,0)$、$C(2,2)$、$C(3,2)$ 的网格正方体，图 5.4.34、图 5.4.35、图 5.4.36 分别是模式 $C(3,0)$、$C(2,2)$、$C(3,2)$ 网格正方体的对偶多面体.

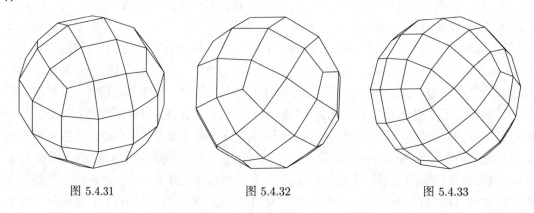

图 5.4.31　　　　　　图 5.4.32　　　　　　图 5.4.33

对于模式 $C(m,n)$ 构造出的网格正方体，如图 5.4.30 中正方形 $EFGH$ 内不含边界所构造出的顶点共 $(m-n-1)^2$ 个，面共 $(m-n)^2$ 个；AF、BF、CD 所含的顶点除点 A、B、C 外共 $4m-4$ 个；空间四边形 $AFBF'$ 内不含边界所构造出的顶点共 $(m-1)(n-1)$ 个，面共 mn 个；所以模式 $C(m,n)$ 构造出的网格正方体顶点数是

$$6((m-n-1)^2+4m-4)+12(m-1)(n-1)+8=6(m^2+n^2)+2,$$

面数是

$$6(m-n)^2+12mn=6(m^2+n^2),$$

由 Euler 公式得棱数是

$$6(m^2+n^2)+2+6(m^2+n^2)-2=12(m^2+n^2).$$

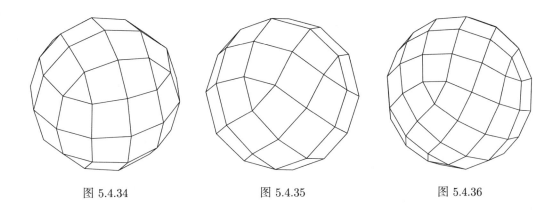

| 图 5.4.34 | 图 5.4.35 | 图 5.4.36 |

类似 Goldberg 多面体几何量的计算，网格正方体几何量是可以用规范多面体的通用计算方法计算的，但是通用方法所列的方程一般都很复杂，对于网格正方体几何量有自己特别的计算方法，可以利用三面角第一余弦定理计算邻面的二面角来确定方程，这里举些简单例子. 图 5.4.37、图 5.4.38 分别是模式 $C(2,1)$ 的网格正方体及其对偶多面体，这是菱形十二面体、斜方二十四面体、截半正方体、小削棱正方体外最简单的网格正方体及其对偶多面体. 设内棱切球半径是 1，图 5.4.37 中设三面角的顶点的切线长是 a，三面角所联结的每个面除三面角的顶点外其余顶点的切线长均为 b，内切圆半径是 r，由正切和公式可求得

$$r = b\sqrt{\frac{3a+b}{a+3b}},$$

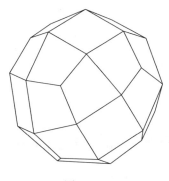
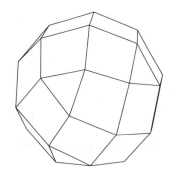

| 图 5.4.37 | 图 5.4.38 |

设切线长是 a 的两切点与内切圆圆心连线所成的角是 α，切线长是 b 的两切点与内切圆圆心连线所成的角是 β，由二倍角公式

$$\sin\alpha = \frac{2ab}{(a+b)^3}\sqrt{(3a+b)(a+3b)}, \quad \cos\alpha = \frac{(a-b)(a^2+4ab+b^2)}{(a+b)^3},$$

$$\sin\beta = -\frac{\sqrt{(3a+b)(a+3b)}}{2(a+b)}, \quad \cos\beta = -\frac{a-b}{2(a+b)},$$

考察三面角的每个二面角，得
$$\frac{\cos\alpha - \cos^2\alpha}{\sin^2\alpha} = 2r^2 - 1,$$
整理得
$$12a^3b^2 + 4a^2b^3 - 3a^3 - 9a^2b + 3ab^2 + b^3 = 0,$$
考察三面角所联结的每个面非三面角顶点的棱的一个二面角，得
$$\sin 90° \sin\beta\left(br - \sqrt{1-b^2}\cdot\sqrt{1-r^2}\right) = \sin^2\beta(2r^2-1) + \cos^2\beta,$$
这个方程将含根号与不含根号的项分别移到等号两侧，两边平方后整理，得
$$27a^3b^4 + 27a^2b^5 + 9ab^6 + b^7 - 36a^2b^3 - 24ab^4 - 4b^5 - 2a^3 - 6a^2b + 6ab^2 + 2b^3 = 0,$$
由此得方程组
$$\begin{cases} 12a^3b^2 + 4a^2b^3 - 3a^3 - 9a^2b + 3ab^2 + b^3 = 0, \\ 27a^3b^4 + 27a^2b^5 + 9ab^6 + b^7 - 36a^2b^3 - 24ab^4 - 4b^5 - 2a^3 - 6a^2b + 6ab^2 + 2b^3 = 0, \end{cases}$$
解这个方程组得 a 是方程
$$50x^{10} - 1178x^8 - 1486x^6 - 454x^4 + 46x^2 - 1 = 0$$
的一个根，约为
$$0.19112384459322632318,$$
b 是方程
$$2x^{10} - 2x^8 + 42x^6 - 54x^4 + 14x^2 - 1 = 0$$
的一个根，约为
$$0.36110881340580941430.$$

由此可见，要求网格正方体的几何量的精确解通常比 Goldberg 多面体更困难．

5.5 Conway 多面体表示法

Conway 多面体表示法是 John Conway 首先提出的，用于描述多面体如何从源多面体进行操作得到的．源多面体一般是正多面体，用它们的第一个英文单词字母代替，其中 T 是四面体，C 是正方体，O 是正八面体，D 是正十二面体，I 是正二十面体；也可以是棱柱、反棱柱、棱锥，并以它是底面边数加一个字母表示，其中 P 是棱柱，A 是反棱柱，Y 是棱锥，例如 P5 是指五棱柱；在能进行操作的前提下任何凸多面体都可作为源．运用 Conway 多面体表示法可以构造出许多高阶多面体．

Conway 多面体表示法是用一系列字母表示操作方法，类似函数，操作方法从右到左进行操作，所有操作方法列成表 5.5.1、表 5.5.2，其中 V 表示源多面体的顶点数，E 表示源多面体的棱数，F 表示源多面体的面数，表 5.5.1、表 5.5.2 中的顶点数、棱数、面数都是指操作后的数量．其中"等效操作"一列列出与操作方法等效的操作方法，不同的等效操作方法用空格分开．

操作符 t 和 k 若后面带有数字，则表示只对所指定面的棱数与该数字相等的面进行操作，例如 t5 表示只对五边形的面进行截顶操作，k5 表示只在五边形的面上补上棱锥．对于操作符 h，若源多面体有四边形的面，则表中的棱数、面数就要做一些改变，都要减去源多面体四边形的个数．上述所有操作除了 s、g、c 和 w 外都是对称的，操作 s、g、c 和 w 就失去了反射对称．下面举个例子说明，sdk5sI 表示以正二十面体为源，首先进行扭棱操作，得到的多面体对五边形的面进行棱锥化操作，得到的多面体再进行对偶操作，得到的多面体再进行扭棱操作，得到的多面体就是 sdk5sI 操作后得到的多面体．

所有的正多面体都可以用棱柱、反棱柱、棱锥构造而成，例如 T 就是 Y3，C 就是 jY3，O 就是 aY3，D 就是 gY3，I 就是 sY3；C 就是 dA3，O 就是 A3；C 就是 P4；D 就是 t5dA5，I 就是 k5A5．平面密铺也可以作为 Conway 多面体表示法的源，其中 Δ 是三角形密铺，Q 是四边形密铺，H 是六边形密铺，但经过操作之后得到的就仍然是平面密铺．

表 5.5.1 Conway 多面体表示法基本操作

字母	名称	英文名	等效操作	顶点数	棱数	面数	操作描述
d	对偶	dual		F	E	V	源多面体的顶点构造出新面，源多面体的每个面对应新多面体的其中一个顶点．
a	截半	ambo		E	$2E$	$E+2$	取源多面体棱的一点新的顶点，原顶点去掉．
j	接合	join	da	$E+2$	$2E$	E	源多面体各面补一个棱锥，使两个补的棱锥在源多面体的棱处的相邻面共面．
t	截顶	truncate	dkd	$2E$	$3E$	$E+2$	截去源多面体的所有顶点周围的一角，但源多面体的棱仍保留一部分．
k	棱锥化	kis	dtd	$E+2$	$3E$	$2E$	源多面体各面补一个棱锥，但两个补的棱锥在源多面体的棱处的相邻面不共面．
i	双截顶	bitruncate	dk	$2E$	$3E$	$E+2$	截去源多面体的所有顶点周围的一角，源多面体的棱消失，但源多面体的面仍保留与原面边数相等的一部分．

5.5 Conway 多面体表示法

表 5.5.1 （续）

字母	名称	英文名	等效操作	顶点数	棱数	面数	操作描述
n	提中心		kd	$E+2$	$3E$	$2E$	源多面体的顶点和源多面体各面内的一点作为新多面体的顶点，源多面体的棱消失．
e	扩张	expand	aa aj	$2E$	$4E$	$2E+2$	源多面体每个顶点建立一个新面，每条棱建立一个四边形面．
o	正交	ortho	de ja jj	$2E+2$	$4E$	$2E$	源多面体每个面划分成个数与面的棱数相等的四边形．
b	双扩张	bevel	ta	$4E$	$6E$	$2E+2$	源多面体每个顶点建立一个新面，每条棱建立一个四边形面，源多面体的面棱数加倍．
m	元	meta	db kj	$2E+2$	$6E$	$4E$	源多面体每个面分割成数量是棱数两倍的三角形．

表 5.5.2 Conway 多面体表示法扩展操作

字母	名称	英文名	等效操作	顶点数	棱数	面数	操作描述
r	反射	reflect		V	E	F	源多面体通过反射变换得到新多面体．
h	半顶点	half		$\dfrac{V}{2}$	E	$F+\dfrac{V}{2}$	交替地去掉源多面体的一半顶点，只对边数都是偶数的多面体进行操作．
s	扭棱	snub	dg hta	$2E$	$5E$	$3E+2$	源多面体顶点建立一个面，每棱建立两个三角形．相当于进行扩展和扭转．
g	陀螺	gyro	ds	$3E+2$	$5E$	$2E$	源多面体每个面划分成数量与棱数相等的五边形．
p	螺旋	propellor		$V+2E$	$4E$	$F+E$	把源多面体的面旋转，并在顶点处建立四边形．
	螺旋对偶		dp pd	$F+E$	$4E$	$V+2E$	源多面体螺旋操作后得到多面体的对偶多面体．
c	斜切	chamfer		$V+2E$	$4E$	$F+E$	源多面体的棱用六边形代替．
	斜切对偶		dc	$F+E$	$4E$	$V+2E$	源多面体斜切操作后得到多面体的对偶多面体．
w	回旋	whirl		$V+4E$	$7E$	$F+2E$	在源多面体进行陀螺操作后对源多面体面中心建立的顶点截顶．
	回旋对偶		dw	$F+2E$	$7E$	$V+4E$	源多面体回旋操作后得到多面体的对偶多面体．

表 5.5.3 列出以正方体为元进行所有 Conway 多面体表示法的操作后得到的多面体, 由此可以比较直观地感知这些操作进行了哪些改变. 其中接合、棱锥化、提中心、正交、元、陀螺、螺旋对偶、斜切对偶、回旋对偶在"操作后多面体的对偶多面体"一列已有体现, 不再单独作为操作方法列出一行.

表 5.5.3 Conway 多面体表示法扩展操作

操作	操作后的多面体	操作后多面体的对偶多面体
	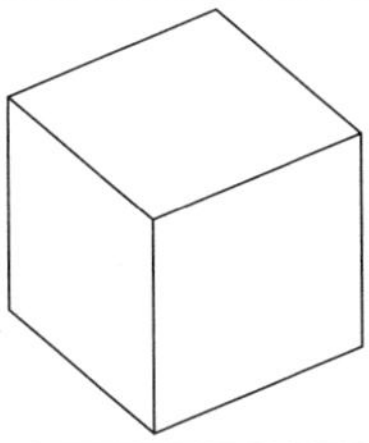	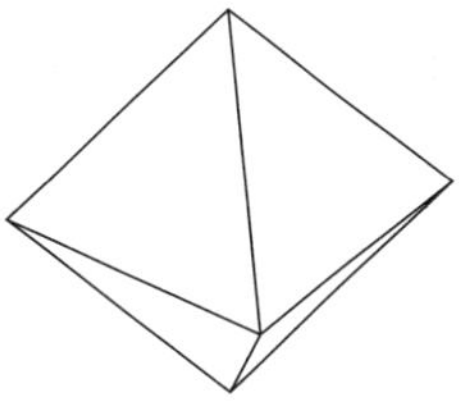
截半	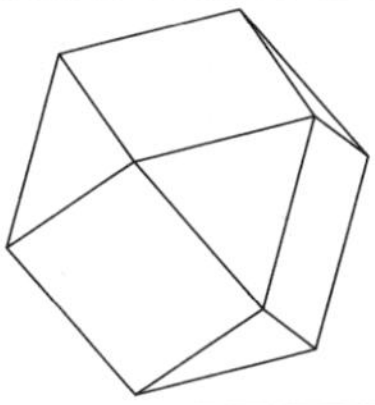	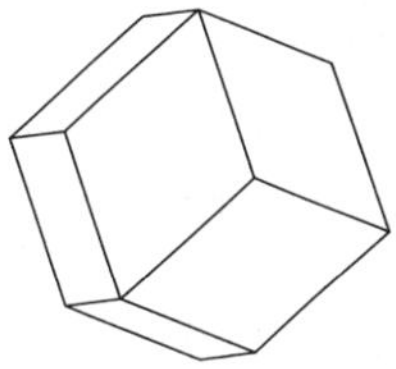
截顶	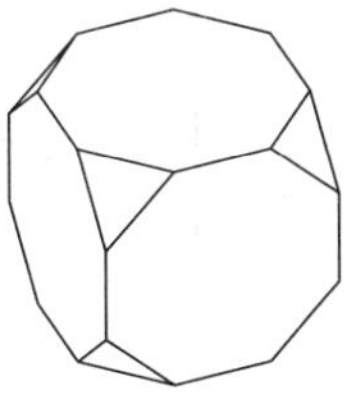	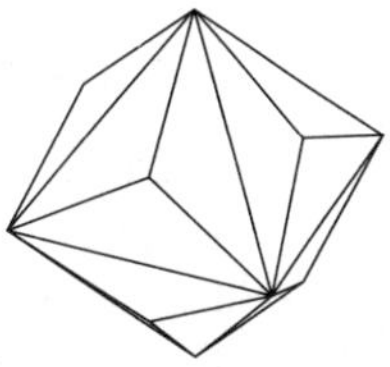
双截顶	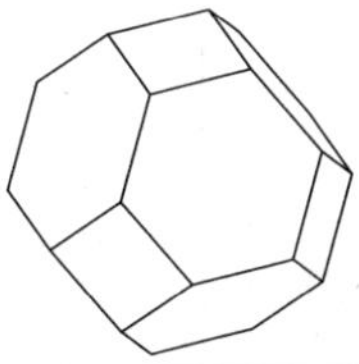	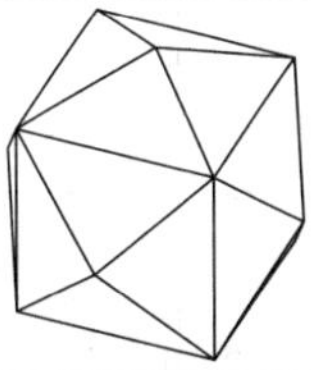
扩张	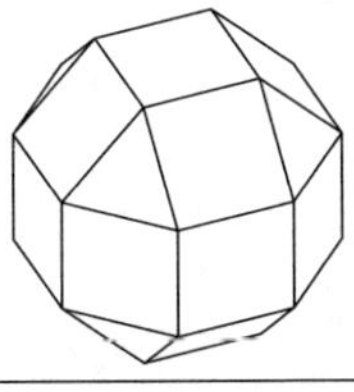	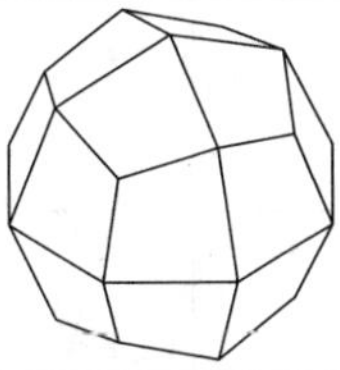

表 5.5.3 （续）

操作	操作后的多面体	操作后多面体的对偶多面体
双扩张	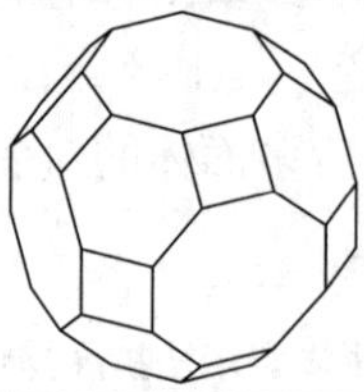	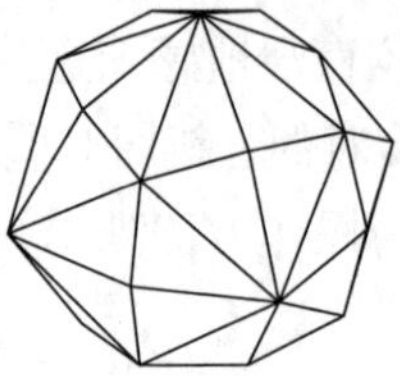
反射	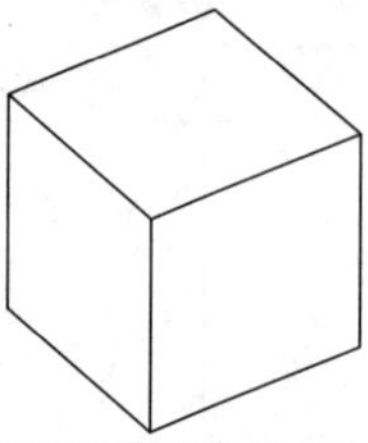	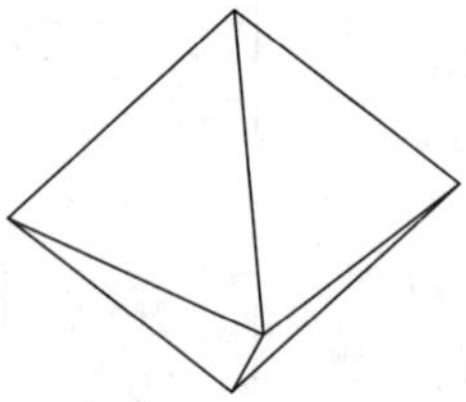
半顶点	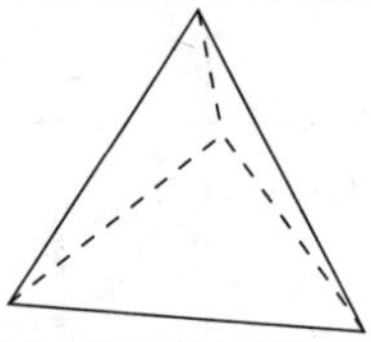	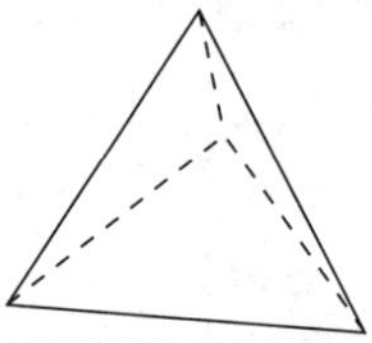
扭棱	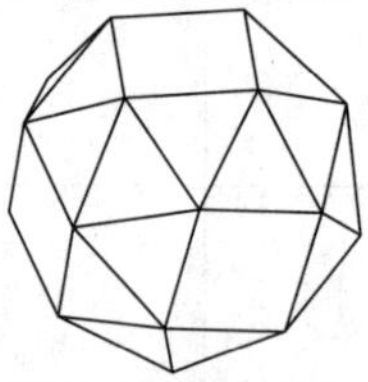	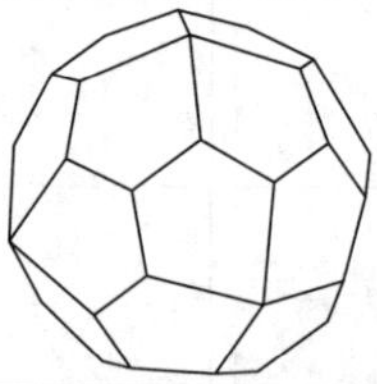
螺旋	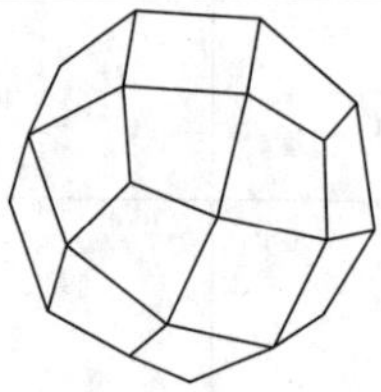	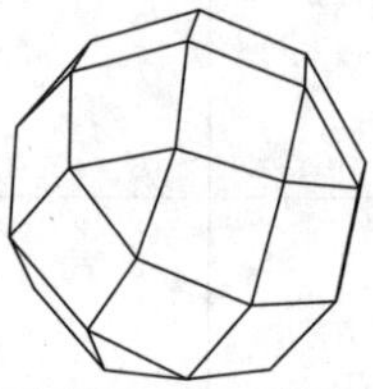
斜切	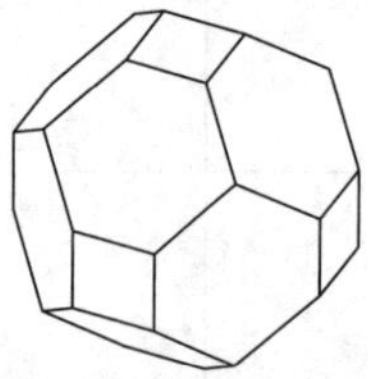	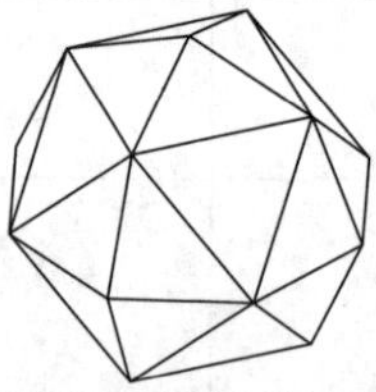
回旋	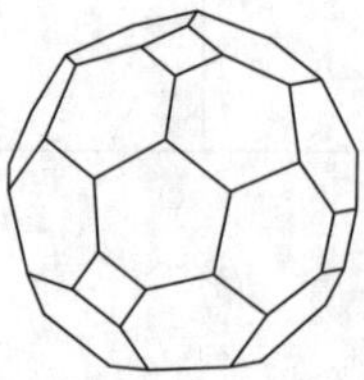	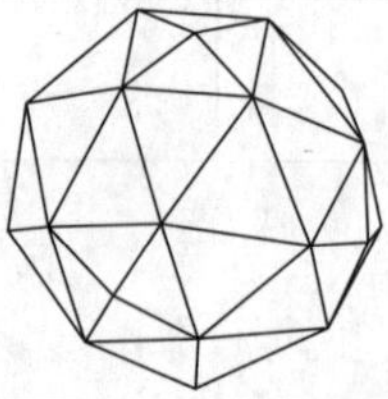

Conway 多面体表示法并没有具体给出构造新多面体的方法，虽然可以用几何计算法来确定顶点位置，但一般计算都是很困难的，一般都是采用先构造出顶点，然后对构造出的顶点利用计算机算法程序进行调整（例如规范化算法）使多面体满足要求，调整后标记为同一面的那些顶点要共面。下面是具体每种方法顶点的构造法，仍以正方体为例，示意图中虚线的部分表示源正方体去掉的棱的部分，粗点表示新多面体的顶点，实线所围的部分表示新构造的面。

对偶：第一种方法是取源多面体各个面的重心作为新多面体的顶点，源多面体连接某一顶点那些面的重心构成一个新面，去掉源多面体的所有顶点（图 5.5.1）；第二种方法从源多面体的重心到顶点作出射线，在射线上取一点作射线的垂直平面，这些垂直平面构造出新的顶点作为新多面体的顶点，一般满足源多面体的重心到顶点距离与重心到垂直平面距离的乘积是定值即可，但需要满足新构造出的面的棱数与构造这个面的射线所过源多面体对应顶点发出的棱数相同，若不满足条件适当调整垂直平面的距离即可。

截半：取源多面体各棱中点作为新多面体的顶点，去掉源多面体的所有顶点，源多面体某个面内的所有顶点构成一个新面，源多面体联结某一顶点的所有棱的中点构成一个新面（图 5.5.2）。

接合：取源多面体的所有顶点和各面重心作为新多面体的顶点，相邻两面重心与公共棱的顶点构成一个新面（图 5.5.3）。

截顶：取源多面体各棱三等分作为新多面体的顶点，去掉源多面体的所有顶点，源多面体某个面内的所有顶点构成一个新面，源多面体联结某一顶点的所有棱的中点构成一个新面（图 5.5.4）。

棱锥化：取源多面体的所有顶点和各面重心作为新多面体的顶点，某面的重心与该面的一棱的顶点构成一个新面（图 5.5.5）。

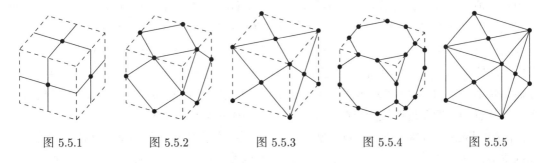

图 5.5.1　　　图 5.5.2　　　图 5.5.3　　　图 5.5.4　　　图 5.5.5

双截顶：取源多面体面的重心与该面各棱的中点所连的线段中点作为新多面体的顶点，去掉源多面体的所有顶点，在源多面体原有某个面内联结该面重心各棱中点所连线段的所有中点构成一个新面，围绕源多面体某一顶点所有面所发出的棱的中点与对应面重心连的线段的中点构成一个新面（图 5.5.6）。

提中心：取源多面体的所有顶点和各面重心作为新多面体的顶点，两个相邻面的重心以及这两个面的公共棱某个顶点构成一个新面（图 5.5.7）。

扩张：取源多面体面的重心与顶点连的线段的中点作为新多面体的顶点，去掉源多面体的所有顶点，某面的重心与该面的顶点连的所有线段的中点构成一个新面，围绕源多面体某一顶点的面的重心与该顶点连的所有线段的中点构成一个新面，围绕一棱的两面的重心与该棱顶点连的所有线段的中点构成一个新面（图 5.5.8）.

正交：取源多面体所有顶点、面的重心、棱的中点作为新多面体的顶点，某面的重心、该面的某个顶点、在该面内与该顶点相连的两棱的中点构成一个新面（图 5.5.9）.

双扩张：取源多面体面的重心与棱的三等分线所连的线段的中点作为新多面体的顶点，去掉源多面体的所有顶点，某面的重心与该面的棱的三等分点连的所有线段的中点构成一个新面，围绕源多面体某一顶点的面的重心与该顶点连的棱靠近该顶点的三等分点所连的所有线段的中点构成一个新面，围绕一棱的两面的重心与该棱三等分点连的所有线段的中点构成一个新面（图 5.5.10）.

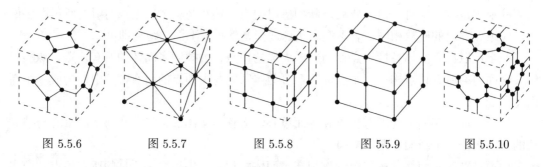

图 5.5.6　　　图 5.5.7　　　图 5.5.8　　　图 5.5.9　　　图 5.5.10

元：取源多面体所有顶点、面的重心、棱的中点作为新多面体的顶点，某面的重心、该面的某个顶点、在该面内与该顶点相连的一棱的中点构成一个新面（图 5.5.11）.

反射：这是很明确的操作方法，不再详细叙述.

半顶点：这种操作只对面的顶点数是偶数的多面体有效. 源多面体的面的顶点每隔一个顶点去掉一个顶点，最后剩下一半顶点，源多面体某个面剩下的顶点构成一个新面（四边形只留下一条线段），联结源多面体被删除的顶点的所有顶点构成一个新面（图 5.5.12）.

扭棱：取源多面体各棱的三等分点作为新多面体的顶点，去掉源多面体的所有顶点，沿着源多面体某面在多面体外部一侧逆时针或者顺时针方向取各棱第一个三等分点构成一个新面，联结源多面体某顶点的棱靠近该顶点的三等分点构成一个新面，源多面体某棱的两个三等分点和邻棱靠近两棱交点的一个三等分点构成一个新面（图 5.5.13）.

陀螺：取源多面体的所有顶点、各棱的三等分点、各面的重心作为新多面体的顶点，某面的重心、该面的一个顶点、该面联结该顶点的两棱各取一个三等分点，其中一个三等分点靠近该顶点，另一个三等分点离该等分点较远，这些顶点构成一个新面（图 5.5.14）.

螺旋：取源多面体的所有顶点、各棱的三等分点作为新多面体的顶点，沿着源多面体某面在多面体外部一侧逆时针或者顺时针方向取各棱第一个三等分点构成一个新面，两相邻棱其中一棱的两个三等分点、另一棱靠近公共点的三等分点、公共顶点构成一个新面（图 5.5.15）.

螺旋对偶：取源多面体各棱的三等分点、各面的重心作为新多面体的顶点，某面的重心、该面两相邻棱其中一棱的两三等分点、另一棱靠近公共点的三等分点构成一个新面，联

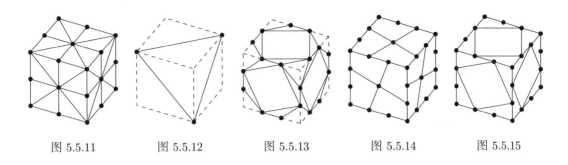

图 5.5.11　　　　图 5.5.12　　　　图 5.5.13　　　　图 5.5.14　　　　图 5.5.15

结某顶点所有棱靠近该顶点的三等分点构成一个新面（图 5.5.16）.

斜切：取源多面体的所有顶点、各面重心与该面所有顶点连的线段的中点作为新多面体的顶点，某面重心与该面所有顶点连的线段的中点构成一个新面，两个相邻面公共棱的顶点和这两面重心与该棱连的线段的中点构成一个新面（图 5.5.17）.

斜切对偶：取源多面体各棱的中点和各面的重心作为新多面体的顶点，去掉源多面体的所有顶点，某面的重心和该面相邻棱的中点构成一个新面，联结某顶点的所有棱的中点构成一个新面（图 5.5.18）.

回旋：取源多面体的所有顶点、各棱的三等分点、各面重心与该面各棱三等分点连的线段的中点作为新多面体的顶点，某面一顶点，该面联结该顶点两棱其中一棱的两个三等分点 A、B（A 靠近该顶点）和另一棱靠近该顶点的三等分点 C、该面的重心与点 B、C 连的线段的重点构成一个新面，某面的重心沿着源多面体某面在多面体外部一侧逆时针或者顺时针方向取各棱第一个三等分点所连线段的中点构成一个新面（图 5.5.19）.

回旋对偶：取源多面体各棱的三等分点、各面的重心作为新多面体的顶点，去掉源多面体的所有顶点，某面的重心、该面的一个顶点、该面联结该顶点两棱其中一棱靠近该顶点的三等分点、另一棱远离该顶点的三等分点构成一个新面，联结源多面体某顶点的棱靠近该顶点的三等分点构成一个新面，源多面体某棱的两个三等分点和邻棱靠近两棱交点的一个三等分点构成一个新面（图 5.5.20）.

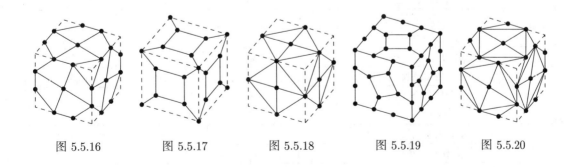

图 5.5.16　　　　图 5.5.17　　　　图 5.5.18　　　　图 5.5.19　　　　图 5.5.20

5.6 Johnson 多面体

定义 5.6.1. 除了正多面体和半正多面体外，各面都是正多边形的凸多面体称为 Johnson 多面体.

定理 5.6.1. Johnson 多面体只有 92 种.

定理 5.6.1 的证明非常困难，这里将其省略了.

Johnson 多面体的顶点数、面数、棱数汇成表 5.6.1，Johnson 多面体各种正多边形数量汇成表 5.6.2，其中 f_n 表示正 n 边形的数量，Johnson 多面体的直观图和展开图汇成表 5.6.3.

表 5.6.1 Johnson 多面体的顶点数、面数、棱数

名称	顶点数	面数	棱数
正四棱锥	5	5	8
正五棱锥	6	6	10
正三角台塔	9	8	15
正四角台塔	12	10	20
正五角台塔	15	12	25
正五角丸塔	20	17	35
正三角锥柱	7	7	12
正四角锥柱	9	9	16
正五角锥柱	11	11	20
正四角锥反柱	9	13	20
正五角锥反柱	11	16	25
双三棱锥	5	6	9
双五棱锥	7	10	15
双三角锥柱	8	9	15
双四角锥柱	10	12	20
双五角锥柱	12	15	25
双四角锥反柱	10	16	24
正三角台塔柱	15	14	27
正四角台塔柱	20	18	36
正五角台塔柱	25	22	45
正五角丸塔柱	30	27	55
正三角台塔反柱	15	20	33
正四角台塔反柱	20	26	44
正五角台塔反柱	25	32	55
正五角丸塔反柱	30	37	65
异相双三棱柱	8	8	14

表 5.6.1 （续）

名称	顶点数	面数	棱数
同相双三角台塔	12	14	24
同相双四角台塔	16	18	32
异相双四角台塔	16	18	32
同相双五角台塔	20	22	40
异相双五角台塔	20	22	40
同相五角台塔丸塔	25	27	50
异相五角台塔丸塔	25	27	50
同相双五角丸塔	30	32	60
同相双三角台塔柱	18	20	36
异相双三角台塔柱	18	20	36
异相双四角抬塔柱	24	26	48
同相双五角台塔柱	30	32	60
异相双五角台塔柱	30	32	60
同相五角台塔丸塔柱	35	37	70
异相五角台塔丸塔柱	35	37	70
同相双五角丸塔柱	40	42	80
异相双五角丸塔柱	40	42	80
双三角台塔反柱	18	26	42
双四角台塔反柱	24	34	56
双五角台塔反柱	30	42	70
五角台塔丸塔反柱	35	47	80
双五角丸塔反柱	40	52	90
侧锥正三棱柱	7	8	13
二侧锥正三棱柱	8	11	17
三侧锥正三棱柱	9	14	21
侧锥正五棱柱	11	10	19
二侧锥正五棱柱	12	13	23
侧锥正六棱柱	13	11	22
双侧锥正六棱柱	14	14	26
二侧锥正六棱柱	14	14	26
三侧锥正六棱柱	15	17	30
侧锥正十二面体	21	16	35
双侧锥正十二面体	22	20	40
二侧锥正十二面体	22	20	40
三侧锥正十二面体	23	24	45
正二十面体欠二侧锥	10	12	20
正二十面体欠三侧锥	9	8	15
侧锥正二十面体欠三侧锥	10	10	18

表 5.6.1 （续）

名称	顶点数	面数	棱数
侧台塔截顶正四面体	15	14	27
侧台塔截顶正方体	28	22	48
双侧台塔截顶正方体	32	30	60
侧台塔截顶正十二面体	65	42	105
双侧台塔截顶正十二面体	70	52	120
二侧台塔截顶正十二面体	70	52	120
三侧台塔截顶正十二面体	75	62	135
扭转侧台塔小削棱正十二面体	60	62	120
扭转双侧台塔小削棱正十二面体	60	62	120
扭转二侧台塔小削棱正十二面体	60	62	120
扭转三侧台塔小削棱正十二面体	60	62	120
小削棱正十二面体欠一侧台塔	55	52	105
扭转双侧台塔小削棱正十二面体欠一侧台塔	55	52	105
扭转侧台塔小削棱正十二面体欠一侧台塔	55	52	105
扭转二侧台塔小削棱正十二面体欠一侧台塔	55	52	105
小削棱正十二面体欠双侧台塔	50	42	90
小削棱正十二面体欠二侧台塔	50	42	90
扭转侧台塔小削棱正十二面体欠二侧台塔	50	42	90
小削棱正十二面体欠三侧台塔	45	32	75
扭棱双五棱锥	8	12	18
扭棱四角反柱	16	26	40
楔形冠	10	14	22
侧锥楔形冠	11	17	26
楔形大冠	12	18	28
平顶楔形大冠	14	21	33
双楔带	16	24	38
双五角楔形冠	14	14	26
平顶五角楔形大冠	18	20	36

表 5.6.2 Johnson 多面体各种正多边形数量

名称	f_3	f_4	f_5	f_6	f_8	f_{10}
正四棱锥	4	1				
正五棱锥	5		1			
正三角台塔	4	3		1		
正四角台塔	4	5			1	
正五角台塔	5	5	1			1
正五角丸塔	10		6			1

表 5.6.2（续）

名称	f_3	f_4	f_5	f_6	f_8	f_{10}
正三角锥柱	4	3				
正四角锥柱	4	5				
正五角锥柱	5	5	1			
正四角锥反柱	12	1				
正五角锥反柱	15		1			
双三棱锥	6					
双五棱锥	10					
双三角锥柱	6	3				
双四角锥柱	8	4				
双五角锥柱	10	5				
双四角锥反柱	16					
正三角台塔柱	4	9		1		
正四角台塔柱	4	13			1	
正五角台塔柱	5	15	1			1
正五角丸塔柱	10	10	6			1
正三角台塔反柱	16	3		1		
正四角台塔反柱	20	5			1	
正五角台塔反柱	25	5	1			1
正五角丸塔反柱	30		6			1
异相双三棱柱	4	4				
同相双三角台塔	8	6				
同相双四角台塔	8	10				
异相双四角台塔	8	10				
同相双五角台塔	10	10	2			
异相双五角台塔	10	10	2			
同相五角台塔丸塔	15	5	7			
异相五角台塔丸塔	15	5	7			
同相双五角丸塔	20		12			
同相双三角台塔柱	8	12				
异相双三角台塔柱	8	12				
异相双四角抬塔柱	8	18				
同相双五角台塔柱	10	20	2			
异相双五角台塔柱	10	20	2			
同相五角台塔丸塔柱	15	15	7			
异相五角台塔丸塔柱	15	15	7			
同相双五角丸塔柱	20	10	12			
异相双五角丸塔柱	20	10	12			
双三角台塔反柱	20	6				

表 5.6.2 （续）

名称	f_3	f_4	f_5	f_6	f_8	f_{10}
双四角台塔反柱	24	10				
双五角台塔反柱	30	10	2			
五角台塔丸塔反柱	35	5	7			
双五角丸塔反柱	40		12			
侧锥正三棱柱	6	2				
二侧锥正三棱柱	10	1				
三侧锥正三棱柱	14					
侧锥正五棱柱	4	4	2			
二侧锥正五棱柱	8	3	2			
侧锥正六棱柱	4	5		2		
双侧锥正六棱柱	8	4		2		
二侧锥正六棱柱	8	4		2		
三侧锥正六棱柱	12	3		2		
侧锥正十二面体	5		11			
双侧锥正十二面体	10		10			
二侧锥正十二面体	10		10			
三侧锥正十二面体	15		9			
正二十面体欠二侧锥	10		2			
正二十面体欠三侧锥	5		3			
侧锥正二十面体欠三侧锥	7		3			
侧台塔截顶正四面体	8	3		3		
侧台塔截顶正方体	12	5			5	
双侧台塔截顶正方体	16	10			4	
侧台塔截顶正十二面体	25	5	1			11
双侧台塔截顶正十二面体	30	10	2			10
二侧台塔截顶正十二面体	30	10	2			10
三侧台塔截顶正十二面体	35	15	3			9
扭转侧台塔小削棱正十二面体	20	30	12			
扭转双侧台塔小削棱正十二面体	20	30	12			
扭转二侧台塔小削棱正十二面体	20	30	12			
扭转三侧台塔小削棱正十二面体	20	30	12			
小削棱正十二面体欠一侧台塔	15	25	11			1
扭转双侧台塔小削棱正十二面体欠一侧台塔	15	25	11			1
扭转侧台塔小削棱正十二面体欠一侧台塔	15	25	11			1
扭转二侧台塔小削棱正十二面体欠一侧台塔	15	25	11			1
小削棱正十二面体欠双侧台塔	10	20	10			2
小削棱正十二面体欠二侧台塔	10	20	10			2
扭转侧台塔小削棱正十二面体欠二侧台塔	10	20	10			2

表 5.6.2 （续）

名称	f_3	f_4	f_5	f_6	f_8	f_{10}
小削棱正十二面体欠三侧台塔	5	15	9			3
扭棱双五棱锥	12					
扭棱四角反柱	24	2				
楔形冠	12	2				
侧锥楔形冠	16	1				
楔形大冠	16	2				
平顶楔形大冠	18	3				
双楔带	20	4				
双五角楔形冠	8	2	4			
平顶五角楔形大冠	13	3	3	1		

表 5.6.3 Johnson 多面体的直观图和展开图

名称	直观图	展开图
正四棱锥	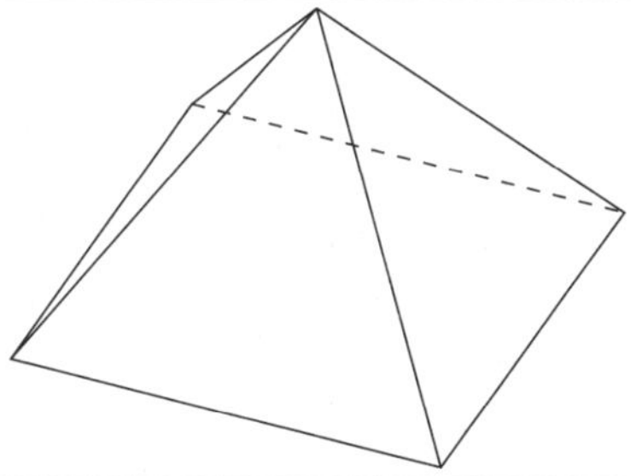	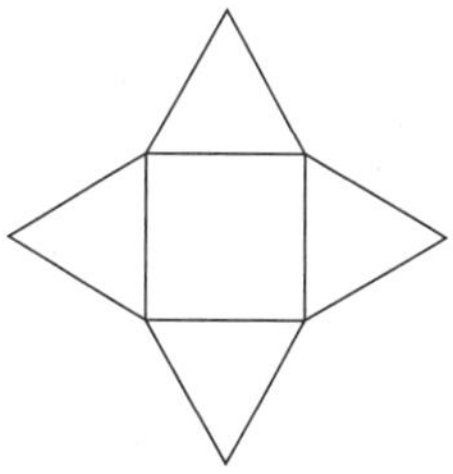
正五棱锥	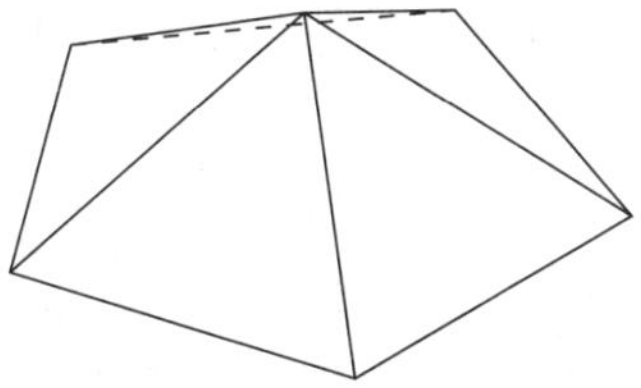	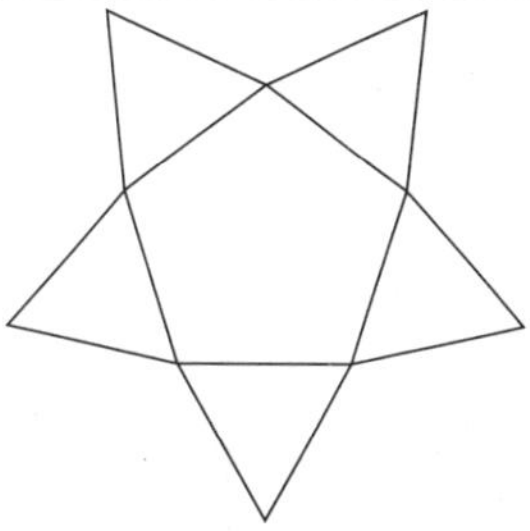
正三角台塔	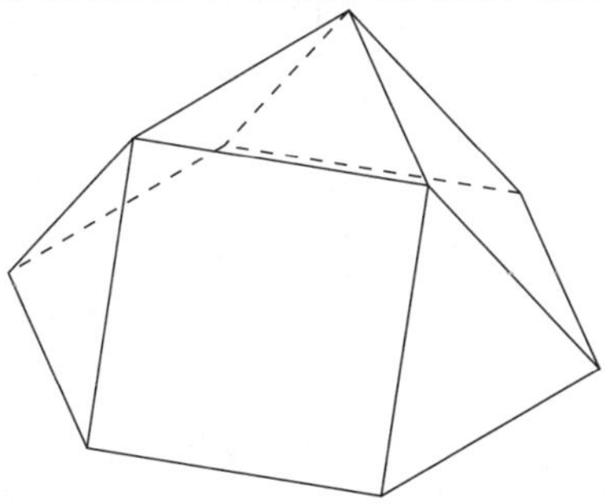	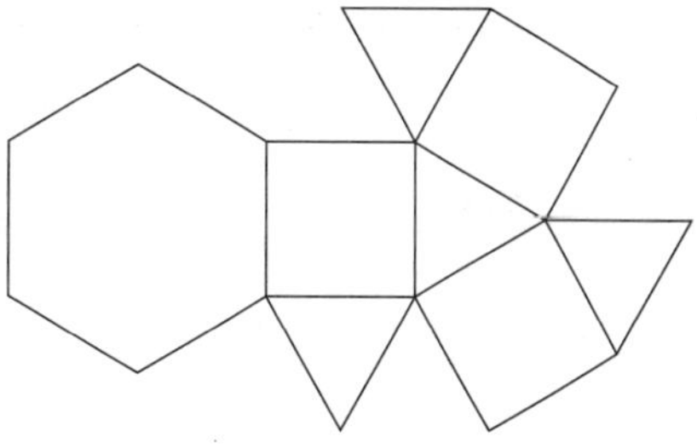

5.6 Johnson 多面体

表 5.6.3 （续）

名称	直观图	展开图
正四角台塔	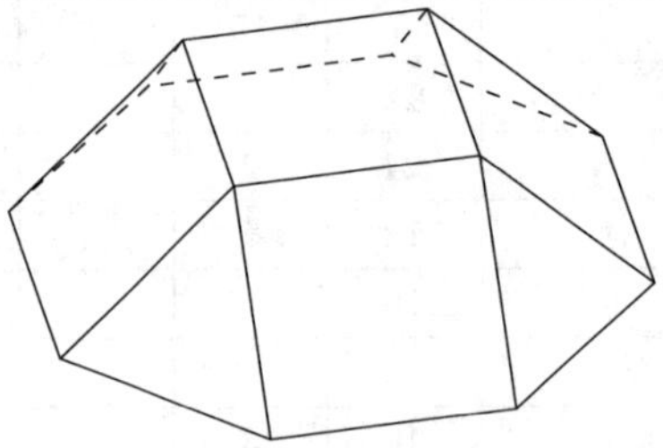	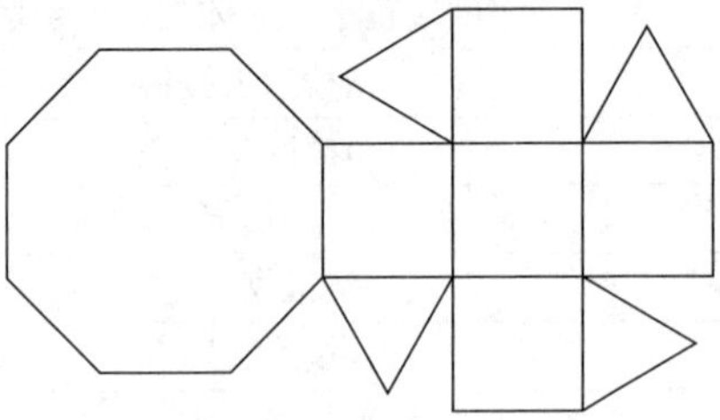
正五角台塔	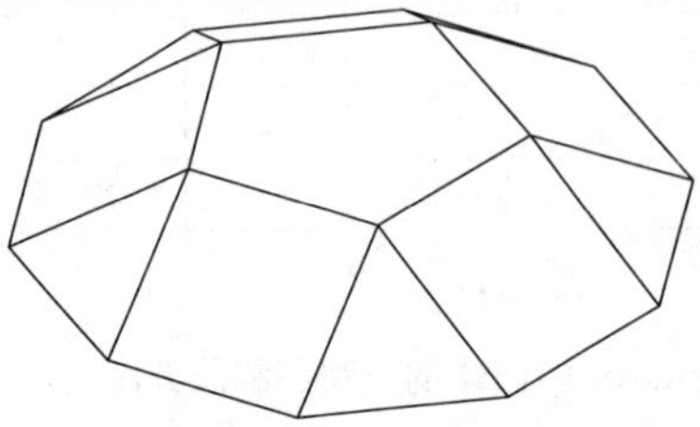	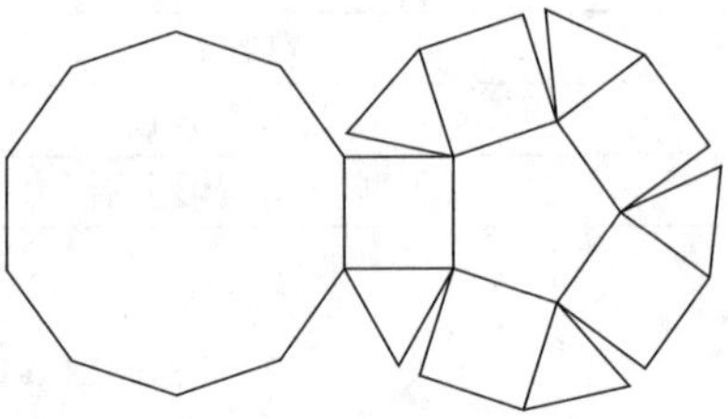
正五角丸塔	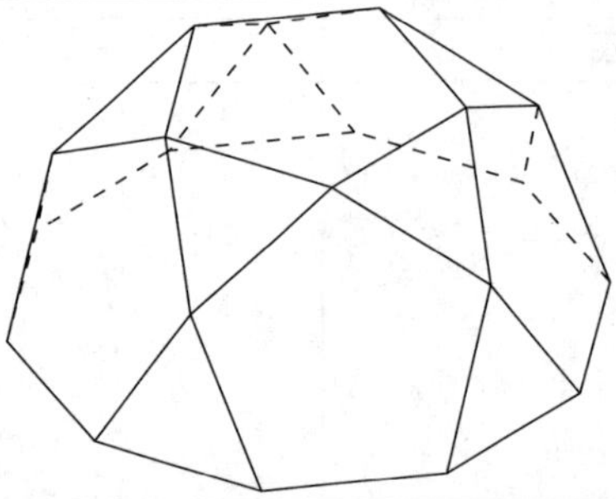	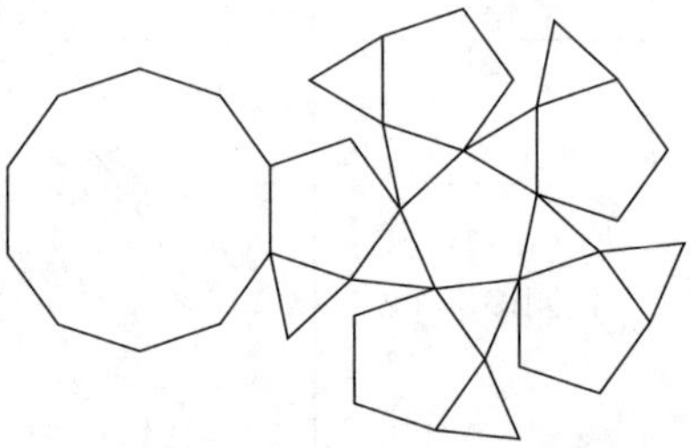
正三角锥柱	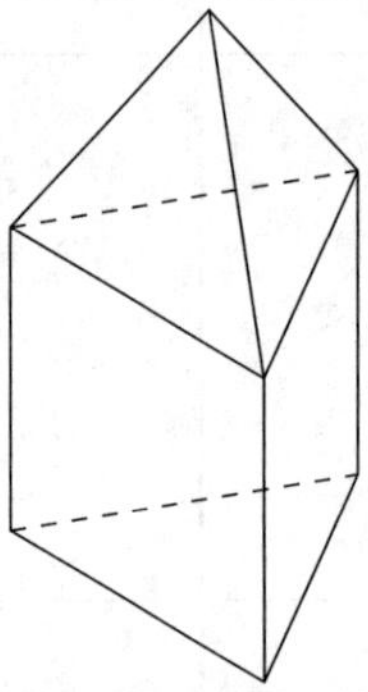	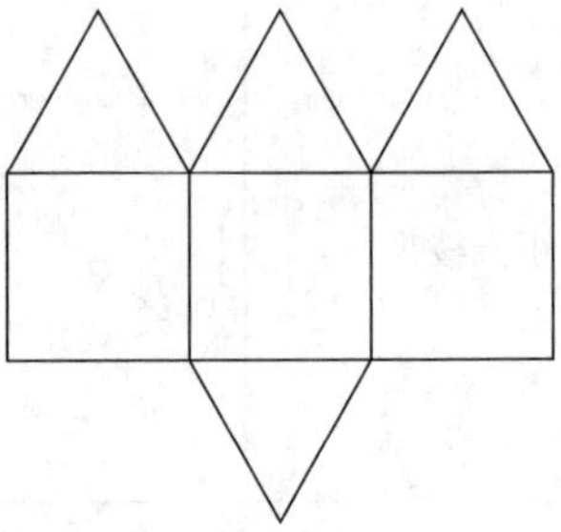

表 5.6.3 （续）

名称	直观图	展开图
正四角锥柱	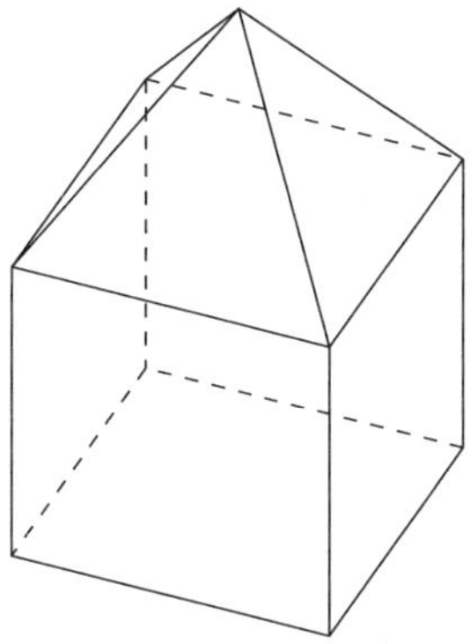	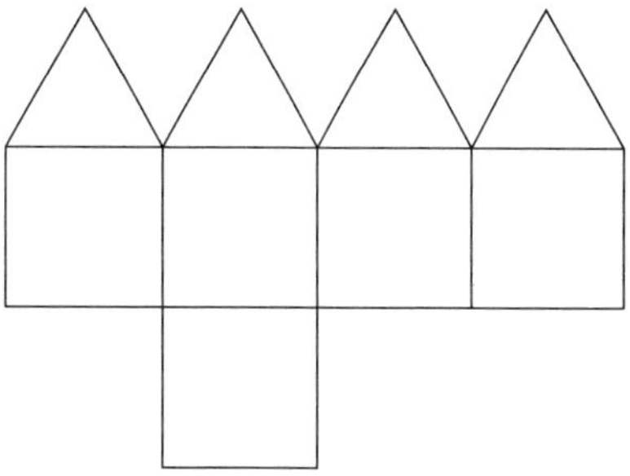
正五角锥柱	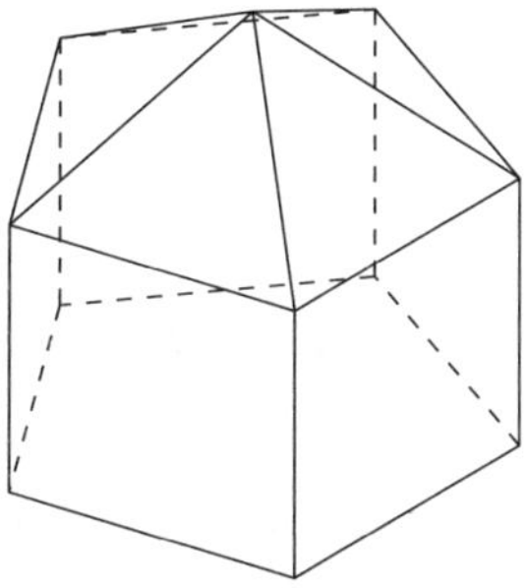	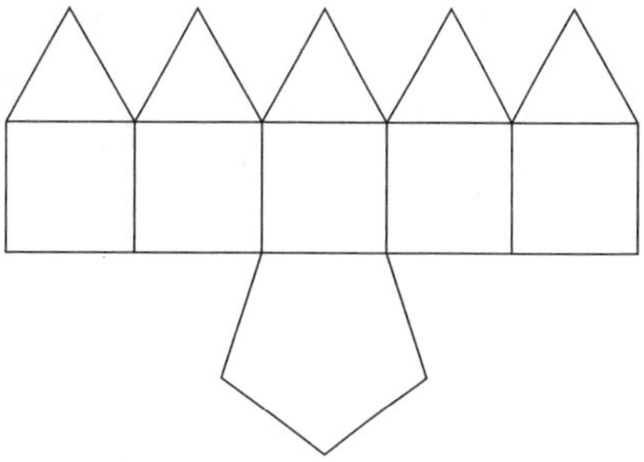
正四角锥反柱	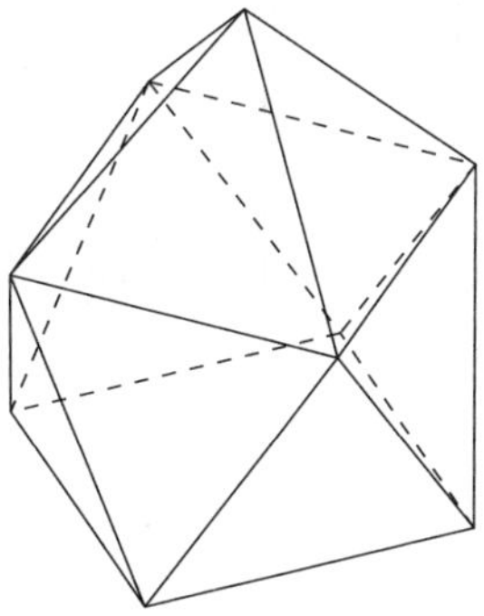	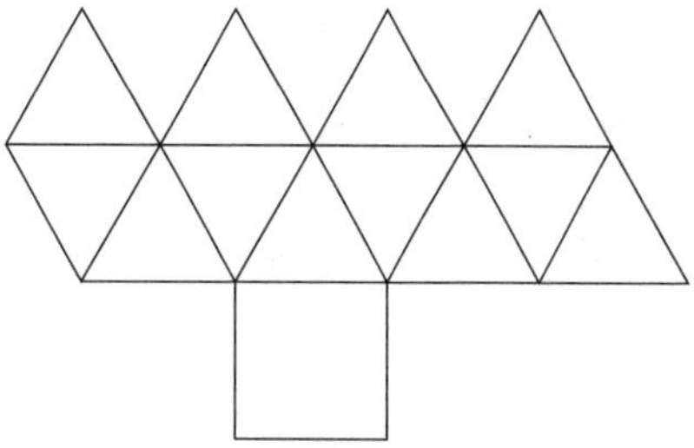
正五角锥反柱	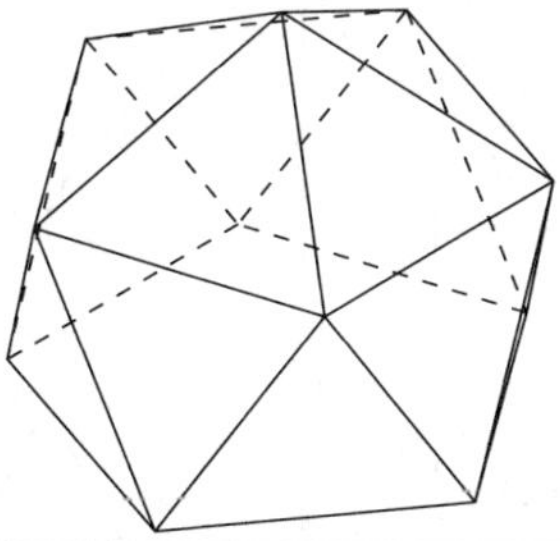	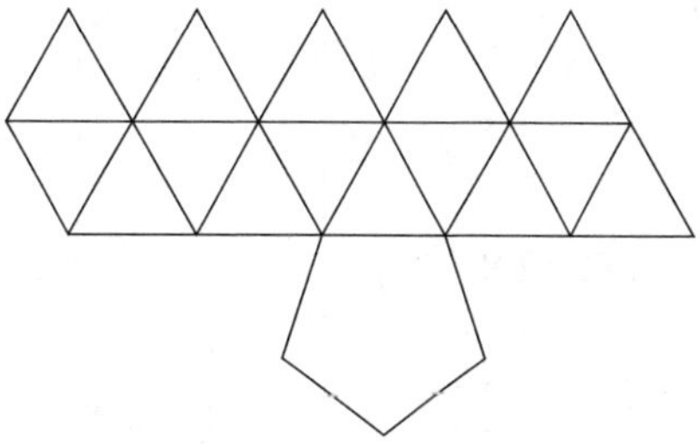

表 5.6.3 （续）

名称	直观图	展开图
双三棱锥	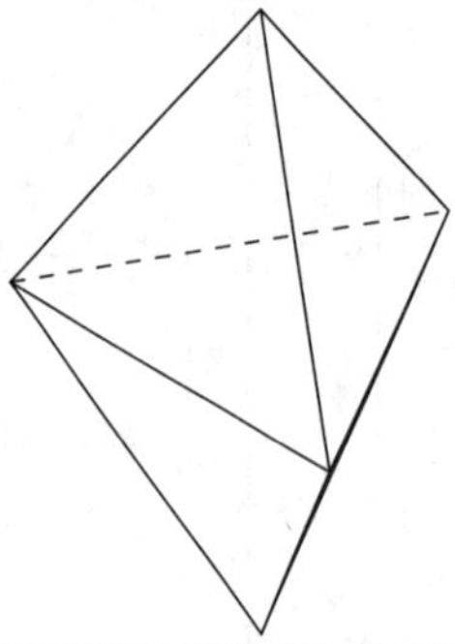	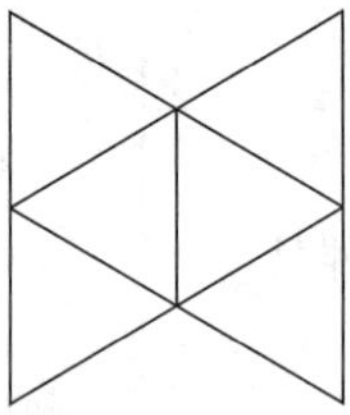
双五棱锥	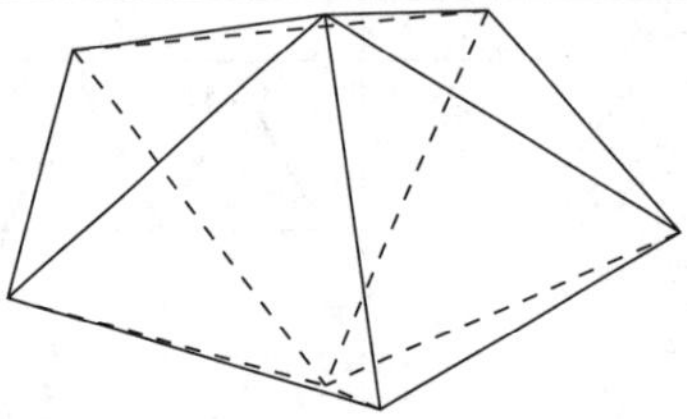	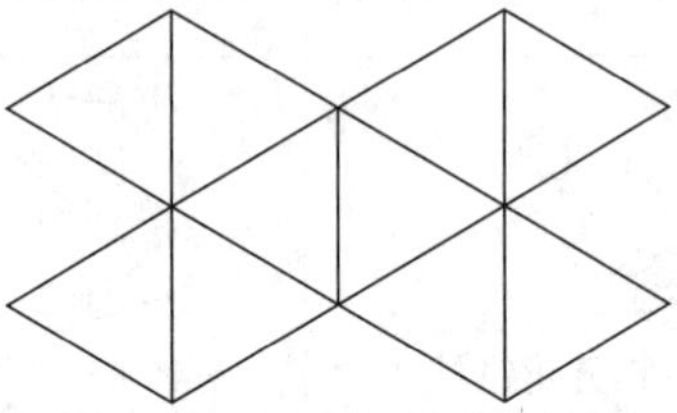
双三角锥柱	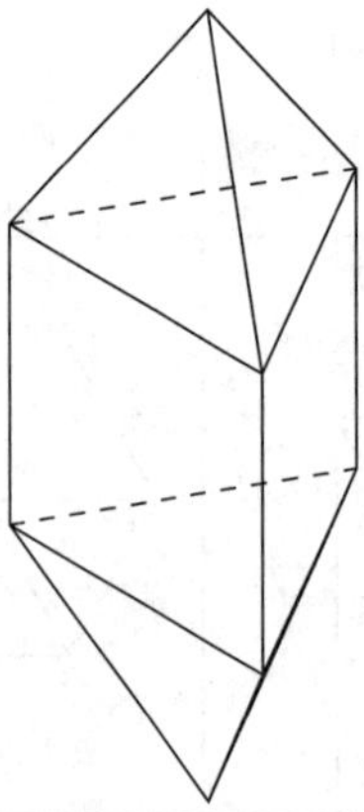	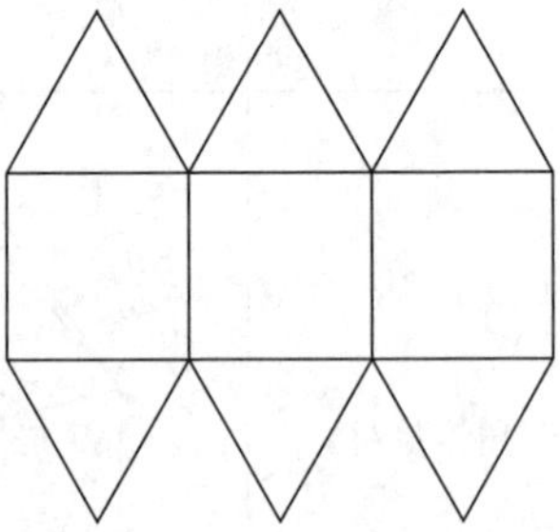
双四角锥柱	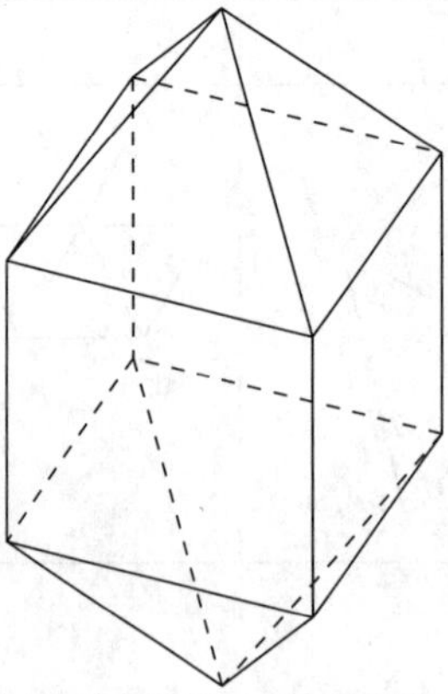	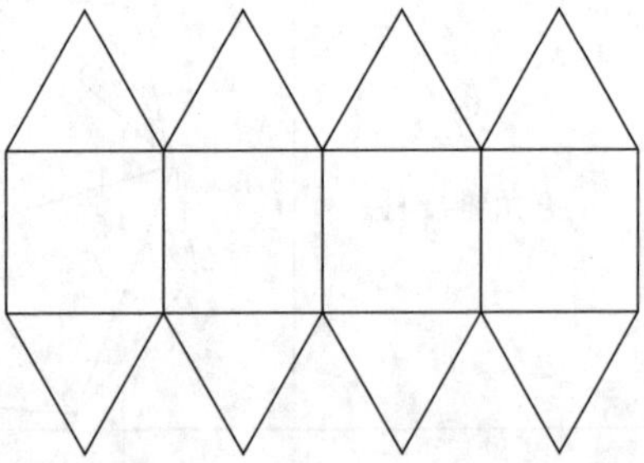

表 5.6.3 （续）

名称	直观图	展开图
双五角锥柱	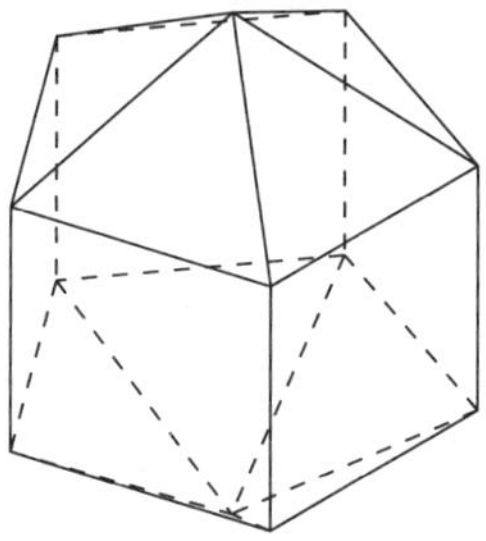	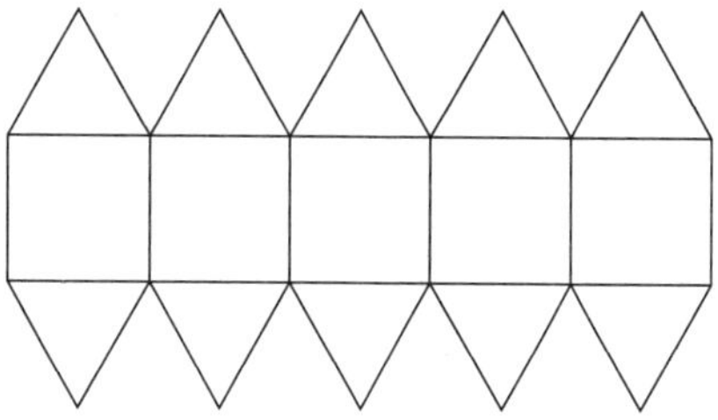
双四角锥反柱	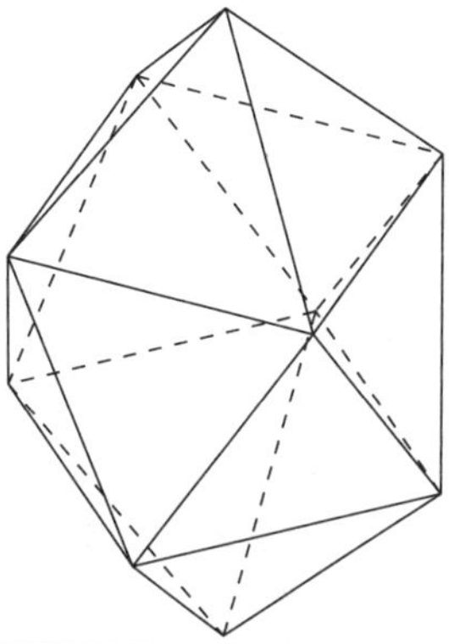	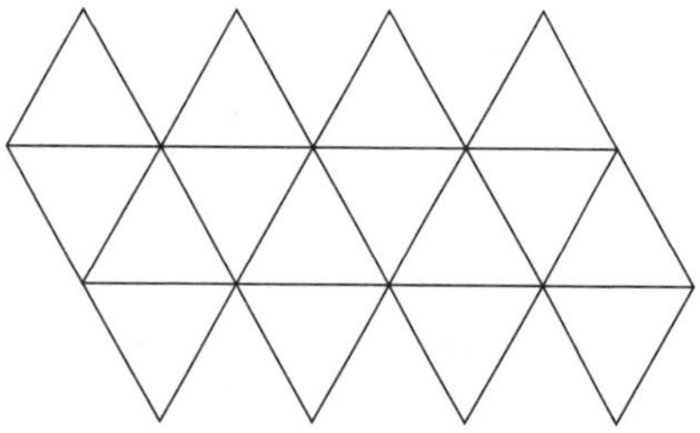
正三角台塔柱	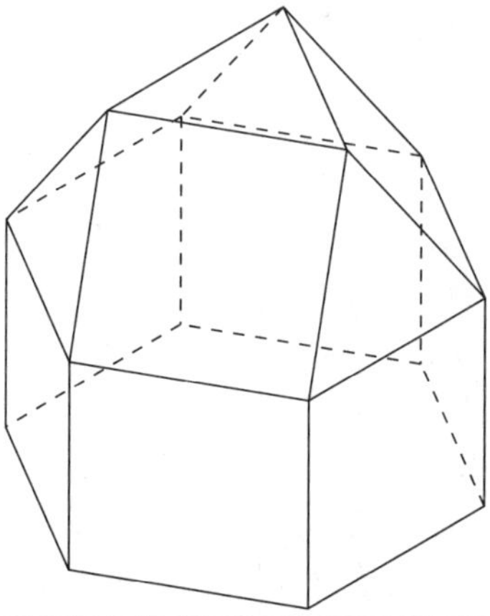	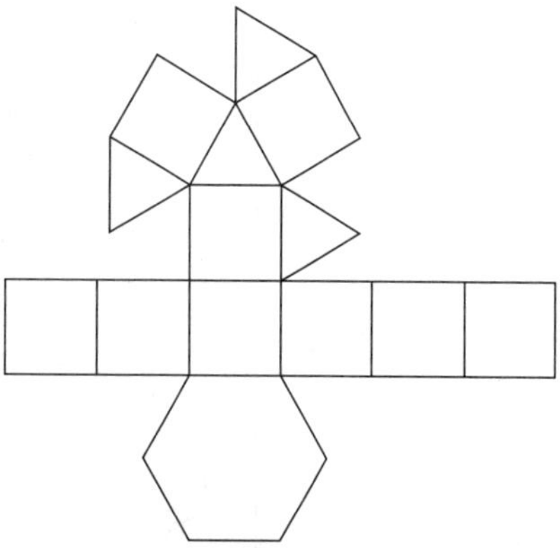
正四角台塔柱	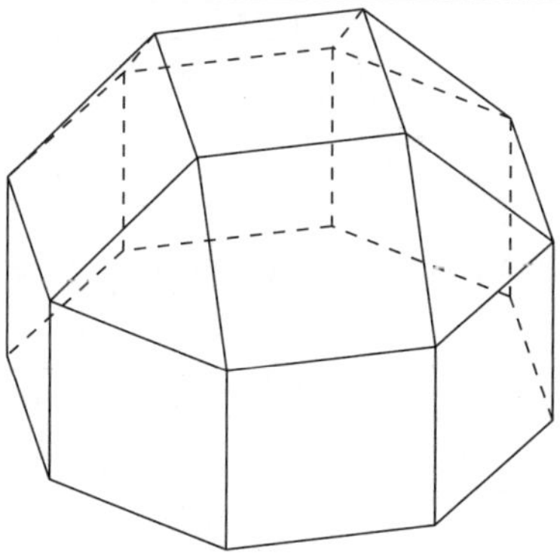	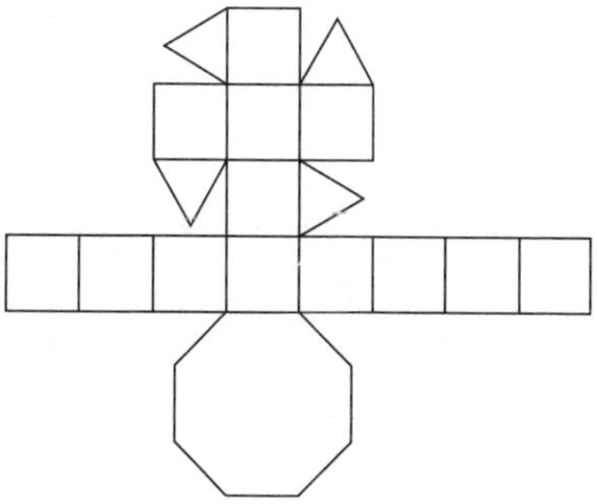

表 5.6.3 （续）

名称	直观图	展开图
正五角台塔柱	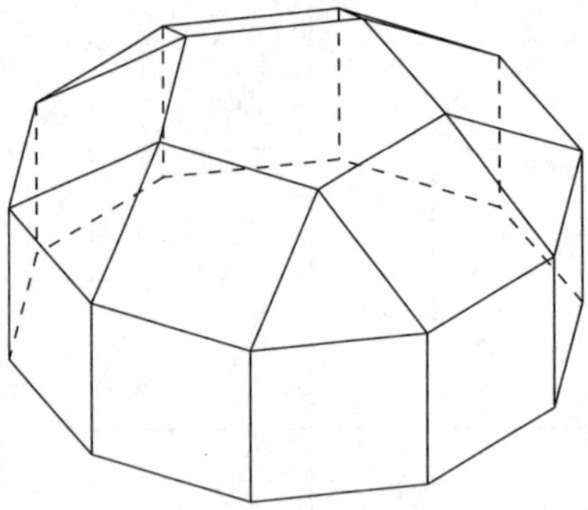	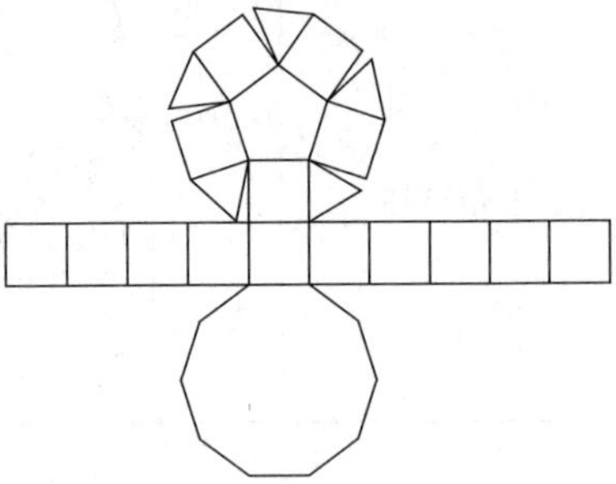
正五角丸塔柱	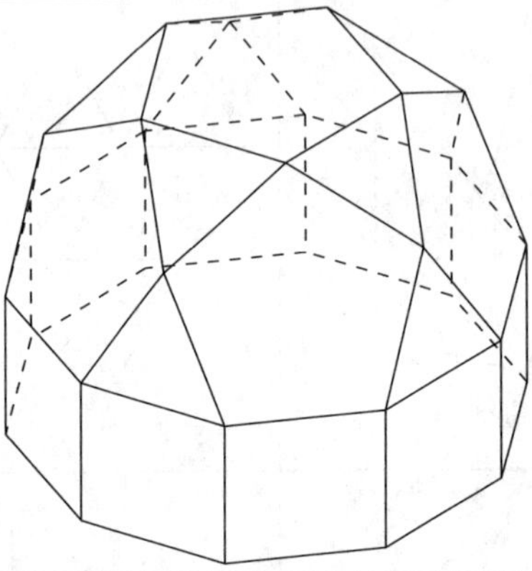	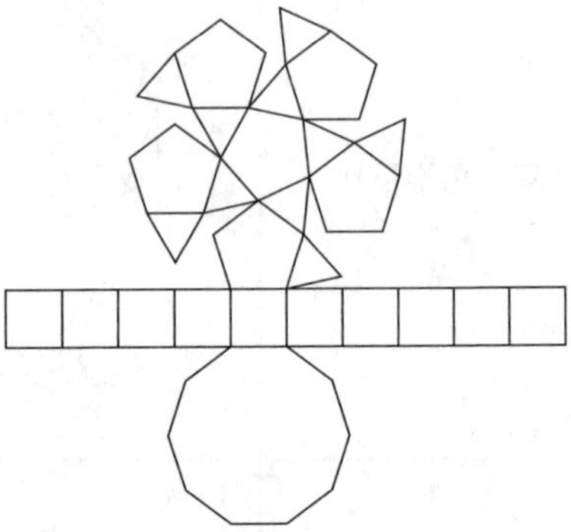
正三角台塔反柱	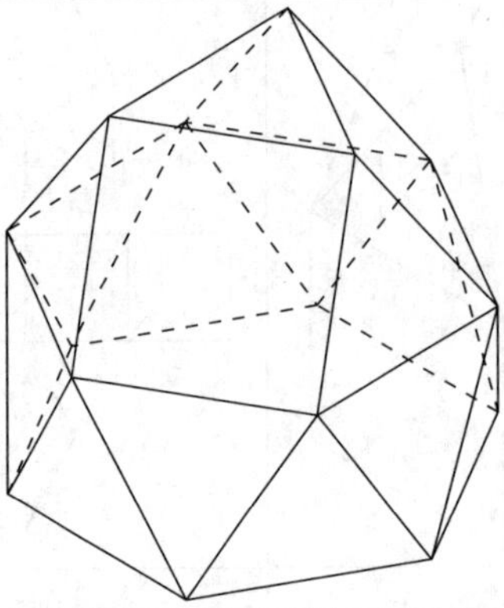	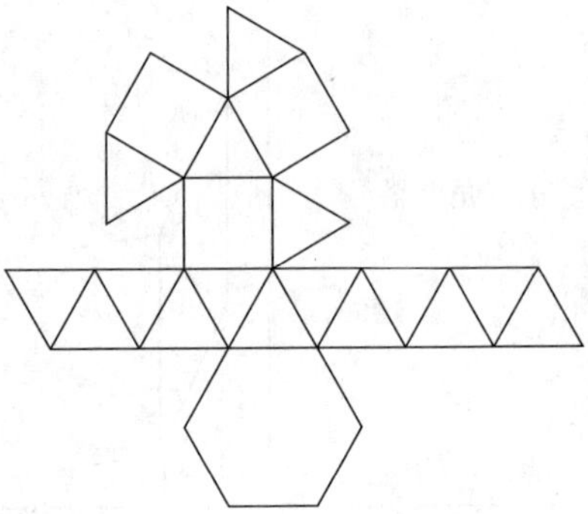

表 5.6.3 （续）

名称	直观图	展开图
正四角台塔反柱	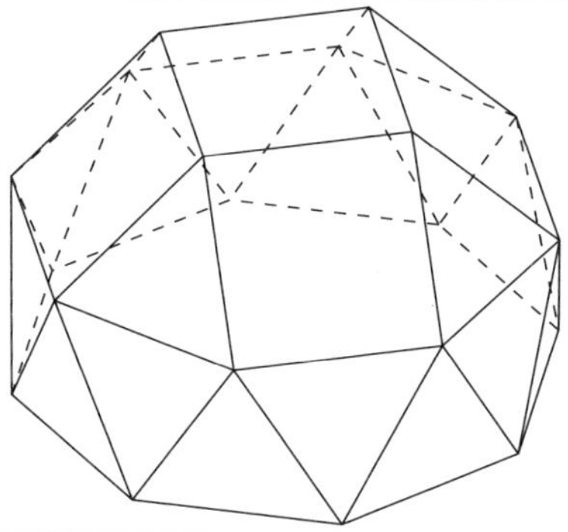	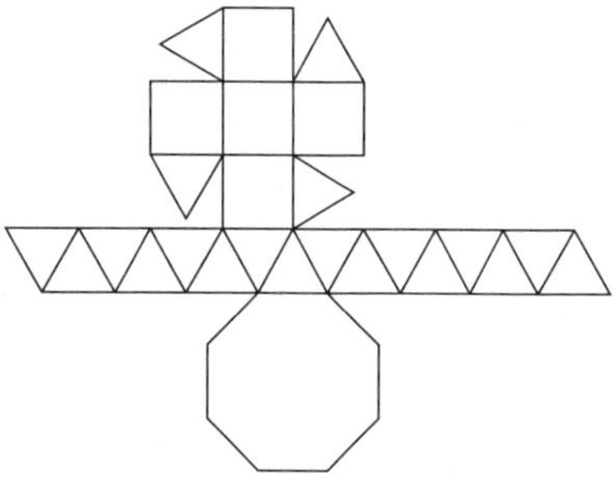
正五角台塔反柱	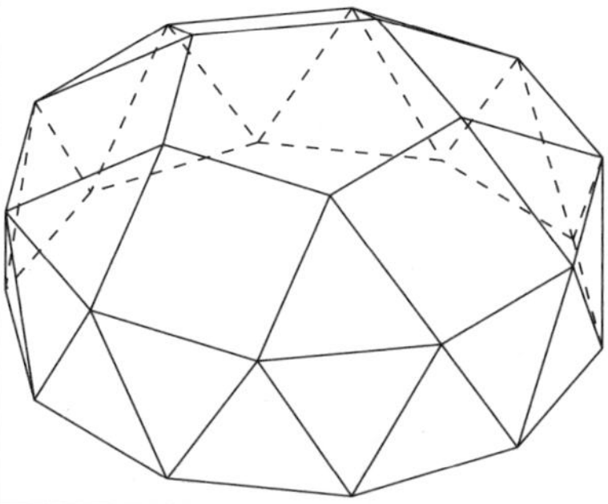	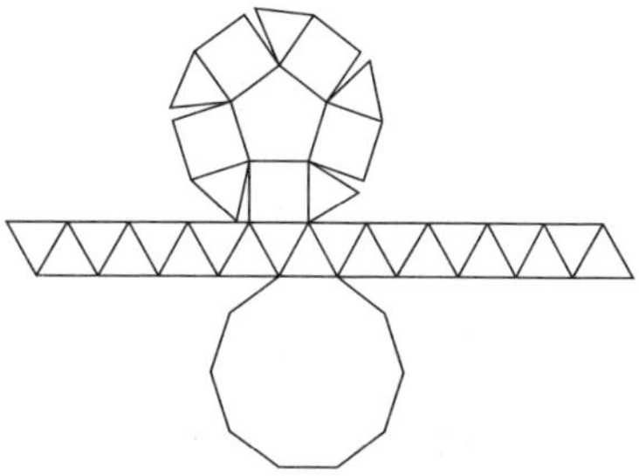
正五角丸塔反柱	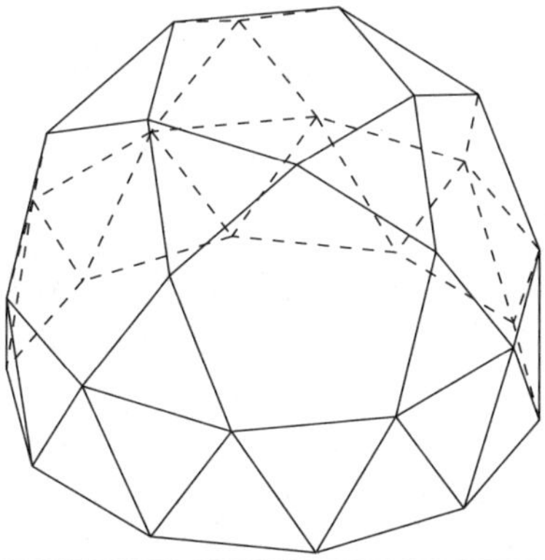	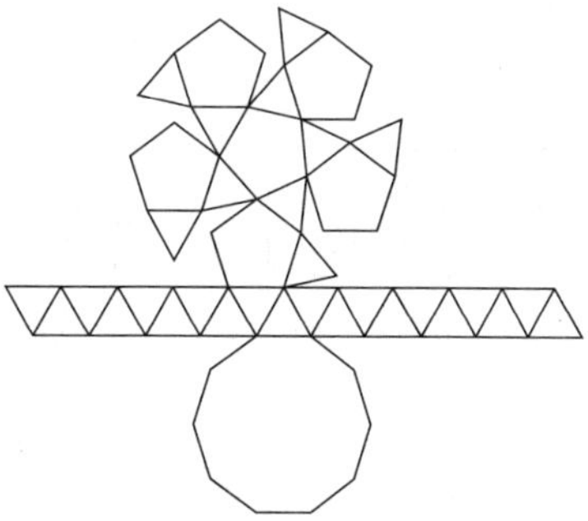

5.6 Johnson 多面体

表 5.6.3 （续）

名称	直观图	展开图
异相双三棱柱	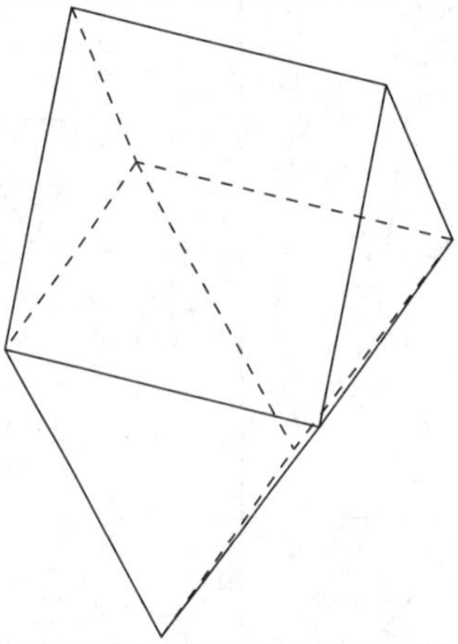	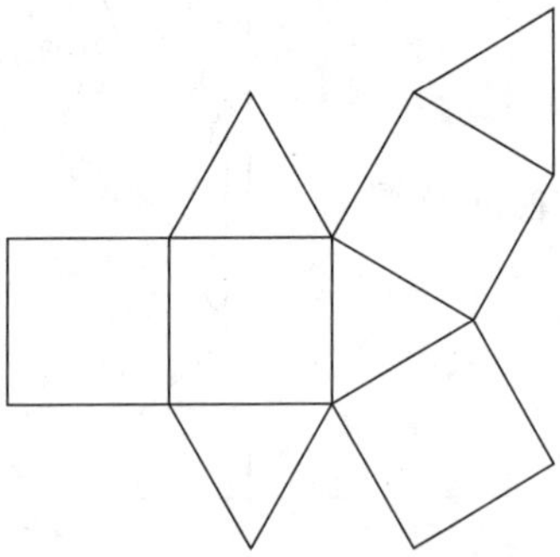
同相双三角台塔	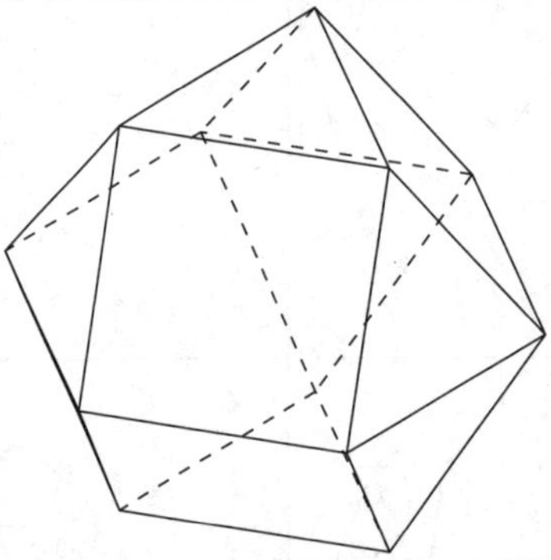	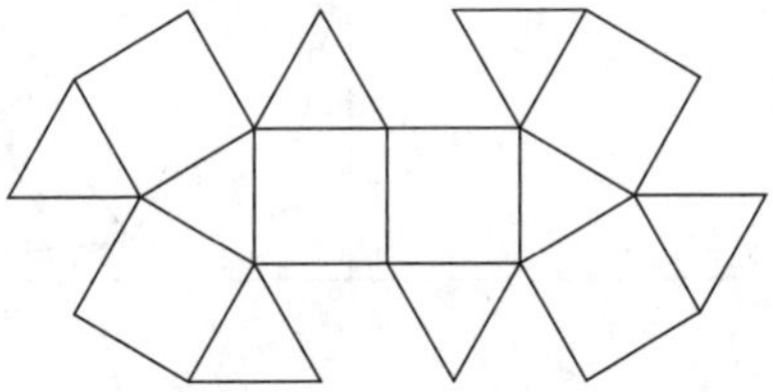
同相双四角台塔	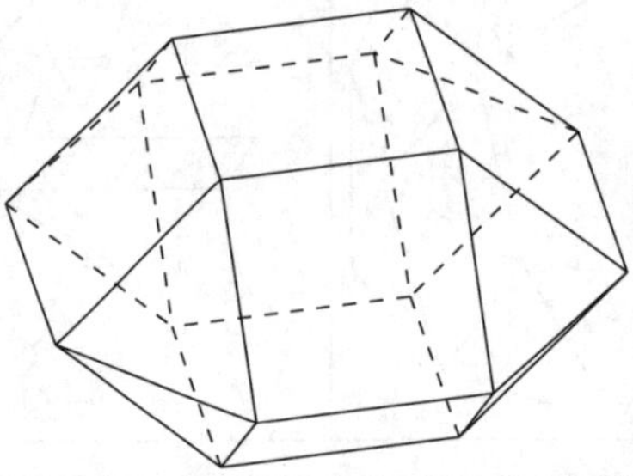	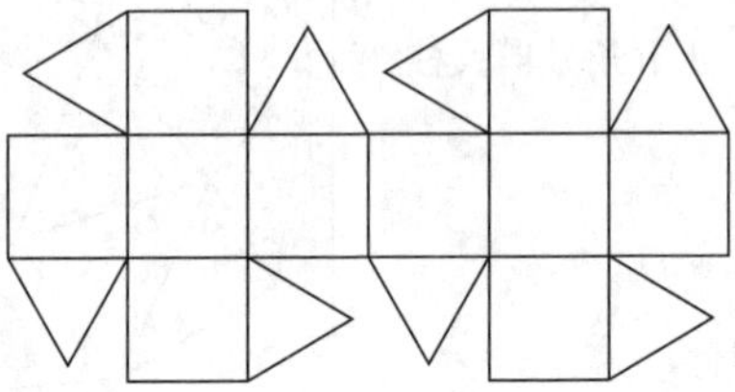
异相双四角台塔	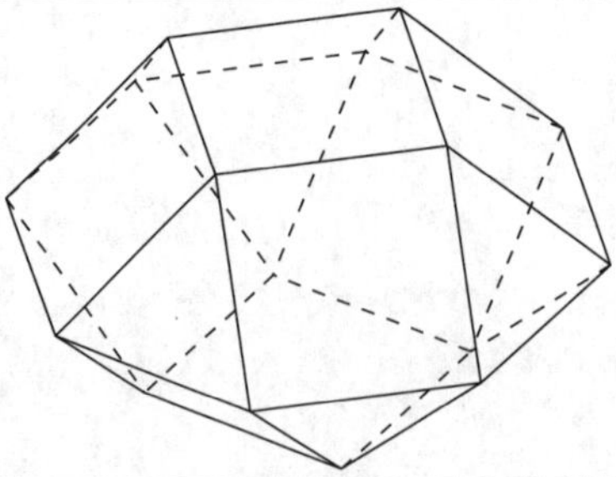	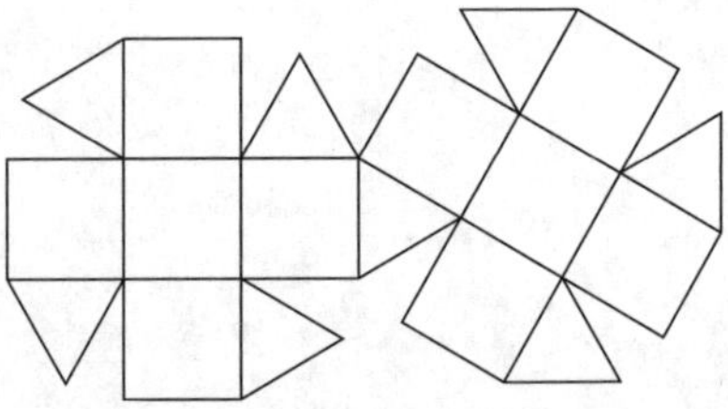

表 5.6.3 （续）

名称	直观图	展开图
同相双五角台塔	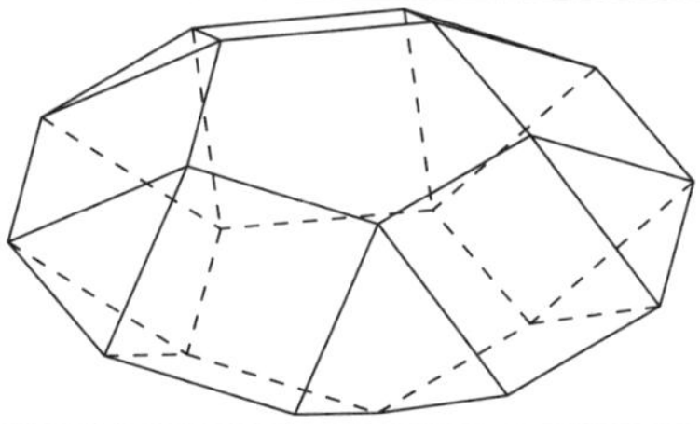	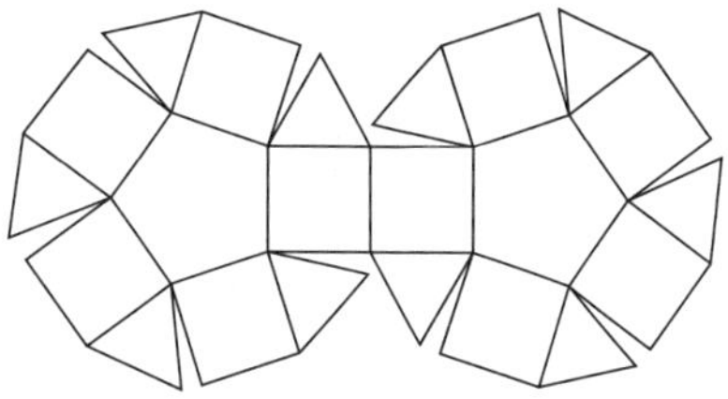
异相双五角台塔	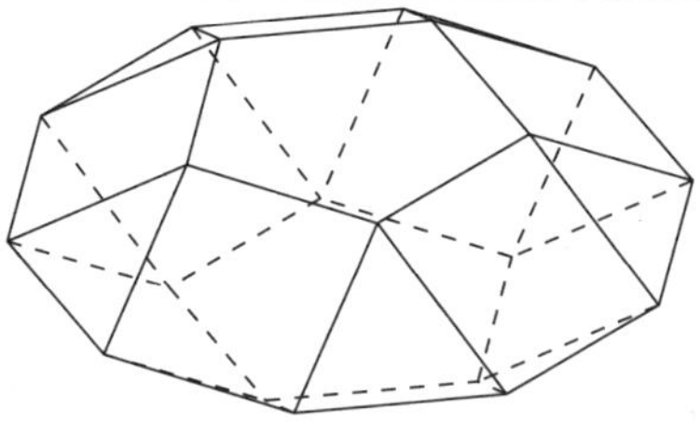	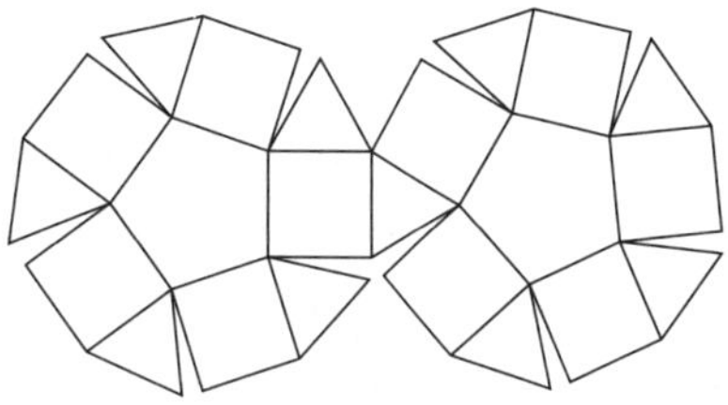
同相五角台塔丸塔	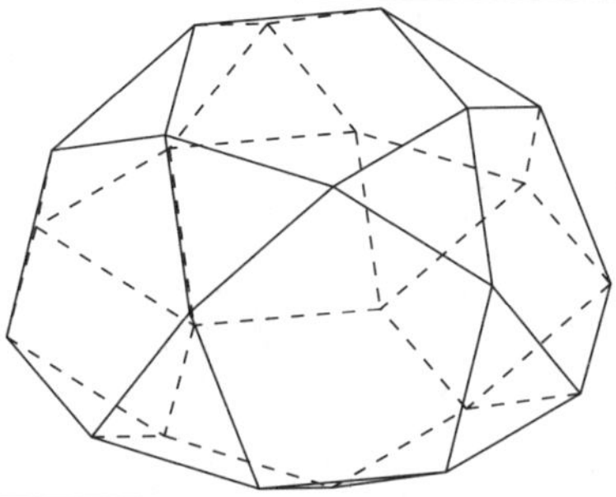	
异相五角台塔丸塔	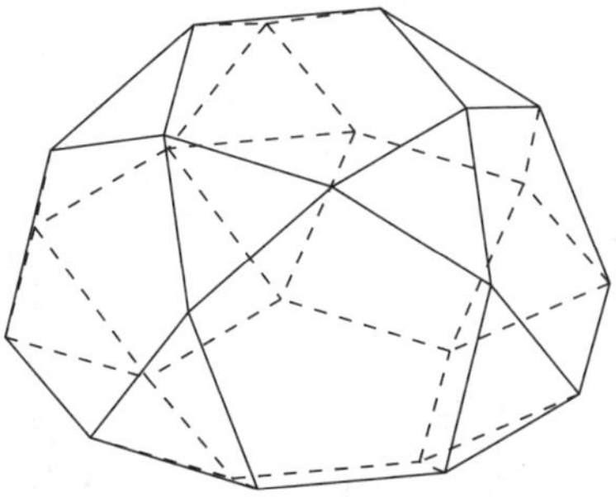	
同相双五角丸塔	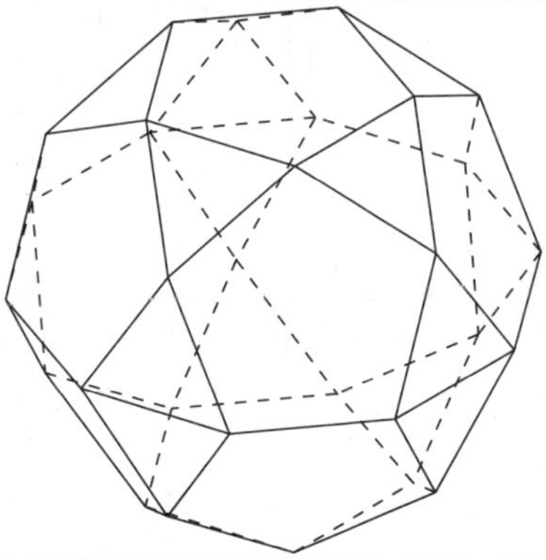	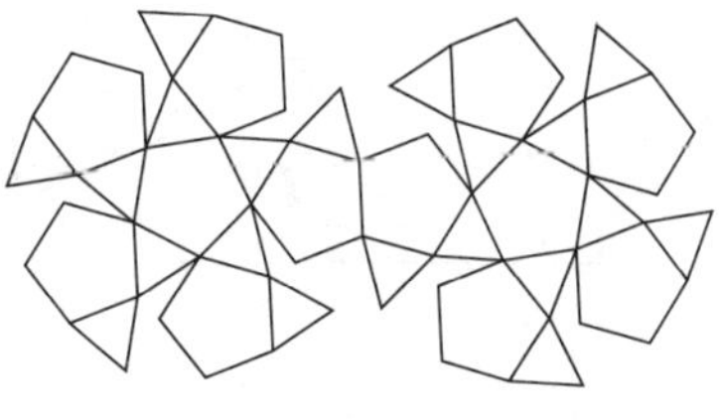

表 5.6.3 （续）

名称	直观图	展开图
同相双三角台塔柱	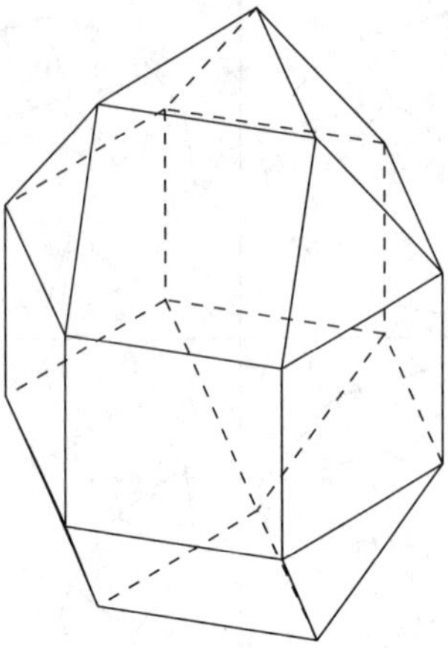	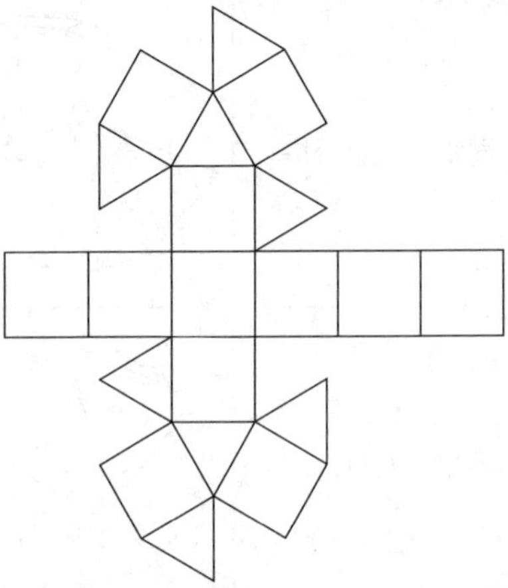
异相双三角台塔柱	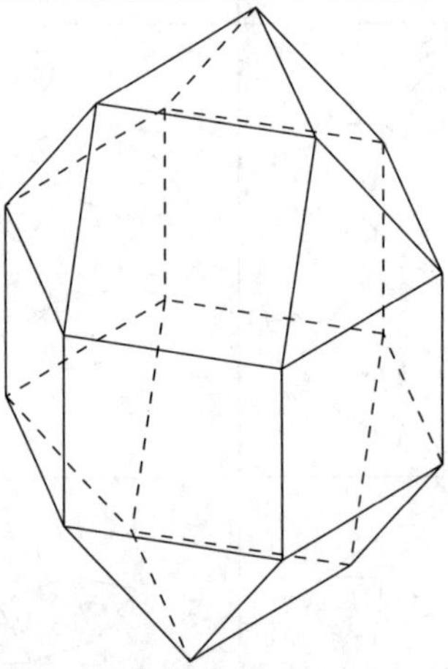	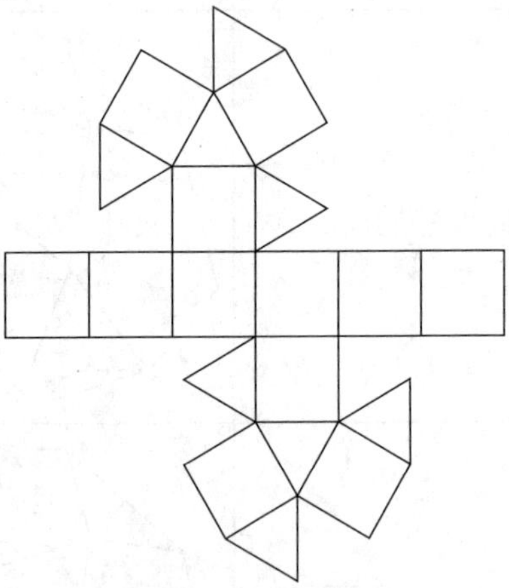
异相双四角抬塔柱	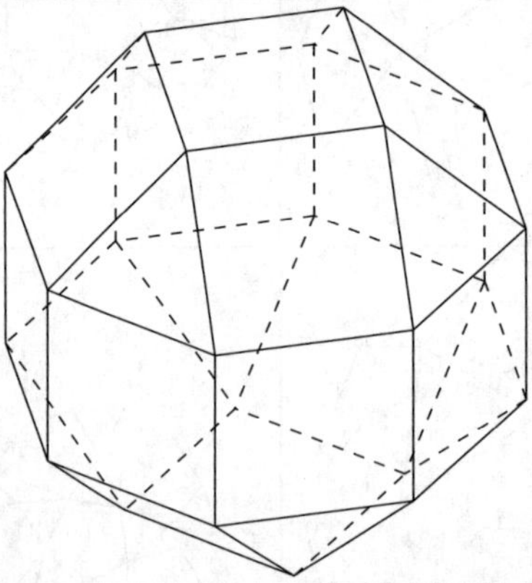	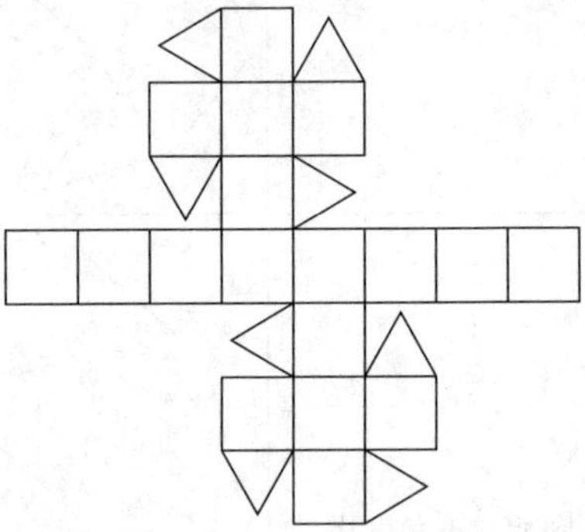

表 5.6.3 （续）

名称	直观图	展开图
同相双五角台塔柱	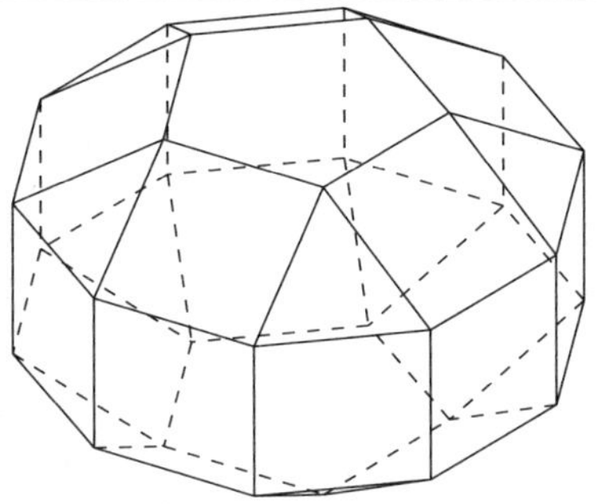	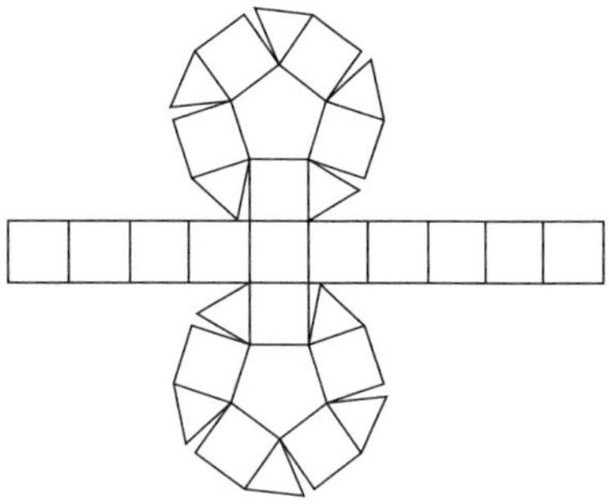
异相双五角台塔柱	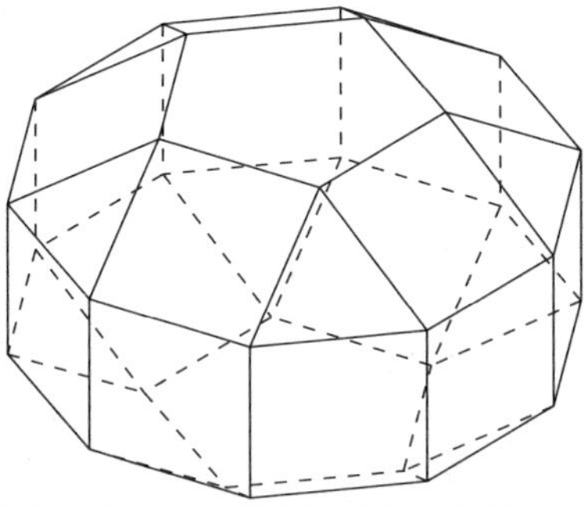	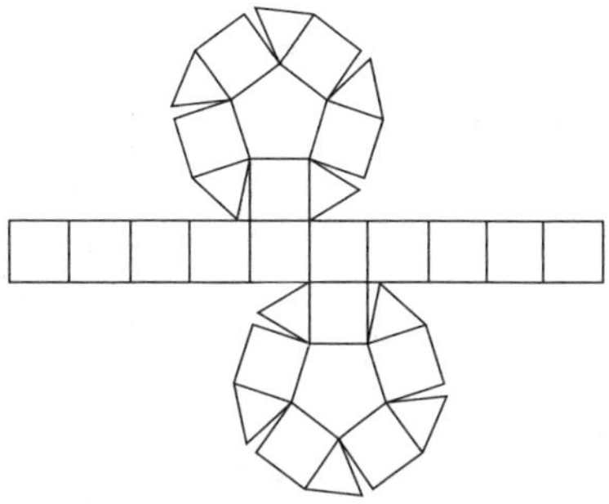
同相五角台塔丸塔柱	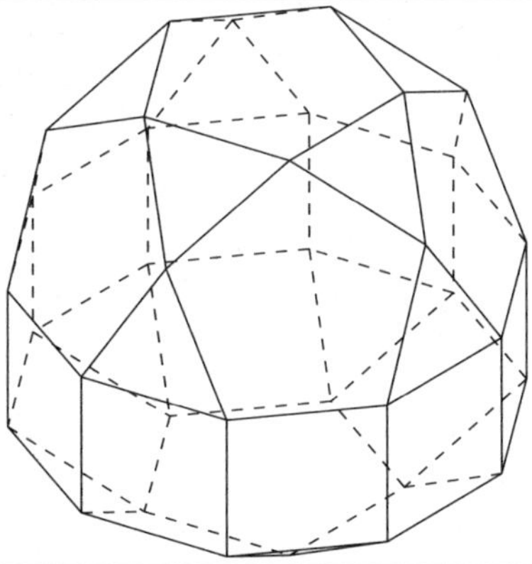	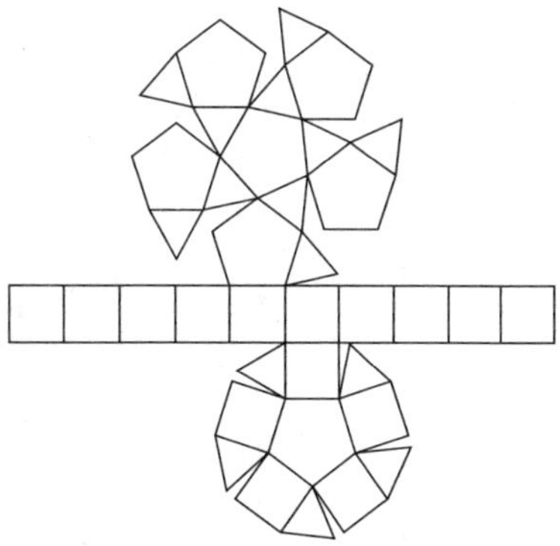
异相五角台塔丸塔柱	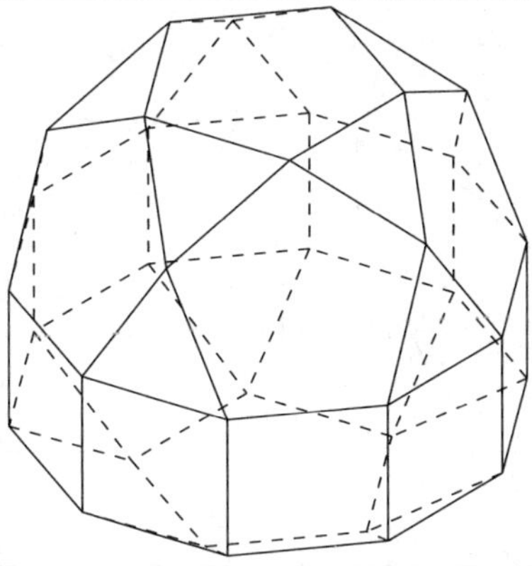	

表 5.6.3 （续）

名称	直观图	展开图
同相双五角丸塔柱	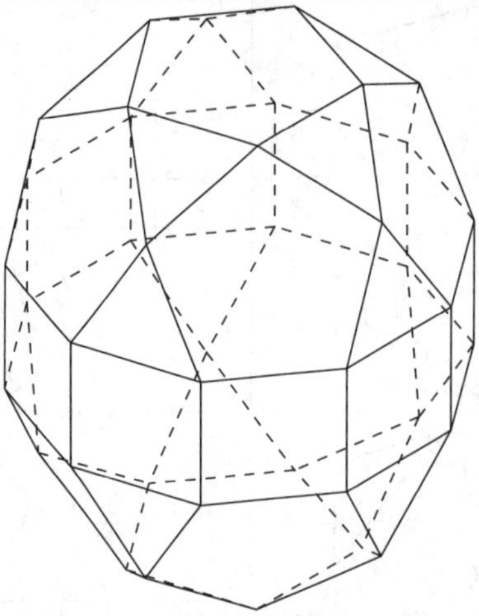	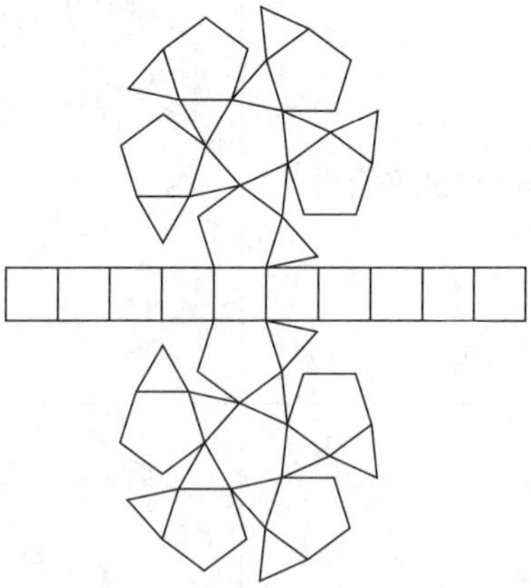
异相双五角丸塔柱	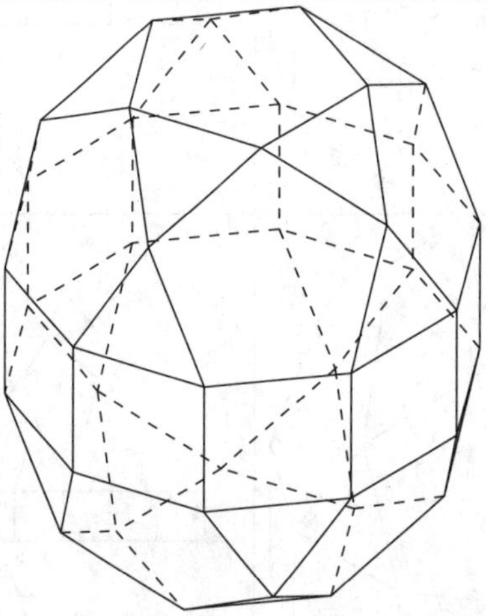	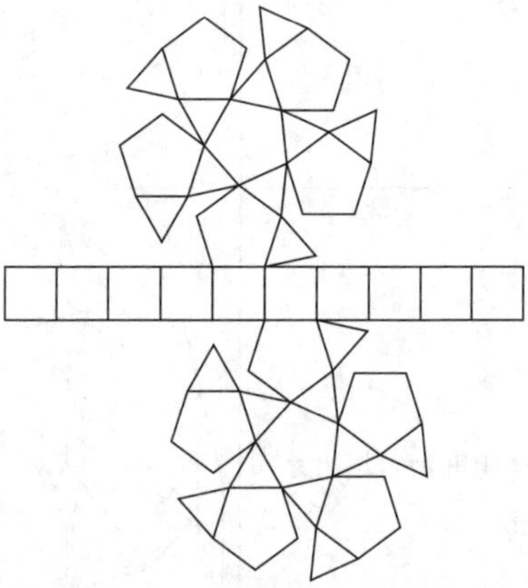
双三角台塔反柱	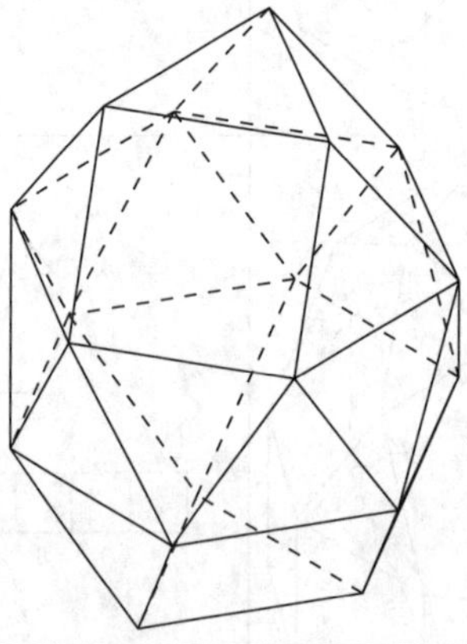	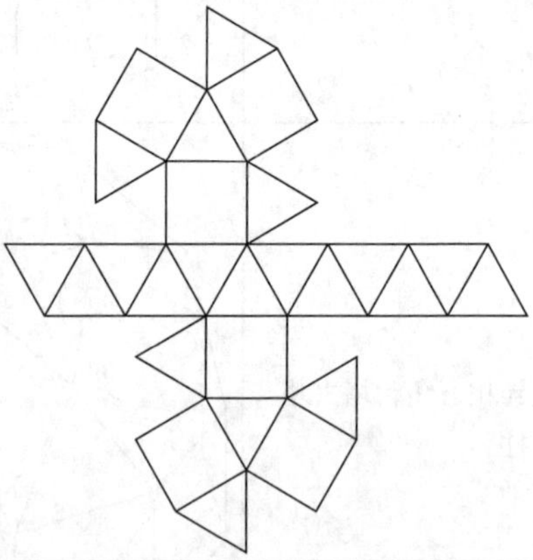

表 5.6.3 （续）

名称	直观图	展开图
双四角台塔反柱	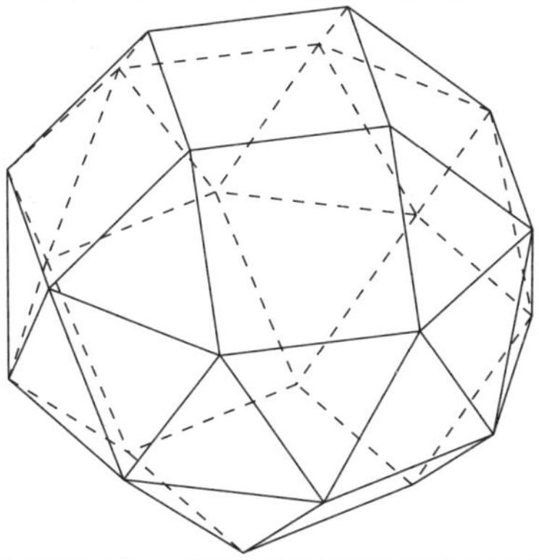	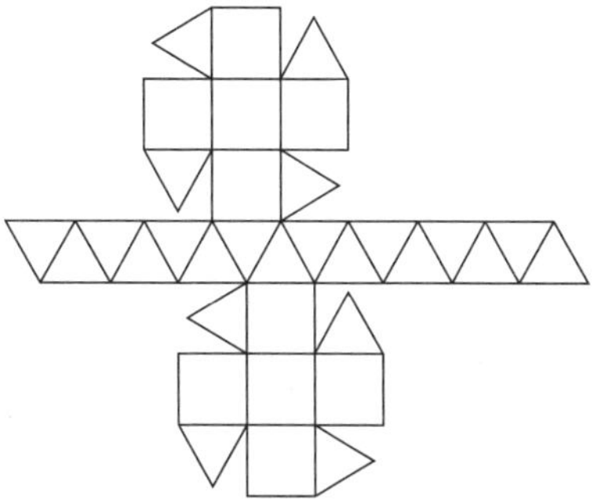
双五角台塔反柱	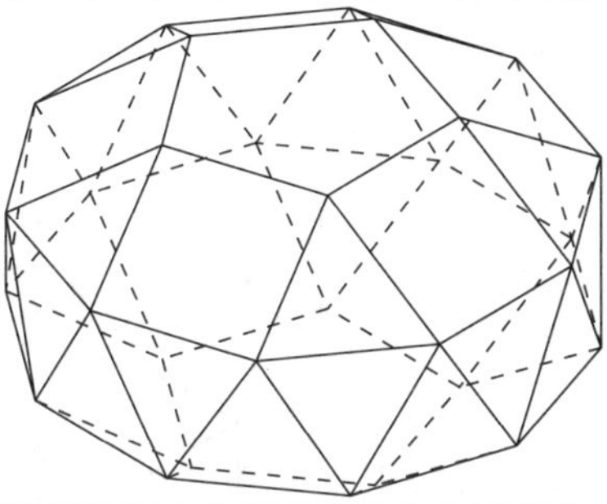	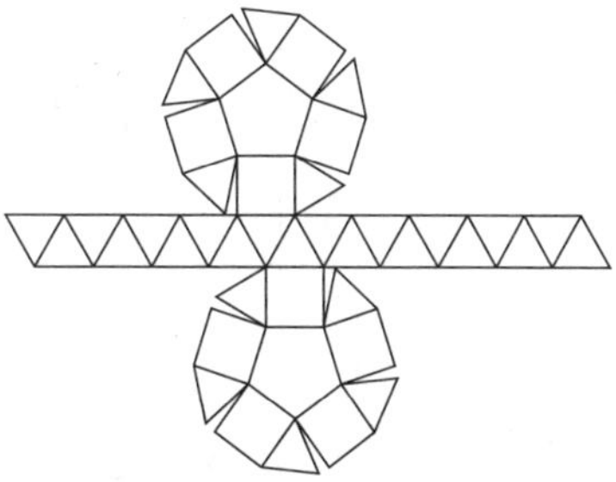
五角台塔丸塔反柱	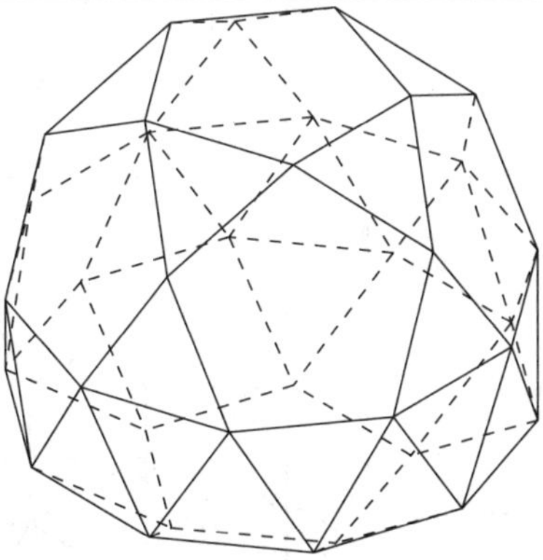	

表 5.6.3 （续）

名称	直观图	展开图
双五角丸塔反柱	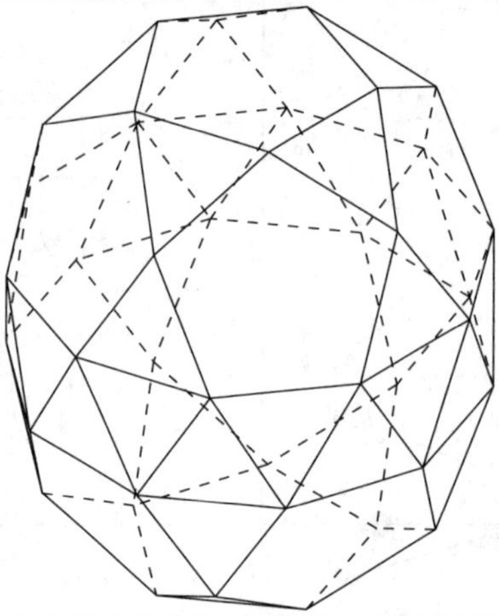	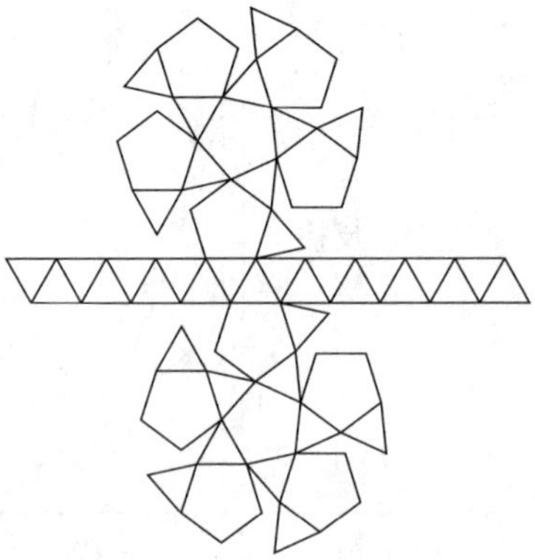
侧锥正三棱柱	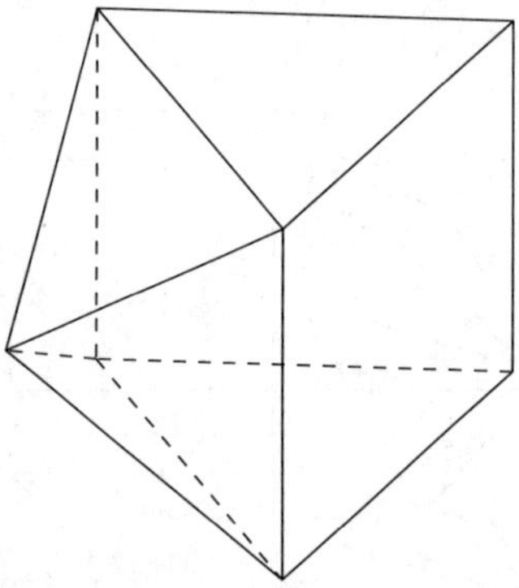	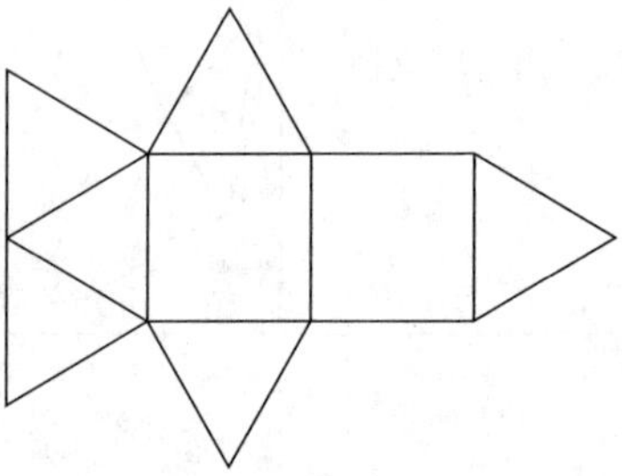
二侧锥正三棱柱	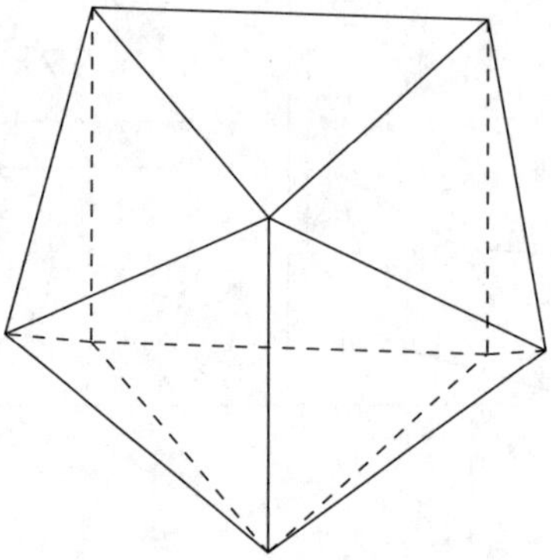	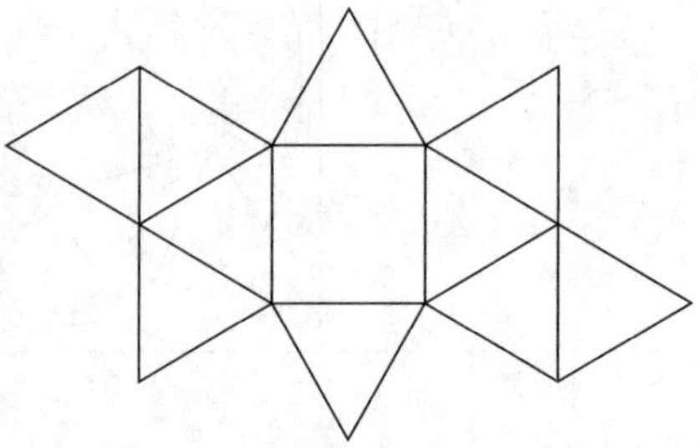

表 5.6.3　（续）

名称	直观图	展开图
三侧锥正三棱柱	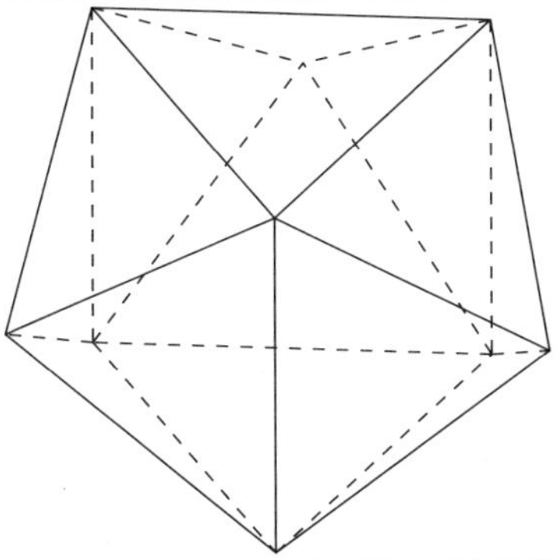	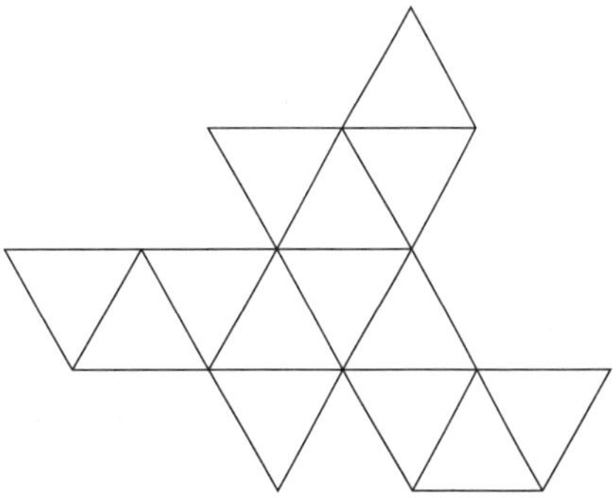
侧锥正五棱柱	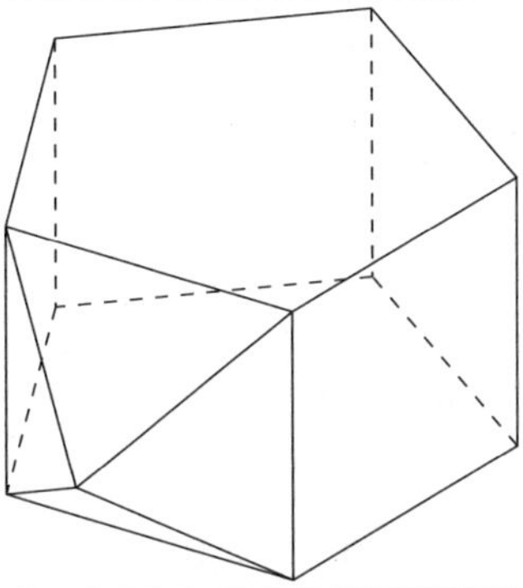	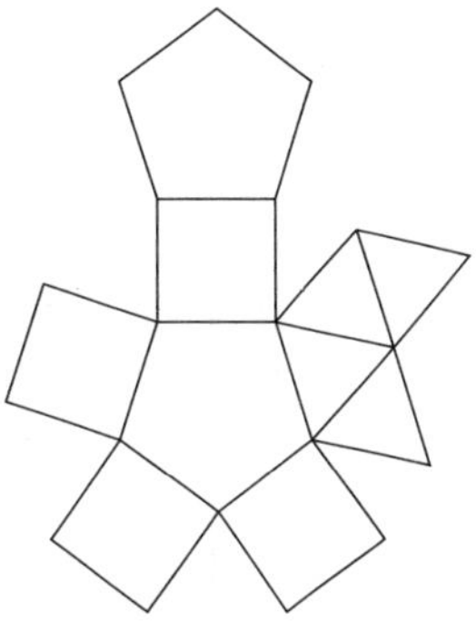
二侧锥正五棱柱	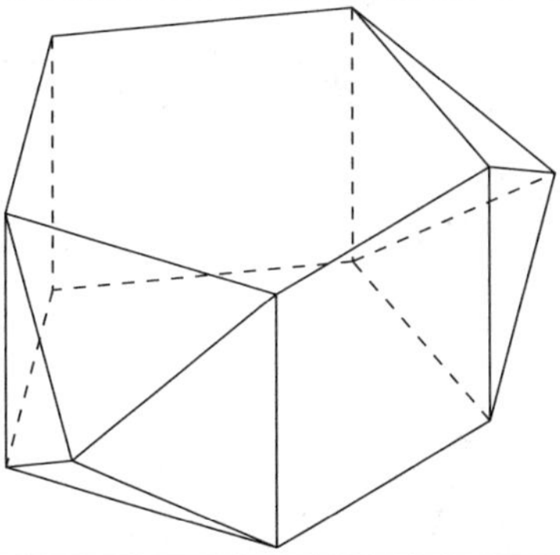	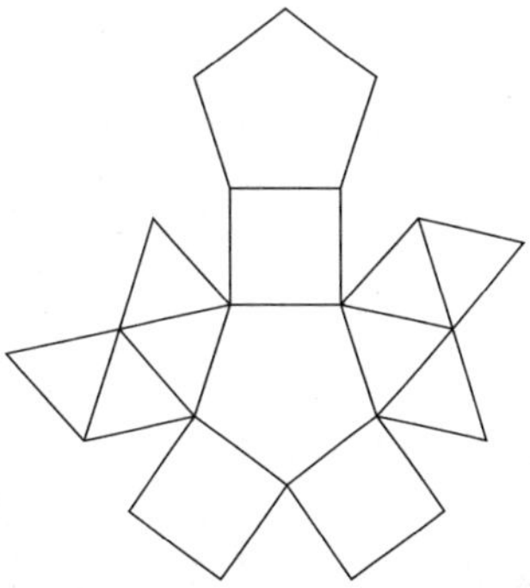
侧锥正六棱柱	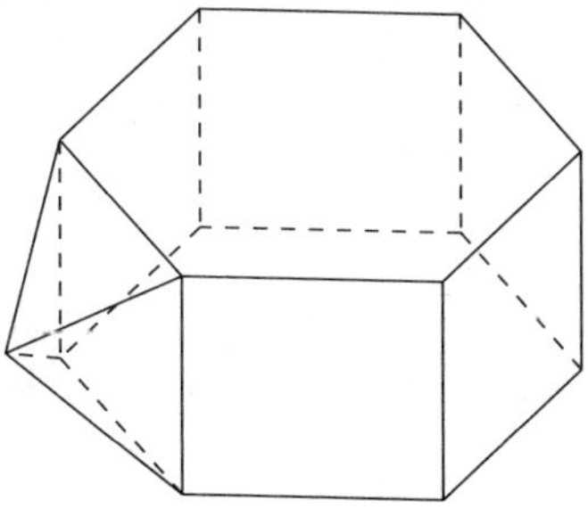	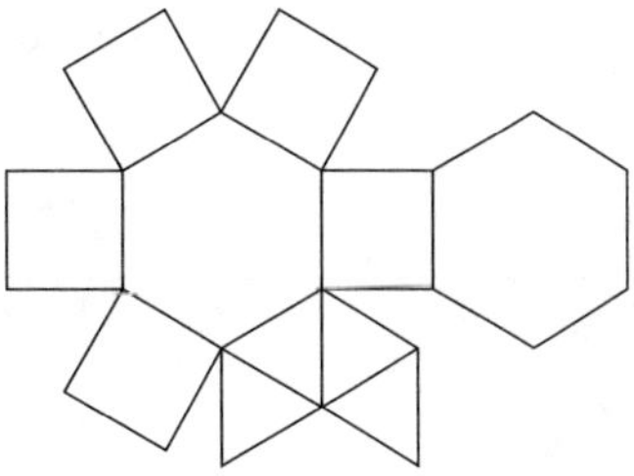

表 5.6.3 （续）

名称	直观图	展开图
双侧锥正六棱柱	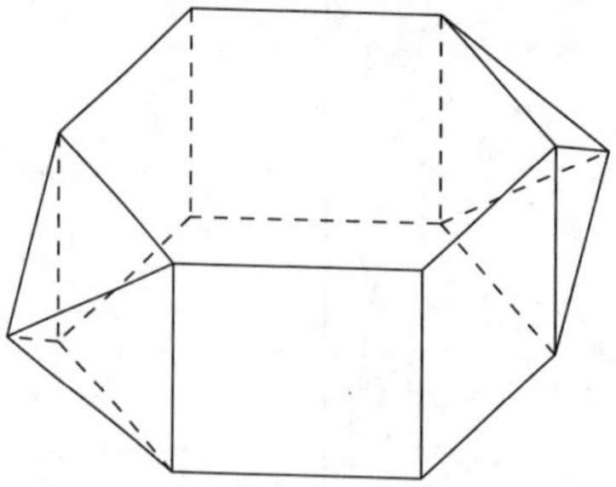	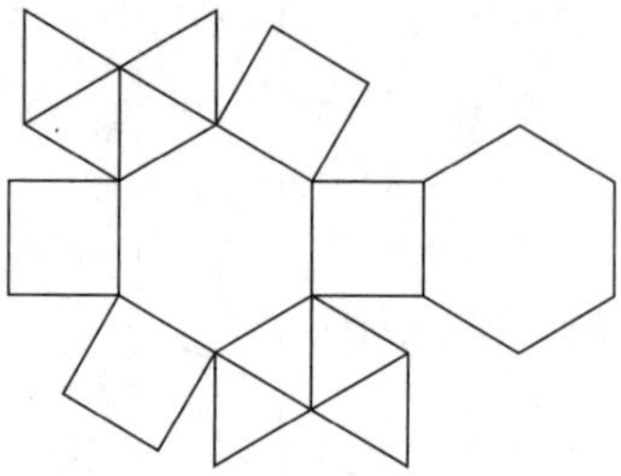
二侧锥正六棱柱	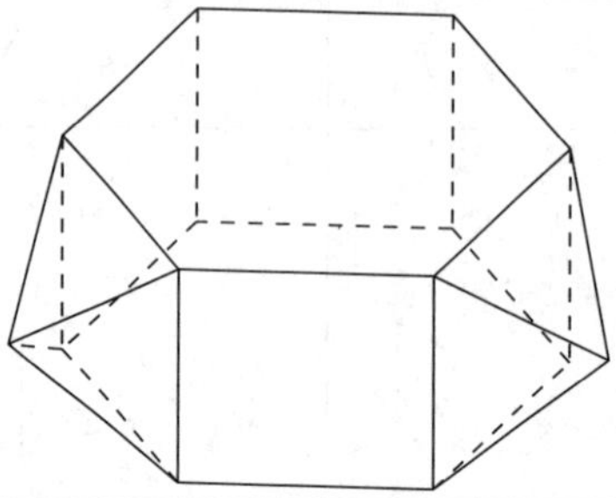	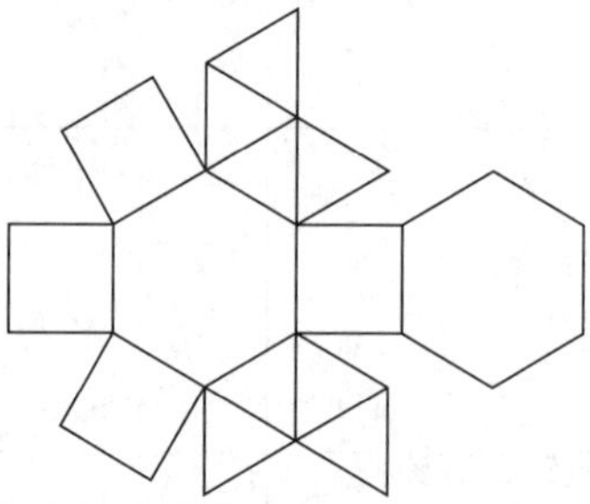
三侧锥正六棱柱	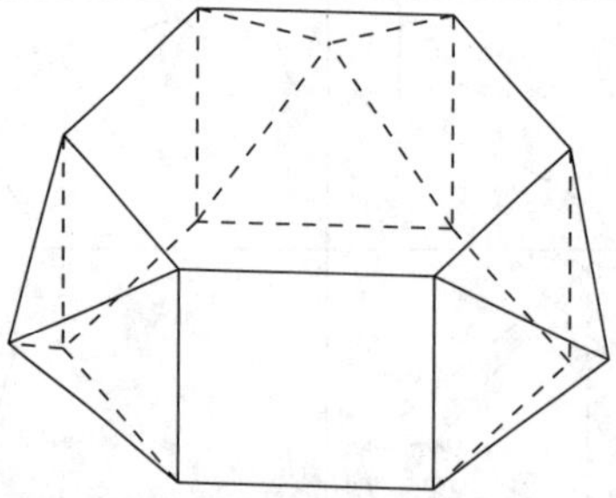	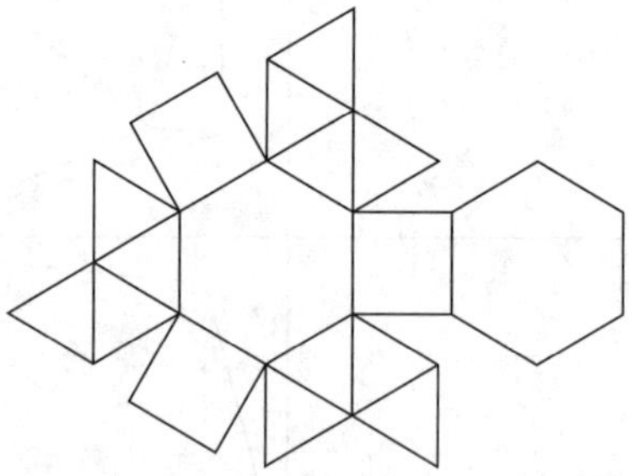
侧锥正十二面体	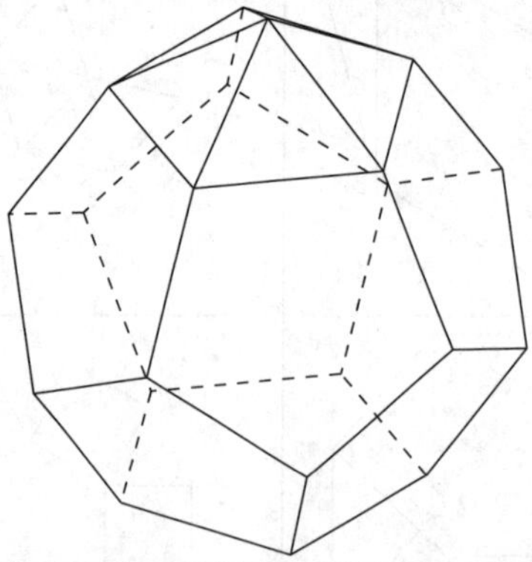	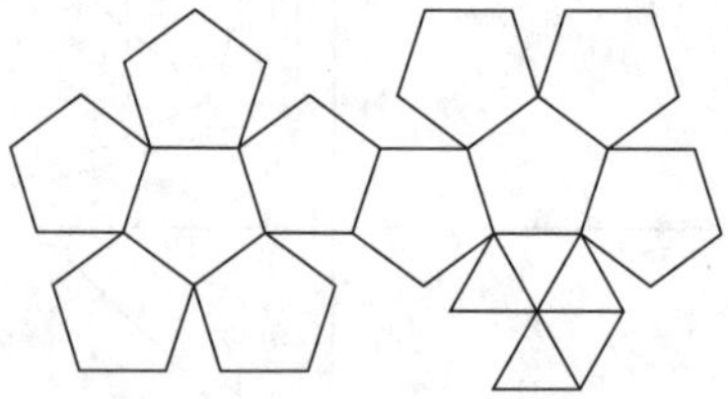

表 5.6.3 （续）

名称	直观图	展开图
双侧锥正十二面体	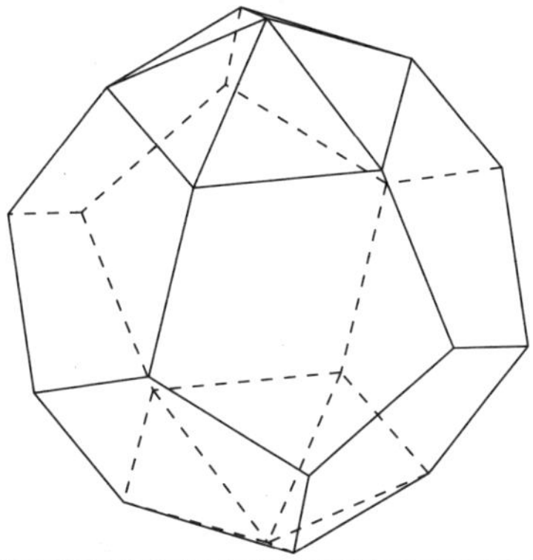	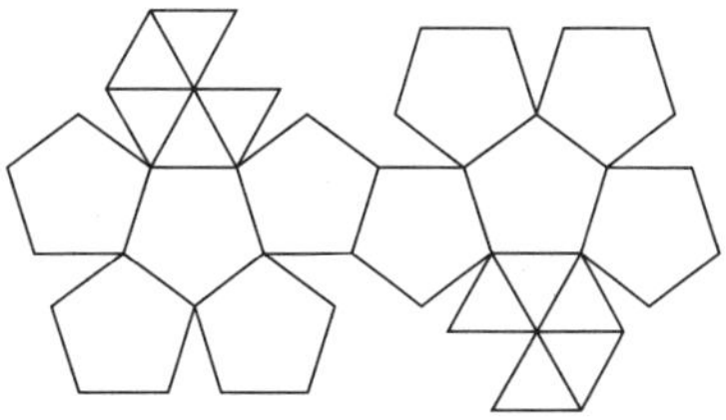
二侧锥正十二面体	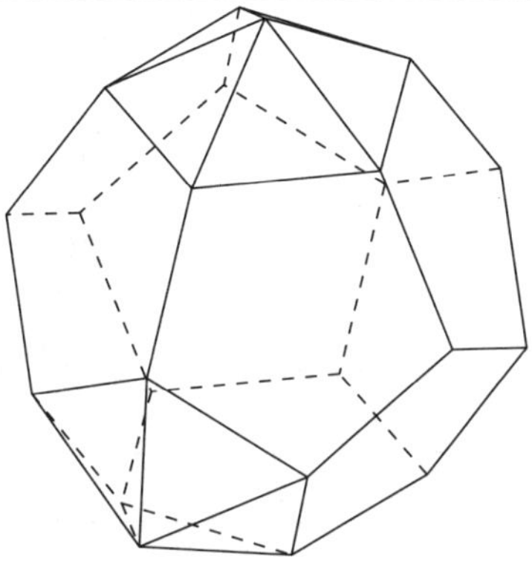	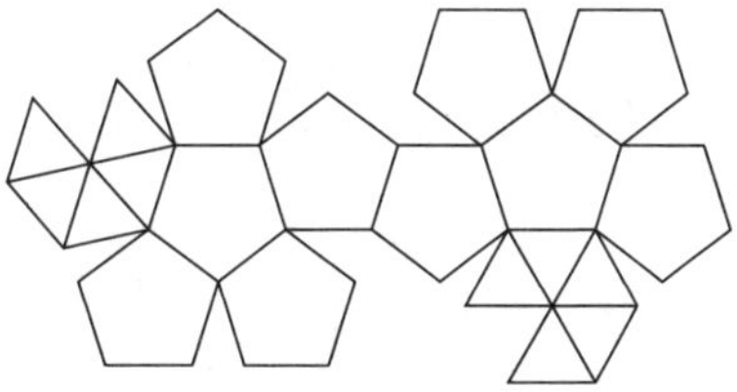
三侧锥正十二面体	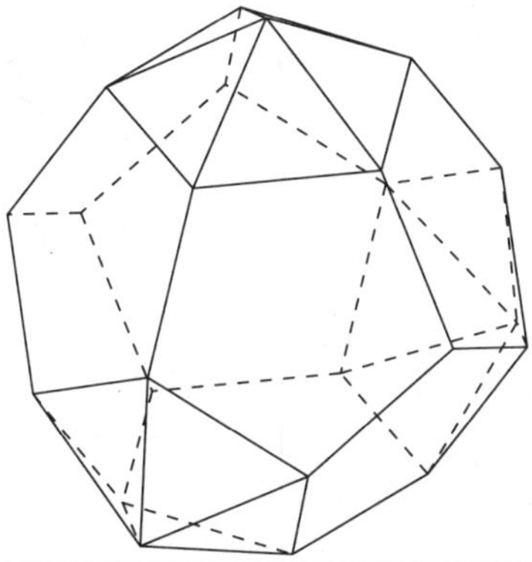	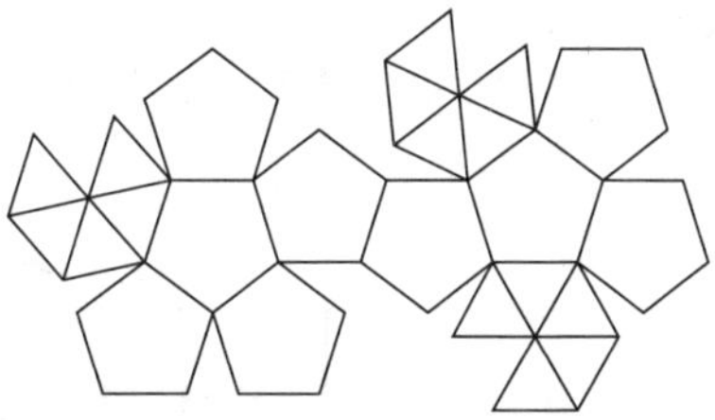

表 5.6.3 （续）

名称	直观图	展开图
正二十面体欠二侧锥	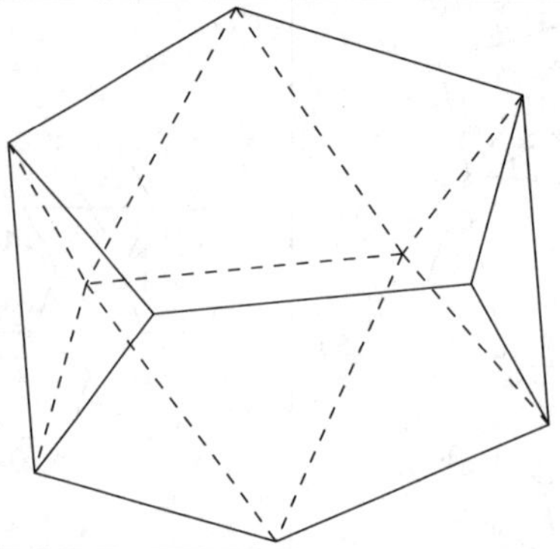	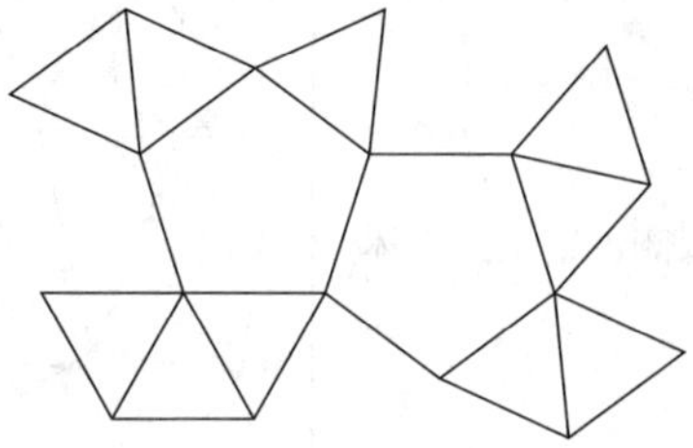
正二十面体欠三侧锥	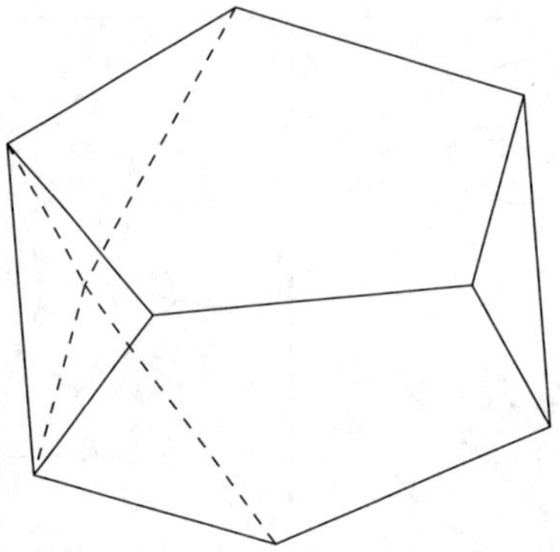	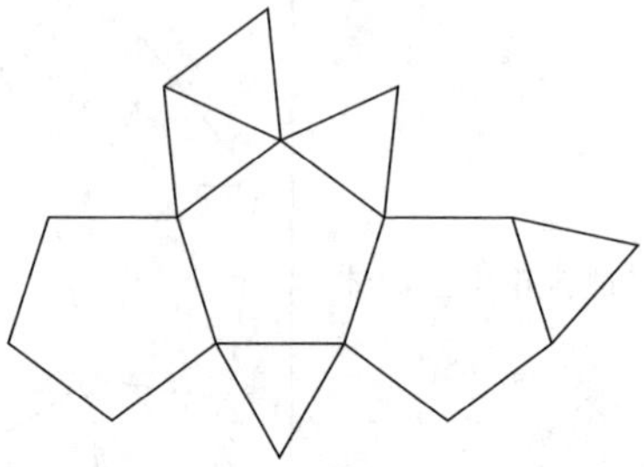
侧锥正二十面体欠三侧锥	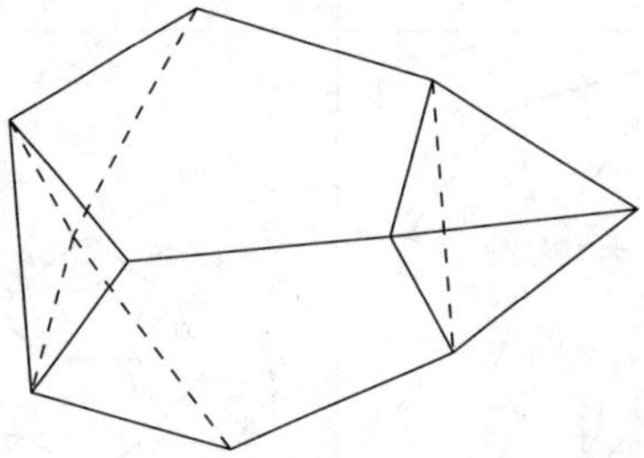	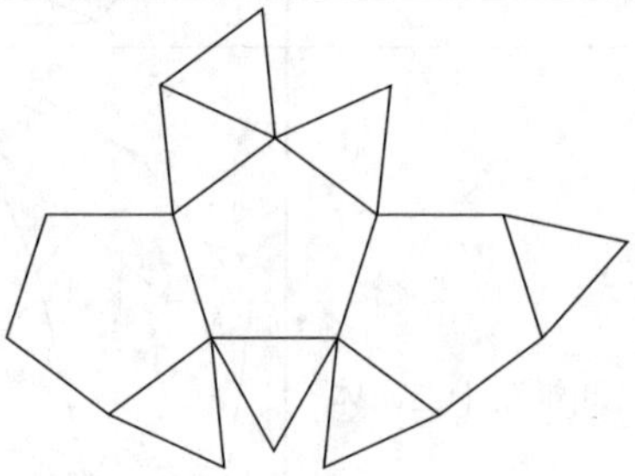
侧台塔截顶正四面体	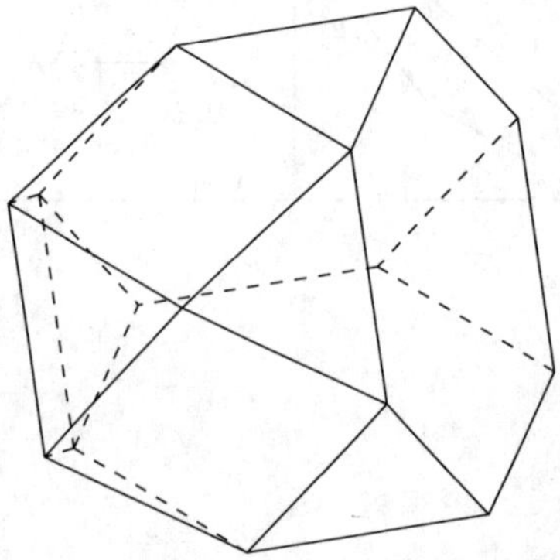	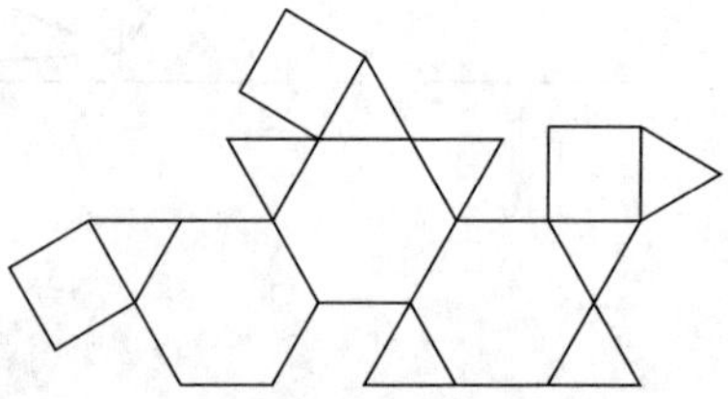

表 5.6.3 （续）

名称	直观图	展开图
侧台塔截顶正方体	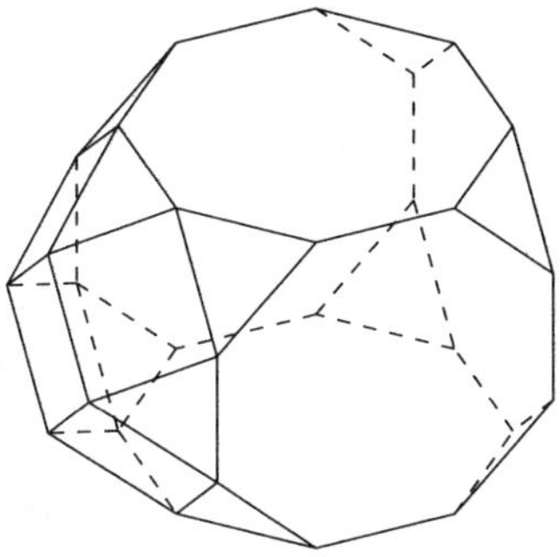	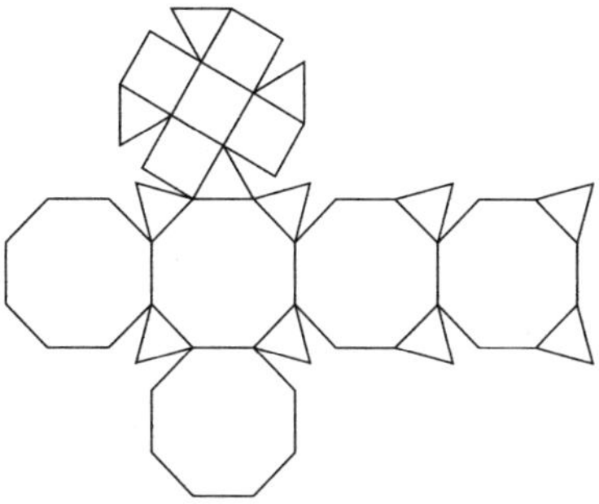
双侧台塔截顶正方体	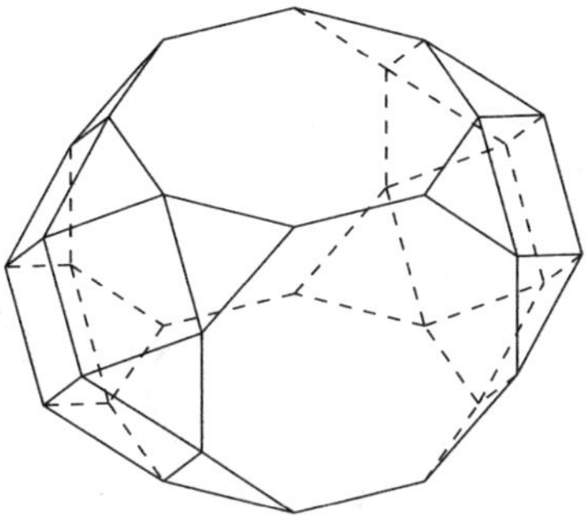	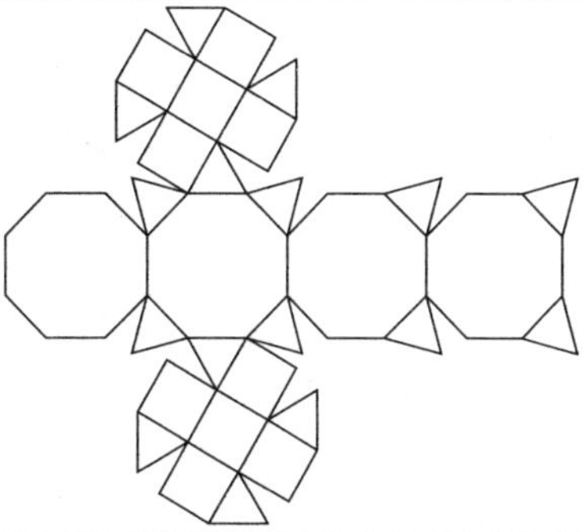
侧台塔截顶正十二面体	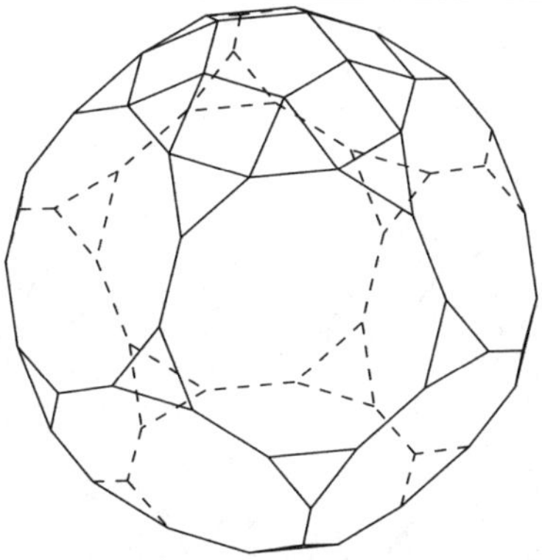	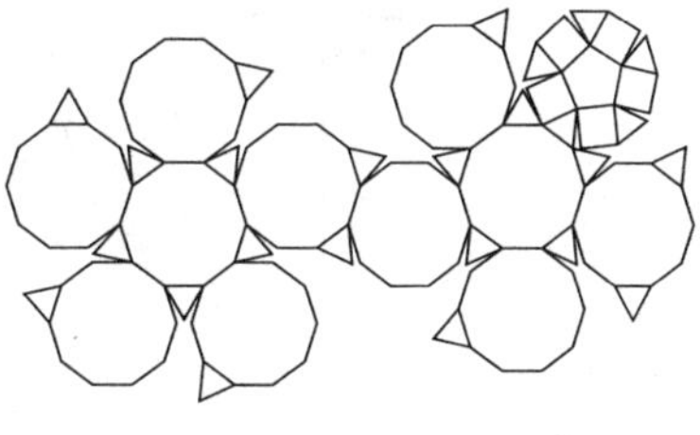
双侧台塔截顶正十二面体	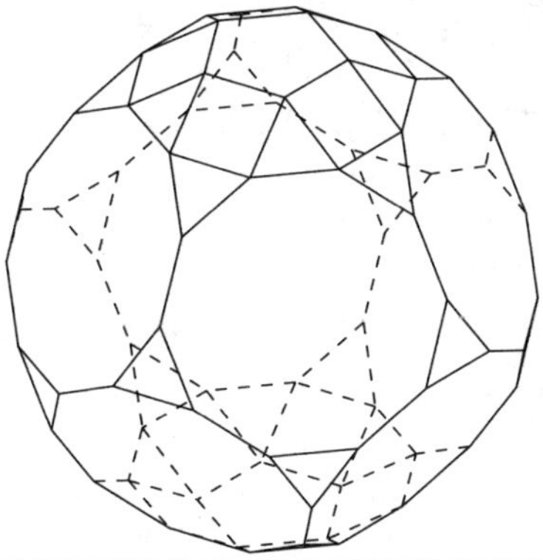	

表 5.6.3 （续）

名称	直观图	展开图
二侧台塔截顶正十二面体	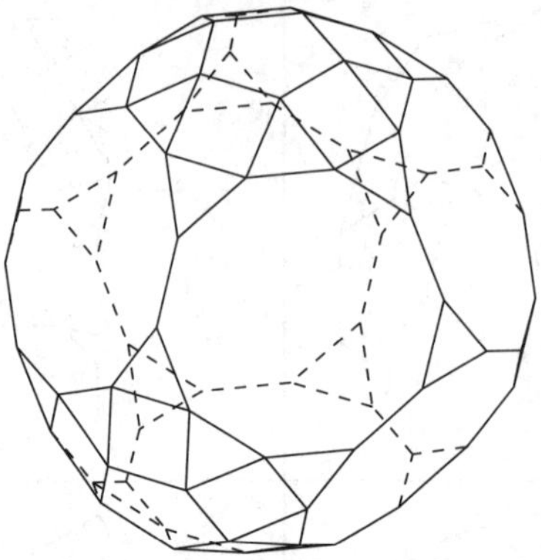	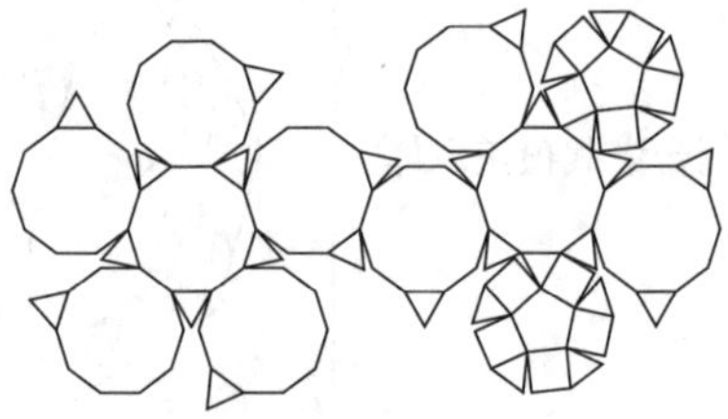
三侧台塔截顶正十二面体	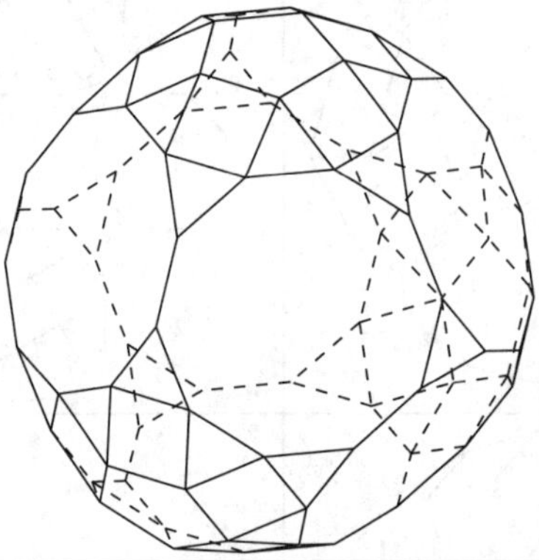	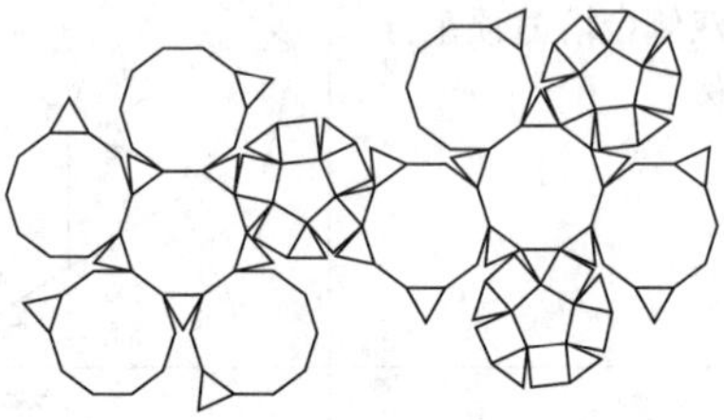
扭转侧台塔小削棱正十二面体	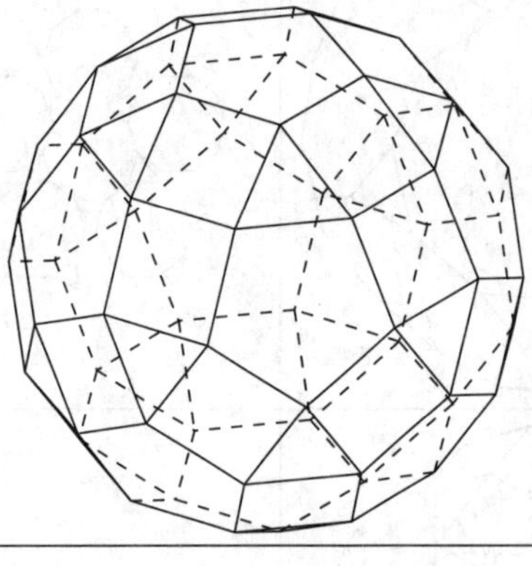	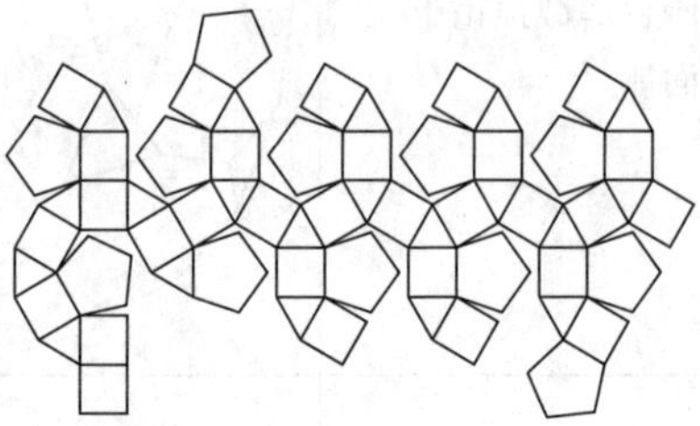

表 5.6.3 （续）

名称	直观图	展开图
扭转双侧台塔小削棱正十二面体	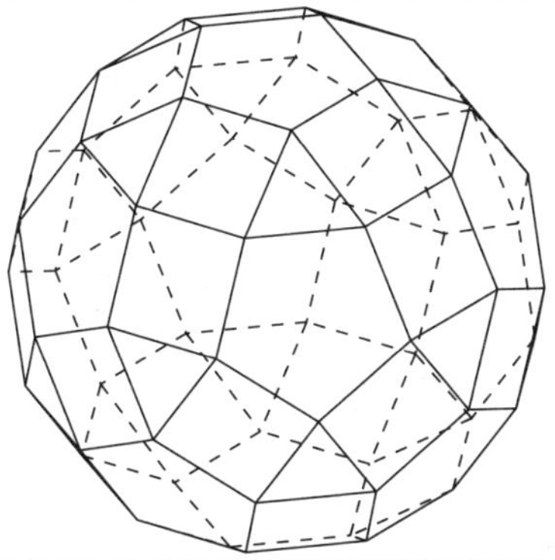	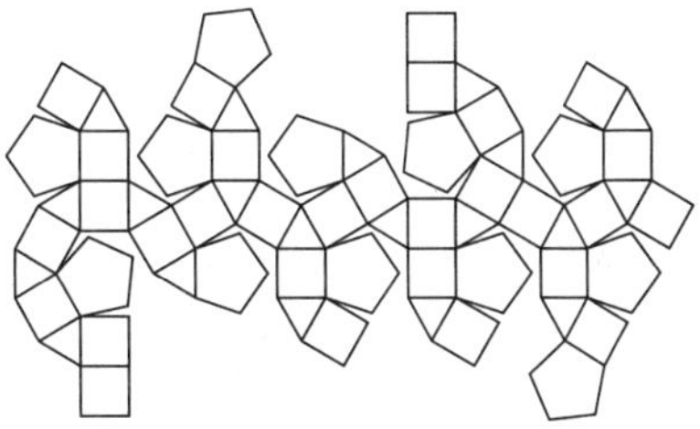
扭转二侧台塔小削棱正十二面体	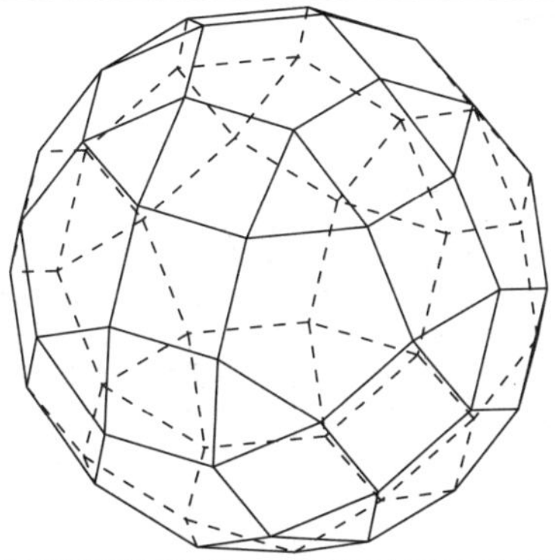	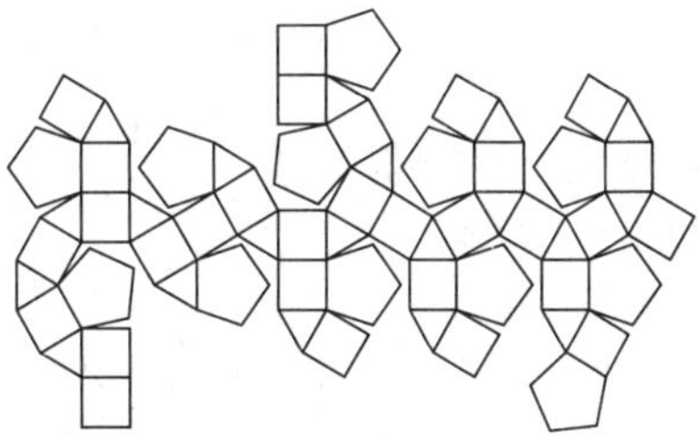
扭转三侧台塔小削棱正十二面体	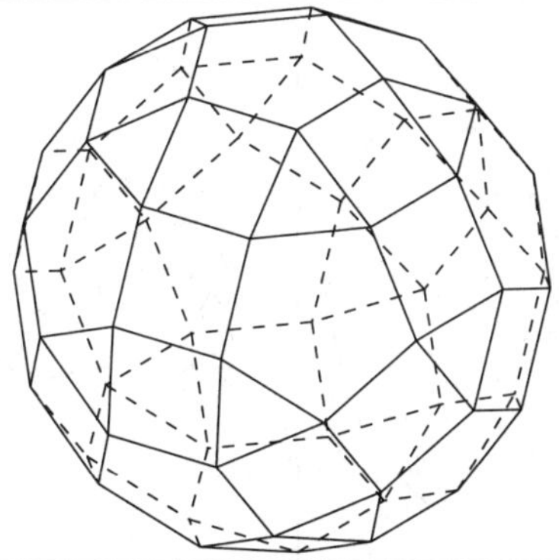	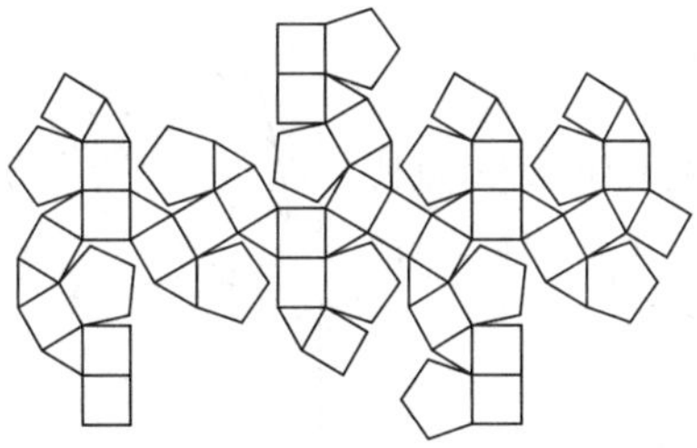

5.6 Johnson 多面体

表 5.6.3 （续）

名称	直观图	展开图
小削棱正十二面体欠一侧台塔	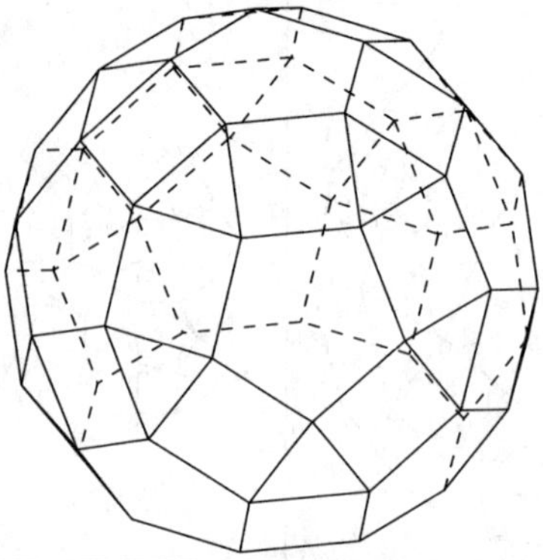	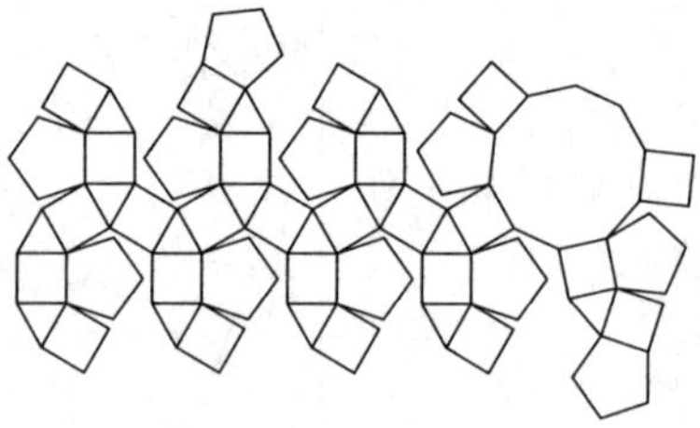
扭转双侧台塔小削棱正十二面体欠一侧台塔	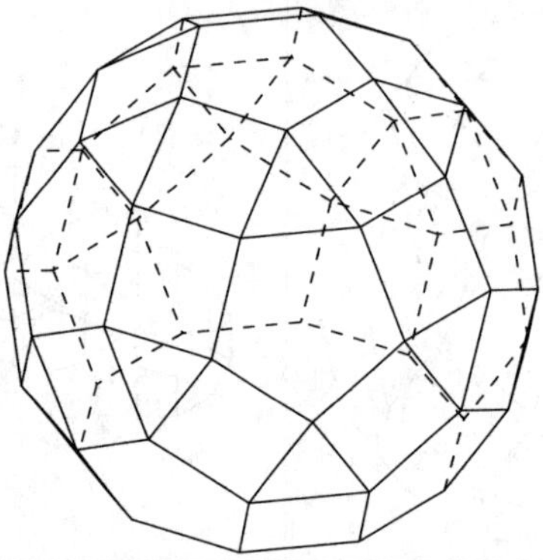	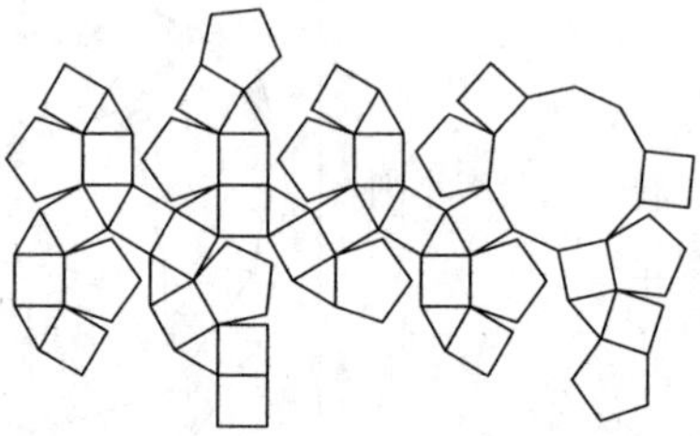
扭转侧台塔小削棱正十二面体欠一侧台塔	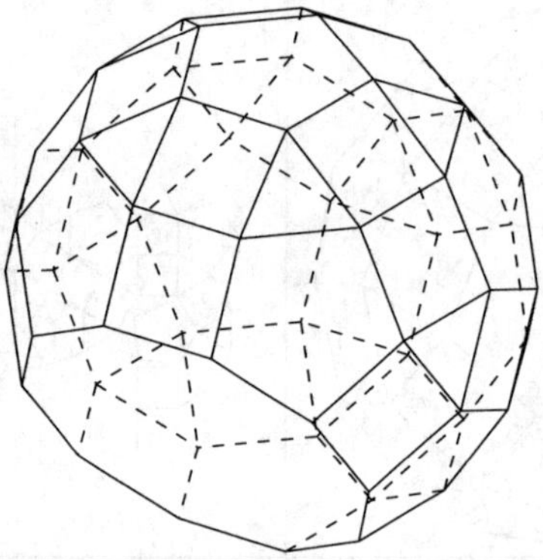	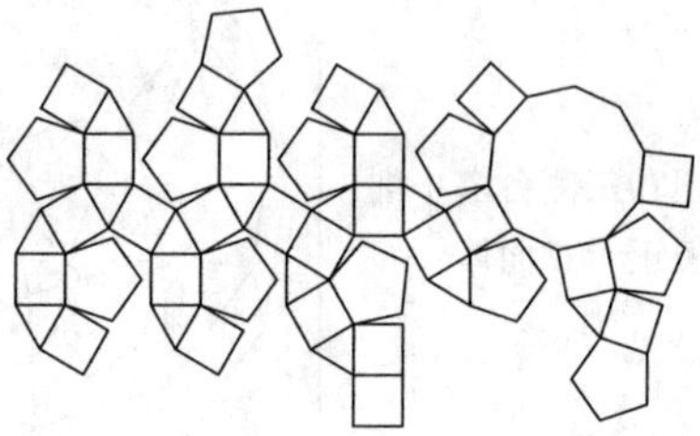

表 5.6.3 （续）

名称	直观图	展开图
扭转二侧台塔小削棱正十二面体欠一侧台塔	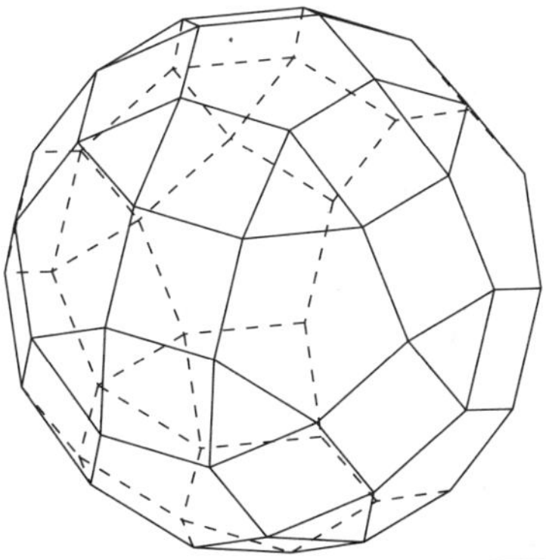	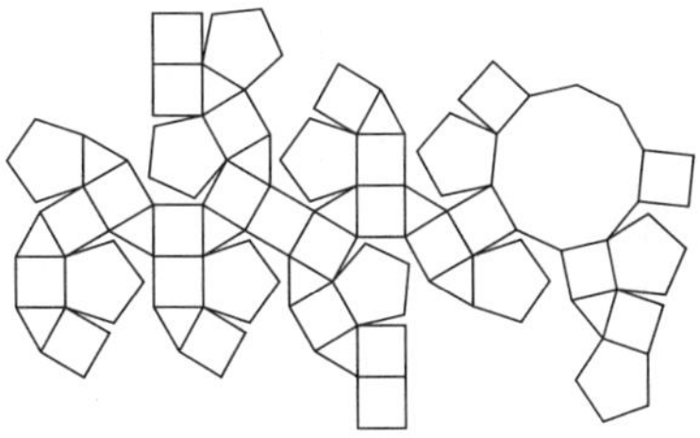
小削棱正十二面体欠双侧台塔	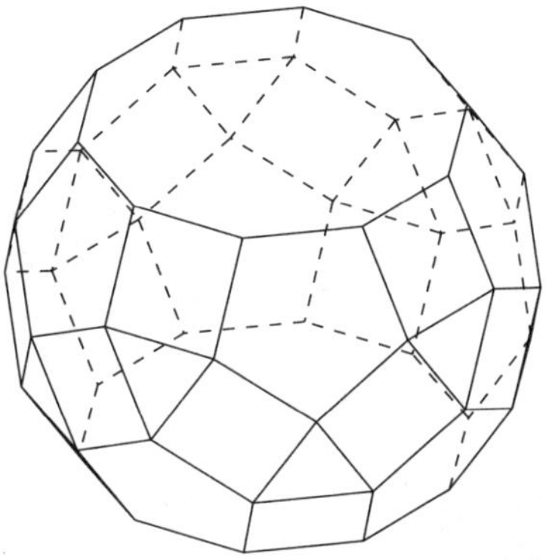	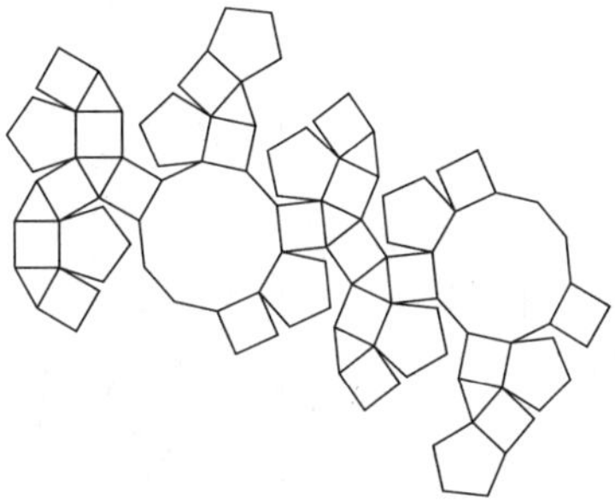
小削棱正十二面体欠二侧台塔	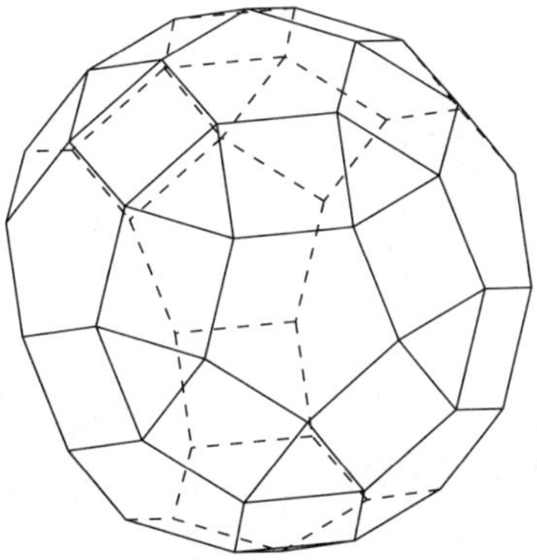	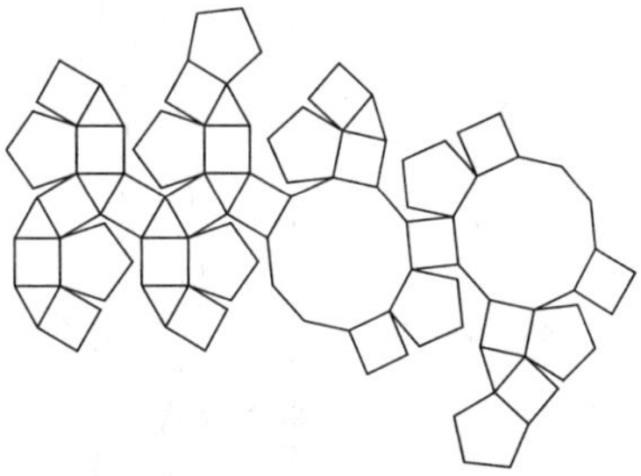

表 5.6.3 （续）

名称	直观图	展开图
扭转侧台塔小削棱正十二面体欠二侧台塔	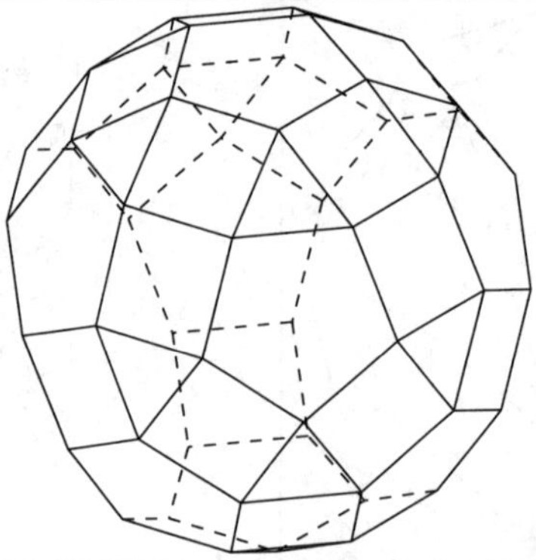	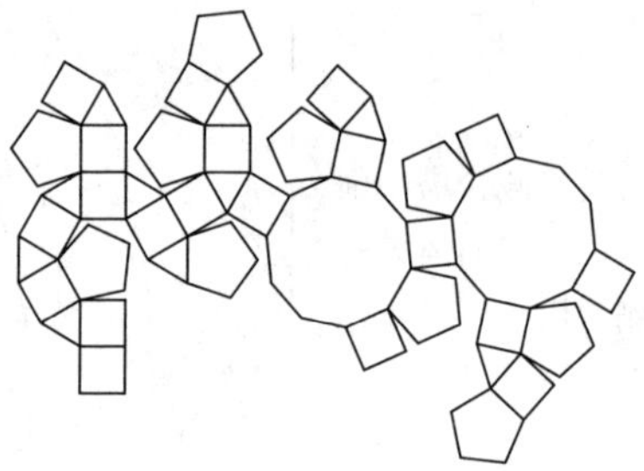
小削棱正十二面体欠三侧台塔	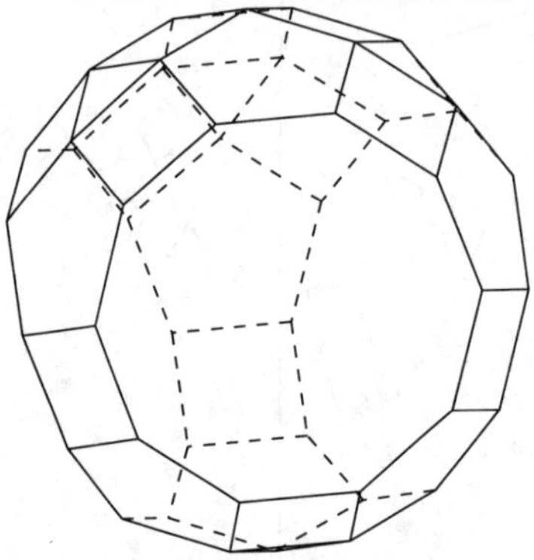	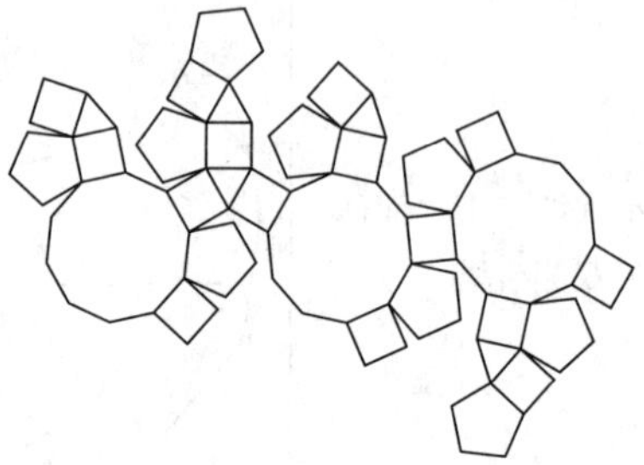
扭棱双五棱锥	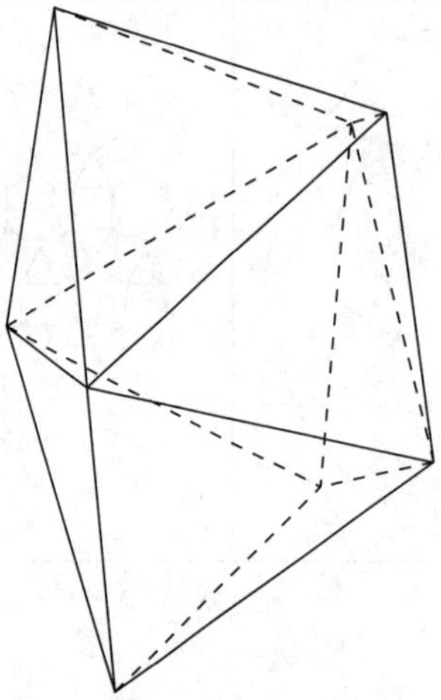	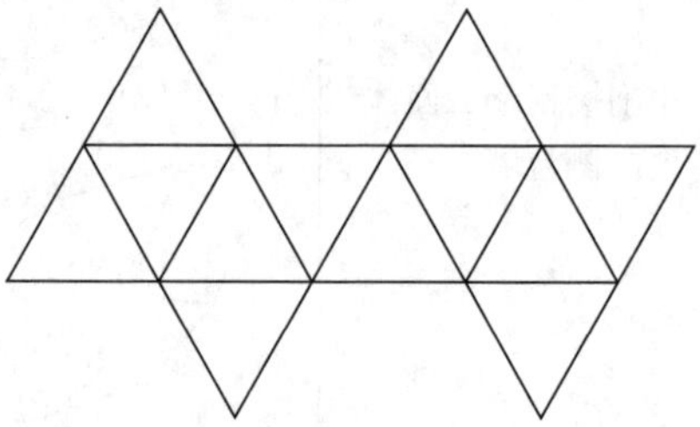

表 5.6.3 （续）

名称	直观图	展开图
扭棱四角反柱	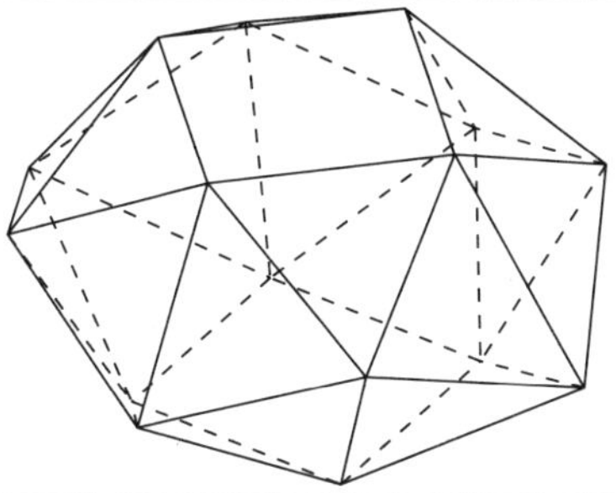	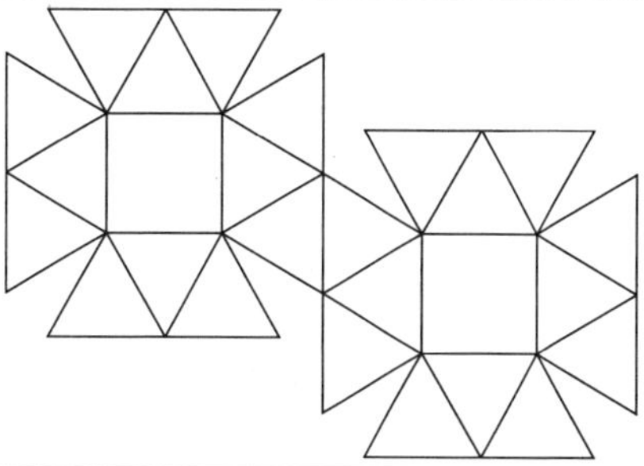
楔形冠	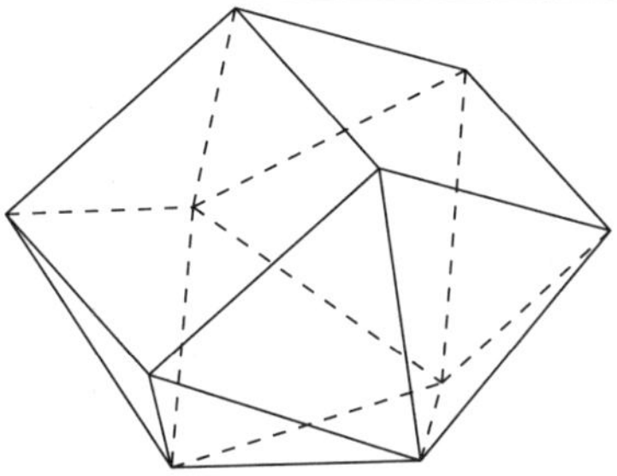	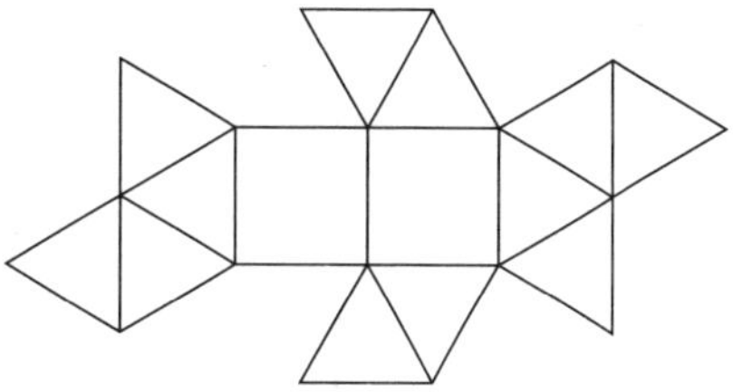
侧锥楔形冠	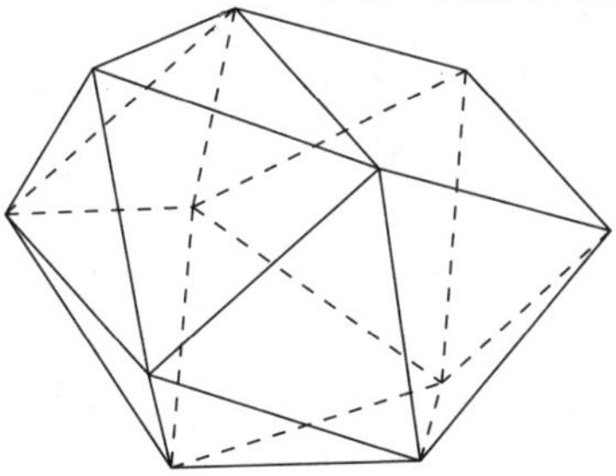	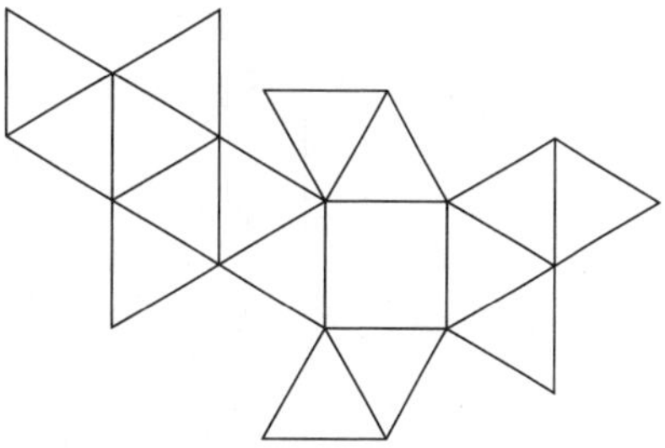
楔形大冠	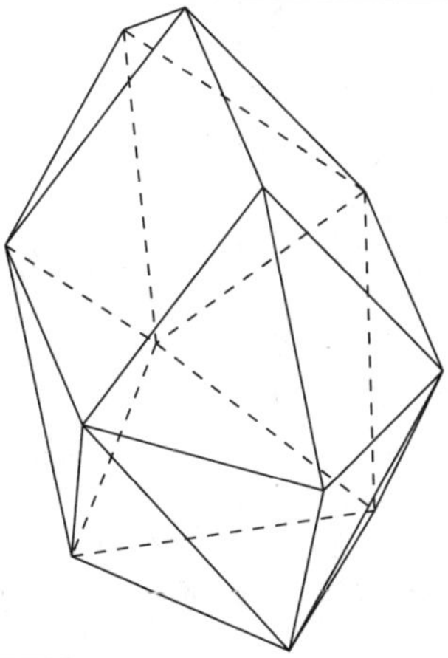	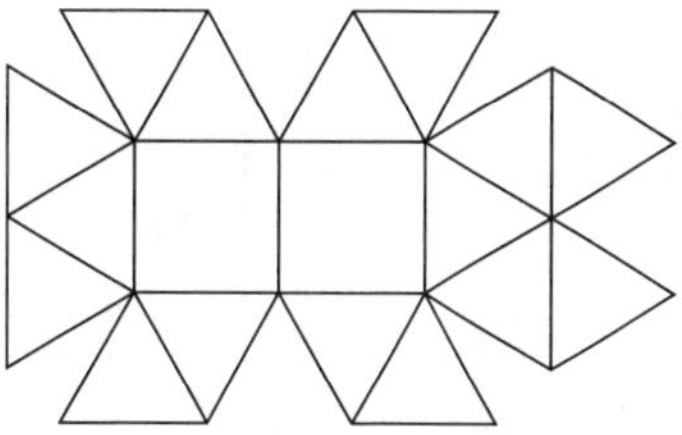

5.6　Johnson 多面体

表 5.6.3　（续）

名称	直观图	展开图
平顶楔形大冠	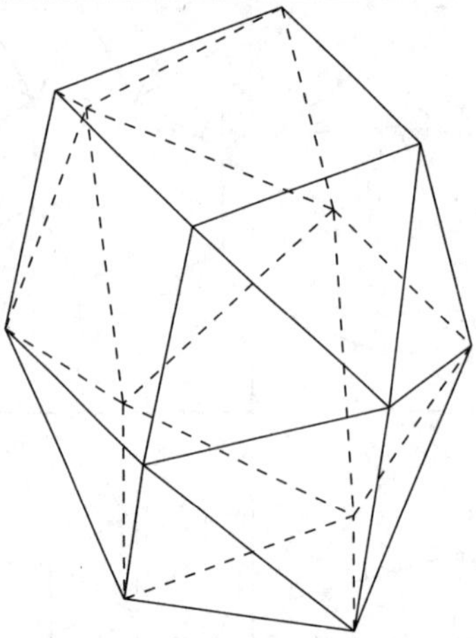	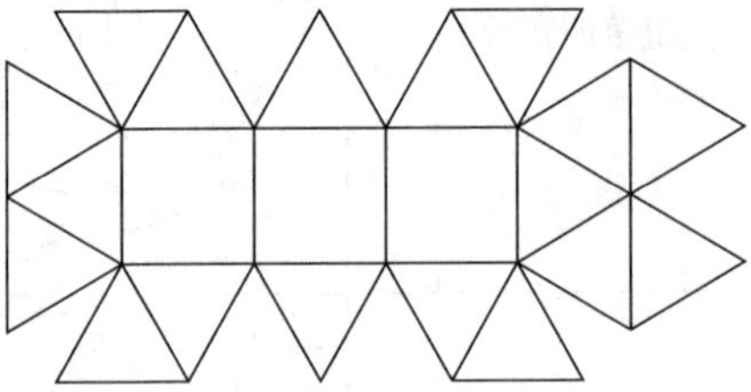
双楔带	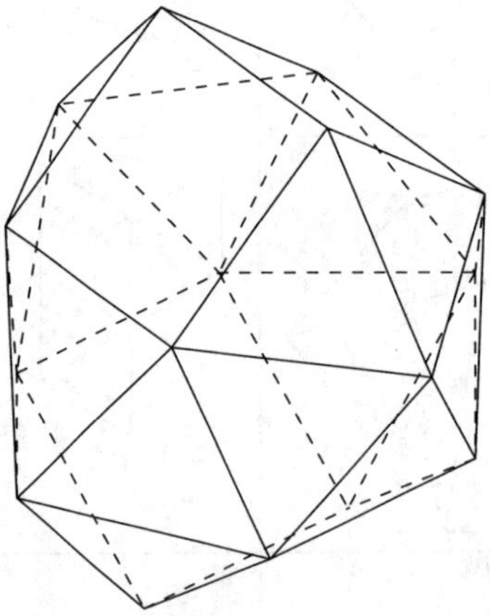	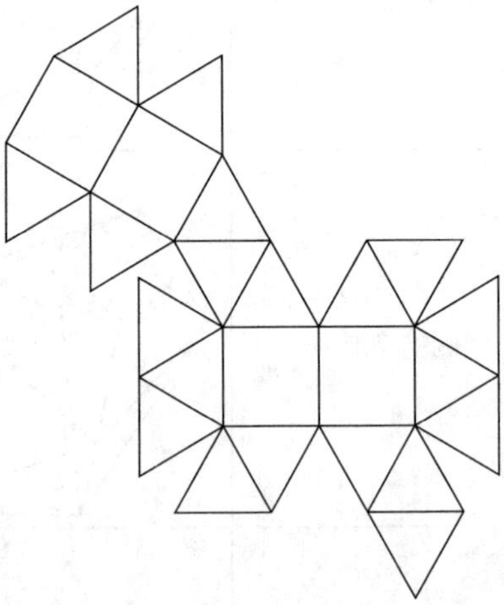
双五角楔形冠	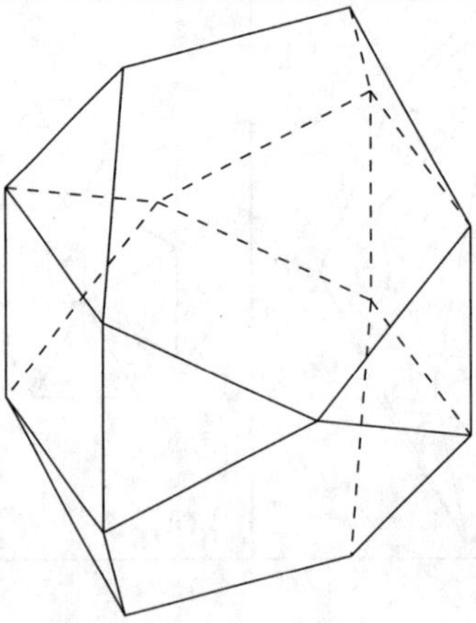	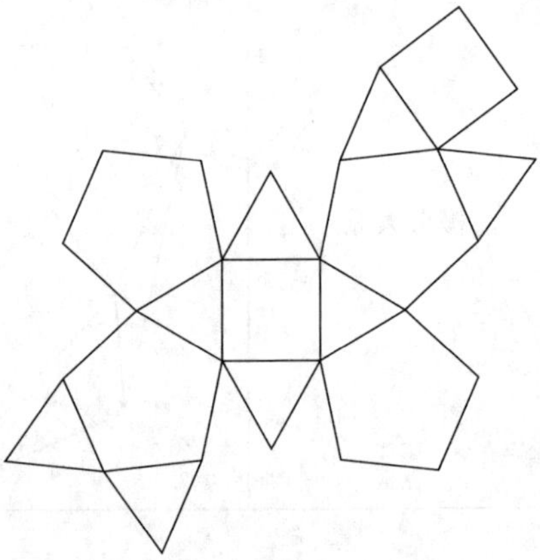

表 5.6.3　（续）

名称	直观图	展开图
平顶五角楔形大冠		

下面来讨论各种 Johnson 多面体的构造法和棱长是 1 的 Johnson 多面体的几何量计算.

根据 Cauchy 刚性定理，只要找到一种符合条件的 Johnson 多面体，棱长相等同名的 Johnson 多面体就与这个 Johnson 多面体全等.

第一类：棱锥

这里的正棱锥都是指侧面是正三角形的正棱锥.

（1）正四棱锥

如图 5.6.1，正四棱锥的全面积是

$$1^2 + 4 \times \frac{1}{2} \times 1^2 \times \sin 60° = 1 + \sqrt{3}.$$

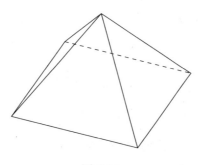

图 5.6.1

正四棱锥的顶点与底面对角线的顶点三点连线形成一个等腰直角三角形，所以正四棱锥的高是 $\frac{\sqrt{2}}{2}$，所以体积是

$$\frac{1}{3} \times 1^2 \times \frac{\sqrt{2}}{2} = \frac{\sqrt{2}}{6}.$$

正四棱锥是正八面体切开两等份得到的，所以相邻两个正三角形二面角的余弦值是
$$-\frac{1}{3},$$
相邻正三角形和正方形二面角的余弦值是
$$\frac{\cos 60° - \cos 60° \cos 90°}{\sin 60° \sin 90°} = \frac{\sqrt{3}}{3},$$
外接球半径是
$$\frac{\sqrt{2}}{2},$$
内棱切球半径是
$$\frac{1}{2}.$$

由于相邻侧面的二面角平分平面相交于同一直线，这条直线是棱锥的高线．类似半正多面体的证明可得侧面与底面所成的二面角的平分平面相交于同一点，这个点在棱锥的高上．所以正四棱锥存在内切球，半径是
$$\frac{3 \times \frac{\sqrt{2}}{6}}{1+\sqrt{3}} = \frac{\sqrt{6}-\sqrt{2}}{4}.$$

（2） 正五棱锥

如图 5.6.2，正五棱锥的全面积是
$$5 \times \frac{1}{2} \times \left(\frac{\sin 54°}{\sin 72°}\right)^2 \times \sin 72° + 5 \times \frac{1}{2} \times 1^2 \times \sin 60° = \frac{5\sqrt{3} + \sqrt{25+10\sqrt{5}}}{4}.$$

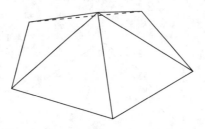

图 5.6.2

正五棱锥的高经过底面中心和棱锥顶点，所以高是
$$\sqrt{1-\left(\frac{1}{2}\sec 54°\right)^2} = \frac{\sqrt{50-10\sqrt{5}}}{10},$$
所以体积是
$$\frac{1}{3} \times 5 \times \frac{1}{2} \times \left(\frac{\sin 54°}{\sin 72°}\right)^2 \times \sin 72° \times \sqrt{1-\left(\frac{1}{2}\sec 54°\right)^2} = \frac{5+\sqrt{5}}{24},$$

正五棱锥是正二十面体割掉一个底面是正五边形侧面是正三角形的反棱柱再切开两等份得到的，所以相邻两个正三角形二面角的余弦值是

$$-\frac{\sqrt{5}}{3},$$

相邻正三角形和正五边形二面角的余弦值是

$$\frac{\cos 60° - \cos 60° \cos 108°}{\sin 60° \sin 108°} = \frac{\sqrt{75 + 30\sqrt{5}}}{15},$$

外接球半径是

$$\frac{\sqrt{10 + 2\sqrt{5}}}{4},$$

内棱切球半径是

$$\frac{\sqrt{5} + 1}{4}.$$

由于相邻侧面的二面角平分平面相交于同一直线，这条直线是棱锥的高线．类似半正多面体的证明可得侧面与底面所成的二面角的平分平面相交于同一点，这个点在棱锥的高上．所以正五棱锥存在内切球，半径是

$$\frac{3 \times \frac{5 + \sqrt{5}}{24}}{\frac{5\sqrt{3} + \sqrt{25 + 10\sqrt{5}}}{4}} = \frac{15\sqrt{3} + 5\sqrt{15} - \sqrt{650 + 290\sqrt{5}}}{40}.$$

第二类：台塔

这类 Johnson 多面体都是拟柱体，上底是正 n 边形，下底是正 $2n$ 边形，侧面是正三角形和正方形相间排列．

（1）正三角台塔

如图 5.6.3，正三角台塔的全面积是

$$3 \times 1^2 + 10 \times \frac{1}{2} \times 1^2 \times \sin 60° = 3 + \frac{5}{2}\sqrt{3}.$$

取正三角台塔的正六边形中心与各顶点连线，这样就把正三角台塔分割成四个正四面体和三个正四棱锥，所以体积是

$$4 \times \frac{\sqrt{2}}{12} + 3 \times \frac{\sqrt{2}}{6} = \frac{5}{6}\sqrt{2},$$

外接球半径是

$$1,$$

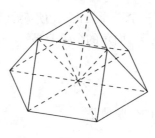

图 5.6.3

内棱切球半径是

$$\sqrt{1^2-\left(\frac{1}{2}\right)^2}=\frac{\sqrt{3}}{2}.$$

类似半正多面体的证明可得正三角台塔若存在内切球，则球心必定在上底正三角形的中心和下底正六边形中心的连线上，半径应是 $\frac{\sqrt{6}}{6}$. 但这个球在上底正三角形和其在下底射影所形成的棱柱内部，所以正三角台塔不存在内切球.

因为正三角台塔是截半正方体切开两等份得到的，所以相邻正三角形和正方形二面角的余弦值是

$$-\frac{\sqrt{3}}{3},$$

相邻正三角形和正六边形二面角的余弦值是

$$\frac{\cos 90°-\cos 60°\cos 120°}{\sin 60°\sin 120°}=\frac{1}{3},$$

相邻正方形和正六边形二面角的余弦值是

$$\frac{\cos 60°-\cos 90°\cos 120°}{\sin 90°\sin 120°}=\frac{\sqrt{3}}{3}.$$

（2） 正四角台塔

如图 5.6.4，正四角台塔的全面积是

$$6\times 1^2+4\times\frac{1}{2}\times 1^2\times\frac{\sqrt{3}}{2}+4\times\frac{1}{2}\times\left(\frac{\sqrt{2}}{2}\right)^2+4\times 1\times\frac{\sqrt{2}}{2}=7+2\sqrt{2}+\sqrt{3}.$$

作正四角台塔顶面的正方形在底面正八边形的射影，如图 5.6.4 所示联结射影正方形的顶点和底面正八边形的顶点，把正四角台塔分割成一个正四棱柱、四个三棱柱、四个三棱锥，顶面的正方形在底面正八边形的距离是 $\frac{\sqrt{2}}{2}$，所以体积是

$$1^2\times\frac{\sqrt{2}}{2}+4\times\left(\frac{\sqrt{2}}{2}\right)^2\times 1+4\times\frac{1}{3}\times\frac{1}{2}\times\left(\frac{\sqrt{2}}{2}\right)^2\times\frac{\sqrt{2}}{2}=1+\frac{2}{3}\sqrt{2}.$$

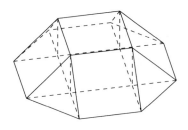

图 5.6.4

因为正四角台塔是小削棱正方体的一部分，所以外接球半径和内棱切球的半径分别是
$$\frac{\sqrt{5+2\sqrt{2}}}{2}, \frac{\sqrt{4+2\sqrt{2}}}{2},$$
相邻两正方形之间的二面角是
$$135°,$$
相邻正三角形和正方形之间二面角的余弦值是
$$-\frac{\sqrt{6}}{3},$$
相邻正三角形和正八边形之间二面角的余弦值是
$$\frac{\cos 90° - \cos 60° \cos 135°}{\sin 60° \sin 135°} = \frac{\sqrt{3}}{3},$$
相邻正方形和正八边形之间的二面角是
$$45°.$$

类似半正多面体的证明可得正四角台塔若存在内切球，则球心必定在上底正方形的中心和下底正八边形中心的连线上，半径应是 $\frac{\sqrt{2}}{4}$. 但这个球在上底正方形和其在下底射影所形成的棱柱内部，所以正四角台塔不存在内切球.

（3） 正五角台塔

如图 5.6.5，正五角台塔的全面积是
$$5 \times 1^2 + 5 \times \frac{1}{2} \times 1^2 \times \frac{\sqrt{3}}{2} + 5 \times \frac{1}{2} \times 1 \times \frac{1}{2} \cot 36° + 10 \times \frac{1}{2} \times 1 \times \frac{1}{2} \cot 18°$$
$$= \frac{20 + 5\sqrt{3} + \sqrt{725 + 310\sqrt{5}}}{4}.$$

作正五角台塔顶面的正五边形在底面正十边形的射影，如图 5.6.5 所示联结射影正五边形的顶点和底面正十边形的顶点，把正四角台塔分割成一个正五棱柱、五个三棱柱、五个三棱锥，底面的小等腰三角形的腰长和底边的高分别是
$$\frac{1}{2} \sec 54° = \frac{\sqrt{50 + 10\sqrt{5}}}{10}, \frac{1}{2} \tan 54° = \frac{\sqrt{25 + 10\sqrt{5}}}{10},$$

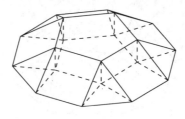

图 5.6.5

顶面的正五边形在底面正十边形的距离是

$$\sqrt{1-\left(\frac{\sqrt{50+10\sqrt{5}}}{10}\right)^2}=\frac{\sqrt{50-10\sqrt{5}}}{10},$$

所以体积是

$$5\times\frac{1}{2}\times 1\times\frac{1}{2}\cot 36°\times\frac{\sqrt{50-10\sqrt{5}}}{10}+5\times\frac{1}{2}\times 1\times\frac{\sqrt{50+10\sqrt{5}}}{10}\times\frac{\sqrt{50-10\sqrt{5}}}{10}$$
$$+5\times\frac{1}{3}\times\frac{1}{2}\times 1\times\frac{\sqrt{25+10\sqrt{5}}}{10}\times\frac{\sqrt{50-10\sqrt{5}}}{10}$$
$$=\frac{5+4\sqrt{5}}{6}.$$

因为正五角台塔是小削棱正十二面体的一部分,所以外接球半径和内棱切球的半径分别是

$$\frac{\sqrt{11+4\sqrt{5}}}{2},\quad\frac{\sqrt{10+4\sqrt{5}}}{2},$$

相邻正三角形和正方形之间二面角的余弦值是

$$-\frac{\sqrt{3}+\sqrt{15}}{6},$$

相邻正方形和正五边形之间二面角的余弦值是

$$-\frac{\sqrt{50+10\sqrt{5}}}{10},$$

相邻正三角形和正十边形之间二面角的余弦值是

$$\frac{\cos 90°-\cos 60°\cos 144°}{\sin 60°\sin 144°}=\frac{\sqrt{75+30\sqrt{5}}}{15},$$

相邻正方形和正十边形之间二面角的余弦值是

$$\frac{\cos 60°-\cos 90°\cos 144°}{\sin 90°\sin 144°}=\frac{\sqrt{50+10\sqrt{5}}}{10}.$$

类似半正多面体的证明可得正五角台塔若存在内切球,则球心必定在上底正五边形的中心和下底正十边形中心的连线上,半径应是 $\frac{\sqrt{50-10\sqrt{5}}}{20}$. 但这个球在上底正五边形和其在下底射影所形成的棱柱内部,所以正五角台塔不存在内切球.

第三类：丸塔

这类 Johnson 多面体只有一种.

正五角丸塔

如图 5.6.6，正五角丸塔的全面积是

$$10\times\frac{1}{2}\times1^2\times\frac{\sqrt{3}}{2}+6\times5\times\frac{1}{2}\times1\times\frac{1}{2}\cot36°+10\times\frac{1}{2}\times1\times\frac{1}{2}\cot18°=\frac{5\sqrt{3}+\sqrt{650+290\sqrt{5}}}{2}.$$

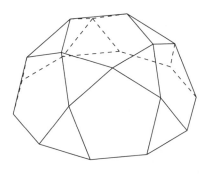

图 5.6.6

因为正五角丸塔是截半正十二面体切开两等份得到的，所以体积是

$$\frac{45+17\sqrt{5}}{12},$$

外接球半径是

$$\frac{1+\sqrt{5}}{2},$$

内棱切球半径是

$$\frac{\sqrt{5+2\sqrt{5}}}{2},$$

相邻正三角形和正五边形二面角的余弦值是

$$-\frac{\sqrt{75+30\sqrt{5}}}{15},$$

相邻正三角形和正十边形二面角的余弦值是

$$\frac{\cos108°-\cos60°\cos144°}{\sin60°\sin144°}=\frac{\sqrt{75-30\sqrt{5}}}{15},$$

相邻正五边形和正十边形二面角的余弦值是

$$\frac{\cos60°-\cos108°\cos144°}{\sin108°\sin144°}=\frac{\sqrt{5}}{5}.$$

类似半正多面体的证明可得正五角丸塔若存在内切球，则必定球心与外接球球心重合，所以正五角丸塔不存在内切球.

第四类：锥柱

这类 Johnson 多面体都是在侧面为正方形的正棱柱上补上一个侧面为正三角形的正棱锥得到的，我们称不与正棱锥重合的正棱柱底面为锥柱的底面.

（1） 正三角锥柱

如图 5.6.7，正三角锥柱的全面积是

$$3 \times 1^2 + 4 \times \frac{1}{2} \times 1^2 \times \frac{\sqrt{3}}{2} = 3 + \sqrt{3}.$$

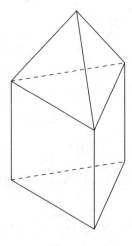

图 5.6.7

根据锥柱的构造法，正三角锥柱的体积是

$$\frac{1}{2} \times 1^2 \times \frac{\sqrt{3}}{2} \times 1 + \frac{\sqrt{2}}{12} = \frac{\sqrt{2} + 3\sqrt{3}}{12}.$$

因为正三角锥柱若存在外接球，则必定存在内棱切球，并且球心重合. 但正四面体和侧面为正方形的正三棱柱的外接球半径不相等，所以正三角锥柱不存在外接球和内棱切球. 若正三角锥柱存在内切球，则这个球必定也是侧面为正方形的正四棱柱的内切球，但这个棱柱不存在内切球，所以正三角锥柱不存在内切球.

因为相邻两个正三角形是正四面体的二面角，所以其二面角的余弦值是

$$\frac{1}{3}.$$

因为正三角形和相邻的正方形的二面角是所补正四面体的二面角再加上 90°，所以其二面角的余弦值是

$$-\sqrt{1-\left(\frac{1}{3}\right)^2} = -\frac{2\sqrt{2}}{3}.$$

底面的正三角形与相邻正方形是垂直的，所以其二面角是
$$90°.$$
相邻正方形的二面角是
$$60°.$$

（2） 正四角锥柱

如图 5.6.8，正四角锥柱的全面积是
$$5 \times 1^2 + 4 \times \frac{1}{2} \times 1^2 \times \frac{\sqrt{3}}{2} = 5 + \sqrt{3}.$$

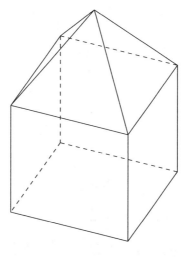

图 5.6.8

根据锥柱的构造法，正四角锥柱的体积是
$$1^3 + \frac{\sqrt{2}}{6} = 1 + \frac{\sqrt{2}}{6}.$$

因为正四角锥柱若存在外接球，则必定存在内棱切球，并且球心重合．但正四棱锥和侧面为正方形的正四棱柱的外接球半径不相等，所以正四角锥柱不存在外接球和内棱切球．若正四角锥柱存在内切球，则这个球必定也是正方体的内切球，这个球在正方体内部，所以正四角锥柱不存在内切球．

因为相邻两个正三角形是正四棱锥相邻正三角形的二面角，所以其二面角的余弦值是
$$-\frac{1}{3}.$$
因为正三角形和相邻的正方形的二面角是所补正四棱锥侧面和底面的二面角再加上 90°，所以其二面角的余弦值是
$$-\sqrt{1 - \left(\frac{\sqrt{3}}{3}\right)^2} = -\frac{\sqrt{6}}{3}.$$

相邻正方形是垂直的，所以其二面角是

$$90°.$$

（3） 正五角锥柱

如图 5.6.9，正五角锥柱的全面积是

$$5\times 1^2+5\times\frac{1}{2}\times 1^2\times\frac{\sqrt{3}}{2}+5\times\frac{1}{2}\times 1\times\frac{1}{2}\cot 36°=5+\frac{5\sqrt{3}+\sqrt{25+10\sqrt{5}}}{4}.$$

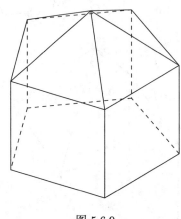

图 5.6.9

根据锥柱的构造法，正五角锥柱的体积是

$$5\times\frac{1}{2}\times 1\times\frac{1}{2}\cot 36°\times 1+\frac{5+\sqrt{5}}{24}=\frac{5+\sqrt{5}+6\sqrt{25+10\sqrt{5}}}{24}.$$

因为正五角锥柱若存在外接球，则必定存在内棱切球，并且球心重合．但正五棱锥和侧面为正方形的正五棱柱的外接球半径不相等，所以正五角锥柱不存在外接球和内棱切球．若正五角锥柱存在内切球，则这个球必定也是侧面为正方形的正五棱柱的内切球，但这个棱柱不存在内切球，所以正五角锥柱不存在内切球．

因为相邻两个正三角形是正五棱锥相邻正三角形的二面角，所以其二面角的余弦值是

$$-\frac{\sqrt{5}}{3}.$$

因为正三角形和相邻的正方形的二面角是所补正五棱锥侧面和底面的二面角再加上 90°，所以其二面角的余弦值是

$$-\sqrt{1-\left(\frac{\sqrt{75+30\sqrt{5}}}{15}\right)^2}=-\frac{\sqrt{150-30\sqrt{5}}}{15}.$$

相邻正方形的二面角是

$$108°.$$

底面的正五边形与相邻正方形是垂直的，所以其二面角是

$$90°.$$

第五类：锥反柱

这类 Johnson 多面体都是在侧面为正三角形的正反棱柱上补上一个侧面为正三角形的正棱锥得到的，我们称不与正棱锥重合的正反棱柱底面为锥柱的底面.

（1） 正四角锥反柱

如图 5.6.10，正四角锥反柱的全面积是

$$1^2 + 12 \times \frac{1}{2} \times 1^2 \times \frac{\sqrt{3}}{2} = 1 + 3\sqrt{3}.$$

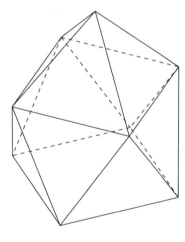

图 5.6.10

根据锥柱的构造法，正四角锥反柱的体积是

$$\frac{1}{6}(\cot 45° + \cot 22.5°)\sqrt{4 - \sec^2 22.5°} + \frac{\sqrt{2}}{6} = \frac{\sqrt{2} + 2\sqrt{4 + 3\sqrt{2}}}{6}.$$

因为正四角锥反柱若存在外接球，则必定存在内棱切球，并且球心重合. 但正四棱锥和侧面为正三角形的正四反棱柱的外接球半径不相等，所以正四角锥反柱不存在外接球和内棱切球. 若正四角锥反柱存在内切球，则这个球必定也是侧面为正三角形的正四反棱柱的内切球，但这个反棱柱不存在内切球，所以正四角锥反柱不存在内切球.

所补的正四棱锥两个相邻正三角形的二面角余弦值是

$$-\frac{1}{3},$$

正四反棱柱两个相邻正三角形的二面角余弦值是
$$\frac{1-4\cos 45°}{3} = -\frac{2\sqrt{2}-1}{3},$$
正四反棱柱相邻正三角形和正方形的二面角余弦值是
$$-\frac{\sqrt{3}}{3}\tan 22.5° = -\frac{\sqrt{6}-\sqrt{3}}{3},$$
相邻的所补的正四棱锥正三角形和正四反棱柱正三角形二面角的余弦值是
$$\cos\left(\arccos\frac{\sqrt{3}}{3} + \arccos\left(-\frac{\sqrt{6}-\sqrt{3}}{3}\right)\right) = -\frac{\sqrt{2}+2\sqrt[4]{2}-1}{3}.$$

（2） 正五角锥反柱

如图 5.6.11，正五角锥反柱的全面积是
$$5\times\frac{1}{2}\times 1\times\frac{1}{2}\cot 36° + 15\times\frac{1}{2}\times 1^2\times\frac{\sqrt{3}}{2} = \frac{15\sqrt{3}+\sqrt{25+10\sqrt{5}}}{4}.$$

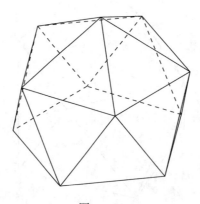

图 5.6.11

正五角锥反柱可以看成是正二十面体割去一个正五棱锥得到，所以正五角锥反柱的体积是
$$\frac{15+5\sqrt{5}}{12} - \frac{5+\sqrt{5}}{24} = \frac{25+9\sqrt{5}}{24}.$$

外接球半径是
$$\frac{\sqrt{10+2\sqrt{5}}}{4},$$

内棱切球半径是
$$\frac{\sqrt{5}+1}{4}.$$

正五角锥两个相邻正三角形的二面角余弦值是
$$-\frac{\sqrt{5}}{3},$$

正五反棱柱相邻正三角形和正五边形的二面角余弦值是

$$-\frac{\sqrt{3}}{3}\tan 18° = -\frac{\sqrt{75-10\sqrt{5}}}{15}.$$

若正五角锥反柱存在内切球，则这个球必定也是侧面为正三角形的正五反棱柱的内切球，但这个反棱柱不存在内切球，所以正五角锥反柱不存在内切球.

第六类：双棱锥

这类 Johnson 多面体都是两个正棱锥用底面拼接得到的.

（1）双三棱锥

如图 5.6.12，双三棱锥的全面积是

$$6 \times \frac{1}{2} \times 1^2 \times \frac{\sqrt{3}}{2} = \frac{3}{2}\sqrt{3}.$$

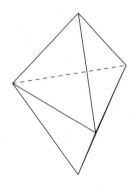

图 5.6.12

双三棱锥是两个正四面体拼接得到的，所以体积是

$$2 \times \frac{\sqrt{2}}{12} = \frac{\sqrt{2}}{6}.$$

两个正四面体的外接球球心和内棱切球球心都在各自四面体内部，所以双三棱锥不存在外接球和内棱切球. 双三棱锥存在内切球，球心在拼接面的中心，半径是

$$\frac{3 \times \frac{\sqrt{2}}{6}}{\frac{3}{2}\sqrt{3}} = \frac{\sqrt{6}}{9}.$$

拼接的每个正四面体两个相邻的正三角形二面角的余弦值是

$$\frac{1}{3},$$

拼接的两个正四面体与拼接面相邻的两个正三角形二面角的余弦值是

$$2 \times \left(\frac{1}{3}\right)^2 - 1 = -\frac{7}{9}.$$

（2） 双五棱锥

如图 5.6.13，双五棱锥的全面积是

$$10 \times \frac{1}{2} \times 1^2 \times \frac{\sqrt{3}}{2} = \frac{5}{2}\sqrt{3}.$$

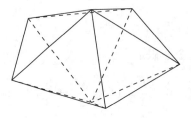

图 5.6.13

双五棱锥是两个正五棱锥拼接得到的，所以体积是

$$2 \times \frac{5+\sqrt{5}}{24} = \frac{5+\sqrt{5}}{12}.$$

两个正五棱锥的外接球球心和内棱切球球心都在各自正五棱锥外部，所以双三棱锥不存在外接球和内棱切球．双五棱锥存在内切球，球心在拼接面的中心，半径是

$$\frac{3 \times \dfrac{5+\sqrt{5}}{12}}{\dfrac{5}{2}\sqrt{3}} = \frac{5\sqrt{3}+\sqrt{15}}{30}.$$

拼接的每个正四面体两个相邻的正三角形二面角的余弦值是

$$-\frac{\sqrt{5}}{3},$$

拼接的两个正五棱锥与拼接面相邻的两个正三角形二面角的余弦值是

$$2 \times \left(\frac{\sqrt{75+30\sqrt{5}}}{15}\right)^2 - 1 = \frac{4\sqrt{5}-5}{15}.$$

第七类：双锥柱

这类 Johnson 多面体都是在侧面为正方形的正棱柱两个底面各拼接一个正棱锥得到的．

（1） 双三角锥柱

如图 5.6.14，双三角锥柱的全面积是

$$3\times 1^2 + 6\times \frac{1}{2}\times 1^2 \times \frac{\sqrt{3}}{2} = 3 + \frac{3}{2}\sqrt{3}.$$

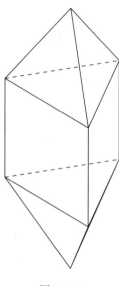

图 5.6.14

双三角锥柱是侧面为正方形的正三棱柱两个底面各拼接一个正四面体得到的，所以体积是

$$\frac{1}{2}\times 1^2 \times \frac{\sqrt{3}}{2}\times 1 + 2\times \frac{\sqrt{2}}{12} = \frac{3\sqrt{3}+2\sqrt{2}}{12}.$$

两个正四面体的外接球球心和内棱切球球心都在各自四面体内部，所以双三角锥柱不存在外接球和内棱切球．双三角锥柱若存在内切球，则球心必定在正三棱柱的两底面中心连线的中点处，但这个点到正三角形面的距离和到正方形面的距离不相等，所以双三角锥柱不存在内切球．

相邻两个正三角形二面角的余弦值是

$$\frac{1}{3},$$

相邻正三角形和正方形二面角的余弦值是

$$-\frac{2\sqrt{2}}{3},$$

相邻两个正方形的二面角是

$$60°.$$

（2） 双四角锥柱

如图 5.6.15，双四角锥柱的全面积是

$$4 \times 1^2 + 8 \times \frac{1}{2} \times 1^2 \times \frac{\sqrt{3}}{2} = 4 + 2\sqrt{3}.$$

双四角锥柱是侧面为正方形的正四棱柱两个底面各拼接一个正四棱锥得到的，所以体积是

$$1^2 + 2 \times \frac{\sqrt{2}}{6} = 1 + \frac{\sqrt{2}}{3}.$$

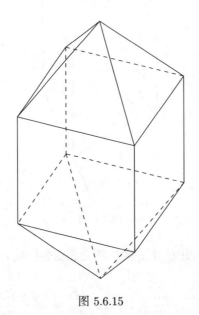

图 5.6.15

两个正四棱锥的外接球球心和内棱切球球心都在各自底面内，所以双四角锥柱不存在外接球和内棱切球．双四角锥柱若存在内切球，则球心必定在正四棱柱的两底面中心连线的中点处，但这个点到正三角形面的距离和到正方形面的距离不相等，所以双四角锥柱不存在内切球．

相邻两个正三角形二面角的余弦值是

$$-\frac{1}{3},$$

相邻正三角形和正方形二面角的余弦值是

$$-\frac{\sqrt{6}}{3},$$

相邻两个正方形的二面角是

$$90°.$$

(3) 双五角锥柱

如图 5.6.16，双五角锥柱的全面积是

$$5 \times 1^2 + 10 \times \frac{1}{2} \times 1^2 \times \frac{\sqrt{3}}{2} = 5 + \frac{5}{2}\sqrt{3}.$$

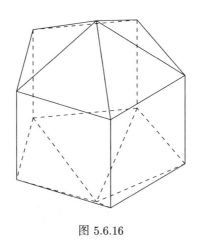

图 5.6.16

双五角锥柱是侧面为正方形的正五棱柱两个底面各拼接一个正五棱锥得到的，所以体积是

$$5 \times \frac{1}{2} \times 1 \times \frac{1}{2} \cot 36° \times 1 + 2 \times \frac{5+\sqrt{5}}{24} = \frac{5+\sqrt{5}+3\sqrt{25+10\sqrt{5}}}{12}.$$

两个正五棱锥的外接球和正五棱柱的外接球半径不相等，所以双五角锥柱不存在外接球和内棱切球。双五角锥柱若存在内切球，则球心必定在正五棱柱的两底面中心连线的中点处，但这个点到正三角形面的距离和到正方形面的距离不相等，所以双五角锥柱不存在内切球。

相邻两个正三角形二面角的余弦值是

$$-\frac{\sqrt{5}}{3},$$

相邻正三角形和正方形二面角的余弦值是

$$-\frac{\sqrt{150-30\sqrt{5}}}{15},$$

相邻两个正方形的二面角是

$$108°.$$

第八类：双锥反柱

这类 Johnson 只有一种．

双四角锥反柱

如图 5.6.17，双四角锥反柱的全面积是

$$1^2 + 12 \times \frac{1}{2} \times 1^2 \times \frac{\sqrt{3}}{2} = 1 + 3\sqrt{3}.$$

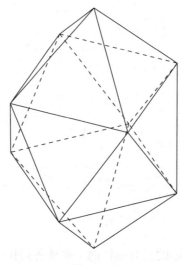

图 5.6.17

双四角锥反柱是侧面为正三角形的正四反棱柱两个底面各拼接一个正四棱锥得到的，也可以看作正四角锥反柱拼接一个正四棱锥得到的，所以体积是

$$\frac{\sqrt{2} + 2\sqrt{4 + 3\sqrt{2}}}{6} + \frac{\sqrt{2}}{6} = \frac{\sqrt{2} + \sqrt{4 + 3\sqrt{2}}}{3}.$$

两个正四棱锥的外接球球心和内棱切球球心都在各自底面内，所以双四角锥反柱不存在外接球和内棱切球．双四角锥反柱若存在内切球，则球心必定在正四反棱柱的两底面中心连线的中点处，但这个点到正三角形面的距离和到正方形面的距离不相等，所以双四角锥反柱不存在内切球．

所补的正四棱锥两个相邻正三角形的二面角余弦值是

$$-\frac{1}{3},$$

正四反棱柱两个相邻正三角形的二面角余弦值是

$$-\frac{\sqrt{6} - \sqrt{3}}{3},$$

正四反棱柱相邻正三角形和正方形的二面角余弦值是

$$-\frac{\sqrt{2} + 2\sqrt[4]{2} - 1}{3}.$$

第九类：台塔柱

这类 Johnson 多面体都是由正 n 台塔补上一个侧面是正方形的正 $2n$ 棱柱得到的.

（1） 正三角台塔柱

如图 5.6.18，正三角台塔柱全面积是

$$7 \times 1^2 + 10 \times \frac{1}{2} \times 1^2 \times \sin 60° = 7 + \frac{5}{2}\sqrt{3}.$$

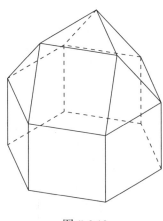

图 5.6.18

正三角台塔柱是正三角台塔补上一个侧面是正方形的正六棱柱得到的，所以体积是

$$\frac{5}{6}\sqrt{2} + 6 \times \frac{1}{2} \times 1^2 \times \sin 60° \times 1 = \frac{5\sqrt{2} + 9\sqrt{3}}{6}.$$

因为正三角台塔的外接球半径和侧面是正方形的正六棱柱的外接球半径不同，所以正三角台塔柱不存在外接球和内棱切球. 若正三角台塔柱存在内切球，则这个内切球必定是所补的侧面是正方形的正六棱柱的内切球，但这个棱柱的内切球是不存在的，所以正三角台塔柱不存在内切球.

正三角台塔的相邻正三角形和正方形二面角的余弦值是

$$-\frac{\sqrt{3}}{3},$$

正三角台塔的正三角形和所补侧面是正方形的正六棱柱相邻的正方形二面角的余弦值是

$$-\sqrt{1 - \left(\frac{1}{3}\right)^2} = -\frac{2\sqrt{2}}{3},$$

正三角台塔的正方形和所补侧面是正方形的正六棱柱相邻的正方形二面角的余弦值是

$$-\sqrt{1 - \left(\frac{\sqrt{3}}{3}\right)^2} = -\frac{\sqrt{6}}{3}.$$

侧面是正方形的正六棱柱相邻两个正方形的二面角是

$$120°,$$

侧面是正方形的正六棱柱相邻正方形和正六边形的二面角是

$$90°.$$

（2） 正四角台塔柱

如图 5.6.19，正四角台塔柱的全面积是

$$14\times 1^2+4\times \frac{1}{2}\times 1^2\times \frac{\sqrt{3}}{2}+4\times \frac{1}{2}\times \left(\frac{\sqrt{2}}{2}\right)^2+4\times 1\times \frac{\sqrt{2}}{2}=15+2\sqrt{2}+\sqrt{3}.$$

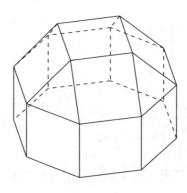

图 5.6.19

正四角台塔柱是正四角台塔补上一个侧面是正方形的正八棱柱得到的，所以体积是

$$1+\frac{2}{3}\sqrt{2}+1^3+4\times \frac{1}{2}\times \left(\frac{\sqrt{2}}{2}\right)^2\times 1+4\times 1\times \frac{\sqrt{2}}{2}\times 1=3+\frac{8}{3}\sqrt{2}.$$

因为正四角台塔柱是小削棱正方体的一部分，所以外接球半径和内棱切球的半径分别是

$$\frac{\sqrt{5+2\sqrt{2}}}{2},\ \frac{\sqrt{4+2\sqrt{2}}}{2}.$$

若正四角台塔柱存在内切球，则这个内切球必定是所补的侧面是正方形的正八棱柱的内切球，但这个棱柱的内切球是不存在的，所以正四角台塔柱不存在内切球．

相邻两正方形之间的二面角是

$$135°,$$

相邻正三角形和正方形之间二面角的余弦值是

$$-\frac{\sqrt{6}}{3},$$

相邻正方形和正八边形之间的二面角是

$$90°.$$

（3） 正五角台塔柱

如图 5.6.20，正五角台塔的全面积是

$$15 \times 1^2 + 5 \times \frac{1}{2} \times 1^2 \times \frac{\sqrt{3}}{2} + 5 \times \frac{1}{2} \times 1 \times \frac{1}{2} \cot 36° + 10 \times \frac{1}{2} \times 1 \times \frac{1}{2} \cot 18°$$
$$= 15 + \frac{5\sqrt{3} + \sqrt{725 + 310\sqrt{5}}}{4}.$$

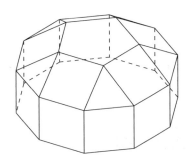

图 5.6.20

正五角台塔柱是正五角台塔补上一个侧面是正方形的正十棱柱得到的，所以体积是

$$\frac{5 + 4\sqrt{5}}{6} + 10 \times \frac{1}{2} \times 1 \times \frac{1}{2} \cot 18° = \frac{5 + 4\sqrt{5} + 15\sqrt{5 + 2\sqrt{5}}}{6}.$$

因为正五角台塔的外接球半径和侧面是正方形的正十棱柱的外接球半径不同，所以正五角台塔柱不存在外接球和内棱切球. 若正五角台塔柱存在内切球，则这个内切球必定是所补的侧面是正方形的正十棱柱的内切球，但这个棱柱的内切球是不存在的，所以正五角台塔柱不存在内切球.

正五角台塔相邻正三角形和正方形之间二面角的余弦值是

$$-\frac{\sqrt{3} + \sqrt{15}}{6},$$

相邻正方形和正五边形之间二面角的余弦值是

$$-\frac{\sqrt{50 + 10\sqrt{5}}}{10},$$

正五角台塔的正三角形和相邻的侧面是正方形的正十棱柱的正方形之间二面角的余弦值是

$$-\sqrt{1 - \left(\frac{\sqrt{75 + 30\sqrt{5}}}{15}\right)^2} = -\frac{\sqrt{150 - 30\sqrt{5}}}{15},$$

正五角台塔的正方形和相邻的侧面是正方形的正十棱柱的正方形之间二面角的余弦值是

$$-\sqrt{1-\left(\frac{\sqrt{50+10\sqrt{5}}}{10}\right)^2}=-\frac{\sqrt{50-10\sqrt{5}}}{10},$$

侧面是正方形的正十棱柱相邻两个正方形的二面角是

$$144°,$$

侧面是正方形的正十棱柱相邻正方形和正十边形的二面角是

$$90°.$$

第十类：丸塔柱

这类 Johnson 多面体只有一种.

正五角丸塔柱

如图 5.6.21，正五角丸塔柱的全面积是

$$10\times 1^2+10\times\frac{1}{2}\times 1^2\times\frac{\sqrt{3}}{2}+6\times 5\times\frac{1}{2}\times 1\times\frac{1}{2}\cot 36°+10\times\frac{1}{2}\times 1\times\frac{1}{2}\cot 18°$$
$$=\frac{20+5\sqrt{3}+\sqrt{650+290\sqrt{5}}}{2}.$$

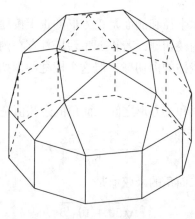

图 5.6.21

因为正五角丸塔柱是正五角丸塔补上一个侧面是正方形的正十棱柱得到的，所以体积是

$$\frac{45+17\sqrt{5}}{12}+10\times\frac{1}{2}\times 1\times\frac{1}{2}\cot 18°=\frac{45+17\sqrt{5}+30\sqrt{5+2\sqrt{5}}}{12}.$$

正五角丸塔的外接球半径和侧面是正方形的正十棱柱的外接球半径不同,所以正五角丸塔柱不存在外接球和内棱切球. 若正五角丸塔柱存在内切球,则这个内切球必定是所补的侧面是正方形的正十棱柱的内切球,但这个棱柱的内切球是不存在的,所以正五角丸塔柱不存在内切球.

相邻正三角形和正五边形二面角的余弦值是

$$-\frac{\sqrt{75+30\sqrt{5}}}{15},$$

相邻正三角形和正方形二面角的余弦值是

$$-\sqrt{1-\left(\frac{\sqrt{75-30\sqrt{5}}}{15}\right)^2}=-\frac{\sqrt{150+30\sqrt{5}}}{15},$$

相邻正五边形和正方形二面角的余弦值是

$$-\sqrt{1-\left(\frac{\sqrt{5}}{5}\right)^2}=-\frac{2\sqrt{5}}{5},$$

侧面是正方形的正十棱柱相邻两个正方形的二面角是

$$144°,$$

侧面是正方形的正十棱柱相邻正方形和正十边形的二面角是

$$90°.$$

第十一类:台塔反柱

这类 Johnson 多面体都是由正 n 台塔补上一个侧面是正三角形的正 $2n$ 反棱柱得到的.

(1) 正三角台塔反柱

如图 5.6.22,正三角台塔柱的全面积是

$$3\times 1^2+22\times\frac{1}{2}\times 1^2\times\sin 60°=3+\frac{11}{2}\sqrt{3}.$$

正三角台塔反柱是正三角台塔补上一个侧面是正三角形的正六棱反柱得到的,所以体积是

$$\frac{5}{6}\sqrt{2}+\frac{6}{24}(\cot 30°+\cot 15°)\sqrt{4-\sec^2 15°}=\frac{5}{6}\sqrt{2}+\sqrt{2+2\sqrt{3}}.$$

因为正三角台塔的外接球半径和侧面是正三角形的正六棱反柱的外接球半径不同,所以正三角台塔反柱不存在外接球和内棱切球. 若正三角台塔反柱存在内切球,则这个内切

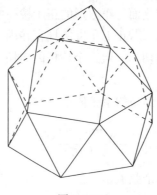

图 5.6.22

球必定是所补的侧面是正三角形的正六反棱柱的内切球,但这个反棱柱的内切球是不存在的,所以正三角台塔反柱不存在内切球.

正三角台塔的相邻正三角形和正方形二面角的余弦值是
$$-\frac{\sqrt{3}}{3},$$
侧面是正三角形的正六反棱柱相邻两个正三角形的二面角余弦值是
$$\frac{1-4\cos 30°}{3}=-\frac{2\sqrt{3}-1}{3},$$
侧面是正三角形的正六反棱柱相邻三角形和正六边形二面角的余弦值是
$$-\frac{\sqrt{3}}{3}\tan 15°=-\frac{2\sqrt{3}-3}{3},$$
正三角台塔的正三角形和所补侧面是正三角形的正六反棱柱相邻的正三角形二面角的余弦值是
$$\cos\left(\arccos\frac{1}{3}+\arccos\left(-\frac{2\sqrt{3}-3}{3}\right)\right)=\frac{2\sqrt{3}+4\sqrt{6\sqrt{3}-6}-3}{9}.$$
正三角台塔的正方形和所补侧面是正三角形的正六反棱柱相邻的正三角形二面角的余弦值是
$$\cos\left(\arccos\frac{\sqrt{3}}{3}+\arccos\left(-\frac{2\sqrt{3}-3}{3}\right)\right)=\frac{\sqrt{3}+2\sqrt{2\sqrt{3}-2}-2}{3}.$$

(2) 正四角台塔反柱

如图 5.6.23,正四角台塔反柱的全面积是
$$6\times 1^2+20\times\frac{1}{2}\times 1^2\times\frac{\sqrt{3}}{2}+4\times\frac{1}{2}\times\left(\frac{\sqrt{2}}{2}\right)^2+4\times 1\times\frac{\sqrt{2}}{2}=7+2\sqrt{2}+5\sqrt{3}.$$

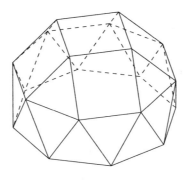

图 5.6.23

正四角台塔反柱是正四角台塔补上一个侧面是正方形的正八棱柱得到的，所以体积是

$$1 + \frac{2}{3}\sqrt{2} + \frac{8}{24}(\cot 22.5° + \cot 11.25°)\sqrt{4 - \sec^2 11.25°}$$

$$= \frac{3 + 2\sqrt{2} + 2\sqrt{4 + 2\sqrt{2} + 2\sqrt{146 + 103\sqrt{2}}}}{3}.$$

因为正四角台塔的外接球半径和侧面是正四角形的正八棱反柱的外接球半径不同，所以正四角台塔反柱不存在外接球和内棱切球. 若正四角台塔反柱存在内切球，则这个内切球必定是所补的侧面是正三角形的正八反棱柱的内切球，但这个反棱柱的内切球是不存在的，所以正四角台塔反柱不存在内切球.

相邻两正方形之间的二面角是

$$135°,$$

相邻正三角形和正方形之间二面角的余弦值是

$$-\frac{\sqrt{6}}{3},$$

正四角台塔的相邻正三角形和正方形二面角的余弦值是

$$-\frac{\sqrt{6}}{3},$$

侧面是正三角形的正八反棱柱相邻两个正三角形二面角的余弦值是

$$\frac{1 - \cos 22.5°}{3} = -\frac{2\sqrt{2 + \sqrt{2}} - 1}{3},$$

侧面是正三角形的正八反棱柱相邻三角形和正八边形二面角的余弦值是

$$-\frac{\sqrt{3}}{3}\tan 11.25° = -\frac{\sqrt{12 + 6\sqrt{2}} - \sqrt{6} - \sqrt{3}}{3},$$

正四角台塔的正三角形和所补侧面是正三角形的正八反棱柱相邻的正三角形二面角的余弦值是

$$\cos\left(\arccos\frac{\sqrt{3}}{3} + \arccos\left(-\frac{\sqrt{6} + \sqrt{3} - \sqrt{12 + 6\sqrt{2}}}{3}\right)\right)$$

$$= -\frac{\sqrt{4+2\sqrt{2}}+2\sqrt{\sqrt{20+14\sqrt{2}}-2-2\sqrt{2}}-1-\sqrt{2}}{3},$$

正四角台塔的正方形和所补侧面是正三角形的正八反棱柱相邻的正三角形二面角的余弦值是

$$\cos\left(45°+\arccos\left(-\frac{\sqrt{6}+\sqrt{3}-\sqrt{12+6\sqrt{2}}}{3}\right)\right)$$
$$= -\frac{2\sqrt{6}+3\sqrt{2}+2\sqrt{3\sqrt{20+14\sqrt{2}}-6-6\sqrt{2}}-\sqrt{6}-2\sqrt{3}}{6}.$$

（3） 正五角台塔反柱

如图 5.6.24，正五角台塔反柱的全面积是

$$5\times1^2+25\times\frac{1}{2}\times1^2\times\frac{\sqrt{3}}{2}+5\times\frac{1}{2}\times1\times\frac{1}{2}\cot36°+10\times\frac{1}{2}\times1\times\frac{1}{2}\cot18°$$
$$=\frac{20+25\sqrt{3}+\sqrt{725+310\sqrt{5}}}{4}.$$

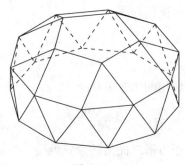

图 5.6.24

正五角台塔反柱是正五角台塔补上一个侧面是正方形的正十反棱柱得到的，所以体积是

$$\frac{5+4\sqrt{5}}{6}+\frac{10}{24}(\cot18°+\cot9°)\sqrt{4-\sec^29°}$$
$$=\frac{10+8\sqrt{5}+15\sqrt{\sqrt{650+290\sqrt{5}}-2-2\sqrt{5}}}{12}.$$

因为正五角台塔的外接球半径和侧面是正方形的正十棱柱的外接球半径不同，所以正五角台塔反柱不存在外接球和内棱切球. 若正五角台塔反柱存在内切球，则这个内切球必定是所补的侧面是正三角形的正十反棱柱的内切球，但这个反棱柱的内切球是不存在的，所以正五角台塔反柱不存在内切球.

正五角台塔相邻正三角形和正方形之间二面角的余弦值是
$$-\frac{\sqrt{3}+\sqrt{15}}{6},$$
相邻正方形和正五边形之间二面角的余弦值是
$$-\frac{\sqrt{50+10\sqrt{5}}}{10},$$
侧面是正三角形的正十反棱柱相邻两个正三角形二面角的余弦值是
$$\frac{1-4\cos 18°}{3}=-\frac{\sqrt{10+2\sqrt{5}}-1}{3},$$
侧面是正三角形的正十反棱柱相邻三角形和正十边形二面角的余弦值是
$$-\frac{\sqrt{3}}{3}\tan 9°=-\frac{\sqrt{3}+\sqrt{15}-\sqrt{15+6\sqrt{5}}}{3},$$
正五角台塔的正三角形和所补侧面是正三角形的正十反棱柱相邻的正三角形二面角的余弦值是
$$\cos\left(\arccos\frac{\sqrt{75+30\sqrt{5}}}{15}+\arccos\left(-\frac{\sqrt{3}+\sqrt{15}-\sqrt{15+6\sqrt{5}}}{3}\right)\right)$$
$$=-\frac{\sqrt{250+110\sqrt{5}}+2\sqrt{20\sqrt{25+10\sqrt{5}}-50-30\sqrt{5}}-10-5\sqrt{5}}{15},$$
正五角台塔的正方形和所补侧面是正三角形的正十反棱柱相邻的正三角形二面角的余弦值是
$$\cos\left(\arccos\frac{\sqrt{50+10\sqrt{5}}}{10}+\arccos\left(-\frac{\sqrt{3}+\sqrt{15}-\sqrt{15+6\sqrt{5}}}{3}\right)\right)$$
$$=-\frac{4\sqrt{75+30\sqrt{5}}+2\sqrt{60\sqrt{25+10\sqrt{5}}-150-90\sqrt{5}}-5\sqrt{42+18\sqrt{5}}}{30}.$$

第十二类：丸塔反柱

这类 Johnson 多面体只有一种.

正五角丸塔反柱

如图 5.6.25，正五角丸塔反柱的全面积是
$$30\times\frac{1}{2}\times 1^2\times\frac{\sqrt{3}}{2}+6\times 5\times\frac{1}{2}\times 1\times\frac{1}{2}\cot 36°+10\times\frac{1}{2}\times 1\times\frac{1}{2}\cot 18°$$
$$=5\sqrt{3}+\frac{\sqrt{650+290\sqrt{5}}}{2}.$$

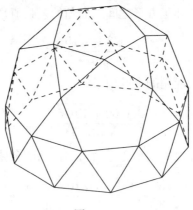

图 5.6.25

因为正五角丸塔反柱是正五角丸塔补上一个侧面是正三角形的正十反棱柱得到的，所以体积是

$$\frac{45+17\sqrt{5}}{12}+\frac{10}{24}(\cot 18°+\cot 9°)\sqrt{4-\sec^2 9°}$$

$$=\frac{45+17\sqrt{5}+15\sqrt{\sqrt{650+290\sqrt{5}}-2-2\sqrt{5}}}{12}.$$

正五角丸塔的外接球半径和侧面是正方形的正十棱柱的外接球半径不同，所以正五角丸塔反柱不存在外接球和内棱切球。若正五角丸塔反柱存在内切球，则这个内切球必定是所补的侧面是正三角形的正十反棱柱的内切球，但这个反棱柱的内切球是不存在的，所以正五角丸塔反柱不存在内切球．

正五角台塔相邻正三角形和正五边形之间二面角的余弦值是

$$-\frac{\sqrt{75+30\sqrt{5}}}{15},$$

侧面是正三角形的正十反棱柱相邻两个正三角形二面角的余弦值是

$$\frac{1-4\cos 18°}{3}=-\frac{\sqrt{10+2\sqrt{5}}-1}{3},$$

侧面是正三角形的正十反棱柱相邻三角形和正十边形二面角的余弦值是

$$-\frac{\sqrt{3}}{3}\tan 9°=-\frac{\sqrt{3}+\sqrt{15}-\sqrt{15+6\sqrt{5}}}{3},$$

正五角丸塔的正三角形和所补侧面是正三角形的正十反棱柱相邻的正三角形二面角的余弦值是

$$\cos\left(\arccos\frac{\sqrt{75-30\sqrt{5}}}{15}+\arccos\left(-\frac{\sqrt{3}+\sqrt{15}-\sqrt{15+6\sqrt{5}}}{3}\right)\right)$$

$$= -\frac{\sqrt{50-10\sqrt{5}}+2\sqrt{10\sqrt{650+290\sqrt{5}}-150-70\sqrt{5}}-5}{15},$$

正五角丸塔的正方形和所补侧面是正三角形的正十反棱柱相邻的正三角形二面角的余弦值是

$$\cos\left(\arccos\frac{\sqrt{5}}{5}+\arccos\left(-\frac{\sqrt{3}+\sqrt{15}-\sqrt{15+6\sqrt{5}}}{3}\right)\right)$$

$$= -\frac{5\sqrt{3}+\sqrt{15}+2\sqrt{30\sqrt{50+22\sqrt{5}}-120-60\sqrt{5}}-\sqrt{75+30\sqrt{5}}}{15}.$$

第十三类：双棱柱

这类 Johnson 多面体只有一种.

异相三棱柱

如图 5.6.26，异相三棱柱的全面积是

$$4\times\frac{1}{2}\times 1^2\times\frac{\sqrt{3}}{2}+4\times 1^2=4+\sqrt{3}.$$

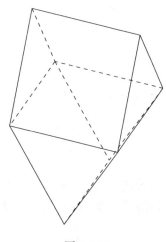

图 5.6.26

因为异相三棱柱是两个轴互相垂直、侧面是正方形的正三棱柱的侧面拼合得到的，所以体积是

$$2\times\frac{1}{2}\times 1^2\times\frac{\sqrt{3}}{2}=\frac{\sqrt{3}}{2}.$$

因为两个正三棱柱的外心在各自棱柱内部，所以异相三棱柱不存在外接球和内棱切球. 考察以两个正三棱柱拼接面的边为棱的二面角的平分平面，这些平分平面不能相交于同一点，所以异相三棱柱不存在内切球.

两个正方形的二面角是
$$60°,$$
同一正三棱柱中相邻的正三角形和正方形的二面角是
$$90°,$$
与拼接面相邻的正三角形和正方形的二面角是
$$60° + 90° = 150°.$$

第十四类：双台塔

这类 Johnson 多面体是由两个台塔边数最多的面拼接得到的.

（1） 同相双三角台塔

如图 5.6.27，同相双三角台塔的全面积是
$$6 \times 1^2 + 8 \times \frac{1}{2} \times 1^2 \times \sin 60° = 6 + 2\sqrt{3}.$$

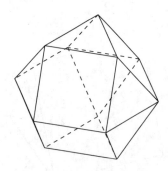

图 5.6.27

同相双三角台塔是两个镜像全等的正三角台塔的正六边形面拼接得到的，也可以看成是截半正方体的其中一个正三角台塔旋转 60° 得到的，所以体积是
$$\frac{5}{3}\sqrt{2},$$
外接球半径是
$$1,$$
内棱切球半径是
$$\frac{\sqrt{3}}{2}.$$

若同相双三角台塔存在内切球，则其球心必定在拼接面的中心，但拼接面的中心到正三角形和正方形的距离不相等，所以同相双三角台塔不存在内切球.

正三角形和正方形二面角的余弦值是
$$-\frac{\sqrt{3}}{3},$$
相邻两个正三角形二面角的余弦值是
$$2 \times \left(\frac{1}{3}\right)^2 - 1 = -\frac{7}{9},$$
相邻两个正方形二面角的余弦值是
$$2 \times \left(\frac{\sqrt{3}}{3}\right)^2 - 1 = -\frac{1}{3}.$$

（2） 同相双四角台塔

如图 5.6.28，同相双四角台塔的全面积是
$$10 \times 1^2 + 8 \times \frac{1}{2} \times 1^2 \times \frac{\sqrt{3}}{2} = 10 + 2\sqrt{3}.$$

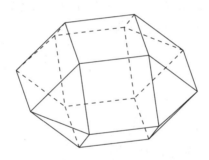

图 5.6.28

同相双四角台塔是两个镜像全等的正四角台塔的正八边形面拼接得到的，所以体积是
$$2 \times \left(1 + \frac{2}{3}\sqrt{2}\right) = 2 + \frac{4}{3}\sqrt{2}.$$

因为两个正四角台塔的外接球球心与正八边形所对的正方形底面在正八边形面两侧，所以同相双四角台塔不存在外接球和内棱切球. 若同相双四角台塔存在内切球，则其球心必定在拼接面的中心，但拼接面的中心到正三角形和正方形的距离不相等，所以同相双四角台塔不存在内切球.

正四角台塔内相邻两正方形之间的二面角是
$$135°,$$
相邻正三角形和正方形之间二面角的余弦值是
$$-\frac{\sqrt{6}}{3},$$

与拼接面相邻的两个正三角形二面角的余弦值是

$$2\times\left(\frac{\sqrt{3}}{3}\right)^2-1=-\frac{1}{3},$$

与拼接面相邻的两正方形的二面角是

$$2\times 45°=90°.$$

（3） 异相双四角台塔

如图 5.6.29，异相双四角台塔可以看作同相双四角台塔其中一个正四角台塔旋转 $45°$ 得到的，所以异相双四角台塔的全面积是

$$10+2\sqrt{3},$$

异相双四角台塔的体积是

$$2+\frac{4}{3}\sqrt{2},$$

异相双四角台塔不存在外接球和内棱切球. 若异相双四角台塔存在内切球，则其球心必定在拼接面的中心，但拼接面的中心到正三角形和正方形的距离不相等，所以异相双四角台塔不存在内切球.

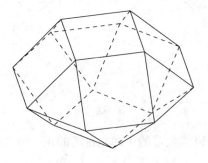

图 5.6.29

正四角台塔内相邻两正方形之间的二面角是

$$135°,$$

相邻正三角形和正方形之间二面角的余弦值是

$$-\frac{\sqrt{6}}{3},$$

与拼接面相邻的正三角形和正方形二面角的余弦值是

$$\cos\left(\arccos\frac{\sqrt{3}}{3}+45°\right)=-\frac{2\sqrt{3}-\sqrt{6}}{6}.$$

（4） 同相双五角台塔

如图 5.6.30，同相双五角台塔的全面积是

$$10\times 1^2+10\times\frac{1}{2}\times 1^2\times\frac{\sqrt{3}}{2}+2\times\frac{1}{2}\times 1\times\frac{1}{2}\cot 36°=10+\frac{25\sqrt{3}+\sqrt{25+10\sqrt{5}}}{10}.$$

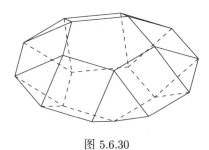

图 5.6.30

同相双五角台塔的体积是

$$2\times\frac{5+4\sqrt{5}}{6}=\frac{5+4\sqrt{5}}{3}.$$

因为两个正五角台塔的外接球球心与正十边形所对的正五边形底面在正十边形面两侧，所以同相双五角台塔不存在外接球和内棱切球．若同相双五角台塔存在内切球，则其球心必定在拼接面的中心，但拼接面的中心到正三角形和正方形的距离不相等，所以同相双五角台塔不存在内切球．

正五角台塔内相邻正三角形和正方形之间二面角的余弦值是

$$-\frac{\sqrt{3}+\sqrt{15}}{6},$$

相邻正方形和正五边形之间二面角的余弦值是

$$-\frac{\sqrt{50+10\sqrt{5}}}{10},$$

与拼接面相邻的两个正三角形二面角的余弦值是

$$2\times\left(\frac{\sqrt{75+30\sqrt{5}}}{15}\right)^2-1=\frac{4\sqrt{5}-5}{15},$$

与拼接面相邻的两正方形二面角的余弦值是

$$2\times\left(\frac{\sqrt{50+10\sqrt{5}}}{10}\right)^2-1=\frac{\sqrt{5}}{5}.$$

（5） 异相双五角台塔

如图 5.6.31，异相双五角台塔可以看作同相双五角台塔其中一个正五角台塔旋转 36°得到的，所以异相双五角台塔的全面积是

$$10 + \frac{25\sqrt{3} + \sqrt{25 + 10\sqrt{5}}}{10},$$

异相双五角台塔的体积是

$$\frac{5 + 4\sqrt{5}}{3},$$

异相双五角台塔不存在外接球和内棱切球. 若异相双五角台塔存在内切球，则其球心必定在拼接面的中心，但拼接面的中心到正三角形和正方形的距离不相等，所以异相双五角台塔不存在内切球.

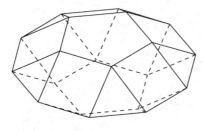

图 5.6.31

正五角台塔内相邻正三角形和正方形之间二面角的余弦值是

$$-\frac{\sqrt{3} + \sqrt{15}}{6},$$

相邻正方形和正五边形之间二面角的余弦值是

$$-\frac{\sqrt{50 + 10\sqrt{5}}}{10},$$

与拼接面相邻的正三角形和正方形二面角的余弦值是

$$\cos\left(\arccos\frac{\sqrt{75 + 30\sqrt{5}}}{15} + \arccos\frac{\sqrt{50 + 10\sqrt{5}}}{10}\right) = \frac{\sqrt{15} - \sqrt{3}}{6}.$$

第十五类：台塔丸塔

这类 Johnson 多面体是由台塔和丸塔边数最多的面拼接得到的.

（1） 同相五角台塔丸塔

如图 5.6.32，同相五角台塔丸塔的全面积是

$$5 \times 1^2 + 15 \times \frac{1}{2} \times 1^2 \times \frac{\sqrt{3}}{2} + 7 \times \frac{1}{2} \times 1 \times \frac{1}{2}\cot 36° = 5 + \frac{75\sqrt{3} + 7\sqrt{25 + 10\sqrt{5}}}{20}.$$

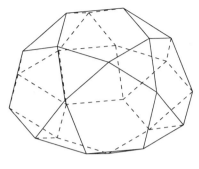

图 5.6.32

同相五角台塔丸塔是正五角台塔补上一个顶部正五边形的边与地面五边形边平行的正五角丸塔得到的，所以体积是

$$\frac{5+4\sqrt{5}}{6} + \frac{45+17\sqrt{5}}{12} = \frac{55+25\sqrt{5}}{12}.$$

因为正五角台塔和正五角丸塔的外接球半径不相等，所以同相五角台塔丸塔不存在外接球和内棱切球．若同相五角台塔丸塔存在内切球，则这个内切球必定是构成正五角丸塔的截半正十二面体的内切球，但此球心到正五角台塔的底面正五边形的距离不等于球半径，所以同相五角台塔丸塔也不存在内切球．

正五角台塔相邻正三角形和正方形之间二面角的余弦值是

$$-\frac{\sqrt{3}+\sqrt{15}}{6},$$

正五角台塔相邻正方形和正五边形之间二面角的余弦值是

$$-\frac{\sqrt{50+10\sqrt{5}}}{10},$$

正五角丸塔相邻正三角形和正五边形二面角的余弦值是

$$-\frac{\sqrt{75+30\sqrt{5}}}{15},$$

与拼接面相邻的正三角形和正方形二面角的余弦值是

$$\cos\left(\arccos\frac{\sqrt{75-30\sqrt{5}}}{15} + \arccos\frac{\sqrt{50+10\sqrt{5}}}{10}\right) = -\frac{\sqrt{18-6\sqrt{5}}}{6},$$

与拼接面相邻的正三角形和正五边形二面角的余弦值是

$$\cos\left(\arccos\frac{\sqrt{75+30\sqrt{5}}}{15} + \arccos\frac{\sqrt{5}}{5}\right) = -\frac{\sqrt{75-10\sqrt{5}}}{15}.$$

（2） 异相五角台塔丸塔

如图 5.6.33，异相五角台塔丸塔可以看作同相五角台塔丸塔其中一个正五角台塔或正五角丸塔旋转 36° 得到的，所以异相五角台塔丸塔的全面积是

$$5 + \frac{75\sqrt{3} + 7\sqrt{25 + 10\sqrt{5}}}{20},$$

异相五角台塔丸塔的体积是

$$\frac{55 + 25\sqrt{5}}{12},$$

异相五角台塔丸塔不存在外接球和内棱切球．若异相五角台塔丸塔存在内切球，则这个内切球必定是构成正五角丸塔的截半正十二面体的内切球，但此球心到正五角台塔的底面正五边形的距离不等于球半径，所以异相五角台塔丸塔也不存在内切球．

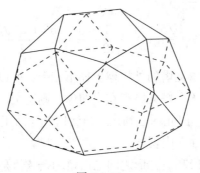

图 5.6.33

正五角台塔相邻正三角形和正方形之间二面角的余弦值是

$$-\frac{\sqrt{3} + \sqrt{15}}{6},$$

正五角台塔相邻正方形和正五边形之间二面角的余弦值是

$$-\frac{\sqrt{50 + 10\sqrt{5}}}{10},$$

正五角丸塔相邻正三角形和正五边形二面角的余弦值是

$$-\frac{\sqrt{75 + 30\sqrt{5}}}{15},$$

与拼接面相邻的两个正三角形二面角的余弦值是

$$\cos\left(\arccos\frac{\sqrt{75 + 30\sqrt{5}}}{15} + \arccos\frac{\sqrt{75 - 30\sqrt{5}}}{15}\right) = -\frac{\sqrt{5}}{5},$$

与拼接面相邻的正方形和正五边形二面角的余弦值是

$$\cos\left(\arccos\frac{\sqrt{50 + 10\sqrt{5}}}{10} + \arccos\frac{\sqrt{5}}{5}\right) = -\frac{\sqrt{50 - 22\sqrt{5}}}{10}.$$

第十六类：双丸塔

这类 Johnson 多面体只有一种.

同相双五角丸塔

如图 5.6.34，同相双五角丸塔的全面积是

$$20 \times \frac{1}{2} \times 1^2 \times \frac{\sqrt{3}}{2} + 12 \times 5 \times \frac{1}{2} \times 1 \times \frac{1}{2} \cot 36° = 5\sqrt{3} + 4\sqrt{25 + 10\sqrt{5}}.$$

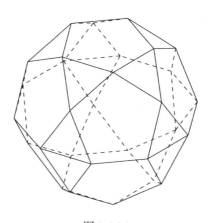

图 5.6.34

同相双五角丸塔是两个镜像全等的正五角丸塔的正十边形面拼接得到的，也可以看作截半正十二面体其中一个正五角丸塔旋转 36° 得到的，所以同相双五角丸塔的体积是

$$\frac{45 + 17\sqrt{5}}{6},$$

外接球半径是

$$\frac{1 + \sqrt{5}}{2},$$

内棱切球半径是

$$\frac{\sqrt{5 + 2\sqrt{5}}}{2}.$$

类似半正多面体的证明可得正五角丸塔若存在内切球，则必定球心与外接球球心重合，所以同相双五角丸塔不存在内切球.

相邻正三角形和正五边形二面角的余弦值是

$$-\frac{\sqrt{75 + 30\sqrt{5}}}{15},$$

相邻两个正三角形二面角的余弦值是

$$2 \times \left(\frac{\sqrt{75 - 30\sqrt{5}}}{15}\right)^2 - 1 = -\frac{5 + 4\sqrt{5}}{15},$$

相邻两个正五边形二面角的余弦值是
$$2 \times \left(\frac{\sqrt{5}}{5}\right)^2 - 1 = -\frac{3}{5}.$$

第十七类：双台塔柱

这类 Johnson 多面体都是由两个正 n 台塔中间补上一个侧面是正方形的正 $2n$ 棱柱得到的.

（1） 同相双三角台塔柱

如图 5.6.35，同相双三角台塔柱全面积是
$$8 \times 1^2 + 12 \times \frac{1}{2} \times 1^2 \times \sin 60° = 8 + 4\sqrt{3}.$$

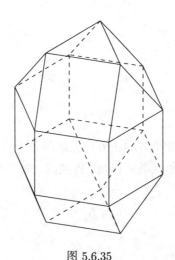

图 5.6.35

同相双三角台塔柱可以看作正三角台塔柱补上一个与前面的正三角台塔镜像全等的正三角台塔，所以体积是
$$\frac{5\sqrt{2} + 9\sqrt{3}}{6} + \frac{5}{6}\sqrt{2} = \frac{10\sqrt{2} + 9\sqrt{3}}{6}.$$

因为正三角台塔的外接球半径和侧面是正方形的正六棱柱的外接球半径不同，所以同相双三角台塔柱不存在外接球和内棱切球. 若同相双三角台塔柱存在内切球，则这个内切球球心必定与正三角台塔的外接球球心重合，但外接球球心到正三角形和正方形的距离不相等，所以同相双三角台塔柱不存在内切球.

正三角台塔的相邻正三角形和正方形二面角的余弦值是
$$-\frac{\sqrt{3}}{3},$$

正三角台塔的正三角形和所补侧面是正方形的正六棱柱相邻的正方形二面角的余弦值是

$$-\frac{2\sqrt{2}}{3},$$

正三角台塔的正方形和所补侧面是正方形的正六棱柱相邻的正方形二面角的余弦值是

$$-\frac{\sqrt{6}}{3}.$$

侧面是正方形的正六棱柱相邻两个正方形的二面角是

$$120°.$$

（2） 异相双三角台塔柱

如图 5.6.36，异相双三角台塔柱可以看作同相双三角台塔柱其中一个正三角台塔旋转 60° 得到的，所以异相双三角台塔柱的全面积是

$$8+4\sqrt{3},$$

异相双三角台塔柱的体积是

$$\frac{10\sqrt{2}+9\sqrt{3}}{6},$$

同相双三角台塔柱不存在外接球和内棱切球. 若异相双三角台塔柱存在内切球，则这个内切球球心必定与正三角台塔的外接球球心重合，但外接球球心到正三角形和正方形的距离不相等，所以异相双三角台塔柱不存在内切球.

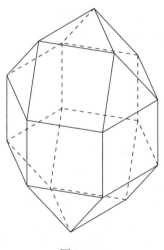

图 5.6.36

正三角台塔的相邻正三角形和正方形二面角的余弦值是

$$-\frac{\sqrt{3}}{3},$$

正三角台塔的正三角形和所补侧面是正方形的正六棱柱相邻的正方形二面角的余弦值是

$$-\frac{2\sqrt{2}}{3},$$

正三角台塔的正方形和所补侧面是正方形的正六棱柱相邻的正方形二面角的余弦值是

$$-\frac{\sqrt{6}}{3}.$$

侧面是正方形的正六棱柱相邻两个正方形的二面角是

$$120°.$$

（3） 异相双四角台塔柱

如图 5.6.37，异相双四角台塔柱可以看作把小削棱正方体的其中一个正四角台塔旋转 45° 得到的，所以异相双四角台塔柱的全面积是

$$18 + 2\sqrt{3},$$

异相双四角台塔柱的体积是

$$\frac{12 + 10\sqrt{2}}{3},$$

异相双四角台塔柱的外接球半径和内棱切球的半径分别是

$$\frac{\sqrt{5 + 2\sqrt{2}}}{2}, \frac{\sqrt{4 + 2\sqrt{2}}}{2}.$$

若异相双四角台塔柱存在内切球，则这个内切球球心必定与正四角台塔的外接球球心重合，但外接球球心到正三角形和正方形的距离不相等，所以异相双四角台塔柱不存在内切球.

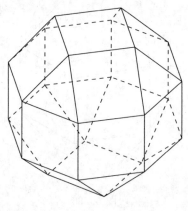

图 5.6.37

相邻两正方形之间的二面角是

$$135°,$$

相邻正三角形和正方形之间二面角的余弦值是
$$-\frac{\sqrt{6}}{3}.$$

（4） 同相双五角台塔柱

如图 5.6.38，同相双五角台塔柱的全面积是

$$20\times 1^2+10\times\frac{1}{2}\times 1^2\times\frac{\sqrt{3}}{2}+2\times 5\times\frac{1}{2}\times 1\times\frac{1}{2}\cot 36°=20+\frac{5\sqrt{3}+\sqrt{25+10\sqrt{5}}}{2}.$$

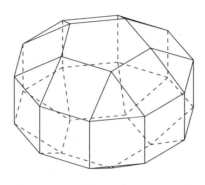

图 5.6.38

同相双五角台塔柱可以看作正五角台塔柱补上一个与前面的正五角台塔镜像全等的正五角台塔，所以体积是

$$\frac{5+4\sqrt{5}+15\sqrt{5+2\sqrt{5}}}{6}+\frac{5+4\sqrt{5}}{6}=\frac{10+6\sqrt{5}+15\sqrt{5+2\sqrt{5}}}{6}.$$

因为正五角台塔的外接球半径和侧面是正方形的正十棱柱的外接球半径不同，所以同相双五角台塔柱不存在外接球和内棱切球. 若同相双五角台塔柱存在内切球，则这个内切球球心必定与正五角台塔的外接球球心重合，但外接球球心到正三角形和正方形的距离不相等，所以同相双五角台塔柱不存在内切球.

正五角台塔相邻正三角形和正方形之间二面角的余弦值是

$$-\frac{\sqrt{3}+\sqrt{15}}{6},$$

相邻正方形和正五边形之间二面角的余弦值是

$$-\frac{\sqrt{50+10\sqrt{5}}}{10},$$

正五角台塔的正三角形和相邻的侧面是正方形的正十棱柱的正方形之间二面角的余弦值是

$$-\frac{\sqrt{150-30\sqrt{5}}}{15},$$

正五角台塔的正方形和相邻的侧面是正方形的正十棱柱的正方形之间二面角的余弦值是

$$-\frac{\sqrt{50-10\sqrt{5}}}{10},$$

侧面是正方形的正十棱柱相邻两个正方形的二面角是

$$144°.$$

（5） 异相双五角台塔柱

如图 5.6.39，异相双五角台塔柱可以看作同相双五角台塔柱其中一个正五角台塔旋转 36° 得到的，所以异相双五角台塔柱的全面积是

$$20+\frac{5\sqrt{3}+\sqrt{25+10\sqrt{5}}}{2},$$

异相双五角台塔柱的体积是

$$\frac{10+6\sqrt{5}+15\sqrt{5+2\sqrt{5}}}{6},$$

异相双五角台塔柱不存在外接球和内棱切球. 若异相双五角台塔柱存在内切球，则这个内切球球心必定与正五角台塔的外接球球心重合，但外接球球心到正三角形和正方形的距离不相等，所以异相双五角台塔柱不存在内切球.

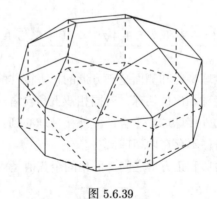

图 5.6.39

正五角台塔相邻正三角形和正方形之间二面角的余弦值是

$$-\frac{\sqrt{3}+\sqrt{15}}{6},$$

相邻正方形和正五边形之间二面角的余弦值是

$$-\frac{\sqrt{50+10\sqrt{5}}}{10},$$

正五角台塔的正三角形和相邻的侧面是正方形的正十棱柱的正方形之间二面角的余弦值是

$$-\frac{\sqrt{150-30\sqrt{5}}}{15},$$

正五角台塔的正方形和相邻的侧面是正方形的正十棱柱的正方形之间二面角的余弦值是

$$-\frac{\sqrt{50-10\sqrt{5}}}{10},$$

侧面是正方形的正十棱柱相邻两个正方形的二面角是

$$144°.$$

第十八类：台塔丸塔柱

这类 Johnson 多面体都是由正五角台塔和正五角丸塔中间补上一个侧面是正方形的正十棱柱得到的.

（1） 同相五角台塔丸塔柱

如图 5.6.40，同相五角台塔丸塔柱的全面积是

$$15\times1^2+15\times\frac{1}{2}\times1^2\times\frac{\sqrt{3}}{2}+7\times\frac{1}{2}\times1\times\frac{1}{2}\cot 36°=15+\frac{75\sqrt{3}+7\sqrt{25+10\sqrt{5}}}{20}.$$

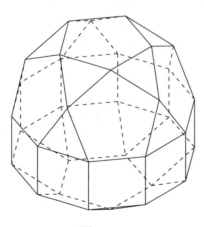

图 5.6.40

同相双五角台塔柱可以看作正五角台塔柱补上一个顶部正五边形面的边与底面正五边形的边平行的正五角丸塔得到的，所以体积是

$$\frac{5+4\sqrt{5}+15\sqrt{5+2\sqrt{5}}}{6}+\frac{45+17\sqrt{5}}{12}=\frac{55+25\sqrt{5}+30\sqrt{5+2\sqrt{5}}}{12}.$$

因为正五角台塔的外接球半径和侧面是正方形的正十棱柱的外接球半径不同,所以同相双五角台塔柱不存在外接球和内棱切球. 若同相双五角台塔柱存在内切球,内切球球心必定与正五角台塔的外接球球心重合,所以同相双五角台塔柱不存在内切球.

正五角台塔相邻正三角形和正方形之间二面角的余弦值是

$$-\frac{\sqrt{3}+\sqrt{15}}{6},$$

相邻正方形和正五边形之间二面角的余弦值是

$$-\frac{\sqrt{50+10\sqrt{5}}}{10},$$

正五角台塔的正三角形和相邻的侧面是正方形的正十棱柱的正方形之间二面角的余弦值是

$$-\frac{\sqrt{150-30\sqrt{5}}}{15},$$

正五角台塔的正方形和相邻的侧面是正方形的正十棱柱的正方形之间二面角的余弦值是

$$-\frac{\sqrt{50-10\sqrt{5}}}{10},$$

相邻正三角形和正五边形二面角的余弦值是

$$-\frac{\sqrt{75+30\sqrt{5}}}{15},$$

正五角丸塔的正三角形和相邻正方形二面角的余弦值是

$$-\frac{\sqrt{150+30\sqrt{5}}}{15},$$

相邻正五边形和正方形二面角的余弦值是

$$-\frac{2\sqrt{5}}{5},$$

侧面是正方形的正十棱柱相邻两个正方形的二面角是

$$144°.$$

(2) 异相五角台塔丸塔柱

如图 5.6.41,异相五角台塔丸塔柱可以看作同相五角台塔丸塔柱的正五角台塔或正五角丸塔旋转 36° 得到的,所以异相五角台塔丸塔柱的全面积是

$$15+\frac{75\sqrt{3}+7\sqrt{25+10\sqrt{5}}}{20},$$

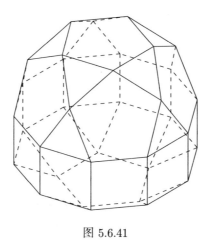

图 5.6.41

异相五角台塔丸塔柱的体积是

$$\frac{5+4\sqrt{5}+15\sqrt{5+2\sqrt{5}}}{6}+\frac{45+17\sqrt{5}}{12}=\frac{55+25\sqrt{5}+30\sqrt{5+2\sqrt{5}}}{12},$$

异相五角台塔丸塔柱不存在外接球和内棱切球. 若异相五角台塔丸塔柱存在内切球, 内切球球心必定与正五角台塔的外接球球心重合, 所以异相五角台塔丸塔柱不存在内切球.

正五角台塔相邻正三角形和正方形之间二面角的余弦值是

$$-\frac{\sqrt{3}+\sqrt{15}}{6},$$

相邻正方形和正五边形之间二面角的余弦值是

$$-\frac{\sqrt{50+10\sqrt{5}}}{10},$$

正五角台塔的正三角形和相邻的侧面是正方形的正十棱柱的正方形之间二面角的余弦值是

$$-\frac{\sqrt{150-30\sqrt{5}}}{15},$$

正五角台塔的正方形和相邻的侧面是正方形的正十棱柱的正方形之间二面角的余弦值是

$$-\frac{\sqrt{50-10\sqrt{5}}}{10},$$

相邻正三角形和正五边形二面角的余弦值是

$$-\frac{\sqrt{75+30\sqrt{5}}}{15},$$

正五角丸塔的正三角形和相邻正方形二面角的余弦值是

$$-\frac{\sqrt{150+30\sqrt{5}}}{15},$$

相邻正五边形和正方形二面角的余弦值是

$$-\frac{2\sqrt{5}}{5},$$

侧面是正方形的正十棱柱相邻两个正方形的二面角是

$$144°.$$

第十九类：双丸塔柱

这类 Johnson 是两个正五角丸塔之间补上一个侧面是正方形的正十棱柱得到的.

（1） 同相双五角丸塔柱

如图 5.6.42，同相双五角丸塔柱的全面积是

$$10 \times 1^2 + 20 \times \frac{1}{2} \times 1^2 \times \frac{\sqrt{3}}{2} + 12 \times 5 \times \frac{1}{2} \times 1 \times \frac{1}{2} \cot 36° = 20 + 5\sqrt{3} + 3\sqrt{25 + 10\sqrt{5}}.$$

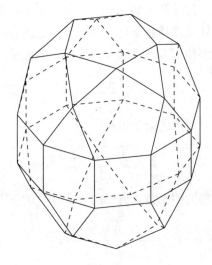

图 5.6.42

同相双五角丸塔柱可以看作正五角丸塔柱补上一个与前面正五角丸塔镜像全等的正五角丸塔得到的，所以体积是

$$\frac{45 + 17\sqrt{5} + 30\sqrt{5 + 2\sqrt{5}}}{12} + \frac{45 + 17\sqrt{5}}{12} = \frac{45 + 17\sqrt{5} + 15\sqrt{5 + 2\sqrt{5}}}{6}.$$

正五角丸塔的外接球半径和侧面是正方形的正十棱柱的外接球半径不同，所以同相双五角丸塔柱不存在外接球和内棱切球. 若同相双五角丸塔柱存在内切球，则这个内切球球心必定与正五角丸塔的外接球球心重合，但这个点到正三角形和正四边形的距离不相等，所以同相双五角丸塔柱不存在内切球.

相邻正三角形和正五边形二面角的余弦值是

$$-\frac{\sqrt{75+30\sqrt{5}}}{15},$$

相邻正三角形和正方形二面角的余弦值是

$$-\frac{\sqrt{150+30\sqrt{5}}}{15},$$

相邻正五边形和正方形二面角的余弦值是

$$-\frac{2\sqrt{5}}{5},$$

侧面是正方形的正十棱柱相邻两个正方形的二面角是

$$144°.$$

（2） 异相双五角丸塔柱

如图 5.6.43，异相双五角丸塔柱可以看作同相双五角丸塔柱其中一个正五角丸塔旋转 36° 得到的，所以异相双五角丸塔柱的全面积是

$$20+5\sqrt{3}+3\sqrt{25+10\sqrt{5}},$$

异相双五角丸塔柱的体积是

$$\frac{45+17\sqrt{5}+15\sqrt{5+2\sqrt{5}}}{6},$$

异相双五角丸塔柱不存在外接球和内棱切球．若异相双五角丸塔柱存在内切球，则这个内切球球心必定与正五角丸塔的外接球球心重合，但这个点到正三角形和正四边形的距离不相等，所以异相双五角丸塔柱不存在内切球．

相邻正三角形和正五边形二面角的余弦值是

$$-\frac{\sqrt{75+30\sqrt{5}}}{15},$$

相邻正三角形和正方形二面角的余弦值是

$$-\frac{\sqrt{150+30\sqrt{5}}}{15},$$

相邻正五边形和正方形二面角的余弦值是

$$-\frac{2\sqrt{5}}{5},$$

侧面是正方形的正十棱柱相邻两个正方形的二面角是

$$144°.$$

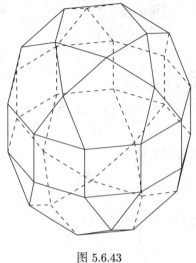

图 5.6.43

第二十类：双台塔反柱

这类 Johnson 多面体都是由两个正 n 台塔之间补上一个侧面是正三角形的正 $2n$ 反棱柱得到的.

（1） 双三角台塔反柱

如图 5.6.44，双三角台塔反柱的全面积是

$$6 \times 1^2 + 20 \times \frac{1}{2} \times 1^2 \times \sin 60° = 6 + 5\sqrt{3}.$$

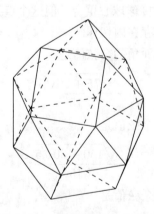

图 5.6.44

双三角台塔反柱可以看作正三角台塔反柱补上一个正三角台塔得到的，所以体积是

$$\frac{5}{6}\sqrt{2} + \sqrt{2+2\sqrt{3}} + \frac{5}{6}\sqrt{2} = \frac{5}{3}\sqrt{2} + \sqrt{2+2\sqrt{3}}.$$

因为正三角台塔的外接球半径和侧面是正三角形的正六棱反柱的外接球半径不同,所以双三角台塔反柱不存在外接球和内棱切球. 若双三角台塔反柱存在内切球,则这个内切球球心必定与正三角台塔的外接球球心重合,但这个点到正三角形和正四边形的距离不相等,所以双三角台塔反柱不存在内切球.

正三角台塔的相邻正三角形和正方形二面角的余弦值是

$$-\frac{\sqrt{3}}{3},$$

侧面是正三角形的正六反棱柱相邻两个正三角形的二面角余弦值是

$$-\frac{2\sqrt{3}-1}{3},$$

正三角台塔的正三角形和所补侧面是正三角形的正六反棱柱相邻的正三角形二面角的余弦值是

$$\frac{2\sqrt{3}+4\sqrt{6\sqrt{3}-6}-3}{9},$$

正三角台塔的正方形和所补侧面是正三角形的正六反棱柱相邻的正三角形二面角的余弦值是

$$\frac{\sqrt{3}+2\sqrt{2\sqrt{3}-2}-2}{3}.$$

(2) 双四角台塔反柱

如图 5.6.45,双四角台塔反柱的全面积是

$$10\times 1^2 + 24\times \frac{1}{2}\times 1^2\times \frac{\sqrt{3}}{2} = 10+6\sqrt{3}.$$

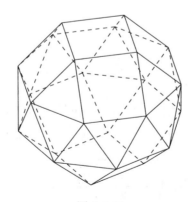

图 5.6.45

双四角台塔反柱可以看作正四角台塔反柱补上一个正四角台塔得到的,所以体积是

$$\frac{3+2\sqrt{2}+2\sqrt{4+2\sqrt{2}+2\sqrt{146+103\sqrt{2}}}}{3}+1+\frac{2}{3}\sqrt{2}$$

$$= \frac{6+4\sqrt{2}+2\sqrt{4+2\sqrt{2}+2\sqrt{146+103\sqrt{2}}}}{3}.$$

因为正四角台塔的外接球半径和侧面是正四角形的正八棱反柱的外接球半径不同，所以双四角台塔反柱不存在外接球和内棱切球．若双四角台塔反柱存在内切球，则这个内切球球心必定与正四角台塔的外接球球心重合，但这个点到正三角形和正四边形的距离不相等，所以双四角台塔反柱不存在内切球．

相邻两正方形之间的二面角是

$$135°,$$

正四角台塔的相邻正三角形和正方形二面角的余弦值是

$$-\frac{\sqrt{6}}{3},$$

侧面是正三角形的正八反棱柱相邻两个正三角形的二面角余弦值是

$$-\frac{2\sqrt{2+\sqrt{2}}-1}{3},$$

正四角台塔的正三角形和所补侧面是正三角形的正八反棱柱相邻的正三角形二面角的余弦值是

$$-\frac{\sqrt{4+2\sqrt{2}}+2\sqrt{\sqrt{20+14\sqrt{2}}-2-2\sqrt{2}}-1-\sqrt{2}}{3},$$

正四角台塔的正方形和所补侧面是正三角形的正八反棱柱相邻的正三角形二面角的余弦值是

$$-\frac{2\sqrt{6+3\sqrt{2}}+2\sqrt{3\sqrt{20+14\sqrt{2}}-6-6\sqrt{2}}-\sqrt{6}-2\sqrt{3}}{6}.$$

（3） 双五角台塔反柱

如图 5.6.46，双五角台塔反柱的全面积是

$$10\times 1^2+30\times\frac{1}{2}\times 1^2\times\frac{\sqrt{3}}{2}+2\times 5\times\frac{1}{2}\times 1\times\frac{1}{2}\cot 36°=\frac{20+15\sqrt{3}+3\sqrt{25+10\sqrt{5}}}{2}.$$

双五角台塔反柱可以看作正五角台塔反柱补上一个正五角台塔得到的，所以体积是

$$\frac{10+8\sqrt{5}+15\sqrt{\sqrt{650+290\sqrt{5}}-2-2\sqrt{5}}}{12}+\frac{5+4\sqrt{5}}{6}$$

$$=\frac{20+16\sqrt{5}+15\sqrt{\sqrt{650+290\sqrt{5}}-2-2\sqrt{5}}}{12}.$$

因为正五角台塔的外接球半径和侧面是正方形的正十棱柱的外接球半径不同，所以双五角台塔反柱不存在外接球和内棱切球．若双五角台塔反柱存在内切球，则这个内切球球

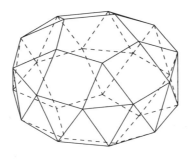

图 5.6.46

心必定与正五角台塔的外接球球心重合,但这个点到正三角形和正四边形的距离不相等,所以双五角台塔反柱不存在内切球.

正五角台塔相邻正三角形和正方形之间二面角的余弦值是

$$-\frac{\sqrt{3}+\sqrt{15}}{6},$$

相邻正方形和正五边形之间二面角的余弦值是

$$-\frac{\sqrt{50+10\sqrt{5}}}{10},$$

侧面是正三角形的正十反棱柱相邻两个正三角形的二面角余弦值是

$$-\frac{\sqrt{10+2\sqrt{5}}-1}{3},$$

正五角台塔的正三角形和所补侧面是正三角形的正八反棱柱相邻的正三角形二面角的余弦值是

$$-\frac{\sqrt{250+110\sqrt{5}}+2\sqrt{20\sqrt{25+10\sqrt{5}}-50-30\sqrt{5}}-10-5\sqrt{5}}{15},$$

正五角台塔的正方形和所补侧面是正三角形的正八反棱柱相邻的正三角形二面角的余弦值是

$$\frac{4\sqrt{75+30\sqrt{5}}+2\sqrt{60\sqrt{25+10\sqrt{5}}-150-90\sqrt{5}}-5\sqrt{42+18\sqrt{5}}}{30}.$$

第二十一类:台塔丸塔反柱

这类 Johnson 多面体只有一种.

五角台塔丸塔反柱

如图 5.6.47,五角台塔丸塔反柱的全面积是

$$5\times 1^2+35\times\frac{1}{2}\times 1^2\times\frac{\sqrt{3}}{2}+7\times 5\times\frac{1}{2}\times 1\times\frac{1}{2}\cot 36°=\frac{20+70\sqrt{3}+7\sqrt{25+10\sqrt{5}}}{4}.$$

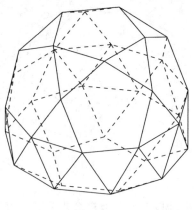

图 5.6.47

五角台塔丸塔反柱可以看作正五角台塔反柱补上正五角丸塔得到的，所以体积是

$$\frac{10+8\sqrt{5}+15\sqrt{\sqrt{650+290\sqrt{5}}-2-2\sqrt{5}}}{12}+\frac{45+17\sqrt{5}}{12}$$

$$=\frac{55+25\sqrt{5}+15\sqrt{\sqrt{650+290\sqrt{5}}-2-2\sqrt{5}}}{12}.$$

因为正五角台塔的外接球半径和侧面是正方形的正十棱柱的外接球半径不同，所以五角台塔丸塔反柱不存在外接球和内棱切球. 若正五角台塔反柱存在内切球，则这个内切球球心必定与正五角台塔的外接球球心重合，但这个点到正三角形和正四边形的距离不相等，所以五角台塔丸塔反柱不存在内切球.

正五角台塔相邻正三角形和正方形之间二面角的余弦值是

$$-\frac{\sqrt{3}+\sqrt{15}}{6},$$

相邻正方形和正五边形之间二面角的余弦值是

$$-\frac{\sqrt{50+10\sqrt{5}}}{10},$$

侧面是正三角形的正十反棱柱相邻两个正三角形的二面角余弦值是

$$-\frac{\sqrt{10+2\sqrt{5}}-1}{3},$$

正五角台塔的正三角形和所补侧面是正三角形的正十反棱柱相邻的正三角形二面角的余弦值是

$$-\frac{\sqrt{250+110\sqrt{5}}+2\sqrt{20\sqrt{25+10\sqrt{5}}-50-30\sqrt{5}}-10-5\sqrt{5}}{15},$$

正五角台塔的正方形和所补侧面是正三角形的正十反棱柱相邻的正三角形二面角的余弦值是

$$-\frac{4\sqrt{75+30\sqrt{5}}+2\sqrt{60\sqrt{25+10\sqrt{5}}-150-90\sqrt{5}}-5\sqrt{42+18\sqrt{5}}}{30},$$

正五角丸塔相邻正三角形和正五边形之间二面角的余弦值是
$$-\frac{\sqrt{75+30\sqrt{5}}}{15},$$

正五角丸塔的正三角形和所补侧面是正三角形的正十反棱柱相邻的正三角形二面角的余弦值是
$$-\frac{\sqrt{50-10\sqrt{5}}+2\sqrt{10\sqrt{650+290\sqrt{5}}-150-70\sqrt{5}}-5}{15},$$

正五角丸塔的正方形和所补侧面是正三角形的正十反棱柱相邻的正三角形二面角的余弦值是
$$-\frac{5\sqrt{3}+\sqrt{15}+2\sqrt{30\sqrt{50+22\sqrt{5}}-120-60\sqrt{5}}-\sqrt{75+30\sqrt{5}}}{15}.$$

第二十二类：双丸塔反柱

这类 Johnson 多面体只有一种.

双五角丸塔反柱

如图 5.6.48，双五角丸塔反柱的全面积是
$$40\times\frac{1}{2}\times 1^2\times\frac{\sqrt{3}}{2}+12\times 5\times\frac{1}{2}\times 1\times\frac{1}{2}\cot 36°$$
$$=10\sqrt{3}+3\sqrt{25+10\sqrt{5}}.$$

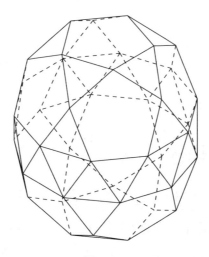

图 5.6.48

双五角丸塔反柱可以看作正五角丸塔反柱补上正五角丸塔得到的，所以体积是
$$\frac{45+17\sqrt{5}+15\sqrt{\sqrt{650+290\sqrt{5}}-2-2\sqrt{5}}}{12}+\frac{45+17\sqrt{5}}{12}$$

$$= \frac{90 + 34\sqrt{5} + 15\sqrt{\sqrt{650 + 290\sqrt{5}} - 2 - 2\sqrt{5}}}{12}.$$

正五角丸塔的外接球半径和侧面是正方形的正十棱柱的外接球半径不同,所以双五角丸塔反柱不存在外接球和内棱切球. 若双五角丸塔反柱存在内切球,则这个内切球球心必定与正五角台塔的外接球球心重合,但这个点到正三角形和正五边形的距离不相等,所以双五角丸塔反柱不存在内切球.

正五角丸塔相邻正三角形和正五边形之间二面角的余弦值是

$$-\frac{\sqrt{75 + 30\sqrt{5}}}{15},$$

侧面是正三角形的正十反棱柱相邻两个正三角形的二面角余弦值是

$$-\frac{\sqrt{10 + 2\sqrt{5}} - 1}{3},$$

正五角丸塔的正三角形和所补侧面是正三角形的正十反棱柱相邻的正三角形二面角的余弦值是

$$-\frac{\sqrt{50 - 10\sqrt{5}} + 2\sqrt{10\sqrt{650 + 290\sqrt{5}} - 150 - 70\sqrt{5}} - 5}{15},$$

正五角丸塔的正方形和所补侧面是正三角形的正十反棱柱相邻的正三角形二面角的余弦值是

$$-\frac{5\sqrt{3} + \sqrt{15} + 2\sqrt{30\sqrt{50 + 22\sqrt{5}} - 120 - 60\sqrt{5}} - \sqrt{75 + 30\sqrt{5}}}{15}.$$

第二十三类:侧锥正棱柱

这类 Johnson 多面体是在侧面是正方形的正棱柱的若干个侧面上补上侧面是正三角形的正四棱锥得到的.

(1) 侧锥正三棱柱

如图 5.6.49,侧锥正三棱柱的全面积是

$$2 \times 1^2 + 6 \times \frac{1}{2} \times 1^2 \times \frac{\sqrt{3}}{2} = 2 + \frac{3}{2}\sqrt{3}.$$

侧锥正三棱柱是在侧面是正方形的正三棱柱的一个侧面上补上侧面是正三角形的正四棱锥得到的,所以体积是

$$\frac{\sqrt{2}}{6} + \frac{1}{2} \times 1^2 \times \frac{\sqrt{3}}{2} \times 1 = \frac{2\sqrt{2} + 3\sqrt{3}}{12}.$$

侧面是正方形的正三棱柱的外接球球心在棱柱内部,侧面是正三角形的正四棱锥的外接球球心在底面上,所以侧锥正三棱柱不存在外接球和内棱切球. 若侧锥正三棱柱存在内

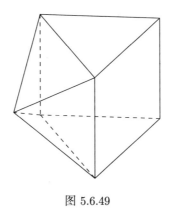

图 5.6.49

切球，则其半径必定是侧面是正方形的正三棱柱两底面距离的一半，但侧锥正三棱柱体积的三倍除以全面积得到的数值与上面这个数值不相等，所以侧锥正三棱柱不存在内切球．

侧面是正方形的正三棱柱相邻的正三角形和正方形的二面角是

$$90°,$$

侧面是正方形的正三棱柱的两个正方形的二面角是

$$60°.$$

侧面是正三角形的正四棱锥的两个正三角形二面角的余弦值是

$$-\frac{1}{3}.$$

与拼接面相邻的两个正三角形二面角的余弦值是

$$\cos\left(\arccos\frac{\sqrt{3}}{3}+90°\right)=-\frac{\sqrt{6}}{3},$$

与拼接面相邻的正三角形和正方形二面角的余弦值是

$$\cos\left(\arccos\frac{\sqrt{3}}{3}+60°\right)=-\frac{3\sqrt{2}-\sqrt{3}}{6}.$$

（2） 二侧锥正三棱柱

如图 5.6.50，二侧锥正三棱柱的全面积是

$$1^2+10\times\frac{1}{2}\times1^2\times\frac{\sqrt{3}}{2}=1+\frac{5}{2}\sqrt{3}.$$

二侧锥正三棱柱是在侧面是正方形的正三棱柱的两个侧面上补上侧面是正三角形的正四棱锥得到的，所以体积是

$$2\times\frac{\sqrt{2}}{6}+\frac{1}{2}\times1^2\times\frac{\sqrt{3}}{2}\times1=\frac{4\sqrt{2}+3\sqrt{3}}{12}.$$

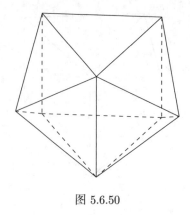

图 5.6.50

二侧面是正方形的正三棱柱的外接球球心在棱柱内部，侧面是正三角形的正四棱锥的外接球球心在底面上，所以二侧锥正三棱柱不存在外接球和内棱切球. 若二侧锥正三棱柱存在内切球，则其半径必定是侧面是正方形的正三棱柱两底面距离的一半，但二侧锥正三棱柱体积的三倍除以全面积得到的数值与上面这个数值不相等，所以二侧锥正三棱柱不存在内切球.

侧面是正方形的正三棱柱相邻的正三角形和正方形的二面角是

$$90°,$$

侧面是正方形的正三棱柱的两个正方形的二面角是

$$60°.$$

侧面是正三角形的正四棱锥的两个正三角形二面角的余弦值是

$$-\frac{1}{3}.$$

与拼接面相邻的两个正三角形二面角的余弦值是

$$-\frac{\sqrt{6}}{3},$$

与拼接面相邻的正三角形和正方形二面角的余弦值是

$$-\frac{3\sqrt{2}-\sqrt{3}}{6},$$

两个不同的侧面是正三角形的正四棱锥相邻的正三角形二面角的余弦值是

$$\cos\left(2\arccos\frac{\sqrt{3}}{3}+60°\right)=-\frac{1+2\sqrt{6}}{6}.$$

（3） 三侧锥正三棱柱

如图 5.6.51，三侧锥正三棱柱的全面积是

$$14 \times \frac{1}{2} \times 1^2 \times \frac{\sqrt{3}}{2} = \frac{7}{2}\sqrt{3}.$$

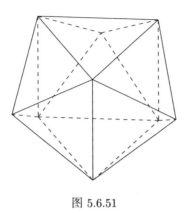

图 5.6.51

三侧锥正三棱柱是在侧面是正方形的正三棱柱的三个侧面上补上侧面是正三角形的正四棱锥得到的，所以体积是

$$3 \times \frac{\sqrt{2}}{6} + \frac{1}{2} \times 1^2 \times \frac{\sqrt{3}}{2} \times 1 = \frac{2\sqrt{2} + \sqrt{3}}{4}.$$

三侧面是正方形的正三棱柱的外接球球心在棱柱内部，侧面是正三角形的正四棱锥的外接球球心在底面上，所以三侧锥正三棱柱不存在外接球和内棱切球．若三侧锥正三棱柱存在内切球，则其半径必定是侧面是正方形的正三棱柱两底面距离的一半，但三侧锥正三棱柱体积的三倍除以全面积得到的数值与上面这个数值不相等，所以三侧锥正三棱柱不存在内切球．

侧面是正三角形的正四棱锥的两个正三角形二面角的余弦值是

$$-\frac{1}{3},$$

与拼接面相邻的两个正三角形二面角的余弦值是

$$-\frac{\sqrt{6}}{3},$$

两个不同的侧面是正三角形的正四棱锥相邻的正三角形二面角的余弦值是

$$-\frac{1 + 2\sqrt{6}}{6}.$$

（4） 侧锥正五棱柱

如图 5.6.52，侧锥正五棱柱的全面积是

$$4 \times 1^2 + 4 \times \frac{1}{2} \times 1^2 \times \frac{\sqrt{3}}{2} + 2 \times 5 \times \frac{1}{2} \times 1 \times \frac{1}{2}\cot 36° = 4 + \sqrt{3} + \frac{\sqrt{25 + 10\sqrt{5}}}{2}.$$

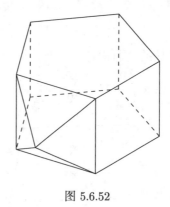

图 5.6.52

侧锥正五棱柱是在侧面是正方形的正五棱柱的一个侧面上补上侧面是正三角形的正四棱锥得到的，所以体积是

$$\frac{\sqrt{2}}{6} + 5 \times \frac{1}{2} \times 1 \times \frac{1}{2}\cot 36° \times 1 = \frac{2\sqrt{2}+3\sqrt{25+10\sqrt{5}}}{12}.$$

侧面是正方形的正五棱柱的外接球球心在棱柱内部，侧面是正三角形的正四棱锥的外接球球心在底面上，所以侧锥正五棱柱不存在外接球和内棱切球. 若侧锥正五棱柱存在内切球，则其半径必定是侧面是正方形的正五棱柱两底面距离的一半，但侧锥正五棱柱体积的三倍除以全面积得到的数值与上面这个数值不相等，所以侧锥正五棱柱不存在内切球.

侧面是正方形的正五棱柱的两个正方形的二面角是

$$105°,$$

侧面是正方形的正五棱柱相邻的正方形和正五边形的二面角是

$$90°.$$

侧面是正三角形的正四棱锥的两个正三角形二面角的余弦值是

$$-\frac{1}{3}.$$

与拼接面相邻的正三角形和正方形的二面角是

$$\cos\left(\arccos\frac{\sqrt{3}}{3}+105°\right) = -\frac{6+3\sqrt{2}+2\sqrt{3}-\sqrt{6}}{12},$$

与拼接面相邻的正三角形和正五边形的二面角是

$$\cos\left(\arccos\frac{\sqrt{3}}{3}+90°\right) = -\frac{\sqrt{6}}{3}.$$

（5） 二侧锥正五棱柱

如图 5.6.53，二侧锥正五棱柱的全面积是

$$3 \times 1^2 + 8 \times \frac{1}{2} \times 1^2 \times \frac{\sqrt{3}}{2} + 2 \times 5 \times \frac{1}{2} \times 1 \times \frac{1}{2} \cot 36° = 3 + 2\sqrt{3} + \frac{\sqrt{25 + 10\sqrt{5}}}{2}.$$

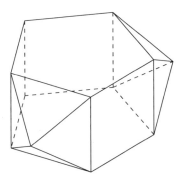

图 5.6.53

二侧锥正五棱柱是在侧面是正方形的正五棱柱相隔一个侧面的两个侧面上补上侧面是正三角形的正四棱锥得到的，所以体积是

$$2 \times \frac{\sqrt{2}}{6} + 5 \times \frac{1}{2} \times 1 \times \frac{1}{2} \cot 36° \times 1 = \frac{4\sqrt{2} + 3\sqrt{25 + 10\sqrt{5}}}{12}.$$

侧面是正方形的正五棱柱的外接球球心在棱柱内部，侧面是正三角形的正四棱锥的外接球球心在底面上，所以二侧锥正五棱柱不存在外接球和内棱切球．若二侧锥正五棱柱存在内切球，则其半径必定是侧面是正方形的正五棱柱两底面距离的一半，但二侧锥正五棱柱体积的三倍除以全面积得到的数值与上面这个数值不相等，所以二侧锥正五棱柱不存在内切球．

侧面是正方形的正五棱柱的两个正方形的二面角是

$$105°,$$

侧面是正方形的正五棱柱相邻的正方形和正五边形的二面角是

$$90°.$$

侧面是正三角形的正四棱锥的两个正三角形二面角的余弦值是

$$-\frac{1}{3}.$$

与拼接面相邻的正三角形和正方形二面角的余弦值是

$$-\frac{6 + 3\sqrt{2} + 2\sqrt{3} - \sqrt{6}}{12},$$

与拼接面相邻的正三角形和正五边形二面角的余弦值是

$$-\frac{\sqrt{6}}{3}.$$

（6） 侧锥正六棱柱

如图 5.6.54，侧锥正六棱柱的全面积是

$$5\times 1^2+16\times \frac{1}{2}\times 1^2\times \frac{\sqrt{3}}{2}=5+4\sqrt{3}.$$

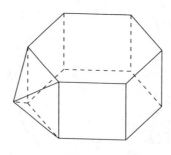

图 5.6.54

侧锥正六棱柱是在侧面是正方形的正六棱柱的一个侧面上补上侧面是正三角形的正四棱锥得到的，所以体积是

$$\frac{\sqrt{2}}{6}+6\times \frac{1}{2}\times 1^2\times \sin 60°\times 1=\frac{\sqrt{2}+9\sqrt{3}}{6}.$$

侧面是正方形的正六棱柱的外接球球心在棱柱内部，侧面是正三角形的正四棱锥的外接球球心在底面上，所以侧锥正六棱柱不存在外接球和内棱切球. 若侧锥正六棱柱存在内切球，则其半径必定是侧面是正方形的正六棱柱两底面距离的一半，但侧锥正六棱柱体积的三倍除以全面积得到的数值与上面这个数值不相等，所以侧锥正六棱柱不存在内切球.

侧面是正方形的正六棱柱的两个正方形的二面角是

$$120°,$$

侧面是正方形的正六棱柱相邻的正方形和正六边形的二面角是

$$90°.$$

侧面是正三角形的正四棱锥的两个正三角形二面角的余弦值是

$$-\frac{1}{3}.$$

与拼接面相邻的正三角形和正方形二面角的余弦值是

$$\cos\left(\arccos \frac{\sqrt{3}}{3}+120°\right)=-\frac{3\sqrt{2}+\sqrt{3}}{6},$$

与拼接面相邻的正三角形和正六边形二面角的余弦值是

$$\cos\left(\arccos \frac{\sqrt{3}}{3}+90°\right)=-\frac{\sqrt{6}}{3}.$$

（7） 双侧锥正六棱柱

如图 5.6.55，双侧锥正六棱柱的全面积是

$$4 \times 1^2 + 20 \times \frac{1}{2} \times 1^2 \times \frac{\sqrt{3}}{2} = 4 + 5\sqrt{3}.$$

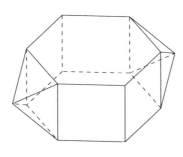

图 5.6.55

双侧锥正六棱柱是在侧面是正方形的正六棱柱的两个相对的侧面上补上侧面是正三角形的正四棱锥得到的，所以体积是

$$2 \times \frac{\sqrt{2}}{6} + 6 \times \frac{1}{2} \times 1^2 \times \sin 60° \times 1 = \frac{2\sqrt{2} + 9\sqrt{3}}{6}.$$

侧面是正方形的正六棱柱的外接球球心在棱柱内部，侧面是正三角形的正四棱锥的外接球球心在底面上，所以双侧锥正六棱柱不存在外接球和内棱切球．若双侧锥正六棱柱存在内切球，则其半径必定是侧面是正方形的正六棱柱两底面距离的一半，但双侧锥正六棱柱体积的三倍除以全面积得到的数值与上面这个数值不相等，所以双侧锥正六棱柱不存在内切球．

侧面是正方形的正六棱柱的两个正方形的二面角是

$$120°,$$

侧面是正方形的正六棱柱相邻的正方形和正六边形的二面角是

$$90°.$$

侧面是正三角形的正四棱锥的两个正三角形二面角的余弦值是

$$-\frac{1}{3}.$$

与拼接面相邻的正三角形和正方形二面角的余弦值是

$$-\frac{3\sqrt{2} + \sqrt{3}}{6},$$

与拼接面相邻的正三角形和正六边形二面角的余弦值是

$$-\frac{\sqrt{6}}{3}.$$

(8) 二侧锥正六棱柱

如图 5.6.56，二侧锥正六棱柱的全面积是

$$4\times 1^2 + 20 \times \frac{1}{2} \times 1^2 \times \frac{\sqrt{3}}{2} = 4 + 5\sqrt{3}.$$

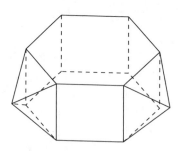

图 5.6.56

二侧锥正六棱柱是在侧面是正方形的正六棱柱相隔一个侧面的两个侧面上补上侧面是正三角形的正四棱锥得到的，所以体积是

$$2\times \frac{\sqrt{2}}{6} + 6 \times \frac{1}{2} \times 1^2 \times \sin 60° \times 1 = \frac{2\sqrt{2}+9\sqrt{3}}{6}.$$

侧面是正方形的正六棱柱的外接球球心在棱柱内部，侧面是正三角形的正四棱锥的外接球球心在底面上，所以二侧锥正六棱柱不存在外接球和内棱切球。若二侧锥正六棱柱存在内切球，则其半径必定是侧面是正方形的正六棱柱两底面距离的一半，但二侧锥正六棱柱体积的三倍除以全面积得到的数值与上面这个数值不相等，所以二侧锥正六棱柱不存在内切球。

侧面是正方形的正六棱柱的两个正方形的二面角是

$$120°,$$

侧面是正方形的正六棱柱相邻的正方形和正六边形的二面角是

$$90°.$$

侧面是正三角形的正四棱锥的两个正三角形二面角的余弦值是

$$-\frac{1}{3}.$$

与拼接面相邻的正三角形和正方形二面角的余弦值是

$$-\frac{3\sqrt{2}+\sqrt{3}}{6},$$

与拼接面相邻的正三角形和正六边形二面角的余弦值是

$$-\frac{\sqrt{6}}{3}.$$

（9） 三侧锥正六棱柱

如图 5.6.57，三侧锥正六棱柱的全面积是

$$3\times 1^2+24\times\frac{1}{2}\times 1^2\times\frac{\sqrt{3}}{2}=3+6\sqrt{3}.$$

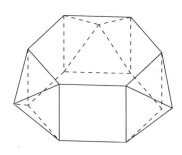

图 5.6.57

三侧锥正六棱柱是在侧面是正方形的正六棱柱相隔一个侧面的三个侧面上补上侧面是正三角形的正四棱锥得到的，所以体积是

$$3\times\frac{\sqrt{2}}{6}+6\times\frac{1}{2}\times 1^2\times\sin 60°\times 1=\frac{\sqrt{2}+3\sqrt{3}}{2}.$$

侧面是正方形的正六棱柱的外接球球心在棱柱内部，侧面是正三角形的正四棱锥的外接球球心在底面上，所以三侧锥正六棱柱不存在外接球和内棱切球. 若三侧锥正六棱柱存在内切球，则其半径必定是侧面是正方形的正六棱柱两底面距离的一半，但三侧锥正六棱柱体积的三倍除以全面积得到的数值与上面这个数值不相等，所以三侧锥正六棱柱不存在内切球.

侧面是正方形的正六棱柱的两个正方形的二面角是

$$120°,$$

侧面是正方形的正六棱柱相邻的正方形和正六边形的二面角是

$$90°.$$

侧面是正三角形的正四棱锥的两个正三角形二面角的余弦值是

$$-\frac{1}{3}.$$

与拼接面相邻的正三角形和正方形二面角的余弦值是

$$-\frac{3\sqrt{2}+\sqrt{3}}{6},$$

与拼接面相邻的正三角形和正六边形二面角的余弦值是

$$-\frac{\sqrt{6}}{3}.$$

第二十四类：侧锥正多面体

这类 Johnson 多面体是在正多面体的若干个侧面上补上侧面是正三角形的正棱锥或割掉若干个侧面是正三角形的正棱锥得到的.

（1） 侧锥正十二面体

如图 5.6.58，侧锥正十二面体的全面积是

$$5\times\frac{1}{2}\times 1^2\times\frac{\sqrt{3}}{2}+11\times 5\times\frac{1}{2}\times 1\times\frac{1}{2}\cot 36°=\frac{5\sqrt{3}+11\sqrt{25+10\sqrt{5}}}{4}.$$

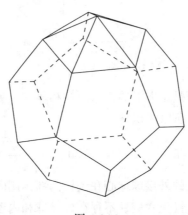

图 5.6.58

侧锥正十二面体是在正十二面体的一个面上补上侧面是正三角形的正五棱锥得到的，所以体积是

$$\frac{15+7\sqrt{5}}{4}+\frac{5+\sqrt{5}}{24}=\frac{95+43\sqrt{5}}{24}.$$

因为正十二面体和侧面是正三角形的正五棱锥外接球半径不相等，所以侧锥正十二面体不存在外接球和内棱切球. 若侧锥正十二面体存在内切球，则其半径必定是正十二面体一双相对面距离的一半，但侧锥正十二面体体积的三倍除以全面积得到的数值与上面这个数值不相等，所以侧锥正十二面体不存在内切球.

相邻的两个正三角形二面角的余弦值是

$$-\frac{\sqrt{5}}{3},$$

相邻的两个正五边形二面角的余弦值是

$$-\frac{\sqrt{5}}{5},$$

相邻的正三角形和正五边形二面角的余弦值是

$$\cos\left(\arccos\left(-\frac{\sqrt{5}}{5}\right)+\arccos\frac{\sqrt{75+30\sqrt{5}}}{15}\right)=-\frac{\sqrt{195-6\sqrt{5}}}{15}.$$

（2） 双侧锥正十二面体

如图 5.6.59，双侧锥正十二面体的全面积是

$$10 \times \frac{1}{2} \times 1^2 \times \frac{\sqrt{3}}{2} + 10 \times 5 \times \frac{1}{2} \times 1 \times \frac{1}{2} \cot 36° = \frac{5\sqrt{3} + 5\sqrt{25 + 10\sqrt{5}}}{2}.$$

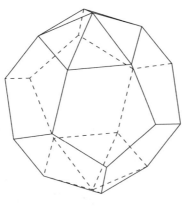

图 5.6.59

双侧锥正十二面体是在正十二面体的两个对面上补上侧面是正三角形的正五棱锥得到的，所以体积是

$$\frac{15 + 7\sqrt{5}}{4} + 2 \times \frac{5 + \sqrt{5}}{24} = \frac{25 + 11\sqrt{5}}{6}.$$

因为正十二面体和侧面是正三角形的正五棱锥外接球半径不相等，所以以双侧锥正十二面体不存在外接球和内棱切球. 若双侧锥正十二面体存在内切球，则其半径必定是正十二面体一双相对面距离的一半，但双侧锥正十二面体体积的三倍除以全面积得到的数值与上面这个数值不相等，所以双侧锥正十二面体不存在内切球.

相邻的两个正三角形二面角的余弦值是

$$-\frac{\sqrt{5}}{3},$$

相邻的两个正五边形二面角的余弦值是

$$-\frac{\sqrt{5}}{5},$$

相邻的正三角形和正五边形二面角的余弦值是

$$-\frac{\sqrt{195 - 6\sqrt{5}}}{15}.$$

（3） 二侧锥正十二面体

如图 5.6.60，二侧锥正十二面体的全面积是

$$10 \times \frac{1}{2} \times 1^2 \times \frac{\sqrt{3}}{2} + 10 \times 5 \times \frac{1}{2} \times 1 \times \frac{1}{2} \cot 36° = \frac{5\sqrt{3} + 5\sqrt{25 + 10\sqrt{5}}}{2}.$$

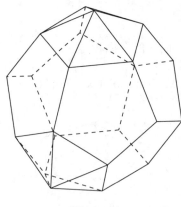

图 5.6.60

二侧锥正十二面体是在正十二面体的两个间隔一个五边形的不相邻面上补上侧面是正三角形的正五棱锥得到的，所以体积是

$$\frac{15+7\sqrt{5}}{4}+2\times\frac{5+\sqrt{5}}{24}=\frac{25+11\sqrt{5}}{6}.$$

因为正十二面体和侧面是正三角形的正五棱锥外接球半径不相等，所以二侧锥正十二面体不存在外接球和内棱切球．若二侧锥正十二面体存在内切球，则其半径必定是正十二面体一双相对面距离的一半，但二侧锥正十二面体体积的三倍除以全面积得到的数值与上面这个数值不相等，所以二侧锥正十二面体不存在内切球．

相邻的两个正三角形二面角的余弦值是

$$-\frac{\sqrt{5}}{3},$$

相邻的两个正五边形二面角的余弦值是

$$-\frac{\sqrt{5}}{5},$$

相邻的正三角形和正五边形二面角的余弦值是

$$-\frac{\sqrt{195-6\sqrt{5}}}{15}.$$

（4） 三侧锥正十二面体

如图 5.6.61，三侧锥正十二面体的全面积是

$$15\times\frac{1}{2}\times 1^2\times\frac{\sqrt{3}}{2}+9\times 5\times\frac{1}{2}\times 1\times\frac{1}{2}\cot 36°=\frac{15\sqrt{3}+9\sqrt{25+10\sqrt{5}}}{4}.$$

三侧锥正十二面体是在正十二面体的两个各间隔一个五边形的不相邻面上补上侧面是正三角形的正五棱锥得到的，所以体积是

$$\frac{15+7\sqrt{5}}{4}+3\times\frac{5+\sqrt{5}}{24}=\frac{35+15\sqrt{5}}{8}.$$

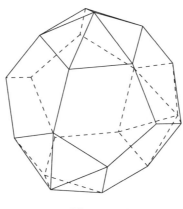

图 5.6.61

因为正十二面体和侧面是正三角形的正五棱锥外接球半径不相等,所以三侧锥正十二面体不存在外接球和内棱切球. 若三侧锥正十二面体存在内切球,则其半径必定是正十二面体一双相对面距离的一半,但三侧锥正十二面体体积的三倍除以全面积得到的数值与上面这个数值不相等,所以三侧锥正十二面体不存在内切球.

相邻的两个正三角形二面角的余弦值是

$$-\frac{\sqrt{5}}{3},$$

相邻的两个正五边形二面角的余弦值是

$$-\frac{\sqrt{5}}{5},$$

相邻的正三角形和正五边形二面角的余弦值是

$$-\frac{\sqrt{195-6\sqrt{5}}}{15}.$$

(5) 正二十面体欠二侧锥

如图 5.6.62,正二十面体欠二侧锥的全面积是

$$10 \times \frac{1}{2} \times 1^2 \times \frac{\sqrt{3}}{2} + 2 \times 5 \times \frac{1}{2} \times 1 \times \frac{1}{2} \cot 36° = \frac{5\sqrt{3}+\sqrt{25+10\sqrt{5}}}{2}.$$

正二十面体欠二侧锥是在正二十面体割去两个相邻的侧面是正三角形的正五棱锥得到的,所以体积是

$$\frac{15+5\sqrt{5}}{12} - 2 \times \frac{5+\sqrt{5}}{24} = \frac{5+2\sqrt{5}}{6}.$$

正二十面体欠二侧锥的外接球半径是

$$\frac{\sqrt{10+2\sqrt{5}}}{4},$$

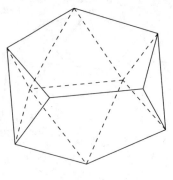

图 5.6.62

内棱切球半径是

$$\frac{\sqrt{5}+1}{4}.$$

若正二十面体欠二侧锥存在内切球，则其球心必定与外接球球心重合，但外接球球心到正三角形和正五边形的距离不相等，所以正二十面体欠二侧锥不存在内切球.

相邻的两个正三角形二面角的余弦值是

$$-\frac{\sqrt{5}}{3},$$

相邻的正三角形和正五边形二面角的余弦值是

$$\cos\left(\arccos\left(-\frac{\sqrt{5}}{3}\right)-\arccos\frac{\sqrt{75+30\sqrt{5}}}{15}\right)=-\frac{\sqrt{75-30\sqrt{5}}}{15},$$

相邻的两个正五边形的二面角余弦值是

$$\cos\left(\arccos\left(-\frac{\sqrt{5}}{3}\right)-2\arccos\frac{\sqrt{75+30\sqrt{5}}}{15}\right)=\frac{\sqrt{5}}{5}.$$

（6） 正二十面体欠三侧锥

如图 5.6.63，正二十面体欠三侧锥的全面积是

$$5\times\frac{1}{2}\times1^2\times\frac{\sqrt{3}}{2}+3\times5\times\frac{1}{2}\times1\times\frac{1}{2}\cot36°=\frac{5\sqrt{3}+3\sqrt{25+10\sqrt{5}}}{4}.$$

正二十面体欠三侧锥是在正二十面体割去三个相邻的侧面是正三角形的正五棱锥得到的，所以体积是

$$\frac{15+5\sqrt{5}}{12}-3\times\frac{5+\sqrt{5}}{24}=\frac{15+7\sqrt{5}}{24}.$$

正二十面体欠三侧锥的外接球半径是

$$\frac{\sqrt{10+2\sqrt{5}}}{4},$$

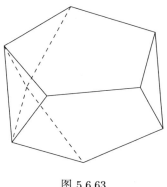

图 5.6.63

内棱切球半径是

$$\frac{\sqrt{5}+1}{4}.$$

若正二十面体欠三侧锥存在内切球，则其球心必定与外接球球心重合，但外接球心到正三角形和正五边形的距离不相等，所以正二十面体欠三侧锥不存在内切球．

相邻的两个正三角形二面角的余弦值是

$$-\frac{\sqrt{5}}{3},$$

相邻的正三角形和正五边形二面角的余弦值是

$$-\frac{\sqrt{75-30\sqrt{5}}}{15},$$

相邻的两个正五边形的二面角余弦值是

$$\frac{\sqrt{5}}{5}.$$

（7） 侧锥正二十面体欠三侧锥

如图 5.6.64，侧锥正二十面体欠三侧锥的全面积是

$$7\times\frac{1}{2}\times 1^2\times\frac{\sqrt{3}}{2}+3\times 5\times\frac{1}{2}\times 1\times\frac{1}{2}\cot 36°=\frac{7\sqrt{3}+3\sqrt{25+10\sqrt{5}}}{4}.$$

侧锥正二十面体欠三侧锥是在正二十面体欠三侧锥中与三个正五边形都相邻的正三角形上补上一个正四面体得到的，所以体积是

$$\frac{15+7\sqrt{5}}{24}+\frac{\sqrt{2}}{12}=\frac{15+2\sqrt{2}+7\sqrt{5}}{24}.$$

正二十面体欠三侧锥的外接球半径与正四面体的外接球半径不相等，所以侧锥正二十面体欠三侧锥不存在外接球和内棱切球．若侧锥正二十面体欠三侧锥存在内切球，则其球

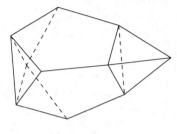

图 5.6.64

心必定与正二十面体欠三侧锥的外接球球心重合,但这个点到正三角形和正五边形的距离不相等,所以侧锥正二十面体欠三侧锥不存在内切球.

正二十面体欠三侧锥中相邻的两个正三角形二面角的余弦值是

$$-\frac{\sqrt{5}}{3},$$

相邻的正三角形和正五边形二面角的余弦值是

$$-\frac{\sqrt{75-30\sqrt{5}}}{15},$$

相邻的两个正五边形的二面角余弦值是

$$\frac{\sqrt{5}}{5},$$

正四面体中相邻的两个正三角形二面角的余弦值是

$$\frac{1}{3},$$

相邻的正四边形中的正三角形和正二十面体欠三侧锥中正五边形二面角的余弦值是

$$\cos\left(\arccos\left(-\frac{\sqrt{75-30\sqrt{5}}}{15}\right)+\arccos\frac{1}{3}\right)=-\frac{\sqrt{1275+300\sqrt{2}+210\sqrt{5}-60\sqrt{10}}}{45}.$$

第二十五类:侧台塔半正多面体

这类 Johnson 多面体是在半正多面体的若干个侧面上补上台塔或扭转、割掉若干个台塔得到的.

(1) 侧台塔截顶正四面体

如图 5.6.65,侧台塔截顶正四面体的全面积是

$$3\times 1^2+26\times\frac{1}{2}\times 1^2\times\frac{\sqrt{3}}{2}=3+\frac{13}{2}\sqrt{3}.$$

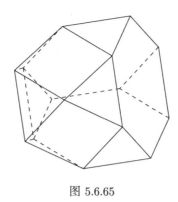

图 5.6.65

侧台塔截顶正四面体是截顶正四面体的一个正六边形面补上一个正三角台塔得到的，所以体积是
$$\frac{23}{12}\sqrt{2}+\frac{5}{6}\sqrt{2}=\frac{11}{2}\sqrt{2}.$$

因为截顶正四面体和正三角台塔外接球半径不相等，所以侧台塔截顶正四面体不存在外接球和内棱切球. 若侧台塔截顶正四面体存在内切球，则球心必定与正三角台塔的外接球球心重合，但这个点到正三角形和正四边形的距离不相等，所以侧台塔截顶正四面体不存在内切球.

正三角台塔相邻正三角形和正方形二面角的余弦值是
$$-\frac{\sqrt{3}}{3}.$$

截顶正四面体相邻的正三角形和正六边形二面角的余弦值是
$$-\frac{1}{3},$$

相邻两个正六边形二面角的余弦值是
$$\frac{1}{3}.$$

与拼接面相邻的正三角形和正方形二面角的余弦值是
$$\cos\left(\arccos\frac{\sqrt{3}}{3}+\arccos\left(-\frac{1}{3}\right)\right)=-\frac{5\sqrt{3}}{9},$$

与拼接面相邻的正三角形和正六边形二面角的余弦值是
$$\cos\left(2\arccos\frac{1}{3}\right)=-\frac{7}{9}.$$

（2） 侧台塔截顶正方体

如图 5.6.66，侧台塔截顶正方体的全面积是
$$5\times 1^2+12\times\frac{1}{2}\times 1^2\times\frac{\sqrt{3}}{2}+5\times\left(1^2+4\times 1\times\frac{\sqrt{2}}{2}+4\times\frac{1}{2}\times\left(\frac{\sqrt{2}}{2}\right)^2\right)=15+10\sqrt{2}+\frac{3}{2}\sqrt{3}.$$

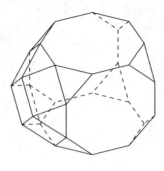

图 5.6.66

侧台塔截顶正方体是截顶正方体的一个正八边形面补上一个正四角台塔得到的,所以体积是

$$\frac{21+14\sqrt{2}}{3}+1+\frac{2}{3}\sqrt{2}=8+\frac{16}{3}\sqrt{2}.$$

因为截顶正方体和正四角台塔外接球半径不相等,所以侧台塔截顶正方体不存在外接球和内棱切球. 若侧台塔截顶正方体存在内切球,则球心必定与正四角台塔的外接球球心重合,但这个点到正三角形和正四边形的距离不相等,所以侧台塔截顶正方体不存在内切球.

正四角台塔相邻正三角形和正方形二面角的余弦值是

$$-\frac{\sqrt{6}}{3},$$

相邻两个正方形的二面角是

$$135°.$$

截顶正方体相邻的正三角形和正八边形二面角的余弦值是

$$-\frac{\sqrt{3}}{3},$$

相邻两个正八边形的二面角是

$$90°.$$

与拼接面相邻的正三角形和正方形二面角的余弦值是

$$\cos\left(\arccos 45°+\arccos\left(-\frac{\sqrt{3}}{3}\right)\right)=-\frac{2\sqrt{3}+\sqrt{6}}{6},$$

与拼接面相邻的正三角形和正八边形二面角的余弦值是

$$\cos\left(\arccos\frac{\sqrt{3}}{3}+90°\right)=-\frac{\sqrt{6}}{3}.$$

（3） 双侧台塔截顶正方体

如图 5.6.67，双侧台塔截顶正方体的全面积是

$$10\times 1^2+16\times \frac{1}{2}\times 1^2\times \frac{\sqrt{3}}{2}+4\times \left(1^2+4\times 1\times \frac{\sqrt{2}}{2}+4\times \frac{1}{2}\times \left(\frac{\sqrt{2}}{2}\right)^2\right)=18+8\sqrt{2}+2\sqrt{3}.$$

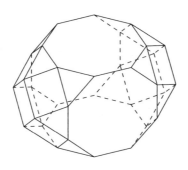

图 5.6.67

双侧台塔截顶正方体是截顶正方体的一对正八边形面各补上一个正四角台塔得到的，所以体积是

$$\frac{21+14\sqrt{2}}{3}+2\times \left(1+\frac{2}{3}\sqrt{2}\right)=9+6\sqrt{2}.$$

因为截顶正方体和正四角台塔外接球半径不相等，所以双侧台塔截顶正方体不存在外接球和内棱切球. 若双侧台塔截顶正方体存在内切球，则球心必定与正四角台塔的外接球球心重合，但这个点到正三角形和正四边形的距离不相等，所以双侧台塔截顶正方体不存在内切球. 正四角台塔相邻正三角形和正方形二面角的余弦值是

$$-\frac{\sqrt{6}}{3},$$

相邻两个正方形的二面角是

$$135°.$$

截顶正方体相邻的正三角形和正八边形二面角的余弦值是

$$-\frac{\sqrt{3}}{3},$$

相邻两个正八边形的二面角是

$$90°.$$

与拼接面相邻的正三角形和正方形二面角的余弦值是

$$-\frac{2\sqrt{3}+\sqrt{6}}{6},$$

与拼接面相邻的正三角形和正八边形二面角的余弦值是

$$-\frac{\sqrt{6}}{3}.$$

（4） 侧台塔截顶正十二面体

如图 5.6.68，侧台塔截顶正十二面体的全面积是

$$5\times 1^2 + 25\times \frac{1}{2}\times 1^2 \times \frac{\sqrt{3}}{2} + 5\times \frac{1}{2}\times 1\times \frac{1}{2}\cot 36° + 11\times 10 \times \frac{1}{2}\times 1 \times \frac{1}{2}\cot 18°$$
$$= \frac{20 + 25\sqrt{3} + \sqrt{62725 + 25310\sqrt{5}}}{4}.$$

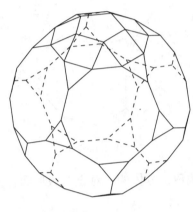

图 5.6.68

侧台塔截顶正十二面体是截顶正十二体的一个正十边形面补上一个正五角台塔得到的，所以体积是

$$\frac{495 + 235\sqrt{5}}{12} + \frac{5 + 4\sqrt{5}}{6} = \frac{505 + 243\sqrt{5}}{12}.$$

因为截顶正十二面体和正五角台塔外接球半径不相等，所以侧台塔截顶正十二面体不存在外接球和内棱切球. 若侧台塔截顶正十二面体存在内切球，则球心必定与正五角台塔的外接球球心重合，但这个点到正三角形和正四边形的距离不相等，所以侧台塔截顶正十二面体不存在内切球.

正五角台塔相邻正三角形和正方形二面角的余弦值是

$$-\frac{\sqrt{3} + \sqrt{15}}{6},$$

相邻正方形和正五边形之间二面角的余弦值是

$$-\frac{\sqrt{50 + 10\sqrt{5}}}{10}.$$

截顶正十二面体相邻的正三角形和正十边形二面角的余弦值是

$$-\frac{\sqrt{195 - 6\sqrt{5}}}{15},$$

相邻两个正十边形二面角的余弦值是

$$-\frac{\sqrt{5}}{5}.$$

与拼接面相邻的正三角形和正方形二面角的余弦值是
$$\cos\left(\arccos\frac{\sqrt{50+10\sqrt{5}}}{10}+\arccos\left(-\frac{\sqrt{75+30\sqrt{5}}}{15}\right)\right)=-\frac{15\sqrt{3}+\sqrt{15}}{30},$$
与拼接面相邻的正三角形和正六边形二面角的余弦值是
$$\cos\left(\arccos\frac{\sqrt{75+30\sqrt{5}}}{15}+\arccos\left(-\frac{\sqrt{5}}{5}\right)\right)=-\frac{\sqrt{195-6\sqrt{5}}}{15}.$$

（5） 双侧台塔截顶正十二面体

如图 5.6.69，双侧台塔截顶正十二面体的全面积是
$$10\times1^2+30\times\frac{1}{2}\times1^2\times\frac{\sqrt{3}}{2}+2\times5\times\frac{1}{2}\times1\times\frac{1}{2}\cot36°+10\times10\times\frac{1}{2}\times1\times\frac{1}{2}\cot18°$$
$$=\frac{10+15\sqrt{3}+\sqrt{13525+5510\sqrt{5}}}{2}.$$

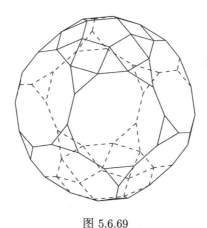

图 5.6.69

双侧台塔截顶正十二面体是截顶正十二体的一对正十边形面各补上一个正五角台塔得到的，所以体积是
$$\frac{495+235\sqrt{5}}{12}+2\times\frac{5+4\sqrt{5}}{6}=\frac{515+251\sqrt{5}}{12}.$$

因为截顶正十二面体和正五角台塔外接球半径不相等，所以双侧台塔截顶正十二面体不存在外接球和内棱切球．若双侧台塔截顶正十二面体存在内切球，则球心必定与正五角台塔的外接球球心重合，但这个点到正三角形和正四边形的距离不相等，所以双侧台塔截顶正十二面体不存在内切球．

正五角台塔相邻正三角形和正方形二面角的余弦值是
$$-\frac{\sqrt{3}+\sqrt{15}}{6},$$

相邻正方形和正五边形之间二面角的余弦值是
$$-\frac{\sqrt{50+10\sqrt{5}}}{10}.$$

截顶正十二面体相邻的正三角形和正十边形二面角的余弦值是
$$-\frac{\sqrt{75+30\sqrt{5}}}{15},$$

相邻两个正十边形二面角的余弦值是
$$-\frac{\sqrt{5}}{5}.$$

与拼接面相邻的正三角形和正方形二面角的余弦值是
$$-\frac{15\sqrt{3}+\sqrt{15}}{30},$$

与拼接面相邻的正三角形和正六边形二面角的余弦值是
$$-\frac{\sqrt{195-6\sqrt{5}}}{15}.$$

（6） 二侧台塔截顶正十二面体

如图 5.6.70，二侧台塔截顶正十二面体的全面积是
$$10\times 1^2 + 30\times\frac{1}{2}\times 1^2\times\frac{\sqrt{3}}{2} + 2\times 5\times\frac{1}{2}\times 1\times\frac{1}{2}\cot 36° + 10\times 10\times\frac{1}{2}\times 1\times\frac{1}{2}\cot 18°$$
$$=\frac{10+15\sqrt{3}+\sqrt{13525+5510\sqrt{5}}}{2}.$$

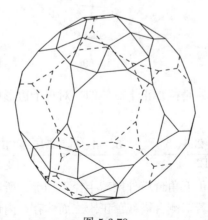

图 5.6.70

二侧台塔截顶正十二面体是截顶正十二体的两个相隔一个正十边形的正十边形面各补上一个正五角台塔得到的，所以体积是
$$\frac{495+235\sqrt{5}}{12}+2\times\frac{5+4\sqrt{5}}{6}=\frac{515+251\sqrt{5}}{12}.$$

因为截顶正十二面体和正五角台塔外接球半径不相等,所以二侧台塔截顶正十二面体不存在外接球和内棱切球. 若二侧台塔截顶正十二面体存在内切球,则球心必定与正五角台塔的外接球球心重合,但这个点到正三角形和正四边形的距离不相等,所以二侧台塔截顶正十二面体不存在内切球.

正五角台塔相邻正三角形和正方形二面角的余弦值是
$$-\frac{\sqrt{3}+\sqrt{15}}{6},$$
相邻正方形和正五边形之间二面角的余弦值是
$$-\frac{\sqrt{50+10\sqrt{5}}}{10}.$$
截顶正十二面体相邻的正三角形和正十边形二面角的余弦值是
$$-\frac{\sqrt{75+30\sqrt{5}}}{15},$$
相邻两个正十边形二面角的余弦值是
$$-\frac{\sqrt{5}}{5}.$$
与拼接面相邻的正三角形和正方形二面角的余弦值是
$$-\frac{15\sqrt{3}+\sqrt{15}}{30},$$
与拼接面相邻的正三角形和正六边形二面角的余弦值是
$$-\frac{\sqrt{195-6\sqrt{5}}}{15}.$$

(7) 三侧台塔截顶正十二面体

如图 5.6.71,三侧台塔截顶正十二面体的全面积是
$$15\times 1^2+35\times\frac{1}{2}\times 1^2\times\frac{\sqrt{3}}{2}+3\times 5\times\frac{1}{2}\times 1\times\frac{1}{2}\cot 36°+9\times 10\times\frac{1}{2}\times 1\times\frac{1}{2}\cot 18°$$
$$=\frac{60+35\sqrt{3}+3\sqrt{5125+2210\sqrt{5}}}{4}.$$

三侧台塔截顶正十二面体是截顶正十二体的三个各相隔一个正十边形的正十边形面各补上一个正五角台塔得到的,所以体积是
$$\frac{495+235\sqrt{5}}{12}+3\times\frac{5+4\sqrt{5}}{6}=\frac{525+259\sqrt{5}}{12}.$$

因为截顶正十二面体和正五角台塔外接球半径不相等,所以三侧台塔截顶正十二面体不存在外接球和内棱切球. 若三侧台塔截顶正十二面体存在内切球,则球心必定与正五角

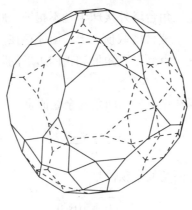

图 5.6.71

台塔的外接球球心重合，但这个点到正三角形和正四边形的距离不相等，所以三侧台塔截顶正十二面体不存在内切球.

正五角台塔相邻正三角形和正方形二面角的余弦值是

$$-\frac{\sqrt{3}+\sqrt{15}}{6},$$

相邻正方形和正五边形之间二面角的余弦值是

$$-\frac{\sqrt{50+10\sqrt{5}}}{10}.$$

截顶正十二面体相邻的正三角形和正十边形二面角的余弦值是

$$-\frac{\sqrt{75+30\sqrt{5}}}{15},$$

相邻两个正十边形二面角的余弦值是

$$-\frac{\sqrt{5}}{5}.$$

与拼接面相邻的正三角形和正方形二面角的余弦值是

$$-\frac{15\sqrt{3}+\sqrt{15}}{30},$$

与拼接面相邻的正三角形和正六边形二面角的余弦值是

$$-\frac{\sqrt{195-6\sqrt{5}}}{15}.$$

（8） 扭转侧台塔小削棱正十二面体

如图 5.6.72，扭转侧台塔小削棱正十二面体是把小削棱正十二面体的其中一个正五角台塔扭转 36° 得到的，所以扭转侧台塔小削棱正十二面体的全面积是

$$30+5\sqrt{3}+3\sqrt{25+10\sqrt{5}},$$

体积是
$$\frac{60+29\sqrt{5}}{3},$$
外接球半径是
$$\frac{\sqrt{11+4\sqrt{5}}}{2},$$
内棱切球半径是
$$\frac{\sqrt{10+4\sqrt{5}}}{2}.$$

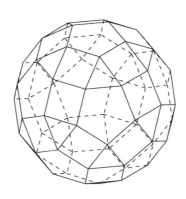

图 5.6.72

若扭转侧台塔小削棱正十二面体存在内切球，则球心必定与外接球球心重合，但这个点到正三角形和正四边形的距离不相等，所以扭转侧台塔小削棱正十二面体不存在内切球.

相邻的正三角形和正方形二面角的余弦值是
$$-\frac{\sqrt{3}+\sqrt{15}}{6},$$
相邻的正方形和正五边形二面角的余弦值是
$$-\frac{\sqrt{50+10\sqrt{5}}}{10},$$
相邻的正三角形和正五边形二面角的余弦值是
$$\cos\left(\arccos\left(-\frac{\sqrt{50+10\sqrt{5}}}{10}\right)-\arccos\frac{\sqrt{50+10\sqrt{5}}}{10}+\arccos\frac{\sqrt{75+30\sqrt{5}}}{15}\right)$$
$$=-\frac{\sqrt{195-6\sqrt{5}}}{15},$$
相邻的两个正四边形的余弦值是
$$\cos\left(\arccos\left(-\frac{\sqrt{3}+\sqrt{15}}{6}\right)-\arccos\frac{\sqrt{75+30\sqrt{5}}}{15}+\arccos\frac{\sqrt{50+10\sqrt{5}}}{10}\right)$$
$$=-\frac{2\sqrt{5}}{5}.$$

（9） 扭转双侧台塔小削棱正十二面体

如图 5.6.73，扭转双侧台塔小削棱正十二面体是把小削棱正十二面体的一对相对的正五角台塔扭转 36° 得到的，所以扭转双侧台塔小削棱正十二面体的全面积是

$$30 + 5\sqrt{3} + 3\sqrt{25 + 10\sqrt{5}},$$

体积是

$$\frac{60 + 29\sqrt{5}}{3},$$

外接球半径是

$$\frac{\sqrt{11 + 4\sqrt{5}}}{2},$$

内棱切球半径是

$$\frac{\sqrt{10 + 4\sqrt{5}}}{2}.$$

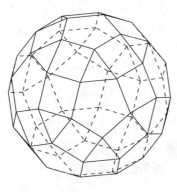

图 5.6.73

若扭转双侧台塔小削棱正十二面体存在内切球，则球心必定与外接球球心重合，但这个点到正三角形和正四边形的距离不相等，所以扭转双侧台塔小削棱正十二面体不存在内切球.

相邻的正三角形和正方形二面角的余弦值是

$$-\frac{\sqrt{3} + \sqrt{15}}{6},$$

相邻的正方形和正五边形二面角的余弦值是

$$-\frac{\sqrt{50 + 10\sqrt{5}}}{10},$$

相邻的正三角形和正五边形二面角的余弦值是

$$-\frac{\sqrt{195 - 6\sqrt{5}}}{15},$$

相邻的两个正四边形的余弦值是

$$-\frac{2\sqrt{5}}{5}.$$

（10） 扭转二侧台塔小削棱正十二面体

如图 5.6.74，扭转二侧台塔小削棱正十二面体是把小削棱正十二面体相隔一个正五边形的两个正五角台塔扭转 36° 得到的，所以扭转二侧台塔小削棱正十二面体的全面积是

$$30 + 5\sqrt{3} + 3\sqrt{25 + 10\sqrt{5}},$$

体积是

$$\frac{60 + 29\sqrt{5}}{3},$$

外接球半径是

$$\frac{\sqrt{11 + 4\sqrt{5}}}{2},$$

内棱切球半径是

$$\frac{\sqrt{10 + 4\sqrt{5}}}{2}.$$

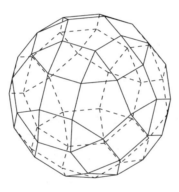

图 5.6.74

若扭转二侧台塔小削棱正十二面体存在内切球，则球心必定与外接球球心重合，但这个点到正三角形和正四边形的距离不相等，所以扭转二侧台塔小削棱正十二面体不存在内切球．

相邻的正三角形和正方形二面角的余弦值是

$$-\frac{\sqrt{3} + \sqrt{15}}{6},$$

相邻的正方形和正五边形二面角的余弦值是

$$-\frac{\sqrt{50 + 10\sqrt{5}}}{10},$$

相邻的正三角形和正五边形二面角的余弦值是

$$-\frac{\sqrt{195 - 6\sqrt{5}}}{15},$$

相邻的两个正四边形的余弦值是

$$-\frac{2\sqrt{5}}{5}.$$

（11） 扭转三侧台塔小削棱正十二面体

如图 5.6.75，扭转三侧台塔小削棱正十二面体是把小削棱正十二面体相隔一个正五边形的三个正五角台塔扭转 36° 得到的，所以扭转三侧台塔小削棱正十二面体的全面积是

$$30 + 5\sqrt{3} + 3\sqrt{25 + 10\sqrt{5}},$$

体积是

$$\frac{60 + 29\sqrt{5}}{3},$$

外接球半径是

$$\frac{\sqrt{11 + 4\sqrt{5}}}{2},$$

内棱切球半径是

$$\frac{\sqrt{10 + 4\sqrt{5}}}{2}.$$

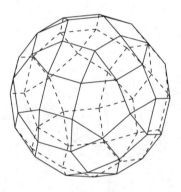

图 5.6.75

若扭转三侧台塔小削棱正十二面体存在内切球，则球心必定与外接球球心重合，但这个点到正三角形和正四边形的距离不相等，所以扭转三侧台塔小削棱正十二面体不存在内切球.

相邻的正三角形和正方形二面角的余弦值是

$$-\frac{\sqrt{3} + \sqrt{15}}{6},$$

相邻的正方形和正五边形二面角的余弦值是

$$-\frac{\sqrt{50 + 10\sqrt{5}}}{10},$$

相邻的正三角形和正五边形二面角的余弦值是

$$-\frac{\sqrt{195 - 6\sqrt{5}}}{15},$$

相邻的两个正四边形的余弦值是

$$-\frac{2\sqrt{5}}{5}.$$

（12） 小削棱正十二面体欠一侧台塔

如图 5.6.76，小削棱正十二面体欠一侧台塔的全面积是

$$25 \times 1^2 + 15 \times \frac{1}{2} \times 1^2 \times \frac{\sqrt{3}}{2} + 11 \times 5 \times \frac{1}{2} \times 1 \times \frac{1}{2} \cot 36° + 10 \times \frac{1}{2} \times 1 \times \frac{1}{2} \cot 18°$$

$$= \frac{100 + 15\sqrt{3} + \sqrt{5725 + 2510\sqrt{5}}}{4},$$

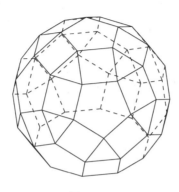

图 5.6.76

小削棱正十二面体欠一侧台塔是把小削棱正十二面体割去一个正五角台塔得到的，所以体积是

$$\frac{60 + 29\sqrt{5}}{3} - \frac{5 + 4\sqrt{5}}{6} = \frac{115 + 54\sqrt{5}}{6}.$$

小削棱正十二面体欠一侧台塔的外接球半径是

$$\frac{\sqrt{11 + 4\sqrt{5}}}{2},$$

内棱切球半径是

$$\frac{\sqrt{10 + 4\sqrt{5}}}{2}.$$

若小削棱正十二面体欠一侧台塔存在内切球，则球心必定与外接球球心重合，但这个点到正三角形和正四边形的距离不相等，所以小削棱正十二面体欠一侧台塔不存在内切球.

相邻的正三角形和正方形二面角的余弦值是

$$-\frac{\sqrt{3} + \sqrt{15}}{6},$$

相邻的正方形和正五边形二面角的余弦值是

$$-\frac{\sqrt{50 + 10\sqrt{5}}}{10},$$

相邻的正方形和正十边形二面角的余弦值是

$$\cos\left(\arccos\left(-\frac{\sqrt{3} + \sqrt{15}}{6}\right) - \arccos\frac{\sqrt{75 + 30\sqrt{5}}}{15}\right) = -\frac{\sqrt{50 - 10\sqrt{5}}}{10},$$

相邻的正五边形和正十边形的余弦值是

$$\cos\left(\arccos\left(-\frac{\sqrt{50+10\sqrt{5}}}{10}\right) - \arccos\frac{\sqrt{50+10\sqrt{5}}}{10}\right) = -\frac{\sqrt{5}}{5}.$$

（13） 扭转双侧台塔小削棱正十二面体欠一侧台塔

如图 5.6.77，扭转双侧台塔小削棱正十二面体欠一侧台塔是把扭转双侧台塔小削棱正十二面体割去一个小削棱正十二面体中扭转过的正五角台塔得到的，所以扭转双侧台塔小削棱正十二面体欠一侧台塔的全面积是

$$\frac{100+15\sqrt{3}+\sqrt{5725+2510\sqrt{5}}}{4},$$

体积是

$$\frac{115+54\sqrt{5}}{6}.$$

外接球半径是

$$\frac{\sqrt{11+4\sqrt{5}}}{2},$$

内棱切球半径是

$$\frac{\sqrt{10+4\sqrt{5}}}{2}.$$

若扭转双侧台塔小削棱正十二面体欠一侧台塔存在内切球，则球心必定与外接球球心重合，但这个点到正三角形和正四边形的距离不相等，所以扭转双侧台塔小削棱正十二面体欠一侧台塔不存在内切球．

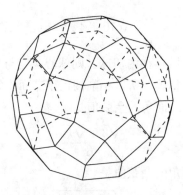

图 5.6.77

相邻的正三角形和正方形二面角的余弦值是

$$-\frac{\sqrt{3}+\sqrt{15}}{6},$$

相邻的正方形和正五边形二面角的余弦值是

$$-\frac{\sqrt{50+10\sqrt{5}}}{10},$$

相邻的正三角形和正五边形二面角的余弦值是

$$-\frac{\sqrt{195-6\sqrt{5}}}{15},$$

相邻的两个正四边形的余弦值是

$$-\frac{2\sqrt{5}}{5},$$

相邻的正方形和正十边形二面角的余弦值是

$$-\frac{\sqrt{50-10\sqrt{5}}}{10},$$

相邻的正五边形和正十边形的余弦值是

$$-\frac{\sqrt{5}}{5}.$$

（14） 扭转侧台塔小削棱正十二面体欠一侧台塔

如图 5.6.78，扭转侧台塔小削棱正十二面体欠一侧台塔是把扭转侧台塔小削棱正十二面体割去一个与小削棱正十二面体中扭转过的正五角台塔相隔一个正五边形的正五角台塔得到的，所以扭转侧台塔小削棱正十二面体欠一侧台塔的全面积是

$$\frac{100+15\sqrt{3}+\sqrt{5725+2510\sqrt{5}}}{4},$$

体积是

$$\frac{115+54\sqrt{5}}{6}.$$

外接球半径是

$$\frac{\sqrt{11+4\sqrt{5}}}{2},$$

内棱切球半径是

$$\frac{\sqrt{10+4\sqrt{5}}}{2}.$$

若扭转侧台塔小削棱正十二面体欠一侧台塔存在内切球，则球心必定与外接球球心重合，但这个点到正三角形和正四边形的距离不相等，所以扭转侧台塔小削棱正十二面体欠一侧台塔不存在内切球.

相邻的正三角形和正方形二面角的余弦值是

$$-\frac{\sqrt{3}+\sqrt{15}}{6},$$

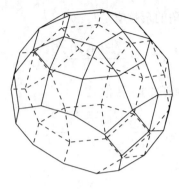

图 5.6.78

相邻的正方形和正五边形二面角的余弦值是

$$-\frac{\sqrt{50+10\sqrt{5}}}{10},$$

相邻的正三角形和正五边形二面角的余弦值是

$$-\frac{\sqrt{195-6\sqrt{5}}}{15},$$

相邻的两个正四边形的余弦值是

$$-\frac{2\sqrt{5}}{5},$$

相邻的正方形和正十边形二面角的余弦值是

$$-\frac{\sqrt{50-10\sqrt{5}}}{10},$$

相邻的正五边形和正十边形的余弦值是

$$-\frac{\sqrt{5}}{5}.$$

（15） 扭转二侧台塔小削棱正十二面体欠一侧台塔

如图 5.6.79，扭转二侧台塔小削棱正十二面体欠一侧台塔是把扭转二侧台塔小削棱正十二面体割去一个与小削棱正十二面体中扭转过的两个正五角台塔都相隔一个正五边形的正五角台塔得到的，所以扭转侧台塔小削棱正十二面体欠一侧台塔的全面积是

$$\frac{100+15\sqrt{3}+\sqrt{5725+2510\sqrt{5}}}{4},$$

体积是

$$\frac{115+54\sqrt{5}}{6}.$$

外接球半径是
$$\frac{\sqrt{11+4\sqrt{5}}}{2},$$
内棱切球半径是
$$\frac{\sqrt{10+4\sqrt{5}}}{2}.$$

若扭转二侧台塔小削棱正十二面体欠一侧台塔存在内切球,则球心必定与外接球球心重合,但这个点到正三角形和正四边形的距离不相等,所以扭转二侧台塔小削棱正十二面体欠一侧台塔不存在内切球.

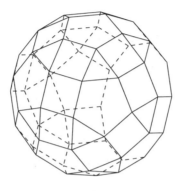

图 5.6.79

相邻的正三角形和正方形二面角的余弦值是
$$-\frac{\sqrt{3}+\sqrt{15}}{6},$$
相邻的正方形和正五边形二面角的余弦值是
$$-\frac{\sqrt{50+10\sqrt{5}}}{10},$$
相邻的正三角形和正五边形二面角的余弦值是
$$-\frac{\sqrt{195-6\sqrt{5}}}{15},$$
相邻的两个正四边形的余弦值是
$$-\frac{2\sqrt{5}}{5},$$
相邻的正方形和正十边形二面角的余弦值是
$$-\frac{\sqrt{50-10\sqrt{5}}}{10},$$
相邻的正五边形和正十边形的余弦值是
$$-\frac{\sqrt{5}}{5}.$$

（16） 小削棱正十二面体欠双侧台塔

如图 5.6.80，小削棱正十二面体欠双侧台塔的全面积是

$$20 \times 1^2 + 10 \times \frac{1}{2} \times 1^2 \times \frac{\sqrt{3}}{2} + 10 \times 5 \times \frac{1}{2} \times 1 \times \frac{1}{2}\cot 36° + 2 \times 10 \times \frac{1}{2} \times 1 \times \frac{1}{2}\cot 18°$$
$$= \frac{40 + 5\sqrt{3} + 5\sqrt{85 + 38\sqrt{5}}}{2},$$

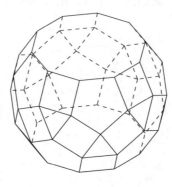

图 5.6.80

小削棱正十二面体欠双侧台塔是把小削棱正十二面体割去一对相对的正五角台塔得到的，所以体积是

$$\frac{60 + 29\sqrt{5}}{3} - 2 \times \frac{5 + 4\sqrt{5}}{6} = \frac{55 + 25\sqrt{5}}{3}.$$

小削棱正十二面体欠双侧台塔的外接球半径是

$$\frac{\sqrt{11 + 4\sqrt{5}}}{2},$$

内棱切球半径是

$$\frac{\sqrt{10 + 4\sqrt{5}}}{2}.$$

若小削棱正十二面体欠双侧台塔存在内切球，则球心必定与外接球球心重合，但这个点到正三角形和正四边形的距离不相等，所以小削棱正十二面体欠双侧台塔不存在内切球.

相邻的正三角形和正方形二面角的余弦值是

$$-\frac{\sqrt{3} + \sqrt{15}}{6},$$

相邻的正方形和正五边形二面角的余弦值是

$$-\frac{\sqrt{50 + 10\sqrt{5}}}{10},$$

相邻的正方形和正十边形二面角的余弦值是

$$-\frac{\sqrt{50 - 10\sqrt{5}}}{10},$$

相邻的正五边形和正十边形的余弦值是
$$-\frac{\sqrt{5}}{5}.$$

（17） 小削棱正十二面体欠二侧台塔

如图 5.6.81，小削棱正十二面体欠二侧台塔是把小削棱正十二面体割去两个相隔一个正五边形的正五角台塔得到的，所以小削棱正十二面体欠双侧台塔的全面积是
$$\frac{40+5\sqrt{3}+5\sqrt{85+38\sqrt{5}}}{2},$$
体积是
$$\frac{55+25\sqrt{5}}{3}.$$
外接球半径是
$$\frac{\sqrt{11+4\sqrt{5}}}{2},$$
内棱切球半径是
$$\frac{\sqrt{10+4\sqrt{5}}}{2}.$$

若小削棱正十二面体欠双侧台塔存在内切球，则球心必定与外接球球心重合，但这个点到正三角形和正四边形的距离不相等，所以小削棱正十二面体欠双侧台塔不存在内切球.

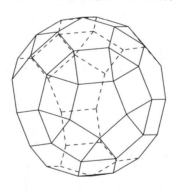

图 5.6.81

相邻的正三角形和正方形二面角的余弦值是
$$-\frac{\sqrt{3}+\sqrt{15}}{6},$$
相邻的正方形和正五边形二面角的余弦值是
$$-\frac{\sqrt{50+10\sqrt{5}}}{10},$$

相邻的正方形和正十边形二面角的余弦值是

$$-\frac{\sqrt{50-10\sqrt{5}}}{10},$$

相邻的正五边形和正十边形的余弦值是

$$-\frac{\sqrt{5}}{5}.$$

（18） 扭转侧台塔小削棱正十二面体欠二侧台塔

如图 5.6.82，扭转侧台塔小削棱正十二面体欠二侧台塔是把扭转侧台塔小削棱正十二面体割去与小削棱正十二面体扭转过的正五角台塔不相邻的两个相隔一个正五边形的正五角台塔得到的，所以小削棱正十二面体欠双侧台塔的全面积是

$$\frac{40+5\sqrt{3}+5\sqrt{85+38\sqrt{5}}}{2},$$

体积是

$$\frac{55+25\sqrt{5}}{3}.$$

外接球半径是

$$\frac{\sqrt{11+4\sqrt{5}}}{2},$$

内棱切球半径是

$$\frac{\sqrt{10+4\sqrt{5}}}{2}.$$

若小削棱正十二面体欠二侧台塔存在内切球，则球心必定与外接球球心重合，但这个点到正三角形和正四边形的距离不相等，所以小削棱正十二面体欠二侧台塔不存在内切球．

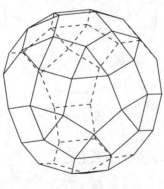

图 5.6.82

相邻的正三角形和正方形二面角的余弦值是

$$-\frac{\sqrt{3}+\sqrt{15}}{6},$$

相邻的正方形和正五边形二面角的余弦值是
$$-\frac{\sqrt{50+10\sqrt{5}}}{10},$$
相邻的正三角形和正五边形二面角的余弦值是
$$-\frac{\sqrt{195-6\sqrt{5}}}{15},$$
相邻的两个正四边形的余弦值是
$$-\frac{2\sqrt{5}}{5},$$
相邻的正方形和正十边形二面角的余弦值是
$$-\frac{\sqrt{50-10\sqrt{5}}}{10},$$
相邻的正五边形和正十边形的余弦值是
$$-\frac{\sqrt{5}}{5}.$$

（19） 小削棱正十二面体欠三侧台塔

如图 5.6.83，小削棱正十二面体欠三侧台塔的全面积是

$$15\times 1^2+5\times\frac{1}{2}\times 1^2\times\frac{\sqrt{3}}{2}+9\times 5\times\frac{1}{2}\times 1\times\frac{1}{2}\cot 36°+3\times 10\times\frac{1}{2}\times 1\times\frac{1}{2}\cot 18°$$
$$=\frac{60+5\sqrt{3}+3\sqrt{1325+590\sqrt{5}}}{4}.$$

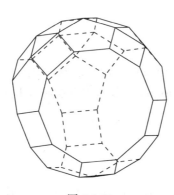

图 5.6.83

小削棱正十二面体欠三侧台塔是把小削棱正十二面体割去三个相隔一个正五边形的正五角台塔得到的，所以体积是

$$\frac{60+29\sqrt{5}}{3}-3\times\frac{5+4\sqrt{5}}{6}=\frac{105+46\sqrt{5}}{6}.$$

小削棱正十二面体欠三侧台塔的外接球半径是

$$\frac{\sqrt{11+4\sqrt{5}}}{2},$$

内棱切球半径是

$$\frac{\sqrt{10+4\sqrt{5}}}{2}.$$

若小削棱正十二面体欠三侧台塔存在内切球,则球心必定与外接球球心重合,但这个点到正三角形和正四边形的距离不相等,所以小削棱正十二面体欠三侧台塔不存在内切球.

相邻的正三角形和正方形二面角的余弦值是

$$-\frac{\sqrt{3}+\sqrt{15}}{6},$$

相邻的正方形和正五边形二面角的余弦值是

$$-\frac{\sqrt{50+10\sqrt{5}}}{10},$$

相邻的正方形和正十边形二面角的余弦值是

$$-\frac{\sqrt{50-10\sqrt{5}}}{10},$$

相邻的正五边形和正十边形的余弦值是

$$-\frac{\sqrt{5}}{5}.$$

第二十六类:其他

前面二十五类 Johnson 多面体都可以直接通过若干个正多面体和半正多面体进行割、补、扭转后得到,剩下的九种 Johnson 多面体不能通过上述方法直接得到,下面用射影法去构造这些多面体.

(1) 扭棱双五棱锥

如图 5.6.84,扭棱双五棱锥的顶点 C、D、E、F、G、H 在与过棱 AB 与 GH 平行的平面内的射影分别是 P、Q、R、S、T、U,各棱的射影如图 5.6.85 所示,那么四边形 $ATBU$ 和 $PQRS$ 都是正方形,且对角线重合. 设正方形 $PQRS$ 的中心是 O,半对角线长是 a,则

$$PQ = \sqrt{2}a, \quad CP = \sqrt{1-\left(\frac{1}{2}-a\right)^2}, \quad DQ = \sqrt{\frac{3}{4}-a^2},$$

由后两个式子得 $a < \dfrac{\sqrt{3}}{2}$，再由 $CD^2 = PQ^2 + (CP - DQ)^2$ 得

$$2a^2 + \left(\sqrt{1 - \left(a - \dfrac{1}{2}\right)^2} - \sqrt{\dfrac{3}{4} - a^2}\right)^2 = 1,$$

整理得

$$1 + 2a = \sqrt{(3 - 4a^2)(4 - (2a - 1)^2)},$$

两边平方，移项并因式分解，得

$$(2a + 1)(2a^3 - 3a^2 - 2a + 2) = 0,$$

这个方程有唯一正根满足 $a < \dfrac{\sqrt{3}}{2}$，这个根是

$$a = \dfrac{1}{2} + \dfrac{\sqrt{21}}{3} \sin\left(\dfrac{1}{3} \arcsin \dfrac{3\sqrt{21}}{49}\right),$$

其值约为 0.64458427322415498454.

扭棱双五棱锥的全面积是

$$12 \times \dfrac{1}{2} \times 1^2 \times \dfrac{\sqrt{3}}{2} = 3\sqrt{3}.$$

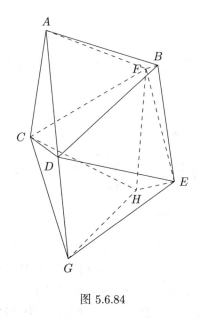

图 5.6.84

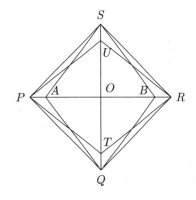

图 5.6.85

如图 5.6.86，设棱 AB、GH 中点连成的线段的中点是 M，则多面体 $ABEDCM$（可看作顶点是 D 的棱锥）的体积的四倍就是扭棱双五棱锥体积，点 D 到平面 $ABEMC$ 的距

离是 a,
$$S_{\text{梯形 }ABEC} = \frac{1}{2}(1+2a)\sqrt{1-\left(a-\frac{1}{2}\right)^2},$$
$$S_{\triangle CEM} = \frac{1}{2}\cdot 2a\cdot\left(\sqrt{1-\left(a-\frac{1}{2}\right)^2} - \frac{\sqrt{1-\left(a-\frac{1}{2}\right)^2}+\sqrt{\frac{3}{4}-a^2}}{2}\right)$$
$$= \frac{1}{2}a\left(\sqrt{1-\left(a-\frac{1}{2}\right)^2} - \sqrt{\frac{3}{4}-a^2}\right),$$

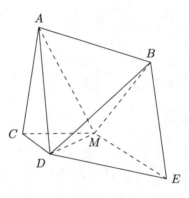

图 5.6.86

所以
$$S_{\text{五边形 }ABEMC} = S_{\text{梯形 }ABEC} - S_{\triangle CEM} = \frac{1}{4}\left(a\sqrt{3-4a^2} + (1+a)\sqrt{4-(2a-1)^2}\right),$$
所以扭棱双五棱锥的体积是
$$4\times\frac{1}{3}\cdot S_{\text{五边形 }ABEMC}\cdot a = \frac{1}{3}\left(a\sqrt{3-4a^2} + (1+a)\sqrt{4-(2a-1)^2}\right)a$$
$$= \frac{1}{36}\sqrt{12\sqrt{6049}\cos\left(\frac{1}{3}\arccos\frac{155249\sqrt{6049}}{36590401}\right)+102}$$
$$\approx 0.85949364619130053156.$$

若扭棱双五棱锥存在外接球或内棱切球, 则其球心必定是点 M, 但点 M 到各顶点距离不相等, 所以扭棱双五棱锥不存在外接球和内棱切球. 若扭棱双五棱锥存在内切球, 则其球心必定是点 M, 但点 M 到各面距离不相等, 所以扭棱双五棱锥不存在内切球.

二面角 $D\text{-}AB\text{-}F$、$C\text{-}GH\text{-}E$、$D\text{-}AC\text{-}F$、$D\text{-}BE\text{-}F$、$C\text{-}DG\text{-}E$、$C\text{-}FH\text{-}E$ 的余弦值是
$$1 - \frac{8a^2}{3} = \frac{4}{9}\sqrt{97}\cos\left(\frac{1}{3}\arccos\left(-\frac{881}{97\sqrt{97}}\right)\right) - \frac{25}{9},$$

其平面角大小约为 96°11′54″. 二面角 B-AD-C、B-AE-C、A-BD-E、A-BF-E、D-CG-H、D-EG-H、F-CH-G、F-EH-G 的余弦值是

$$\frac{1-4a}{3} = -\frac{4}{9}\sqrt{21}\cos\left(\frac{1}{3}\left(180° + \arccos\frac{3\sqrt{21}}{49}\right)\right) - \frac{1}{3},$$

其平面角大小约为 121°44′35″. 二面角 A-CD-G、A-CF-H、B-DE-G、B-EF-H 的余弦值是

$$\frac{5-\left(\sqrt{4-(2a-1)^2}+\sqrt{3-4a^2}\right)^2}{6} = -\frac{14}{9}\cos\left(\frac{1}{3}\arccos\frac{289}{343}\right) + \frac{13}{18},$$

其平面角大小约为 143°39′17″.

（2） 扭棱四角反柱

如图 5.6.87，扭棱四角反柱的顶点 E、F、G、H、I、J、K、L、P、Q、R、S 在平面 $ABCD$ 内的射影分别是 E'、F'、G'、H'、I'、J'、K'、L'、P'、Q'、R'、S'，各棱的射影如图 5.6.88 所示，则点 A、P'、B、Q'、C、R'、D、S' 是正八边形的顶点，八边形 $E'F'G'H'I'J'K'L'$ 也是正八边形，这两个八边形的中心重合，设中心是 O，点 A、E'，点 P'、F'，点 B、G'，点 Q'、H'，点 C、I'，点 R'、J'，点 D、K'，点 S'、L'，各在正八边形 $E'F'G'H'I'J'K'L'$ 的外接圆同一半径上. 设正八边形 $E'F'G'H'I'J'K'L'$ 的外接圆半径是 r，则

$$E'F' = 2r\sin 22.5° = \sqrt{2-\sqrt{2}}\,r,\ EE' = \sqrt{1-\left(r-\frac{\sqrt{2}}{2}\right)^2},\ FF' = \sqrt{\frac{3}{4}-\left(r-\frac{1}{2}\right)^2},$$

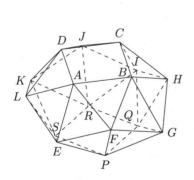

图 5.6.87

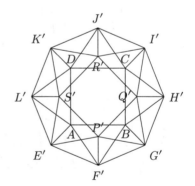

图 5.6.88

由后两个式子得 $r < \dfrac{1+\sqrt{3}}{2}$，再由 $EF^2 = E'F'^2 + (EE' - FF')^2$ 得

$$(2-\sqrt{2})r^2 + \left(\sqrt{1-\left(r-\frac{\sqrt{2}}{2}\right)^2} - \sqrt{\frac{3}{4}-\left(r-\frac{1}{2}\right)^2}\right)^2 = 1,$$

整理得
$$(1+\sqrt{2})r - \sqrt{2}r^2 = \sqrt{(1+2r-2r^2)(1+2\sqrt{2}r-2r^2)},$$

两边平方，移项并因式分解，得
$$(2r-2-\sqrt{2})(2r^3 + (2-\sqrt{2})r^2 - (6-2\sqrt{2})r - 2+\sqrt{2}) = 0,$$

这个方程有唯一正根满足 $r < \dfrac{1+\sqrt{3}}{2}$，这个根是
$$r = \frac{\sqrt{42-16\sqrt{2}}}{3}\cos\left(\frac{1}{3}\arccos\frac{\sqrt{428285725-100837332\sqrt{2}}}{97969}\right) - \frac{2-\sqrt{2}}{6},$$

其值约为 1.2132055458663133308.

扭棱四角反柱的全面积是
$$2\times 1^2 + 24\times \frac{1}{2}\times 1^2 \times \frac{\sqrt{3}}{2} = 2 + 6\sqrt{3}.$$

如图 5.6.89，设正方形 $ABCD$ 和 $PQRS$ 中心连成的线段的中点是 M，

$S_{\triangle ABO} = \dfrac{1}{4},$

$S_{\triangle ABF} = \dfrac{\sqrt{3}}{4},$

$S_{\triangle AEM} = S_{\triangle BGM}$

$= \dfrac{1}{2}\left(\dfrac{\sqrt{2}}{2} + r\right)\sqrt{1-\left(r-\dfrac{\sqrt{2}}{2}\right)^2}$

$\quad - \dfrac{1}{2}\times\dfrac{\sqrt{2}}{2}\cdot\dfrac{\sqrt{1-\left(r-\dfrac{\sqrt{2}}{2}\right)^2}+\sqrt{\dfrac{3}{4}-\left(r-\dfrac{1}{2}\right)^2}}{2}$

$\quad - \dfrac{1}{2}r\cdot\dfrac{\sqrt{1-\left(r-\dfrac{\sqrt{2}}{2}\right)^2}-\sqrt{\dfrac{3}{4}-\left(r-\dfrac{1}{2}\right)^2}}{2}$

$= \dfrac{1}{8}\left((2r+\sqrt{2})\sqrt{1-\left(r-\dfrac{\sqrt{2}}{2}\right)^2} + (2r-\sqrt{2})\sqrt{\dfrac{3}{4}-\left(r-\dfrac{1}{2}\right)^2}\right),$

点 M 到平面 ABF 的距离是
$$\frac{1}{2\sqrt{3}}\left((2r-1)\sqrt{1-\left(r-\frac{\sqrt{2}}{2}\right)^2} + (2r+1)\sqrt{\frac{3}{4}-\left(r-\frac{1}{2}\right)^2}\right),$$

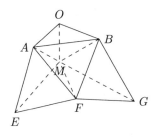

图 5.6.89

点 F 到平面 AEM 和平面 BGM 的距离都是

$$\frac{\sqrt{2}}{2}r,$$

扭棱四角反柱的体积是多面体 $ABOMEFG$（分割成四个棱锥）的八倍，所以扭棱四角反柱的体积是

$$
\begin{aligned}
& 8 \times \frac{1}{3}\left(\frac{1}{4} \cdot \frac{\sqrt{1-\left(r-\frac{\sqrt{2}}{2}\right)^2}+\sqrt{\frac{3}{4}-\left(r-\frac{1}{2}\right)^2}}{2}\right. \\
& \quad+\frac{\sqrt{3}}{4} \cdot \frac{1}{2\sqrt{3}}\left((2r-1)\sqrt{1-\left(r-\frac{\sqrt{2}}{2}\right)^2}+(2r+1)\sqrt{\frac{3}{4}-\left(r-\frac{1}{2}\right)^2}\right) \\
& \quad+\left.2 \cdot \frac{1}{8}\left((2r+\sqrt{2})\sqrt{1-\left(r-\frac{\sqrt{2}}{2}\right)^2}+(2r-\sqrt{2})\sqrt{\frac{3}{4}-\left(r-\frac{1}{2}\right)^2}\right) \cdot \frac{\sqrt{2}}{2}r\right) \\
& =\frac{2}{3}\left((\sqrt{2}r^2+2r)\sqrt{1-\left(r-\frac{\sqrt{2}}{2}\right)^2}+(\sqrt{2}r^2+1)\sqrt{\frac{3}{4}-\left(r-\frac{1}{2}\right)^2}\right) \\
& =\frac{1}{9}\sqrt{6\sqrt{19574+13812\sqrt{2}}\cos\left(\frac{1}{3}\arccos\frac{\sqrt{399697k}}{159757691809}\right)+15\sqrt{2}} \\
& \approx 3.6012220097339303125,
\end{aligned}
$$

其中 $k=20653836050566945-14601140071073424\sqrt{2}$.

若扭棱四角反柱存在外接球或内棱切球，则其球心必定是点 M，但点 M 到各顶点距离不相等，所以扭棱四角反柱不存在外接球和内棱切球. 若扭棱四角反柱存在内切球，则其球心必定是点 M，但点 M 到各面距离不相等，所以扭棱四角反柱不存在内切球.

正方形与相邻的正三角形二面角的余弦值是

$$-\frac{2r-1}{\sqrt{3}} = -\frac{2}{9}\sqrt{126-48\sqrt{2}}\cos\left(\frac{1}{3}\arccos\frac{\sqrt{428285725-100837332\sqrt{2}}}{97969}\right) + \frac{5\sqrt{3}-\sqrt{6}}{9},$$

其平面角大小约为 $145°26'26''$. 以与四边形顶点相连的正三角形边为棱二面角的余弦值是

$$1 - \frac{4r^2}{3}$$
$$= \frac{4}{9}\sqrt{129-84\sqrt{2}}\cos\left(\frac{1}{3}\left(180° + \arccos\left(-\frac{3}{78961}\sqrt{428765817+90990048\sqrt{2}}\right)\right)\right)$$
$$- \frac{7-4\sqrt{2}}{3},$$

其平面角大小约为 $164°15'27''$. 以与四边形顶点不相连的正三角形边为棱二面角的余弦值是

$$\frac{2 - \left(\sqrt{4-(2r-\sqrt{2})^2} + \sqrt{3-(2r-1)^2}\right)^2}{6}$$
$$= -\frac{2}{9}\sqrt{326+204\sqrt{2}}\cos\left(\frac{1}{3}\arccos\left(-\frac{\sqrt{1015041363260113-48151126831248\sqrt{2}}}{33189121}\right)\right)$$
$$+ \frac{15+5\sqrt{2}}{9},$$

其平面角大小约为 $152°40'24''$.

（3） 楔形冠

如图 5.6.90，楔形冠的顶点 A、B、G、H、I、J 在平面 $CDFE$ 内的射影分别是 A'、B'、G'、H'、I'、J'，各棱的射影如图 5.6.91 所示，则四边形 $A'B'DC$ 和 $A'B'FE$ 都是矩形，直线 $G'H'$ 与直线 $A'B'$ 重合，直线 $I'J'$ 与直线 $A'B'$ 互相垂直，线段 $A'B'$、$G'H'$、$I'J'$ 的中点重合. 设 $A'B'$ 的中点是 O，$A'C = A'E = B'D = B'F = a$，$G'O = H'O = b$，此时必有 $a < 1$，GH 到 IJ 的距离必定比 IJ 到平面 $CDFE$ 的距离小，并且

$$CG' = \sqrt{a^2 + \left(b-\frac{1}{2}\right)^2},$$
$$GG' = \sqrt{1-\left(b-\frac{1}{2}\right)^2} - \sqrt{1-a^2},$$
$$I'G' = \sqrt{\frac{1}{4}+b^2},$$
$$II' = \sqrt{\frac{3}{4}-\left(a-\frac{1}{2}\right)^2},$$

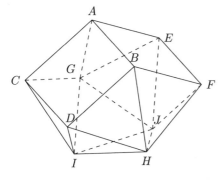
图 5.6.90

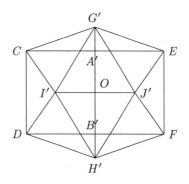
图 5.6.91

由 $CG^2 = CG'^2 + GG'^2$ 和 $GI^2 = I'G'^2 + (II' - GG')^2$ 得

$$\begin{cases} a^2 + \left(b - \dfrac{1}{2}\right)^2 + \left(\sqrt{1 - \left(b - \dfrac{1}{2}\right)^2} - \sqrt{1 - a^2}\right)^2 = 1, & (5.6.1)\\ \dfrac{1}{4} + b^2 + \left(\sqrt{\dfrac{3}{4} - \left(a - \dfrac{1}{2}\right)^2} - \sqrt{1 - \left(b - \dfrac{1}{2}\right)^2} + \sqrt{1 - a^2}\right)^2 = 1. & (5.6.2) \end{cases}$$

由 (5.6.1) 得

$$4 - (2b-1)^2 = \frac{1}{1-a^2}, \quad (2b-1)^2 = \frac{4a^2 - 3}{1 - a^2},$$

由 (5.6.2) 得

$$3 + 2a - 4a^2 + 2b + 2\sqrt{(1-a^2)(3-(2a-1)^2)}$$
$$- \sqrt{(3-(2a-1)^2)(4-(2b-1)^2)} - 2\sqrt{(1-a^2)(4-(2b-1)^2)} = 0,$$

把 $4 - (2b-1)^2 = \dfrac{1}{1-a^2}$ 代入上面含有 $4 - (2b-1)^2$ 的式子中，整理得

$$(2a^2 - 1)\sqrt{3 - (2a-1)^2} = (4a^2 - 2a - 1 - 2b)\sqrt{1 - a^2},$$

两边平方，整理，得

$$(1-a^2)(2b-1)^2 + 4(1-a)^2(a+1)(2a+1)(2b-1) + 2(2a^4 - 4a^3 - 2a^2 + 2a + 1) = 0,$$

把 $\dfrac{4a^2 - 3}{1 - a^2}$ 替换上式中的 $(2b-1)^2$，得

$$2b - 1 = \frac{-4a^4 + 8a^3 + 8a^2 - 4a - 5}{4(1-a)^2(a+1)(2a+1)},$$

于是得

$$\left(\frac{-4a^4 + 8a^3 + 8a^2 - 4a - 5}{4(1-a)^2(a+1)(2a+1)}\right)^2 = \frac{4a^2 - 3}{1 - a^2},$$

化简并因式分解，得

$$(2a^2 - 1)(60a^4 - 48a^3 - 100a^2 + 56a + 23) = 0,$$

该方程仅有两个正根小于 1，这两个根是

$$a = \frac{\sqrt{2}}{2} \text{ 或 } a = \frac{6 + \sqrt{6} + 2\sqrt{213 - 57\sqrt{6}}}{30}.$$

但 $a = \frac{\sqrt{2}}{2}$ 时 $\frac{4a^2 - 3}{1 - a^2} = -2$，这是不可能的，所以只能

$$a = \frac{6 + \sqrt{6} + 2\sqrt{213 - 57\sqrt{6}}}{30},$$

此时

$$b = \frac{9 - \sqrt{6} + 2\sqrt{213 - 57\sqrt{6}}}{30},$$

由此得

$$AA' = \frac{\sqrt{6 + 216\sqrt{6} - 12\sqrt{538 + 18\sqrt{6}}}}{30},$$

$$GG' = \frac{\sqrt{108 - 222\sqrt{6}}}{15},$$

$$II' = \frac{\sqrt{246\sqrt{6} - 264 + 12\sqrt{2743 - 977\sqrt{6}}}}{30}.$$

楔形冠的全面积是

$$2 \times 1^2 + 12 \times \frac{1}{2} \times 1^2 \times \frac{\sqrt{3}}{2} = 2 + 3\sqrt{3}.$$

如图 5.6.92，AB 到 GH 的距离和 CD 到 GH 的距离都是

$$d_1 = \sqrt{1 - \left(b - \frac{1}{2}\right)^2} = \frac{\sqrt{6 + 216\sqrt{6} + 12\sqrt{538 + 18\sqrt{6}}}}{30},$$

拟柱体 CD-$ABHG$ 的体积是

$$1 \cdot \frac{1}{2} \times 1 \cdot \sqrt{d_1^2 - \frac{1}{4}} + 2 \times \frac{1}{3} \times \frac{1}{2}\left(b - \frac{1}{2}\right)d_1 \cdot a$$

$$= \frac{\sqrt{53934\sqrt{6} - 35681 + 4\sqrt{1147398517 - 235384413\sqrt{6}}}}{900},$$

点 I 到 GH 的距离是 $\sqrt{1 - b^2}$，边长是 $\frac{\sqrt{3}}{2}$、$\sqrt{1 - b^2}$、d_1 的三角形中长是 d_1 的高线长是

$$d_2 = \frac{\sqrt{142 - 38\sqrt{6}} - 4 + \sqrt{6}}{10},$$

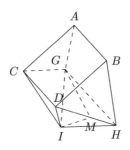

图 5.6.92

四棱锥 I-$CDHG$ 的体积是

$$\frac{1}{3}\times\frac{1}{2}(1+2b)d_1\cdot d_2=\frac{\sqrt{61574\sqrt{6}-130316+4\sqrt{2334844357-942867173\sqrt{6}}}}{900},$$

设 M 是 IJ 的中点,则三棱锥 I-GHM 的体积是

$$\frac{1}{3}\times\frac{1}{2}\cdot 2b\cdot(II'-GG')\cdot\frac{1}{2}=\frac{\sqrt{48514\sqrt{6}-111776+4\sqrt{1654748647-675548233\sqrt{6}}}}{1800},$$

楔形冠的体积是拟柱体 CD-$ABHG$ 的体积、四棱锥 I-$CDHG$ 的体积、三棱锥 I-GHM 的体积三者之和的两倍,所以楔形冠的体积是

$$\frac{\sqrt{4+6\sqrt{6}+4\sqrt{13+3\sqrt{6}}}}{4}.$$

若楔形冠存在外接球或内棱切球,则其球心必定是 GH 的中点,但 GH 的中点到各顶点距离不相等,所以楔形冠不存在外接球和内棱切球. 若楔形冠存在内切球,则其球心与 AB 的中点在 GH 的中点两侧,设这个点是 P,但 GH 的中点到正方形的距离大于到正三角形 GIJ 的距离,所以楔形冠不存在内切球.

二面角 C-AG-E、D-BH-F 的余弦值是

$$1-\frac{8}{3}a^2=-\frac{371-144\sqrt{6}+8\sqrt{538+18\sqrt{6}}}{225},$$

二面角 G-IJ-H 的余弦值是

$$1-\frac{8}{3}b^2=-\frac{401-164\sqrt{6}+8\sqrt{2743-977\sqrt{6}}}{225},$$

二面角 A-CG-I、A-EG-J、B-DH-I、B-FH-J 的余弦值是

$$1-\frac{2}{3}\left((AA'+II')^2+\frac{1}{4}\right)=-\frac{2\sqrt{6}-3}{6},$$

二面角 C-GI-J、E-GJ-I、D-HI-J、F-HJ-I 的余弦值是

$$1-\frac{2}{3}\left(\left(a+\frac{1}{2}\right)^2+II'^2\right)=-\frac{8\sqrt{213-57\sqrt{6}}-21+4\sqrt{6}}{90},$$

二面角 $A\text{-}CD\text{-}I$、$A\text{-}EF\text{-}J$ 的余弦值是

$$\frac{1^2+\left(\frac{\sqrt{3}}{2}\right)^2-\left(\left(\frac{1}{2}\right)^2+(AA'+II')^2\right)}{2\times 1\times \frac{\sqrt{3}}{2}}=-\frac{3\sqrt{2}-2\sqrt{3}}{6},$$

二面角 $B\text{-}AC\text{-}G$、$B\text{-}AE\text{-}G$、$A\text{-}BD\text{-}H$、$A\text{-}BF\text{-}H$ 的余弦值是

$$\frac{1^2+\left(\frac{\sqrt{3}}{2}\right)^2-\left(\left(b+\frac{1}{2}\right)^2+d_1^2\right)}{2\times 1\times \frac{\sqrt{3}}{2}}=-\frac{8\sqrt{71-19\sqrt{6}}-4\sqrt{2}-3\sqrt{3}}{60},$$

两个正方形二面角的余弦值是

$$1-2a^2=-\frac{74-36\sqrt{6}+2\sqrt{538+18\sqrt{6}}}{75}.$$

（4） 侧锥楔形冠

如图 5.6.93，侧锥楔形冠的全面积是

$$1\times 1^2+16\times \frac{1}{2}\times 1^2\times \frac{\sqrt{3}}{2}=1+4\sqrt{3}.$$

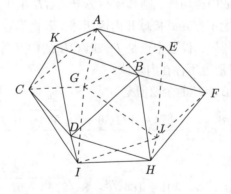

图 5.6.93

侧锥楔形冠是楔形冠其中一个正方形面上补上一个侧面是正三角形的正四棱锥得到的，所以体积是

$$\frac{\sqrt{4+6\sqrt{6}+4\sqrt{13+3\sqrt{6}}}}{4}+\frac{\sqrt{2}}{6}.$$

若侧锥楔形冠存在外接球或内棱切球，则其球心必定是 GH 的中点，但 GH 的中点到各顶点距离不相等，所以侧锥楔形冠不存在外接球和内棱切球. 若侧锥楔形冠存在内切球，

则其球心与 AB 的中点在 GH 的中点两侧，设这个点是 P，但 GH 的中点到正方形的距离大于到正三角形 GIJ 的距离，所以侧锥楔形冠不存在内切球.

二面角 C-AG-E、D-BH-F 的余弦值是
$$-\frac{371-144\sqrt{6}+8\sqrt{538+18\sqrt{6}}}{225},$$
二面角 G-IJ-H 的余弦值是
$$-\frac{401-164\sqrt{6}+8\sqrt{2743-977\sqrt{6}}}{225},$$
二面角 A-CG-I、A-EG-J、B-DH-I、B-FH-J 的余弦值是
$$-\frac{2\sqrt{6}-3}{6},$$
二面角 C-GI-J、E-GJ-I、D-HI-J、F-HJ-I 的余弦值是
$$-\frac{8\sqrt{213-57\sqrt{6}}-21+4\sqrt{6}}{90},$$
二面角 A-EF-J 的余弦值是
$$-\frac{3\sqrt{2}-2\sqrt{3}}{6},$$
二面角 B-AE-G、A-BF-H 的余弦值是
$$-\frac{8\sqrt{71-19\sqrt{6}}-4\sqrt{2}-3\sqrt{3}}{60},$$
所补正四棱锥相邻两个正三角形二面角的余弦值是
$$-\frac{1}{3},$$
二面角 I-CD-K 的余弦值是
$$\cos\left(\arccos\left(-\frac{3\sqrt{2}-2\sqrt{3}}{6}\right)+\arccos\frac{\sqrt{3}}{3}\right)=-\frac{\sqrt{6}-2+2\sqrt{1+2\sqrt{6}}}{6},$$
二面角 G-AC-K、H-BD-K 的余弦值是
$$\cos\left(\arccos\left(-\frac{8\sqrt{71-19\sqrt{6}}-4\sqrt{2}-3\sqrt{3}}{60}\right)+\arccos\frac{\sqrt{3}}{3}\right)$$
$$=-\frac{8\sqrt{213-57\sqrt{6}}+\sqrt{7152\sqrt{6}-6018+96\sqrt{1453+583\sqrt{6}}}-9-4\sqrt{6}}{180},$$
二面角 E-AB-K 的余弦值是
$$\cos\left(\arccos\left(-\frac{74-36\sqrt{6}+2\sqrt{538+18\sqrt{6}}}{75}\right)+\arccos\frac{\sqrt{3}}{3}\right)$$
$$=-\frac{2\sqrt{1614+54\sqrt{6}}+\sqrt{31536\sqrt{6}-58674+48\sqrt{1638538-656982\sqrt{6}}}-108\sqrt{2}+74\sqrt{3}}{225}.$$

（5） 楔形大冠

如图 5.6.94，楔形大冠的顶点 A、B、C、D、I、J、K、L 在平面 $EFHG$ 内的射影分别是 A'、B'、C'、D'、I'、J'、K'、L'，各棱的射影如图 5.6.95 所示，则四边形 $A'B'FE$ 和 $A'B'HG$ 都是矩形，直线 $A'B'$、$C'D'$、$I'J'$ 重合，直线 $K'L'$ 与直线 $A'B'$ 互相垂直，线段 $A'B'$、$C'D'$、$I'J'$、$K'L'$ 的中点重合。设 $A'B'$ 的中点是 O，$A'E = A'G = B'F = B'H = a$，$C'O = D'O = b$，$I'O = J'O = c$，此时必有 $a < 1$，$b < \dfrac{3}{2}$，$IJ > 2EF$（否则就成了非凸多面体），再考察点 A、EG 中点、I、C，过点 I 作 A、EG 中点连线的平行线，则点 C 与 EG 中点在所作的直线两侧，即 $CD > IJ$，即 $b > c > \dfrac{1}{4}$，且

$$EC' = \sqrt{a^2 + \left(b - \frac{1}{2}\right)^2},$$

$$CC' = \sqrt{1 - a^2} - \sqrt{1 - \left(b - \frac{1}{2}\right)^2},$$

$$EI' = \sqrt{a^2 + \left(c - \frac{1}{2}\right)^2},$$

$$II' = \sqrt{1 - (b-c)^2} + \sqrt{1 - \left(b - \frac{1}{2}\right)^2} - \sqrt{1 - a^2},$$

$$K'I' = \sqrt{\frac{1}{4} + c^2},$$

$$KK' - II' = \sqrt{1 - a^2} + \sqrt{\frac{3}{4} - \left(a - \frac{1}{2}\right)^2} - \sqrt{1 - (b-c)^2} - \sqrt{1 - \left(b - \frac{1}{2}\right)^2},$$

由 $CE^2 = EC'^2 + CC'^2$、$EI^2 = EI'^2 + II'^2$、$KI^2 = K'I'^2 + (KK' - II')^2$ 得

$$\begin{cases} a^2 + \left(b - \dfrac{1}{2}\right)^2 + \left(\sqrt{1 - a^2} - \sqrt{1 - \left(b - \dfrac{1}{2}\right)^2}\right)^2 = 1, & (5.6.3) \\[2mm] a^2 + \left(c - \dfrac{1}{2}\right)^2 + \\ \quad \left(\sqrt{1 - (b-c)^2} + \sqrt{1 - \left(b - \dfrac{1}{2}\right)^2} - \sqrt{1 - a^2}\right)^2 = 1, & (5.6.4) \\[2mm] \dfrac{1}{4} + c^2 + \\ \quad \left(\sqrt{1 - a^2} + \sqrt{\dfrac{3}{4} - \left(a - \dfrac{1}{2}\right)^2} - \sqrt{1 - (b-c)^2} - \sqrt{1 - \left(b - \dfrac{1}{2}\right)^2}\right)^2 = 1. & (5.6.5) \end{cases}$$

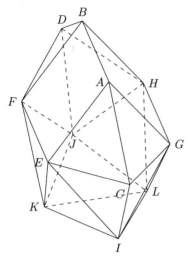
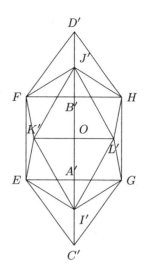

图 5.6.94　　　　　　　　　图 5.6.95

由 (5.6.3) 得
$$a^2 = 1 - \frac{1}{4-(2b-1)^2},$$

由 (5.6.4) 得
$$2 + b - c - 2b^2 + 2bc - \sqrt{(1-a^2)(4-(2b-1)^2)}$$
$$= 2\sqrt{(1-a^2)(1-(b-c)^2)} - \sqrt{(4-(2b-1)^2)(1-(b-c)^2)},$$

把 $a^2 = 1 - \dfrac{1}{4-(2b-1)^2}$ 代入上式中两边平方，整理并因式分解得

$$(2c-1)(4b^3 - 6b^2 + b + 1 - c) = 0,$$

因为 $2c - 1 > 0$，所以必定有
$$c = 4b^3 - 6b^2 + b + 1,$$

由此得
$$0.5 < b < 0.63 \text{ 或 } 1.13 < b < \frac{3+\sqrt{5}}{4},$$

所以
$$\sqrt{(1-a^2)(1-(b-c)^2)} = 2b^2 - 2b,$$
$$\sqrt{(4-(2b-1)^2)(1-(b-c)^2)} = 2(b^2-b)(4-(2b-1)^2).$$

(5.6.4) 减 (5.6.5) 后再乘以 2，得
$$4a^2 - 2a - 2c - 1 = \left(2\sqrt{1-a^2} - \sqrt{4-(2b-1)^2} - 2\sqrt{1-(b-c)^2}\right)\sqrt{3-(2a-1)^2},$$

两边平方，把 $1 - \dfrac{1}{4-(2b-1)^2}$ 替换 a^2（a^{2k+1} 变成 $a^{2k} \cdot a$，替换 a^{2k}，后面的 a 保留），把 $c = 4b^3 - 6b^2 + b + 1$ 代入，整理，得

$$a = \frac{256b^8 - 1024b^7 + 1536b^6 - 896b^5 - 96b^4 + 256b^3 - 32b^2 + 8b + 9}{1024b^8 - 4096b^7 + 5120b^6 - 896b^5 - 2240b^4 + 896b^3 + 288b^2 - 72b},$$

于是得

$$\left(\frac{256b^8 - 1024b^7 + 1536b^6 - 896b^5 - 96b^4 + 256b^3 - 32b^2 + 8b + 9}{1024b^8 - 4096b^7 + 5120b^6 - 896b^5 - 2240b^4 + 896b^3 + 288b^2 - 72b}\right)^2$$
$$= 1 - \frac{1}{4-(2b-1)^2},$$

化简，得

$983040b^{16} - 7864320b^{15} + 25690112b^{14} - 42008576b^{13} + 29999104b^{12} + 6291456b^{11}$
$- 24870912b^{10} + 11030528b^9 + 4651520b^8 - 4438016b^7 - 6144b^6 + 625920b^5 - 57920b^4$
$- 29440b^3 + 3968b^2 - 144b - 81 = 0,$

方程仅有一个正根满足条件

$$0.5 < b < 0.63 \text{ 或 } 1.13 < b < \frac{3+\sqrt{5}}{4},$$

约为 1.2831023388312690399，并由此得到此时 a 的值约为 0.59463333563263853005，c 的值约为 0.85474308248896512649.

楔形大冠的全面积是

$$2 \times 1^2 + 16 \times \frac{1}{2} \times 1^2 \times \frac{\sqrt{3}}{2} = 2 + 4\sqrt{3}.$$

如图 5.6.96，设 AB、EF、GH 的中点分别是 M、N、P，三棱柱 AEG-MNP 的体积是

$$\frac{1}{2} \times 2a \cdot \sqrt{1-a^2} \cdot \frac{1}{2} = \frac{1}{2}a\sqrt{1-a^2},$$

三棱锥 C-AEG、C-EGI 的体积是

$$\frac{1}{3} \times \frac{1}{2} \times 2a \cdot \sqrt{1-a^2} \cdot \left(b - \frac{1}{2}\right) = \frac{1}{6}a(2b-1)\sqrt{1-a^2},$$

拟柱体 KL-$EGPN$ 的体积是

$$\frac{1}{2} \times \frac{1}{2} \cdot \sqrt{\frac{3}{4} - \left(a - \frac{1}{2}\right)^2} \cdot 1 + 2 \times \frac{1}{3} \times \frac{1}{2}\left(a - \frac{1}{2}\right) \cdot \sqrt{\frac{3}{4} - \left(a - \frac{1}{2}\right)^2}$$
$$= \frac{4a+1}{24}\sqrt{3 - (2a-1)^2},$$

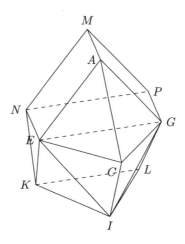

图 5.6.96

四棱锥 $I\text{-}EGLK$ 的体积是

$$\frac{1}{3} \times \frac{1}{2}(1+2a)\sqrt{1-\left(a-\frac{1}{2}\right)^2} \cdot \sqrt{\frac{2-2a}{3-2a}} = \frac{1}{12}(1+2a)\sqrt{2(1-a)(1+2a)},$$

楔形大冠的体积是三棱柱 $AEG\text{-}MNP$ 的体积、三棱锥 $C\text{-}AEG$ 的体积、三棱锥 $C\text{-}EGI$ 的体积、拟柱体 $KL\text{-}EGPN$ 的体积、四棱锥 $I\text{-}EGLK$ 的体积五者之和的两倍,所以楔形大冠的体积是

$$a\sqrt{1-a^2} + \frac{2}{3}a(2b-1)\sqrt{1-a^2} + \frac{4a+1}{12}\sqrt{3-(2a-1)^2} + \frac{1}{6}(1+2a)\sqrt{2(1-a)(1+2a)}$$

$$\approx 1.9481082288594728033,$$

它是方程

$521578814501447328359509917696x^{32} - 985204427391622731345740955648x^{30}$

$- 16645447351681991898880656015360x^{28} + 79710816694053483249372512649216x^{26}$

$- 152195045391070538203422101864448x^{24} + 156280253448056209478031589244928x^{22}$

$- 96188116617075838858708654227456x^{20} + 30636368373570166303441645731840x^{18}$

$+ 5828527077458909552923002273792x^{16} - 8060049780765551057159394951168x^{14}$

$+ 10180747921151561073720117166608x^{12} + 352201315443707949509459312645x^{10}$

$+ 32751169851735591895675595959808x^{8} - 1169787328842181914867387066432x^{6}$

$+ 10231563774949176791703149568x^{4} - 36632394929926326155395219x^{2}$

$+ 30714356787404421126756025 = 0$

的最大正根.

若楔形大冠存在外接球或内棱切球,则其球心必定是 CD 的中点,但 CD 的中点到各顶点距离不相等,所以楔形大冠不存在外接球和内棱切球.若楔形大冠存在内切球,则其球心必定是五边形 $KLPMN$ 的内心,但五边形 $KLPMN$ 不存在内切圆,所以楔形大冠不存在内切球.

二面角 $E\text{-}AC\text{-}G$、$E\text{-}CI\text{-}G$、$F\text{-}BD\text{-}H$、$F\text{-}DJ\text{-}H$ 二面角的余弦值是

$$1-\frac{8}{3}a^2,$$

其平面角大小约为 $86°43'37''$. 二面角 $I\text{-}KL\text{-}J$ 的余弦值是

$$1-\frac{8}{3}c^2,$$

其平面角大小约为 $161°21'58''$. 二面角 $A\text{-}CE\text{-}I$、$A\text{-}CG\text{-}I$、$B\text{-}DF\text{-}J$、$B\text{-}DH\text{-}J$ 的余弦值是

$$1-\frac{2}{3}\left(\sqrt{1-(b-c)^2}+\sqrt{1-\left(b-\frac{1}{2}\right)^2}\right)^2,$$

其平面角大小约为 $123°27'56''$. 二面角 $C\text{-}EI\text{-}K$、$C\text{-}GI\text{-}L$、$D\text{-}FJ\text{-}K$、$D\text{-}HJ\text{-}L$ 的余弦值是

$$1-\frac{2}{3}\left(\frac{1}{4}+b^2+\left(\sqrt{1-a^2}+\sqrt{\frac{3}{4}-\left(a-\frac{1}{2}\right)^2}-\sqrt{1-\left(b-\frac{1}{2}\right)^2}\right)^2\right),$$

其平面角大小约为 $171°38'45''$. 二面角 $F\text{-}EK\text{-}I$、$E\text{-}FK\text{-}J$、$H\text{-}GL\text{-}I$、$G\text{-}HL\text{-}J$ 的余弦值是

$$1-\frac{2}{3}\left(a^2+\left(c+\frac{1}{2}\right)^2+\left(\sqrt{1-a^2}+\sqrt{\frac{3}{4}-\left(a-\frac{1}{2}\right)^2}\right.\right.$$
$$\left.\left.-\sqrt{1-(b-c)^2}-\sqrt{1-\left(b-\frac{1}{2}\right)^2}\right)^2\right),$$

其平面角大小约为 $118°10'43''$. 二面角 $A\text{-}EF\text{-}K$、$A\text{-}GH\text{-}L$ 的余弦值是

$$\frac{\frac{3}{2}-\left(\sqrt{1-a^2}+\sqrt{\frac{3}{4}-\left(a-\frac{1}{2}\right)^2}\right)^2}{\sqrt{3}},$$

其平面角大小约为 $137°14'24''$. 二面角 $B\text{-}AE\text{-}C$、$B\text{-}AG\text{-}C$、$A\text{-}BF\text{-}D$、$A\text{-}BH\text{-}D$ 的余弦值是

$$\frac{6-(2b+1)^2}{4\sqrt{3}},$$

其平面角大小约为 $165°50'38''$. 二面角 E-AB-G 的余弦值是

$$1 - 2a^2,$$

其平面角大小约为 $72°58'23''$.

（6） 平顶楔形大冠

如图 5.6.97，平顶楔形大冠的顶点 E、F、G、H、I、J、K、L、M、N 在平面 $ABCD$ 内的射影分别是 E'、F'、G'、H'、I'、J'、K'、L'、M'、N'，各棱的射影如图 5.6.98 所示，则四边形 $ADH'G'$ 和 $BCJ'I'$ 都是矩形，直线 $E'F'$、$K'L'$ 重合，直线 $K'L'$ 与直线 $M'N'$ 互相垂直，线段 $E'F'$、$K'L'$、$M'N'$ 的中点重合。设 $M'N'$ 的中点是 O，$A'G' = B'I' = C'J' = D'H' = a$，$E'O = F'O = b$，$K'O = L'O = c$，此时必有 $a < 1$，$b < \frac{3}{2}$，$GH > 2KL$（否则就成了非凸多面体），再考察 AB 中点、GI 中点、K、E，过点 K 作 AB 中点、GI 中点连线的平行线，则点 E 与 GI 中点在所作的直线两侧，即 $EF > KL$，即 $b > c > \frac{1}{4}$，且

$$E'G' = \sqrt{\left(a + \frac{1}{2}\right)^2 + \left(b - \frac{1}{2}\right)^2},$$

$$GG' - EE' = \sqrt{1 - a^2} - \sqrt{\frac{3}{4} - \left(b - \frac{1}{2}\right)^2},$$

$$G'K' = \sqrt{\left(a + \frac{1}{2}\right)^2 + \left(c - \frac{1}{2}\right)^2},$$

$$KK' - GG' = \sqrt{1 - (b-c)^2} + \sqrt{\frac{3}{4} - \left(b - \frac{1}{2}\right)^2} - \sqrt{1 - a^2},$$

$$K'M' = \sqrt{\frac{1}{4} + c^2},$$

$$MM' - KK' = \sqrt{1 - a^2} + \sqrt{\frac{3}{4} - a^2} - \sqrt{1 - (b-c)^2} - \sqrt{\frac{3}{4} - \left(b - \frac{1}{2}\right)^2},$$

由 $EG^2 = E'G'^2 + (GG' - EE')^2$、$GK^2 = G'K'^2 + (KK' - GG')^2$、$KM^2 = K'M'^2 +$

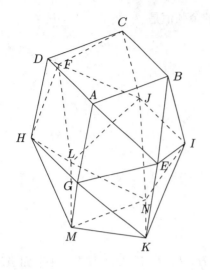
图 5.6.97

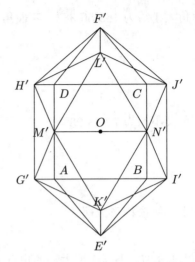
图 5.6.98

$(MM' - KK')^2$ 得

$$\begin{cases} \left(a+\dfrac{1}{2}\right)^2 + \left(b-\dfrac{1}{2}\right)^2 + \left(\sqrt{1-a^2} - \sqrt{\dfrac{3}{4} - \left(b-\dfrac{1}{2}\right)^2}\right)^2 \\ = 1, \\ \left(a+\dfrac{1}{2}\right)^2 + \left(c-\dfrac{1}{2}\right)^2 + \left(\sqrt{1-(b-c)^2} + \sqrt{\dfrac{3}{4} - \left(b-\dfrac{1}{2}\right)^2} - \sqrt{1-a^2}\right)^2 \\ = 1, \\ \dfrac{1}{4} + c^2 + \left(\sqrt{1-a^2} + \sqrt{\dfrac{3}{4} - a^2} - \sqrt{1-(b-c)^2} - \sqrt{\dfrac{3}{4} - \left(b-\dfrac{1}{2}\right)^2}\right)^2 \\ = 1. \end{cases}$$

(5.6.6)

(5.6.7)

(5.6.8)

由 (5.6.6) 得

$$\sqrt{(1-a^2)(3-(2b-1)^2)} = 1 + a, \quad a = \frac{(2b-1)^2 - 2}{(2b-1)^2 - 4},$$

由 (5.6.7) 得

$$1 + a + b - c - 2b^2 + 2bc - \sqrt{(1-a^2)(3-(2b-1)^2)}$$
$$= 2\sqrt{(1-a^2)(1-(b-c)^2)} - \sqrt{(3-(2b-1)^2)(1-(b-c)^2)},$$

把 $\sqrt{(1-a^2)(3-(2b-1)^2)} = 1 + a$, $a = \dfrac{(2b-1)^2 - 2}{(2b-1)^2 - 4}$ 代入上式中两边平方, 整理得

$$kc^2 + lc + m = 0. \tag{5.6.9}$$

其中

$$k = -80b^4 + 160b^3 - 56b^2 - 24b + 11,$$
$$l = 224b^5 - 480b^4 + 144b^3 + 160b^2 - 34b - 18,$$
$$m = -80b^6 + 128b^5 + 120b^4 - 232b^3 + 3b^2 + 54b + 7.$$

(5.6.7) 减去 (5.6.8)，得

$$4a^2 + 2a - 2c - 1$$
$$= 2\sqrt{(1-a^2)(3-4a^2)} - \sqrt{(3-4a^2)(3-(2b-1)^2)} - 2\sqrt{(3-4a^2)(1-(b-c)^2)},$$

把 $a = \dfrac{(2b-1)^2 - 2}{(2b-1)^2 - 4}$ 代入上面方程，经过两次平方去根号整理，得

$$pc^4 + qc^3 + rc^2 + sc + t = 0.$$

其中

$p = 1048576b^8 - 4194304b^7 + 3670016b^6 + 3670016b^5 - 4390912b^4 - 2228224b^3$
$\quad + 1441792b^2 + 983040b + 147456,$

$q = -1048576b^{11} + 7864320b^{10} - 24117248b^9 + 32243712b^8 - 3014656b^7 - 33095680b^6$
$\quad + 147745600b^5 + 16154624b^4 - 4493312b^3 - 4827136b^2 - 835584b - 9216,$

$r = -1048576b^{13} + 8585216b^{12} - 28704768b^{11} + 43089920b^{10} - 5931008b^9 - 70889472b^8$
$\quad + 80166912b^7 + 3264512b^6 - 45555712b^5 + 6282496b^4 + 12550656b^3 + 47488b^2$
$\quad - 1327744b - 206416,$

$s = 1048576b^{14} - 4653056b^{13} + 1867776b^{12} + 32342016b^{11} - 98746368b^{10} + 127807488b^9$
$\quad - 56805376b^8 - 43675648b^7 + 55306240b^6 - 585984b^5 - 18363520b^4 + 610688b^3$
$\quad + 3229504b^2 + 593744b + 6984,$

$t = -1572864b^{14} + 9928704b^{13} - 26210304b^{12} + 34496512b^{11} - 12163072b^{10}$
$\quad - 33034240b^9 + 53229312b^8 - 235284448b^7 - 13276416b^6 + 15313280b^5 - 223248b^4$
$\quad - 3657248b^3 + 159464b^2 + 471040b + 67753.$

以 c 为变量，$pc^4 + qc^3 + rc^2 + sc + t$ 除以 $kc^2 + lc + m$ 余式的分子必定也等于 0，由此得

$$c = \frac{u}{v},$$

其中

$u = 8388608000b^{21} - 79586918400b^{20} + 291095183360b^{19} - 470908928000b^{18}$

$$+ 201526083584b^{17} + 159530680320b^{16} + 493590937600b^{15} - 1485855981568b^{14}$$
$$+ 815036301312b^{13} + 6019766517776b^{12} - 504076419072b^{11} - 148765050880b^{10}$$
$$- 9481250816b^9 + 102792349184b^8 + 9552646140b^7 - 36947707648b^6$$
$$- 42856999168b^5 - 301373312b^4 + 71277721504b^3 + 20299968900b^2 + 162185892b$$
$$- 2537283,$$
$$v = 15099494400b^{20} - 146360238080b^{19} + 548751278080b^{18} - 886463004672b^{17}$$
$$+ 109206568960b^{16} + 1666276392960b^{15} - 2054359089152b^{14} + 299851579392b^{13}$$
$$+ 788277886976b^{12} - 202246488064b^{11} - 41992994816b^{10} - 1931019141112b^9$$
$$- 307235676616b^8 + 149127761920b^7 + 251547999616b^6 - 40151213056b^5$$
$$- 11388126720b^4 + 3264281152b^3 + 1620897568b^2 + 164732976b - 1566984,$$

由此得 $0.938 < b < 0.944$ 或 $1.097 < b < 1.102$，把 $c = \dfrac{u}{v}$ 代入 (5.6.9)，化简，因式分解，只有一个因式的根满足 $0.938 < b < 0.944$ 或 $1.097 < b < 1.102$，由此得方程

$$65536b^{10} - 270336b^9 + 387328b^8 - 207872b^7 - 3328b^6 + 68352b^5$$
$$- 47008b^4 - 10560b^3 + 12976b^2 + 4464b + 345 = 0,$$

其值约为 1.1012960420472779136，由此球得 a 的值约为 0.21684481571345683717，c 的值约为 0.83565907172236682823。

平顶楔形大冠的全面积是

$$3 \times 1^2 + 18 \times \frac{1}{2} \times 1^2 \times \frac{\sqrt{3}}{2} = 3 + \frac{9}{2}\sqrt{3}.$$

如图 5.6.99，设 AD、BC、GH、IJ 的中点分别是 P、Q、R、S，四棱柱 $ABIG$-$PASR$ 的体积是

$$\frac{1}{2} \cdot (1 + 1 + 2a) \cdot \sqrt{1 - a^2} \cdot \frac{1}{2} = \frac{1}{2}(1 + a)\sqrt{1 - a^2},$$

四棱锥 E-$ABIG$ 的体积是

$$\frac{1}{3} \times \frac{1}{2} \cdot (1 + 1 + 2a) \cdot \sqrt{1 - a^2} \cdot \left(b - \frac{1}{2}\right) = \frac{1}{6}(1 + a)(2b - 1)\sqrt{1 - a^2},$$

拟柱体 MN-$GISR$ 的体积是

$$\frac{1}{2} \times \frac{1}{2} \cdot \sqrt{\frac{3}{4} - a^2} \cdot 1 + 2 \times \frac{1}{3} \times \frac{1}{2} \cdot a \cdot \sqrt{\frac{3}{4} - a^2} = \frac{4a + 3}{24}\sqrt{3 - 4a^2},$$

四棱锥 K-$GINM$ 的体积是

$$\frac{1}{3} \times \frac{1}{2}(1 + 1 + 2a)\sqrt{1 - a^2} \cdot \sqrt{\frac{1 - 2a}{2 - 2a}} = \frac{1 + a}{6}\sqrt{2(1 + a)(1 - 2a)},$$

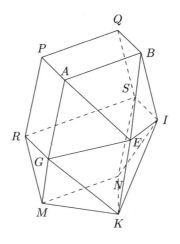

图 5.6.99

三棱锥 $E\text{-}GIK$ 的体积是

$$2 \times \frac{1}{3} \times \frac{1}{2} \times 1 \cdot \sqrt{1-\left(a+\frac{1}{2}\right)^2 - \left(\frac{1}{2}\right)^2} \cdot \left(a+\frac{1}{2}\right) = \frac{1}{12}(1+2a)\sqrt{2(1-2a-2a^2)},$$

平顶楔形大冠的体积是四棱柱 $ABIG\text{-}PASR$ 的体积、四棱锥 $E\text{-}ABIG$ 的体积、拟柱体 $MN\text{-}GISR$ 的体积、四棱锥 $K\text{-}GINM$ 的体积、三棱锥 $E\text{-}GIK$ 的体积五者之和的两倍,所以楔形大冠的体积是

$$(1+a)\sqrt{1-a^2} + \frac{1}{3}(1+a)(2b-1)\sqrt{1-a^2} + \frac{4a+3}{12}\sqrt{3-4a^2}$$
$$+ \frac{1+a}{3}\sqrt{2(1+a)(1-2a)} + \frac{1}{6}(1+2a)\sqrt{2(1-2a-2a^2)}$$
$$\approx 2.9129104145402091660.$$

它是方程

$$47330370277129322496x^{20} - 722445512980071186432x^{18} + 3596480447590271287296x^{16}$$
$$- 8432333285523990773760x^{14} + 8973584611317745975296x^{12}$$
$$- 3065290664181478981632x^{10} + 3662298902192121446 40x^8 - 8337259437908852736x^6$$
$$- 22211277300912896x^4 + 132615435213216x^2 + 2693461945329 = 0$$

的最大正根.

若平顶楔形大冠存在外接球或内棱切球,则其球心必定是 EF 的中点,但 EF 的中点到各顶点距离不相等,所以平顶楔形大冠不存在外接球和内棱切球. 若平顶楔形大冠存在内切球,则其球心必定是六边形 $MNSQPR$ 的内心,但六边形 $MNSQPR$ 不存在内切圆,所以平顶楔形大冠不存在内切球.

二面角 B-AE-G、A-BE-I、D-CF-J、C-DF-H 的余弦值是
$$-\frac{1}{3}(1+4a),$$
其平面角大小约为 $128°29'45''$. 二面角 A-EG-K、B-EI-K、C-FJ-L、D-FH-L 的余弦值是
$$1-\frac{2}{3}\left(\frac{1}{4}+\left(c-\frac{1}{2}\right)^2+\left(\sqrt{1-(b-c)^2}+\sqrt{\frac{3}{4}-\left(b-\frac{1}{2}\right)^2}\right)^2\right),$$
其平面角大小约为 $157°08'83''$. 二面角 G-EK-I、H-FL-J 的余弦值是
$$1-\frac{2}{3}(1+2a)^2,$$
其平面角大小约为 $111°44'05''$. 二面角 K-MN-L 的余弦值是
$$1-\frac{8}{3}c^2,$$
其平面角大小约为 $149°33'53''$. 二面角 E-GK-M、E-IK-N、F-HL-M、F-JL-N 的余弦值是
$$1-\frac{2}{3}\left(\frac{1}{4}+b^2+\left(\sqrt{1-a^2}+\sqrt{\frac{3}{4}-a^2}-\sqrt{\frac{3}{4}-\left(b-\frac{1}{2}\right)^2}\right)^2\right),$$
其平面角大小约为 $159°08'53''$. 二面角 H-GM-K、J-IN-K、G-HM-L、I-JN-L 的余弦值是
$$1-\frac{2}{3}\left(\left(a+\frac{1}{2}\right)^2+\left(c+\frac{1}{2}\right)^2\right.$$
$$\left.+\left(\sqrt{1-a^2}+\sqrt{\frac{3}{4}-a^2}-\sqrt{1-(b-c)^2}-\sqrt{\frac{3}{4}-\left(b-\frac{1}{2}\right)^2}\right)^2\right),$$
其平面角大小约为 $124°29'46''$. 二面角 A-HG-M、B-IJ-N 的余弦值是
$$\frac{\frac{7}{4}-\left(\sqrt{1-a^2}+\sqrt{\frac{3}{4}-\left(a-\frac{1}{2}\right)^2}\right)^2}{\sqrt{3}},$$
其平面角大小约为 $152°58'32''$. 二面角 C-AB-E、A-CD-F 的余弦值是
$$\frac{1-2b}{\sqrt{3}},$$
其平面角大小约为 $133°58'22''$. 二面角 D-AG-E、C-BI-E、B-CJ-F、A-DH-F 的余弦值是
$$\frac{5-2a+(2b+1)^2}{4\sqrt{3}},$$

其平面角大小约为 $145°13'02''$. 二面角 E-AB-G 的余弦值是

$$-a,$$

其平面角大小约为 $102°31'26''$.

（7） 双楔带

如图 5.6.100，双楔带的顶点 C、D、E、F、G、H、I、J、K、L、M、N、P、Q 在过直线 AB 与平面 $CDFE$ 平行的平面内的射影分别是 C'、D'、E'、F'、G'、H'、I'、J'、K'、L'、M'、N'、P'、Q'，各棱的射影如图 5.6.101 所示，则四边形 $ABD'C'$、$ABF'E'$、$K'L'Q'P'$、$M'N'Q'P'$ 都是矩形，直线 AB、$G'H'$ 重合，直线 $I'J'$、$P'Q'$ 重合，直线 AB 与直线 $P'Q'$ 互相垂直，线段 AB、$G'H'$、$I'J'$、$P'Q'$ 的中点重合. 设 $A'B'$ 的中点是 O，$AC' = AE' = BD' = BF' = K'P' = M'P' = L'Q' = N'Q' = a$，$G'O = H'O = I'O = J'O = b$，此时必有 $a < 1$，$a < b$（否则就成了非凸多面体），且

$$C'K' = \sqrt{2}\left(a - \frac{1}{2}\right),$$

$$KK' - CC' = \sqrt{\frac{3}{4} - (b-a)^2} + \sqrt{1 - \left(b - \frac{1}{2}\right)^2} - \sqrt{1 - a^2},$$

$$I'K' = \sqrt{a^2 + \left(b - \frac{1}{2}\right)^2},$$

$$KK' - II' = \sqrt{1 - a^2} - \sqrt{1 - \left(b - \frac{1}{2}\right)^2},$$

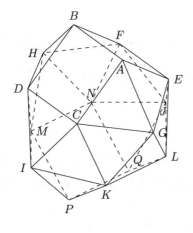

图 5.6.100

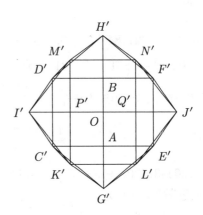

图 5.6.101

由 $CK^2 = C'K'^2 + (KK' - CC')^2$、$IK^2 = I'K'^2 + (KK' - II')^2$ 得

$$\begin{cases} 2\left(a - \dfrac{1}{2}\right)^2 + \left(\sqrt{\dfrac{3}{4} - (b-a)^2} + \sqrt{1 - \left(b - \dfrac{1}{2}\right)^2} - \sqrt{1-a^2}\right)^2 = 1, & (5.6.10) \\ a^2 + \left(b - \dfrac{1}{2}\right)^2 + \left(\sqrt{1-a^2} - \sqrt{1 - \left(b - \dfrac{1}{2}\right)^2}\right)^2 = 1. & (5.6.11) \end{cases}$$

由 (5.6.11) 得

$$a^2 = 1 - \frac{1}{4 - (2b-1)^2},$$

由此得

$$\frac{1 + \sqrt{17 - 8\sqrt{2}}}{4} < b < \frac{1 + \sqrt{3}}{2}.$$

由 (5.6.10) 得

$$4 - 4a + 2b + 4ab - 4b^2 - 2\sqrt{(1-a^2)(4 - (2b-1)^2)}$$
$$= 2\sqrt{(1-a^2)(3 - 4(b-a)^2)} - \sqrt{(4 - (2b-1)^2)(3 - 4(b-a)^2)},$$

把 $a^2 = 1 - \dfrac{1}{4 - (2b-1)^2}$ 代入上式中两边平方，再把 $a^2 = 1 - \dfrac{1}{4 - (2b-1)^2}$ 代入（只替换 a^2，a 不变），整理得

$$a = \frac{64b^6 + 192b^5 - 912b^4 + 544b^3 + 524b^2 - 292b - 131}{256b^6 - 384b^5 - 640b^4 + 960b^3 + 336b^2 - 408b - 144},$$

于是得

$$\left(\frac{64b^6 + 192b^5 - 912b^4 + 544b^3 + 524b^2 - 292b - 131}{256b^6 - 384b^5 - 640b^4 + 960b^3 + 336b^2 - 408b - 144}\right)^2 = 1 - \frac{1}{4 - (2b-1)^2},$$

化简，得

$$61440b^{12} - 221184b^{11} - 83968b^{10} + 1230848b^9 - 1328896b^8 - 711680b^7 + 1587456b^6$$
$$- 14080b^5 - 688112b^4 + 315520b^3 + 129208b^2 + 11048b - 3337 = 0,$$

该方程仅有一个正根满足条件

$$\frac{1 + \sqrt{17 - 8\sqrt{2}}}{4} < b < \frac{1 + \sqrt{3}}{2},$$

约为 1.1264831470789795337，并由此得到此时 a 的值约为 0.76713111398346150192.

双楔带的全面积是

$$4 \times 1^2 + 20 \times \frac{1}{2} \times 1^2 \times \frac{\sqrt{3}}{2} = 4 + 5\sqrt{3}.$$

如图 5.6.102，设 KL、MN、PQ 的中点分别是 R、S、T，拟柱体 CD-$ABHG$ 的体积是

$$\frac{1}{2} \times 1 \cdot \sqrt{1-\left(b-\frac{1}{2}\right)^2-\left(\frac{1}{2}\right)^2} \cdot 1$$
$$+2 \times \frac{1}{3} \times \frac{1}{2} \times 1 \times \sqrt{1-\left(b-\frac{1}{2}\right)^2-\left(\frac{1}{2}\right)^2} \cdot \left(b-\frac{1}{2}\right) = \frac{1}{6}(1+b)\sqrt{3-(2b-1)^2},$$

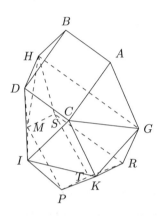

图 5.6.102

拟柱体 CD-$GHMK$ 的体积是

$$\frac{1}{6}\left(\frac{1}{2}(2a+2b)\sqrt{1-(b-a)^2} + 4 \times \frac{1}{2}\left(\frac{1+2a}{2}+\frac{1+2b}{2}\right)\frac{1}{2}\sqrt{1-(b-a)^2}\right)$$
$$\cdot \sqrt{\frac{1+a+b-2a^2+2ab-2b^2}{2(1-(b-a)^2)}}$$
$$= \frac{1+2a+2b}{12}\sqrt{2(1+a+b-2a^2+2ab-2b^2)},$$

拟柱体 GH-$KMSR$ 的体积是

$$\frac{1}{2} \times \frac{1}{2}\sqrt{\frac{3}{4}-(b-a)^2} \cdot 2a + 2 \times \frac{1}{3} \times \frac{1}{2}(b-a)\sqrt{\frac{3}{4}-(b-a)^2} \cdot \frac{1}{2}$$
$$= \frac{1}{12}(2a+b)\sqrt{3-4(b-a)^2},$$

四棱锥 I-$CDMK$ 的体积是

$$\frac{1}{3} \times \frac{1}{2} \cdot (1+2a)\sqrt{1-\left(a-\frac{1}{2}\right)^2} \cdot \sqrt{\frac{2-2a}{3-2a}} = \frac{1}{12}(1+2a)\sqrt{2(1-a)(1+2a)},$$

三棱锥 I-KMP 的体积是

$$\frac{1}{3} \times \frac{1}{2} \cdot 2a \cdot \sqrt{1-a^2} \cdot \left(b-\frac{1}{2}\right) = \frac{1}{6}a(2b-1)\sqrt{1-a^2},$$

三棱柱 KMP-RST 的体积是

$$\frac{1}{2} \cdot 2a \cdot \sqrt{1-a^2} \cdot \frac{1}{2} = \frac{1}{2}a\sqrt{1-a^2},$$

双楔带的体积是拟柱体 CD-$ABHG$ 的体积、拟柱体 CD-$GHMK$、GH-$KMSR$ 的体积、四棱锥 I-$CDMK$ 的体积、三棱锥 I-KMP 的体积、三棱柱 KMP-RST 的体积六者之和的两倍,所以双楔带的体积是

$$\frac{1}{3}(1+b)\sqrt{3-(2b-1)^2} + \frac{1+2a+2b}{6}\sqrt{2(1+a+b-2a^2+2ab-2b^2)}$$
$$+ \frac{1}{6}(2a+b)\sqrt{3-4(b-a)^2}$$
$$+ \frac{1}{6}(1+2a)\sqrt{2(1-a)(1+2a)} + \frac{1}{3}a(2b-1)\sqrt{1-a^2} + a\sqrt{1-a^2}$$
$$\approx 3.7776453418585752429,$$

它是方程

$$1213025622610333925376x^{24} + 544513723927305450946 56x^{22}$$
$$- 796837093078664749252608x^{20} - 4133410366404688544268288x^{18}$$
$$+ 20902529024429842816303104x^{16} - 133907540390420673677230080x^{14}$$
$$+ 24623468824299159885 3881856x^{12} - 633275341068713217144 42240x^{10}$$
$$+ 1438930949745955 57041646 08x^8 + 4804294740246450074939 2128x^6$$
$$- 58910966406003510610 13664x^4 - 32121147168168533 62953264x^2$$
$$+ 47955697324865769 3884401 = 0$$

的最大正根.

若双楔带存在外接球或内棱切球,则其球心必定是 AB 的中点和 PQ 中点所连线段的中点,但 AB 的中点和 PQ 中点所连线段的中点到各顶点距离不相等,所以双楔带不存在外接球和内棱切球. 若双楔带存在内切球,则其球心必定是 AB 的中点和 PQ 中点所连线段的中点,但 AB 的中点和 PQ 中点所连线段的中点到各面距离不相等,所以双楔带不存在内切球.

二面角 C-AG-E、D-BH-F、K-IP-M、L-JQ-N 的余弦值是

$$1 - \frac{8}{3}a^2,$$

其平面角大小约为 $124°42'07''$. 二面角 A-CG-K、A-EG-L、B-DH-M、B-FH-N、C-IK-P、D-IM-P、E-JL-Q、F-JN-Q 的余弦值是

$$1 - \frac{2}{3}\left(\frac{1}{4} + \left(a - \frac{1}{2}\right)^2 + \left(\sqrt{\frac{3}{4} - (b-a)^2} + \sqrt{1 - \left(b - \frac{1}{2}\right)^2}\right)^2\right),$$

其平面角大小约为 $148°26'02''$. 二面角 C-GK-L、C-DI-M、D-CI-K、D-HM-N、E-GL-K、E-FJ-N、F-EJ-L、F-HN-M 的余弦值是

$$1-\frac{2}{3}\left(\left(a-\frac{1}{2}\right)^2+\left(a+\frac{1}{2}\right)^2+\left(\sqrt{\frac{3}{4}-(b-a)^2}+\sqrt{1-\left(b-\frac{1}{2}\right)^2}-\sqrt{1-a^2}\right)^2\right),$$

其平面角大小约为 $133°35'28''$. 二面角 G-CK-I、H-DM-I、G-EL-J、H-FN-J 的余弦值是

$$1-\frac{2}{3}\left(2b^2+\left(\sqrt{1-a^2}+\sqrt{\frac{3}{4}-(b-a)^2}-\sqrt{1-\left(b-\frac{1}{2}\right)^2}\right)^2\right),$$

其平面角大小约为 $166°48'41''$. 二面角 A-CD-I、A-EF-J、G-KL-P、H-MN-P 的余弦值是

$$\frac{\frac{7}{4}-b^2-\left(\sqrt{1-a^2}+\sqrt{\frac{3}{4}-(b-a)^2}\right)^2}{\sqrt{3}},$$

其平面角大小约为 $154°25'08''$. 二面角 B-AC-G、B-AE-G、A-BD-H、A-BF-H、I-KP-L、I-MP-N、J-LQ-K、J-NQ-M 的余弦值是

$$\frac{\frac{7}{4}-\frac{a^2}{4}-\frac{1}{4}\left(1-\left(b-\frac{1}{2}\right)^2\right)-\left(b+\frac{1}{2}\right)^2}{\sqrt{3}},$$

其平面角大小约为 $133°35'59''$. 二面角 C-AB-E、K-PQ-M 的余弦值是

$$1-2a^2,$$

其平面角大小约为 $100°11'38''$.

（8） 双五角楔形冠

如图 5.6.103，双五角楔形冠的顶点 C、D、E、F、G、H、I、J、K、L、M、N 在过直线 AB 与平面 $CDFE$ 平行的平面内的射影分别是 C'、D'、E'、F'、G'、H'、C'、D'、E'、F'、A、B，各棱的射影如图 5.6.104 所示. 则 $C'D'$、$E'F'$、$G'H'$ 与 AB 互相垂直，AB、$G'H'$ 的中点重合，$C'D'=E'F'=1$. $C'E'$ 和 $D'F'$ 长度等于边长是 1 的正五边形的对角线长度，所以 $C'E'=D'F'=\dfrac{\sqrt{5}+1}{2}$. 点 G 到直线 AB 的距离是

$$\frac{\sqrt{5}+1}{2}\cos 18°=\frac{\sqrt{5+2\sqrt{5}}}{2},$$

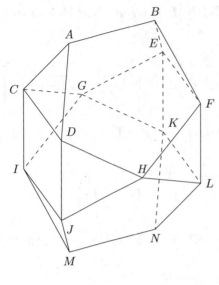

图 5.6.103

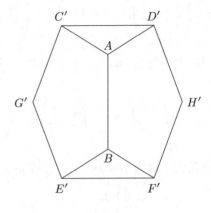

图 5.6.104

点 G 到直线 CE 的距离是

$$1 \times \cos 54° = \frac{\sqrt{10-2\sqrt{5}}}{4},$$

直线 CE 到直线 AB 的距离是

$$1 \times \cos 18° = \frac{\sqrt{10+2\sqrt{5}}}{4},$$

所以点 G' 到直线 AB 的距离是

$$\frac{\frac{1}{2}}{\frac{\sqrt{10+2\sqrt{5}}}{4}} \times \frac{\sqrt{5+2\sqrt{5}}}{2} = \frac{\sqrt{5}+1}{4},$$

点 G' 到直线 $C'E'$ 的距离是

$$\frac{\frac{1}{2}}{\frac{\sqrt{10+2\sqrt{5}}}{4}} \times \frac{\sqrt{10-2\sqrt{5}}}{4} = \frac{\sqrt{5}-1}{4},$$

直线 $C'E'$ 到直线 AB 的距离是

$$\frac{1}{2}.$$

直线 AB 与平面 $CDFE$ 和直线 MN 与平面 $IJLK$ 的距离是

$$\sqrt{\left(\frac{\sqrt{10+2\sqrt{5}}}{4}\right)^2 - \left(\frac{1}{2}\right)^2} = \frac{\sqrt{5}+1}{4}.$$

双五角楔形冠的全面积是

$$2 \times 1^2 + 8 \times \frac{1}{2} \times 1^2 \times \frac{\sqrt{3}}{2} + 4 \times 5 \times \frac{1}{2} \times 1 \times \frac{1}{2} \cot 36° = 2 + 2\sqrt{3} + \sqrt{25 + 10\sqrt{5}}.$$

设 KL、MN、PQ 的中点分别是 R、S、T, 拟柱体 $AB\text{-}CDFE$、$MN\text{-}IJLK$ 的体积是

$$\frac{1}{2} \times 1 \times \frac{\sqrt{5}+1}{4} \times 1 + 2 \times \frac{1}{3} \times \frac{\frac{\sqrt{5}+1}{2}-1}{2} \times 1 \times \frac{\sqrt{5}+1}{4} = \frac{7+3\sqrt{5}}{24},$$

四棱锥 $G\text{-}CEKI$、$H\text{-}DFLJ$ 的体积是

$$\frac{1}{3} \times 1 \times \frac{\sqrt{5}+1}{2} \times \left(\frac{\sqrt{5}+1}{4} - \frac{1}{2}\right) = \frac{1}{6},$$

四棱柱 $CDJI\text{-}EFLK$ 的体积是

$$1^2 \times \frac{\sqrt{5}+1}{2} = \frac{\sqrt{5}+1}{2},$$

双五角楔形冠的体积是拟柱体 $AB\text{-}CDFE$、拟柱体 $MN\text{-}IJLK$ 的体积、四棱锥 $G\text{-}CEKI$、四棱锥 $H\text{-}DFLJ$ 的体积、四棱柱 $CDJI\text{-}EFLK$ 的体积五者之和, 所以双五角楔形冠的体积是

$$2 \times \frac{7+3\sqrt{5}}{24} + 2 \times \frac{1}{6} + \frac{\sqrt{5}+1}{2} = \frac{17+9\sqrt{5}}{12}.$$

若双五角楔形冠存在外接球或内棱切球, 则其球心必定是 AB 的中点和 MN 中点所连线段的中点, 但 AB 的中点和 MN 中点所连线段的中点到各顶点距离不相等, 所以双五角楔形冠不存在外接球和内棱切球. 若双五角楔形冠存在内切球, 则其球心必定是 AB 的中点和 MN 中点所连线段的中点, 但 AB 的中点和 MN 中点所连线段的中点到各面距离不相等, 所以双五角楔形冠不存在内切球.

二面角 $A\text{-}CD\text{-}I$、$B\text{-}EF\text{-}K$、$C\text{-}IJ\text{-}M$、$E\text{-}KL\text{-}N$ 的余弦值是

$$-\frac{\frac{\sqrt{5}+1}{4}}{\frac{\sqrt{3}}{2}} = \frac{\sqrt{15}+\sqrt{3}}{6},$$

二面角 $D\text{-}CI\text{-}G$、$F\text{-}EK\text{-}G$、$C\text{-}DJ\text{-}H$、$E\text{-}FL\text{-}H$ 的余弦值是

$$-\frac{\frac{\sqrt{5}-1}{4}}{\frac{\sqrt{3}}{2}} = \frac{\sqrt{15}-\sqrt{3}}{6},$$

二面角 $B\text{-}AD\text{-}C$、$D\text{-}AC\text{-}E$、$A\text{-}BF\text{-}E$、$A\text{-}BE\text{-}F$、$G\text{-}IM\text{-}J$、$G\text{-}KN\text{-}L$、$H\text{-}JM\text{-}I$、$H\text{-}LN\text{-}K$ 的余弦值是

$$-\cot 60° \cot 72° = -\frac{\sqrt{75-30\sqrt{5}}}{15},$$

二面角 A-CG-I、A-EG-K、A-DH-J、A-FH-L、C-GI-M、E-CK-M、D-HJ-M、F-HL-M 的余弦值是

$$-\cot 60° \cot 36° = -\frac{\sqrt{75+30\sqrt{5}}}{15},$$

二面角 G-AB-H、G-MN-H 的余弦值是

$$1 - 2 \times \left(\frac{\frac{1}{2}}{\frac{\sqrt{10+2\sqrt{5}}}{4}}\right)^2 = \frac{\sqrt{5}}{5}.$$

（9） 平顶五角楔形大冠

如图 5.6.105，平顶五角楔形大冠 A、B、C、K、K、L、P、Q、R、S、T、U 在平面 $DEFGHI$ 内的射影分别是 A'、B'、C'、J'、K'、L'、P'、Q'、R'、S'、T'、U'，各棱的射影如图 5.6.106 所示。则正三角形 $A'B'C'$ 的中心、正三角形 $J'K'L'$ 的中心、正六边形 $P'Q'R'S'T'U'$ 的中心、六边形 $DEFGH$ 的外接圆圆心重合，设这个重合的点是 O，$I'O$ 过 $A'B'$ 和 $Q'R'$ 的中点，$J'O$ 过 $B'C'$ 和 $S'T'$ 的中点，$K'O$ 过 $C'A'$ 和 $U'P'$ 的中点。六边形 $CDEFGH$ 的外接圆半径是

$$\frac{\sqrt{1^2 + \left(\frac{\sqrt{5}+1}{2}\right)^2 - 2 \times 1 \times \frac{\sqrt{5}+1}{2} \times \cos 120°}}{2 \sin 120°} = \frac{\sqrt{30}+\sqrt{6}}{6}.$$

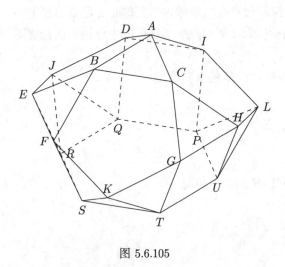

图 5.6.105

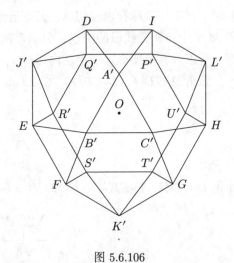

图 5.6.106

点 A' 到 DI 的距离是

$$\sqrt{\left(\frac{\sqrt{30}+\sqrt{6}}{6}\right)^2 - \left(\frac{1}{2}\right)^2} - \frac{\sqrt{3}}{3} = \frac{\sqrt{15}}{6},$$

所以平面 ABC 到平面 $DEFGHI$ 的距离是

$$\sqrt{\left(\frac{\sqrt{3}}{2}\right)^2 - \left(\frac{\sqrt{15}}{6}\right)^2} = \frac{\sqrt{3}}{3}.$$

直线 DE 到 $A'B'$ 的距离是

$$\sqrt{\left(\frac{\sqrt{30}+\sqrt{6}}{6}\right)^2 - \left(\frac{\sqrt{5}+1}{4}\right)^2} - \frac{\sqrt{3}}{6} = \frac{3\sqrt{3}+\sqrt{15}}{12},$$

点 J' 到 $A'B'$ 的距离是

$$\frac{\frac{3\sqrt{3}+\sqrt{15}}{12}}{\frac{\sqrt{10+2\sqrt{5}}}{4}} \times \frac{\sqrt{5+2\sqrt{5}}}{2} = \frac{2\sqrt{3}+\sqrt{15}}{6},$$

所以平面 ABC 到平面 JKL 的距离是

$$\frac{\frac{\sqrt{5+2\sqrt{5}}}{2}}{\frac{\sqrt{10+2\sqrt{5}}}{4}} \times \frac{\sqrt{3}}{3} = \frac{\sqrt{15}+\sqrt{3}}{6}.$$

直线 $P'Q'$ 到 DI 的距离是

$$\sqrt{\left(\frac{\sqrt{30}+\sqrt{6}}{6}\right)^2 - \left(\frac{1}{2}\right)^2} - \frac{\sqrt{3}}{2} = \frac{\sqrt{15}-\sqrt{3}}{6},$$

所以平面 $PQRSTU$ 到平面 $DEFGHI$ 的距离是

$$\sqrt{1^2 - \left(\frac{\sqrt{15}-\sqrt{3}}{6}\right)^2} = \frac{\sqrt{15}+\sqrt{3}}{6}.$$

双五角楔形冠的全面积是

$$3 \times 1^2 + 19 \times \frac{1}{2} \times 1^2 \times \frac{\sqrt{3}}{2} + 3 \times 5 \times \frac{1}{2} \times 1 \times \frac{1}{2} \cot 36° = 3 + \frac{19\sqrt{3}+3\sqrt{25+10\sqrt{5}}}{4}.$$

六边形 $DEFGHI$ 的面积是

$$3 \times \left(\frac{1}{2} \times 1 \times \frac{\sqrt{5}+1}{2} \times \sin 120° + \frac{1}{2} \times \left(\frac{\sqrt{30}+\sqrt{6}}{6}\right)^2 \times \sin 120°\right) = \frac{9\sqrt{3}+5\sqrt{15}}{8},$$

拟柱体 ABC-$DEFGHI$ 的中截面的外接圆半径是

$$\frac{\sqrt{\left(\frac{1}{2}\right)^2 + \left(\frac{3+\sqrt{5}}{4}\right)^2 - 2 \times \frac{1}{2} \times \frac{3+\sqrt{5}}{4} \times \cos 120°}}{2\sin 120°} = \frac{\sqrt{15}+\sqrt{3}}{6},$$

拟柱体 ABC-$DEFGHI$ 的中截面的面积是

$$3 \times \left(\frac{1}{2} \times \frac{1}{2} \times \frac{3+\sqrt{5}}{4} \times \sin 120° + \frac{1}{2} \times \left(\frac{\sqrt{15}+\sqrt{3}}{6} \right)^2 \times \sin 120° \right) = \frac{21\sqrt{3}+7\sqrt{15}}{32},$$

所以拟柱体 ABC-$DEFGHI$ 的体积是

$$\frac{1}{6} \times \left(\frac{\sqrt{3}}{4} + \frac{9\sqrt{3}+5\sqrt{15}}{8} + 4 \times \frac{21\sqrt{3}+7\sqrt{15}}{32} \right) \times \frac{\sqrt{3}}{3} = \frac{8+3\sqrt{5}}{12}.$$

拟柱体 $PQRSTU$-$DEFGHI$ 的中截面的外接圆半径是

$$\frac{\sqrt{1^2 + \left(\frac{3+\sqrt{5}}{4}\right)^2 - 2 \times 1 \times \frac{3+\sqrt{5}}{4} \times \cos 120°}}{2 \sin 120°} = \frac{\sqrt{126+30\sqrt{5}}}{12},$$

拟柱体 $PQRSTU$-$DEFGHI$ 的中截面的面积是

$$3 \times \left(\frac{1}{2} \times 1 \times \frac{3+\sqrt{5}}{4} \times \sin 120° + \frac{1}{2} \times \left(\frac{\sqrt{126+30\sqrt{5}}}{12} \right)^2 \times \sin 120° \right) = \frac{39\sqrt{3}+11\sqrt{15}}{32},$$

所以拟柱体 $PQRSTU$-$DEFGHI$ 的体积是

$$\frac{1}{6} \times \left(\frac{3\sqrt{3}}{2} + \frac{9\sqrt{3}+5\sqrt{15}}{8} + 4 \times \frac{39\sqrt{3}+11\sqrt{15}}{32} \right) \times \frac{\sqrt{15}+\sqrt{3}}{6} = \frac{35+19\sqrt{5}}{24}.$$

因为四边形 $DERQ$ 除边 DE 外都是正五边形的边，所以 $\angle EDQ = 72°$，直线 DE 到 PQ 的距离是

$$\frac{\sqrt{10+2\sqrt{5}}}{4},$$

由三边确定的三角形面积公式得点 J 到平面 $DERQ$ 的距离是

$$\frac{\sqrt{50-10\sqrt{5}}}{10},$$

所以四棱锥 J-$DERQ$、K-$FGTS$、L-$HIPU$ 的体积是

$$\frac{1}{3} \times \frac{1}{2} \times \left(1 + \frac{\sqrt{5}+1}{2} \right) \times \frac{\sqrt{10+2\sqrt{5}}}{4} \times \frac{\sqrt{50-10\sqrt{5}}}{10} = \frac{3+\sqrt{5}}{24}.$$

平顶五角楔形大冠的体积是拟柱体 ABC-$DEFGHI$ 的体积、拟柱体 $PQRSTU$-$DEFGHI$ 的体积、四棱锥 J-$DERQ$、K-$FGTS$、L-$HIPU$ 的体积五者之和，所以平顶五角楔形大冠的体积是

$$\frac{8+3\sqrt{5}}{12} + \frac{35+19\sqrt{5}}{24} + 3 \times \frac{3+\sqrt{5}}{24} = \frac{15+7\sqrt{5}}{6}.$$

若平顶五角楔形大冠存在外接球或内棱切球，设到点 A、B、C、P、Q、R、S、T、U 距离相等的点是 X，这些距离是 $\dfrac{\sqrt{186-18\sqrt{5}}}{12}$，但点 X 到点 C 的距离不等于 $\dfrac{\sqrt{186-18\sqrt{5}}}{12}$，所以平顶五角楔形大冠不存在外接球和内棱切球. 若平顶五角楔形大冠存在内切球，则其球心必定是正三角形 ABC 的中心和正六边形 $PQRSTU$ 中心所连线段的中点，但体积的三倍除以全面积的值并不等于这条线段长的一半，所以平顶五角楔形大冠不存在内切球.

相邻两个正三角形二面角的余弦值是
$$\frac{\cos 108°-\cos^2 60°}{\sin^2 60°}=-\frac{\sqrt{5}}{3},$$
三个两两相邻正三角形其中一个正三角形与相邻的正方形二面角的余弦值是
$$\cos\left(\arccos\left(\frac{\cos 60°-\cos 60°\cos 108°}{\sin 60°\sin 108°}\right)+\arccos\left(\frac{\cos 120°}{\sin 108°}\right)\right)=-\frac{\sqrt{15}+\sqrt{3}}{6},$$
与两个正五边形相邻的正三角形与相邻的正方形二面角的余弦值是
$$\cos\left(\arccos\left(\frac{\cos 72°-\cos 60°\cos 120°}{\sin 60°\sin 120°}\right)+\arccos\left(\frac{\cos 72°}{\sin 60°}\right)\right)=-\frac{\sqrt{15}-\sqrt{3}}{6},$$
三个两两相邻正三角形其中一个正三角形与相邻的正五边形二面角的余弦值是
$$\frac{\cos 72°-\cos 36°\cos 60°}{\sin 36°\sin 60°}=-\frac{\sqrt{75-30\sqrt{5}}}{15},$$
与两个正五边形相邻的正三角形与相邻的正五边形二面角的余弦值是
$$\frac{\cos 120°-\cos 60°\cos 72°}{\sin 60°\sin 72°}=-\frac{\sqrt{75+30\sqrt{5}}}{15},$$
相邻的正三角形和正六边形二面角的余弦值是
$$\cos\left(\arccos\left(\frac{\cos 60°-\cos 60°\cos 108°}{\sin 60°\sin 108°}\right)+\arccos(-\cot 120°\cot 108°)\right)=-\frac{\sqrt{5}}{3},$$
相邻的正方形和正六边形二面角的余弦值是
$$-\frac{\sqrt{15}-\sqrt{3}}{6}.$$

5.7 Kepler-Poinsot 多面体

定义 5.7.1. 把正十二面体每个面按照图 5.7.1 的方法延展成一个正五角星，得到的多面体称为小星状正十二面体. 把正二十面体连同一顶点的五个顶点按照图 5.7.2 的方法延展成一个正五角星，得到的多面体称为大星状正十二面体. 小星状正十二面体和大星状正十二面体称为 Kepler 多面体. 按照上述方法延展所在的平面称为 Kepler 多面体的面，延展后正五角星的顶点称为 Kepler 多面体的顶点，延展后连正五角星两顶点的边称为 Kepler 多面体的棱.

5.7 Kepler-Poinsot 多面体

图 5.7.1

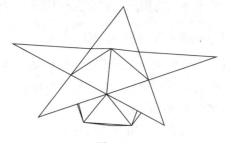

图 5.7.2

定义 5.7.2. 把正二十面体按图 5.7.3 所示，连同一顶点的五个顶点的正五边形，所有这些正五边形得到的多面体称为大正十二面体. 把正二十面体按图 5.7.4 所示，与正十二面体每面公用一棱的三个三角形的非公共棱的三顶点连成一个正三角形，所有这些正三角形得到的多面体称为大正二十面体. 大正十二面体和大正二十面体称为 Poinsot 多面体. 按照上述构造法正五边形或正三角形所在的面称为 Poinsot 多面体的面，正五边形或正三角形的顶点称为 Poinsot 多面体的顶点，正五边形或正三角形的边称为 Poinsot 多面体的棱.

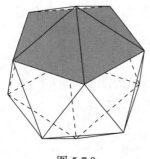

图 5.7.3

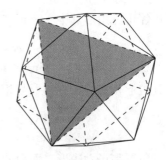

图 5.7.4

定义 5.7.3. Kepler 多面体和 Poinsot 多面体并称为 Kepler-Poinsot 多面体.

定义 5.7.4. 各面都是全等的正多边形或正多角星，各顶点所成的多面角都全等的凹多面体称为凹正多面体.

Kepler-Poinsot 多面体是仅有的四种凹正多面体. 关于凹正多面体种类的证明由于比较复杂，这里就省略了.

表 5.7.1 列出 Kepler-Poinsot 多面体的直观图、顶点数、面数、棱数.

512

表 5.7.1 Kepler-Poinsot 多面体的直观图、顶点数、面数、棱数

名称	直观图	顶点数	面数	棱数
小星状正十二面体	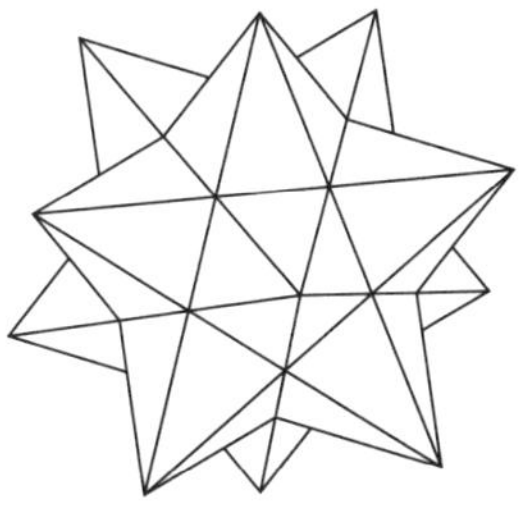	12	12	30
大星状正十二面体		20	12	30
大正十二面体	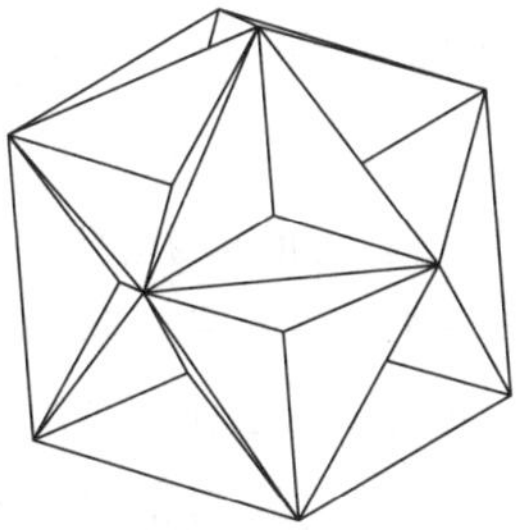	12	12	30
大正二十面体	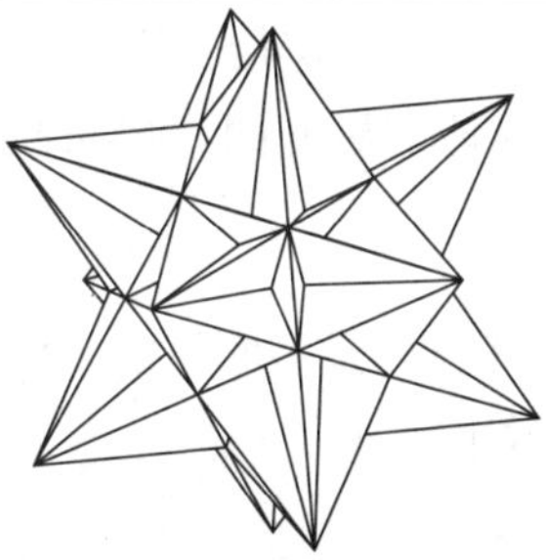	12	20	30

由表 5.7.1 中的数据可以看出,小星状正十二面体、大正十二面体并不符合 Euler 公式 $V + F - E = 2$,其中 V 是顶点数,F 是面数,E 是棱数.

小星状正十二面体也可以利用图 5.7.5 的星状化方法构造而成,大星状正十二面体也可以利用图 5.7.6 的星状化方法构造而成. 图 5.7.7 是小星状正十二面体其中一个角的展开图,图 5.7.8 是大星状正十二面体其中一个角的展开图.

小星状正十二面体可以看成在正十二面体各面上补一个正五棱锥构成的,且其顶点构成正十二面体. 大星状正十二面体可以看成在正二十面体各面上补一个正三棱锥构成的,且其顶点构成正二十面体.

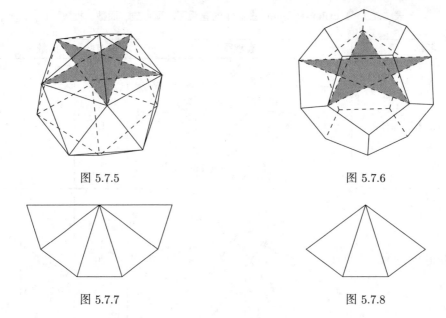

图 5.7.5　　　　　　　　　　　　　　图 5.7.6

图 5.7.7　　　　　　　　　　　　　　图 5.7.8

大正十二面体可以看作在正十二面体各面切去一个正三棱锥得到的，图 5.7.9 是大正十二面体的展开图.

大正二十面体的构成非常复杂，但用下面的构造法可以比较简单地构造出这个多面体：

（1）正十二面体各面向内挖一个侧面是正三角形的正五棱锥（如图 5.7.10 右边所示）；

（2）在所挖的正五棱锥向外补一个图 5.7.10 左边的凹多面体.

步骤（2）所补的凹多面体如果把凹下去的四面体补上，则会得到大星状十二面体. 因此，大正二十面体也可以看作大星状十二面体切去六十个小三棱锥后得到的.

图 5.7.11 是图 5.7.10 右边凹多面体的展开图，图 5.7.12 是图 5.7.10 左边凹多面体的展开图.

例 5.7.1. 求棱长是 1 的 Kepler-Poinsot 多面体的二面角大小 θ，表面积 S，体积 V，外接球半径 R，棱切球半径 ρ，内切球半径 r.

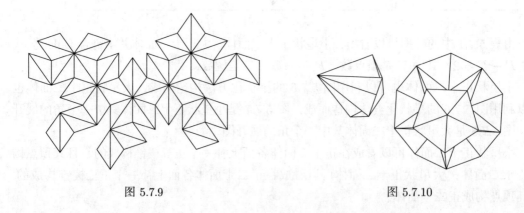

图 5.7.9　　　　　　　　　　　　　　图 5.7.10

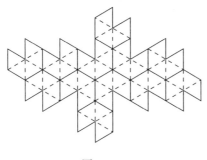
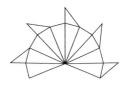

图 5.7.11   图 5.7.12

解：首先求正五角星的角的大小和边长是 1 的正五角星内部含有的正五边形的边长（图 5.7.13）.

图 5.7.13

正五角星的角的大小是 $180° - 2 \times 72° = 36°$. 设边长是 1 的正五角星内部含有的正五边形的边长是 a，则

$$\frac{1-a}{2a} = \frac{\sin 72°}{\sin 36°},$$

解得

$$a = \sqrt{5} - 2,$$

并且得到

$$\frac{1-a}{2} = \frac{3-\sqrt{5}}{2}.$$

（1）小星状正十二面体

小星状正十二面体二面角 θ 与正十二面体的二面角大小相等，所以

$$\theta = \arccos\left(-\frac{\sqrt{5}}{5}\right).$$

由于小星状正十二面体可以看作由正十二面体在各面向外粘贴一个正五棱锥得到，所以其表面积等于这些正五棱锥的所有侧面面积之和，因此

$$S = 12 \times 5 \times \frac{1}{2} \times \left(\frac{3-\sqrt{5}}{2}\right)^2 \times \sin 36° = 15\sqrt{85 - 38\sqrt{5}}.$$

小星状正十二面体其体积是正十二面体的体积加上这些正五棱锥的体积. 首先计算这些正五棱锥的高, 这些正五棱锥的外接圆半径等于

$$r_1 = \frac{\sqrt{5}-2}{2} \times \csc 36° = \frac{\sqrt{250-110\sqrt{5}}}{10},$$

所以这些正五棱锥的高等于

$$h = \sqrt{\left(\frac{3-\sqrt{5}}{2}\right)^2 - r_1^2} = \frac{\sqrt{25-10\sqrt{5}}}{5},$$

由此得到这些正五棱锥的体积等于

$$V_1 = \frac{1}{3} \times 5 \times \frac{1}{2} r_1^2 \sin 72° \cdot h = \frac{9\sqrt{5}-20}{12},$$

所以体积等于

$$V = \frac{15+7\sqrt{5}}{4} \times \left(\sqrt{5}-2\right)^3 + 12 \times \frac{9\sqrt{5}-20}{12} = \frac{25\sqrt{5}-55}{4}.$$

正十二面体内切球的半径等于

$$r = \frac{\sqrt{250+110\sqrt{5}}}{20} \times \left(\sqrt{5}-2\right) = \frac{\sqrt{50-10\sqrt{5}}}{20},$$

所以外接球半径等于

$$R = r + h = \frac{\sqrt{10-2\sqrt{5}}}{4},$$

棱切球半径等于

$$\rho = \sqrt{R^2 - \left(\frac{1}{2}\right)^2} = \frac{\sqrt{5}-1}{4},$$

内切球半径等于

$$r = \left(\sqrt{5}-2\right) \times \frac{\sqrt{250+110\sqrt{5}}}{12} = \frac{\sqrt{50-10\sqrt{5}}}{20}.$$

（2）大星状正十二面体

大星状正十二面体二面角 θ 的余弦值是

$$\cos \theta = \frac{\cos 60° - \cos^2 72°}{\sin^2 72°} = \frac{\sqrt{5}}{5},$$

所以

$$\theta = \arccos \frac{\sqrt{5}}{5}.$$

由于大星状正十二面体可以看作由正二十面体在各面向外粘贴一个正三棱锥得到, 所以其表面积等于这些正三棱锥的所有侧面面积之和, 因此

$$S = 20 \times 3 \times \frac{1}{2} \times \left(\frac{3-\sqrt{5}}{2}\right)^2 \times \sin 36° = 15\sqrt{85-38\sqrt{5}}.$$

大星状正十二面体的体积是正二十面体的体积加上这些正三棱锥的体积. 首先计算这些正三棱锥的高, 这些正三棱锥的外接圆半径等于

$$r_1 = \frac{\sqrt{5}-2}{2} \times \csc 60° = \frac{\sqrt{15}-2\sqrt{3}}{3},$$

所以这些正三棱锥的高等于

$$h = \sqrt{\left(\frac{3-\sqrt{5}}{2}\right)^2 - r_1^2} = \frac{\sqrt{15}-\sqrt{3}}{6},$$

由此得到这些正三棱锥的体积等于

$$V_1 = \frac{1}{3} \times \frac{1}{2} \times \left(\sqrt{5}-2\right)^2 \times \sin 60° \cdot h = \frac{13\sqrt{5}-29}{24},$$

所以体积等于

$$V = \frac{15+5\sqrt{5}}{12} \times \left(\sqrt{5}-2\right)^3 + 20 \times \frac{13\sqrt{5}-29}{24} = \frac{65\sqrt{5}-145}{4}.$$

正十二面体内切球的半径等于

$$r = \frac{3\sqrt{3}+\sqrt{15}}{12} \times \left(\sqrt{5}-2\right) = \frac{\sqrt{15}-\sqrt{3}}{12},$$

所以外接球半径等于

$$R = r + h = \frac{\sqrt{15}-\sqrt{3}}{4},$$

棱切球半径等于

$$\rho = \sqrt{R^2 - \left(\frac{1}{2}\right)^2} = \frac{3-\sqrt{5}}{4},$$

内切球半径等于

$$r = \left(\sqrt{5}-2\right) \times \sqrt{\left(\frac{\sqrt{10+2\sqrt{5}}}{4}\right)^2 - \left(\frac{1}{2}\csc 36°\right)^2} = \frac{\sqrt{250-110\sqrt{5}}}{20}. \quad \square$$

（3）大正十二面体

大正十二面体二面角 θ 的余弦值是

$$\cos\theta = \frac{\cos 36° - \cos^2 36°}{\sin^2 36°} = \frac{\sqrt{5}}{5},$$

所以

$$\theta = \arccos\frac{\sqrt{5}}{5}.$$

由于大正十二面体可以看作由以正二十面体的各面为底面切去正三棱锥得到,所以其表面积等于这些正三棱锥的所有侧面面积之和,因此

$$S = 60 \times \frac{1}{2} \times \left(\frac{\sqrt{5}-1}{2}\right)^2 \times \sin 108° = 15\sqrt{5-2\sqrt{5}}.$$

大正十二面体的体积是正二十面体的体积减去这些正三棱锥的体积. 首先计算这些正三棱锥的高,这些正三棱锥的外接圆半径等于

$$r_1 = \frac{1}{2} \times \csc 60° = \frac{\sqrt{3}}{3},$$

所以这些正五棱锥的高等于

$$h = \sqrt{\left(\frac{\sqrt{5}-1}{2}\right)^2 - r_1^2} = \frac{3\sqrt{3}-\sqrt{15}}{6},$$

由此得到这些正五棱锥的体积等于

$$V_1 = \frac{1}{3} \times \frac{1}{2} \times 1^2 \times \sin 60° \cdot h = \frac{3-\sqrt{5}}{24},$$

所以体积等于

$$V = \frac{15+5\sqrt{5}}{12} - 20 \times \frac{3-\sqrt{5}}{24} = \frac{5\sqrt{5}-5}{4}.$$

大正十二面体外接球半径等于棱长相等的正二十面体的外接球半径,所以

$$R = \frac{\sqrt{10+2\sqrt{5}}}{4},$$

棱切球半径等于

$$\rho = \sqrt{R^2 - \left(\frac{1}{2}\right)^2} = \frac{\sqrt{5}+1}{4},$$

内切球半径等于

$$r = \sqrt{\left(\frac{\sqrt{10+2\sqrt{5}}}{4}\right)^2 - \left(\frac{1}{2}\csc 36°\right)^2} = \frac{\sqrt{50+10\sqrt{5}}}{20}.$$

(4)大正二十面体

如图 5.7.14,大正二十面体每条棱都被其他面分成三段,其中

$$\frac{BD}{DE} = \frac{CE}{DE} = \frac{\sqrt{5}+1}{2},$$

所以

$$DE = \sqrt{5}-2, \quad BD = CE = \frac{3-\sqrt{5}}{2}.$$

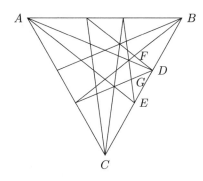

图 5.7.14

则由余弦定理,得

$$AD = AE = \sqrt{AB^2 + BD^2 - 2 \cdot AB \cdot BD \cdot \cos 60°} = \frac{\sqrt{10} - \sqrt{2}}{2}.$$

设 $\angle DAE = \alpha$, $\angle BAD = \angle CAE = \beta$, 则

$$\cos \alpha = \frac{2 \cdot AD^2 - DE^2}{2 \cdot AD^2} = \frac{3\sqrt{5} + 1}{8}, \quad \cos \beta = \frac{AB^2 + AD^2 - BD^2}{2 \cdot AB \cdot AD} = \frac{3\sqrt{2} + \sqrt{10}}{8},$$

所以

$$\cos \theta = \frac{\cos \alpha - \cos^2 \beta}{\sin^2 \beta} = \frac{\sqrt{5}}{3},$$

由此得

$$\theta = \arccos \frac{\sqrt{5}}{3}.$$

如图 5.7.14, 因为

$$\tan \angle EDG = \tan(\alpha + \beta) = \frac{\tan \alpha + \tan \beta}{1 - \tan \alpha \tan \beta} = \frac{\sqrt{15}}{5},$$

所以

$$DG = EG = \frac{DE}{2} \cdot \sec \angle EDG = \frac{5\sqrt{2} - 2\sqrt{10}}{5},$$

$$S_{\triangle DEG} = \frac{1}{4} \cdot DE^2 \cdot \tan \angle EDG = \frac{9\sqrt{15} - 20\sqrt{3}}{20}.$$

因为

$$\sin \angle BDF = \sin(180° - \alpha - \beta - 60°) = \sin(120° - \alpha - \beta) = \frac{\sqrt{30} + \sqrt{6}}{8},$$

$$\sin \angle BFD = \sin(180° - \beta - \angle BDF) = \sin(60° + \alpha) = \frac{\sqrt{15}}{4},$$

所以

$$BF = \frac{\sin \angle BDF}{\sin \angle BFD} \cdot BD = \frac{5\sqrt{2} - \sqrt{10}}{10},$$

由此得到
$$S_{\triangle BDF} = \frac{1}{2} \cdot BD \cdot BF \cdot \sin\beta = \frac{7\sqrt{15}-15\sqrt{3}}{40}.$$
所以
$$S = 12(10S_{\triangle BDF} + 5S_{\triangle DEG}) = 48\sqrt{15} - 105\sqrt{3}.$$

大正十二面体可以看成大星状十二面体切去六十个小三棱锥后得到，用六棱长的四面体体积公式得到一个小三棱锥的体积是
$$V_1 = \frac{65-29\sqrt{5}}{120},$$
所以体积是
$$V = \frac{25\sqrt{5}-55}{4} - 60 \times \frac{65-29\sqrt{5}}{120} = \frac{83\sqrt{5}-185}{4}.$$
大正十二面体外接球半径等于棱长相等的正二十面体的外接球半径，所以
$$R = \frac{\sqrt{10+2\sqrt{5}}}{4} \times \frac{\sqrt{5}-1}{2} = \frac{\sqrt{10-2\sqrt{5}}}{4}.$$
棱切球半径等于
$$\rho = \sqrt{R^2 - \left(\frac{1}{2}\right)^2} = \frac{\sqrt{5}-1}{4},$$
内切球半径等于
$$r = \frac{2}{\sqrt{5}+1} \times \sqrt{\left(\frac{\sqrt{10+2\sqrt{5}}}{4}\right)^2 - \left(\frac{\sqrt{3}}{3} \times \frac{\sqrt{5}+1}{2}\right)^2} = \frac{3\sqrt{3}-\sqrt{15}}{12}.$$

图 5.7.15 是小星状正十二面体、大星状正十二面体的面被各自多面体分割的情况，其中灰色部分是在多面体表面的部分. 其中小星状正十二面体、大星状正十二面体每个面在表面部分的面积都是 $\frac{5}{4}\sqrt{85-38\sqrt{5}}$.

图 5.7.16、图 5.7.17 分别是大正十二面体、大正二十面体的面被各自多面体分割的情况，其中灰色部分是在多面体表面的部分. 图 5.7.17 中三角形边的三分点所分线段按一个方向顺序的长度比是 $2:(\sqrt{5}-1):2$. 其中大正十二面体每个面在表面部分的面积是 $\frac{5}{4}\sqrt{5-2\sqrt{5}}$，大正二十面体每个面在表面部分的面积是 $\frac{48\sqrt{15}-105\sqrt{3}}{20}$.

Kepler-Poinsot 多面体二面角、表面积、体积精确值和近似值分别汇成表 5.7.2、表 5.7.3，Kepler-Poinsot 多面体外接球半径、内切球半径、棱切球半径精确值和近似值分别汇成表 5.7.4、表 5.7.5.

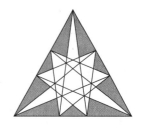

图 5.7.15　　　　　　　　　图 5.7.16　　　　　　　　　图 5.7.17

表 5.7.2　棱长是 1 的 Kepler-Poinsot 多面体二面角、表面积、体积精确值

名称	二面角	表面积	体积
小星状正十二面体	$\arccos\left(-\dfrac{\sqrt{5}}{5}\right)$	$15\sqrt{85-38\sqrt{5}}$	$\dfrac{25\sqrt{5}-55}{4}$
大星状正十二面体	$\arccos\dfrac{\sqrt{5}}{5}$	$15\sqrt{85-38\sqrt{5}}$	$\dfrac{65\sqrt{5}-145}{4}$
大正十二面体	$\arccos\dfrac{\sqrt{5}}{5}$	$15\sqrt{5-2\sqrt{5}}$	$\dfrac{5\sqrt{5}-5}{4}$
大正二十面体	$\arccos\dfrac{\sqrt{5}}{3}$	$48\sqrt{15}-105\sqrt{3}$	$\dfrac{83\sqrt{5}-185}{4}$

表 5.7.3　棱长是 1 的 Kepler-Poinsot 多面体二面角、表面积、体积近似值

名称	二面角	表面积	体积
小星状正十二面体	116°33′54″	2.57270137730715	0.225424859373686
大星状正十二面体	63°26′06″	2.57270137730715	0.0861046343715826
大正十二面体	63°26′06″	10.8981379200804	1.54508497187474
大正二十面体	41°48′37″	4.03786582322389	0.148410533120636

表 5.7.4　棱长是 1 的 Kepler-Poinsot 多面体外接球半径、内切球半径、棱切球半径精确值

名称	外接球半径	内切球半径	棱切球半径
小星状正十二面体	$\dfrac{\sqrt{10-2\sqrt{5}}}{4}$	$\dfrac{\sqrt{50-10\sqrt{5}}}{20}$	$\dfrac{\sqrt{5}-1}{4}$
大星状正十二面体	$\dfrac{\sqrt{15}-\sqrt{3}}{4}$	$\dfrac{\sqrt{250-110\sqrt{5}}}{20}$	$\dfrac{3-\sqrt{5}}{4}$
大正十二面体	$\dfrac{\sqrt{10+2\sqrt{5}}}{4}$	$\dfrac{\sqrt{50+10\sqrt{5}}}{20}$	$\dfrac{\sqrt{5}+1}{4}$
大正二十面体	$\dfrac{\sqrt{10-2\sqrt{5}}}{4}$	$\dfrac{3\sqrt{3}-\sqrt{15}}{12}$	$\dfrac{\sqrt{5}-1}{4}$

表 5.7.5　棱长是 1 的 Kepler-Poinsot 多面体外接球半径、内切球半径、棱切球半径近似值

名称	外接球半径	内切球半径	棱切球半径
小星状正十二面体	0.587785252292473	0.262865556059567	0.309016994374947
大星状正十二面体	0.535233134659635	0.100405707943114	0.190983005625053
大正十二面体	0.951056516295154	0.425325404176020	0.809016994374947
大正二十面体	0.587785252292473	0.110264089708268	0.309016994374947

5.8　均匀多面体

定义 5.8.1. 各棱长度都相等，各面都是正多边形或正多角星，且各顶点形成的多面角都全等的多面体称为均匀多面体.

由均匀多面体的定义可知，正多面体、半正多面体、Kepler-Poinsot 多面体都属于均匀多面体，这些多面体前面已经详细介绍过，下面介绍其他均匀多面体，剩下的均匀多面体都不是凸多面体.

定义 5.8.2. 不是正多面体、半正多面体、Kepler-Poinsot 多面体的均匀多面体称为凹半正多面体. 凹半正多面体的外接球球心称为这个凹半正多面体的中心.

除了正多角星棱柱、正多角星反柱和正多角星交错反柱外，凹半正多面体一共有 54 种，有时候大二重变形斜方十二面体不包含在均匀多面体内.

凹半正多面体的直观图、顶点数、面数、棱数汇成表 5.8.1，凹半正多面体的顶点构成汇成表 5.8.2，其中 f_n 表示正 n 边形，$f_{\frac{n}{m}}$（$m \geqslant 2$，$2m < n$）表示正 n 边形中每隔 $m-1$ 个顶点连一对角线形成的正 n 角星，凹半正多面体面的类型汇成表 5.8.3. 表 5.8.1、5.8.2、5.8.3 中的均匀多面体不包含正多角星棱柱、正多角星反柱和正多角星交错反柱.

表 5.8.1　凹半正多面体的直观图、顶点数、面数、棱数

名称	直观图	顶点数	面数	棱数
四合四面体	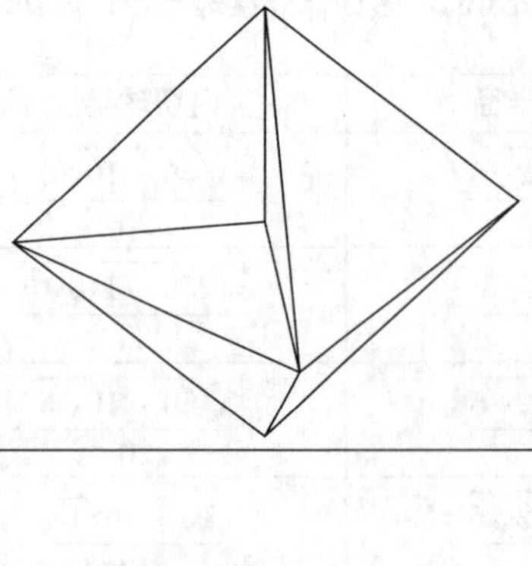	6	7	12

表 5.8.1 （续）

名称	直观图	顶点数	面数	棱数
八合四面体	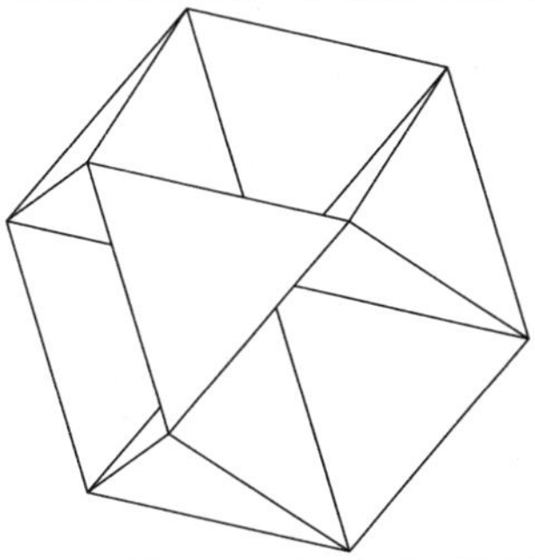	12	12	24
六合五面体	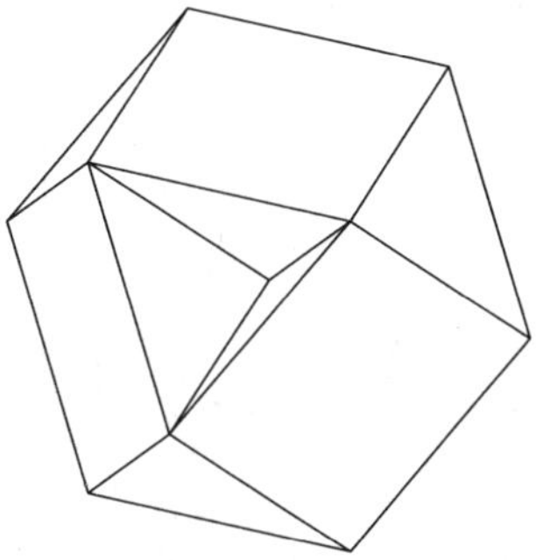	12	10	24
大立方截半正方体	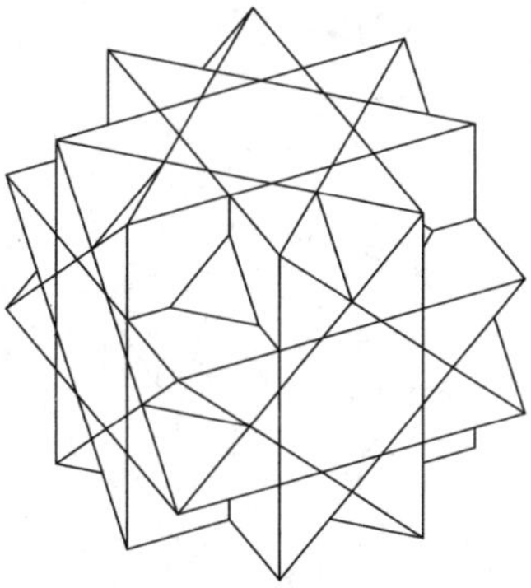	24	20	48
大均匀斜方截半正方体	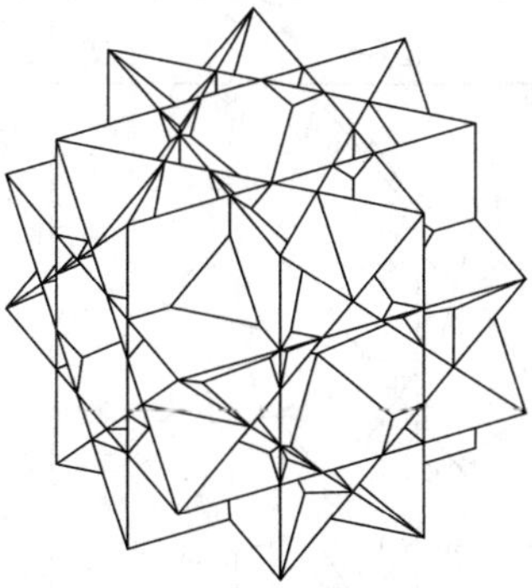	24	26	48

表 5.8.1 （续）

名称	直观图	顶点数	面数	棱数
大斜方六面体	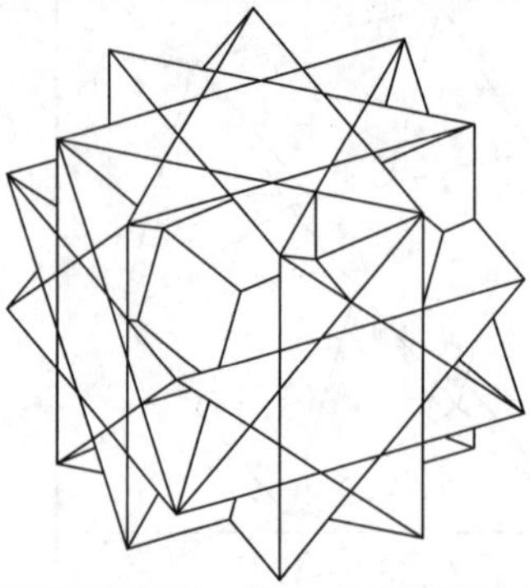	24	18	48
小立方截半正方体	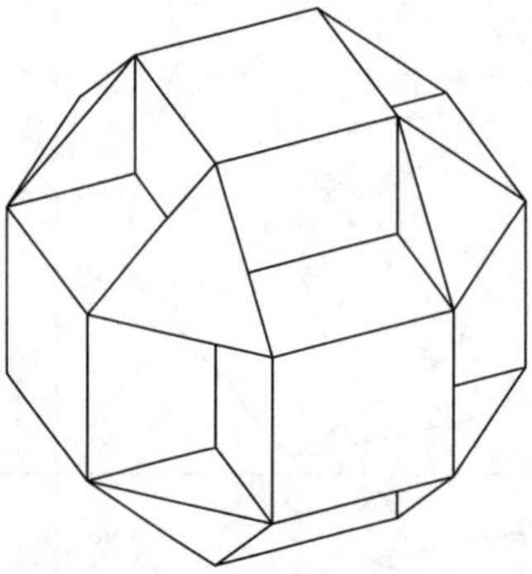	24	20	48
小斜方六面体	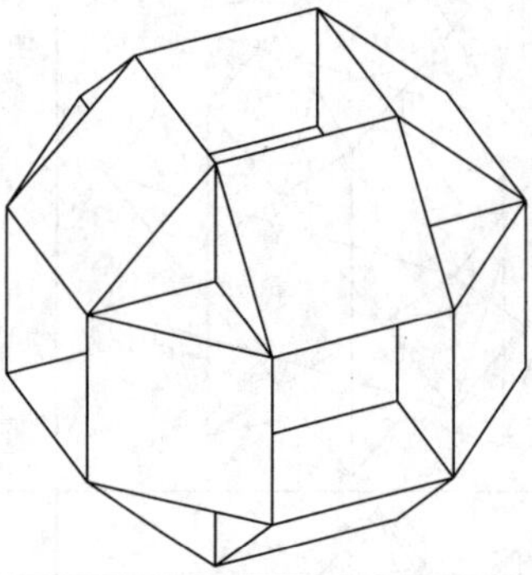	24	18	48
星状截顶六面体		24	14	36

表 5.8.1 （续）

名称	直观图	顶点数	面数	棱数
立方截顶截半正方体	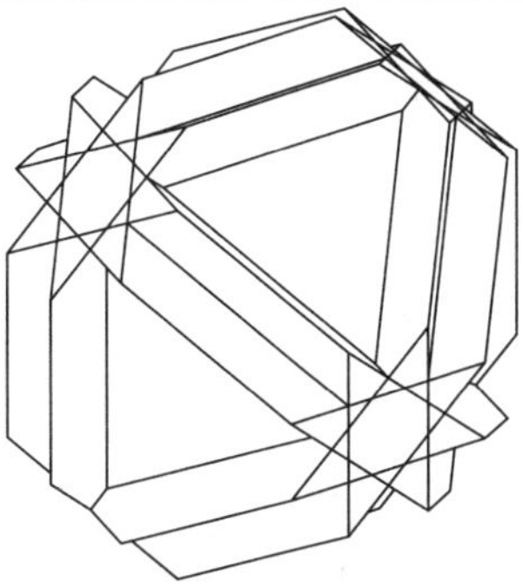	48	20	72
大截顶截半正方体	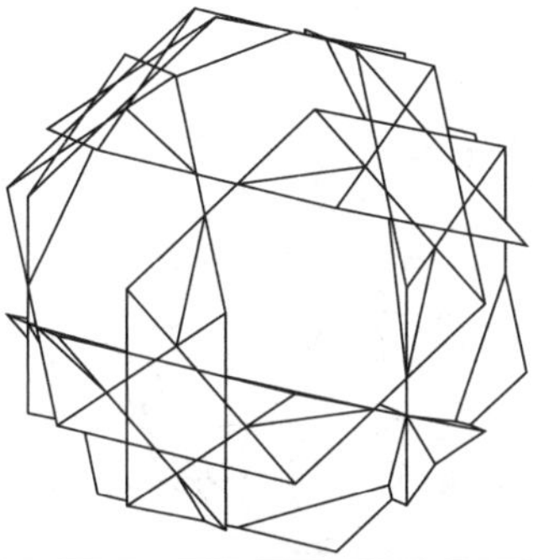	48	26	72
小双三斜三十二面体	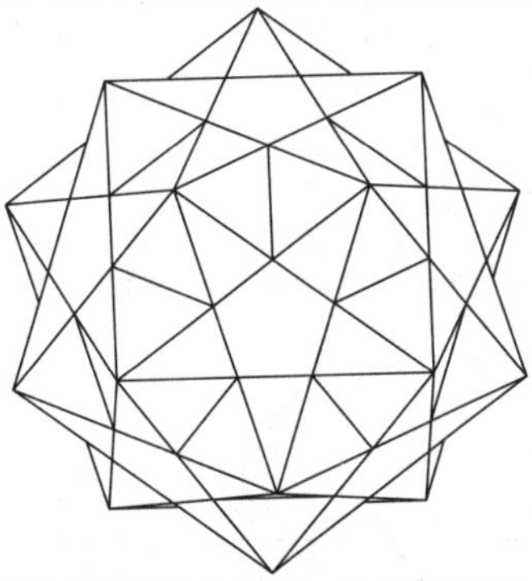	20	32	60
大三斜三十二面体	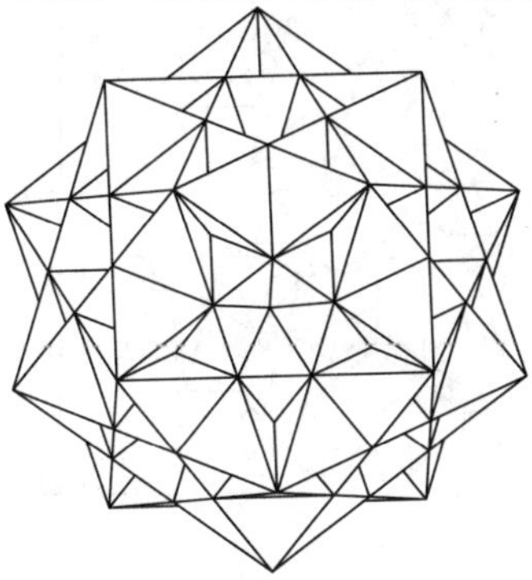	20	32	60

表 5.8.1 （续）

名称	直观图	顶点数	面数	棱数
双三斜十二面体	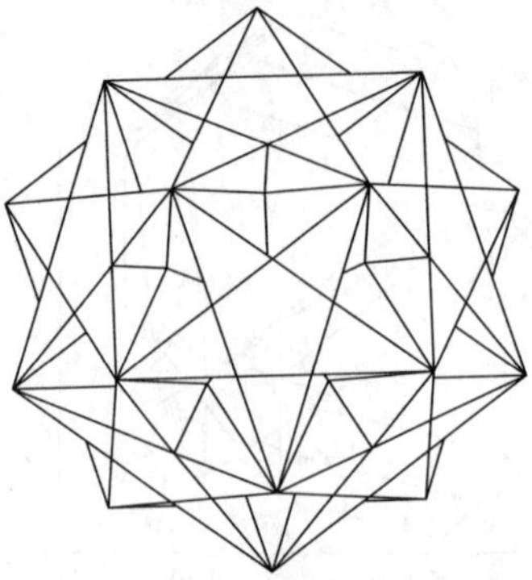	20	24	60
小二十合扭棱三十二面体	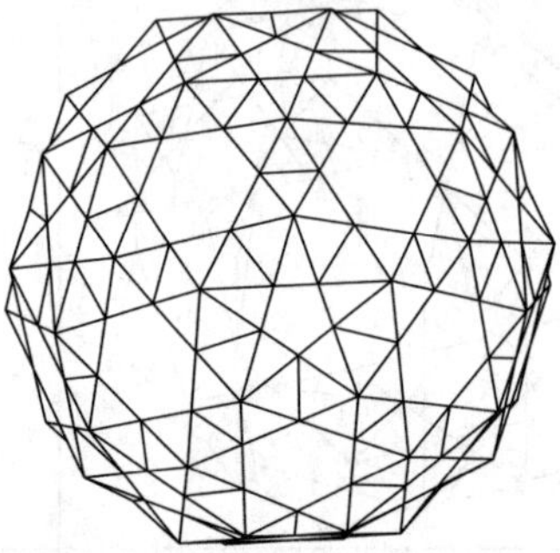	60	112	180
截顶大十二面体	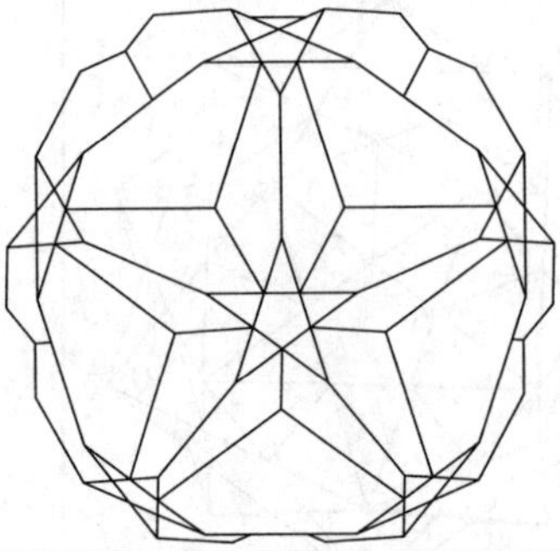	60	24	90
大十二合三十二面体		60	44	120

表 5.8.1 （续）

名称	直观图	顶点数	面数	棱数
均匀大斜方三十二面体	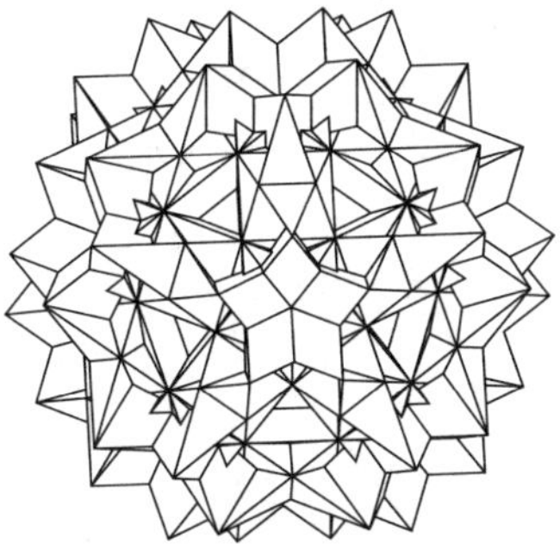	60	62	120
大斜方十二面体		60	42	120
斜方十二合十二面体	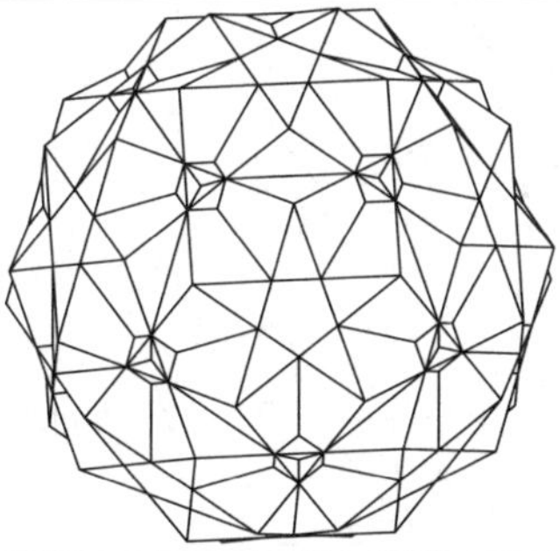	60	54	120
三十二合十二面体	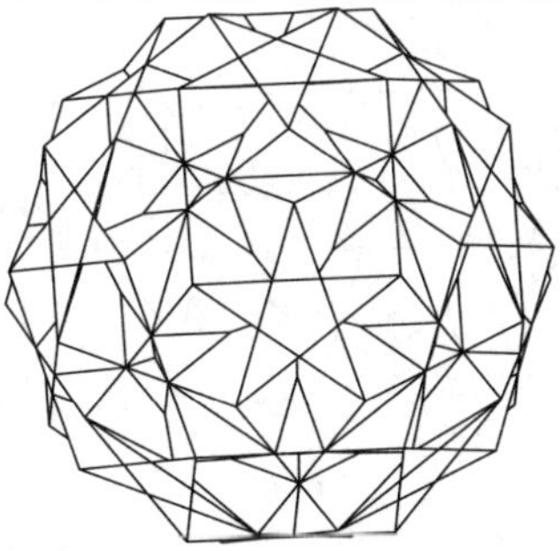	60	44	120

5.8 均匀多面体

表 5.8.1 （续）

名称	直观图	顶点数	面数	棱数
斜方二十面体	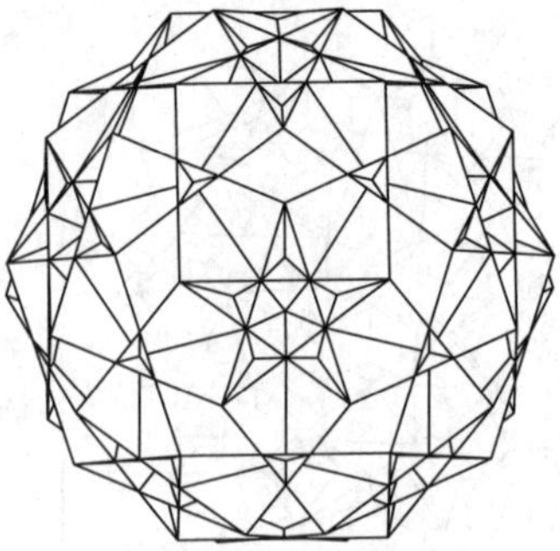	60	50	120
小二十合四面体	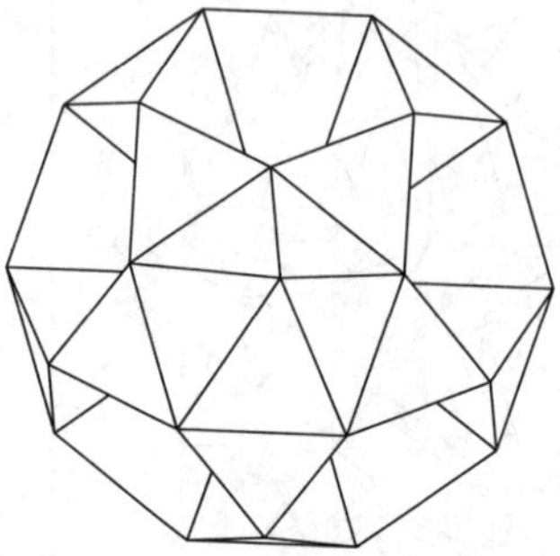	30	26	60
小十二合六面体	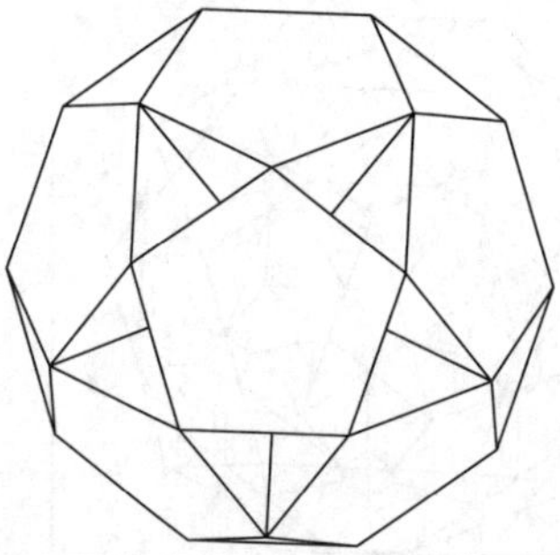	30	18	60
十二合二十面体	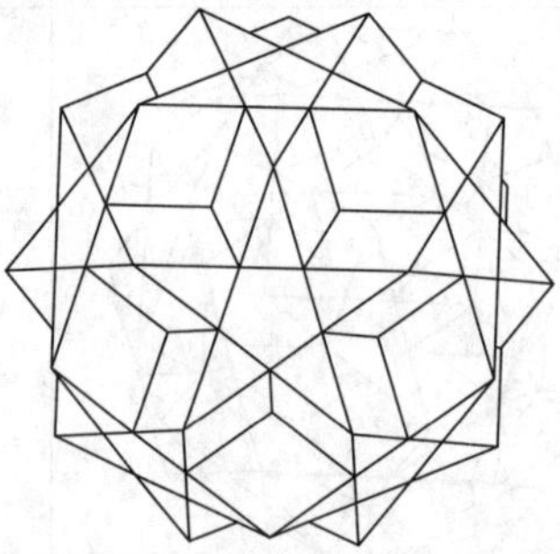	30	24	60

表 5.8.1 （续）

名称	直观图	顶点数	面数	棱数
小十二合十一面体	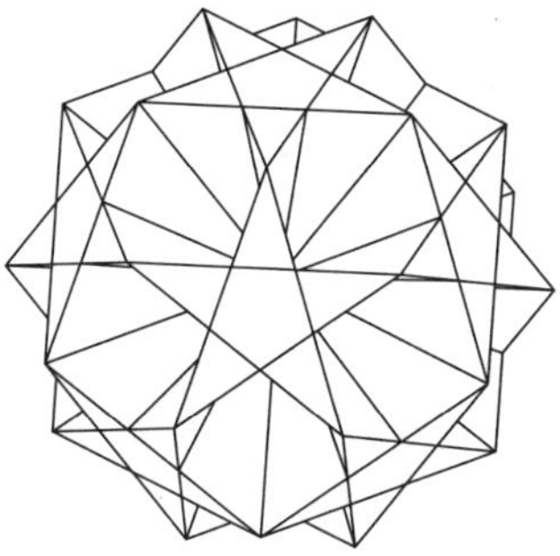	30	22	60
大十二合十一面体	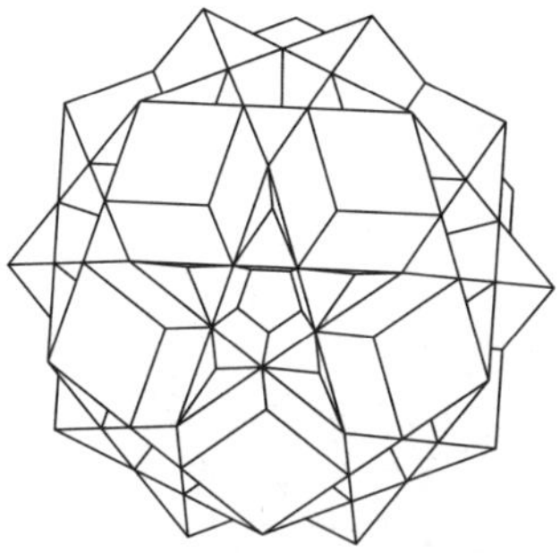	30	22	60
大三十二面体		30	32	60
大十二合六面体		30	18	60

表 5.8.1 （续）

名称	直观图	顶点数	面数	棱数
大二十合六面体		30	26	60
大双三斜方十二合三十二面体	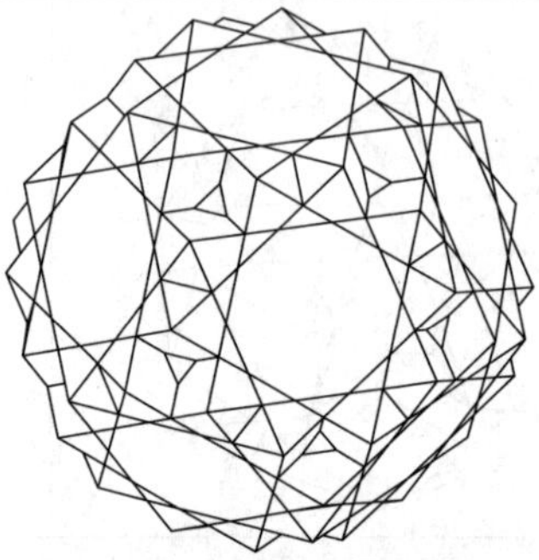	60	44	120
大二十合三十二面体	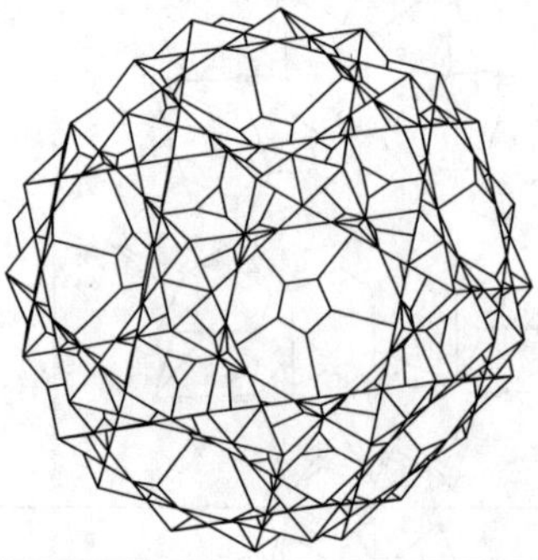	60	52	120
大十二合二十面体	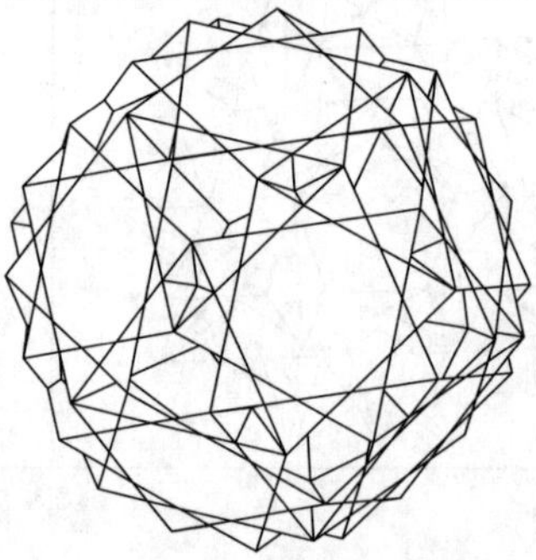	60	32	120

表 5.8.1 （续）

名称	直观图	顶点数	面数	棱数
小后扭棱二十合三十二面体		60	112	180
小十二合三十二面体	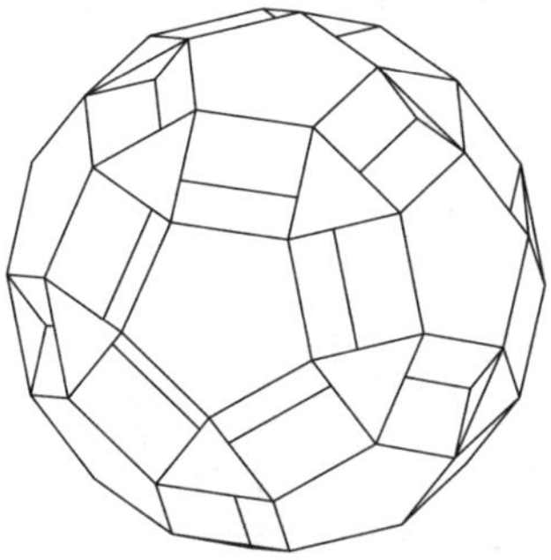	60	44	120
小斜方十二面体	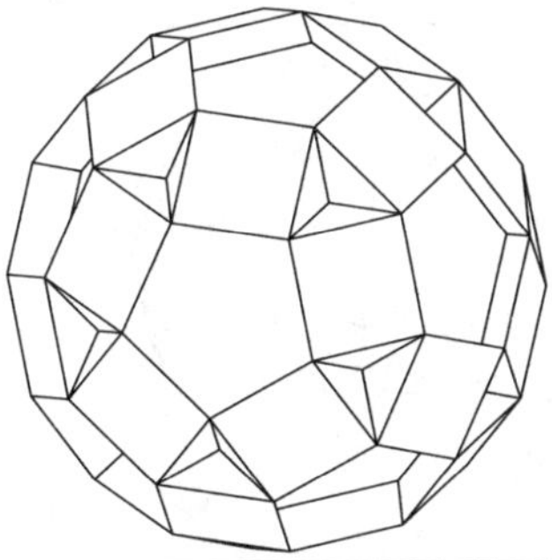	60	42	120
小星状截顶十二面体	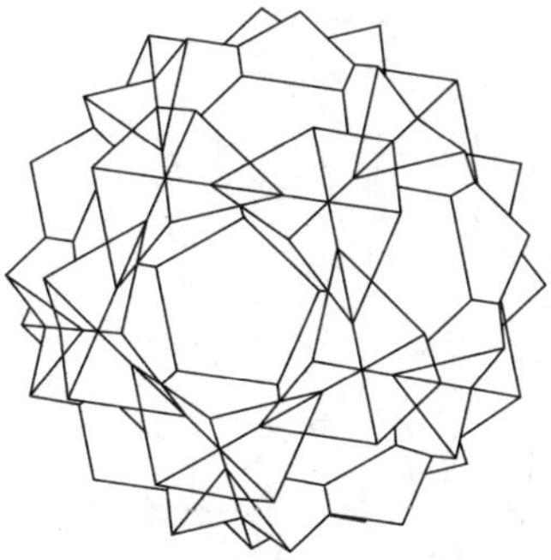	60	24	90

表 5.8.1 （续）

名称	直观图	顶点数	面数	棱数
小二十合三十二面体	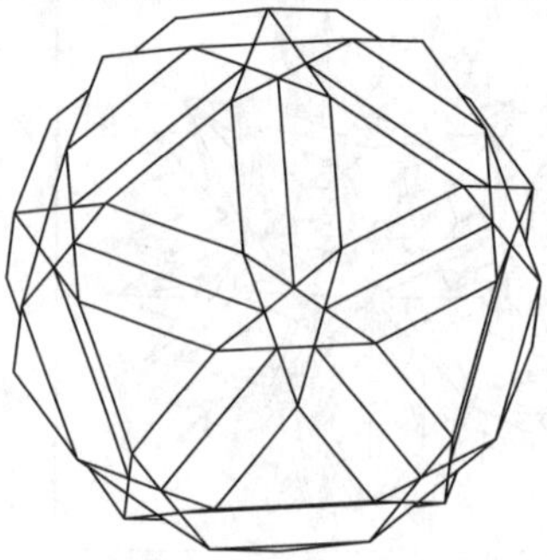	60	52	120
小双三斜方十二合三十二面体	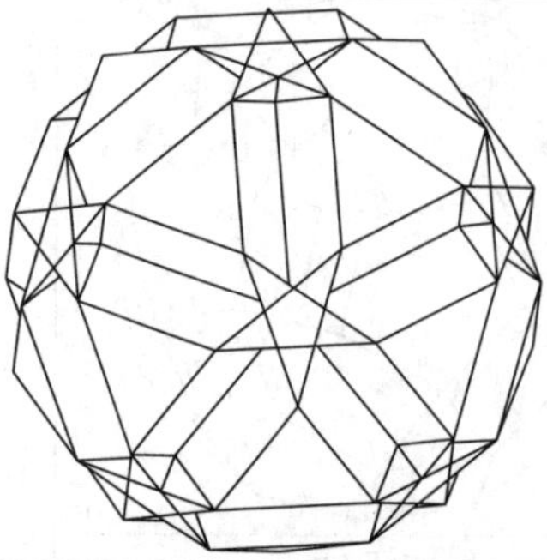	60	44	120
小十二合二十面体	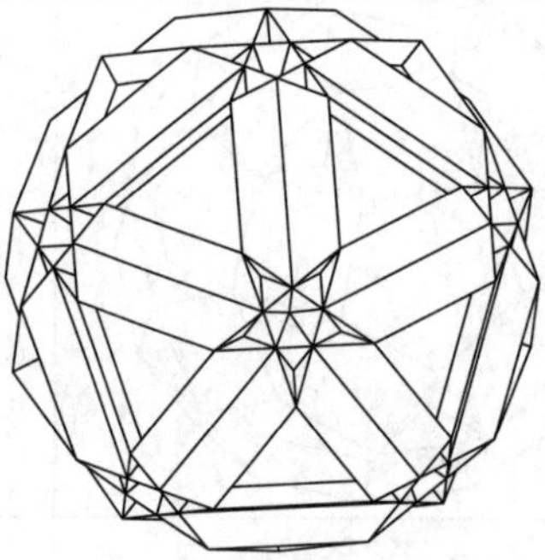	60	32	120
大星状截顶十二面体	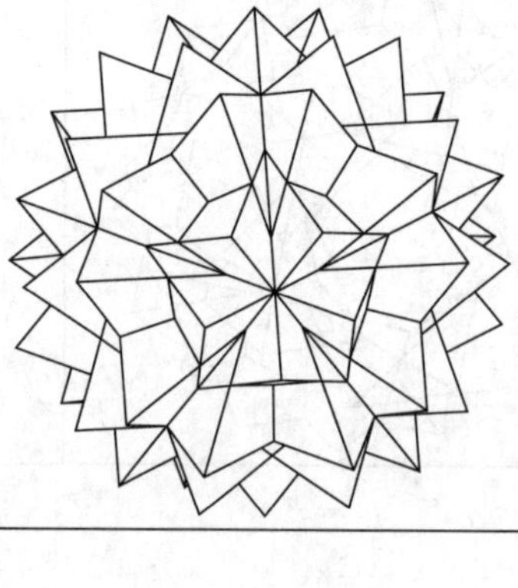	60	32	90

表 5.8.1 （续）

名称	直观图	顶点数	面数	棱数
截顶大二十面体	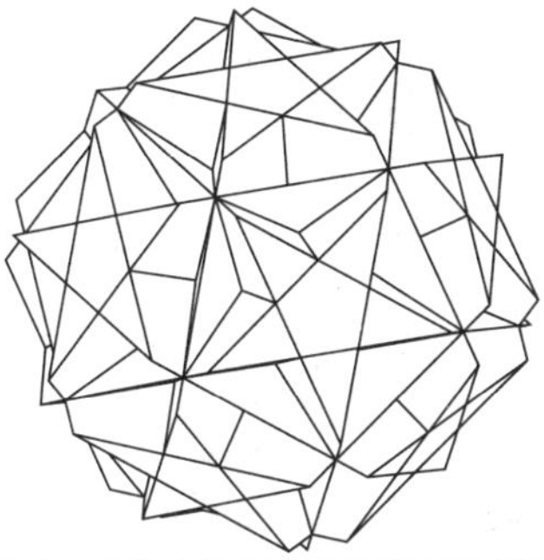	60	32	90
大扭棱十二合三十二面体		60	104	180
大双斜方三十二面体		60	124	240
大二重变形二重斜方十二面体		60	204	240

表 5.8.1 （续）

名称	直观图	顶点数	面数	棱数
二十截顶十二合十二面体	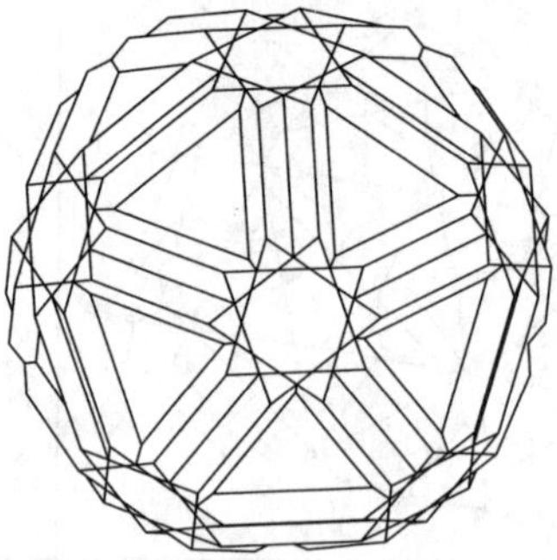	120	44	180
截顶十二合十二面体	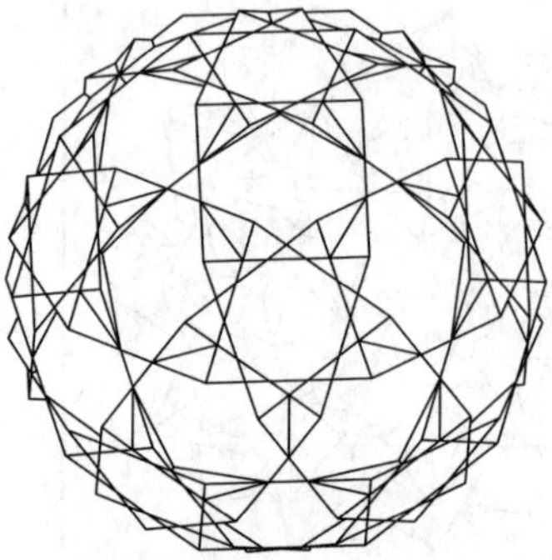	120	54	180
大截顶三十二面体	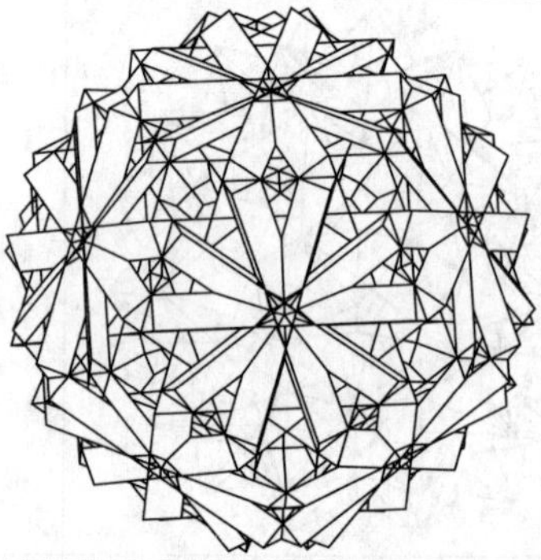	120	62	180
扭棱十二合十二面体	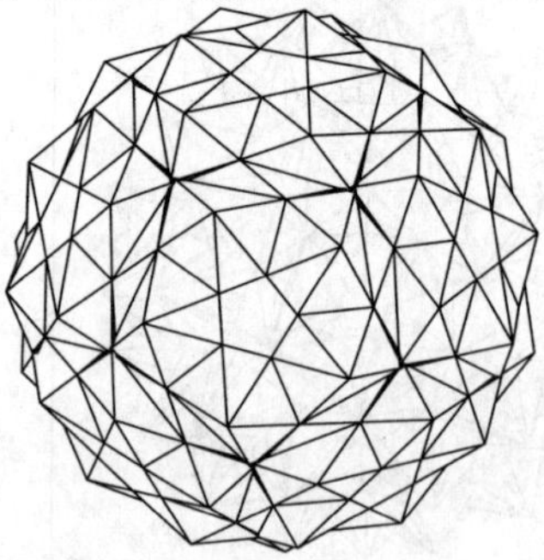	60	84	150

表 5.8.1 （续）

名称	直观图	顶点数	面数	棱数
扭棱三十二合十二面体	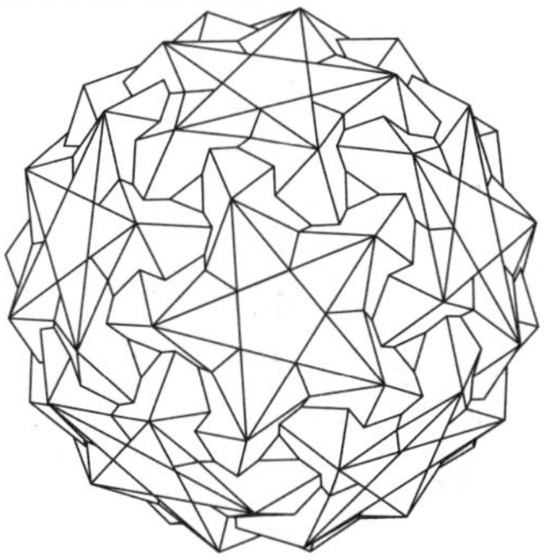	60	104	180
大扭棱三十二面体		60	92	150
反扭棱十二合十二面体	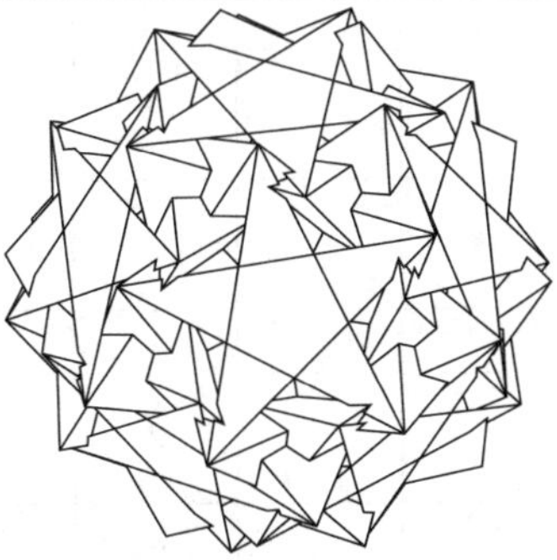	60	84	150
大反扭棱三十二面体		60	92	150

表 5.8.1 （续）

名称	直观图	顶点数	面数	棱数
大后扭棱二十合三十二面体		60	92	150

正 n 角星棱柱有 $2n$ 个顶点，$n+2$ 个面，$3n$ 条棱；正 n 角星反柱有 $2n$ 个顶点，$2n+2$ 个面，$4n$ 条棱；正 n 角星交错反柱有 $2n$ 个顶点，$2n+2$ 个面，$4n$ 条棱.

表 5.8.2 凹半正多面体的顶点构成

名称	f_3	f_4	f_5	f_6	f_8	f_{10}	$f_{\frac{5}{2}}$	$f_{\frac{8}{3}}$	$f_{\frac{10}{3}}$
四合四面体	2	2							
八合四面体	2			2					
六合五面体		2		2					
大立方截半正方体	1	1						2	
大均匀斜方截半正方体	1	3							
大斜方六面体		2						2	
小立方截半正方体	1	1			2				
小斜方六面体		2			2				
星状截顶六面体	1							2	
立方截顶截半正方体				1	1			1	
大截顶截半正方体		1		1				1	
小双三斜三十二面体	3						3		
大三斜三十二面体	3		3						
双三斜十二面体			3				3		

表 5.8.2 （续）

名称	f_3	f_4	f_5	f_6	f_8	f_{10}	$f_{\frac{5}{2}}$	$f_{\frac{8}{3}}$	$f_{\frac{10}{3}}$
小二十合扭棱三十二面体	5						1		
截顶大十二面体						2	1		
大十二合三十二面体	1						1		2
均匀大斜方三十二面体	1	2					1		
大斜方十二面体		2							2
斜方十二合十二面体		2	1				1		
三十二合十二面体			1	2			1		
斜方二十面体		2		2					
小二十合四面体	2					2			
小十二合六面体			2			2			
十二合二十面体			2				2		
小十二合十一面体				2			2		
大十二合十一面体				2	2				
大三十二面体	2						2		
大十二合六面体							2		2
大二十合六面体	2								2
大双三斜方十二合三十二面体	1		1						2
大二十合三十二面体	1		1	2					
大十二合二十面体				2					2
小后扭棱二十合三十二面体	5						1		
小十二合三十二面体	1		1			2			
小斜方十二面体		2				2			
小星状截顶十二面体			1						2
小二十合三十二面体	1			2			1		

表 5.8.2 （续）

名称	f_3	f_4	f_5	f_6	f_8	f_{10}	$f_{\frac{5}{2}}$	$f_{\frac{8}{3}}$	$f_{\frac{10}{3}}$
小双三斜方十二合三十二面体	1					2	1		
小十二合二十面体				2			2		
大星状截顶十二面体	1								2
截顶大二十面体				2			1		
大扭棱十二合三十二面体	4						2		
大双斜方三十二面体	2	4					2		
大二重变形二重斜方十二面体	6	4					2		
二十截顶十二合十二面体				1		1			1
截顶十二合十二面体		1				1			1
大截顶三十二面体		1		1					1
扭棱十二合十二面体	3		1				1		
扭棱十二合十二面体	4		1				1		
大扭棱三十二面体	4						1		
反扭棱十二合十二面体	3		1				1		
大反扭棱三十二面体	4						1		
大后扭棱二十合三十二面体	4						1		

正 n 角星棱柱的每个顶点有 2 个正方形和 1 个正 n 角星经过；正 n 角星反柱的每个顶点有 3 个正三角形和 1 个正 n 角星经过；正 n 角星交错反柱的每个顶点有 3 个正三角形和 1 个正 n 角星经过.

表 5.8.3 凹半正多面体面的类型

名称	f_3	f_4	f_5	f_6	f_8	f_{10}	$f_{\frac{5}{2}}$	$f_{\frac{8}{3}}$	$f_{\frac{10}{3}}$
四合四面体	4	3							
八合四面体	8			4					
六合五面体		6		4					
大立方截半正方体	8	6						6	
大均匀斜方截半正方体	8	18							
大斜方六面体		12						6	
小立方截半正方体	8	6			6				
小斜方六面体		12			6				
星状截顶六面体	8							6	
立方截顶截半正方体				8	6			6	
大截顶截半正方体		12		8				6	
小双三斜三十二面体	20						12		
大三斜三十二面体	20		12						
双三斜十二面体			12				12		
小二十合扭棱三十二面体	100						12		
截顶大十二面体						12	12		
大十二合三十二面体	20						12		12
均匀大斜方三十二面体	20	30					12		
大斜方十二面体		30							12
斜方十二合十二面体		30	12				12		
三十二合十二面体			12	20			12		
斜方二十面体		30		20					
小二十合四面体	20					6			
小十二合六面体			12			6			
十二合二十面体			12				12		

表 5.8.3（续）

名称	f_3	f_4	f_5	f_6	f_8	f_{10}	$f_{\frac{5}{2}}$	$f_{\frac{8}{3}}$	$f_{\frac{10}{3}}$
小十二合十一面体				10			12		
大十二合十一面体			12	10					
大三十二面体	20						12		
大十二合六面体							12		6
大二十合六面体	20								6
大双三斜方十二合三十二面体	20		12						12
大二十合三十二面体	20		12	20					
大十二合二十面体				20					12
小后扭棱二十合三十二面体	100						12		
小十二合三十二面体	20		12			12			
小斜方十二面体		30				12			
小星状截顶十二面体			12						12
小二十合三十二面体	20			20			12		
小双三斜方十二合三十二面体	20					12	12		
小十二合二十面体				20		12			
大星状截顶十二面体	20								12
截顶大二十面体				20			12		
大扭棱十二合三十二面体	80						24		
大双斜方三十二面体	40	60					24		
大二重变形二重斜方十二面体	120	60					24		
二十截顶十二合十二面体				20		12			12

表 5.8.3 （续）

名称	f_3	f_4	f_5	f_6	f_8	f_{10}	$f_{\frac{5}{2}}$	$f_{\frac{8}{3}}$	$f_{\frac{10}{3}}$
截顶十二合十二面体		30				12			12
大截顶三十二面体		30		20					12
扭棱十二合十二面体	60		12				12		
扭棱十二合十二面体	80		12				12		
大扭棱三十二面体	80						12		
反扭棱十二合十二面体	60		12				12		
大反扭棱三十二面体	80						12		
大后扭棱二十合三十二面体	80						12		

正 n 角星棱柱有 n 个正方形和 2 个正 n 角星；正 n 角星反柱有 $2n$ 个正三角形和 2 个正 n 角星；正 n 角星交错反柱有 $2n$ 个正三角形和 2 个正 n 角星.

计算多面体的体积可选定一个参考点，每个面在多面体表面的部分的边界与参考点联结成棱锥，若棱锥在多面体内部则加上棱锥的体积，若棱锥在多面体外部，则减去棱锥的体积. 均匀多面体的参考点我们选择均匀多面体的中心，这样有利于体积的计算.

以下部分用 S'_a 表示正 a 边形或正 a 角星在多面体表面部分的面积；用 S'_{a+} 表示正 a 边形或正 a 角星在多面体表面部分中与之紧接的多面体内部和多面体中心在这个表面同侧或中心在这个表面所在平面内的面积，这些部分的表面用浅灰色表示；用 S'_{a-} 表示正 a 边形或正 a 角星在多面体表面部分中与之紧接的多面体内部和多面体中心在这个表面两侧或中心在这个表面所在平面内的面积，这些部分的表面用深灰色表示. 因为只有在表面部分的那些分割块对表面积和体积的计算起作用，为了使分割图更简洁，以下的分割图都只画出经过表面分界线的那些分割线. 这里省略边分割点的长度比例和表面面积的详细计算推导过程. 多角星分割图中边的分点是指分割图中分割线的端点在多角星边上的那些点，与边相交但端点不在多角星边上的那些交点不算是分点.

第一类：正八面体型

这类凹半正多面体的顶点是正八面体的顶点，只有一种.

四合四面体

定义 5.8.3. 如图 5.8.1，正八面体的顶点 A 中取正三角形 ABE、ACD 和正方形 $ABFD$、$ACFE$，其余顶点类似，得到的均匀多面体称为四合四面体（图 5.8.2）.

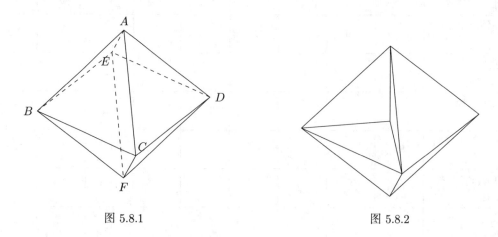

图 5.8.1　　　　　　　　　　　　图 5.8.2

设四合四面体的棱长是 1，因为四合四面体的棱长与其构造的正八面体的棱长相等，所以四合四面体的外接球半径是 $\dfrac{\sqrt{2}}{2}$，内棱切球半径是 $\dfrac{1}{2}$，其中心到正三角形面的距离是 $\dfrac{\sqrt{6}}{6}$，正方形面过其中心.

四合四面体的正三角形与正方形所成二面角的余弦值是
$$\cos\alpha_{34} = \frac{\cos 45^\circ - \cos 60^\circ \cos 45^\circ}{\sin 60^\circ \sin 45^\circ} = \frac{\sqrt{3}}{3}.$$

图 5.8.3、图 5.8.4 分别是四合四面体正三角形面、正方形面被多面体分割的情况. 其中
$$S'_3 = \frac{\sqrt{3}}{4}, \quad S'_{4+} = S'_{4-} = \frac{1}{2}.$$

图 5.8.3　　　　　　　　　　　　图 5.8.4

四合四面体的表面积是
$$S = 4S'_3 + 3(S'_{4+} + S'_{4-}) = 3 + \sqrt{3},$$

四合四面体的体积是
$$V = 4 \times \frac{1}{3} \cdot S'_3 \cdot \frac{\sqrt{6}}{6} = \frac{\sqrt{2}}{6}.$$

第二类：截半正方体型

这类凹半正多面体的顶点是截半正方体的顶点.

（1）八合四面体

定义 5.8.4. 截半正方体的各个顶点按图 5.8.5 中过顶点 A 的粗线的两个正三角形和两个正六边形面的方法构造面，得到的均匀多面体称为八合四面体（图 5.8.6）.

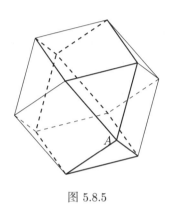

图 5.8.5

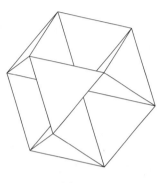

图 5.8.6

设八合四面体的棱长是 1，因为八合四面体的棱长与其构造的截半正方体的棱长相等，所以八合四面体的外接球半径是 1，内棱切球半径是 $\frac{\sqrt{3}}{2}$，其中心到正三角形面的距离是 $\frac{\sqrt{6}}{3}$，正六边形面过其中心.

八合四面体的正三角形与正六边形所成的二面角与正四面体的二面角相同，所以八合四面体的正三角形与正六边形所成二面角的余弦值是 $\frac{1}{3}$.

图 5.8.7、图 5.8.8 分别是八合四面体正三角形面、正六边形面被多面体分割的情况. 其中

$$S'_3 = \frac{\sqrt{3}}{4}, \ S'_{6+} = S'_{6-} = \frac{3\sqrt{3}}{4}.$$

图 5.8.7

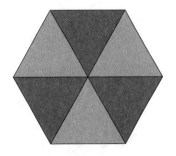

图 5.8.8

八合四面体的表面积是

$$S = 8S'_3 + 4(S'_{6+} + S'_{6-}) = 8\sqrt{3},$$

八合四面体的体积是

$$V = 8 \times \frac{1}{3} \cdot S'_3 \cdot \frac{\sqrt{6}}{3} = \frac{2\sqrt{2}}{3}.$$

（2） 六合五面体

定义 5.8.5. 截半正方体的各个顶点按图 5.8.9 中过顶点 A 的粗线的两个正方形和两个正六边形面的方法构造面，得到的均匀多面体称为六合五面体（图 5.8.10）.

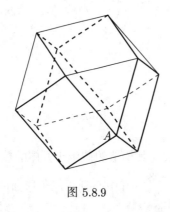

图 5.8.9

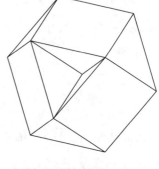

图 5.8.10

设六合五面体的棱长是 1，因为八合四面体的棱长与其构造的截半正方体的棱长相等，所以六合五面体的外接球半径是 1，内棱切球半径是 $\frac{\sqrt{3}}{2}$，其中心到正方形面的距离是 $\frac{\sqrt{2}}{2}$，正六边形面过其中心.

六合五面体的正方形与正六边形所成的二面角与正八面体的二面角相同，所以六合五面体的正方形与正六边形所成二面角的余弦值是 $\frac{\sqrt{3}}{3}$.

图 5.8.11、图 5.8.12 分别是六合五面体正方形面、正六边形面被多面体分割的情况. 其中

$$S'_4 = 1, \quad S'_{6+} = S'_{6-} = \frac{3\sqrt{3}}{4}.$$

六合五面体的表面积是

$$S = 6S'_4 + 4(S'_{6+} + S'_{6-}) = 6 + 6\sqrt{3},$$

六合五面体的体积是

$$V = 6 \times \frac{1}{3} \cdot S'_4 \cdot \frac{\sqrt{2}}{2} = \sqrt{2}.$$

图 5.8.11

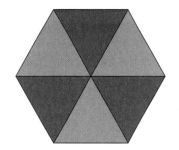

图 5.8.12

第三类：截顶正方体型

这类凹半正多面体的顶点是截顶正方体的顶点.

（1）大立方截半正方体

定义 5.8.6. 截顶正方体的各个顶点按图 5.8.13 中过顶点 A 的粗线的一个正三角形、一个正方形和两个正八角星面的方法构造面，得到的均匀多面体称为大立方截半正方体（图 5.8.14）.

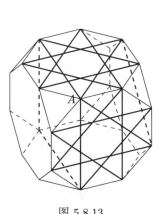

图 5.8.13

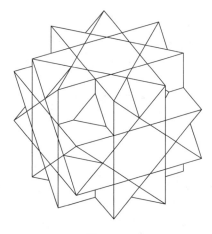

图 5.8.14

设大立方截半正方体的棱长是 1，因为大立方截半正方体的棱长与其构造的截半正方体的棱长比是 $1+\sqrt{2}$，所以大立方截半正方体的外接球半径是

$$R = \frac{\sqrt{7+4\sqrt{2}}}{2} \times \frac{1}{1+\sqrt{2}} = \frac{\sqrt{5-2\sqrt{2}}}{2},$$

内棱切球半径是

$$\rho = \sqrt{R^2 - \left(\frac{1}{2}\right)^2} = \frac{\sqrt{4-2\sqrt{2}}}{2},$$

其中心到正三角形面的距离是

$$r_3 = \sqrt{\rho^2 - \left(\frac{\sqrt{3}}{6}\right)^2} = \frac{3\sqrt{3} - \sqrt{6}}{6},$$

其中心到正方形面的距离是

$$r_4 = \sqrt{\rho^2 - \left(\frac{1}{2}\right)^2} = \frac{\sqrt{2} - 1}{2},$$

其中心到正八角星面的距离是

$$r_{\frac{8}{3}} = \sqrt{\rho^2 - \left(\frac{1}{2(1+\sqrt{2})}\right)^2} = \frac{1}{2}.$$

大立方截半正方体的正三角形与正八角星所成二面角的余弦值是

$$\cos\alpha_{3\frac{8}{3}} = \cos\left(\arccos\frac{\sqrt{3}}{6\rho} + \arccos\frac{1}{2(1+\sqrt{2})\rho}\right) = -\frac{\sqrt{3}}{3},$$

大立方截半正方体的正方形与正八角星所成的二面角是 $\alpha_{4\frac{8}{3}} = 90°$.

图 5.8.15、图 5.8.16、图 5.8.17 分别是大立方截半正方体正三角形面、正方形面、正八角星面被多面体分割的情况. 正三角形面、正方形面中边的五分点所分线段按一个方向顺序的长度比是 $(\sqrt{2}+1):1:\sqrt{2}:1:(\sqrt{2}+1)$. 其中

$$S'_3 = \frac{77\sqrt{3} - 54\sqrt{6}}{8},\ S'_4 = 20\sqrt{2} - 28,\ S'_{\frac{8}{3}} = 6\sqrt{2} - 8.$$

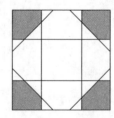

图 5.8.15　　　　　图 5.8.16　　　　　图 5.8.17

大立方截半正方体的表面积是

$$S = 8S'_3 + 6S'_4 + 6S'_{\frac{8}{3}} = 156\sqrt{2} + 77\sqrt{3} - 54\sqrt{6} - 216,$$

大立方截半正方体的体积是

$$V = 8 \times \frac{1}{3}S'_3 r_3 + 6 \times \frac{1}{3}S'_4 r_4 + 6 \times \frac{1}{3}S'_{\frac{8}{3}} r_{\frac{8}{3}} = \frac{699 - 491\sqrt{2}}{6}.$$

（2） 大均匀斜方截半正方体

定义 5.8.7. 截顶正方体的各个顶点按图 5.8.18 中过顶点 A 的粗线的一个正三角形和三个正方形面的方法构造面，得到的均匀多面体称为大均匀斜方截半正方体（图 5.8.19）.

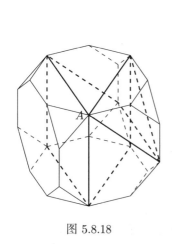

图 5.8.18

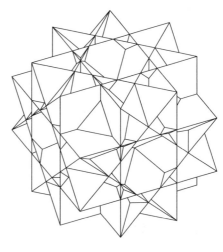

图 5.8.19

设大均匀斜方截半正方体的棱长是 1，因为大均匀斜方截半正方体的顶点与棱长相等的大立方截半正方体的顶点能重合，且正三角形的面重合，所以大立方截半正方体的外接球半径是 $R = \dfrac{\sqrt{5 - 2\sqrt{2}}}{2}$，内棱切球半径是 $\rho = \dfrac{\sqrt{4 - 2\sqrt{2}}}{2}$，其中心到正三角形面的距离是 $r_3 = \dfrac{3\sqrt{3} - \sqrt{6}}{6}$，其中心到正方形面的距离是 $r_4 = \dfrac{\sqrt{2} - 1}{2}$.

大均匀斜方截半正方体的正三角形与正方形所成二面角的余弦值是
$$\cos\alpha_{34} = \cos\left(\arccos\dfrac{\sqrt{3}}{6\rho} - \arccos\dfrac{1}{2\rho}\right) = \dfrac{\sqrt{6}}{3},$$

大均匀斜方截半正方体的两个相邻正方形所成二面角的余弦值是
$$\cos\alpha_{44} = \cos\left(2\arccos\dfrac{1}{2\rho}\right) = \dfrac{\sqrt{2}}{2},$$

所以 $\alpha_{44} = 45°$.

图 5.8.20、图 5.8.21、图 5.8.22 分别是大均匀斜方截半正方体正三角形面、与正三角形面不相邻的正方形面（表面分割面积用 S'_{4_1} 表示）、与正三角形面相邻的正方形面（表面分割面积用 $S'_{4_2^+}$、$S'_{4_2^-}$ 表示）被多面体分割的情况. 正三角形面、正方形面中边的五分点所分线段按一个方向顺序的长度比是 $(\sqrt{2} + 1) : 1 : \sqrt{2} : 1 : (\sqrt{2} + 1)$. 其中

$$S'_3 = \dfrac{21\sqrt{3} - 14\sqrt{6}}{8},\ S'_{4_1} = 30\sqrt{2} - 42,\ S'_{4_2^+} = \dfrac{112\sqrt{2} - 157}{6},\ S'_{4_2^-} = \dfrac{176 - 123\sqrt{2}}{12}.$$

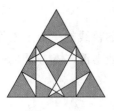
图 5.8.20

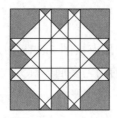
图 5.8.21

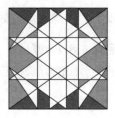
图 5.8.22

大均匀斜方截半正方体的表面积是

$$S = 8S'_3 + 6S'_{4_1} + 12\left(S'_{4_2^+} + S'_{4_2^-}\right) = 551\sqrt{2} + 21\sqrt{3} - 14\sqrt{6} - 774,$$

大均匀斜方截半正方体的体积是

$$V = 8 \times \frac{1}{3}S'_3 r_3 + 6 \times \frac{1}{3}S'_{4_1} r_4 + 12 \times \frac{1}{3}\left(S'_{4_2^+} - S'_{4_2^-}\right)r_4 = \frac{629}{2} - 222\sqrt{2}.$$

（3） 大斜方六面体

定义 5.8.8. 截顶正方体的各个顶点按图 5.8.23 中过顶点 A 的粗线的两个正方形和两个正八角星面的方法构造面，得到的均匀多面体称为大斜方六面体（图 5.8.24）.

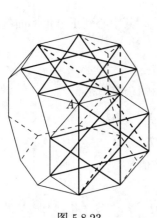
图 5.8.23

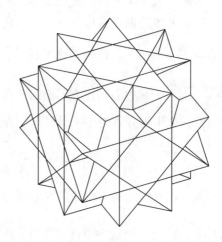
图 5.8.24

设大斜方六面体的棱长是 1，因为大斜方六面体的顶点与棱长相等的大立方截半正方体的顶点能重合，且正八角星的面重合，所以大斜方六面体的外接球半径是 $R = \dfrac{\sqrt{5-2\sqrt{2}}}{2}$，内棱切球半径是 $\rho = \dfrac{\sqrt{4-2\sqrt{2}}}{2}$，其中心到正方形面的距离是 $r_4 = \dfrac{\sqrt{2}-1}{2}$，其中心到正八角星面的距离是 $r_{\frac{8}{3}} = \dfrac{1}{2}$.

大斜方六面体半正方体的两个相邻正方形所成的二面角是 $\alpha_{44} = 45°$,大斜方六面体半正方体的相邻正方形与正八角星所成的二面角是 $\alpha_{4\frac{8}{3}} = 90°$.

图 5.8.25、图 5.8.26 分别是大斜方六面体正方形面、正八角星面被多面体分割的情况. 正方形面中边的五分点所分线段按一个方向顺序的长度比是 $(\sqrt{2}+1) : 1 : \sqrt{2} : 1 : (\sqrt{2}+1)$. 其中

$$S'_{4+} = 3\sqrt{2} - 4, \quad S'_{4-} = \frac{16 - 11\sqrt{2}}{2}, \quad S'_{\frac{8}{3}} = 6\sqrt{2} - 8.$$

图 5.8.25

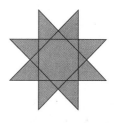
图 5.8.26

大斜方六面体的表面积是

$$S = 12S'_4 + 6(S'_{4+} + S'_{4-}) + 6S'_{\frac{8}{3}} = 138\sqrt{2} - 192,$$

大斜方六面体的体积是

$$V = 12 \times \frac{1}{3}(S'_{4+} - S'_{4-})r_4 + 6 \times \frac{1}{3}S'_{\frac{8}{3}}r_{\frac{8}{3}} = 50 - 35\sqrt{2}.$$

第四类:小削棱正方体型

这类凹半正多面体的顶点是小削棱正方体的顶点.

(1) 小立方截半正方体

定义 5.8.9. 小削棱正方体的各个顶点按图 5.8.27 中过顶点 A 的粗线的一个正三角形、一个正方形和两个正八边形面的方法构造面,得到的均匀多面体称为小立方截半正方体(图 5.8.28).

设小立方截半正方体的棱长是 1,因为小立方截半正方体的棱长与其构造的小削棱正方体的棱长相等,所以小立方截半正方体的外接球半径是 $R = \frac{\sqrt{5 + 2\sqrt{2}}}{2}$,内棱切球半径是 $\rho = \frac{\sqrt{4 + 2\sqrt{2}}}{2}$,其中心到正三角形面的距离是 $r_3 = \frac{3\sqrt{3} + \sqrt{6}}{6}$,其中心到正方形面的距离是 $r_4 = \frac{1 + \sqrt{2}}{2}$,其中心到正八边形面的距离是 $r_8 = \frac{1}{2}$.

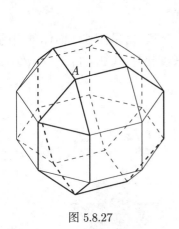
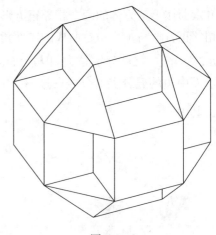

图 5.8.27　　　　　　　　　　　　　图 5.8.28

小立方截半正方体的正三角形与正八边形所成的二面角与四合四面体的正三角形与正方形所成的二面角相同，所以小立方截半正方体的正三角形与正八边形所成二面角的余弦值是 $\cos\alpha_{34} = \dfrac{\sqrt{3}}{3}$，小立方截半正方体的正方形与正八边形所成的二面角是 $90°$.

图 5.8.29、图 5.8.30、图 5.8.31 分别是小立方截半正方体正三角形面、正方形面、正八边形面被多面体分割的情况. 其中

$$S'_3 = \dfrac{\sqrt{3}}{4},\ S'_4 = 1,\ S'_{8+} = 2\sqrt{2},\ S'_{8-} = 1.$$

  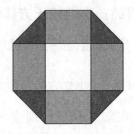

图 5.8.29　　　　　　图 5.8.30　　　　　　图 5.8.31

小立方截半正方体的表面积是

$$S = 8S'_3 + 6S'_4 + 6(S'_{8+} + S'_{8-}) = 12 + 12\sqrt{2} + 2\sqrt{3},$$

小立方截半正方体的体积是

$$V = 8 \times \dfrac{1}{3}S'_3 r_3 + 6 \times \dfrac{1}{3}S'_4 r_4 + 6 \times \dfrac{1}{3}(S'_{8+} - S'_{8-})r_8 = 1 + \dfrac{10\sqrt{2}}{3}.$$

（2） 小斜方六面体

定义 5.8.10. 小削棱正方体的各个顶点按图 5.8.32 中过顶点 A 的粗线的两个正方形和两个正八边形面的方法构造面，得到的均匀多面体称为小斜方六面体（图 5.8.33）.

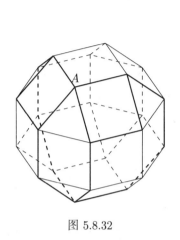

图 5.8.32

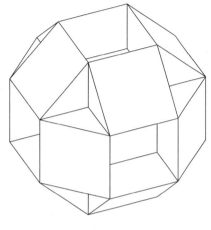

图 5.8.33

设小斜方六面体的棱长是 1，因为小斜方六面体的棱长与其构造的小削棱正方体的棱长相等，所以小斜方六面体的外接球半径是 $R = \dfrac{\sqrt{5+2\sqrt{2}}}{2}$，内棱切球半径是 $\rho = \dfrac{\sqrt{4+2\sqrt{2}}}{2}$，其中心到正方形面的距离是 $r_4 = \dfrac{1+\sqrt{2}}{2}$，其中心到正八边形面的距离是 $r_8 = \dfrac{1}{2}$.

小斜方六面体的正方形与正八边形所成的二面角有两类，第一类是 $45°$，第二类是 $90°$.

图 5.8.34、图 5.8.35 分别是小斜方六面体正方形面、正八边形面被多面体分割的情况. 其中

$$S'_4 = 1, \ S'_{8+} = 2, \ S'_{8-} = 2\sqrt{2}.$$

图 5.8.34

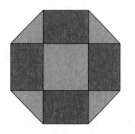

图 5.8.35

小立方截半正方体的表面积是

$$S = 12S'_4 + 6(S'_{8+} + S'_{8-}) = 24 + 12\sqrt{2},$$

小立方截半正方体的体积是

$$V = 12 \times \frac{1}{3}S'_4 r_4 + 6 \times \frac{1}{3}(S'_{8+} - S'_{8-})r_8 = 4.$$

（3） 星状截顶六面体

定义 5.8.11. 小削棱正方体的各个顶点按图 5.8.36 中过顶点 A 的粗线的一个正三角形和两个正八角星面的方法构造面，得到的均匀多面体称为星状截顶六面体（图 5.8.37）.

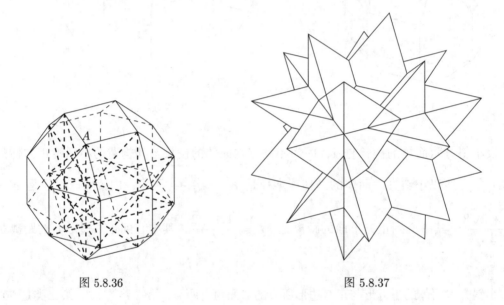

图 5.8.36　　　　　　　　　　　图 5.8.37

设星状截顶六面体的棱长是 1，因为星状截顶六面体的棱长与其构造的小削棱正方体的棱长比是 $1+\sqrt{2}$，所以星状截顶六面体的外接球半径是

$$R = \frac{\sqrt{5+2\sqrt{2}}}{2} \times \frac{1}{1+\sqrt{2}} = \frac{\sqrt{7-4\sqrt{2}}}{2},$$

内棱切球半径是

$$\rho = \sqrt{R^2 - \left(\frac{1}{2}\right)^2} = \frac{2-\sqrt{2}}{2},$$

其中心到正三角形面的距离是

$$r_3 = \sqrt{\rho^2 - \left(\frac{\sqrt{3}}{6}\right)^2} = \frac{3\sqrt{3}-2\sqrt{6}}{6},$$

其中心到正八角星面的距离是

$$r_{\frac{8}{3}} = \sqrt{\rho^2 - \left(\frac{1}{2(1+\sqrt{2})}\right)^2} = \frac{\sqrt{2}-1}{2}.$$

星状截顶六面体的正三角形与正八角星所成二面角的余弦值是

$$\cos\alpha_{3\frac{8}{3}} = \cos\left(\arccos\frac{\sqrt{3}}{6\rho} + \arccos\frac{1}{2(1+\sqrt{2})\rho}\right) = \frac{\sqrt{3}}{3},$$

星状截顶六面体的两个相邻正八角星所成的二面角是 $\alpha_{\frac{8}{3}\frac{8}{3}} = 90°$.

图 5.8.34、图 5.8.35 分别是星状截顶六面体正三角形面、正八角星面被多面体分割的情况. 正三角形面中边的五分点所分线段按一个方向顺序的长度比是 $(\sqrt{2}+1):1:\sqrt{2}:1:(\sqrt{2}+1)$. 其中

$$S'_3 = \frac{15\sqrt{6} - 21\sqrt{3}}{2}, \quad S'_{\frac{8}{3}} = 6 - 4\sqrt{2}.$$

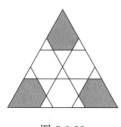

图 5.8.38

图 5.8.39

星状截顶六面体的表面积是

$$S = 8S'_3 + 6S'_{\frac{8}{3}} = 36 - 24\sqrt{2} - 84\sqrt{3} + 60\sqrt{6},$$

星状截顶六面体的体积是

$$V = 8 \times \frac{1}{3}S'_3 r_3 + 6 \times \frac{1}{3}S'_{\frac{8}{3}} r_{\frac{8}{3}} = 68\sqrt{2} - 96.$$

第五类：大削棱正方体型

这类凹半正多面体的顶点是与大削棱正方体类似的顶点.

（1） 立方截顶截半正方体

定义 5.8.12. 面的边数与大削棱正方体相同，且二面角与大削棱正方体相同，但矩形面和六边形面的长的边与短的边的边长比是 $1+\sqrt{2}$，这样的凸多面体称为第一类变形大削棱正方体（图 5.8.40）.

5.8 均匀多面体

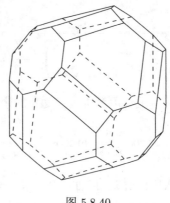

图 5.8.40

设第一类变形大削棱正方体正八边形面的边长是 1,按照正方体构造大削棱正方体的方法构造第一类变形大削棱正方体,设其构造正方体的棱长是 l,则

$$\sqrt{2}\left(\frac{l}{2} - \frac{1}{2}\cot 22.5°\right) = 1 + \sqrt{2},$$

由此得

$$l = 3 + 2\sqrt{2},$$

所以第一类变形大削棱正方体的外接球半径是

$$R' = \sqrt{\left(\frac{l}{2}\right)^2 + \left(\frac{1}{2}\csc 22.5°\right)^2} = \frac{\sqrt{7} + \sqrt{14}}{2}.$$

定义 5.8.13. 第一类变形大削棱正方体的各个顶点按图 5.8.41 中过顶点 A 的粗线的一个正六边形、一个正八边形和一个正八角星面的方法构造面,得到的均匀多面体称为立方截顶截半正方体(图 5.8.42).

设立方截顶截半正方体的棱长是 1,因为立方截顶截半正方体的棱长与其构造的第一类变形大削棱正方体正八边形面的棱长比是 $1 + \sqrt{2}$,所以立方截顶截半正方体的外接球半径是

$$R = \frac{R'}{1 + \sqrt{2}} = \frac{\sqrt{7}}{2},$$

内棱切球半径是

$$\rho = \sqrt{R^2 - \left(\frac{1}{2}\right)^2} = \frac{\sqrt{6}}{2},$$

其中心到正六边形面的距离是

$$r_6 = \sqrt{\rho^2 - \left(\frac{\sqrt{3}}{2}\right)^2} = \frac{\sqrt{3}}{2},$$

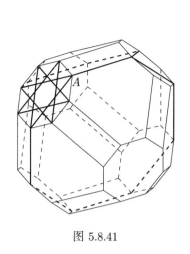 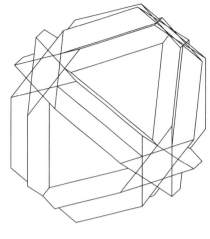

图 5.8.41   图 5.8.42

其中心到正八边形面的距离是

$$r_8 = \sqrt{\rho^2 - \left(\frac{1+\sqrt{2}}{2}\right)^2} = \frac{\sqrt{2}-1}{2},$$

其中心到正八角星面的距离是

$$r_{\frac{8}{3}} = \sqrt{\rho^2 - \left(\frac{1}{2(1+\sqrt{2})}\right)^2} = \frac{\sqrt{2}+1}{2}.$$

立方截顶截半正方体的正六边形与正八边形所成二面角的余弦值是

$$\cos \alpha_{68} = \cos\left(\arccos \frac{\sqrt{3}}{2\rho} + \arccos \frac{1+\sqrt{2}}{2\rho}\right) = \frac{\sqrt{3}}{3},$$

立方截顶截半正方体的正六边形与正八角星所成二面角的余弦值是

$$\cos \alpha_{6\frac{8}{3}} = \cos\left(\arccos \frac{\sqrt{3}}{2\rho} + \arccos \frac{1}{2(1+\sqrt{2})\rho}\right) = -\frac{\sqrt{3}}{3},$$

立方截顶截半正方体的正八边形与正八角星所成的二面角是 $\alpha_{8\frac{8}{3}} = 90°$.

图 5.8.43、图 5.8.44、图 5.8.45 分别是立方截顶截半正方体正六边形面、正八边形面、正八角星面被多面体分割的情况. 正六边形面、正八边形面中边的五分点所分线段按一个方向顺序的长度比是 $(\sqrt{2}+1):1:\sqrt{2}:1:(\sqrt{2}+1)$. 其中

$$S_6' = \frac{75\sqrt{3} - 48\sqrt{6}}{8}, \quad S_8' = 18\sqrt{2} - 24, \quad S_{\frac{8}{3}}' = 6\sqrt{2} - 8.$$

立方截顶截半正方体的表面积是

$$S = 8S_6' + 6S_8' + 6S_{\frac{8}{3}}' = 144\sqrt{2} + 75\sqrt{3} - 48\sqrt{6} - 192,$$

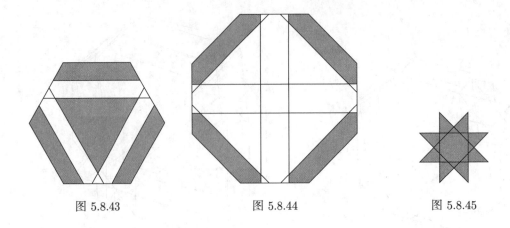

| 图 5.8.43 | 图 5.8.44 | 图 5.8.45 |

立方截顶截半正方体的体积是

$$V = 8 \times \frac{1}{3}S'_6 r_6 + 6 \times \frac{1}{3}S'_8 r_8 + 6 \times \frac{1}{3}S'_{\frac{8}{3}} r_{\frac{8}{3}} = \frac{203}{2} - 68\sqrt{2}.$$

（2） 大截顶截半正方体

定义 5.8.14. 面的边数与大削棱正方体相同，且二面角与大削棱正方体相同，但六边形面相隔两顶点连的对角线长与短的边的边长比是 $1+\sqrt{2}$，这样的凸多面体称为第二类变形大削棱正方体（图 5.8.46）.

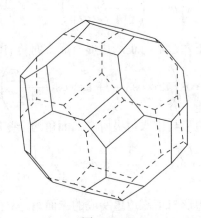

图 5.8.46

设大截顶截半正方体正八边形面的边长是 1，矩形和正六边形面的较长棱是 a，按照正方体构造大削棱正方体的方法构造第二类变形大削棱正方体，设其构造正方体的棱长是 l，则

$$a = 1 + \sqrt{2} - 1 = \sqrt{2}, \quad \sqrt{2}\left(\frac{l}{2} - \frac{1}{2}\cot 22.5°\right) = a,$$

由此得

$$l = 3 + \sqrt{2},$$

所以第二类变形大削棱正方体的外接球半径是

$$R' = \sqrt{\left(\frac{l}{2}\right)^2 + \left(\frac{1}{2}\csc 22.5°\right)^2} = \frac{\sqrt{15+8\sqrt{2}}}{2}.$$

定义 5.8.15. 第二类变形大削棱正方体的各个顶点按图 5.8.47 中过顶点 A 的粗线的一个正方形、一个正六边形和一个正八角星面的方法构造面，得到的均匀多面体称为大截顶截半正方体（图 5.8.48）.

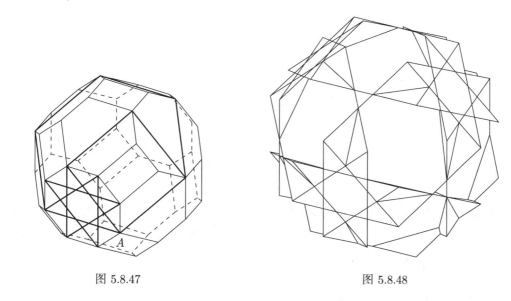

图 5.8.47 　　　　　　　　　图 5.8.48

设大截顶截半正方体的棱长是 1，因为大截顶截半正方体的棱长与其构造的第二类变形大削棱正方体正八边形面的棱长比是 $1+\sqrt{2}$，所以大截顶截半正方体的外接球半径是

$$R = \frac{R'}{1+\sqrt{2}} = \frac{\sqrt{13-6\sqrt{2}}}{2},$$

内棱切球半径是

$$\rho = \sqrt{R^2 - \left(\frac{1}{2}\right)^2} = \frac{\sqrt{12-6\sqrt{2}}}{2},$$

其中心到正方形面的距离是

$$r_4 = \sqrt{\rho^2 - \left(\frac{1}{2}\right)^2} = \frac{3-\sqrt{2}}{2},$$

其中心到正六边形面的距离是

$$r_6 = \sqrt{\rho^2 - \left(\frac{\sqrt{3}}{2}\right)^2} = \frac{\sqrt{6}-\sqrt{3}}{2},$$

其中心到正八角星面的距离是

$$r_{\frac{8}{3}} = \sqrt{\rho^2 - \left(\frac{1}{2(1+\sqrt{2})}\right)^2} = \frac{2\sqrt{2}-1}{2}.$$

大截顶截半正方体的正方形与正六边形所成二面角的余弦值是

$$\cos\alpha_{46} = \cos\left(\arccos\frac{1}{2\rho} - \arccos\frac{\sqrt{3}}{2\rho}\right) = \frac{\sqrt{6}}{3},$$

大截顶截半正方体的正方形与正八角星所成二面角的余弦值是

$$\cos\alpha_{4\frac{8}{3}} = \cos\left(\arccos\frac{1}{2\rho} + \arccos\frac{1}{2(1+\sqrt{2})\rho}\right) = -\frac{\sqrt{2}}{2},$$

所以 $\alpha_{4\frac{8}{3}} = 135°$，大截顶截半正方体的正六边形与正八角星所成二面角的余弦值是

$$\cos\alpha_{6\frac{8}{3}} = \cos\left(\arccos\frac{\sqrt{3}}{2\rho} - \arccos\frac{1}{2(1+\sqrt{2})\rho}\right) = \frac{\sqrt{3}}{3}.$$

图 5.8.49、图 5.8.50、图 5.8.51 分别是大截顶截半正方体正方形面、正六边形面、正八角星面被多面体分割的情况. 正方形面、正六边形面中边的三分点所分线段按一个方向顺序的长度比是 $1:(\sqrt{2}-1):1$，五分点所分线段按一个方向顺序的长度比是 $(\sqrt{2}+1):1:\sqrt{2}:1:(\sqrt{2}+1)$. 其中

$$S'_4 = \frac{5\sqrt{2}-4}{4},\ S'_{6^+} = \frac{27\sqrt{3}-18\sqrt{6}}{8},\ S'_{6^-} = \frac{15\sqrt{6}-18\sqrt{3}}{4},\ S'_{\frac{8}{3}} = 6\sqrt{2}-8.$$

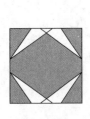   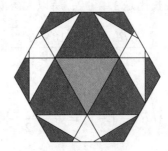

图 5.8.49   图 5.8.50   图 5.8.51

大截顶截半正方体的表面积是

$$S = 12S'_4 + 8(S'_{6^+} + S'_{6^-}) + 6S'_{\frac{8}{3}} = 51\sqrt{2} - 9\sqrt{3} + 12\sqrt{6} - 60,$$

大截顶截半正方体的体积是

$$V = 12\times\frac{1}{3}S'_4 r_4 + 8\times\frac{1}{3}(S'_{6^+} - S'_{6^-})r_6 + 6\times\frac{1}{3}S'_{\frac{8}{3}}r_{\frac{8}{3}} = 43\sqrt{2} - \frac{117}{2}.$$

第六类：正十二面体型

这类凹半正多面体的顶点是正十二面体的顶点.

（1） 小双三斜三十二面体

定义 5.8.16. 正十二面体的各个顶点按图 5.8.52 中过顶点 A 的粗线的三个正三角形和三个正五角星面的方法构造面，得到的均匀多面体称为小双三斜三十二面体（图 5.8.53）.

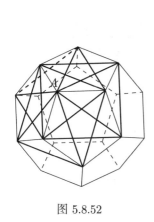

图 5.8.52

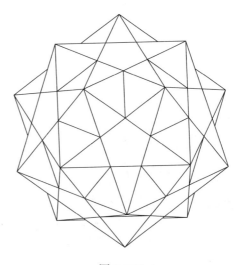

图 5.8.53

设小双三斜三十二面体的棱长是 1，因为小双三斜三十二面体的棱长与其构造的正十二面体的棱长比是 $\dfrac{1+\sqrt{5}}{2}$，所以小双三斜三十二面体的外接球半径是

$$R = \frac{\sqrt{15}+\sqrt{3}}{4} \times \frac{2}{1+\sqrt{5}} = \frac{\sqrt{3}}{2},$$

内棱切球半径是

$$\rho = \sqrt{R^2 - \left(\frac{1}{2}\right)^2} = \frac{\sqrt{2}}{2},$$

其中心到正三角形面的距离是

$$r_3 = \sqrt{\rho^2 - \left(\frac{\sqrt{3}}{6}\right)^2} = \frac{\sqrt{15}}{6},$$

其中心到正五角星面的距离是

$$r_{\frac{5}{2}} = \sqrt{\rho^2 - \left(\frac{1}{2}\tan 18°\right)^2} = \frac{\sqrt{25+10\sqrt{5}}}{10}.$$

小双三斜三十二面体的正三角形与正五角星所成二面角的余弦值是

$$\cos\alpha_{3\frac{5}{2}} = \cos\left(\arccos\frac{\sqrt{3}}{6\rho} + \arccos\frac{\tan 18°}{2\rho}\right) = -\frac{\sqrt{75+30\sqrt{5}}}{15}.$$

图 5.8.54、图 5.8.55 分别是小双三斜三十二面体正三角形面、正五角星面被多面体分割的情况. 正三角形面中边的三分点所分线段按一个方向顺序的长度比是 $2:(\sqrt{5}-1):2$. 其中

$$S'_3 = \frac{21\sqrt{3}-9\sqrt{15}}{8}, \quad S'_{\frac{5}{2}} = \frac{\sqrt{650-290\sqrt{5}}}{4}.$$

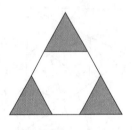

图 5.8.54

图 5.8.55

小双三斜三十二面体的表面积是

$$S = 20S'_3 + 12S'_{\frac{5}{2}} = \frac{105\sqrt{3}-45\sqrt{15}}{2} + 3\sqrt{650-290\sqrt{5}},$$

小双三斜三十二面体的体积是

$$V = 20\times\frac{1}{3}S'_3 r_3 + 12\times\frac{1}{3}S'_{\frac{5}{2}} r_{\frac{5}{2}} = \frac{41\sqrt{5}-85}{4}.$$

（2） 大三斜三十二面体

定义 5.8.17. 正十二面体的各个顶点按图 5.8.56 中过顶点 A 的粗线的三个正三角形和三个正五边形面的方法构造面，得到的均匀多面体称为大三斜三十二面体（图 5.8.57）.

设大三斜三十二面体的棱长是 1，因为大三斜三十二面体的顶点与棱长相等的小双三斜三十二面体的顶点能重合，且正三角形的面重合，所以大三斜三十二面体的外接球半径是 $R = \frac{\sqrt{3}}{2}$，内棱切球半径是 $\rho = \frac{\sqrt{2}}{2}$，其中心到正三角形面的距离是 $r_3 = \frac{\sqrt{15}}{6}$，其中心到正五边形面的距离是

$$r_5 = \sqrt{\rho^2 - \left(\frac{1}{2}\cot 36°\right)^2} = \frac{\sqrt{25-10\sqrt{5}}}{10}.$$

大三斜三十二面体的正三角形与正五边形所成二面角的余弦值是

$$\cos\alpha_{35} = \cos\left(\arccos\frac{\sqrt{3}}{6\rho} + \arccos\frac{\cot 36°}{2\rho}\right) = \frac{\sqrt{75-30\sqrt{5}}}{15}.$$

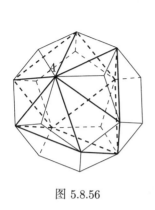
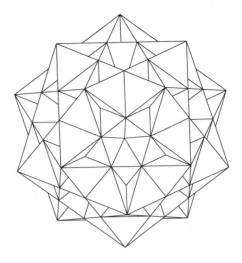

图 5.8.56　　　　　　　　　　　图 5.8.57

图 5.8.58、图 5.8.59 分别是大三斜三十二面体正三角形面、正五边形面被多面体分割的情况. 正三角形面、正五边形面中边的三分点所分线段按一个方向顺序的长度比是 $2:(\sqrt{5}-1):2$. 其中

$$S'_3 = \frac{75\sqrt{3}-33\sqrt{15}}{8}, \quad S'_5 = \frac{5}{4}\sqrt{425-190\sqrt{5}}.$$

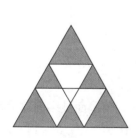
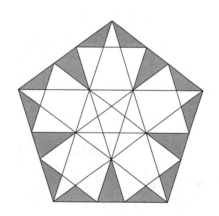

图 5.8.58　　　　　　　　　　　图 5.8.59

大三斜三十二面体的表面积是

$$S = 20S'_3 + 12S'_5 = \frac{375\sqrt{3}-165\sqrt{15}}{2} + 15\sqrt{425-190\sqrt{5}},$$

大三斜三十二面体的体积是

$$V = 20 \times \frac{1}{3}S'_3 r_3 + 12 \times \frac{1}{3}S'_5 r_5 = \frac{215\sqrt{5}-475}{4}.$$

（3） 双三斜十二面体

定义 5.8.18. 正十二面体的各个顶点按图 5.8.60 中过顶点 A 的粗线的三个正五边形和三个正五角星面的方法构造面，得到的均匀多面体称为双三斜十二面体（图 5.8.61）.

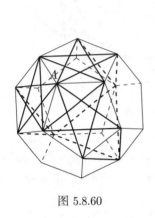

图 5.8.60

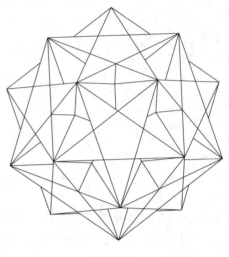

图 5.8.61

设双三斜十二面体的棱长是 1，因为双三斜十二面体的顶点与棱长相等的小双三斜三十二面体的顶点能重合，且正五角星的面重合，双三斜十二面体的顶点与棱长相等的大三斜三十二面体的顶点能重合，且正五边形的面重合，所以双三斜十二面体的外接球半径是 $R = \dfrac{\sqrt{3}}{2}$，内棱切球半径是 $\rho = \dfrac{\sqrt{2}}{2}$，其中心到正五边形面的距离是 $r_5 = \dfrac{\sqrt{25 - 10\sqrt{5}}}{10}$，其中心到正五角星面的距离是 $r_{\frac{5}{2}} = \dfrac{\sqrt{25 + 10\sqrt{5}}}{10}$.

双三斜十二面体的正五边形与正五角星所成二面角的余弦值是
$$\cos \alpha_{5\frac{5}{2}} = \cos\left(\arccos \frac{\tan 18°}{2\rho} - \arccos \frac{\cot 36°}{2\rho}\right) = \frac{\sqrt{5}}{5}.$$

图 5.8.62、图 5.8.63 分别是双三斜十二面体正五边形、正五角星面被多面体分割的情况. 正五边形面中边的三分点所分线段按一个方向顺序的长度比是 $2 : (\sqrt{5} - 1) : 2$. 其中
$$S'_{5+} = \frac{5}{8}\sqrt{50 - 22\sqrt{5}}, \quad S'_{5-} = \frac{5}{4}\sqrt{130 - 58\sqrt{5}}, \quad S'_{\frac{5}{2}} = \frac{\sqrt{650 - 290\sqrt{5}}}{4}.$$

双三斜十二面体的表面积是
$$S = 12(S'_{5+} + S'_{5-}) + 12 S'_{\frac{5}{2}} = \frac{3}{2}\sqrt{850 - 310\sqrt{5}},$$

双三斜十二面体的体积是
$$V = 12 \times \frac{1}{3}(S'_{5+} - S'_{5-}) r_5 + 12 \times \frac{1}{3} S'_{\frac{5}{2}} r_{\frac{5}{2}} = \frac{135 - 59\sqrt{5}}{4}.$$

图 5.8.62

图 5.8.63

第七类：截顶正二十面体型

这类凹半正多面体的顶点是与截顶正二十面体类似的顶点.

（1） 小二十合扭棱三十二面体

定义 5.8.19. 面的边数与截顶正二十面体相同，且二面角与截顶正二十面体相同，但六边形面相隔一个顶点所连的对角线与正五边形面的对角线等长，这样的凸多面体称为第一类变形截顶正二十面体（图 5.8.64）.

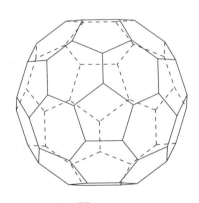
图 5.8.64

设第一类变形截顶正二十面体正五边形面的边长是 1，按照构造截顶正二十面体的方法构造第一类变形截顶正二十面体，设六边形与正五边形不等长的边长是 a，其构造正二十面体的棱长是 l，则

$$a^2 + a + 1 = \left(\frac{1+\sqrt{5}}{2}\right)^2,$$

解这个方程，得
$$a = \frac{\sqrt{3+2\sqrt{5}}-1}{2},$$
所以
$$l = 2+a = \frac{2+\sqrt{3+2\sqrt{5}}}{2},$$
所以第一类变形截顶正二十面体的外接球半径是
$$R' = \sqrt{\left(\frac{3\sqrt{3}+\sqrt{15}}{2}l\right)^2 + \left(\frac{\frac{1+\sqrt{5}}{2}}{2\sin 60°}\right)^2} = \frac{\sqrt{27+11\sqrt{5}+\sqrt{702+314\sqrt{5}}}}{4}.$$

定义 5.8.20. 第一类变形截顶正二十面体的各个顶点按图 5.8.65 中过顶点 A 的粗线的五个正三角形和一个正五角星面的方法构造面，得到的均匀多面体称为小二十合扭棱三十二面体（图 5.8.66）.

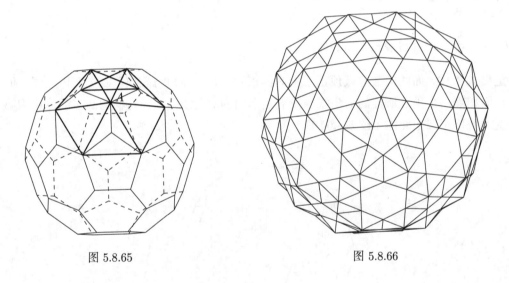

图 5.8.65　　　　　　图 5.8.66

设小二十合扭棱三十二面体的棱长是 1，因为小二十合扭棱三十二面体的棱长与其构造的第一类变形截顶正二十面体正五边形面的棱长比是 $\frac{1+\sqrt{5}}{2}$，所以小二十合扭棱三十二面体的外接球半径是
$$R = \frac{2}{1+\sqrt{5}}R' = \frac{\sqrt{13+3\sqrt{5}+\sqrt{102+46\sqrt{5}}}}{4},$$
内棱切球半径是
$$\rho = \sqrt{R^2 - \left(\frac{1}{2}\right)^2} = \frac{\sqrt{9+3\sqrt{5}+\sqrt{102+46\sqrt{5}}}}{4},$$

其中心到正三角形面的距离是
$$r_3 = \sqrt{\rho^2 - \left(\frac{\sqrt{3}}{6}\right)^2} = \frac{\sqrt{69 + 27\sqrt{5} + 9\sqrt{102 + 46\sqrt{5}}}}{12},$$

其中心到正五角星面的距离是
$$r_{\frac{5}{2}} = \sqrt{\rho^2 - \left(\frac{1}{2}\tan 18°\right)^2} = \frac{\sqrt{125 + 115\sqrt{5} + 25\sqrt{102 + 46\sqrt{5}}}}{20}.$$

小二十合扭棱三十二面体的两个相邻正三角形所成二面角的余弦值是
$$\cos\alpha_{33} = \cos\left(2\arccos\frac{\sqrt{3}}{6\rho}\right) = -\frac{\sqrt{3 + 2\sqrt{5}}}{3},$$

小二十合扭棱三十二面体的正三角形与正五边形所成二面角的余弦值是
$$\cos\alpha_{3\frac{5}{2}} = \cos\left(\arccos\frac{\sqrt{3}}{6\rho} + \arccos\frac{\tan 18°}{2\rho}\right) = -\frac{\sqrt{225 - 30\sqrt{5} + 30\sqrt{-65 + 30\sqrt{5}}}}{15}.$$

图 5.8.67、图 5.8.68、图 5.8.69、图 5.8.70 分别是小二十合扭棱三十二面体与正五角星相邻的正三角形（表面分割面积用 S'_{3_1} 表示）、与正五角星不相邻的其中一半正三角形（表面分割面积用 S'_{3_2} 表示）、与正五角星不相邻的另一半正三角形（表面分割面积用 S'_{3_3} 表示）、正五角星面被多面体分割的情况. 其中与正五角星相邻的正三角形共 60 个，与正五角星不相邻的正三角形共 40 个. 图 5.8.68、图 5.8.69 的正三角形面有一部分在多面体内是重合的，整个重合部分的分割图如图 5.8.71 所示. 与正五角星相邻的正三角形面中与正五角星公用的边的三分点所分线段按一个方向顺序的长度比是 $2 : (\sqrt{5} - 1) : 2$，其余两边由靠近正五角星公用边到远离正五角星公用边方向顺序的长度比是 $2\sqrt{10\sqrt{5} - 18} : 4 : (3\sqrt{5} - 5 + \sqrt{10\sqrt{5} - 18})$. 与正五角星不相邻的其中一半正三角形边的三分点所分线段按一个旋转方向顺序的长度比是 $2\sqrt{10\sqrt{5} - 18} : 4 : (3\sqrt{5} - 5 + \sqrt{10\sqrt{5} - 18})$. 其中

$$S'_{3_1} = \frac{70\sqrt{3} + \sqrt{15} - \sqrt{5709 + 2970\sqrt{5}}}{88},$$
$$S'_{3_2} = \frac{3}{44}\sqrt{2409 + 1056\sqrt{5} - 66\sqrt{2607 + 1166\sqrt{5}}},$$
$$S'_{3_3} = \frac{\sqrt{3}}{4}, \quad S'_{\frac{5}{2}} = \frac{\sqrt{650 - 290\sqrt{5}}}{4}.$$

小二十合扭棱三十二面体的表面积是
$$S = 60S'_{3_1} + 20S'_{3_2} + 20S'_{3_3} + 12S'_{\frac{5}{2}}$$

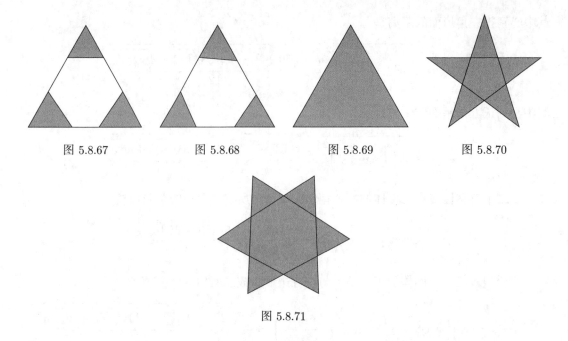

图 5.8.67　　　　图 5.8.68　　　　图 5.8.69　　　　图 5.8.70

图 5.8.71

$$= \frac{1325\sqrt{3} + 70\sqrt{15} - 55\sqrt{729 + 354\sqrt{5}}}{22} + 3\sqrt{650 - 290\sqrt{5}},$$

小二十合扭棱三十二面体的体积是

$$V = \frac{1}{3}\left(60S'_{3_1} + 20S'_{3_2} + 20S'_{3_3}\right)r_3 + 12 \times \frac{1}{3}S'_{\frac{5}{2}}r_{\frac{5}{2}} = \frac{5 + 422\sqrt{5} + 5\sqrt{59114\sqrt{5} - 125697}}{132}.$$

（2）　截顶大十二面体

定义 5.8.21. 面的边数与截顶正二十面体相同，且二面角与截顶正二十面体相同，但六边形面长的边等于正五边形对角线长，这样的凸多面体称为第二类变形截顶正二十面体（图 5.8.72）．

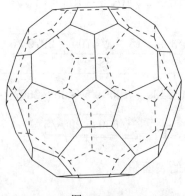

图 5.8.72

设第二类变形截顶正二十面体正五边形面的边长是 1，按照构造截顶正二十面体的方法构造第二类变形截顶正二十面体，设六边形与正五边形不等长的边长是 a，其构造正二十面体的棱长是 l，则
$$a = \frac{1+\sqrt{5}}{2}, \ l = 2+a = \frac{5+\sqrt{5}}{2},$$
所以第二类变形截顶正二十面体的外接球半径是
$$R' = \sqrt{\left(\frac{3\sqrt{3}+\sqrt{15}}{2}l\right)^2 + \frac{a^2+a+1}{(2\sin 60°)^2}} = \frac{\sqrt{19+8\sqrt{5}}}{2}.$$

定义 5.8.22. 第二类变形截顶正二十面体的各个顶点按图 5.8.73 中过顶点 A 的粗线的两个正十边形和一个正五角星面的方法构造面，得到的均匀多面体称为截顶大十二面体（图 5.8.74）.

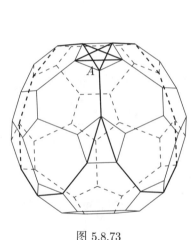
图 5.8.73

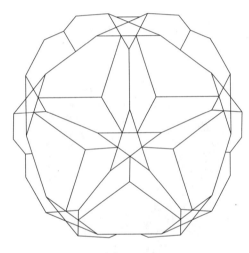
图 5.8.74

设截顶大十二面体的棱长是 1，因为截顶大十二面体的棱长与其构造的第二类变形截顶正二十面体正五边形面的棱长比是 $\frac{1+\sqrt{5}}{2}$，所以截顶大十二面体的外接球半径是
$$R = \frac{2}{1+\sqrt{5}}R' = \frac{\sqrt{34+10\sqrt{5}}}{4},$$
内棱切球半径是
$$\rho = \sqrt{R^2 - \left(\frac{1}{2}\right)^2} = \frac{5+\sqrt{5}}{4},$$
其中心到正十边形面的距离是
$$r_{10} = \sqrt{\rho^2 - \left(\frac{1}{2}\cot 18°\right)^2} = \frac{\sqrt{10+2\sqrt{5}}}{4},$$

其中心到正五角星面的距离是

$$r_{\frac{5}{2}} = \sqrt{\rho^2 - \left(\frac{1}{2}\tan 18°\right)^2} = \frac{\sqrt{130+58\sqrt{5}}}{4}.$$

截顶大十二面体的两个相邻正十边形所成二面角的余弦值是

$$\cos\alpha_{10,10} = \cos\left(2\arccos\frac{\cot 18°}{2\rho}\right) = \frac{\sqrt{5}}{5},$$

截顶大十二面体的正十边形与正五角星面所成二面角的余弦值是

$$\cos\alpha_{10\frac{5}{2}} = \cos\left(\arccos\frac{\cot 18°}{2\rho} + \arccos\frac{\tan 18°}{2\rho}\right) = -\frac{\sqrt{5}}{5}.$$

图 5.8.75、图 5.8.76 分别是截顶大十二面体正十边形、正五角星面被多面体分割的情况. 正十边形面中边的三分点所分线段按一个方向顺序的长度比是 $2:(\sqrt{5}-1):2$. 其中

$$S'_{10} = \frac{5}{4}\sqrt{5+2\sqrt{5}}, \quad S'_{\frac{5}{2}} = \frac{\sqrt{650-290\sqrt{5}}}{4}.$$

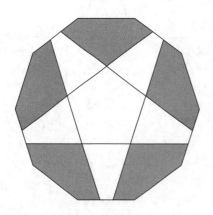

图 5.8.75

图 5.8.76

截顶大十二面体的表面积是

$$S = 12S'_{10} + 12S'_{\frac{5}{2}} = 3\sqrt{925-290\sqrt{5}},$$

截顶大十二面体的体积是

$$V = 12 \times \frac{1}{3}S'_{10}r_{10} + 12 \times \frac{1}{3}S'_{\frac{5}{2}}r_{\frac{5}{2}} = \frac{45+15\sqrt{5}}{4}.$$

（3） 大十二合三十二面体

定义 5.8.23. 第二类变形截顶正二十面体的各个顶点按图 5.8.77 中过顶点 A 的粗线的一个正三角形、一个正五角星和两个正十角星面的方法构造面，得到的均匀多面体称为大十二合三十二面体（图 5.8.78）.

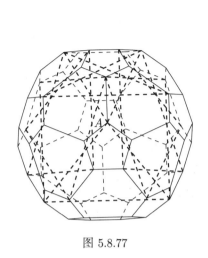
图 5.8.77

图 5.8.78

设大十二合三十二面体的棱长是 1,因为大十二合三十二面体的棱长与其构造的第二类变形截顶正二十面体正五边形面的棱长比是

$$\frac{1+\sqrt{5}}{2} \times (1+2\sin 54°) = 2+\sqrt{5},$$

所以大十二合三十二面体的外接球半径是

$$R = \frac{\sqrt{19+8\sqrt{5}}}{4} \times \frac{1}{2+\sqrt{5}} = \frac{\sqrt{11-4\sqrt{5}}}{2},$$

内棱切球半径是

$$\rho = \sqrt{R^2 - \left(\frac{1}{2}\right)^2} = \frac{\sqrt{10-4\sqrt{5}}}{2},$$

其中心到正三角形面的距离是

$$r_3 = \sqrt{\rho^2 - \left(\frac{\sqrt{3}}{6}\right)^2} = \frac{2\sqrt{15}-3\sqrt{3}}{6},$$

其中心到正五角星面的距离是

$$r_{\frac{5}{2}} = \sqrt{\rho^2 - \left(\frac{1}{2}\tan 18°\right)^2} = \frac{3}{10}\sqrt{25-10\sqrt{5}},$$

其中心到正十角星面的距离是

$$r_{\frac{10}{3}} = \sqrt{\rho^2 - \left(\frac{1}{2}\tan 36°\right)^2} = \frac{\sqrt{5-2\sqrt{5}}}{2}.$$

大十二合三十二面体的正三角形与正十角星所成二面角的余弦值是

$$\cos\alpha_{3\frac{10}{3}} = \cos\left(\arccos\frac{\sqrt{3}}{6\rho} + \arccos\frac{\tan 36°}{2\rho}\right) = -\frac{\sqrt{75-30\sqrt{5}}}{15},$$

大十二合三十二面体的正五角星与正十角星所成二面角的余弦值是

$$\cos\alpha_{\frac{5}{2}\frac{10}{3}} = \cos\left(\arccos\frac{\tan 18°}{2\rho} + \arccos\frac{\tan 36°}{2\rho}\right) = -\frac{\sqrt{5}}{5}.$$

图 5.8.79、图 5.8.80、图 5.8.81 分别是大十二合三十二面体正三角形、正五角星、正十角星面被多面体分割的情况. 正三角形面边上距离顶点较近的分点到该顶点的距离是 $\frac{7-3\sqrt{5}}{2}$，正五角星面边上距离顶点较近的分点到该顶点的距离是 $2-\sqrt{5}$，正十角星面边上距离顶点最近的分点到该顶点的距离是 $\frac{7-3\sqrt{5}}{2}$. 其中

$$S'_3 = \frac{282\sqrt{3}-126\sqrt{15}}{8}, \quad S'_{\frac{5}{2}} = \frac{5}{8}\sqrt{2330-1042\sqrt{5}}, \quad S'_{\frac{10}{3}} = \frac{5}{4}\sqrt{11650-5210\sqrt{5}}.$$

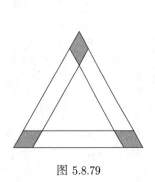  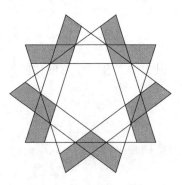

图 5.8.79　　　　　图 5.8.80　　　　　图 5.8.81

大十二合三十二面体的表面积是

$$S = 20S'_3 + 12S'_{\frac{5}{2}} + 12S'_{\frac{10}{3}} = 705\sqrt{3} - 315\sqrt{15} + \frac{15}{2}\sqrt{28090-12562\sqrt{5}},$$

大十二合三十二面体的体积是

$$V = 20\times\frac{1}{3}S'_3 r_3 + 12\times\frac{1}{3}S'_{\frac{5}{2}}r_{\frac{5}{2}} + 12\times\frac{1}{3}S'_{\frac{10}{3}}r_{\frac{10}{3}} = \frac{205\sqrt{5}-455}{4}.$$

（4）　均匀大斜方三十二面体

定义 5.8.24. 第二类变形截顶正二十面体的各个顶点按图 5.8.82 中过顶点 A 的粗线的一个正三角形、两个正方形和一个正五角星面的方法构造面，得到的均匀多面体称为均匀大斜方三十二面体（图 5.8.83）.

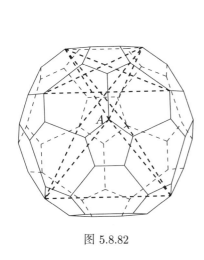
图 5.8.82

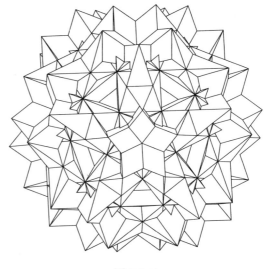
图 5.8.83

设均匀大斜方三十二面体的棱长是 1,因为均匀大斜方三十二面体的顶点与棱长相等的大十二合三十二面体的顶点能重合,且正三角形和正五角星的面重合,所以均匀大斜方三十二面体的外接球半径是 $R = \dfrac{\sqrt{11-4\sqrt{5}}}{2}$,内棱切球半径是 $\rho = \dfrac{\sqrt{10-4\sqrt{5}}}{2}$,其中心到正三角形面的距离是 $r_3 = \dfrac{2\sqrt{15}-3\sqrt{3}}{6}$,其中心到正五角星面的距离是 $r_{\frac{5}{2}} = \dfrac{3}{10}\sqrt{25-10\sqrt{5}}$,其中心到正方形面的距离是

$$r_4 = \sqrt{\rho^2 - \left(\dfrac{1}{2}\right)^2} = \dfrac{\sqrt{5}-2}{2}.$$

均匀大斜方三十二面体的正三角形与正方形所成二面角的余弦值是

$$\cos\alpha_{34} = \cos\left(\arccos\dfrac{\sqrt{3}}{6\rho} + \arccos\dfrac{1}{2\rho}\right) = \dfrac{\sqrt{15}-\sqrt{3}}{6},$$

均匀大斜方三十二面体的正方形与正五角星所成二面角的余弦值是

$$\cos\alpha_{4\frac{5}{2}} = \cos\left(\arccos\dfrac{1}{2\rho} + \arccos\dfrac{\tan 18°}{2\rho}\right) = \dfrac{\sqrt{50-10\sqrt{5}}}{10}.$$

图 5.8.84、图 5.8.85、图 5.8.86 分别是均匀大斜方三十二面体正三角形、正方形、正五角星面被多面体分割的情况. 正三角形面边的九分点所分线段按一个方向顺序的长度比是 $(3+\sqrt{5}):(1+\sqrt{5}):2:(1+\sqrt{5}):(4+2\sqrt{5}):(1+\sqrt{5}):2:(1+\sqrt{5}):(3+\sqrt{5})$. 正方形面边的七分点所分线段按一个方向顺序的长度比是 $2:2:(\sqrt{5}-1):(\sqrt{5}+1):$

$(\sqrt{5}-1):2:2$，五分点所分线段按一个方向顺序的长度比是 $2:(\sqrt{5}-1):2:(\sqrt{5}-1):2$，表面分割部分中梯形的高是 $\dfrac{5\sqrt{5}-11}{2}$．正五角星面边上距离顶点最近的分点到该顶点的距离是 $2-\sqrt{5}$．其中

$$S'_3 = \frac{1685\sqrt{3}-753\sqrt{15}}{20},\quad S'_{4^+} = \frac{282\sqrt{5}}{5}-126,$$
$$S'_{4^-} = 5-\frac{11\sqrt{5}}{5},\quad S'_{\frac{5}{2}} = \frac{5}{8}\sqrt{11650-5210\sqrt{5}}.$$

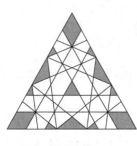

图 5.8.84

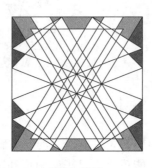

图 5.8.85

图 5.8.86

均匀大斜方三十二面体的表面积是

$$\begin{aligned}S &= 20S'_3 + 30(S'_{4^+}+S'_{4^-}) + 12S'_{\frac{5}{2}} \\ &= 1685\sqrt{3} + 1626\sqrt{5} - 753\sqrt{15} - 3630 + \frac{15}{2}\sqrt{11650-5210\sqrt{5}},\end{aligned}$$

均匀大斜方三十二面体的体积是

$$V = 20\times\frac{1}{3}S'_3 r_3 + 30\times\frac{1}{3}(S'_{4^+}-S'_{4^-})r_4 + 12\times\frac{1}{3}S'_{\frac{5}{2}}r_{\frac{5}{2}} = \frac{3405-1519\sqrt{5}}{12}.$$

（5） 大斜方十二面体

定义 5.8.25. 第二类变形截顶正二十面体的各个顶点按图 5.8.87 中过顶点 A 的粗线的两个正方形和两个正十角星面的方法构造面，得到的均匀多面体称为大斜方十二面体（图 5.8.88）．

设大斜方十二面体的棱长是 1，因为大斜方十二面体的顶点与棱长相等的大十二合三十二面体的顶点能重合，且正十角星的面重合，大斜方十二面体的顶点与棱长相等的均匀大斜方三十二面体的顶点能重合，且正方形的面重合，所以大斜方十二面体的外接球半径是 $R = \dfrac{\sqrt{11-4\sqrt{5}}}{2}$，内棱切球半径是 $\rho = \dfrac{\sqrt{10-4\sqrt{5}}}{2}$，其中心到正方形面的距离是 $r_4 = \dfrac{\sqrt{5}-2}{2}$，其中心到正十角星面的距离是 $r_{\frac{10}{3}} = \dfrac{\sqrt{5-2\sqrt{5}}}{2}$．

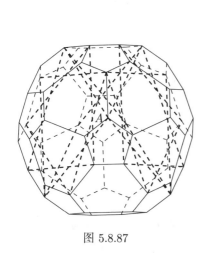

图 5.8.87　　　　　　　　　图 5.8.88

大斜方十二面体的正方形与正十角星所成的第一类二面角的余弦值是

$$\cos\alpha_{4\frac{10}{3}} = \cos\left(\arccos\frac{1}{2\rho} + \arccos\frac{\tan 36°}{2\rho}\right) = \frac{\sqrt{50-10\sqrt{5}}}{10},$$

大斜方十二面体的正方形与正十角星所成的第二类二面角的余弦值是

$$\cos\beta_{4\frac{10}{3}} = \cos\left(\arccos\frac{\tan 36°}{2\rho} - \arccos\frac{1}{2\rho}\right) = \frac{\sqrt{50+10\sqrt{5}}}{10}.$$

图 5.8.89、图 5.8.90 分别是大斜方十二面体正方形、正十角星面被多面体分割的情况. 正方形面边的五分点所分线段按一个方向顺序的长度比是 $2:(\sqrt{5}-1):2:(\sqrt{5}-1):2$，七五分点所分线段按一个方向顺序的长度比是 $(\sqrt{5}-1):(3-\sqrt{5}):(\sqrt{5}-1):2:(\sqrt{5}-1):(3-\sqrt{5}):(\sqrt{5}-1)$. 正十角星面边上距离顶点最近的分点到该顶点的距离是 $\frac{7-3\sqrt{5}}{2}$. 其中

$$S'_{4^+} = \frac{133\sqrt{5}-297}{4},\quad S'_{4^-} = 5\sqrt{5}-11,\quad S'_{\frac{10}{3}} = \frac{5}{8}\sqrt{26650-11918\sqrt{5}}.$$

大斜方十二面体的表面积是

$$S = 30(S'_{4^+} + S'_{4^-}) + 12 S'_{\frac{10}{3}} = \frac{2295\sqrt{5}-5115+15\sqrt{26650-11918\sqrt{5}}}{2},$$

大斜方十二面体的体积是

$$V = 30 \times \frac{1}{3}(S'_{4^+} - S'_{4^-})r_4 + 12 \times \frac{1}{3} S'_{\frac{10}{3}} r_{\frac{10}{3}} = 895 - 400\sqrt{5}.$$

5.8 均匀多面体

图 5.8.89

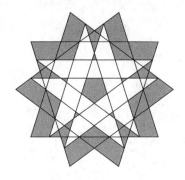

图 5.8.90

（6） 斜方十二合十二面体

定义 5.8.26. 面的边数与截顶正二十面体相同，且二面角与截顶正二十面体相同，但六边形面相隔两个顶点的对角线与正五边形面的对角线长度相等，这样的凸多面体称为第三类变形截顶正二十面体（图 5.8.91）.

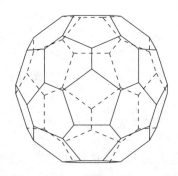

图 5.8.91

设第三类变形截顶正二十面体正五边形面的边长是 1，按照构造截顶正二十面体的方法构造第三类变形截顶正二十面体，设六边形与正五边形不等长的边长是 a，其构造正二十面体的棱长是 l，则

$$a = \frac{1+\sqrt{5}}{2} - 1 = \frac{\sqrt{5}-1}{2}, \quad l = 2 + a = \frac{3+\sqrt{5}}{2},$$

所以第三类变形截顶正二十面体的外接球半径是

$$R' = \sqrt{\left(\frac{3\sqrt{3}+\sqrt{15}}{2}l\right)^2 + \frac{a^2+a+1}{(2\sin 60°)^2}} = \frac{\sqrt{7}+\sqrt{35}}{4}.$$

定义 5.8.27. 第三类变形截顶正二十面体的各个顶点按图 5.8.92 中过顶点 A 的粗线的两个正方形、一个正五边形和一个正五角星面的方法构造面，得到的均匀多面体称为斜方十二合十二面体（图 5.8.93）.

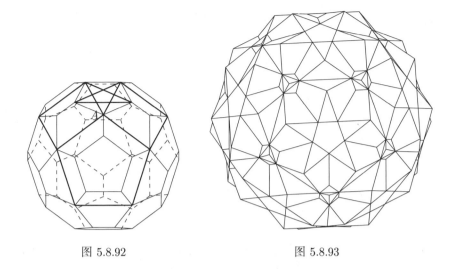

图 5.8.92　　　　　图 5.8.93

设斜方十二合十二面体的棱长是 1，因为斜方十二合十二面体的棱长与其构造的第三类变形截顶正二十面体正五边形面的棱长比是 $\dfrac{1+\sqrt{5}}{2}$，所以斜方十二合十二面体的外接球半径是

$$R = \dfrac{2}{1+\sqrt{5}} R' = \dfrac{\sqrt{7}}{2},$$

内棱切球半径是

$$\rho = \sqrt{R^2 - \left(\dfrac{1}{2}\right)^2} = \dfrac{\sqrt{6}}{2},$$

其中心到正方形面的距离是

$$r_4 = \sqrt{\rho^2 - \left(\dfrac{1}{2}\right)^2} = \dfrac{\sqrt{5}}{2},$$

其中心到正五边形面的距离是

$$r_5 = \sqrt{\rho^2 - \left(\dfrac{1}{2}\cot 36°\right)^2} = \dfrac{\sqrt{125-10\sqrt{5}}}{10},$$

其中心到正五角星面的距离是

$$r_{\frac{5}{2}} = \sqrt{\rho^2 - \left(\dfrac{1}{2}\tan 18°\right)^2} = \dfrac{\sqrt{125+10\sqrt{5}}}{10}.$$

斜方十二合十二面体的正方形和正五边形所成二面角的余弦值是

$$\cos\alpha_{45} = \cos\left(\arccos\dfrac{1}{2\rho} + \arccos\dfrac{\cot 36°}{2\rho}\right) = -\dfrac{\sqrt{50-10\sqrt{5}}}{5},$$

斜方十二合十二面体的正方形与正五边形所成二面角的余弦值是

$$\cos\alpha_{4\frac{5}{2}} = \cos\left(\arccos\frac{1}{2\rho} + \arccos\frac{\tan 18°}{2\rho}\right) = -\frac{\sqrt{50+10\sqrt{5}}}{5}.$$

图 5.8.94、图 5.8.95、图 5.8.96 分别是斜方十二合十二面体正方形、正五边形、正五角星面被多面体分割的情况. 正方形面、正五边形边的三分点所分线段按一个方向顺序的长度比是 $2 : (\sqrt{5}-1) : 2$. 其中

$$S'_4 = \frac{71-31\sqrt{5}}{4},\ S'_5 = \frac{15}{8}\sqrt{890-398\sqrt{5}},\ S'_{\frac{5}{2}} = \frac{\sqrt{650-290\sqrt{5}}}{4}.$$

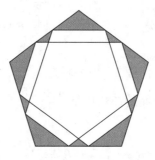

图 5.8.94　　　　　图 5.8.95　　　　　图 5.8.96

斜方十二合十二面体的表面积是

$$S = 30S'_4 + 12S'_5 + 12S'_{\frac{5}{2}} = \frac{1065-465\sqrt{5}+3\sqrt{157250-70310\sqrt{5}}}{2},$$

斜方十二合十二面体的体积是

$$V = 30 \times \frac{1}{3}S'_4 r_4 + 12 \times \frac{1}{3}S'_5 r_5 + 12 \times \frac{1}{3}S'_{\frac{5}{2}} r_{\frac{5}{2}} = \frac{367\sqrt{5}-805}{2}.$$

（7）　三十二合十二面体

定义 5.8.28. 第三类变形截顶正二十面体的各个顶点按图 5.8.97 中过顶点 A 的粗线的一个正五边形、两个正六边形和一个正五角星面的方法构造面，得到的均匀多面体称为三十二合十二面体（图 5.8.98）.

设三十二合十二面体的棱长是 1，因为三十二合十二面体的顶点与棱长相等的斜方十二合十二面体的顶点能重合，且正五边形、正五角星的面重合，所以三十二合十二面体的外接球半径是 $R = \frac{\sqrt{7}}{2}$，内棱切球半径是 $\rho = \frac{\sqrt{6}}{2}$，其中心到正五边形面的距离是 $r_5 = \frac{\sqrt{125-10\sqrt{5}}}{10}$，其中心到正十角星面的距离是 $r_{\frac{5}{2}} = \frac{\sqrt{125+10\sqrt{5}}}{10}$，其中心到正六边形面

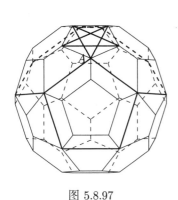
图 5.8.97

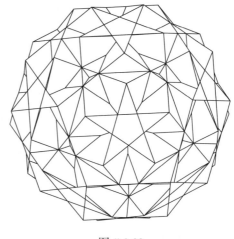
图 5.8.98

的距离是
$$r_6 = \sqrt{\rho^2 - \left(\frac{\sqrt{3}}{2}\right)^2} = \frac{\sqrt{3}}{2}.$$

三十二合十二面体的正五边形与正六边形所成二面角的余弦值是
$$\cos\alpha_{56} = \cos\left(\arccos\frac{\cot 36°}{2\rho} + \arccos\frac{\sqrt{3}}{2\rho}\right) = -\frac{\sqrt{75-30\sqrt{5}}}{15},$$

三十二合十二面体的正六边形与正五角星所成的第二类二面角的余弦值是
$$\cos\alpha_{6\frac{5}{2}} = \cos\left(\arccos\frac{\tan 18°}{2\rho} - \arccos\frac{\sqrt{3}}{2\rho}\right) = \frac{\sqrt{75-30\sqrt{5}}}{15}.$$

图 5.8.99、图 5.8.100、图 5.8.101 分别是三十二合十二面体正五边形、正六边形、正五角星面被多面体分割的情况. 正五边形、正六边形边的三分点所分线段按一个方向顺序的长度比是 $2:(\sqrt{5}-1):2$. 其中
$$S'_5 = \frac{5}{8}\sqrt{50-22\sqrt{5}},\ S'_{6+} = \frac{150\sqrt{3}-63\sqrt{15}}{20},$$
$$S'_{6-} = \frac{15\sqrt{15}-33\sqrt{3}}{4},\ S'_{\frac{5}{2}} = \frac{\sqrt{650-290\sqrt{5}}}{4}.$$

三十二合十二面体的表面积是
$$S = 12S'_5 + 20(S'_{6+}+S'_{6-}) + 12S'_{\frac{5}{2}} = 12\sqrt{15}-15\sqrt{3}+\frac{3}{2}\sqrt{7450-3310\sqrt{5}},$$

三十二合十二面体的体积是
$$V = 12\times\frac{1}{3}S'_5 r_5 + 20\times\frac{1}{3}(S'_{6+}+S'_{6-})r_4 + 12\times\frac{1}{3}S'_{\frac{5}{2}}r_{\frac{5}{2}} = \frac{625-267\sqrt{5}}{4}.$$

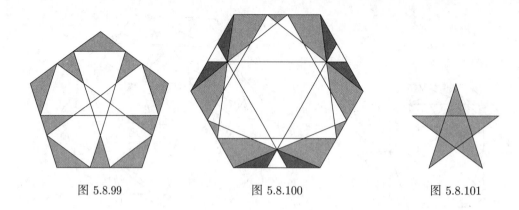

图 5.8.99　　　　　　　图 5.8.100　　　　　　　图 5.8.101

（8）　斜方二十面体

定义 5.8.29. 第三类变形截顶正二十面体的各个顶点按图 5.8.102 中过顶点 A 的粗线的两个正方形和两个正六边形面的方法构造面，得到的均匀多面体称为斜方二十面体（图 5.8.103）.

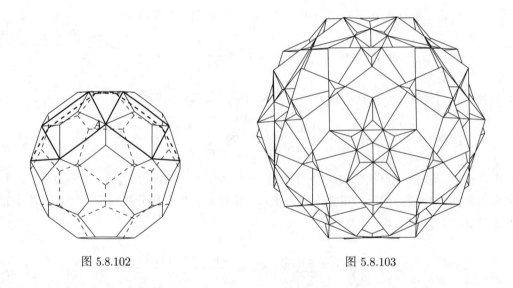

图 5.8.102　　　　　　　　　图 5.8.103

设斜方二十面体的棱长是 1，因为斜方二十面体的顶点与棱长相等的斜方十二合十二面体的顶点能重合，且正方形的面重合，斜方二十面体的顶点与棱长相等的三十二合十二面体的顶点能重合，且正六边形的面重合，所以斜方二十面体的外接球半径是 $R = \dfrac{\sqrt{7}}{2}$，内棱切球半径是 $\rho = \dfrac{\sqrt{6}}{2}$，其中心到正方形面的距离是 $r_5 = \dfrac{\sqrt{5}}{2}$，其中心到正六边形面的距离是 $r_6 = \dfrac{\sqrt{3}}{2}$.

斜方二十面体的正方形与正六边形所成的第一类二面角的余弦值是

$$\cos\alpha_{46} = \cos\left(\arccos\frac{1}{2\rho} + \arccos\frac{\sqrt{3}}{2\rho}\right) = -\frac{\sqrt{15}-\sqrt{3}}{6},$$

斜方二十面体的正方形与正六边形所成的第二类二面角的余弦值是

$$\cos\beta_{46} = \cos\left(\arccos\frac{1}{2\rho} - \arccos\frac{\sqrt{3}}{2\rho}\right) = \frac{\sqrt{15}+\sqrt{3}}{6}.$$

图 5.8.104、图 5.8.105 分别是斜方二十面体正方形、正六边形面被多面体分割的情况. 正方形、正六边形边的三分点所分线段按一个方向顺序的长度比是 $2:(\sqrt{5}-1):2$. 其中

$$S'_4 = \frac{85\sqrt{5}-187}{4}, \quad S'_{6^+} = \frac{21\sqrt{3}-9\sqrt{15}}{8}, \quad S'_{6^-} = \frac{15\sqrt{15}-33\sqrt{3}}{2}.$$

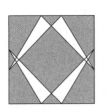

图 5.8.104

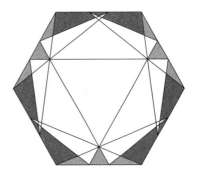

图 5.8.105

斜方二十面体的表面积是

$$S = 30S'_4 + 20(S'_{6^+} + S'_{6^-}) = \frac{1275\sqrt{5}+255\sqrt{15}-2805-555\sqrt{3}}{2},$$

斜方二十面体的体积是

$$V = 30 \times \frac{1}{3}S'_4 r_4 + 20 \times \frac{1}{3}(S'_{6^+}+S'_{6^-})r_4 = \frac{1445}{2} - 320\sqrt{5}.$$

第八类：截半正十二面体型

这类凹半正多面体的顶点是截半正十二面体的顶点.

（1） 小二十合四面体

定义 5.8.30. 截半正十二面体的各个顶点按图 5.8.106 中过顶点 A 的粗线的两个正三角形和两个正十边形面的方法构造面, 得到的均匀多面体称为小二十合四面体 (图 5.8.107).

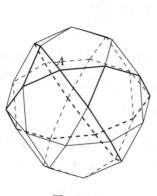
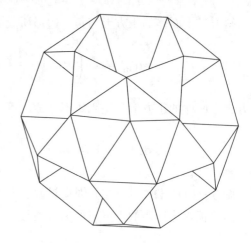

图 5.8.106　　　　　　　　　　　图 5.8.107

设小二十合四面体的棱长是 1，因为小二十合四面体的棱长与其构造的截半正十二面体的棱长相等，所以小二十合四面体的外接球半径是 $\dfrac{1+\sqrt{5}}{2}$，内棱切球半径是 $\dfrac{\sqrt{5+2\sqrt{5}}}{2}$，其中心到正三角形面的距离是 $\dfrac{3\sqrt{3}+\sqrt{15}}{6}$，正十边形面过其中心．

小二十合四面体的正三角形与正十边形所成二面角的余弦值是

$$\cos\alpha_{3,10} = \frac{\cos 72° - \cos 60° \cos 72°}{\sin 60° \sin 72°} = \frac{75 - 30\sqrt{5}}{15}.$$

图 5.8.108、图 5.8.109 分别是小二十合四面体正三角形、正十边形面被多面体分割的情况．其中

$$S'_3 = \frac{\sqrt{3}}{4}, \ S'_{10^+} = S'_{10^-} = \frac{5}{4}\sqrt{5+2\sqrt{5}}.$$

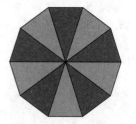

图 5.8.108　　　　　　　　　　　图 5.8.109

小二十合四面体的表面积是

$$S = 20S'_3 + 6(S'_{10^+} + S'_{10^-}) = 5\sqrt{3} + 15\sqrt{5+2\sqrt{5}},$$

小二十合四面体的体积是

$$V = 20 \times \frac{1}{3} S'_3 r_3 = \frac{15+5\sqrt{5}}{6}.$$

（2） 小十二合六面体

定义 5.8.31. 截半正十二面体的各个顶点按图 5.8.110 中过顶点 A 的粗线的两个正五边形和两个正十边形面的方法构造面，得到的均匀多面体称为小十二合六面体（图 5.8.111）.

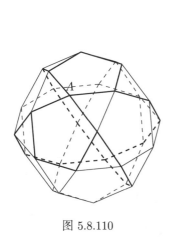

图 5.8.110

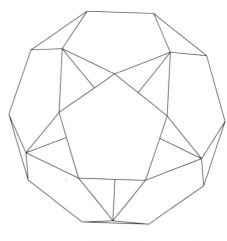

图 5.8.111

设小十二合六面体的棱长是 1，因为小十二合六面体的棱长与其构造的截半正十二面体的棱长相等，所以小十二合六面体的外接球半径是 $\dfrac{1+\sqrt{5}}{2}$，内棱切球半径是 $\dfrac{\sqrt{5+2\sqrt{5}}}{2}$，其中心到正五边形面的距离是 $\dfrac{\sqrt{25+10\sqrt{5}}}{5}$，正十边形面过其中心.

小十二合六体的正三角形与正十边形所成二面角的余弦值是

$$\cos\alpha_{5,10} = \frac{\cos 72° - \cos 108° \cos 72°}{\sin 108° \sin 72°} = \frac{\sqrt{5}}{5}.$$

图 5.8.112、图 5.8.113 分别是小十二合六面体正五边形、正十边形面被多面体分割的情况. 其中

$$S'_5 = \frac{\sqrt{25+10\sqrt{5}}}{4}, \ S'_{10^+} = S'_{10^-} = \frac{5}{4}\sqrt{5+2\sqrt{5}}.$$

图 5.8.112

图 5.8.113

小十二合六面体的表面积是
$$S = 20S'_5 + 6(S'_{10^+} + S'_{10^-}) = 3\sqrt{250 + 110\sqrt{5}},$$
小十二合六面体的体积是
$$V = 20 \times \frac{1}{3}S'_5 r_5 = 5 + 2\sqrt{5}.$$

（3） 十二合二十面体

定义 5.8.32. 截半正十二面体的各个顶点按图 5.8.114 中过顶点 A 的粗线的两个正五边形和两个正五角星面的方法构造面,得到的均匀多面体称为十二合二十面体（图 5.8.115）.

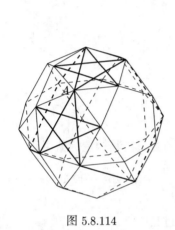

图 5.8.114　　　　　　　　图 5.8.115

设十二合二十面体的棱长是 1, 因为十二合二十面体的棱长与其构造的截半正十二面体的棱长比是 $\dfrac{1+\sqrt{5}}{2}$, 所以十二合二十面体的外接球半径是

$$R = \frac{1+\sqrt{5}}{2} \times \frac{2}{1+\sqrt{5}} = 1,$$

内棱切球半径是

$$\rho = \sqrt{R^2 - \left(\frac{1}{2}\right)^2} = \frac{\sqrt{3}}{2},$$

其中心到正五边形面的距离是

$$r_5 = \sqrt{\rho^2 - \left(\frac{1}{2}\cot 36°\right)^2} = \frac{\sqrt{50-10\sqrt{5}}}{10},$$

其中心到正五角星面的距离是

$$r_{\frac{5}{2}} = \sqrt{\rho^2 - \left(\frac{1}{2}\tan 18°\right)^2} = \frac{\sqrt{50+10\sqrt{5}}}{10}.$$

十二合二十面体的正五边形与正五角星所成二面角的余弦值是

$$\cos\alpha_{5\frac{5}{2}} = \cos\left(\arccos\frac{\cot 36°}{2\rho} + \arccos\frac{\tan 18°}{2\rho}\right) = -\frac{\sqrt{5}}{5}.$$

图 5.8.116、图 5.8.117 分别是十二合二十面体正五边形、正五角星面被多面体分割的情况. 正五边形边的三分点所分线段按一个方向顺序的长度比是 $2:(\sqrt{5}-1):2$. 其中

$$S'_5 = \frac{5}{4}\sqrt{130-58\sqrt{5}}, \quad S'_{\frac{5}{2}} = \frac{\sqrt{650-290\sqrt{5}}}{4}.$$

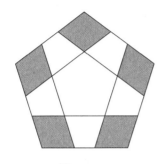
图 5.8.116

图 5.8.117

十二合二十面体的表面积是

$$S = 12S'_5 + 12S'_{\frac{5}{2}} = 6\sqrt{250-110\sqrt{5}},$$

十二合二十面体的体积是

$$V = 12 \times \frac{1}{3}S'_5 r_5 + 12 \times \frac{1}{3}S'_{\frac{5}{2}} r_{\frac{5}{2}} = 45 - 19\sqrt{5}.$$

（4） 小十二合十一面体

定义 5.8.33. 截半正十二面体的各个顶点按图 5.8.118 中过顶点 A 的粗线的两个正六边形和两个正五角星面的方法构造面，得到的均匀多面体称为小十二合十一面体（图 5.8.119）.

设小十二合十一面体的棱长是 1，因为小十二合十一面体的顶点与棱长相等的十二合二十面体的顶点能重合，且正五角星的面重合，所以小十二合十一面体的外接球半径是 $R = 1$，内棱切球半径是 $\rho = \dfrac{\sqrt{3}}{2}$，其中心到正五角星面的距离是 $r_{\frac{5}{2}} = \dfrac{\sqrt{50+10\sqrt{5}}}{10}$，正六边形面过其中心.

小十二合十一面体的正六边形与正五角星所成二面角的余弦值是

$$\cos\alpha_{6\frac{5}{2}} = \cos\left(\arccos\frac{\sqrt{3}}{2\rho} + \arccos\frac{\tan 18°}{2\rho}\right) = \frac{\sqrt{75-30\sqrt{5}}}{15}.$$

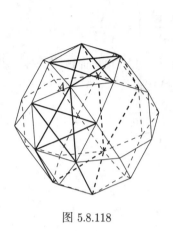
图 5.8.118

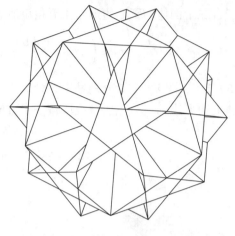
图 5.8.119

图 5.8.120、图 5.8.121 分别是小十二合十一面体正六边形、正五角星面被多面体分割的情况. 正六边形边的三分点所分线段按一个方向顺序的长度比是 $2:(\sqrt{5}-1):2$. 其中

$$S'_{6+} = S'_{6-} = \frac{9\sqrt{3} - 3\sqrt{15}}{4}, \quad S'_{\frac{5}{2}} = \frac{\sqrt{650 - 290\sqrt{5}}}{4}.$$

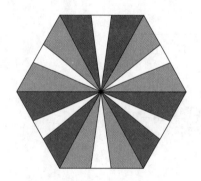
图 5.8.120

图 5.8.121

小十二合十一面体的表面积是

$$S = 10(S'_{6+} + S'_{6-}) + 12 S'_{\frac{5}{2}} = \frac{45\sqrt{3} - 15\sqrt{15}}{2} + 3\sqrt{650 - 290\sqrt{5}},$$

小十二合十一面体的体积是

$$V = 12 \times \frac{1}{3} S'_{\frac{5}{2}} r_{\frac{5}{2}} = 10 - 4\sqrt{5}.$$

（5） 大十二合十一面体

定义 5.8.34. 截半正十二面体的各个顶点按图 5.8.122 中过顶点 A 的粗线的两个正五边形和两个正六边形面的方法构造面，得到的均匀多面体称为大十二合十一面体（图

5.8.123).

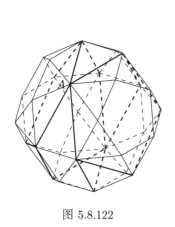

图 5.8.122

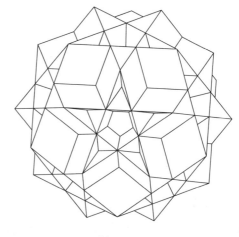

图 5.8.123

设大十二合十一面体的棱长是 1，因为大十二合十一面体的顶点与棱长相等的十二合二十面体的顶点能重合，且正五边形的面重合，大十二合十一面体的顶点与棱长相等的小十二合十一面体的顶点能重合，且正六边形的面重合，所以大十二合十一面体的外接球半径是 $R = 1$，内棱切球半径是 $\rho = \dfrac{\sqrt{3}}{2}$，其中心到正五边形面的距离是 $r_5 = \dfrac{\sqrt{50-10\sqrt{5}}}{10}$，正六边形面过其中心.

大十二合十一面体的正五边形与正六边形所成二面角的余弦值是

$$\cos\alpha_{56} = \cos\left(\arccos\frac{\tan 18°}{2\rho} + \arccos\frac{\sqrt{3}}{2\rho}\right) = \frac{\sqrt{75+30\sqrt{5}}}{15}.$$

图 5.8.124、图 5.8.125 分别是大十二合十一面体正五边形、正六边形面被多面体分割的情况. 正五边形、正六边形的三分点所分线段按一个方向顺序的长度比是 $2:(\sqrt{5}-1):2$. 其中

$$S'_5 = \frac{\sqrt{16850-7510\sqrt{5}}}{8}, \quad S'_{6+} = S'_{6-} = \frac{63\sqrt{3}-27\sqrt{15}}{8}.$$

大十二合十一面体的表面积是

$$S = 12S'_5 + 10(S'_{6+}+S'_{6-}) = \frac{63\sqrt{3}-27\sqrt{15}+6\sqrt{16850-7510\sqrt{5}}}{4},$$

大十二合十一面体的体积是

$$V = 12 \times \frac{1}{3}S'_5 r_5 = 40-17\sqrt{5}.$$

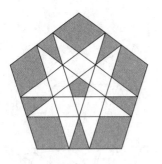
图 5.8.124

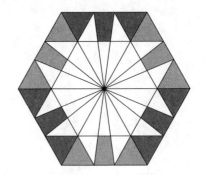
图 5.8.125

（6） 大三十二面体

定义 5.8.35. 截半正十二面体的各个顶点按图 5.8.126 中过顶点 A 的粗线的两个正三角形和两个正五角星面的方法构造面，得到的均匀多面体称为大三十二面体（图 5.8.127）．

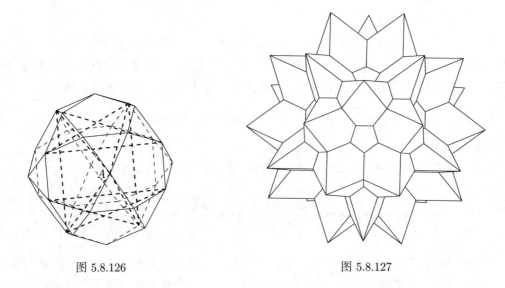

图 5.8.126　　　　图 5.8.127

设大三十二面体的棱长是 1，因为大三十二面体的棱长与其构造的截半正十二面体的棱长比是
$$\left(\frac{1+\sqrt{5}}{2}\right)^2 = \frac{3+\sqrt{5}}{2},$$
所以大三十二面体的外接球半径是
$$R = \frac{1+\sqrt{5}}{2} \times \frac{2}{3+\sqrt{5}} = \frac{\sqrt{5}-1}{2},$$
内棱切球半径是
$$\rho = \sqrt{R^2 - \left(\frac{1}{2}\right)^2} = \frac{\sqrt{5-2\sqrt{5}}}{2},$$

其中心到正三角形面的距离是
$$r_3 = \sqrt{\rho^2 - \left(\frac{\sqrt{3}}{6}\right)^2} = \frac{3\sqrt{3} - \sqrt{15}}{6},$$
其中心到正五角星面的距离是
$$r_{\frac{5}{2}} = \sqrt{\rho^2 - \left(\frac{1}{2}\tan 18°\right)^2} = \frac{\sqrt{25 - 10\sqrt{5}}}{5}.$$
大三十二面体的正三角形与正五角星所成二面角的余弦值是
$$\cos\alpha_{3\frac{5}{2}} = \cos\left(\arccos\frac{\sqrt{3}}{6\rho} + \arccos\frac{\tan 18°}{2\rho}\right) = -\frac{\sqrt{75 - 30\sqrt{5}}}{15}.$$

图 5.8.128、图 5.8.129 分别是大三十二面体正三角形、正五角星面被多面体分割的情况. 正三角形、正五角星的五分点所分线段按一个方向顺序的长度比是 $2:(\sqrt{5}-1):2:(\sqrt{5}-1):2$. 其中
$$S_3' = \frac{117\sqrt{15} - 261\sqrt{3}}{8}, \quad S_{\frac{5}{2}}' = \frac{\sqrt{1131250 - 505910\sqrt{5}}}{8}.$$

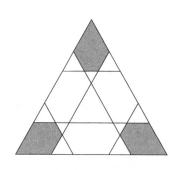

图 5.8.128

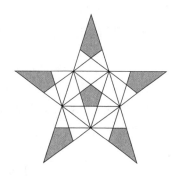

图 5.8.129

大三十二面体的表面积是
$$S = 20S_3' + 12S_{\frac{5}{2}}' = \frac{585\sqrt{15} - 1305\sqrt{3} + 3\sqrt{1131250 - 505910\sqrt{5}}}{2},$$
大三十二面体的体积是
$$V = 20 \times \frac{1}{3}S_3'r_3 + 12 \times \frac{1}{3}S_{\frac{5}{2}}'r_{\frac{5}{2}} = \frac{973\sqrt{5} - 2175}{2}.$$

（7） 大十二合六面体

定义 5.8.36. 截半正十二面体的各个顶点按图 5.8.130 中过顶点 A 的粗线的两个正五角星和两个正十角星面的方法构造面,得到的均匀多面体称为大十二合六面体（图 5.8.131）.

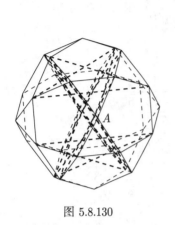

图 5.8.130

图 5.8.131

设大十二合六面体的棱长是 1，因为大十二合六面体的顶点与棱长相等的大三十二面体的顶点能重合，且正三角形的面重合，所以大十二合六面体的外接球半径是 $R = \dfrac{\sqrt{5}-1}{2}$，内棱切球半径是 $\rho = \dfrac{\sqrt{5-2\sqrt{5}}}{2}$，其中心到正五角星面的距离是 $r_{\frac{5}{2}} = \dfrac{\sqrt{25-10\sqrt{5}}}{5}$，正十角星面过其中心.

大十二合六面体的正五角星与正十角星所成二面角的余弦值是

$$\cos\alpha_{\frac{5}{2}\frac{10}{3}} = \cos\left(\arccos\frac{\tan 18°}{2\rho} + \arccos\frac{\tan 36°}{2\rho}\right) = \frac{\sqrt{5}}{5}.$$

图 5.8.132、图 5.8.133 分别是大十二合六面体正五角星、正十角星面被多面体分割的情况. 正五角星边的五分点所分线段按一个方向顺序的长度比是 $2 : (\sqrt{5}-1) : 2 : (\sqrt{5}-1) : 2$. 其中

$$S'_{\frac{5}{2}} = \frac{\sqrt{169025 - 75590\sqrt{5}}}{4},\quad S'_{\frac{10}{3}+} = S'_{\frac{10}{3}-} = \frac{5}{4}\sqrt{85 - 38\sqrt{5}}.$$

大十二合六面体的表面积是

$$S = 12 S'_{\frac{5}{2}} + 6\left(S'_{\frac{10}{3}+} + S'_{\frac{10}{3}-}\right) = 3\sqrt{133250 - 59590\sqrt{5}},$$

大十二合六面体的体积是

$$V = 12 \times \frac{1}{3} S'_{\frac{5}{2}} r_{\frac{5}{2}} = 179\sqrt{5} - 400.$$

（8） 大二十合六面体

定义 5.8.37. 截半正十二面体的各个顶点按图 5.8.134 中过顶点 A 的粗线的两个正三角形和两个正十角星面的方法构造面，得到的均匀多面体称为大二十合六面体（图 5.8.135）.

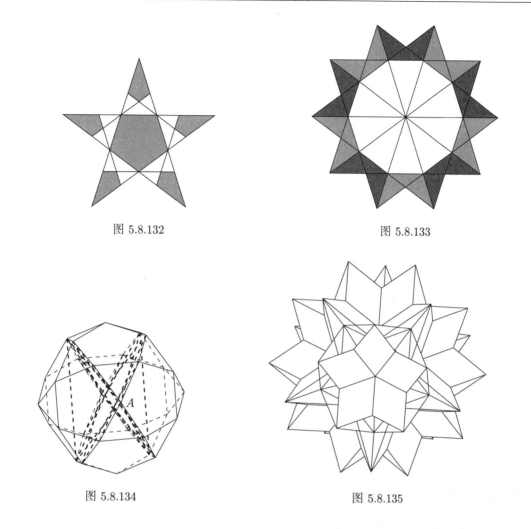

图 5.8.132　　　　　　　　　图 5.8.133

图 5.8.134　　　　　　　　　图 5.8.135

设大二十合六面体的棱长是 1, 因为大二十合六面体的顶点与棱长相等的大三十二面体的顶点能重合, 且正三角形的面重合, 大二十合六面体的顶点与棱长相等的大十二合六面体的顶点能重合, 且正十角星的面重合, 所以大十二合六面体的外接球半径是 $R=\dfrac{\sqrt{5}-1}{2}$, 内棱切球半径是 $\rho=\dfrac{\sqrt{5-2\sqrt{5}}}{2}$, 其中心到正三角形面的距离是 $r_3=\dfrac{3\sqrt{3}-\sqrt{15}}{6}$, 正十角星面过其中心.

大二十合六面体的正三角形与正十角星所成二面角的余弦值是

$$\cos\alpha_{3\frac{10}{3}}=\cos\left(\arccos\dfrac{\sqrt{3}}{6\rho}+\arccos\dfrac{\tan 36°}{2\rho}\right)=\dfrac{\sqrt{75+30\sqrt{5}}}{15}.$$

图 5.8.136、图 5.8.137 分别是大二十合六面体正三角形、正十角星面被多面体分割的情况. 正三角形边的五分点所分线段按一个方向顺序的长度比是 $2:(\sqrt{5}-1):2:(\sqrt{5}-1):$

2. 其中

$$S'_3 = \frac{210\sqrt{3} - 93\sqrt{15}}{20}, \quad S'_{\frac{10}{3}^+} = S'_{\frac{10}{3}^-} = \frac{5}{4}\sqrt{85 - 38\sqrt{5}}.$$

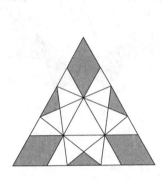

图 5.8.136

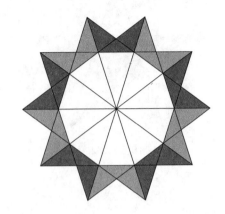

图 5.8.137

大十二合六面体的表面积是

$$S = 20S'_3 + 6\left(S'_{\frac{10}{3}^+} + S'_{\frac{10}{3}^-}\right) = 210\sqrt{3} - 93\sqrt{15} + 15\sqrt{85 - 38\sqrt{5}},$$

大十二合六面体的体积是

$$V = 20 \times \frac{1}{3} S'_3 r_3 = \frac{365 - 163\sqrt{5}}{2}.$$

第九类：截顶正十二面体型

这类凹半正多面体的顶点是截顶正十二面体或构成类似的顶点.

（1） 大双三斜方十二合三十二面体

定义 5.8.38. 截顶正十二面体的各个顶点按图 5.8.138 中过顶点 A 的粗线的一个正三角形、一个正五边形和两个正十角星面的方法构造面，得到的均匀多面体称为大双三斜方十二合三十二面体（图 5.8.139）.

设大双三斜方十二合三十二面体的棱长是 1，因为大双三斜方十二合三十二面体的棱长与其构造的截顶正十二面体正五边形面的棱长比是

$$1 + 2\sin 54° = \frac{3 + \sqrt{5}}{2},$$

所以大双三斜方十二合三十二面体的外接球半径是

$$R = \frac{\sqrt{19 + 8\sqrt{5}}}{4} \times \frac{2}{3 + \sqrt{5}} = \frac{\sqrt{34 - 6\sqrt{5}}}{4},$$

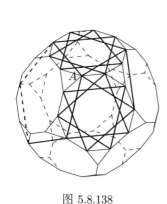

图 5.8.138   图 5.8.139

内棱切球半径是

$$\rho = \sqrt{R^2 - \left(\frac{1}{2}\right)^2} = \frac{\sqrt{30-6\sqrt{5}}}{4},$$

其中心到正三角形面的距离是

$$r_3 = \sqrt{\rho^2 - \left(\frac{\sqrt{3}}{6}\right)^2} = \frac{9\sqrt{3}-\sqrt{15}}{12},$$

其中心到正五边形面的距离是

$$r_5 = \sqrt{\rho^2 - \left(\frac{1}{2}\cot 36°\right)^2} = \frac{\sqrt{650-190\sqrt{5}}}{20},$$

其中心到正十角星面的距离是

$$r_{\frac{10}{3}} = \sqrt{\rho^2 - \left(\frac{1}{2}\tan 36°\right)^2} = \frac{\sqrt{10+2\sqrt{5}}}{4}.$$

大双三斜方十二合三十二面体的正三角形与正十角星所成二面角的余弦值是

$$\cos\alpha_{3\frac{10}{3}} = \cos\left(\arccos\frac{\sqrt{3}}{6\rho} + \arccos\frac{\tan 36°}{2\rho}\right) = -\frac{\sqrt{75+30\sqrt{5}}}{15},$$

大双三斜方十二合三十二面体的正五边形与正十角星所成二面角的余弦值是

$$\cos\alpha_{5\frac{10}{3}} = \cos\left(\arccos\frac{\cot 36°}{2\rho} + \arccos\frac{\tan 36°}{2\rho}\right) = -\frac{\sqrt{5}}{5}.$$

图 5.8.140、图 5.8.141、图 5.8.142 分别是大双三斜方十二合三十二面体正三角形、正五边形、正十角星面被多面体分割的情况. 正三角形、正五边形边的五分点所分线段按一

个方向顺序的长度比是 $2:(\sqrt{5}-1):2:(\sqrt{5}-1):2$. 其中

$$S_3' = \frac{101\sqrt{3}-45\sqrt{15}}{8},\quad S_5' = \frac{15}{8}\sqrt{2330-1042\sqrt{5}},\quad S_{\frac{10}{3}}' = 5\sqrt{85-38\sqrt{5}}.$$

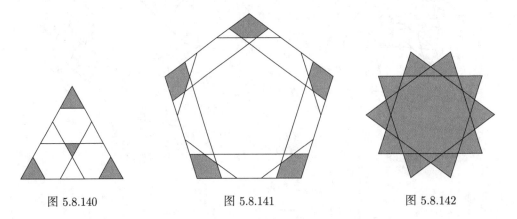

图 5.8.140　　　　　　　图 5.8.141　　　　　　　图 5.8.142

大双三斜方十二合三十二面体的表面积是

$$S = 20S_3' + 12S_5' + 12S_{\frac{10}{3}}' = \frac{505\sqrt{3}-225\sqrt{15}+15\sqrt{47770-21362\sqrt{5}}}{2},$$

大双三斜方十二合三十二面体的体积是

$$V = 20 \times \frac{1}{3}S_3' r_3 + 12 \times \frac{1}{3}S_5' r_5 + 12 \times \frac{1}{3}S_{\frac{10}{3}}' r_{\frac{10}{3}} = \frac{2325-3095\sqrt{5}}{12}.$$

（2）大二十合三十二面体

定义 5.8.39. 截顶正十二面体的各个顶点按图 5.8.143 中过顶点 A 的粗线的一个正三角形、一个正五边形和两个正六边形面的方法构造面，得到的均匀多面体称为大二十合三十二面体（图 5.8.144）.

设大二十合三十二面体的棱长是 1，因为大二十合三十二面体的顶点与棱长相等的大双三斜方十二合三十二面体的顶点能重合，且正三角形和正五边形的面重合，所以大二十合三十二面体的外接球半径是 $R = \dfrac{\sqrt{34-6\sqrt{5}}}{4}$，内棱切球半径是 $\rho = \dfrac{\sqrt{30-6\sqrt{5}}}{4}$，其中心到正三角形面的距离是 $r_3 = \dfrac{9\sqrt{3}-\sqrt{15}}{12}$，其中心到正五边形面的距离是 $r_5 = \dfrac{\sqrt{650-190\sqrt{5}}}{20}$，其中心到正六边形面的距离是

$$r_6 = \sqrt{\rho^2 - \left(\frac{\sqrt{3}}{2}\right)^2} = \frac{\sqrt{15}-\sqrt{3}}{4}.$$

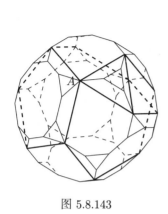

图 5.8.143

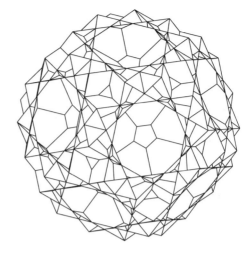

图 5.8.144

大二十合三十二面体的正三角形与正六边形所成二面角的余弦值是

$$\cos\alpha_{36} = \cos\left(\arccos\frac{\sqrt{3}}{6\rho} + \arccos\frac{\sqrt{3}}{2\rho}\right) = \frac{\sqrt{5}}{3},$$

大二十合三十二面体的正五边形与正六边所成二面角的余弦值是

$$\cos\alpha_{56} = \cos\left(\arccos\frac{\cot 36°}{2\rho} + \arccos\frac{\sqrt{3}}{2\rho}\right) = \frac{\sqrt{75-30\sqrt{5}}}{15}.$$

图 5.8.145、图 5.8.146、图 5.8.147 分别是大二十合三十二面体正三角形、正五边形、正六边形被多面体分割的情况. 正三角形、正五边形、正六边形边的五分点所分线段按一个方向顺序的长度比是 $2:(\sqrt{5}-1):2:(\sqrt{5}-1):2$. 其中

$$S'_3 = \frac{957\sqrt{15} - 2135\sqrt{3}}{40}, \quad S'_5 = \frac{1}{4}\sqrt{1690225 - 755890\sqrt{5}},$$

$$S'_{6+} = \frac{5325\sqrt{3} - 2379\sqrt{15}}{20}, \quad S'_{6-} = \frac{183\sqrt{15} - 405\sqrt{3}}{40}.$$

大二十合三十二面体的表面积是

$$S = 20S'_3 + 12S'_5 + 20(S'_{6+} + S'_{6-}) = 4055\sqrt{3} - 1809\sqrt{15} + 3\sqrt{1690225 - 755890\sqrt{5}},$$

大二十合三十二面体的体积是

$$V = 20 \times \frac{1}{3}S'_3 r_3 + 12 \times \frac{1}{3}S'_5 r_5 + 20 \times \frac{1}{3}(S'_{6+} - S'_{6-}) = \frac{37459\sqrt{5} - 83715}{12}.$$

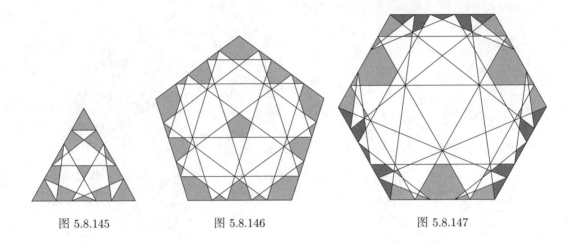

图 5.8.145　　　　　图 5.8.146　　　　　图 5.8.147

（3）　大十二合二十面体

定义 5.8.40. 截顶正十二面体的各个顶点按图 5.8.148 中过顶点 A 的粗线的两个正六边形和两个正十角星面的方法构造面，得到的均匀多面体称为大十二合二十面体（图 5.8.149）.

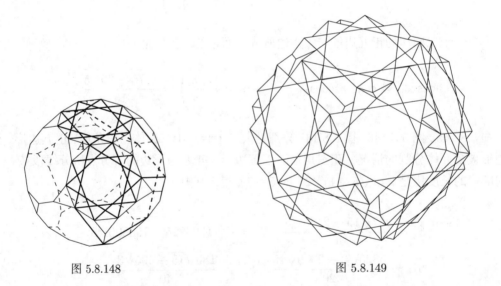

图 5.8.148　　　　　　　　　　　图 5.8.149

设大十二合二十面体的棱长是 1，因为大十二合二十面体的顶点与棱长相等的大双三斜方十二合三十二面体的顶点能重合，且正十角星的面重合，大十二合二十面体的顶点与棱长相等的大二十合三十二面体的顶点能重合，且正六边形的面重合，所以大十二合二十面体的外接球半径是 $R=\dfrac{\sqrt{34-6\sqrt{5}}}{4}$，内棱切球半径是 $\rho=\dfrac{\sqrt{30-6\sqrt{5}}}{4}$，其中心到正六边形面的距离是 $r_6=\dfrac{\sqrt{15}-\sqrt{3}}{4}$，其中心到正十角星面的距离是 $r_{\frac{10}{3}}=\dfrac{\sqrt{10+2\sqrt{5}}}{4}$.

大十二合二十面体的正六边形与正十角星所成的第一类二面角的余弦值是

$$\cos\alpha_{6\frac{10}{3}} = \cos\left(\arccos\frac{\sqrt{3}}{6\rho} + \arccos\frac{\tan 36°}{2\rho}\right) = -\frac{\sqrt{75-30\sqrt{5}}}{15},$$

大十二合二十面体的正六边形与正十角星所成的第二类二面角的余弦值是

$$\cos\beta_{6\frac{10}{3}} = \cos\left(\arccos\frac{\tan 36°}{2\rho} - \arccos\frac{\sqrt{3}}{2\rho}\right) = \frac{\sqrt{75+30\sqrt{5}}}{15}.$$

图 5.8.150、图 5.8.151 分别是大十二合二十面体正六边形、正十角星被多面体分割的情况. 正六边形边的五分点所分线段按一个方向顺序的长度比是 $2:(\sqrt{5}-1):2:(\sqrt{5}-1):2$. 其中

$$S'_{6^+} = \frac{561\sqrt{15} - 1245\sqrt{3}}{40}, \quad S'_{6^-} = \frac{222\sqrt{3} - 99\sqrt{15}}{4}, \quad S'_{\frac{10}{3}} = 5\sqrt{85 - 38\sqrt{5}}.$$

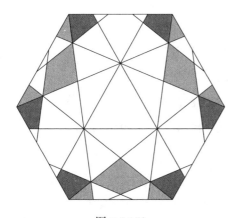

图 5.8.150

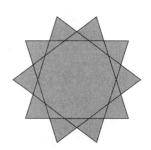

图 5.8.151

大十二合二十面体的表面积是

$$S = 20(S'_{6^+} + S'_{6^-}) + 12S'_{\frac{10}{3}} = \frac{975\sqrt{3} - 429\sqrt{15}}{2} + 60\sqrt{85 - 38\sqrt{5}},$$

大十二合二十面体的体积是

$$V = 20 \times \frac{1}{3}(S'_{6^+} - S'_{6^-})r_6 + 12 \times \frac{1}{3}S'_{\frac{10}{3}}r_{\frac{10}{3}} = \frac{2655}{2} - 592\sqrt{5}.$$

（4） 小后扭棱二十合三十二面体

定义 5.8.41. 面的边数与截顶正十二面体相同，且二面角与截顶正十二面体相同，但十边形面边长不相同，如图 5.8.152 有 $AB = AC$，类似位置亦满足上述条件，这样的凸多面体称为变形截顶正十二面体.

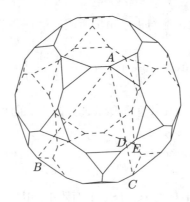

图 5.8.152

设变形截顶正十二面体正三角形面的边长是 1，按照构造截顶正十二面体的方法构造变形截顶正十二面体，设十边形与正三角边形不等长的边长是 a，其构造正十二面体的棱长是 l，点 A 在平面 ADE 直线 DE 的垂线，垂足是 P，点 C 在平面 CDE 直线 DE 的垂线，垂足是 Q，则

$$AB = (a + 2\cos 36° + 2a\cos 72°)\frac{1+\sqrt{5}}{2},$$

$$AP = (a + 2\cos 36°)\sin 72°,$$

$$CQ = (a + 2\cos 36° + 2a\cos 72°)\sin 72°,$$

$$PQ = (a + 2\cos 36° + a + 2\cos 36° + 2a\cos 72°)\cos 72°,$$

所以

$$AC = \sqrt{AP^2 + CQ^2 + 2\cdot AP \cdot CQ \cdot \frac{\sqrt{5}}{5} + PQ^2}$$

$$= \sqrt{(3+\sqrt{5})a^2 + 3(2+\sqrt{5})a + \frac{3}{2}(3+\sqrt{5})},$$

由 $AB = AC$ 得

$$2a^2 + (\sqrt{5}-1)a + 1 - \sqrt{5} = 0,$$

解这个方程，得

$$a = \frac{1-\sqrt{5}+\sqrt{6\sqrt{5}-2}}{4},$$

所以

$$l = a + 2\frac{\sin 36°}{\sin 108°} = \frac{3\sqrt{5}-3+\sqrt{6\sqrt{5}-2}}{4},$$

所以变形截顶正十二面体的外接球半径是

$$R' = \sqrt{\left(\frac{\sqrt{250+110\sqrt{20}}}{2}l\right)^2 + \left(\frac{a^2+1-2a\cos 144°}{2\sin 144°}\right)^2}$$

$$= \frac{\sqrt{24+10\sqrt{5}+2\sqrt{207+94\sqrt{5}}}}{4}.$$

定义 5.8.42. 变形截顶正十二面体的各个顶点按图 5.8.153 中过顶点 A 的粗线的五个正三角形和一个正五角星面的方法构造面，得到的均匀多面体称为小后扭棱二十合三十二面体（图 5.8.154）.

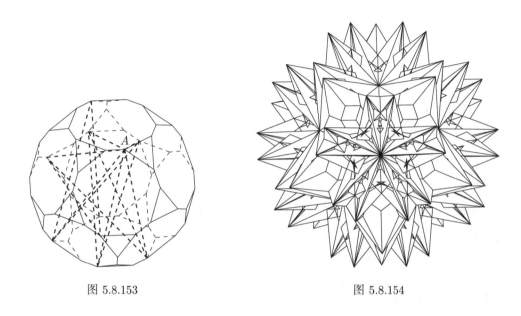

图 5.8.153　　　　　　　　图 5.8.154

设小后扭棱二十合三十二面体的棱长是 1，因为小后扭棱二十合三十二面体的棱长与其构造的变形截顶正十二面体正五边形面的棱长比是

$$(a+2\cos 36°+2a\cos 72°)\frac{1+\sqrt{5}}{2}=\frac{5+\sqrt{5}+\sqrt{38+18\sqrt{5}}}{4},$$

所以小后扭棱二十合三十二面体的外接球半径是

$$R=\frac{4}{5+\sqrt{5}+\sqrt{38+18\sqrt{5}}}R'=\frac{\sqrt{13+3\sqrt{5}-\sqrt{102+46\sqrt{5}}}}{4},$$

内棱切球半径是

$$\rho=\sqrt{R^2-\left(\frac{1}{2}\right)^2}=\frac{\sqrt{9+3\sqrt{5}-\sqrt{102+46\sqrt{5}}}}{4},$$

其中心到正三角形面的距离是

$$r_3=\sqrt{\rho^2-\left(\frac{\sqrt{3}}{6}\right)^2}=\frac{\sqrt{69+27\sqrt{5}-9\sqrt{102+46\sqrt{5}}}}{12},$$

其中心到正五角星面的距离是

$$r_{\frac{5}{2}} = \sqrt{\rho^2 - \left(\frac{1}{2}\tan 18°\right)^2} = \frac{\sqrt{125 + 115\sqrt{5} - 25\sqrt{102 + 46\sqrt{5}}}}{20}.$$

小后扭棱二十合三十二面体的两个相邻正三角形所成二面角的余弦值是

$$\cos\alpha_{33} = \cos\left(2\arccos\frac{\sqrt{3}}{6\rho}\right) = \frac{\sqrt{3 + 2\sqrt{5}}}{3},$$

小后扭棱二十合三十二面体的正三角形与正五边形所成二面角的余弦值是

$$\cos\alpha_{3\frac{5}{2}} = \cos\left(\arccos\frac{\tan 18°}{2\rho} - \arccos\frac{\sqrt{3}}{6\rho}\right) = \frac{\sqrt{225 - 30\sqrt{5} - 30\sqrt{30\sqrt{5} - 65}}}{15}.$$

图 5.8.155、图 5.8.156、图 5.8.157、图 5.8.158 分别是小后扭棱二十合三十二面体与正五角星面相邻的正三角形面（表面与中心在同侧的表面分割面积用 $S'_{3_1^+}$ 表示，表面与中心在异侧的表面分割面积用 $S'_{3_1^-}$ 表示），其中一半与正五角星面不相邻的正三角形面（表面分割面积用 S'_{3_2} 表示），另一半与正五角星面不相邻的正三角形面（表面分割面积用 S'_{3_3} 表示），正五角星被多面体分割的情况，其中图 5.8.160、图 5.8.161、图 5.8.162、图 5.8.163 分别表示图 5.8.155 右下角、图 5.8.156 右下角、图 5.8.157 左下角、图 5.8.158 左上角两边自交部分的放大图。其中与正五角星相邻的正三角形共 60 个，与正五角星不相邻的正三角形共 40 个。图 5.8.156、图 5.8.157 的正三角形面有一部分在多面体内是重合的，整个重合部分的分割图如图 5.8.159 所示。图 5.8.155 中边的十分点把边从上到下分得的线段长分别是

$$\frac{9 + 3\sqrt{5} - \sqrt{102 + 46\sqrt{5}}}{4}, \frac{\sqrt{1838 + 822\sqrt{5}} - 31 - 13\sqrt{5}}{4}, \frac{23 + 9\sqrt{5} - \sqrt{918 + 414\sqrt{5}}}{4},$$
$$\frac{5 + 5\sqrt{5} - \sqrt{78 + 74\sqrt{5}}}{12}, \frac{\sqrt{792 + 440\sqrt{5}} - 11 - 11\sqrt{5}}{66}, \frac{\sqrt{3102 + 1562\sqrt{5}} - 55 - 11\sqrt{5}}{88},$$
$$\frac{3 - 5\sqrt{5} + \sqrt{38 + 18\sqrt{5}}}{24}, \frac{6 + 5\sqrt{5} - \sqrt{143 + 66\sqrt{5}}}{6}, \frac{\sqrt{302 + 150\sqrt{5}} - 9 - 7\sqrt{5}}{12},$$
$$\frac{9 + \sqrt{5} - \sqrt{38 + 18\sqrt{5}}}{12};$$

边的二十一分点把边从左到右分得的线段长分别是

$$\frac{3 - \sqrt{3 + 2\sqrt{5}}}{2}, \frac{4 + \sqrt{5} - \sqrt{15 + 10\sqrt{5}}}{2}, \frac{\sqrt{5} - 11 + \sqrt{38 + 18\sqrt{5}}}{4},$$
$$\frac{\sqrt{102 + 46\sqrt{5}} - 3 - 5\sqrt{5}}{4}, \frac{1 + 3\sqrt{5} - \sqrt{30\sqrt{5} - 10}}{4}, \frac{7 - \sqrt{5} - \sqrt{50\sqrt{5} - 90}}{4},$$
$$\frac{\sqrt{5} - 11 + \sqrt{38 + 18\sqrt{5}}}{4}, \frac{7 - 5\sqrt{5} + \sqrt{50\sqrt{5} - 90}}{12}, \frac{5 - \sqrt{5} - \sqrt{3 + 2\sqrt{5}}}{3},$$

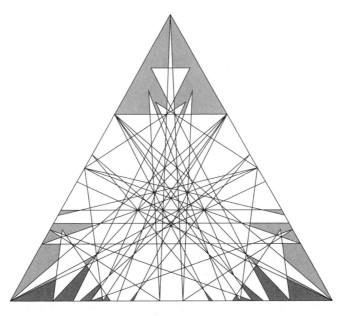

图 5.8.155

$$\frac{3\sqrt{5}-3-\sqrt{6\sqrt{5}-2}}{4},\ \frac{\sqrt{6\sqrt{5}-2}-1-\sqrt{5}}{2},\ \frac{3\sqrt{5}-3-\sqrt{6\sqrt{5}-2}}{4},$$
$$\frac{5-\sqrt{5}-\sqrt{3+2\sqrt{5}}}{3},\ \frac{7-5\sqrt{5}+\sqrt{50\sqrt{5}-90}}{12},\ \frac{\sqrt{5}-11+\sqrt{38+18\sqrt{5}}}{4},$$
$$\frac{7-\sqrt{5}-\sqrt{50\sqrt{5}-90}}{4},\ \frac{1+3\sqrt{5}-\sqrt{30\sqrt{5}-10}}{4},\ \frac{\sqrt{102+46\sqrt{5}}-3-5\sqrt{5}}{4},$$
$$\frac{\sqrt{5}-11+\sqrt{38+18\sqrt{5}}}{4},\ \frac{4+\sqrt{5}-\sqrt{15+10\sqrt{5}}}{2},\ \frac{3-\sqrt{3+2\sqrt{5}}}{2};$$

端点不在边上的分割线的端点中，最靠近底边的有两个端点，每个端点所连的分割线中较短和较长的分割线长度分别是

$$\frac{14-2\sqrt{5}-2\sqrt{50\sqrt{5}-90}}{2},\ \frac{\sqrt{8\sqrt{5}-6-18\sqrt{6\sqrt{5}-13}}}{2};$$

第二靠近底边的有两个端点，每个端点所连的分割线中与腰相连的分割线的长度是及这条分割线与所连的腰的夹角的余弦值分别是

$$\frac{2\sqrt{3+2\sqrt{5}}-1-\sqrt{5}}{6},\ \frac{3\sqrt{5}-3+\sqrt{6\sqrt{5}-2}}{8};$$

第三靠近底边的有两个端点，每个端点所连的分割线中较短和较长的分割线长度分别是

$$\frac{7+5\sqrt{5}-\sqrt{134\sqrt{5}-162}}{4},\ \frac{\sqrt{5+7\sqrt{5}-\sqrt{710\sqrt{5}-1410}}}{4};$$

5.8 均匀多面体

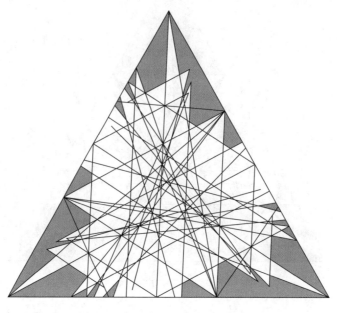

图 5.8.156

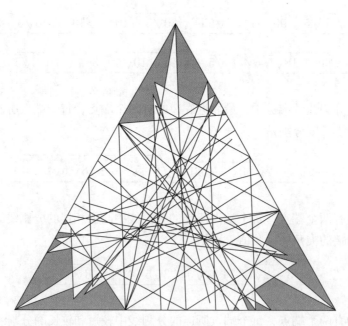

图 5.8.157

图 5.8.158

图 5.8.159

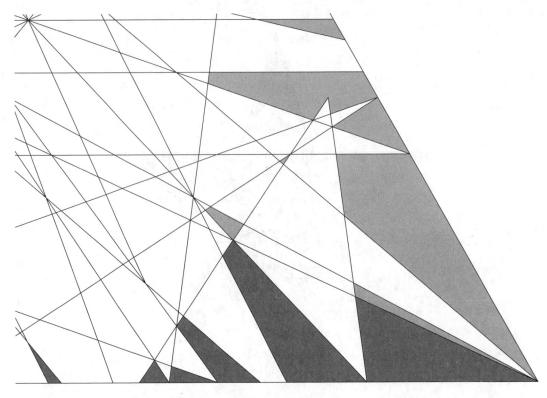

图 5.8.160

离底边最远的有两个端点，每个端点所连的分割线中与底边相连的分割线的长度是及这条分割线与所连的底边的夹角的余弦值分别是

$$\frac{\sqrt{129+35\sqrt{5}-\sqrt{19958+9822\sqrt{5}}}}{2}, \quad \frac{\sqrt{516853-131217\sqrt{5}-687\sqrt{1158+1454\sqrt{5}}}}{916}.$$

图 5.8.156 中顺时针方向、图 5.8.157 中逆时针方向边的十二分点把边分得的线段长分别是

$$\frac{9+3\sqrt{5}-\sqrt{102+46\sqrt{5}}}{4}, \quad \frac{\sqrt{3062+1374\sqrt{5}}-39-17\sqrt{5}}{12}, \quad \frac{4+\sqrt{5}-\sqrt{15+10\sqrt{5}}}{6},$$

$$\frac{7+3\sqrt{5}-\sqrt{22+66\sqrt{5}}}{12}, \quad \frac{11+5\sqrt{5}-\sqrt{198+110\sqrt{5}}}{12}, \quad \frac{7-5\sqrt{5}+\sqrt{50\sqrt{5}-90}}{12},$$

$$\frac{\sqrt{814\sqrt{5}-858}-55+11\sqrt{5}}{44}, \quad \frac{\sqrt{3102+1562\sqrt{5}}-55-11\sqrt{5}}{88}, \quad \frac{3-5\sqrt{5}+\sqrt{38+18\sqrt{5}}}{24},$$

$$\frac{6+5\sqrt{5}-\sqrt{143+66\sqrt{5}}}{6}, \quad \frac{\sqrt{302+150\sqrt{5}}-9-7\sqrt{5}}{12}, \quad \frac{9+\sqrt{5}-\sqrt{38+18\sqrt{5}}}{12};$$

因为图 5.8.156、图 5.8.157 绕各自中心旋转 120° 和原来的图形重合，现在只关注图 5.8.156、图 5.8.157 上角所含有的端点不在边上的分割线的端点，这些端点中最靠近底边的端点与

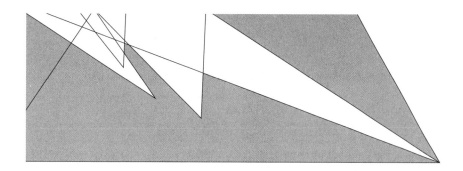

图 5.8.161

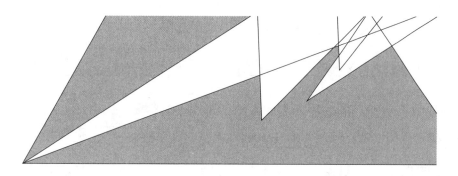

图 5.8.162

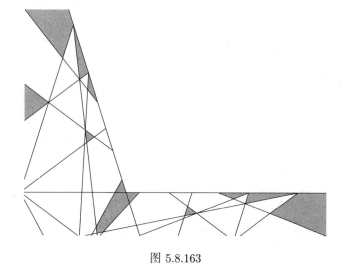

图 5.8.163

底边相连的分割线的长度是及这条分割线与所连的底边的夹角的余弦值分别是

$$\frac{\sqrt{10-4\sqrt{5}+2\sqrt{530\sqrt{5}-1185}}}{2}, \frac{\sqrt{250-90\sqrt{5}}}{20};$$

第二靠近底边的端点所连的分割线中较短和较长的分割线长度分别是

$$\frac{\sqrt{102+46\sqrt{5}}-5-3\sqrt{5}}{4}, \frac{\sqrt{142+66\sqrt{5}-2\sqrt{9190+4110\sqrt{5}}}}{6};$$

离底边最远的端点所连的分割线中两个端点中一个端点在另一分割线上把该分割点分成两段，这两段线段短的一段与长的一段比是

$$\frac{11\sqrt{5}-33+\sqrt{22+66\sqrt{5}}}{44},$$

离底边最远的端点所连的分割线中两个端点中另一个端点所连分割线的长度和离底边最远的端点所连的分割线夹角的余弦值分别是

$$\frac{\sqrt{665+293\sqrt{5}-\sqrt{868902+388594\sqrt{5}}}}{2}, \frac{\sqrt{5833-969\sqrt{5}-57\sqrt{78+118\sqrt{5}}}}{76}.$$

正五角星边的二十一分点把边从左到右分得的线段长分别是

$$\frac{3-\sqrt{3+2\sqrt{5}}}{2}, \frac{4+\sqrt{5}-\sqrt{15+10\sqrt{5}}}{2}, \frac{\sqrt{5}-11+\sqrt{38+18\sqrt{5}}}{4},$$

$$\frac{\sqrt{102+46\sqrt{5}}-3-5\sqrt{5}}{4}, \frac{1+3\sqrt{5}-\sqrt{30\sqrt{5}-10}}{4}, \frac{7-\sqrt{5}-\sqrt{50\sqrt{5}-90}}{4},$$

$$\frac{\sqrt{5}-11+\sqrt{38+18\sqrt{5}}}{4}, \frac{6+\sqrt{5}-3\sqrt{3+2\sqrt{5}}}{2}, \frac{\sqrt{1422+622\sqrt{5}}-29-11\sqrt{5}}{12},$$

$$\frac{11+5\sqrt{5}-\sqrt{198+110\sqrt{5}}}{12}, \frac{3\sqrt{5}-3-\sqrt{6\sqrt{5}-2}}{4}, \frac{11+5\sqrt{5}-\sqrt{198+110\sqrt{5}}}{12},$$

$$\frac{\sqrt{1422+622\sqrt{5}}-29-11\sqrt{5}}{12}, \frac{6+\sqrt{5}-3\sqrt{3+2\sqrt{5}}}{2}, \frac{\sqrt{5}-11+\sqrt{38+18\sqrt{5}}}{4},$$

$$\frac{7-\sqrt{5}-\sqrt{50\sqrt{5}-90}}{4}, \frac{1+3\sqrt{5}-\sqrt{30\sqrt{5}-10}}{4}, \frac{\sqrt{102+46\sqrt{5}}-3-5\sqrt{5}}{4},$$

$$\frac{\sqrt{5}-11+\sqrt{38+18\sqrt{5}}}{4}, \frac{4+\sqrt{5}-\sqrt{15+10\sqrt{5}}}{2}, \frac{3-\sqrt{3+2\sqrt{5}}}{2}.$$

其中

$$S'_{3^+_1} = \frac{265529149\sqrt{3}+132310713\sqrt{15}-\sqrt{4090722158227286343+235426829449111278\sqrt{5}}}{75270096},$$

$$S'_{3^-_1} = \frac{4888829\sqrt{3}+1558865\sqrt{15}-2\sqrt{26134067545245+11793077492790\sqrt{5}}}{660264},$$

$$S'_{3_2} = \frac{108492080994+\sqrt{49796688678\sqrt{5}}-138893\sqrt{3}-58833\sqrt{15}}{3936},$$

$$S'_{3_3} = \frac{\sqrt{471488770434 + 260862754086\sqrt{5}} - 265023\sqrt{3} - 145651\sqrt{15}}{43296},$$

$$S'_{\frac{5}{2}} = \frac{5}{18696}\sqrt{95505770315 + 19611252373\sqrt{5} - 3\sqrt{T}},$$

$$T = 1076280884138827655310 + 483689208671332274710\sqrt{5}.$$

小后扭棱二十合三十二面体的表面积是

$$S = 60\left(S'_{3_1^+} + S'_{3_1^-}\right) + 20\left(S'_{3_2} + S'_{3_3}\right) + 12S'_{\frac{5}{2}} = \frac{5\left(4\sqrt{66U} + 8052\sqrt{V_1 - 3\sqrt{110W}} - X\right)}{12545016},$$

其中

$$U = 650449814962201 + 1285591576082949\sqrt{5},$$
$$V_1 = 95505770315 + 19611252373\sqrt{5},$$
$$W = 9784371673989342321 + 4397174624284838861\sqrt{5},$$
$$X = 432197204\sqrt{3} + 298828780\sqrt{15},$$

小后扭棱二十合三十二面体的体积是

$$V = 60 \times \frac{1}{3}\left(S'_{3_1^+} - S'_{3_1^-}\right)r_3 + 20 \times \frac{1}{3}\left(S'_{3_2} + S'_{3_3}\right)r_3 + 12 \times \frac{1}{3}S'_{\frac{5}{2}}r_{\frac{5}{2}} = \frac{5\sqrt{Y} - Z}{37635048},$$

其中

$$Y = 35252205144585961422 + 16778347209528108842\sqrt{5},$$
$$Z = 20725416165 + 9802281245\sqrt{5}.$$

第十类：小削棱正十二面体型

这类凹半正多面体的顶点是小削棱正十二面体或构成类似的顶点.

（1） 小十二合三十二面体

定义 5.8.43. 小削棱正十二面体的各个顶点按图 5.8.164 中过顶点 A 的粗线的一个正三角形、一个正五边形和两个正十边形面的方法构造面，得到的均匀多面体称为小十二合三十二面体（图 5.8.165）.

设小十二合三十二面体的棱长是 1，因为小十二合三十二面体的棱长与其构造的小削棱正十二面体的棱长相等，所以小十二合三十二面体的外接球半径是 $R = \dfrac{\sqrt{11 + 4\sqrt{5}}}{2}$，内

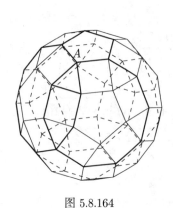
图 5.8.164

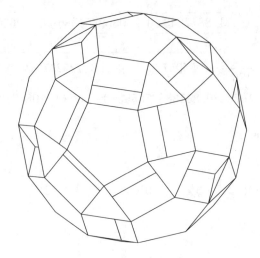
图 5.8.165

棱切球半径是 $\rho = \dfrac{\sqrt{10+4\sqrt{5}}}{2}$，其中心到正三角形面的距离是 $r_3 = \dfrac{3\sqrt{3}+2\sqrt{15}}{6}$，其中心到正五边形面的距离是 $r_5 = \dfrac{3\sqrt{25+10\sqrt{5}}}{10}$，其中心到正十边形面的距离是

$$r_{10} = \sqrt{\rho^2 - \left(\dfrac{1}{2}\cot 18°\right)^2} = \dfrac{\sqrt{5+2\sqrt{5}}}{2}.$$

小十二合三十二面体的正三角形与正十边形所成二面角的余弦值是

$$\cos\alpha_{3,10} = \dfrac{\cos 36° - \cos 60°\cos 36°}{\sin 60°\sin 36°} = \dfrac{75+30\sqrt{5}}{15},$$

小十二合三十二面体的正五角形与正十边形所成二面角的余弦值是

$$\cos\alpha_{5,10} = \dfrac{\cos 108° - \cos^2 108°}{\sin^2 108°} = -\dfrac{\sqrt{5}}{5}.$$

图 5.8.166、图 5.8.167、图 5.8.168 分别是小十二合三十二面体正三角形、正五边形、正十边形被多面体分割的情况．其中

$$S_3' = \dfrac{\sqrt{3}}{4}, \quad S_5' = \dfrac{\sqrt{25+10\sqrt{5}}}{4}, \quad S_{10+}' = \dfrac{5}{8}\sqrt{170-62\sqrt{5}}, \quad S_{10-}' = \dfrac{5}{4}\sqrt{5-2\sqrt{5}}.$$

小十二合三十二面体的表面积是

$$S = 20S_3' + 12S_5' + 12(S_{10+}' + S_{10-}') = 5\sqrt{3} + \dfrac{3}{2}\sqrt{2650-110\sqrt{5}},$$

小十二合三十二面体的体积是

$$V = 20\times\dfrac{1}{3}S_3'r_3 + 12\times\dfrac{1}{3}S_5'r_5 + 12\times\dfrac{1}{3}(S_{10+}' - S_{10-}')r_{10} = \dfrac{345+41\sqrt{5}}{12}.$$

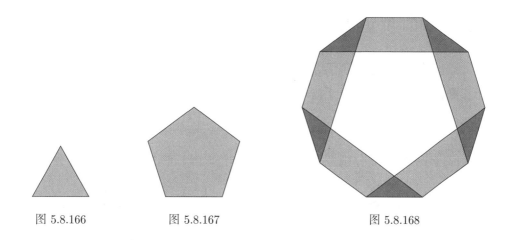

图 5.8.166　　　　　图 5.8.167　　　　　　　　　图 5.8.168

（2）小斜方十二面体

定义 5.8.44. 小削棱正十二面体的各个顶点按图 5.8.169 中过顶点 A 的粗线的两个正方形和两个正十边形面的方法构造面, 得到的均匀多面体称为小斜方十二面体（图 5.8.170）.

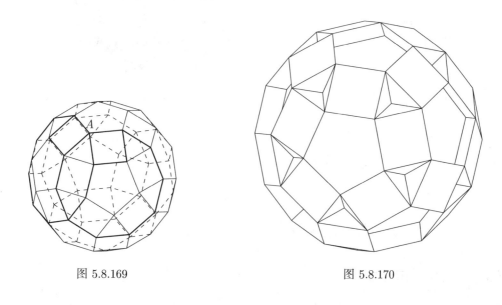

图 5.8.169　　　　　　　　　　图 5.8.170

设小斜方十二面体的棱长是 1, 因为小斜方十二面体的棱长与其构造的小削棱正十二面体的棱长相等, 小斜方十二面体的顶点与棱长相等的小十二合三十二面体的顶点能重合, 且正十边形的面重合, 所以小斜方十二面体的外接球半径是 $R = \dfrac{\sqrt{11+4\sqrt{5}}}{2}$, 内棱切球半径是 $\rho = \dfrac{\sqrt{10+4\sqrt{5}}}{2}$, 其中心到正方形面的距离是 $r_4 = \dfrac{2+\sqrt{5}}{2}$, 其中心到正十边形面的距离是 $r_{10} = \dfrac{\sqrt{5+2\sqrt{5}}}{2}$.

小斜方十二面体的正方角形与正十边形所成的第一类二面角的余弦值是
$$\cos\alpha_{4,10} = \frac{\cos 108° - \cos 90° \cos 36°}{\sin 90° \sin 36°} = -\frac{\sqrt{50-10\sqrt{5}}}{10},$$
小斜方十二面体的正方角形与正十边形所成的第二类二面角的余弦值是
$$\cos\alpha_{4,10} = \frac{\cos 36° - \cos 90° \cos 108°}{\sin 90° \sin 108°} = \frac{\sqrt{50+10\sqrt{5}}}{10}.$$

图 5.8.171、图 5.8.172 分别是小斜方十二面体正方形、正十边形被多面体分割的情况. 其中
$$S'_4 = 1, \quad S'_{10^+} = \frac{5}{8}\sqrt{130-38\sqrt{5}}, \quad S'_{10^-} = \frac{5}{8}\sqrt{170-62\sqrt{5}}.$$

图 5.8.171

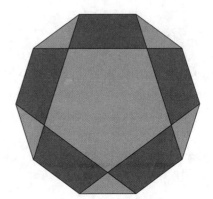

图 5.8.172

小斜方十二面体的表面积是
$$S = 30S'_3 + 12(S'_{10^+} + S'_{10^-}) = 30 + 30\sqrt{5+2\sqrt{5}},$$
小斜方十二面体的体积是
$$V = 30 \times \frac{1}{3}S'_4 r_4 + 12 \times \frac{1}{3}(S'_{10^+} - S'_{10^-})r_{10} = \frac{25\sqrt{5}-5}{2}.$$

（3） 小星状截顶十二面体

定义 5.8.45. 小削棱正十二面体的各个顶点按图 5.8.173 中过顶点 A 的粗线的一个正五边形和两个正十角星面的方法构造面，得到的均匀多面体称为小星状截顶十二面体（图 5.8.174）.

设小星状截顶十二面体的棱长是 1，因为小星状截顶十二面体的棱长与其构造的小削棱正十二面体正五边形面的棱长比是 $\frac{3+\sqrt{5}}{2}$，所以小星状截顶十二面体的外接球半径是
$$R = \frac{\sqrt{11+4\sqrt{5}}}{2} \times \frac{2}{3+\sqrt{5}} = \frac{\sqrt{34-10\sqrt{5}}}{4},$$

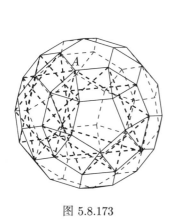
图 5.8.173

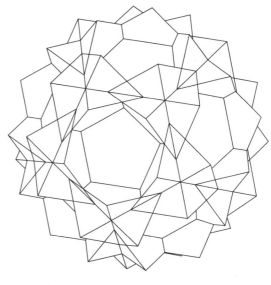
图 5.8.174

内棱切球半径是
$$\rho = \sqrt{R^2 - \left(\frac{1}{2}\right)^2} = \frac{5-\sqrt{5}}{4},$$

其中心到正五边形面的距离是
$$r_5 = \sqrt{\rho^2 - \left(\frac{1}{2}\cot 36°\right)^2} = \frac{\sqrt{650-290\sqrt{5}}}{20},$$

其中心到正十角星面的距离是
$$r_{\frac{10}{3}} = \sqrt{\rho^2 - \left(\frac{1}{2}\tan 36°\right)^2} = \frac{\sqrt{10-2\sqrt{5}}}{4}.$$

小星状截顶十二面体的正五边形与正十角星所成二面角的余弦值是
$$\cos\alpha_{5\frac{10}{3}} = \cos\left(\arccos\frac{\cot 36°}{2\rho} + \arccos\frac{\tan 36°}{2\rho}\right) = \frac{\sqrt{5}}{5},$$

小星状截顶十二面体的两个相邻正十角星所成二面角的余弦值是
$$\cos\alpha_{\frac{10}{3}\frac{10}{3}} = \cos\left(2\arccos\frac{\tan 36°}{2\rho}\right) = -\frac{\sqrt{5}}{5}.$$

图 5.8.175、图 5.8.176 分别是小星状截顶十二面体正五边形、正十角星被多面体分割的情况. 正五边形面中边的五分点所分线段按一个方向顺序的长度比是 $2:(\sqrt{5}-1):2:(\sqrt{5}-1):2$. 其中

$$S'_5 = \frac{5}{8}\sqrt{69770-31202\sqrt{5}}, \quad S'_{\frac{10}{3}} = \frac{5}{8}\sqrt{50-22\sqrt{5}}.$$

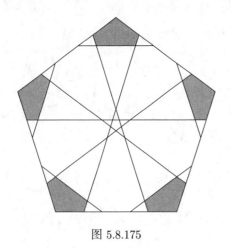
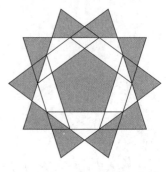

图 5.8.175　　　　　　　　　　　图 5.8.176

小星状截顶十二面体的表面积是

$$S = 12S'_5 + 12S'_{\frac{10}{3}} = 15\sqrt{16525 - 7390\sqrt{5}},$$

小星状截顶十二面体的体积是

$$V = 12 \times \frac{1}{3}S'_5 r_5 + 12 \times \frac{1}{3}S_{\frac{10}{3}} r_{\frac{10}{3}} = \frac{1485\sqrt{5} - 3315}{4}.$$

（4）　小二十合三十二面体

定义 5.8.46. 面的边数与小削棱正十二面体相同，且二面角与小削棱正十二面体相同，但矩形面长的边和三角形面的边等于正五边形对角线长，这样的凸多面体称为第一类变形小削棱正十二面体（图 5.8.177）.

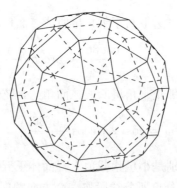

图 5.8.177

设第一类变形小削棱正十二面体正五边形面的边长是 1，按照构造截顶正二十面体的方法构造第一类变形小削棱正十二面体，设矩形与正五边形不等长的边长是 a，其构造正

二十面体的棱长是 l, 则

$$a = \frac{1+\sqrt{5}}{2}, \quad \frac{\sqrt{3}}{6}(l-a)\sqrt{\frac{1+\frac{\sqrt{5}}{3}}{2}} = \frac{1}{2},$$

求得

$$l = 2\sqrt{5} - 1,$$

所以第一类变形小削棱正十二面体的外接球半径是

$$R' = \sqrt{\left(\frac{3\sqrt{3}+\sqrt{15}}{2}l\right)^2 + \left(\frac{\sqrt{3}}{3}a\right)^2} = \frac{\sqrt{66+26\sqrt{5}}}{4}.$$

定义 5.8.47. 第一类变形小削棱正十二面体的各个顶点按图 5.8.178 中过顶点 A 的粗线的一个正三角形、两个正六边形和一个正五角星面的方法构造面, 得到的均匀多面体称为小二十合三十二面体 (图 5.8.179).

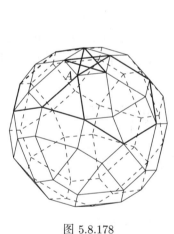

图 5.8.178

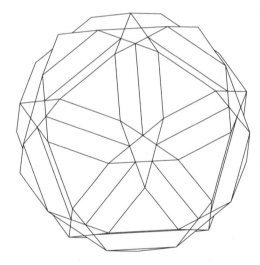

图 5.8.179

设小二十合三十二面体的棱长是 1, 因为小二十合三十二面体的棱长与其构造的第一类变形小削棱正十二面体正五边形面的棱长比是 $\frac{1+\sqrt{5}}{2}$, 所以小二十合三十二面体的外接球半径是

$$R = \frac{2}{1+\sqrt{5}}R' = \frac{\sqrt{34+6\sqrt{5}}}{4},$$

内棱切球半径是

$$\rho = \sqrt{R^2 - \left(\frac{1}{2}\right)^2} = \frac{\sqrt{30+6\sqrt{5}}}{4},$$

其中心到正三角形面的距离是
$$r_3 = \sqrt{\rho^2 - \left(\frac{\sqrt{3}}{6}\right)^2} = \frac{9\sqrt{3}+\sqrt{15}}{12},$$

其中心到正六边形面的距离是
$$r_6 = \sqrt{\rho^2 - \left(\frac{\sqrt{3}}{2}\right)^2} = \frac{\sqrt{3}+\sqrt{15}}{4},$$

其中心到正五角星面的距离是
$$r_{\frac{5}{2}} = \sqrt{\rho^2 - \left(\frac{1}{2}\tan 18°\right)^2} = \frac{\sqrt{650+190\sqrt{5}}}{20}.$$

小二十合三十二面体的正三角形与正六边形所成二面角的余弦值是
$$\cos\alpha_{36} = \cos\left(\arccos\frac{\sqrt{3}}{6\rho} + \arccos\frac{\sqrt{3}}{2\rho}\right) = -\frac{\sqrt{5}}{3},$$

小二十合三十二面体的正六边形与正五角星形所成二面角的余弦值是
$$\cos\alpha_{6\frac{5}{2}} = \cos\left(\arccos\frac{\sqrt{3}}{2\rho} + \arccos\frac{\tan 18°}{2\rho}\right) = -\frac{\sqrt{75+30\sqrt{5}}}{15}.$$

图 5.8.180、图 5.8.181、图 5.8.182 分别是小二十合三十二面体正三角形、正六边形、正五角星被多面体分割的情况. 正六边形边的三分点所分线段按一个方向顺序的长度比是 $2:(\sqrt{5}-1):2$. 其中
$$S'_3 = \frac{\sqrt{3}}{4},\ S'_6 = \frac{39\sqrt{3}-15\sqrt{15}}{8},\ S'_{\frac{5}{2}} = \frac{\sqrt{650-290\sqrt{5}}}{4}.$$

图 5.8.180

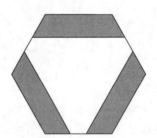
图 5.8.181

图 5.8.182

小二十合三十二面体的表面积是
$$S = 20S'_3 + 20S'_6 + 12S'_{\frac{5}{2}} = \frac{205\sqrt{3}-75\sqrt{15}}{2} + 3\sqrt{650-290\sqrt{5}},$$

小二十合三十二面体的体积是
$$V = 20\times\frac{1}{3}S'_3 r_3 + 20\times\frac{1}{3}S'_6 r_6 + 12\times\frac{1}{3}S'_{\frac{5}{2}} r_{\frac{5}{2}} = \frac{197\sqrt{5}-225}{12}.$$

（5） 小双三斜方十二合三十二面体

定义 5.8.48. 第一类变形小削棱正十二面体的各个顶点按图 5.8.183 中过顶点 A 的粗线的一个正三角形、两个正十边形和一个正五角星面的方法构造面，得到的均匀多面体称为小双三斜方十二合三十二面体（图 5.8.184）.

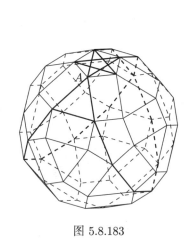
图 5.8.183

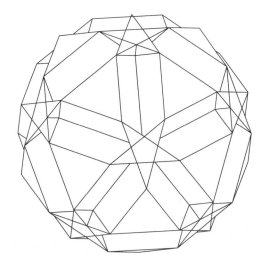
图 5.8.184

设小双三斜方十二合三十二面体的棱长是 1，因为小双三斜方十二合三十二面体的顶点与棱长相等的小二十合三十二面体的顶点能重合，且正三角形和正五角星的面重合，所以小双三斜方十二合三十二面体的外接球半径是 $R = \dfrac{\sqrt{34+6\sqrt{5}}}{4}$，内棱切球半径是 $\rho = \dfrac{\sqrt{30+6\sqrt{5}}}{4}$，其中心到正三角形面的距离是 $r_3 = \dfrac{9\sqrt{3}+\sqrt{15}}{12}$，其中心到正五角星面的距离是 $r_{\frac{5}{2}} = \dfrac{\sqrt{650+190\sqrt{5}}}{20}$，其中心到正十边形面的距离是

$$r_{10} = \sqrt{\rho^2 - \left(\frac{1}{2}\cot 18°\right)^2} = \frac{\sqrt{10-2\sqrt{5}}}{4}.$$

小双三斜方十二合三十二面体的正三角形与正十边形所成二面角的余弦值是

$$\cos\alpha_{3,10} = \cos\left(\arccos\frac{\sqrt{3}}{6\rho} + \arccos\frac{\cot 18°}{2\rho}\right) = -\frac{\sqrt{75-30\sqrt{5}}}{15},$$

小双三斜方十二合三十二面体的正十边形与正五角星形所成二面角的余弦值是

$$\cos\alpha_{10,\frac{5}{2}} = \cos\left(\arccos\frac{\tan 18°}{2\rho} - \arccos\frac{\cot 18°}{2\rho}\right) = \frac{\sqrt{5}}{5}.$$

图 5.8.185、图 5.8.186、图 5.8.187 分别是小双三斜方十二合三十二面体正三角形、正十边形、正五角星被多面体分割的情况. 正十边形边的三分点所分线段按一个方向顺序的长度比是 $2:(\sqrt{5}-1):2$. 其中

$$S'_3 = \frac{\sqrt{3}}{4}, \quad S'_{10^+} = \frac{5}{8}\sqrt{170-62\sqrt{5}}, \quad S'_{10^-} = \frac{5}{4}\sqrt{130-58\sqrt{5}}, \quad S'_{\frac{5}{2}} = \frac{\sqrt{650-290\sqrt{5}}}{4}.$$

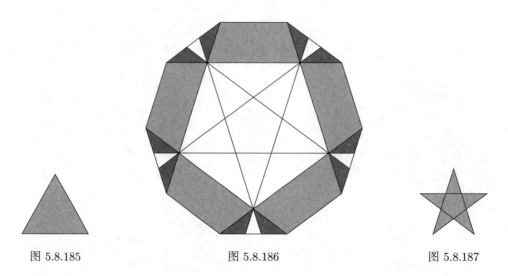

图 5.8.185　　　　　　　图 5.8.186　　　　　　　图 5.8.187

小双三斜方十二合三十二面体的表面积是

$$S = 20S'_3 + 12(S'_{10^+} + S'_{10^-}) + 12S'_{\frac{5}{2}} = 5\sqrt{3} + \frac{3}{2}\sqrt{650+290\sqrt{5}},$$

小双三斜方十二合三十二面体的体积是

$$V = 20 \times \frac{1}{3}S'_3 r_3 + 12 \times \frac{1}{3}(S'_{10^+} - S'_{10^-})r_{10} + 12 \times \frac{1}{3}S'_{\frac{5}{2}}r_{\frac{5}{2}} = \frac{795-283\sqrt{5}}{12}.$$

（6）小十二合二十面体

定义 5.8.49. 第一类变形小削棱正十二面体的各个顶点按图 5.8.188 中过顶点 A 的粗线的两个正六边形和两个正十边形面的方法构造面，得到的均匀多面体称为小十二合二十面体（图 5.8.189）.

设小十二合二十面体的棱长是 1，因为小十二合二十面体的顶点与棱长相等的小二十合三十二面体的顶点能重合，且正六边形的面重合，小十二合二十面体的顶点与棱长相等的小双三斜方十二合三十二面体的顶点能重合，且正十边形的面重合，所以小十二合二十面体的外接球半径是 $R = \dfrac{\sqrt{34+6\sqrt{5}}}{4}$，内棱切球半径是 $\rho = \dfrac{\sqrt{30+6\sqrt{5}}}{4}$，其中心到正六边形面的距离是 $r_6 = \dfrac{\sqrt{3}+\sqrt{15}}{4}$，其中心到正十边形面的距离是 $r_{10} = \dfrac{\sqrt{10-2\sqrt{5}}}{4}$.

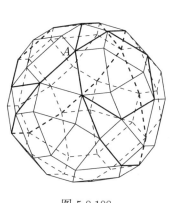
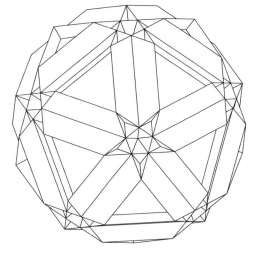

图 5.8.188　　　　　　　　　　图 5.8.189

小十二合二十面体的正六角形与正十边形所成二面角的余弦值是

$$\cos\alpha_{6,10}=\cos\left(\arccos\frac{\sqrt{3}}{2\rho}+\arccos\frac{\cot 18°}{2\rho}\right)=\frac{\sqrt{75+30\sqrt{5}}}{15},$$

小十二合二十面体的正十边形与正五角星形所成二面角的余弦值是

$$\cos\beta_{6,10}=\cos\left(\arccos\frac{\sqrt{3}}{2\rho}-\arccos\frac{\cot 18°}{2\rho}\right)=\frac{\sqrt{75-30\sqrt{5}}}{15}.$$

图 5.8.190、图 5.8.191 分别是小十二合二十面体正三角形、正十边形被多面体分割的情况．正六边形、正十边形边的三分点所分线段按一个方向顺序的长度比是 $2:(\sqrt{5}-1):2$．其中

$$S'_6=\frac{78\sqrt{3}-33\sqrt{15}}{4},\ S'_{10+}=\frac{5}{4}\sqrt{425-190\sqrt{5}},\ S'_{10-}=\frac{5}{8}\sqrt{3890-1738\sqrt{5}}.$$

小十二合二十面体的表面积是

$$S=20S'_6+12(S'_{10+}+S'_{10-})=390\sqrt{3}-165\sqrt{15}+\frac{45}{2}\sqrt{50-22\sqrt{5}},$$

小十二合二十面体的体积是

$$V=20\times\frac{1}{3}S'_6 r_6+12\times\frac{1}{3}(S'_{10+}-S'_{10-})r_{10}=\frac{1155\sqrt{5}-2535}{4}.$$

（7）　大星状截顶十二面体

定义 5.8.50. 第一类变形小削棱正十二面体的各个顶点按图 5.8.192 中过顶点 A 的粗线的一个正三角形和两个正十角星面的方法构造面，得到的均匀多面体称为大星状截顶十二面体（图 5.8.193）．

图 5.8.190

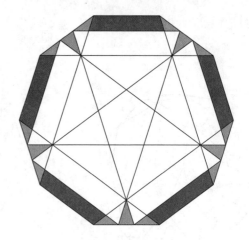

图 5.8.191

设大星状截顶十二面体的棱长是 1，因为大星状截顶十二面体的棱长与其构造的第一类变形小削棱正十二面体正五边形面的棱长比是

$$\frac{1+\sqrt{5}}{2} \times \frac{3+\sqrt{5}}{2} = 2+\sqrt{5},$$

所以大星状截顶十二面体的外接球半径是

$$R = \frac{1}{2+\sqrt{5}}R' = \frac{\sqrt{74-30\sqrt{5}}}{4},$$

内棱切球半径是

$$\rho = \sqrt{R^2 - \left(\frac{1}{2}\right)^2} = \frac{3\sqrt{5}-5}{4},$$

其中心到正三角形面的距离是

$$r_3 = \sqrt{\rho^2 - \left(\frac{\sqrt{3}}{6}\right)^2} = \frac{5\sqrt{15}-9\sqrt{3}}{12},$$

其中心到正十角星面的距离是

$$r_{\frac{10}{3}} = \sqrt{\rho^2 - \left(\frac{1}{2}\tan 36°\right)^2} = \frac{\sqrt{50-22\sqrt{5}}}{4}.$$

大星状截顶十二面体的正三角形与正十角星所成二面角的余弦值是

$$\cos\alpha_{3\frac{10}{3}} = \cos\left(\arccos\frac{\sqrt{3}}{6\rho} + \arccos\frac{\tan 36°}{2\rho}\right) = \frac{\sqrt{75-30\sqrt{5}}}{15},$$

大星状截顶十二面体的两个相邻正十角星形所成二面角的余弦值是

$$\cos\alpha_{\frac{10}{3}\frac{10}{3}} = \cos\left(2\arccos\frac{\tan 36°}{2\rho}\right) = \frac{\sqrt{5}}{5}.$$

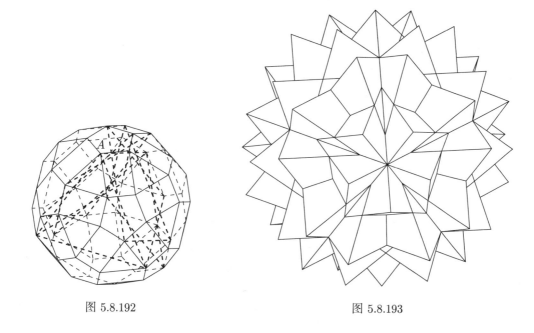

图 5.8.192   图 5.8.193

图 5.8.194、图 5.8.195 分别是大星状截顶十二面体正三角形、正十角星被多面体分割的情况. 正三角形边的五分点所分线段按一个方向顺序的长度比是 $2:(\sqrt{5}-1):2:(\sqrt{5}-1):2$. 其中

$$S'_3 = \frac{75\sqrt{3}-33\sqrt{15}}{20}, \quad S'_{\frac{10}{3}} = \frac{5}{4}\sqrt{3305-1478\sqrt{5}}.$$

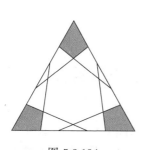
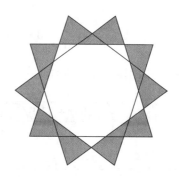

图 5.8.194   图 5.8.195

大星状截顶十二面体的表面积是

$$S = 20S'_3 + 12S'_{\frac{10}{3}} = 75\sqrt{3} - 33\sqrt{15} + 15\sqrt{3305-1478\sqrt{5}},$$

大星状截顶十二面体的体积是

$$V = 20 \times \frac{1}{3}S'_3 r_3 + 12 \times \frac{1}{3}S'_{\frac{10}{3}} r_{\frac{10}{3}} = \frac{1525-681\sqrt{5}}{4}.$$

（8） 截顶大二十面体

定义 5.8.51. 面的边数与小削棱正十二面体相同，且二面角与小削棱正十二面体相同，但矩形面边长不相等，如图 5.8.196 中满足 AB 的长度等于正五边形面对角线的长度，其余类似位置相同，这样的凸多面体称为第二类变形小削棱正十二面体．

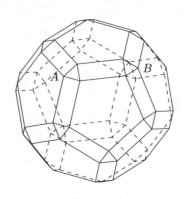

图 5.8.196

设第二类变形小削棱正十二面体正五边形面的边长是 1，按照构造截顶正二十面体的方法构造第二类变形小削棱正十二面体，设矩形与正五边形不等长的边长是 a，其构造正二十面体的棱长是 l，则

$$2 \times \frac{\sqrt{3}}{2}a \cdot \frac{\sqrt{3}+\sqrt{15}}{6} + 1 = \frac{\sqrt{5}+1}{2}, \quad \frac{l-1}{2} \times \sqrt{\frac{1+\frac{\sqrt{5}}{5}}{2}} = \frac{a}{2},$$

求得

$$a = \frac{3-\sqrt{5}}{2}, \quad l = \frac{7\sqrt{5}-13}{2},$$

所以第二类变形小削棱正十二面体的外接球半径是

$$R' = \sqrt{\left(\frac{\sqrt{250+110\sqrt{5}}}{20}l\right)^2 + \left(\frac{1}{2}\csc 36°\right)^2} = \frac{\sqrt{42+2\sqrt{5}}}{4}.$$

定义 5.8.52. 第二类变形小削棱正十二面体的各个顶点按图 5.8.197 中过顶点 A 的粗线的两个正六边形和一个正五角星面的方法构造面，得到的均匀多面体称为截顶大二十面体（图 5.8.198）.

设截顶大二十面体的棱长是 1，因为截顶大二十面体的棱长与其构造的第二类变形小削棱正十二面体正五边形面的棱长比是 $\frac{1+\sqrt{5}}{2}$，所以截顶大二十面体的外接球半径是

$$R = \frac{2}{1+\sqrt{5}}R' = \frac{\sqrt{58-18\sqrt{5}}}{4},$$

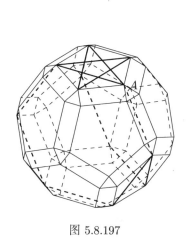

图 5.8.197

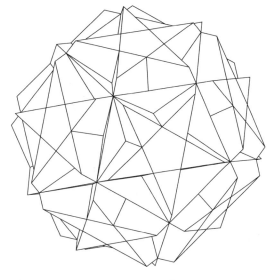

图 5.8.198

内棱切球半径是

$$\rho = \sqrt{R^2 - \left(\frac{1}{2}\right)^2} = \frac{3\sqrt{5}-3}{4},$$

其中心到正六边形面的距离是

$$r_6 = \sqrt{\rho^2 - \left(\frac{\sqrt{3}}{2}\right)^2} = \frac{3\sqrt{3}-\sqrt{15}}{4},$$

其中心到正五角星面的距离是

$$r_{\frac{5}{2}} = \sqrt{\rho^2 - \left(\frac{1}{2}\tan 18°\right)^2} = \frac{\sqrt{1250-410\sqrt{5}}}{20}.$$

截顶大二十面体的两个相邻正六边形二面角的余弦值是

$$\cos\alpha_{66} = \cos\left(2\arccos\frac{\sqrt{3}}{2\rho}\right) = \frac{\sqrt{5}}{3},$$

截顶大二十面体的正六边形与正五角星形所成二面角的余弦值是

$$\cos\alpha_{6\frac{5}{2}} = \cos\left(\arccos\frac{\sqrt{3}}{2\rho} + \arccos\frac{\tan 18°}{2\rho}\right) = -\frac{\sqrt{75-30\sqrt{5}}}{15}.$$

图 5.8.199、图 5.8.200 分别是大星状截顶十二面体正六边形、正五角星被多面体分割的情况. 正六边形边中与正五角星公用边的三分点所分线段按一个方向顺序的长度比是 $2:(\sqrt{5}-1):2$，其余边三分点所分线段按一个方向顺序的长度比是 $2:(3+3\sqrt{5}):2$. 其中

$$S'_6 = \frac{447\sqrt{15}-990\sqrt{3}}{20}, \quad S'_{\frac{5}{2}} = \frac{\sqrt{650-290\sqrt{5}}}{4}.$$

图 5.8.199　　　　　　　　　　　图 5.8.200

截顶大二十面体的表面积是

$$S = 20S'_6 + 12S'_{\frac{5}{2}} = 447\sqrt{15} - 990\sqrt{3} + 3\sqrt{650 - 290\sqrt{5}},$$

截顶大二十面体的体积是

$$V = 20 \times \frac{1}{3}S'_6 r_6 + 12 \times \frac{1}{3}S'_{\frac{5}{2}} r_{\frac{5}{2}} = \frac{2257\sqrt{5} - 5035}{4}.$$

（9）　大扭棱十二合三十二面体

定义 5.8.53. 面的边数与小削棱正十二面体相同，且二面角与小削棱正十二面体相同，但矩形面边长不相等，如图 5.8.201 中满足 $AB = AC$，其余类似位置相同，这样的凸多面体称为第三类变形小削棱正十二面体.

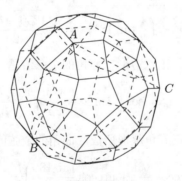

图 5.8.201

设第三类变形小削棱正十二面体正五边形面的边长是 1，按照构造截顶正二十面体的方法构造第三类变形小削棱正十二面体，设矩形与正五边形不等长的边长是 a，其构造正二十面体的棱长是 l，则

$$AB = 2\sqrt{1 + a^2 - 2a\cos 144°}\sin 54°$$

$$= \frac{1}{2}\sqrt{(3+\sqrt{5})(2a^2+(1+\sqrt{5})a+2)},$$
$$AC = \sqrt{t^2+u^2+2tu\frac{\sqrt{5}}{5}+\left(\cos 72°+\frac{1}{2}\right)^2}$$
$$= \sqrt{a^2+(2+\sqrt{5})a+3+\sqrt{5}},$$

其中
$$t = \sin 72° + \frac{a}{2}\sqrt{\frac{2}{1+\frac{\sqrt{5}}{5}}}, \quad u = \frac{1}{2}\tan 72° + \frac{a}{2}\sqrt{\frac{2}{1+\frac{\sqrt{5}}{5}}},$$

由 $AB = AC$ 得
$$(1+\sqrt{5})a^2 = 3+\sqrt{5},$$

求得
$$a = \frac{\sqrt{2+2\sqrt{5}}}{2},$$

又
$$\frac{l-1}{2}\tan 54°\sqrt{\frac{1+\frac{\sqrt{5}}{5}}{2}} = \frac{a}{2},$$

求得
$$l = 1 + \sqrt{5\sqrt{5}-10},$$

所以第三类变形小削棱正十二面体的外接球半径是
$$R' = \sqrt{\left(\frac{\sqrt{250+110\sqrt{5}}}{20}l\right)^2 + \left(\frac{1}{2}\csc 36°\right)^2} = \frac{1+\sqrt{5}+\sqrt{22+10\sqrt{5}}}{4}.$$

定义 5.8.54. 第三类变形小削棱正十二面体的各个顶点按图 5.8.202 中过顶点 A 的粗线的四个正三角形和两个正五角星面的方法构造面，得到的均匀多面体称为大扭棱十二合三十二面体（图 5.8.203）.

设大扭棱十二合三十二面体的棱长是 1，因为大扭棱十二合三十二面体的棱长与其构造的第三类变形小削棱正十二面体正五边形面的棱长比是
$$\sqrt{a^2+(2+\sqrt{5})a+3+\sqrt{5}} = \frac{\sqrt{2}+\sqrt{10}+2\sqrt{11+5\sqrt{5}}}{4},$$

所以大扭棱十二合三十二面体的外接球半径是
$$R = \frac{4}{\sqrt{2}+\sqrt{10}+2\sqrt{11+5\sqrt{5}}}R' = \frac{\sqrt{2}}{2},$$

内棱切球半径是
$$\rho = \sqrt{R^2 - \left(\frac{1}{2}\right)^2} = \frac{1}{2},$$

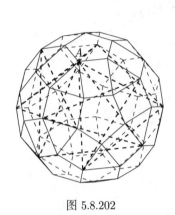
图 5.8.202

图 5.8.203

其中心到正三角形面的距离是

$$r_3 = \sqrt{\rho^2 - \left(\frac{\sqrt{3}}{6}\right)^2} = \frac{\sqrt{6}}{6},$$

其中心到正五角星面的距离是

$$r_{\frac{5}{2}} = \sqrt{\rho^2 - \left(\frac{1}{2}\tan 18°\right)^2} = \frac{\sqrt{10\sqrt{5}}}{10}.$$

大扭棱十二合三十二面体的两个相邻正三角形形成二面角的余弦值是

$$\cos\alpha_{33} = \cos\left(2\arccos\frac{\sqrt{3}}{6\rho}\right) = -\frac{1}{3},$$

大扭棱十二合三十二面体的正三角形与正五角星形成的第一类二面角的余弦值是

$$\cos\alpha_{3\frac{5}{2}} = \cos\left(\arccos\frac{\sqrt{3}}{6\rho} + \arccos\frac{\tan 18°}{2\rho}\right) = -\frac{2\sqrt{15\sqrt{5}} - \sqrt{75 - 30\sqrt{5}}}{15},$$

大扭棱十二合三十二面体的正三角形与正五角星形所成的第二类二面角的余弦值是

$$\cos\beta_{3\frac{5}{2}} = \cos\left(\arccos\frac{\sqrt{3}}{6\rho} - \arccos\frac{\tan 18°}{2\rho}\right) = \frac{2\sqrt{15\sqrt{5}} + \sqrt{75 - 30\sqrt{5}}}{15}.$$

图 5.8.204、图 5.8.205、图 5.8.206、图 5.8.207 分别是大扭棱十二合三十二面体与正五角星面相邻的正三角形面（表面与中心在同侧的表面分割面积用 $S'_{3_1^+}$ 表示，表面与中心在异侧的表面分割面积用 $S_{3_1^-}{}'$ 表示）、与正五角星面不相邻的正三角形面（表面分割面积用

S'_{3_2} 表示)、其中一半正五角星(表面分割面积用 $S'_{\frac{5}{2}_1}$ 表示)、另一半正五角星(表面分割面积用 $S'_{\frac{5}{2}_2}$ 表示)被多面体分割的情况. 其中与正五角星相邻的正三角形共 60 个, 与正五角星不相邻的正三角形共 20 个. 图 5.8.206、图 5.8.207 的正五角星面有一部分在多面体内是重合的, 整个重合部分的分割图如图 5.8.208 所示. 图 5.8.204 正三角形底边五分点把边从左到右分割的线段长分别是

$$1-\frac{\sqrt{2\sqrt{5}-2}}{2},\ \frac{2\sqrt{8+20\sqrt{5}}-7-\sqrt{5}}{22},\ \frac{18+12\sqrt{5}-\sqrt{890+410\sqrt{5}}}{22},$$
$$\frac{\sqrt{10+5\sqrt{5}}-2-\sqrt{5}}{2},\ \frac{1-\sqrt{\sqrt{5}-2}}{2};$$

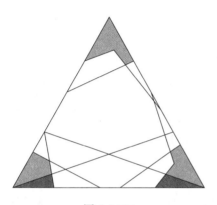

图 5.8.204

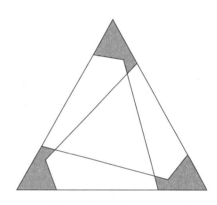

图 5.8.205

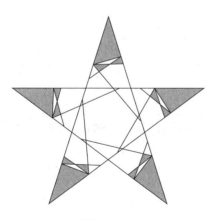

图 5.8.206

图 5.8.207

左侧腰五分点把边从上到下分割的线段长分别是

$$\frac{1-\sqrt{\sqrt{5}-2}}{2},\ \frac{\sqrt{10+5\sqrt{5}}-2-\sqrt{5}}{2},\ \frac{5+3\sqrt{5}-\sqrt{58+26\sqrt{5}}}{4},$$
$$\frac{\sqrt{50410+22570\sqrt{5}}-101-71\sqrt{5}}{484},\ \frac{\sqrt{2194\sqrt{5}-4882}-111-25\sqrt{5}}{242};$$

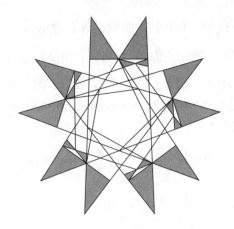

图 5.8.208

右侧腰六分点把边从上到下分割的线段长分别是

$$\frac{1-\sqrt{\sqrt{5}-2}}{2},\ \frac{\sqrt{10+5\sqrt{5}}-2-\sqrt{5}}{2},\ \frac{18+12\sqrt{5}-\sqrt{890+410\sqrt{5}}}{22},$$

$$\frac{19+9\sqrt{5}-\sqrt{458+298\sqrt{5}}}{44},\ \frac{\sqrt{2122+1418\sqrt{5}}-21-19\sqrt{5}}{124},$$

$$\frac{26-6\sqrt{5}+\sqrt{370\sqrt{5}-818}}{62};$$

端点不在边上的分割线的端点中，靠近上侧顶点的端点所连的分割线中与左侧腰相连的分割线的长度是及这条分割线与左侧腰的夹角的余弦值分别是

$$\frac{\sqrt{27625-11947\sqrt{5}+10\sqrt{185386\sqrt{5}-410378}}}{242},\ \frac{\sqrt{25+15\sqrt{5}}}{10};$$

靠近右侧顶点的端点所连的分割线中与底边相连的分割线的长度及这条分割线与底边的夹角的余弦值分别是

$$\frac{\sqrt{368\sqrt{5}-24-\sqrt{637738\sqrt{5}-931018}}}{62},\ \frac{\sqrt{1612-372\sqrt{5}+186\sqrt{17\sqrt{5}-22}}}{62}.$$

因为图 5.8.205 正三角形绕中心旋转 120° 和原来的图形重合，只需考虑底边的情况，底边三分点把边从左到右分割的线段长分别是

$$\frac{111-25\sqrt{5}-\sqrt{2194\sqrt{5}-4882}}{242},\ \frac{\sqrt{5945\sqrt{5}-9238}-21-19\sqrt{5}}{124},\ \frac{1-\sqrt{\sqrt{5}-2}}{2};$$

靠近左侧顶点的端点所连的分割线中与底边相连的分割线的长度及这条分割线与底边的夹角的余弦值分别是

$$\frac{\sqrt{27625-11947\sqrt{5}+10\sqrt{185386\sqrt{5}-410378}}}{242},$$

$$\frac{\sqrt{2050 - 870\sqrt{5} - 30\sqrt{10730\sqrt{5} - 23990}}}{20}.$$

因为图 5.8.206、图 5.8.207 正五角星绕各自中心旋转 72° 和原来的图形重合，只需考虑水平边的情况，图 5.8.206 水平边六分点把边从左到右分割的线段长分别是

$$1 - \frac{\sqrt{2\sqrt{5}-2}}{2},\ \frac{2\sqrt{38+58\sqrt{5}} - 18 - 3\sqrt{5}}{31},\ \frac{67 + 37\sqrt{5} - \sqrt{8482 + 3842\sqrt{5}}}{62},$$

$$\frac{\sqrt{358 + 169\sqrt{5}} - 17 - 4\sqrt{5}}{11},\ \frac{12 - 3\sqrt{5} - \sqrt{2 + 5\sqrt{5}}}{22},\ \frac{1 - \sqrt{\sqrt{5}-2}}{2};$$

图 5.8.207 水平边三分点把边从左到右分割的线段长分别是

$$\frac{1 - \sqrt{\sqrt{5}-2}}{2},\ \frac{\sqrt{2+\sqrt{5}} - 1}{2},\ 1 - \frac{\sqrt{2\sqrt{5}-2}}{2}.$$

其中

$$S'_{3_1^+} = \frac{S - 3\sqrt{T}}{114000392},$$

$$S'_{3_1^-} = \frac{\sqrt{1152 + 2442\sqrt{5} - 3\sqrt{13228378\sqrt{5} - 24741658}}}{232},$$

$$S'_{3_2} = \frac{1941\sqrt{3} - 774\sqrt{15} - 3\sqrt{945939\sqrt{5} - 2105706}}{968},$$

$$S'_{\frac{5}{2}_1} = \frac{5}{7192}\sqrt{U - 2\sqrt{V}},$$

$$S'_{\frac{5}{2}_2} = \frac{5}{8}\sqrt{25 - 9\sqrt{5} - 10\sqrt{\sqrt{5}-2}},$$

其中

$S = 1080710130774237\sqrt{5} - 407871256149759$,

$T = 119835649660385519716879840858 + 137879147004949854068038894682\sqrt{5}$,

$U = 24125545 - 9728449\sqrt{5}$,

$V = 352042322136385\sqrt{5} - 785806022197810$.

大扭棱十二合三十二面体的表面积是

$$S = 60\left(S'_{3_1^+} + S'_{3_1^-}\right) + 20 S'_{3_2} + 12\left(S'_{\frac{5}{2}_1} + S'_{\frac{5}{2}_2}\right)$$

$$= \frac{15}{14250049}\left(W_1 - \sqrt{3X_1} + 31702\sqrt{Y_1 - 12\sqrt{5Z_1}}\right),$$

其中

$$W_1 = 47685175\sqrt{3} - 18502668\sqrt{15},$$

$$X_1 = 1070951377460057\sqrt{5} - 2385637042483418,$$
$$Y_1 = 5385065 - 2401814\sqrt{5},$$
$$Z_1 = 38193412321\sqrt{5} - 85402914802,$$

大扭棱十二合三十二面体的体积是

$$V = 60 \times \frac{1}{3}\left(S'_{3_1^+} - S'_{3_1^-}\right)r_3 + 20 \times \frac{1}{3}S'_{3_2}r_3 + 12 \times \frac{1}{3}\left(S'_{\frac{5}{2}_1} + S'_{\frac{5}{2}_2}\right)r_{\frac{5}{2}} = \frac{W_2 - 5\sqrt{X_2}}{57000196},$$

其中

$$W_2 = 252956375\sqrt{2} - 18828945\sqrt{10},$$
$$X_2 = 57699251815103972\sqrt{5} - 126568323936620836.$$

（10） 大双斜方三十二面体

定义 5.8.55. 第三类变形小削棱正十二面体的各个顶点按图 5.8.209 中过顶点 A 的粗线的两个正三角形、四个正方形和两个正五角星面的方法构造面，得到的均匀多面体称为大双斜方三十二面体（图 5.8.210）.

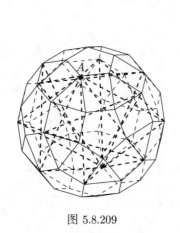

图 5.8.209

图 5.8.210

设大双斜方三十二面体的棱长是 1，因为大双斜方三十二面体的顶点与棱长相等的大扭棱十二合三十二面体的顶点能重合，且一部分正三角形和全部正五角星的面重合，所以大双斜方三十二面体的外接球半径是 $R = \dfrac{\sqrt{2}}{2}$，内棱切球半径是 $\rho = \dfrac{1}{2}$，其中心到正三角形面的距离是 $r_3 = \dfrac{\sqrt{6}}{6}$，其中心到正五角星面的距离是 $r_{\frac{5}{2}} = \dfrac{\sqrt{10\sqrt{5}}}{10}$，正方形面过其中心.

大双斜方三十二面体的正三角形与正方形形成二面角的余弦值是
$$\cos\alpha_{34} = \cos\left(\arccos\frac{\sqrt{3}}{6\rho} - \arccos\frac{1}{2\rho}\right) = \frac{\sqrt{3}}{3},$$
大双斜方三十二面体的正方形与正五角星形成的第一类二面角的余弦值是
$$\cos\alpha_{4\frac{5}{2}} = \cos\left(\arccos\frac{1}{2\rho} - \arccos\frac{\tan 18°}{2\rho}\right) = \frac{\sqrt{25-10\sqrt{5}}}{5}.$$

图 5.8.211、图 5.8.212、图 5.8.213、图 5.8.214、图 5.8.215、图 5.8.216 分别是大双斜方三十二面体与的其中一半正三角形面（表面分割面积用 S'_{3_1} 表示）、另一半正三角形面（表面分割面积用 S'_{3_2} 表示）、其中一半正方形面（表面分割面积分别用 $S'_{4_1^+}$、$S'_{4_1^-}$ 表示）、另一半正方形面（表面分割面积分别用 $S'_{4_2^+}$、$S'_{4_2^-}$ 表示）、其中一半正五角星（表面分割面积用 $S'_{\frac{5}{2}_1}$ 表示）、另一半正五角星（表面分割面积用 $S'_{\frac{5}{2}_2}$ 表示）被多面体分割的情况. 图 5.8.211、图 5.8.212 的正三角形面有一部分在多面体内是重合的，整个重合部分的分割图如图 5.8.217 所示；图 5.8.213、图 5.8.214 的正方形面有一部分在多面体内是重合的，整个重合部分的分割图如图 5.8.218 所示；图 5.8.215、图 5.8.216 的正五角星面有一部分在多面体内是重合的，整个重合部分的分割图如图 5.8.219 所示. 因为图 5.8.211、图 5.8.212 正三角形绕中心旋转 120° 和原来的图形重合，只需考虑底边的情况. 图 5.8.211 正三角形底边七分点把边从左到右分割的线段长分别是

$$\frac{20 - 2\sqrt{5} - \sqrt{2 + 34\sqrt{5}}}{38}, \quad \frac{104 + 96\sqrt{5} - \sqrt{5102 + 18866\sqrt{5}}}{1102},$$
$$\frac{20\sqrt{5} - 162 + \sqrt{5102 + 18866\sqrt{5}}}{1102}, \quad \frac{39 + 17\sqrt{5} - 3\sqrt{262 + 122\sqrt{5}}}{38},$$
$$\frac{3\sqrt{142 + 82\sqrt{5}} - 25 - 13\sqrt{5}}{22}, \quad \frac{3 + 2\sqrt{5} - \sqrt{221\sqrt{5} - 482}}{22},$$
$$\frac{1 - \sqrt{\sqrt{5} - 2}}{2};$$

图 5.8.212 正三角形底边九分点把边从左到右分割的线段长分别是

$$\frac{25 - 3\sqrt{5} - \sqrt{82\sqrt{5} - 142}}{58}, \quad \frac{4 + 3\sqrt{5} - \sqrt{401\sqrt{5} - 838}}{58},$$
$$\frac{3 + 2\sqrt{5} - \sqrt{221\sqrt{5} - 482}}{22}, \quad \frac{3\sqrt{142 + 82\sqrt{5}} - 25 - 13\sqrt{5}}{22},$$
$$\frac{62 + 32\sqrt{5} - \sqrt{7862 + 3562\sqrt{5}}}{58}, \quad \frac{4\sqrt{4202 + 2122\sqrt{5}} - 47 - 115\sqrt{5}}{1102},$$
$$\frac{20\sqrt{5} - 162 + \sqrt{5102 + 18866\sqrt{5}}}{1102}, \quad \frac{104 + 96\sqrt{5} - \sqrt{5102 + 18866\sqrt{5}}}{1102},$$
$$\frac{20 - 2\sqrt{5} - \sqrt{2 + 34\sqrt{5}}}{38}.$$

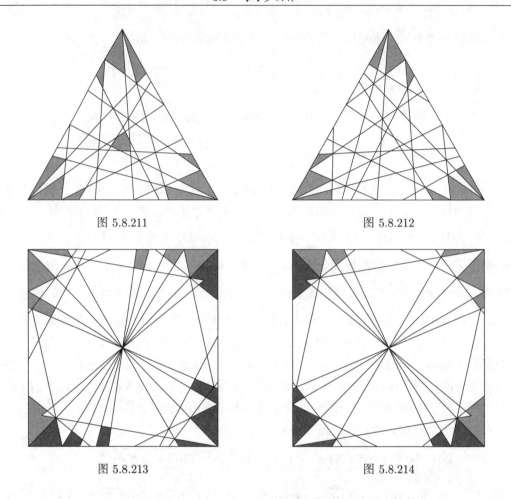

图 5.8.211

图 5.8.212

图 5.8.213

图 5.8.214

因为图 5.8.213、图 5.8.214 正方形绕中心旋转 180° 和原来的图形重合,只需考虑底边和右侧边的情况. 图 5.8.213 正方形底边十分点把边从左到右分割的线段长分别是

$$\frac{20-2\sqrt{5}-\sqrt{2+34\sqrt{5}}}{38}, \frac{104+96\sqrt{5}-\sqrt{5102+18866\sqrt{5}}}{1102},$$

$$\frac{\sqrt{7642+3418\sqrt{5}}-43-33\sqrt{5}}{116}, \frac{17+23\sqrt{5}-\sqrt{2098+1010\sqrt{5}}}{76},$$

$$\frac{4\sqrt{4202+2122\sqrt{5}}-47-115\sqrt{5}}{1102}, \frac{62+32\sqrt{5}-\sqrt{7862+3562\sqrt{5}}}{58},$$

$$\frac{3\sqrt{178+82\sqrt{5}}-25-13\sqrt{5}}{22}, \frac{3+2\sqrt{5}-\sqrt{89\sqrt{5}-158}}{22},$$

$$\frac{4+3\sqrt{5}-\sqrt{401\sqrt{5}-838}}{58}, \frac{25-3\sqrt{5}-\sqrt{82\sqrt{5}-142}}{58};$$

图 5.8.213 正方形右侧边六分点把边从上到下分割的线段长分别是

$$\frac{1-\sqrt{\sqrt{5}-2}}{2}, \frac{\sqrt{10+5\sqrt{5}}-2-\sqrt{5}}{2}, \frac{5+3\sqrt{5}-\sqrt{26\sqrt{5}+58}}{4},$$

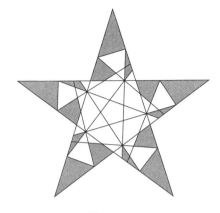
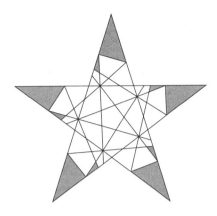

图 5.8.215　　　　　　　　　图 5.8.216

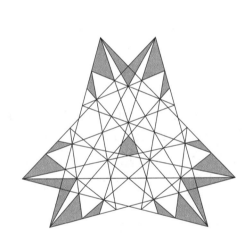
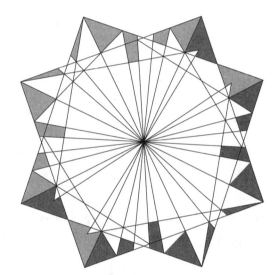

图 5.8.217　　　　　　　　　图 5.8.218

$$\frac{\sqrt{458+298\sqrt{5}}-3-13\sqrt{5}}{44},\ \frac{4\sqrt{2+5\sqrt{5}}-15+\sqrt{5}}{22},\ 1-\frac{\sqrt{2\sqrt{5}-2}}{2};$$

图 5.8.214 正方形底边七分点把边从左到右分割的线段长分别是

$$\frac{25-3\sqrt{5}-\sqrt{82\sqrt{5}-142}}{58},\ \frac{4+3\sqrt{5}-\sqrt{401\sqrt{5}-838}}{58},$$
$$\frac{\sqrt{10+5\sqrt{5}}-2-\sqrt{5}}{2},\ \frac{5+3\sqrt{5}-\sqrt{58+26\sqrt{5}}}{4},$$
$$\frac{\sqrt{7642+3418\sqrt{5}}-43-33\sqrt{5}}{116},\ \frac{104+96\sqrt{5}-\sqrt{5102+18866\sqrt{5}}}{1102},$$
$$\frac{20-2\sqrt{5}-\sqrt{2+34\sqrt{5}}}{38};$$

图 5.8.219

图 5.8.214 正方形右侧边五分点把边从上到下分割的线段长分别是

$$1-\frac{\sqrt{2\sqrt{5}-2}}{2},\ \frac{4\sqrt{2+5\sqrt{5}}-15+\sqrt{5}}{22},\ \frac{\sqrt{458+298\sqrt{5}}-3-13\sqrt{5}}{44},$$

$$\frac{1+\sqrt{5}-\sqrt{2\sqrt{5}-2}}{4},\ \frac{1-\sqrt{\sqrt{5}-2}}{2};$$

图 5.8.213 靠左下角端点不在边上的分割线的端点到右下角三角形顶点的距离和图 5.8.214 靠由下角端点不在边上的分割线的端点到左下角三角形顶点的距离，图 5.8.213 靠近左下角端点不在边上的分割线的端点到右下角三角形顶点的分割线与底边夹角的余弦值和图 5.8.214 靠近由下角端点不在边上的分割线的端点到左下角三角形顶点的距离的分割线与底边夹角的余弦值分别是

$$\frac{\sqrt{571-73\sqrt{5}+7\sqrt{1594\sqrt{5}-1178}}}{29},\ \frac{\sqrt{6+2\sqrt{5}+2\sqrt{2+2\sqrt{5}}}}{4}.$$

因为图 5.8.215、图 5.8.216 正五角星绕中心旋转 72° 和原来的图形重合，只需考虑水平边的情况. 图 5.8.215 正五角星水平边九分点把边从左到右分割的线段长和图 5.8.216 正五角星水平边九分点把边从右到左分割的线段长分别是

$$1-\frac{\sqrt{2\sqrt{5}-2}}{2},\ \frac{4\sqrt{2+5\sqrt{5}}-15+\sqrt{5}}{22},\ \frac{\sqrt{458+298\sqrt{5}}-3-13\sqrt{5}}{44},$$

$$\frac{5-\sqrt{5}-\sqrt{2+2\sqrt{5}}}{4},\ \frac{10\sqrt{5}-18-\sqrt{58\sqrt{5}-122}}{22},\ \frac{18+12\sqrt{5}-\sqrt{890+410\sqrt{5}}}{22},$$

$$\sqrt{2+\sqrt{5}}-2,\ \frac{2-\sqrt{5}+\sqrt{\sqrt{5}-2}}{2},\ \frac{1-\sqrt{\sqrt{5}-2}}{2}.$$

其中

$$S'_{3_1}=\frac{216968\sqrt{3}+8403\sqrt{15}-81\sqrt{12466614+5585199\sqrt{5}}}{48488},$$

$$S'_{3_2} = \frac{28362\sqrt{3} + 5235\sqrt{15} - 3\sqrt{1624627995\sqrt{5} - 3140796630}}{48488},$$

$$S'_{4_1^+} = S'_{4_1^-} = \frac{115890 + 34448\sqrt{5} - \sqrt{17569106398 + 8211102722\sqrt{5}}}{48488},$$

$$S'_{4_2^+} = S'_{4_2^-} = \frac{53762 + 5716\sqrt{5} - \sqrt{1699601318 + 1057796122\sqrt{5}}}{48488},$$

$$S'_{\frac{5}{2}_1} = \frac{5}{88}\sqrt{108580 + 4766\sqrt{5} - 5\sqrt{267639622 + 134612410\sqrt{5}}},$$

$$S'_{\frac{5}{2}_2} = \frac{5}{88}\sqrt{454\sqrt{5} - 980 - 3\sqrt{10970\sqrt{5} - 24410}}.$$

大双斜方三十二面体的表面积是

$$S = 20\left(S'_{3_1} + S'_{3_2}\right) + 30\left(S'_{4_1^+} + S'_{4_1^-} + S'_{4_2^+} + S'_{4_2^-}\right) + 12\left(S'_{\frac{5}{2}_1} + S'_{\frac{5}{2}_2}\right)$$
$$= \frac{5}{6061}\left(V_1 - 3\sqrt{6W_1} - 3\sqrt{2X_1} + 3306\sqrt{Y_1 - 55\sqrt{2Z_1}}\right),$$

其中

$$V_1 = 254478 + 122665\sqrt{3} + 60246\sqrt{5} + 6819\sqrt{15},$$
$$W_1 = 386279479 + 286911385\sqrt{5},$$
$$X_1 = 828498029 + 1874770061\sqrt{5},$$
$$Y_1 = 6615 + 263\sqrt{5},$$
$$Z_1 = 3169 + 2417\sqrt{5},$$

大双斜方三十二面体的体积是

$$V = 20 \times \frac{1}{3}\left(S'_{3_1} + S'_{3_2}\right)r_3 + 12 \times \frac{1}{3}\left(S'_{\frac{5}{2}_1} + S'_{\frac{5}{2}_2}\right)r_{\frac{5}{2}} = \frac{W_2 - 45\sqrt{X_2}}{18183},$$

其中

$$W_2 = 79375\sqrt{2} - 28410\sqrt{10}, \quad X_2 = 17030756\sqrt{5} - 38050916.$$

（11） 大二重变形二重斜方十二面体

定义 5.8.56. 第三类变形小削棱正十二面体的各个顶点按图 5.8.220 中过顶点 A 的粗线的六个正三角形、四个正方形和两个正五角星面的方法构造前，得到的均匀多面体称为大二重变形二重斜方十二面体（图 5.8.221），也称为 Skilling 图形.

因为大二重变形二重斜方十二面体有些棱所连的面超过两个，所以有时候大二重变形二重斜方十二面体不算均匀多面体.

设大二重变形二重斜方十二面体的棱长是 1，因为大二重变形二重斜方十二面体的顶点与棱长相等的大扭棱十二合三十二面体的顶点能重合，且一部分正三角形和全部正五角

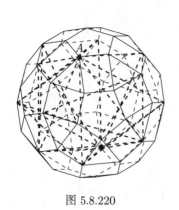

图 5.8.220　　　　　　　　　　图 5.8.221

星的面重合，大二重变形二重斜方十二面体的顶点与棱长相等的大双斜方三十二面体的顶点能重合，且正方形和正五角星的面重合，所以大二重变形二重斜方十二面体的外接球半径是 $R = \frac{\sqrt{2}}{2}$，内棱切球半径是 $\rho = \frac{1}{2}$，其中心到正三角形面的距离是 $r_3 = \frac{\sqrt{6}}{6}$，其中心到正五角星面的距离是 $r_{\frac{5}{2}} = \frac{\sqrt{10\sqrt{5}}}{10}$，正方形面过其中心.

大二重变形二重斜方十二面体的正三角形与正方形形成二面角的余弦值是 $\cos \alpha_{34} = \frac{\sqrt{3}}{3}$，大二重变形二重斜方十二面体的正三角形与正五角星形成的第一类二面角的余弦值是 $\cos \alpha_{3\frac{5}{2}} = -\frac{2\sqrt{15\sqrt{5}} - \sqrt{75 - 30\sqrt{5}}}{15}$，大二重变形二重斜方十二面体的正方形与正五角星形成的第一类二面角的余弦值是 $\cos \alpha_{4\frac{5}{2}} = \frac{\sqrt{25 - 10\sqrt{5}}}{5}$.

图 5.8.222、图 5.8.223、图 5.8.224、图 5.8.225、图 5.8.226、图 5.8.227 分别是大二重变形二重斜方十二面体与的其中一半正三角形面、另一半正三角形面、其中一半正方形面（表面分割面积分别用 $S'_{4_1^+}$、$S'_{4_1^-}$ 表示）、另一半正方形面（表面分割面积分别用 $S'_{4_2^+}$、$S'_{4_2^-}$ 表示）、其中一半正五角星（表面分割面积用 $S'_{\frac{5}{2}_1}$ 表示）、另一半正五角星（表面分割面积用 $S'_{\frac{5}{2}_2}$ 表示）被多面体分割的情况. 图 5.8.222、图 5.8.223 的正三角形面互为镜像对称，图 5.8.224、图 5.8.225 的正方形面有一部分在多面体内是重合的，整个重合部分的分割图如图 5.8.228 所示；图 5.8.226、图 5.8.227 的正五角星面有一部分在多面体内是重合的，整个重合部分的分割图如图 5.8.229 所示. 图 5.8.230 是图 5.8.222 右下角的放大图，图 5.8.231 是图 5.8.223 左下角的放大图，图 5.8.232 是图 5.8.224 左上角的放大图，图 5.8.233 是图 5.8.226 右上侧两边自交部分的放大图. 图 5.8.222 正三角形底边三分点把边从左到右和图 5.8.223

正三角形底边三分点把边从右到左分割的线段长分别是
$$1-\frac{\sqrt{2\sqrt{5}-2}}{2},\ \frac{\sqrt{2+\sqrt{5}}-1}{2},\ \frac{1-\sqrt{\sqrt{5}-2}}{2};$$
图 5.8.222 左侧边和图 5.8.223 右侧边三分点把边从上到下分割的线段长分别是
$$\frac{3+\sqrt{5}}{2}-\sqrt{2+\sqrt{5}},\ \frac{\sqrt{10+5\sqrt{5}}-2-\sqrt{5}}{2},\ \frac{1-\sqrt{\sqrt{5}-2}}{2};$$

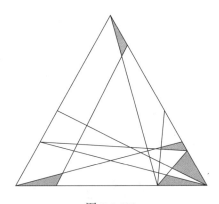

图 5.8.222

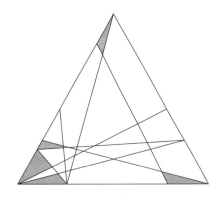

图 5.8.223

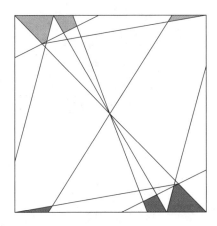

图 5.8.224

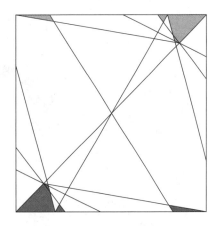

图 5.8.225

图 5.8.222 右侧边和图 5.8.223 左侧边五分点把边从上到下分割的线段长分别是
$$\frac{20-2\sqrt{5}-\sqrt{2+34\sqrt{5}}}{38},\ \frac{37+21\sqrt{5}-3\sqrt{262+122\sqrt{5}}}{38},\ \frac{\sqrt{10+5\sqrt{5}}-2-\sqrt{5}}{2},$$
$$\frac{4+3\sqrt{5}-\sqrt{401\sqrt{5}-838}}{58},\ \frac{25-3\sqrt{5}-\sqrt{82\sqrt{5}-142}}{58}.$$

因为图 5.8.224、图 5.8.225 正方形绕中心旋转 180° 和原来的图形重合，只需考虑底边和右侧边的情况. 图 5.8.224 正方形底边五分点把边从左到右分割的线段长分别是
$$\frac{20-2\sqrt{5}-\sqrt{2+34\sqrt{5}}}{38},\ \frac{37+21\sqrt{5}-3\sqrt{262+122\sqrt{5}}}{38},\ \frac{3\sqrt{178+82\sqrt{5}}-25-13\sqrt{5}}{22},$$

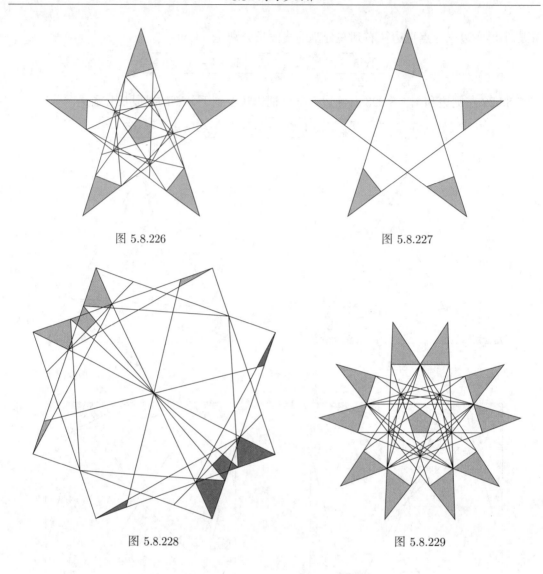

图 5.8.226

图 5.8.227

图 5.8.228

图 5.8.229

$$\frac{131+91\sqrt{5}-2\sqrt{8102+4525\sqrt{5}}}{638},\ \frac{25-3\sqrt{5}-\sqrt{82\sqrt{5}-142}}{58};$$

图 5.8.224 正方形右侧边三分点把边从上到下分割的线段长分别是

$$\frac{1-\sqrt{\sqrt{5}-2}}{2},\ \frac{\sqrt{2+\sqrt{5}}-1}{2},\ 1-\frac{\sqrt{2\sqrt{5}-2}}{2};$$

图 5.8.225 正方形底边五分点把边从左到右分割的线段长分别是

$$\frac{25-3\sqrt{5}-\sqrt{82\sqrt{5}-142}}{58},\ \frac{4+3\sqrt{5}-\sqrt{401\sqrt{5}-838}}{58},\ \frac{6\sqrt{242+109\sqrt{5}}-58-29\sqrt{5}}{38},$$

$$\frac{37+21\sqrt{5}-3\sqrt{262+122\sqrt{5}}}{38},\ \frac{20-2\sqrt{5}-\sqrt{2+34\sqrt{5}}}{38};$$

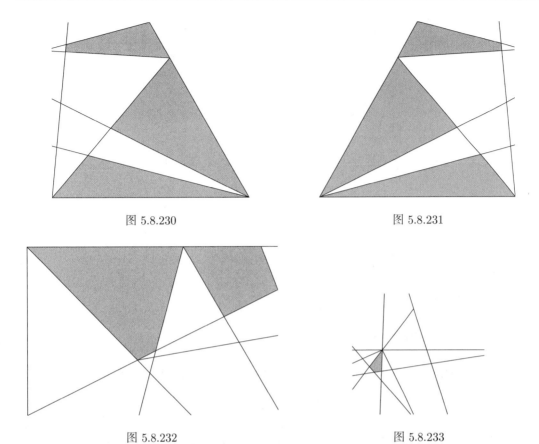

图 5.8.230 图 5.8.231

图 5.8.232 图 5.8.233

图 5.8.225 正方形右侧边三分点把边从上到下分割的线段长分别是

$$\frac{1-\sqrt{5}+\sqrt{2+2\sqrt{5}}}{4}, \frac{1+\sqrt{5}-\sqrt{2\sqrt{5}-2}}{4}, \frac{1-\sqrt{\sqrt{5}-2}}{2}.$$

因为图 5.8.226、图 5.8.227 正五角星绕中心旋转 72° 和原来的图形重合，只需考水平边的情况. 图 5.8.226 正五角星水平边五分点把边从左到右分割的线段长分别是

$$1-\frac{\sqrt{2\sqrt{5}-2}}{2}, \frac{\sqrt{13\sqrt{5}-2}-3-\sqrt{5}}{4}, \frac{5+3\sqrt{5}-5\sqrt{2+\sqrt{5}}}{4},$$
$$\frac{\sqrt{10+5\sqrt{5}}-2-\sqrt{5}}{2}, \frac{1-\sqrt{\sqrt{5}-2}}{2};$$

图 5.8.227 正五角星水平边三分点把边从左到右分割的线段长分别是

$$\frac{1-\sqrt{\sqrt{5}-2}}{2}, \frac{\sqrt{2+\sqrt{5}}-1}{2}, 1-\frac{\sqrt{2\sqrt{5}-2}}{2}.$$

其中

$$S_3' = \frac{23423859\sqrt{3}-20559299\sqrt{15}+\sqrt{S}}{374763752},$$

$$S'_{4_1^+} = S'_{4_1^-} = \frac{\sqrt{2365969042 + 1061124733\sqrt{5}} - 27818 - 18065\sqrt{5}}{24244},$$

$$S'_{4_2^+} = S'_{4_2^-} = \frac{\sqrt{91951042 + 49523233\sqrt{5}} - 40759 - 32273\sqrt{5}}{48488},$$

$$S'_{\frac{5}{2}_1} = \frac{5}{88}\sqrt{25060625 + 47619515\sqrt{5} - 255\sqrt{T}},$$

$$S'_{\frac{5}{2}_2} = \frac{5}{8}\sqrt{25 - 9\sqrt{5} - 10\sqrt{\sqrt{5} - 2}},$$

其中

$$S = 21189058305770094\sqrt{5} - 44723072549319726,$$
$$T = 427456123838 + 192440594837\sqrt{5}.$$

大二重变形二重斜方十二面体的表面积是

$$S = 120S'_3 + 30\left(S'_{4_1^+} + S'_{4_1^-} + S'_{4_2^+} + S'_{4_2^-}\right) + 12\left(S'_{\frac{5}{2}_1} + S'_{\frac{5}{2}_2}\right)$$
$$= \frac{3}{93690938}\left(V_1 + 3478050\sqrt{W_1} + 10\sqrt{6X_1} + 793991\sqrt{10\left(Y_1 - 80\sqrt{2Z_1}\right)}\right),$$

其中

$$V_1 = 234238590\sqrt{3} - 2643433935\sqrt{5} - 205592990\sqrt{15} - 3725184775,$$
$$W_1 = 3853082 + 1771093\sqrt{5},$$
$$X_1 = 3531509717628349\sqrt{5} - 7453845424886621,$$
$$Y_1 = 14703075 + 4684219\sqrt{5},$$
$$Z_1 = 24689055619 + 11104985245\sqrt{5},$$

大二重变形二重斜方十二面体的体积是

$$V = 120 \times \frac{1}{3}S'_3 r_3 + 12 \times \frac{1}{3}\left(S'_{\frac{5}{2}_1} + S'_{\frac{5}{2}_2}\right)r_{\frac{5}{2}} = \frac{2\sqrt{X_2} - Y_2}{187381876},$$

其中

$$X_2 = 2964703508389147820 + 7483726300473993620\sqrt{5},$$
$$Y_2 = 2461360855\sqrt{2} + 1654626565\sqrt{10}.$$

第十一类：大削棱正十二面体型

这类凹半正多面体的顶点是与大削棱正十二面体构成类似的顶点.

(1) 二十截顶十二合十二面体

定义 5.8.57. 面的边数与大削棱正十二面体相同，且二面角与大削棱正十二面体相同，但矩形面长的边与正十边形面每隔两个顶点连的对角线长度相等，这样的凸多面体称为第一类变形大削棱正十二面体（图 5.8.234）.

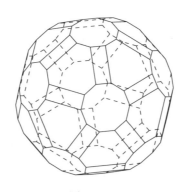

图 5.8.234

设第一类变形大削棱正十二面体正十边形面的边长是 1，按照构造截顶正十二面体的方法构造第一类变形大削棱正十二面体，设矩形与正十边形不等长的边长是 a，其构造正十二面体的棱长是 l，则

$$a = \frac{3+\sqrt{5}}{2}, \quad \frac{l\cot 36° - \cot 18°}{2}\sqrt{\frac{1+\frac{\sqrt{5}}{5}}{2}} = \frac{a}{2},$$

求得

$$l = 2\sqrt{5},$$

所以第一类变形大削棱正十二面体的外接球半径是

$$R' = \sqrt{\left(\frac{\sqrt{250+110\sqrt{5}}}{20}l\right)^2 + \left(\frac{1}{2}\csc 18°\right)^2} = 3+\sqrt{5}.$$

定义 5.8.58. 第一类变形大削棱正十二面体的各个顶点按图 5.8.235 中过顶点 A 的粗线的一个正六边形、一个正十边形和一个正十角星面的方法构造面，得到的均匀多面体称为二十截顶十二合十二面体（图 5.8.236）.

设二十截顶十二合十二面体的棱长是 1，因为二十截顶十二合十二面体的棱长与其构造的第一类变形大削棱正十二面体正十边形面的棱长比是 $\frac{3+\sqrt{5}}{2}$，所以二十截顶十二合十二面体的外接球半径是

$$R = \frac{2}{3+\sqrt{5}}R' = 2,$$

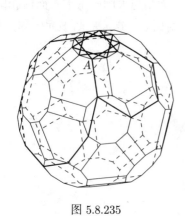 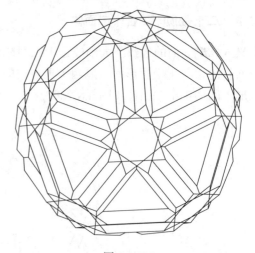

图 5.8.235　　　　　　　　　　　图 5.8.236

内棱切球半径是
$$\rho = \sqrt{R^2 - \left(\frac{1}{2}\right)^2} = \frac{\sqrt{15}}{2},$$
其中心到正六边形面的距离是
$$r_6 = \sqrt{\rho^2 - \left(\frac{\sqrt{3}}{2}\right)^2} = \sqrt{3},$$
其中心到正十边形面的距离是
$$r_{10} = \sqrt{\rho^2 - \left(\frac{1}{2}\cot 18°\right)^2} = \frac{\sqrt{10-2\sqrt{5}}}{2},$$
其中心到正十角星面的距离是
$$r_{\frac{10}{3}} = \sqrt{\rho^2 - \left(\frac{1}{2}\tan 36°\right)^2} = \frac{\sqrt{10+2\sqrt{5}}}{2}.$$
二十截顶十二合十二面体的正六边形与正十边形形成二面角的余弦值是
$$\cos\alpha_{6,10} = \cos\left(\arccos\frac{\sqrt{3}}{2\rho} + \arccos\frac{\cot 18°}{2\rho}\right) = -\frac{\sqrt{75-30\sqrt{5}}}{15},$$
二十截顶十二合十二面体的正六边形与正十角星形成二面角的余弦值是
$$\cos\alpha_{10,\frac{10}{3}} = \cos\left(\arccos\frac{\sqrt{3}}{2\rho} + \arccos\frac{\tan 36°}{2\rho}\right) = -\frac{\sqrt{75+30\sqrt{5}}}{15},$$
二十截顶十二合十二面体的正十边形与正十角星形所成二面角的余弦值是
$$\cos\alpha_{10,\frac{10}{3}} = \cos\left(\arccos\frac{\cot 18°}{2\rho} + \arccos\frac{\tan 36°}{2\rho}\right) = -\frac{\sqrt{5}}{5}.$$

图 5.8.237、图 5.8.238、图 5.8.239 分别是二十截顶十二合十二面体中正六边形、正十边形、正十角星被多面体分割的情况. 正六边形和正十边形边的五分点所分线段按一个方向顺序的长度比是 $2:(\sqrt{5}-1):2:(\sqrt{5}-1):2$. 其中

$$S'_6 = \frac{93\sqrt{3}-39\sqrt{15}}{8},\ S'_{10} = \frac{5}{8}\sqrt{25250-11290\sqrt{5}},\ S'_{\frac{10}{3}} = 5\sqrt{85-38\sqrt{5}}.$$

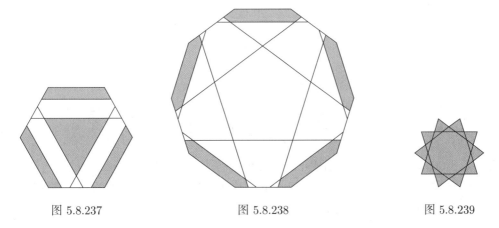

图 5.8.237　　　　　图 5.8.238　　　　　图 5.8.239

二十截顶十二合十二面体的表面积是

$$S = 20S'_6 + 12S'_{10} + 12S'_{\frac{10}{3}} = \frac{465\sqrt{3}-195\sqrt{15}+15\sqrt{54130-24202\sqrt{5}}}{2},$$

二十截顶十二合十二面体的体积是

$$V = 20\times\frac{1}{3}S'_6 r_6 + 12\times\frac{1}{3}S'_{10} r_{10} + 12\times\frac{1}{3}S'_{\frac{10}{3}} r_{\frac{10}{3}} = 1020-445\sqrt{5}.$$

（2）截顶十二合十二面体

定义 5.8.59. 面的边数与大削棱正十二面体相同，且二面角与大削棱正十二面体相同，但四边形面和六边形面边长不相等，六边形面相隔两顶点连的对角线和与正十边形面每隔两个顶点连的对角线长度相等，这样的凸多面体称为第二类变形大削棱正十二面体（图 5.8.240）.

设第二类变形大削棱正十二面体正十边形面的边长是 1，按照构造截顶正十二面体的方法构造第二类变形大削棱正十二面体，设矩形与正十边形不等长的边长是 a，其构造正十二面体的棱长是 l，则

$$a = \frac{3+\sqrt{5}}{2}-1 = \frac{1+\sqrt{5}}{2},\ \frac{l\cot 36°-\cot 18°}{2}\sqrt{\frac{1+\frac{\sqrt{5}}{5}}{2}} = \frac{a}{2},$$

求得

$$l = \frac{5+\sqrt{5}}{2},$$

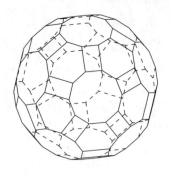

图 5.8.240

所以第二类变形大削棱正十二面体的外接球半径是

$$R' = \sqrt{\left(\frac{\sqrt{250+110\sqrt{5}}}{20}l\right)^2 + \left(\frac{1}{2}\csc 18°\right)^2} = \frac{3\sqrt{11}+\sqrt{55}}{4}.$$

定义 5.8.60. 第二类变形大削棱正十二面体的各个顶点按图 5.8.241 中过顶点 A 的粗线的一个正方形、一个正十边形和一个正十角星面的方法构造面，得到的均匀多面体称为截顶十二合十二面体（图 5.8.242）.

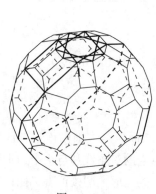

图 5.8.241

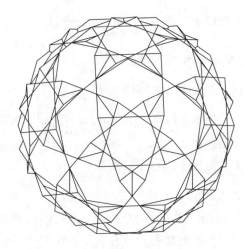

图 5.8.242

设截顶十二合十二面体的棱长是 1，因为截顶十二合十二面体的棱长与其构造的第二类变形大削棱正十二面体正十边形面的棱长比是 $\frac{3+\sqrt{5}}{2}$，所以截顶十二合十二面体的外接球半径是

$$R = \frac{2}{3+\sqrt{5}}R' = \frac{\sqrt{11}}{2},$$

内棱切球半径是

$$\rho = \sqrt{R^2 - \left(\frac{1}{2}\right)^2} = \frac{\sqrt{10}}{2},$$

其中心到正方形面的距离是
$$r_4 = \sqrt{\rho^2 - \left(\frac{1}{2}\right)^2} = \frac{3}{2},$$
其中心到正十边形面的距离是
$$r_{10} = \sqrt{\rho^2 - \left(\frac{1}{2}\cot 18°\right)^2} = \frac{\sqrt{5-2\sqrt{5}}}{2},$$
其中心到正十角星面的距离是
$$r_{\frac{10}{3}} = \sqrt{\rho^2 - \left(\frac{1}{2}\tan 36°\right)^2} = \frac{\sqrt{5+2\sqrt{5}}}{2}.$$

截顶十二合十二面体的正方形与正十边形形成二面角的余弦值是
$$\cos\alpha_{4,10} = \cos\left(\arccos\frac{1}{2\rho} - \arccos\frac{\cot 18°}{2\rho}\right) = \frac{\sqrt{50-10\sqrt{5}}}{10},$$

截顶十二合十二面体的正方形与正十角星形成二面角的余弦值是
$$\cos\alpha_{4\frac{10}{3}} = \cos\left(\arccos\frac{1}{2\rho} + \arccos\frac{\tan 36°}{2\rho}\right) = -\frac{\sqrt{50+10\sqrt{5}}}{10},$$

截顶十二合十二面体的正十边形与正十角星形所成二面角的余弦值是
$$\cos\alpha_{10,\frac{10}{3}} = \cos\left(\arccos\frac{\cot 18°}{2\rho} - \arccos\frac{\tan 36°}{2\rho}\right) = \frac{\sqrt{5}}{5}.$$

图 5.8.243、图 5.8.244、图 5.8.245 分别是截顶十二合十二面体中正方形、正十边形、正十角星被多面体分割的情况. 正方形和正十边形边的三分点所分线段按一个方向顺序的长度比是 $2:(\sqrt{5}-1):2$. 正方形和正十边形边的五分点所分线段按一个方向顺序的长度比是 $2:(\sqrt{5}-1):2:(\sqrt{5}-1):2$. 其中

$$S'_4 = \frac{25\sqrt{5}-53}{4}, \quad S'_{10^+} = \frac{25}{8}\sqrt{890-398\sqrt{5}},$$
$$S'_{10^-} = \frac{5}{4}\sqrt{1325-590\sqrt{5}}, \quad S'_{\frac{10}{3}} = 5\sqrt{85-38\sqrt{5}}.$$

截顶十二合十二面体的表面积是
$$S = 30S'_4 + 12(S'_{10^+} + S'_{10^-}) + 12S'_{\frac{10}{3}} = \frac{375\sqrt{5}-795+195\sqrt{130-58\sqrt{5}}}{2},$$

截顶十二合十二面体的体积是
$$V = 30 \times \frac{1}{3}S'_4 r_4 + 12 \times \frac{1}{3}(S'_{10^+} - S'_{10^-})r_{10} + 12 \times \frac{1}{3}S'_{\frac{10}{3}} r_{\frac{10}{3}} = \frac{115}{2} - 20\sqrt{5}.$$

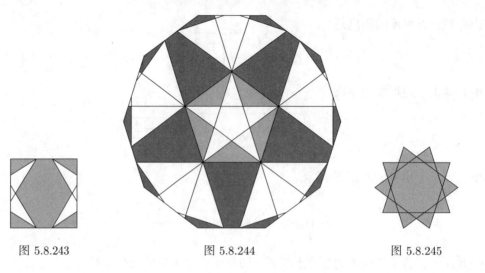

图 5.8.243　　　　　图 5.8.244　　　　　图 5.8.245

（3）　大截顶三十二面体

定义 5.8.61. 面的边数与大削棱正十二面体相同，且二面角与大削棱正十二面体相同，但四边形面、六边形面和十边形的边长都不相等，与十边形顶点相连的棱的顶点中不是十边形顶点的十个顶点形成正十边形，这些正十边形每隔两个顶点连的对角线与十边形面每隔四个顶点连的对角线长度相等，这样的凸多面体称为第三类变形大削棱正十二面体（图 5.8.246）.

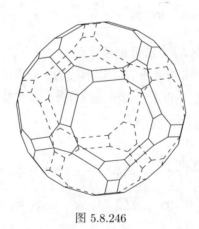

图 5.8.246

设第三类变形大削棱正十二面体十边形面较长的边长是 1，较短的边长是 a，矩形面不与十边形面公用棱的边长是 b，按照构造截顶正十二面体的方法构造第三类变形大削棱正十二面体，设其构造正十二面体的棱长是 l，则

$$\frac{1}{2}\csc 18° + \frac{a}{2}\csc 18° = \frac{3+\sqrt{5}}{2}, \quad a + 2b\sin 30° = 1,$$

求得
$$a = \frac{\sqrt{5}-1}{2}, \ b = \frac{3-\sqrt{5}}{2},$$

所以十边形外接圆半径是
$$R_{10} = \frac{\sqrt{a^2+1-2a\cos 144°}}{2\sin 144°} = \frac{\sqrt{150+10\sqrt{5}}}{10},$$

十边形外接圆圆心到十边形较长边的距离是
$$r_{10} = \sqrt{R_{10}^2 - \left(\frac{1}{2}\right)^2} = \frac{125+10\sqrt{5}}{10},$$

由此得
$$\left(\frac{l}{2}\cot 36° - r_{10}\right)\sqrt{\frac{1+\frac{\sqrt{5}}{5}}{2}} = \frac{b}{2},$$

求得
$$l = \frac{5\sqrt{5}-7}{2},$$

所以第三类变形大削棱正十二面体的外接球半径是
$$R' = \sqrt{\left(\frac{\sqrt{250+110\sqrt{5}}}{20}l\right)^2 + R_{10}^2} = \frac{\sqrt{74+18\sqrt{5}}}{4}.$$

定义 5.8.62. 第三类变形大削棱正十二面体的各个顶点按图 5.8.247 中过顶点 A 的粗线的一个正方形、一个正六边形和一个正十角星面的方法构造面，得到的均匀多面体称为大截顶三十二面体（图 5.8.248）.

设大截顶三十二面体的棱长是 1，因为大截顶三十二面体的棱长与其构造的第三类变形大削棱正十二面体十边形面的较长棱长比是 $\frac{3+\sqrt{5}}{2}$，所以大截顶三十二面体的外接球半径是
$$R = \frac{2}{3+\sqrt{5}}R' = \frac{\sqrt{31-12\sqrt{5}}}{2},$$

内棱切球半径是
$$\rho = \sqrt{R^2 - \left(\frac{1}{2}\right)^2} = \frac{\sqrt{30-12\sqrt{5}}}{2},$$

其中心到正方形面的距离是
$$r_4 = \sqrt{\rho^2 - \left(\frac{1}{2}\right)^2} = \frac{2\sqrt{5}-3}{2},$$

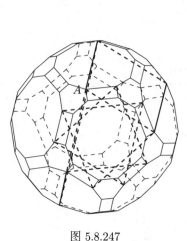
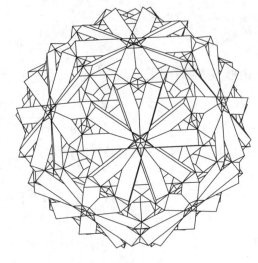

图 5.8.247　　　　　　　　　图 5.8.248

其中心到正六边形面的距离是

$$r_6 = \sqrt{\rho^2 - \left(\frac{\sqrt{3}}{2}\cot 18°\right)^2} = \frac{\sqrt{15}-2\sqrt{3}}{2},$$

其中心到正十角星面的距离是

$$r_{\frac{10}{3}} = \sqrt{\rho^2 - \left(\frac{1}{2}\tan 36°\right)^2} = \frac{\sqrt{25-10\sqrt{5}}}{2}.$$

大截顶三十二面体的正方形与正六边形形成二面角的余弦值是

$$\cos\alpha_{46} = \cos\left(\arccos\frac{1}{2\rho} + \arccos\frac{\sqrt{3}}{2\rho}\right) = \frac{\sqrt{15}-\sqrt{3}}{6},$$

大截顶三十二面体的正方形与正十角星形成二面角的余弦值是

$$\cos\alpha_{4\frac{10}{3}} = \cos\left(\arccos\frac{1}{2\rho} + \arccos\frac{\tan 36°}{2\rho}\right) = -\frac{\sqrt{50-10\sqrt{5}}}{10},$$

大截顶三十二面体的正六边形与正十角星形所成二面角的余弦值是

$$\cos\alpha_{6\frac{10}{3}} = \cos\left(\arccos\frac{\sqrt{3}}{2\rho} - \arccos\frac{\tan 36°}{2\rho}\right) = \frac{\sqrt{75-30\sqrt{5}}}{15}.$$

图 5.8.249、图 5.8.250、图 5.8.251 分别是大截顶三十二面体中正方形、正六边形、正十角星被多面体分割的情况. 其中图 5.8.252 是图 5.8.249 左侧边中部的放大图, 图 5.8.253 是图 5.8.250 底边中部的放大图. 正方形和正六边形边的五分点所分线段按一个方向顺序的长度分别是

$$\frac{3-\sqrt{5}}{2},\ \frac{5\sqrt{5}-11}{2},\ 9-4\sqrt{5},\ \frac{5\sqrt{5}-11}{2},\ \frac{3-\sqrt{5}}{2}.$$

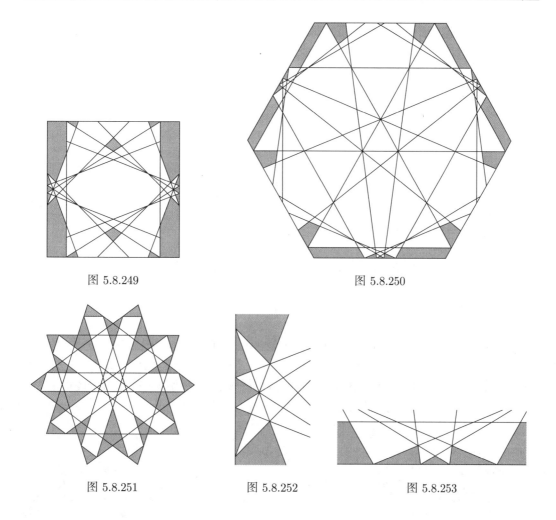

图 5.8.249

图 5.8.250

图 5.8.251　　图 5.8.252　　图 5.8.253

正方形边的九分点所分线段按一个方向顺序的长度分别是
$$\frac{7-3\sqrt{5}}{2},\ \frac{5\sqrt{5}-11}{2},\ \frac{7-3\sqrt{5}}{2},\ \sqrt{5}-2,\ \frac{7-3\sqrt{5}}{2},\ \frac{5\sqrt{5}-11}{2},\ \frac{7-3\sqrt{5}}{2}.$$

正六边形边的七分点所分线段按一个方向顺序的长度分别是
$$\frac{5\sqrt{5}-11}{2},\ \frac{7-3\sqrt{5}}{2},\ \frac{7-3\sqrt{5}}{2},\ \frac{5\sqrt{5}-11}{2},\ 9-4\sqrt{5},$$
$$\frac{5\sqrt{5}-11}{2},\ \frac{7-3\sqrt{5}}{2},\ \frac{7-3\sqrt{5}}{2},\ \frac{5\sqrt{5}-11}{2}.$$

正十角星最靠近顶点的边的两分点到该顶点距离由小到大分别是
$$\frac{5\sqrt{5}-11}{2},\ \frac{7-3\sqrt{5}}{2}.$$

其中
$$S'_4=\frac{1672}{15}\sqrt{5}-249,\ S'_6=\frac{4683\sqrt{15}-10465\sqrt{3}}{40},\ S'_{\frac{10}{3}}=\frac{5}{4}\sqrt{90610-40522\sqrt{5}}.$$

大截顶三十二面体的表面积是

$$S = 30S'_4 + 20S'_6 + 12S'_{\frac{10}{3}}$$
$$= \frac{6688\sqrt{5} + 4683\sqrt{15} - 14940 - 10465\sqrt{3} + 30\sqrt{90610 - 40522\sqrt{5}}}{2},$$

大截顶三十二面体的体积是

$$V = 30 \times \frac{1}{3}S'_4 r_4 + 20 \times \frac{1}{3}S'_6 r_6 + 12 \times \frac{1}{3}S'_{\frac{10}{3}} r_{\frac{10}{3}} = \frac{288685 - 129087\sqrt{5}}{12}.$$

第十二类：扭棱正十二面体型

这类凹半正多面体的顶点是与扭棱正十二面体构成类似的顶点.

（1） 扭棱十二合十二面体

定义 5.8.63. 如图 5.8.254，当正二十面体的每个外表面正朝向自己的时候，则里面含有一个如图 5.8.255 所示的三角形，其中 d_1、d_2 是各顶点到对应边的距离，如果 $\triangle ABC$ 是正三角形，那么前面所有三角形的顶点构成的凸多面体称为第一类变形扭棱正十二面体（图 5.8.256）.

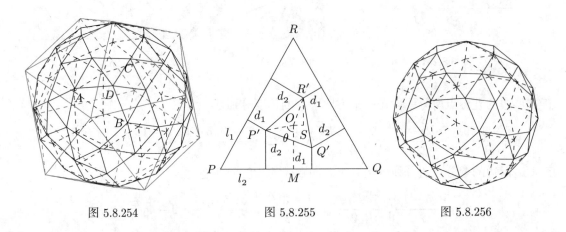

图 5.8.254　　　　　　图 5.8.255　　　　　　图 5.8.256

如图 5.8.255 所示，设正二十面体的棱长是 1，PQ 的中点是 M，$\triangle PQR$ 的中心是 O，$OS \parallel PQ$，$R'S \perp PQ$，$\angle MOP' = \theta$，类似扭棱正十二面体的构造法，得

$$l_1 = \frac{d_1 + 2d_2}{\sqrt{3}}, \quad l_2 = \frac{2d_1 + d_2}{\sqrt{3}},$$

点 P' 到 MO 的距离是

$$\frac{1}{2} - l_2 = \frac{1}{2} - \frac{2d_1 + d_2}{\sqrt{3}},$$

点 O 到过点 P' 且与 PQ 平行的直线的距离是
$$\frac{\sqrt{3}}{6} - d_2,$$
所以
$$OP'\cos\theta = \frac{\sqrt{3}}{6} - d_2, \quad OP'\sin\theta = \frac{1}{2} - \frac{2d_1 + d_2}{\sqrt{3}},$$
由此得
$$OS = OR'\sin\angle OR'S = OR'\sin(\theta - 60°) = \frac{1}{2}\cdot OR'\sin\theta - \frac{\sqrt{3}}{2}\cdot OR'\cos\theta$$
$$= \frac{1}{2}\left(\frac{1}{2} - \frac{2d_1 + d_2}{\sqrt{3}}\right) - \frac{\sqrt{3}}{2}\left(\frac{\sqrt{3}}{6} - d_2\right),$$
所以
$$\frac{1}{2} - l_1 + OS = \frac{3 - 2\sqrt{3}(2d_1 + d_2)}{6},$$
同理得
$$R'S = \frac{1}{2}\left(\frac{\sqrt{3}}{6} - d_2\right) + \frac{\sqrt{3}}{2}\left(\frac{1}{2} - \frac{2d_1 + d_2}{\sqrt{3}}\right),$$
所以点 R' 到 PQ 的距离是
$$\frac{\sqrt{3}}{6} + \frac{1}{2}\left(\frac{\sqrt{3}}{6} - d_2\right) + \frac{\sqrt{3}}{2}\left(\frac{1}{2} - \frac{2d_1 + d_2}{\sqrt{3}}\right) = \frac{\sqrt{3} - 2(d_1 + d_2)}{2}.$$
因为
$$AD^2 = BD^2 = d_1^2 + d_2^2 + \frac{2\sqrt{5}}{3}d_1 d_2 + (l_2 - l_1)^2$$
$$= d_1^2 + d_2^2 + \frac{2\sqrt{5}}{3}d_1 d_2 + \left(\frac{d_2 - d_1}{\sqrt{3}}\right)^2,$$
$$AC^2 = 2d_2^2 + \frac{2\sqrt{5}}{3}d_2^2 + (1 - 2l_2)^2$$
$$= 2d_2^2 + \frac{2\sqrt{5}}{3}d_2^2 + \left(1 - 2\frac{2d_1 + d_2}{\sqrt{3}}\right)^2,$$
$$BC^2 = d_1^2 + \left(\frac{\sqrt{3} - 2(d_1 + d_2)}{2}\right)^2 + \frac{2\sqrt{5}}{3}d_1\left(\frac{\sqrt{3} - 2(d_1 + d_2)}{2}\right)$$
$$+ \left(\frac{3 - 2\sqrt{3}(2d_1 + d_2)}{6}\right)^2,$$
由于正十二面体的同一顶点发出的五面内最靠近该顶点的正三角形的顶点构成正五边形，所以
$$AC = BC = \frac{\sqrt{5} + 1}{2}AD,$$

由此得方程组

$$\begin{cases} 2d_2^2 + \dfrac{2\sqrt{5}}{3}d_2^2 + \left(1 - 2\dfrac{2d_1+d_2}{\sqrt{3}}\right)^2 \\ = \left(\dfrac{\sqrt{5}+1}{2}\right)^2\left(d_1^2 + d_2^2 + \dfrac{2\sqrt{5}}{3}d_1 d_2 + \left(\dfrac{d_2-d_1}{\sqrt{3}}\right)^2\right), \\ d_1^2 + \left(\dfrac{\sqrt{3} - 2(d_1+d_2)}{2}\right)^2 + \dfrac{2\sqrt{5}}{3}d_1\left(\dfrac{\sqrt{3}-2(d_1+d_2)}{2}\right) \\ \quad + \left(\dfrac{3-2\sqrt{3}(2d_1+d_2)}{6}\right)^2 \\ = \left(\dfrac{\sqrt{5}+1}{2}\right)^2\left(d_1^2 + d_2^2 + \dfrac{2\sqrt{5}}{3}d_1 d_2 + \left(\dfrac{d_2-d_1}{\sqrt{3}}\right)^2\right), \end{cases}$$

化简上面的方程组，得

$$\begin{cases} 2(5-\sqrt{5})d_1^2 + 2(7-\sqrt{5})d_1 d_2 + 4d_2^2 - 8\sqrt{3}d_1 - 4\sqrt{3}d_2 + 3 = 0, & (5.8.1) \\ 4(\sqrt{5}-1)d_1^2 + 4(\sqrt{5}-2)d_1 d_2 + 2(\sqrt{5}+1)d_2^2 \\ \quad + (5\sqrt{3}-\sqrt{15})d_1 + 4\sqrt{3}d_2 - 3 = 0, & (5.8.2) \end{cases}$$

$2 \times (5.8.1) - \sqrt{5} \times (5.8.2)$ 得

$$d_1\left(4(2+\sqrt{5})d_2 - 11\sqrt{3} - 5\sqrt{15}\right) - 2(1+2\sqrt{5})d_2^2 - 4(2\sqrt{3}+\sqrt{15})d_2 + 6 + 3\sqrt{5} = 0,$$

所以

$$d_1 = \dfrac{2(1+\sqrt{5})d_2^2 + 4(2\sqrt{3}+\sqrt{15})d_2 - 6 - 3\sqrt{5}}{4(2+\sqrt{5})d_2 - 11\sqrt{3} - 5\sqrt{15}}, \tag{5.8.3}$$

(5.8.3) 代入 (5.8.1) 化简，得

$$64d_2^4 - 20(\sqrt{3}+\sqrt{15})d_2^3 + 12(3+2\sqrt{5})d_2^2 + 18(2\sqrt{3}+\sqrt{15})d_2 - 18 - 9\sqrt{5} = 0, \tag{5.8.4}$$

(5.8.4) 只有一个非负数根

$$d_2 = \dfrac{1}{64}\left(5\sqrt{3}(1+\sqrt{5}) - \sqrt{99 - 159\sqrt{5} + 2048m_2} \right.$$
$$\left. + \sqrt{99 - 159\sqrt{5} - 2048m_2 + \dfrac{144(346\sqrt{3}+153\sqrt{15})}{\sqrt{99-159\sqrt{5}+2048m_2}}}\right)$$
$$\approx 0.256279936925717768140,$$

接着可求得

$$d_1 = \frac{1}{64}\Bigg(23\sqrt{3} + \sqrt{15} - \sqrt{-1437 - 753\sqrt{5} + 2048m_1}$$
$$- \sqrt{-3(479 + 251\sqrt{5}) - 2048m_1 + \frac{144(260\sqrt{3} + 123\sqrt{15})}{\sqrt{-3(479 + 251\sqrt{5}) + 2048m_1}}}\Bigg)$$
$$\approx 0.13974254988304432456,$$

其中

$$m_1 = \frac{1}{2048}\Bigg(32\sqrt[3]{4\Big(10795 + 4826\sqrt{5} + 9\sqrt{753(2889 + 1292\sqrt{5})}\Big)}$$
$$+ 32\sqrt[3]{4\Big(10795 + 4826\sqrt{5} - 9\sqrt{753(2889 + 1292\sqrt{5})}\Big)} + 479 + 251\sqrt{5}\Bigg),$$

$$m_2 = \frac{1}{2048}\Bigg(32\sqrt[3]{4\Big(13500 + 5957\sqrt{5} + 3\sqrt{753(51841 + 23184\sqrt{5})}\Big)}$$
$$+ 32\sqrt[3]{4\Big(13500 + 5957\sqrt{5} - 3\sqrt{753(51841 + 23184\sqrt{5})}\Big)} - 33 + 53\sqrt{5}\Bigg).$$

交换 d_1、d_2 的数值仍可得到第一类变形扭棱正十二面体.

设棱长是 1 的正二十面体构造的第一类变形扭棱正十二面体的正三角形面棱长是 a，正五边形面棱长是 b，其余三角形面不与正三角形和正五边形公用棱的棱长是 c，则

$$a = \sqrt{\big(1 - \sqrt{3}(d_1 + d_2)\big)^2 + (d_2 - d_1)^2}$$
$$= \frac{1}{8}\sqrt{2\Bigg(17 - 15\sqrt{5} + \sqrt{p_a} - \sqrt{q_a + \frac{1296(346 + 153\sqrt{5})}{\sqrt{p_a}}}\Bigg)}$$
$$\approx 0.33499292017626209518,$$

$$b = \sqrt{d_1^2 + d_2^2 + \frac{2\sqrt{5}}{3}d_1 d_2 + \left(\frac{d_2 - d_2}{\sqrt{3}}\right)^2}$$
$$= \frac{1}{16}\sqrt{2\Bigg(85 - 39\sqrt{5} + \sqrt{p_b} - \sqrt{q_b + \frac{16(75175 + 15308\sqrt{5})}{\sqrt{p_b}}}\Bigg)}$$
$$\approx 0.37831409965854749490,$$

$$c = \sqrt{2d_1^2\left(1 + \frac{\sqrt{5}}{3}\right) + \left(1 - 2\frac{d_1 + 2d_1}{\sqrt{3}}\right)^2}$$
$$= \frac{1}{16}\sqrt{2\Bigg(169 - 13\sqrt{5} + \sqrt{p_c} - \sqrt{q_c + \frac{16(4904327 + 2066368\sqrt{5})}{\sqrt{p_c}}}\Bigg)}$$

$$\approx 0.35926300156821374492,$$

其中

$$p_a = 297 - 477\sqrt{5} + 512m_a,$$
$$q_a = 297 - 477\sqrt{5} - 512m_a,$$
$$m_a = \frac{3}{512}\left(32\sqrt[3]{4\left(13500 + 5957\sqrt{5} + 3\sqrt{753\left(51841 + 23184\sqrt{5}\right)}\right)}\right.$$
$$+ 32\sqrt[3]{4\left(13500 + 5957\sqrt{5} - 3\sqrt{753\left(51841 + 23184\sqrt{5}\right)}\right)}$$
$$\left. - 33 + 53\sqrt{5}\right),$$
$$p_b = 4069 - 5337\sqrt{5} + 8192m_b,$$
$$q_b = 4069 - 5337\sqrt{5} - 8192m_b,$$
$$m_b = \frac{1}{24576}\left(128\sqrt[3]{4\left(1573405 - 249300\sqrt{5} + 3\sqrt{753\left(71937341 + 32130312\sqrt{5}\right)}\right)}\right.$$
$$+ 128\sqrt[3]{4\left(1573405 - 249300\sqrt{5} - 3\sqrt{753\left(71937341 + 32130312\sqrt{5}\right)}\right)}$$
$$\left. - 4069 + 5337\sqrt{5}\right),$$
$$p_c = -86707 - 52415\sqrt{5} + 8192m_c,$$
$$q_c = -86707 - 52415\sqrt{5} + 8192m_c,$$
$$m_c = \frac{1}{24576}\left(128\sqrt[3]{4\left(t_c + 3\sqrt{753u_c}\right)} - 128\sqrt[3]{4\left(-t_c + 3\sqrt{753u_c}\right)} + 86707 + 52415\sqrt{5}\right),$$
$$t_c = 7581809750 + 3389763143\sqrt{5},$$
$$u_c = 16974868739433681 + 7591392080664784\sqrt{5}.$$

此时外接球半径是

$$R' = \sqrt{\left(\frac{3\sqrt{3} + \sqrt{15}}{12}\right)^2 + \left(\frac{\sqrt{3}}{3}a\right)^2}$$
$$= \frac{1}{8}\sqrt{2\left(15 - \sqrt{5} + \sqrt{p_{R'}} - \sqrt{q_{R'} + \frac{48\left(346 + 153\sqrt{5}\right)}{\sqrt{p_{R'}}}}\right)}$$
$$\approx 0.78011660413270712627,$$

其中

$$p_{R'} = 33 - 53\sqrt{5} + 512m_{R'},$$

$$q_{R'} = 33 - 53\sqrt{5} - 512 m_{R'},$$
$$m_{R'} = \frac{1}{1536}\left(32\sqrt[3]{4\left(13500 + 5957\sqrt{5} + 3\sqrt{753\left(51841 + 23184\sqrt{5}\right)}\right)}\right.$$
$$\left. + 32\sqrt[3]{4\left(13500 + 5957\sqrt{5} - 3\sqrt{753\left(51841 + 23184\sqrt{5}\right)}\right)} - 33 + 53\sqrt{5}\right).$$

定义 5.8.64. 第一类变形扭棱正十二面体的各个顶点按图 5.8.257 中过顶点 A 的粗线的三个正三角形、一个正五边形和一个正五角星面的方法构造面，得到的均匀多面体称为扭棱十二合十二面体（图 5.8.258）.

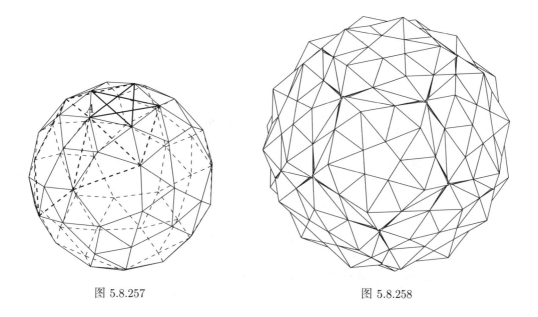

图 5.8.257　　　　　　　　　　图 5.8.258

设扭棱十二合十二面体的棱长是 1，则扭棱十二合十二面体的外接球半径是

$$R = \frac{2}{(1+\sqrt{5})b} R'$$
$$= \frac{1}{4}\sqrt{2\left(6 + \sqrt{9 + 32 m_R} + \sqrt{9 - 32 m_R + \frac{22}{\sqrt{9 + 32 m_R}}}\right)}$$
$$\approx 1.2744398820380217900,$$

其中

$$m_R = \frac{1}{192}\left(\sqrt[3]{12\left(387 + \sqrt{3765}\right)} + \sqrt[3]{12\left(387 - \sqrt{3765}\right)} - 18\right),$$

内棱切球半径是

$$\rho = \sqrt{R^2 - \left(\frac{1}{2}\right)^2}$$

$$
\begin{aligned}
&= \frac{1}{4}\sqrt{2\left(4+\sqrt{9+32m_R}+\sqrt{9-32m_R+\frac{22}{\sqrt{9+32m_R}}}\right)}\\
&\approx 1.1722614951149282268,
\end{aligned}
$$

其中心到正三角形面的距离是

$$
r_3 = \sqrt{\rho^2 - \left(\frac{\sqrt{3}}{6}\right)^2} \approx 1.1361618192826907179,
$$

其中心到正五边形面的距离是

$$
r_5 = \sqrt{\rho^2 - \left(\frac{\cot 36^\circ}{2}\right)^2} \approx 0.9489943177802003 7066,
$$

其中心到正五角星面的距离是

$$
r_{\frac{5}{2}} = \sqrt{\rho^2 - \left(\frac{\tan 18^\circ}{2}\right)^2} \approx 1.1609495297725331628.
$$

扭棱十二合十二面体的两个相邻正三角形二面角的余弦值是

$$
\begin{aligned}
\cos\alpha_{33} &= \cos\left(2\arccos\frac{\sqrt{3}}{6\rho}\right),\\
\alpha_{33} &\approx 151^\circ 29' 17'',
\end{aligned}
$$

扭棱十二合十二面体的正三角形与正五边形形成二面角的余弦值是

$$
\begin{aligned}
\cos\alpha_{35} &= \cos\left(\arccos\frac{\sqrt{3}}{6\rho}+\arccos\frac{\cot 36^\circ}{2\rho}\right),\\
\alpha_{35} &\approx 129^\circ 47' 43'',
\end{aligned}
$$

扭棱十二合十二面体的正三角形与正五角星形成二面角的余弦值是

$$
\begin{aligned}
\cos\alpha_{3\frac{5}{2}} &= \cos\left(\arccos\frac{\sqrt{3}}{6\rho}+\arccos\frac{\tan 18^\circ}{2\rho}\right),\\
\alpha_{3\frac{5}{2}} &\approx 157^\circ 46' 41''.
\end{aligned}
$$

图 5.8.259、图 5.8.260、图 5.8.261 分别是扭棱十二合十二面体中正三角形、正五边形、正五角星被多面体分割的情况．其中图 5.8.262 是图 5.8.259 两腰中部的放大图，图 5.8.263 是图 5.8.260 底边中部的放大图．正五边形面绕其中心旋转 72° 其表面分割部分是重合的．图 5.8.259 正三角形底边的三分点所分线段按一个方向顺序的长度比是 $2:(\sqrt{5}-1):2$，图 5.8.259 正三角形右侧边的三分点所分线段从上到下分割的线段长分别是 t_1、t_2、t_1，图

5.8.259 正三角形左侧边的四分点所分线段从下到上和图 5.8.260 正五边形边的四分点所分线段按逆时针顺序分割的线段长分别是 t_1、t_2、t_3、t_4. 其中 t_1 是方程

$$2x^4 + \left(\sqrt{5}+1\right)x^3 - 8x^2 + 8x + 2 = 0$$

的根，约为

$$0.35286518957325157037;$$

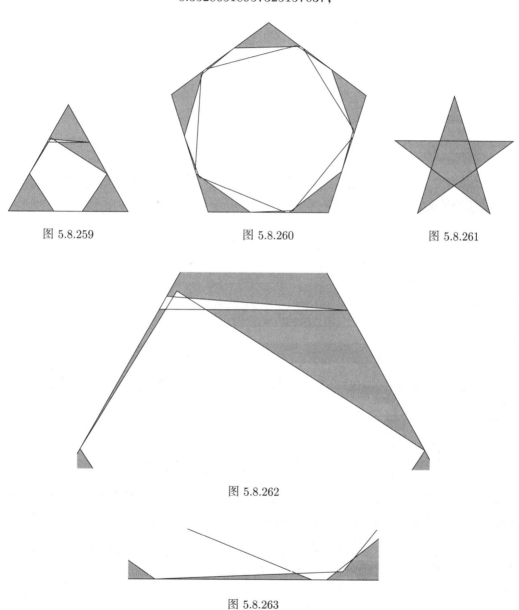

图 5.8.259　　　　　图 5.8.260　　　　　图 5.8.261

图 5.8.262

图 5.8.263

t_2 是方程

$$x^4 + \left(-\sqrt{5}-5\right)x^3 + \left(3\sqrt{5}-7\right)x^2 + \left(-3\sqrt{5}-7\right)x + \sqrt{5}+2 = 0$$

的根,约为
$$0.29426962085349685925;$$

t_3 是方程
$$50x^4 + \left(15\sqrt{5}+85\right)x^3 + \left(-22\sqrt{5}-38\right)x^2 + \left(26\sqrt{5}+62\right)x - \sqrt{5}-1 = 0$$

的根,约为
$$0.027463029796269614295;$$

t_4 是方程
$$50x^4 + \left(10\sqrt{5}-60\right)x^3 + \left(23\sqrt{5}-43\right)x^2 + \left(58-26\sqrt{5}\right)x + 8\sqrt{5}-18 = 0$$

的根,约为
$$0.325402159776981 95608.$$

图 5.8.259 正三角形靠近上侧顶点不在边上的分割线的端点所连的分割线中与右侧边相连的分割线的长度及这条分割线与右侧边的夹角的余弦值分别是 t_5、c_1,其中 t_5 是方程

$$1250x^8 + \left(-2250\sqrt{5}-9200\right)x^6 + \left(1306\sqrt{5}+6392\right)x^4 + \left(-2798\sqrt{5}-6288\right)x^2 + 741\sqrt{5}+1657 = 0$$

的根,约为
$$0.54896719654114409001;$$

c_1 是方程

$$15616x^8 + \left(-9024\sqrt{5}-27712\right)x^6 + \left(7344\sqrt{5}+38688\right)x^4 + \left(-3924\sqrt{5}-19552\right)x^2 + 1230\sqrt{5}+2761 = 0$$

的根,角度约为
$$28°18'04''.$$

图 5.8.260 正五边形靠近右下角顶点不在边上的分割线的端点所连的分割线中与底边相连的分割线的长度及这条分割线与底边的夹角的余弦值分别是 t_1、c_2,其中 c_2 是方程

$$32x^4 + \left(8\sqrt{5}+40\right)x^3 + \left(76-36\sqrt{5}\right)x^2 + \left(70-58\sqrt{5}\right)x - 19\sqrt{5}+17 = 0$$

的根,角度约为
$$2°27'33''.$$

其中 S_3' 是方程

$$835665920000x^8 + \left(2685544801382400\sqrt{5}-6147575206809600\right)x^6$$

$$+ \bigl(19059595838143488 - 8487144247403520\sqrt{5}\bigr)x^4$$
$$+ \bigl(7258699382114160\sqrt{5} - 16365208076578512\bigr)x^2$$
$$- 765618746522643\sqrt{5} + 1717310286102663 = 0$$

的根，约为

$$0.20166634975489722780;$$

S_5' 是方程

$$131072x^8 + \bigl(10670002176\sqrt{5} - 24432619520\bigr)x^6$$
$$+ \bigl(7008394056960 - 3142073742080\sqrt{5}\bigr)x^4 + \bigl(3408040380000 - 1626138468000\sqrt{5}\bigr)x^2$$
$$- 232353078125\sqrt{5} + 537636984375 = 0$$

的根，约为

$$0.28067680807715331593;$$

和

$$S'_{\frac{5}{2}} = \frac{\sqrt{650 - 290\sqrt{5}}}{4}.$$

扭棱十二合十二面体的表面积是

$$S = 60S_3' + 12S_5' + 12S'_{\frac{5}{2}},$$

约为

$$19.191351092620044848;$$

扭棱十二合十二面体的体积是

$$V = 60 \times \frac{1}{3}S_3'r_3 + 12 \times \frac{1}{3}S_5'r_5 + 12 \times \frac{1}{3}S'_{\frac{5}{2}}r_{\frac{5}{2}} = 20S_3'r_3 + 4S_5'r_5 + 4S'_{\frac{5}{2}}r_{\frac{5}{2}},$$

其中 V 是方程

$$1305728x^8 + \bigl(9120876980608\sqrt{5} - 20434447252736\bigr)x^6$$
$$+ \bigl(32848111305695112 - 14685366098060992\sqrt{5}\bigr)x^4$$
$$+ \bigl(33570512878842473830 - 15013610632763305100\sqrt{5}\bigr)x^2$$
$$- 3180042447953866033575\sqrt{5} + 7110816531445986299675 = 0$$

的根，约为

$$7.0887894175976258285.$$

（2） 扭棱三十二合十二面体

定义 5.8.65. 如图 5.8.264 所示，当正二十面体的每个外表面正朝向自己的时候，则里面含有一个如图 5.8.265 所示的三角形，其中 d_1、d_2 是各顶点到对应边的距离，如果 $\triangle ABC$ 是正三角形，那么前面所有三角形的顶点构成的凸多面体称为第二类变形扭棱正十二面体（图 5.8.266）。

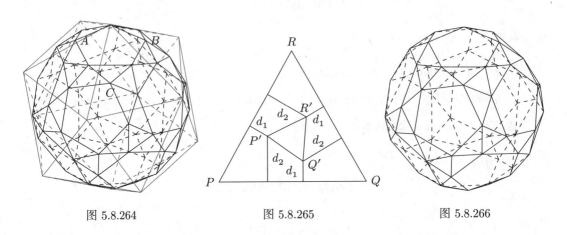

图 5.8.264　　　　　图 5.8.265　　　　　图 5.8.266

如图 5.8.264，设正二十面体的棱长是 1，类似扭棱正十二面体的构造法，点 A 所在的正二十面体的面是 α，点 C 所在的正二十面体的面是 β，α、β 相交于直线 m，则 α、β 所成二面角的余弦值是

$$\left(1-\left(\frac{\sqrt{5}}{3}\right)^2\right)\cos 60° - \left(\frac{\sqrt{5}}{3}\right)^2 = -\frac{1}{3},$$

所以点 A 到直线 m 的距离是

$$l_1 = d_1\frac{\sqrt{10}}{4} + \frac{d_1+2d_2}{\sqrt{3}}\frac{\sqrt{6}}{4},$$

点 B 到直线 m 的距离是

$$l_2 = d_1\frac{\sqrt{10}}{4} + \left(1-\frac{d_1+2d_2}{\sqrt{3}}\right)\frac{\sqrt{6}}{4},$$

点 A、B 到直线 m 垂直相交线垂足之间的距离是

$$l_3 = \left(\left(1-\frac{d_1+2d_2}{\sqrt{3}}\right)\frac{\sqrt{10}}{4} - d_1\frac{\sqrt{6}}{4}\right) - \left(\frac{d_1+2d_2}{\sqrt{3}}\frac{\sqrt{10}}{4} - d_1\frac{\sqrt{6}}{4}\right),$$

所以

$$AC = \sqrt{l_1^2 + l_2^2 + \frac{2}{3}l_1 l_2 + l_3^2},$$

类似扭棱十二合十二面体的方法可以求得

$$AB = \frac{1+\sqrt{5}}{2}\sqrt{d_1^2 + d_2^2 + 2\frac{\sqrt{5}}{3}d_1 d_2 + \left(\frac{d_2 - d_1}{\sqrt{3}}\right)^2},$$

$$BC = \sqrt{d_2^2 + l_4^2 + 2\frac{\sqrt{5}}{3}d_2 l_4 + l_5^2},$$

其中

$$l_4 = \frac{\sqrt{3} - 2(d_1 + d_2)}{2},$$

$$l_5 = \frac{1}{6}\left(3 - 2\sqrt{3}d_1 - 4\sqrt{3}d_2\right),$$

类似扭棱十二合十二面体的方法由 $AB = AC$ 及 $AB = BC$ 建立方程组, 可求得

$$d_1 = \frac{2(-5+\sqrt{5})d_2^2 + 8\sqrt{3}d_2 - 3}{2(7-\sqrt{5})d_2 + \sqrt{3}(-1+\sqrt{5})},$$

$$d_2\left(472d_2^3 - \left(268\sqrt{3} + 4\sqrt{15}\right)d_2^2 + \left(957 + 363\sqrt{5}\right)d_2 - 63\sqrt{15} - 150\sqrt{3}\right) = 0,$$

求得 d_2 的唯一实数解

$$d_2 = \frac{134\sqrt{3} + 2\sqrt{15} - \sqrt[3]{6(14p_2 + \sqrt{25940412q_2})} + \sqrt[3]{6(-14p_2 + \sqrt{25940412q_2})}}{708}$$

$$\approx 0.30225413704387689145,$$

其中

$$p_2 = 76039\sqrt{3} + 33776\sqrt{15}, \quad q_2 = 98683349 + 44132532\sqrt{5},$$

接着求得

$$d_1 = \frac{247\sqrt{3} + 53\sqrt{15} - \sqrt[3]{6(p_1 + \sqrt{12970206q_2})} + \sqrt[3]{-6(p_1 + \sqrt{12970206q_2})}}{708}$$

$$\approx 0.13606362015613370898,$$

其中

$$p_1 = 4456027\sqrt{3} + 2006095\sqrt{15}, \quad q_1 = 9254643 + 4138801\sqrt{5}.$$

交换 d_1、d_2 的数值仍可得到第二类变形扭棱正十二面体.

设棱长是 1 的正二十面体构造的第二类变形扭棱正十二面体的正三角形面棱长是 a, 正五边形面棱长是 b, 其余三角形面不与正三角形和正五边形公用棱的棱长是 c, 则

$$a = \sqrt{\left(1 - \sqrt{3}(d_1 + d_2)\right)^2 + (d_2 - d_1)^2}$$

$$= \frac{\sqrt{6\left(-42237 - 19329\sqrt{5} + 3\sqrt[3]{2(p_a + 10443\sqrt{138q_a})} + 3\sqrt[3]{2(p_a - 10443\sqrt{138q_a})}\right)}}{354}$$

$$\approx 0.29259085097426184728,$$

$$b = \sqrt{d_1^2 + d_2^2 + \frac{2\sqrt{5}}{3}d_1 d_2 + \left(\frac{d_2 - d_2}{\sqrt{3}}\right)^2}$$

$$= \frac{\sqrt{6\left(-8565 - 4559\sqrt{5} + 3\sqrt[3]{4(p_b + 10443\sqrt{345q_a})} + 3\sqrt[3]{4(p_b - 10443\sqrt{345q_b})}\right)}}{354}$$

$$\approx 0.42471639073321750116,$$

$$c = \sqrt{2d_1^2\left(1 + \frac{\sqrt{5}}{3}\right) + \left(1 - 2\frac{d_1 + 2d_1}{\sqrt{3}}\right)^2}$$

$$= \frac{\sqrt{6\left(-42237 - 19329\sqrt{5} + 3\sqrt[3]{2(p_a + 10443\sqrt{138q_a})} + 3\sqrt[3]{2(p_a - 10443\sqrt{138q_a})}\right)}}{354}$$

$$\approx 0.29259085097426184728,$$

其中

$$p_a = 1658023286633 + 741471132595\sqrt{5},$$
$$q_a = 347115424471547 + 155234737023015\sqrt{5},$$
$$p_b = 748664167977 + 334722261464\sqrt{5},$$
$$q_b = 29786768104989 + 13321047183872\sqrt{5},$$

此时外接球半径是

$$R' = \sqrt{\left(\frac{3\sqrt{3} + \sqrt{15}}{12}\right)^2 + \left(\frac{\sqrt{3}}{3}a\right)^2}$$

$$= \frac{\sqrt{6(-31949 - 15329\sqrt{5} + 4\sqrt[3]{2t_1} + 4\sqrt[3]{2t_2})}}{708}$$

$$\approx 0.77441050647923242156,$$

其中

$$t_1 = p_{R'} + 10443\sqrt{138q_{R'}},$$
$$t_2 = p_{R'} - 10443\sqrt{138q_{R'}},$$
$$p_{R'} = 1658023286633 + 741471132595\sqrt{5},$$
$$q_{R'} = 347115424471547 + 155234737023015\sqrt{5}.$$

定义 5.8.66. 第二类变形扭棱正十二面体的各个顶点按图 5.8.267 中过顶点 A 的粗线的四个正三角形、一个正五边形和一个正五角星面的方法构造面，得到的均匀多面体称为扭棱三十二合十二面体（图 5.8.268）.

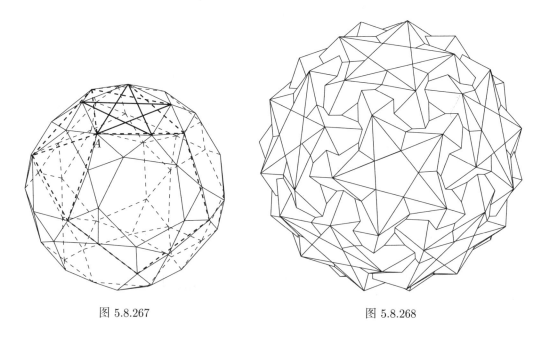

图 5.8.267　　　　　　　　　　图 5.8.268

设扭棱三十二合十二面体的棱长是 1，则扭棱三十二合十二面体的外接球半径是

$$R = \frac{2}{(1+\sqrt{5})b}R'$$

$$= \frac{\sqrt{6\left(16 + \sqrt[3]{4(97+3\sqrt{69})} + \sqrt[3]{4(97-3\sqrt{69})}\right)}}{12}$$

$$\approx 1.1268979127999393435,$$

内棱切球半径是

$$\rho = \sqrt{R^2 - \left(\frac{1}{2}\right)^2}$$

$$= \frac{\sqrt{6\left(10 + \sqrt[3]{4(97+3\sqrt{69})} + \sqrt[3]{4(97-3\sqrt{69})}\right)}}{12}$$

$$\approx 1.0099004435452336687,$$

其中心到正三角形面的距离是

$$r_3 = \sqrt{\rho^2 - \left(\frac{\sqrt{3}}{6}\right)^2} \approx 0.96776317998750415529,$$

其中心到正五边形面的距离是

$$r_5 = \sqrt{\rho^2 - \left(\frac{\cot 36°}{2}\right)^2} \approx 0.73911576097583031237,$$

其中心到正五角星面的距离是

$$r_{\frac{5}{2}} = \sqrt{\rho^2 - \left(\frac{\tan 18°}{2}\right)^2} \approx 0.99674756263701927657.$$

扭棱三十二合十二面体的两个相邻正三角形二面角的余弦值是

$$\cos \alpha_{33} = \cos\left(2\arccos \frac{\sqrt{3}}{6\rho}\right),$$

$$\alpha_{33} \approx 146°46'53'',$$

扭棱三十二合十二面体的正三角形与正五边形形成二面角的余弦值是

$$\cos \alpha_{35} = \cos\left(\arccos \frac{\sqrt{3}}{6\rho} + \arccos \frac{\cot 36°}{2\rho}\right),$$

$$\alpha_{35} \approx 126°26'2'',$$

扭棱三十二合十二面体的正三角形与正五角星形成二面角的余弦值是

$$\cos \alpha_{3\frac{5}{2}} = \cos\left(\arccos \frac{\sqrt{3}}{6\rho} - \arccos \frac{\tan 18°}{2\rho}\right),$$

$$\alpha_{3\frac{5}{2}} \approx 7°21'8''.$$

图 5.8.269、图 5.8.270、图 5.8.271、图 5.8.272 分别是扭棱三十二合十二面体中与正五角星相邻的正三角形面（表面与中心在同侧的表面分割面积用 $S'_{3_1^+}$ 表示，表面与中心在异侧的表面分割面积用 $S'_{3_1^-}$ 表示）、不与正五角星相邻的正三角形面（表面分割面积用 S'_{3_2} 表示）、正五边形、正五角星被多面体分割的情况。其中与正五角星相邻的正三角形共 60 个，与正五角星不相邻的正三角形共 20 个。不与正五角星相邻的正三角形面绕其中心旋转 120° 其表面分割部分是重合的，正五边形面绕其中心旋转 72° 其表面分割部分是重合的。图 5.8.269 正三角形底边的三分点所分线段按一个方向顺序的长度比是 $2:(\sqrt{5}-1):2$；图 5.8.269 正三角形左侧边的四分点所分线段从下到上分割的线段长和图 5.8.270 正三角形边的四分点所分线段按逆时针顺序分割的线段长分别是 t_1、t_2、t_3、t_4；图 5.8.269 正三角形右侧边的四分点所分线段从下到上分割的线段长和图 5.8.271 正五边形边的四分点所分线段按顺时针顺序分割的线段长分别是 t_1、t_2、t_5、t_1。其中 t_1 是方程

$$2x^3 + \left(3\sqrt{5}-7\right)x^2 + \left(9-3\sqrt{5}\right)x + \sqrt{5}-3 = 0$$

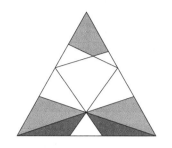
图 5.8.269

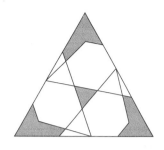
图 5.8.270

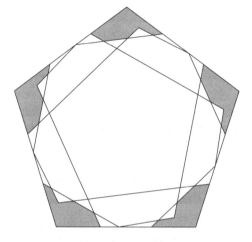
图 5.8.271

图 5.8.272

的根,约为
$$0.31812295441221486191;$$

t_2 是方程
$$5x^3 + (10 - 11\sqrt{5})x^2 + (15 - \sqrt{5})x - \sqrt{5} = 0$$

的根,约为
$$0.23171407515875852996;$$

t_3 是方程
$$10x^3 + (32\sqrt{5} - 60)x^2 + (17\sqrt{5} - 35)x + 4\sqrt{5} - 10 = 0$$

的根,约为
$$0.18970911516285420662;$$

t_4 是方程
$$2x^3 + (9 - 5\sqrt{5})x^2 + (9\sqrt{5} - 19)x - 5\sqrt{5} + 11 = 0$$

的根,约为
$$0.26045385526617240151;$$

t_5 是方程

$$5x^3 + \left(10 - 4\sqrt{5}\right)x^2 + \left(3\sqrt{5} + 10\right)x - \sqrt{5} = 0$$

的根，约为

$$0.13204001601681174622.$$

图 5.8.270 正三角形靠近右下侧顶点不在边上的分割线的端点所连的分割线中与底边相连的分割线的长度及这条分割线与右侧边的夹角的余弦值分别是 t_6、c_1，其中 t_6 是方程

$$2x^6 + \left(260\sqrt{5} - 580\right)x^4 + \left(387\sqrt{5} - 865\right)x^2 + 144\sqrt{5} - 322 = 0$$

的根，约为

$$0.12763405937942862172;$$

c_1 是方程

$$128x^6 + \left(-144\sqrt{5} - 144\right)x^4 + \left(180\sqrt{5} + 300\right)x^2 - 9\sqrt{5} - 203 = 0$$

的根，角度约为

$$66°22'18''.$$

图 5.8.271 正五边形靠近右下角顶点不在边上的分割线的端点所连的分割线中与底边相连的分割线的长度及这条分割线与底边的夹角的余弦值分别是 t_7、c_2，其中其中 t_7 是方程

$$10x^6 + \left(65\sqrt{5} - 97\right)x^4 + \left(103 - 21\sqrt{5}\right)x^2 + 3\sqrt{5} - 17 = 0$$

的根，约为

$$0.40080137219024133613;$$

c_2 是方程

$$7808x^6 + \left(19696\sqrt{5} - 68624\right)x^4 + \left(216964 - 85492\sqrt{5}\right)x^2 - 1229\sqrt{5} - 6273 = 0$$

的根，角度约为

$$9°27'25''.$$

其中 $S'_{3_1^+}$ 是方程

$$10294403072x^6 + \left(5933471232\sqrt{5} - 15519897600\right)x^4 + \left(518852016\sqrt{5} + 6774270480\right)x^2$$
$$+ 46995795\sqrt{5} - 294739209 = 0$$

的根，约为

$$0.15507618029724022712;$$

$S'_{3_{\bar{1}}}$ 是方程

$$222784x^6 + \left(731736\sqrt{5} - 1632504\right)x^4 + \left(3052890 - 1365246\sqrt{5}\right)x^2$$
$$+ 1158948\sqrt{5} - 2591487 = 0$$

的根，约为

$$0.062568553525817451726;$$

S'_{3_2} 是方程

$$2957312x^6 + \left(2124548352\sqrt{5} - 4952187648\right)x^4 + \left(3505349520\sqrt{5} + 1600683120\right)x^2$$
$$+ 3513904173\sqrt{5} - 7991339769 = 0$$

的根，约为

$$0.11917250043807986213;$$

S'_5 是方程

$$2957312x^6 + \left(101011200\sqrt{5} - 1741536000\right)x^4 + \left(58643850000\sqrt{5} + 123284650000\right)x^2$$
$$- 1206171875\sqrt{5} - 17069140625 = 0$$

的根，约为

$$0.27879819121550813505;$$

和

$$S'_{\frac{5}{2}} = \frac{\sqrt{650 - 290\sqrt{5}}}{4}.$$

扭棱三十二合十二面体的表面积是

$$S = 60\left(S'_{3_{\bar{1}}^+} + S'_{3_{\bar{1}}^-}\right) + 20S'_{3_2} + 12S'_5 + 12S'_{\frac{5}{2}},$$

约为

$$22.510960743131526982;$$

扭棱三十二合十二面体的体积是

$$V = 60 \times \frac{1}{3}\left(S'_{3_{\bar{1}}^+} - S'_{3_{\bar{1}}^-}\right)r_3 + 20 \times \frac{1}{3}S'_{3_2}r_3 + 12 \times \frac{1}{3}S'_5 r_5 + 12 \times \frac{1}{3}S'_{\frac{5}{2}}r_{\frac{5}{2}}$$
$$= 20\left(S'_{3_{\bar{1}}^+} - S'_{3_{\bar{1}}^-}\right)r_3 + \frac{20}{3}S'_{3_2}r_3 + 4S'_5 r_5 + 4S'_{\frac{5}{2}}r_{\frac{5}{2}},$$

其中 V 是方程

$$58629842496x^6 + \left(1011462710199480\sqrt{5} - 2174859659609640\right)x^4$$

$$+ \left(1383305152462225200\sqrt{5} - 2905828640708626800\right)x^2$$
$$+ 4632609238861251120000\sqrt{5} - 10399228264717108276255 = 0$$

的根，约为

$$4.6206840295102918003.$$

（3） 大扭棱三十二面体

定义 5.8.67. 如图 5.8.273，当正二十面体的每个外表面正朝向自己的时候，则里面含有一个如图 5.8.274 所示的三角形，其中 d_1、d_2 是各顶点到对应边的距离，如果 $\triangle ABC$ 是正三角形，那么前面所有三角形的顶点构成的凸多面体称为第三类变形扭棱正十二面体（图 5.8.275）。

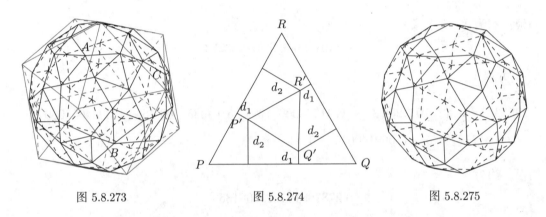

图 5.8.273　　　　　图 5.8.274　　　　　图 5.8.275

如图 5.8.273，设正二十面体的棱长是 1，类似扭棱正十二面体的构造法，点 A 所在的正二十面体的面是 α，点 C 所在的正二十面体的面是 β，α、β 相交于直线 m，则 α、β 所成二面角的余弦值是

$$(1-\cos^2\theta)\cos 72° + \cos^2\theta = \frac{1}{3},$$

其中

$$\cos\theta = \frac{\cos 108° - \cos 60°\cos 108°}{\sin 60°\sin 108°},$$

所以点 A 和点 B 到直线 m 的距离是

$$l_1 = d_1\frac{1}{4}\sqrt{7+3\sqrt{5}} + \frac{d_1+2d_2}{\sqrt{3}}\frac{1}{4}\sqrt{9-3\sqrt{5}} + 2\cos 72°\frac{1}{4}\sqrt{9+3\sqrt{5}},$$

点 A、B 到直线 m 垂直相交线垂足之间的距离是

$$l_2 = \sqrt{3-\sqrt{5}} - 2\left(\frac{d_1+2d_2}{\sqrt{3}}\frac{1}{4}\sqrt{7+3\sqrt{5}} - d_1\frac{1}{4}\sqrt{9-3\sqrt{5}} + 2\cos 72°\frac{1}{4}\sqrt{7-3\sqrt{5}}\right),$$

所以

$$AC = \sqrt{2l_1^2\left(1-\frac{1}{3}\right) + l_2^2},$$

类似扭棱十二合十二面体和扭棱三十二合十二面体的方法，可得
$$AB = \frac{1+\sqrt{5}}{2}\sqrt{d_1^2 + l_3^2 + \frac{2\sqrt{5}}{3}d_1l_3 + l_4^2},$$
$$BC = \sqrt{l_5^2 + l_6^2 + \frac{2}{3}l_5l_6 + l_7^2},$$

其中
$$l_3 = \frac{\sqrt{3} - 2(d_1 + d_2)}{2},$$
$$l_4 = \frac{3 - 2\sqrt{3}(2d_1 + d_2)}{6},$$
$$l_5 = d_2\frac{\sqrt{10}}{4} + \frac{2d_1 + d_2}{\sqrt{3}}\frac{\sqrt{6}}{4},$$
$$l_6 = d_2\frac{\sqrt{10}}{4} + \left(1 - \frac{2d_1 + d_2}{\sqrt{3}}\right)\frac{\sqrt{6}}{4},$$
$$l_7 = \left(\frac{2d_1 + d_2}{\sqrt{3}}\frac{\sqrt{10}}{4} - d_2\frac{\sqrt{6}}{4}\right) - \left(\left(1 - \frac{2d_1 + d_2}{\sqrt{3}}\right)\frac{\sqrt{10}}{4} - d_2\frac{\sqrt{6}}{4}\right),$$

类似扭棱十二合十二面体的方法由 $AB = AC$ 及 $AB = BC$ 建立方程组，可求得
$$d_1 = \frac{-16d_2^2 + 2\sqrt{3}(11 + 3\sqrt{5})d_2 - 3(3 + \sqrt{5})}{2(2(3 - \sqrt{5})d_2 + \sqrt{15} + \sqrt{3})},$$
$$\left(4d_2 - \sqrt{15} - 3\sqrt{3}\right)$$
$$\cdot \left(304d_2^3 - \left(648\sqrt{3} + 224\sqrt{15}\right)d_2^2 + \left(990 + 414\sqrt{5}\right)d_2 - 51\sqrt{15} - 117\sqrt{3}\right) = 0,$$

求得 d_2 的唯一实数解满足 $0 < d_1 < 1$ 且 $0 < d_2 < 1$，
$$d_2 = -\frac{1}{114}\sqrt{6p_2}\cos\left(\frac{1}{3}\arccos\left(-\frac{\sqrt{1051q_2}}{2209202}\right)\right) + \frac{81\sqrt{3} + 28\sqrt{15}}{114}$$
$$\approx 0.29548677126861906222,$$

其中
$$p_2 = 11557 + 5139\sqrt{5}, \quad q_2 = 4831037176 - 241417665\sqrt{5},$$

接着求得
$$d_1 = -\frac{1}{38}\sqrt{2p_1}\cos\left(\frac{1}{3}\left(180° + \arccos\left(-\frac{3}{64082}\sqrt{537q_1}\right)\right)\right) - \frac{3}{76}\left(7\sqrt{3} + 5\sqrt{15}\right)$$
$$\approx 0.084277042386626585565,$$

其中
$$p_1 = 7023 + 3149\sqrt{5}, \quad q_1 = -673879 + 540558\sqrt{5}.$$

交换 d_1、d_2 的数值仍可得到第三类变形扭棱正十二面体.

设棱长是 1 的正二十面体构造的第三类变形扭棱正十二面体的正三角形面棱长是 a，正五边形面棱长是 b，其余三角形面不与正三角形和正五边形公用棱的棱长是 c，则

$$a = \sqrt{\left(1 - \sqrt{3}(d_1 + d_2)\right)^2 + (d_2 - d_1)^2}$$

$$= \sqrt{-\frac{1}{19}\sqrt{2p_a}\cos\left(\frac{1}{3}\arccos\left(-\frac{\sqrt{1051q_a}}{2209202}\right)\right) + \frac{427 + 191\sqrt{5}}{19}}$$

$$\approx 0.40215764546546106928,$$

$$b = \sqrt{d_1^2 + d_2^2 + \frac{2\sqrt{5}}{3}d_1 d_2 + \left(\frac{d_2 - d_2}{\sqrt{3}}\right)^2}$$

$$= \sqrt{-\frac{2\sqrt{p_b}}{1083}\cos\left(\frac{1}{3}\arccos\left(-\frac{\sqrt{206519q_b}}{341200778888}\right)\right) + \frac{22373 + 9955\sqrt{5}}{2166}}$$

$$\approx 0.38263263232566500741,$$

$$c = \sqrt{2d_1^2\left(1 + \frac{\sqrt{5}}{3}\right) + \left(1 - 2\frac{d_1 + 2d_1}{\sqrt{3}}\right)^2}$$

$$= \sqrt{-\frac{2\sqrt{p_c}}{1083}\cos\left(\frac{1}{3}\arccos\left(-\frac{\sqrt{7013569q_c}}{98380300235522}\right)\right) + \frac{55303 + 24655\sqrt{5}}{2166}}$$

$$\approx 0.27077649269982553838,$$

其中

$$p_a = 541387 + 242115\sqrt{5},$$
$$q_a = 4831037176 - 241417665\sqrt{5},$$
$$p_b = 180944973 + 80921185\sqrt{5},$$
$$q_b = 3608280260901432775175\sqrt{5} - 806319675551632139353\sqrt{5},$$
$$p_c = 1025510673 + 458622116\sqrt{5},$$
$$q_c = 1279013045990834143597 - 451797873693391878848\sqrt{5},$$

此时外接球半径是

$$R' = \sqrt{\left(\frac{3\sqrt{3} + \sqrt{15}}{12}\right)^2 + \left(\frac{\sqrt{3}}{3}a\right)^2}$$

$$= \sqrt{-\frac{1}{57}\sqrt{2p_{R'}}\cos\left(\frac{1}{3}\arccos\left(-\frac{\sqrt{1051q_{R'}}}{2209202}\right)\right) + \frac{3549 + 1585\sqrt{5}}{456}}$$

$$\approx 0.79062343825800843260,$$

其中
$$p_{R'} = 541387 + 242115\sqrt{5},$$
$$q_{R'} = 4831037176 - 241417665\sqrt{5}.$$

定义 5.8.68. 第三类变形扭棱正十二面体的各个顶点按图 5.8.276 中过顶点 A 的粗线的四个正三角形和一个正五角星面的方法构造面, 得到的均匀多面体称为大扭棱三十二面体 (图 5.8.277).

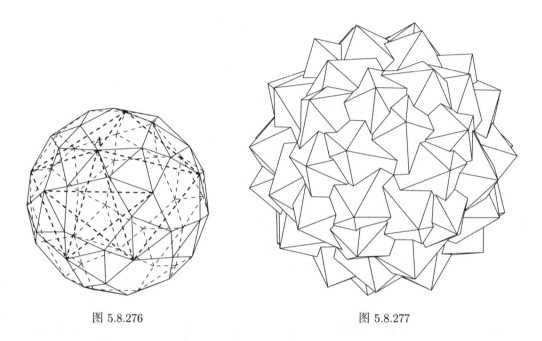

图 5.8.276　　　　　　　　图 5.8.277

设大扭棱三十二面体的棱长是 1, 则大扭棱三十二面体的外接球半径是

$$R = \frac{R'}{\sqrt{2l_1^2\left(1 - \frac{1}{3}\right) + l_2^2}}$$

$$= \sqrt{\frac{1}{6}\sqrt{p_R}\cos\left(\frac{1}{3}\arccos\left(\frac{1}{354482}\sqrt{421q_R}\right)\right) + \frac{27 - 7\sqrt{5}}{24}}$$

$$\approx 0.816080674799923400 18,$$

其中
$$p_R = 149 - 66\sqrt{5}, \quad q_R = 236558821 - 27853578\sqrt{5},$$

内棱切球半径是
$$\rho = \sqrt{R^2 - \left(\frac{1}{2}\right)^2}$$

$$= \sqrt{\frac{1}{6}\sqrt{p_R}\cos\left(\frac{1}{3}\arccos\left(\frac{1}{354482}\sqrt{421q_R}\right)\right) + \frac{21-7\sqrt{5}}{24}}$$
$$\approx 0.644971059646786269 48,$$

其中心到正三角形面的距离是

$$r_3 = \sqrt{\rho^2 - \left(\frac{\sqrt{3}}{6}\right)^2} \approx 0.576761939146962954 69,$$

其中心到正五角星面的距离是

$$r_{\frac{5}{2}} = \sqrt{\rho^2 - \left(\frac{\tan 18°}{2}\right)^2} \approx 0.624175027962411598 92.$$

大扭棱三十二面体的两个相邻正三角形二面角的余弦值是

$$\cos\alpha_{33} = \cos\left(2\arccos\frac{\sqrt{3}}{6\rho}\right),$$
$$\alpha_{33} \approx 126°49'23'',$$

大扭棱三十二面体的正三角形与正五角星形成二面角的余弦值是

$$\cos\alpha_{3\frac{5}{2}} = \cos\left(\arccos\frac{\sqrt{3}}{6\rho} + \arccos\frac{\tan 18°}{2\rho}\right),$$
$$\alpha_{3\frac{5}{2}} \approx 138°49'21''.$$

图 5.8.278、图 5.8.279、图 5.8.280 分别是大扭棱三十二面体中与正五角星相邻的正三角形面（表面分割面积用 S'_{3_1} 表示）、不与正五角星相邻的正三角形面（表面分割面积用 S'_{3_2} 表示）、正五角星被多面体分割的情况. 其中与正五角星相邻的正三角形共 60 个，与正五角星不相邻的正三角形共 20 个. 不与正五角星相邻的正三角形面绕其中心旋转 120° 其表面分割部分是重合的，正五角星面绕其中心旋转 72° 其表面分割部分是重合的. 图 5.8.278 正三角形底边的五分点所分线段和图 5.8.280 正五角星水平边的五分点所分线段从左到右的长度分别是 t_1、t_2、t_3、t_4、t_5；图 5.8.278 正三角形左侧边的三分点所分线段从上到下分割的线段长分别是 t_6、t_7、t_6；图 5.8.278 正三角形右侧边的四分点所分线段从上到下分割的线段长分别是 t_8、t_9、t_{10}、t_{11}；图 5.8.279 正三角形边的五分点所分线段按逆时针顺序分割的线段长分别是 t_8、t_9、t_{12}、t_{13}、t_{11}. 其中 t_1 是方程

$$2x^3 + \left(12 - 2\sqrt{5}\right)x^2 + \left(3\sqrt{5} - 7\right)x - 5\sqrt{5} + 11 = 0$$

的根，约为

$$0.17104649864257933222;$$

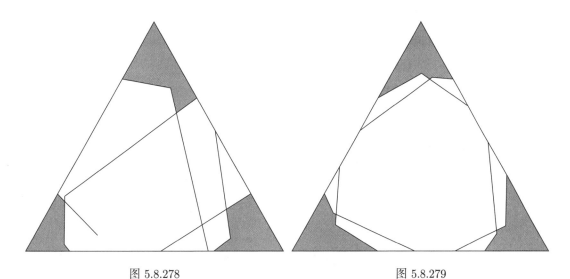

图 5.8.278　　　　　　　　　图 5.8.279

t_2 是方程
$$2x^3 + \left(-2\sqrt{5} - 8\right)x^2 + \left(4\sqrt{5} + 10\right)x - \sqrt{5} - 3 = 0$$
的根，约为
$$0.35437103312098635666;$$

t_3 是方程
$$62x^3 + \left(48\sqrt{5} - 102\right)x^2 + \left(24\sqrt{5} - 82\right)x + 7\sqrt{5} - 11 = 0$$
的根，约为
$$0.18428291975105840522;$$

t_4 是方程
$$62x^3 + \left(200\sqrt{5} - 22\right)x^2 + \left(231 - 85\sqrt{5}\right)x + 25\sqrt{5} - 57 = 0$$
的根，约为
$$0.02185393432728378647 9;$$

t_5 是方程
$$2x^3 + \left(-4\sqrt{5} - 6\right)x^2 + \left(2\sqrt{5} + 4\right)x - \sqrt{5} + 1 = 0$$
的根，约为
$$0.26844561415809211942;$$

t_6 是方程
$$x^3 + \left(32 - 14\sqrt{5}\right)x^2 + \left(15\sqrt{5} - 34\right)x - 4\sqrt{5} + 9 = 0$$
的根，约为
$$0.24935394907904812928;$$

图 5.8.280

t_7 是方程
$$x^3 + \left(28\sqrt{5} - 67\right)x^2 + \left(4\sqrt{5} - 5\right)x - 1 = 0$$
的根,约为
$$0.50129210184190374144;$$

t_8 是方程
$$202x^3 + \left(639\sqrt{5} - 1687\right)x^2 + \left(1506 - 626\sqrt{5}\right)x + 194\sqrt{5} - 448 = 0$$
的根,约为
$$0.33189933323859351262;$$

t_9 是方程
$$202x^3 + \left(677 - 235\sqrt{5}\right)x^2 + \left(3 - 27\sqrt{5}\right)x - 19\sqrt{5} + 47 = 0$$
的根,约为
$$0.14268313499784079850;$$

t_{10} 是方程
$$34x^3 + \left(147 - 89\sqrt{5}\right)x^2 + \left(9 - 9\sqrt{5}\right)x - 3\sqrt{5} + 13 = 0$$
的根,约为
$$0.27519866689740681872;$$

t_{11} 是方程
$$34x^3 + \left(21\sqrt{5} - 79\right)x^2 + \left(60 - 24\sqrt{5}\right)x + 8\sqrt{5} - 18 = 0$$

的根，约为
$$0.25021886486615887015;$$

t_{12} 是方程
$$58x^3 + \left(33\sqrt{5} + 217\right)x^2 + \left(15\sqrt{5} + 9\right)x - 5\sqrt{5} - 3 = 0$$
的根，约为
$$0.15778949261390014001;$$

t_{13} 是方程
$$493x^3 + \left(287 - 1571\sqrt{5}\right)x^2 + \left(528 - 193\sqrt{5}\right)x - 7\sqrt{5} + 48 = 0$$
的根，约为
$$0.11740917428350667871.$$

图 5.8.278 正三角形靠近左下侧顶点不在边上的分割线的端点中，距底边最近的端点所连的分割线中与底边相连的分割线的长度及这条分割线与底边的夹角的余弦值分别是 t_{14}、c_1，其中 t_{14} 是方程
$$2x^6 + \left(33\sqrt{5} - 207\right)x^4 + \left(541\sqrt{5} - 957\right)x^2 + 935\sqrt{5} - 2091 = 0$$
的根，约为
$$0.033083616234821607682;$$

c_1 是方程
$$1088x^6 + \left(192\sqrt{5} - 2592\right)x^4 + \left(1992 - 276\sqrt{5}\right)x^2 + 84\sqrt{5} - 461 = 0$$
的根，角度约为
$$50°53'50'';$$

距底边较远的端点所连的分割线中与左侧边相连的分割线的长度及这条分割线与左侧边的夹角的余弦值分别是 t_{15}、c_2，其中 t_{15} 是方程
$$1682x^6 + \left(1776600\sqrt{5} - 4023540\right)x^4 + \left(64529\sqrt{5} - 141129\right)x^2 + 1718\sqrt{5} - 3876 = 0$$
的根，约为
$$0.21931208692679277761;$$

c_2 是方程
$$10112x^6 + \left(1632\sqrt{5} - 9888\right)x^4 + \left(6288 - 2400\sqrt{5}\right)x^2 + 1821\sqrt{5} - 4109 = 0$$
的根，角度约为
$$74°48'50''.$$

图 5.8.278 正三角形靠近右下角顶点不在边上的分割线的端点所连的分割线中与底边相连的分割线的长度及这条分割线与底边的夹角的余弦值分别是 t_{16}、c_3，其中 t_{16} 是方程

$$578x^6 + \left(-4920\sqrt{5} - 10904\right)x^4 + \left(1979\sqrt{5} + 4185\right)x^2 + 12\sqrt{5} - 82 = 0$$

的根，约为

$$0.080716661079632732839;$$

c_3 是方程

$$192128x^6 + \left(15024\sqrt{5} - 461712\right)x^4 + \left(349380 - 17844\sqrt{5}\right)x^2 + 633\sqrt{5} - 74477 = 0$$

的根，角度约为

$$36°34'05''.$$

图 5.8.278 正三角形靠近上侧顶点不在边上的分割线的端点所连的分割线中与左侧边相连的分割线的长度及这条分割线与左侧边的夹角的余弦值分别是 t_{17}、c_4，其中 t_{17} 是方程

$$20402x^6 + \left(12118808\sqrt{5} - 27178182\right)x^4 + \left(1034977 - 446589\sqrt{5}\right)x^2 + 4077\sqrt{5} - 10351 = 0$$

的根，约为

$$0.19208211815250830007;$$

c_4 是方程

$$37696x^6 + \left(-2712\sqrt{5} - 43992\right)x^4 + \left(3372\sqrt{5} + 8412\right)x^2 - 174\sqrt{5} - 847 = 0$$

的根，角度约为

$$70°04'55''.$$

图 5.8.279 正三角形靠近左下侧顶点不在边上的分割线的端点中，距底边最近的端点所连的分割线中与底边相连的分割线的长度及这条分割线与底边的夹角的余弦值分别是 t_{17}、c_5，其中 c_5 是方程

$$37696x^6 + \left(179448 - 101208\sqrt{5}\right)x^4 + \left(3298620 - 1467804\sqrt{5}\right)x^2 + 1395186\sqrt{5} - 3121483 = 0$$

的根，角度约为

$$31°15'12''.$$

图 5.8.279 正三角形靠近右下侧顶点不在边上的分割线的端点中，距底边最近的端点所连的分割线中与底边相连的分割线的长度及这条分割线与底边的夹角的余弦值分别是 t_{16}、c_6，其中 c_6 是方程

$$192128x^6 + \left(538560 - 272640\sqrt{5}\right)x^4 + \left(847416 - 377688\sqrt{5}\right)x^2 + 18285\sqrt{5} - 40913 = 0$$

的根，角度约为
$$55°13'58''.$$

其中 S'_{3_1} 是方程

$$1789942959659382001254 4x^6$$
$$+ \left(433795735314863033087208 96\sqrt{5} - 9803689131104960656191974 4\right)x^4$$
$$+ \left(17021915887941611342480664 - 39238557309679253018164 56\sqrt{5}\right)x^2$$
$$+ 35913954218952950647844 4\sqrt{5} - 8677605881857090889675 07 = 0$$

的根，约为

$$0.088612558131067718296;$$

S'_{3_2} 是方程

$$4359209488384 x^6 + \left(14534269518127104\sqrt{5} - 32502595456949760\right)x^4$$
$$+ \left(15673748801086512 - 7009283802761568\sqrt{5}\right)x^2$$
$$+ 134593635416050440\sqrt{5} - 300960521886743127 = 0$$

的根，约为

$$0.087464015853088640556;$$

$S'_{\frac{5}{2}}$ 是方程

$$1478656 x^6 + \left(335606400\sqrt{5} - 1032784000\right)x^4 + \left(636850000\sqrt{5} - 1029150000\right)x^2$$
$$+ 431093750\sqrt{5} - 966015625 = 0$$

的根，约为

$$0.072374177746555385620.$$

大扭棱三十二面体的表面积是

$$S = 60 S'_{3_1} + 20 S'_{3_2} + 12 S'_{\frac{5}{2}},$$

约为

$$7.9345239378845005364;$$

大扭棱三十二面体的体积是

$$V = 60 \times \frac{1}{3} S'_{3_1} r_3 + 20 \times \frac{1}{3} S'_{3_2} r_3 + 12 \times \frac{1}{3} S'_{\frac{5}{2}} r_{\frac{5}{2}} = 20 S'_{3_1} r_3 + \frac{20}{3} S'_{3_2} r_3 + 4 S'_{\frac{5}{2}} r_{\frac{5}{2}},$$

其中 V 是方程

$$279678587446778437696x^6$$
$$+ \left(2484128985542981414791468000\sqrt{5} - 5554703737672312628329812000\right)x^4$$
$$+ \left(8830024438008169250226906250\sqrt{5} - 19744424806287447490495031250\right)x^2$$
$$+ 8393534249049118073678125000\sqrt{5} - 187685269966505943000720703125 = 0$$

的根，约为

$$1.5391697374771903790.$$

（4）　反扭棱十二合十二面体

定义 5.8.69. 如图 5.8.281，当正二十面体的每个外表面正朝向自己的时候，则里面含有一个如图 5.8.282 所示的三角形，其中 d_1、d_2 是各顶点到对应边的距离，如果 $\triangle ABC$ 是正三角形，那么前面所有三角形的顶点构成的凸多面体称为第四类变形扭棱正十二面体（图 5.8.283）.

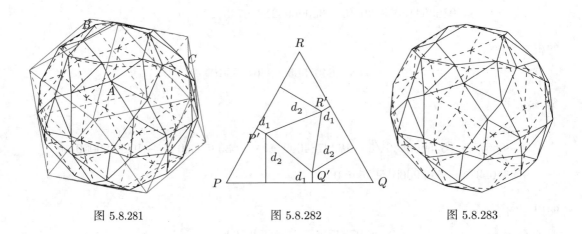

图 5.8.281　　　　　图 5.8.282　　　　　图 5.8.283

如图 5.8.281，设正二十面体的棱长是 1，类似扭棱正十二面体的构造法，类似扭棱十二合十二面体和扭棱三十二合十二面体的方法，可得

$$AB = \frac{1+\sqrt{5}}{2}\sqrt{d_1^2 + l_1^2 + \frac{2\sqrt{5}}{3}d_1 l_1 + l_2^2},$$
$$AC = \sqrt{l_3^2 + l_4^2 + \frac{2}{3}l_3 l_4 + l_5^2},$$
$$BC = \sqrt{2l_6^2\left(1 + \frac{\sqrt{5}}{3}\right) + l_7^2},$$

其中
$$l_1 = \frac{\sqrt{3} - 2(d_1 + d_2)}{2},$$
$$l_2 = \frac{3 - 2\sqrt{3}(2d_1 + d_2)}{6},$$
$$l_3 = d_1\frac{\sqrt{10}}{4} + \left(1 - \frac{d_1 + 2d_2}{\sqrt{3}}\right)\frac{\sqrt{6}}{4},$$
$$l_4 = d_2\frac{\sqrt{10}}{4} + \left(1 - \frac{2d_1 + d_2}{\sqrt{3}}\right)\frac{\sqrt{6}}{4},$$
$$l_5 = \left(\left(1 - \frac{2d_1 + d_2}{\sqrt{3}}\right)\frac{\sqrt{10}}{4} - d_2\frac{\sqrt{6}}{4}\right) - \left(\left(1 - \frac{d_1 + 2d_2}{\sqrt{3}}\right)\frac{\sqrt{10}}{4} - d_1\frac{\sqrt{6}}{4}\right),$$
$$l_6 = \frac{\sqrt{3} - 2(d_1 + d_2)}{2},$$
$$l_7 = \frac{1}{2} - \frac{d_2 - d_1}{\sqrt{3}} - \left(1 - \left(\frac{1}{2} - \frac{d_2 - d_1}{\sqrt{3}}\right)\right),$$

类似扭棱十二合十二面体的方法由 $AB = AC$ 及 $AB = BC$ 建立方程组，可求得
$$d_1 = \frac{4d_2^2}{\sqrt{3} + \sqrt{15} + 2(3 - \sqrt{5})d_2},$$
$$1424d_2^4 + \left(44\sqrt{3} + 452\sqrt{15}\right)d_2^3 + \left(-162 - 402\sqrt{5}\right)d_2^2$$
$$+ \left(-594\sqrt{3} - 228\sqrt{15}\right)d_2 + 144\sqrt{5} + 333 = 0,$$

求得 d_2 的唯一实数解满足 $0 < \frac{2d_1 + d_2}{\sqrt{3}} < \frac{1}{2}$ 且 $0 < \frac{d_1 + 2d_2}{\sqrt{3}} < \frac{1}{2}$，

$$d_2 = \frac{1}{1424}\left(-11\sqrt{3} - 113\sqrt{15} + \sqrt{p_2} - \sqrt{q_2 + \frac{48(2614377\sqrt{3} + 1163914\sqrt{15})}{\sqrt{p_2}}}\right)$$
$$\approx 0.32509494377839613138,$$

其中
$$p_2 = 345519 + 154299\sqrt{5} + 1013888m_2,$$
$$q_2 = 345519 + 154299\sqrt{5} - 1013888m_2,$$
$$m_2 = \frac{1}{1013888}\left(712\sqrt[3]{2u_2} + 712\sqrt[3]{2v_2} - 115173 - 51433\sqrt{5}\right),$$
$$u_2 = 136032975 + 60835727\sqrt{5} + 3\sqrt{1506(388994368187 + 173963570025\sqrt{5})},$$
$$v_2 = 136032975 + 60835727\sqrt{5} - 3\sqrt{1506(388994368187 + 173963570025\sqrt{5})},$$

接着求得
$$d_1 = \frac{1}{2848}\left(737\sqrt{3} + 95\sqrt{15} + \sqrt{p_1} - \sqrt{q_2 + \frac{816(3508478\sqrt{3} + 1574017\sqrt{15})}{\sqrt{p_1}}}\right)$$

$$\approx 0.069283062576669470160,$$

其中

$$p_1 = -2180037 - 984681\sqrt{5} + 4055552m_1,$$
$$q_1 = -2180037 - 984681\sqrt{5} - 4055552m_1,$$
$$m_1 = \frac{1}{4055552}\left(1424\sqrt[3]{2u_2} + 1424\sqrt[3]{2v_2} + 726679 + 328227\sqrt{5}\right),$$
$$u_1 = 818904829 + 366223167\sqrt{5} + 3\sqrt{7530\left(10300674565427 + 4606601708319\sqrt{5}\right)},$$
$$v_1 = 818904829 + 366223167\sqrt{5} - 3\sqrt{7530\left(10300674565427 + 4606601708319\sqrt{5}\right)}.$$

交换 d_1、d_2 的数值仍可得到第四类变形扭棱正十二面体.

设棱长是 1 的正二十面体构造的第四类变形扭棱正十二面体的正三角形面棱长是 a, 正五边形面棱长是 b, 其余三角形面不与正三角形和正五边形公用棱的棱长是 c, 则

$$a = \sqrt{\left(1 - \sqrt{3}(d_1 + d_2)\right)^2 + (d_2 - d_1)^2}$$
$$= \frac{1}{712}\sqrt{2\left(5237 - 2919\sqrt{5} + \sqrt{p_a} + \sqrt{q_a + \frac{1296r_a}{\sqrt{p_a}}}\right)}$$
$$\approx 0.407279100205699974394,$$

$$b = \sqrt{d_1^2 + d_2^2 + \frac{2\sqrt{5}}{3}d_1 d_2 + \left(\frac{d_2 - d_2}{\sqrt{3}}\right)^2}$$
$$= \frac{1}{712}\sqrt{2\left(5237 - 2919\sqrt{5} + \sqrt{p_a} + \sqrt{q_a + \frac{1296r_a}{\sqrt{p_a}}}\right)}$$
$$\approx 0.407279100205699974394,$$

$$c = \sqrt{2d_1^2\left(1 + \frac{\sqrt{5}}{3}\right) + \left(1 - 2\frac{d_1 + 2d_1}{\sqrt{3}}\right)^2}$$
$$= \frac{1}{712}\sqrt{2\left(185681 + 72691\sqrt{5} + \sqrt{p_c} + \sqrt{q_c + \frac{112r_c}{\sqrt{p_c}}}\right)}$$
$$\approx 0.213055731574817754165,$$

其中

$$p_a = -92204136027 - 41293105497\sqrt{5} + 32124027392m_a,$$
$$q_a = -92204136027 - 41293105497\sqrt{5} - 32124027392m_a,$$
$$r_a = 315897491199743 + 14127243186036\sqrt{5},$$

$$m_a = \frac{3}{32124027392}\left(253472\sqrt[3]{2\left(u_a+3\sqrt{1506v_a}\right)}+253472\sqrt[3]{2\left(u_a-3\sqrt{1506v_a}\right)}+t_a\right),$$

$t_a = 10244904003 + 4588122833\sqrt{5},$

$u_a = 496880119595115 + 222211544590735\sqrt{5},$

$v_a = 3098592602233883917795 1687 + 1385732738634586229 7677229\sqrt{5},$

$p_c = 1025510673 + 458622116\sqrt{5},$

$q_c = 1279013045990834143597 - 451797873693391 87848\sqrt{5},$

$r_c = 395668471187489 + 176954193844218\sqrt{5},$

$$m_c = \frac{1}{96372082176}\left(253472\sqrt[3]{2\left(u_c+3\sqrt{1506v_c}\right)}+253472\sqrt[3]{2\left(u_c-3\sqrt{1506v_c}\right)}+t_c\right),$$

$t_c = 375007742587 + 167735488759\sqrt{5},$

$u_c = 12938819283626107285 + 5786415893091601913\sqrt{5},$

$v_c = 22681678309608600967285116727963407$
$\quad + 10143554908813470628624917979209109\sqrt{5},$

此时外接球半径是

$$R' = \sqrt{\left(\frac{3\sqrt{3}+\sqrt{15}}{12}\right)^2 + \left(\frac{\sqrt{3}}{3}a\right)^2}$$
$$= \frac{1}{712}\sqrt{2\left(75675 + 30711\sqrt{5} + \sqrt{p_{R'}} + \sqrt{q_{R'} + \frac{48r_{R'}}{\sqrt{p_{R'}}}}\right)}$$
$$\approx 0.79149684291364160171,$$

其中

$p_{R'} = -10244904003 - 4588122833\sqrt{5} + 32124027392 m_{R'},$

$q_{R'} = -10244904003 - 4588122833\sqrt{5} - 32124027392 m_{R'},$

$r_{R'} = 31589749119743 + 14127243186036\sqrt{5},$

$$m_{R'} = \frac{1}{96372082176}\left(253472\sqrt[3]{2\left(u_a+3\sqrt{1506v_a}\right)}+253472\sqrt[3]{2\left(u_a-3\sqrt{1506v_a}\right)}+t_a\right).$$

定义 5.8.70. 第四类变形扭棱正十二面体的各个顶点按图 5.8.284 中过顶点 A 的粗线的三个正三角形、一个正五边形和一个正五角星面的方法构造面，得到的均匀多面体称为反扭棱十二合十二面体（图 5.8.285）.

设反扭棱十二合十二面体的棱长是 1，则反扭棱十二合十二面体的外接球半径是

$$R = \frac{R'}{\sqrt{l_3^2 + l_4^2 + \frac{2}{3}l_3 l_4 + l_5^2}}$$

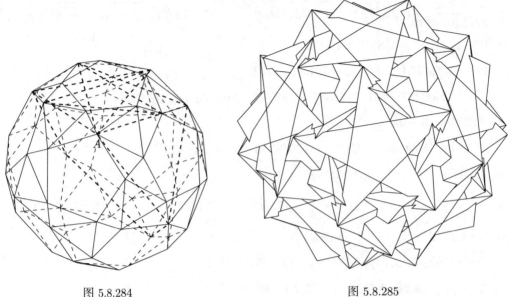

图 5.8.284   图 5.8.285

$$= \frac{1}{4}\sqrt{2\left(6+\sqrt{9+32m_R}-\sqrt{9-32m_R+\frac{22}{\sqrt{9+32m_R}}}\right)}$$

$$\approx 0.85163022811741239515,$$

其中

$$m_R = \frac{\sqrt[3]{12(387+\sqrt{3765})}+\sqrt[3]{12(387-\sqrt{3765})}-18}{192},$$

内棱切球半径是

$$\rho = \sqrt{R^2-\left(\frac{1}{2}\right)^2}$$

$$= \frac{1}{4}\sqrt{2\left(4+\sqrt{9+32m_R}-\sqrt{9-32m_R+\frac{22}{\sqrt{9+32m_R}}}\right)}$$

$$\approx 0.68940122239760778779,$$

其中心到正三角形面的距离是

$$r_3 = \sqrt{\rho^2-\left(\frac{\sqrt{3}}{6}\right)^2} \approx 0.62605168485515837671,$$

其中心到正五边形面的距离是

$$r_5 = \sqrt{\rho^2-\left(\frac{\cot 36°}{2}\right)^2} \approx 0.04083194452064344 2918,$$

其中心到正五角星面的距离是
$$r_{\frac{5}{2}} = \sqrt{\rho^2 - \left(\frac{\tan 18°}{2}\right)^2} \approx 0.66998570372306814123.$$

反扭棱十二合十二面体的两个相邻正三角形二面角的余弦值是
$$\cos\alpha_{33} = \cos\left(2\arccos\frac{\sqrt{3}}{6\rho}\right),$$
$$\alpha_{33} \approx 130°29'27'',$$

反扭棱十二合十二面体的正三角形与正五边形形成二面角的余弦值是
$$\cos\alpha_{35} = \cos\left(\arccos\frac{\sqrt{3}}{6\rho} + \arccos\frac{\cot 36°}{2\rho}\right),$$
$$\alpha_{35} \approx 68°38'27'',$$

反扭棱十二合十二面体的正三角形与正五角星形成二面角的余弦值是
$$\cos\alpha_{3\frac{5}{2}} = \cos\left(\arccos\frac{\sqrt{3}}{6\rho} - \arccos\frac{\tan 18°}{2\rho}\right),$$
$$\alpha_{3\frac{5}{2}} \approx 11°7'28''.$$

图 5.8.286、图 5.8.287、图 5.8.288 分别是反扭棱十二合十二面体中正三角形、正五边形、正五角星被多面体分割的情况. 正五边形和正五角星面绕其中心旋转 72° 其表面分割部分是重合的. 其中图 5.8.289 是图 5.8.286 靠近左下角部分的放大图, 图 5.8.290 是图 5.8.286 靠近右下角部分的放大图, 图 5.8.291 是图 5.8.287 靠近左下角部分的放大图. 图 5.8.286 正三角形底边的五分点所分线段的五分点所分线段从左到右的长度分别是 $\frac{3-\sqrt{5}}{2}$、$\sqrt{5}-2$、t_1、t_2、t_3；图 5.8.286 正三角形左侧边的七分点所分线段从上到下分割的线段长分别是 t_4、t_5、t_6、t_7、t_8、t_9、t_{10}；图 5.8.286 正三角形右侧边的七分点所分线段从上到下分割的线段长分别是 t_{11}、t_{12}、t_{13}、t_{14}、t_{13}、t_{12}、t_{11}；图 5.8.287 正五边形边的七分点所分线段按逆时针顺序分割的线段长分别是 t_{10}、t_9、t_8、t_7、t_{15}、t_{16}、t_{11}；图 5.8.288 正五角星的三分点所分线段按逆时针顺序分割的线段长分别是 t_3、t_2、t_{17}. 其中 t_1 是方程
$$2x^4 + \left(4\sqrt{5}-4\right)x^3 + \left(12-4\sqrt{5}\right)x^2 + \left(3-\sqrt{5}\right)x + 3\sqrt{5}-7 = 0$$
的根, 约为
$$0.18992764109338137292;$$
t_2 是方程
$$34x^4 + \left(68-48\sqrt{5}\right)x^3 + \left(152-58\sqrt{5}\right)x^2 + \left(58-28\sqrt{5}\right)x + 5\sqrt{5}-11 = 0$$

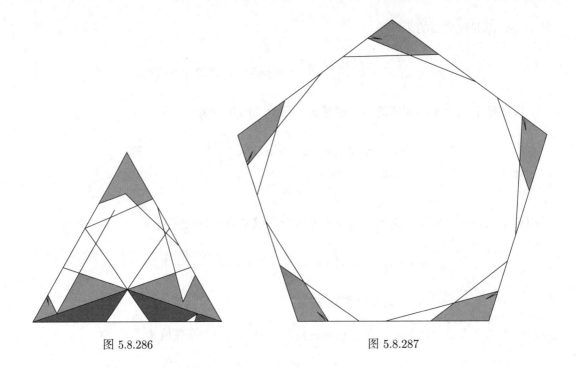

图 5.8.286　　　　　　　　　图 5.8.287

的根，约为

$$0.05034359132964998500 0;$$

t_3 是方程

$$34x^4 + \left(48\sqrt{5} - 204\right)x^3 + \left(527 - 203\sqrt{5}\right)x^2 + \left(296\sqrt{5} - 682\right)x - 154\sqrt{5} + 346 = 0$$

的根，约为

$$0.14169477882707379387;$$

t_4 是方程

$$358x^4 + \left(87 - 15\sqrt{5}\right)x^3 + \left(368\sqrt{5} - 1132\right)x^2 + \left(985 - 355\sqrt{5}\right)x + 110\sqrt{5} - 280 = 0$$

的根，约为

$$0.30259181772054119032;$$

t_5 是方程

$$358x^4 + \left(-701\sqrt{5} - 1877\right)x^3 + \left(1359\sqrt{5} - 3443\right)x^2 + \left(699 - 281\sqrt{5}\right)x \\ + 78\sqrt{5} - 166 = 0$$

的根，约为

$$0.14429909882690492684;$$

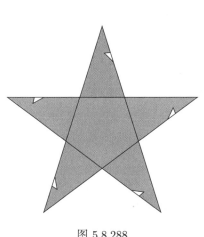

图 5.8.288

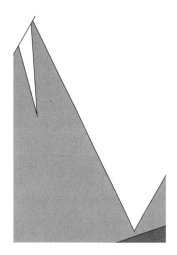

图 5.8.289

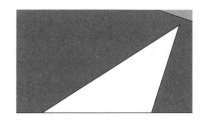

图 5.8.290

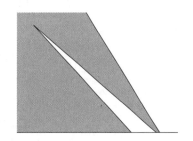

图 5.8.291

t_6 是方程

$$4x^4 + \left(31 - 3\sqrt{5}\right)x^3 + \left(11\sqrt{5} - 49\right)x^2 + \left(11\sqrt{5} - 17\right)x + \sqrt{5} - 3 = 0$$

的根, 约为

$$0.23210972344178009256;$$

t_7 是方程

$$8x^4 + \left(90 - 48\sqrt{5}\right)x^3 + \left(486 - 212\sqrt{5}\right)x^2 + \left(41\sqrt{5} - 95\right)x - 3\sqrt{5} + 7 = 0$$

的根, 约为

$$0.16096608507282075903;$$

t_8 是方程

$$8312x^4 + \left(64218\sqrt{5} - 134760\right)x^3 + \left(930898 - 414900\sqrt{5}\right)x^2 + \left(13339\sqrt{5} - 29455\right)x \\ - 1591\sqrt{5} + 3557 = 0$$

的根，约为
$$0.0015502136239586675439;$$

t_9 是方程

$$2078x^4 + (2520 - 2028\sqrt{5})x^3 + (3267\sqrt{5} - 5947)x^2 + (600\sqrt{5} - 930)x + 750\sqrt{5} - 1682 = 0$$

的根，约为
$$0.011587174780359288800;$$

t_{10} 是方程

$$2x^4 + (4\sqrt{5} - 6)x^3 + (19 - 7\sqrt{5})x^2 + (7\sqrt{5} - 13)x - 2\sqrt{5} + 4 = 0$$

的根，约为
$$0.14689588653363507491;$$

t_{11} 是方程

$$82x^4 + (342\sqrt{5} - 920)x^3 + (559 - 207\sqrt{5})x^2 + (10\sqrt{5} - 48)x + 15\sqrt{5} - 31 = 0$$

的根，约为
$$0.27524202240879151240;$$

t_{12} 是方程

$$164x^4 + (733 - 233\sqrt{5})x^3 + (667\sqrt{5} - 1537)x^2 + (614 - 268\sqrt{5})x + 61\sqrt{5} - 137 = 0$$

的根，约为
$$0.045757337601982277875;$$

t_{13} 是方程

$$4x^4 + (7 - 19\sqrt{5})x^3 + (64 - 30\sqrt{5})x^2 + (-4\sqrt{5} - 6)x + 2 = 0$$

的根，约为
$$0.12589155653667232688;$$

t_{14} 是方程

$$x^4 + (4\sqrt{5} + 6)x^3 - 16x^2 + (4\sqrt{5} + 2)x - 1 = 0$$

的根，约为
$$0.10621816690510776568;$$

t_{15} 是方程

$$4x^4 + (55 - 3\sqrt{5})x^3 + (84\sqrt{5} - 188)x^2 + (22\sqrt{5} - 48)x + 3\sqrt{5} - 7 = 0$$

的根，约为

$$0.13849819137581521266;$$

t_{16} 是方程

$$358x^4 + \left(-701\sqrt{5} - 4025\right)x^3 + \left(17358\sqrt{5} - 34518\right)x^2 + \left(72\sqrt{5} - 1420\right)x + 104\sqrt{5} - 102 = 0$$

的根，约为

$$0.23791063089286980674;$$

t_{17} 是方程

$$2x^4 + \left(2\sqrt{5} - 6\right)x^2 + \left(3 - \sqrt{5}\right)x - 2\sqrt{5} + 4 = 0$$

的根，约为

$$0.80796162984327622113.$$

图 5.8.286 正三角形靠近右下侧顶点不在边上的分割线的端点中最靠近右下角顶点的端点所连的分割线中最靠近右下角顶点与底边相连的分割线的长度及这条分割线与底边的夹角的余弦值分别是 t_{18}、c_1，其中 t_{18} 是方程

$$623963138x^8 + \left(829673542\sqrt{5} - 2289834334\right)x^6 + \left(5001038441 - 2178052583\sqrt{5}\right)x^4$$
$$+ \left(2712724612\sqrt{5} - 6086961626\right)x^2 - 738209508\sqrt{5} + 1650722068 = 0$$

的根，约为

$$0.041166383734221886366;$$

c_1 是方程

$$433367296x^8 + \left(171375456\sqrt{5} - 555200608\right)x^6 + \left(307952952 - 145415016\sqrt{5}\right)x^4$$
$$+ \left(28414404\sqrt{5} - 62022232\right)x^2 - 253236\sqrt{5} + 695971 = 0$$

的根，角度约为

$$71°55'40'';$$

离右下角顶点较远的端点所连的分割线中最靠近右下角顶点与右侧边相连的分割线的长度及这条分割线与右侧边的夹角的余弦值分别是 t_{19}、c_2，其中 t_{19} 是方程

$$107721842x^8 + \left(6633209146\sqrt{5} - 15074549788\right)x^6 + \left(9796299579 - 4352002539\sqrt{5}\right)x^4$$
$$+ \left(22757885 - 12541611\sqrt{5}\right)x^2 - 3230750\sqrt{5} + 7314570 = 0$$

的根，约为

$$0.15195780439181953835;$$

c_2 是方程

$$312320x^8 + \left(254016\sqrt{5} - 184640\right)x^6 + \left(628464 - 206352\sqrt{5}\right)x^4 \\ + \left(148536\sqrt{5} - 431000\right)x^2 - 26181\sqrt{5} + 58553 = 0$$

的根，角度约为

$$56°03'16''.$$

图 5.8.286 正三角形靠近左下角顶点不在边上的分割线的端点中最靠近左下角顶点的端点所连的分割线中最靠近左下角顶点与左侧边相连的分割线的长度及这条分割线与左侧边的夹角的余弦值分别是 t_{20}、c_3，其中 t_{20} 是方程

$$578x^8 + \left(3706\sqrt{5} - 7936\right)x^6 + \left(51881 - 21989\sqrt{5}\right)x^4 + \left(52053\sqrt{5} - 116947\right)x^2 \\ - 100816\sqrt{5} + 225432 = 0$$

的根，约为

$$0.032210552283090939341;$$

c_3 是方程

$$2058752x^8 + \left(-462144\sqrt{5} - 5152832\right)x^6 + \left(850752\sqrt{5} + 4747872\right)x^4 \\ + \left(-471240\sqrt{5} - 1935080\right)x^2 + 82875\sqrt{5} + 291575 = 0$$

的根，角度约为

$$45°32'00'';$$

离左下角顶点较远的端点所连的分割线所连的分割线与左侧边相连的分割线的长度及这条分割线与左侧边的夹角的余弦值分别是 t_{21}、c_4，另一分割线与左侧边平行，其长度是 t_{22}，其中 t_{21} 是方程

$$8x^8 + \left(5512\sqrt{5} - 12410\right)x^6 + \left(754041 - 337175\sqrt{5}\right)x^4 + \left(138605\sqrt{5} - 310235\right)x^2 \\ - 15189\sqrt{5} + 33967 = 0$$

的根，约为

$$0.10522781777974092307;$$

c_4 是方程

$$7311488x^8 + \left(-1089840\sqrt{5} - 13678448\right)x^6 + \left(1889964\sqrt{5} + 9104412\right)x^4 \\ + \left(-814563\sqrt{5} - 2800271\right)x^2 + 107751\sqrt{5} + 322667 = 0$$

的根，角度约为

$$56°26'22'';$$

t_{22} 是方程

$$8x^4 + \left(74\sqrt{5} - 268\right)x^3 + \left(2192 - 998\sqrt{5}\right)x^2 + \left(300 - 118\sqrt{5}\right)x - \sqrt{5} + 17 = 0$$

的根，约为

$$0.60927209273005197215.$$

图 5.8.286 正三角形靠近上侧顶点不在边上的分割线的端点与左侧边相连的分割线的长度及这条分割线与左侧边的夹角的余弦值分别是 t_{19}、c_5，其中 c_5 是方程

$$312320x^8 + \left(329664\sqrt{5} + 329920\right)x^6 + \left(301584 - 184464\sqrt{5}\right)x^4$$
$$+ \left(-286236\sqrt{5} - 1178900\right)x^2 + 168495\sqrt{5} + 469733 = 0$$

的根，角度约为

$$40°36'07''.$$

图 5.8.287 正五边形靠近左下角顶点不在边上的分割线的端点所连的分割线中最靠近左下角顶点与水平边相连的分割线的长度及这条分割线与水平边的夹角的余弦值分别是 t_{23}、c_6，其中 t_{23} 是方程

$$2x^8 + \left(15\sqrt{5} - 27\right)x^6 + \left(231 - 101\sqrt{5}\right)x^4 + \left(328\sqrt{5} - 734\right)x^2 - 377\sqrt{5} + 843 = 0$$

的根，约为

$$0.065844567528902512119;$$

c_6 是方程

$$256x^8 + \left(-160\sqrt{5} - 224\right)x^6 + \left(616 - 40\sqrt{5}\right)x^4 + \left(260\sqrt{5} - 784\right)x^2 - 60\sqrt{5} + 161 = 0$$

的根，角度约为

$$46°46'01''.$$

图 5.8.288 正五角星靠近水平边左侧顶点不在边上的分割线的端点所连的分割线中最靠近水平边左侧顶点与水平边相连的分割线的长度及这条分割线与水平边的夹角的余弦值分别是 t_{20}、c_7，其中 c_7 是方程

$$1029376x^8 + \left(311776\sqrt{5} - 1041184\right)x^6 + \left(1112\sqrt{5} + 1419576\right)x^4$$
$$+ \left(-58772\sqrt{5} - 756304\right)x^2 - 8466\sqrt{5} + 63811 = 0$$

的根，角度约为

$$76°23'01''.$$

其中 S'_{3+} 是方程

$$1050311190045788693280191460933632x^8$$

$$+ \bigl(27687052791357101856118410062206 89408\sqrt{5}$$
$$- 61953246580990397899721054212275 97824\bigr)x^6$$
$$+ \bigl(1373386083879216757163753005782 3351846144$$
$$- 6141969378868542528919533470480419469568\sqrt{5}\bigr)x^4$$
$$+ \bigl(1671478489182855049361638275320091662544\sqrt{5}$$
$$- 3737539526090997113034647027675363032752\bigr)x^2$$
$$- 537313040444235910948425812842316398395\sqrt{5}$$
$$+ 1201468483703626864928087914893350692863 = 0$$

的根，约为
$$0.11907824445020917022;$$

S'_{3-} 是方程

$$2060969452895240192x^8 + \bigl(19646241089467195392\sqrt{5} - 43975270694979796992\bigr)x^6$$
$$+ \bigl(523321342057415010816 - 234036243570733668864\sqrt{5}\bigr)x^4$$
$$+ \bigl(787097199607059431196\sqrt{5} - 1760002844187089576916\bigr)x^2$$
$$- 857430432023076594639\sqrt{5} + 917272731980614998563 = 0$$

的根，约为
$$0.062257334704625091112;$$

S'_5 是方程

$$9067281084841984x^8 + \bigl(16607627242595998 7200\sqrt{5} - 37141474978095846 4000\bigr)x^6$$
$$+ \bigl(551586518056071849 6800000 - 246677093900825650 4000000\sqrt{5}\bigr)x^4$$
$$+ \bigl(12152671920785144127 1875000 - 5434841112749356351 1875000\sqrt{5}\bigr)x^2$$
$$- 4555433216689059183984 37500\sqrt{5} + 101862583444933045770 5078125 = 0$$

的根，约为
$$0.14899933780822169843;$$

$S'_{\frac{5}{2}}$ 是方程

$$1183744x^8 + \bigl(196621440\sqrt{5} - 450755200\bigr)x^6 + \bigl(119985322000 - 53634654000\sqrt{5}\bigr)x^4$$
$$+ \bigl(5702032676250\sqrt{5} - 12750138128125\bigr)x^2$$
$$- 186552539156250\sqrt{5} + 417144158968750 = 0$$

的根，约为

$$0.30633065565916517735.$$

反扭棱十二合十二面体的表面积是

$$S = 60(S'_{3+} + S'_{3-}) + 12S'_5 + 12S'_{\frac{5}{2}},$$

约为

$$16.344094670898698189;$$

反扭棱十二合十二面体的体积是

$$V = 60 \times \frac{1}{3}(S'_{3+} - S'_{3-})r_3 + 12 \times \frac{1}{3}S'_5 r_5 + 12 \times \frac{1}{3}S'_{\frac{5}{2}} r_{\frac{5}{2}}$$
$$= 20(S'_{3+} - S'_{3-})r_3 + 4S'_5 r_5 + 4S'_{\frac{5}{2}} r_{\frac{5}{2}},$$

其中 V 是方程

$$51284726076454526039071848 6784 x^8$$
$$+ \big(1385094444818801320118165455053040800\sqrt{5}$$
$$- 3099417205964657864603289871845936480\big)x^6$$
$$+ \big(2790111300205184534943671589003586421973600$$
$$- 1247775507120644563032150073713208012540000\sqrt{5}\big)x^4$$
$$+ \big(1043011742441665295232715463789593355044 2564250$$
$$- 466449032647362882539537288835 8313046916316250\sqrt{5}\big)x^2$$
$$- 44218572877945058579918614881 87792706848551362500\sqrt{5}$$
$$+ 98875734823717143915690656808 42801812617897705625 = 0$$

的根，约为

$$1.5567408960195262921.$$

（5） 大反扭棱三十二面体

定义 5.8.71. 如图 5.8.292，当正二十面体的每个外表面正朝向自己的时候，则里面含有一个如图 5.8.293 所示的三角形，其中 d_1、d_2 是各顶点到对应边的距离，如果 $\triangle ABC$ 是正三角形，那么前面所有三角形的顶点构成的凸多面体称为第五类变形扭棱正十二面体（图 5.8.294）.

如图 5.8.292，设正二十面体的棱长是 1，类似扭棱正十二面体的构造法，类似扭棱十二合十二面体和扭棱三十二合十二面体的方法，可得

$$AB = \frac{1+\sqrt{5}}{2}\sqrt{d_2^2 + l_1^2 + \frac{2\sqrt{5}}{3}d_2 l_1 + l_2^2},$$

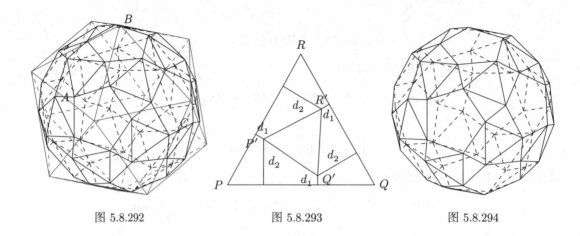

图 5.8.292　　　　　图 5.8.293　　　　　图 5.8.294

$$AC = \sqrt{2l_3^2\left(1-\frac{1}{3}\right) + l_4^2},$$
$$BC = \sqrt{l_5^2 + l_6^2 - \frac{2}{3}l_5 l_6 + l_7^2},$$

其中

$$l_1 = \frac{\sqrt{3} - 2(d_1 + d_2)}{2},$$

$$l_2 = \frac{3 - 2\sqrt{3}(d_1 + 2d_2)}{6},$$

$$l_3 = d_2 \frac{1}{4}\sqrt{7 + 3\sqrt{5}} + \frac{2d_1 + d_2}{\sqrt{3}} \frac{1}{4}\sqrt{9 - 3\sqrt{5}} + 2\cos 72° \frac{1}{4}\sqrt{9 + 3\sqrt{5}},$$

$$l_4 = \sqrt{3 - \sqrt{5}} - 2\left(\frac{2d_1 + d_2}{\sqrt{3}} \frac{1}{4}\sqrt{7 + 3\sqrt{5}} - d_2 \frac{1}{4}\sqrt{9 - 3\sqrt{5}} + 2\cos 72° \frac{1}{4}\sqrt{7 - 3\sqrt{5}}\right),$$

$$l_5 = d_1 \frac{1}{4}\sqrt{7 + 3\sqrt{5}} + \frac{d_1 + 2d_2}{\sqrt{3}} \frac{1}{4}\sqrt{9 - 3\sqrt{5}} + 2\cos 72° \frac{1}{4}\sqrt{9 + 3\sqrt{5}},$$

$$l_6 = \frac{\sqrt{3} - 2(d_1 + d_2)}{2} \frac{1}{4}\sqrt{7 + 3\sqrt{5}} + \left(\frac{1}{2} - \frac{d_2 - d_2}{\sqrt{3}}\right) \frac{1}{4}\sqrt{9 - 3\sqrt{5}} + 2\cos 72° \frac{1}{4}\sqrt{9 + 3\sqrt{5}},$$

$$l_7 = \sqrt{3 - \sqrt{5}} - \left(\frac{d_1 + 2d_2}{\sqrt{3}} \frac{1}{4}\sqrt{7 + 3\sqrt{5}} - d_1 \frac{1}{4}\sqrt{9 - 3\sqrt{5}} + 2\cos 72° \frac{1}{4}\sqrt{7 - 3\sqrt{5}} \right.$$
$$+ \left(\frac{1}{2} - \frac{d_2 - d_1}{\sqrt{3}}\right) \frac{1}{4}\sqrt{7 + 3\sqrt{5}}$$
$$\left. - \frac{\sqrt{3} - 2(d_1 + d_2)}{2} \frac{1}{4}\sqrt{9 - 3\sqrt{5}} + 2\cos 72° \frac{1}{4}\sqrt{7 - 3\sqrt{5}}\right),$$

类似扭棱十二合十二面体的方法由 $AB = AC$ 及 $AB = BC$ 建立方程组，可求得

$$d_1 = \frac{2(1+\sqrt{5})d_2^2}{2(\sqrt{5}-1)d_2 + 3\sqrt{3} + \sqrt{15}},$$

$$(d_2 - 3\sqrt{3} - \sqrt{15})$$
$$\cdot \left(16d_2^3 - 8\sqrt{3}(30 + 13\sqrt{5})d_2^2 - 12(31 + 14\sqrt{5})d_2 + 3\sqrt{3}(29 + 13\sqrt{5})\right) = 0,$$

求得 d_2 的唯一实数解满足 $0 < d_2 < 1$,

$$d_2 = -\frac{1}{3}\sqrt{6(919 + 411\sqrt{5})} \cos\left(\frac{1}{3}\left(180° + \arccos\left(\frac{1}{3872}\sqrt{22(243829 + 194049\sqrt{5})}\right)\right)\right)$$
$$+ \frac{30\sqrt{3} + 13\sqrt{15}}{6}$$
$$\approx 0.30339933084311300880,$$

接着求得

$$d_1 = -\frac{1}{2}\sqrt{2(7113 + 3181\sqrt{5})} \cos\left(\frac{1}{3}\cos\left(-\frac{3}{116162}\sqrt{723(3657799 - 709248\sqrt{5})}\right)\right)$$
$$+ \frac{25\sqrt{3} + 11\sqrt{15}}{2}$$
$$\approx 0.060673862104898677062,$$

交换 d_1、d_2 的数值仍可得到第五类变形扭棱正十二面体.

设棱长是 1 的正二十面体构造的第五类变形扭棱正十二面体的正三角形面棱长是 a, 正五边形面棱长是 b, 其余三角形面不与正三角形和正五边形公用棱的棱长是 c, 则

$$a = \sqrt{\left(1 - \sqrt{3}(d_1 + d_2)\right)^2 + (d_2 - d_1)^2}$$
$$= \sqrt{-2\sqrt{p_a}\cos\left(\frac{1}{3}\arccos\left(-\frac{\sqrt{2081299 q_a}}{34654444219208}\right)\right) + \frac{3}{2}(11281 + 5045\sqrt{5})}$$
$$\approx 0.44201469084714781266,$$

$$b = \sqrt{d_1^2 + d_2^2 + \frac{2\sqrt{5}}{3}d_1 d_2 + \left(\frac{d_2 - d_2}{\sqrt{3}}\right)^2}$$
$$= \sqrt{-\frac{2}{3}\sqrt{p_b}\cos\left(\frac{1}{3}\arccos\left(-\frac{\sqrt{30710521 q_b}}{1886272200182882}\right)\right) + \frac{30677 + 13719\sqrt{5}}{6}}$$
$$\approx 0.37790562144515290847,$$

$$c = \sqrt{2d_1^2\left(1 + \frac{\sqrt{5}}{3}\right) + \left(1 - 2\frac{d_1 + 2d_1}{\sqrt{3}}\right)^2}$$
$$= \sqrt{-\frac{1}{3}\sqrt{6p_c}\cos\left(\frac{1}{3}\arccos\left(-\frac{3\sqrt{176522583 q_c}}{6924493846442642}\right)\right) + 21236 + 9497\sqrt{5}}$$
$$\approx 0.25576306901472356497,$$

其中

$$p_a = 572541979 + 256048557\sqrt{5},$$
$$q_a = 581072247828288634339 - 181666538155 2510693\sqrt{5},$$
$$p_b = 470367829 + 210354888\sqrt{5},$$
$$q_b = 13395387728835559 3983061 - 8093261273695632786168\sqrt{5},$$
$$p_c = 5410057707 + 2419451359\sqrt{5},$$
$$q_c = 5674795465011583162 7299 - 1188111471522077 7895578\sqrt{5},$$

此时外接球半径是

$$R' = \sqrt{\left(\frac{3\sqrt{3}+\sqrt{15}}{12}\right)^2 + \left(\frac{\sqrt{3}}{3}a\right)^2}$$
$$= \sqrt{-\frac{2}{3}\sqrt{p_{R'}}\cos\left(\frac{1}{3}\arccos\left(-\frac{\sqrt{2081299 q_{R'}}}{34654444219208}\right)\right) + \frac{135379 + 60543\sqrt{5}}{24}}$$
$$\approx 0.797684665868896 84142,$$

其中

$$p_{R'} = 572541979 + 256048557\sqrt{5},$$
$$q_{R'} = 581072247828288634339 - 1816665381552510693\sqrt{5}.$$

定义 5.8.72. 第五类变形扭棱正十二面体的各个顶点按图 5.8.295 中过顶点 A 的粗线的四个正三角形和一个正五角星面的方法构造面, 得到的均匀多面体称为大反扭棱三十二面体 (图 5.8.296).

设大反扭棱三十二面体的棱长是 1, 则大反扭棱三十二面体的外接球半径是

$$R = \frac{R'}{\sqrt{l_5^2 + l_6^2 - \frac{2}{3}l_5 l_6 + l_7^2}}$$
$$= \sqrt{-\frac{1}{6}\sqrt{149-66\sqrt{5}}\cos\left(\frac{1}{3}\left(180° + \arccos\left(\frac{1}{354482}\sqrt{421 p_R}\right)\right)\right) + \frac{27-7\sqrt{5}}{24}}$$
$$\approx 0.81608067479992340018,$$

其中

$$p_R = 236558821 - 27853578\sqrt{5},$$

内棱切球半径是

$$\rho = \sqrt{R^2 - \left(\frac{1}{2}\right)^2}$$

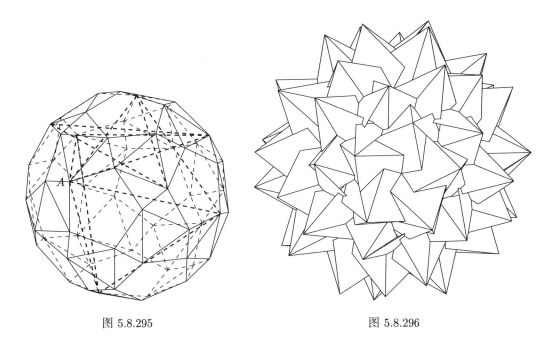

图 5.8.295　　　　　　　　图 5.8.296

$$= \sqrt{-\frac{1}{6}\sqrt{149-66\sqrt{5}}\cos\left(\frac{1}{3}\left(180°+\arccos\left(\frac{1}{354482}\sqrt{421p_R}\right)\right)\right)+\frac{21-7\sqrt{5}}{24}}$$

$$\approx 0.644971059646789626948,$$

其中心到正三角形面的距离是

$$r_3 = \sqrt{\rho^2 - \left(\frac{\sqrt{3}}{6}\right)^2} \approx 0.287606976945571325751,$$

其中心到正五角星面的距离是

$$r_{\frac{5}{2}} = \sqrt{\rho^2 - \left(\frac{\tan 18°}{2}\right)^2} \approx 0.373708314425947311097.$$

大反扭棱三十二面体的两个相邻正三角形二面角的余弦值是

$$\cos\alpha_{33} = \cos\left(2\arccos\frac{\sqrt{3}}{6\rho}\right),$$

$$\alpha_{33} \approx 89°47'15'',$$

大反扭棱三十二面体的正三角形与正五角星形成二面角的余弦值是

$$\cos\alpha_{3\frac{5}{2}} = \cos\left(\arccos\frac{\sqrt{3}}{6\rho} - \arccos\frac{\tan 18°}{2\rho}\right),$$

$$\alpha_{3\frac{5}{2}} \approx 21°36'38''.$$

图 5.8.297、图 5.8.298、图 5.8.299 分别是大反扭棱三十二面体中与正五角星相邻的正三角形面（表面与中心在同侧的表面分割面积用 $S'_{3_1^+}$ 表示，表面与中心在异侧的表面分割面积用 $S'_{3_1^-}$ 表示）、不与正五角星相邻的正三角形面（表面分割面积用 S'_{3_2} 表示）、正五角星被多面体分割的情况. 其中与正五角星相邻的正三角形共 60 个，与正五角星不相邻的正三角形共 20 个. 不与正五角星相邻的正三角形面绕其中心旋转 120° 其表面分割部分是重合的，正五角星面绕其中心旋转 72° 其表面分割部分是重合的. 其中图 5.8.300 是图 5.8.297 左下角的放大图，图 5.8.301 是图 5.8.297 右下角的放大图，图 5.8.302 是图 5.8.298 右下角的放大图，图 5.8.303 是图 5.8.299 左上角的放大图. 图 5.8.297 正三角形底边的五分点所分线段的七分点所分线段从左到右的长度分别是 t_1、t_2、t_3、t_4、t_5、t_6、t_7、t_8；图 5.8.297 正三角形左侧边的六分点所分线段从上到下分割的线段长分别是 t_9、t_{10}、t_{11}、t_{12}、t_{13}、t_{14}；图 5.8.297 正三角形右侧边的七分点所分线段从上到下分割的线段长分别是 t_{15}、t_{16}、t_{17}、t_{18}、t_{19}、t_{16}、t_{15}；图 5.8.298 正三角形边的七分点所分线段按逆时针顺序分割的线段长分别是 t_{14}、t_{20}、t_{21}、t_{22}、t_{23}、t_{24}、t_1；图 5.8.299 正五角星的十分点所分线段按逆时针顺序分割的线段长分别是 t_1、t_{25}、t_{26}、t_{27}、t_{28}、t_{29}、t_{30}、t_{31}、t_{32}、t_8. 其中 t_1 是方程

$$2x^3 + \left(\sqrt{5} - 5\right)x^2 + \left(1 - 3\sqrt{5}\right)x + \sqrt{5} - 1 = 0$$

的根，约为

$$0.19998021068897139597;$$

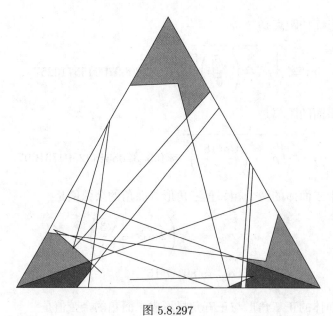

图 5.8.297

t_2 是方程

$$422x^3 + \left(2371 - 1249\sqrt{5}\right)x^2 + \left(252 - 944\sqrt{5}\right)x - 68\sqrt{5} + 222 = 0$$

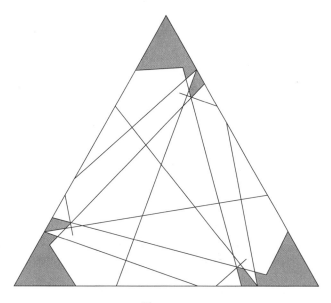

图 5.8.298

的根，约为
$$0.037325059402583680695;$$

t_3 是方程
$$422x^3 + \left(9656 - 4026\sqrt{5}\right)x^2 + \left(4786\sqrt{5} - 10896\right)x - 5725\sqrt{5} + 12739 = 0$$
的根，约为
$$0.415611853410468 28727;$$

t_4 是方程
$$2x^3 + \left(25\sqrt{5} - 59\right)x^2 + \left(43\sqrt{5} - 95\right)x + 21\sqrt{5} - 47 = 0$$
的根，约为
$$0.041502508653693531027;$$

t_5 是方程
$$38x^3 + \left(122 - 60\sqrt{5}\right)x^2 + \left(35 - 63\sqrt{5}\right)x - 17\sqrt{5} + 39 = 0$$
的根，约为
$$0.009311411 6558509804168;$$

t_6 是方程
$$1178x^3 + \left(834\sqrt{5} + 1196\right)x^2 + \left(301\sqrt{5} + 1015\right)x - 7\sqrt{5} - 51 = 0$$
的根，约为
$$0.036971016559160420264;$$

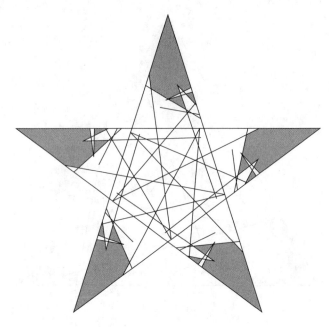

图 5.8.299

t_7 是方程

$$62x^3 + \left(23\sqrt{5} - 45\right)x^2 + \left(-5\sqrt{5} - 63\right)x - 25\sqrt{5} + 57 = 0$$

的根，约为

$$0.014827598128901714579;$$

t_8 是方程

$$2x^3 - 6x^2 + 2\sqrt{5}x + \sqrt{5} - 3 = 0$$

的根，约为

$$0.24447034150036998977;$$

t_9 是方程

$$538x^3 + \left(502\sqrt{5} - 1308\right)x^2 + \left(1103 - 557\sqrt{5}\right)x + 187\sqrt{5} - 379 = 0$$

的根，约为

$$0.25250446614381976998;$$

t_{10} 是方程

$$31742x^3 + \left(188807 - 33653\sqrt{5}\right)x^2 + \left(38418 - 6292\sqrt{5}\right)x - 1817\sqrt{5} - 1099 = 0$$

的根，约为

$$0.13013992514920026560;$$

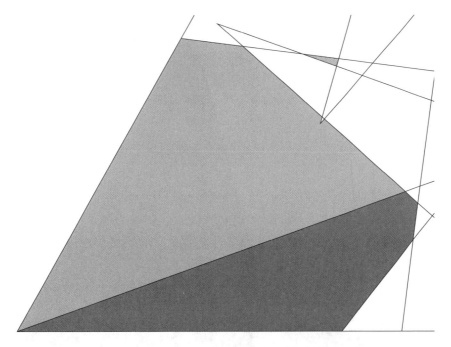

图 5.8.300

t_{11} 是方程
$$59x^3 + \left(-81\sqrt{5} - 296\right)x^2 + \left(116\sqrt{5} + 193\right)x + \sqrt{5} - 8 = 0$$
的根,约为
$$0.012916930495872572085;$$

t_{12} 是方程
$$2x^3 + \left(10\sqrt{5} - 18\right)x^2 + \left(6 - 2\sqrt{5}\right)x + \sqrt{5} - 3 = 0$$
的根,约为
$$0.268643104295522230999;$$

t_{13} 是方程
$$x^3 + \left(9\sqrt{5} - 19\right)x^2 + \left(7 - 4\sqrt{5}\right)x + \sqrt{5} - 2 = 0$$
的根,约为
$$0.13282774106890862361;$$

t_{14} 是方程
$$2x^3 + \left(53 - 25\sqrt{5}\right)x^2 + \left(21\sqrt{5} - 47\right)x - 8\sqrt{5} + 18 = 0$$
的根,约为
$$0.20296783284667645874;$$

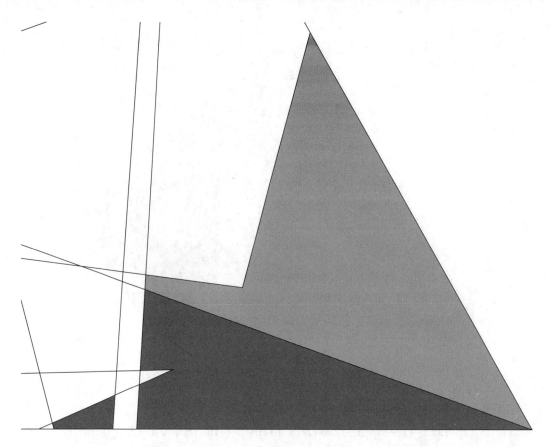

图 5.8.301

t_{15} 是方程

$$701x^3 + \left(-422\sqrt{5} - 66\right)x^2 + \left(337\sqrt{5} - 336\right)x - 68\sqrt{5} + 99 = 0$$

的根, 约为

$$0.27495205764491039974;$$

t_{16} 是方程

$$1402x^3 + \left(10647 - 4063\sqrt{5}\right)x^2 + \left(1783\sqrt{5} - 4771\right)x - 277\sqrt{5} + 661 = 0$$

的根, 约为

$$0.060843516270674682615;$$

t_{17} 是方程

$$122x^3 + \left(349\sqrt{5} - 839\right)x^2 + \left(272\sqrt{5} - 606\right)x + 59\sqrt{5} - 131 = 0$$

的根, 约为

$$0.20024543398764022578;$$

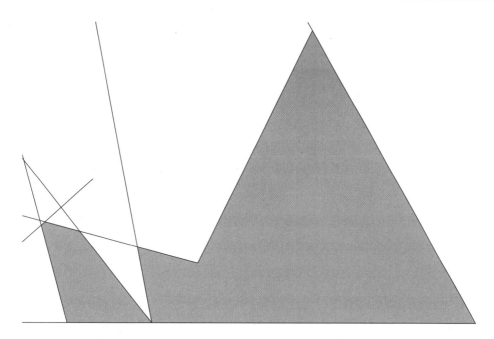

图 5.8.302

t_{18} 是方程
$$122x^3 + \left(17\sqrt{5} + 229\right)x^2 + \left(\sqrt{5} - 209\right)x - 13\sqrt{5} + 33 = 0$$
的根, 约为
$$0.019508439907433306119;$$

t_{19} 是方程
$$2x^3 + \left(8\sqrt{5} - 26\right)x^2 + \left(8\sqrt{5} - 10\right)x + \sqrt{5} - 3 = 0$$
的根, 约为
$$0.10865497827375630339;$$

t_{20} 是方程
$$x^3 + \left(9\sqrt{5} - 19\right)x^2 + \left(7 - 4\sqrt{5}\right)x + \sqrt{5} - 2 = 0$$
的根, 约为
$$0.13282774106890862361;$$

t_{21} 是方程
$$2x^3 + \left(10\sqrt{5} - 18\right)x^2 + \left(6 - 2\sqrt{5}\right)x + \sqrt{5} - 3 = 0$$
的根, 约为
$$0.26864310429552230999;$$

t_{22} 是方程
$$2x^3 + \left(4\sqrt{5} - 18\right)x^2 + \left(6\sqrt{5} - 8\right)x + 3\sqrt{5} - 7 = 0$$

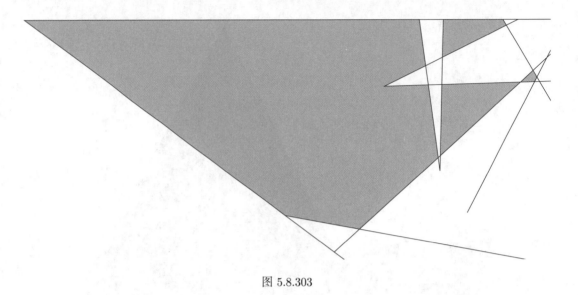

图 5.8.303

的根, 约为

$$0.059765747873307525302;$$

t_{23} 是方程

$$538x^3 + \left(5343 - 2385\sqrt{5}\right)x^2 + \left(195\sqrt{5} - 447\right)x - 451\sqrt{5} + 1009 = 0$$

的根, 约为

$$0.083291107771765312379;$$

t_{24} 是方程

$$538x^3 + \left(233\sqrt{5} + 37\right)x^2 + \left(-151\sqrt{5} - 465\right)x + 15\sqrt{5} + 7 = 0$$

的根, 约为

$$0.052524255454848374001;$$

t_{25} 是方程

$$422x^3 + \left(2371 - 1249\sqrt{5}\right)x^2 + \left(252 - 944\sqrt{5}\right)x - 68\sqrt{5} + 222 = 0$$

的根, 约为

$$0.037325059402583680695;$$

t_{26} 是方程

$$422x^3 + \left(405\sqrt{5} - 1949\right)x^2 + \left(435\sqrt{5} - 421\right)x + 43\sqrt{5} - 159 = 0$$

的根, 约为

$$0.15825605169733753099;$$

t_{27} 是方程

$$482x^3 + (1741\sqrt{5} - 1947)x^2 + (2242 - 588\sqrt{5})x + 85\sqrt{5} - 561 = 0$$

的根, 约为

$$0.25498497704863466868;$$

t_{28} 是方程

$$482x^3 + (669\sqrt{5} - 2391)x^2 + (297\sqrt{5} - 707)x + 287\sqrt{5} - 641 = 0$$

的根, 约为

$$0.013658127246887641307;$$

t_{29} 是方程

$$2x^3 + (14 - 6\sqrt{5})x^2 + (3 - 3\sqrt{5})x - 8\sqrt{5} + 18 = 0$$

的根, 约为

$$0.030215206071301977323;$$

t_{30} 是方程

$$38x^3 + (122 - 60\sqrt{5})x^2 + (35 - 63\sqrt{5})x - 17\sqrt{5} + 39 = 0$$

的根, 约为

$$0.0093114116558509804168;$$

t_{31} 是方程

$$1178x^3 + (834\sqrt{5} + 1196)x^2 + (301\sqrt{5} + 1015)x - 7\sqrt{5} - 51 = 0$$

的根, 约为

$$0.036971016559160420264;$$

t_{32} 是方程

$$62x^3 + (23\sqrt{5} - 45)x^2 + (-5\sqrt{5} - 63)x - 25\sqrt{5} + 57 = 0$$

的根, 约为

$$0.014827598128901714579.$$

图 5.8.297 正三角形靠近左下侧两顶点都不在边上的分割线被浅灰色和深灰色两部分表面分割线分成两段, 上侧长是 t_{33}, 下侧长是 t_{34}, 浅灰色和深灰色两部分表面分割线被这条分割线分成两段, 上侧长是 t_{35}, 下侧长是 t_{36}, 两分割线夹角的余弦值是 c_1, 其中 t_{33} 是方程

$$89042x^6 + (877121\sqrt{5} - 17884961)x^4 + (4093733\sqrt{5} + 9510737)x^2 - 94341\sqrt{5} - 220367 = 0$$

的根, 约为
$$0.15356893319389423299;$$

t_{34} 是方程
$$116162x^6 + \left(-5200718\sqrt{5} - 11670304\right)x^4 + \left(2046198\sqrt{5} + 4576552\right)x^2 \\ - 6545\sqrt{5} - 14643 = 0$$

的根, 约为
$$0.056794191631447985981;$$

t_{35} 是方程
$$x^6 + \left(-36\sqrt{5} - 145\right)x^4 + \left(31\sqrt{5} + 77\right)x^2 - 3\sqrt{5} - 16 = 0$$

的根, 约为
$$0.62761208003924422120;$$

t_{36} 是方程
$$x^6 + \left(-23\sqrt{5} - 134\right)x^4 + \left(82\sqrt{5} + 181\right)x^2 - 3\sqrt{5} - 16 = 0$$

的根, 约为
$$0.25384302009105287629;$$

c_1 是方程
$$13504x^6 + \left(17904 - 20448\sqrt{5}\right)x^4 + \left(208440 - 85608\sqrt{5}\right)x^2 + 61911\sqrt{5} - 141136 = 0$$

的根, 角度约为
$$60°18'55''.$$

图 5.8.297 正三角形靠近左下侧顶点不在边上但分割线与边相交的分割线的端点与左侧边相连的分割线的长度及这条分割线与左侧边的夹角的余弦值分别是 t_{37}、c_2, 其中 t_{37} 是方程
$$722x^6 + \left(-831\sqrt{5} - 9507\right)x^4 + \left(975\sqrt{5} + 877\right)x^2 + 360\sqrt{5} - 998 = 0$$

的根, 约为
$$0.41512998012087495599;$$

c_2 是方程
$$30848x^6 + \left(-6144\sqrt{5} - 61248\right)x^4 + \left(5376\sqrt{5} + 47808\right)x^2 - 1041\sqrt{5} - 13277 = 0$$

的根, 角度约为
$$13°53'46''.$$

图 5.8.297 正三角形靠近右下侧顶点不在边上但分割线与底边相交的分割线的端点与底边相连的分割线的长度及这条分割线与底边的夹角的余弦值分别是 t_{38}、c_3，与这个端点相连的另一分割线长是 t_{39}，两分割线夹角的余弦值是 c_3，其中 t_{38} 是方程

$$961x^6 + \left(595\sqrt{5} - 2113\right)x^4 + \left(7012\sqrt{5} - 15629\right)x^2 + 18383\sqrt{5} - 41106 = 0$$

的根，约为

$$0.090836125292851925033;$$

t_{39} 是方程

$$7151762x^6 + \left(12083874\sqrt{5} - 56830264\right)x^4 + \left(58653240 - 13075614\sqrt{5}\right)x^2 \\ + 7379519\sqrt{5} - 20518311 = 0$$

的根，约为

$$0.40272789463889044415;$$

c_2 是方程

$$3968x^6 + \left(1824\sqrt{5} - 7968\right)x^4 + \left(6048 - 2496\sqrt{5}\right)x^2 + 753\sqrt{5} - 1697 = 0$$

的根，角度约为

$$23°07'25'';$$

c_3 是方程

$$21464896x^6 + \left(6412536\sqrt{5} - 51367992\right)x^4 + \left(43585524 - 10589004\sqrt{5}\right)x^2 \\ + 4332150\sqrt{5} - 13085647 = 0$$

的根，角度约为

$$21°43'16''.$$

图 5.8.297 正三角形靠近右下侧顶点不在边上但分割线与右侧边相交的分割线的端点与右侧相连的分割线的长度及这条分割线与右侧边的夹角的余弦值分别是 t_{40}、c_4，其中 t_{40} 是方程

$$71116535522x^6 + \left(-5632048159\sqrt{5} - 68393181531\right)x^4 \\ + \left(5147218567\sqrt{5} + 10008609197\right)x^2 - 87442320\sqrt{5} - 295929782 = 0$$

的根，约为

$$0.15865390337228715262;$$

c_4 是方程

$$1432448x^6 + \left(-85824\sqrt{5} - 987648\right)x^4 + \left(341232 - 38592\sqrt{5}\right)x^2 + 2511\sqrt{5} - 16883 = 0$$

的根，角度约为
$$45°08'35''.$$

图 5.8.297 正三角形靠近上侧顶点不在边上但分割线与底边相交的分割线的端点与底边相连的分割线的长度及这条分割线与底边的夹角的余弦值分别是 t_{41}、c_5，其中 t_{41} 是方程

$$354791522x^6 + \left(-162067510\sqrt{5} - 540851634\right)x^4 + \left(255206096\sqrt{5} + 130056024\right)x^2$$
$$+ 33275033\sqrt{5} - 239770989 = 0$$

的根，约为
$$0.675401679056228147 18;$$

c_5 是方程
$$4876096x^6 + \left(156720\sqrt{5} - 8621088\right)x^4 + \left(4090860 - 150972\sqrt{5}\right)x^2 - 2130\sqrt{5} - 204037 = 0$$

的根，角度约为
$$75°17'44''.$$

图 5.8.298 正三角形靠近左下侧顶点不在边上但分割线与底边相交的分割线的端点与底边相连的分割线的长度及这条分割线与底边的夹角的余弦值分别是 t_{42}、c_6，其中 t_{42} 是方程

$$x^6 + \left(2777\sqrt{5} - 6213\right)x^4 + \left(1562\sqrt{5} - 3490\right)x^2 + 220\sqrt{5} - 492 = 0$$

的根，约为
$$0.15653619749556302063;$$

c_6 是方程
$$512x^6 + \left(192 - 384\sqrt{5}\right)x^4 + \left(4272 - 1824\sqrt{5}\right)x^2 + 2208\sqrt{5} - 4949 = 0$$

的根，角度约为
$$56°42'35''.$$

图 5.8.298 正三角形靠近右下侧顶点不在边上但分割线与底边相交的分割线的端点与底边相连的分割线的长度及这条分割线与底边的夹角的余弦值分别是 t_{43}、c_7，其中 t_{43} 是方程

$$x^6 + \left(230\sqrt{5} - 518\right)x^4 + \left(3471 - 1552\sqrt{5}\right)x^2 + 2800\sqrt{5} - 6261 = 0$$

的根，约为
$$0.13150851536240331233;$$

c_7 是方程
$$128x^6 + \left(336 - 240\sqrt{5}\right)x^4 + \left(708 - 276\sqrt{5}\right)x^2 + 435\sqrt{5} - 983 = 0$$

的根，角度约为
$$41°03'06''.$$

图 5.8.299 正五角星最靠近水平边左侧顶点不在边上但分割线与水平边相交的分割线的端点与水平边相连的分割线的长度及这条分割线与水平边的夹角的余弦值分别是 t_{44}、c_8，与这个端点相连的另一分割线长是 t_{45}，两分割线夹角的余弦值是 c_9，其中 t_{44} 是方程

$$2x^6 + \left(6\sqrt{5} - 18\right)x^4 + \left(78 - 34\sqrt{5}\right)x^2 + 55\sqrt{5} - 123 = 0$$

的根，约为
$$0.091664409672349351593;$$

t_{45} 是方程

$$2x^6 + \left(7\sqrt{5} - 39\right)x^4 + \left(13\sqrt{5} + 25\right)x^2 + 2\sqrt{5} - 12 = 0$$

的根，约为
$$0.385547744048596000056;$$

c_8 是方程

$$128x^6 - 224x^4 + \left(324 - 100\sqrt{5}\right)x^2 + 45\sqrt{5} - 103 = 0$$

的根，角度约为
$$25°50'41'';$$

c_9 是方程

$$1984x^6 + \left(112\sqrt{5} - 3792\right)x^4 + \left(2402 - 354\sqrt{5}\right)x^2 + 207\sqrt{5} - 494 = 0$$

的根，角度约为
$$24°16'22''.$$

图 5.8.299 正五角星第二靠近水平边左侧顶点不在边上但分割线与水平边相交的分割线的端点与水平边相连最靠近水平边左侧顶点的分割线的长度及这条分割线与水平边的夹角的余弦值分别是 t_{44}、c_{10}，其中 c_{10} 是方程

$$128x^6 + \left(96\sqrt{5} - 384\right)x^4 + \left(384 - 152\sqrt{5}\right)x^2 + \sqrt{5} - 3 = 0$$

的根，角度约为
$$82°09'19''.$$

图 5.8.299 正五角星第三靠近水平边左侧顶点不在边上但分割线与水平边相交的分割线的端点与水平边相连的分割线的长度及这条分割线与水平边的夹角的余弦值分别是 t_{46}、c_{11}，其中 t_{46} 是方程

$$x^6 + \left(230\sqrt{5} - 518\right)x^4 + \left(3471 - 1552\sqrt{5}\right)x^2 + 2800\sqrt{5} - 6261 = 0$$

的根，约为
$$0.13150851536240331233;$$

c_{10} 是方程
$$64x^6 + \left(-32\sqrt{5} - 32\right)x^4 + \left(62 - 6\sqrt{5}\right)x^2 + 28\sqrt{5} - 69 = 0$$
的根，角度约为
$$61°50'41''.$$

其中 $S'_{3_1^+}$ 是方程

$$\begin{aligned}
&2110869122385668706522486328673299668992x^6 \\
&+ \big(91443750838394750661539619743186058930516 48\sqrt{5} \\
&\quad - 2059125127225533346345284326143064512292 1216\big)x^4 \\
&+ \big(305230797050665115054251185756190746151 5792 \\
&\quad - 13646955376814381380902841511047946118286 56\sqrt{5}\big)x^2 \\
&+ 3156083308216197282332149485470642580163 47\sqrt{5} \\
&- 705721944973703382432051317328105246940929 = 0
\end{aligned}$$

的根，约为
$$0.06987641711345 2040973;$$

$S'_{3_1^-}$ 是方程

$$\begin{aligned}
&1469639042949685661365715 02592x^6 \\
&+ \big(2124287868748913101509776262 91200\sqrt{5} - 4762419553920880920951397852 78464\big)x^4 \\
&+ \big(9161622921185940620335550437 4976\sqrt{5} - 204453548245930698824307018259392\big)x^2 \\
&+ 1807386032342944864067047897 6809\sqrt{5} - 40414540434835175263955992887189 = 0
\end{aligned}$$

的根，约为
$$0.019858123178538148709;$$

S'_{3_2} 是方程

$$\begin{aligned}
&8736364146532352x^6 + \big(19847286772562778624\sqrt{5} - 65287081399313083392\big)x^4 \\
&+ \big(55414361792506 26150864 - 2468311047345311534736\sqrt{5}\big)x^2 \\
&+ 10727223872351 4645753771\sqrt{5} - 23986809582291 0346040001 = 0
\end{aligned}$$

的根，约为
$$0.059451399769845309560;$$

$S'_{\frac{5}{2}}$ 是方程

$507371218266141345805275136x^6$
$+ \left(12493647158664039108808071209600\sqrt{5} - 33207623739059698414189010512000\right)x^4$
$+ \left(663350256095566420530118325250000 - 275149864305628111284128258350000\sqrt{5}\right)x^2$
$+ 166686761431296361651104870495156250\sqrt{5}$
$- 372723462774083516373855136811328125 = 0$

的根，约为

$$0.10536081001342535194.$$

大反扭棱三十二面体的表面积是

$$S = 60\left(S'_{3_1^+} + S'_{3_1^-}\right) + 20S'_{3_2} + 12S'_{\frac{5}{2}},$$

约为

$$7.8374301330774217954;$$

大反扭棱三十二面体的体积是

$$V = 60 \times \frac{1}{3}\left(S'_{3_1^+} - S'_{3_1^-}\right)r_3 + 20 \times \frac{1}{3}S'_{3_2}r_3 + 12 \times \frac{1}{3}S'_{\frac{5}{2}}r_{\frac{5}{2}}$$
$$= 20\left(S'_{3_1^+} - S'_{3_1^-}\right)r_3 + \frac{20}{3}S'_{3_2}r_3 + 4S'_{\frac{5}{2}}r_{\frac{5}{2}},$$

其中 V 是方程

$8498990389135571949804620302440028879494242x^6$
$+ \big(20256219970039789786583619919593900076012168349775\sqrt{5}$
$- 455708178448376557066814173439471074282184090725975\big)x^4$
$+ \big(380234238089607495435564260622013044039167191021907500$
$- 170032816969010860190192643888321541490466900519378750\sqrt{5}\big)x^2$
$+ 232243943019632300275350457469540361517328718770918765625\sqrt{5}$
$- 519313252846618838175188787178958052724825213932715046875 = 0$

的根，约为

$$0.55919996483184273082.$$

（6） 大后扭棱二十合三十二面体

定义 5.8.73. 如图 5.8.304，当正二十面体的每个外表面正朝向自己的时候，则里面含有一个如图 5.8.305 所示的三角形，其中 d_1、d_2 是各顶点到对应边的距离，如果 $\triangle ABC$

是正三角形，那么前面所有三角形的顶点构成的凸多面体称为第六类变形扭棱正十二面体（图 5.8.306）.

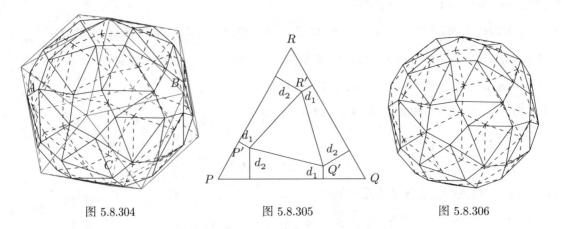

图 5.8.304　　　　　图 5.8.305　　　　　图 5.8.306

如图 5.8.304，设正二十面体的棱长是 1，类似扭棱正十二面体的构造法，类似扭棱十二合十二面体和扭棱三十二合十二面体的方法，可得

$$AB = \frac{1+\sqrt{5}}{2}\sqrt{l_1^2 + l_2^2 + \frac{2}{3}l_1 l_2 + l_3^2},$$

$$AC = \sqrt{2l_4^2\left(1-\frac{1}{3}\right) + l_5^2},$$

$$BC = \sqrt{l_6^2 + l_7^2 - \frac{2}{3}l_6 l_7 + l_8^2},$$

其中

$$l_1 = d_2\frac{\sqrt{10}}{4} + \frac{2d_1+d_2}{\sqrt{3}}\frac{\sqrt{6}}{4},$$

$$l_2 = \frac{\sqrt{3}-2(d_1+d_2)}{2}\frac{\sqrt{10}}{4} + \left(\frac{1}{2}-\frac{d_2-d_1}{\sqrt{3}}\right)\frac{\sqrt{6}}{4},$$

$$l_3 = \left(\frac{2d_1+d_2}{\sqrt{3}}\frac{\sqrt{10}}{4} - d_2\frac{\sqrt{6}}{4}\right) - \left(\left(\frac{1}{2}-\frac{d_2-d_1}{\sqrt{3}}\right)\frac{\sqrt{10}}{4} - \frac{\sqrt{3}-2(d_1+d_2)}{2}\frac{\sqrt{6}}{4}\right),$$

$$l_4 = d_2\frac{1}{4}\sqrt{7+3\sqrt{5}} + \left(1 - \frac{2d_1+d_2}{\sqrt{3}}\right)\frac{1}{4}\sqrt{9-3\sqrt{5}} + 2\cos 72°\frac{1}{4}\sqrt{9+3\sqrt{5}},$$

$$l_5 = \sqrt{3-\sqrt{5}} - 2\left(\left(1-\frac{2d_1+d_2}{\sqrt{3}}\right)\frac{1}{4}\sqrt{7+3\sqrt{5}} - d_2\frac{1}{4}\sqrt{9-3\sqrt{5}}\right.$$
$$\left. + 2\cos 72°\frac{1}{4}\sqrt{7-3\sqrt{5}}\right),$$

$$l_6 = d_1\frac{1}{4}\sqrt{7+3\sqrt{5}} + \left(1 - \frac{d_1+2d_2}{\sqrt{3}}\right)\frac{1}{4}\sqrt{9-3\sqrt{5}} + 2\cos 72°\frac{1}{4}\sqrt{9+3\sqrt{5}},$$

$$l_7 = \frac{\sqrt{3}-2(d_1+d_2)}{2}\frac{1}{4}\sqrt{7+3\sqrt{5}} + \left(\frac{1}{2}+\frac{d_2-d_1}{\sqrt{3}}\right)\frac{1}{4}\sqrt{9-3\sqrt{5}} + 2\cos 72°\frac{1}{4}\sqrt{9+3\sqrt{5}},$$

$$l_8 = \sqrt{3-\sqrt{5}} - \left(\left(1 - \frac{d_1 + 2d_2}{\sqrt{3}}\right)\frac{1}{4}\sqrt{7+3\sqrt{5}} - d_1 \frac{1}{4}\sqrt{9-3\sqrt{5}} + 2\cos 72° \frac{1}{4}\sqrt{7-3\sqrt{5}}\right.$$
$$+ \left(\frac{1}{2} + \frac{d_2 - d_1}{\sqrt{3}}\right)\frac{1}{4}\sqrt{7+3\sqrt{5}}$$
$$\left. - \frac{\sqrt{3} - 2(d_1+d_2)}{2}\frac{1}{4}\sqrt{9-3\sqrt{5}} + 2\cos 72° \frac{1}{4}\sqrt{7-3\sqrt{5}}\right),$$

类似扭棱十二合十二面体的方法由 $AB = AC$ 及 $AB = BC$ 建立方程组，可求得

$$d_1 = \frac{d_2(44d_2 - 7\sqrt{3} + \sqrt{15})}{\sqrt{3} + 3\sqrt{15} - 4(5+4\sqrt{5})d_2},$$
$$d_2\left(152d_2^3 + \left(-786\sqrt{3} - 318\sqrt{15}\right)d_2^2 + \left(576 + 240\sqrt{5}\right)d_2 - 15\sqrt{15} - 36\sqrt{3}\right) = 0,$$

求得 d_2 的唯一实数解满足 $0 < \frac{d_1 + 2d_2}{\sqrt{3}} < \frac{1}{2}$，$0 < \frac{2d_1 + d_2}{\sqrt{3}} < \frac{1}{2}$，

$$d_2 = -\frac{1}{19}\sqrt{\frac{1}{3}\left(45893 + 20517\sqrt{5}\right)}\cos\left(\frac{1}{3}\left(180° + \arccos\left(-\frac{\sqrt{991p_2}}{7856648}\right)\right)\right)$$
$$- \frac{243\sqrt{3} + 125\sqrt{15}}{228}$$
$$\approx 0.20522587370397491718,$$

其中

$$p_2 = 203880119023 - 64453643217\sqrt{5},$$

接着求得

$$d_1 = -\frac{1}{19}\sqrt{\frac{1}{2}\left(43161 + 19309\sqrt{5}\right)}\cos\left(\frac{1}{3}\arccos\left(-\frac{3\sqrt{2733p_1}}{1659842}\right)\right)$$
$$+ \frac{131\sqrt{3} + 53\sqrt{15}}{76}$$
$$\approx 0.083914696738253765671,$$

其中

$$p_1 = 35760993 + 34098044\sqrt{5},$$

交换 d_1、d_2 的数值仍可得到第六类变形扭棱正十二面体.

设棱长是 1 的正二十面体构造的第六类变形扭棱正十二面体的正三角形面棱长是 a，正五边形面棱长是 b，其余三角形面不与正三角形和正五边形公用棱的棱长是 c，则

$$a = \sqrt{\left(1 - \sqrt{3}(d_1+d_2)\right)^2 + (d_2 - d_1)^2}$$

$$= \sqrt{-\frac{2}{361}\sqrt{p_a}\cos\left(\frac{1}{3}\arccos\left(-\frac{\sqrt{4235671q_a}}{143527270561928}\right)\right)+\frac{2}{361}\left(27519+12307\sqrt{5}\right)}$$

$$\approx 0.51372258370934467894,$$

$$b=\sqrt{d_1^2+d_2^2+\frac{2\sqrt{5}}{3}d_1d_2+\left(\frac{d_2-d_2}{\sqrt{3}}\right)^2}$$

$$=\sqrt{-\frac{2}{1083}\sqrt{2p_b}\cos\left(\frac{1}{3}\arccos\left(-\frac{\sqrt{2523182q_b}}{50931579240992}\right)\right)+\frac{152039+67965\sqrt{5}}{2166}}$$

$$\approx 0.28237749551590983834,$$

$$c=\sqrt{2d_1^2\left(1+\frac{\sqrt{5}}{3}\right)+\left(1-2\frac{d_1+2d_1}{\sqrt{3}}\right)^2}$$

$$=\sqrt{-\frac{4}{1083}\sqrt{p_c}\cos\left(\frac{1}{3}\arccos\left(-\frac{\sqrt{2523182q_c}}{50931579240992}\right)\right)+\frac{397971+177967\sqrt{5}}{2166}}$$

$$\approx 0.45689638540281314231,$$

其中

$$p_a = 5996474853 + 2681704997\sqrt{5},$$
$$q_a = 5426382396684134478853 - 251859951071230497381\sqrt{5},$$
$$p_b = 5687513243 + 2543533221\sqrt{5},$$
$$q_b = 6462200302187845971713 3- 284401403272837711955 97\sqrt{5},$$
$$p_c = 19491397754 + 8716818069\sqrt{5},$$
$$q_c = 6462200302187845971713 3- 284401403272837711955 97\sqrt{5},$$

此时外接球半径是

$$R' = \sqrt{\left(\frac{3\sqrt{3}+\sqrt{15}}{12}\right)^2+\left(\frac{\sqrt{3}}{3}a\right)^2}$$

$$=\sqrt{-\frac{2}{1083}\sqrt{p_{R'}}\cos\left(\frac{1}{3}\arccos\left(-\frac{\sqrt{4235671q_{R'}}}{143527270561928}\right)\right)+\frac{442831+197995\sqrt{5}}{8664}}$$

$$\approx 0.81187773804012013261,$$

其中

$$p_{R'} = 5996474853 + 2681704997\sqrt{5},$$
$$q_{R'} = 5426382396684134478853 - 251859951071230497381\sqrt{5}.$$

定义 5.8.74. 第六类变形扭棱正十二面体的各个顶点按图 5.8.307 中过顶点 A 的粗线的四个正三角形和一个正五角星面的方法构造面,得到的均匀多面体称为大后扭棱二十合三十二面体(图 5.8.308).

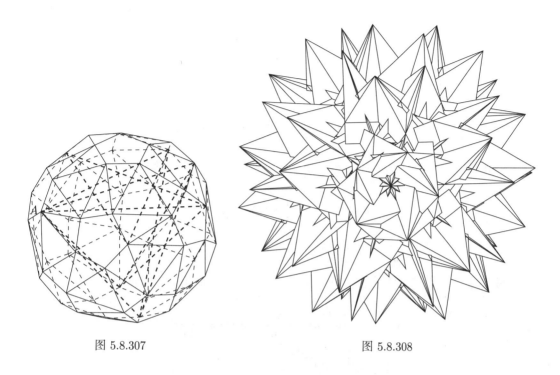

图 5.8.307 图 5.8.308

设大后扭棱二十合三十二面体的棱长是 1,则大后扭棱二十合三十二面体的外接球半径是

$$R = \frac{R'}{\sqrt{l_6^2 + l_7^2 - \frac{2}{3}l_6 l_7 + l_8^2}}$$

$$= \sqrt{-\frac{1}{6}\sqrt{149 - 66\sqrt{5}} \cos\left(\frac{1}{3}\arccos\left(-\frac{1}{354482}\sqrt{421 p_R}\right)\right) + \frac{27 - 7\sqrt{5}}{24}}$$

$$\approx 0.58000150464001552835,$$

其中

$$p_R = 236558821 - 27853578\sqrt{5},$$

内棱切球半径是

$$\rho = \sqrt{R^2 - \left(\frac{1}{2}\right)^2}$$

$$= \sqrt{-\frac{1}{6}\sqrt{149 - 66\sqrt{5}} \cos\left(\frac{1}{3}\arccos\left(-\frac{1}{354482}\sqrt{421 p_R}\right)\right) + \frac{21 - 7\sqrt{5}}{24}}$$

$$\approx 0.29394173807862325162,$$

其中心到正三角形面的距离是

$$r_3 = \sqrt{\rho^2 - \left(\frac{\sqrt{3}}{6}\right)^2} \approx 0.055393249149590612622,$$

其中心到正五角星面的距离是

$$r_{\frac{5}{2}} = \sqrt{\rho^2 - \left(\frac{\tan 18°}{2}\right)^2} \approx 0.24496641225821331791.$$

大后扭棱二十合三十二面体的两个相邻正三角形二面角的余弦值是

$$\cos \alpha_{33} = \cos\left(2 \arccos \frac{\sqrt{3}}{6\rho}\right),$$

$$\alpha_{33} \approx 21°43'29'',$$

大后扭棱二十合三十二面体的正三角形与正五角星形成二面角的余弦值是

$$\cos \alpha_{3\frac{5}{2}} = \cos\left(\arccos \frac{\sqrt{3}}{6\rho} + \arccos \frac{\tan 18°}{2\rho}\right),$$

$$\alpha_{3\frac{5}{2}} \approx 67°18'37''.$$

图 5.8.309、图 5.8.310、图 5.8.311 分别是大后扭棱二十合三十二面体中与正五角星相邻的正三角形面（表面分割面积用 S'_{3_1} 表示）、不与正五角星相邻的正三角形面（表面分割面积用 S'_{3_2} 表示）、正五角星被多面体分割的情况。其中与正五角星相邻的正三角形共 60 个，与正五角星不相邻的正三角形共 20 个。不与正五角星相邻的正三角形面绕其中心旋转 120° 其表面分割部分是重合的，正五角星面绕其中心旋转 72° 其表面分割部分是重合的。其中图 5.8.312、图 5.8.313、图 5.8.314、图 5.8.315、图 5.8.316、图 5.8.317、图 5.8.318、图 5.8.319 分别是图 5.8.309 左下角偏下、左下角偏上、右下角偏左、右下角偏上、顶部偏右下、顶部偏左下、左中部偏下的放大图，图 5.8.320、图 5.8.321 分别是图 5.8.310 左下角偏右和底边中部偏右的放大图，图 5.8.322、图 5.8.323、图 5.8.324 是图 5.8.311 水平边靠近两边自交处下方偏左、下方偏右、上方的放大图。图 5.8.309 正三角形底边的五分点所分线段的十二分点所分线段从左到右的长度分别是 t_1、t_2、t_3、t_4、t_5、t_6、t_7、t_8、t_3、t_9、t_{10}、t_{11}；图 5.8.309 正三角形右侧边的二十分点所分线段从下到上分割的线段长分别是 t_{12}、t_{13}、t_{14}、t_{15}、t_{16}、t_{17}、t_{18}、t_{19}、t_{20}、t_{21}、t_{22}、t_{23}、t_{22}、t_{24}、t_{25}、t_{26}、t_{16}、t_{15}、t_{14}、t_{13}、t_{12}；图 5.8.297 正三角形左侧边的十二分点所分线段从上到下分割的线段长分别是 t_{12}、t_{27}、t_{28}、t_{29}、t_{30}、t_{31}、t_{32}、t_{33}、t_{34}、t_{35}、t_{10}、t_{11}；图 5.8.310 正三角形边的十三分点所分线段按逆时针顺序分割的线段长分别是 t_{11}、t_{10}、t_{36}、t_{33}、t_{32}、t_{37}、t_{38}、t_{39}、t_{40}、t_{41}、t_{28}、t_{27}、

t_{12}；图 5.8.311 正五角星的十一分点所分线段按逆时针顺序分割的线段长分别是 t_{11}、t_{10}、t_9、t_{42}、t_{43}、t_{44}、t_{45}、t_{46}、t_{47}、t_{48}、t_1. 其中 t_1 是方程

$$16x^3 + \left(12 - 12\sqrt{5}\right)x^2 + \left(6\sqrt{5} - 10\right)x - 5\sqrt{5} + 11 = 0$$

的根, 约为

$$0.24667927159980519553;$$

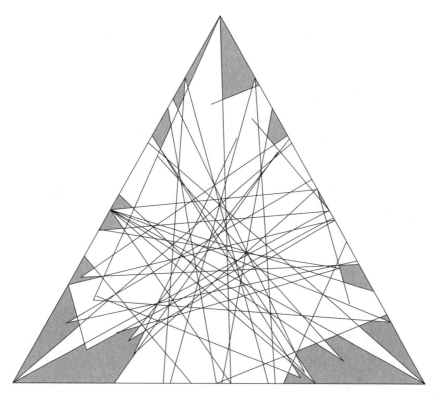

图 5.8.309

t_2 是方程

$$16x^3 + \left(12\sqrt{5} + 4\right)x^2 + \left(-10\sqrt{5} - 2\right)x + 23\sqrt{5} - 49 = 0$$

的根, 约为

$$0.11864713304357221988;$$

t_3 是方程

$$2x^3 + \left(3\sqrt{5} - 11\right)x^2 + \left(25 - 13\sqrt{5}\right)x + 13\sqrt{5} - 29 = 0$$

的根, 约为

$$0.016639606606727736381;$$

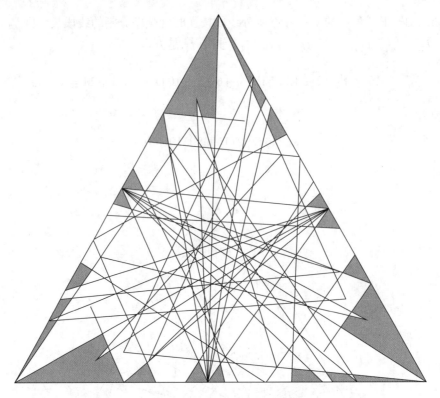

图 5.8.310

t_4 是方程

$$2x^3 + (1 - 3\sqrt{5})x^2 + (2\sqrt{5} - 2)x + 8\sqrt{5} - 18 = 0$$

的根, 约为

$$0.050978475643620343762;$$

t_5 是方程

$$2x^3 + (11 - 3\sqrt{5})x^2 + (8\sqrt{5} - 20)x - 8\sqrt{5} + 18 = 0$$

的根, 约为

$$0.060414056305884895513;$$

t_6 是方程

$$x^3 + (3\sqrt{5} - 6)x^2 - x + 17\sqrt{5} - 38 = 0$$

的根, 约为

$$0.013282913600779217861;$$

t_7 是方程

$$2x^3 + (9 - 3\sqrt{5})x^2 + (-\sqrt{5} - 3)x - 8\sqrt{5} + 18 = 0$$

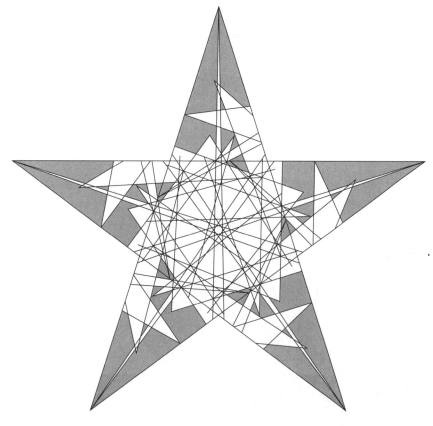

图 5.8.311

的根, 约为
$$0.021492205675689026262;$$

t_8 是方程
$$2x^3 + \left(3 - 3\sqrt{5}\right)x^2 + \left(3 - 5\sqrt{5}\right)x - \sqrt{5} + 3 = 0$$
的根, 约为
$$0.089900326273816213012;$$

t_9 是方程
$$2x^3 + \left(23 - 7\sqrt{5}\right)x^2 + \left(19 - 7\sqrt{5}\right)x - 13\sqrt{5} + 29 = 0$$
的根, 约为
$$0.019719423104649597567;$$

t_{10} 是方程
$$2x^3 + \left(11\sqrt{5} - 25\right)x^2 + \left(3\sqrt{5} - 9\right)x + 5\sqrt{5} - 11 = 0$$
的根, 约为
$$0.078032573396522077371;$$

图 5.8.312

t_{11} 是方程

$$x^3 + \left(2 - 2\sqrt{5}\right)x^2 + \left(2\sqrt{5} - 3\right)x - \sqrt{5} + 2 = 0$$

的根，约为

$$0.26757440814220574048;$$

t_{12} 是方程

$$2x^3 + \left(11\sqrt{5} + 19\right)x^2 + \left(-7\sqrt{5} - 11\right)x + \sqrt{5} + 1 = 0$$

的根，约为

$$0.16786570870445499862;$$

t_{13} 是方程

$$62x^3 + \left(-305\sqrt{5} - 743\right)x^2 + \left(221\sqrt{5} + 503\right)x - 3\sqrt{5} - 13 = 0$$

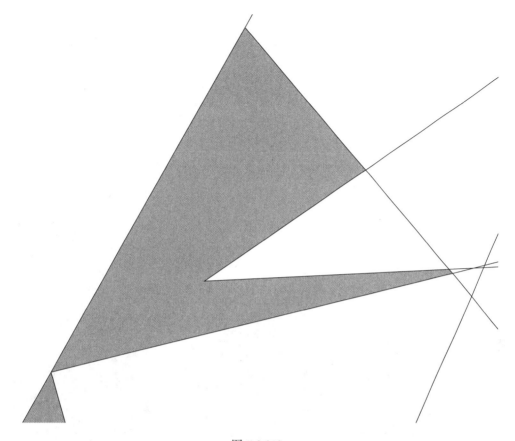

图 5.8.313

的根，约为
$$0.020355723742587927833;$$

t_{14} 是方程
$$1922x^3 + \left(682 - 434\sqrt{5}\right)x^2 + \left(442 - 270\sqrt{5}\right)x - 77\sqrt{5} + 183 = 0$$

的根，约为
$$0.062822887233039616387;$$

t_{15} 是方程
$$248x^3 + \left(1400\sqrt{5} - 4060\right)x^2 + \left(644 - 4\sqrt{5}\right)x + 250\sqrt{5} - 601 = 0$$

的根，约为
$$0.073956847468475963090;$$

t_{16} 是方程
$$3352x^3 + \left(51236 - 17560\sqrt{5}\right)x^2 + \left(5434\sqrt{5} - 1562\right)x - 138\sqrt{5} + 211 = 0$$

图 5.8.314

的根，约为
$$0.0091208689126120913197;$$

t_{17} 是方程
$$838x^3 + \left(7303 - 1895\sqrt{5}\right)x^2 + \left(6442 - 1874\sqrt{5}\right)x - 1056\sqrt{5} + 2234 = 0$$

的根，约为
$$0.052696574257895844424;$$

t_{18} 是方程
$$2x^3 + \left(-6\sqrt{5} - 22\right)x^2 + \left(7\sqrt{5} + 21\right)x - 2 = 0$$

的根，约为
$$0.057782235408636548969;$$

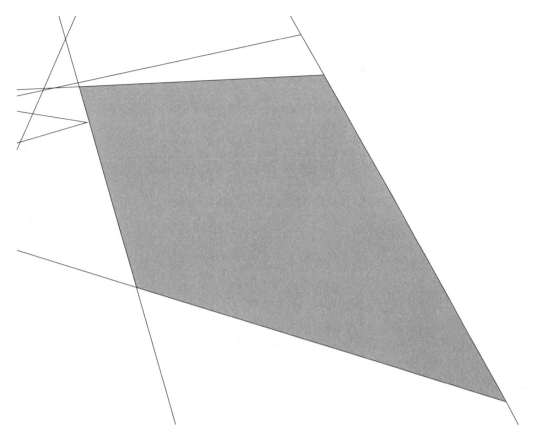

图 5.8.315

t_{19} 是方程

$$122x^3 + \left(627\sqrt{5} + 229\right)x^2 + \left(-728\sqrt{5} - 958\right)x + 23\sqrt{5} - 49 = 0$$

的根, 约为

$$0.00094011565396582580920;$$

t_{20} 是方程

$$3782x^3 + \left(4780\sqrt{5} - 10576\right)x^2 + \left(1400\sqrt{5} - 4680\right)x + 187\sqrt{5} - 409 = 0$$

的根, 约为

$$0.0059047311847586877005;$$

t_{21} 是方程

$$682x^3 + \left(14481\sqrt{5} - 31737\right)x^2 + \left(170 - 18\sqrt{5}\right)x + 116\sqrt{5} - 262 = 0$$

的根, 约为

$$0.018442738682328792580;$$

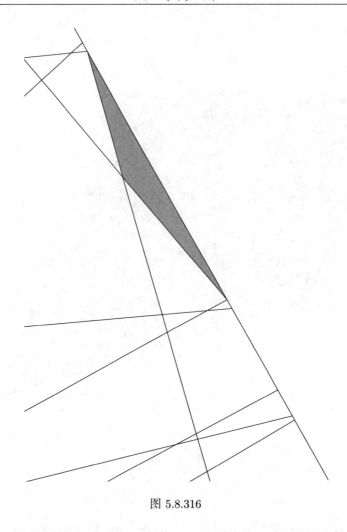

图 5.8.316

t_{22} 是方程

$$22x^3 + \left(1099 - 509\sqrt{5}\right)x^2 + \left(123 - 115\sqrt{5}\right)x - 37\sqrt{5} + 83 = 0$$

的根, 约为

$$0.0019779062751650680737;$$

t_{23} 是方程

$$x^3 + 3x^2 + \left(-4\sqrt{5} - 9\right)x + 1 = 0$$

的根, 约为

$$0.056267324952157270384;$$

t_{24} 是方程

$$22x^3 + \left(608\sqrt{5} - 1044\right)x^2 + \left(274 - 146\sqrt{5}\right)x + 9\sqrt{5} - 19 = 0$$

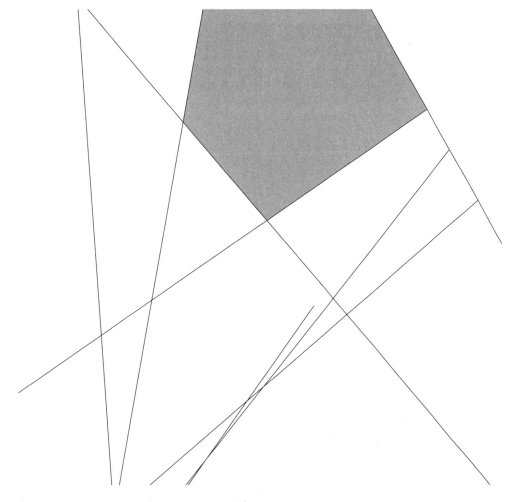

图 5.8.317

的根, 约为
$$0.025287585521053306089;$$

t_{25} 是方程
$$2x^3 + \left(10 - 16\sqrt{5}\right)x^2 + \left(-10\sqrt{5} - 28\right)x + \sqrt{5} + 3 = 0$$
的根, 约为
$$0.098993864188975172797;$$

t_{26} 是方程
$$838x^3 + \left(2295\sqrt{5} - 6105\right)x^2 + \left(1119\sqrt{5} - 2303\right)x + 173\sqrt{5} - 389 = 0$$
的根, 约为
$$0.011484945477557220595;$$

图 5.8.318

t_{27} 是方程

$$622x^3 + \left(-2952\sqrt{5} - 7016\right)x^2 + \left(-900\sqrt{5} - 2048\right)x + 65\sqrt{5} + 141 = 0$$

的根, 约为

$$0.058912470609853884087;$$

t_{28} 是方程

$$19282x^3 + \left(-7697\sqrt{5} - 6735\right)x^2 + \left(1092\sqrt{5} + 4608\right)x - 90\sqrt{5} + 44 = 0$$

的根, 约为

$$0.024266140365773660132;$$

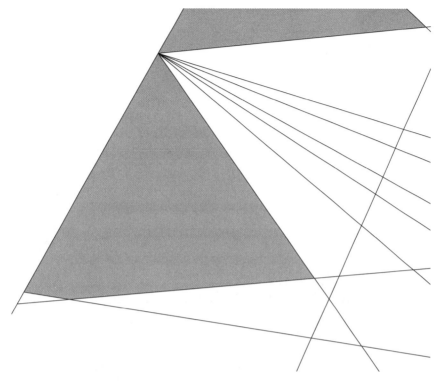

图 5.8.319

t_{29} 是方程

$$1178x^3 + \left(-1534\sqrt{5} - 7474\right)x^2 + \left(1830\sqrt{5} + 4582\right)x - 115\sqrt{5} - 333 = 0$$

的根，约为

$$0.075061811369634859724;$$

t_{30} 是方程

$$38x^3 + \left(169\sqrt{5} - 77\right)x^2 + \left(-18\sqrt{5} - 180\right)x + 5\sqrt{5} - 7 = 0$$

的根，约为

$$0.019500850489010415281;$$

t_{31} 是方程

$$229x^3 + \left(2020 - 558\sqrt{5}\right)x^2 + \left(408\sqrt{5} - 364\right)x - 56\sqrt{5} + 32 = 0$$

的根，约为

$$0.14088683453730904983;$$

t_{32} 是方程

$$458x^3 + \left(769 - 487\sqrt{5}\right)x^2 + \left(-552\sqrt{5} - 1124\right)x + 20\sqrt{5} + 54 = 0$$

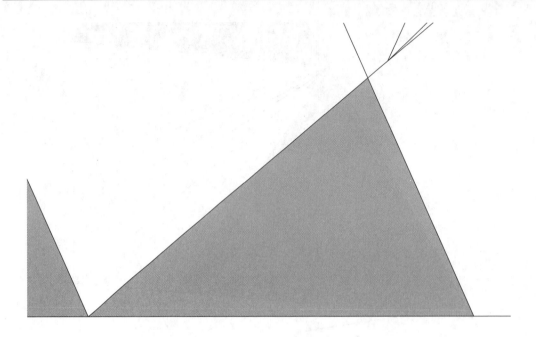

图 5.8.320

的根,约为

$$0.041639846400041767517;$$

t_{33} 是方程

$$202x^3 + \left(639\sqrt{5} - 1687\right)x^2 + \left(-144\sqrt{5} - 590\right)x + 13\sqrt{5} + 21 = 0$$

的根,约为

$$0.054106865611541455370;$$

t_{34} 是方程

$$54338x^3 + \left(321695 - 121189\sqrt{5}\right)x^2 + \left(27633\sqrt{5} - 56937\right)x - 1823\sqrt{5} + 4063 = 0$$

的根,约为

$$0.002676604284042577813;$$

t_{35} 是方程

$$538x^3 + \left(5343 - 2385\sqrt{5}\right)x^2 + \left(195\sqrt{5} - 447\right)x - 451\sqrt{5} + 1009 = 0$$

的根,约为

$$0.069475886089609513809.$$

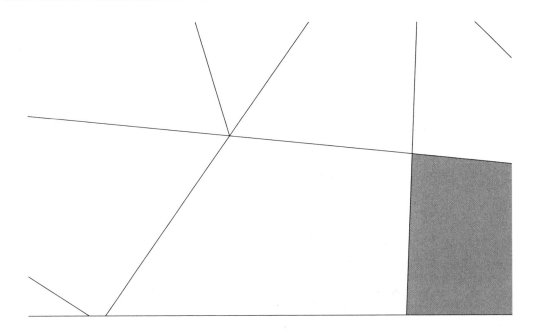

图 5.8.321

t_{36} 是方程

$$202x^3 + (3202 - 1346\sqrt{5})x^2 + (397\sqrt{5} - 897)x - 222\sqrt{5} + 496 = 0$$

的根, 约为

$$0.072152490373652091591;$$

t_{37} 是方程

$$173582x^3 + (670578 - 98242\sqrt{5})x^2 + (75788\sqrt{5} + 115684)x - 4093\sqrt{5} - 311 = 0$$

的根, 约为

$$0.031589561607591730738;$$

t_{38} 是方程

$$14402x^3 + (191166 - 93646\sqrt{5})x^2 + (2757\sqrt{5} + 113)x - 94\sqrt{5} - 124 = 0$$

的根, 约为

$$0.064806833579447603114;$$

t_{39} 是方程

$$38x^3 + (366\sqrt{5} - 924)x^2 + (762 - 308\sqrt{5})x + 71\sqrt{5} - 159 = 0$$

图 5.8.322

的根，约为
$$0.003278810569931092147 0;$$

t_{40} 是方程
$$38x^3 + \left(531 - 21\sqrt{5}\right)x^2 + \left(87\sqrt{5} + 661\right)x - 37\sqrt{5} + 29 = 0$$
的根，约为
$$0.060712479269349039110;$$

t_{41} 是方程
$$1178x^3 + \left(-1534\sqrt{5} - 7474\right)x^2 + \left(1830\sqrt{5} + 4582\right)x - 115\sqrt{5} - 333 = 0$$
的根，约为
$$0.075061811369634859724.$$

t_{42} 是方程
$$2x^3 - 8x^2 + 8x + \sqrt{5} - 3 = 0$$
的根，约为
$$0.106539932880543 94939;$$

t_{43} 是方程
$$2x^3 - 2x^2 + \left(-8\sqrt{5} - 14\right)x + \sqrt{5} + 3 = 0$$

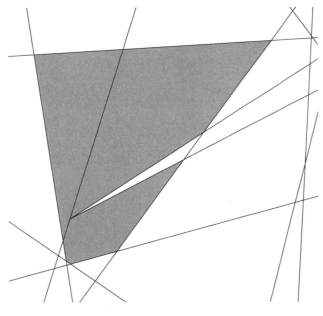

图 5.8.323

的根, 约为
$$0.16280725783270121978;$$

t_{44} 是方程
$$58x^3 + \left(61\sqrt{5} + 141\right)x^2 + \left(49\sqrt{5} + 215\right)x + \sqrt{5} - 11 = 0$$
的根, 约为
$$0.026402801044174814833;$$

t_{45} 是方程
$$58x^3 + \left(55\sqrt{5} + 91\right)x^2 + \left(-324\sqrt{5} - 728\right)x + 6\sqrt{5} - 8 = 0$$
的根, 约为
$$0.0037311132066487799622;$$

t_{46} 是方程
$$2x^3 + \left(-9\sqrt{5} - 19\right)x^2 + \left(32\sqrt{5} + 70\right)x - \sqrt{5} - 1 = 0$$
的根, 约为
$$0.023007116132168304846;$$

t_{47} 是方程
$$62x^3 + \left(157\sqrt{5} + 353\right)x^2 + \left(407\sqrt{5} + 861\right)x - 13\sqrt{5} - 47 = 0$$

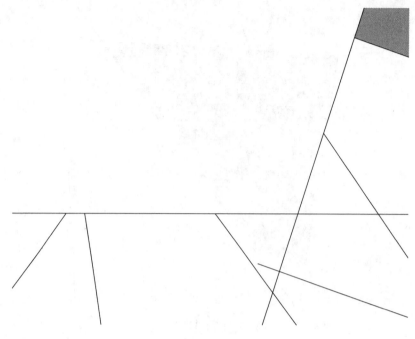

图 5.8.324

的根，约为
$$0.042238691847311064567;$$

t_{48} 是方程
$$496x^3 + \left(356\sqrt{5} + 28\right)x^2 + \left(38\sqrt{5} + 166\right)x + 3\sqrt{5} - 13 = 0$$

的根，约为
$$0.023267410813269255671.$$

图 5.8.309 正三角形靠近左下侧顶点不在边上但分割线与边相交的分割线的端点中，过与左下角顶点水平距离最近的端点且与右侧边相连的下侧分割线的长度及这条分割线与右侧边的夹角的余弦值分别是 t_{49}、c_1，其中 t_{49} 是方程

$$33960870962x^6 + \left(88274873693\sqrt{5} - 225122550239\right)x^4$$
$$+ \left(1748345979\sqrt{5} + 2017607009\right)x^2 - 68491620\sqrt{5} - 181925626 = 0$$

的根，约为
$$0.717578610701284956 19;$$

c_1 是方程
$$18169472x^6 + \left(-756768\sqrt{5} - 9229344\right)x^4 + \left(1025160\sqrt{5} - 253272\right)x^2$$
$$+ 12381\sqrt{5} - 139169 = 0$$

的根，角度约为
$$71°52'54'';$$

过与左下角顶点水平距离第二近的端点且与右侧边相连的下侧分割线的长度及这条分割线与右侧边的夹角的余弦值分别是 t_{50}、c_2，其中 t_{50} 是方程
$$2x^6 + \left(931\sqrt{5} - 2113\right)x^4 + \left(1625 - 703\sqrt{5}\right)x^2 + 149\sqrt{5} - 351 = 0$$
的根，约为
$$0.67355873809435698207;$$

c_2 是方程
$$18169472x^6 + \left(-756768\sqrt{5} - 9229344\right)x^4 + \left(1025160\sqrt{5} - 253272\right)x^2$$
$$+ 12381\sqrt{5} - 139169 = 0$$
的根，角度约为
$$62°42'49'';$$

过与左下角顶点水平距离第三近的端点且与右侧边相连分割线（在过右侧边端点且垂直于右侧边的垂线的下侧）的长度及这条分割线与右侧边的夹角的余弦值分别是 t_{51}、c_3，其中 t_{51} 是方程
$$123008x^6 + \left(961680\sqrt{5} - 2367024\right)x^4 + \left(584148\sqrt{5} - 1231844\right)x^2 + 95613\sqrt{5} - 214481 = 0$$
的根，约为
$$0.67264833191829277322;$$

c_3 是方程
$$18169472x^6 + \left(-756768\sqrt{5} - 9229344\right)x^4 + \left(1025160\sqrt{5} - 253272\right)x^2$$
$$+ 12381\sqrt{5} - 139169 = 0$$
的根，角度约为
$$87°43'24'';$$

过与左下角顶点水平距离第四近的端点且不过上侧顶点而与右侧边相连分割线的长度及这条分割线与右侧边的夹角的余弦值分别是 t_{52}、c_4，其中 t_{52} 是方程
$$2x^6 + \left(-238\sqrt{5} - 530\right)x^4 + \left(1958\sqrt{5} + 4378\right)x^2 - 957\sqrt{5} - 2141 = 0$$
的根，约为
$$0.72243354840437006580;$$

c_4 是方程

$$148352x^6 + \left(-135696\sqrt{5} - 17424\right)x^4 + \left(315300 - 46236\sqrt{5}\right)x^2 + 4785\sqrt{5} - 50111 = 0$$

的根，角度约为

$$56°01'07'';$$

过与左下角顶点水平距离第五近的端点且不过上侧顶点而与右侧边相连的下侧分割线（在过右侧边端点且垂直于右侧边的垂线的上侧）的长度及这条分割线与右侧边的夹角的余弦值分别是 t_{53}、c_5，其中 t_{53} 是方程

$$104882x^6 + \left(-3602311\sqrt{5} - 11951135\right)x^4 + \left(2309457\sqrt{5} + 5183027\right)x^2 \\ - 278439\sqrt{5} - 622927 = 0$$

的根，约为

$$0.57261177293027312364;$$

c_5 是方程

$$121024x^6 + \left(-10176\sqrt{5} - 118992\right)x^4 + \left(3468\sqrt{5} + 13044\right)x^2 + 2685\sqrt{5} - 6004 = 0$$

的根，角度约为

$$89°50'32'';$$

过与左下角顶点水平距离第六近的端点且不过上侧顶点而与右侧边相连分割线的长度及这条分割线与右侧边的夹角的余弦值分别是 t_{54}、c_6，过该端点的另一分割线长度及与上述分割线的夹角余弦值分别是 t_{55}、c_7，其中 t_{54} 是方程

$$2468642x^6 + \left(7496687626\sqrt{5} - 16765050218\right)x^4 + \left(498580859 - 222774421\sqrt{5}\right)x^2 \\ + 1925874\sqrt{5} - 4328524 = 0$$

的根，约为

$$0.58777083330186293082;$$

c_6 是方程

$$4956032x^6 + \left(527328\sqrt{5} - 4326624\right)x^4 + \left(1675488 - 620496\sqrt{5}\right)x^2 \\ + 558999\sqrt{5} - 1256729 = 0$$

的根，角度约为

$$78°32'28'';$$

t_{55} 是方程

$$2930563682x^6 + \left(237253118150\sqrt{5} - 532100688984\right)x^4$$

$$+ \left(4999686288\sqrt{5} - 10937757186\right)x^2 + 66218465\sqrt{5} - 158877291 = 0$$

的根，约为

$$0.56458530764424329849;$$

c_7 是方程

$$47082304x^6 + \left(21723024\sqrt{5} - 96266112\right)x^4 + \left(78951564 - 32394336\sqrt{5}\right)x^2$$
$$+ 11978571\sqrt{5} - 26814604 = 0$$

的根，角度约为

$$22°41'10''.$$

图 5.8.309 正三角形靠近右下侧顶点不在边上但分割线与边相交的分割线的端点中，过与左下角顶点水平距离最近的端点且与右侧边相连分割线的长度及这条分割线与右侧边的夹角的余弦值分别是 t_{56}、c_8，其中 t_{56} 是方程

$$1682x^6 + \left(-568\sqrt{5} - 8368\right)x^4 + \left(862\sqrt{5} + 3626\right)x^2 - 23\sqrt{5} - 327 = 0$$

的根，约为

$$0.28064267511834027772;$$

c_8 是方程

$$3968x^6 + \left(-624\sqrt{5} - 5232\right)x^4 + \left(204\sqrt{5} + 2340\right)x^2 + 123\sqrt{5} - 347 = 0$$

的根，角度约为

$$13°39'32'';$$

过与右下角顶点水平距离第二近的端点与左侧边相连分割线的长度及这条分割线与左侧边的夹角的余弦值分别是 t_{57}、c_9，过该端点的另一分割线长度及与上述分割线的夹角余弦值分别是 t_{58}、c_{10}，其中 t_{57} 是方程

$$2468642x^6 + \left(7496687626\sqrt{5} - 16765050218\right)x^4 + \left(498580859 - 222774421\sqrt{5}\right)x^2$$
$$+ 1925874\sqrt{5} - 4328524 = 0$$

的根，约为

$$0.58777083330186293082;$$

c_9 是方程

$$2478016x^6 + \left(598704\sqrt{5} - 1739280\right)x^4 + \left(477048 - 208668\sqrt{5}\right)x^2 + 45987\sqrt{5} - 102898 = 0$$

的根，角度约为

$$68°46'36'';$$

t_{58} 是方程

$$17511362x^6 + \left(42583584782\sqrt{5} - 95257082088\right)x^4 + \left(35878478473 - 16040048711\sqrt{5}\right)x^2 \\ + 3880918861\sqrt{5} - 8678587113 = 0$$

的根，约为

$$0.559531043316430008424;$$

c_{10} 是方程

$$55462954112x^6 + \left(18870133104\sqrt{5} - 126185561424\right)x^4 \\ + \left(101218673964 - 30935935116\sqrt{5}\right)x^2 \\ + 12758683059\sqrt{5} - 28946735939 = 0$$

的根，角度约为

$$24°40'59'';$$

过与右下角顶点水平距离第三近的端点与左侧边相连分割线的长度及这条分割线（在过左侧边端点且垂直于左侧边的垂线的下侧）与左侧边的夹角的余弦值分别是 t_{59}、c_{11}，过该端点的另一分割线长度及与上述分割线的夹角余弦值分别是 t_{60}、c_{12}，其中 t_{59} 是方程

$$961x^6 + \left(-2578\sqrt{5} - 6728\right)x^4 + \left(8228\sqrt{5} + 18336\right)x^2 - 3116\sqrt{5} - 6972 = 0$$

的根，约为

$$0.666566628360770703970397;$$

c_{11} 是方程

$$512x^6 + \left(768\sqrt{5} - 2688\right)x^4 + \left(6792 - 2832\sqrt{5}\right)x^2 + 120\sqrt{5} - 269 = 0$$

的根，角度约为

$$87°48'18'';$$

t_{60} 是方程

$$1922x^6 + \left(11739\sqrt{5} - 29297\right)x^4 + \left(44529\sqrt{5} - 98565\right)x^2 + 44175\sqrt{5} - 98797 = 0$$

的根，约为

$$0.659419123068026162649;$$

c_{12} 是方程

$$31744x^6 + \left(-1344\sqrt{5} - 37056\right)x^4 + \left(1176\sqrt{5} + 7320\right)x^2 + 33\sqrt{5} - 307 = 0$$

的根，角度约为
$$14°44'13'';$$

过与左下角顶点水平距离第四近的端点且与左侧边相连的上侧分割线的长度及这条分割线与左侧边的夹角的余弦值分别是 t_{49}、c_{13}，其中 c_{13} 是方程

$$9084736x^6 + \left(-743640\sqrt{5} - 7215240\right)x^4 + \left(201000\sqrt{5} + 1565400\right)x^2 + 750\sqrt{5} - 47125 = 0$$

的根，角度约为
$$56°24'31'';$$

过与右下角顶点水平距离第五近的端点与左侧边相连分割线的长度及这条分割线与左侧边的夹角的余弦值分别是 t_{61}、c_{14}，过该端点的另一分割线长度及与上述分割线的夹角余弦值分别是 t_{62}、c_{15}，其中 t_{61} 是方程

$$722x^6 + \left(-41152\sqrt{5} - 128686\right)x^4 + \left(48821\sqrt{5} + 117235\right)x^2 - 12541\sqrt{5} - 29289 = 0$$

的根，约为
$$0.67291083883075738218;$$

c_{14} 是方程

$$52352x^6 + \left(-11808\sqrt{5} - 82848\right)x^4 + \left(9144\sqrt{5} + 46440\right)x^2 - 1035\sqrt{5} - 7601 = 0$$

的根，角度约为
$$62°12'31'';$$

t_{62} 是方程

$$361x^6 + \left(109602\sqrt{5} - 273340\right)x^4 + \left(4935\sqrt{5} + 19372\right)x^2 - 1397\sqrt{5} - 3174 = 0$$

的根，约为
$$0.52861459904483803101;$$

c_{15} 是方程

$$1622912x^6 + \left(116304\sqrt{5} - 3972912\right)x^4 + \left(3268428 - 220044\sqrt{5}\right)x^2$$
$$+ 103119\sqrt{5} - 912191 = 0$$

的根，角度约为
$$36°37'50''.$$

图 5.8.309 正三角形靠近上侧顶点不在边上但分割线与边相交的分割线的端点中，过与左下角顶点垂直距离最近的端点且与右侧边相连分割线的长度及这条分割线与右侧边的夹角的余弦值分别是 t_{63}、c_{16}，其中 t_{63} 是方程

$$1922x^6 + \left(-277\sqrt{5} - 4671\right)x^4 + \left(757\sqrt{5} + 1225\right)x^2 - 5\sqrt{5} - 33 = 0$$

的根，约为
$$0.12481902918972167017;$$

c_{16} 是方程
$$15424x^6 + \left(-2904\sqrt{5} - 1656\right)x^4 + \left(1140 - 348\sqrt{5}\right)x^2 + 12\sqrt{5} - 31 = 0$$
的根，角度约为
$$81°33'38'';$$

过与左下角顶点垂直距离第二近的端点且与右侧边相连分割线的长度及这条分割线与右侧边的夹角的余弦值分别是 t_{64}、c_{17}，其中 t_{64} 是方程
$$2x^6 + \left(-47\sqrt{5} - 113\right)x^4 + \left(1326\sqrt{5} + 2966\right)x^2 - 108\sqrt{5} - 242 = 0$$
的根，约为
$$0.28594638480129094958;$$

c_{17} 是方程
$$7808x^6 + \left(-3408\sqrt{5} - 9552\right)x^4 + \left(2892\sqrt{5} + 5652\right)x^2 - 591\sqrt{5} - 1397 = 0$$
的根，角度约为
$$10°59'44'';$$

靠近左上侧的端点且与底边相连分割线的长度及这条分割线与底边的夹角的余弦值分别是 t_{65}、c_{18}，其中 t_{65} 是方程
$$7442x^6 + \left(165748\sqrt{5} - 385440\right)x^4 + \left(33771\sqrt{5} - 66807\right)x^2 + 22194\sqrt{5} - 51224 = 0$$
的根，约为
$$0.66164347166194382883;$$

c_{18} 是方程
$$1384832x^6 + \left(728784\sqrt{5} - 4451568\right)x^4 + \left(5966772 - 1884348\sqrt{5}\right)x^2 \\ + 1110825\sqrt{5} - 2799839 = 0$$
的根，角度约为
$$55°47'31'';$$

靠近右上侧的端点且与底边相连分割线的长度及这条分割线与底边的夹角的余弦值分别是 t_{51}、c_{19}，其中 c_{19} 是方程
$$152378x^6 + \left(23286\sqrt{5} - 298218\right)x^4 + \left(211932 - 40020\sqrt{5}\right)x^2 + 13629\sqrt{5} - 49649 = 0$$

的根，角度约为
$$54°16'04''.$$

图 5.8.310 正三角形靠近左下角顶点不在边上但分割线与边相交的分割线的端点中，过与左下角顶点水平距离最近的端点且与底边相连分割线的长度及这条分割线与底边的夹角的余弦值分别是 t_{66}、c_{20}，其中 t_{66} 是方程

$$2x^6 + \left(17\sqrt{5} - 101\right)x^4 + \left(21\sqrt{5} - 37\right)x^2 + 3\sqrt{5} - 7 = 0$$

的根，约为
$$0.19705412643377899161;$$

c_{20} 是方程

$$128x^6 + \left(336 - 240\sqrt{5}\right)x^4 + \left(708 - 276\sqrt{5}\right)x^2 + 435\sqrt{5} - 983 = 0$$

的根，角度约为
$$65°33'59'';$$

过与左下角顶点水平距离第二近的端点且与右侧边相连分割线的长度及这条分割线（在过右侧边端点且垂直于右侧边的垂线的下侧）与右侧边的夹角的余弦值分别是 t_{67}、c_{21}，过该端点的另一分割线的另一端点是其他两条分割线的交点，其中 t_{67} 是方程

$$961x^6 + \left(-2578\sqrt{5} - 6728\right)x^4 + \left(8228\sqrt{5} + 18336\right)x^2 - 3116\sqrt{5} - 6972 = 0$$

的根，约为
$$0.66656662836077070397;$$

c_{21} 是方程

$$512x^6 + \left(768\sqrt{5} - 2688\right)x^4 + \left(6792 - 2832\sqrt{5}\right)x^2 + 120\sqrt{5} - 269 = 0$$

的根，角度约为
$$87°48'18'';$$

过与左下角顶点水平距离第三近的端点且与右侧顶点相连分割线的长度及这条分割线与底边的夹角的余弦值分别是 t_{68}、c_{22}，其中 t_{68} 是方程

$$2x^6 + \left(-5\sqrt{5} - 13\right)x^4 + \left(5\sqrt{5} + 11\right)x^2 - \sqrt{5} - 3 = 0$$

的根，约为
$$0.73644608915308570982;$$

c_{22} 是方程

$$128x^6 + \left(48\sqrt{5} - 240\right)x^4 + \left(1428 - 636\sqrt{5}\right)x^2 + 21\sqrt{5} - 47 = 0$$

的根，角度约为
$$5°33'59'';$$

过与左下角顶点水平距离第四近的端点且与右侧边相连的下侧分割线的长度及这条分割线与右侧边的夹角的余弦值分别是 t_{69}、c_{23}，其中 t_{69} 是方程

$$104882x^6 + \left(-3602311\sqrt{5} - 11951135\right)x^4 + \left(2309457\sqrt{5} + 5183027\right)x^2 \\ - 278439\sqrt{5} - 622927 = 0$$

的根，约为
$$0.572611772930273123 64;$$

c_{23} 是方程
$$121024x^6 + \left(242184 - 163992\sqrt{5}\right)x^4 + \left(1031580 - 445908\sqrt{5}\right)x^2 + 67929\sqrt{5} - 153436 = 0$$

的根，角度约为
$$76°25'47''.$$

图 5.8.311 正五角星内不在边上但分割线与另一端点在水平边上的分割线的端点中，靠近水平边左侧顶点的端点与水平边相连分割线的长度及这条分割线与水平边的夹角的余弦值分别是 t_{63}、c_{24}，过该端点的另一分割线的另一端点是其他两分割线的交点，其中 c_{24} 是方程

$$30848x^6 + \left(5312\sqrt{5} - 76704\right)x^4 + \left(186964 - 63324\sqrt{5}\right)x^2 + 26457\sqrt{5} - 69733 = 0$$

的根，角度约为
$$30°40'37'';$$

靠近水平边右侧顶点的端点与水平边相连分割线（在过水平边端点且垂直于水平边的垂线的下侧）的长度及这条分割线与水平边的夹角的余弦值分别是 t_{70}、c_{25}，过该端点的另一分割线长度及与上述分割线的夹角余弦值分别是 t_{71}、c_{26}，其中 t_{70} 是方程

$$2x^6 + \left(508\sqrt{5} - 1146\right)x^4 + \left(13375 - 5981\sqrt{5}\right)x^2 + 17711\sqrt{5} - 39603 = 0$$

的根，约为
$$0.330509803409989328 62;$$

c_{25} 是方程
$$128x^6 + \left(16 - 80\sqrt{5}\right)x^4 + \left(20\sqrt{5} + 4\right)x^2 + 55\sqrt{5} - 123 = 0$$

的根，角度约为
$$88°57'09'';$$

t_{71} 是方程

$$2x^6 + \left(242\sqrt{5} - 560\right)x^4 + \left(22\sqrt{5} - 8\right)x^2 - \sqrt{5} - 3 = 0$$

的根，约为

$$0.367947836876514848854;$$

c_{26} 是方程

$$16x^3 + \left(48 - 24\sqrt{5}\right)x^2 + \left(48 - 28\sqrt{5}\right)x + 51\sqrt{5} - 109 = 0$$

的根，角度约为

$$69°54'19''.$$

图 5.8.311 正五角星内两端点都不在边上的分割线与水平边的交点最靠近水平边在正五角星内部的分点的的分割线被水平边分得下侧、上侧的长度及这条分割线与水平边的夹角的余弦值分别是 t_{72}、t_{73}、c_{27}，过该分割线水平边上侧的端点的另一分割线长度及与上述分割线的夹角余弦值分别是 t_{74}、c_{28}，其中 t_{72} 是方程

$$2x^6 + \left(7\sqrt{5} - 31\right)x^4 + \left(60 - 14\sqrt{5}\right)x^2 + 45\sqrt{5} - 103 = 0$$

的根，约为

$$0.294653202554960111124;$$

t_{73} 是方程

$$2x^6 + \left(159\sqrt{5} - 357\right)x^4 + \left(510 - 228\sqrt{5}\right)x^2 + 987\sqrt{5} - 2207 = 0$$

的根，约为

$$0.073294634321554737302;$$

c_{27} 是方程

$$128x^6 + \left(48\sqrt{5} - 304\right)x^4 + \left(384 - 136\sqrt{5}\right)x^2 + 33\sqrt{5} - 83 = 0$$

的根，角度约为

$$52°57'09'';$$

t_{74} 是方程

$$2x^6 + \left(108\sqrt{5} - 258\right)x^4 + \left(155 - 57\sqrt{5}\right)x^2 + 13\sqrt{5} - 33 = 0$$

的根，约为

$$0.396555767995887733641;$$

c_{28} 是方程

$$7808x^6 + \left(-2384\sqrt{5} - 8304\right)x^4 + \left(2088\sqrt{5} + 1584\right)x^2 + 291\sqrt{5} - 913 = 0$$

的根，角度约为
$$20°52'23''.$$

其中 S'_{3_1} 是方程

$4301099713883080028295869609666201039763611234059663253700608x^6$
$+ \big(776716430733151771866507620798652926013757472844924094045566 71852544\sqrt{5}$
$- 173680134419523382766061319764524382529413492911822693889605091950592\big)x^4$
$+ \big(79734729272473238217391976865530312831789576361870009599781778325568$
$- 35635566590150416567245069584358596625099927848104223194499571626688\sqrt{5}\big)x^2$
$+ 20522114919859396018745530157655213539589738560090307920753516198469\sqrt{5}$
$- 45889167847323736157747039686748109849062825741070126168432869602401 = 0$

的根，约为
$$0.07955120072992 2353673;$$

S'_{3_2} 是方程

$14963610312234270545320681472x^6$
$+ \big(9052462359690148724304233108 20608\sqrt{5}$
$- 21691777991982151494892571 46747648\big)x^4$
$+ \big(5987681187117695909347101 4875914064\sqrt{5}$
$- 12869211165862080193107245 0119884528\big)x^2$
$+ 14356330229562757832554978 51233115587\sqrt{5}$
$- 3210199013544282773923332663467971209 = 0$

的根，约为
$$0.0707168646106513 52827;$$

$S'_{\frac{5}{2}}$ 是方程

$5479521031948483372297276 6208x^6$
$+ \big(661352242767174724072840272816742400\sqrt{5}$
$- 1478871558225715085279806699814912000\big)x^4$
$+ \big(10252592923650656207365117 29243611400000$
$- 4585098227573372294026021241 74637400000\sqrt{5}\big)x^2$

$$+ 14259410840512653688780660718305077101 5625\sqrt{5}$$
$$- 31885011958736335074675618546050759257 8125 = 0$$

的根，约为
$$0.12579402286053529642.$$

大后扭棱二十合三十二面体的表面积是
$$S = 60S'_{3_1} + 20S'_{3_2} + 12S'_{\frac{5}{2}},$$

约为
$$7.6969376103347918340;$$

大后扭棱二十合三十二面体的体积是
$$V = 60 \times \frac{1}{3}S'_{3_1}r_3 + 20 \times \frac{1}{3}S'_{3_2}r_3 + 12 \times \frac{1}{3}S'_{\frac{5}{2}}r_{\frac{5}{2}}$$
$$= 20S'_{3_1}r_3 + \frac{20}{3}S'_{3_2}r_3 + 4S'_{\frac{5}{2}}r_{\frac{5}{2}},$$

其中 V 是方程

$2001825666759931795213008551987578419079190479828 75207808x^6$
$+ \big(805498922115477346811400545539811528642264245 1826158429141434008400\sqrt{5}$
$- 1801151581825809353022176601305306668774280038759 7753828844897598000\big)x^4$
$+ \big(1763373486365751029880928222846810555538456648951 28369456 9188933575000\sqrt{5}$
$- 394301263608393031250747575443121406835761942601 5362881028 9744151890000\big)x^2$
$+ k_1\sqrt{5} - k_2 = 0$

的根，约为
$$0.23750814416803018764,$$

其中

k_1
$= 34941205960398776841245106974059374969581999048 7036092733179642 64197671875,$

k_2
$= 78130911749110418598938315353337667282475167004 6304379190723006 50050984375,$

第十三类：正棱柱型

这类凹半正多面体的顶点都是正棱柱的顶点，每一小类都有无数种均匀多面体．

这里先计算正 n 角星（$f_{\frac{n}{m}}$）的一些几何量，这类均匀多面体中设 $\theta = \dfrac{180°}{n}$. 如图 5.8.325，设正 n 角星（$f_{\frac{n}{m}}$）的边长是 1，因为这个正 n 角星的内角对的外接圆弧含 $n - 2m$ 条正 n 边形的边，所以其内角是

$$(n - 2m)\theta,$$

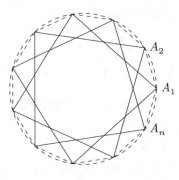

图 5.8.325

外接圆半径是

$$R = \frac{1}{2}\sec\frac{n-2m}{2}\theta = \frac{1}{2}\csc m\theta,$$

内切圆半径是

$$r = \frac{1}{2}\tan\frac{n-2m}{2}\theta = \frac{1}{2}\cot m\theta,$$

正 n 边形的边长是

$$a = \frac{\sin\theta}{\sin m\theta}.$$

设这个正 n 角星中心是 O，其中一边的中点是 P_0，这一边被这个正 n 角星边分割得到的分点按到点 P_0 的距离由小到大排列分别是 P_1、$\cdots$、P_m，设 $d_i = P_{i-1}P_i$，$l_i = P_{m-i}P_{m-i+1}$，则 $\angle P_0OP_1 = \cdots = \angle P_{m-1}OP_m = \theta$，由正弦定理得

$$\frac{d_i}{\sin\theta} = \frac{OP_{i-1}}{\sin(90°-i\theta)} = \frac{OP_{i-1}}{\cos i\theta},\quad \frac{d_{i-1}}{\sin\theta} = \frac{OP_{i-1}}{\sin(90°+(i-2)\theta)} = \frac{OP_{i-1}}{\cos(i-2)\theta},$$

所以

$$\frac{d_i}{d_{i-1}} = \frac{\cos(i-2)\theta}{\cos i\theta}.$$

因为正 n 边形内角大小是 $(n-2)\theta$，根据上面的结论

$$d_m = \frac{a}{2\cos\dfrac{(n-2)\theta - (n-2m)\theta}{2}} = \frac{\sin\theta}{2\cos(m-1)\theta\sin m\theta},$$

并由此得

$$d_i = \frac{\cot m\theta \sin\theta}{2\cos i\theta\cos(i-1)\theta},$$

类似上面的推导可得
$$l_i = \frac{\sin i\theta}{2\sin m\theta \cos(m-i)\theta},$$
所以正 n 角星的面积是
$$S = n \cdot 2 \times \frac{1}{2} d_m r = \frac{n\cos m\theta \sin\theta}{4\cos(m-1)\theta \sin^2 m\theta}.$$

（1） 正多角星正棱柱

这一小类的正多角星正棱柱是指高于底面正多角星棱长相等的正棱柱.

图 5.8.326 是底面为正五角星（$f_{\frac{5}{2}}$）的正棱柱，图 5.8.327 是底面为正六角星（$f_{\frac{6}{2}}$）的正棱柱，图 5.8.328 是底面为正七角星（$f_{\frac{7}{2}}$）的正棱柱，图 5.8.329 是底面为正七角星（$f_{\frac{7}{3}}$）的正棱柱.

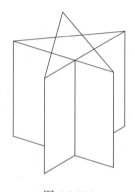

图 5.8.326

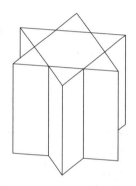

图 5.8.327

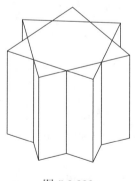

图 5.8.328

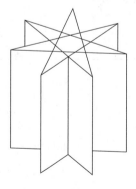

图 5.8.329

设底面为正 n 角星的正棱柱（$f_{\frac{n}{m}}$）的棱长是 1，则其外接球半径是
$$R = \sqrt{\left(\frac{1}{2}\csc m\theta\right)^2 + \left(\frac{1}{2}\right)^2} = \frac{1}{2}\sqrt{\csc^2 m\theta + 1},$$

内棱切球半径是
$$\rho = \sqrt{R^2 - \left(\frac{1}{2}\right)^2} = \frac{1}{2}\csc m\theta,$$
其中心到正方形面的距离是
$$r_4 = \frac{1}{2}\cot m\theta,$$
其中心到正 n 角星面的距离是
$$r_{\frac{n}{m}} = \frac{1}{2}.$$

底面为正 n 角星的正棱柱（$f_{\frac{n}{m}}$）的两个相邻正方形形成的二面角是
$$\alpha_{44} = (n-2m)\theta,$$
底面为正 n 角星的正棱柱（$f_{\frac{n}{m}}$）的正方形与正 n 角星形成的二面角是
$$\alpha_{4\frac{n}{m}} = 90°.$$

图 5.8.330、图 5.8.331 分别是正 n 角星（面 $f_{\frac{n}{m}}$）棱柱的正方形面和正多角星面被多面体分割的情况（图以正十一角星（$f_{\frac{11}{5}}$）棱柱为例）. 图 5.8.331 中边最靠近顶点的分割点到该顶点的距离是
$$\frac{\sin\theta}{2\cos(m-1)\theta\sin m\theta}.$$

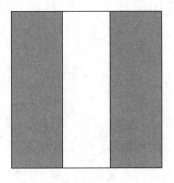

图 5.8.330

图 5.8.331

其中
$$S'_4 = \frac{\sin\theta}{\cos(m-1)\theta\sin m\theta}, \quad S'_{\frac{n}{m}} = \frac{n\cos m\theta\sin\theta}{4\cos(m-1)\theta\sin^2 m\theta}.$$

正 n 角星（面 $f_{\frac{n}{m}}$）棱柱的表面积是
$$S = nS'_4 + 2S'_{\frac{n}{m}} = \frac{n(\cos m\theta + 2\sin m\theta)\sin\theta}{2\cos(m-1)\theta\sin^2 m\theta},$$
正 n 角星（面 $f_{\frac{n}{m}}$）棱柱的体积是
$$V = \frac{n\cos m\theta\sin\theta}{4\cos(m-1)\theta\sin^2 m\theta}.$$

(2) 正多角星反柱

定义 5.8.75. 当 m 是偶数时，取一个正 n 棱柱，其中一个底面作一个面为 $f_{\frac{n}{m}}$ 的正 n 角星，这个正 n 角星到另一个底面的射影得到另一个正 n 角星，在其中一个正 n 角星中取一边 a，a 在另一正 n 角星中对应的边是 b，在 b 所在正 n 边形的面中作 b 的中垂线 c，取过 c 的正 n 边形中较靠近 b 的那个顶点，这个顶点与 a 的两端点构成正三角形（图 5.8.332）；当 m 是奇数时，取一个正 $2n$ 棱柱，其中一个底面作一个面为 $f_{\frac{n}{m}}$ 的正 n 角星，另一个底面作另一个面为 $f_{\frac{n}{m}}$ 的正 n 角星，其中一个正 n 角星到另一个底面的射影都不是另一个正 n 角星的顶点，在其中一个正 n 角星中取一边 a，a 在另一正 n 边形中对应的对角线是 b，在 b 所在正 n 边形的面中作 b 的中垂线 c，取过 c 的正 n 边形中较靠近 b 的那个顶点，这个顶点与 a 的两端点构成正三角形（图 5.8.333）. 两个底面的正 n 角星的所有边按照上述方法构造正三角形，最后两个正 n 角星和所有正三角形所构造的均匀多面体称为底面为 $f_{\frac{n}{m}}$ 的正 n 角星反柱.

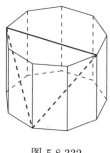

图 5.8.332

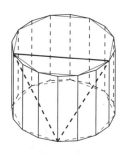

图 5.8.333

图 5.8.334 是底面为正五角星（$f_{\frac{5}{2}}$）的反柱，图 5.8.335 是底面为正六角星（$f_{\frac{6}{2}}$）的反柱，图 5.8.336 是底面为正七角星（$f_{\frac{7}{2}}$）的反柱，图 5.8.337 是底面为正七角星（$f_{\frac{7}{3}}$）的反柱.

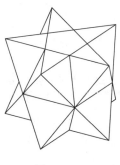

图 5.8.334

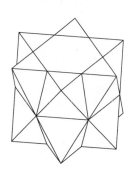

图 5.8.335

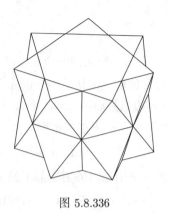
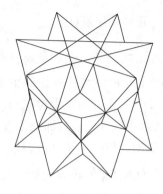

图 5.8.336　　　　　　　　　　图 5.8.337

设底面为正 n 角星的反柱（$f_{\frac{n}{m}}$）的棱长是 1，则其外接球半径是

$$R = \sqrt{\left(\frac{1}{2}\csc m\theta\right)^2 + \left(\frac{1}{2}\sqrt{\left(\frac{\sqrt{3}}{2}\right)^2 - \left(\frac{1}{2}\csc m\theta - \frac{1}{2}\cot m\theta\right)^2}\right)^2} = \frac{1}{4}\sqrt{4 + \csc^2\frac{m\theta}{2}},$$

内棱切球半径是

$$\rho = \sqrt{R^2 - \left(\frac{1}{2}\right)^2} = \frac{1}{4}\csc\frac{m\theta}{2},$$

其中心到正三角形面的距离是

$$r_3 = \sqrt{\rho^2 - \left(\frac{\sqrt{3}}{6}\right)^2} = \frac{1}{12}\cot\frac{m\theta}{2}\sqrt{12 - 3\sec^2\frac{m\theta}{2}},$$

其中心到正 n 角星面的距离是

$$r_{\frac{n}{m}} = \sqrt{\rho^2 - \left(\frac{1}{2}\cot m\theta\right)^2} = \frac{1}{4}\sqrt{4 - \sec^2\frac{m\theta}{2}}.$$

底面为正 n 角星的反柱（$f_{\frac{n}{m}}$）的两个相邻正三角形形成二面角的余弦值是

$$\cos\alpha_{33} = \cos\left(2\arccos\frac{\sqrt{3}}{6\rho}\right) = \frac{1}{3}(1 - 4\cos m\theta),$$

底面为正 n 角星的反柱（$f_{\frac{n}{m}}$）的正三角形与正 n 角星形成二面角的余弦值是

$$\alpha_{3\frac{n}{m}} = \cos\left(\arccos\frac{\sqrt{3}}{6\rho} + \arccos\frac{\cot m\theta}{2\rho}\right) = -\frac{\sqrt{3}}{3}\tan\frac{m\theta}{2}.$$

图 5.8.338、图 5.8.339 分别是正 n 角星（面 $f_{\frac{n}{m}}$）反柱的正三角形面和正多角星面被多面体分割的情况（图以正十一角星（$f_{\frac{11}{5}}$）反柱为例）. 图 5.8.338 中底边是与正 n 角星（面

$f_{\frac{n}{m}}$）相邻的棱，其分点与正 n 角星（面 $f_{\frac{n}{m}}$）该棱与该面其他边相交的交点重合；左侧边共 $m-1$ 个分点，从下到上第 i 个分点分左侧边下侧和上侧线段长度比是

$$\frac{\sin i\theta}{\sin(m-i)\theta},$$

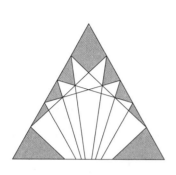

图 5.8.338

图 5.8.339

右侧边的分点分割位置与左侧边分割的比例相同. 左侧边每个分点都有两条分割线相连，从下到上第 i 个分点下侧的分割线另一端点是底边从左下角顶点向右数起第 i 个分点，上侧分割线另一端点是右侧边从上侧顶点向下数起第 i 个分点，从下到上第一个分点的下侧分割线与底边形成一个三角形表面，从下到上第 i 个分点的上侧分割线与第 $i+1$ 个分点的下侧分割线形成一个三角形表面；右侧边的分割面分布情况与左侧边分割面分布情况类似；左、右侧边最上侧分点的两个上侧分割线形成一个三角形或四边形表面（只有 $m=2$ 时才会形成三角形表面）；以上这些表面形成正三角形面的所有表面. 左侧边从下到上第一个分点的下侧分割线与底边形成的三角形表面面积是

$$S_1 = \frac{\sqrt{3}\sin^2\theta}{8\cos(m-1)\theta\sin m\theta(\sin\theta + \sin(m-1)\theta)},$$

下到上第 i 个分点的上侧分割线与第 $i+1$ 个分点的下侧分割线形成的三角形表面面积是

$$S_{i+1} = \frac{\sqrt{3}\sin^2\theta\sin i\theta(1+\cos m\theta)}{4\sin m\theta(1-\cos m\theta)(1+\cos(m-2i)\theta)(\cos i\theta + \cos(m-i-2)\theta)},$$

左侧边最上侧分点与底边中线形成的三角形面积是左、右侧边最上侧分点的两个上侧分割线形成一个三角形或四边形表面面积的一半，因此左、右侧边最上侧分点的两个上侧分割线形成一个三角形或四边形表面面积可用在上一面积公式中取 $i = m-1$，得到的面积再乘以 2 便是左、右侧边最上侧分点的两个上侧分割线形成一个三角形或四边形表面的面积. 其中

$$S_3' = 2\sum_{i=1}^{m}S_i, \quad S_{\frac{n}{m}}' = \frac{n\cos m\theta\sin\theta}{4\cos(m-1)\theta\sin^2 m\theta},$$

S_3' 无简单的计算公式.

正 n 角星（面 $f_{\frac{n}{m}}$）交错反柱的表面积是

$$S = 2nS_3' + 2S'_{\frac{n}{m}},$$

正 n 角星（面 $f_{\frac{n}{m}}$）交错反柱的体积是

$$V = 2n \cdot \frac{1}{3}S_3'r_3 + 2 \times \frac{1}{3}S'_{\frac{n}{m}}r_{\frac{n}{m}} = \frac{2n}{3}S_3'r_3 + \frac{2}{3}S'_{\frac{n}{m}}r_{\frac{n}{m}}.$$

（3） 正多角星交错反柱

定义 5.8.76. 当 $n-m$ 是偶数时，取一个正 n 棱柱，其中一个底面作一个面为 $f_{\frac{n}{m}}$ 的正 n 角星，这个正 n 角星到另一个底面的射影得到另一个正 n 角星，在其中一个正 n 角星中取一边 a，a 在另一正 n 角星中对应的边是 b，在 b 所在正 n 边形的面中作 b 的中垂线 c，取过 c 的正 n 边形中离 b 较远的那个顶点，这个顶点与 a 的两端点构成正三角形（图 5.8.340）；当 $n-m$ 是奇数时，取一个正 $2n$ 棱柱，其中一个底面作一个面为 $f_{\frac{n}{m}}$ 的正 n 角星，另一个底面作另一个面为 $f_{\frac{n}{m}}$ 的正 n 角星，其中一个正 n 角星到另一个底面的射影都不是另一个正 n 角星的顶点，在其中一个正 n 角星中取一边 a，a 在另一正 n 边形中对应的对角线是 b，在 b 所在正 n 边形的面中作 b 的中垂线 c，取过 c 的正 n 边形中离 b 较远的那个顶点，这个顶点与 a 的两端点构成正三角形（图 5.8.341）。两个底面的正 n 角星的所有边按照上述方法构造正三角形，最后两个正 n 角星和所有正三角形所构造的均匀多面体称为底面为 $f_{\frac{n}{m}}$ 的正 n 角星交错反柱.

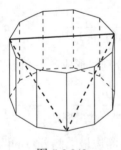
图 5.8.340

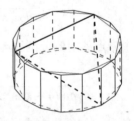
图 5.8.341

任意一个面为 $f_{\frac{n}{m}}$ 的正 n 角星都可以构成正 n 角星正棱柱和正 n 角星反柱，但不一定能构成正 n 角星交错反柱，要构成正 n 角星交错反柱，必须正 n 角星的边所对的外接圆优弧所含的圆周角大于 $60°$，即 $\frac{m}{n} > \frac{1}{3}$，由此得 $\frac{n}{3} < m < \frac{n}{2}$.

图 5.8.342 是底面为正五角星（$f_{\frac{5}{2}}$）的交错反柱，图 5.8.343 是底面为正七角星（$f_{\frac{7}{3}}$）的交错反柱.

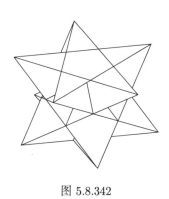
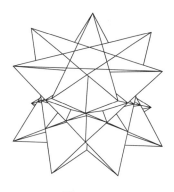

图 5.8.342　　　　　　　　　　图 5.8.343

设底面为正 n 角星的交错反柱（$f_{\frac{n}{m}}$）的棱长是 1，则其外接球半径是

$$R=\sqrt{\left(\frac{1}{2}\csc m\theta\right)^2+\left(\frac{1}{2}\sqrt{\left(\frac{\sqrt{3}}{2}\right)^2-\left(\frac{1}{2}\csc m\theta+\frac{1}{2}\cot m\theta\right)^2}\right)^2}=\frac{1}{4}\sqrt{4+\sec^2\frac{m\theta}{2}},$$

内棱切球半径是

$$\rho=\sqrt{R^2-\left(\frac{1}{2}\right)^2}=\frac{1}{4}\sec\frac{m\theta}{2},$$

其中心到正三角形面的距离是

$$r_3=\sqrt{\rho^2-\left(\frac{\sqrt{3}}{6}\right)^2}=\frac{1}{12}\tan\frac{m\theta}{2}\sqrt{12-3\csc^2\frac{m\theta}{2}},$$

其中心到正 n 角星面的距离是

$$r_{\frac{n}{m}}=\sqrt{\rho^2-\left(\frac{1}{2}\cot m\theta\right)^2}=\frac{1}{4}\sqrt{4-\csc^2\frac{m\theta}{2}}.$$

底面为正 n 角星的交错反柱（$f_{\frac{n}{m}}$）的两个相邻正三角形形成二面角的余弦值是

$$\cos\alpha_{33}=\cos\left(2\arccos\frac{\sqrt{3}}{6\rho}\right)=\frac{1}{3}(1+4\cos m\theta),$$

底面为正 n 角星的交错反柱（$f_{\frac{n}{m}}$）的正三角形与正 n 角星形成二面角的余弦值是

$$\alpha_{3\frac{n}{m}}=\cos\left(\arccos\frac{\sqrt{3}}{6\rho}-\arccos\frac{\cot m\theta}{2\rho}\right)=\frac{\sqrt{3}}{3}\cot\frac{m\theta}{2}.$$

图 5.8.344、图 5.8.345 分别是正 n 角星（面 $f_{\frac{n}{m}}$）交错反柱的正三角形面和正多角星面被多面体分割的情况（图以正十一角星（$f_{\frac{11}{4}}$）交错反柱为例）. 图 5.8.344 中底边是与正 n

角星（面 $f_{\frac{n}{m}}$）相邻的棱，其分点与正 n 角星（面 $f_{\frac{n}{m}}$）该棱与该面其他边相交的交点重合，左侧边共 $n-m-1$ 个分点，从下到上第 i 个分点分左侧边下侧和上侧线段长度比是

$$\frac{\sin i\theta}{\sin(n-m-i)\theta},$$

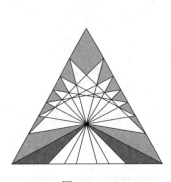

图 5.8.344

图 5.8.345

右侧边的分点分割位置与左侧边分割的比例相同. 过左下角顶点的分割线的另一端点是右侧边从上到下第 m 个分点，左侧边每个分点都有两条分割线相连，从上到下第 m 个分点下侧分割线的另一端点是右下角顶点，从上到下第 m 个分点再向下数第 i 个分点的下侧分割线的另一端点是右侧边从下到上数起的第 i 个分点，从上到下第 m 个分点再向上数第 i 个分点的下侧分割线的另一端点是底边从右下角顶点数起的第 i 个分点，从下到上第 i 个分点上侧分割线另一端点是右侧边从上侧顶点向下数起第 i 个分点，底边从左下角定点向右数起第一个分点的分割线与与过左下角顶点的分割线形成一个三角形表面，从下到上第一个分点的下侧分割线与过左下角顶点的分割线形成一个三角形表面，从下到上第 i 个分点的上侧分割线与第 $i+1$ 个分点的下侧分割线形成一个三角形表面；右侧边的分割面分布情况与左侧边分割面分布情况类似；左、右侧边最上侧分点的两个上侧分割线形成一个四边形表面；以上这些表面形成正三角形面的所有表面，只有与底边相邻（只过底边顶点的分割面不算）的两个三角形表面是与之紧接的多面体内部和多面体中心在这个表面两侧的. 与底边相邻的三角形面积是

$$S_0 = \frac{\sqrt{3}\cos m\theta \sin\theta}{8\cos(m-1)\theta \sin m\theta(1+\cos m\theta)},$$

左侧边从下到上第一个分点的下侧分割线与过左下角顶点分割线形成的三角形表面面积是

$$S_1 = \frac{\sqrt{3}\sin\theta}{8(1+\cos m\theta)(\sin\theta+\sin(m+1)\theta)},$$

下到上第 i 个分点的上侧分割线与第 $i+1$ 个分点的下侧分割线形成的三角形表面面积是

$$S_{i+1} = \frac{\sqrt{3}\sin^2\theta \sin i\theta(1-\cos m\theta)}{2(1+\cos m\theta)(1+\cos(m+2i)\theta)X},$$

其中
$$X = \sin(i+2)\theta + \sin(m+i)\theta + \sin(m-i)\theta - \sin(2m+i+2)\theta,$$

左侧边最上侧分点与底边中线形成的三角形面积是左、右侧边最上侧分点的两个上侧分割线形成一个四边形表面面积的一半，因此左、右侧边最上侧分点的两个上侧分割线形成一个三角形或四边形表面面积可用在上一面积公式中取 $i = n - m - 1$，得到的面积再乘以 2 便是左、右侧边最上侧分点的两个上侧分割线形成一个四边形表面的面积. 其中

$$S'_{3^+} = 2\sum_{i=1}^{n-m} S_i, \ S'_{3^-} = 2S_0, \ S'_{\frac{n}{m}} = \frac{n\cos m\theta \sin\theta}{4\cos(m-1)\theta \sin^2 m\theta},$$

S'_{3^+} 无简单的计算公式.

正 n 角星（面 $f_{\frac{n}{m}}$）交错反柱的表面积是

$$S = 2n(S'_{3^+} + S'_{3^-}) + 2S'_{\frac{n}{m}},$$

正 n 角星（面 $f_{\frac{n}{m}}$）交错反柱的体积是

$$V = 2n \cdot \frac{1}{3}(S'_{3^+} - S'_{3^-})r_3 + 2 \times \frac{1}{3}S'_{\frac{n}{m}}r_{\frac{n}{m}} = \frac{2n}{3}(S'_{3^+} - S'_{3^-})r_3 + \frac{2}{3}S'_{\frac{n}{m}}r_{\frac{n}{m}}.$$

5.9 均匀多面体的对偶多面体

定义 5.9.1. 均匀多面体的每个顶点作过连均匀多面体同一顶点的棱的中点所构成的多边形外接圆，在该多面体同一面内的中点联结成线段，这些线段构成一个多边形，这个多边形有外接圆，再过这些中点作该圆的切线，作相邻多边形顶点的切线的交点得到另外一个与上述多边形边数相同的多边形（若相邻顶点的切线平行，则认为交点在无穷远处），由这些多边形的顶点组成的该多面体的对偶多面体，该多面体也称为该多面体所对应的对偶多面体的对偶多面体.

定义 5.9.1 和定义 5.3.1 在凸多面体的情形下是相同的. 下面对定义 5.9.1 的多边形构造方式举一些具体例子.

图 5.9.1 中边自交的四边形 $ABCD$ 中，点 A、B 的切线交于点 A'，点 B、C 的切线交于点 B'，点 C、D 的切线交于点 C'，点 C、A 的切线交于点 D'，因此四边形 $ABCD$ 构造出凹四边形 $A'B'C'D'$. 类似的，图 5.9.2 中五角星 $ABCDE$ 构造出五角星 $A'B'C'D'$. 图 5.9.3 中边自交的四边形 $ABCD$ 中，点 A、B 的切线交于平行，点 B、C 的切线交于点 B'，点 C、D 的切线平行，点 C、A 的切线交于点 D'，因此四边形 $ABCD$ 构造图 5.9.2 中灰色的区域、四条直线、两个交点 B'、D' 和两个无穷远处的点.

有时候构造出来的多边形形状是相同的，但边和顶点的构造不同，这种情况在凸多边形中不会出现. 例如图 5.9.4、图 5.9.5 中构造出来的六边形 $A'B'C'D'E'F'$ 形状是相同的，但边和顶点的构造不同.

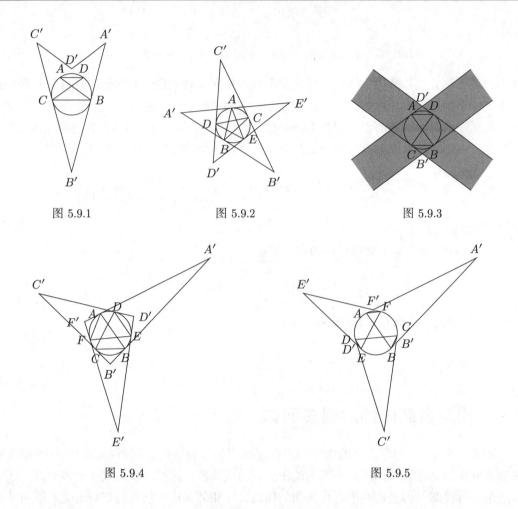

图 5.9.1　　　　　图 5.9.2　　　　　图 5.9.3

图 5.9.4　　　　　图 5.9.5

正多面体和半正多面体的对偶多面体的一些几何性质对一般均匀多面体同样成立，这些性质不再证明，列举如下：

定理 5.9.1. 与同一平行线平行的直线认为交于同一无穷远点，不同方向的平行直线的无穷远交点认为不同，则均匀多面体的对偶多面体的棱数与原多面体的棱数相同，面数和原多面体的顶点数相同，顶点数和原多面体的面数相同.

定理 5.9.2. 均匀多面体的对偶多面体存在内棱切球和内切球，并且这些球的球心就是原多面体的中心，内棱切球的半径和原多面体的内棱切球的半径相等.

定义 5.9.2. 正多面体或半正多面体的对偶多面体的内棱切球球心和内切球球心重合的点称为该多面体的中心.

定理 5.9.3. 非正多面体或 Kepler-Poinsot 多面体的对偶多面体不存在外接球.

定理 5.9.4. 均匀多面体的外接球半径是 R，该多面体及其对偶多面体的内棱切球的半径是 ρ，该多面体的对偶多面体的内切球半径是 r，则 $\rho^2 = Rr$.

定理 5.9.5. 均匀多面体的对偶多面体的二面角都相等，其大小与均匀多面体的中心和某一棱两顶点所连射线所成角互补.

定理 5.9.6. 两个同种均匀多面体的对偶多面体的二面角都相等.

下面讨论对偶多面体的计算. 设均匀多面体的外接球半径是 R，内棱切球的半径是 ρ，则对偶多面体的内棱切球半径也是 ρ，设对偶多面体的内切球半径是 r，则

$$r = \frac{\rho^2}{R},$$

设对偶多面体相邻面所成的二面角是 θ，则

$$\sin\frac{\theta}{2} = \frac{r}{\rho}.$$

如图 5.9.6，设 AB 是均匀多面体的一棱，$\odot O$ 是定义 5.9.1 中所定义的圆，点 C 是棱 AB 构造出对偶多面体的一顶点，$\odot O$ 的半径是 R'，$AB = a$，则

$$R' = \sqrt{\rho^2 - r^2}, \quad AC = BC = \frac{aR'}{\sqrt{4R'^2 - a^2}}, \quad \cos\frac{\angle ACB}{2} = \frac{a}{2R'},$$

通过以上式子便可求得对偶多面体面的所有边的长度和内角大小.

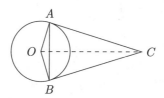

图 5.9.6

由于正多面体、半正多面体，亦即凸均匀多面体的对偶多面体已讨论过，下面只讨论凹均匀多面体的对偶多面体，其具体计算方法上面已经给出，下面的结论推导就不详细写了.

Kepler-Poinsot 多面体的对偶多面体

经计算容易验证 Kepler-Poinsot 多面体的对偶多面体仍然是 Kepler-Poinsot 多面体. 棱长是 1 的 Kepler-Poinsot 多面体的对偶多面体及其棱长汇成表 5.9.1.

5.9 均匀多面体的对偶多面体

表 5.9.1 棱长是 1 的 Kepler-Poinsot 多面体的对偶多面体及其棱长

名称	对偶多面体	棱长精确值	棱长近似值
小星状正十二面体	大正十二面体	$\dfrac{3-\sqrt{5}}{2}$	0.3819660113
大星状正十二面体	大正二十面体	$\dfrac{\sqrt{5}-1}{2}$	0.6180339887
大正十二面体	小星状正十二面体	$\dfrac{3+\sqrt{5}}{2}$	2.618033989
大正二十面体	大星状正十二面体	$\dfrac{\sqrt{5}+1}{2}$	1.618033989

常规凹均匀多面体的对偶多面体

常规凹均匀多面体的对偶多面体的顶点数、面数、棱数汇成表 5.9.2，常规凹均匀多面体的对偶多面体的直观图汇成表 5.9.3.

表 5.9.2 常规凹均匀多面体的对偶多面体的顶点数、面数、棱数

均匀多面体	对偶多面体	顶点数	面数	棱数
四合四面体	三合柱状化正方体	7	6	12
八合四面体	八合柱状化八面体	12	12	24
六合五面体	六合柱状化八面体	10	12	24
大立方截半正方体	大六合二十四面体	20	24	48
大均匀斜方截半正方体	大斜方二十四面体	26	24	48
大斜方六面体	大自交斜方六面体	18	24	48
小立方截半正方体	小六合二十四面体	20	24	48
小斜方六面体	小自交斜方六面体	18	24	48
星状截顶六面体	大皱面八面体	14	24	36
立方截顶截半正方体	三角六面体	20	48	72
大截顶截半正方体	大三角十二面体	26	48	72
小双三斜三十二面体	小三角十二面体	32	20	60
大三斜三十二面体	大三角二十面体	32	20	60
双三斜十二面体	内三角二十面体	24	20	60
小二十合扭棱三十二面体	小六角六十面体	112	60	80
截顶大十二面体	小类星状十二面体	24	60	90
大十二合三十二面体	大十二合六十面体	44	60	120
均匀大斜方三十二面体	大三角六十面体	62	60	120
大斜方十二面体	大自交斜方十二面体	42	60	120
斜方十二合十二面体	内三角六十面体	54	60	120
三十二合十二面体	内二十合六十面体	44	60	120
斜方二十面体	自交斜方二十面体	50	60	120

表 5.9.2 （续）

均匀多面体	对偶多面体	顶点数	面数	棱数
小二十合四面体	小二十合柱状化十二面体	26	30	60
小十二合六面体	小十二合柱状化十二面体	18	30	60
十二合二十面体	内菱形三十面体	24	30	60
小十二合十一面体	小十二合柱状化二十面体	22	30	60
大十二合十一面体	大十二合柱状化二十面体	22	30	60
大三十二面体	大菱形三十面体	32	30	60
大十二合六面体	大十二合柱状化十二面体	18	30	60
大二十合六面体	大二十合柱状化十二面体	26	30	60
大双三斜方十二合三十二面体	大三角十二合六十面体	44	60	120
大二十合三十二面体	大二十合六十面体	52	60	120
大十二合二十面体	大十二合自交斜方二十面体	32	60	120
小后扭棱二十合三十二面体	小六角星六十面体	112	60	180
小十二合三十二面体	小十二合六十面体	44	60	120
小斜方十二面体	小自交斜方十二面体	42	60	120
小星状截顶十二面体	大五角十二面体	24	60	90
小二十合三十二面体	小二十合六十面体	52	60	120
小双三斜方十二合三十二面体	小三角十二合六十面体	44	60	120
小十二合二十面体	小自交斜方十二合二十面体	32	60	120
大星状截顶十二面体	大皱面二十面体	32	60	90
截顶大二十面体	大五角星十二面体	32	60	90
大扭棱十二合三十二面体	大六角六十面体	104	60	180
大双斜方三十二面体	大柱状化双斜方三十二面体	124	60	240
大二重变形二重斜方十二面体	大柱状化二重变形二重斜方十二面体	204	60	240
二十截顶十二合十二面体	类三角二十面体	44	120	180
截顶十二合十二面体	内三角三十面体	54	120	180
大截顶三十二面体	大三角三十面体	62	120	180
扭棱十二合十二面体	内五角六十面体	84	60	150
扭棱三十二合十二面体	内六角六十面体	104	60	180
大扭棱三十二面体	大五角六十面体	92	60	150
反扭棱十二合十二面体	内反五角六十面体	84	60	150
大反扭棱三十二面体	大反五角六十面体	92	60	150

5.9 均匀多面体的对偶多面体

表 5.9.2 （续）

均匀多面体	对偶多面体	顶点数	面数	棱数
大后扭棱二十合三十二面体	大五角星六十面体	92	60	150

表 5.9.3 常规凹均匀多面体的对偶多面体的直观图

对偶多面体	直观图
三合柱状化正方体	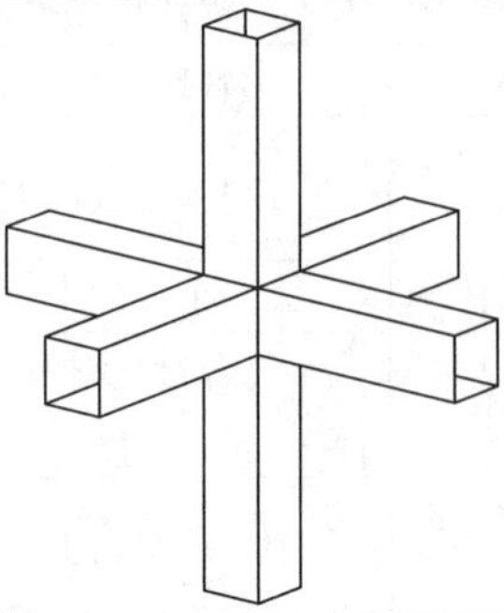
八合柱状化八面体	
六合柱状化八面体	

表 5.9.3 （续）

对偶多面体	直观图
大六合二十四面体	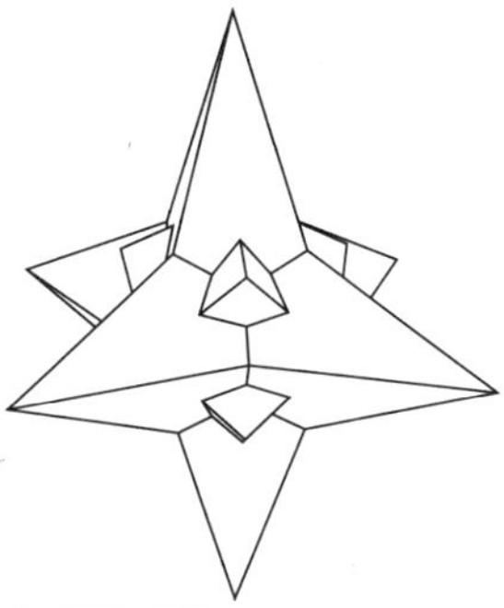
大斜方二十四面体	
大自交斜方六面体	
小六合二十四面体	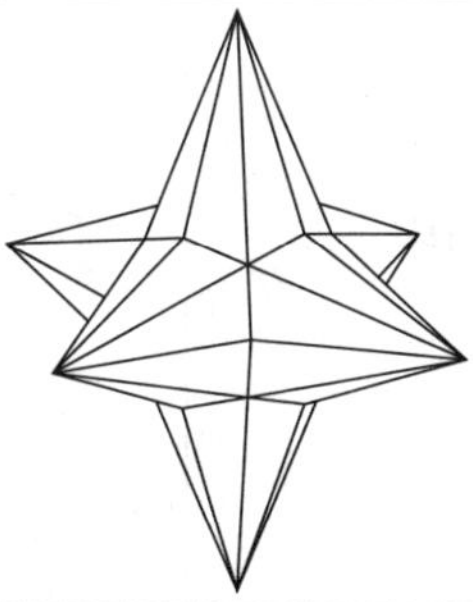

5.9 均匀多面体的对偶多面体

表 5.9.3 （续）

对偶多面体	直观图
小自交斜方六面体	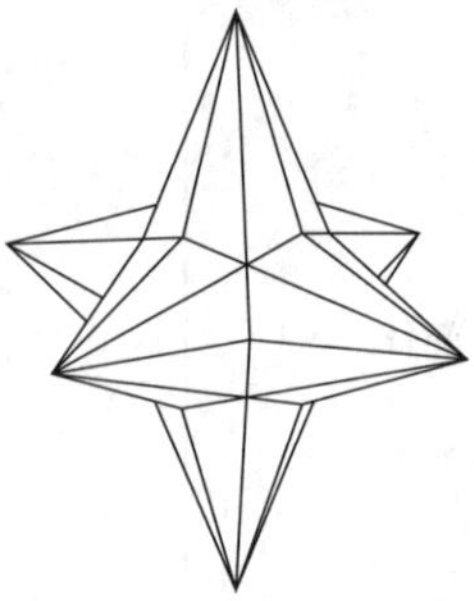
大皱面八面体	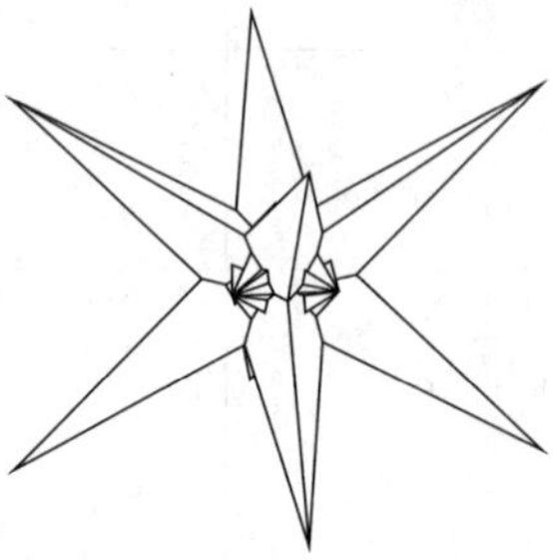
三角六面体	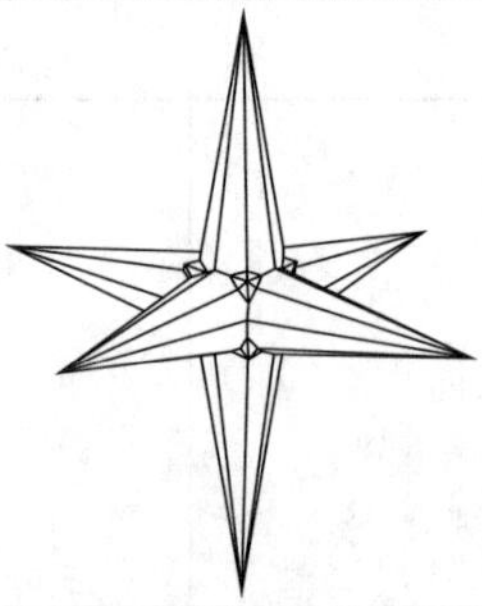
大三角十二面体	
小三角十二面体	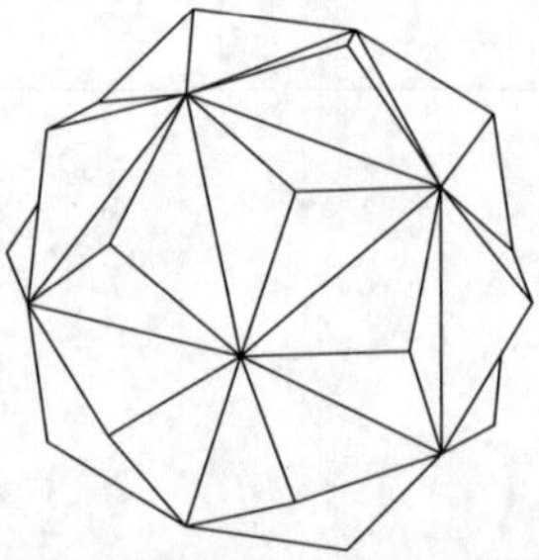

表 5.9.3 （续）

对偶多面体	直观图
大三角二十面体	
内三角二十面体	
小六角六十面体	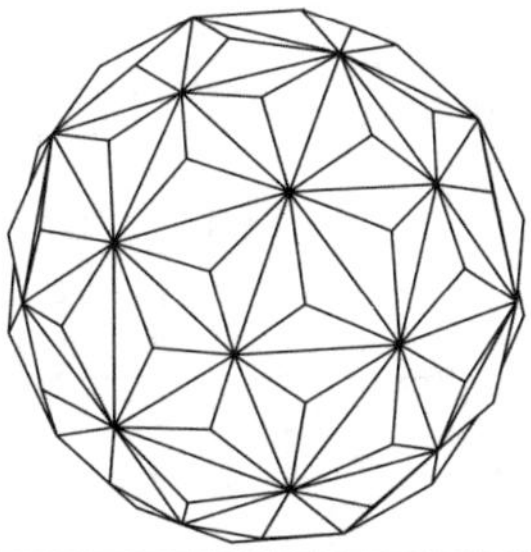
小类星状十二面体	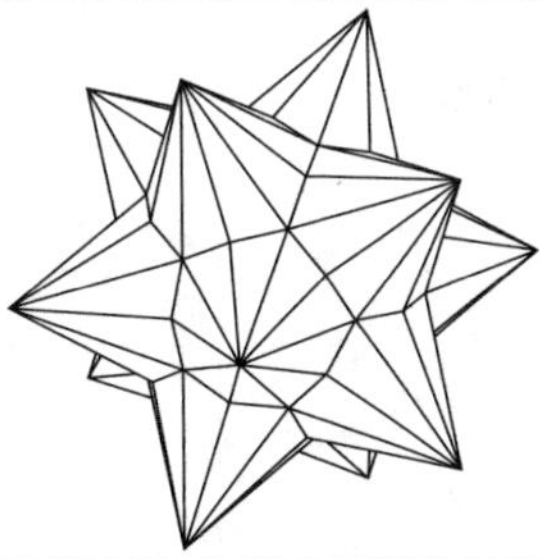
大十二合六十面体	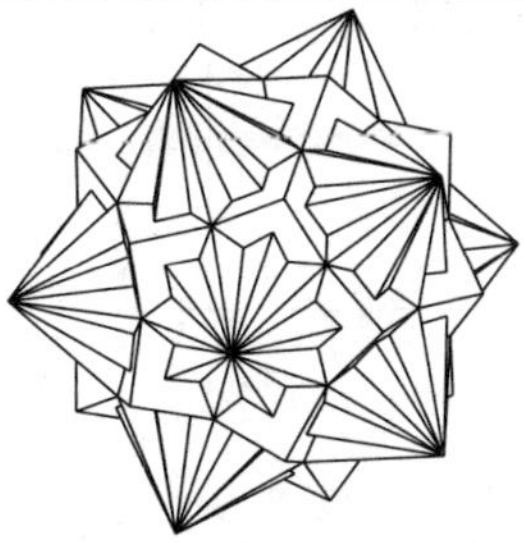

表 5.9.3 （续）

对偶多面体	直观图
大三角六十面体	
大自交斜方十二面体	
内三角六十面体	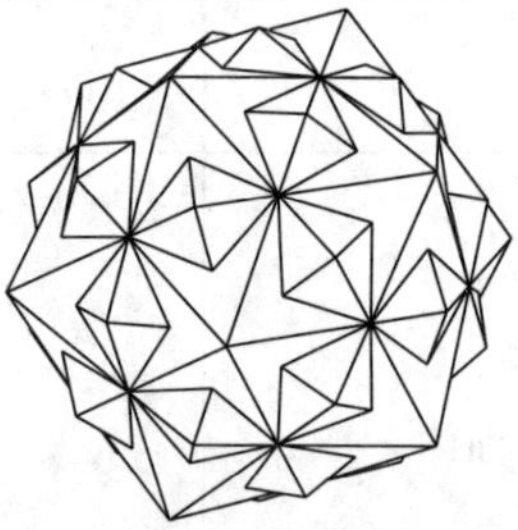
内二十合六十面体	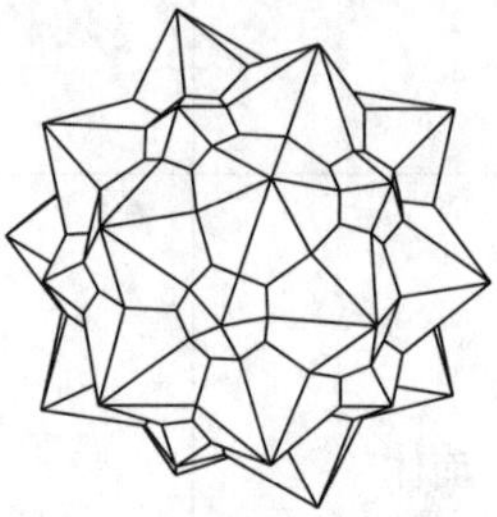
自交斜方二十面体	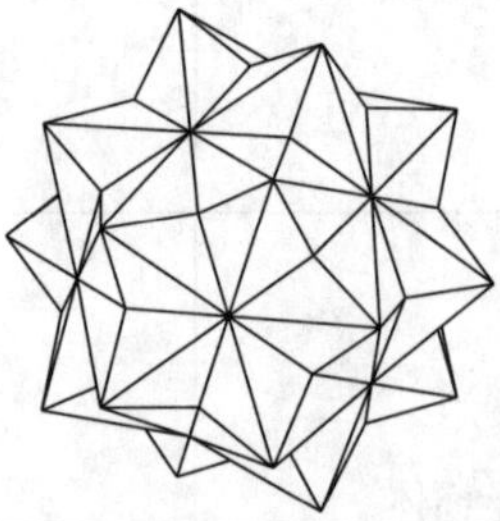

表 5.9.3 （续）

对偶多面体	直观图
小二十合柱状化十二面体	
小十二合柱状化十二面体	
内菱形三十面体	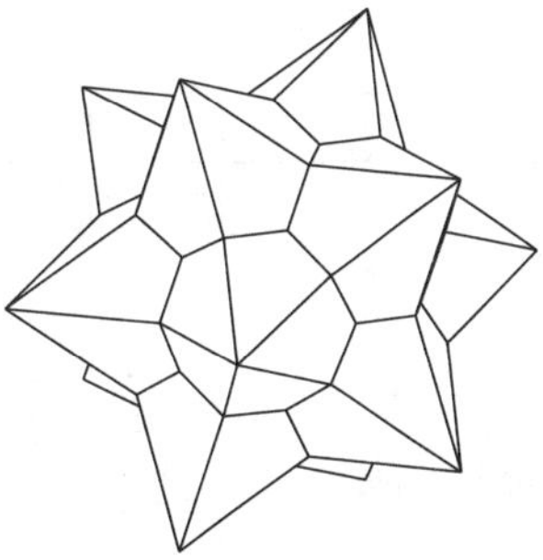
小十二合柱状化二十面体	
大十二合柱状化二十面体	

5.9 均匀多面体的对偶多面体

表 5.9.3 （续）

对偶多面体	直观图
大菱形三十面体	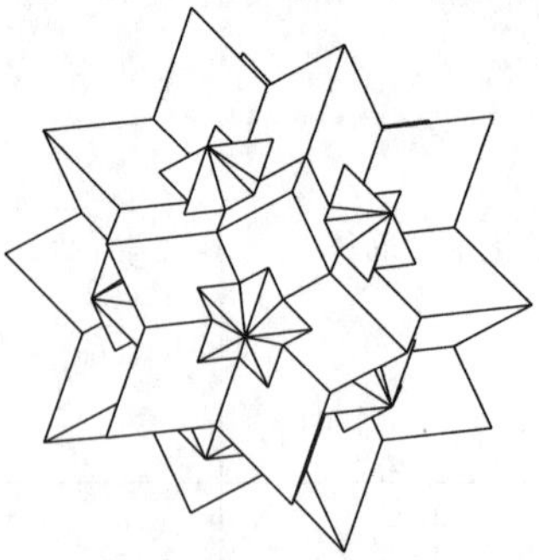
大十二合柱状化十二面体	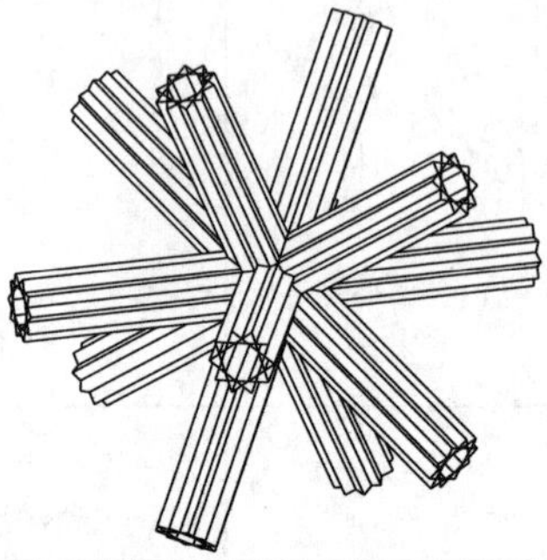
大二十合柱状化十二面体	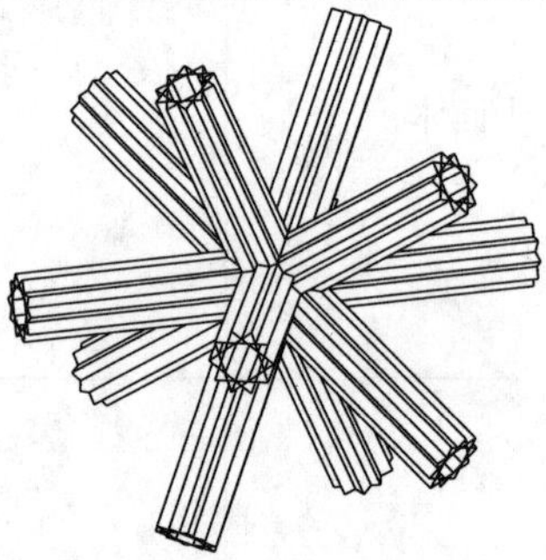
大三角十二合六十面体	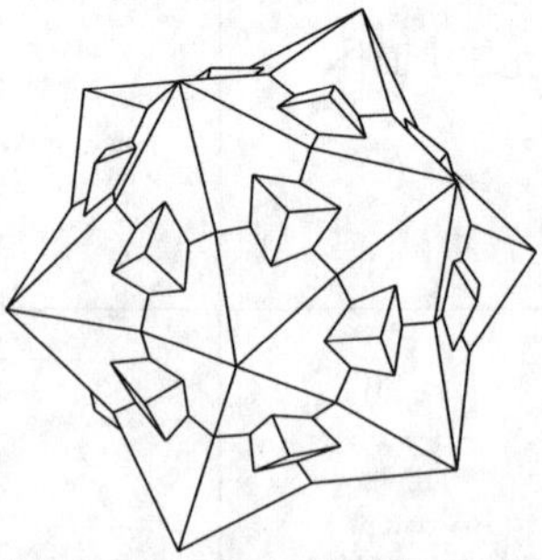

表 5.9.3 （续）

对偶多面体	直观图
大二十合六十面体	
大十二合自交斜方二十面体	
小六角星六十面体	
小十二合六十面体	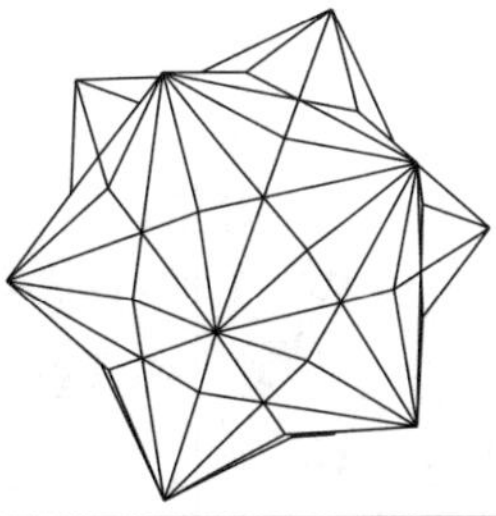
小自交斜方十二面体	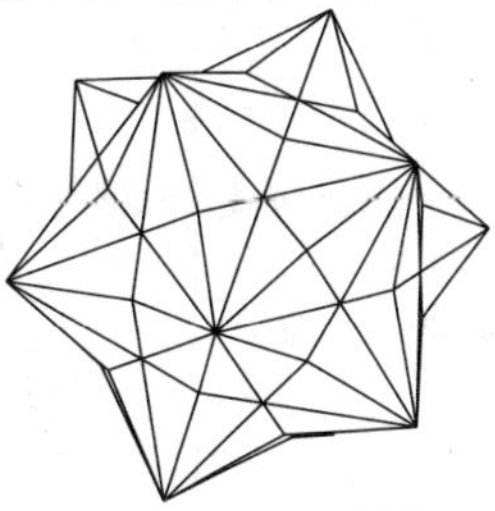

表 5.9.3 （续）

对偶多面体	直观图
大五角十二面体	
小二十合六十面体	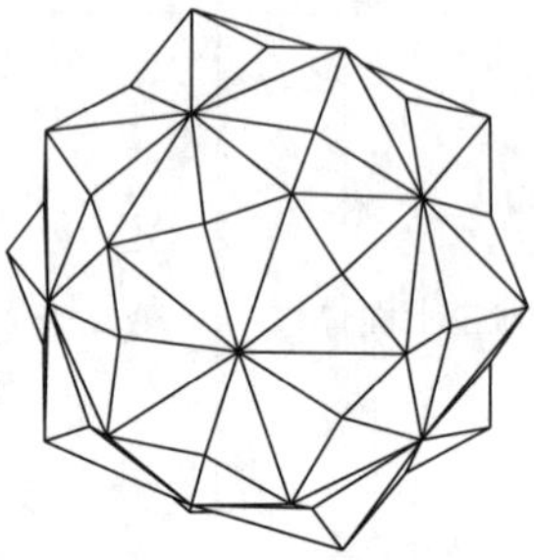
小三角十二合六十面体	
小自交斜方十二合二十面体	
大皱面二十面体	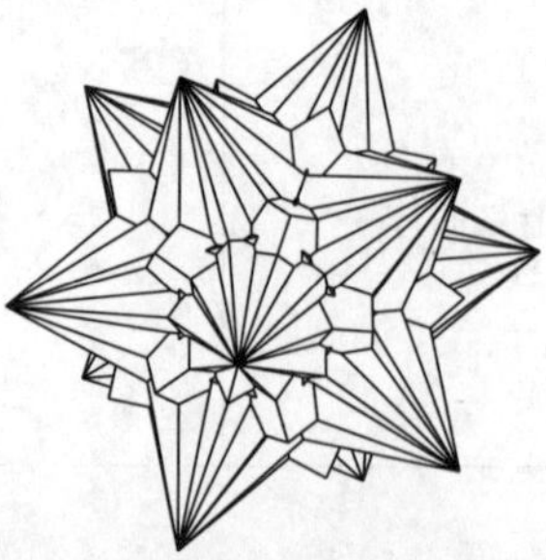

表 5.9.3 （续）

对偶多面体	直观图
大五角星十二面体	
大六角六十面体	
大柱状化双斜方三十二面体	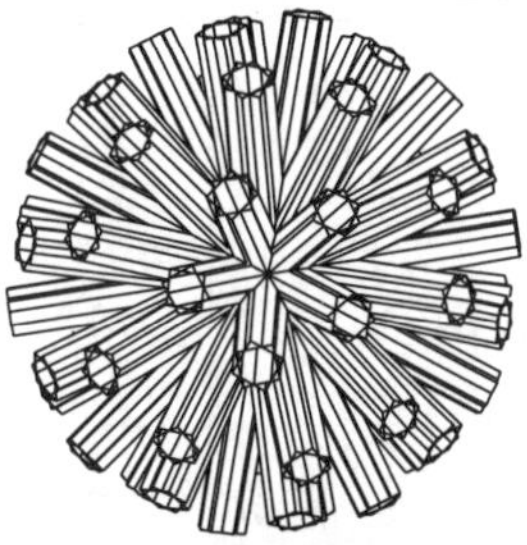
大柱状化二重变形二重斜方十二面体	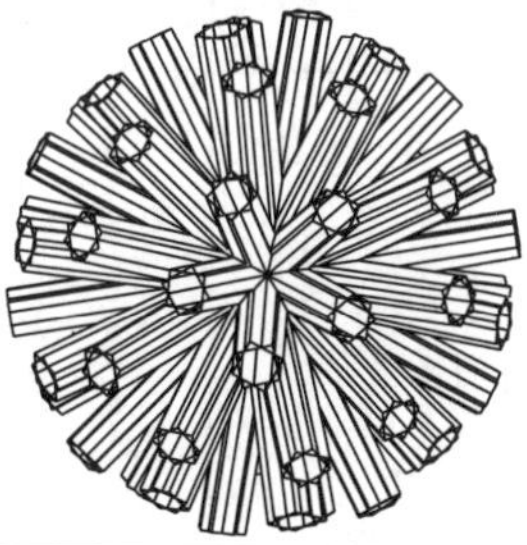
类三角二十面体	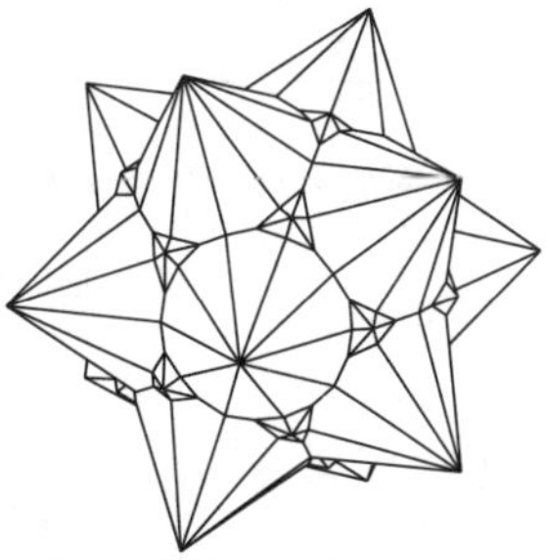

表 5.9.3 （续）

对偶多面体	直观图
内三角三十面体	
大三角三十面体	
内五角六十面体	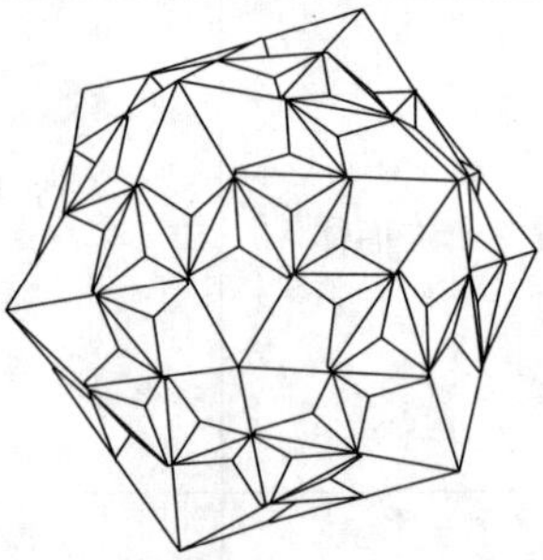
内六角六十面体	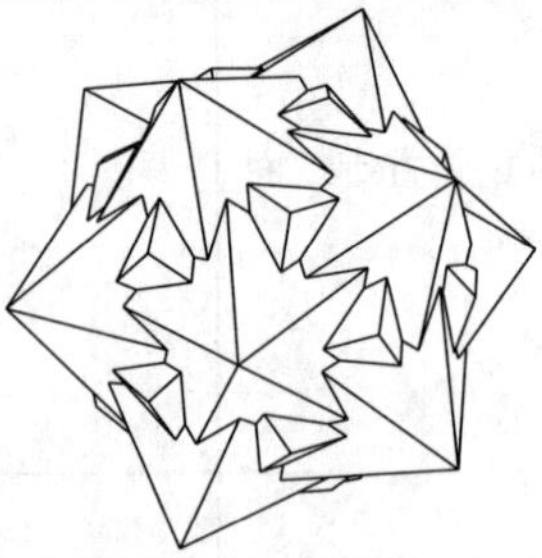

表 5.9.3 （续）

对偶多面体	直观图
大五角六十面体	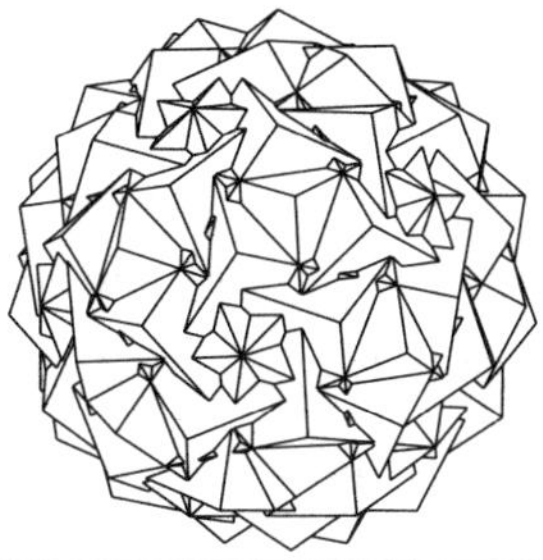
内反五角六十面体	
大反五角六十面体	
大五角星六十面体	

从表 5.9.3 中可以看到，有些常规均匀多面体的对偶多面体外观形状是相同的，但实际上顶点、棱、面的构成不全相同，要看内部结构才能区别出来.

以下讨论中设原均匀多面体的棱长是 1，用 S_1 表示均匀多面体的对偶多面体每个面表面部分的面积，在表面分割图中这些部分的表面用灰色表示，对偶多面体的半径是 ρ，对偶多面体的内切球半径是 r，对偶多面体相邻面所成的二面角是 θ，对偶多面体的表面积是 S，对偶多面体的体积是 V. 类似均匀多面体体积的计算方法，计算均匀多面体对偶多面体的参考点我们选其中心,这样有利于体积的计算. 因为只有在表面部分的那些分割块对表面积和体积的计算起作用,为了使分割图更简洁,以下的分割图都只画出经过表面分界线的那些分割线. 这里省略边分割点的长度比例和表面面积的详细计算推导过程.

三合柱状化正方体

图 5.9.7 是三合柱状化正方体的直观图,它含三个长度无限大的正四棱柱. 图 5.9.8 中,AB、CD 是四合四面体中正方形面内的边,AD、BC 是四合四面体中正三角形面内的边,则对偶多面体的面是灰色部分两组平行线所夹的区域,含两组平行直线(四条直线)构成边,两个普通顶点 B'、D',以及两个无穷远顶点,

$$\rho = \frac{1}{2},\ r = \frac{\sqrt{2}}{4},\ \theta = 90°,$$

对偶多面体的面内不平行的两条直线边夹角是

$$90°.$$

图 5.9.9 是三合柱状化正方体的表面分割图,其中表面部分包围的正方形边长是 $\sqrt{2}$.

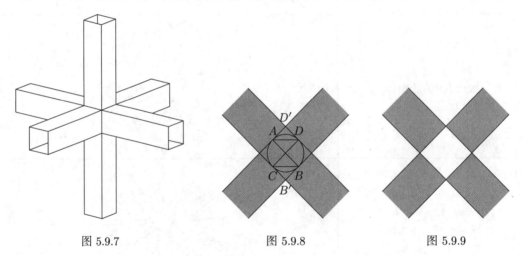

图 5.9.7　　　　　　　图 5.9.8　　　　　　　图 5.9.9

八合柱状化八面体

图 5.9.10 是八合柱状化八面体的直观图,它和六合柱状化八面体的外观形状是相同的,但顶点构成不完全相同,它含四个长度无限大的正六棱柱. 图 5.9.11 中,AB、CD 是八合四面体中正六边形面内的边,AD、BC 是八合四面体中正三角形面内的边,则对偶多面体的面是灰色部分两组平行线所夹的区域,含两组平行直线(四条直线)构成边,两个普通顶点 B'、D',以及两个无穷远顶点,

$$\rho = \frac{\sqrt{3}}{2},\ r = \frac{3}{4},\ \theta = 120°,$$

对偶多面体的面内不平行的两条直线边夹角是

$$\arccos\frac{1}{3}.$$

图 5.9.12 是八合柱状化八面体的表面分割图，其中

$$AB=BC=CD=DA=DE=DH=BF=BG=\frac{3}{8}\sqrt{6}.$$

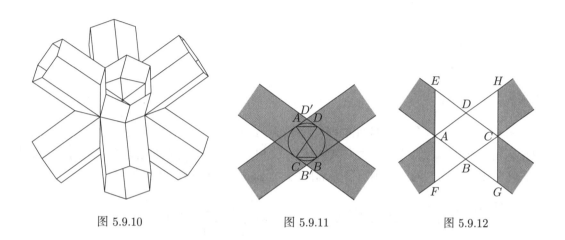

图 5.9.10　　　　　图 5.9.11　　　　　图 5.9.12

六合柱状化八面体

图 5.9.13 是六合柱状化八面体的直观图，它和八合柱状化八面体的外观形状是相同的，但顶点构成不完全相同，它含四个长度无限大的正六棱柱. 图 5.9.14 中，AB、CD 是六合五面体中正方形面内的边，AD、BC 是六合五面体中正六边形面内的边，则对偶多面体的面是灰色部分两组平行线所夹的区域，含两组平行直线（四条直线）构成边，两个普通顶点 B'、D'，以及两个无穷远顶点，

$$\rho=\frac{\sqrt{3}}{2},\ r=\frac{3}{4},\ \theta=120°,$$

对偶多面体的面内不平行的两条直线边夹角是

$$\arccos\frac{1}{3}.$$

图 5.9.15 是六合柱状化八面体的表面分割图，其中

$$AB=BC=CD=DA=DE=DH=BF=BG=\frac{3}{8}\sqrt{6}.$$

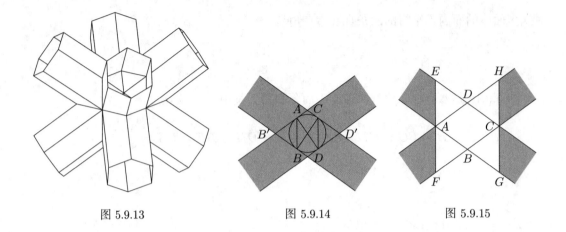

图 5.9.13　　　　　图 5.9.14　　　　　图 5.9.15

大六合二十四面体

图 5.9.16 是大六合二十四面体的直观图. 图 5.9.17 中，AB、CD 是大立方截半正方体中正八角星面内的边，AD 是大立方截半正方体中正三角形面内的边，BC 是大立方截半正方体中正方形面内的边，则对偶多面体的面是四边形 $A'B'C'D'$，其中

$$\rho = \frac{\sqrt{4-2\sqrt{2}}}{2},\ r = \frac{\sqrt{238-136\sqrt{2}}}{17},\ \theta = \arccos\left(-\frac{7-4\sqrt{2}}{17}\right),$$

$$A'D' = C'D' = \frac{2}{7}\sqrt{52-34\sqrt{2}},\ A'B' = B'C' = 2\sqrt{2-\sqrt{2}},$$

$$\angle A' = \angle C' = \arccos\left(-\frac{2\sqrt{2}-1}{4}\right),\ \angle B' = \arccos\frac{2+\sqrt{2}}{4},\ \angle D' = \arccos\left(-\frac{2-\sqrt{2}}{8}\right).$$

图 5.9.18 是大六合二十四面体的表面分割图，其中

$$AE = AH = \frac{4}{21}\sqrt{26-17\sqrt{2}},\ BE = DH = \frac{2}{3}\sqrt{20-14\sqrt{2}},$$

$$BF = DG = \sqrt{20-14\sqrt{2}},\ CG = CG = \sqrt{4-2\sqrt{2}},$$

$$BI = DI = \frac{2}{3}\sqrt{8-5\sqrt{2}},\ \cos\angle CBI = \cos\angle CDI = \frac{1}{28}\sqrt{14\sqrt{2}+630},$$

经过计算得

$$S_1 = \frac{\sqrt{38138-26924\sqrt{2}}}{21},$$

$$S = 24S_1 = \frac{8}{7}\sqrt{38138-26924\sqrt{2}},$$

$$V = \frac{1}{3}Sr = \frac{1360-944\sqrt{2}}{21}.$$

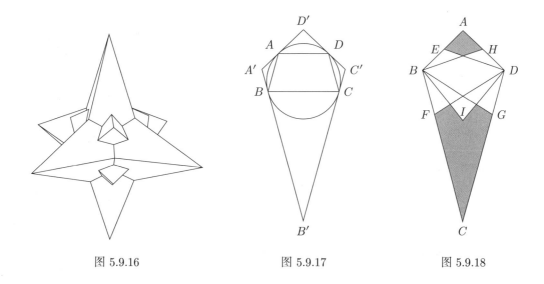

图 5.9.16　　　　　图 5.9.17　　　　　图 5.9.18

大斜方二十四面体

图 5.9.19 是大斜方二十四面体的直观图. 图 5.9.20 中, AD 是大均匀斜方截半正方体中正三角形面内的边, AB、BC、CD 是大均匀斜方截半正方体中正方形面内的边, 则对偶多面体的面是四边形 $A'B'C'D'$, 其中

$$\rho = \frac{\sqrt{4-2\sqrt{2}}}{2}, \quad r = \frac{\sqrt{238-136\sqrt{2}}}{17}, \quad \theta = \arccos\left(-\frac{7-4\sqrt{2}}{17}\right),$$

$$A'D' = C'D' = \frac{2}{7}\sqrt{10+\sqrt{2}}, \quad A'B' = B'C' = \sqrt{4+2\sqrt{2}},$$

$$\angle A' = \angle B' = \angle C' = \arccos\frac{2+\sqrt{2}}{4}, \quad \angle D' = 180° + \arccos\frac{2-\sqrt{2}}{8}.$$

图 5.9.21 是大斜方二十四面体的表面分割图, 其中

$$AE = FG = GB = BH = HI = JC = \sqrt{2-\sqrt{2}}, \quad EF = IJ = \sqrt{10-7\sqrt{2}},$$

经过计算得

$$S_1 = \frac{2}{21}\sqrt{1706-1172\sqrt{2}},$$

$$S = 24S_1 = \frac{16}{7}\sqrt{1706-1172\sqrt{2}},$$

$$V = \frac{1}{3}Sr = \frac{416\sqrt{2}-544}{21}.$$

大自交斜方六面体

图 5.9.22 是大自交斜方六面体的直观图. 图 5.9.23 中, AD、BC 是大斜方六面体中正八角星面内的边, AB、CD 是大斜方六面体中正方形面内的边, 则对偶多面体的面是四边

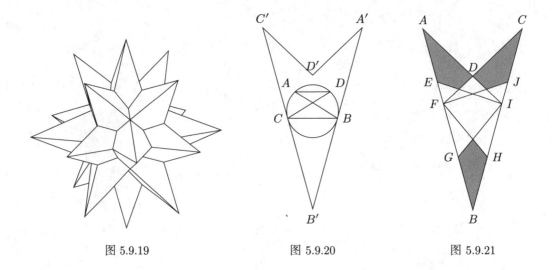

图 5.9.19　　　　　图 5.9.20　　　　　图 5.9.21

形 $A'B'C'D'$，其中

$$\rho = \frac{\sqrt{4-2\sqrt{2}}}{2}, \ r = \frac{\sqrt{238-136\sqrt{2}}}{17}, \ \theta = \arccos\left(-\frac{7-4\sqrt{2}}{17}\right),$$

$$A'B' = C'D' = \sqrt{4-2\sqrt{2}}, \ A'D' = B'C' = 2\sqrt{2-\sqrt{2}},$$

$$\angle A' = \angle C' = \arccos\frac{2+\sqrt{2}}{4}, \ \angle B' = \angle D' = \arccos\frac{2\sqrt{2}-1}{4}.$$

图 5.9.24 是大自交斜方六面体的表面分割图，经过计算得

$$S_1 = \frac{\sqrt{122-76\sqrt{2}}}{7},$$

$$S = 24S_1 = \frac{24}{7}\sqrt{122-76\sqrt{2}},$$

$$V = \frac{1}{3}Sr = \frac{80-48\sqrt{2}}{7}.$$

小六合二十四面体

图 5.9.25 是小六合二十四面体的直观图，它的外观形状与小自交斜方六面体相同，但顶点、棱、面的构成都不全相同. 图 5.9.26 中，AD 是小立方截半正方体中正三角形面内的边，BC 是小立方截半正方体中正方形面内的边，AB、CD 是小立方截半正方体中正八边形面内的边，则对偶多面体的面是四边形 $A'B'C'D'$，其中

$$\rho = \frac{\sqrt{4+2\sqrt{2}}}{2}, \ r = \frac{\sqrt{238+136\sqrt{2}}}{17}, \ \theta = \arccos\left(-\frac{7+4\sqrt{2}}{17}\right),$$

$$A'D' = C'D' = \frac{2}{7}\sqrt{52+34\sqrt{2}}, \ A'B' = B'C' = 2\sqrt{2+\sqrt{2}},$$

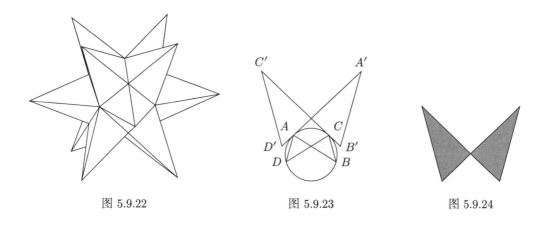

| 图 5.9.22 | 图 5.9.23 | 图 5.9.24 |

$$\angle A' = \angle C' = \arccos\frac{2\sqrt{2}+1}{4},\ \angle B' = \arccos\frac{2-\sqrt{2}}{4},\ \angle D' = 180° + \arccos\frac{2+\sqrt{2}}{8}.$$

图 5.9.27 是小六合二十四面体的表面分割图，经过计算得

$$S_1 = \frac{\sqrt{76\sqrt{2}+122}}{7},$$
$$S = 24S_1 = \frac{24}{7}\sqrt{76\sqrt{2}+122},$$
$$V = \frac{1}{3}Sr = \frac{48\sqrt{2}+80}{7}.$$

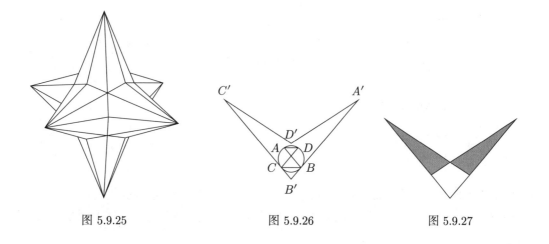

| 图 5.9.25 | 图 5.9.26 | 图 5.9.27 |

小自交斜方六面体

图 5.9.28 是小自交斜方六面体的直观图，它的外观形状与小六合二十四面体相同，但顶点、棱、面的构成都不全相同. 图 5.9.29 中，AD、BC 是小斜方六面体中正方形面内的边，AB、CD 是小斜方六面体中正八边形面内的边，则对偶多面体的面是四边形 $A'B'C'D'$，其

中

$$\rho = \frac{\sqrt{4+2\sqrt{2}}}{2}, \ r = \frac{\sqrt{238+136\sqrt{2}}}{17}, \ \theta = \arccos\left(-\frac{7+4\sqrt{2}}{17}\right),$$

$$A'B' = C'D' = \sqrt{4+2\sqrt{2}}, \ A'D' = B'C' = 2\sqrt{2+\sqrt{2}},$$

$$\angle A' = \angle C' = \arccos\frac{2\sqrt{2}+1}{4}, \ \angle B' = \angle D' = \arccos\left(-\frac{2-\sqrt{2}}{4}\right).$$

图 5.9.30 是小自交斜方六面体的表面分割图, 经过计算得

$$S_1 = \frac{\sqrt{76\sqrt{2}+122}}{7},$$

$$S = 24S_1 = \frac{24}{7}\sqrt{76\sqrt{2}+122},$$

$$V = \frac{1}{3}Sr = \frac{48\sqrt{2}+80}{7}.$$

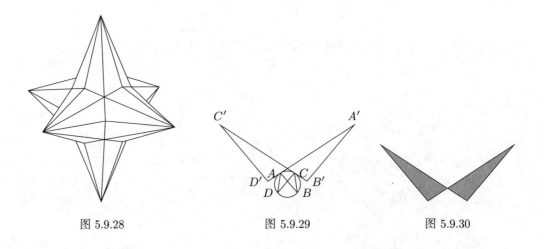

图 5.9.28   图 5.9.29   图 5.9.30

大皱面八面体

图 5.9.31 是大皱面八面体的直观图. 图 5.9.32 中, AB、AC 是星状截顶六面体中正八角星面内的边, BC 是星状截顶六面体中正三角形面内的边, 则对偶多面体的面是 $\triangle A'B'C'$, 其中

$$\rho = \frac{2-\sqrt{2}}{2}, \ r = \frac{\sqrt{391-272\sqrt{2}}}{17}, \ \theta = \arccos\frac{8\sqrt{2}-3}{17},$$

$$A'C' = 2-\sqrt{2}, \ A'B' = B'C' = 2,$$

$$\angle A' = \angle C' = \arccos\frac{2-\sqrt{2}}{4}, \ \angle B' = \arccos\left(-\frac{2\sqrt{2}+1}{4}\right).$$

图 5.9.33 是大皱面八面体的表面分割图，其中

$$AD = CI = \frac{10 - 6\sqrt{2}}{7}, \ DE = HI = \frac{32 - 22\sqrt{2}}{7}, \ EF = GH = 3\sqrt{2} - 4,$$
$$BF = BG = \sqrt{2}, \ AK = CJ = 3\sqrt{2} - 4, \ JK = 10 - 7\sqrt{2},$$
$$AN = CN = \frac{\sqrt{88 - 50\sqrt{2}}}{7}, \ \cos\angle BAN = \cos\angle BCN = \frac{3}{28}\sqrt{14\sqrt{2} + 56},$$
$$EL = HM = \sqrt{184 - 130\sqrt{2}}, \ \cos\angle BEL = \cos\angle BHM = \frac{\sqrt{448 - 182\sqrt{2}}}{28},$$

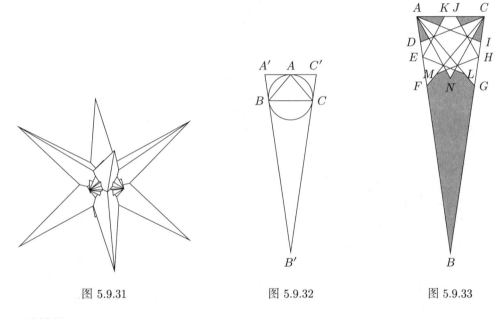

图 5.9.31　　　　　图 5.9.32　　　　　图 5.9.33

经过计算得

$$S_1 = \frac{5}{14}\sqrt{17690 - 12508\sqrt{2}},$$
$$S = 24S_1 = \frac{60}{7}\sqrt{17690 - 12508\sqrt{2}},$$
$$V = \frac{1}{3}Sr = \frac{2180}{7}\sqrt{2} - 440.$$

三角六面体

图 5.9.34 是三角六面体的直观图. 图 5.9.35 中，AB 是立方截顶截半正方体中正八角星面内的边，AC 是立方截顶截半正方体中正六边形面内的边，BC 是立方截顶截半正方体中正八边形面内的边，则对偶多面体的面是 $\triangle A'B'C'$，其中

$$\rho = \frac{\sqrt{6}}{2}, \ r = \frac{3\sqrt{7}}{7}, \ \theta = \arccos\left(-\frac{5}{7}\right),$$

$$A'C' = 2\sqrt{\sqrt{6}-\sqrt{3}}, \quad A'B' = 3\sqrt{6}, \quad B'C' = 2\sqrt{\sqrt{6}+\sqrt{3}},$$
$$\angle A' = \arccos\left(-\frac{7\sqrt{2}-2}{12}\right), \quad \angle B' = \arccos\frac{7\sqrt{2}+2}{12}, \quad \angle C' = \arccos\frac{3}{4}.$$

图 5.9.36 是三角六面体的表面分割图，其中

$$AD = HA = \frac{3\sqrt{6}-3\sqrt{3}}{2}, \quad DB = BE = \frac{3\sqrt{3}+3\sqrt{6}}{2}, \quad EF = \frac{15\sqrt{3}-9\sqrt{6}}{14},$$
$$FG = \frac{66\sqrt{6}-12\sqrt{3}}{119}, \quad GC = \frac{10\sqrt{6}-8\sqrt{3}}{17}, \quad CH = \frac{\sqrt{6}-\sqrt{3}}{2},$$
$$EI = \frac{15\sqrt{5}-6\sqrt{10}}{34}, \quad \cos\angle CEI = \frac{\sqrt{15}}{15},$$

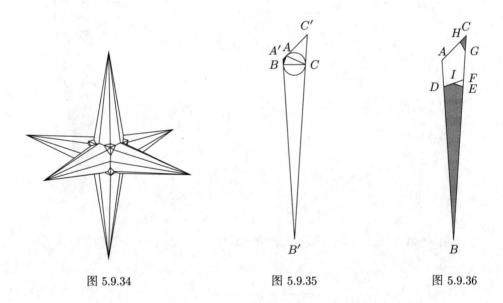

图 5.9.34　　　　　图 5.9.35　　　　　图 5.9.36

经过计算得

$$S_1 = \frac{150\sqrt{7}-9\sqrt{14}}{136},$$
$$S = 48S_1 = \frac{900\sqrt{7}-54\sqrt{14}}{17},$$
$$V = \frac{1}{3}Sr = \frac{900-54\sqrt{2}}{17}.$$

大三角十二面体

图 5.9.37 是大三角十二面体的直观图. 图 5.9.38 中，AB 是大截顶截半正方体中正八角星面内的边，AC 是大截顶截半正方体中正方形面内的边，BC 是大截顶截半正方体中正

六边形面内的边，则对偶多面体的面是 $\triangle A'B'C'$，其中

$$\rho = \frac{\sqrt{12-6\sqrt{2}}}{2}, \ r = \frac{3}{97}\sqrt{2910-1552\sqrt{2}}, \ \theta = \arccos\left(-\frac{71-12\sqrt{2}}{97}\right),$$

$$A'C' = \frac{3}{7}\sqrt{12-6\sqrt{2}}, \ B'C' = \frac{2}{7}\sqrt{30+3\sqrt{2}}, \ A'B' = \frac{2}{7}\sqrt{60-6\sqrt{2}},$$

$$\angle A' = \arccos\frac{6\sqrt{2}-1}{12}, \ \angle B' = \arccos\frac{6+\sqrt{2}}{8}, \ \angle C' = \arccos\left(-\frac{2+\sqrt{2}}{12}\right).$$

图 5.9.39 是大三角十二面体的表面分割图，经过计算得

$$S_1 = \frac{3}{14}\sqrt{26-12\sqrt{2}},$$

$$S = 48S_1 = \frac{72}{7}\sqrt{26-12\sqrt{2}},$$

$$V = \frac{1}{3}Sr = \frac{144\sqrt{2}-144}{7}.$$

图 5.9.37

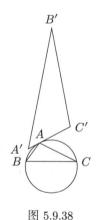

图 5.9.38

图 5.9.39

小三角十二面体

图 5.9.40 是小三角十二面体的直观图. 图 5.9.41 中，AF、BC、DE 是小双三斜三十二面体中正五角星面内的边，AB、CD、EF 是小双三斜三十二面体中正三角形面内的边，则对偶多面体的面是六边形 $A'B'C'D'E'F'$，其中

$$\rho = \frac{\sqrt{2}}{2}, \ r = \frac{\sqrt{3}}{3}, \ \theta = \arccos\left(-\frac{1}{3}\right),$$

$$A'B' = B'C' = C'D' = D'E' = E'F' = F'A' = \frac{3\sqrt{10}-5\sqrt{2}}{5},$$

$$\angle A' = \angle C' = \angle E' = \arccos\left(-\frac{1}{4}\right), \ \angle B' = \angle D' = \angle F' = \arccos\left(-\frac{3\sqrt{5}-1}{8}\right).$$

图 5.9.42 是小三角十二面体的表面分割图，经过计算得

$$S_1 = \frac{21\sqrt{15} - 45\sqrt{3}}{10},$$
$$S = 20S_1 = 42\sqrt{15} - 90\sqrt{3},$$
$$V = \frac{1}{3}Sr = 14\sqrt{5} - 30.$$

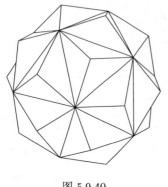
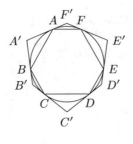

图 5.9.40　　　　　　　图 5.9.41　　　　　　　图 5.9.42

大三角二十面体

图 5.9.43 是大三角二十面体的直观图，它的外观形状与内三角二十面体相同，但顶点、棱、面的构成都不全相同. 图 5.9.44 中，AF、BC、DE 是大三斜三十二面体中正三角形面内的边，AB、CD、EF 是大三斜三十二面体中正五边形面内的边，则对偶多面体的面是六边形 $A'B'C'D'E'F'$，其中

$$\rho = \frac{\sqrt{2}}{2}, \ r = \frac{\sqrt{3}}{3}, \ \theta = \arccos\left(-\frac{1}{3}\right),$$
$$A'B' = B'C' = C'D' = D'E' = E'F' = F'A' = \frac{3\sqrt{10} + 5\sqrt{2}}{5},$$
$$\angle A' = \angle C' = \angle E' = \arccos\frac{3\sqrt{5}+1}{8}, \ \angle B' = \angle D' = \angle F' = \arccos\left(-\frac{1}{4}\right).$$

图 5.9.45 是大三角二十面体的表面分割图，经过计算得

$$S_1 = \frac{3}{5}\sqrt{15},$$
$$S = 20S_1 = 12\sqrt{15},$$
$$V = \frac{1}{3}Sr = 4\sqrt{5}.$$

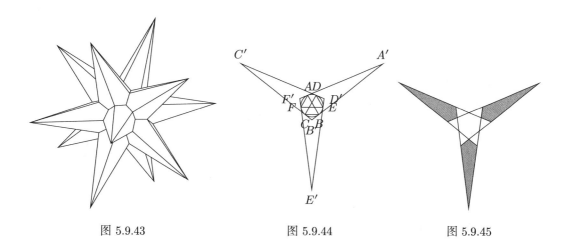

图 5.9.43　　　　　　图 5.9.44　　　　　　图 5.9.45

内三角二十面体

图 5.9.46 是内三角二十面体的直观图，它的外观形状与大三角二十面体相同，但顶点、棱、面的构成都不全相同．图 5.9.47 中，AF、BC、DE 是双三斜十二面体中正五角星面内的边，AB、CD、EF 是双三斜十二面体中正五边形面内的边，则对偶多面体的面是六边形 $A'B'C'D'E'F'$，其中

$$\rho = \frac{\sqrt{2}}{2},\ r = \frac{\sqrt{3}}{3},\ \theta = \arccos\left(-\frac{1}{3}\right),$$
$$A'B' = B'C' = C'D' = D'E' = E'F' = F'A' = 2\sqrt{2},$$
$$\angle A' = \angle C' = \angle E' = \arccos\frac{3\sqrt{5}+1}{8},\ \angle B' = \angle D' = \angle F' = 180° + \arccos\frac{3\sqrt{5}-1}{8}.$$

图 5.9.48 是内三角二十面体的表面分割图，经过计算得

$$S_1 = \frac{3}{5}\sqrt{15},$$
$$S = 20S_1 = 12\sqrt{15},$$
$$V = \frac{1}{3}Sr = 4\sqrt{5}.$$

小六角六十面体

图 5.9.49 是小六角六十面体的直观图．图 5.9.50 中，AF 是小二十合扭棱三十二面体中正五角星面内的边，AB、BC、CD、DE、EF 是小二十合扭棱三十二面体中正三角形面内的边，则对偶多面体的面是六边形 $A'B'C'D'E'F'$，其中

$$\rho = \frac{\sqrt{9+3\sqrt{5}+\sqrt{102+46\sqrt{5}}}}{4},\ r = \frac{\sqrt{5974+2378\sqrt{5}+116\sqrt{4478+2010\sqrt{5}}}}{116},$$

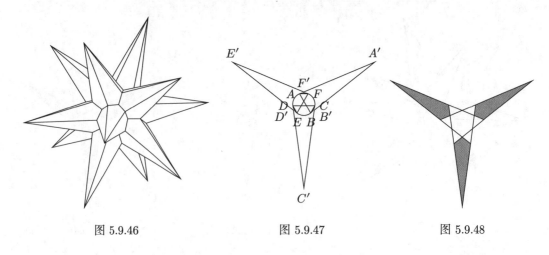

图 5.9.46　　　　　　　图 5.9.47　　　　　　　图 5.9.48

$$\theta = \arccos\left(-\frac{5\sqrt{5}-3+\sqrt{598+318\sqrt{5}}}{58}\right),$$

$$A'F' = E'F' = \frac{\sqrt{13+7\sqrt{5}-\sqrt{198+110\sqrt{5}}}}{6},$$

$$A'B' = B'C' = C'D' = D'E' = \frac{\sqrt{9+3\sqrt{5}-\sqrt{102+46\sqrt{5}}}}{2},$$

$$\angle A' = \angle B' = \angle C' = \angle D' = \angle E' = \arccos\left(-\frac{\sqrt{3+2\sqrt{5}}-1}{4}\right),$$

$$\angle F' = \arccos\left(-\frac{5\sqrt{5}-7+\sqrt{10\sqrt{5}-18}}{8}\right).$$

图 5.9.51 是小六角六十面体的表面分割图，经过计算得

$$S_1 = \frac{\sqrt{250+95\sqrt{5}-\sqrt{43306\sqrt{5}+96078}}}{12},$$

$$S = 5\sqrt{250+95\sqrt{5}-\sqrt{43306\sqrt{5}+96078}},$$

$$V = \frac{1}{3}Sr = \frac{40+30\sqrt{5}+5\sqrt{6\sqrt{5}-2}}{12}.$$

小类星状十二面体

图 5.9.52 是小类星状十二面体的直观图. 图 5.9.53 中，AC 是截顶大十二面体中正五角星面内的边，AB、BC 是截顶大十二面体中正十边形面内的边，则对偶多面体的面是 $\triangle A'B'C'$，其中

$$\rho = \frac{5+\sqrt{5}}{4}, \quad r = \frac{5}{82}\sqrt{451+164\sqrt{5}}, \quad \theta = \arccos\left(-\frac{24+5\sqrt{5}}{41}\right),$$

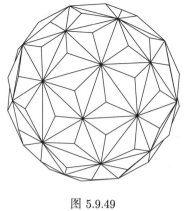
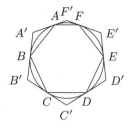

图 5.9.49　　　　　　图 5.9.50　　　　　　图 5.9.51

$$A'C' = B'C' = \frac{5}{2}(\sqrt{5} - 1), \quad A'B' = \frac{5 + 3\sqrt{5}}{2},$$

$$\angle A' = \angle B' = \arccos\frac{5 + 2\sqrt{5}}{10}, \quad \angle C' = \arccos\left(-\frac{2\sqrt{5} - 1}{10}\right).$$

图 5.9.54 是小类星状十二面体的表面分割图，其中

$$AD = AG = \frac{15\sqrt{5} - 25}{8}, \quad BD = CG = \frac{5\sqrt{5} + 5}{8},$$

$$DE = FC = \sqrt{5}, \quad EF = \frac{5 - \sqrt{5}}{2},$$

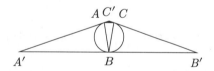

图 5.9.53

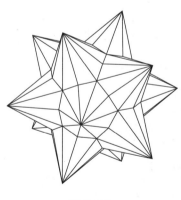

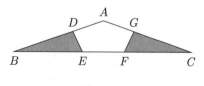

图 5.9.52　　　　　　图 5.9.54

经过计算得

$$S_1 = \frac{5}{16}\sqrt{26 - 2\sqrt{5}},$$

$$S = 60S_1 = \frac{75}{4}\sqrt{26 - 2\sqrt{5}},$$

$$V = \frac{1}{3}Sr = \frac{125\sqrt{5} + 125}{8}.$$

大十二合六十面体

图 5.9.55 是大十二合六十面体的直观图. 图 5.9.56 中，AD 是大十二合三十二面体中正五角星面内的边，BC 是大十二合三十二面体中正三角形面内的边，AB、CD 是大十二合三十二面体中正十角星面内的边，则对偶多面体的面是四边形 $A'B'C'D'$，其中

$$\rho = \frac{\sqrt{10-4\sqrt{5}}}{2}, \quad r = \frac{\sqrt{3895-1640\sqrt{5}}}{41}, \quad \theta = \arccos\left(-\frac{19-8\sqrt{5}}{41}\right),$$

$$A'D' = C'D' = \frac{2}{3}\sqrt{10-4\sqrt{5}}, \quad A'B' = B'C' = \frac{2}{11}\sqrt{65-19\sqrt{5}},$$

$$\angle A' = \angle C' = \arccos\frac{5-\sqrt{5}}{8}, \quad \angle B' = \arccos\left(-\frac{5-2\sqrt{5}}{20}\right),$$

$$\angle D' = \arccos\left(-\frac{5+9\sqrt{5}}{40}\right).$$

图 5.9.57 是大十二合六十面体的表面分割图，其中

$$AE = NA = \frac{2}{33}\sqrt{4825-2155\sqrt{5}}, \quad EF = MN = \frac{\sqrt{12625-5645\sqrt{5}}}{11},$$

$$FB = DM = \sqrt{65-29\sqrt{5}}, \quad BG = LD = \frac{2}{19}\sqrt{290-124\sqrt{5}},$$

$$GH = KL = \frac{2}{209}\sqrt{207325-92695\sqrt{5}}, \quad HI = JK = \frac{\sqrt{6925-3095\sqrt{5}}}{11},$$

$$IC = CJ = \frac{\sqrt{4825-2155\sqrt{5}}}{11}, \quad IO = JP = \frac{\sqrt{89520-40030\sqrt{5}}}{31},$$

$$OK = PH = \frac{4}{341}\sqrt{106905-47345\sqrt{5}}, \quad QO = QP = \frac{2}{589}\sqrt{300350-133965\sqrt{5}},$$

$$OR = PS = \frac{2}{341}\sqrt{230150-100410\sqrt{5}},$$

$$\cos\angle IOR = \cos\angle JPS = \frac{\sqrt{4044150-305140\sqrt{5}}}{4180},$$

经过计算得

$$S_1 = \frac{3\sqrt{2497240855-1116780640\sqrt{5}}}{6479},$$

$$S = 60S_1 = \frac{180}{6479}\sqrt{2497240855-1116780640\sqrt{5}},$$

$$V = \frac{1}{3}Sr = \frac{4499100-2010000\sqrt{5}}{6479}.$$

大三角六十面体

图 5.9.58 是大三角六十面体的直观图，它的外观形状与大自交斜方十二面体相同，但顶点、棱、面的构成都不全相同. 图 5.9.59 中，AD 是均匀大斜方三十二面体中正五角星

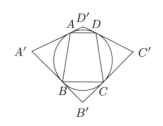

图 5.9.56

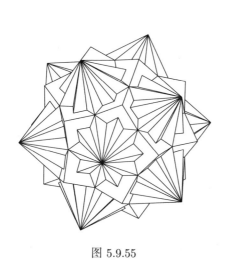

图 5.9.55

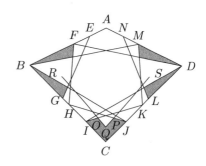

图 5.9.57

面内的边，BC 是均匀大斜方三十二面体中正三角形面内的边，AB、CD 是均匀大斜方三十二面体中正方形面内的边，则对偶多面体的面是四边形 $A'B'C'D'$，其中

$$\rho = \frac{\sqrt{10-4\sqrt{5}}}{2}, \ r = \frac{\sqrt{3895-1640\sqrt{5}}}{41}, \ \theta = \arccos\left(-\frac{19-8\sqrt{5}}{41}\right),$$

$$A'D' = C'D' = \frac{\sqrt{25+5\sqrt{5}}}{3}, \ A'B' = B'C' = \frac{\sqrt{425+155\sqrt{5}}}{11},$$

$$\angle A' = \angle C' = \arccos\frac{5+2\sqrt{5}}{10}, \ \angle B' = \arccos\left(-\frac{5-2\sqrt{5}}{20}\right),$$

$$\angle D' = 180° + \arccos\frac{5+9\sqrt{5}}{40}.$$

图 5.9.60 是大三角六十面体的表面分割图，其中

$$AE = FC = \sqrt{5-\sqrt{5}}, \ EB = BF = \frac{2}{11}\sqrt{65-19\sqrt{5}},$$

$$HA = CG = \sqrt{125-55\sqrt{5}}, \ DH = GD = \frac{2}{3}\sqrt{325-145\sqrt{5}},$$

经过计算得

$$S_1 = \sqrt{895-400\sqrt{5}},$$

$$S = 60S_1 = 60\sqrt{895-400\sqrt{5}},$$

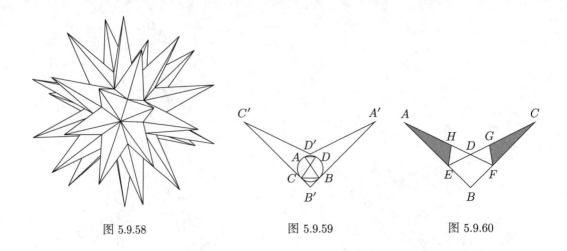

图 5.9.58   图 5.9.59   图 5.9.60

$$V = \frac{1}{3}Sr = 900 - 400\sqrt{5}.$$

大自交斜方十二面体

图 5.9.61 是大自交斜方十二面体的直观图，它的外观形状与大十二合六十面体相同，但顶点、棱、面的构成都不全相同. 图 5.9.62 中，AD、BC 是大斜方十二面体中正十角星面内的边，AB、CD 是大斜方十二面体中正方形面内的边，则对偶多面体的面是四边形 $A'B'C'D'$，其中

$$\rho = \frac{\sqrt{10 - 4\sqrt{5}}}{2},\ r = \frac{\sqrt{3895 - 1640\sqrt{5}}}{41},\ \theta = \arccos\left(-\frac{19 - 8\sqrt{5}}{41}\right),$$

$$A'D' = B'C' = \sqrt{5 + \sqrt{5}},\ A'B' = C'D' = \sqrt{5 - \sqrt{5}},$$

$$\angle A' = \angle C' = \arccos\frac{5 + 2\sqrt{5}}{10},\ \angle B' = \angle D' = \arccos\left(-\frac{5 - \sqrt{5}}{8}\right).$$

图 5.9.63 是大自交斜方十二面体的表面分割图，其中

$$FA = CE = \sqrt{125 - 55\sqrt{5}},\ BE = DF = 2\sqrt{25 - 11\sqrt{5}},$$

经过计算得

$$S_1 = \sqrt{895 - 400\sqrt{5}},$$
$$S = 60S_1 = 60\sqrt{895 - 400\sqrt{5}},$$
$$V = \frac{1}{3}Sr = 900 - 400\sqrt{5}.$$

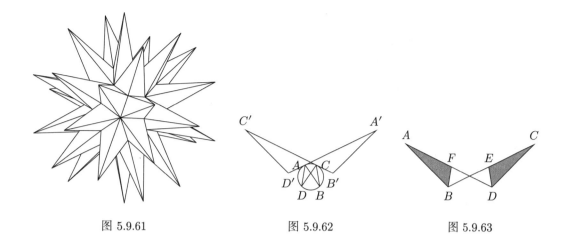

图 5.9.61　　　　　图 5.9.62　　　　　图 5.9.63

内三角六十面体

图 5.9.64 是内三角六十面体的直观图. 图 5.9.65 中, AD 是斜方十二合十二面体中正五角星面内的边, AB、CD 是斜方十二合十二面体中正方形面内的边, BC 是斜方十二合十二面体中正五边形面内的边, 则对偶多面体的面是四边形 $A'B'C'D'$, 其中

$$\rho = \frac{\sqrt{6}}{2},\ r = \frac{3}{7}\sqrt{7},\ \theta = \arccos\left(-\frac{5}{7}\right),$$

$$A'D' = C'D' = \frac{3}{110}\left(7\sqrt{30} - 5\sqrt{6}\right),\ A'B' = B'C' = \frac{3}{110}\left(5\sqrt{6} + 7\sqrt{30}\right),$$

$$\angle A' = \angle C' = \arccos\frac{1}{6},\ \angle B' = \arccos\frac{7\sqrt{5} - 3}{24},\ \angle D' = \arccos\left(-\frac{7\sqrt{5} + 3}{24}\right).$$

图 5.9.66 是内三角六十面体的表面分割图, 其中

$$AE = HA = \frac{63\sqrt{30} - 111\sqrt{6}}{209},\ EB = DH = \frac{75\sqrt{6} - 21\sqrt{30}}{190},$$

$$BF = GD = \frac{21\sqrt{30} - 45\sqrt{6}}{10},\ FC = CG = \frac{51\sqrt{6} - 21\sqrt{30}}{11},$$

$$FI = IG = \frac{6}{19}\sqrt{2617 - 1169\sqrt{5}},\ \cos\angle CFI = \cos\angle CGI = \frac{\sqrt{63690 - 2310\sqrt{5}}}{264},$$

经过计算得

$$S_1 = \frac{17775\sqrt{7} - 7884\sqrt{35}}{1045},$$

$$S = 60S_1 = \frac{213300\sqrt{7} - 94608\sqrt{35}}{209},$$

$$V = \frac{1}{3}Sr = \frac{213300 - 94608\sqrt{5}}{209}.$$

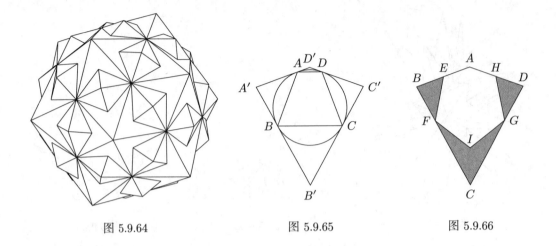

图 5.9.64　　　　　图 5.9.65　　　　　图 5.9.66

内二十合六十面体

图 5.9.67 是内二十合六十面体的直观图. 图 5.9.68 中，AD 是三十二合十二面体中正五角星面内的边，AB、CD 是三十二合十二面体中正六边形面内的边，BC 是三十二合十二面体中正五边形面内的边，则对偶多面体的面是四边形 $A'B'C'D'$，其中

$$\rho = \frac{\sqrt{6}}{2}, \ r = \frac{3}{7}\sqrt{7}, \ \theta = \arccos\left(-\frac{5}{7}\right),$$

$$A'D' = C'D' = \frac{7\sqrt{6}-\sqrt{30}}{11}, \ A'B' = B'C' = \frac{7\sqrt{6}+\sqrt{30}}{11},$$

$$\angle A' = \angle C' = \arccos\frac{3}{4}, \ \angle B' = \arccos\frac{7\sqrt{5}-3}{24}, \ \angle D' = 180° + \arccos\frac{7\sqrt{5}+3}{24}.$$

图 5.9.69 是内二十合六十面体的表面分割图，其中

$$AE = JC = \frac{5\sqrt{6}-\sqrt{30}}{10}, \ EF = IJ = \frac{21\sqrt{30}-45\sqrt{6}}{10},$$

$$FG = HI = \frac{21\sqrt{6}-9\sqrt{30}}{4}, \ GB = BH = \frac{15\sqrt{30}-27\sqrt{6}}{44},$$

$$LA = CK = \frac{\sqrt{30}-\sqrt{6}}{4}, \ DL = KD = \frac{39\sqrt{6}-15\sqrt{30}}{44},$$

经过计算得

$$S_1 = \frac{2943\sqrt{35}-6195\sqrt{7}}{2090},$$

$$S = 60S_1 = \frac{17658\sqrt{35}-37170\sqrt{7}}{209},$$

$$V = \frac{1}{3}Sr = \frac{17658\sqrt{5}-37170}{209}.$$

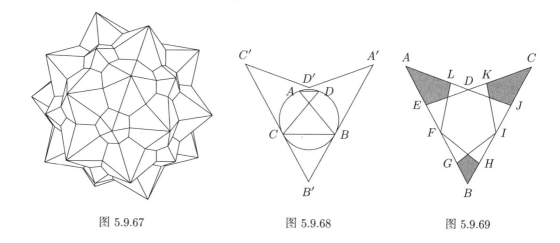

图 5.9.67　　　　　图 5.9.68　　　　　图 5.9.69

自交斜方二十面体

图 5.9.70 是自交斜方二十面体的直观图. 图 5.9.71 中，AD、BC 是斜方二十面体中正方形面内的边，AB、CD 是斜方二十面体中正六边形面内的边，则对偶多面体的面是四边形 $A'B'C'D'$，其中

$$\rho = \frac{\sqrt{6}}{2},\ r = \frac{3}{7}\sqrt{7},\ \theta = \arccos\left(-\frac{5}{7}\right),$$

$$A'D' = B'C' = \frac{5\sqrt{6}+\sqrt{30}}{10},\ A'B' = C'D' = \frac{5\sqrt{6}-\sqrt{30}}{10},$$

$$\angle A' = \angle C' = \arccos\frac{3}{4},\ \angle B' = \angle D' = \arccos\left(-\frac{1}{6}\right).$$

图 5.9.72 是自交斜方二十面体的表面分割图，经过计算得

$$S_1 = \frac{30\sqrt{7}-9\sqrt{35}}{55},$$

$$S = 60S_1 = \frac{360\sqrt{7}-108\sqrt{35}}{11},$$

$$V = \frac{1}{3}Sr = \frac{360-108\sqrt{5}}{11}.$$

小二十合柱状化十二面体

图 5.9.73 是小二十合柱状化十二面体的直观图，它和小十二合柱状化十二面体的外观形状是相同的，但顶点构成不完全相同，它含六个长度无限大的正十棱柱. 图 5.9.74 中，AB、CD 是小二十合四面体中正十边形面内的边，AD、BC 是小二十合四面体中正三角形面内的边，则对偶多面体的面是灰色部分两组平行线所夹的区域，含两组平行直线（四条直线）构成边，两个普通顶点 B'、D'，以及两个无穷远顶点，

$$\rho = \frac{\sqrt{5+\sqrt{5}}}{2},\ r = \frac{5+3\sqrt{5}}{8},\ \theta = 144°,$$

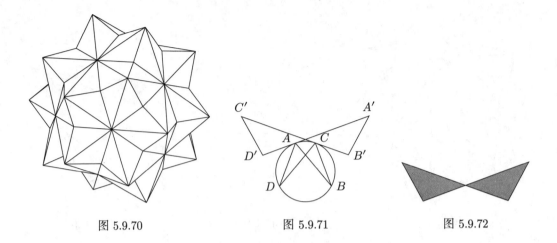

图 5.9.70　　　　　图 5.9.71　　　　　图 5.9.72

对偶多面体的面内不平行的两条直线边夹角是
$$\arccos\frac{\sqrt{5}}{5}.$$

图 5.9.75 是小二十合柱状化十二面体的表面分割图，其中
$$AB = BC = CD = DA = \frac{\sqrt{10\sqrt{5}+50}}{8},$$
$$AE = BF = BG = CH = CI = DJ = DK = AL = \frac{\sqrt{10\sqrt{5}+25}}{4}.$$

小二十合柱状化十二面体

图 5.9.76 是小十二合柱状化十二面体的直观图，它和小二十合柱状化十二面体的外观形状是相同的，但顶点构成不完全相同，它含六个长度无限大的正十棱柱. 图 5.9.77 中，AB、CD 是小二十合四面体中正十边形面内的边，AD、BC 是小二十合四面体中正五边形面内的边，则对偶多面体的面是灰色部分两组平行线所夹的区域，含两组平行直线（四条直线）构成边，两个普通顶点 B'、D'，以及两个无穷远顶点，
$$\rho = \frac{\sqrt{5+\sqrt{5}}}{2},\ r = \frac{5+3\sqrt{5}}{8},\ \theta = 144°,$$
对偶多面体的面内不平行的两条直线边夹角是
$$\arccos\frac{\sqrt{5}}{5}.$$

图 5.9.78 是小十二合柱状化十二面体的表面分割图，其中
$$AB = BC = CD = DA = \frac{\sqrt{10\sqrt{5}+50}}{8},$$
$$AE = BF = BG = CH = CI = DJ = DK = AL = \frac{\sqrt{10\sqrt{5}+25}}{4}.$$

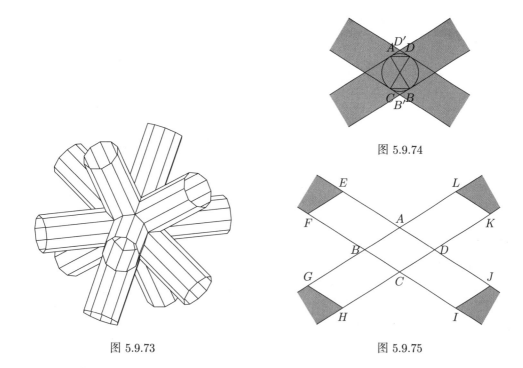

图 5.9.74

图 5.9.73

图 5.9.75

内菱形三十面体

图 5.9.79 是内菱形三十面体的直观图. 图 5.9.80 中, AD、BC 是十二合二十面体中正五角星面内的边, AB、CD 是十二合二十面体中正五边形面内的边, 则对偶多面体的面是四边形 $A'B'C'D'$, 其中

$$\rho = \frac{\sqrt{3}}{2}, \ r = \frac{3}{4}, \ \theta = 120°,$$
$$A'B' = B'C' = C'D' = D'A' = \frac{3}{4}\sqrt{3},$$
$$\angle A' = \angle C' = \arccos \frac{\sqrt{5}}{3}, \ \angle B' = \angle D' = \arccos\left(-\frac{\sqrt{5}}{3}\right).$$

图 5.9.81 是内菱形三十面体的表面分割图, 其中

$$AE = HA = FC = CG = \frac{9\sqrt{3} - 3\sqrt{15}}{8}, \ EB = BF = GD = DH = \frac{3\sqrt{15} - 3\sqrt{3}}{8},$$

经过计算得

$$S_1 = \frac{9\sqrt{5} - 18}{4},$$
$$S = 30S_1 = \frac{135\sqrt{5} - 270}{2},$$
$$V = \frac{1}{3}Sr = \frac{135\sqrt{5} - 270}{8}.$$

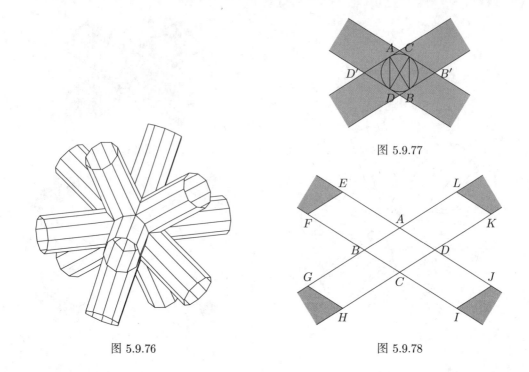

图 5.9.77

图 5.9.76

图 5.9.78

小十二合柱状化二十面体

图 5.9.82 是小十二合柱状化二十面体的直观图，它和大十二合柱状化二十面体的外观形状是相同的，但顶点构成不完全相同，它含十个长度无限大的正六棱柱. 图 5.9.83 中，AB、CD 是小十二合十一面体中正六边形面内的边，AD、BC 是小十二合十一面体中正五角星面内的边，则对偶多面体的面是灰色部分两组平行线所夹的区域，含两组平行直线（四条直线）构成边，两个普通顶点 B'、D'，以及两个无穷远顶点，

$$\rho = \frac{\sqrt{3}}{2}, \ r = \frac{3}{4}, \ \theta = 120°,$$

对偶多面体的面内不平行的两条直线边夹角是

$$\arccos \frac{\sqrt{5}}{3}.$$

图 5.9.84 是小十二合柱状化二十面体的表面分割图，其中

$$AB = BC = CD = DA = EF = GH = IJ = KL = \frac{3}{4}\sqrt{3},$$
$$AE = CG = CI = AK = \frac{3\sqrt{15} - 3\sqrt{3}}{8}.$$

大十二合柱状化二十面体

图 5.9.85 是大十二合柱状化二十面体的直观图，它和小十二合柱状化二十面体的外观形状是相同的，但顶点构成不完全相同，它含十个长度无限大的正六棱柱. 图 5.9.86 中，

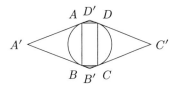

图 5.9.80

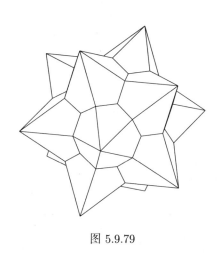

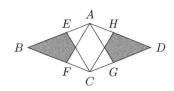

图 5.9.81

图 5.9.79

AB、CD 是大十二合十一面体中正六边形面内的边，AD、BC 是大十二合十一面体中正五边形面内的边，则对偶多面体的面是灰色部分两组平行线所夹的区域，含两组平行直线（四条直线）构成边，两个普通顶点 B'、D'，以及两个无穷远顶点，

$$\rho = \frac{\sqrt{3}}{2},\ r = \frac{3}{4},\ \theta = 120°,$$

对偶多面体的面内不平行的两条直线边夹角是

$$\arccos \frac{\sqrt{5}}{3}.$$

图 5.9.87 是大十二合柱状化二十面体的表面分割图，其中

$$AB = BC = CD = DA = EF = GH = IJ = KL = \frac{3}{4}\sqrt{3},$$
$$AE = CG = CI = AK = \frac{3\sqrt{15} - 3\sqrt{3}}{8}.$$

大菱形三十面体

图 5.9.88 是大菱形三十面体的直观图. 图 5.9.89 中，AD、BC 是大三十二面体中正五角星面内的边，AB、CD 是大三十二面体中正三角形面内的边，则对偶多面体的面是四边形 $A'B'C'D'$，其中

$$\rho = \frac{\sqrt{5 - 2\sqrt{5}}}{2},\ r = \frac{3\sqrt{5} - 5}{8},\ \theta = 72°,$$
$$A'B' = B'C' = C'D' = D'A' = \frac{\sqrt{50 - 10\sqrt{5}}}{8},$$
$$\angle A' = \angle C' = \arccos \frac{\sqrt{5}}{5},\ \angle B' = \angle D' = \arccos \left(-\frac{\sqrt{5}}{5}\right).$$

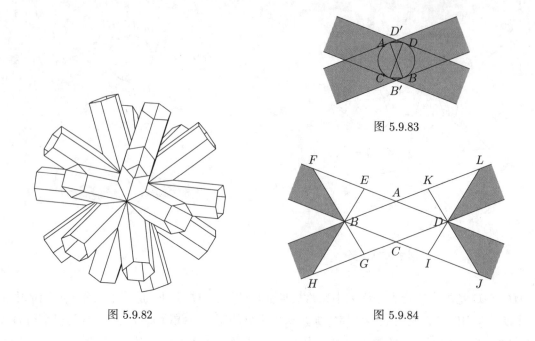

图 5.9.83

图 5.9.82

图 5.9.84

图 5.9.90 是大菱形三十面体的表面分割图，其中

$$AE = PA = JC = CK = \frac{\sqrt{650-290\sqrt{5}}}{8}, \quad EF = IJ = KL = OP = \frac{\sqrt{425-190\sqrt{5}}}{4},$$

$$FG = HI = LM = NO = \frac{\sqrt{650-290\sqrt{5}}}{8}, \quad GB = BH = MD = DN = \frac{\sqrt{250-110\sqrt{5}}}{8},$$

$$EG = JQ = KR = PR = \frac{\sqrt{250-110\sqrt{5}}}{4},$$

$$\cos\angle AEQ = \cos\angle APR = \cos\angle CJQ = \cos\angle CKR = \frac{\sqrt{5}}{5},$$

经过计算得

$$S_1 = 70 - \frac{125}{4}\sqrt{5},$$

$$S = 30S_1 = 2100 - \frac{1875}{2}\sqrt{5},$$

$$V = \frac{1}{3}Sr = \frac{7325\sqrt{5}-16375}{16}.$$

大十二合柱状化十二面体

图 5.9.91 是大十二合柱状化十二面体的直观图，它和大二十合柱状化十二面体的外观形状是相同的，但顶点构成不完全相同，它含六个长度无限大的正十角星棱柱．图 5.9.92 中，AB、CD 是大十二合六面体中正十角星面内的边，AD、BC 是大十二合六面体中正五角星面内的边，则对偶多面体的面是灰色部分两组平行线所夹的区域，含两组平行直线

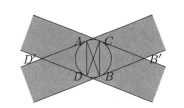

图 5.9.86

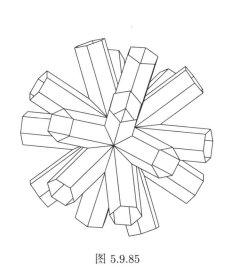

图 5.9.85

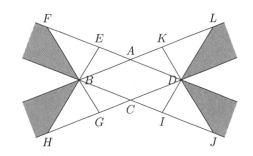

图 5.9.87

（四条直线）构成边，两个普通顶点 B'、D'，以及两个无穷远顶点，

$$\rho = \frac{\sqrt{5-2\sqrt{5}}}{2}, \ r = \frac{3\sqrt{5}-5}{8}, \ \theta = 72°,$$

对偶多面体的面内不平行的两条直线边夹角是

$$\arccos \frac{\sqrt{5}}{5}.$$

图 5.9.93 是大十二合柱状化十二面体的表面分割图，其中

$$AB = BC = CD = DA = \frac{\sqrt{50-10\sqrt{5}}}{8}, \ AE = AH = CF = CG = \frac{\sqrt{25-10\sqrt{5}}}{4},$$

直线 AD、BC、IJ、KL 以及直线 AB、CD、MN、OP 互相平行，且 IJ 到 AD 的距离、KL 到 BC 的距离、MN 到 AB 的距离、OP 到 CD 的距离都是

$$\frac{\sqrt{130-58\sqrt{5}}}{4}.$$

大二十合柱状化十二面体

图 5.9.94 是大二十合柱状化十二面体的直观图，它和大十二合柱状化十二面体的外观形状是相同的，但顶点构成不完全相同，它含六个长度无限大的正十角星棱柱. 图 5.9.95 中，AB、CD 是大二十合六面体中正十角星面内的边，AD、BC 是大二十合六面体中正三角形面内的边，则对偶多面体的面是灰色部分两组平行线所夹的区域，含两组平行直线

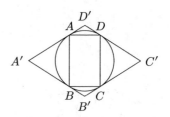

图 5.9.89

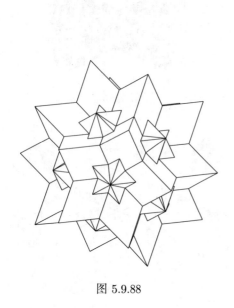

图 5.9.88

图 5.9.90

（四条直线）构成边，两个普通顶点 B'、D'，以及两个无穷远顶点，

$$\rho = \frac{\sqrt{5-2\sqrt{5}}}{2},\ r = \frac{3\sqrt{5}-5}{8},\ \theta = 72°,$$

对偶多面体的面内不平行的两条直线边夹角是

$$\arccos \frac{\sqrt{5}}{5}.$$

图 5.9.96 是大二十合柱状化十二面体的表面分割图，其中

$$AB = BC = CD = DA = \frac{\sqrt{50-10\sqrt{5}}}{8},\ AE = AH = CF = CG = \frac{\sqrt{25-10\sqrt{5}}}{4},$$

直线 AD、BC、IJ、KL 以及直线 AB、CD、MN、OP 互相平行，且 IJ 到 AD 的距离、KL 到 BC 的距离、MN 到 AB 的距离、OP 到 CD 的距离都是

$$\frac{\sqrt{130-58\sqrt{5}}}{4}.$$

大三角十二合六十面体

图 5.9.97 是大三角十二合六十面体的直观图. 图 5.9.98 中，AD 是大双三斜方十二合三十二面体中正三角形面内的边，AB、CD 是大双三斜方十二合三十二面体中正十角星面内的边，BC 是大双三斜方十二合三十二面体中正五边形面内的边，则对偶多面体的面是四边形 $A'B'C'D'$，其中

$$\rho = \frac{\sqrt{30-6\sqrt{5}}}{4},\ r = \frac{3}{122}\sqrt{2745-610\sqrt{5}},\ \theta = \arccos\left(-\frac{44-3\sqrt{5}}{61}\right),$$

图 5.9.92

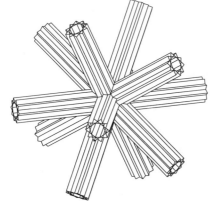

图 5.9.91

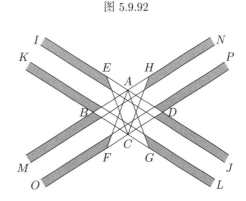

图 5.9.93

$$A'D' = C'D' = \frac{3}{19}\sqrt{435 - 186\sqrt{5}}, \quad A'B' = B'C' = \frac{3}{22}\sqrt{510 - 186\sqrt{5}},$$

$$\angle A' = \angle C' = \arccos\left(-\frac{3\sqrt{5}-5}{12}\right), \quad \angle B' = \arccos\frac{19\sqrt{5}-5}{60},$$

$$\angle D' = \arccos\left(-\frac{25-\sqrt{5}}{60}\right).$$

图 5.9.99 是大三角十二合六十面体的表面分割图，其中

$$AE = HA = \frac{3}{38}\sqrt{750 - 330\sqrt{5}}, \quad EB = DH = \frac{3}{38}\sqrt{4710 - 2094\sqrt{5}},$$

$$BF = GD = \frac{3}{8}\sqrt{150 - 66\sqrt{5}}, \quad FC = CG = \frac{3}{88}\sqrt{2550 - 930\sqrt{5}},$$

$$BI = DI = \frac{3}{19}\sqrt{370 - 153\sqrt{5}}, \quad \cos\angle CBI = \cos\angle CDI = \frac{\sqrt{1254\sqrt{5}+13002}}{132},$$

经过计算得

$$S_1 = \frac{15}{3344}\sqrt{104778666 - 46856702\sqrt{5}},$$

$$S = 60S_1 = \frac{225}{836}\sqrt{104778666 - 46856702\sqrt{5}},$$

$$V = \frac{1}{3}Sr = \frac{1715625 - 763425\sqrt{5}}{1672}.$$

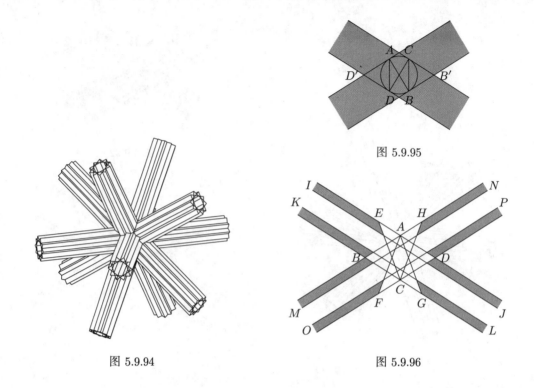

图 5.9.95

图 5.9.94

图 5.9.96

大二十合六十面体

图 5.9.100 是大二十合六十面体的直观图. 图 5.9.101 中, AD 是大二十合三十二面体中正三角形面内的边, AB、CD 是大二十合三十二面体中正六边形面内的边, BC 是大双三斜方十二合三十二面体中正五边形面内的边, 则对偶多面体的面是四边形 $A'B'C'D'$, 其中

$$\rho = \frac{\sqrt{30-6\sqrt{5}}}{4}, \ r = \frac{3}{122}\sqrt{2745-610\sqrt{5}}, \ \theta = \arccos\left(-\frac{44-3\sqrt{5}}{61}\right),$$

$$A'D' = C'D' = \frac{\sqrt{2550+30\sqrt{5}}}{38}, \ A'B' = B'C' = \frac{\sqrt{1950+570\sqrt{5}}}{22},$$

$$\angle A' = \angle C' = \arccos\frac{15+\sqrt{5}}{20}, \ \angle B' = \arccos\frac{19\sqrt{5}-5}{60},$$

$$\angle D' = 180° + \arccos\frac{25-\sqrt{5}}{60}.$$

图 5.9.102 是大二十合六十面体的表面分割图, 其中

$$AE = JC = \frac{\sqrt{30\sqrt{5}+150}}{14}, \ EF = IJ = \frac{3}{14}\sqrt{390-174\sqrt{5}},$$

$$FG = HI = 3\sqrt{255-114\sqrt{5}}, \ \frac{3}{22}\sqrt{108750-48630\sqrt{5}},$$

$$LA = CK = \frac{\sqrt{750-330\sqrt{5}}}{4}, \ DL = KD = \frac{3}{76}\sqrt{22350-9930\sqrt{5}},$$

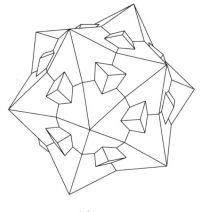
图 5.9.97

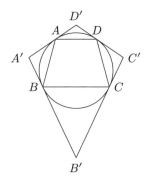
图 5.9.98

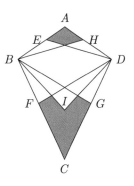
图 5.9.99

$$EM = JO = CN = HN = \frac{3}{14}\sqrt{43090 - 19270\sqrt{5}},$$
$$\cos\angle AEM = \cos\angle CJO = \frac{\sqrt{921690\sqrt{5} + 2100450}}{12540},$$
$$\cos\angle BGN = \cos\angle BHN = \frac{\sqrt{129130650 - 12496110\sqrt{5}}}{12540},$$

图 5.9.100

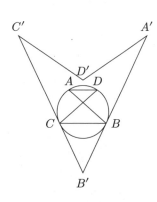
图 5.9.101

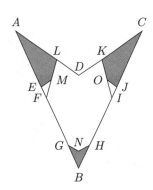
图 5.9.102

经过计算得

$$S_1 = \frac{15}{616}\sqrt{255705026 - 114354522\sqrt{5}},$$
$$S = 60S_1 = \frac{225}{154}\sqrt{255705026 - 114354522\sqrt{5}},$$
$$V = \frac{1}{3}Sr = \frac{1196325\sqrt{5} - 2671875}{308}.$$

大十二合自交斜方二十面体

图 5.9.103 是大十二合自交斜方二十面体的直观图. 图 5.9.104 中，AD、BC 是大十二合二十面体中正十角星面内的边，AB、CD 是大十二合二十面体中正六边形面内的边，则对偶多面体的面是四边形 $A'B'C'D'$，其中

$$\rho = \frac{\sqrt{30-6\sqrt{5}}}{4}, \ r = \frac{3}{122}\sqrt{2745-610\sqrt{5}}, \ \theta = \arccos\left(-\frac{44-3\sqrt{5}}{61}\right),$$

$$A'D' = B'C' = \frac{\sqrt{30-6\sqrt{5}}}{2}, \ A'B' = C'D' = \sqrt{15-6\sqrt{5}},$$

$$\angle A' = \angle C' = \arccos\frac{15+\sqrt{5}}{20}, \ \angle B' = \angle D' = \arccos\frac{3\sqrt{5}-5}{12}.$$

图 5.9.105 是大十二合自交斜方二十面体的表面分割图，其中

$$FA = CE = \frac{\sqrt{750-330\sqrt{5}}}{4}, \ BE = DF = \frac{3}{19}\sqrt{435-186\sqrt{5}},$$

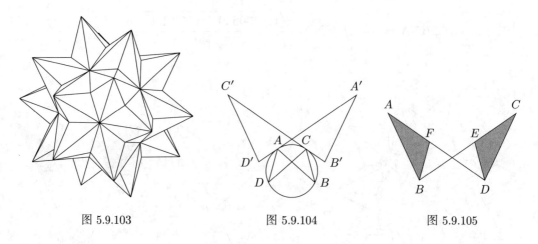

图 5.9.103　　　　　图 5.9.104　　　　　图 5.9.105

经过计算得

$$S_1 = \frac{3}{8}\sqrt{5570-2490\sqrt{5}},$$

$$S = 60S_1 = \frac{45}{2}\sqrt{5570-2490\sqrt{5}},$$

$$V = \frac{1}{3}Sr = \frac{1125\sqrt{5}-2475}{4}.$$

小六角星六十面体

图 5.9.106 是小六角星六十面体的直观图. 图 5.9.107 中，AF 是小后扭棱二十合三十二面体中正五角星面内的边，AB、BC、CD、DE、EF 是小后扭棱二十合三十二面体中

正三角形面内的边，则对偶多面体的面是六角星 $A'B'C'D'E'F'$，其中

$$\rho = \frac{\sqrt{9+3\sqrt{5}-\sqrt{102+46\sqrt{5}}}}{4}, \ r = \frac{\sqrt{5974+2378\sqrt{5}-116\sqrt{4478+2010\sqrt{5}}}}{116},$$

$$\theta = \arccos\frac{3-5\sqrt{5}+\sqrt{598+318\sqrt{5}}}{58},$$

$$A'E' = A'F' = \frac{\sqrt{13+7\sqrt{5}+\sqrt{198+110\sqrt{5}}}}{6},$$

$$A'B' = B'C' = C'D' = D'E' = \frac{\sqrt{9+3\sqrt{5}+\sqrt{102+46\sqrt{5}}}}{2},$$

$$\angle A' = \angle B' = \angle C' = \angle D' = \angle E' = \arccos\frac{1+\sqrt{3+2\sqrt{5}}}{4},$$

$$\angle F' = 180° + \arccos\frac{7-5\sqrt{5}+\sqrt{10\sqrt{5}-18}}{8}.$$

图 5.9.106

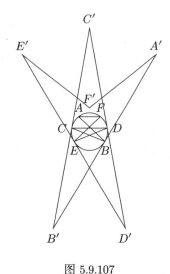

图 5.9.107

图 5.9.108 是小六角星六十面体的表面分割图（点 H、S 不是六角星 $ABCDEF$ 边自交的交点），其中

$$AG = TA = \frac{\sqrt{3+\sqrt{5}-\sqrt{6\sqrt{5}-2}}}{2},$$

$$GH = ST = \frac{\sqrt{259+113\sqrt{5}-\sqrt{53350\sqrt{5}+119262}}}{6},$$

$$HI = RS = \frac{\sqrt{4213+1991\sqrt{5}-605\sqrt{46\sqrt{5}+102}}}{66},$$

$$IJ = QR = \frac{\sqrt{6061 + 2695\sqrt{5} - 11\sqrt{266750\sqrt{5} + 596310}}}{22},$$

$$JB = FQ = \frac{\sqrt{69 + 31\sqrt{5} - \sqrt{4110\sqrt{5} + 9190}}}{2},$$

$$CM = NE = EO = LC = \frac{\sqrt{3 + \sqrt{5} + \sqrt{6\sqrt{5} - 2}}}{4},$$

$$MD = DN = \frac{\sqrt{31 + 13\sqrt{5} - \sqrt{230\sqrt{5} + 510}}}{12},$$

$$OP = KL = \frac{\sqrt{107 + 49\sqrt{5} - \sqrt{9910\sqrt{5} + 22158}}}{2},$$

$$PF = BK = \frac{\sqrt{69 + 31\sqrt{5} - \sqrt{4110\sqrt{5} + 9190}}}{2},$$

$$NU = MV = \frac{\sqrt{3773 + 1639\sqrt{5} - 121\sqrt{822\sqrt{5} + 1838}}}{44},$$

$$FU = BV = \frac{\sqrt{1034 + 440\sqrt{5} - 22\sqrt{66\sqrt{5} + 143}}}{22},$$

$$WU = YV = \frac{\sqrt{9383 + 4191\sqrt{5} - 11\sqrt{649242\sqrt{5} + 1451582}}}{22},$$

$$XU = ZV = \frac{\sqrt{6523 + 2387\sqrt{5} - 187\sqrt{682\sqrt{5} + 1518}}}{66},$$

$$\cos\angle NUW = \cos\angle MVY = \frac{\sqrt{7392710 - 1910108\sqrt{5} + 1558\sqrt{971038\sqrt{5} + 1832163}}}{3116},$$

经过计算得

$$S_1 = \frac{\sqrt{t_1 - 11\sqrt{t_2}}}{264},$$

$$S = 60S_1 = \frac{5}{22}\sqrt{t_1 - 11\sqrt{t_2}},$$

$$V = \frac{1}{3}Sr = \frac{5\sqrt{10560533302\sqrt{5} + 23614069347} - 543400 - 242825\sqrt{5}}{132},$$

其中

$$t_1 = 7129599499 + 3188450155\sqrt{5},$$
$$t_2 = 3757404751301571258\sqrt{5} + 8401812442798383 18.$$

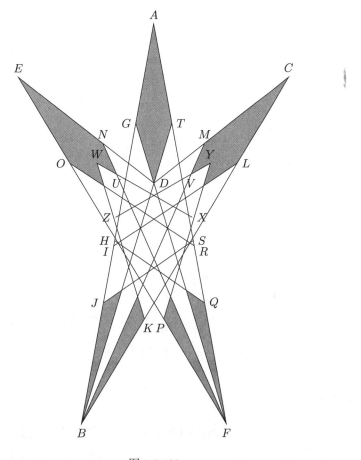

图 5.9.108

小十二合六十面体

图 5.9.109 是小十二合六十面体的直观图，它的外观形状与小自交斜方十二面体相同，但顶点、棱、面的构成都不全相同. 图 5.9.110 中，AD 是小十二合三十二面体中正三角形面内的边，AB、CD 是小十二合三十二面体中正十边形面内的边，BC 是小十二合三十二面体中正五边形面内的边，则对偶多面体的面是四边形 $A'B'C'D'$，其中

$$\rho = \frac{\sqrt{10+4\sqrt{5}}}{2}, \ r = \frac{\sqrt{3895+1640\sqrt{5}}}{41}, \ \theta = \arccos\left(-\frac{19+8\sqrt{5}}{41}\right),$$

$$A'D' = C'D' = \frac{2}{11}\sqrt{65+19\sqrt{5}}, \ A'B' = B'C' = \frac{2}{3}\sqrt{10+4\sqrt{5}},$$

$$\angle A' = \angle C' = \arccos\frac{5+\sqrt{5}}{8}, \ \angle B' = \arccos\frac{9\sqrt{5}-5}{40}, \ \angle D' = 180° + \arccos\frac{2\sqrt{5}+5}{20}.$$

图 5.9.111 是小十二合六十面体的表面分割图，其中

$$AE = FC = \sqrt{5-\sqrt{5}}, \ EB = BF = \frac{\sqrt{25-5\sqrt{5}}}{3},$$

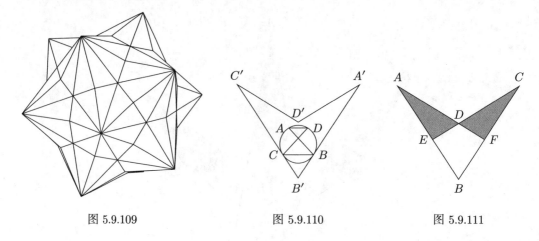

图 5.9.109　　　　　图 5.9.110　　　　　图 5.9.111

经过计算得

$$S_1 = \frac{\sqrt{395 - 80\sqrt{5}}}{11},$$
$$S = 60S_1 = \frac{60}{11}\sqrt{395 - 80\sqrt{5}},$$
$$V = \frac{1}{3}Sr = \frac{100\sqrt{5} + 400}{11}.$$

小自交斜方十二面体

图 5.9.112 是小自交斜方十二面体的直观图，它的外观形状与小十二合六十面体相同，但顶点、棱、面的构成都不全相同. 图 5.9.113 中，AD、BC 是小斜方十二面体中正方形面内的边，AB、CD 是小斜方十二面体中正十边形面内的边，则对偶多面体的面是四边形 $A'B'C'D'$，其中

$$\rho = \frac{\sqrt{10 + 4\sqrt{5}}}{2},\ r = \frac{\sqrt{3895 + 1640\sqrt{5}}}{41},\ \theta = \arccos\left(-\frac{19 + 8\sqrt{5}}{41}\right),$$
$$A'D' = B'C' = \sqrt{5 + \sqrt{5}},\ A'B' = C'D' = \sqrt{5 - \sqrt{5}},$$
$$\angle A' = \angle C' = \arccos\frac{5 + \sqrt{5}}{8},\ \angle B' = \angle D' = \arccos\left(-\frac{5 - 2\sqrt{5}}{10}\right).$$

图 5.9.114 是小自交斜方十二面体的表面分割图，经过计算得

$$S_1 = \frac{\sqrt{395 - 80\sqrt{5}}}{11},$$
$$S = 60S_1 = \frac{60}{11}\sqrt{395 - 80\sqrt{5}},$$
$$V = \frac{1}{3}Sr = \frac{100\sqrt{5} + 400}{11}.$$

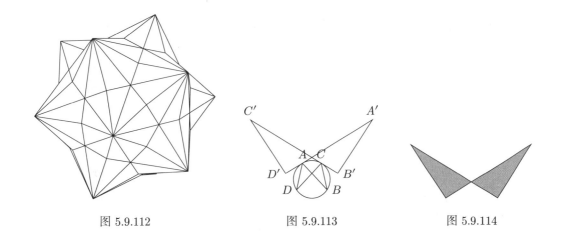

图 5.9.112 图 5.9.113 图 5.9.114

大五角十二面体

图 5.9.115 是大五角十二面体的直观图. 图 5.9.116 中, AC 是小星状截顶十二面体中正五边形面内的边, AB、BC 是小星状截顶十二面体中正十角星面内的边, 则对偶多面体的面是 $\triangle A'B'C'$, 其中

$$\rho = \frac{5-\sqrt{5}}{4}, \quad r = \frac{5}{82}\sqrt{451-164\sqrt{5}}, \quad \theta = \arccos\left(-\frac{24-5\sqrt{5}}{41}\right),$$

$$A'C' = \frac{3\sqrt{5}-5}{2}, \quad A'B' = B'C' = \frac{5}{2}(1+\sqrt{5}),$$

$$\angle A' = \angle C' = \arccos\frac{5-2\sqrt{5}}{10}, \quad \angle B' = \arccos\frac{4\sqrt{5}+1}{10}.$$

图 5.9.117 是大五角十二面体的表面分割图, 其中

$$AD = EC = 5\sqrt{5}-10, \quad DB = BE = \frac{25-5\sqrt{5}}{2},$$

经过计算得

$$S_1 = \frac{25}{8}\sqrt{506-226\sqrt{5}},$$
$$S = 60S_1 = \frac{375}{2}\sqrt{506-226\sqrt{5}},$$
$$V = \frac{1}{3}Sr = \frac{3125\sqrt{5}-6875}{4}.$$

小二十合六十面体

图 5.9.118 是小二十合六十面体的直观图. 图 5.9.119 中, AD 是小二十合三十二面体中正五角星面内的边, AB、CD 是小星状截顶十二面体中正六边形面内的边, BC 是小二

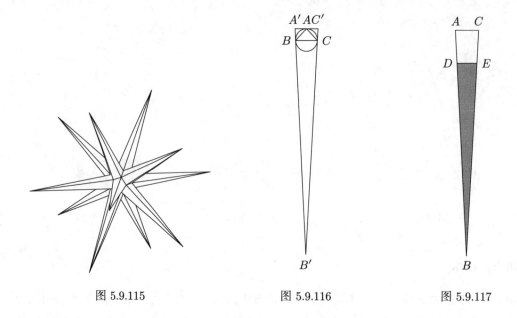

图 5.9.115　　　　图 5.9.116　　　　图 5.9.117

十合三十二面体中正三角形面内的边，则对偶多面体的面是四边形 $A'B'C'D'$，其中

$$\rho = \frac{\sqrt{30+6\sqrt{5}}}{4}, \ r = \frac{3}{122}\sqrt{2745+610\sqrt{5}}, \ \theta = \arccos\left(-\frac{44+3\sqrt{5}}{61}\right),$$

$$A'D' = C'D' = \frac{\sqrt{1950-570\sqrt{5}}}{22}, \ A'B' = B'C' = \frac{\sqrt{2550-30\sqrt{5}}}{38},$$

$$\angle A' = \angle C' = \arccos\frac{15-\sqrt{5}}{20}, \ \angle B' = \arccos\left(-\frac{25+\sqrt{5}}{60}\right),$$

$$\angle D' = \arccos\left(-\frac{5+19\sqrt{5}}{60}\right).$$

图 5.9.120 是小二十合六十面体的表面分割图，其中

$$BE = FD = \frac{\sqrt{75-30\sqrt{5}}}{4}, \ EC = CF = \frac{3}{76}\sqrt{975-330\sqrt{5}},$$

经过计算得

$$S_1 = \frac{15}{88}\sqrt{269-114\sqrt{5}},$$
$$S = 60S_1 = \frac{225}{22}\sqrt{269-114\sqrt{5}},$$
$$V = \frac{1}{3}Sr = \frac{900\sqrt{5}-1125}{44}.$$

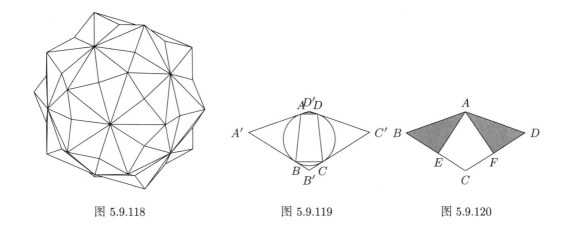

图 5.9.118　　　　　图 5.9.119　　　　　图 5.9.120

小三角十二合六十面体

图 5.9.121 是小三角十二合六十面体的直观图，它的外观形状与小自交斜方十二合二十面体相同，但顶点、棱、面的构成都不全相同. 图 5.9.122 中，AD 是小双三斜方十二合三十二面体中正五角星面内的边，AB、CD 是小双三斜方十二合三十二面体中正十边形面内的边，BC 是小双三斜方十二合三十二面体中正三角形面内的边，则对偶多面体的面是四边形 $A'B'C'D'$，其中

$$\rho = \frac{\sqrt{30+6\sqrt{5}}}{4}, \quad r = \frac{3}{122}\sqrt{2745+610\sqrt{5}}, \quad \theta = \arccos\left(-\frac{44+3\sqrt{5}}{61}\right),$$

$$A'D' = C'D' = \frac{3}{22}\sqrt{510+186\sqrt{5}}, \quad A'B' = B'C' = \frac{3}{19}\sqrt{435+186\sqrt{5}},$$

$$\angle A' = \angle C' = \arccos\frac{5+3\sqrt{5}}{12}, \quad \angle B' = \arccos\left(-\frac{25+\sqrt{5}}{60}\right),$$

$$\angle D' = 180° + \arccos\frac{5+19\sqrt{5}}{60}.$$

图 5.9.123 是小三角十二合六十面体的表面分割图，其中

$$AE = FC = \frac{\sqrt{6\sqrt{5}+30}}{2}, \quad EB = BF = \frac{\sqrt{2550-30\sqrt{5}}}{38},$$

$$HA = CG = \frac{3}{4}\sqrt{30-6\sqrt{5}}, \quad DH = GD = \frac{3}{44}\sqrt{4350-1830\sqrt{5}},$$

经过计算得

$$S_1 = \frac{3}{8}\sqrt{370-150\sqrt{5}},$$

$$S = 60S_1 = \frac{45}{2}\sqrt{370-150\sqrt{5}},$$

$$V = \frac{1}{3}Sr = \frac{225\sqrt{5}-225}{4}.$$

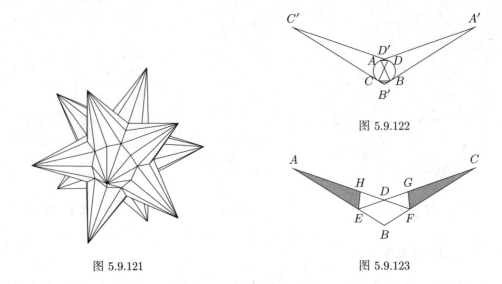

图 5.9.122

图 5.9.121

图 5.9.123

小自交斜方十二合二十面体

图 5.9.124 是小自交斜方十二合二十面体的直观图，它的外观形状与小三角十二合六十面体相同，但顶点、棱、面的构成都不全相同. 图 5.9.125 中，AD、BC 是小十二合二十面体中正六边形面内的边，AB、CD 是小十二合二十面体中正十边形面内的边，则对偶多面体的面是四边形 $A'B'C'D'$，其中

$$\rho = \frac{\sqrt{30+6\sqrt{5}}}{4}, \quad r = \frac{3}{122}\sqrt{2745+610\sqrt{5}}, \quad \theta = \arccos\left(-\frac{44+3\sqrt{5}}{61}\right),$$

$$A'D' = B'C' = \sqrt{15+6\sqrt{5}}, \quad A'B' = C'D' = \frac{\sqrt{30+6\sqrt{5}}}{2},$$

$$\angle A' = \angle C' = \arccos\frac{5+3\sqrt{5}}{12}, \quad \angle B' = \angle D' = \arccos\left(-\frac{15-\sqrt{5}}{20}\right).$$

图 5.9.126 是小自交斜方十二合二十面体的表面分割图，其中

$$FA = CE = \frac{3}{4}\sqrt{30-6\sqrt{5}}, \quad BE = DF = \frac{\sqrt{150-30\sqrt{5}}}{4},$$

经过计算得

$$S_1 = \frac{3}{8}\sqrt{370-150\sqrt{5}},$$
$$S = 60S_1 = \frac{45}{2}\sqrt{370-150\sqrt{5}},$$
$$V = \frac{1}{3}Sr = \frac{225\sqrt{5}-225}{4}.$$

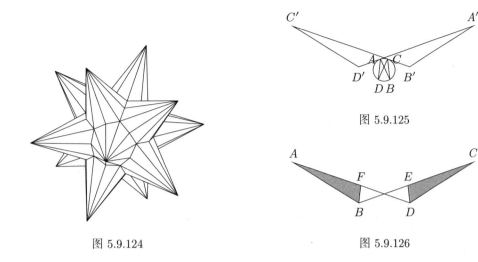

图 5.9.125

图 5.9.126

图 5.9.124

大皱面二十面体

图 5.9.127 是大皱面二十面体的直观图. 图 5.9.128 中，AB 是大星状截顶十二面体中正三角形面内的边，AC、BC 是大星状截顶十二面体中正十角星面内的边，则对偶多面体的面是 $\triangle A'B'C'$，其中

$$\rho = \frac{3\sqrt{5}-5}{4}, \quad r = \frac{5}{122}\sqrt{2501-1098\sqrt{5}}, \quad \theta = \arccos\frac{15\sqrt{5}-24}{61},$$

$$A'B' = \frac{5-\sqrt{5}}{2}, \quad A'C' = B'C' = \frac{5}{22}(7-\sqrt{5}),$$

$$\angle A' = \angle B' = \arccos\frac{15-\sqrt{5}}{20}, \quad \angle C' = \arccos\frac{3\sqrt{5}-3}{20}.$$

图 5.9.127

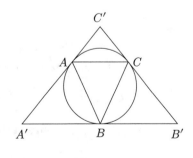

图 5.9.128

图 5.9.129 是大皱面二十面体的表面分割图，其中

$$AD = SA = \frac{45\sqrt{5}-95}{44}, \quad DE = RS = \frac{155-65\sqrt{5}}{116}, \quad EF = QR = \frac{395\sqrt{5}-875}{58},$$

$$FG = PQ = \frac{825 - 365\sqrt{5}}{58}, \ GH = OP = \frac{325 - 135\sqrt{5}}{232}, \ HB = CO = \frac{15 - 5\sqrt{5}}{8},$$

$$BI = NC = \frac{3\sqrt{5} - 5}{4}, \ IJ = MN = \frac{3 - \sqrt{5}}{4}, \ JK = LM = \frac{13\sqrt{5} - 29}{2},$$

$$KL = \frac{65 - 29\sqrt{5}}{2}, \ HW = OX = \frac{\sqrt{34950 - 15630\sqrt{5}}}{8},$$

$$WU = XT = \frac{2}{29}\sqrt{85350 - 38130\sqrt{5}}, \ UC = TB = \frac{\sqrt{12750 - 5430\sqrt{5}}}{58},$$

$$TV = UV = \frac{\sqrt{4014 - 1662\sqrt{5}}}{29}, \ \cos\angle OTV = \cos\angle HUV = \frac{\sqrt{138130\sqrt{5} + 405650}}{1140},$$

$$FY = QZ = \frac{5}{58}\sqrt{73778 - 32986\sqrt{5}},$$

$$\cos\angle BFY = \cos\angle CQZ = \frac{\sqrt{16404410 - 428450\sqrt{5}}}{4180},$$

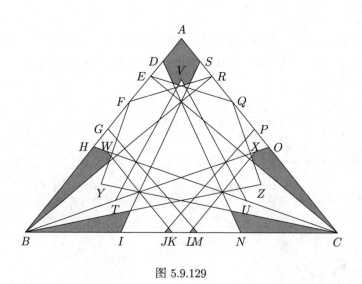

图 5.9.129

经过计算得

$$S_1 = \frac{17}{15312}\sqrt{377478837930 - 168813664130\sqrt{5}},$$

$$S = 60S_1 = \frac{85}{1276}\sqrt{377478837930 - 168813664130\sqrt{5}},$$

$$V = \frac{1}{3}Sr = \frac{95298175\sqrt{5} - 213088625}{7656}.$$

大五角星十二面体

图 5.9.130 是大五角星十二面体的直观图. 图 5.9.131 中，AB 是截顶大二十面体中正五角星面内的边，AC、BC 是截顶大二十面体中正六边形面内的边，则对偶多面体的面是

$\triangle A'B'C'$，其中

$$\rho = \frac{3\sqrt{5}-3}{4}, \ r = \frac{9}{218}\sqrt{1853-654\sqrt{5}}, \ \theta = \arccos\left(-\frac{80-9\sqrt{5}}{109}\right),$$

$$A'B' = \frac{3+3\sqrt{5}}{2}, \ A'C' = B'C' = \frac{9+18\sqrt{5}}{19},$$

$$\angle A' = \angle B' = \arccos\frac{9+\sqrt{5}}{12}, \ \angle C' = \arccos\frac{7+9\sqrt{5}}{36}.$$

图 5.9.132 是大五角星十二面体的表面分割图，其中

$$AD = GA = \frac{243-27\sqrt{5}}{152}, \ DB = CG = \frac{9\sqrt{5}-9}{8},$$

$$BE = FC = \frac{3\sqrt{5}-3}{2}, \ EF = \frac{9-3\sqrt{5}}{2},$$

图 5.9.130

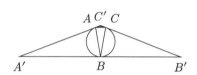

图 5.9.131

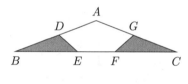

图 5.9.132

经过计算得

$$S_1 = \frac{9}{16}\sqrt{338-150\sqrt{5}},$$

$$S = 60S_1 = \frac{135}{4}\sqrt{338-150\sqrt{5}},$$

$$V = \frac{1}{3}Sr = \frac{2835-1215\sqrt{5}}{8}.$$

大六角六十面体

图 5.9.133 是大六角六十面体的直观图. 图 5.9.134 中，AF、BC 是大扭棱十二合三十二面体中正五角星面内的边，AB、CD、DE、EF 是大扭棱十二合三十二面体中正三角形面内的边，则对偶多面体的面是六边形 $\triangle A'B'C'D'E'F'$，其中

$$\rho = \frac{1}{2}, \ r = \frac{\sqrt{2}}{4}, \ \theta = 90°,$$

$$A'F' = E'F' = \frac{\sqrt{2\sqrt{5} - 2 - 4\sqrt{\sqrt{5} - 2}}}{4}, \quad A'B' = B'C' = \frac{\sqrt{2\sqrt{5} - 2 + 4\sqrt{\sqrt{5} - 2}}}{4},$$

$$C'D' = D'E' = \frac{\sqrt{2}}{2},$$

$$\angle A' = \angle C' = \angle D' = \angle E' = 90°, \quad \angle B' = \arccos\left(-\frac{\sqrt{5} - 1}{2}\right),$$

$$\angle F' = 180° + \arccos\frac{\sqrt{5} - 1}{2}.$$

图 5.9.135 是大六角六十面体的表面分割图，其中

$$AG = HB = BI = JC = CK = LE = \frac{\sqrt{4 - 2\sqrt{2\sqrt{5} - 2}}}{4},$$

$$GH = IJ = \frac{\sqrt{4 + 2\sqrt{5} - 4\sqrt{\sqrt{5} + 2}}}{2}, \quad KD = DL = \frac{\sqrt{2 + 2\sqrt{5} - 2\sqrt{2\sqrt{5} + 2}}}{4},$$

$$FM = \frac{\sqrt{2 + 2\sqrt{5} - 2\sqrt{10\sqrt{5} - 22}}}{4}, \quad \cos\angle AFM = \frac{\sqrt{435 - 116\sqrt{5} - 29\sqrt{170\sqrt{5} - 362}}}{29},$$

$$GN = \frac{\sqrt{2}}{2}, \quad \cos\angle BGN = \frac{\sqrt{5} - 1}{2},$$

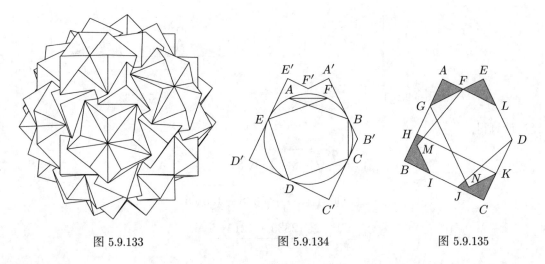

图 5.9.133　　　　　图 5.9.134　　　　　图 5.9.135

经过计算得

$$S_1 = \frac{5 - 5\sqrt{5} + 3\sqrt{2\sqrt{5} + 2}}{16},$$

$$S = 60S_1 = \frac{75 - 75\sqrt{5} + 45\sqrt{2\sqrt{5} + 2}}{4},$$

$$V = \frac{1}{3}Sr = \frac{25\sqrt{2} - 25\sqrt{10} + 30\sqrt{\sqrt{5} + 1}}{16}.$$

大柱状化双斜方三十二面体

图 5.9.136 是大柱状化双斜方三十二面体的直观图，它和大柱状化二重变形二重斜方十二面体的外观形状是相同的，但顶点构成不完全相同，它含三十个长度无限大的八角星棱柱. 图 5.9.137 中，AH、DE 是大双斜方三十二面体中正五角星面内的边，AB、CD、EF、GH 是大双斜方三十二面体中正方形面内的边，BC、FG 是大双斜方三十二面体中正三角形面内的边，则对偶多面体的面是灰色部分四组平行线所夹的区域，含四组平行直线（八条直线）构成边，四个普通顶点 B'、D'、E'、F'，以及四个无穷远顶点，

$$\rho = \frac{1}{2},\ r = \frac{\sqrt{2}}{4},\ \theta = 90°,$$

对偶多面体的面内不平行的两条直线边夹角由小到大排列是

$$\arccos\frac{\sqrt{2\sqrt{5}-2}}{2},\quad \arccos\frac{\sqrt{5}-1}{2},\ 90°.$$

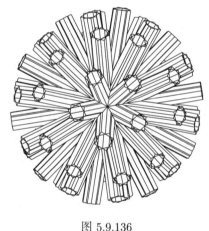

图 5.9.136

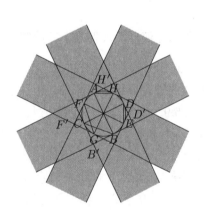

图 5.9.137

图 5.9.138 是大柱状化双斜方三十二面体的表面分割图，线段 JQ、YF_1 中间有一段不在多面体内的用虚线联结. 正方形 $ABCD$、$EFGH$ 的边长都是 $\frac{\sqrt{2}}{2}$，正方形 $ABCD$ 绕其中心顺时针旋转 $\arccos\frac{\sqrt{2\sqrt{5}-2}}{2}$ 后与正方形 $EFGH$ 重合. 直线 AB、CD、G_1H_1、I_1J_1、I_1J_1，直线 AD、BC、K_1L_1、M_1N_1，直线 EF、GH、O_1P_1、Q_1R_1，直线 EH、FG、S_1T_1、U_1V_1 分别互相平行. 直线 G_1H_1 到直线 AB 的距离、直线 M_1N_1 到直线 AD 的距离、直线 Q_1R_1 到直线 GH 的距离、直线 U_1V_1 到直线 FG 的距离都是 $\frac{\sqrt{2}-\sqrt{2\sqrt{5}-4}}{4}$，直线 I_1J_1 到直线 CD 的距离、直线 K_1L_1 到直线 BC 的距离、直线 O_1P_1 到直线 EF 的距离、直

S_1T_1 到直线 EH 的距离都是 $\dfrac{\sqrt{4-2\sqrt{2\sqrt{5}-2}}}{4}$. 其中

$$AV = GR = IJ = E_1F_1 = LM = B_1C_1 = \dfrac{\sqrt{4+2\sqrt{2\sqrt{5}-2}}}{4},$$

$$AA_1 = GN = DU = HT = \dfrac{\sqrt{4+2\sqrt{5}+4\sqrt{\sqrt{5}+2}}}{2},$$

$$BI = FE_1 = BB_1 = FL = \dfrac{\sqrt{6+2\sqrt{5}+4\sqrt{\sqrt{5}+2}}}{4},$$

$$CK = ED_1 = DQ = HY = \dfrac{\sqrt{8+4\sqrt{5}+2\sqrt{10\sqrt{5}-10}}}{4},$$

$$CO = EZ = AW = GS = \dfrac{\sqrt{14+2\sqrt{5}+4\sqrt{5\sqrt{5}+10}}}{4},$$

$$PQ = XY = \dfrac{\sqrt{6+2\sqrt{5}-4\sqrt{\sqrt{5}+2}}}{4}.$$

大柱状化二重变形二重斜方十二面体

图 5.9.139 是大柱状化二重变形二重斜方十二面体的直观图，它和大柱状化双斜方三十二面体的外观形状是相同的，但顶点构成不完全相同，它含三十个长度无限大的八角星棱柱. 图 5.9.140 中，AH、FG 是大二重变形二重斜方十二面体中正五角星面内的边，AE、BF、CG、DH 是大双斜方三十二面体中正方形面内的边，AC、AG、BH、DF、EG、FH 是大二重变形二重斜方十二面体中正三角形面内的边，则对偶多面体的面是灰色部分四组平行线所夹的区域，含四组平行直线（八条直线）构成边，八个普通顶点 A'、B'、C'、D'、E'、F'、G'、H'，以及四个无穷远顶点，

$$\rho = \dfrac{1}{2},\ r = \dfrac{\sqrt{2}}{4},\ \theta = 90°,$$

对偶多面体的面内不平行的两条直线边夹角由小到大排列是

$$\arccos \dfrac{\sqrt{2\sqrt{5}-2}}{2},\ \arccos \dfrac{\sqrt{5}-1}{2},\ 90°.$$

图 5.9.141 是大柱状化二重变形二重斜方十二面体的表面分割图，线段 JQ、YF_1 中间有一段不在多面体内的用虚线联结. 正方形 $ABCD$、$EFGH$ 的边长都是 $\dfrac{\sqrt{2}}{2}$，正方形 $ABCD$ 绕其中心顺时针旋转 $\arccos \dfrac{\sqrt{2\sqrt{5}-2}}{2}$ 后与正方形 $EFGH$ 重合. 直线 AB、CD、G_1H_1、I_1J_1，直线 AD、BC、K_1L_1、M_1N_1，直线 EF、GH、O_1P_1、Q_1R_1，直线 EH、

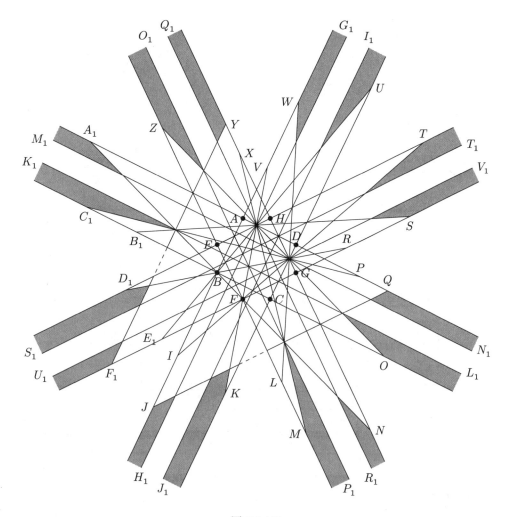

图 5.9.138

FG、S_1T_1、U_1V_1 分别互相平行. 直线 G_1H_1 到直线 AB 的距离、直线 M_1N_1 到直线 AD 的距离、直线 Q_1R_1 到直线 GH 的距离、直线 U_1V_1 到直线 FG 的距离都是 $\dfrac{\sqrt{2}-\sqrt{2\sqrt{5}-4}}{4}$, 直线 I_1J_1 到直线 CD 的距离、直线 K_1L_1 到直线 BC 的距离、直线 O_1P_1 到直线 EF 的距离、直线 S_1T_1 到直线 EH 的距离都是 $\dfrac{\sqrt{4-2\sqrt{2\sqrt{5}-2}}}{4}$. 其中

$$AV = GR = IJ = E_1F_1 = LM = B_1C_1 = \dfrac{\sqrt{4+2\sqrt{2\sqrt{5}-2}}}{4},$$

$$AA_1 = GN = DU = HT = \dfrac{\sqrt{4+2\sqrt{5}+4\sqrt{\sqrt{5}+2}}}{2},$$

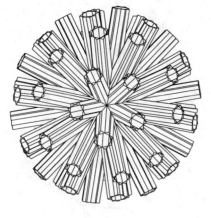

图 5.9.139

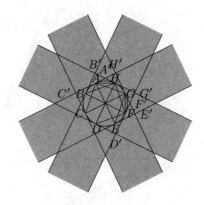

图 5.9.140

$$BI = FE_1 = BB_1 = FL = \frac{\sqrt{6 + 2\sqrt{5} + 4\sqrt{\sqrt{5} + 2}}}{4},$$

$$CK = ED_1 = DQ = HY = \frac{\sqrt{8 + 4\sqrt{5} + 2\sqrt{10\sqrt{5} - 10}}}{4},$$

$$CO = EZ = AW = GS = \frac{\sqrt{14 + 2\sqrt{5} + 4\sqrt{5\sqrt{5} + 10}}}{4},$$

$$PQ = XY = \frac{\sqrt{6 + 2\sqrt{5} - 4\sqrt{\sqrt{5} + 2}}}{4}.$$

类三角二十面体

图 5.9.142 是类三角二十面体的直观图. 图 5.9.143 中, AC 是二十截顶十二合十二面体中正十角星面内的边, AB 是二十截顶十二合十二面体中正六边形内的边, BC 是二十截顶十二合十二面体中正十边形面内的边, 则对偶多面体的面是 $\triangle A'B'C'$, 其中

$$\rho = \frac{\sqrt{15}}{2}, \ r = \frac{15}{8}, \ \theta = \arccos\left(-\frac{7}{8}\right),$$

$$A'C' = \frac{5\sqrt{15} - 5\sqrt{3}}{8}, \ B'C' = \frac{3}{4}\sqrt{15}, \ A'B' = \frac{5\sqrt{15} + 5\sqrt{3}}{8},$$

$$\angle A' = \arccos\frac{3}{5}, \ \angle B' = \arccos\frac{4\sqrt{5} + 5}{15}, \ \angle C' = \arccos\left(-\frac{4\sqrt{5} - 5}{15}\right).$$

图 5.9.144 是类三角二十面体的表面分割图, 其中

$$AD = \frac{9\sqrt{15} - 15\sqrt{3}}{8}, \ BD = \frac{5\sqrt{3} - 2\sqrt{15}}{4}, \ BE = \frac{125\sqrt{3} - 55\sqrt{15}}{8},$$

$$EF = \frac{105\sqrt{15} - 225\sqrt{3}}{16}, \ FG = \frac{21\sqrt{15} - 45\sqrt{3}}{16}, \ GH = \frac{15\sqrt{3} - 3\sqrt{15}}{8},$$

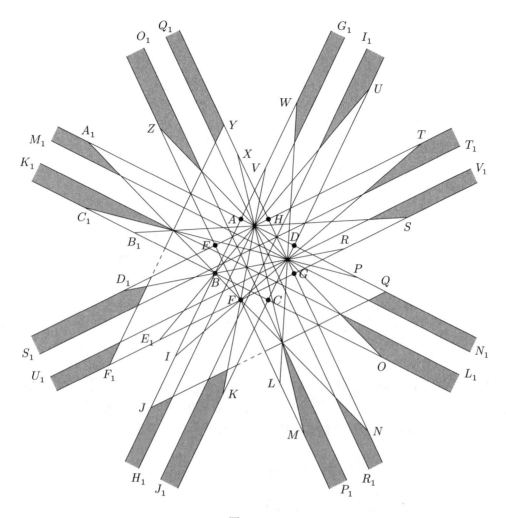

图 5.9.141

$$CH = \frac{15\sqrt{3} - 3\sqrt{15}}{8}, \ HA = \frac{9\sqrt{15} - 15\sqrt{3}}{8},$$
$$FI = \frac{15}{16}\sqrt{1874 - 838\sqrt{5}}, \ HI = \frac{3}{8}\sqrt{9370 - 4190\sqrt{5}},$$

经过计算得

$$S_1 = \frac{2325 - 1035\sqrt{5}}{16},$$
$$S = 120 S_1 = \frac{34875 - 15525\sqrt{5}}{2},$$
$$V = \frac{1}{3} Sr = \frac{174375 - 77625\sqrt{5}}{16}.$$

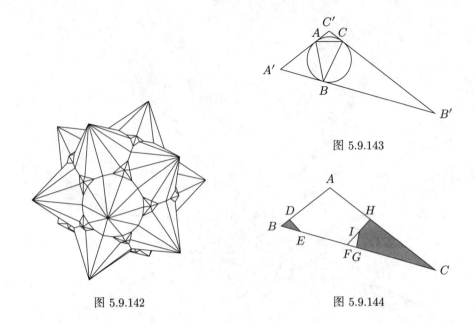

图 5.9.143

图 5.9.142

图 5.9.144

内三角三十面体

图 5.9.145 是内三角三十面体的直观图. 图 5.9.146 中, AC 是截顶十二合十二面体中正十角星面内的边, AB 是截顶十二合十二面体中正方边形面内的边, BC 是截顶十二合十二面体中正十边形面内的边, 则对偶多面体的面是 $\triangle A'B'C'$, 其中

$$\rho = \frac{\sqrt{10}}{2},\ r = \frac{5}{11}\sqrt{11},\ \theta = \arccos\left(-\frac{9}{11}\right),$$

$$A'C' = \frac{15\sqrt{2} - 5\sqrt{10}}{6},\ B'C' = 2\sqrt{10},\ A'B' = \frac{15\sqrt{2} + 5\sqrt{10}}{6},$$

$$\angle A' = \arccos\left(-\frac{1}{10}\right),\ \angle B' = \arccos\frac{11\sqrt{5} + 15}{40},\ \angle C' = \arccos\frac{11\sqrt{5} - 15}{40}.$$

图 5.9.147 是内三角三十面体的表面分割图, 其中

$$AD = 15\sqrt{2} - 5\sqrt{10},\ DB = \frac{35\sqrt{10} - 75\sqrt{2}}{6},$$

$$EC = \frac{3\sqrt{10} - 5\sqrt{2}}{2},\ EA = \frac{5\sqrt{2} + \sqrt{10}}{2},$$

经过计算得

$$S_1 = \frac{5\sqrt{55} - 10\sqrt{11}}{2},$$
$$S = 120 S_1 = 300\sqrt{55} - 600\sqrt{11},$$
$$V = \frac{1}{3} S r = 500\sqrt{5} - 1000.$$

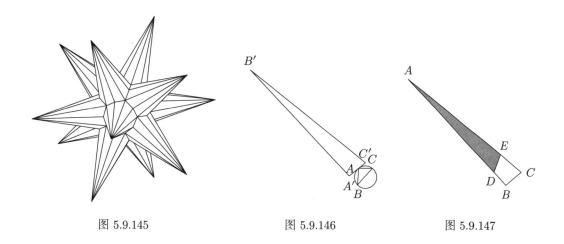

图 5.9.145　　　　　　图 5.9.146　　　　　　图 5.9.147

大三角三十面体

图 5.9.148 是大三角三十面体的直观图. 图 5.9.149 中，AC 是大截顶三十二面体中正十角星面内的边，AB 是大截顶三十二面体中正方边形内的边，BC 是大截顶三十二面体中正六边形面内的边，则对偶多面体的面是 $\triangle A'B'C'$，其中

$$\rho = \frac{\sqrt{30-12\sqrt{5}}}{2},\ r = \frac{3}{241}\sqrt{46995-19280\sqrt{5}},\ \theta = \arccos\left(-\frac{179-24\sqrt{5}}{241}\right),$$

$$A'C' = \frac{3}{55}\sqrt{975-285\sqrt{5}},\ B'C' = \frac{2}{5}\sqrt{75+5\sqrt{5}},\ A'B' = \frac{\sqrt{1275+465\sqrt{5}}}{11},$$

$$\angle A' = \arccos\frac{5+2\sqrt{5}}{30},\ \angle B' = \arccos\frac{15+2\sqrt{5}}{20},\ \angle C' = \arccos\left(-\frac{5\sqrt{5}-9}{24}\right).$$

图 5.9.150 是大三角三十面体的表面分割图，其中

$$BD = \frac{3}{11}\sqrt{5550-2460\sqrt{5}},\ DC = \sqrt{375-165\sqrt{5}},$$

$$CE = 2\sqrt{975-435\sqrt{5}},\ EA = \frac{6}{5}\sqrt{2550-1140\sqrt{5}},$$

经过计算得

$$S_1 = \frac{15}{2}\sqrt{9311-4164\sqrt{5}},$$

$$S = 120S_1 = 900\sqrt{9311-4164\sqrt{5}},$$

$$V = \frac{1}{3}Sr = 76500 - 34200\sqrt{5}.$$

内五角六十面体

图 5.9.151 是内五角六十面体的直观图. 图 5.9.152 中，AE 是扭棱十二合十二面体中正五角星面内的边，AB、BC、DE 是扭棱十二合十二面体中正三角边形内的边，CD 是

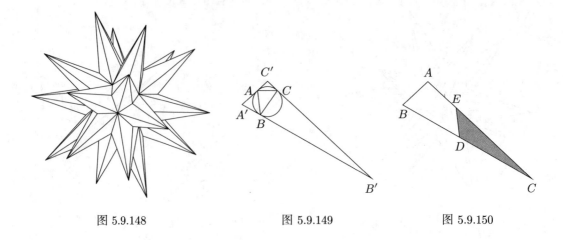

图 5.9.148　　　　　　图 5.9.149　　　　　　图 5.9.150

扭棱十二合十二面体中正五边形面内的边，则对偶多面体的面是五边形 $A'B'C'D'E'$，令 R 是方程

$$64x^8 - 192x^6 + 180x^4 - 65x^2 + 8 = 0$$

最大的正根，

$$r' = \sqrt{\rho^2 - r^2}, \ a = \frac{1}{2}, \ b = \frac{\sqrt{5}-1}{4}, \ c = \frac{\sqrt{5}+1}{4},$$

则

$$\rho = \sqrt{R^2 - \frac{1}{4}} \approx 1.1722614951149282268,$$

$$r = \frac{\rho^2}{R} \approx 1.0782752739435134368,$$

$$\theta = \arccos\left(1 - \frac{2r^2}{\rho^2}\right) \approx 133°48'4'',$$

$$A'B' = \frac{2ar'}{\sqrt{4r'^2 - a^2}} \approx 0.59569462578185760919,$$

$$A'E' = D'E' = \left(\frac{a}{\sqrt{4r'^2 - a^2}} + \frac{b}{\sqrt{4r'^2 - b^2}}\right)r' \approx 0.46189012402540752800,$$

$$B'C' = C'D' = \left(\frac{a}{\sqrt{4r'^2 - a^2}} + \frac{c}{\sqrt{4r'^2 - c^2}}\right)r' \approx 1.14794699089258219918,$$

$$\angle A' = \angle B' = \angle D' = \arccos\left(\frac{2a^2}{r'^2} - 1\right) \approx 114°8'40'',$$

$$\angle C' = \arccos\left(\frac{2c^2}{r'^2} - 1\right) \approx 56°49'40'',$$

$$\angle E' = \arccos\left(\frac{2b^2}{r'^2} - 1\right) \approx 140°44'21''.$$

图 5.9.153 是内五角六十面体的表面分割图，图 5.9.154 是图 5.9.153 点 B 附近的放大

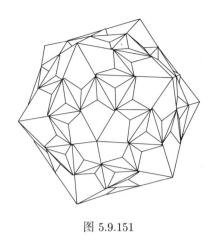
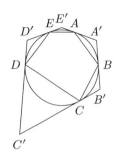

图 5.9.151   图 5.9.152

图，其中 AF、KA 是方程

$$4x^4 + \left(-33\sqrt{5} - 60\right)x^3 + \left(82\sqrt{5} - 180\right)x^2 + \left(6\sqrt{5} + 1\right)x + \sqrt{5} + 2 = 0$$

的根，约为

$$0.43970213670703004484;$$

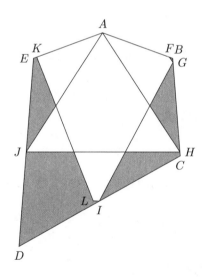
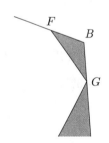

图 5.9.153   图 5.9.154

FB、EK 是方程

$$8x^4 + \left(47\sqrt{5} + 169\right)x^3 + \left(27\sqrt{5} + 127\right)x^2 + \left(6\sqrt{5} + 38\right)x - \sqrt{5} + 1 = 0$$

的根，约为

$$0.022187987318377483162;$$

815

BG、HC 是方程

$$16x^4 + \left(21\sqrt{5} - 19\right)x^3 + \left(33 - 5\sqrt{5}\right)x^2 + \left(16 - 4\sqrt{5}\right)x - 5\sqrt{5} + 11 = 0$$

的根，约为

$$0.023759713265518484948;$$

GH 是方程

$$8x^4 + \left(31 - 21\sqrt{5}\right)x^3 + \left(106 - 42\sqrt{5}\right)x^2 + \left(29 - 15\sqrt{5}\right)x - \sqrt{5} + 3 = 0$$

的根，约为

$$0.548175199250820 63930;$$

CI、JE 是方程

$$16x^4 + \left(43 - 21\sqrt{5}\right)x^3 + \left(81 - 37\sqrt{5}\right)x^2 + \left(55 - 25\sqrt{5}\right)x - 8\sqrt{5} + 18 = 0$$

的根，约为

$$0.571934912516339 12425;$$

ID、DJ 是方程

$$16x^4 + \left(59\sqrt{5} + 55\right)x^3 + \left(6 - 34\sqrt{5}\right)x^2 + \left(1 - 9\sqrt{5}\right)x - \sqrt{5} - 1 = 0$$

的根，约为

$$0.576012078376243 06755;$$

IL 是方程

$$128x^8 + \left(-31421\sqrt{5} - 75607\right)x^6 + \left(8988\sqrt{5} + 34372\right)x^4 + \left(-1065\sqrt{5} - 3029\right)x^2 \\ - 13\sqrt{5} + 37 = 0$$

的根，约为

$$0.038575951253151333350;$$

$\angle DIL$ 的余弦值是方程

$$8384x^8 + \left(-1248\sqrt{5} - 7744\right)x^6 + \left(1144\sqrt{5} + 2732\right)x^4 + \left(149\sqrt{5} - 1944\right)x^2 \\ + 19\sqrt{5} + 44 = 0$$

的根，其角度约为

$$31°39'31''.$$

经过计算得 S_1 是方程

$$4194304x^8 + \left(164840599552\sqrt{5} - 369038053376\right)x^6$$
$$+ \left(85398100688384 - 38191169110528\sqrt{5}\right)x^4$$
$$+ \left(4978055551024\sqrt{5} - 11131272487568\right)x^2$$
$$- 659776213181\sqrt{5} + 1475304642423 = 0$$

的根,约为

$$0.33025988149652121313;$$

接着求得

$$S = 60S_1 \approx 19.815592889791272788,$$
$$V = \frac{1}{3}Sr,$$

V 是方程

$$524288x^8 + \left(9577780990400\sqrt{5} - 21423491476800\right)x^6$$
$$+ \left(618161954368580000 - 276450272589180000\sqrt{5}\right)x^4$$
$$+ \left(427307771003562500\sqrt{5} - 955489360545187500\right)x^2$$
$$- 257725083273828125\sqrt{5} + 576290875946484375 = 0$$

的根,约为

$$7.1222212838642739091.$$

内六角六十面体

图 5.9.155 是内六角六十面体的直观图. 图 5.9.156 中,AF 是扭棱三十二合十二面体中正五角星面内的边,AB、BC、CD、EF 是扭棱三十二合十二面体中正三角边形内的边,DE 是扭棱三十二合十二面体中正五边形面内的边,则对偶多面体的面是六边形 $A'B'C'D'E'F'$,令 R 是方程

$$64x^6 - 128x^4 + 68x^2 - 11 = 0$$

最大的正根,

$$r' = \sqrt{\rho^2 - r^2}, \ a = \frac{1}{2}, \ b = \frac{\sqrt{5}-1}{4}, \ c = \frac{\sqrt{5}+1}{4},$$

则

$$\rho = \sqrt{R^2 - \frac{1}{4}} \approx 1.0099004435452336687,$$

$$r = \frac{\rho^2}{R} \approx 0.90504995553570129361,$$

$$\theta = \arccos\left(1 - \frac{2r^2}{\rho^2}\right) \approx 127°19'12'',$$

$$A'B' = B'C' = \frac{2ar'}{\sqrt{4r'^2 - a^2}} \approx 0.60248860980957316449,$$

$$A'F' = E'F' = \left(\frac{a}{\sqrt{4r'^2 - a^2}} - \frac{b}{\sqrt{4r'^2 - b^2}}\right)r' \approx 0.13664066921890200010,$$

$$C'D' = D'E' = \left(\frac{a}{\sqrt{4r'^2 - a^2}} + \frac{c}{\sqrt{4r'^2 - c^2}}\right)r' \approx 1.24156298839005475092,$$

$$\angle A' = \angle B' = \angle C' = \angle E' = \arccos\left(\frac{2a^2}{r'^2} - 1\right) \approx 112°10'30'',$$

$$\angle D' = \arccos\left(\frac{2c^2}{r'^2} - 1\right) \approx 50°57'30'',$$

$$\angle F' = 360° - \arccos\left(\frac{2b^2}{r'^2} - 1\right) \approx 220°20'28''.$$

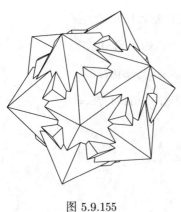

图 5.9.155

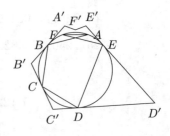

图 5.9.156

图 5.9.157 是内六角六十面体的表面分割图，其中 BG、JD、DK 是方程

$$10x^6 + \left(29\sqrt{5} - 49\right)x^4 + \left(23 - 7\sqrt{5}\right)x^2 + 3\sqrt{5} - 7 = 0$$

的根，约为

$$0.19166545655232955166;$$

GH、IJ 是方程

$$722x^6 + \left(6727\sqrt{5} - 14469\right)x^4 + \left(1582\sqrt{5} - 3432\right)x^2 + 91\sqrt{5} - 207 = 0$$

的根，约为

$$0.16945409425557064407;$$

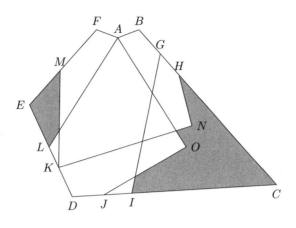

图 5.9.157

HC、CI 是方程

$$722x^6 + \left(14739\sqrt{5} - 33529\right)x^4 + \left(679\sqrt{5} - 1509\right)x^2 + 21\sqrt{5} - 47 = 0$$

的根，约为

$$0.88044343309264731344;$$

KL 是方程

$$2x^6 + \left(44\sqrt{5} - 92\right)x^4 + \left(21\sqrt{5} - 41\right)x^2 + 8\sqrt{5} - 18 = 0$$

的根，约为

$$0.13544690545977772412;$$

LE、EM 是方程

$$10x^6 + \left(347\sqrt{5} - 779\right)x^4 + \left(277\sqrt{5} - 619\right)x^2 + 55\sqrt{5} - 123 = 0$$

的根，约为

$$0.27537624779746588871;$$

MF 是方程

$$10x^6 + \left(383\sqrt{5} - 859\right)x^4 + \left(61\sqrt{5} - 135\right)x^2 + 817\sqrt{5} - 1827 = 0$$

的根，约为

$$0.32711236201210727579;$$

HN 是方程

$$722x^6 + \left(47143\sqrt{5} - 105357\right)x^4 + \left(121539 - 54351\sqrt{5}\right)x^2 + 19135\sqrt{5} - 42789 = 0$$

819

的根，约为
$$0.31176358063949590334;$$

$\angle CHN$ 的余弦值是方程
$$13952x^6 + \left(2992\sqrt{5} - 3440\right)x^4 + \left(-772\sqrt{5} - 2260\right)x^2 - 1065\sqrt{5} - 3181 = 0$$
的根，其角度约为
$$27°46'57'';$$

JO 是方程
$$2x^6 + \left(85\sqrt{5} - 187\right)x^4 + \left(71\sqrt{5} - 157\right)x^2 + 17\sqrt{5} - 39 = 0$$
的根，约为
$$0.57446301874220654792;$$

$\angle CJO$ 的余弦值是方程
$$2432x^6 + \left(-1360\sqrt{5} - 4336\right)x^4 + \left(1604\sqrt{5} + 3796\right)x^2 - 541\sqrt{5} - 1221 = 0$$
的根，其角度约为
$$26°21'12''.$$

经过计算得 S_1 是方程
$$92282920960x^6 + \left(53660242631424\sqrt{5} - 120003152076544\right)x^4$$
$$+ \left(3668157391376\sqrt{5} - 8201438632048\right)x^2$$
$$+ 94926471717\sqrt{5} - 212276570737 = 0$$
的根，约为
$$0.27916436340913683077;$$

接着求得
$$S = 60S_1 \approx 16.749861804548209846,$$
$$V = \frac{1}{3}Sr,$$

V 是方程
$$288384128x^6 + \left(54945575065760\sqrt{5} - 122869807484160\right)x^4$$
$$+ \left(24039947943000\sqrt{5} - 53744509148000\right)x^2$$
$$+ 26967747646875\sqrt{5} - 60305843959375 = 0$$
的根，约为
$$5.05315389381183291 78.$$

大五角六十面体

图 5.9.158 是大五角六十面体的直观图. 图 5.9.159 中, AE 是大扭棱三十二面体中正五角星面内的边, AB、BC、CD、DE 是大扭棱三十二面体中正三角边形内的边, 则对偶多面体的面是五边形 $A'B'C'D'E'$, 令 R 是方程

$$128x^6 + \left(112\sqrt{5} - 432\right)x^4 + \left(252 - 76\sqrt{5}\right)x^2 + 13\sqrt{5} - 41 = 0$$

最大的正根,

$$r' = \sqrt{\rho^2 - r^2}, \ a = \frac{1}{2}, \ b = \frac{\sqrt{5}-1}{4},$$

则

$$\rho = \sqrt{R^2 - \frac{1}{4}} \approx 0.64497105964678626948,$$

$$r = \frac{\rho^2}{R} \approx 0.50973841266843509090,$$

$$\theta = \arccos\left(1 - \frac{2r^2}{\rho^2}\right) \approx 104°25'56'',$$

$$A'B' = B'C' = C'D' = \frac{2ar'}{\sqrt{4r'^2 - a^2}} \approx 0.64562896687901364334,$$

$$A'E' = D'E' = \left(\frac{a}{\sqrt{4r'^2 - a^2}} + \frac{b}{\sqrt{4r'^2 - b^2}}\right)r' \approx 0.49068710841743979751,$$

$$\angle A' = \angle B' = \angle C' = \angle D' = \arccos\left(\frac{2a^2}{r'^2} - 1\right) \approx 101°30'30'',$$

$$\angle E' = \arccos\left(\frac{2b^2}{r'^2} - 1\right) \approx 133°38'0''.$$

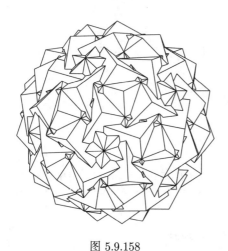

图 5.9.158

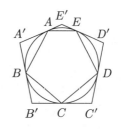

图 5.9.159

图 5.9.160 是大五角六十面体的表面分割图, 图 5.9.161、图 5.9.161、图 5.9.162、图 5.9.163、图 5.9.164、图 5.9.165 分别是图 5.9.160 点 H 和 G 附近、点 P 和 Q 附近、点 T

和 U 附近、点 W 和 X 附近、点 A_1 和 B_1 附近的放大图，其中 AF、YA 是方程

$$25358x^3 + 28436\sqrt{5}x^2 - 65092x^2 + 1557\sqrt{5}x - 5715x + 104\sqrt{5} + 58 = 0$$

的根，约为

$$0.15807663160024081654;$$

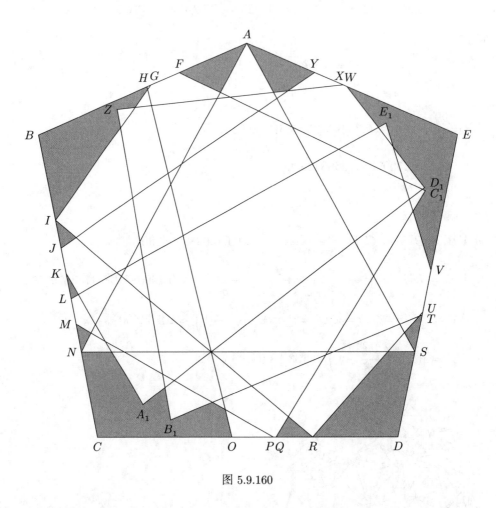

图 5.9.160

FG、XY 是方程

$$15542x^3 + \left(56862 - 28300\sqrt{5}\right)x^2 + \left(8587\sqrt{5} - 18705\right)x - 755\sqrt{5} + 1679 = 0$$

的根，约为

$$0.066138818314295793966;$$

GH、WX 是方程

$$418x^3 + \left(1775\sqrt{5} - 479\right)x^2 + \left(137\sqrt{5} - 1047\right)x + 31\sqrt{5} - 63 = 0$$

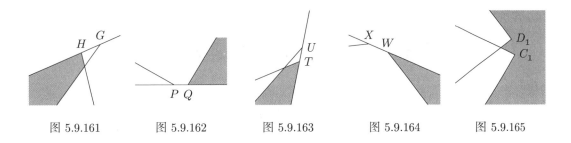

图 5.9.161　　　　图 5.9.162　　　　图 5.9.163　　　　图 5.9.164　　　　图 5.9.165

的根，约为
$$0.0089043987411839821018;$$

HB、EW 是方程
$$11x^3 + \left(10 - 36\sqrt{5}\right)x^2 + \left(-9\sqrt{5} - 102\right)x + 4\sqrt{5} + 27 = 0$$
的根，约为
$$0.25756725976171920490;$$

BI、RD、NC、RD、DS 是方程
$$22x^3 + \left(6\sqrt{5} + 46\right)x^2 + \left(12\sqrt{5} + 4\right)x - 3\sqrt{5} - 1 = 0$$
的根，约为
$$0.18192485303895224674;$$

IJ、MN 是方程
$$682x^3 + \left(925\sqrt{5} - 2977\right)x^2 + \left(947 - 349\sqrt{5}\right)x + 43\sqrt{5} - 103 = 0$$
的根，约为
$$0.05963937693870493817;$$

JK、LM 是方程
$$62x^3 + \left(333\sqrt{5} + 327\right)x^2 + \left(208\sqrt{5} + 426\right)x - 11\sqrt{5} - 27 = 0$$
的根，约为
$$0.05434001897173298270 2;$$

KL 是方程
$$2x^3 + \left(-26\sqrt{5} - 10\right)x^2 + \left(16\sqrt{5} + 28\right)x - \sqrt{5} - 1 = 0$$
的根，约为
$$0.05383134746990219682 8;$$

CO、VE 是方程

$$22x^3 + \left(56\sqrt{5} - 84\right)x^2 + \left(205 - 89\sqrt{5}\right)x + 52\sqrt{5} - 122 = 0$$

的根，约为

$$0.28955495334015501788;$$

OP、UV 是方程

$$418x^3 + \left(2113 - 1053\sqrt{5}\right)x^2 + \left(2248 - 1000\sqrt{5}\right)x - 328\sqrt{5} + 734 = 0$$

的根，约为

$$0.08960235503595438453;$$

PQ、TU 是方程

$$38x^3 + \left(246\sqrt{5} - 446\right)x^2 + \left(576 - 240\sqrt{5}\right)x + 71\sqrt{5} - 159 = 0$$

的根，约为

$$0.00598415221422027358 81;$$

QR、ST 是方程

$$22x^3 + \left(207 - 127\sqrt{5}\right)x^2 + \left(307 - 113\sqrt{5}\right)x - 50\sqrt{5} + 108 = 0$$

的根，约为

$$0.07856265324973066680;$$

FC_1 是方程

$$334562x^6 + \left(27339016\sqrt{5} - 62925474\right)x^4 + \left(76604949 - 33920859\sqrt{5}\right)x^2$$
$$+ 14180467\sqrt{5} - 31771419 = 0$$

的根，约为

$$0.58256690898522360891;$$

$\angle AFC_1$ 的余弦值是方程

$$908672x^6 + \left(-126048\sqrt{5} - 280352\right)x^4 + \left(1202504 - 503928\sqrt{5}\right)x^2$$
$$+ 195053\sqrt{5} - 438501 = 0$$

的根，其角度约为

$$48°11'42'';$$

XZ 是方程

$$693842x^6 + \left(2978968\sqrt{5} - 7036952\right)x^4 + \left(2282883 - 997737\sqrt{5}\right)x^2 \\ + 204116\sqrt{5} - 456826 = 0$$

的根，约为

$$0.48852505398199653991;$$

$\angle AXZ$ 的余弦值是方程

$$34432x^6 + \left(1520\sqrt{5} - 45200\right)x^4 + \left(22116 - 4564\sqrt{5}\right)x^2 - 11\sqrt{5} - 41 = 0$$

的根，其角度约为

$$28°58'53'';$$

ZB_1、LE_1 是方程

$$2x^6 + \left(-243\sqrt{5} - 1627\right)x^4 + \left(165\sqrt{5} + 1105\right)x^2 + 5\sqrt{5} - 119 = 0$$

的根，约为

$$0.77208640527381011681;$$

$\angle XZB_1$ 的余弦值是方程

$$80243776x^6 + \left(36835792\sqrt{5} - 154525504\right)x^4 + \left(120094616 - 50608976\sqrt{5}\right)x^2 \\ + 17119640\sqrt{5} - 38313177 = 0$$

的根，其角度约为

$$85°58'07'';$$

$\angle BLE_1$ 的余弦值是方程

$$3712x^6 + \left(-1840\sqrt{5} - 2032\right)x^4 + \left(1076\sqrt{5} + 228\right)x^2 + 497\sqrt{5} - 1291 = 0$$

的根，其角度约为

$$73°10'40'';$$

KA_1 是方程

$$121x^6 + \left(-6602\sqrt{5} - 19478\right)x^4 + \left(6232\sqrt{5} + 15875\right)x^2 - 548\sqrt{5} - 1499 = 0$$

的根，约为

$$0.32210188754775707477;$$

$\angle CKA_1$ 的余弦值是方程

$$394304x^6 + \left(-166328\sqrt{5} - 561816\right)x^4 + \left(176816\sqrt{5} + 313040\right)x^2 - 36268\sqrt{5} - 87871 = 0$$

的根,其角度约为

$$20°00'07'';$$

A_1D_1 是方程

$$242x^6 + \left(7314\sqrt{5} - 33950\right)x^4 + \left(30337 - 9111\sqrt{5}\right)x^2 + 3690\sqrt{5} - 8252 = 0$$

的根,约为

$$0.75543605258549477694;$$

$\angle KA_1D_1$ 的余弦值是方程

$$24446848x^6 + \left(10463568\sqrt{5} - 45674448\right)x^4 + \left(34973308 - 13333476\sqrt{5}\right)x^2$$
$$+ 4498901\sqrt{5} - 10103147 = 0$$

的根,其角度约为

$$84°38'33''.$$

经过计算得 S_1 是方程

$$962515702100300146339265942088171 52x^6$$
$$+ \big(53264557669395671367778494168371 69277952\sqrt{5}$$
$$- 11944421878659611023306426596210 524048384\big)x^4$$
$$+ \big(52892567630275254089015342462304 12725504$$
$$- 11164223036106246147301999018819 58708608\sqrt{5}\big)x^2$$
$$+ 18566305860719629644483647521429 9532657\sqrt{5}$$
$$- 45294803833505781460786854741976 7558531 = 0$$

的根,约为

$$0.11633647492818387825;$$

接着求得

$$S = 60S_1 \approx 6.9801884956910326951,$$
$$V = \frac{1}{3}Sr,$$

V 是方程

$$165432386298489087652061333796404 48x^6$$

$$+ \bigl(15259223465096657482517091341610688242384 00\sqrt{5}$$
$$- 34121556150002726448616834590770595393224 00\bigr)x^4$$
$$+ \bigl(680970151201112296695467633491291018566 7500$$
$$- 299482811668201674735982723114685540049750 0\sqrt{5}\bigr)x^2$$
$$+ 6491640340991757676886667195137359966578125\sqrt{5}$$
$$- 14674611205587320389617134538837693381984375 = 0$$

的根, 约为
$$1.1860234013066729268.$$

内反五角六十面体

图 5.9.166 是内反五角六十面体的直观图. 图 5.9.167 中, AE 是反扭棱十二合十二面体中正五角星面内的边, AB、BC、DE 是反扭棱十二合十二面体中正三角边形内的边, CD 是反扭棱十二合十二面体中正五边形面内的边, 则对偶多面体的面是五边形 $A'B'C'D'E'$, 令 R 是方程
$$64x^8 - 192x^6 + 180x^4 - 65x^2 + 8 = 0$$
最小的正根,
$$r' = \sqrt{\rho^2 - r^2}, \ a = \frac{1}{2}, \ b = \frac{\sqrt{5}-1}{4}, \ c = \frac{\sqrt{5}+1}{4},$$
则
$$\rho = \sqrt{R^2 - \frac{1}{4}} \approx 0.68940122239760778779,$$
$$r = \frac{\rho^2}{R} \approx 0.55807559402152982474,$$
$$\theta = \arccos\left(1 - \frac{2r^2}{\rho^2}\right) \approx 108°5'45'',$$
$$A'B' = \frac{2ar'}{\sqrt{4r'^2 - a^2}} \approx 0.63577175967987711558,$$
$$B'C' = C'D' = \left(\frac{a}{\sqrt{4r'^2 - a^2}} + \frac{c}{\sqrt{4r'^2 - c^2}}\right)r' \approx 11.937212238140952397,$$
$$A'E' = D'E' = \left(\frac{a}{\sqrt{4r'^2 - a^2}} - \frac{b}{\sqrt{4r'^2 - b^2}}\right)r' \approx 0.15071810706563083646,$$
$$\angle A' = \angle B' = \angle D' = \arccos\left(\frac{2a^2}{r'^2} - 1\right) \approx 103°42'33'',$$
$$\angle C' = \arccos\left(\frac{2c^2}{r'^2} - 1\right) \approx 3°59'24'',$$
$$\angle E' = \arccos\left(\frac{2b^2}{r'^2} - 1\right) \approx 224°52'56''.$$

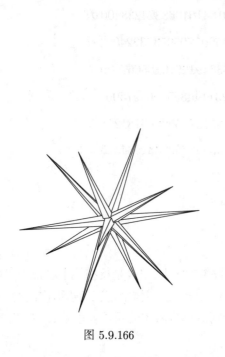
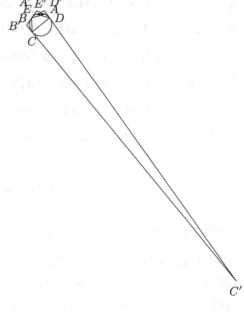

图 5.9.166　　　　　　　　　　图 5.9.167

图 5.9.168 是内反五角六十面体的表面分割图，其中 BF 是方程

$$8x^4 + \left(-309\sqrt{5} - 707\right)x^3 + \left(409\sqrt{5} + 921\right)x^2 + \left(-166\sqrt{5} - 370\right)x + 25\sqrt{5} + 55 = 0$$

的根，约为

$$0.75084408648474679952;$$

FG 是方程

$$1112x^4 + \left(43870\sqrt{5} + 98320\right)x^3 + \left(-9988\sqrt{5} - 64534\right)x^2 + 6950x + 1247\sqrt{5} - 2967 = 0$$

的根，约为

$$0.34721714519588623838;$$

GC、CH 是方程

$$1112x^4 + \left(-3560\sqrt{5} - 6858\right)x^3 + \left(12862\sqrt{5} + 1166\right)x^2 + \left(646 - 62\sqrt{5}\right)x \\ + 49\sqrt{5} - 107 = 0$$

的根，约为

$$10.839151006460319359;$$

HD 是方程

$$1112x^4 + \left(919\sqrt{5} + 47\right)x^3 + \left(5257\sqrt{5} - 17953\right)x^2 + \left(18566 - 6816\sqrt{5}\right)x$$

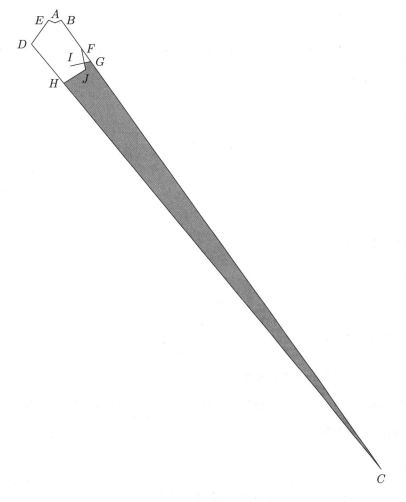

图 5.9.168

$$+ 4031\sqrt{5} - 9591 = 0$$

的根，约为

$$1.0980612316806330379;$$

GI、FJ 是方程

$$618272x^8 + \left(-4306553008\sqrt{5} - 9657731522\right)x^6 + \left(657310455\sqrt{5} + 1794236927\right)x^4$$
$$+ \left(79981383\sqrt{5} - 6686095\right)x^2 - 7945325\sqrt{5} + 21117945 = 0$$

的根，约为

$$0.46324792834480991727;$$

$\angle BGI$ 的余弦值是方程

$$27520x^8 + \left(54448\sqrt{5} + 18800\right)x^6 + \left(86196\sqrt{5} + 378532\right)x^4 + \left(-80451\sqrt{5} - 342599\right)x^2 + 3839\sqrt{5} + 61203 = 0$$

的根，其角度约为

$$66°05'10'';$$

$\angle CFJ$ 的余弦值是方程

$$13760x^8 + \left(-56\sqrt{5} - 14120\right)x^6 + \left(-2268\sqrt{5} - 364\right)x^4 + \left(892\sqrt{5} + 1443\right)x^2 + 552\sqrt{5} + 1249 = 0$$

的根，其角度约为

$$24°49'30''.$$

经过计算得 S_1 是方程

$$126622105600x^8 + \left(3605982330880\sqrt{5} - 12433608990720\right)x^6$$
$$+ \left(404929552854528 - 164250200297472\sqrt{5}\right)x^4 + \left(6105449968 - 2623303024\sqrt{5}\right)x^2$$
$$- 197945\sqrt{5} + 443163 = 0$$

的根，约为

$$4.0732198104697118284;$$

接着求得

$$S = 60S_1 \approx 244.39318862818270970,$$
$$V = \frac{1}{3}Sr,$$

V 是方程

$$633110528x^8 + \left(6308694607360\sqrt{5} - 20692845700480\right)x^6$$
$$+ \left(117304583006261200 - 47581858253634800\sqrt{5}\right)x^4$$
$$+ \left(33409736857500 - 14791613222500\sqrt{5}\right)x^2 - 3092890625\sqrt{5} + 6924421875 = 0$$

的根，约为

$$45.4632913061629 51126.$$

大反五角六十面体

图 5.9.169 是大反五角六十面体的直观图. 图 5.9.170 中, AE 是大反扭棱三十二面体中正五角星面内的边, AB、BC、CD、DE 是大反扭棱三十二面体中正三角边形内的边, 则对偶多面体的面是五边形 $A'B'C'D'E'$, 令 R 是方程

$$128x^6 + \left(112\sqrt{5} - 432\right)x^4 + \left(252 - 76\sqrt{5}\right)x^2 + 13\sqrt{5} - 41 = 0$$

第二大的正根,

$$r' = \sqrt{\rho^2 - r^2}, \ a = \frac{1}{2}, \ b = \frac{\sqrt{5} - 1}{4},$$

则

$$\rho = \sqrt{R^2 - \frac{1}{4}} \approx 0.40749368893407874399,$$

$$r = \frac{\rho^2}{R} \approx 0.25743549879499296938,$$

$$\theta = \arccos\left(1 - \frac{2r^2}{\rho^2}\right) \approx 78°21'33'',$$

$$A'B' = B'C' = C'D' = \frac{2ar'}{\sqrt{4r'^2 - a^2}} \approx 0.81801419943886624418,$$

$$A'E' = D'E' = \left(\frac{a}{\sqrt{4r'^2 - a^2}} - \frac{b}{\sqrt{4r'^2 - b^2}}\right)r' \approx 0.23185994977085506714,$$

$$\angle A' = \angle B' = \angle C' = \angle D' = \arccos\left(\frac{2a^2}{r'^2} - 1\right) \approx 75°21'28'',$$

$$\angle E' = 360° - \arccos\left(\frac{2b^2}{r'^2} - 1\right) \approx 238°34'6''.$$

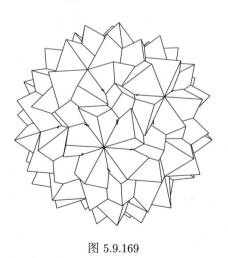

图 5.9.169

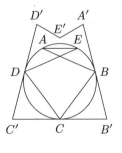

图 5.9.170

图 5.9.171 是大反五角六十面体的表面分割图, 图 5.9.172、图 5.9.173、图 5.9.174、图 5.9.175、图 5.9.176、图 5.9.177 分别是图 5.9.171 点 V 附近、点 K 和 L 附近、点 M 和 N

附近、点 Y 附近、点 R 和 S 附近、点 A_1 附近的放大图，其中 BF、LC 是方程

$$58x^3 + \left(-325\sqrt{5} - 369\right)x^2 + \left(334\sqrt{5} + 1082\right)x - 100\sqrt{5} - 118 = 0$$

的根，约为

$$0.21388659953248327234;$$

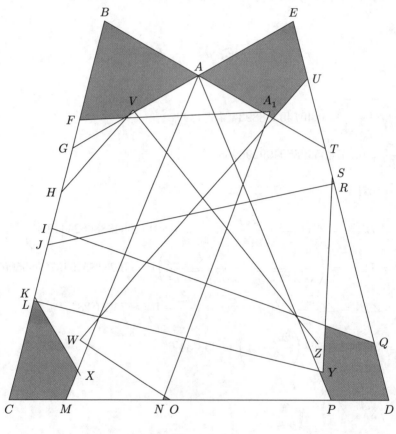

图 5.9.171

FG 是方程

$$58x^3 + \left(151\sqrt{5} + 601\right)x^2 + \left(-96\sqrt{5} - 220\right)x + 4\sqrt{5} + 14 = 0$$

的根，约为

$$0.060798948039188694750;$$

GH 是方程

$$71x^3 + \left(141\sqrt{5} - 230\right)x^2 + \left(4\sqrt{5} - 3\right)x + 11\sqrt{5} - 26 = 0$$

的根，约为

$$0.095330642531544217016;$$

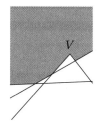

图 5.9.172　　　　　　　图 5.9.173　　　　　　　图 5.9.174

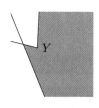

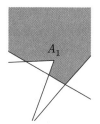

图 5.9.175　　　　　　　图 5.9.176　　　　　　　图 5.9.177

HI 是方程

$$142x^3 + \left(146\sqrt{5} - 358\right)x^2 + \left(82 - 62\sqrt{5}\right)x + 15\sqrt{5} - 29 = 0$$

的根，约为

$$0.077981819232433875958;$$

IJ 是方程

$$14342x^3 + \left(-628\sqrt{5} - 12948\right)x^2 + \left(754\sqrt{5} + 2026\right)x + 31\sqrt{5} - 183 = 0$$

的根，约为

$$0.035264325406210295679;$$

JK 是方程

$$202x^3 + \left(9224 - 3428\sqrt{5}\right)x^2 + \left(952 - 892\sqrt{5}\right)x - 7\sqrt{5} + 113 = 0$$

的根，约为

$$0.11260783395278419154;$$

KL 是方程

$$58x^3 + \left(1253\sqrt{5} - 2183\right)x^2 + \left(606 - 92\sqrt{5}\right)x + 7\sqrt{5} - 19 = 0$$

的根，约为

$$0.0082574312117384245462;$$

CM、PD、DQ、UE 是方程

$$2x^3 + \left(5 - 3\sqrt{5}\right)x^2 + \left(9 - 5\sqrt{5}\right)x - 3\sqrt{5} + 7 = 0$$

的根，约为

$$0.12359456728314934921;$$

MN 是方程

$$2x^3 + \left(\sqrt{5} - 15\right)x^2 + 14x + 11\sqrt{5} - 27 = 0$$

的根，约为

$$0.21085672816183014319;$$

NO、RS 是方程

$$142x^3 + \left(135\sqrt{5} + 449\right)x^2 + \left(186\sqrt{5} + 322\right)x - 8\sqrt{5} + 6 = 0$$

的根，约为

$$0.015854582643536490601;$$

OP、QR 是方程

$$142x^3 + \left(78\sqrt{5} - 236\right)x^2 + \left(214 - 96\sqrt{5}\right)x + 37\sqrt{5} - 81 = 0$$

的根，约为

$$0.34411375406720091197;$$

ST 是方程

$$2x^3 + \left(4\sqrt{5} - 18\right)x^2 + \left(6\sqrt{5} - 8\right)x + 3\sqrt{5} - 7 = 0$$

的根，约为

$$0.05976574787330 7525302;$$

TU 是方程

$$2x^3 + \left(3 - 3\sqrt{5}\right)x^2 + \left(3\sqrt{5} - 5\right)x - 5\sqrt{5} + 11 = 0$$

的根，约为

$$0.15109098028852261788;$$

FA_1 是方程

$$841x^6 + \left(-30977\sqrt{5} - 70299\right)x^4 + \left(30654\sqrt{5} + 66950\right)x^2 - 4076\sqrt{5} - 9684 = 0$$

的根，约为

$$0.40946894536982819978;$$

$\angle BFA_1$ 的余弦值是方程

$$101888x^6 + \left(-23488\sqrt{5} - 61632\right)x^4 + \left(1032\sqrt{5} + 10720\right)x^2 + 4143\sqrt{5} - 9602 = 0$$

的根，其角度约为

$$72°52'44'';$$

HV、OW 是方程

$$50823362x^6 + \left(6911211\sqrt{5} - 47864295\right)x^4 + \left(9855698\sqrt{5} - 17768388\right)x^2 + 1327145\sqrt{5} - 3111567 = 0$$

的根，约为

$$0.23224917950153986843;$$

$\angle BHV$ 的余弦值是方程

$$551104x^6 + \left(-202224\sqrt{5} - 533728\right)x^4 + \left(112472\sqrt{5} + 271292\right)x^2 - 15499\sqrt{5} - 34776 = 0$$

的根，其角度约为

$$27°38'11'';$$

$\angle COW$ 的余弦值是方程

$$1102208x^6 + \left(224096\sqrt{5} - 1516576\right)x^4 + \left(698344 - 234408\sqrt{5}\right)x^2 + 35231\sqrt{5} - 85497 = 0$$

的根，其角度约为

$$32°30'40'';$$

VZ 是方程

$$102846482x^6 + \left(49593489\sqrt{5} - 283663647\right)x^4 + \left(80151446 - 11678232\sqrt{5}\right)x^2 + 16666525\sqrt{5} - 37995337 = 0$$

的根，约为

$$0.62847405540479962942;$$

$\angle HVZ$ 的余弦值是方程

$$2425959808x^6 + \left(1393964368\sqrt{5} - 3676105392\right)x^4 + \left(3175605452 - 1404746516\sqrt{5}\right)x^2 + 435811177\sqrt{5} - 975024047 = 0$$

的根，其角度约为

$$81°22'30''.$$

KX 是方程

$$2x^6 + \left(10543\sqrt{5} - 23997\right)x^4 + \left(17211 - 7359\sqrt{5}\right)x^2 + 1431\sqrt{5} - 3227 = 0$$

的根，约为

$$0.19163805802329295580;$$

$\angle CKX$ 的余弦值是方程

$$23104x^6 + \left(-10032\sqrt{5} - 32528\right)x^4 + \left(11356\sqrt{5} + 16552\right)x^2 - 1932\sqrt{5} - 5741 = 0$$

的根，其角度约为

$$45°44'29'';$$

LY 是方程

$$1682x^6 + \left(-405982\sqrt{5} - 953660\right)x^4 + \left(250113\sqrt{5} + 597097\right)x^2 - 34195\sqrt{5} - 84897 = 0$$

的根，约为

$$0.64021702184166810425;$$

$\angle BLY$ 的余弦值是方程

$$53888x^6 + \left(-13264\sqrt{5} - 21392\right)x^4 + \left(1036\sqrt{5} - 68\right)x^2 + 347\sqrt{5} - 777 = 0$$

的根，其角度约为

$$88°44'05''.$$

经过计算得 S_1 是方程

$$\begin{aligned}
&22371042074766373 2580352x^6 \\
&+ \left(26819849872255898 5086897920\sqrt{5} - 64841261555362017 9317814016\right)x^4 \\
&+ \left(65800105759204300 1597705648 - 29405911815843166 4036001232\sqrt{5}\right)x^2 \\
&+ 22397194606794842 9888606563\sqrt{5} - 50081725293769630 9965269641 = 0
\end{aligned}$$

的根，约为

$$0.086398831228713074836;$$

接着求得

$$S = 60S_1 \approx 5.1839298737227844902,$$
$$V = \frac{1}{3}Sr,$$

V 是方程

$$3495475324182245821568x^6$$
$$+ \left(7239140462715899500109598000\sqrt{5} - 16266298333347296444468342800\right)x^4$$
$$+ \left(31924219405277225161052827500 - 14269292649844937126774772500\sqrt{5}\right)x^2$$
$$+ 6846510752889043336692664531 25\sqrt{5} - 15309266342916381821 72956359375 = 0$$

的根，约为

$$0.44484252425336331418.$$

大五角星六十面体

图 5.9.178 是大五角星六十面体的直观图. 图 5.9.179 中，AE 是大后扭棱二十合三十二面体中正五角星面内的边，AB、BC、CD、DE 是大后扭棱二十合三十二面体中正三角边形内的边，则对偶多面体的面是五角星 $A'B'C'D'E'$，令 R 是方程

$$128x^6 + \left(112\sqrt{5} - 432\right)x^4 + \left(252 - 76\sqrt{5}\right)x^2 + 13\sqrt{5} - 41 = 0$$

最小的正根，

$$r' = \sqrt{\rho^2 - r^2},\ a = \frac{1}{2},\ b = \frac{\sqrt{5} - 1}{4},$$

则

$$\rho = \sqrt{R^2 - \frac{1}{4}} \approx 0.2939417380786 2325162,$$
$$r = \frac{\rho^2}{R} \approx 0.14896814007113338725,$$
$$\theta = \arccos\left(1 - \frac{2r^2}{\rho^2}\right) \approx 60°54'4'',$$
$$A'B' = B'C' = C'D' = \frac{2ar'}{\sqrt{4r'^2 - a^2}} \approx 3.06368274493993 70956,$$
$$A'E' = D'E' = \left(\frac{a}{\sqrt{4r'^2 - a^2}} + \frac{b}{\sqrt{4r'^2 - b^2}}\right)r' \approx 1.72678128150943 02923,$$
$$\angle A' = \angle B' = \angle C' = \angle D' = \arccos\left(\frac{2a^2}{r'^2} - 1\right) \approx 18°47'8'',$$
$$\angle E' = \arccos\left(\frac{2b^2}{r'^2} - 1\right) \approx 104°51'27''.$$

图 5.9.180 是大五角星六十面体的表面分割图，其中点 H 是 AB、DE 的交点，点 S 是 AB、CD 的交点，图 5.9.181、图 5.9.182、图 5.9.183 分别是图 5.9.180 点 G 附近、点 J 附近、点 N 放大图，其中 AT 是方程

$$682x^3 + \left(37 - 2419\sqrt{5}\right)x^2 + \left(-94\sqrt{5} - 552\right)x + 25\sqrt{5} + 67 = 0$$

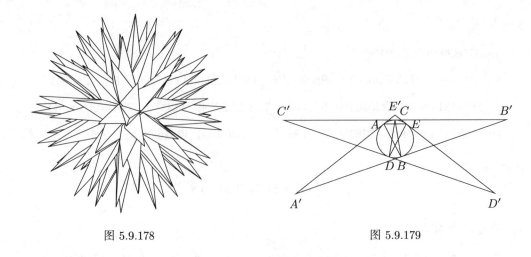

图 5.9.178　　　　　　　　图 5.9.179

的根，约为

$$0.096464790693122605562；$$

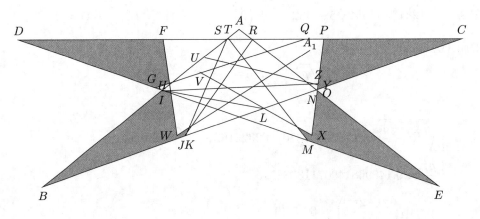

图 5.9.180

TI 是方程

$$682x^3 + \left(7303\sqrt{5} - 10927\right)x^2 + \left(975\sqrt{5} + 1931\right)x - 965\sqrt{5} - 2177 = 0$$

的根，约为

$$0.579972176049263404446；$$

IB、EN 是方程

$$62x^3 + \left(937 - 461\sqrt{5}\right)x^2 + \left(782 - 368\sqrt{5}\right)x - 61\sqrt{5} + 211 = 0$$

的根，约为

$$1.0503443147670442823；$$

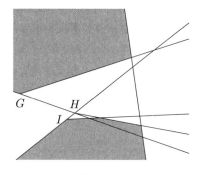 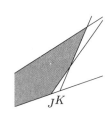 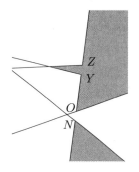

图 5.9.181　　　　　　　　图 5.9.182　　　　　　　　图 5.9.183

BJ、OC 是方程

$$2x^3 + \left(15\sqrt{5} + 73\right)x^2 + \left(-41\sqrt{5} - 55\right)x + 5\sqrt{5} + 23 = 0$$

的根, 约为

$$1.0506646462604555750;$$

JK 是方程

$$2x^3 + \left(-11\sqrt{5} - 83\right)x^2 + \left(-36\sqrt{5} - 70\right)x + \sqrt{5} - 1 = 0$$

的根, 约为

$$0.0081654996105202306944;$$

KL 是方程

$$2x^3 + \left(7 - 7\sqrt{5}\right)x^2 + 10x - \sqrt{5} - 1 = 0$$

的根, 约为

$$0.55920384287891904252;$$

LO 是方程

$$2x^3 + \left(-14\sqrt{5} - 72\right)x^2 + \left(-56\sqrt{5} - 110\right)x + 25\sqrt{5} + 53 = 0$$

的根, 约为

$$0.39498410992958667237;$$

CP、ME 是方程

$$22x^3 + \left(107 - 53\sqrt{5}\right)x^2 + \left(135 - 79\sqrt{5}\right)x - 25\sqrt{5} + 87 = 0$$

的根, 约为

$$0.95113571875036828353;$$

PQ 是方程

$$209x^3 + \left(102\sqrt{5} - 329\right)x^2 + \left(-30\sqrt{5} - 186\right)x + 9\sqrt{5} + 14 = 0$$

的根，约为

$$0.12991647054571117762;$$

QR 是方程

$$38x^3 + \left(-402\sqrt{5} - 1322\right)x^2 + \left(526\sqrt{5} + 1194\right)x - 113\sqrt{5} - 313 = 0$$

的根，约为

$$0.35806292285383601820;$$

RF 是方程

$$58x^3 + \left(872\sqrt{5} + 1428\right)x^2 + \left(-209\sqrt{5} - 427\right)x - 160\sqrt{5} - 386 = 0$$

的根，约为

$$0.61581397863456191638;$$

FD、DG 是方程

$$58x^3 + \left(341 - 205\sqrt{5}\right)x^2 + \left(107 - 15\sqrt{5}\right)x - 5\sqrt{5} - 3 = 0$$

的根，约为

$$1.0087536541554596998;$$

GM 是方程

$$638x^3 + \left(3154\sqrt{5} - 7492\right)x^2 + \left(246\sqrt{5} - 908\right)x + 91\sqrt{5} - 131 = 0$$

的根，约为

$$1.1037933720341091122;$$

NA 是方程

$$62x^3 + \left(444\sqrt{5} - 990\right)x^2 + \left(-58\sqrt{5} - 24\right)x + 19\sqrt{5} + 41 = 0$$

的根，约为

$$0.67643696674238601002;$$

FW 是方程

$$841x^6 + \left(15777\sqrt{5} - 36000\right)x^4 + \left(38508 - 17136\sqrt{5}\right)x^2 + 13122\sqrt{5} - 29357 = 0$$

的根，约为
$$0.65244720713755718569;$$

$\angle CFW$ 的余弦值是方程
$$136832x^6 + \left(13696\sqrt{5} - 157568\right)x^4 + \left(53800 - 10776\sqrt{5}\right)x^2 + 1501\sqrt{5} - 3921 = 0$$
的根，其角度约为
$$81°42'13'';$$

WA_1 是方程
$$607202x^6 + \left(19234561\sqrt{5} - 44379627\right)x^4 + \left(583979\sqrt{5} - 352329\right)x^2$$
$$- 39229\sqrt{5} - 123193 = 0$$
的根，约为
$$0.23224917950153986843;$$

$\angle FWA_1$ 的余弦值是方程
$$421510976x^6 + \left(179990320\sqrt{5} - 654805328\right)x^4 + \left(446959844 - 180101896\sqrt{5}\right)x^2$$
$$+ 47308238\sqrt{5} - 108125063 = 0$$
的根，其角度约为
$$66°20'18'';$$

IZ 是方程
$$1922x^6 + \left(783847\sqrt{5} - 1768157\right)x^4 + \left(135337\sqrt{5} - 281333\right)x^2 + 3887\sqrt{5} - 15603 = 0$$
的根，约为
$$1.0793008179930587689;$$

$\angle AIZ$ 的余弦值是方程
$$23104x^6 + \left(152\sqrt{5} - 33288\right)x^4 + \left(48800 - 16584\sqrt{5}\right)x^2 + 8148\sqrt{5} - 18229 = 0$$
的根，其角度约为
$$35°05'34''.$$

NX 是方程
$$232562x^6 + \left(30305684\sqrt{5} - 69588126\right)x^4 + \left(23775817 - 9876067\sqrt{5}\right)x^2$$
$$+ 853511\sqrt{5} - 2047819 = 0$$

的根，约为
$$0.30194352363374676387;$$

$\angle ENX$ 的余弦值是方程
$$180352x^6 + \left(-35840\sqrt{5} - 177088\right)x^4 + \left(404992 - 130016\sqrt{5}\right)x^2$$
$$+ 159281\sqrt{5} - 371539 = 0$$

的根，其角度约为
$$59°45'54'';$$

XV 是方程
$$242x^6 + \left(-4409\sqrt{5} - 9925\right)x^4 + \left(13831\sqrt{5} + 30937\right)x^2 - 8051\sqrt{5} - 18003 = 0$$

的根，约为
$$0.64021702184166810425;$$

$\angle NXV$ 的余弦值是方程
$$5590912x^6 + \left(2383248\sqrt{5} - 10705360\right)x^4 + \left(7970956 - 3274532\sqrt{5}\right)x^2$$
$$+ 1083731\sqrt{5} - 2426141 = 0$$

的根，其角度约为
$$68°21'18'';$$

OY 是方程
$$x^6 + \left(-2421\sqrt{5} - 6698\right)x^4 + \left(1511\sqrt{5} + 4335\right)x^2 + 40\sqrt{5} - 97 = 0$$

的根，约为
$$0.031324652068627584232;$$

$\angle COY$ 的余弦值是方程
$$90176x^6 + \left(-12632\sqrt{5} - 79384\right)x^4 + \left(9312\sqrt{5} - 3344\right)x^2 + 544\sqrt{5} - 1217 = 0$$

的根，其角度约为
$$63°52'41'';$$

YU 是方程
$$2x^6 + \left(-2597\sqrt{5} - 6805\right)x^4 + \left(4442163\sqrt{5} + 9933693\right)x^2 - 2832983\sqrt{5} - 6335201 = 0$$

的根，约为
$$0.79875344741922007766;$$

$\angle OYU$ 的余弦值是方程

$$1287532928x^6 + \left(536723088\sqrt{5} - 2578026000\right)x^4 + \left(1893703476 - 805884548\sqrt{5}\right)x^2$$
$$+ 269269183\sqrt{5} - 602952663 = 0$$

的根，其角度约为

$$96°02'31''.$$

经过计算得 S_1 是方程

$$15755799464787193856x^6$$
$$+ \left(3758564101137884765341696\sqrt{5} - 8508378777820556697906432\right)x^4$$
$$+ \left(3600404256125530775530208\sqrt{5} + 1440593242880879804506152\right)x^2$$
$$- 2142152967296857701559936\sqrt{5} - 5577694429963212964657093 = 0$$

的根，约为

$$0.68019576900713660334;$$

接着求得

$$S = 60S_1 \approx 40.811746140428196200,$$
$$V = \frac{1}{3}Sr,$$

V 是方程

$$27080280330102989944x^6$$
$$+ \left(10817633146686114124709302000\sqrt{5} - 24194167905345285906768482000\right)x^4$$
$$+ \left(16626225811978969070783027500 - 26888912474227750370732075000\sqrt{5}\right)x^2$$
$$- 38223378356266639955771250000\sqrt{5} - 35033596379341768194667515625 = 0$$

的根，约为

$$2.0265499718649483113.$$

正多角星棱柱、正多角星反柱、正多角星交错棱柱的对偶多面体

下面的讨论中设正多角星棱柱、正多角星反柱、正多角星交错棱柱的棱长是 1，用 S_1 表示均匀多面体的对偶多面体每个面表面部分的面积，在表面分割图中这些部分的表面用灰色表示，对偶多面体的半径是 ρ，对偶多面体的内切球半径是 r，对偶多面体相邻面所成的二面角是 θ，$\varphi = \dfrac{180°}{n}$，对偶多面体的表面积是 S，对偶多面体的体积是 V. 类似正多角星棱柱、正多角星反柱、正多角星交错棱柱的计算方法，计算正多角星棱柱、正多角星反柱、正多角星交错棱柱对偶多面体的参考点我们选其中心，这样有利于体积的计算.

正多角星双棱锥

正多角星棱柱的对偶多面体称为正多角星双棱锥. 正多角星面是 $f_{\frac{n}{m}}$ 的正多角星棱柱的对偶多面体有 $n+2$ 个顶点，$2n$ 个面，$3n$ 条棱.

图 5.9.184、5.9.185、5.9.186、5.9.187 分别是正五角星双棱锥、正六角星双棱锥、第一类正七角星双棱锥、第二类正七角星双棱锥的直观图.

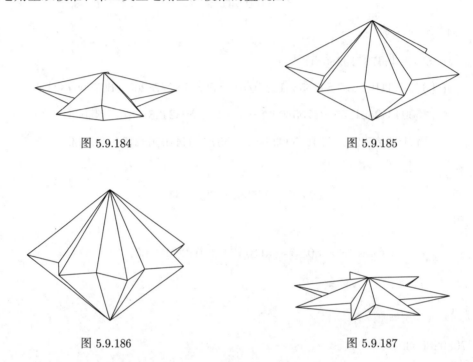

图 5.9.184

图 5.9.185

图 5.9.186

图 5.9.187

图 5.9.188 中，AC 是正多角星面为 $f_{\frac{n}{m}}$ 的正多角星棱柱中面为 $f_{\frac{n}{m}}$ 的正多角星面内的边，AB、BC 是正多角星面为 $f_{\frac{n}{m}}$ 的正多角星棱柱中正方边形内的边，则对偶多面体的面是 $\triangle A'B'C'$，则

$$\rho = \frac{1}{2}\csc m\varphi, \quad r = \frac{\csc^2 m\varphi}{2\sqrt{\csc^2 m\varphi + 1}}, \quad \theta = \arccos\frac{\cos 2m\varphi + 1}{\cos 2m\varphi - 3},$$

$$A'B' = \sec m\varphi, \quad A'C' = B'C' = \csc m\varphi \csc 2m\varphi,$$

$$\angle A' = \angle B' = \arccos(\sin^2 m\varphi), \quad \angle C' = \arccos\left(\cos 2m\varphi + \frac{1}{2}\sin^2 2m\varphi\right).$$

图 5.9.189 是正 n 角星双棱锥（面为 $f_{\frac{n}{m}}$ 的正 n 角星棱柱的对偶多面体）的表面分割图，图以面为 $f_{\frac{5}{2}}$ 的正五角星棱柱的对偶多面体的面为例，其中点 A 是正 n 角星双棱锥 n 个面的公共点，

$$BD = CE = \frac{\sin\varphi}{\cos(m-1)\varphi \sin 2m\varphi}.$$

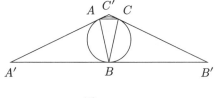
图 5.9.188

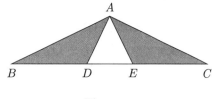
图 5.9.189

经过计算得 S_1 是方程

$$S_1 = \frac{\sin\varphi\sqrt{6-2\cos 2m\varphi}}{4\sin^2 m\varphi \sin 2m\varphi \cos(m-1)\varphi},$$

接着求得

$$S = 2nS_1 = \frac{n\sin\varphi\sqrt{6-2\cos 2m\varphi}}{2\sin^2 m\varphi \sin 2m\varphi \cos(m-1)\varphi},$$

$$V = \frac{1}{3}Sr = \frac{n\sin\varphi}{6\sin^3 m\varphi \sin 2m\varphi \cos(m-1)\varphi}.$$

正多角星偏方体

正多角星反柱的对偶多面体称为正多角星偏方体. 正多角星面是 $f_{\frac{n}{m}}$ 的正多角星反柱的对偶多面体有 $2n+2$ 个顶点，$2n$ 个面，$4n$ 条棱.

图 5.9.190、5.9.191、5.9.192、5.9.193 分别是正五角星偏方体、正六角星偏方体、第一类正七角星偏方体、第二类正七角星偏方体的直观图.

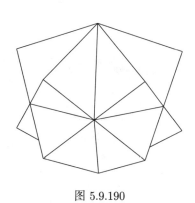
图 5.9.190

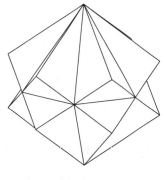
图 5.9.191

图 5.9.194 中，AC 是正多角星面为 $f_{\frac{n}{m}}$ 的正多角星棱柱中面为 $f_{\frac{n}{m}}$ 的正多角星面内的边，AB、BC、CD 是正多角星面为 $f_{\frac{n}{m}}$ 的正多角星棱柱中正三角边形内的边，则对偶多

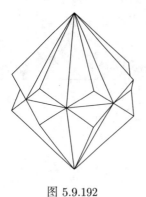
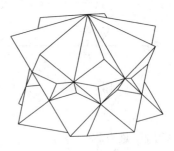

图 5.9.192   图 5.9.193

面体的面是四边形 $A'B'C'D'$,则

$$\rho = \frac{1}{4}\csc\frac{m\varphi}{2}, \quad r = \frac{\csc^2\dfrac{m\varphi}{2}}{4\sqrt{\csc^2\dfrac{m\varphi}{2}+4}}, \quad \theta = \arccos\frac{2\cos m\varphi - 1}{2\cos m\varphi - 3},$$

$$A'B' = B'C' = \frac{1}{\sqrt{2\cos m\varphi + 1}}, \quad A'D' = C'D' = \frac{1}{2(1-\cos m\varphi)\sqrt{2\cos m\varphi + 1}},$$

$$\angle A' = \angle B' = \angle C' = \arccos\left(\frac{1}{2} - \cos m\varphi\right), \quad \angle D' = \arccos(6\cos^2 m\varphi - 4\cos^3 m\varphi - 1).$$

图 5.9.195 是正 n 角星偏方体(面为 $f_{\frac{n}{m}}$ 的正 n 角星反柱的对偶多面体)的表面分割图,图以面为 $f_{\frac{11}{5}}$ 的正十一角星反柱的对偶多面体的面为例,其中上侧中间顶点是正 n 角星偏方体 n 个面的公共点,左侧边共 $m-1$ 个分点,从上到下第 i 个分点分左侧边下侧和上侧线段长度比是

$$\frac{\sin i\theta}{\sin(m-i)\theta},$$

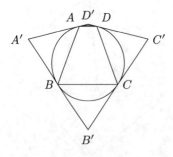

图 5.9.194   图 5.9.195

右侧边的分点分割位置与左侧边分割的比例相同. 左侧边每个分点都有两条分割线相连,从上到下第一个分点上侧分割线的另一端点上侧中间顶点,从上到下数第 i 个分点的下侧分割线的另一端点是右侧边从下到上数起的第 i 个分点,从上到下第一个分点的下侧分割

线与过左上角顶点的边形成一个三角形表面，从上到下第 i 个分点的上侧分割线与第 $i+1$ 个分点的下侧分割线形成一个三角形表面；右侧边的分割面分布情况与左侧边分割面分布情况类似；左侧边最下方分点的下侧分割线、右侧边最下方分点的下侧分割线、左侧边、右侧边成一个三角形（只有 $m=2$ 时才能是三角形）或四边形表面；以上这些表面形成正三角形面的所有表面．与上侧边相邻的三角形面积是

$$S_1' = \frac{\sin\varphi\sqrt{3+4\cos m\varphi - 4\cos^2 m\varphi}}{8(\sin(2m-1)\varphi + \sin(m+1)\varphi)(1-\cos m\varphi)},$$

上到下第 i 个分点的上侧分割线与第 $i+1$ 个分点的下侧分割线形成的三角形表面面积是

$$S_{i+1}' = \frac{\sin^2\varphi\sin i\varphi(1+\cos m\varphi)\sqrt{1+4\cos m\varphi - 2\cos 2m\varphi}}{4\sin m\varphi(1-\cos m\varphi)(1+2\cos m\varphi)(1+\cos(m-2i)\varphi)(\cos(m-i-2)\varphi + \cos i\varphi)},$$

左侧边最下侧分点的分割线与中间两个顶点连的对角线形成的三角形面积最下侧三角形或四边形面积的一半，因此左、右侧边最上侧分点的两个上侧分割线形成一个三角形或四边形表面面积可用在上一面积公式中取 $i=m-1$，得到的面积再乘以 2 便最下侧三角形或四边形表面的面积．经过计算得 S_1 是方程

$$S_1 = 2\sum_{i=1}^m S_i',$$

S_1 无简单的计算公式，接着求得

$$S = 2nS_1, \quad V = \frac{1}{3}Sr.$$

正多角星凹偏方体

正多角星交错反柱的对偶多面体称为正多角星凹偏方体．正多角星面是 $f_{\frac{n}{m}}$ 的正多角星交错反柱的对偶多面体有 $2n+2$ 个顶点，$2n$ 个面，$4n$ 条棱．

图 5.9.196、5.9.197 分别是正五角星凹偏方体、正七角星凹偏方体的直观图.

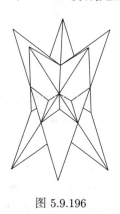

图 5.9.196

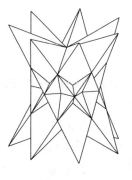

图 5.9.197

图 5.9.198 中，AC 是正多角星面为 $f_{\frac{n}{m}}$ 的正多角星棱柱中面为 $f_{\frac{n}{m}}$ 的正多角星面内的边，AB、BC、CD 是正多角星面为 $f_{\frac{n}{m}}$ 的正多角星棱柱中正三角边形内的边，则对偶多面体的面是四边形 $A'B'C'D'$，则

$$\rho = \frac{1}{4}\sec\frac{m\varphi}{2}, \quad r = \frac{\sec^2\frac{m\varphi}{2}}{4\sqrt{\sec^2\frac{m\varphi}{2}+4}}, \quad \theta = \arccos\frac{2\cos m\varphi + 1}{2\cos m\varphi + 3},$$

$$A'B' = B'C' = \frac{1}{\sqrt{1-2\cos m\varphi}}, \quad A'D' = C'D' = \frac{1}{2(1+\cos m\varphi)\sqrt{1-2\cos m\varphi}},$$

$$\angle A' = \angle B' = \angle C' = \arccos\left(\frac{1}{2}+\cos m\varphi\right),$$

$$\angle D' = 360° - \arccos(6\cos^2 m\varphi + 4\cos^3 m\varphi - 1).$$

图 5.9.199 是正 n 角星凹偏方体（面为 $f_{\frac{n}{m}}$ 的正 n 角星交错反柱的对偶多面体）的表面分割图，图以面为 $f_{\frac{11}{4}}$ 的正十一角星交错反柱的对偶多面体的面为例，其中上侧中间顶点是正 n 角星凹偏方体 n 个面的公共点，左侧边共 $m-1$ 个分点，从上到下第 i 个分点分左侧边下侧和上侧线段长度比是

$$\frac{\sin i\theta}{\sin(n-m-i)\theta},$$

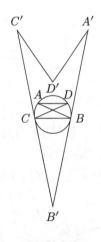

图 5.9.198

图 5.9.199

右侧边的分点分割位置与左侧边分割的比例相同．左侧边每个分点都有两条分割线相连，从上到下第一个分点上侧分割线的另一端点上侧中间顶点，从上到下数第 i 个分点的下侧分割线的另一端点是右侧边从下到上数起的第 i 个分点，从上到下第一个分点的下侧分割线与过左上角顶点的边形成一个三角形表面，从上到下第 i 个分点的上侧分割线与第 $i+1$ 个分点的下侧分割线形成一个三角形表面；右侧边的分割面分布情况与左侧边分割面分布情况类似；左侧边最下方分点的下侧分割线、右侧边最下方分点的下侧分割线、左侧边、右

侧边成一个四边形表面；以上这些表面形成正三角形面的所有表面. 与上侧边相邻的三角形面积是

$$S_1' = \frac{\sin\varphi\sqrt{3 - 4\cos m\varphi - 4\cos^2 m\varphi}}{8(\sin(m-1)\varphi - \sin(2m+1)\varphi)(1 + \cos m\varphi)},$$

上到下第 i 个分点的上侧分割线与第 $i+1$ 个分点的下侧分割线形成的三角形表面面积是

$$S_{i+1}' = \frac{\sin^2\varphi \sin i\varphi(1 - \cos m\varphi)\sqrt{1 - 4\cos m\varphi - 2\cos 2m\varphi}}{4\sin m\varphi(1 + \cos m\varphi)(1 - 2\cos m\varphi)(1 - \cos(m+2i)\varphi)(\cos i\varphi - \cos(m+i+2)\varphi)},$$

左侧边最下侧分点的分割线与中间两个顶点连的对角线形成的三角形面积最下侧四边形面积的一半，因此左、右侧边最上侧分点的两个上侧分割线形成一个三角形或四边形表面面积可用在上一面积公式中取 $i = m - 1$，得到的面积再乘以 2 便最下侧四边形表面的面积. 经过计算得 S_1 是方程

$$S_1 = 2\sum_{i=1}^{n-m} S_i',$$

S_1 无简单的计算公式，接着求得

$$S = 2nS_1, \quad V = \frac{1}{3}Sr.$$

5.10 正多面体的复合多面体

利用正多面体及其对偶多面体，我们还可以构造出三种凹多面体.

定义 5.10.1. 正四面体及其对偶多面体构成的多面体称为双正四面体（图 5.10.1），正方体及其对偶多面体或正八面体及其对偶多面体构成的多面体称为正六八面体（图 5.10.2），正十二面体及其对偶多面体或正二十面体及其对偶多面体构成的多面体称为正十二二十面体（图 5.10.3）.

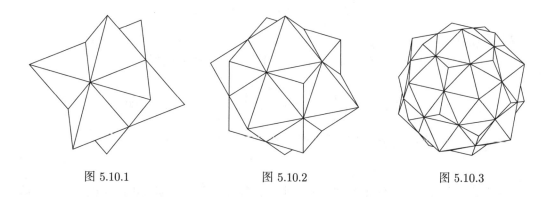

图 5.10.1   图 5.10.2   图 5.10.3

定义 5.10.2. 双正四面体、正六八面体、正十二二十面体统称为正多面体的复合多面体.

由正多面体的复合多面体的定义及棱长比关系容易得

定理 5.10.1. 除双正四面体外其余正多面体的复合多面体无外接球和内切球，正多面体的复合多面体都有内棱切球.

表 5.10.1 列出正多面体的复合多面体的顶点数、面数、棱数.

表 5.10.1　正多面体的复合多面体的顶点数、面数、棱数

名称	顶点数	面数	棱数
双正四面体	8	8	12
正六八面体	14	14	24
正十二二十面体	32	32	60

由表 5.10.1 中的数据可以看出，正多面体的复合多面体都不符合 Euler 公式 $V + F - E = 2$.

例 5.10.1. 求棱长是 1 的正多面体的复合多面体的表面积、体积.

解： 分如下情形：

（1）正四面体

双正四面体的表面积是

$$S = 8 \times 3 \times \frac{1}{2} \times \left(\frac{1}{2}\right)^2 \times \sin 60° = \frac{3\sqrt{3}}{2},$$

体积是一个棱长是 1 的正四面体补上四个棱长是 $\frac{1}{2}$ 的正四面体，所以双正四面体的体积是

$$V = \frac{\sqrt{2}}{12} + 4 \times \left(\frac{1}{2}\right)^3 \times \frac{\sqrt{2}}{12} = \frac{\sqrt{2}}{8}.$$

（2）正方体

正方体的对偶正八面体的棱长是 $\sqrt{2}$，所以正六八面体的表面积是

$$S = 8 \times 3 \times \frac{1}{2} \times \left(\frac{1}{2}\right)^2 + 6 \times 4 \times \frac{1}{2} \times \left(\frac{\sqrt{2}}{2}\right)^2 \times \sin 60°$$
$$= 3 + 3\sqrt{3},$$

正六八面体是一个棱长是 1 的正方体补上六个棱长都是 $\frac{\sqrt{2}}{2}$ 的正四棱锥，所以正六八面体的体积是

$$V = 1 + 6 \times \left(\frac{1}{2}\right)^3 \times \frac{\sqrt{2}}{12} = \frac{3}{2}.$$

（3）正八面体

正八面体的对偶正方体的棱长是 $\dfrac{\sqrt{2}}{2}$，所以正六八面体的表面积是

$$S = \left(\dfrac{\sqrt{2}}{2}\right)^2 \times \left(3+3\sqrt{3}\right) = \dfrac{3+3\sqrt{3}}{2},$$

正六八面体的体积是

$$V = \left(\dfrac{\sqrt{2}}{2}\right)^3 \times \dfrac{3}{2} = \dfrac{3\sqrt{2}}{8}.$$

（4）正十二面体

正十二面体的对偶正二十面体的棱长是 $\dfrac{\sqrt{5}+1}{2}$，所以正十二二十面体的表面积是

$$S = 20 \times 3 \times \dfrac{1}{2} \times \left(\dfrac{1}{2}\right)^2 \times \sin 108° + 12 \times 5 \times \dfrac{1}{2} \times \left(\dfrac{\sqrt{5}+1}{4}\right)^2 \times \sin 60°$$

$$= \dfrac{75\sqrt{3}+15\sqrt{15}+15\sqrt{10+2\sqrt{5}}}{8},$$

正十二二十面体是一个棱长是 1 的正十二面体补上十二个棱长都是 $\dfrac{\sqrt{5}+1}{4}$ 的正五棱锥，所以正十二二十面体的体积是

$$V = \dfrac{15+7\sqrt{5}}{4} + 12 \times \left(\dfrac{\sqrt{5}+1}{4}\right)^3 \times \dfrac{5+\sqrt{5}}{24} = \dfrac{75+35\sqrt{5}}{16}.$$

（5）正二十面体

正二十面体的对偶正十二面体的棱长是 $\dfrac{\sqrt{5}-1}{2}$，所以正十二二十面体的表面积是

$$S = \left(\dfrac{\sqrt{5}-1}{2}\right)^2 \times \dfrac{15\left(3\sqrt{3}+\sqrt{15}+\sqrt{10+2\sqrt{5}}\right)}{8} = \dfrac{15\sqrt{3}+15\sqrt{5-2\sqrt{5}}}{4},$$

正十二二十面体的体积是

$$V = \left(\dfrac{\sqrt{5}-1}{2}\right)^3 \times \dfrac{5(15+7\sqrt{5})}{16} = \dfrac{25+5\sqrt{5}}{16}. \qquad \square$$

棱长是 1 的正多面体的复合多面体的表面积、体积、内棱切球半径的精确值和近似值分别汇成表 5.10.2、表 5.10.3.

表 5.10.2　棱长是 1 的正多面体的复合多面体的表面积、体积、内棱切球半径的精确值

名称	表面积	体积	内棱切球半径
正四面体	$\dfrac{3\sqrt{3}}{2}$	$\dfrac{\sqrt{2}}{8}$	$\dfrac{\sqrt{2}}{4}$
正方体	$3+3\sqrt{3}$	$\dfrac{3}{2}$	$\dfrac{\sqrt{2}}{2}$
正八面体	$\dfrac{3+3\sqrt{3}}{2}$	$\dfrac{3\sqrt{2}}{8}$	$\dfrac{1}{2}$
正十二面体	$\dfrac{75\sqrt{3}+15\sqrt{15}+15\sqrt{10+2\sqrt{5}}}{8}$	$\dfrac{75+35\sqrt{5}}{16}$	$\dfrac{3+\sqrt{5}}{4}$
正二十面体	$\dfrac{15\sqrt{3}+15\sqrt{5-2\sqrt{5}}}{4}$	$\dfrac{25+5\sqrt{5}}{16}$	$\dfrac{\sqrt{5}+1}{4}$

表 5.10.3　棱长是 1 的正多面体的复合多面体的表面积、体积、内棱切球半径的近似值

名称	表面积	体积	内棱切球半径
正四面体	2.598076211	0.1767766953	0.3535533906
正方体	8.196152423	1.500000000	0.7071067812
正八面体	4.098076211	0.5303300859	0.5000000000
正十二面体	24.13755344	9.578898701	1.309016994
正二十面体	9.219725008	2.261271243	0.8090169944

定义 5.10.3. 复合多面体中每个独立的多面体构造出其对偶多面体，所有这些对偶多面体构成的复合多面体成为原复合多面体的对偶多面体．

双正四面体、正六八面体、正十二二十面体的对偶多面体的类型仍是自己本身的复合多面体．

除了上述三种复合多面体外，由正多面体构成的复合多面体中，每个顶点的面的多面角全等，且每个面都是全等的正多边形（含内部结构）的复合多面体还有四种．

由正方体的内容正四面体可构成双正四面体．由正十二面体的内容正四面体可构成另一个复合多面体（图 5.10.4），它的面全部是正三角形，它有 20 个顶点，30 棱，20 个面；另一个复合多面体（图 5.10.5），它的面全部是正三角形，它有 20 个顶点，60 棱，40 个面．由正十二面体的内容正方体可构成另一个复合多面体（图 5.10.6），它的面全部是正方形，它有 20 个顶点，60 条棱，30 个面．由截半正十二面体的顶点可构成另一个复合多面体（图 5.10.7），它的面全部是正方形，它有 30 个顶点，60 条棱，40 个面．

定义 5.10.4. 图 5.10.4 的多面体称为五联正四面体，图 5.10.5 的多面体称为十联正四面体，图 5.10.6 的多面体称为五联正方体，图 5.10.4 的多面体称为五联正八面体．

五联正四面体、十联正四面体的对偶多面体的类型仍是自己本身的复合多面体，五联正方体的对偶多面体是五联正八面体，五联正八面体的对偶多面体是五联正方体．

图 5.10.4

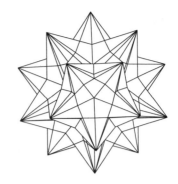

图 5.10.5

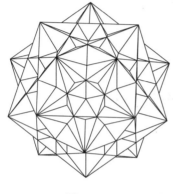

图 5.10.6

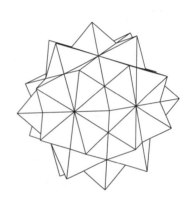

图 5.10.7

设五联正四面体的每个正四面体棱长是 1. 如图 5.10.8，取五联正四面体的其中一个面及与这个面共面的这个多面体的顶点，这些顶点构成一个六边形的顶点，这个六边形的内角都相等，相邻的长边与短边的长度比是 $(1+\sqrt{5}):2$，灰色部分就是五联正四面体中所选的面在这个多面体表面的部分. 设 $AB=a$，则

$$AG = \frac{1+\sqrt{5}}{2}a,$$
$$BG = \frac{\sqrt{2}+\sqrt{10}}{2}a,$$
$$S_{\triangle ABG} = \frac{1}{2} \cdot a \cdot \frac{1+\sqrt{5}}{2}a \frac{\sqrt{3}}{2} = \frac{\sqrt{3}+\sqrt{15}}{8}a^2,$$
$$\sin \angle ABC = \frac{\frac{1+\sqrt{5}}{2}a}{\frac{\sqrt{2}+\sqrt{10}}{2}a} \cdot \frac{\sqrt{3}}{2} = \frac{\sqrt{6}}{4},$$

所以

$$\sin \angle ADB = \frac{\sqrt{3}}{2} \times \frac{\sqrt{10}}{4} + \frac{1}{2} \times \frac{\sqrt{6}}{4} = \frac{\sqrt{6}+\sqrt{30}}{8},$$

由正弦定理得
$$BD = \frac{\sin \angle BAD}{\sin \angle ADB} \cdot AB = \frac{\frac{\sqrt{3}}{2}}{\frac{\sqrt{6}+\sqrt{30}}{8}} a = \frac{\sqrt{10}-\sqrt{2}}{2} a,$$
所以
$$CD = BG - 2BD = \frac{3\sqrt{2}-\sqrt{10}}{2} a,$$
因此
$$S_{\triangle ACD} = \frac{CD}{BG} S_{\triangle ABG} = \frac{3\sqrt{3}-\sqrt{15}}{8} a^2, \ S_{\triangle ABD} = \frac{BD}{BG} S_{\triangle ABG} = \frac{\sqrt{15}-\sqrt{3}}{8} a^2,$$
因为
$$S_{\triangle AEF} = S_{\triangle BDE},$$
所以
$$S_{\triangle AEF} = S_{\triangle ABE} - S_{\triangle ABD} = \frac{3\sqrt{3}-\sqrt{15}}{8} a^2,$$
因为
$$a = \frac{2}{\sqrt{2}+\sqrt{10}},$$
所以
$$S_{\text{五边形 } ACDEF} = S_{\triangle ACD} + S_{\triangle AEF} = \frac{3\sqrt{3}-\sqrt{15}}{4} a^2 = \frac{7\sqrt{3}-3\sqrt{15}}{8},$$
所以五联正四面体的表面积是
$$S = 20 \times 3 S_{\text{五边形 } ACDEF} = \frac{105\sqrt{3}-45\sqrt{15}}{2},$$
因为正四面体内切球的半径是
$$r = \frac{\sqrt{6}}{12},$$
所以五联正四面体的体积是
$$V = \frac{1}{3} Sr = \frac{35\sqrt{2}-15\sqrt{10}}{8}.$$

设十联正四面体的每个正四面体棱长是 1. 如图 5.10.9,取五联正四面体的其中一个面及与这个面共面的这个多面体的顶点,这些顶点构成一个六边形的顶点,这个六边形的内角都相等,相邻的长边与短边的长度比是 $(1+\sqrt{5}):2$,灰色部分就是十联这个正四面体中所选的面在这个多面体和另一个也在该面的面的表面的部分,这两个正三角形有一部分表面是重叠的. 设 $AF = a$,由五联正四面体的计算过程得
$$AB = \frac{1+\sqrt{5}}{2} a, \ AC = \frac{\sqrt{2}+\sqrt{10}}{2} a, \ \sin \angle AFB = \frac{\sqrt{6}}{4},$$

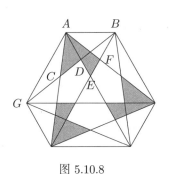
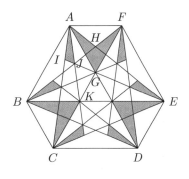

图 5.10.8　　　　　　　　　　　图 5.10.9

所以
$$S_{\text{四边形 } FHAG} = \frac{1}{2}a^2\sin 60° - \frac{1}{4}a^2\tan\angle AFB = \frac{3\sqrt{3}-\sqrt{15}}{20}a^2 = \frac{3\sqrt{3}-2\sqrt{15}}{20},$$

因为
$$EG = \sqrt{GK^2 + EK^2 - 2\cdot GK\cdot EK\cdot\cos 60°} = \sqrt{2}a,$$

所以
$$\cos\angle IAJ = \cos\angle AEG = \frac{AE^2+EG^2-AG^2}{2\cdot AE\cdot AG} = \frac{3\sqrt{5}+1}{8},$$

由此可得
$$\cot\angle IAJ = \frac{4\sqrt{3}+\sqrt{15}}{3},\quad \cot\angle AIJ = \cot(120°-\angle IAJ) = -\frac{\sqrt{15}}{15},$$

并得
$$S_{\triangle AIJ} = \frac{1}{2}\cdot\frac{AI^2}{\cot\angle IAJ+\cot\angle AIJ} = \frac{3\sqrt{3}-\sqrt{15}}{80}a^2 = \frac{3\sqrt{3}-2\sqrt{15}}{80},$$

所以十联正四面体的表面积是
$$S = 20(3S_{\text{四边形 } FHAG} + 6S_{\triangle AIJ}) = \frac{45\sqrt{3}-18\sqrt{15}}{2},$$

因为正四面体内切球的半径是
$$r = \frac{\sqrt{6}}{12},$$

所以十联正四面体的体积是
$$V = \frac{1}{3}Sr = \frac{15\sqrt{2}-6\sqrt{10}}{8}.$$

设五联正方体的每个正方体棱长是 1. 正方形边的两个分点是正方形边的黄金分割点. 如图 5.10.10，灰色部分是五联正方体其中一个面被五联正方体分割的表面部分. $\triangle EFG$ 边 EF 上的高是
$$\frac{\sqrt{5}-2}{\sqrt{5}-2+1}\times 1 = \frac{3-\sqrt{5}}{4},$$

所以 $\triangle EFG$ 的面积是

$$S_1 = \frac{1}{2} \times (\sqrt{5} - 2) \times \frac{3 - \sqrt{5}}{4} = \frac{5\sqrt{5} - 11}{8}.$$

$\triangle HIJ$ 边 HI 上的高是 $\triangle EFG$ 边 EF 上的高的 $\frac{3 - \sqrt{5}}{2}$,所以 $\triangle HIJ$ 的面积是

$$S_2 = \frac{3 - \sqrt{5}}{2} S_1 = \frac{13\sqrt{5} - 29}{8}.$$

$\triangle FBK$ 边 FB 上的高是

$$\frac{FB}{\cot \angle FBK + \cot \angle BFK} = \frac{\frac{3 - \sqrt{5}}{2}}{\frac{1}{\frac{3 - \sqrt{5}}{2}} + \frac{\frac{3 - \sqrt{5}}{2}}{1 - \frac{3 - \sqrt{5}}{2}}} = \frac{\sqrt{5} - 2}{2},$$

所以 $\triangle FBK$ 的面积是

$$S_3 = \frac{1}{2} \times \frac{3 - \sqrt{5}}{2} \times \frac{\sqrt{5} - 2}{2} = \frac{5\sqrt{5} - 11}{8}.$$

类似 $\triangle FBK$ 边 FB 上的高的求法,得 $\triangle BHL$ 边 BH 上的高是

$$\frac{3 - \sqrt{5}}{4},$$

所以 $\triangle FBK$ 的面积是

$$S_4 = \frac{1}{2} \times \frac{3 - \sqrt{5}}{2} \times \frac{3 - \sqrt{5}}{4} = \frac{7 - 3\sqrt{5}}{8}.$$

由此得五联正方体的表面积是

$$S = 5 \times 6(2S_1 + 2S_2 + 4S_3 + 4S_4) = 165\sqrt{5} - 360,$$

因为正方体内切球的半径是

$$r = \frac{1}{2},$$

所以五联正方体的体积是

$$V = \frac{1}{3} Sr = \frac{55\sqrt{5} - 120}{2}.$$

设五联正八面体的每个正四面体棱长是 1. 如图 5.10.11,取五联正四面体的其中一个面及与这个面共面的这个多面体的顶点,这些顶点构成一个六边形的顶点,这个六边形的内角都相等,相邻的长边与短边的长度比是 $(1 + \sqrt{5}) : 2$,灰色部分就是十联正四面体中所

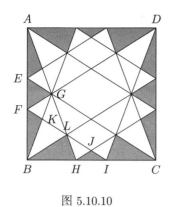

图 5.10.10

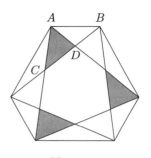

图 5.10.11

选的面在这个多面体表面的部分. 设 $AB = a$, 由五联正四面体、十联正四面体的计算过程得

$$AC = \frac{\sqrt{10} - \sqrt{2}}{2} a,$$

类似十联正四面体中计算 PC 的方法, 得

$$AD = \frac{\sqrt{10}}{5} a,$$

所以

$$S_{\triangle ACD} = \frac{1}{2} \cdot AC \cdot AD \cdot \sin 60° = \frac{5\sqrt{3} - \sqrt{15}}{20} a^2,$$

因为

$$a = \frac{2}{\sqrt{2} + \sqrt{10}},$$

所以五联正八面体的表面积是

$$S = 40 \times 3 S_{\triangle ACD} = 30\sqrt{3} - 12\sqrt{15},$$

因为正八面体内切球的半径是

$$r = \frac{\sqrt{6}}{6},$$

所以五联正八面体的体积是

$$V = \frac{1}{3} S r = 5\sqrt{2} - 2\sqrt{10}.$$

本节以下都省略了提到的几何量计算, 读者可自行完成计算过程.

定义 5.10.5. 按正多角星反柱的构造方法, 上、下底是正六边形过其中心的三条对角线, 每条对角线与不同底面互相垂直的一条对角线共四点构成正四面体的顶点, 这三个正四面体称为三联正四面体.

类似定义 5.10.5 的定义方法可以构造出一类 n 联正四面体.

图 5.10.12 是三联正四面体的直观图. 设正四面体的棱长是 1, 如图 5.10.13, 灰色的部分是三联正四面体的表面部分, 其中
$$AD = AH = BE = CG = \frac{\sqrt{3}-1}{2},\ DE = GH = 2 - \sqrt{3},$$
F 是 BC 的中点, 则三联正四面体的表面积是
$$S = 33\sqrt{3} - 54,$$
体积是
$$V = \frac{11\sqrt{2} - 6\sqrt{6}}{4}.$$

图 5.10.13、图 5.10.14 别是这类 n 联正四面体正三角形面被复合多面体分割的情况 (图以 $n = 5$ 为例), $n = 2$ 时就是双正四面体, $n = 3$ 时就是三联正四面体. 左侧边共 $n-1$ 个分点, 从下到上第 i 个分点分左侧边下侧和上侧线段长度比是
$$\frac{\sin i\theta}{\sin(n-i)\theta},$$

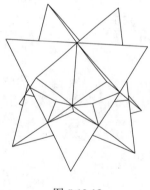

图 5.10.12

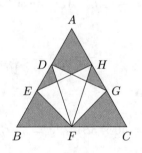

图 5.10.13

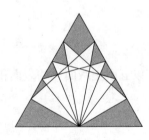

图 5.10.14

右侧边的分点分割位置与左侧边分割的比例相同. 左侧边每个分点都有两条分割线相连, 从下到上第 i 个分点下侧的分割线另一端点是底边的中点, 上侧分割线另一端点是右侧边从上侧顶点向下数起第 i 个分点, 从下到上第一个分点的下侧分割线与底边形成一个三角形表面, 从下到上第 i 个分点的上侧分割线与第 $i+1$ 个分点的下侧分割线形成一个三角形表面; 右侧边的分割面分布情况与左侧边分割面分布情况类似; 左、右侧边最上侧分点的两个上侧分割线形成一个三角形或四边形表面 (只有 $n = 2$ 时才会形成三角形表面); 以上这些表面形成正三角形面的所有表面. 令
$$\theta = \frac{45°}{n},$$

左侧边从下到上第一个分点的下侧分割线与底边形成的三角形表面面积是

$$S_1 = \frac{\sqrt{6}\sin 2\theta}{16\sin(n+2)\theta},$$

下到上第 i 个分点的上侧分割线与第 $i+1$ 个分点的下侧分割线形成的三角形表面面积是

$$S_{i+1} = \frac{\sqrt{6}(\cos 2\theta + \sin 2\theta)}{3\sin 2i\theta \sin(n+2i+2)\theta},$$

左侧边最上侧分点与底边中线形成的三角形面积是左、右侧边最上侧分点的两个上侧分割线形成一个三角形或四边形表面面积的一半，因此左、右侧边最上侧分点的两个上侧分割线形成一个三角形或四边形表面面积可用在上一面积公式中取 $i = n-1$，得到的面积再乘以 2 便是左、右侧边最上侧分点的两个上侧分割线形成一个三角形或四边形表面的面积. 其中正三角形表面部分面积是

$$S_3' = 2\sum_{i=1}^{n} S_i,$$

S_3' 无简单的计算公式.

n 联正四面体的表面积是

$$S = 2nS_3',$$

n 联正四面体的体积是

$$V = \frac{1}{3}S \cdot \frac{\sqrt{6}}{12} = \frac{\sqrt{6}}{18}nS_3'.$$

定义 5.10.6. 正方体 C_1 绕过两对面中心的对称轴 l 逆时针旋转 45° 得到正方体 C_1'、C_1' 绕过 C_1 两对面中心且垂直于 l 的对称轴逆时针旋转 45° 得到正方体 C_2，正方体 C_2 绕 l 逆时针旋转 90° 得到正方体 C_3，正方体 C_1、C_2、C_3 所构成的复合多面体称为三联正方体.

图 5.10.15 是三联正方体的直观图. 设正方体的棱长是 1，如图 5.10.16，灰色的部分是三联正方体中 6 个正方形的表面部分，其中

$$AE = AL = BF = BG = CH = CI = DJ = DK = \frac{2-\sqrt{2}}{2},$$
$$EF = GH = IJ = KL = \sqrt{2} - 1;$$

如图 5.10.17，灰色的部分是三联正方体中 12 个正方形的表面部分，其中

$$AE = BF = CI = DJ = \frac{2-\sqrt{2}}{2}, \ EF = IJ = \sqrt{2} - 1;$$

K、L 分别是 BC、DA 的中点，则三联正方体的表面积是

$$S = 72 - 45\sqrt{2},$$

体积是

$$V = 12\sqrt{2} - 15.$$

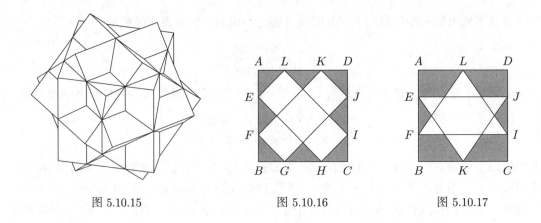

图 5.10.15　　　　　　图 5.10.16　　　　　　图 5.10.17

定义 5.10.7. 三联正方体的对偶多面体称为三联正八面体.

图 5.10.18 是三联正八面体的直观图. 设正八面体的棱长是 1, 如图 5.10.19, 灰色的部分是三联正八面体的表面部分, 其中

$$AD = AE = 2 - \sqrt{2},\ BD = CE = \sqrt{2} - 1,\ BH = CI = \frac{\sqrt{2}}{4},$$

F、G 分别是 AD、AE 靠近点 A 的三等分点, 则三联正八面体的表面积是

$$S = 24\sqrt{2} - 30,$$

体积是

$$V = \frac{8\sqrt{3} - 5\sqrt{6}}{3}.$$

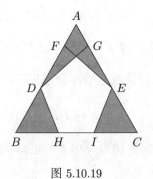

图 5.10.18　　　　　　　　图 5.10.19

定义 5.10.8. 分别绕正四面体 T 的中心与各面的中心连线逆时针旋转 $60°$, 得到正四面体 T_1、T_2、T_3、T_4, 正四面体 T_1、T_2、T_3、T_4 所构成的复合多面体称为四联正四面体.

图 5.10.20 是四联正四面体的直观图. 设正四面体的棱长是 1, 如图 5.10.21, 灰色的部分是四联正四面体中 12 个正三角形的表面部分, 其中

$$AD = AI = \frac{3}{11}, \quad AE = AH = \frac{3}{5}, \quad BE = CH = \frac{2}{5},$$

F、G 是 BC 的三等分点, L、M 是 FG 的三等分点; 如图 5.10.22, 灰色的部分是四联正四面体中 4 个正三角形的表面部分, 其中 D、E 是 AB 的三等分点, F、G 是 BC 的三等分点, H、I 是 CA 的三等分点, J、K 是 DE 的三等分点, L、M 是 FG 的三等分点, N、O 是 HI 的三等分点, 则四联正四面体的表面积是

$$S = \frac{1291}{630}\sqrt{3},$$

体积是

$$V = \frac{1291}{2520}\sqrt{2}.$$

图 5.10.20

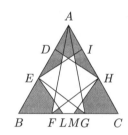

图 5.10.21

图 5.10.22

定义 5.10.9. 一个正方体 C 绕其中一条对角线逆时针旋转 $60°$ 形成正方体 C_1, 正方体 C_1 绕 C 的一条过两对面中心的对称轴分别逆时针旋转 $90°$、$-90°$、$180°$ 得正方体 C_2、C_3、C_4, 正方体 C_1、C_2、C_3、C_4 所构成的复合多面体称为四联正方体, 或 Bakos 复合多面体.

图 5.10.23 是四联正方体的直观图, 它的所有顶点构成图 5.10.24 的凸多面体. 图 5.10.24 由 6 个正方形和 12 个对边平行的六边形构成, 其所有顶点在其中一个正方形面的射影构成图 5.10.25 所示的最外侧八边形的顶点以及虚线与八边形边的交点, 设图 5.10.25 中间的小正方形边长是 a, 与其相连的 4 个长方形的另一长度不同的边是 b, 则 $b = 2a$.

设正方体的棱长是 1, 如图 5.10.26, 灰色的部分是四联正方体的表面部分, 其中点 E、F 分别是 AB、BC 的中点,

$$AG = CH = \frac{1}{4}, \quad DI = DJ = \frac{3}{7}, \quad GJ = HI = GL = HL.$$

图 5.10.23

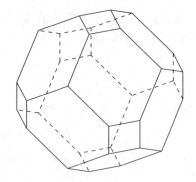

图 5.10.24

经过计算，四联正方体的表面积是

$$S = \frac{687}{77},$$

体积是

$$V = \frac{229}{154}.$$

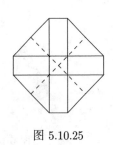

图 5.10.25

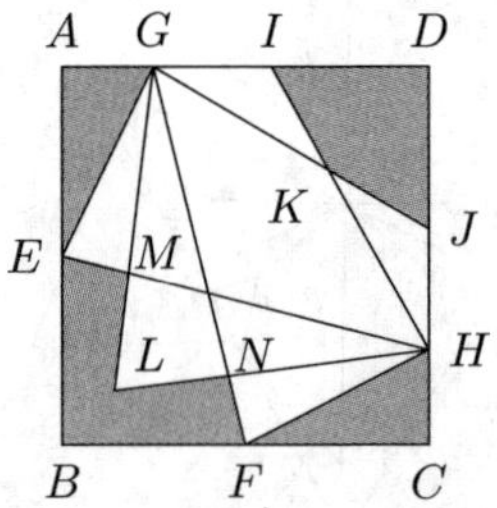

图 5.10.26

定义 5.10.10. 四联正方体的对偶多面体称为四联正八面体.

图 5.10.27 是四联正八面体的直观图，它的所有顶点构成图 5.10.28 的凸多面体. 图 5.10.28 由 8 个正三角形和 6 内角都是 $135°$ 的八边形构成，如图 5.10.29，八边形较短的边的顶点连成两组平行线，两组平行线与每条线相交于两点，这两点是这条线段的三等分点.

设正八面体的棱长是 1，如图 5.10.30，灰色的部分是四联正八面体其中 8 个面的表面部分，其中点 D、E 是 AB 的三等分点，点 F、G 是 BC 的三等分点，点 H、I 是 CA 的三等分点，点 J、K、L 分别是 EF、GH、ID 的中点；如图 5.10.31，灰色的部分是四联正八面体剩下 24 个面的表面部分，其中 D、E 是 BC 的三等分点，

$$BF = CG = AI = AJ = \frac{1}{5},$$

H、K、L 分别是 FG、AB、AC 的中点.

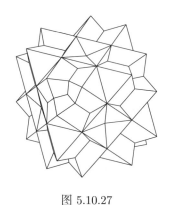
图 5.10.27

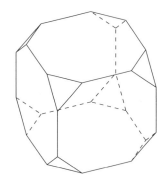
图 5.10.28

经过计算，四联正八面体的表面积是
$$S = \frac{494\sqrt{3}}{175},$$
体积是
$$V = \frac{247\sqrt{6}}{1575}.$$

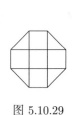
图 5.10.29

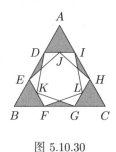
图 5.10.30

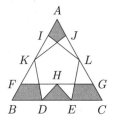
图 5.10.31

定义 5.10.11. 正十二面体 D_1 绕其一棱中点与其中心连线的直线逆时针旋转 $90°$ 形成正十二面体 D_2，D_1、D_2 所构成的复合多面体称为二联正十二面体.

图 5.10.32 是二联正十二面体的直观图. 设正二十面体的棱长是 1，如图 5.10.33，灰色的部分是二联正十二面体的表面部分，其中点 F 是 CD 的中点，则二联正十二面体的表面积是
$$S = 6\sqrt{10 + 2\sqrt{5}},$$
体积是
$$V = \frac{\sqrt{875 + 385\sqrt{5}}}{5}.$$

定义 5.10.12. 正二十面体 I_1 绕一面中心与其中心连线的直线旋转后形成正二十面体 I_2，使这个面的三个顶点与旋转后的三个顶点共六个顶点构成内角都是 $120°$，长边与短边长度比是 $(1+\sqrt{5}):2$ 的凸六边形，I_1、I_2 所构成的复合多面体称为二联正二十面体.

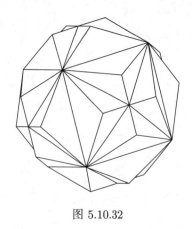
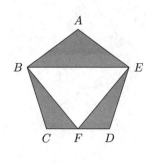

图 5.10.32　　　　　　　　　　　　　图 5.10.33

图 5.10.34 是二联正二十面体的直观图. 设正二十面体的棱长是 1，如图 5.10.35，灰色的部分是二联正二十面体中 16 个正三角形其中两个有一部分重叠的一对正三角形的表面部分，其中 $AA' = BB' = CC' = a$，$A'B = B'C = C'A = b$，$a : b = 2 : (1 + \sqrt{5})$，$\angle C'AA' = \angle AA'B = \angle A'BB' = \angle BB'C = \angle B'CC' = \angle CC'A = 120°$；如图 5.10.36，灰色的部分是二联正二十面体中 24 个正三角形的表面部分，其中 $AD : DE : BE = AH : HG : GC$，$AD : DE : BE$ 的比值与图 5.10.35 中 $AD : DE : BE$ 的比值相等，点 F 是 BC 的中点. 设 $\angle A'AD = \angle AA'D = \angle B'BF = \angle BB'F = \angle C'CH = \angle CC'H = \alpha$，$I_1$ 旋转 θ 后变为 I_2，因为正二十面体相邻面夹角的余弦值是 $-\dfrac{\sqrt{5}}{3}$，由三面角第一余弦定理得

$$\sin 60° \cdot \sin \alpha \cdot \dfrac{\sqrt{5}}{3} + \cos 60° \cdot \cos \alpha = \cos \alpha,$$

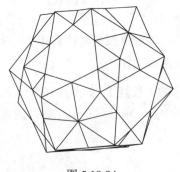
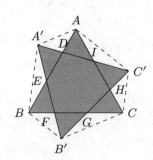
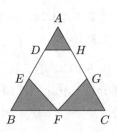

图 5.10.34　　　　　　图 5.10.35　　　　　　图 5.10.36

解这个方程得

$$\sin \alpha = \dfrac{\sqrt{6}}{4}, \quad \cos \alpha = \dfrac{\sqrt{10}}{4},$$

所以

$$\cos \theta = \cos(120° - 2\alpha) = \dfrac{3\sqrt{5} - 1}{8}.$$

二联正二十面体的表面积是
$$S = \frac{94\sqrt{3} - 30\sqrt{15}}{5},$$
体积是
$$V = \frac{33 + \sqrt{5}}{15}.$$

由正多面体构成的复合多面体还有很多种构造，均匀多面体的均匀复合达有 75 种（可参考光盘里"3D 模型"目录下的 PDF 文档"均匀多面体的均匀复合多面体及其对偶复合多面体.pdf"），这里就不一一介绍了，有兴趣的读者可自己查找相关资料.

5.11 多面体星状化

多面体星状化是在原多面体的基础上扩展特定元素，如棱或面，直到它们相交，形成一个新的封闭图形的方法. 我们可以使用下面的方法得到星状化多面体：若干个原多面体的面所在平面的交点中选取一些点作为新多面体的顶点，以原多面体的棱所在直线的线段作为新多面体的棱，这样就可以构造出星状化多面体. 对于某个面，画出该面所在平面与其他面所在平面的相交线，那么星状化多面体在该面所在平面内的棱这些相交线中，星状化多面体在该面所在平面内的顶点就在这些相交线的交点中. 例如 Kepler-Poinsot 多面体就是用正十二面体和正二十面体星状化得到的.

从凹均匀多面体的构造方法可看到，均匀多面体都可以利用凸多面体通过星状化构造出来；正多面体的复合多面体也可以用凸多面体通过星状化构造出来. 多面体的星状化方法很多，下面介绍一种有名的星状化规则.

Miller 规则是满足以下条件的规则多面体星状化方法：

1. 所有面位于原多面体的面的所在平面内；
2. 原多面体全等的面在新多面体中的面的构成部分都相同；
3. 新构造出的多面体必须保持原有多面体的旋转对称性，但是否具有无反射对称性都可以；
4. 新构造出的多面体的面的每部分都不在多面体的内部；
5. 不能出现新的多面体分割成两部分，这两部分都与新多面体整体的旋转对称性相同.

下面把用 Miller 规则到正多面体上.

对于正四面体，因为任意两面都相邻，所以不存在星状化的多面体. 对于正方体，因为任意两个不相邻的面都平行，所以不存在星状化多面体.

正八面体能构造出一个星状化多面体，正八面体每个面是图 5.11.1 最中间的正三角形，把面扩展成灰色部分，形成双正四面体的表面部分（图 5.11.2）.

正十二面体能构造出三个星状化多面体，正十二面体每个面是图 5.11.3、图 5.11.4、图 5.11.5 最中间的正五边角形. 把面扩展成图 5.11.3 的灰色部分，形成小星状正十二面体的表面部分（图 5.11.6）；把面扩展成图 5.11.4 的灰色部分，形成大正十二面体的表面部分（图 5.11.7）；把面扩展成图 5.11.5 的灰色部分，形成大星状正十二面体的表面部分（图 5.11.8）.

5.11 多面体星状化

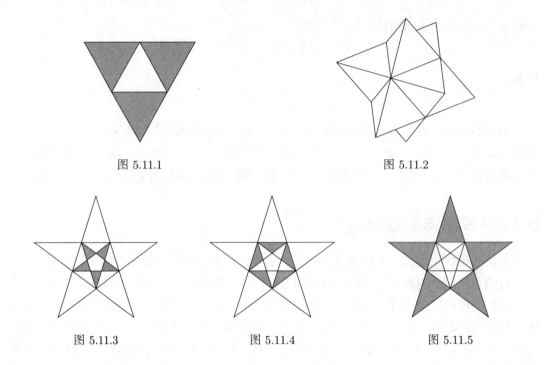

图 5.11.1　　　　　　　　　　　　　　图 5.11.2

图 5.11.3　　　　　图 5.11.4　　　　　图 5.11.5

正二十面体的星状化构成比较复杂,能构造出五十八个星状化多面体. 图 5.11.10 是图 5.11.9 中 $\triangle ABC$ 放大的图, 图 5.11.10 中标有 "0" 的正三角形是正二十面体的面, $\triangle ABC$ 每边分割成三条线段, 两段较长的线段相等, 设长度是 a, 中间一段最短, 设长度是 b, 则 $a:b = (1+\sqrt{5}):2$. 表 5.11.1 中正体数字表示包含图 5.11.9、图 5.11.10 对应数字正体的部分, 斜体数字表示包含所有图 5.11.9、图 5.11.10 对应数字斜体的部分, 粗体数字表示包含图 5.11.9、图 5.11.10 所有对应数字(正体、斜体都包括)的部分. 带撇号(′)的那些部分表示星状化后的那部分是原多面体朝向内部的一侧. 包括正二十面体在内, 正二十面体的星状化多面体共有 59 种. 在这 59 种星状化多面体 32 种具有完整的二十面体对称性, 27 种是对掌性的. 从原始多面体中心发出的所有指向外部的射线都只会穿过星状多面体表面一次, 我们称这种星状多面体是完全支撑的. 非完全支撑的多面体可能其内部存在空洞,

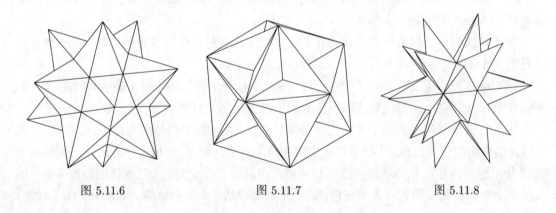

图 5.11.6　　　　　　　图 5.11.7　　　　　　　图 5.11.8

或者可完整分离成若干个独立的多面体. 正八面体、正十二面体的星状化多面体都是完全支撑的；正二十面体的星状化多面体有 18 类完全支撑的星状化多面体，其中其中 16 个是镜面对称的，2 个是对掌性的.

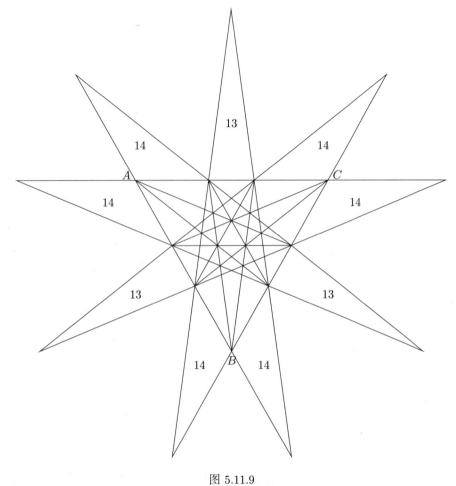

图 5.11.9

表 5.11.1 正二十面体星状化的面结构

类型序号	面构成
一	1
二	2
三	3 4
四	5 6 7
五	8 9 10
六	11 12
七	13 14
八	3′ 5

表 5.11.1 （续）

类型序号	面构成
九	5' 6' 9 10
十	10' 12
十一	3' 6' 9 10
十二	3' 6' 9 12
十三	5' 6' 9 12
十四	4' 6 7
十五	7' 8
十六	8' 9' 11
十七	4' 6 8
十八	4' 6 9' 11
十九	7' 9' 11
二十	4 5
二十一	7 9 10
二十二	8 9 12
二十三	4 6' 9 10
二十四	4 6' 9 12
二十五	7 9 12
二十六	3 6 7
二十七	5 6 8
二十八	10 11
二十九	3 6 8
三十	3 6 9' 11
三十一	5 6 9' 11
三十二	*5' 6' 9 10* 或 5' 6' 9 10
三十三	*3' 5 6' 9 10* 或 3' 5 6' 9 10
三十四	*4 5 6' 9 10* 或 4 5 6' 9 10
三十五	*5' 6' 9 10' 12* 或 5' 6' 9 10' 12
三十六	*3' 5 6' 9 10' 12* 或 3' 5 6' 9 10' 12
三十七	*4 5 6' 9' 10' 12* 或 4 5 6' 9' 10' 12
三十八	*5' 6' 8' 9' 10 11* 或 5' 6' 8' 9' 10 11
三十九	*3' 5 6' 8' 9' 10 11* 或 3' 5 6' 8' 9' 10 11
四十	*4 5 6' 8' 9' 10 11* 或 4 5 6' 8' 9' 10 11
四十一	*5' 6' 7' 9' 10 11* 或 5' 6' 7' 9' 10 11
四十二	*3' 5 6' 7' 9' 10 11* 或 3' 5 6' 7' 9' 10 11
四十三	*4 5 6' 7' 9' 10 11* 或 4 5 6' 7' 9' 10 11
四十四	*4' 5' 6 7 9 10* 或 4' 5' 6 7 9 10
四十五	*3 5' 6 7 9 10* 或 3 5' 6 7 9 10
四十六	*5 6 7 9 10* 或 5 6 7 9 10

表 5.11.1　（续）

类型序号	面构成
四十七	4′ 5′ 6 7 9 10′ **12** 或 4′ 5′ 6 7 9 10′ **12**
四十八	**3** 5′ 6 7 9 10′ **12** 或 **3** 5′ 6 7 9 10′ **12**
四十九	5 6 7 9 10′ **12** 或 5 6 7 9 10′ **12**
五十	4′ 5′ 6 8 9 10 或 4′ 5′ 6 8 9 10
五十一	**3** 5′ 6 8 9 10 或 **3** 5′ 6 8 9 10
五十二	5 6 8 9 10 或 5 6 8 9 10
五十三	4′ 5′ 6 8 9 10′ **12** 或 4′ 5′ 6 8 9 10′ **12**
五十四	**3** 5′ 6 8 9 10′ **12** 或 **3** 5′ 6 8 9 10′ **12**
五十五	5 6 8 9 10′ **12** 或 5 6 8 9 10′ **12**
五十六	4′ 5′ 6 9′ 10′ **12** 或 4′ 5′ 6 9′ 10′ **12**
五十七	**3** 5′ 6 9′ 10′ **12** 或 **3** 5′ 6 9′ 10′ **12**
五十八	5 6 9′ 10′ **12** 或 5 6 9′ 10′ **12**

举些例子，第一类星状化（面的构成如图 5.11.11）构造出小三角十二面体的表面部分（图 5.11.19）；第二类星状化（面的构成如图 5.11.12）构造出五联正八面体的表面部分（图 5.11.20）；第六类星状化（面的构成如图 5.11.13）构造出大正二十面体的表面部分（图 5.11.21）；第七类星状化（面的构成如图 5.11.14）构造出的多面体称为针鼹多面体（图 5.11.22），因其外形像针鼹而得名；第二十一类星状化（面的构成如图 5.11.15）构造出十联正四面体的表面部分（图 5.11.23）；第二十五类星状化（面的构成如图 5.11.16）构造出的多面体称为挖面正十二面体（图 5.11.24），它等效于把正十二面体每个面向内挖一个侧面都是正三角形的正五棱锥后的多面体；第二十九类星状化（面的构成如图 5.11.17）构造出内三角二十面体或大三角二十面体的表面部分（图 5.11.25）；第四十六类星状化（面的构成如图 5.11.18）构造出五联正四面体的表面部分（图 5.11.26）.

上面所举的例子中的多面体与之前讨论过的多面体有一些区别，虽然从外观上看是一样的，但根据 Miller 规则，这些多面体的面不包含在多面体内部的部分，所以要看内部结构才能看出区别.

上面些星状画后的多面体几何量的计算可参考多面体星状化的方法进行计算. 例如设针鼹多面体最小棱长是 1，则由小到大的棱长分别是

$$\phi = \frac{1+\sqrt{5}}{2},$$

$$\phi^2 = \frac{3+\sqrt{5}}{2},$$

$$\phi^2\sqrt{2} = \frac{3\sqrt{2}+\sqrt{10}}{2},$$

其中 ϕ 是黄金分割比，其全面积是

$$S = \frac{13211+\sqrt{174306161}}{20},$$

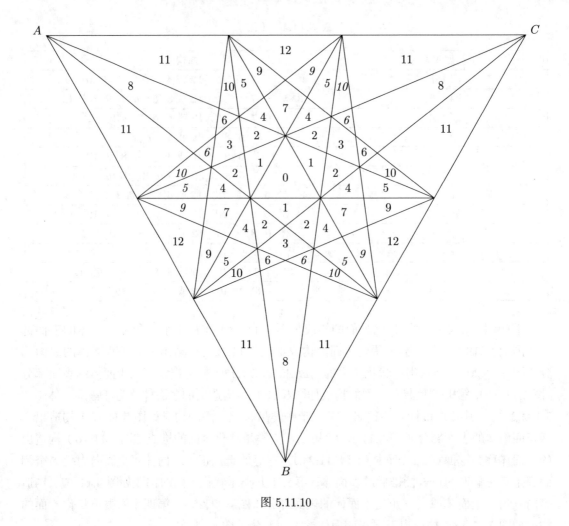

图 5.11.10

体积是
$$V = 210 + 90\sqrt{5}.$$

设挖面正十二面体的棱长是 1，则其全面积
$$S = 15\sqrt{3},$$

体积是
$$\frac{5+5\sqrt{5}}{4}.$$

菱形十二面体的星状化共 4 种，其表面分割图如图 5.11.27 至图 5.11.30，其中正中央的菱形是菱形十二面体的面的菱形有两条直线与正中央菱形的短对角线平行，其余两组直线分别与正中央菱形的边平行且与最近的直线的距离等于原菱形平行边的距离，浅灰色部分是与原菱形十二面体面同向的部分，深灰色部分是与原菱形十二面体面反向的部分. 图 5.11.27 至图 5.11.30 分别构造出星状化多面体图 5.11.31 至图 5.11.34，其中图 5.11.31

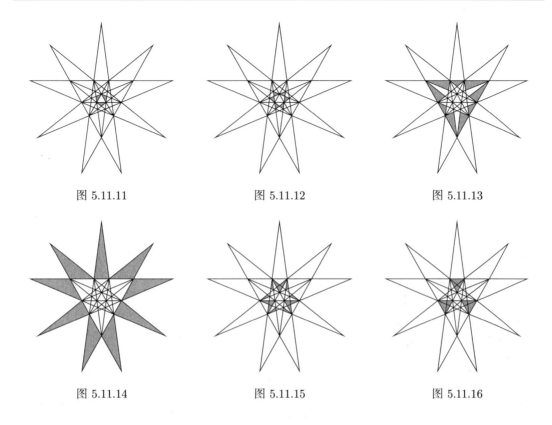

图 5.11.11　　　　　　图 5.11.12　　　　　　图 5.11.13

图 5.11.14　　　　　　图 5.11.15　　　　　　图 5.11.16

至图 5.11.33 的多面体是完全支撑的, 图 5.11.34 的多面体可看作图 5.11.33 的多面体切去图 5.11.32 的多面体构成. 图 5.11.31 的多面体称为 Escher 多面体, 若其棱长是 1, 则其各面到中心的距离是 $\frac{3}{4}$, 表面积是 $16\sqrt{2}$, 体积是 $4\sqrt{2}$.

下面举些菱形三十面体星状化的例子. 由表面 **4a　4b　4c　4d** 分割 (图 5.11.43) 构成五联正方体的表面 (图 5.11.47); 由表面 **2a　3a　4a　5a** 分割 (图 5.11.44) 构成内菱形三十面体的表面 (图 5.11.48); 由表面 **6a　6d　7e　7f　8f　9g** 分割 (图 5.11.45) 构成大菱形三十面体的表面 (图 5.11.49); 由表面 **4d　5d　6d　7e　7f　8f　9g** 分割 (图 5.11.46) 构成菱形六十面体的表面 (图 5.11.50), 若其棱长是 1, 则其各面到中心的距离是

图 5.11.17　　　　　　　　　　　图 5.11.18

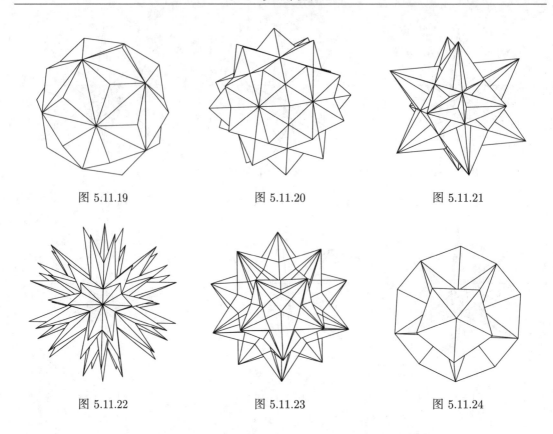

图 5.11.19　　　　　图 5.11.20　　　　　图 5.11.21

图 5.11.22　　　　　图 5.11.23　　　　　图 5.11.24

$\frac{\sqrt{50+10\sqrt{5}}}{10}$，表面积是 $24\sqrt{5}$，体积是 $4\sqrt{10+2\sqrt{5}}$.

　　菱形三十面体的星状化比正二十面体的星状化要复杂得多. 图 5.11.35 是菱形三十面体的星状化的表面分割图；图 5.11.36 是图 5.11.35 正中央的放大图，最内部标记 0 的菱形是菱形三十面体的面，最外部的正方形的边被分割成三段线段，这三段线段长的两段长度相等，长的长度与短的长度之比是黄金分割比，即 $\frac{1+\sqrt{5}}{2}$；图 5.11.37 是图 5.11.35 中上部左侧的放大图；图 5.11.38 是图 5.11.35 中上部右侧的放大图；图 5.11.39 是图 5.11.35 中下部左侧的放大图；图 5.11.40 是图 5.11.35 中下部右侧的放大图；图 5.11.41 是图 5.11.35 正左中部的放大图；图 5.11.42 是图 5.11.35 右中部的放大图. 菱形三十面体的星状化表面构成的表示法中，正体的表示包含图 5.11.35 至图 5.11.42 对应正体的部分，斜体的表示包含图 5.11.35 至图 5.11.42 对应斜体的部分，粗体的表示包含图 5.11.35 至图 5.11.42 对应的所有部分（正体、斜体都包括）. 带撇号（′）的那些部分表示星状化后的那部分是原多面体朝向内部的一侧. 菱形三十面体的星状化多面体多达 358833098 种，其中 84959 种是自对称的，358748139 种是手性的，227 种是完全支撑的.

　　通过对多面体星状化还可以构造出大量很漂亮的星状化多面体，单正二十面体和菱形三十面体的星状化多面体的数量就非常惊人，这里就不一一列举了，有兴趣的可以自行查找相关资料.

第五章 规则多面体

图 5.11.25

图 5.11.26

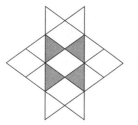

图 5.11.27

图 5.11.28

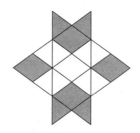

图 5.11.29

图 5.11.30

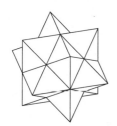

图 5.11.31

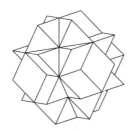

图 5.11.32

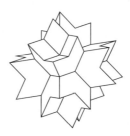

图 5.11.33

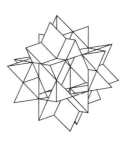

图 5.11.34

5.11 多面体星状化

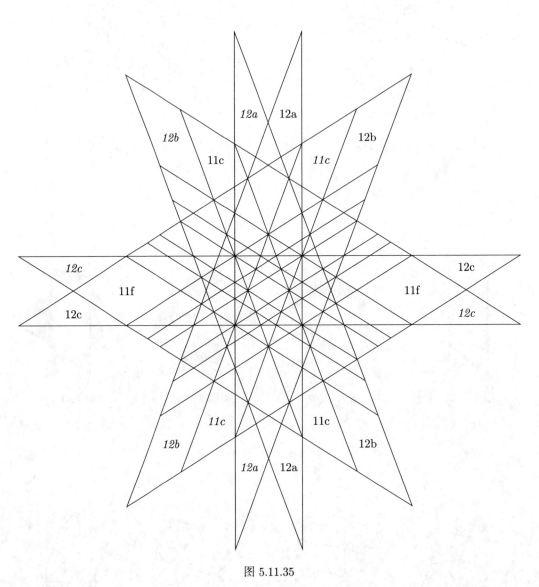

图 5.11.35

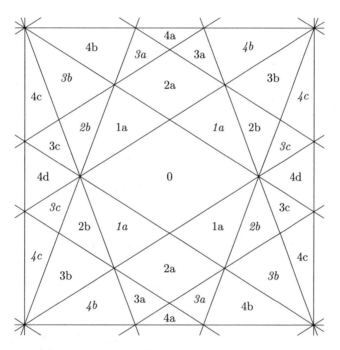

图 5.11.36

5.11 多面体星状化

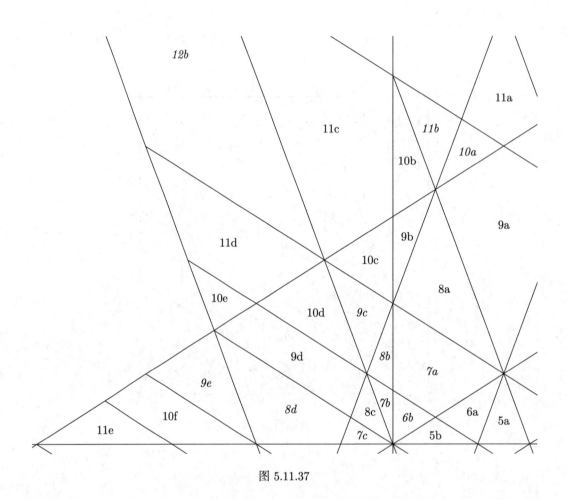

图 5.11.37

第五章 规则多面体

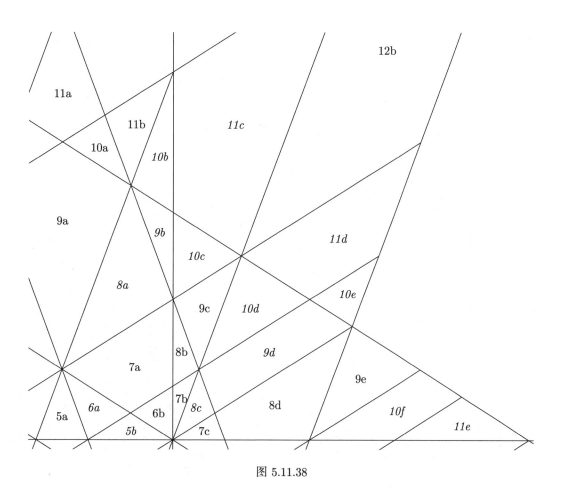

图 5.11.38

5.11 多面体星状化

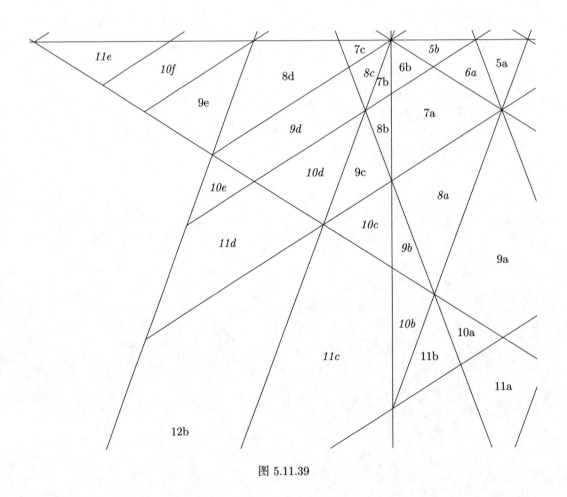

图 5.11.39

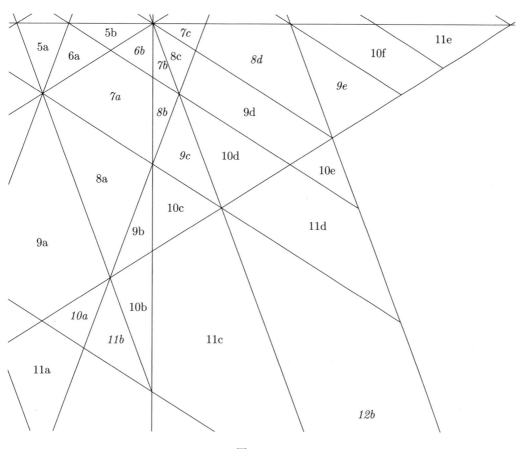

图 5.11.40

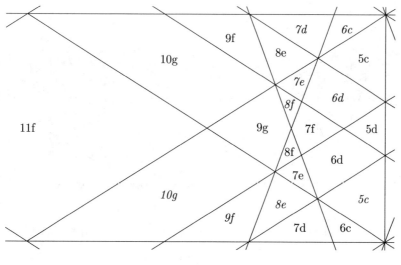

图 5.11.41

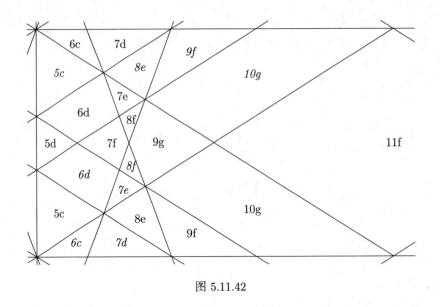

图 5.11.42

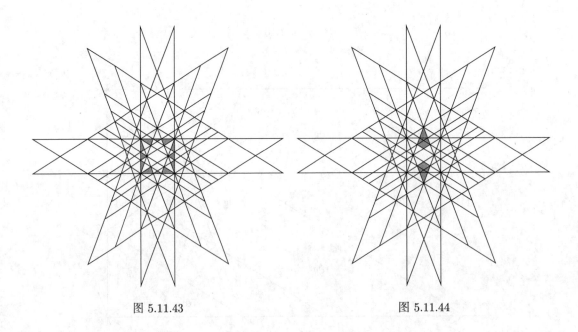

图 5.11.43 　　　　　　　　　　图 5.11.44

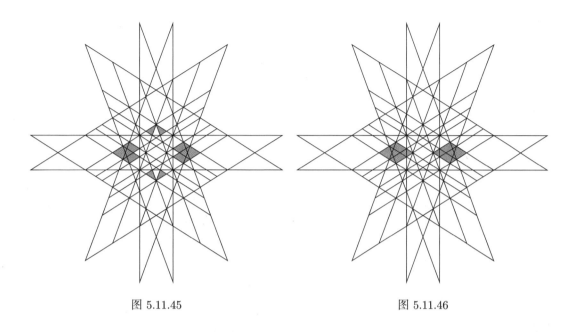

图 5.11.45　　　　　　　　　　图 5.11.46

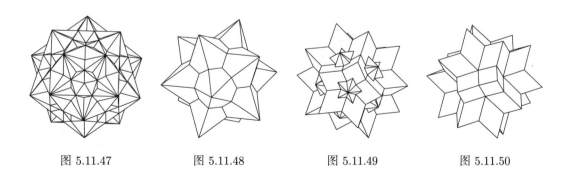

图 5.11.47　　　图 5.11.48　　　图 5.11.49　　　图 5.11.50

第六章 曲面体

6.1 球面多边形

定义 6.1.1. 以观测点为球心，构造一个单位球面；任意物体投影到该单位球面上的投影面积，即为该物体相对于该观测点的立体角. 观测点称为立体角的顶点.

定义 6.1.2. 面积为半径平方的球表面对球心的立体角为 1 球面度，球面度单位符号为 sr（英文 steradian 的缩写）.

因此，立体角是单位球面上的一块面积，这和"平面角是单位圆上的一段弧长"类似. 球面度是立体角的计量单位. 由球面度的定义可知立体角顶点位于球心的整个球面的球面度为 4π.

定理 6.1.1. 经过球面上两点并且曲线上每点都在球面上的所有曲线中，以大圆的劣弧的长度最小.

证明： 如果球面曲线 $A_1A_2\ldots A_n$ 都是由大圆弧所联结成的球面折线，根据三面角任意两个面角之和大于第三面角，得

$$\widehat{A_1A_2} + \widehat{A_2A_3} > \widehat{A_1A_3},\ \widehat{A_1A_3} + \widehat{A_3A_4} > \widehat{A_1A_4},\ \ldots,\ \widehat{A_1A_{n-1}} + \widehat{A_{n-1}A_n} > \widehat{A_1A_n},$$

这样就得到球面折线 $A_1A_2\ldots A_n$ 的长度比 $\widehat{A_1A_n}$ 的长度大，而 $\widehat{A_1A_n}$ 的长度又不小于联结 A_1 和 A_n 的大圆劣弧（如果两点连线是球面的直径，则相等），命题成立.

如果球面曲线 AB 不是球面折线，在曲线上取 $2^n - 1$（n 是正整数）个点，使每相邻两点的曲线长度都相等，相邻的点用大圆劣弧联结成球面折线，根据上面的结论，得到的这条折线长度不比大圆劣弧 $\widehat{AB}$ 的长度小，当分点 n 的数量不断增加，球面折线的长度会不断接近球面曲线 AB 的长度，其极限就是球面曲线 AB 的长度，但此时曲线的长度肯定不比大圆劣弧 $\widehat{AB}$ 的长度小，若曲线长度与大圆劣弧 $\widehat{AB}$ 相等，则必定 n 取任意正整数时分点都在大圆劣弧 $\widehat{AB}$ 上，亦即曲线 AB 与大圆劣弧 $\widehat{AB}$ 重合，与球面曲线 AB 不是球面折线矛盾，所以球面曲线 AB 长度必定比大圆劣弧 $\widehat{AB}$ 大，所以命题成立.

综上所述，得到经过点 A 和 B 的大圆劣弧的长度最小. □

定义 6.1.3. 联结球面上两点的大圆劣弧称为这两点的球面距离.

如无特殊说明，以下的角度统一使用弧度制.

定义 6.1.4. 球面上相交的两个大圆弧所在半平面之间所成的二面角称为球面角. 当球面角是直角时称为直球面角. 两个有共同直径的大圆弧之间所夹的球面部分称为球面弓月形, 球面弓月形所对的球面角称为月形角.

定理 6.1.2. 如果月形角是 α, 球半径是 R, 则球面弓月形的面积等于 $2\alpha R^2$.

证明： 如果月形角是 α, 则球面弓月形的面积等于球面积的 $\dfrac{\alpha}{2\pi}$, 所以球面弓月形的面积等于
$$\frac{\alpha}{2\pi} \cdot 4\pi R^2 = 2\alpha R^2.\qquad\Box$$

根据圆所在平面的圆内一点到圆周的最短距离是该点分过该点的圆的直径所得的较短的那段线段, 我们有：

定义 6.1.5. 过球面一点与圆面垂直的大圆夹在该点与该圆之间最小的那段弧称为点与圆面的球面距离.

定义 6.1.6. 垂直于圆面的球直径, 称为这个圆的轴, 轴的端点称为圆的极, 由极到圆的球面距离大圆弧的弧度称为极距. 极距是 $\dfrac{\pi}{2}$ 的圆弧又称为该极的极线.

当且仅当圆是大圆时距它的极为 $\dfrac{\pi}{2}$；反之, 极线必须是大圆弧.

定义 6.1.7. 球面小圆周上的点到它的极的球面距离, 称为该小圆的球面半径.

由球冠的面积公式容易得：

定理 6.1.3. 设球面小圆的球面半径是 r, 球的半径是 R, 则小圆所在平面截球面所得的球冠的面积是 $4\pi R^2 \sin^2 \dfrac{r}{2R}$.

定义 6.1.8. 球面若干个大圆劣弧围成的球面的一部分称为球面多边形, 各大圆弧称为球面多边形的边, 以其弧度度量边的大小; 相邻两条大圆弧所成的球面角称为球面多边形的内角（简称为球面多边形的角）. 同一大圆弧的球面多边形的内角的邻角称为球面多边形的外角. 根据球面多边形的边数我们称球面多边形为球面三角形、球面四边形、球面五边形、……

定义 6.1.9. 把一个球面多边形任意一边向两方无限延长成大圆, 如果其余边都在此大圆的同旁, 那么这个多边形就称为球面凸多边形.

由定理 2.2.2 得：

定理 6.1.4. 球面凸 n 边形的角大于 $(n-2)\pi$ 且小于 $n\pi$.

定义 6.1.10. 球面凸 n 边形的内角和与 $(n-2)\pi$ 的差称为球面凸 n 边形的球面角盈，通常用 E 来表示球面角盈.

由定理 2.2.5 得：

定理 6.1.5. n（n 是整数，$n \geqslant 3$）条边能构成球面凸 n 边形的充要条件是这些边的和小于 2π 且任意一边小于其他边的和.

由推论 2.2.4.1 得：

定理 6.1.6. 给定凸 n（n 是整数，$n \geqslant 4$）边形的边，则这个凸 n 边形有无数个.

定义 6.1.11. 过球面线段中点，且垂直于这条球面线段的大圆称为这条球面线段的垂直平分线或中垂线.

类似平面线段垂直平分线的证明，可得

定理 6.1.7. 球面线段的垂直平分线上的点到这条线段两端点的球面距离相等.

定义 6.1.12. 设球面多边形每个顶点在一球面小圆周上，则该小圆称为球面多边形的球面外接圆.

类似平面多边形外接圆的证明，可得

定理 6.1.8. 球面多边形若有外接圆，则外接圆圆心是各边垂直平分线的交点.

定理 6.1.9. 球面三角形必定有外接圆.

定义 6.1.13. 平分球面角的大圆称为球面角的平分线.

类似平面角平分线的证明，可得

定理 6.1.10. 球面角的平分线上的点到球面角两边的球面距离相等.

定义 6.1.14. 设一球面小圆周与多边形各边所在大圆相切，若该小圆在球面多边形内部，则称为球面多边形的球面内切圆.

类似平面多边形外接圆的证明，可得

定理 6.1.11. 球面多边形若有内切圆，则内切圆圆心是各角平分线的交点.

定理 6.1.12. 球面三角形必定有内切圆.

设球心是 O，如无特别说明，下面用 AB 表示球面上两点 A、B 的大圆劣弧弧度，用 $\angle ABC$ 表示二面角 $A\text{-}OB\text{-}C$ 的平面角，在不引起误会的情况下简记为 $\angle B$，用 A 表示以球面多边形顶点 A 为顶点的内角，如此类推.

取四面体 $ABCP$ 及其外接球球心 O，利用六棱确定外接球半径公式整理得

定理 6.1.13. 设点 A、B、C、P 是球面上四点，$BC = a$，$AC = b$，$AB = c$，$PA = p$，$PB = q$，$PC = r$，则

$$\cos^2 a \cos^2 p + \cos^2 b \cos^2 q + \cos^2 c \cos^2 r$$
$$- 2(\cos a \cos b \cos p \cos q + \cos a \cos c \cos p \cos r + \cos b \cos c \cos q \cos r)$$
$$+ 2(\cos a \cos b \cos r + \cos a \cos c \cos q + \cos b \cos c \cos p + \cos p \cos q \cos r)$$
$$- (\cos^2 a + \cos^2 b + \cos^2 c + \cos^2 p + \cos^2 q + \cos^2 r) + 1 = 0.$$

一般球面三角形

下面简单介绍球面三角学的一些基本内容，这些内容与三面角有很大的关系.

由三面角全等判定方法可立即得：

定理 6.1.14. 若两个球面三角形满足以下条件之一，则这两个球面三角形全等：
（1） 两条对应边相等，且这两条边的夹角相等；
（2） 三条对应边相等；
（3） 两个对应角相等，且这两个角的夹边相等；
（4） 三个对应角相等.

定义 6.1.15. 至少有一个角是直角的球面三角形称为球面直角三角形. 有两个角是直角的，称为二直角球面三角形. 有三个角是直角的，称为三直角球面三角形，也称为象限三角形.

由三面角的性质立即得到球面三角形的以下性质：
（1） 球面三角形的每一边大于 0 而小于 π，三边和必须大于 0 而小于 2π；
（2） 球面三角形任一边必须小于其他两边的和而大于其他两边的差；
（3） 球面三角形的每一角大于 0 而小于 π，三个角的和必须大于 π 而小于 3π；
（4） 球面三角形的角，不等角所对的边也不等，大角必对大边，反之大边对大角.

定义 6.1.16. 以过球面三角形顶点的这个顶点所对边所在圆面的极线的极点为顶点的球面三角形，称为该球面三角形的球极三角形.

球面三角形各边均小于 $\frac{\pi}{2}$，则球极三角形在原球面三角形之外；球面三角形各边均大于 $\frac{\pi}{2}$，则球极三角形在原球面三角形之内；球面三角形一边或两边小于 $\frac{\pi}{2}$，其余边大于 $\frac{\pi}{2}$，则球极三角形与原球面三角形交叉.

由互补三面角的性质容易知道：
（1） 球面三角形各顶点是其球极三角形各边对应的极；
（2） 球极三角形各顶点是其原球面三角形各边对应的极；
（3） 球面三角形的边（角）与其球极三角形的角（边）互为补角.

定义 6.1.17. 设一球面小圆周与三角形三边所在大圆相切, 若该小圆在球面三角形外部, 则称为球面三角形的球面旁切圆.

定理 6.1.15. 如果球的半径是 R, 球面三角形 ABC 的球面角盈是 E, 则三角形 ABC 的面积是 ER^2.

证明: 如图 6.1.1, 在平面 $BCB'C'$ 上方并含有球面三角形 ABC 的球面弓月形 BB' 和球面弓月形 CC' 再加上含有球面三角形 $A'B'C'$ 而另一部分在平面 $BCB'C'$ 上方的球面弓月形 AA' 后, 显然球面三角形 ABC 与球面三角形 $A'B'C'$ 全等, 所得的面积就等于半球面的面积再加上球面三角形 ABC 面积的两倍, 所以球面三角形 ABC 的面积是

$$\frac{1}{2}(2AR^2 + 2BR^2 + 2CR^2 - 2\pi R^2) = ER^2. \qquad \square$$

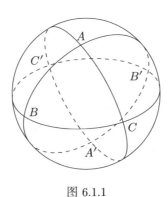

图 6.1.1

推论 6.1.15.1. 球的半径是 R, 则球面凸 n 边形的面积是 ER^2.

推论 6.1.15.2. 立体角的顶点位于球心的球面凸 n 边形的球面度是 E.

定理 6.1.16. 设球面三角形 ABC 的外接圆圆心是 O, $\angle CBO = \angle BCO = \alpha$, 则点 A 在大圆 BC 同侧时 $\angle ABC + \angle ACB - \angle BAC = 2\alpha$; 点 A 在大圆 BC 两侧时 $\angle ABC + \angle ACB - \angle BAC = -2\alpha$; 点 A 在大圆 BC 上时 $\alpha = 0$, $\angle ABC + \angle ACB = \angle BAC$.

证明: 如图 6.1.2, 设 $\angle ACO = \angle CAO = \beta$, $\angle BAO = \angle ABO = \gamma$, 若点 A 在大圆 BC 同侧, 则

$$\angle ABC + \angle ACB - \angle BAC = (\alpha + \gamma) + (\alpha + \beta) - (\beta + \gamma) = 2\alpha.$$

点 A 在大圆 BC 两侧或点 A 在大圆 BC 上时类似可证. $\qquad \square$

球面三角形 ABC 的三顶点 A、B、C 其对边分别是 a、b、c, 由三面角的正弦定理和第一、第二余弦定理直接得到

定理 6.1.17(正弦定理). $\dfrac{\sin a}{\sin A} = \dfrac{\sin b}{\sin B} = \dfrac{\sin c}{\sin C}$.

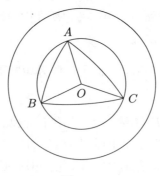

图 6.1.2

定理 6.1.18（边的余弦定理）. $\cos a = \cos b \cos c + \sin b \sin c \cos A$.

定理 6.1.19（角的余弦定理）. $\cos A = -\cos B \cos C + \sin B \sin C \cos a$.

以上两个余弦定理和以下定理都是以某些边和角为例，其余边和角的定理可以类似得到.

设球面上点 A 的经度是 x_A，纬度是 y_A；点 B 的经度是 x_B，纬度是 y_B，球半径是 R；下面来求球面距离 AB. 以下规定东经为正，西经为负；北纬为正，南纬为负，则点 A 到北极的大圆劣弧弧度是 $\frac{\pi}{2} - y_A$，点 B 到北极的大圆劣弧弧度是 $\frac{\pi}{2} - y_B$，根据边的余弦定理，球面距离 AB 是

$$R \arccos\left(\cos\left(\frac{\pi}{2} - y_A\right)\cos\left(\frac{\pi}{2} - y_B\right) + \sin\left(\frac{\pi}{2} - y_A\right)\sin\left(\frac{\pi}{2} - y_B\right)\cos(x_A - x_B)\right)$$
$$= R \arccos(\sin y_A \sin y_B + \cos y_A \cos y_B \cos(x_A - x_B)).$$

定理 6.1.20. 球面上不是互为极点的两点 A、B 的经纬度分别是 (x_A, y_A)、(x_B, y_B)，点 P 是点 A、B 确定的大圆上的一点，其经纬度是 (x, y)，则

$$(\cos y_A \sin x_A \sin y_B - \cos y_B \sin x_B \sin y_A)\cos x \cos y$$
$$-(\cos x_A \cos y_A \sin y_B - \cos x_B \cos y_B \sin y_A)\sin x \cos y$$
$$- \cos y_A \cos y_B \sin(x_A - x_B)\sin y = 0.$$

证明： 以球心 O 为原点，南极到北极的射线为 z 轴，点 U 的经纬度是 $(0°, 0°)$，点 V 的经纬度是 $(90°, 0°)$，以 $\overrightarrow{OU}$ 为 x 轴的正方向，以 $\overrightarrow{OV}$ 为 y 轴的正方向建立直角坐标系，则点 O、A、B、P 的坐标分别是

$$(0, 0, 0)、(\cos x_A \cos y_A, \sin x_A \cos y_A, \sin y_A)、$$
$$(\cos x_B \cos y_B, \sin x_B \cos y_B, \sin y_B)、(\cos x \cos y, \sin x \cos y, \sin y),$$

由过点 O、A、B、P 的平面方程得

$$\begin{vmatrix} \cos x \cos y & \sin x \cos y & \sin y & 1 \\ \cos x_A \cos y_A & \sin x_A \cos y_A & \sin y_A & 1 \\ \cos x_B \cos y_B & \sin x_B \cos y_B & \sin y_B & 1 \\ 0 & 0 & 0 & 1 \end{vmatrix} = 0,$$

展开化简，即得

$$(\cos y_A \sin x_A \sin y_B - \cos y_B \sin x_B \sin y_A) \cos x \cos y$$
$$-(\cos x_A \cos y_A \sin y_B - \cos x_B \cos y_B \sin y_A) \sin x \cos y$$
$$-\cos y_A \cos y_B \sin(x_A - x_B) \sin y = 0. \qquad \square$$

以下用 $\overline{AB}$ 表示有向大圆劣弧 AB 的弧度，$\overline{a}$ 表示有向大圆劣弧 a 的弧度，其余类推. 若 $\overline{AB}$、t、u 已知，$\sin\overline{AC} : \sin\overline{CB} = t : u$，则

$$\sin\overline{AB} \cot\overline{AC} - \cos\overline{AB} = \frac{u}{t}, \quad \sin\overline{AB} \cot\overline{CB} - \cos\overline{AB} = \frac{t}{u},$$

通过这两个式子便可求得 $\overline{AC}$、$\overline{CB}$.

定理 6.1.21（球面三角形的 Menelaus 定理）. 球面三角形 ABC 的一条割线交 BC 所在大圆于点 D（球面线段 BD、CD 都是大圆劣弧），交 CA 所在大圆于点 E（球面线段 CE、AE 都是大圆劣弧），交 AB 所在大圆于点 F（球面线段 AF、BF 都是大圆劣弧），则

$$\frac{\sin\overline{AF}}{\sin\overline{FB}} \cdot \frac{\sin\overline{BD}}{\sin\overline{DC}} \cdot \frac{\sin\overline{CE}}{\sin\overline{EA}} = -1.$$

证明： 如图 6.1.3，分别选取 $\overline{BC}$、$\overline{CA}$、$\overline{AB}$ 作为大圆 BC、CA、AB 上的有向弧的正方向，由正弦定理得

$$\frac{\sin\overline{AF}}{\sin\overline{EA}} = \frac{\sin\angle AEF}{\sin\angle AFE}, \quad \frac{\sin\overline{BD}}{\sin\overline{FB}} = -\frac{\sin\angle BFD}{\sin\angle BDF}, \quad \frac{\sin\overline{CE}}{\sin\overline{DC}} = \frac{\sin\angle CDE}{\sin\angle CED},$$

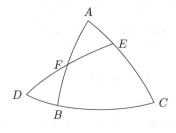

图 6.1.3

三式相乘即得

$$\frac{\sin\overline{AF}}{\sin\overline{FB}} \cdot \frac{\sin\overline{BD}}{\sin\overline{DC}} \cdot \frac{\sin\overline{CE}}{\sin\overline{EA}} = -1.$$

其余的相交情况同理可证. $\qquad \square$

定理 6.1.22（球面三角形 Menelaus 定理的逆定理）. 球面三角形 ABC 中 BC 所在大圆有一点 D（球面线段 BD、CD 都是大圆劣弧），CA 所在大圆有一点 E（球面线段 CE、AE 都是大圆劣弧），AB 所在大圆有一点 F（球面线段 AF、BF 都是大圆劣弧），若

$$\frac{\sin \overline{AF}}{\sin \overline{FB}} \cdot \frac{\sin \overline{BD}}{\sin \overline{DC}} \cdot \frac{\sin \overline{CE}}{\sin \overline{EA}} = -1,$$

则点 D、E、F 在同一大圆上.

证明：不妨设大圆劣弧 AF、BF 至少其中之一包含大圆劣弧 AB 的一部分（不含端点）. 设大圆 DE 交 AB 所在大圆于点 F'，大圆劣弧 AF'、BF' 至少其中之一包含大圆劣弧 AB 的一部分（不含端点），则

$$\frac{\sin \overline{AF'}}{\sin \overline{FB'}} \cdot \frac{\sin \overline{BD}}{\sin \overline{DC}} \cdot \frac{\sin \overline{CE}}{\sin \overline{EA}} = -1.$$

且 F、F' 或者同在大圆劣弧 AB 内或者同在大圆劣弧 AB 外，所以 $\overline{AF} + \overline{FB} = \overline{AF'} + \overline{F'B} = \overline{AB}$. 由

$$\frac{\sin \overline{AF}}{\sin \overline{FB}} = \frac{\sin \overline{AF'}}{\sin \overline{FB'}}$$

得

$$\sin \overline{AB} \cot \overline{FB} - \cos \overline{AB} = \sin \overline{AB} \cot \overline{F'B} - \cos \overline{AB},$$

即 $\cot \overline{FB} = \cot \overline{F'B}$，所以 $\overline{FB} = \overline{F'B}$，也就是说点 F、F' 重合. □

定理 6.1.23（球面三角形的 Ceva 定理）. 球面三角形 ABC 中，过点 A 的大圆交 BC 所在的大圆于点 D（BD、CD 都是大圆劣弧），过点 B 的大圆交 CA 所在的大圆于点 E（CE、AE 都是大圆劣弧），过点 C 的大圆交 AB 所在的大圆于点 F（AF、BF 都是大圆劣弧），大圆 AD、BE、CF 相交于同一点，则

$$\frac{\sin \overline{AF}}{\sin \overline{FB}} \cdot \frac{\sin \overline{BD}}{\sin \overline{DC}} \cdot \frac{\sin \overline{CE}}{\sin \overline{EA}} = 1.$$

证明：如图 6.1.4，设大圆 AD、BE、CF 相交于点 P，在球面 $\triangle ABD$ 和割线 FPC 中应用球面三角形的 Menelaus 定理，有

$$\frac{\sin \overline{AF}}{\sin \overline{FB}} \cdot \frac{\sin \overline{BC}}{\sin \overline{DC}} \cdot \frac{\sin \overline{DP}}{\sin \overline{PA}} = 1,$$

在球面 $\triangle ADC$ 和割线 BPE 中应用球面三角形的 Menelaus 定理，有

$$\frac{\sin \overline{AP}}{\sin \overline{PD}} \cdot \frac{\sin \overline{BD}}{\sin \overline{BC}} \cdot \frac{\sin \overline{CE}}{\sin \overline{EA}} = 1,$$

上面两式相乘，即得

$$\frac{\sin \overline{AF}}{\sin \overline{FB}} \cdot \frac{\sin \overline{BD}}{\sin \overline{DC}} \cdot \frac{\sin \overline{CE}}{\sin \overline{EA}} = 1. \quad \Box$$

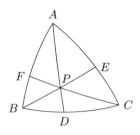

图 6.1.4

定理 6.1.24（球面三角形 Ceva 定理的逆定理）. 球面三角形 ABC 中，过点 A 的大圆交 BC 所在的大圆于点 D（BD、CD 都是大圆劣弧），过点 B 的大圆交 CA 所在的大圆于点 E（CE、AE 都是大圆劣弧），过点 C 的大圆交 AB 所在的大圆于点 F（AF、BF 都是大圆劣弧），若

$$\frac{\sin \overline{AF}}{\sin \overline{FB}} \cdot \frac{\sin \overline{BD}}{\sin \overline{DC}} \cdot \frac{\sin \overline{CE}}{\sin \overline{EA}} = 1.$$

则大圆 AD、BE、CF 相交于同一点.

证明：不妨设大圆劣弧 AF、BF 至少其中之一包含大圆劣弧 AB 的一部分（不含端点）. 设大圆 AD、BE 相交于点 P，大圆 CP 交大圆 AB 于点 F'（AF'、BF' 都是大圆劣弧），大圆劣弧 AF'、BF' 至少其中之一包含大圆劣弧 AB 的一部分（不含端点），则

$$\frac{\sin \overline{AF'}}{\sin \overline{FB'}} \cdot \frac{\sin \overline{BD}}{\sin \overline{DC}} \cdot \frac{\sin \overline{CE}}{\sin \overline{EA}} = 1,$$

且 F、F' 或者同在大圆劣弧 AB 内或者同在大圆劣弧 AB 外，所以 $\overline{AF} + \overline{FB} = \overline{AF'} + \overline{F'B} = \overline{AB}$. 由

$$\frac{\sin \overline{AF}}{\sin \overline{FB}} = \frac{\sin \overline{AF'}}{\sin \overline{FB'}}$$

得

$$\sin \overline{AB} \cot \overline{FB} - \cos \overline{AB} = \sin \overline{AB} \cot \overline{F'B} - \cos \overline{AB},$$

即 $\cot \overline{FB} = \cot \overline{F'B}$，所以 $\overline{FB} = \overline{F'B}$，也就是说点 F、F' 重合. $\square$

推论 6.1.24.1. 球面三角形 ABC 中，点 D、E、F 分别是边 BC、CA、AB 的中点，则大圆 AD、BE、CF 相交于同一点.

定理 6.1.25. 球面三角形 ABC 中 $BC = a$，$CA = b$，$AB = c$，D、E、F 分别是边 BC、CA、AB 的中点，大圆劣弧 AD、BE、CF 相交于点 G，则

$$\frac{\sin AG}{\sin GD} = 2\cos\frac{a}{2}, \quad \frac{\sin BG}{\sin GE} = 2\cos\frac{b}{2}, \quad \frac{\sin CG}{\sin GF} = 2\cos\frac{c}{2}.$$

证明： 在球面 $\triangle ABD$ 和截面 CGF 中应用球面三角形的 Menelaus 定理，得

$$\frac{\sin AG}{\sin GD} \cdot \frac{\sin CD}{\sin BC} \cdot \frac{\sin BF}{\sin AF} = 1,$$

而 $CD = \dfrac{a}{2}$，$BC = a$，$AF = BF = \dfrac{c}{2}$，所以

$$\frac{\sin AG}{\sin GD} = \frac{\sin BC}{\sin CD} = 2\cos\frac{a}{2},$$

同理可得

$$\frac{\sin BG}{\sin GE} = 2\cos\frac{b}{2}, \quad \frac{\sin CG}{\sin GF} = 2\cos\frac{c}{2}. \qquad \square$$

定理 6.1.26. 球面三角形 ABC 中 $\angle A$ 的内角平分线交边 BC 于点 D，则

$$\frac{\sin BD}{\sin CD} = \frac{\sin AB}{\sin AC}.$$

证明： 由正弦定理，得

$$\sin BD = \frac{\sin AD \sin \angle BAD}{\sin B}, \quad \sin CD = \frac{\sin AD \sin \angle CAD}{\sin C},$$

所以

$$\frac{\sin BD}{\sin CD} = \frac{\sin AB}{\sin AC}. \qquad \square$$

类似定理 6.1.26 的证明可得

定理 6.1.27. 球面三角形 ABC 中 $\angle A$ 的外角平分线交 BC 于点 D，则

$$\frac{\sin BD}{\sin CD} = \frac{\sin AB}{\sin AC}.$$

定理 6.1.28. 球面三角形 ABC 中 $BC = a$，$CA = b$，$AB = c$，点 D 在大圆 BC 上，边 BC 所在大圆有向劣弧 $\overline{BD}$ 的弧度是 a_1，边 BC 所在大圆有向劣弧 $\overline{DC}$ 的弧度是 a_2，则

$$\cos AD = \frac{\sin a_1 \cos b + \sin a_2 \cos c}{\sin a}.$$

证明： 由边的余弦定理得

$$\cos \angle ADB = \frac{\cos c - \cos a_1 \cos AD}{\sin a_1 \sin AB}, \quad \cos \angle ADC = \frac{\cos b - \cos a_2 \cos AB}{\sin a_2 \sin AD},$$

所以

$$\frac{\cos c - \cos a_1 \cos AD}{\sin a_1 \sin AD} + \frac{\cos b - \cos a_2 \cos AD}{\sin a_2 \sin AD} = 0,$$

即

$$\cos AD = \frac{\sin a_1 \cos b + \sin a_2 \cos c}{\sin a}. \qquad \square$$

推论 6.1.28.1. 球面三角形 ABC 中 $BC=a$，$CA=b$，$AB=c$，点 D 是边 BC 的中点，则
$$\cos AD = \frac{\cos b + \cos c}{2\cos\frac{a}{2}}.$$

类似定理 6.1.28 的证明，得

定理 6.1.29. 球面三角形 ABC 中 $BC=a$，$CA=b$，$AB=c$，点 D 在边 BC 外，大圆劣弧 BD 的弧度是 a_1，大圆劣弧 CD 的弧度是 a_2，$a_1 \geqslant a_2$，若大圆劣弧 BD、CD 其中之一包含边 BC，则
$$\cos AD = \frac{\sin a_1 \cos b - \sin a_2 \cos c}{\sin a};$$
若大圆劣弧 BD、CD 其中之一包含边 BC，则
$$\cos AD = -\frac{\sin a_1 \cos b + \sin a_2 \cos c}{\sin a}.$$

以下内容使用下面的记号：$p = \dfrac{a+b+c}{2}$，$P = \dfrac{A+B+C}{2}$.

定理 6.1.30（半角公式）. 半角公式包括：

（1）半角正弦：$\sin\dfrac{A}{2} = \sqrt{\dfrac{\sin(p-b)\sin(p-c)}{\sin b \sin c}}$；

（2）半角余弦：$\cos\dfrac{A}{2} = \sqrt{\dfrac{\sin p \sin(p-a)}{\sin b \sin c}}$；

（3）半角正弦：$\tan\dfrac{A}{2} = \sqrt{\dfrac{\sin(p-b)\sin(p-c)}{\sin p \sin a}}$.

证明： 因为 $\cos A = \dfrac{\cos a - \cos b \cos c}{\sin b \sin c}$，所以
$$1 - \cos A = \frac{\cos b \cos c + \sin b \sin c - \cos a}{\sin b \sin c} = \frac{\cos(b-c) - \cos a}{\sin b \sin c} = \frac{2\sin(p-b)\sin(p-c)}{\sin b \sin c},$$
这样就得
$$\sin\frac{A}{2} = \sqrt{\frac{1-\cos A}{2}} = \sqrt{\frac{\sin(p-b)\sin(p-c)}{\sin b \sin c}},$$
同理可得
$$\cos\frac{A}{2} = \sqrt{\frac{\sin p \sin(p-a)}{\sin b \sin c}},$$
于是
$$\tan\frac{A}{2} = \frac{\sin\dfrac{A}{2}}{\cos\dfrac{A}{2}} = \sqrt{\frac{\sin(p-b)\sin(p-c)}{\sin p \sin a}}. \qquad \square$$

利用极三角形的性质，我们立即得到

定理 6.1.31（半边公式）. 半边公式包括：

（1） 半边正弦：$\sin\dfrac{a}{2} = \sqrt{\dfrac{-\cos P\cos(P-A)}{\sin B\sin C}}$；

（2） 半边余弦：$\cos\dfrac{a}{2} = \sqrt{\dfrac{\cos(P-B)\cos(P-C)}{\sin B\sin C}}$；

（3） 半边正切：$\tan\dfrac{a}{2} = \sqrt{\dfrac{-\cos P\cos(P-A)}{\cos(P-B)\cos(P-C)}}$.

定理 6.1.32（Delambre 方程）. Delambre 方程包括：

（1） $\cos\dfrac{A-B}{2} = \dfrac{\sin\dfrac{a+b}{2}}{\sin\dfrac{c}{2}}\sin\dfrac{C}{2}$；

（2） $\cos\dfrac{A+B}{2} = \dfrac{\cos\dfrac{a+b}{2}}{\cos\dfrac{c}{2}}\sin\dfrac{C}{2}$；

（3） $\sin\dfrac{A-B}{2} = \dfrac{\sin\dfrac{a-b}{2}}{\sin\dfrac{c}{2}}\cos\dfrac{C}{2}$；

（4） $\sin\dfrac{A+B}{2} = \dfrac{\cos\dfrac{a-b}{2}}{\cos\dfrac{c}{2}}\cos\dfrac{C}{2}$.

证明：根据半角公式，得

$$\sin\frac{A}{2}\sin\frac{B}{2} = \sqrt{\frac{\sin(p-b)\sin(p-c)}{\sin b\sin c}}\sqrt{\frac{\sin(p-a)\sin(p-c)}{\sin a\sin c}} = \frac{\sin(p-c)}{\sin c}\sin\frac{C}{2},$$

$$\cos\frac{A}{2}\cos\frac{B}{2} = \sqrt{\frac{\sin p\sin(p-a)}{\sin b\sin c}}\sqrt{\frac{\sin p\sin(p-b)}{\sin a\sin c}} = \frac{\sin p}{\sin c}\sin\frac{C}{2},$$

同理可得

$$\sin\frac{A}{2}\cos\frac{B}{2} = \frac{\sin(p-b)}{\sin c}\cos\frac{C}{2}, \quad \cos\frac{A}{2}\sin\frac{B}{2} = \frac{\sin(p-a)}{\sin c}\cos\frac{C}{2},$$

由上面四个等式和三角和差化积就立即得到 Delambre 方程. □

用 Delambre 方程任一个方程除另一方程则得

定理 6.1.33（Napier 相似方程）. Napier 相似方程包括：

（1） $\tan\dfrac{A-B}{2} = \dfrac{\sin\dfrac{a-b}{2}}{\sin\dfrac{a+b}{2}}\cot\dfrac{C}{2}$；

（2） $\tan\dfrac{A+B}{2} = \dfrac{\cos\dfrac{a-b}{2}}{\cos\dfrac{a+b}{2}}\cot\dfrac{C}{2}$；

（3） $\tan\dfrac{a-b}{2} = \dfrac{\sin\dfrac{A-B}{2}}{\sin\dfrac{A+B}{2}}\tan\dfrac{c}{2}$；

（4） $\tan\dfrac{a+b}{2} = \dfrac{\cos\dfrac{A-B}{2}}{\cos\dfrac{A+B}{2}}\tan\dfrac{c}{2}$；

（5） $\dfrac{\tan\dfrac{A-B}{2}}{\tan\dfrac{A+B}{2}} = \dfrac{\tan\dfrac{a-b}{2}}{\tan\dfrac{a+b}{2}}$.

例 6.1.1（Euler 球面角盈公式）.[①] $\cos\dfrac{E}{2} = \dfrac{1+\cos a+\cos b+\cos c}{4\cos\dfrac{a}{2}\cos\dfrac{b}{2}\cos\dfrac{c}{2}}$.

证明： 因为

$$\sin\frac{A+B}{2} = \frac{\cos\dfrac{a-b}{2}}{\cos\dfrac{c}{2}}\cos\frac{C}{2}, \quad \cos\frac{A+B}{2} = \frac{\cos\dfrac{a+b}{2}}{\cos\dfrac{c}{2}}\sin\frac{C}{2},$$

所以

$$\cos\frac{E}{2} = \sin\frac{A+B+C}{2} = \sin\frac{A+B}{2}\cos\frac{C}{2} + \cos\frac{A+B}{2}\sin\frac{C}{2}$$

$$= \frac{\cos\dfrac{a-b}{2}}{\cos\dfrac{c}{2}}\cos^2\frac{C}{2} + \frac{\cos\dfrac{a+b}{2}}{\cos\dfrac{c}{2}}\sin^2\frac{C}{2},$$

化简得

$$\cos\frac{E}{2} = \frac{\cos\dfrac{a}{2}\cos\dfrac{b}{2} + \sin\dfrac{a}{2}\sin\dfrac{b}{2}\cos C}{\cos\dfrac{c}{2}},$$

而

$$\sin\frac{a}{2}\sin\frac{b}{2}\cos C = \sin\frac{a}{2}\sin\frac{b}{2}\frac{\cos c - \cos a\cos b}{\sin a\sin b}$$

$$= \frac{\cos c - \left(2\cos^2\dfrac{a}{2}-1\right)\left(2\cos^2\dfrac{b}{2}-1\right)}{4\cos\dfrac{a}{2}\cos\dfrac{b}{2}}$$

[①] 计算参考了文 [17].

$$= \frac{\cos c - 4\cos^2\frac{a}{2}\cos^2\frac{b}{2} + \cos a + \cos b + 1}{4\cos\frac{a}{2}\cos\frac{b}{2}},$$

所以

$$\cos\frac{E}{2} = \frac{\cos\frac{a}{2}\cos\frac{b}{2} + \dfrac{\cos c - 4\cos^2\frac{a}{2}\cos^2\frac{b}{2} + \cos a + \cos b + 1}{4\cos\frac{a}{2}\cos\frac{b}{2}}}{\cos\frac{c}{2}}$$

$$= \frac{1 + \cos a + \cos b + \cos c}{4\cos\frac{a}{2}\cos\frac{b}{2}\cos\frac{c}{2}}. \qquad \square$$

用边表示球面角盈的著名公式还有下面两个:

Cagnoli 球面角盈公式: $\sin\dfrac{E}{2} = \dfrac{\sqrt{\sin p\sin(p-a)\sin(p-b)\sin(p-c)}}{2\cos\frac{a}{2}\cos\frac{b}{2}\cos\frac{c}{2}}$;

Lhuilier 球面角盈公式: $\tan\dfrac{E}{4} = \sqrt{\tan\dfrac{p}{2}\tan\dfrac{p-a}{2}\tan\dfrac{p-b}{2}\tan\dfrac{p-c}{2}}$.

上面两个公式的推导从略.

定理 6.1.34. $\cot\dfrac{E}{2} = \cot\dfrac{a}{2}\cot\dfrac{b}{2}\csc C + \cot C.$

证明: 把边的余弦定理代入 Euler 球面角盈公式, 得

$$\cos\frac{E}{2} = \frac{1 + \cos a + \cos b + \cos c}{4\cos\frac{a}{2}\cos\frac{b}{2}\cos\frac{c}{2}}$$

$$= \frac{1 + \cos a + \cos b + \cos a\cos b + \sin a\sin b\cos C}{4\cos\frac{a}{2}\cos\frac{b}{2}\sqrt{\dfrac{1 + \cos a\cos b + \sin a\sin b\cos C}{2}}}$$

$$= \frac{\sqrt{2}\left(\cos\frac{a}{2}\cos\frac{b}{2} + \sin\frac{a}{2}\sin\frac{b}{2}\cos C\right)}{\sqrt{1 + \cos a\cos b + \sin a\sin b\cos C}},$$

于是

$$\sin\frac{E}{2}$$

$$= \sqrt{1 - \cos^2\frac{E}{2}}$$

$$= \sqrt{\frac{K}{1 + \cos a\cos b + \sin a\sin b\cos C}}$$

$$= \frac{\sqrt{2}\sin\frac{a}{2}\sin\frac{b}{2}\sin C}{\sqrt{1+\cos a\cos b+\sin a\sin b\cos C}},$$

其中

$$K=1+\left(1-2\sin^2\frac{a}{2}\right)\left(1-2\sin^2\frac{b}{2}\right)-2\left(1-\sin^2\frac{a}{2}\right)\left(1-\sin^2\frac{b}{2}\right)-2\sin^2\frac{a}{2}\sin^2\frac{b}{2}\cos^2 C,$$

所以

$$\cot\frac{E}{2}=\frac{\cos\frac{E}{2}}{\sin\frac{E}{2}}=\cot\frac{a}{2}\cot\frac{b}{2}\csc C+\cot C. \qquad \Box$$

例 6.1.2. 由球面三角形 ABC 三角求 $\sin p$、$\sin(p-a)$、$\sin(p-b)$、$\sin(p-c)$.

解: 由 Delambre 方程得

$$\sin\frac{b+c}{2}=\frac{\sin\frac{a}{2}}{\sin\frac{A}{2}}\cos\frac{B-C}{2}, \quad \cos\frac{b+c}{2}=\frac{\cos\frac{a}{2}}{\sin\frac{A}{2}}\cos\frac{B+C}{2},$$

所以

$$\begin{aligned}
\sin p &= \sin\frac{a}{2}\cos\frac{b+c}{2}+\cos\frac{a}{2}\sin\frac{b+c}{2} \\
&= \frac{\sin\frac{a}{2}\cos\frac{a}{2}\left(\cos\frac{B+C}{2}+\cos\frac{B-C}{2}\right)}{\sin\frac{A}{2}} \\
&= \frac{\sqrt{-\cos P\cos(P-A)\cos(P-B)\cos(P-C)}}{2\sin\frac{A}{2}\sin\frac{B}{2}\sin\frac{C}{2}}, \\
\sin(p-a) &= \sin\frac{a}{2}\cos\frac{b+c}{2}+\cos\frac{a}{2}\sin\frac{b+c}{2} \\
&= \frac{\sin\frac{a}{2}\cos\frac{a}{2}\left(\cos\frac{B+C}{2}+\cos\frac{B-C}{2}\right)}{\sin\frac{A}{2}} \\
&= \frac{\sqrt{-\cos P\cos(P-A)\cos(P-B)\cos(P-C)}}{2\sin\frac{A}{2}\cos\frac{B}{2}\cos\frac{C}{2}},
\end{aligned}$$

同理得

$$\sin(p-b)=\frac{\sqrt{-\cos P\cos(P-A)\cos(P-B)\cos(P-C)}}{2\cos\frac{A}{2}\sin\frac{B}{2}\cos\frac{C}{2}},$$

$$\sin(p-c)=\frac{\sqrt{-\cos P\cos(P-A)\cos(P-B)\cos(P-C)}}{2\cos\frac{A}{2}\cos\frac{B}{2}\sin\frac{C}{2}}. \qquad \Box$$

定义 6.1.18. 球面小圆的极所发出两段大圆劣弧和加在这两段大圆劣弧的小圆弧所围成的球面部分称为球面扇形, 小圆弧及其两端点所连联结的大圆劣弧所围成的球面部分称为球面弓形, 该小圆的极称为球面扇形和球面弓形的极, 小圆的半径称为球面扇形和球面弓形的半径, 小圆的球面半径称为球面扇形和球面弓形的球面半径.

例 6.1.3. 已知球 O 半径是 R, 球面上一小圆 P 的半径是 r, 点 A、B 在小圆 P 上, 大圆劣弧 PA、PB 不大于大圆周长的四分之一, $AB = a$, 求大圆劣弧 PA、PB 以及小圆劣弧 AB 所围的球面扇形面积和大圆劣弧 AB 与小圆劣弧 AB 的球面弓形的面积.

解: 二面角 $A\text{-}OP\text{-}B$ 的平面角 θ 是
$$\theta = 2\arcsin\frac{a}{2r},$$

所以大圆劣弧 PA、PB 以及小圆劣弧 AB 所围球面扇形面积是
$$\frac{\theta}{2\pi} \cdot 2\pi R\left(R - \sqrt{R^2 - r^2}\right) = 2R\left(R - \sqrt{R^2 - r^2}\right)\arcsin\frac{a}{2r},$$

因为
$$\cos\frac{\angle AOB}{2} = \frac{\sqrt{4R^2 - a}}{2R}, \quad \cos\angle AOB = \frac{2R^2 - a^2}{2R^2},$$
$$\cos\angle AOP = \cos\angle BOP = \frac{\sqrt{R^2 - r^2}}{R},$$

设球面三角形 PAB 的球面角盈是 E, 则
$$E = 2\arccos\frac{1 + \cos\angle AOB + \cos\angle AOP + \cos\angle BOP}{4\cos\dfrac{\angle AOB}{2}\cos\dfrac{\angle AOP}{2}\cos\dfrac{\angle BOP}{2}}$$
$$= 2\arccos\frac{4Rr^2 - Ra^2 + a^2\sqrt{R^2 - r^2}}{2r^2\sqrt{4R^2 - a^2}},$$

所以大圆劣弧 AB 与小圆劣弧 AB 所围球面的面积是
$$2R\left(R - \sqrt{R^2 - r^2}\right)\arcsin\frac{a}{2r} - 2R^2\arccos\frac{4Rr^2 - Ra^2 + a^2\sqrt{R^2 - r^2}}{2r^2\sqrt{4R^2 - a^2}}. \qquad \square$$

类似例 6.1.3 的方法, 条件与例 6.1.3 相同, 大圆劣弧 PA、PB 以及小圆优弧 AB 所围球面扇形面积是
$$2R\left(R - \sqrt{R^2 - r^2}\right)\left(\pi - \arcsin\frac{a}{2r}\right),$$

大圆劣弧 AB 与小圆优弧 AB 所围球面的面积是
$$2R\left(R - \sqrt{R^2 - r^2}\right)\left(\pi - \arcsin\frac{a}{2r}\right) + 2R^2\arccos\frac{4Rr^2 - Ra^2 + a^2\sqrt{R^2 - r^2}}{2r^2\sqrt{4R^2 - a^2}};$$

大圆劣弧 PA、PB 不小于大圆周长的四分之一外条件与例 6.1.3 相同，大圆劣弧 PA、PB 以及小圆劣弧 AB 所围球面扇形面积是

$$2R\left(R+\sqrt{R^2-r^2}\right)\arcsin\frac{a}{2r},$$

大圆劣弧 AB 与小圆劣弧 AB 所围球面的面积是

$$2R\left(R+\sqrt{R^2-r^2}\right)\arcsin\frac{a}{2r}-2R^2\arccos\frac{4Rr^2-Ra^2-a^2\sqrt{R^2-r^2}}{2r^2\sqrt{4R^2-a^2}},$$

大圆劣弧 PA、PB 以及小圆优弧 AB 所围球面扇形面积是

$$2R\left(R+\sqrt{R^2-r^2}\right)\left(\pi-\arcsin\frac{a}{2r}\right),$$

大圆劣弧 AB 与小圆优弧 AB 所围球面的面积是

$$2R\left(R+\sqrt{R^2-r^2}\right)\left(\pi-\arcsin\frac{a}{2r}\right)+2R^2\arccos\frac{4Rr^2-Ra^2-a^2\sqrt{R^2-r^2}}{2r^2\sqrt{4R^2-a^2}}.$$

球面直角三角形

定理 6.1.35. 在球面三角形 ABC 中，$C=\dfrac{\pi}{2}$，三边分别是 a、b、c，则有以下结论：
（1） $\cos c = \cos a \cos b$；
（2） $\cos A = \cos a \sin B$；
（3） $\cos c = \cot A \cot B$；
（4） $\cot c = \cot b \cos A$；
（5） $\sin a = \sin A \sin c$；
（6） $\cot B = \sin a \cot b$.

证明：分如下情形：
（1）由三面角的第一余弦定理得

$$\cos c = \cos a \cos b + \sin a \sin b \cos C = \cos a \cos b.$$

（2）由三面角的第二余弦定理得

$$\cos A = -\cos B \cos C + \sin B \sin C \cos a = \cos a \sin B.$$

（3）因为 $\cos C = -\cos A \cos B + \sin A \sin B \cos c = 0$，所以 $\cos c = \cot A \cot B$.
（4）$\cot b \cos A = \dfrac{\cos b}{\sin b}\cdot \cos a \sin B = \dfrac{\cos a \cos b}{\sin c} = \dfrac{\cos c}{\sin c} = \cot c.$
（5）因为 $\dfrac{\sin a}{\sin A} = \dfrac{\sin c}{\sin C} = \sin c$，所以 $\sin a = \sin A \sin c$.

（6）$\sin a \cot b = \sin a \cdot \dfrac{\cos b}{\sin b} = \dfrac{\sin A}{\sin B} \cdot \cos b = \dfrac{\cos B}{\sin B} = \cot B$. □

由以上六个公式，我们可以推出

定理 6.1.36. 两个球面直角三角形边弧度都不是 $\dfrac{\pi}{2}$ 或只有一角是直角，则只要有其余两个对应元素（边或角）相等，则这两个球面三角形全等.

定理 6.1.37. 球面直角三角形其中一条直角边弧度是 $\dfrac{\pi}{2}$，则斜边的弧度一定是 $\dfrac{\pi}{2}$；球面直角三角形斜边的弧度是 $\dfrac{\pi}{2}$，则其中一条直角边弧度一定是 $\dfrac{\pi}{2}$. 球面直角三角形两边弧度都是 $\dfrac{\pi}{2}$，则其对角都是直角；球面直角三角形两角都是直角，则其对边弧度都是 $\dfrac{\pi}{2}$.

定理 6.1.38. 球面三角形的三条高线交于同一点.

证明： 若球面 $\triangle ABC$ 无一个角是直角，设边 BC 的高交 BC 所在的大圆于点 D（BD、CD 都是大圆劣弧），边 CA 的高交 CA 所在的大圆于点 E（CE、AE 都是大圆劣弧），边 AB 的高交 AB 所在的大圆于点 F（AF、BF 都是大圆劣弧），则

$$\dfrac{\sin \overline{AF}}{\sin \overline{FB}} = \dfrac{\cot A}{\cot B},\ \dfrac{\sin \overline{BD}}{\sin \overline{DC}} = \dfrac{\cot B}{\cot C},\ \dfrac{\sin \overline{CE}}{\sin \overline{EA}} = \dfrac{\cot C}{\cot A},$$

所以

$$\dfrac{\sin \overline{AF}}{\sin \overline{FB}} \cdot \dfrac{\sin \overline{BD}}{\sin \overline{DC}} \cdot \dfrac{\sin \overline{CE}}{\sin \overline{EA}} = 1,$$

由球面三角形 Ceva 定理的逆定理得大圆 AD、BE、CF 相交于同一点.

若球面三角形有一个角是直角，则这个角的顶点就是三条高线的交点. 而至少有两个角是直角时，三高线的交点不唯一. □

当球面的点是大圆的极点时，这个点到大圆的球面距离都等于 $\dfrac{\pi}{2}$；设球面上有一点 A，它不是大圆 c 的极点，过点 A 与大圆 c 垂直的大圆交于大圆两点，与点 A 的球面距离小于 $\dfrac{\pi}{2}$ 的点是 B，大圆上另外有一点 C，设球面距离 AB 是 h，球面距离 BC 是 a，球面距离 AC 是 b，由结论（1）得 $\cos b = \cos a \cos h$，于是 $b > h$，所以球面上一点到一个球面大圆的球面距离的球面线段必定在过这个点且与这个大圆垂直的大圆上.

根据定理 2.1.8，球面三角形 ABC 的顶点 A 到大圆 BC 的球面距离 h 的正弦值是 $\sin b \sin C$ 或 $\sin c \sin B$，其余弦值是 $\pm \dfrac{\sqrt{\cos^2 b + \cos^2 c - 2\cos a \cos b \cos c}}{\sin a}$，前面的 $\pm$ 符号可确定垂足位置后再利用球面直角三角形的边角关系确定. 而

$$\begin{aligned}\sin b \sin C &= 2 \sin b \sin \dfrac{C}{2} \cos \dfrac{C}{2} \\ &= 2 \sin b \sqrt{\dfrac{\sin(p-a)\sin(p-b)}{\sin a \sin b}} \sqrt{\dfrac{\sin p \sin(p-c)}{\sin a \sin b}}\end{aligned}$$

$$= \frac{2\sqrt{\sin p \sin(p-a)\sin(p-b)\sin(p-c)}}{\sin a},$$

$$\sin b \sin C = 2\sin\frac{b}{2}\cos\frac{b}{2}\sin C$$

$$= 2\sqrt{\frac{-\cos P\cos(P-B)}{\sin A \sin C}}\sqrt{\frac{\cos(P-A)\cos(P-C)}{\sin A \sin C}}\sin C$$

$$= \frac{2\sqrt{-\cos P\cos(P-A)\cos(P-B)\cos(P-C)}}{\sin A},$$

所以

$$\sin h = \frac{2\sqrt{\sin p \sin(p-a)\sin(p-b)\sin(p-c)}}{\sin a}$$

$$= \frac{2\sqrt{-\cos P\cos(P-A)\cos(P-B)\cos(P-C)}}{\sin A}.$$

由定理 6.1.34, 我们立即得

$$\cot\frac{E}{2} = \cot\frac{a}{2}\cot\frac{b}{2}.$$

例 6.1.4. [①] 球面三角形 ABC 中, 边 $BC = a$, 边 $CA = b$, 边 $AB = c$, 试用球面三角形的三边和球面三角形的三角求该球面三角形的球面外接圆球面半径的弧度 R 和球面内切圆球面半径的弧度 r, 与内切圆在边 BC 异侧的球面旁切圆球面半径的弧度 r_A, 与内切圆在边 CA 异侧的旁切圆球面半径的弧度 r_B, 与内切圆在边 AB 异侧的旁切圆球面半径的弧度 r_C 的正切值.

解: 如图 6.1.5, 设过球面外接圆的极 O 的一条与 BC 所在大圆垂直的大圆弧与 BC 相交于点 D, 过球面外接圆的极 O 的一条与 CA 所在大圆垂直的大圆弧与 CA 相交于点 E, 过球面外接圆的极 O 的一条与 AB 所在大圆垂直的大圆弧与 AB 相交于点 F, 则 $\angle OBD = \angle OCD$, $\angle OCE = \angle OAE$, $\angle OAF = \angle OBF$, 而 $\angle OBD + \angle OCD + \angle OCE + \angle OAE + \angle OAF + \angle OBF = A + B + C$, 所以 $\angle OAE + \angle OBF + \angle OCD = P$, 这样 $\angle OAE = P - \angle OBF - \angle OCD = P - \angle OBF - \angle OBD = P - B$, 因为在球面直角三角形 OAE 中, 有

$$\tan R = \frac{\tan\frac{b}{2}}{\cos(P-B)} = \frac{\tan\frac{b}{2}}{\cos\frac{A+C}{2}\cos\frac{B}{2} + \sin\frac{A+C}{2}\sin\frac{B}{2}},$$

由 Delambre 方程得

$$\cos\frac{A+C}{2} = \frac{\cos\frac{a+c}{2}}{\cos\frac{b}{2}}\sin\frac{B}{2}, \quad \sin\frac{A+C}{2} = \frac{\cos\frac{a+c}{2}}{\cos\frac{b}{2}}\cos\frac{B}{2},$$

[①] 计算参考了文 [17].

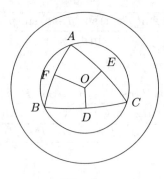

图 6.1.5

所以

$$\cos(P-B) = \frac{\sin\frac{B}{2}\cos\frac{B}{2}}{\cos\frac{b}{2}}\left(\cos\frac{a+c}{2}+\cos\frac{a-c}{2}\right)$$

$$= \frac{\sqrt{\sin p \sin(p-a)\sin(p-b)\sin(p-c)}}{2\sin\frac{a}{2}\cos\frac{b}{2}\sin\frac{c}{2}},$$

这样就得

$$\tan R = \frac{2\sin\frac{a}{2}\sin\frac{b}{2}\sin\frac{c}{2}}{\sqrt{\sin p \sin(p-a)\sin(p-b)\sin(p-c)}}.$$

利用例 6.1.2 的结果, 得

$$\tan R = \sqrt{\frac{-\cos P}{\cos(P-A)\cos(P-B)\cos(P-C)}}.$$

如图 6.1.6, 若点 I 是球面三角形 ABC 的球面内切圆的极, 则

$$AE = AF, \ BD = BF, \ CD = CE,$$
$$\angle IAE = \angle IAF = \frac{A}{2},$$

这样

$$AE + BF + CD = AF + BD + CE = p,$$

所以

$$AE = p - BF - CD = p - BD - CD = p - a,$$
$$\tan r = \sin AE \cdot \tan \angle IAE,$$

即

$$\tan r = \sin(p-a)\tan\frac{A}{2} = \sqrt{\frac{\sin(p-a)\sin(p-b)\sin(p-c)}{\sin p}}.$$

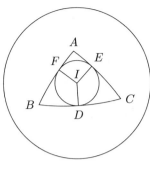

图 6.1.6

利用例 6.1.2 的结果，得

$$\tan r = \frac{\sqrt{-\cos P \cos(P-A)\cos(P-B)\cos(P-C)}}{2\cos\dfrac{A}{2}\cos\dfrac{B}{2}\cos\dfrac{C}{2}}.$$

使用类似求球面内切圆球面半径的方法，得

$$\tan r_A = \sqrt{\frac{\sin p \sin(p-b)\sin(p-c)}{\sin(p-a)}}$$

$$= \frac{\sqrt{-\cos P \cos(P-A)\cos(P-B)\cos(P-C)}}{2\sin\dfrac{A}{2}\cos\dfrac{B}{2}\cos\dfrac{C}{2}},$$

$$\tan r_B = \sqrt{\frac{\sin p \sin(p-a)\sin(p-c)}{\sin(p-b)}}$$

$$= \frac{\sqrt{-\cos P \cos(P-A)\cos(P-B)\cos(P-C)}}{2\cos\dfrac{A}{2}\sin\dfrac{B}{2}\cos\dfrac{C}{2}},$$

$$\tan r_C = \sqrt{\frac{\sin p \sin(p-a)\sin(p-b)}{\sin(p-c)}}$$

$$= \frac{\sqrt{-\cos P \cos(P-A)\cos(P-B)\cos(P-C)}}{2\cos\dfrac{A}{2}\cos\dfrac{B}{2}\sin\dfrac{C}{2}}. \qquad \Box$$

因为

$$\frac{\sin a}{\sin A} = \frac{\sin a}{2\sin\dfrac{A}{2}\cos\dfrac{A}{2}}$$

$$= \frac{\sin a \sin b \sin c}{2\sqrt{\sin p \sin(p-a)\sin(p-b)\sin(p-c)}}$$

$$= 2\cos\dfrac{a}{2}\cos\dfrac{b}{2}\cos\dfrac{c}{2}\tan R,$$

$$\frac{\sin a}{\sin A} = \frac{2\sin\frac{a}{2}\cos\frac{a}{2}}{\sin A}$$
$$= \frac{2\sqrt{-\cos P\cos(P-A)\cos(P-B)\cos(P-C)}}{\sin A\sin B\sin C}$$
$$= \frac{2\cos(P-A)\cos(P-B)\cos(P-C)}{\sin A\sin B\sin C}\tan R,$$

所以正弦定理可以写为

$$\frac{\sin a}{\sin A} = \frac{\sin b}{\sin B} = \frac{\sin c}{\sin C}$$
$$= 2\cos\frac{a}{2}\cos\frac{b}{2}\cos\frac{c}{2}\tan R = \frac{2\cos(P-A)\cos(P-B)\cos(P-C)}{\sin A\sin B\sin C}\tan R.$$

例 6.1.5. 假定地球匀速绕太阳运行，运行时的轨迹是圆，太阳在圆心，运行轨迹平面为黄道，黄道平面和赤道平面的交角固定且南北极总是与某个固定方向平行，太阳光总是以平行光线照射地球且平行于太阳中心与地球中心连线，求某一天地球某个纬度的白天长度.

解： 因为南北极要么在白天黑夜的分界线上（即春分和秋分当天），此时无所谓白天黑夜；要么是极昼（北极点为春分到秋分这个时间段，南极点为秋分到次年春分这个时间段），要么是极夜（北极点为秋分到次年春分这个时间段，南极点为春分到秋分这个时间段）. 因此下面不考虑极点的情况.

以下所规定角度和纬度均使用弧度制，设黄道平面和赤道平面的交角是 θ，选定春分点为起点，春分点到某个时间点地球绕行的角度是 x，所求的纬度是 y（北纬为正，南纬为负）. 如图 6.1.7，地球球心是 O，北极点是 N，南极点是 S，平面 OAB 是白天黑夜的分解线所在平面，平面 ONB 垂直于平面 OAB，所求纬度圆与平面 OAB 相交于点其中一点是 C，则 $\angle AON = \theta$，二面角 $N\text{-}OA\text{-}B$ 的平面角大小是 x，$\angle CON = \frac{\pi}{2} - y$，二面角 $B\text{-}ON\text{-}C$ 的平面角大小是 φ. 由球面直角三角形的边角关系得

$$\sin\angle BON = \sin\theta\sin x,$$

所以

$$\tan\angle BON = \frac{\sin\theta\sin x}{\sqrt{1-\sin^2\theta\sin^2 x}},$$

再由球面直角三角形的边角关系得

$$\cos\varphi = \tan\angle BON\cot\angle CNO = \frac{\sin\theta\sin x\tan y}{\sqrt{1-\sin^2\theta\sin^2 x}},$$

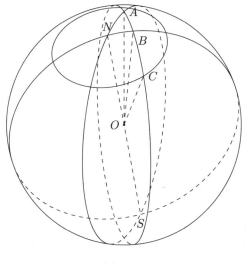

图 6.1.7

白天占的角度是 $2\pi - 2\varphi$，设白天占全天的时间比是 ρ，由此得

$$\rho = \begin{cases} \dfrac{1}{\pi} \arccos\left(-\dfrac{\sin\theta \sin x \tan y}{\sqrt{1-\sin^2\theta \sin^2 x}}\right) & \text{当} -1 \leqslant \dfrac{\sin\theta \sin x \tan y}{\sqrt{1-\sin^2\theta \sin^2 x}} \leqslant 1 \text{ 时,} \\ 1 & \text{当} \dfrac{\sin\theta \sin x \tan y}{\sqrt{1-\sin^2\theta \sin^2 x}} > 1 \text{ 时,} \\ 0 & \text{当} \dfrac{\sin\theta \sin x \tan y}{\sqrt{1-\sin^2\theta \sin^2 x}} < -1 \text{ 时.} \end{cases} \quad (6.1.1)$$

由 (6.1.1) 可知，当 $y = 0$（即纬度为赤道）时 $\rho = \dfrac{1}{2}$，即赤道无论什么时候白天黑夜都是等长的；另外当 $x = 0$ 或 $x = \pi$ 时 $\rho = \dfrac{1}{2}$，即春分和秋分当天白天黑夜都是等长的. $\rho = 1$ 即为极昼，$\rho = 0$ 即为极夜. 若 $\theta = 0$，则必定 $\rho = \dfrac{1}{2}$，也就是说此时无论什么时间白天黑夜都是等长的. □

球面四边形

对比平行四边形，我们有如下结论：

定理 6.1.39. 球面四边形对边相等的充要条件是其对角线互相平分.

证明：充分性

如图 6.1.8，球面四边形 $ABCD$ 的对角线 AC、BD 相交于点 O 且 $AO = CO$，$BO = DO$，因为 $\angle AOB = \angle COD$，所以球面三角形 AOB 与球面三角形 COD 全等，由此得 $AB = CD$. 同理可得 $BC = DA$.

图 6.1.8

必要性

如图 6.1.8，球面四边形 $ABCD$ 中 $AB = CD$，$BC = DA$，对角线 AC、BD 相交于点 O. 因为球面三角形 ABC 与球面三角形 CDA 全等，所以 $\angle ABO = \angle CDO$. 同理可得 $\angle BAO = \angle DCO$. 另外 $\angle AOB = \angle COD$，所以球面三角形 AOB 与球面三角形 COD 全等，由此得 $AO = CO$，$BO = DO$. □

定义 6.1.19. 球面四边形的对边相等且四内角也相等，则这个球面四边形称为球面矩形.

定义 6.1.20. 球面四边形的四边相等，则这个球面四边形称为球面菱形.

类似定理 6.1.39 的证明，可得定理 6.1.40、6.1.41.

定理 6.1.40. 一个球面四边形是球面矩形的充要条件是这个球面四边形对边相等且对角线相等.

定理 6.1.41. 一个球面四边形是球面菱形的充要条件是这个球面四边形对边相等且对角线互相垂直.

定理 6.1.42. 球面四边形 $ABCD$ 中 $AB = CD = a$，$BC = DA = b$，$AC = e$，$BD = f$，则

$$2\cos\frac{e}{2}\cos\frac{f}{2} = \cos a + \cos b.$$

证明： 设劣弧 AC、BD 相交于点 P，则 $AP = CP = \frac{e}{2}$，$BP = DP = \frac{f}{2}$，由边的余弦定理得

$$\cos\angle APB = \frac{\cos a - \cos\frac{e}{2}\cos\frac{f}{2}}{\sin\frac{e}{2}\sin\frac{f}{2}}, \quad \cos\angle BPC = \frac{\cos b - \cos\frac{e}{2}\cos\frac{f}{2}}{\sin\frac{e}{2}\sin\frac{f}{2}},$$

而 $\cos\angle APB + \cos\angle BPC = 0$，所以

$$2\cos\frac{e}{2}\cos\frac{f}{2} = \cos a + \cos b.$$ □

由此直接推得

推论 6.1.42.1. 球面矩形中 $AB = CD = a$, $BC = DA = b$, $AC = BD = e$, 则
$$\cos e = \cos a + \cos b - 1.$$

定理 6.1.43. 球面四边形 $ABCD$ 中, $AB = CD = a$, $BC = DA = b$, $A = C = \alpha$, $B = D = \beta$, 则
$$\tan\frac{\alpha}{2}\tan\frac{\beta}{2} = \frac{\cos\dfrac{a-b}{2}}{\cos\dfrac{a+b}{2}}.$$

证明: 因为在球面三角形 ABD 中
$$\tan\frac{E}{2} = \frac{1}{\cot\dfrac{a}{2}\cot\dfrac{b}{2}\csc\alpha + \cot\alpha},$$

所以
$$\tan\frac{\beta}{2} = \tan\left(\frac{E}{2} + \frac{\pi-\alpha}{2}\right) = \frac{\tan\dfrac{E}{2} + \cot\dfrac{\alpha}{2}}{1 - \tan\dfrac{E}{2}\cot\dfrac{\alpha}{2}} = \frac{\cos\dfrac{a-b}{2}}{\cos\dfrac{a+b}{2}}\cot\frac{\alpha}{2},$$

即
$$\tan\frac{\alpha}{2}\tan\frac{\beta}{2} = \frac{\cos\dfrac{a-b}{2}}{\cos\dfrac{a+b}{2}}. \qquad \Box$$

推论 6.1.43.1. 球面矩形中 $AB = CD = a$, $BC = DA = b$, $\angle A = \angle B = \angle C = \angle D = \theta$, 则
$$\cos\theta = -\tan\frac{a}{2}\tan\frac{b}{2}, \quad \sin\frac{E}{4} = \tan\frac{a}{2}\tan\frac{b}{2}.$$

证明: 因为
$$\tan^2\frac{\theta}{2} = \frac{1-\cos\theta}{1+\cos\theta} = \frac{\cos\dfrac{a-b}{2}}{\cos\dfrac{a+b}{2}},$$

解这个方程, 化简得
$$\cos\theta = -\tan\frac{a}{2}\tan\frac{b}{2},$$

由此得
$$\sin\frac{E}{4} = \sin\frac{4\theta - 2\pi}{4} = -\cos\theta = \tan\frac{a}{2}\tan\frac{b}{2}. \qquad \Box$$

定理 6.1.44. 已知球面四边形 $ABCD$ 中, $AB = a$, $BC = b$, $CD = c$, $DA = d$, 则
$$\cos d = \cos a\cos b\cos c + \sin b(\sin a\cos c\cos B + \sin c\cos a\cos C)$$
$$- \sin a\sin c(\cos b\cos B\cos C - \sin B\sin C).$$

证明：过点 A、B 的大圆与点 C、D 的大圆相交于点 P、Q，若弧 PAB 和弧 PDC 都是大圆劣弧，则

$$\cos P = \sin B \sin C \cos b - \cos B \cos C,$$

$$\sin PA = \frac{\sin b \sin C}{\sin P}, \quad \sin PC = \frac{\sin b \sin B}{\sin P},$$

$$\cos PA = \frac{\cos C + \cos B \cos P}{\sin B \sin P}, \quad \cos PC = \frac{\cos B + \cos C \cos P}{\sin C \sin P},$$

把上述式子代入

$$\cos d = \sin(PA - a)\sin(PC - c)\cos P + \cos(PA - a)\cos(PC - c)$$

整理化简，得

$$\cos d = \cos a \cos b \cos c + \sin b(\sin a \cos c \cos B + \sin c \cos a \cos C)$$
$$- \sin a \sin c(\cos b \cos B \cos C - \sin B \sin C).$$

其余情况同理可证. □

定理 6.1.45. 若点 A、A' 在大圆 BC 同侧，则点 A、A'、B、C 在同一小圆上的充要条件是 $\angle ABC + \angle ACB - \angle BAC = \angle A'BC + \angle A'CB - \angle BA'C$.

证明：必要性

由定理 6.1.16 立即得 $\angle ABC + \angle ACB - \angle BAC = \angle A'BC + \angle A'CB - \angle BA'C$.

充分性

设球面三角形 ABC 的外接圆圆心是 O，$\angle CBO = \angle BCO = \alpha$，设球面三角形 $A'BC$ 的外接圆圆心是 O'，$\angle CBO' = \angle BCO' = \alpha'$.

若 O 在球面三角形 ABC 内，若 O' 在球面三角形 $A'BC$ 内，由定理 6.1.16 立即得 $\angle ABC + \angle ACB - \angle BAC = 2\alpha$，$\angle A'BC + \angle A'CB - \angle BA'C = 2\alpha'$，所以必须 $\alpha = \alpha'$，即点 O、O' 重合，所以 A、A'、B、C 在同一小圆上.

其余情况类似可证. □

类似定理 6.1.45 的证明可得

定理 6.1.46. 球面凸四边形 $ABCD$ 有外接圆的充要条件是 $\angle A + \angle C = \angle B + \angle D$（图 6.1.9）.

由定理 6.1.79 得

定理 6.1.47. 球面四边形四内角相等，则这个球面四边形是球面矩形.

以下设球面四边形 $ABCD$ 中 $AB = a$，$BC = b$，$CD = c$，$DA = d$，$l_a = 2\sin\frac{a}{2}$，$l_b = 2\sin\frac{b}{2}$，$l_c = 2\sin\frac{c}{2}$，$l_d = 2\sin\frac{d}{2}$.

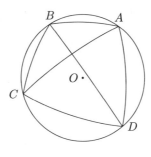

图 6.1.9

定理 6.1.48. 球面凸四边形 $ABCD$ 有外接圆，其半径的弧度是 R，记

$$p = \frac{l_a + l_b + l_c + l_d}{2}, \quad q = \frac{a + b + c + d}{2},$$

则

$$\sin R = \frac{1}{4}\sqrt{\frac{(l_al_b + l_cl_d)(l_al_c + l_bl_d)(l_al_d + l_bl_c)}{(p-l_a)(p-l_b)(p-l_c)(p-l_d)}},$$

$$\tan R = \frac{1}{16}\sqrt{\frac{(l_al_b + l_cl_d)(l_al_c + l_bl_d)(l_al_d + l_bl_c)}{t}}.$$

其中

$$t = \sin\frac{q-a}{2}\sin\frac{q-b}{2}\sin\frac{q-c}{2}\sin\frac{q-d}{2}\cos\frac{q}{2}\cos\frac{q-b-c}{2}\cos\frac{q-b-d}{2}\cos\frac{q-c-d}{2}.$$

证明： 不妨设球半径是 1，球面凸四边形 $ABCD$ 各顶点用线段联结，形成空间四边形 $ABCD$，这个空间四边形有外接圆（即球面四边形 $ABCD$ 的外接圆），所以空间四边形 $ABCD$ 是平面四边形，设平面四边形的外接圆半径是 r，则 $\sin R = r$，而平面四边形 $ABCD$ 四边长度依次是 l_a、l_b、l_c、l_d，由平面四边形外接圆半径的计算公式得

$$\sin R = r = \frac{1}{4}\sqrt{\frac{(l_al_b + l_cl_d)(l_al_c + l_bl_d)(l_al_d + l_bl_c)}{(p-l_a)(p-l_b)(p-l_c)(p-l_d)}}. \qquad \square$$

类似定理 6.1.48 的证明，得

定理 6.1.49. 球面凸四边形 $ABCD$ 有外接圆，$AC = e$，$BD = f$，则

$$2\sin\frac{e}{2} = \sqrt{\frac{(l_al_d + l_bl_c)(l_al_c + l_bl_d)}{l_al_b + l_cl_d}}, \quad 2\sin\frac{f}{2} = \sqrt{\frac{(l_al_b + l_cl_d)(l_al_c + l_bl_d)}{l_al_d + l_bl_c}}.$$

定理 6.1.50. 球面凸四边形 $ABCD$ 有外接圆，$AB = a$，$BC = b$，$CD = c$，$DA = d$，大圆 AC、BD 相交于点 P，则

$$\frac{\sin AP}{\sin CP} = \frac{l_al_d}{l_bl_c}, \quad \frac{\sin BP}{\sin DP} = \frac{l_al_b}{l_cl_d}.$$

证明： 设球心是 O，不妨设球半径是 1. 设平面四边形 $ABCD$ 对角线交点是 T，其边 $AB = a'$，$BC = b'$，$CD = c'$，$DA = d'$，则 $a' = l_a$，$b' = l_b$，$c' = l_c$，$d' = l_d$，

$$\frac{AT}{CT} = \frac{a' \sin \angle ABD}{\sin \angle ATB} \cdot \frac{\sin \angle CTD}{b' \sin \angle CBD} = \frac{a'}{b'} \cdot \frac{\sin \angle ABD}{\sin \angle CBD} = \frac{a'}{b'} \cdot \frac{\dfrac{d' \sin \angle A}{BD}}{\dfrac{c' \sin \angle C}{BD}} = \frac{a'd'}{b'c'},$$

所以

$$\frac{\sin AP}{\sin CP} = \frac{AT}{CT} = \frac{a'd'}{b'c'} = \frac{l_a l_d}{l_b l_c},$$

同理得

$$\frac{\sin BP}{\sin DP} = \frac{l_a l_b}{l_c l_d}.$$ □

定理 6.1.51. 球面凸四边形 $ABCD$ 有外接圆，则

$$\cos A = -\frac{1 - \cos b - \cos c + \cos a \cos d + 4 \sin \dfrac{a}{2} \sin \dfrac{b}{2} \sin \dfrac{c}{2} \sin \dfrac{d}{2}}{4 \cos \dfrac{a}{2} \cos \dfrac{d}{2} \left(\sin \dfrac{a}{2} \sin \dfrac{d}{2} + \sin \dfrac{b}{2} \sin \dfrac{c}{2} \right)},$$

$$\cos B = -\frac{1 - \cos c - \cos d + \cos a \cos b + 4 \sin \dfrac{a}{2} \sin \dfrac{b}{2} \sin \dfrac{c}{2} \sin \dfrac{d}{2}}{4 \cos \dfrac{a}{2} \cos \dfrac{b}{2} \left(\sin \dfrac{a}{2} \sin \dfrac{b}{2} + \sin \dfrac{c}{2} \sin \dfrac{d}{2} \right)},$$

$$\cos C = -\frac{1 - \cos a - \cos d + \cos b \cos c + 4 \sin \dfrac{a}{2} \sin \dfrac{b}{2} \sin \dfrac{c}{2} \sin \dfrac{d}{2}}{4 \cos \dfrac{b}{2} \cos \dfrac{c}{2} \left(\sin \dfrac{a}{2} \sin \dfrac{d}{2} + \sin \dfrac{b}{2} \sin \dfrac{c}{2} \right)},$$

$$\cos D = -\frac{1 - \cos a - \cos b + \cos c \cos d + 4 \sin \dfrac{a}{2} \sin \dfrac{b}{2} \sin \dfrac{c}{2} \sin \dfrac{d}{2}}{4 \cos \dfrac{c}{2} \cos \dfrac{d}{2} \left(\sin \dfrac{a}{2} \sin \dfrac{b}{2} + \sin \dfrac{c}{2} \sin \dfrac{d}{2} \right)}.$$

证明： 把

$$\sin \frac{BD}{2} = \frac{1}{2} \sqrt{\frac{(l_a l_b + l_c l_d)(l_a l_c + l_b l_d)}{l_a l_d + l_b l_c}}$$

代入

$$\cos A = \frac{\cos BD - \cos a \cos d}{\sin a \sin d},$$

化简整理，得

$$\cos A = -\frac{1 - \cos b - \cos c + \cos a \cos d + 4 \sin \dfrac{a}{2} \sin \dfrac{b}{2} \sin \dfrac{c}{2} \sin \dfrac{d}{2}}{4 \cos \dfrac{a}{2} \cos \dfrac{d}{2} \left(\sin \dfrac{a}{2} \sin \dfrac{d}{2} + \sin \dfrac{b}{2} \sin \dfrac{c}{2} \right)},$$

其余结论同理可证. □

定理 6.1.52. 球面凸四边形 $ABCD$ 有外接圆，$s = \dfrac{a+b+c+d}{2}$，则

$$\cos\frac{E}{2} = \frac{\cos a + \cos b + \cos c + \cos d - 4\sin\dfrac{a}{2}\sin\dfrac{b}{2}\sin\dfrac{c}{2}\sin\dfrac{d}{2}}{4\cos\dfrac{a}{2}\cos\dfrac{b}{2}\cos\dfrac{c}{2}\cos\dfrac{d}{2}},$$

$$\sin\frac{E}{2} = \frac{2\sqrt{k}}{\cos\dfrac{a}{2}\cos\dfrac{b}{2}\cos\dfrac{c}{2}\cos\dfrac{d}{2}},$$

$$\tan\frac{E}{4} = \sqrt{\frac{\sin\dfrac{s-a}{2}\sin\dfrac{s-b}{2}\sin\dfrac{s-c}{2}\sin\dfrac{s-d}{2}}{\cos\dfrac{s}{2}\cos\dfrac{s-b-c}{2}\cos\dfrac{s-b-d}{2}\cos\dfrac{s-c-d}{2}}},$$

其中

$$k = \sin\dfrac{s-a}{2}\sin\dfrac{s-b}{2}\sin\dfrac{s-c}{2}\sin\dfrac{s-d}{2}\cos\dfrac{s}{2}\cos\dfrac{s-b-c}{2}\cos\dfrac{s-b-d}{2}\cos\dfrac{s-c-d}{2}.$$

证明： 把

$$\cos A = -\frac{1-\cos a - \cos d + \cos b\cos c + 4\sin\dfrac{a}{2}\sin\dfrac{b}{2}\sin\dfrac{c}{2}\sin\dfrac{d}{2}}{4\cos\dfrac{a}{2}\cos\dfrac{d}{2}\left(\sin\dfrac{a}{2}\sin\dfrac{d}{2}+\sin\dfrac{b}{2}\sin\dfrac{c}{2}\right)},$$

$$\cos C = -\frac{1-\cos b - \cos c + \cos a\cos d + 4\sin\dfrac{a}{2}\sin\dfrac{b}{2}\sin\dfrac{c}{2}\sin\dfrac{d}{2}}{4\cos\dfrac{b}{2}\cos\dfrac{c}{2}\left(\sin\dfrac{a}{2}\sin\dfrac{d}{2}+\sin\dfrac{b}{2}\sin\dfrac{c}{2}\right)},$$

代入

$$\cos\frac{E}{2} = \cos(A+C-\pi) = -\cos A\cos C + \sin A\sin C,$$

整理，得

$$\cos\frac{E}{2} = \frac{\cos a + \cos b + \cos c + \cos d - 4\sin\dfrac{a}{2}\sin\dfrac{b}{2}\sin\dfrac{c}{2}\sin\dfrac{d}{2}}{4\cos\dfrac{a}{2}\cos\dfrac{b}{2}\cos\dfrac{c}{2}\cos\dfrac{d}{2}}.$$

由此便得

$$\sin\frac{E}{2} = \frac{2\sqrt{k}}{\cos\dfrac{a}{2}\cos\dfrac{b}{2}\cos\dfrac{c}{2}\cos\dfrac{d}{2}},$$

$$\tan\frac{E}{4} = \sqrt{\frac{\sin\dfrac{s-a}{2}\sin\dfrac{s-b}{2}\sin\dfrac{s-c}{2}\sin\dfrac{s-d}{2}}{\cos\dfrac{s}{2}\cos\dfrac{s-b-c}{2}\cos\dfrac{s-b-d}{2}\cos\dfrac{s-c-d}{2}}}.$$

其中

$$k = \sin\frac{s-a}{2}\sin\frac{s-b}{2}\sin\frac{s-c}{2}\sin\frac{s-d}{2}\cos\frac{s}{2}\cos\frac{s-b-c}{2}\cos\frac{s-b-d}{2}\cos\frac{s-c-d}{2}.$$ □

定理 6.1.53. 球面凸（凹）四边形有内切圆的充要条件是对边长度和相等.

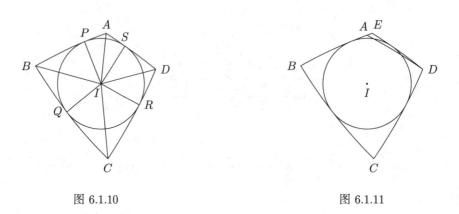

图 6.1.10   图 6.1.11

证明：仅对球面凸四边形进行证明，球面凹四边形的情形类似可证明.

必要性

如图 6.1.10，假设球面凸四边形 $ABCD$ 中，P、Q、R、S 分别是 AB、BC、CD、DA 与圆的切点，因为 $AP = AS$，$BP = BQ$，$CQ = CR$，$DR = DS$，所以 $AB + CD = AP + BP + CR + DR = AS + BQ + CQ + DS = AD + BC$.

充分性

如图 6.1.11，假设球面凸四边形 $ABCD$ 满足 $AB + CD = AD + BC$，$\angle B$、$\angle C$ 的平分线相交于点 I，以点 I 为圆心，I 到大圆 BC 的距离为半径作一圆，则圆 I 与 AB、BC、CA 都相切. 过点 D 作圆 I 的切线，与大圆 AB 相交于点 E，点 E 在球面线段 BC 外，并且不与点 A 重合，那么由凸四边形有内切圆的必要性，得 $BC + DE = BE + CD$，于是得 $DE - AD = BE - AB = AE$，根据球面距离的不等式，这是不可能的. 同理可证点 E 也不可能在球面线段 AD 内. 因此点 E 只能与点 D 重合，亦即球面凸四边形 $ABCD$ 有内切圆. □

定理 6.1.54. 球面凸四边形 $ABCD$ 有内切圆，设

$$u = \cot w + \cot x + \cot y + \cot z,$$

$$v = \cot w \cot x \cot y + \cot w \cot x \cot z + \cot w \cot y \cot z + \cot x \cot y \cot z,$$

则点 A、B、C、D 到内切圆的切点球面距离分别是 w、x、y、z 的充要条件是：$0 < w, x, y, z < \pi$，$0 < w + x + y + z < \pi$，且 $0 < u < v$.

证明：充分性

因为 $0 < w, x, y, z < \pi$，$0 < \cot w + \cot x + \cot y + \cot z < \cot w \cot x \cot y + \cot w \cot x \cot z + \cot w \cot y \cot z + \cot x \cot y \cot z$，可设

$$\sin r = \sqrt{\frac{\cot w + \cot x + \cot y + \cot z}{\cot w \cot x \cot y + \cot w \cot x \cot z + \cot w \cot y \cot z + \cot x \cot y \cot z}},$$

其中 $0 < r < \dfrac{\pi}{2}$. 再设 $0 < \alpha, \beta, \gamma, \delta < \pi$，且

$$\cot \alpha = \sin r \cot w, \quad \cot \beta = \sin r \cot x, \quad \cot \gamma = \sin r \cot y, \quad \cot \delta = \sin r \cot z,$$

利用 $\cot \dfrac{t}{2} = \dfrac{1 + \cos t}{\sin t}$，得

$$\cot \frac{\alpha + \beta}{2} = \frac{\cot w \cot x - \cot y \cot z + \sqrt{P}}{\sqrt{Q}},$$

$$\cot \frac{\gamma + \delta}{2} = \frac{\cot y \cot z - \cot w \cot x + \sqrt{P}}{\sqrt{Q}},$$

其中

$$P = (\cot w + \cot y)(\cot x + \cot y)(\cot w + \cot z)(\cot x + \cot z),$$

$$Q = (\cot w + \cot x + \cot y + \cot z)$$
$$\cdot (\cot w \cot x \cot y + \cot w \cot x \cot z + \cot w \cot y \cot z + \cot x \cot y \cot z),$$

而

$$P - (\cot w \cot x - \cot y \cot z)^2 = Q > 0,$$

所以

$$0 < \frac{\alpha + \beta}{2} < \frac{\pi}{2}, \quad 0 < \frac{\gamma + \delta}{2} < \frac{\pi}{2}, \quad \cot \frac{\alpha + \beta}{2} \cot \frac{\gamma + \delta}{2} = 1,$$

所以

$$\frac{\alpha + \beta}{2} + \frac{\alpha + \beta}{2} = \frac{\pi}{2},$$

即

$$\alpha + \beta + \gamma + \delta = \pi.$$

两个球面直角三角形其中一个角是 α、直角边分别是 r、w 的球面直角三角形拼接成一个球面四边形，这个四边形的一条对角线是原球面直角三角形的斜边，四边依次分别是 r、r、w、w；类似把两个球面直角三角形其中一个角是 β、直角边分别是 r、x 的球面直角三角形，两个球面直角三角形其中一个角是 γ、直角边分别是 r、y 的球面直角三角形，两个球面直角三角形其中一个角是 δ、直角边分别是 r、z 的球面直角三角形，各自拼接成一个球面四边形；这四个球面四边形再拼接成一个球面凸四边形，则这个球面凸四边形有内切圆，且顶点到内切圆的切点球面距离分别是 w、x、y、z.

必要性

设内切圆圆心是 I，其半径的弧度是 r，P、Q、R、S 分别是大圆 AB、BC、CD、DA 与圆的切点，设 $\angle AIP = \angle AIS = \alpha$，$\angle BIP = \angle BIQ = \beta$，$\angle CIQ = \angle CIR = \gamma$，$\angle DIR = \angle DIS = \delta$，因为

$$\cot\alpha = \sin r \cot w, \quad \cot\beta = \sin r \cot x, \quad \cot\gamma = \sin r \cot y, \quad \cot\delta = \sin r \cot z,$$
$$\alpha + \beta + \gamma + \delta = \pi,$$

所以

$$\cot(\alpha+\beta) + \cot(\gamma+\delta) = 0,$$

即

$$\frac{\sin r \cot w \cdot \sin r \cot x - 1}{\sin r \cot w + \sin r \cot x} + \frac{\sin r \cot y \cdot \sin r \cot z - 1}{\sin r \cot y + \sin r \cot z} = 0,$$

整理得

$$(\cot w \cot x \cot y + \cot w \cot x \cot z + \cot w \cot y \cot z + \cot x \cot y \cot z)\sin^2 r$$
$$= \cot w + \cot x + \cot y + \cot z.$$

因为

$$(\cot w \cot x \cot y + \cot w \cot x \cot z + \cot w \cot y \cot z + \cot x \cot y \cot z)\sin^3 r$$
$$= \cot\alpha \cot\beta \cot\gamma + \cot\alpha \cot\beta \cot\delta + \cot\alpha \cot\gamma \cot z + \cot\beta \cot\gamma \cot\delta$$
$$= \csc\alpha \csc\beta \csc\gamma \csc\delta \sin(\beta+\gamma)\sin(\beta+\delta)\sin(\gamma+\delta)$$
$$> 0,$$

所以

$$0 < \cot w + \cot x + \cot y + \cot z$$
$$< \cot w \cot x \cot y + \cot w \cot x \cot z + \cot w \cot y \cot z + \cot x \cot y \cot z. \qquad \square$$

由定理 6.1.54 的证明立即得

定理 6.1.55. 球面凸四边形 $ABCD$ 有内切圆，内切圆半径的弧度是 r，点 A、B、C、D 到内切圆的切点球面距离分别是 w、x、y、z，则

$$\sin r = \sqrt{\frac{\cot w + \cot x + \cot y + \cot z}{\cot w \cot x \cot y + \cot w \cot x \cot z + \cot w \cot y \cot z + \cot x \cot y \cot z}},$$
$$\tan r = \sqrt{\frac{\sin w \sin x \sin y \sin z (\cot w + \cot x + \cot y + \cot z)}{\sin(w+x+y+z)}}.$$

定理 6.1.56. 球面凸四边形 $ABCD$ 有内切圆，P、Q、R、S 分别是大圆 AB、BC、CD、DA 与圆的切点，$AP = AS = w$，$BP = BQ = x$，$CQ = CR = y$，$DR = DS = z$，则

$$\tan\frac{E}{4} = \frac{\sqrt{\sin w \sin x \sin y \sin z (\cot w + \cot x + \cot y + \cot z)\tan\dfrac{w+x+y+z}{2}}}{2\sqrt{2}\left(\cos\dfrac{w}{2}\cos\dfrac{x}{2}\cos\dfrac{y}{2}\cos\dfrac{z}{2} - \sin\dfrac{w}{2}\sin\dfrac{x}{2}\sin\dfrac{y}{2}\sin\dfrac{z}{2}\right)}.$$

证明： 设内切圆半径的弧度是 r，$\tan\dfrac{A}{2} = t_A$，$\tan\dfrac{B}{2} = t_B$，$\tan\dfrac{C}{2} = t_C$，$\tan\dfrac{D}{2} = t_D$，因为

$$t_A = \frac{\tan r}{\sin w},\quad t_B = \frac{\tan r}{\sin x},\quad t_C = \frac{\tan r}{\sin y},\quad t_D = \frac{\tan r}{\sin z},$$

代入

$$\tan\frac{A+B+C+D}{2} = \frac{t_A + t_B + t_C + t_D - (t_At_Bt_C + t_At_Bt_D + t_At_Ct_D + t_Bt_Ct_D)}{1 - (t_At_B + t_At_C + t_At_D + t_Bt_C + t_Bt_D + t_Ct_D) + t_At_Bt_Ct_D},$$

再利用

$$\cos^2\frac{A+B+C+D}{2} = \frac{1}{1 + \tan^2\dfrac{A+B+C+D}{2}}$$

求出 $\cos\dfrac{A+B+C+D}{2}$，然后利用

$$\tan\frac{A+B+C+D}{4} = \sqrt{\frac{1 - \cos\dfrac{A+B+C+D}{2}}{1 + \cos\dfrac{A+B+C+D}{2}}}$$

对计算结果进行化简，最后得

$$\tan\frac{E}{4} = \frac{\sqrt{\sin w \sin x \sin y \sin z (\cot w + \cot x + \cot y + \cot z)\tan\dfrac{w+x+y+z}{2}}}{2\sqrt{2}\left(\cos\dfrac{w}{2}\cos\dfrac{x}{2}\cos\dfrac{y}{2}\cos\dfrac{z}{2} - \sin\dfrac{w}{2}\sin\dfrac{x}{2}\sin\dfrac{y}{2}\sin\dfrac{z}{2}\right)}. \qquad \square$$

定理 6.1.57. 球面凹四边形 $ABCD$ 有内切圆，点 A 在球面三角形 BCD 内，设

$$u = -\cot w + \cot x + \cot y + \cot z,$$
$$v = -\cot w \cot x \cot y - \cot w \cot x \cot z - \cot w \cot y \cot z + \cot x \cot y \cot z,$$

则点 A、B、C、D 到内切圆的切点球面距离分别是 w、x、y、z 的充要条件是：$0 < w, x, y, z < \pi$，$0 < -w + x + y + z < 2\pi$，$w < x$，$w < z$，且 $0 < -w + x + y + z < \pi$，$0 > u > v$ 或 $\pi < -w + x + y + z < 2\pi$，$0 < u < v$ 或 $u = v = 0$。

证明：充分性

若 $0 < -w+x+y+z < \pi$, $0 > u > v$ 或 $\pi < -w+x+y+z < 2\pi$, $0 < u < v$, 类似定理 6.1.54 的证明即可证明.

若 $-\cot w \cot x \cot y - \cot w \cot x \cot z - \cot w \cot y \cot z + \cot x \cot y \cot z = -\cot w + \cot x + \cot y + \cot z = 0$, 则得 $\cot w = \cot y$, $\cot x + \cot z$ 或 $\cot w = \cot x$, $\cot y + \cot z = 0$ 或 $\cot w = \cot z$, $\cot x + \cot y = 0$, 即 $w = y$, $x + z = \pi$ 或 $w = x$, $y + z = \pi$ 或 $w = z$, $x + y = \pi$. $w = x$, $y + z = \pi$ 或 $w = z$, $x + y = \pi$ 显然不满足边是劣弧的条件, 所以只能 $w = y$, $x + z = \pi$, 此时任取 $0 < r < \dfrac{\pi}{2}$, 设 $0 < \alpha, \beta, \gamma, \delta < \pi$, 且

$$\cot \alpha = \sin r \cot w, \quad \cot \beta = \sin r \cot x, \quad \cot \gamma = \sin r \cot y, \quad \cot \delta = \sin r \cot z,$$

则

$$-\alpha + \beta + \gamma + \delta = \pi,$$

类似定理 6.1.54 的证明中的拼接方法易知此时有凹四边形满足题设的条件, 且内切圆半径的弧度是 r.

必要性

类似定理 6.1.54 的证明即可证明. □

类似定理 6.1.57 的证明, 得:

定理 6.1.58. 球面凹四边形 $ABCD$ 有内切圆, 点 A 在球面三角形 BCD 内, 内切圆半径的弧度是 r, 点 A、B、C、D 到内切圆的切点球面距离分别是 w、x、y、z, $-\cot w \cot x \cot y - \cot w \cot x \cot z - \cot w \cot y \cot z + \cot x \cot y \cot z < -\cot w + \cot x + \cot y + \cot z < 0$, 则

$$\sin r = \sqrt{\dfrac{-\cot w + \cot x + \cot y + \cot z}{-\cot w \cot x \cot y - \cot w \cot x \cot z - \cot w \cot y \cot z + \cot x \cot y \cot z}},$$

$$\tan r = \sqrt{\dfrac{-\sin w \sin x \sin y \sin z(-\cot w + \cot x + \cot y + \cot z)}{\sin(-w+x+y+z)}}.$$

由定理 6.1.57 的证明立即得

定理 6.1.59. 球面凹四边形 $ABCD$ 有内切圆, 点 A 在球面三角形 BCD 内, 则点 A、B、C、D 到内切圆的切点球面距离分别是 w、x、y、z, 则 $-\cot w \cot x \cot y - \cot w \cot x \cot z - \cot w \cot y \cot z + \cot x \cot y \cot z = -\cot w + \cot x + \cot y + \cot z = 0$ 的充要条件是 $w = y$, $x + z = \pi$.

定理 6.1.60. 球面凹四边形 $ABCD$ 有内切圆, 点 A 在球面三角形 BCD 内, 则点 A、B、C、D 到内切圆的切点球面距离分别是 w、x、y、z, $-\cot w \cot x \cot y - \cot w \cot x \cot z - \cot w \cot y \cot z + \cot x \cot y \cot z = -\cot w + \cot x + \cot y + \cot z = 0$, 则内切圆的半径不确定.

类似定理 6.1.56 的证明，得

定理 6.1.61. 球面凹四边形 $ABCD$ 有内切圆，点 A 在球面三角形 BCD 内，P、Q、R、S 分别是大圆 AB、BC、CD、DA 与圆的切点，$AP = AS = w$，$BP = BQ = x$，$CQ = CR = y$，$DR = DS = z$，则

$$\tan\frac{E}{4} = \frac{\sqrt{-\sin w \sin x \sin y \sin z(-\cot w + \cot x + \cot y + \cot z)\tan\frac{-w+x+y+z}{2}}}{2\sqrt{2}\left(\cos\frac{w}{2}\cos\frac{x}{2}\cos\frac{y}{2}\cos\frac{z}{2} + \sin\frac{w}{2}\sin\frac{x}{2}\sin\frac{y}{2}\sin\frac{z}{2}\right)}.$$

定理 6.1.62. 球面凸四边形 $ABCD$ 和球面凹四边形 AB_1CD_1 有内切圆，半径弧度是 r，点 A 在球面三角形 B_1CD_1 内，且与边 AB、BC、CD、DA 的切点分别是 W、X、Y、Z，点 B_1、A、D 在同一大圆上，点 B_1、B、C 在同一大圆上，点 D_1、A、B 在同一大圆上，点 D_1、D、C 在同一大圆上，$BW = BX = x$，$CX = CY = y$，$DY = DZ = z$，$B_1X = B_1Z = x_1$，$D_1W = D_1Y = z_1$，则

$$(\cot x \cot y + \cot x \cot z_1 + \cot y \cot z_1)\sin^2 r = 1,$$
$$(\cot x_1 \cot y + \cot x_1 \cot z + \cot y \cot z)\sin^2 r = 1,$$
$$(\cot x_1 \cot y_1 + \cot x_1 \cot z + \cot y_1 \cot z)\sin^2 r = 1,$$
$$(\cot x \cot y_1 + \cot x \cot z_1 + \cot y_1 \cot z_1)\sin^2 r = 1.$$

证明： 设内切圆圆心是 I，球面角 BIX 和 BIX 是 β，球面角 CIX 和 CIY 是 γ，球面角 D_1IY 和 D_1IW 是 δ_1，则

$$\cot\beta = \sin r \cot x, \quad \cot\gamma = \sin r \cot y, \quad \cot\delta_1 = \sin r \cot z_1,$$

由

$$\tan(\beta + \gamma + \delta_1) = \frac{\cot\beta\cot\gamma + \cot\beta\cot\delta_1 + \cot\gamma\cot\delta_1 - 1}{\cot\beta\cot\gamma\cot\delta_1 - (\cot\beta + \cot\gamma + \cot\delta_1)}$$

得

$$\cot\beta\cot\gamma + \cot\beta\cot\delta_1 + \cot\gamma\cot\delta_1 = 1,$$

整理得

$$(\cot x \cot y + \cot x \cot z_1 + \cot y \cot z_1)\sin^2 r = 1,$$

同理得

$$(\cot x_1 \cot y + \cot x_1 \cot z + \cot y \cot z)\sin^2 r = 1,$$
$$(\cot x_1 \cot y_1 + \cot x_1 \cot z + \cot y_1 \cot z)\sin^2 r = 1,$$
$$(\cot x \cot y_1 + \cot x \cot z_1 + \cot y_1 \cot z_1)\sin^2 r = 1.$$ □

定义 6.1.21. 与球面四边形（凸或凹）$ABCD$ 各边所在大圆相切，且球面四边形 $ABCD$ 与圆分别在 $\angle A$（含边界）及其对顶角（含边界）处，则这个圆称为球面四边形 $ABCD$ 关于点 A 的旁切圆（如图 6.1.12）。

定理 6.1.63. 球面凸四边形 $ABCD$ 有关于点 A 的旁切圆，则 $AB < CD$，$DA < BC$ 或 $AB > CD$，$DA > BC$ 或 $AB = CD$，$DA = BC$。球面凹四边形 $ABCD$ 有关于点 A 的旁切圆，则 $AB < CD$，$DA < BC$。

证明： 证明类似定理定理 6.1.53 的证明，可得球面四边形 $ABCD$ 有关于点 A 的旁切圆，则 $AB + BC = CD + DA$。

对于球面凹四边形 $ABCD$，因为定 $AB + DA < BC + CD$，所以 $AB + DA - (CD + DA) < BC + CD - (AB + BC)$，$AB + DA - (AB + BC) < BC + CD - (CD + DA)$，即 $AB < CD$，$DA < BC$。对于球面凸四边形 $ABCD$，设大圆 BC、CD 的另一交点是 C'，在球面凹四边形 $ABC'D$ 中有内切圆，所以 $0 < AB + DA + \pi - BC + \pi - CD < 4\pi$，即 $-2\pi < AB + DA - BC - CD < 2\pi$，类似球面凹四边形的证明即得当 $-2\pi < AB + DA - BC - CD < 0$ 时有 $AB < CD$；$DA < BC$，当 $AB + DA - BC - CD = 0$ 时有 $AB = CD$，$DA = BC$；当 $0 < AB + DA - BC - CD < 2\pi$ 时有 $AB > CD$，$DA > BC$。 $\square$

类似定理 6.1.53 的证明，可得

定理 6.1.64. 球面凸四边形 $ABCD$ 关于点 A 的有旁切圆的充要条件是 $AB < CD$，$DA < BC$ 或 $AB > CD$，$DA > BC$ 或 $AB = CD$，$DA = BC$，$AB + BC = CD + DA$。球面凹四边形 $ABCD$ 关于点 A 的有旁切圆的充要条件是 $AB < CD$，$DA < BC$，$AB + BC = CD + DA$。

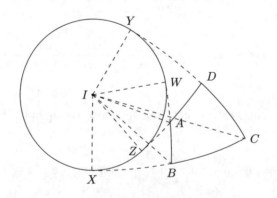

图 6.1.12

设球面凸四边形 $ABCD$ 关于点 A 有旁切圆，大圆 BC、CD 的另一交点是 C'，则这个旁切圆是球面凹四边形 $ABC'D$ 的内切圆，由定理 6.1.57 立即得

定理 6.1.65. 球面凸四边形 $ABCD$ 关于点 A 有旁切圆，设 $u = \cot w - \cot x + \cot y - \cot z$，$v = -\cot w \cot x \cot y + \cot w \cot x \cot z - \cot w \cot y \cot z + \cot x \cot y \cot z$，则点 A、B、C、D 到旁切圆的切点球面距离分别是 w、x、y、z 的充要条件是 $0 < w, x, y, z < \pi$，$-\pi < w - x + y - z < \pi$，$w < x$，$w < z$，$y > x$，$y > z$，且 $0 < w - x + y - z < \pi$，$0 < u < v$ 或 $-\pi < w - x + y - z < 0$，$0 > u > v$ 或 $u = v = 0$.

由定理 6.1.58 得

定理 6.1.66. 球面凸四边形 $ABCD$ 关于点 A 有旁切圆，旁切圆半径的弧度是 r，点 A、B、C、D 到旁切圆的切点球面距离分别是 w、x、y、z，$0 < \cot w - \cot x + \cot y - \cot z < -\cot w \cot x \cot y + \cot w \cot x \cot z - \cot w \cot y \cot z + \cot x \cot y \cot z$，则

$$\sin r = \sqrt{\frac{\cot w - \cot x + \cot y - \cot z}{-\cot w \cot x \cot y + \cot w \cot x \cot z - \cot w \cot y \cot z + \cot x \cot y \cot z}},$$

$$\tan r = \sqrt{\frac{\sin w \sin x \sin y \sin z (\cot w - \cot x + \cot y - \cot z)}{\sin(w - x + y - z)}}.$$

由定理 6.1.59 得

定理 6.1.67. 球面凸四边形 $ABCD$ 关于点 A 有旁切圆，则点 A、B、C、D 到旁切圆的切点球面距离分别是 w、x、y、z，则 $\cot w - \cot x + \cot y - \cot z = -\cot w \cot x \cot y + \cot w \cot x \cot z - \cot w \cot y \cot z + \cot x \cot y \cot z = 0$ 的充要条件是 $w + y = \pi$，$x + z = \pi$.

由定理 6.1.60 得

定理 6.1.68. 球面凸四边形 $ABCD$ 关于点 A 有旁切圆，则点 A、B、C、D 到旁切圆的切点球面距离分别是 w、x、y、z，$\cot w - \cot x + \cot y - \cot z = -\cot w \cot x \cot y + \cot w \cot x \cot z - \cot w \cot y \cot z + \cot x \cot y \cot z = 0$，则内切圆的半径不确定.

类似定理 6.1.56 的证明，得

定理 6.1.69. 球面凸四边形 $ABCD$ 关于点 A 有内旁圆，W、X、Y、Z 分别是大圆 AB、BC、CD、DA 与圆的切点，$AZ = AW = w$，$BW = BX = x$，$CX = CY = y$，$DY = DZ = z$，则

$$\tan \frac{E}{4} = \frac{\sqrt{\sin w \sin x \sin y \sin z (\cot w - \cot x + \cot y - \cot z) \tan \frac{w - x + y - z}{2}}}{2\sqrt{2}\left(\cos \frac{w}{2} \cos \frac{x}{2} \cos \frac{y}{2} \cos \frac{z}{2} - \sin \frac{w}{2} \sin \frac{x}{2} \sin \frac{y}{2} \sin \frac{z}{2}\right)}.$$

设球面凹四边形 $ABCD$ 关于点 A 有旁切圆，大圆 BC、CD 的另一交点是 C'，则这个旁切圆是球面凸四边形 $ABC'D$ 的内切圆，由定理 6.1.54 立即得

定理 6.1.70. 球面凹四边形 $ABCD$ 关于点 A 有旁切圆，设 $u = -\cot w - \cot x + \cot y - \cot z$，$v = \cot w \cot x \cot y - \cot w \cot x \cot z + \cot w \cot y \cot z + \cot x \cot y \cot z$，则点 A、

B、C、D 到旁切圆的切点球面距离分别是 w、x、y、z 的充要条件是 $0 < w,x,y,z < \pi$, $0 < -w-x+y-z < \pi$，且 $0 > u > v$.

由定理 6.1.55 得

定理 6.1.71. 球面凹四边形 $ABCD$ 关于点 A 有旁切圆，旁切圆半径的弧度是 r，点 A、B、C、D 到旁切圆的切点球面距离分别是 w、x、y、z，则

$$\sin r = \sqrt{\frac{-\cot w - \cot x + \cot y - \cot z}{\cot w \cot x \cot y - \cot w \cot x \cot z + \cot w \cot y \cot z + \cot x \cot y \cot z}},$$

$$\tan r = \sqrt{\frac{\sin w \sin x \sin y \sin z(-\cot w - \cot x + \cot y - \cot z)}{\sin(w+x-y+z)}}.$$

类似定理 6.1.56 的证明，得

定理 6.1.72. 球面凹四边形 $ABCD$ 关于点 A 有旁且圆，点 A 在球面三角形 BCD 内，W、X、Y、Z 分别是大圆 AB、BC、CD、DA 与圆的切点，$AZ = AW = w$, $BW = BX = x$, $CX = CY = y$, $DY = DZ = z$，则

$$\tan \frac{E}{4} = \frac{\sqrt{-\sin w \sin x \sin y \sin z(-\cot w - \cot x + \cot y - \cot z)\tan \frac{-w-x+y-z}{2}}}{2\sqrt{2}\left(\cos \frac{w}{2} \cos \frac{x}{2} \cos \frac{y}{2} \cos \frac{z}{2} + \sin \frac{w}{2} \sin \frac{x}{2} \sin \frac{y}{2} \sin \frac{z}{2}\right)}.$$

类似定理 6.1.62 得

定理 6.1.73. 球面凸四边形 $ABCD$ 和球面凹四边形 AB_1CD_1 有关于点 A 的旁切圆，半径弧度是 r，点 A 在球面三角形 B_1CD_1 内，且与边 AB、BC、CD、DA 的切点分别是 W、X、Y、Z，点 B_1、A、D 在同一大圆上，点 B_1、B、C 在同一大圆上，点 D_1、A、B 在同一大圆上，点 D_1、D、C 在同一大圆上，$BW = BX = x$, $CX = CY = y$, $DY = DZ = z$, $B_1X = B_1Z = x_1$, $D_1W = D_1Y = z_1$，则

$$(\cot x \cot y - \cot x \cot z_1 + \cot y \cot z_1)\sin^2 r = -1,$$
$$(\cot x_1 \cot y - \cot x_1 \cot z + \cot y \cot z)\sin^2 r = -1,$$
$$(\cot x_1 \cot y_1 - \cot x_1 \cot z + \cot y_1 \cot z)\sin^2 r = -1,$$
$$(\cot x \cot y_1 - \cot x \cot z_1 + \cot y_1 \cot z_1)\sin^2 r = -1.$$

定理 6.1.74. 有内切圆或旁切圆的球面四边形两双对边的切点所在的大圆与对角线所在的大圆交于同一点.

证明： 仅对有内切圆的情形进行证明，旁切圆的情形同理可证.

设球心是 O，球面四边形 $ABCD$ 有内切圆，内切圆与大圆 AB、BC、CD、DA 的切点分别是 W、X、Y、Z，平面 $WXYZ$ 分别交直线 OA、OB、OC、OD 于点 A'、B'、C'、

D'，则平面四边形 $A'B'C'D'$ 有内切圆，即球面四边形 $ABCD$ 的内切圆，与直线 $A'B'$、$B'C'$、$C'D'$、$D'A'$ 的切点分别是 W、X、Y、Z，根据平面四边形中的 Brianchon 定理，直线 WY、XZ、$A'C'$、$B'D'$ 交于同一点，所以平面 WOY、XOZ、AOC、BOD 交于同直线，这条直线过点 O，所以大圆 WY、XZ、AC、BD 交于同一点. □

定理 6.1.75. [1] $\odot I$ 是球面四边形 $ABCD$ 的内（旁）切圆，$\odot I$ 与大圆 AB、BC、CD、DA 的切点分别是 W、X、Y、Z，$AZ = AW = w$，$BW = BX = x$，$CX = CY = y$，$DY = DZ = z$，大圆 AC、BD 相交于点 P，则

$$\frac{\sin AP}{\sin CP} = \frac{\sin w}{\sin y}, \quad \frac{\sin BP}{\sin DP} = \frac{\sin x}{\sin z}.$$

证明： 设大圆 AB、CD 交于点 Q，对球面 $\triangle ACQ$ 和截线 WPY 应用球面三角形的 Menelaus 定理，得

$$\frac{\sin AP}{\sin CP} \cdot \frac{\sin CY}{\sin YQ} \cdot \frac{\sin WQ}{\sin AW} = 1,$$

而

$$WQ = YQ,$$

所以

$$\frac{\sin AP}{\sin CP} = \frac{\sin AW}{\sin CY} = \frac{\sin w}{\sin y}.$$

同理可得

$$\frac{\sin BP}{\sin DP} = \frac{\sin x}{\sin z}. \qquad □$$

定理 6.1.76. 球面凸四边形 $ABCD$ 有外接圆，$AB = a$，$BC = b$，$CD = c$，$DA = d$，$a + c = b + d = p$，$a - b = d - c = q_1$，$a - d = c - b = q_2$，其内切圆半径的弧度是 r，顶点 A、B、C、D 到内切圆的切线长分别是 w、x、y、z，则

$$\tan\frac{A}{2} = \sqrt{\frac{\sin\frac{b}{2}\sin\frac{c}{2}\cos\frac{q_2}{2}}{\sin\frac{a}{2}\sin\frac{d}{2}\cos\frac{q_1}{2}\cos\frac{p}{2}}}, \quad \tan\frac{B}{2} = \sqrt{\frac{\sin\frac{c}{2}\sin\frac{d}{2}\cos\frac{q_1}{2}}{\sin\frac{a}{2}\sin\frac{b}{2}\cos\frac{q_2}{2}\cos\frac{p}{2}}},$$

$$\tan\frac{C}{2} = \sqrt{\frac{\sin\frac{a}{2}\sin\frac{d}{2}\cos\frac{q_1}{2}}{\sin\frac{b}{2}\sin\frac{c}{2}\cos\frac{q_2}{2}\cos\frac{p}{2}}}, \quad \tan\frac{D}{2} = \sqrt{\frac{\sin\frac{a}{2}\sin\frac{b}{2}\cos\frac{q_2}{2}}{\sin\frac{c}{2}\sin\frac{d}{2}\cos\frac{q_1}{2}\cos\frac{p}{2}}},$$

$$\cot w = \frac{\tan\frac{q_1}{2}\cos\frac{q_2}{2} - \sin\frac{a+d}{2}}{2\sin\frac{a}{2}\sin\frac{d}{2}}, \quad \cot x = \frac{\tan\frac{q_2}{2}\cos\frac{q_1}{2} - \sin\frac{a+b}{2}}{2\sin\frac{a}{2}\sin\frac{b}{2}},$$

$$\cot y = -\frac{\tan\frac{q_1}{2}\cos\frac{q_2}{2} + \sin\frac{b+c}{2}}{2\sin\frac{b}{2}\sin\frac{c}{2}}, \quad \cot z = -\frac{\tan\frac{q_2}{2}\cos\frac{q_1}{2} + \sin\frac{c+d}{2}}{2\sin\frac{c}{2}\sin\frac{d}{2}},$$

---

[1] 证明方法由田开斌老师提供的平面四边形情形推广得到.

$$\cot r = \frac{1}{2}\sqrt{\frac{\cos\frac{p}{2}\left(\sin^2\frac{a}{2}+\sin^2\frac{b}{2}+\sin^2\frac{c}{2}+\sin^2\frac{d}{2}-\sin^2\frac{q_1}{2}-\sin^2\frac{q_2}{2}\right)}{\sin\frac{a}{2}\sin\frac{b}{2}\sin\frac{c}{2}\sin\frac{d}{2}\cos\frac{q_1}{2}\cos\frac{q_2}{2}}},$$

$$\tan\frac{E}{4} = \sqrt{\frac{\sin\frac{a}{2}\sin\frac{b}{2}\sin\frac{c}{2}\sin\frac{d}{2}}{\cos\frac{p}{2}\cos\frac{q_1}{2}\cos\frac{q_2}{2}}}.$$

证明：由

$$\cos A = -\frac{1-\cos b-\cos c+\cos a\cos d+4\sin\frac{a}{2}\sin\frac{b}{2}\sin\frac{c}{2}\sin\frac{d}{2}}{4\cos\frac{a}{2}\cos\frac{d}{2}\left(\sin\frac{a}{2}\sin\frac{d}{2}+\sin\frac{b}{2}\sin\frac{c}{2}\right)},$$

$$\cos B = -\frac{1-\cos c-\cos d+\cos a\cos b+4\sin\frac{a}{2}\sin\frac{b}{2}\sin\frac{c}{2}\sin\frac{d}{2}}{4\cos\frac{a}{2}\cos\frac{b}{2}\left(\sin\frac{a}{2}\sin\frac{b}{2}+\sin\frac{c}{2}\sin\frac{d}{2}\right)},$$

$$\cos C = -\frac{1-\cos a-\cos d+\cos b\cos c+4\sin\frac{a}{2}\sin\frac{b}{2}\sin\frac{c}{2}\sin\frac{d}{2}}{4\cos\frac{b}{2}\cos\frac{c}{2}\left(\sin\frac{a}{2}\sin\frac{d}{2}+\sin\frac{b}{2}\sin\frac{c}{2}\right)},$$

$$\cos D = -\frac{1-\cos a-\cos b+\cos c\cos d+4\sin\frac{a}{2}\sin\frac{b}{2}\sin\frac{c}{2}\sin\frac{d}{2}}{4\cos\frac{c}{2}\cos\frac{d}{2}\left(\sin\frac{a}{2}\sin\frac{b}{2}+\sin\frac{c}{2}\sin\frac{d}{2}\right)},$$

化简得

$$\tan\frac{A}{2} = \sqrt{\frac{\sin\frac{b}{2}\sin\frac{c}{2}\cos\frac{q_2}{2}}{\sin\frac{a}{2}\sin\frac{d}{2}\cos\frac{q_1}{2}\cos\frac{p}{2}}}, \quad \tan\frac{B}{2} = \sqrt{\frac{\sin\frac{c}{2}\sin\frac{d}{2}\cos\frac{q_1}{2}}{\sin\frac{a}{2}\sin\frac{b}{2}\cos\frac{q_2}{2}\cos\frac{p}{2}}},$$

$$\tan\frac{C}{2} = \sqrt{\frac{\sin\frac{a}{2}\sin\frac{d}{2}\cos\frac{q_1}{2}}{\sin\frac{b}{2}\sin\frac{c}{2}\cos\frac{q_2}{2}\cos\frac{p}{2}}}, \quad \tan\frac{D}{2} = \sqrt{\frac{\sin\frac{a}{2}\sin\frac{b}{2}\cos\frac{q_2}{2}}{\sin\frac{c}{2}\sin\frac{d}{2}\cos\frac{q_1}{2}\cos\frac{p}{2}}}.$$

设内切圆圆心是 I，$P = \dfrac{A+B+2\angle AIB}{4}$，由

$$\cos\angle AIB = \sin\frac{A}{2}\sin\frac{B}{2}\cos a - \cos\frac{A}{2}\cos\frac{B}{2},$$

$$\sin r = \frac{2\sqrt{-\cos P\cos\left(P-\frac{A}{2}\right)\cos\left(P-\frac{B}{2}\right)\cos(P-\angle AIB)}}{\sin\angle AIB},$$

化简得
$$\cot r = \frac{1}{2}\sqrt{\frac{\cos\frac{p}{2}\left(\sin^2\frac{a}{2}+\sin^2\frac{b}{2}+\sin^2\frac{c}{2}+\sin^2\frac{d}{2}-\sin^2\frac{q_1}{2}-\sin^2\frac{q_2}{2}\right)}{\sin\frac{a}{2}\sin\frac{b}{2}\sin\frac{c}{2}\sin\frac{d}{2}\cos\frac{q_1}{2}\cos\frac{q_2}{2}}}.$$

由
$$\frac{\sin w}{\sin x} = \frac{\cot\frac{A}{2}}{\cot\frac{B}{2}}$$

得
$$\sin a \cot w - \cos a = \frac{\cot\frac{B}{2}}{\cot\frac{A}{2}}, \quad \sin a \cot x - \cos a = \frac{\cot\frac{A}{2}}{\cot\frac{B}{2}},$$

化简得
$$\cot w = \frac{\tan\frac{q_1}{2}\cos\frac{q_2}{2} - \sin\frac{a+d}{2}}{2\sin\frac{a}{2}\sin\frac{d}{2}}, \quad \cot x = \frac{\tan\frac{q_2}{2}\cos\frac{q_1}{2} - \sin\frac{a+b}{2}}{2\sin\frac{a}{2}\sin\frac{b}{2}},$$

同理得
$$\cot y = -\frac{\tan\frac{q_1}{2}\cos\frac{q_2}{2} + \sin\frac{b+c}{2}}{2\sin\frac{b}{2}\sin\frac{c}{2}}, \quad \cot z = -\frac{\tan\frac{q_2}{2}\cos\frac{q_1}{2} + \sin\frac{c+d}{2}}{2\sin\frac{c}{2}\sin\frac{d}{2}}.$$

由有外接圆的球面凸四边形的球面角盈公式化简得
$$\tan\frac{E}{4} = \sqrt{\frac{\sin\frac{a}{2}\sin\frac{b}{2}\sin\frac{c}{2}\sin\frac{d}{2}}{\cos\frac{p}{2}\cos\frac{q_1}{2}\cos\frac{q_2}{2}}}. \qquad \Box$$

球面正多边形和球面半正多边形

定义 6.1.22. 各边相等, 各角也相等的球面凸多边形称为球面正多边形.

容易证明

定理 6.1.77. 球面正多边形有外接圆和内切圆.

由球面直角三角形的公式立即得

定理 6.1.78. 球面正 n 边形的边是 a，角是 α，外接圆半径的弧度是 R，内切圆半径的弧度是 r，则

$$\cos\frac{a}{2}\sin\frac{\alpha}{2} = \cos\frac{\pi}{n}, \quad \sin R = \frac{\sin\frac{a}{2}}{\sin\frac{\pi}{n}},$$

$$\sin r = \frac{\tan\frac{a}{2}}{\tan\frac{\pi}{n}}, \quad \cos R = \cot\frac{\alpha}{2}\cot\frac{\pi}{n}, \quad \cos r = \frac{\cos\frac{\alpha}{2}}{\sin\frac{\pi}{n}}.$$

容易证明

引理 6.1.1. 球面三角形 $\triangle ABC$、$\triangle A'B'C'$ 的外接圆半径相等，$AB = A'B'$，$\angle BAC = \angle B'A'C'$，则 $\triangle ABC \cong \triangle A'B'C'$.

定理 6.1.79. 球面凸 n 边形 $A_1A_2\ldots A_n$ 有外接圆，且各角都相等，则
（1） 当 n 是奇数时这个球面凸 n 边形是球面正多边形；
（2） 当 n 是偶数有 $A_1A_2 = A_3A_4 = \cdots = A_{n-1}A_n$，$A_2A_3 = A_4A_5 = \cdots = A_nA_1$.

证明： 由引理 6.1.1 得

$$A_1A_2 = A_3A_4 = \cdots = a, \quad A_2A_3 = A_4A_5 = \cdots = b.$$

当 n 是奇数时最后必然得 $A_nA_1 = a$，而 $A_nA_1 = A_2A_3$，所以 $a = b$，即球面凸 n 边形各边相等，所以这个球面凸 n 边形是球面正多边形；当 n 是偶数最后就有

$$A_1A_2 = A_3A_4 = \cdots = A_{n-1}A_n, \quad A_2A_3 = A_4A_5 = \cdots = A_nA_1. \qquad \square$$

定义 6.1.23. 球面凸 n（n 是大于 2 的偶数）边形 $A_1A_2\ldots A_n$ 有 $A_1A_2 = A_3A_4 = \cdots = A_{n-1}A_n$，$A_2A_3 = A_4A_5 = \cdots = A_nA_1$，且各角相等，则这个球面凸 n 边形称为球面半正 n 边形.

图 6.1.13 画的是一种球面正五边形，图 6.1.14 画的是一种球面半正六边形.

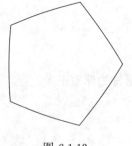

图 6.1.13

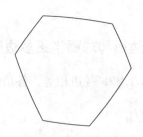

图 6.1.14

容易证明

定理 6.1.80. 球面半正多边形有外接圆,但无内切圆.

定理 6.1.81. 球面半正 $2n$ 边形 $A_1A_2...A_{2n}$ 中,$A_{2i-1}A_{2i} = a$,$A_{2i}A_{2i+1} = b$ ($i = 1,2,...,n$)(规定 $A_{2n+1} = A_1$),半径的弧度是 R,则

$$\cos\alpha = -\frac{\cos\dfrac{\pi}{n} + \sin\dfrac{a}{2}\sin\dfrac{b}{2}}{\cos\dfrac{a}{2}\cos\dfrac{b}{2}},\quad \sin R = \frac{\sqrt{\sin^2\dfrac{a}{2} + \sin^2\dfrac{b}{2} + 2\sin\dfrac{a}{2}\sin\dfrac{b}{2}\cos\dfrac{\pi}{n}}}{\sin\dfrac{\pi}{n}}.$$

证明: 因为球面半正 $2n$ 边形有外接圆,所以球面半正 $2n$ 边形各顶点共面. 不妨设球半径是 1,设平面 $2n$ 边形 $A_1A_2...A_{2n}$ 的外接圆圆心是 O,半径是 r,则平面 $2n$ 边形 $A_1A_2...A_{2n}$ 中

$$A_1A_2 = 2\sin\frac{a}{2},\quad A_2A_3 = 2\sin\frac{b}{2},\quad \angle A_1OA_3 = \frac{2\pi}{n},$$

所以

$$\angle A_1A_2A_3 = \pi - \frac{\pi}{n},$$

由三角形余弦定理得

$$2\sin\frac{\widehat{A_1A_3}}{2} = A_1A_3 = 2\sqrt{\sin^2\frac{a}{2} + \sin^2\frac{b}{2} + 2\sin\frac{a}{2}\sin\frac{b}{2}\cos\frac{\pi}{n}},$$

这样就得

$$\cos\alpha = \frac{\cos\widehat{A_1A_3} - \cos a\cos b}{\sin a\sin b} = -\frac{4\sin\dfrac{a}{2}\sin\dfrac{b}{2}\cos\dfrac{\pi}{n} + (1-\cos a)(1-\cos b)}{\sin a\sin b}$$

$$= -\frac{\cos\dfrac{\pi}{n} + \sin\dfrac{a}{2}\sin\dfrac{b}{2}}{\cos\dfrac{a}{2}\cos\dfrac{b}{2}},$$

$$\sin R = r = \frac{A_1A_3}{2\sin\angle A_1A_2A_3} = \frac{\sqrt{\sin^2\dfrac{a}{2} + \sin^2\dfrac{b}{2} + 2\sin\dfrac{a}{2}\sin\dfrac{b}{2}\cos\dfrac{\pi}{n}}}{\sin\dfrac{\pi}{n}}. \quad\square$$

6.2 圆锥、圆柱的截线和测地线

圆锥的截线

下面讨论平面截圆锥,得到的截线的形状. 当截面不过圆锥顶点时这种方法是由 Germinal Dandelin 得到的.

设圆锥的轴与母线的夹角是 α,截面与圆锥的轴所成角是 β,圆锥的顶点是 O,顶点到截面的距离是 d.

当截面不过圆锥顶点时

(1) 当 $\alpha < \beta$ 时

当 $\beta = 90°$ 时,截线显然是圆,其半径是 $d\tan\alpha$.

当 $\beta \neq 90°$ 时,如图 6.2.1 所示,作与圆锥及截面 π 都相切的球 O_1、O_2,截面 π 与球 O_1 相切于点 F_1,截面 π 与球 O_2 相切于点 F_2,球 O_1 与圆锥相切的切线圆 C_1 所在平面是 π_1,球 O_2 与圆锥相切的切线圆 C_2 所在平面是 π_2,平面 π 与 π_1 相交于直线 l_1,平面 π 与 π_2 相交于直线 l_2.

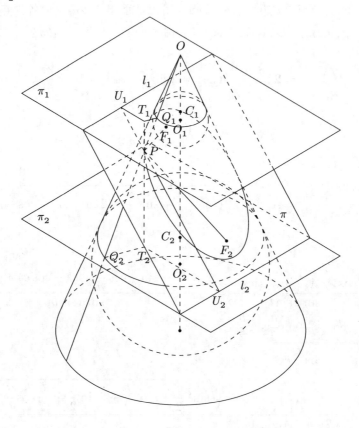

图 6.2.1

取截线上任一点 P,直线 OP 交 $\odot C_1$ 于点 Q_1,交 $\odot C_2$ 于点 Q_2,点 P 在 π_1 内的射影是 T_1,在 π_2 内的射影是 T_2,过点 P 与 l_1 垂直的直线交 l_1 于点 U_1,过点 P 与 l_2 垂直的直线交 l_2 于点 U_2. 因为
$$PF_1 = PQ_1, \quad PF_2 = PQ_2,$$
所以
$$PF_1 + PF_2 = PQ_1 + PQ_2 = Q_1Q_2,$$
而 Q_1Q_2 是夹在 $\odot C_1$ 与 $\odot C_2$ 之间的圆锥母线段长度,它是定值,所以此时截线是椭圆,其

焦点是 F_1、F_2. 设圆锥的轴交直线 F_1F_2 于点 M, 点 O 到直线 F_1F_2 的垂线的垂足 D, 直线 F_1F_2 交圆锥于点 A_1、A_2, A_1 靠近点 F_1, A_2 靠近点 F_2, $\angle OMA_1 = \beta$, 则

$$OA_1 = \frac{d}{\cos \angle A_1 OD} = \frac{d}{\sin(\beta - \alpha)}, \quad OA_2 = \frac{d}{\cos \angle A_2 OD} = \frac{d}{\sin(\alpha + \beta)},$$

而

$$S_{\triangle OA_1A_2} = \frac{1}{2} \cdot A_1A_2 \cdot d = \frac{1}{2} \cdot OA_1 \cdot OA_2 \cdot \sin 2\alpha,$$

所以

$$A_1A_2 = \frac{OA_1 \cdot OA_2 \cdot \sin 2\alpha}{d} = \frac{2d \sin 2\alpha}{\cos 2\alpha - \cos 2\beta},$$

即椭圆的长轴长是 $\dfrac{2d \sin 2\alpha}{\cos 2\alpha - \cos 2\beta}$.

另外因为 $PF_1 = PQ_1 = PT_1 \sec \alpha$, $PU_1 = PT_1 \sec \beta$, 所以 $\dfrac{PF_1}{PU_1} = \dfrac{\cos \beta}{\cos \alpha}$, 同理可得 $\dfrac{PF_2}{PU_2} = \dfrac{\cos \beta}{\cos \alpha}$, 所以 l_1 是焦点 F_1 的准线, l_2 是焦点 F_2 的准线, 离心率是 $\dfrac{\cos \beta}{\cos \alpha}$, 由此得焦距是

$$\frac{2d \sin 2\alpha}{\cos 2\alpha - \cos 2\beta} \cdot \frac{\cos \beta}{\cos \alpha} = \frac{4d \sin \alpha \cos \beta}{\cos 2\alpha - \cos 2\beta}.$$

（2） 当 $\alpha > \beta$ 时

如图 6.2.2, 作与圆锥及截面 π 都相切的球 O_1、O_2, 截面 π 与球 O_1 相切于点 F_1, 截面 π 与球 O_2 相切于点 F_2, 球 O_1 与圆锥相切的切线圆 C_1 所在平面是 π_1, 球 O_2 与圆锥相切的切线圆 C_2 所在平面是 π_2, 平面 π 与 π_1 相交于直线 l_1, 平面 π 与 π_2 相交于直线 l_2.

类似（1）的方法可得截线是双曲线, 其焦点是 F_1、F_2, 实轴长是夹在 $\odot C_1$ 与 $\odot C_2$ 之间的圆锥母线段长度, 其值是 $\dfrac{2d \sin 2\alpha}{\cos 2\beta - \cos 2\alpha}$, 焦距是 $\dfrac{4d \sin \alpha \cos \beta}{\cos 2\beta - \cos 2\alpha}$; l_1 是焦点 F_1 的准线, l_2 是焦点 F_2 的准线, 离心率是 $\dfrac{\cos \beta}{\cos \alpha}$.

（3） 当 $\alpha = \beta$ 时

如图 6.2.3, 作与圆锥及截面 π 都相切的球 O', 截面 π 与球 O' 相切于点 F, 球 O' 与圆锥相切的切线圆 C' 所在平面是 π', 平面 π 与 π' 相交于直线 l.

类似（1）的方法可得截线是抛物线, 其焦点是 F, l 是准线, 离心率是 1, 焦点到准线的距离是 $d \tan \alpha$.

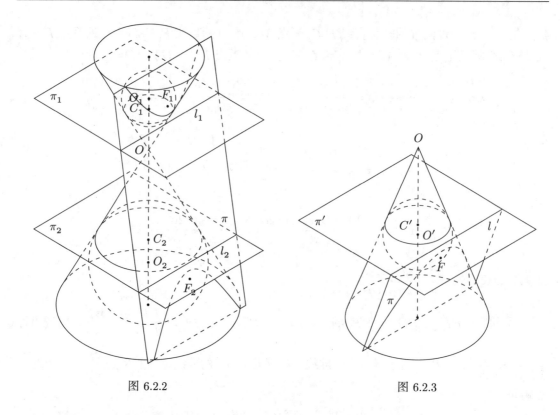

图 6.2.2　　　　　　　　　　　　　　　　图 6.2.3

截面不过圆锥顶点时圆锥展开成平面时的截线形状

在过截线离圆锥顶点最近的顶点 A 并且与圆锥的轴垂直的平面 φ 内作截线的切线 t，φ 与圆锥的轴相交于点 B，设 $OA = a$，点 P 是截线上一点，直线 OP 交 φ 于点 Q'，φ 内过点 Q' 与 t 垂直的直线与 t 相交于点 V，直线 BQ' 交过点 P 且与 φ 垂直的直线于点 W，φ 内过点 W 与 t 垂直的直线与 t 相交于点 V'，当点 A 沿着截线的一个方向走到点 P，圆锥展开成平面时 $\angle AOP = \theta$，$\angle ABQ' = \theta'$，则

$$\theta' = \theta \csc\alpha, \quad BA = a\sin\alpha, \quad Q'V = BA - BA\cos\theta' = a\sin\alpha(1-\cos\theta').$$

设 $Q'P = x$，则

$$PW = x\cos\alpha, \quad WV' = PW\tan\beta = x\cos\alpha\tan\beta, \quad \frac{Q'V - WV'}{BA - Q'V} = \frac{Q'P}{OQ'},$$

由此得

$$\frac{a\sin\alpha(1-\cos\theta') - x\cos\alpha\tan\beta}{a\sin\alpha - a\sin\alpha(1-\cos\theta')} = \frac{x}{a},$$

解这个方程，得

$$x = \frac{\sin\alpha\cos\beta - \sin\alpha\cos\beta\cos\theta'}{\sin\alpha\cos\beta\cos\theta' + \cos\alpha\sin\beta} \cdot a,$$

所以

$$OP = x + a = \frac{\sin(\alpha+\beta)}{\sin\alpha\cos\beta\cos\theta' + \cos\alpha\sin\beta} \cdot a = \frac{\sin(\alpha+\beta)}{\sin\alpha\cos\beta\cos(\theta\csc\alpha) + \cos\alpha\sin\beta} \cdot a,$$

也就是说，圆锥展开成平面时截线的极坐标方程是
$$\rho = \frac{\sin(\alpha + \beta)}{\sin\alpha\cos\beta\cos(\theta\csc\alpha) + \cos\alpha\sin\beta} \cdot a.$$

当 $\beta = 90°$ 时，$\rho = a$，此时圆锥展开成平面时截线就是一段圆弧；当 $\beta = \alpha$ 时，$\rho = \dfrac{2a}{\cos(\theta\csc\alpha) + 1}$；当 $\beta = 0°$ 时，$\rho = a\sec(\theta\csc\alpha)$. 当 $\beta \neq 90°$ 时，圆锥展开成平面时截线的图形不是我们熟悉的曲线.

截面过圆锥顶点时

此时截线的形状比较简单. 当 $\alpha < \beta$ 时截线是一点，就是圆锥的顶点；当 $\alpha > \beta$ 时截线是两条相交直线，其交点是 O，两直线所成角是 $2\arctan\sqrt{\tan^2\alpha - \tan^2\beta}$；当 $\alpha = \beta$ 时截线是圆锥的一条母线.

圆柱的截线

下面讨论平面截圆柱，得到的截线的形状.

设圆柱底面半径是 r，截面与圆柱的轴所成角是 β.

当截面不与圆柱的轴平行时

当 $\beta = 90°$ 时，截线显然是圆，其半径是 r.

当 $\beta \neq 90°$ 时，如图 6.2.4，作与圆柱及截面 π 都相切的球 O_1、O_2，截面 π 与球 O_1 相切于点 F_1，截面 π 与球 O_2 相切于点 F_2，球 O_1 与圆柱相切的切线圆 C_1 所在平面是 π_1，球 O_2 与圆柱相切的切线圆 C_2 所在平面是 π_2，平面 π 与 π_1 相交于直线 l_1，平面 π 与 π_2 相交于直线 l_2.

类似圆锥的截线（1）的方法可得截线是椭圆，其焦点是 F_1、F_2，定长是夹在 $\odot C_1$ 与 $\odot C_2$ 之间的圆锥母线段长度，其值是 $2r\csc\beta$，焦距是 $2r\cot\beta$；l_1 是焦点 F_1 的准线，l_2 是焦点 F_2 的准线，离心率是 $\cos\beta$.

截面不与圆柱的轴平行时圆锥展开成平面时的截线形状

设点 A 是截线的顶点，点 O 是截线的中心，点 A 沿着截线的一个方向走到点 P，圆锥展开成平面时，圆柱母线旋转过的角度是 θ，点 P 到过点 O 且与圆柱的轴垂直的平面的距离是 h，则
$$h = r\cot\beta\cos\theta,$$
由此得圆柱展开成平面时截线的方程是
$$y = r\cot\beta\cos\frac{x}{r},$$
当 $\beta = 90°$ 时截线是一条线段，当 $\beta \neq 90°$ 时截线是余弦曲线或正弦曲线的一段.

6.2 圆锥、圆柱的截线和测地线

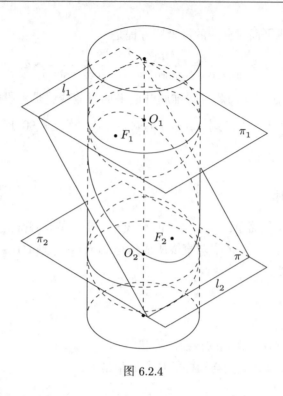

图 6.2.4

当截面与圆柱的轴平行时

此时截线的形状比较简单,设截面与圆柱的轴的距离是 d. 当 $d<r$ 时,截线是两条平行直线,其距离是 $2\sqrt{r^2-d^2}$;当 $d=r$ 时,截线是圆柱的一条母线;当 $d>r$ 时,截线不存在.

圆柱和圆锥的测地线

测地线就是在某个曲面内两点之间最短的连线. 球面两点的测地线就是联结这两点的大圆劣弧. 圆柱和圆锥的测地线利用其展开图很容易得到就是展开图后联结两点的线段,当然展开图需要有一定要求,否则展开后线段会被截断. 图 6.2.5 和图 6.2.6 分别是圆柱和圆锥的测地线的直观图,由圆柱和圆锥截线展开图的曲线方程可以知道圆柱面和圆锥面内的两点如果不在某一母线上或圆柱面内的两点不在某个圆截面内,则其测地线就不在同一平面内.

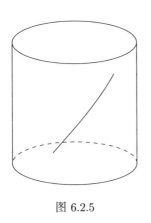

图 6.2.5

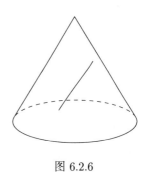

图 6.2.6

6.3 环与牟合方盖

图 6.3.1 是环体的直观图.

定理 6.3.1. 一个半径是 r 的圆 O，其圆心到旋转轴 l 的距离是 R（$R \geqslant r$），则此圆绕旋转轴 l 旋转一周后所成的环的全面积是 $S = 4\pi^2 Rr$.

证明： 如图 6.3.2，取环的上方部分，并且截取一个过旋转轴的截面，以平行于过圆心 O 并且垂直于 l 的平面截环，这些平面与上述截面的交点分别是 A_1、B_1、A_2、B_2、$\cdots$，这些交点是正 $4n$ 边形的顶点，则

$$A_1A_2 = A_2A_3 = \cdots = B_1B_2 = B_2B_3 = d,$$

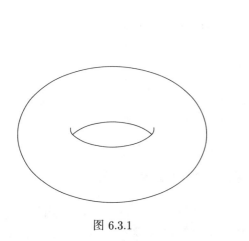

图 6.3.1

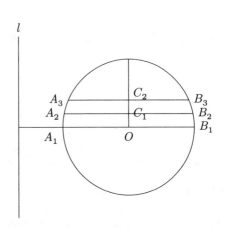

图 6.3.2

在截面内过点 O 作 l 的垂线，与 A_2B_2、A_3B_3、$\ldots$ 的交点分别是 C_1、C_2、$\ldots$，则以 A_1A_2、A_2A_3、$\ldots$、B_1B_2、B_2B_3 为母线绕 l 旋转一周后的圆台的侧面积之和是

$$S_0 = (R + A_1O + R + A_2C_1)d + (R - A_1O + R - A_2C_1)d$$

$$+ (R + A_2C_1 + R + A_3C_2)d + (R - A_2C_1 + R - A_3C_2)d$$
$$+ \cdots$$
$$= 4\pi R \cdot nd,$$

所以
$$S = 2\lim_{n\to\infty} S_0 = 8\pi R \lim_{n\to\infty} nd = 8\pi R \cdot \frac{\pi r}{2} = 4\pi^2 Rr. \qquad \square$$

定理 6.3.2. 一个半径是 r 的圆 O，其圆心到旋转轴 l 的距离是 R（$R \geqslant r$），则此圆绕旋转轴 l 旋转一周后所成的环的体积是 $V = 2\pi^2 Rr^2$.

证明： 把环放置在与旋转轴垂直的平面 α 上，另取一个旋转轴与 α 平行，底面与该平面相切，并且与环放置在 α 同侧的圆柱，该圆柱的高是 $2\pi R$，底面半径是 r. 取一与 α 的距离是 d 的平面 β，β 与环和圆柱在 α 的同侧，则 β 截环的面积是
$$S_1 = \pi\left(R + \sqrt{r^2 - d^2}\right)^2 - \pi\left(R - \sqrt{r^2 - d^2}\right)^2 = 2\pi R\sqrt{r^2 - d^2},$$

β 截圆柱的面积是
$$S_2 = 2\pi R\sqrt{r^2 - d^2},$$

所以 $S_1 = S_2$，根据祖暅原理，环的体积与圆柱的体积相等，因此
$$V = \pi r^2 \cdot 2\pi R = 2\pi^2 Rr^2. \qquad \square$$

定义 6.3.1. 两个底面半径相等，旋转轴共面且互相垂直的圆柱的公共部分称为牟合方盖.

图 6.3.3 是牟合方盖的直观图. 若两个互相垂直的柱面方程是
$$x^2 + z^2 = r^2, \quad y^2 + z^2 = r^2,$$

相减得
$$x^2 = y^2,$$

所以这两个柱面的交线在平面 $x = y$ 和 $x + y = 0$ 上.

定理 6.3.3. 由两个底面半径是 r 的圆柱构成的牟合方盖的全面积是 $S = 16r^2$.

证明： 把牟合方盖按两垂直圆柱的交线割开，并展开在一平面内，则这些图形的面积是由正弦曲线 $y = r\sin\dfrac{x}{r}$ 和 x 轴在区间 $[0, r]$ 内所围成的面积 S_0 的 8 倍. 首先计算 S_0，把区间等分成 n 等份，取这些小区间右端点的函数值与区间长度相乘，得到一系列矩形面积的和是
$$S_1 = \frac{\pi r}{n} \cdot r\sin\frac{\pi}{n} + \frac{\pi r}{n} \cdot r\sin\frac{2\pi}{n} + \cdots + \frac{\pi r}{n} \cdot r\sin\frac{n\pi}{n}$$

$$= 2r^2 \cdot \frac{\frac{\pi}{2n}}{\sin\frac{\pi}{2n}} \cdot \sin\frac{(n-1)\pi}{2n},$$

所以

$$S_0 = \lim_{n\to\infty} S_1 = 2r^2 \cdot \lim_{n\to\infty} \frac{\frac{\pi}{2n}}{\sin\frac{\pi}{2n}} \cdot \lim_{n\to\infty} \sin\frac{(n-1)\pi}{2n} = 2r^2,$$

因此

$$S = 8S_0 = 16r^2. \qquad \square$$

定理 6.3.4. 由两个底面半径是 r 的圆柱构成的牟合方盖的体积是 $V = \dfrac{16}{3}r^3$.

证明： 如图 6.3.4，用过圆柱两旋转轴的平面和过圆柱一旋转轴并且与两旋转轴垂直的两平面截取牟合方盖，所得部分的体积是整个牟合方盖体积的 $\dfrac{1}{8}$. 另取一个棱长是 r 的正方体，放置在两圆柱旋转轴所在的平面上，并且与所截的牟合方盖部分同侧，以正方体与两圆柱旋转轴所在的平面平行的平面为底，以与两圆柱旋转轴所在的平面平行的平面的某个正方体的顶点为顶点截取一个四棱锥，这样就得到另一个多面体 P. 用平行于与两圆柱旋转轴所在的平面距离是 d 的平面 α 截取两个几何体，则 α 截得上述牟合方盖部分的面积是

$$S_1 = \left(\sqrt{r^2 - d^2}\right)^2 = r^2 - d^2,$$

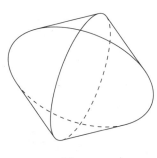
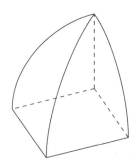

图 6.3.3   图 6.3.4

α 截得多面体 P 的面积是

$$S_2 = r^2 - d^2,$$

所以 $S_1 = S_2$，根据祖暅原理，上述牟合方盖部分的体积与多面体 P 的体积相等，因此

$$V = 8 \cdot \left(r^3 - \frac{1}{3} \cdot r^2 \cdot r\right) = \frac{16}{3}r^3. \qquad \square$$

三个底面半径相等，旋转轴共点且两两互相垂直的圆柱的公共部分的几何体的直观图如图 6.3.5 所示.

定义 6.3.2. 牟合方盖和上述几何体都称为 Steinmetz 体.

设构成图 6.3.5 几何体的三圆柱半径是 r,若三圆柱的方程分别是

$$x^2+y^2=r^2,\ x^2+z^2=r^2,\ y^2+z^2=r^2,$$

则三圆柱的交点的 x、y、z 坐标绝对值相等. 类似牟合方盖全面积的求法得这个几何体的全面积是 $24(2-\sqrt{2})r^2$;图 6.3.5 几何体可以看作正方体各面补一个牟合方盖的一小部分(图 6.3.6),这些牟合方盖部分的体积可类似求牟合方盖体积的方法求得,最后可求得这个几何体的体积 $8(2-\sqrt{2})r^3$.

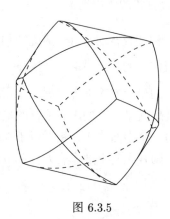

图 6.3.5

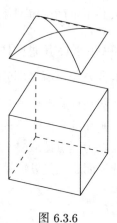

图 6.3.6

附录 A 一元三次方程、一元四次方程的解法

一元三次方程

先求解方程 $x^3 + px + q = 0$（p 和 q 都是实数）.

（1）令 $p = -3ab$，$q = -a^3 - b^3$，其中 $a \geqslant b$，则有 $x^3 - 3abx - a^3 - b^3 = 0$，而

$$x^3 - 3abx - a^3 - b^3$$
$$= x^3 - (a+b)x^2 + (a+b)x^2 - (a+b)^2 x + (a^2 - ab + b^2)x - (a+b)(a^2 - ab + b^2)$$
$$= (x - a - b)(x - \omega a - \overline{\omega} b)(x - \overline{\omega} a - \omega b),$$

其中 $\omega = -\dfrac{1}{2} + \dfrac{\sqrt{3}}{2}\mathrm{i}$，于是方程 $x^3 + px + q = 0$ 的解为 $x_1 = a + b$，$x_2 = \omega a + \overline{\omega} b$，$x_3 = \overline{\omega} a + \omega b$.

现在来求 a 和 b 的值：由

$$p = -3ab, \tag{A.1}$$
$$q = -a^3 - b^3, \tag{A.2}$$

(A.2) 平方得 $a^6 + 2a^3 b^3 + b^6 = q^2$，即

$$(a^3 - b^3)^2 = q^2 - 4(ab)^3, \tag{A.3}$$

由 (A.1) 得 $ab = -\dfrac{p}{3}$，代入 (A.3) 得 $(a^3 - b^3)^2 = q^2 + 4\left(\dfrac{p}{3}\right)^3$，因此

$$a^3 - b^3 = \sqrt{q^2 + 4\left(\dfrac{p}{3}\right)^3}, \tag{A.4}$$

此时需 $\left(\dfrac{q}{2}\right)^2 + \left(\dfrac{p}{3}\right)^3 \geqslant 0$，(A.4) 减 (A.2) 后除以 2 得 $a^3 = -\dfrac{q}{2} + \sqrt{\left(\dfrac{q}{2}\right)^2 + \left(\dfrac{p}{3}\right)^3}$，即

$$a = \sqrt[3]{-\dfrac{q}{2} + \sqrt{\left(\dfrac{q}{2}\right)^2 + \left(\dfrac{p}{3}\right)^3}},$$

(A.4) 乘以 -1 减 (A.2) 后除以 2 得 $b^3 = -\dfrac{q}{2} - \sqrt{\left(\dfrac{q}{2}\right)^2 + \left(\dfrac{p}{3}\right)^3}$, 即

$$b = \sqrt[3]{-\dfrac{q}{2} - \sqrt{\left(\dfrac{q}{2}\right)^2 + \left(\dfrac{p}{3}\right)^3}},$$

所以当 $\left(\dfrac{q}{2}\right)^2 + \left(\dfrac{p}{3}\right)^3 \geqslant 0$ 时,方程 $x^3 + px + q = 0$ 的解如下 ($\omega = -\dfrac{1}{2} + \dfrac{\sqrt{3}}{2}\mathrm{i}$):

$$x_1 = \sqrt[3]{-\dfrac{q}{2} + \sqrt{\left(\dfrac{q}{2}\right)^2 + \left(\dfrac{p}{3}\right)^3}} + \sqrt[3]{-\dfrac{q}{2} - \sqrt{\left(\dfrac{q}{2}\right)^2 + \left(\dfrac{p}{3}\right)^3}},$$

$$x_2 = \omega\sqrt[3]{-\dfrac{q}{2} + \sqrt{\left(\dfrac{q}{2}\right)^2 + \left(\dfrac{p}{3}\right)^3}} + \overline{\omega}\sqrt[3]{-\dfrac{q}{2} - \sqrt{\left(\dfrac{q}{2}\right)^2 + \left(\dfrac{p}{3}\right)^3}},$$

$$x_3 = \overline{\omega}\sqrt[3]{-\dfrac{q}{2} + \sqrt{\left(\dfrac{q}{2}\right)^2 + \left(\dfrac{p}{3}\right)^3}} + \omega\sqrt[3]{-\dfrac{q}{2} - \sqrt{\left(\dfrac{q}{2}\right)^2 + \left(\dfrac{p}{3}\right)^3}}.$$

上面 x_1 的式子也称为 Cardano 公式. Girolamo Cardano(1501-1576)是意大利人,在 1545 年他出版的《大术》一书提及 Cardano 公式.

(2) 令 $x = r\cos\theta$ ($r > 0$, $0 \leqslant \theta \leqslant \pi$), 则 $r^3\cos^3\theta + rp\cos\theta + q = 0$, 令 $\dfrac{r^3}{rp} = \dfrac{4}{-3}$, 则 $\left|\dfrac{-3q\sqrt{-3p}}{2p^2}\right| \leqslant 1$, 即 $\left(\dfrac{q}{2}\right)^2 + \left(\dfrac{p}{3}\right)^3 \leqslant 0$, 因此得下式:

$$-\dfrac{8p}{9}\sqrt{-3p}\cos^3\theta + \dfrac{2p}{3}\sqrt{-3p}\cos\theta + q = 0,$$

即

$$-\dfrac{2p\sqrt{-3p}}{9}(4\cos^3\theta - 3\cos\theta) + q = 0.$$

从上式可得 $\dfrac{2p\sqrt{-3p}}{9}\cos 3\theta = q$, 即 $\cos 3\theta = \dfrac{-3q\sqrt{-3p}}{2p^2}$, 此时必须 $\left|\dfrac{-3q\sqrt{-3p}}{2p^2}\right| \leqslant 1$, 即 $\left(\dfrac{q}{2}\right)^2 + \left(\dfrac{p}{3}\right)^3 \leqslant 0$, 还可得下面的式子:

$$\theta_1 = \dfrac{1}{3}\arccos\dfrac{-3q\sqrt{-3p}}{2p^2},$$

$$\theta_2 = \dfrac{1}{3}\left(2\pi - \arccos\dfrac{-3q\sqrt{-3p}}{2p^2}\right),$$

$$\theta_3 = \dfrac{1}{3}\left(2\pi + \arccos\dfrac{-3q\sqrt{-3p}}{2p^2}\right),$$

其中 $0 \leqslant \theta_1 \leqslant \theta_2 \leqslant \theta_3 \leqslant \pi$, 于是得解(其中 $x_1 \geqslant x_2 \geqslant x_3$):

$$x_1 = r\cos\theta_1 = \dfrac{2}{3}\sqrt{-3p}\cos\left(\dfrac{1}{3}\arccos\dfrac{-3q\sqrt{-3p}}{2p^2}\right),$$

$$x_2 = r\cos\theta_2 = -\frac{2}{3}\sqrt{-3p}\cos\left(\frac{1}{3}\left(\pi + \arccos\frac{-3q\sqrt{-3p}}{2p^2}\right)\right),$$

$$x_3 = r\cos\theta_3 = -\frac{2}{3}\sqrt{-3p}\cos\left(\frac{1}{3}\arccos\frac{3q\sqrt{-3p}}{2p^2}\right).$$

这种情况也可以利用（1）的结果和复数开方的方法得到相同的结论，这里就不再详细写出来了.

（2）的情况由群论的结论知，若方程无有理数解，此时不能用系数、四则运算、实根式通过有限次复合表示根.

当 p 和 q 都是复数时，可利用（1）的方法求解.

对于方程 $x^3 + px + q = 0$ 有另外一种解法：令 $x = y - \dfrac{p}{3y}$，代入原方程化简，得 $27y^6 + 27qy^3 - p^3 = 0$，利用一元二次方程的解法便可求得 y，进而求得 x.

一般的一元三次方程 $ax^3 + bx^2 + cx + d = 0$（$a \neq 0$）可化为

$$\left(x + \frac{b}{3a}\right)^3 + \frac{3ac - b^2}{3a^2}\left(x + \frac{b}{3a}\right) + \frac{27a^2d - 9abc + 2b^3}{27a^3} = 0$$

来求解.

一元四次方程

两类特殊的一元四次方程的解法

（1）方程 $(ax+b)(ax+b+c)(ax+b+2c)(ax+b+3c) = d$（$a \neq 0$）

解：原方程可变为 $((ax+b)^2 + 3c(ax+b))((ax+b)^2 + 3c(ax+b) + 2c^2) = d$，因此得

$$((ax+b)^2 + 3c(ax+b))^2 + 2c^2((ax+b)^2 + 3c(ax+b)) + c^4 = c^4 + d,$$

上式可变为

$$((ax+b)^2 + 3c(ax+b) + c^2)^2 = c^4 + d,$$

于是得

$$(ax+b)^2 + 3c(ax+b) + c^2 = \sqrt{c^4 + d} \text{ 或 } (ax+b)^2 + 3c(ax+b) + c^2 = -\sqrt{c^4 + d},$$

所以方程 $(ax+b)(ax+b+c)(ax+b+2c)(ax+b+3c) = d$（$a \neq 0$）的解为

$$x_{1,2} = \frac{-2b - 3c \pm \sqrt{5c^2 + 4\sqrt{c^4 + d}}}{2a}, \quad x_{3,4} = \frac{-2b - 3c \pm \sqrt{5c^2 - 4\sqrt{c^4 + d}}}{2a}. \quad \square$$

（2）方程 $(ax+b)^4 + (ax+c)^4 = d$（$a \neq 0$）

解: 令 $y = ax + \dfrac{b+c}{2}$, 则原方程变为 $\left(y + \dfrac{b-c}{2}\right)^4 + \left(y - \dfrac{b-c}{2}\right)^4 = d$, 因此得

$$\left(y^2 + (b-c)y + \dfrac{(b-c)^2}{4}\right)^2 + \left(y^2 - (b-c)y + \dfrac{(b-c)^2}{4}\right)^2 = d,$$

即

$$2\left(y^2 + \dfrac{(b-c)^2}{4}\right)^2 + 2(b-c)^2 y^2 = d,$$

上式可变为

$$2y^4 + 3(b-c)^2 y^2 + \dfrac{(b-c)^4}{8} = d,$$

上面方程的解是

$$y = \pm \dfrac{\sqrt{-3(b-c)^2 + 2\sqrt{2(b-c)^4 + 2d}}}{2} \text{ 或 } y = \pm \dfrac{\sqrt{-3(b-c)^2 - 2\sqrt{2(b-c)^4 + 2d}}}{2},$$

因此方程 $(ax+b)^4 + (ax+c)^4 = d$ ($a \neq 0$) 的解是

$$x_{1,2} = \dfrac{-b - c \pm \sqrt{-3(b-c)^2 + 2\sqrt{2(b-c)^4 + 2d}}}{2a},$$

$$x_{3,4} = \dfrac{-b - c \pm \sqrt{-3(b-c)^2 - 2\sqrt{2(b-c)^4 + 2d}}}{2a}. \qquad \square$$

Ferrari 解法

Ferrari Lodovico (1522–1565) 是意大利数学家, 他是第一个求出四次方程的代数解的数学家. 他出身贫苦, 15 岁时, 到 Cardano 处为仆. 接下来讨论一般的一元四次方程的解法就是 Ferrari 的方法.

先来求解方程 $x^4 + px^2 + qx + r = 0$ (p、q、r 都是实数).

原方程可变为 $x^4 + px^2 + qx + r$. 两边加上 $2mx^2 + m^2$, 得

$$(x^2 + m)^2 = (2m - p)x^2 - qx + m^2 - r$$

$$= (2m - p)\left(\left(x - \dfrac{q}{4m - 2p}\right)^2 + \dfrac{m^2 - r}{2m - p} - \left(\dfrac{q}{4m - 2p}\right)^2\right),$$

使 $2m \neq p$ 时, $\dfrac{m^2 - r}{2m - p} - \left(\dfrac{q}{4m - 2p}\right)^2 = 0$, 即

$$4(2m - p)(m^2 - r) - q^2 = 0. \tag{A.5}$$

若 $2m = p$ 时, $(-q)^2 - 4(2m-p)(m^2-r) = 0$, 必须 $q = 0$, 此时方程为 $x^4 + px^2 + r = 0$, 四根为

$$x_{1,2} = \pm\sqrt{\dfrac{-p + \sqrt{p^2 - 4r}}{2}}, \quad x_{3,4} = \pm\sqrt{\dfrac{-p - \sqrt{p^2 - 4r}}{2}}.$$

若 $q \neq 0$,则 $2m \neq p$,此时 (A.5) 可化为 $8m^3 - 4pm^2 - 8rm + 4pr - q^2 = 0$, m 的一根是

$$m = \frac{1}{6}\left(\sqrt[3]{\frac{2p^3 + 27q^2 - 72pr + \sqrt{\Delta}}{2}} + \sqrt[3]{\frac{2p^3 + 27q^2 - 72pr - \sqrt{\Delta}}{2}} + p\right)$$

(其中 $\Delta = (2p^3 + 27q^2 - 72pr)^2 - 4(p^2 + 12r)^3$.) 或

$$m = \frac{\sqrt{p^2 + 12r}}{3}\cos\left(\frac{1}{3}\arccos\frac{(2p^3 + 27q^2 - 72pr)\sqrt{p^2 + 12r}}{2(p^2 + 12r)^2}\right) + \frac{p}{6},$$

所以原方程变为

$$x^2 + m = \sqrt{2m-p}\left(x - \frac{q}{4m-2p}\right) \text{ 或 } x^2 + m = -\sqrt{2m-p}\left(x - \frac{q}{4m-2p}\right),$$

因此方程 $x^4 + px^2 + qx + r = 0$ 的四个根是

$$x_{1,2} = \frac{1}{2}\left(\sqrt{2m-p} \pm \sqrt{-2m-p-\frac{2q}{\sqrt{2m-p}}}\right),$$

$$x_{3,4} = \frac{1}{2}\left(-\sqrt{2m-p} \pm \sqrt{-2m-p+\frac{2q}{\sqrt{2m-p}}}\right).$$

例 A.1. 解方程 $x^4 - 10x^2 - 32x - 7 = 0$.

解: 原方程可变为 $x^4 - 10x^2 - 32x - 7 = 0$,两边加上 $2mx^2 + m^2$ 得

$$(x^2 + m)^2 = (2m + 10)\left(\left(x + \frac{8}{m+5}\right)^2 + \frac{m^2 + 7}{2m+10} - \left(\frac{8}{m+5}\right)^2\right),$$

令 $\frac{m^2+7}{2m+10} - \left(\frac{8}{m+5}\right)^2 = 0$,即 $m^3 + 5m^2 + 7m - 93 = 0$,其根为 $m = 3$ 或 $m = -4 \pm \sqrt{15}\mathrm{i}$,取 $m = 3$,则原方程变为 $(x^2 + 3)^2 = 16(x+1)^2$,所以得

$$x^2 - 4x - 1 = 0 \text{ 或 } x^2 + 4x + 7 = 0,$$

解上面两个方程,得方程 $x^4 - 10x^2 - 32x - 7 = 0$ 的解是 $x_{1,2} = 2 \pm \sqrt{5}$, $x_{3,4} = -2 \pm \sqrt{3}\mathrm{i}$. □

p、q、r 其中一个是虚数也可以用上面的方法求解.

一般的一元四次方程 $ax^4 + bx^3 + cx^2 + dx + e = 0$($a \neq 0$)可化为

$$\left(x + \frac{b}{4a}\right)^4 + \frac{8ac - b^2}{8a^2}\left(x + \frac{b}{4a}\right)^2$$
$$+ \frac{8a^2d - 4abc + b^3}{8a^3}\left(x + \frac{b}{4a}\right) + \frac{256a^3e - 64a^2bd + 16ab^2c - 3b^4}{256a^4} = 0$$

来求解.

Decartes-Euler 解法

令 $x = y - \dfrac{b}{4a}$,则一般的一元四次方程 $ax^4 + bx^3 + cx^2 + dx + e = 0$($a \neq 0$)化为 $y^4 + py^2 + qy + r = 0$ 的形式.

设

$$y^4 + py^2 + qy + r = \left(y - \frac{z_1 + z_2 + z_3}{2}\right) \cdot \left(y - \frac{z_1 - z_2 - z_3}{2}\right)$$
$$\cdot \left(y - \frac{-z_1 + z_2 - z_3}{2}\right) \cdot \left(y - \frac{-z_1 - z_2 + z_3}{2}\right),$$

这里 z_1、z_2、z_3 都是复数. 把右边展开,化简,得

$$y^4 + py^2 + qy + r = y^4 - \frac{z_1^2 + z_2^2 + z_3^2}{2}y^2 - z_1 z_2 z_3 y + \frac{z_1^4 + z_2^4 + z_3^4 - 2(z_1^2 z_2^2 + z_1^2 z_3^2 + z_2^2 z_3^2)}{16},$$

比较系数,得 $z_1^2 + z_2^2 + z_3^2 = -2p$,$z_1 z_2 z_3 = -q$,$z_1^4 + z_2^4 + z_3^4 - 2(z_1^2 z_2^2 + z_1^2 z_3^2 + z_2^2 z_3^2) = 16r$,即 $z_1^2 + z_2^2 + z_3^2 = -2p$,$z_1^2 z_2^2 + z_1^2 z_3^2 + z_2^2 z_3^2 = p^2 - 4r$,$z_1^2 z_2^2 z_3^2 = q^2$,由此知 z_1^2、z_2^2、z_3^2 是一元三次方程

$$Z^3 + 2pZ^2 + (p^2 - 4r)Z - q^2 = 0$$

的三个根,选择其中满足的 $z_1 z_2 z_3 = -q$ 的根,此时 $y^4 + py^2 + qy + r = 0$ 的根就是

$$y_1 = \frac{z_1 + z_2 + z_3}{2},\ y_2 = \frac{z_1 - z_2 - z_3}{2},$$
$$y_3 = \frac{-z_1 + z_2 - z_3}{2},\ y_4 = \frac{-z_1 - z_2 + z_3}{2},$$

因此方程 $ax^4 + bx^3 + cx^2 + dx + e = 0$ 的根就是

$$x_1 = \frac{z_1 + z_2 + z_3}{2} - \frac{b}{4a},\ x_2 = \frac{z_1 - z_2 - z_3}{2} - \frac{b}{4a},$$
$$x_3 = \frac{-z_1 + z_2 - z_3}{2} - \frac{b}{4a},\ x_4 = \frac{-z_1 - z_2 + z_3}{2} - \frac{b}{4a}.$$

例 A.2. 解方程 $x^4 - 26x^2 + 60x - 26 = 0$.

解: 方程 $Z^3 - 52pZ^2 + 780Z - 3600 = 0$ 的三根是 $Z = 10$,$Z = 12$,$Z = 30$,选择 $z_1 = \sqrt{10}$,$z_2 = 2\sqrt{3}$,$z_3 = -\sqrt{30}$ 就能使 $z_1 z_2 z_3 = -60$,所以方程 $x^4 - 26x^2 + 60x - 26 = 0$ 的根是

$$x_1 = \frac{\sqrt{10} + 2\sqrt{3} - \sqrt{30}}{2},\ x_2 = \frac{\sqrt{10} - 2\sqrt{3} + \sqrt{30}}{2},$$
$$x_3 = \frac{-\sqrt{10} + 2\sqrt{3} + \sqrt{30}}{2},\ x_4 = -\frac{\sqrt{10} + 2\sqrt{3} + \sqrt{30}}{2}.\ \square$$

附录 B 特殊角的三角函数值

15°、75° 的三角函数值

$$\sin 15° = \sin(45° - 30°) = \sin 45° \cos 30° - \cos 45° \sin 30°$$
$$= \frac{\sqrt{2}}{2} \times \frac{\sqrt{3}}{2} - \frac{\sqrt{2}}{2} \times \frac{1}{2} = \frac{\sqrt{6} - \sqrt{2}}{4},$$
$$\cos 15° = \cos(45° - 30°) = \cos 45° \cos 30° + \sin 45° \sin 30°$$
$$= \frac{\sqrt{2}}{2} \times \frac{\sqrt{3}}{2} + \frac{\sqrt{2}}{2} \times \frac{1}{2} = \frac{\sqrt{6} + \sqrt{2}}{4},$$
$$\tan 15° = \frac{\sin 15°}{\cos 15°} = \frac{\frac{\sqrt{6} - \sqrt{2}}{4}}{\frac{\sqrt{6} + \sqrt{2}}{4}} = 2 - \sqrt{3},$$
$$\cot 15° = \frac{\cos 15°}{\sin 15°} = \frac{\frac{\sqrt{6} + \sqrt{2}}{4}}{\frac{\sqrt{6} - \sqrt{2}}{4}} = 2 + \sqrt{3},$$
$$\sin 75° = \cos 15° = \frac{\sqrt{6} + \sqrt{2}}{4},$$
$$\cos 75° = \sin 15° = \frac{\sqrt{6} - \sqrt{2}}{4},$$
$$\tan 75° = \cot 15° = 2 + \sqrt{3},$$
$$\cot 75° = \tan 15° = 2 - \sqrt{3}.$$

18°、36°、54°、72° 的三角函数值

由于 $2 \times 18 = 36$，$3 \times 18 = 54$，$36 + 54 = 90$，于是 $\sin 36° = \cos 54°$，即

$$2 \sin 18° \cos 18° = 4 \cos^3 18° - 3 \cos 18°,$$

化简得 $4\sin^2 18° + 2\sin 18° - 1 = 0$, 得解

$$\sin 18° = \frac{\sqrt{5}-1}{4},$$

于是

$$\cos 18° = \sqrt{1 - \sin^2 18°} = \frac{\sqrt{10+2\sqrt{5}}}{4},$$

$$\tan 18° = \frac{\sin 18°}{\cos 18°} = \frac{\frac{\sqrt{5}-1}{4}}{\frac{\sqrt{10+2\sqrt{5}}}{4}} = \frac{\sqrt{25-10\sqrt{5}}}{5},$$

$$\cot 18° = \frac{\cos 18°}{\sin 18°} = \frac{\frac{\sqrt{10+2\sqrt{5}}}{4}}{\frac{\sqrt{5}-1}{4}} = \sqrt{5+2\sqrt{5}},$$

$$\sin 36° = 2\sin 18° \cos 18° = 2 \times \frac{\sqrt{5}-1}{4} \times \frac{\sqrt{10+2\sqrt{5}}}{4} = \frac{\sqrt{10-2\sqrt{5}}}{4},$$

$$\cos 36° = 2\cos^2 18° - 1 = 2 \times \left(\frac{\sqrt{10+2\sqrt{5}}}{4}\right)^2 - 1 = \frac{\sqrt{5}+1}{4},$$

$$\tan 36° = \frac{\sin 36°}{\cos 36°} = \frac{\frac{\sqrt{10-2\sqrt{5}}}{4}}{\frac{\sqrt{5}+1}{4}} = \sqrt{5-2\sqrt{5}},$$

$$\cot 36° = \frac{\cos 36°}{\sin 36°} = \frac{\frac{\sqrt{5}+1}{4}}{\frac{\sqrt{10-2\sqrt{5}}}{4}} = \frac{\sqrt{25+10\sqrt{5}}}{5},$$

$$\sin 54° = \cos 36° = \frac{\sqrt{5}+1}{4},$$

$$\cos 54° = \sin 36° = \frac{\sqrt{10-2\sqrt{5}}}{4},$$

$$\tan 54° = \cot 36° = \frac{\sqrt{25+10\sqrt{5}}}{5},$$

$$\cot 54° = \tan 36° = \sqrt{5-2\sqrt{5}},$$

$$\sin 72° = \cos 18° = \frac{\sqrt{10+2\sqrt{5}}}{4},$$

$$\cos 72° = \sin 18° = \frac{\sqrt{5}-1}{4},$$

$$\tan 72° = \cot 18° = \sqrt{5+2\sqrt{5}},$$

$$\cot 72° = \tan 18° = \frac{\sqrt{25-10\sqrt{5}}}{5}.$$

22°30′、67°30′ 的三角函数值

$$\sin 22°30' = \sqrt{\frac{1-\cos 45°}{2}} = \frac{\sqrt{2-\sqrt{2}}}{2},$$
$$\cos 22°30' = \sqrt{\frac{1+\cos 45°}{2}} = \frac{\sqrt{2+\sqrt{2}}}{2},$$
$$\tan 22°30' = \frac{1-\cos 45°}{\sin 45°} = \sqrt{2}-1,$$
$$\cot 22°30' = \frac{1}{\tan 22°30'} = \sqrt{2}+1,$$
$$\sin 67°30' = \cos 22°30' = \frac{\sqrt{2+\sqrt{2}}}{2},$$
$$\cos 67°30' = \sin 22°30' = \frac{\sqrt{2-\sqrt{2}}}{2},$$
$$\tan 67°30' = \cot 22°30' = \sqrt{2}+1,$$
$$\cot 67°30' = \tan 22°30' = \sqrt{2}-1.$$

特殊角三角函数值汇总表

我们把常用的特殊角三角函数值汇成表 B.1.

表 B.1 常用特殊角三角函数值

角度	正弦值	余弦值	正切值	余切值
0°	0	1	0	不存在
15°	$\frac{\sqrt{6}-\sqrt{2}}{4}$	$\frac{\sqrt{6}+\sqrt{2}}{4}$	$2-\sqrt{3}$	$2+\sqrt{3}$
18°	$\frac{\sqrt{5}-1}{4}$	$\frac{\sqrt{10+2\sqrt{5}}}{4}$	$\frac{\sqrt{25-10\sqrt{5}}}{5}$	$\sqrt{5+2\sqrt{5}}$
22°30′	$\frac{\sqrt{2-\sqrt{2}}}{2}$	$\frac{\sqrt{2+\sqrt{2}}}{2}$	$\sqrt{2}-1$	$\sqrt{2}+1$
30°	$\frac{1}{2}$	$\frac{\sqrt{3}}{2}$	$\frac{\sqrt{3}}{3}$	$\sqrt{3}$
36°	$\frac{\sqrt{10-2\sqrt{5}}}{4}$	$\frac{\sqrt{5}+1}{4}$	$\sqrt{5-2\sqrt{5}}$	$\frac{\sqrt{25+10\sqrt{5}}}{5}$

表 B.1 （续）

角度	正弦值	余弦值	正切值	余切值
45°	$\dfrac{\sqrt{2}}{2}$	$\dfrac{\sqrt{2}}{2}$	1	1
54°	$\dfrac{\sqrt{5}+1}{4}$	$\dfrac{\sqrt{10-2\sqrt{5}}}{4}$	$\dfrac{\sqrt{25+10\sqrt{5}}}{5}$	$\sqrt{5-2\sqrt{5}}$
60°	$\dfrac{\sqrt{3}}{2}$	$\dfrac{1}{2}$	$\sqrt{3}$	$\dfrac{\sqrt{3}}{3}$
67°30′	$\dfrac{\sqrt{2+\sqrt{2}}}{2}$	$\dfrac{\sqrt{2-\sqrt{2}}}{2}$	$\sqrt{2}+1$	$\sqrt{2}-1$
72°	$\dfrac{\sqrt{10+2\sqrt{5}}}{4}$	$\dfrac{\sqrt{5}-1}{4}$	$\sqrt{5+2\sqrt{5}}$	$\dfrac{\sqrt{25-10\sqrt{5}}}{5}$
75°	$\dfrac{\sqrt{6}+\sqrt{2}}{4}$	$\dfrac{\sqrt{6}-\sqrt{2}}{4}$	$2+\sqrt{3}$	$2-\sqrt{3}$
90°	1	0	不存在	0

利用上面的结果以及下面这些式子：$3=18-15, 6=36-30, 9=54-45, 12=30-18$, $21=36-15, 24=60-36, 27=72-45, 33=15+18, 39=75-36, 42=72-30$, 结合诱导公式，便可求得角度为 3 的整数倍的所有三角函数的精确值，下面把计算结果汇总成表 B.2 和表 B.3.

表 B.2 特殊角正弦值

	0	3
0	0	$\dfrac{\sqrt{8-\sqrt{3}-\sqrt{15}-\sqrt{10-2\sqrt{5}}}}{4}$
6	$\dfrac{\sqrt{30-6\sqrt{5}}-\sqrt{5}-1}{8}$	$\dfrac{\sqrt{10}+\sqrt{2}-2\sqrt{5}-\sqrt{5}}{8}$
12	$\dfrac{\sqrt{10+2\sqrt{5}}-\sqrt{15}+\sqrt{3}}{8}$	$\dfrac{\sqrt{6}-\sqrt{2}}{4}$
18	$\dfrac{\sqrt{5}-1}{4}$	$\dfrac{\sqrt{8+\sqrt{3}-\sqrt{15}-\sqrt{10+2\sqrt{5}}}}{4}$
24	$\dfrac{\sqrt{15}+\sqrt{3}-\sqrt{10-2\sqrt{5}}}{8}$	$\dfrac{2\sqrt{5+\sqrt{5}}-\sqrt{10}+\sqrt{2}}{8}$
30	$\dfrac{1}{2}$	$\dfrac{\sqrt{8-\sqrt{3}-\sqrt{15}+\sqrt{10-2\sqrt{5}}}}{4}$
36	$\dfrac{\sqrt{10-2\sqrt{5}}}{4}$	$\dfrac{\sqrt{8-\sqrt{3}+\sqrt{15}-\sqrt{10+2\sqrt{5}}}}{4}$
42	$\dfrac{\sqrt{30+6\sqrt{5}}-\sqrt{5}+1}{8}$	$\dfrac{\sqrt{2}}{2}$

附录 B 特殊角的三角函数值

表 B.2 （续）

	0	3
48	$\dfrac{\sqrt{10+2\sqrt{5}}+\sqrt{15}-\sqrt{3}}{8}$	$\dfrac{\sqrt{8+\sqrt{3}-\sqrt{15}+\sqrt{10+2\sqrt{5}}}}{4}$
54	$\dfrac{\sqrt{5}+1}{4}$	$\dfrac{\sqrt{8+\sqrt{3}+\sqrt{15}-\sqrt{10-2\sqrt{5}}}}{4}$
60	$\dfrac{\sqrt{3}}{2}$	$\dfrac{2\sqrt{5+\sqrt{5}}+\sqrt{10}-\sqrt{2}}{8}$
66	$\dfrac{\sqrt{30-6\sqrt{5}}+\sqrt{5}+1}{8}$	$\dfrac{\sqrt{8-\sqrt{3}+\sqrt{15}+\sqrt{10+2\sqrt{5}}}}{4}$
72	$\dfrac{\sqrt{10+2\sqrt{5}}}{4}$	$\dfrac{\sqrt{6}+\sqrt{2}}{4}$
78	$\dfrac{\sqrt{30+6\sqrt{5}}+\sqrt{5}-1}{8}$	$\dfrac{\sqrt{10}+\sqrt{2}+2\sqrt{5-\sqrt{5}}}{8}$
84	$\dfrac{\sqrt{15}+\sqrt{3}+\sqrt{10-2\sqrt{5}}}{8}$	$\dfrac{\sqrt{8+\sqrt{3}+\sqrt{15}+\sqrt{10-2\sqrt{5}}}}{4}$

注：表头（β）和第一列（α）的数字都是角度，表中的角都使用角度制，中间的值就是 $\sin(\alpha+\beta)$.

表 B.3 特殊角正切值

	0	3
0	0	$\dfrac{\sqrt{110-60\sqrt{3}+46\sqrt{5}-28\sqrt{15}}+4-3\sqrt{3}+2\sqrt{5}-\sqrt{15}}{2}$
6	$\dfrac{\sqrt{10-2\sqrt{5}}-\sqrt{15}+\sqrt{3}}{2}$	$1+\sqrt{5}-\sqrt{5+2\sqrt{5}}$
12	$\dfrac{3\sqrt{3}-\sqrt{15}-\sqrt{50-22\sqrt{5}}}{2}$	$2-\sqrt{3}$
18	$\dfrac{\sqrt{25-10\sqrt{5}}}{5}$	$\dfrac{\sqrt{110+60\sqrt{3}-46\sqrt{5}-28\sqrt{15}}-4-3\sqrt{3}+2\sqrt{5}+\sqrt{15}}{2}$
24	$\dfrac{\sqrt{50+22\sqrt{5}}-3\sqrt{3}-\sqrt{15}}{2}$	$\sqrt{5}-1-\sqrt{5-2\sqrt{5}}$
30	$\dfrac{\sqrt{3}}{3}$	$\dfrac{\sqrt{110-60\sqrt{3}+46\sqrt{5}-28\sqrt{15}}-4+3\sqrt{3}-2\sqrt{5}+\sqrt{15}}{2}$
36	$\sqrt{5-2\sqrt{5}}$	$\dfrac{\sqrt{110-60\sqrt{3}-46\sqrt{5}+28\sqrt{15}}+4-3\sqrt{3}-2\sqrt{5}+\sqrt{15}}{2}$
42	$\dfrac{\sqrt{3}+\sqrt{15}-\sqrt{10+2\sqrt{5}}}{2}$	1

表 B.3 （续）

	0	3
48	$\dfrac{3\sqrt{3}-\sqrt{15}+\sqrt{50-22\sqrt{5}}}{2}$	$\dfrac{\sqrt{110+60\sqrt{3}-46\sqrt{5}-28\sqrt{15}}+4+3\sqrt{3}-2\sqrt{5}-\sqrt{15}}{2}$
54	$\dfrac{\sqrt{25+10\sqrt{5}}}{5}$	$\dfrac{\sqrt{110+60\sqrt{3}+46\sqrt{5}+28\sqrt{15}}-4-3\sqrt{3}-2\sqrt{5}-\sqrt{15}}{2}$
60	$\sqrt{3}$	$\sqrt{5}-1+\sqrt{5-2\sqrt{5}}$
66	$\dfrac{\sqrt{15}-\sqrt{3}+\sqrt{10-2\sqrt{5}}}{2}$	$\dfrac{\sqrt{110-60\sqrt{3}-46\sqrt{5}+28\sqrt{15}}-4+3\sqrt{3}+2\sqrt{5}-\sqrt{15}}{2}$
72	$\sqrt{5+2\sqrt{5}}$	$2+\sqrt{3}$
78	$\dfrac{\sqrt{10+2\sqrt{5}}+\sqrt{3}+\sqrt{15}}{2}$	$1+\sqrt{5}+\sqrt{5+2\sqrt{5}}$
84	$\dfrac{\sqrt{50+22\sqrt{5}}+\sqrt{15}+3\sqrt{3}}{2}$	$\dfrac{\sqrt{110+60\sqrt{3}+46\sqrt{5}+28\sqrt{15}}+4+3\sqrt{3}+2\sqrt{5}+\sqrt{15}}{2}$

注：表头（β）和第一列（α）的数字都是角度，表中的角都使用角度制，中间的值就是 $\tan(\alpha+\beta)$.

附录 C　几何体名称中英文对照

A

阿基米德多面体	Archimedean solid
埃舍尔多面体	Escher's solid
凹多面体	nonconvex polyhedron

B

巴克斯复合多面体	Bakos' compound
八合四面体	octahemioctahedron
八合柱状化八面体	octahemioctacron
半正多面体	semi regular polyhedron
柏拉图多面体	Platonic solid

C

侧台塔截顶正方体	augmented truncated cube
侧台塔截顶正十二面体	augmented truncated dodecahedron
侧台塔截顶正四面体	augmented truncated tetrahedron
侧锥楔形冠	augmented sphenocorona
侧锥正二十面体欠三侧锥	augmented tridiminished icosahedron
侧锥正六棱柱	augmented hexagonal prism
侧锥正三棱柱	augmented triangular prism
侧锥正十二面体	augmented dodecahedron
侧锥正五棱柱	augmented pentagonal prism
长方体	cuboid

D

大二重变形二重斜方十二面体	great disnub dirhombidodecahedron
大二十合六面体	great icosihemidodecahedron
大二十合六十面体	great icosacronic hexecontahedron
大二十合三十二面体	great icosicosidodecahedron
大二十合柱状化十二面体	great icosihemidodecacron

大反扭棱三十二面体	great inverted snub icosidodecahedron
大反五角六十面体	great inverted pentagonal hexecontahedron
大后扭棱二十合三十二面体	great retrosnub icosidodecahedron
大截顶截半正方体	great truncated cuboctahedron
大截顶三十二面体	great truncated icosidodecahedron
大均匀斜方截半正方体	uniform great rhombicuboctahedron
大立方截半正方体	great cubicuboctahedron
大菱形三十面体	great rhombic triacontahedron
大六合二十四面体	great hexacronic icositetrahedron
大六角六十面体	great hexagonal hexecontahedron
大扭棱三十二面体	great snub icosidodecahedron
大扭棱十二合三十二面体	great snub dodecicosidodecahedron
大三角二十面体	great triambic icosahedron
大三角六十面体	great deltoidal hexecontahedron
大三角三十面体	great disdyakis triacontahedron
大三角十二合六十面体	great ditrigonal dodecacronic hexecontahedron
大三角十二面体	great disdyakis dodecahedron
大三十二面体	great icosidodecahedron
大三斜三十二面体	great ditrigonal icosidodecahedron
大十二合二十面体	great dodecicosahedron
大十二合六面体	great dodecahemidodecahedron
大十二合六十面体	great dodecacronic hexecontahedron
大十二合三十二面体	great dodecicosidodecahedron
大十二合十一面体	great dodecahemicosahedron
大十二合柱状化二十面体	great dodecahemicosacron
大十二合柱状化十二面体	great dodecahemidodecacron
大十二合自交斜方二十面体	great dodecicosacron
大双三斜方十二合三十二面体	great ditrigonal dodecicosidodecahedron
大双斜方三十二面体	great dirhombicosidodecahedron
大五角六十面体	great pentagonal hexecontahedron
大五角星六十面体	great pentagrammic hexecontahedron
大五角十二面体	great pentakis dodecahedron
大五角星十二面体	great stellapentakis dodecahedron

大斜方二十四面体	great deltoidal icositetrahedron
大斜方六面体	great rhombihexahedron
大斜方十二面体	great rhombidodecahedron
大星状截顶十二面体	great stellated truncated dodecahedron
大星状正二十面体	great stellated dodecahedron
大削棱正方体	great rhombicuboctahedron
大削棱正十二面体	great rhombicosidodecahedron
大正二十面体	great icosahedron
大正十二面体	great dodecahedron
大皱面八面体	great triakis octahedron
大皱面二十面体	great triakis icosahedron
大柱状化二重变形二重斜方十二面体	great disnub dirhombidodecacron
大柱状化双斜方三十二面体	great dirhombicosidodecacron
大自交斜方六面体	great rhombihexacron
大自交斜方十二面体	great rhombidodecacron
对偶多面体	dual polyhedron

E

二侧台塔截顶正十二面体	metabiaugmented truncated dodecahedron
二侧锥正六棱柱	metabiaugmented hexagonal prism
二侧锥正三棱柱	biaugmented triangular prism
二侧锥正十二面体	metabiaugmented dodecahedron
二侧锥正五棱柱	biaugmented pentagonal prism
二联正二十面体	compound of two icosahedra
二联正十二面体	compound of two dodecahedra
二十截顶十二合十二面体	icositruncated dodecadodecahedron

F

反扭棱十二合十二面体	inverted snub dodecadodecahedron
反棱柱	antiprism
复合多面体	compound polyhedron

G

戈德伯格多面体	Goldberg polyhedron
规范多面体	canonical polyhedron

H

环体	torus

J

交错棱柱	crossed-antiprism
截半正方体	cuboctahedron
截半正十二面体	icosidodecahedron
截顶大二十面体	great truncated icosahedron
截顶大十二面体	truncated great dodecahedron
截顶十二合十二面体	truncated dodecadodecahedron
截顶正八面体	truncated octahedron
截顶正二十面体	truncated icosahedron
截顶正方体	truncated hexahedron
截顶正十二面体	truncated dodecahedron
截顶正四面体	truncated tetrahedron
均匀大斜方三十二面体	uniform great rhombicosidodecahedron
均匀多面体	uniform polyhedron

K

卡塔兰多面体	Catalan solid
开普勒多面体	Kepler solid
开普勒—庞索多面体	Kepler-Poinsot solid
康帕纳斯球	Campanus sphere
康威多面体表示法	Conway polyhedron notation

L

类三角二十面体	tridyakis icosahedron
棱锥	pyramid
棱柱	prism
立方截顶截半正方体	cubitruncated cuboctahedron
棱切球	edge-tangent sphere
菱形六十面体	rhombic hexecontahedron
菱形三十面体	rhombic triacontahedron
菱形十二面体	rhombic dodecahedron
六合五面体	cubohemioctahedron
六合柱状化八面体	hexahemioctacron

M

牟合方盖	bicylinder

N

内二十合六十面体	medial icosacronic hexecontahedron

内反五角六十面体	medial inverted pentagonal hexecontahedron
内菱形三十面体	medial rhombic triacontahedron
内六角六十面体	medial hexagonal hexecontahedron
内切球	inscribed sphere
内三角二十面体	medial triambic icosahedron
内三角六十面体	medial deltoidal hexecontahedron
内三角三十面体	medial disdyakis triacontahedron
内五角六十面体	medial pentagonal hexecontahedron
拟柱体	quasi-prism
扭棱三十二合十二面体	snub icosidodecadodecahedron
扭棱十二合十二面体	snub dodecadodecahedron
扭棱双五棱锥	snub disphenoid
扭棱四角反柱	snub square antiprism
扭棱正方体	snub cube
扭棱正十二面体	snub dodecahedron
扭转侧台塔小削棱正十二面体	gyrate rhombicosidodecahedron
扭转侧台塔小削棱正十二面体欠二侧台塔	gyrate bidiminished rhombicosidodecahedron
扭转侧台塔小削棱正十二面体欠一侧台塔	metagyrate diminished rhombicosidodecahedron
扭转二侧台塔小削棱正十二面体	metabigyrate rhombicosidodecahedron
扭转二侧台塔小削棱正十二面体欠一侧台塔	bigyrate diminished rhombicosidodecahedron
扭转三侧台塔小削棱正十二面体	trigyrate rhombicosidodecahedron
扭转双侧台塔小削棱正十二面体	parabigyrate rhombicosidodecahedron
扭转双侧台塔小削棱正十二面体欠一侧台塔	paragyrate diminished rhombicosidodecahedron

P

庞索多面体	Poinsot solid
偏方体	trapezohedron
平顶五角楔形大冠	triangular hebesphenorotunda
平顶楔形大冠	hebesphenomegacorona
平行六面体	parallelepiped

Q

球	sphere

S

三侧台塔截顶正十二面体	triaugmented truncated dodecahedron
三侧锥正六棱柱	triaugmented hexagonal prism
三侧锥正三棱柱	triaugmented triangular prism
三侧锥正十二面体	triaugmented dodecahedron
三合柱状化正方体	tetrahemihexacron
三角八面体	triakis octahedron
三角二十面体	triakis icosahedron
三角六面体	tetradyakis hexahedron
三角三十面体	disdyakis triacontahedron
三角十二面体	disdyakis dodecahedron
三角四面体	triakis tetrahedron
三联正八面体	compound of three octahedra
三联正方体	compound of three cubes
三联正四面体	compound of three tetrahedra
三十二合十二面体	icosidodecadodecahedron
三维凸均匀密铺	convex uniform honeycomb
三圆柱公共部分几何体	tricylinder
十二合二十面体	dodecadodecahedron
十联正四面体	compound of ten tetrahedra
双侧台塔截顶正方体	biaugmented truncated cube
双侧台塔截顶正十二面体	parabiaugmented truncated dodecahedron
双侧锥正六棱柱	parabiaugmented hexagonal prism
双侧锥正十二面体	parabiaugmented dodecahedron
双棱锥	bipyramid
双三角台塔反柱	gyroelongated triangular bicupola
双三角锥柱	elongated triangular dipyramid
双三棱锥	triangular dipyramid
双三斜十二面体	ditrigonal dodecadodecahedron
双四角台塔反柱	gyroelongated square bicupola
双四角锥反柱	gyroelongated square dipyramid
双四角锥柱	elongated square dipyramid
双楔带	disphenocingulum
双五角台塔反柱	gyroelongated square bicupola

双五角丸塔反柱	gyroelongated pentagonal birotunda
双五角楔形冠	bilunabirotunda
双五角锥柱	elongated pentagonal dipyramid
双五棱锥	pentagonal dipyramid
双正四面体	stella octangula
斯基林图形	Skilling's figure
斯坦梅茨体	Steinmetz solid
四合四面体	tetrahemihexahedron
四角六面体	tetrakis hexahedron
四联正八面体	compound of four octahedra
四联正方体	compound of four cubes
四联正四面体	compound of four tetrahedra
四面体	tetrahedron

T

同相双三角台塔	triangular orthobicupola
同相双三角台塔柱	elongated triangular orthobicupola
同相双四角台塔	square orthobicupola
同相双五角台塔	pentagonal orthobicupola
同相双五角台塔柱	elongated pentagonal orthobicupola
同相双五角丸塔	pentagonal orthobirotunda
同相双五角丸塔柱	elongated pentagonal orthobirotunda
同相五角台塔丸塔	pentagonal orthocupolarotunda
同相五角台塔丸塔	elongated pentagonal orthocupolarotunda
凸多面体	convex polyhedron

W

挖面正十二面体	excavated dodecahedron
外接球	circumscribed sphere
网格八面体	geodesic octahedron
网格二十面体	geodesic icositetrahedron
网格球	geodesic sphere
网格球顶	geodesic dome
网格四面体	geodesic tetrahedron
网格正方体	geodesic cube
五角二十四面体	pentagonal icositetrahedron

五角六十面体	pentagonal hexecontahedron
五角台塔丸塔反柱	gyroelongated pentagonal cupolarotunda
五角十二面体	pentakis dodecahedron
五联正八面体	compound of five octahedra
五联正方体	compound of five cubes
五联正四面体	compound of five tetrahedra

X

小二十合扭棱三十二面体	small snub icosicosidodecahedron
小二十合三十二面体	small icosicosidodecahedron
小二十合四面体	small icosihemidodecahedron
小二十合柱状化十二面体	small icosihemidodecacron
小后扭棱二十合三十二面体	small retrosnub icosicosidodecahedron
小类星状十二面体	small stellapentakis dodecahedron
小立方截半正方体	small cubicuboctahedron
小六合二十四面体	small hexacronic icositetrahedron
小六角星六十面体	small hexagrammic hexecontahedron
小六角六十面体	small hexagonal hexecontahedron
小三角十二合六十面体	small ditrigonal dodecacronic hexecontahedron
小三角十二面体	small triambic icosahedron
小双三斜方十二合三十二面体	small ditrigonal dodecicosidodecahedron
小双三斜三十二面体	small ditrigonal icosidodecahedron
小十二合二十面体	small dodecicosahedron
小十二合六面体	small dodecahemidodecahedron
小十二合六十面体	small dodecacronic hexecontahedron
小二十合六十面体	small icosacronic hexecontahedron
小十二合三十二面体	small dodecicosidodecahedron
小十二合十一面体	small dodecahemicosahedron
小十二合柱状化二十面体	small dodecahemicosacron
小十二合柱状化十二面体	small dodecahemidodecacron
小斜方六面体	small rhombihexahedron
小斜方十二面体	small rhombidodecahedron
小星状截顶十二面体	small stellated truncated dodecahedron
小星状正十二面体	small stellated dodecahedron
小削棱正方体	small rhombicuboctahedron
小削棱正十二面体	small rhombicosidodecahedron

小削棱正十二面体欠二侧台塔	metabidiminished rhombicosidodecahedron
小削棱正十二面体欠三侧台塔	tridiminished rhombicosidodecahedron
小削棱正十二面体欠双侧台塔	parabidiminished rhombicosidodecahedron
小削棱正十二面体欠一侧台塔	diminished rhombicosidodecahedron
小自交斜方六面体	small rhombihexacron
小自交斜方十二合二十面体	small dodecicosacron
小自交斜方十二面体	small rhombidodecacron
楔形大冠	sphenomegacorona
楔形冠	sphenocorona
斜方二十面体	rhombicosahedron
斜方二十四面体	deltoidal icositetrahedron
斜方六十面体	deltoidal hexecontahedron
斜方十二合十二面体	rhombidodecadodecahedron
星状截顶六面体	stellated truncated hexahedron

Y

异相双三棱柱	gyrobifastigium
异相双三角台塔柱	elongated triangular gyrobicupola
异相双四角台塔	square gyrobicupola
异相双四角台塔柱	elongated square gyrobicupola
异相双五角台塔	pentagonal gyrobicupola
异相双五角台塔柱	elongated pentagonal gyrobicupola
异相双五角丸塔柱	elongated pentagonal gyrobirotunda
异相五角台塔丸塔	pentagonal gyrocupolarotunda
异相五角台塔丸塔柱	elongated pentagonal gyrocupolarotunda
圆锥	cone
圆柱	cylinder
约翰逊多面体	Johnson solid
右旋的	dextro

Z

针鼹多面体	echidnahedron
正八反棱柱	octagonal antiprism
正八角星凹偏方体	octagrammic concave trapezohedron
正八角星反棱柱	octagrammic antiprism
正八角星交错棱柱	octagrammic crossed-antiprism
正八角星棱柱	octagrammic prism

正八角星偏方体	octagrammic trapezohedron
正八角星双棱锥	octagrammic bipyramid
正八棱柱	octagonal prism
正八面体	octahedron
正八偏方体	octagonal trapezohedron
正八双棱锥	octagonal bipyramid
正二十面体	icosahedron
正二十面体欠二侧锥	metabidiminished icosahedron
正二十面体欠三侧锥	tridiminished icosahedron
正多面体	regular polyhedron
正方体	cube
正九反棱柱	enneagonal antiprism
正九角星凹偏方体	enneagrammic concave trapezohedron
正九角星反棱柱	enneagrammic antiprism
正九角星交错棱柱	enneagrammic crossed-antiprism
正九角星棱柱	enneagrammic prism
正九角星偏方体	enneagrammic trapezohedron
正九角星双棱锥	enneagrammic bipyramid
正九棱柱	enneagonal prism
正九偏方体	enneagonal trapezohedron
正九双棱锥	enneagonal bipyramid
正六八面体	cube-octahedron compound
正六反棱柱	hexagonal antiprism
正六角星凹偏方体	hexagrammic concave trapezohedron
正六角星反棱柱	hexagrammic antiprism
正六角星棱柱	hexagrammic prism
正六角星偏方体	hexagrammic trapezohedron
正六角星双棱锥	hexagrammic bipyramid
正六棱柱	hexagonal prism
正六面体	hexahedron
正六偏方体	hexahedron trapezohedron
正六双棱锥	hexagonal bipyramid
正七反棱柱	heptagonal antiprism
正七角星凹偏方体	heptagrammic concave trapezohedron

正七角星反棱柱	heptagrammic antiprism
正七角星交错棱柱	heptagrammic crossed-antiprism
正七角星棱柱	heptagrammic prism
正七角星偏方体	heptagrammic trapezohedron
正七角星双棱锥	heptagrammic bipyramid
正七棱柱	heptagonal prism
正七偏方体	heptagonal trapezohedron
正七双棱锥	heptagonal bipyramid
正三角台塔	triangular cupola
正三角台塔反柱	gyroelongated triangular cupola
正三角台塔柱	elongated triangular cupola
正三角锥柱	elongated triangular pyramid
正三棱柱	triangular prism
正三双棱锥	triangular bipyramid
正十二二十面体	dodecahedron-icosahedron compound
正十二面体	dodecahedron
正十反棱柱	decagonal antiprism
正十角星凹偏方体	decagrammic concave trapezohedron
正十角星反棱柱	decagrammic antiprism
正十角星交错棱柱	decagrammic crossed-antiprism
正十角星棱柱	decagrammic prism
正十角星偏方体	decagrammic trapezohedron
正十角星双棱锥	decagrammic bipyramid
正十棱柱	decagonal prism
正十偏方体	decagonal trapezohedron
正十双棱锥	decagonal bipyramid
正四反棱柱	square antiprism
正四角台塔	square cupola
正四角台塔反柱	gyroelongated square cupola
正四角台塔柱	elongated square cupola
正四角锥反柱	gyroelongated square pyramid
正四角锥柱	elongated square pyramid
正四面体	tetrahedron

正四棱锥	square pyramid
正四偏方体	tetragonal trapezohedron
正五反棱柱	pentagonal antiprism
正五角台塔	pentagonal cupola
正五角台塔反柱	gyroelongated pentagonal cupola
正五角台塔柱	elongated pentagonal cupola
正五角丸塔	pentagonal rotunda
正五角丸塔反柱	gyroelongated pentagonal rotunda
正五角丸塔柱	elongated pentagonal rotunda
正五角星凹偏方体	pentagrammic concave trapezohedron
正五角星反棱柱	pentagrammic antiprism
正五角星交错棱柱	pentagrammic crossed-antiprism
正五角星棱柱	pentagrammic prism
正五角星偏方体	pentagrammic trapezohedron
正五角星双棱锥	pentagrammic bipyramid
正五角锥柱	elongated pentagonal pyramid
正五棱柱	pentagonal prism
正五偏方体	pentagonal trapezohedron
正五双棱锥	pentagonal bipyramid
正五角锥反柱	gyroelongated pentagonal pyramid
正五棱锥	pentagonal pyramid
自交斜方二十面体	rhombicosacron
左旋的	laevo

索 引

半正多面体
 Archimedes 多面体 238
 Archimedes 多面体的二面角 284
 Archimedes 多面体的全面积、体积、外接球及内棱切球半径近似值 287
 Archimedes 多面体的全面积、体积、外接球及内棱切球半径精确值 286
 Archimedes 多面体的直观图和展开图 239
 Archimedes 多面体各种正多边形数量 238
 Archimedes 多面体几何量的计算 271
 Archimedes 多面体中心到各面距离 283
 半正多面体 234
 半正多面体的顶点构成、顶点数、面数、棱数 238
 半正多面体的几何性质 242
 半正多面体的种类 234
 大削棱构造法的直观图 268
 反棱柱的构造法 287
 截半构造法的直观图 264
 截顶构造法的直观图 263
 扭棱构造法的直观图 269
 三维均匀密铺 291
 外与内多面体棱长比的近似值 262
 外与内多面体棱长比的精确值 262
 小削棱构造法的直观图 266
 右旋 261
 正多面体构造 Archimedes 多面体 244
 正棱柱与正反棱柱的几何量计算 288
 左旋 261

多面角
 补三面角 55
 补三面角的互补 55
 给定面角面数大于三的凸多面角有无数种 71
 互补三面角的面角、二面角关系 56
 面角构成凸多面角 70
 面角构成凸多面角的充要条件 71
 面角与二面角的大小比较 60
 全等多面角 71
 三面角的顶点角正弦 58
 三面角的特征正弦 58
 三面角第二余弦定理 62
 三面角第一余弦定理 58
 三面角全等判定 60，62
 三面角正弦定理 57
 射影角与原角的大小比较 61
 凸多面角的二面角和性质 69
 凸多面角的面角和性质 69
 凸多面角的面角性质 70
 正多面角 71

正多面角截面性质 72

正多面角面角与二面角数量关系 73

直线与平面所成角计算 62

多面体

 Cauchy 凸多面体定理 78

 Conway 多面体表示法 348

 不存在七棱凸多面体 78

 内棱切球 76

 内棱切球唯一性 77

 内棱心 76

 内切球 76

 内切球唯一性 76

 内心 76

 凸多面体面的边数不能都超过 5 77

 凸多面体面角的面数不能都超过 5 77

 凸多面体面角和 78

 外接球 75

 外接球唯一性 76

 外心 75

 重心 75

 重心到顶点的距离平方和最小 75

多面体星状化

 Escher 多面体 872

 Miller 规则 866

 多面体星状化 866

 菱形六十面体星状化 872

 菱形三十面体星状化 873

 菱形十二面体星状化 871

 挖面正十二面体 870

 完全支撑 867

 星状化多面体构造法 866

 针鼹多面体 870

 正八面体星状化 866

 正二十面体星状化 866

 正方体不存在星状化多面体 866

 正十二面体星状化 866

 正四面体不存在星状化多面体 866

规范多面体

 Goldberg 多面体 341

 Goldberg 多面体的顶点数、面数、棱数 341

 Goldberg 多面体构造方法 341

 Goldberg 多面体几何量的计算 342

 规范多面体 339

 规范多面体的对偶多面体 339

 规范多面体及其对偶多面体的几何量计算 339

 规范多面体算法 339

 网格正方体 345

 网格正方体的顶点数、面数、棱数 346

 网格正方体几何量的计算 347

环体

 环体的全面积 931

 环体的体积 932

Johnson 多面体

 Johnson 多面体 356

 Johnson 多面体的顶点数、面数、棱数 356

 Johnson 多面体的直观图和展开图 361

 Johnson 多面体的种类 356

 Johnson 多面体各种正多边形数量 358

 侧台塔截顶正方体的构造法和几何量 457

 侧台塔截顶正十二面体的构造法和几何量 460

 侧台塔截顶正四面体的构造法和几何量 456

 侧锥楔形冠的构造法和几何量 489

侧锥正二十面体欠三侧锥的构造法和几何量 455
侧锥正六棱柱的构造法和几何量 446
侧锥正三棱柱的构造法和几何量 440
侧锥正十二面体的构造法和几何量 450
侧锥正五棱柱的构造法和几何量 443
二侧台塔截顶正十二面体的构造法和几何量 462
二侧锥正六棱柱的构造法和几何量 448
二侧锥正三棱柱的构造法和几何量 441
二侧锥正十二面体的构造法和几何量 451
二侧锥正五棱柱的构造法和几何量 445
扭棱双五棱的构造法和几何量 479
扭棱四角反柱的构造法和几何量 481
扭转侧台塔小削棱正十二面体的构造法和几何量 465
扭转侧台塔小削棱正十二面体欠二侧台塔的构造法和几何量 476
扭转侧台塔小削棱正十二面体欠一侧台塔的构造法和几何量 471
扭转二侧台塔小削棱正十二面体的构造法和几何量 467
扭转二侧台塔小削棱正十二面体欠一侧台塔的构造法和几何量 473
扭转三侧台塔小削棱正十二面体的构造法和几何量 468
扭转双侧台塔小削棱正十二面体的构造法和几何量 466
扭转双侧台塔小削棱正十二面体欠一侧台塔的构造法和几何量 470
平顶五角楔形大冠的构造法和几何量 509
平顶楔形大冠的构造法和几何量 496
三侧台塔截顶正十二面体的构造法和几何量 463
三侧锥正六棱柱的构造法和几何量 449
三侧锥正三棱柱的构造法和几何量 443
三侧锥正十二面体的构造法和几何量 452
双侧台塔截顶正方体的构造法和几何量 459
双侧台塔截顶正十二面体的构造法和几何量 461
双侧锥正六棱柱的构造法和几何量 447
双侧锥正十二面体的构造法和几何量 451
双三角台塔反柱的构造法和几何量 434
双三角锥柱的构造法和几何量 401
双三棱锥的构造法和几何量 399
双四角台塔反柱的构造法和几何量 435
双四角锥反柱的构造法和几何量 404
双四角锥柱的构造法和几何量 402
双五角台塔反柱的构造法和几何量 436
双五角丸塔反柱的构造法和几何量 439
双五角楔形冠的构造法和几何量 506
双五角锥柱的构造法和几何量 403
双五棱锥的构造法和几何量 400
双楔带的构造法和几何量 502
同相双三角台塔的构造法和几何量 416

同相双三角台塔柱的构造法和几何量 424

同相双四角台塔的构造法和几何量 417

同相双五角台塔的构造法和几何量 419

同相双五角台塔柱的构造法和几何量 427

同相双五角丸塔的构造法和几何量 423

同相双五角丸塔柱的构造法和几何量 432

同相五角台塔丸塔的构造法和几何量 420

同相五角台塔丸塔柱的构造法和几何量 429

五角台塔丸塔反柱的构造法和几何量 437

小削棱正十二面体欠二侧台塔的构造法和几何量 475

小削棱正十二面体欠三侧台塔的构造法和几何量 478

小削棱正十二面体欠双侧台塔的构造法和几何量 474

小削棱正十二面体欠一侧台塔的构造法和几何量 469

楔形大冠的构造法和几何量 491

楔形冠的构造法和几何量 485

异相三棱柱的构造法和几何量 415

异相双三角台塔柱的构造法和几何量 425

异相双四角台塔的构造法和几何量 418

异相双四角台塔柱的构造法和几何量 426

异相双五角台塔的构造法和几何量 420

异相双五角台塔柱的构造法和几何量 428

异相双五角丸塔柱的构造法和几何量 433

异相五角台塔丸塔的构造法和几何量 422

异相五角台塔丸塔柱的构造法和几何量 431

正二十面体欠二侧锥的构造法和几何量 453

正二十面体欠三侧锥的构造法和几何量 454

正三角台塔的构造法和几何量 389

正三角台塔反柱的构造法和几何量 409

正三角台塔柱的构造法和几何量 405

正三角锥柱的构造法和几何量 394

正四角台塔的构造法和几何量 390

正四角台塔反柱的构造法和几何量 410

正四角台塔柱的构造法和几何量 406

正四角锥反柱的构造法和几何量 397

正四角锥柱的构造法和几何量 395

正四棱锥的几何量 387

正五角台塔的构造法和几何量 391

正五角台塔反柱的构造法和几何量 412

正五角台塔柱的构造法和几何量 407

正五角丸塔的构造法和几何量 393

正五角丸塔反柱的构造法和几何量 413

正五角丸塔柱的构造法和几何量 408

正五角锥反柱的构造法和几何量 398

正五角锥柱的构造法和几何量 396

正五棱锥的几何量 388

均匀多面体

Skilling 图形 632

凹半正多面体 523

凹半正多面体的顶点构成 537

凹半正多面体的直观图、顶点数、面数、棱数 523

凹半正多面体的中心 523

凹半正多面体的种类 523

凹半正多面体面的类型 540

八合四面体的构造法和几何度量 544

大二十合六面体的构造法和几何度量 589

大二十合三十二面体的构造法和几何度量 593

大二重变形二重斜方十二面体的构造法和几何度量 632

大反扭棱三十二面体的构造法和几何度量 688

大后扭棱二十合三十二面体的构造法和几何度量 706

大截顶截半正方体的构造法和几何度量 557

大截顶三十二面体的构造法和几何度量 643

大均匀斜方截半正方体的构造法和几何度量 548

大立方截半正方体的构造法和几何度量 546

大扭棱三十二面体的构造法和几何度量 665

大扭棱十二合三十二面体的构造法和几何度量 621

大三十二面体的构造法和几何度量 587

大三斜三十二面体的构造法和几何度量 561

大十二合二十面体的构造法和几何度量 595

大十二合六面体的构造法和几何度量 588

大十二合三十二面体的构造法和几何度量 569

大十二合十一面体的构造法和几何度量 585

大双三斜方十二合三十二面体的构造法和几何度量 591

大双斜方三十二面体的构造法和几何度量 627

大斜方六面体的构造法和几何度量 549

大斜方十二面体的构造法和几何度量 573

大星状截顶十二面体的构造法和几何度量 616

二十截顶十二合十二面体的构造法和几何度量 638

反扭棱十二合十二面体的构造法和几何度量 675

截顶大二十面体的构造法和几何度量 619

截顶大十二面体的构造法和几何度量 567

截顶十二合十二面体的构造法和几何度量 640

均匀大斜方三十二面体的构造法和几何度量 571

均匀多面体 523

立方截顶截半正方体的构造法和几何度量 554

六合五面体的构造法和几何度量 545

扭棱三十二合十二面体的构造法和几何度量 657

扭棱十二合十二面体的构造法和几何
度量 647

三十二合十二面体的构造法和几何度
量 577

十二合二十面体的构造法和几何度
量 583

双三斜十二面体的构造法和几何度
量 563

四合四面体的构造法和几何度量 543

小二十合扭棱三十二面体的构造法和
几何度量 564

小二十合三十二面体的构造法和几何
度量 611

小二十合四面体的构造法和几何度
量 580

小后扭棱二十合三十二面体的构造法
和几何度量 596

小立方截半正方体的构造法和几何度
量 550

小十二合二十面体的构造法和几何度
量 615

小十二合六面体的构造法和几何度
量 582

小十二合三十二面体的构造法和几何
度量 606

小十二合十一面体的构造法和几何度
量 584

小双三斜方十二合三十二面体的构造
法和几何度量 614

小双三斜三十二面体的构造法和几何
度量 560

小斜方六面体的构造法和几何度
量 552

小斜方十二面体的构造法和几何度
量 608

小星状截顶十二面体的构造法和几何
度量 609

斜方二十面体的构造法和几何度
量 579

斜方十二合十二面体的构造法和几何
度量 575

星状截顶六面体的构造法和几何度
量 553

正多角星反柱的构造法和几何度
量 742

正多角星交错反柱的构造法和几何度
量 745

正多角星正棱柱的构造法和几何度
量 740

均匀多面体的对偶多面体

Kepler-Poinsot 多面体的对偶多面体
及其棱长 751

八合柱状化八面体 765

常规凹均匀多面体的对偶多面体的顶
点数、面数、棱数 751

常规凹均匀多面体的对偶多面体的直
观图 753

大二十合六十面体 793

大二十合柱状化十二面体 790

大反五角六十面体 832

大菱形三十面体 788

大六合二十四面体 767

大六角六十面体 806

大三角二十面体 775

大三角六十面体 779

大三角三十面体 814

大三角十二合六十面体 791

大三角十二面体 773

大十二合六十面体 779

大十二合柱状化二十面体 787

大十二合柱状化十二面体 789

大十二合自交斜方二十面体 795

大五角六十面体 822
大五角十二面体 800
大五角星六十面体 838
大五角星十二面体 805
大斜方二十四面体 768
大皱面八面体 771
大皱面二十面体 804
大柱状化二重变形二重斜方十二面体 809
大柱状化双斜方三十二面体 808
大自交斜方六面体 768
大自交斜方十二面体 781
均匀多面体的对偶多面体 748
均匀多面体的对偶多面体的计算 750
类三角二十面体 811
六合柱状化八面体 766
内二十合六十面体 783
内反五角六十面体 828
内菱形三十面体 786
内六角六十面体 818
内三角二十面体 776
内三角六十面体 782
内三角三十面体 813
内五角六十面体 814
三合柱状化正方体 765
三角六面体 772
小二十合六十面体 800
小二十合柱状化十二面体 784
小类星状十二面体 777
小六合二十四面体 769
小六角六十面体 776
小六角星六十面体 795
小三角十二合六十面体 802
小三角十二面体 774
小十二合六十面体 798
小十二合柱状化二十面体 787
小十二合柱状化十二面体 785
小自交斜方六面体 770
小自交斜方十二合二十面体 803
小自交斜方十二面体 799
正多角星凹偏方体 848
正多角星偏方体 846
正多角星双棱锥 845
自交斜方二十面体 784

Kepler-Poinsot 多面体
　　Kepler-Poinsot 多面体 513
　　Kepler-Poinsot 多面体的几何量 515
　　Kepler-Poinsot 多面体的直观图、顶点数、面数、棱数 514
　　Kepler-Poinsot 多面体二面角、表面积、体积近似值 522
　　Kepler-Poinsot 多面体二面角、表面积、体积精确值 522
　　Kepler-Poinsot 多面体外接球半径、内切球半径、棱切球半径近似值 523
　　Kepler-Poinsot 多面体外接球半径、内切球半径、棱切球半径精确值 522
　　Kepler 多面体 512
　　Poinsot 多面体 513
　　凹正多面体 513

牟合方盖
　　Steinmetz 体 934
　　牟合方盖 932
　　牟合方盖的全面积 932
　　牟合方盖的体积 933
　　三圆柱公共部分的全面积 934
　　三圆柱公共部分的体积 934

平行六面体
　　平行六面体对角线共点性质 78

平行六面体对角线长度、对角面内
　　角 79
平行六面体体积 80
平行六面体有内棱切球的充要条
　　件 81
平行六面体有内切球的充要条件 80
平行六面体有外接球的充要条件 80
长方体射影面积范围 82
长方体中角的正弦平方和、余弦平方
　　和 81
正方体的截面 82

球面多边形
　　Cagnoli 球面角盈公式 896
　　Delambre 方程 894
　　Euler 球面角盈公式 895
　　Lhuilier 球面角盈公式 896
　　Napier 相似方程 894
　　白天长度计算 904
　　半边公式 894
　　半角公式 893
　　边的余弦定理 888
　　边给定边数大于三的球面凸多边形不
　　　　唯一 885
　　大圆劣弧最小 883
　　点到大圆距离的计算 900
　　点到小圆的距离 884
　　对边相等的球面四边形边和对角线的
　　　　关系 906
　　对边相等的球面四边形边和角的关
　　　　系 907
　　根据经纬度计算球面距离 888
　　构成球面凸多边形的充要条件 885
　　极 884
　　角的余弦定理 888
　　立体角 883
　　两边夹角的球面角盈公式 896

球极三角形 886
球面凹四边形四切线长确定内切球半
　　径 916
球面凹四边形四切线长确定旁切球半
　　径 920
球面凹四边形有内切圆但四切线长不
　　能确定半径的条件 916
球面凹四边形有内切圆但四切线长不
　　能确定半径时切线长的关系 916
球面凹四边形有内切圆的切线长充要
　　条件 915
球面凹四边形有旁切圆的切线长充要
　　条件 919
球面半径 884
球面半正多边形 924
球面半正多边形角和外接圆半径的计
　　算 925
球面半正多边形有外接圆，但无内切
　　圆 925
球面度 883
球面多边形 884
球面多边形的内切圆 885
球面多边形的内切圆圆心是各角平分
　　线的交点 885
球面多边形的外接圆 885
球面多边形的外接圆圆心是各边垂直
　　平分线的交点 885
球面弓形 898
球面弓形的面积 898
球面弓月形 884
球面弓月形的面积 884
球面角的平分线 885
球面角和的范围 884
球面角平分线的性质 885
球面角盈 885
球面矩形 906

球面矩形的对角线计算 907
球面矩形的内角计算 907
球面矩形的球面角盈计算 907
球面距离 883
球面菱形 906
球面三角形 Ceva 定理的逆定理 891
球面三角形 Menelaus 定理的逆定理 890
球面三角形的 Ceva 定理 890
球面三角形的 Menelaus 定理 889
球面三角形的面积 887
球面三角形的旁切圆 887
球面三角形的三条高线共点 900
球面三角形顶点到对边内一点距离 892
球面三角形顶点到对边外一点距离 893
球面三角形及其球极三角形的关系 886
球面三角形内角平分线定理 892
球面三角形内切圆半径计算 902
球面三角形旁切圆半径计算 903
球面三角形全等判定 886
球面三角形外角平分线定理 892
球面三角形外接圆半径计算 901
球面三角形外接圆圆心位置判定 887
球面三角形有内切圆 885
球面三角形有外接圆 885
球面三角形中线共点 891
球面三角形中线交点分中线的比 891
球面三角形中线长计算 893
球面扇形 898
球面扇形的面积 898
球面四边形的旁切圆 918
球面四边形对边相等的充要条件 905
球面四边形旁切圆边的大小关系 918

球面四边形为球面矩形的充要条件 906
球面四边形为球面菱形的充要条件 906
球面四边形有内切圆的充要条件 912
球面四边形有旁切圆的充要条件 918
球面四点确定六球面距离的关系 886
球面凸多边形 884
球面凸多边形的面积 887
球面凸多边形的球面度 887
球面凸四边形四切线长确定内切球半径 914
球面凸四边形四切线长确定旁切球半径 919
球面凸四边形有内切圆的切线长充要条件 912
球面凸四边形有旁切圆但四切线长不能确定半径的条件 919
球面凸四边形有旁切圆但四切线长不能确定半径时切线长的关系 919
球面凸四边形有旁切圆的切线长充要条件 918
球面线段垂直平分线的性质 885
球面线段的垂直平分线 885
球面线段的中垂线 885
球面正多边形 923
球面正多边形角、外接圆和内切圆半径的计算 924
球面正多边形有外接圆和内切圆 923
球面直角三角形 886
球面直角三角形的边关系 899
球面直角三角形的球面角盈 901
球面直角三角形全等判定 900
球面直角三角形有两直角的情形 900
球上四点共圆的充要条件 908
双圆球面凸四边形的几何量 921

四角相等的球面四边形是球面矩
　　形 908
以球面半径计算球冠面积 884
由给定经纬度的球面两点确定的大圆
　　的经纬度方程 888
由球面四边形三边以及相邻边的夹角
　　确定第四边长度 907
有内切圆的球面凹四边形四切线长确
　　定球面角盈 917
有内切圆的球面四边形对边切点所在
　　大圆和对角线共点 920
有内切圆的球面四边形对角线交点分
　　对角线的比 921
有内切圆的球面凸、凹四边形切线长
　　关系 917
有内切圆的球面凸四边形四切线长确
　　定球面角盈 915
有旁切圆的球面凹四边形四切线长确
　　定球面角盈 920
有旁切圆的球面四边形对边切点所在
　　大圆和对角线共点 920
有旁切圆的球面四边形对角线交点分
　　对角线的比 921
有旁切圆的球面凸、凹四边形切线长
　　关系 920
有旁切圆的球面凸四边形四切线长确
　　定球面角盈 919
有外接圆的球面四边形的对角线计
　　算 909
有外接圆的球面四边形对角线交点分
　　对角线的比 909
有外接圆的球面凸四边形四边确定球
　　面角盈 911
有外接圆的球面凸四边形四边确定四
　　角 910
有外接圆且各角相等的球面凸多边
　　形 924
正弦定理 887，904

四面体
　Monge 点 135
　Monge 平面 135
　Monge 平面共点 135
　不在相同临面区内的旁心与外棱心的
　　　距离 171
　侧半棱切球 172
　侧半棱切球半径计算 172
　侧半棱切球存在的条件 172
　垂心 136
　垂心、外心、内心之一与内棱心重合
　　　情形 182
　垂心存在的充要条件 136，137
　垂心四面体 136
　垂心四面体垂心的向量式和重心坐
　　　标 139
　垂心四面体垂心的有向距离 138
　垂心四面体的垂心与 Monge 点重
　　　合 139
　垂心四面体面角的类型 138
　垂心位置判定 136
　垂心与临棱区旁心的距离 156
　垂心与临面区旁心的距离 152
　垂心与内棱心的距离 165
　垂心与内心的距离 146
　垂心与外棱心的距离 170
　垂心组 139
　垂足四面体的体积 112
　到四面体四顶点加权距离平方和最小
　　　与到四面体四面加权距离平方和
　　　最小的点互为等角共轭点 113
　到一定点的距离分别是四个定值的四
　　　点形成的四面体体积的最值 140
　等角共轭点 112

索 引

等角面 110
等截共轭点 115
等截面 113
等面四面体 169
等面四面体的重心、外心、内心重合 193
等面四面体几何量计算 194
等面四面体面的性质 193
第二类半外接半棱切球 173
第二类半外接半棱切球半径计算 174
第二类半外接半棱切球存在的充要条件 174
第二类半外接半棱切球的唯一性 174
第二类内半棱切半内切球 177
第二类内半棱切半内切球半径计算 178
第二类内半棱切半内切球存在的充要条件 177
第二类内半棱切半内切球的唯一性 178
第二类十二点球 141
第二类外半棱切半内切球 177
第二类外半棱切半内切球半径计算 178
第二类外半棱切半内切球存在的充要条件 177
第二类外半棱切半内切球的唯一性 178
第二正弦定理 94
第一类内、外半棱切半内切球半径计算 176
第一类内半棱切半内切球 174
第一类内半棱切半内切球唯一存在 175
第一类内半外接半棱切球 172
第一类内半外接半棱切球唯一存在 172
第一类十二点球 141
第一类外半棱切半内切球 175
第一类外半棱切半内切球存在的充要条件及唯一性 175
第一类外半外接半棱切球 173
第一类外半外接半棱切球唯一存在 173
第一正弦定理 93
点到四面体四顶点加权距离平方和最小 112
点关于三角形的重心坐标 106
点关于四面体的等角面共点或交线平行 110
点关于四面体的等角面交线平行的充要条件 111
点关于四面体的等截面共点或交线平行 114
点关于四面体的等截面交线平行的充要条件 115
点关于四面体的重心坐标 106
调和共轭点 148
调和共轭点存在性和位置 149
顶点到对面重心的距离 125
对棱公垂线位置的确定 103
对棱互相垂直的充要条件 136
对棱距离的计算 103
对棱所成角的计算 101
对棱中点连线过重心 125
二面角内平分平面的充要条件 97
二面角外平分平面的充要条件 98
反余四面体 128
空间 Ceva 定理 109
空间 Ceva 定理的逆定理 110
空间四点到一点距离和最小 198
空间四点到一点距离和最小的向量形

式 200
空间四向量和的系数关系 104
空间一点到四面体各面垂足共面的充要条件 112
棱长不等式 101，102，130
两临棱区旁心的距离 157
两临面区旁心的距离 152
两外棱心的距离 172
临顶区 148
临棱区 148
临棱区、临顶区不存在外棱切球 168
临棱区的旁心与内棱心的距离 165
临棱区旁切球半径计算 154
临棱区旁切球存在性 153
临棱区旁切球唯一性 153
临棱区旁心的向量式和重心坐标 155
临棱区旁心与棱不在临面区边界内的外棱心的距离 171
临棱区旁心与棱在临面区边界内的外棱心的距离 171
临面区 148
临面区存在旁切球 149
临面区的旁心与内棱心的距离 165
临面区的外棱切球半径计算 167
临面区的外棱切球存在的充要条件 166
临面区的外棱切球的唯一性 166
临面区的外棱心位置判定 168
临面区旁切球半径计算 150
临面区旁切球唯一性 149
临面区旁心的向量式和重心坐标 151
临面区旁心与棱不在临面区边界内的棱的临棱区旁心的距离 156
临面区旁心与棱在临面区边界内的棱的临棱区旁心的距离 157
六棱构成四面体的充要条件 91

六棱计算二面角 96
六棱计算线面夹角 97
六棱求外接球半径 129
六棱体积公式 90
面积不等式 87
内棱切球半径计算 163
内棱切球存在的充要条件 158
内棱心的向量式和重心坐标 163
内棱心的有向距离 163
内棱心位置判定 164
内棱心与外棱心的距离 172
内切球半径计算 144
内切球存在 144
内切球的向量式和重心坐标 145
内切球与旁切球切点的重心坐标 158
内心与临棱区旁心的距离 156
内心与临面区旁心的距离 152
内心与内棱心的距离 165
内心与外棱心的距离 170
旁切球 148
旁切球个数 157
旁心 148
平面三向量和的系数关系 106
任何一个旁心与任何一个外棱心重合情形 185
三角形点到边所在直线的垂足分边的有向线段比 122
三角形关于边的有向距离 104
三角形关于边的有向面积 104
三角形两重心坐标确定的两点距离 123
三角形两重心坐标确定的向量式 121
三角形三顶点与一定点的六长度确定定点的重心坐标 123
三角形三线共点定理 122
三角形一重心坐标及一点到三顶点距

离确定的两点距离 122

三角形一重心坐标及一点确定的向量式 121

三角形重心坐标变换 123

三角形重心坐标定比分点 122

三角形重心坐标确定唯一点 107

三棱及夹角的体积公式 89，90

三棱及夹角求外接球半径 130

射影定理 87

四点确定的六线段共面的充要条件 91

四面体的界心 148

四面体的内心、重心、界心共线且重心为中点 148

四面体的外接球半径不小于内切球半径的三倍 145

四面体的外接球半径的平方不小于内棱切球半径平方的三倍 162

四面体点到面的垂足的重心坐标 116

四面体顶点与对面的界点连线共点及公共点的重心坐标 147

四面体顶点与对面三角形的界心连线共点的充要条件 161

四面体对棱差相等的充要条件 166

四面体对棱和相等的充要条件 160

四面体关于面的有向距离 104

四面体关于面的有向体积 104

四面体棱的界点 147

四面体棱的界点分棱的比 147

四面体两重心坐标确定的两点距离 118

四面体两重心坐标确定的向量式 107

四面体六二面角的关系 95

四面体面的垂心与该面的高线确定的平面过四面体的 Monge 点 135

四面体面的界点 147

四面体是等面四面体的充要条件 186~188，190~193

四面体四顶点与一定点的十长度确定定点的重心坐标 118

四面体四线共点定理 109

四面体一面中顶点与对边的界点连线共点及公共点的重心坐标 147

四面体一重心坐标及一点到四顶点距离确定的两点距离 117

四面体一重心坐标及一点确定的向量式 106

四面体重心坐标变换 120

四面体重心坐标定比分点 115

四面体重心坐标平面分点 116

四面体重心坐标确定唯一点 106

外接平行六面体 100

外接平行六面体的对角线、对角面的角的计算 100

外接平行六面体的体积 101

外接球存在 129

外棱切球 165

外棱心 165

外棱心的向量式与重心坐标 167

外棱心的有向距离 167

外心、重心、垂心共线 139

外心、重心、第二类十二点球球心、垂心共线 143

外心、重心距离 131

外心的向量式和重心坐标 134

外心的有向距离 133

外心位置判定 135

外心与临棱区旁心的距离 156

外心与临面区旁心的距离 152

外心与内棱心的距离 164

外心与内心的距离 146

外心与外棱心的距离 170

索　引

由六棱构造四面体 95
余弦定理 88
在相同临面区内的旁心与外棱心的距
　　离 171
正四面体 169
正四面体的重心、垂心、外心、内心、
　　内棱心重合 196
正四面体几何量计算 196
直角四面体 138
直角四面体的几何量计算 207
直角四面体的内棱切球 204
直角四面体的旁切球 203
直角四面体的旁切球个数 204
直角四面体的外棱切球 205
直角四面体的斜面的形状 203
直角四面体的性质 202
直角四面体对棱的公垂线 206
直角四面体斜面的高 206
直线与三角形边所在直线交点的向量
　　式和交点分边的有向距离比 122
直线与四面体面交点的向量式和交点
　　关于三角形的重心坐标 108
重心 124
重心、垂心、外心、内心、内棱心都
　　不可能与任何一个旁心重合 184
重心、垂心、外心、内心、内棱心都不
　　可能与任何一个外棱心重合 183
重心、外心、内心任意两心重合情
　　形 178
重心、外心、内心之一和垂心重合情
　　形 180
重心的充要条件 125，126
重心的距离平方和最小性 128
重心的向量式和重心坐标 128
重心恒等式 128
重心或外心和第二类十二点球的球心

或垂心重合情形 180
重心与临棱区旁心的距离 155
重心与临面区旁心的距离 151
重心与内棱心的距离 164
重心与内棱心重合情形 181
重心与内心的距离 146
重心与外棱心的距离 170

网格球
　　Campanus 球 338
　　网格八面体 336
　　网格二十面体 336
　　网格球 335
　　网格球的顶点数、面数、棱数 336
　　网格球的对偶多面体 341
　　网格球的几何量计算 338
　　网格球顶 335
　　网格四面体 336

圆锥、圆柱的截线和测地线
　　Dandelin 切球法 925
　　圆柱的截线 929
　　圆柱和圆锥的测地线 930
　　圆锥的截线 925

正多面体
　　Plato 多面体 209
　　三维均匀密铺 291
　　正多面体 209
　　正多面体的构造法 213
　　正多面体的互容性 216
　　正多面体的几何量计算 214
　　正多面体的几何量近似值 216
　　正多面体的几何量精确值 216
　　正多面体的几何性质 211
　　正多面体的种类 209
　　正多面体相容关系的内正多面体棱
　　　　长 230

正多面体相容关系的直观图 227

正多面体直观图、展开图、顶点数、面数、棱数 210

正多面体的复合多面体
 Bakos 复合多面体 862
 二联正二十面体 864
 二联正十二面体 864
 复合多面体的对偶多面体 853
 棱长是1的正多面体的复合多面体的表面积、体积、内棱切球半径的近似值 853
 棱长是1的正多面体的复合多面体的表面积、体积、内棱切球半径的精确值 853
 三联正八面体 861
 三联正方面体 860
 三联正四面体 858
 十联正四面体 853
 十联正四面体表面积和体积计算 855
 双正四面体 850
 四联正八面体 863
 四联正方体 862
 四联正四面体 861
 五联正八面体 853
 五联正八面体表面积和体积计算 857
 五联正方体 853
 五联正方体表面积和体积计算 856
 五联正四面体 853
 五联正四面体表面积和体积计算 853
 正多面体的复合多面体 850
 正多面体的复合多面体的顶点数、面数、棱数 851
 正六八面体 850
 正十二二十面体 850

正多面体和半正多面体的对偶多面体

Catalan 多面体 300
Catalan 多面体的顶点数、面数、棱数 300
Catalan 多面体的二面角大小、全面积、体积近似值 329
Catalan 多面体的二面角大小、全面积、体积精确值 329
Catalan 多面体的各种棱长近似值 327
Catalan 多面体的各种棱长精确值 326
Catalan 多面体的各种面角近似值 328
Catalan 多面体的各种面角精确值 327
Catalan 多面体的内棱切球半径、内切球半径近似值 331
Catalan 多面体的内棱切球半径、内切球半径精确值 330
Catalan 多面体的直观图和展开图 300
Catalan 多面体几何量的计算 304
右旋 300
正多面体的对偶多面体 298
正多面体的对偶多面体及其棱长 299
正多面体和半正多面体的对偶多面体 295
正多面体和半正多面体的对偶多面体的构造法 298
正多面体和半正多面体的对偶多面体的几何性质 296
正棱柱和正反棱柱的对偶多面体 331
正棱柱和正反棱柱的对偶多面体的几何量计算 332
左旋 300

直线与平面

索 引

补二面角 6
垂平面唯一定理 5
垂线唯一定理 5
二面角的平分平面 6
二面角的平分平面判定 7
二面角的平分平面唯一 7
过空间一点且与两条异面直线均相交的直线 49
过四面体四顶点与棱一点的四球共点 20
过异面直线其中之一与另一直线平行的平面 30
简单多面体截面的画法 24
简单三视图复原几何体 26
空间 Desargues 定理 20
空间 Desargues 定理的逆定理 20
空间两点距离计算 31
空间三向量共面充要条件 17
空间四点共面的充要条件向量定理 15
空间四向量终点共面充要条件 15
空间五点确定十长度的关系 8
空间五向量线性相关 8
空间向量的分量唯一 12
空间向量共面定理 14
空间向量与平面平行定理 14
面积射影定理 53
内积计算 12
平面平行的充要条件 18
平面三点共线的充要条件向量定理 15
平面相交的充要条件 18
平面向量的分量唯一 12
平面向量与直线平行定理 15
平面重合的充要条件 18
平行线定理 4

曲线长度的射影 52
确定异面直线距离、公垂线 33
确定异面直线所成角 31
三视图确定的几何体不唯一 27
四面体 Menelaus 定理 21
四面体 Menelaus 定理的逆定理 22
四面体 Steiner 体积公式 48
四面体对棱所成角 31
椭圆面积 53
线、面平行与垂直的对偶性 1
线、面平行与垂直命题的"唯一性"特征 3，4
相交平面的交线确定方法 18
向量混合积计算 13
向量混合积与标架关系 12
向量外积计算 13
向量外积与标架关系 12
异面直线 29
异面直线垂直的充要条件 31
异面直线存在性 30
异面直线公垂线 29
异面直线公垂线唯一 30
异面直线距离 29
异面直线距离关系公式 32
异面直线距离所成角公式 32
异面直线距离最小 31
异面直线面角所成角公式 33
异面直线上两滑动定长线体积定值 49
异面直线所成角 29
异面直线线面角距离公式 33
与两异面直线相交且成规定角的直线 38
与三条异面直线均相交的直线 50
圆柱等速螺线 52
圆柱等速螺线长度计算 52

直线互为异面直线的充要条件 17
直线交四面体四面交点与对顶点线段
　　中点共面 19

直线平行的充要条件 17
直线相交的充要条件 17
直线重合的充要条件 17

参考文献

[1] 鲍珑，李慧君，孙福元，等. 立体几何：高级中学课本，甲种本 [M]. 北京：人民教育出版社，1983.

[2] 沈文选. 初等数学研究教程：高等师范院校试用教材 [M]. 长沙：湖南教育出版社，1996.

[3] 蒋园仙. 立体几何中的唯一性效应 [J]. 数学通讯，2001，(17)：12-13.

[4] 王雪芹，杨世明. 立体几何中平行、垂直关系揭秘 [J]. 数学通讯，1995，(11)：5-6.

[5] 施慧. 关于四面体的梅氏定理 [J]. 福建中学数学，1997，(2)：14-16.

[6] 杨波. 四棱锥侧棱上四点共面的一个充要条件 [J]. 中学数学月刊，2004，(7)：35.

[7] 徐希扬. 四面体中的余弦定理及其应用 [J]. 中学数学研究，2001，(1)：13-14.

[8] 石庆初. 一道课本习题的再推广与应用 [J]. 中学数学教学，1994，(1)：38-39.

[9] 黄汉生. 两条异面直线所成角的余弦公式 [J]. 中学数学，1997，(6)：46-47.

[10] 陈万军. 三种空间角大小的一个和谐公式 [J]. 中学数学月刊，2000，(6)：43.

[11] 罗增儒. 高等背景　初等解法——三异面直线赛题的背景与引申 [J]. 中等数学，2005，(7)：15.

[12] 马明. 多面角的面角性质 [J]. 数学通报，1959，(11)：17-18.

[13] 张志朝. 四面体的"心"重合与正四面体 [J]. 中学数学月刊，1999，(8)：18-20.

[14] 朱德祥，朱维宗. 初等数学复习及研究：立体几何 [M]. 哈尔滨：哈尔滨工业大学出版社，2010.

[15] 阿达玛 J. 几何学教程：立体几何卷 [M]. 朱德详，译. 上海：上海科学技术出版社，1966.

[16] 沈康身. 历史数学名题赏析 [M]. 上海：上海教育出版社，2010.

[17] 陈嘉震. 航用球面三角学 [M]. 北京：人民交通出版社，1958.

[18] AIGNER M，ZIEGLER G M. 数学天书中的证明：第三版 [M]. 冯荣权，宋春伟，宗传明，译. 北京：高等教育出版社，2009.

[19] 沈文选，杨清桃. 几何瑰宝：平面几何500名题暨1000条定理（下）[M]. 哈尔滨：哈尔滨工业大学出版社，2010.

参考文献

[20] 单壿. 数学名题词典 [M]. 南京：江苏教育出版社，2002.

[21] Platonic Solid [DB/OL].
https://mathworld.wolfram.com/PlatonicSolid.html

[22] Archimedean Solid [DB/OL].
https://mathworld.wolfram.com/ArchimedeanSolid.html

[23] Catalan Solid [DB/OL].
https://mathworld.wolfram.com/CatalanSolid.html

[24] Johnson Solid [DB/OL].
https://mathworld.wolfram.com/JohnsonSolid.html

[25] Kepler-Poinsot Solid [DB/OL].
https://mathworld.wolfram.com/Kepler-PoinsotSolid.html

[26] Uniform Polyhedron [DB/OL].
https://mathworld.wolfram.com/UniformPolyhedron.html

[27] Steinmetz Solid [DB/OL].
https://mathworld.wolfram.com/SteinmetzSolid.html

[28] George W. Hart. Calculating Canonical Polyhedra [DB/OL].
https://library.wolfram.com/infocenter/Articles/2012/

网站链接的二维码

编辑手记

本书是一部几何"巨著".

几何对于现代人是重要的,早在 1860 年亚伯拉罕·林肯（Abraham Lincoln）的《亚伯拉罕·林肯》自述中就有:

> 自担任议员以来,他学习并掌握了欧几里得的 6 本书.
>
> 他开始了持续严格的头脑训练,试图增加他的能力,特别是在逻辑和语言方面的能力.因此他热爱欧几里得的书,他在巡行时总是随身带着它们,直到能轻松地证明出 6 卷中的全部推论.他经常在枕边点一支蜡烛,学习到深夜.而他的律师同伴们,一间屋子里有"半打"在无休止地打着呼噜!人与人之间的距离由此拉开!

对于一本书来说,作者是关键.

本书的作者之一孙文彩先生是湖南人,湖南人在中国历史上历来都是举足轻重的.

清末时期,政治运动主要有两类:改良的和革命的.许多歌曲被创作出来,其中一首是这样的:

> 中国若是古希腊,
> 湖南定是斯巴达;
> 中国若是德意志,
> 湖南定是普鲁士;
> 若谓中国即将亡,
> 除非湖南人尽死.

编辑手记

本工作室曾大量出版过湖南籍数学工作者的著作.早期是湖南师范大学的沈文选教授,到现在已出版沈教授十多本书了.随后是欧阳维诚先生、萧振纲先生、贺功保先生、万喜人先生,等等.随着改革开放,人才流动自由后,大批湖南籍数学人走向全国各一线城市,成为数学教育领域的一支不可忽视的力量,其中尤以北京、上海、深圳和杭州为甚.像李胜宏、冷岗松、冯志刚等早已成为奥数的领军人物.而像冯跃峰、孙文彩、唐立华、张承宇等也成为初等数学研究的中坚力量.所以本书的出版也可以说是湖南数学人研究能力的又一次展示.

本书主要探讨了几何形状的计算,这很重要.

1997年,企业家贝佐斯问哈佛商学院的一位学生为什么下水道的盖子是圆形的,学生回答说:"圆形的东西更容易滚到位置上去."贝佐斯说:"这个答案虽然不对,但猜得还不错."据维基百科,其中一种解释是,圆形的井盖不会从圆形的井口掉进去,但如果把一个方形的井盖放在井口,可能会掉下去.

但据笔者读后发现,本书对化学工作者和物理工作者似乎更加有必要.比如谈到对称性,笔者手边有一份资料恰好是一位化学家(周公度)写的,它从立体几何的角度告诉我们 C_{60} 为什么叫富勒烯(Fullerene).

人们对对称性的认识由来已久.我国西汉初期的古籍《韩诗外传》中就有耐人寻味的一段话:"凡草木花多五出,雪花独六出."似乎意识到雪花与草木花在对称性上的差异.如图1所示,雪花具有六重对称性,而草木花具有五重对称性.

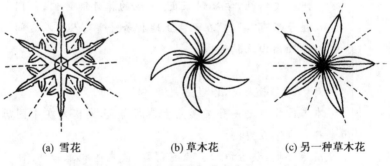

(a) 雪花   (b) 草木花   (c) 另一种草木花

图1 雪花与草木花

在自然科学中较早重视对称性研究的是晶体学.到19世纪末,有关晶体对称性的理论业已完全确立.然后有关对称性的理论还延伸到物理性质与物理规律等方面,成为当今自然科学的重要问题.

那么,什么是对称性?这里需要做出更确切的解说:如果将雪花沿其中轴旋转 $\frac{2\pi}{6}$(即一圈的 $\frac{1}{6}$,$60°$)之后,仍然和原图完全吻合;对草木花情况相似,只是

编辑手记

将旋转角改为 $\frac{2\pi}{5}$(即 72°). 从这里我们可以理解,所谓对称性,就在于在变换之后保持不变. 在上述例子中,变换就在于将图形沿中轴旋转一定角度,而旋转后的图形与原图完全重合,体现了其不变性. 显然,变化可以是多种多样的,涉及数学上或物理上的坐标变换,用科学术语来说,就是对称操作.

除了上面提到的旋转对称操作(2,3,4,5,6 重旋转轴,相应于 $\frac{2\pi}{2}, \frac{2\pi}{3}, \frac{2\pi}{4}, \frac{2\pi}{5}, \frac{2\pi}{6}$ 的转角)外,还有反射对称操作及反演对称操作. 反射对称操作就是大家所熟悉的镜像反射,它导致左右对称性. 反射是相对于一个面(镜面)而言,反演却是对一个点(对称中心)而言,导致正向与反向对称性. 这些对称操作可以组合构成一个新的对称操作.

镜像反射,例如,对 $z=0$ 面镜像对称操作表明了将物体上的一点 $P(x,y,z)$ 变换为 $P'(x,y,z')$ 具有等同性. 显然,这种对称操作都不是能通过物体在空间中的现实运动来实现的. 具有镜像对称的物体被称为对映体,或称具有手性(chirality)的物体. 左与右是相互对峙的,例如人的左手与右手,左旋螺丝钉与右旋螺丝钉,两者虽有相似性,却在现实世界里无法实现它们之间的相互转变(图 2). 这种左旋和右旋的手征性在生物学上十分重要,很多生物分子就是左右不对称的,而其旋光性也是不一样的,如有些糖分子就有左旋、右旋之分,而 DNA 只有右旋的.

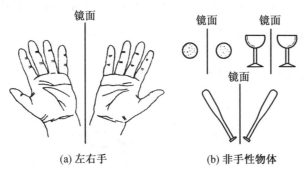

(a) 左右手　　(b) 非手性物体

图 2　镜像反射

反演对称操作体现了正向与反向的等同性. 反演的结果是将任意点的坐标 $P(x,y,z)$ 变为 $P'(\bar{x},\bar{y},\bar{z})$(这里 $\bar{x}$ 即 $-x$,其余类推). 这一变换也可以分两步来实现,即沿 z 轴旋转 $180°$,使 $P(x,y,z) \to P'(\bar{x},\bar{y},z)$,再对 $z=0$ 处的镜面作反射,令 $P'(\bar{x},\bar{y},z) \to P''(\bar{x},\bar{y},\bar{z})$(图 3). 这样,空间反演之中就包含了镜像反射,因而也是不能通过物体的直接运动所能实现的变换.

凡涉及镜像反射、空间反演及旋反轴的对称操作都是不能通过物体直接运

编辑手记

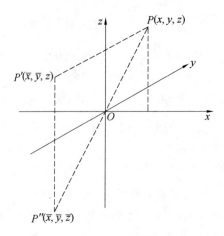

图 3　反演 = 180°旋转 + 反射

动来实现的,因而被称之为第二类对称操作,以区别于可以通过物体直接运动来实现的第一类对称操作.

反演对称破缺时,对称性被破坏,具有不对称性.有偶极矩的分子必然不具有反演对称性.因此无论是对称或对称破缺(欠缺了某一对称操作)都具有重要意义.

对称元素的组合是受很大的制约的.主要有两个规律.

(1) 万花筒定理.和 n 重旋转轴共存的反射面不只有一个,而是有 n 个.因为只要有一个镜面,就可以通过 n 重旋转操作,衍生出 n 个镜面;由于镜面对穿中心,相邻镜面的夹角就不是 $\frac{2\pi}{n}$,而是 $\frac{\pi}{n}$.反过来,如果存在一对夹角为 $\frac{\pi}{n}$ 的镜面 m 与 m',通过 m 与 m' 的相继反射,就等效于作了 $\frac{2\pi}{n}$ 或其整数倍的旋转,这一关系清楚地显示于图 4 之中.

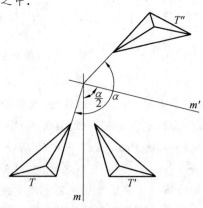

图 4　万花筒定理图

编辑手记

(2) 欧拉定理. 两个相交的旋转轴必然引起第三个旋转轴. 如果令两个相交的旋转轴为 n_1 及 n_2, 被引发的第三个旋转轴为 n_3, 转角分别为 $\alpha_1 = \dfrac{2\pi}{n_1}, \alpha_2 = \dfrac{2\pi}{n_2}$, 以及 $\alpha_3 = \dfrac{2\pi}{n_3}$ (图 5). 这三个旋转轴 n_1, n_2, n_3 的交点与球面构成了一个球面三角形, 由于球面三角形的三内角之和都大于 π, 因而存在一个不等式关系

$$\frac{\pi}{n_1} + \frac{\pi}{n_2} + \frac{\pi}{n_3} > \pi$$

即

$$\frac{1}{n_1} + \frac{1}{n_2} + \frac{1}{n_3} > 1 \tag{1}$$

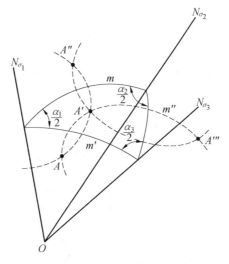

图 5 欧拉定理的证明

有了上面两个规律, 就能得出对称元素的可能组合. 对于某个特定物体来说, 其所有的对称操作正好构成一个闭合的群. 群内的对称元素的操作不超出群的范围, 具有闭合性. 群的元素可以是有限的, 从而形成一个离散群; 也可以是无限的, 从而构成一个连续群.

接下来考虑对称轴的组合问题: 由不等式 (1), 可以解决这个问题. 如果 $n_1 = 2, n_2 = 2, n_3$ 就可以是任意的正整数, 没有丝毫限制, 即 $n_3 = 2, 3, 4, 5, 6, 7, 8, \cdots$. 具体的几何图像可以设想如下: 可以存在单一的 n 重轴 ($n \geqslant 2$), 和它正交的还有一组二重轴, 由于要求和 n 重轴相融洽, 相邻二重轴的夹角为 $\dfrac{\pi}{n}$. 由于这组二重轴都与 n 重轴正交, 二重轴的作用只能使 n 重轴反向, 不会偏离原来轴线的方向. 这样的对称元素的组合, 可以构成封闭的体系, 满足群的要求. 在

编辑手记

这样的对称群中还可以插入镜面、对称中心，或令旋反轴来取代旋转轴，从而获得对称性更高的空间点群．

如果 n_1,n_2,n_3 中有两个高次轴 ($n>2$)，则前面的不等式将对于可能的 n_1，n_2,n_3 值给予严格的制约．能够满足这一不等式的三个正整数的组合只有 233，432，235 三种．凡对称轴以 233 方式组合的，被称为四面体群；以 432 方式组合的，被称为八面体群；以 235 方式组合的，被称为二十面体群．

上面是以几何的观点来考虑对称元素的组合方式，实际上，远在古希腊的时候，人们就已发现了所有的正多面体——柏拉图体(图 6)．所谓正多面体，顾名思义，是指那种多面体的每个面都是相同的，由边数为 p 的正多边形所构成；每个顶点也是等同的，都与 q 个正多边形相接，可用符号 $\{p,q\}$ 表示．正多面体总共只有五种：四面体(tetrahedron)$\{3,3\}$；六面体(hexahedron)，又称立方体(cube)$\{4,3\}$；八面体(octahedron)$\{3,4\}$；十二面体(dodecahedron)$\{5,3\}$；二十面体(icosahedron)$\{3,5\}$．在这五种正多面体中，四面体属于四面体群，立方体和八面体属于八面体群，而十二面体和二十面体则属于二十面体群(香港有

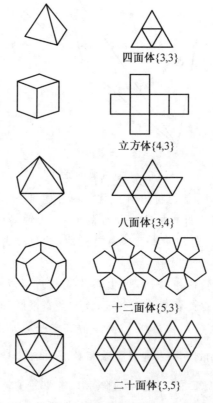

图 6 五种柏拉图多面体及相应的折纸模型

编辑手记

一个著名的实验剧团就取名"进念·二十面体").正多面体对结构的研究有很重要的帮助,尤其是二十面体群具有五次对称性的特征很有意义:有些生物分子就具有五次对称性,而近年来发现的具有截角二十面体形的碳分子 C_{60} 分子是特别值得注意的.

这里对 C_{60} 稍作介绍.首先我们必须对截角二十面体这个概念有个感性认识:将正二十面体的顶角全部削去,即得到截角二十面体.截角二十面体更贴近球面,但不再是正多面体了.由于截去了 12 个顶角,出现了 12 个正五边形,而原先的 20 个三角形转变为 20 个正六边形,顶点总共 60 个,棱边共 90 条,仍然保留二十面体群的对称性(图 7).由于这种结构是由当代建筑奇才 R. Buckminster Fuller 首先提出来的建筑设想,因而发现这种分子的科学家将它命名为富勒烯.

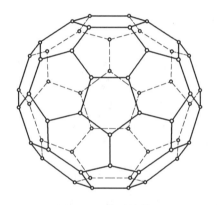

图 7　C_{60} 分子结构

对物理学家来说,要想讲清楚晶体结构中的 Frank-Kasper 相也需要本书的某些内容才行.

金属键、离子键和范德瓦尔斯键这几种方式键合的晶体,其结构可以由原子或离子的堆积结构(packing structure)来理解.

首先我们来看一下空间的球体堆积.因为原子的形状基本是球形对称的,因此由球形对称的原子构成的晶体的一个最简单的假设是硬球堆积,而硬球堆积只有在密堆积,即原子间距最小的情况下能量达到极小值,所以硬球的密堆积问题对理解晶体结构是十分关键的.对于二维密排问题,设想一个无限大的平面用一系列圆盘排列的情况,规则的六角排列是最密的排列(图 8),其堆积系数(packing fraction)可以用圆盘的面积与圆盘所占的面积之比来表示.二维堆积系数相当大,为 0.906 9.

三维空间的密堆情况是球体密堆.1611 年,开普勒首先提出了球体的三维密堆,即球体的密排面的密堆,这种球体密堆有两种基本堆法(图 8).图 8 中每

编辑手记

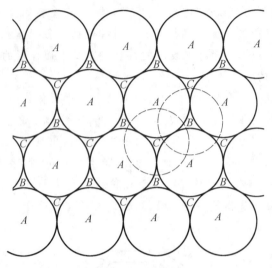

图 8　球体密排面的堆积

一层小球都是二维密堆,第二层的最密堆垛是它的球落在第一层球之间的空隙上.从图 8 可以看到,如第一层处于 A 位置,第二层可堆在 B 或 C 处,即第一层的空隙 B 或 C 上.第二层位置的符号要等放上第三层后才能确定下来(图 8 中取为 B),第三层则堆在 B 层的空隙之上.这样任何更多的堆垛可以用 A,B 和 C 的序列表示,密堆系数为 0.740 48.密排面堆垛的层序如按 $ABABAB\cdots$ 排列,则形成六角密堆结构,如按 $ABCABC\cdots$ 堆垛,则为面心立方结构(图 9).

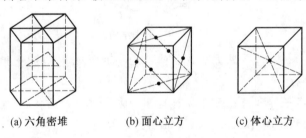

　(a) 六角密堆　　　　(b) 面心立方　　　　(c) 体心立方

图 9　三种典型的堆积结构

下面我们讨论一下密堆结构的空隙问题.在最密堆垛球之间有两种空隙.在最密排列的原子层上堆第二层时,一种情况是下层的空隙上堆一个上层原子,即空隙周围有 4 个球,它们的中心形成四面体,这就是四面体间隙,如图 10(c).第二种类型是空隙上下各有三个球,形成八面体间隙,如图 10(b).在所有三维密堆垛中四面体间隙的数目是原子的 2 倍,八面体间隙数等于原子数.如球半径为 R,空隙中可以填充更小的球.在四面体间隙中小球的半径是 $0.225R$,八面体中为 $0.415R$.由于四面体间隙体积小,如果完全按四面体方式堆积起来,空间占有率还可能进一步提高,但因为纯四面体间隙式的堆积和周

编辑手记

期结构是不相容的,只有插入一定数目的八面体间隙才能形成晶体.

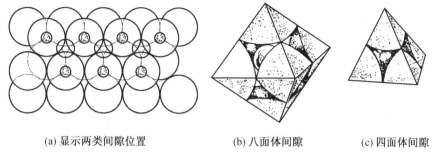

(a) 显示两类间隙位置　　(b) 八面体间隙　　(c) 四面体间隙

图 10　密堆结构中的间隙空洞

数学家曾经证明过,理论上三维结构中开普勒最密堆垛是等径球体空间占有率的最高极限,即 0.740 4,无法突破.这在追求高的空间占有率上受到了挫折.

另外有些复杂的合金(金属间化合物)具有四面体密堆结构(TCP—tetrahedrally close-packed structure).前面我们已经讲过,四面体对于堆积是有利的,因为八面体堆积空隙大.四面体堆积结构的合金往往有一种大原子,一种小原子,构成高配位的环,有 12 个或 14 个原子环绕一个原子.若四面体用同样的方式堆积不能填满整个空间,利用合金结构,有些四面体发生扭曲,来满足这个要求.这就是四面体密堆结构,又称作 Frank-Kaspar 相,这是以两个科学家的名字命名的.

本书是第二版.笔者十分欣赏本书作者这种不断打磨自己作品的精神.从上一版问世后,历时八年再出新版,这种坚持长期主义的治学与写作风格是笔者所推崇的,它与当前社会那种到处追求"短、平、快"的急功近利思潮形成鲜明对比.

第二版又增加了许多新素材.笔者的观点是,只要是有价值的多多益善.现代人追求空灵、轻佻、华丽.我们这一代人的审美观是"傻、大、黑、粗",即厚又重,这可能是童年时国家长期处于匮乏状态所导致的独然审美观,所以不止一位读者将我们工作室出品的书善意地称之为"黑砖"(明年随着笔者退休,风格或许有变.)

还有一个原因是真正有价值的数理著作不可能太薄,数学专著千页以上应是常态.中国科学院物理研究所研究员曹则贤介绍他在德国凯泽斯劳滕大学攻读物理学博士学位时发现参考书多是千页以上的大厚本.

本书还有一个值得赞许的地方就是索引完备,这是目前国内学术著作所欠缺的.

本书篇幅如此之长,编辑们虽全力以赴,但疏漏在所难免.

编辑手记

说一个国外出版史中的著名事件：在《德古意特出版史：传统与创新1749—1999》（[德]安娜-卡特琳·齐萨克/著．何明星、何抒扬/译．浙江大学出版社，2022年5月）一书中写了这样一则轶事：

1790年，8卷本的《歌德文集》由德国的戈申出版社出版，但让歌德气馁的事也随之发生了：不仅选择的纸张质量出了问题，编辑方面的错误也多如牛毛，甚至需要拿盗版来当校对模板．戈申为此辩护道："当作者无法满意时，出版商也在竭力补救……仍要说明的是，没有一行字是直接拿来敲上去印刷的，实际上每页文字都被3个人连续校对了4次."事实上也确实如此，连戈申自己都参与了编辑校对工作．

如今看来，应是戈申和歌德的沟通遇到了问题．两者从来没有见过面，都是通过信件或中间人联系．尽管歌德此前提供了不同的复制版本，但他自己并没有校对过，只是把编辑工作留给了哲学家约翰·戈特弗里德·赫尔德（Johann Gottfried Herder）等人．而且，在1786—1788年间，歌德住在意大利，外界很难联系上他，所以发生误解就在所难免了．但值得一提的是，歌德所制定的拼写与标点符号标准对后来的德国出版业影响深远．

所以说对专业书来说作者终校是重要的．

对数学书来说不讲如何解题空谈理论架构是不合时宜的，尽管世界著名数学家乔治·波利亚也曾说过：

掌握数学就意味着善于解题．

但是顺序不能错，不掌握一定的理论知识，不具备一定的理论素养空谈解题是不行的，都是花架子．攻克数学中的世界难题与著名猜想是建立数学理论的动机与缘由，而应试类的试题与课后习题则是用来检验学习效果的一种测试手段．本书偏重理论研究，但不能说对解题就没有帮助，举一个在数学奥林匹克中出现的立体几何好题的例子，它是中国科学技术大学苏淳教授为第四届女子数学奥林匹克命制的，整个解答只有六个字，题目如下：

问题1 是否存在这样的凸多面体，它共有8个顶点，12条棱和6个面，并且其中有4个面，每两个面都有公共棱？

解 存在，如图11所示．

编辑手记

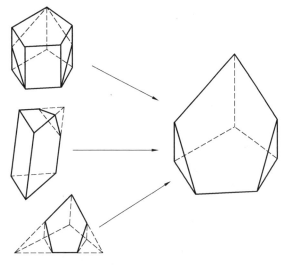

图 11

如果觉得题目简单,为了增加解题的份量,笔者特意从素有"几何沙皇"之称的沙雷金所命的习题中选择几道供读者牛刀小试.

问题 2 (1) 已知平行六面体(不一定是直平行六面体),其顶点在整数格点的节点上,并且在它内部分布 a 个格点的节点,在侧面内有 b 个节点,在棱内有 c 个节点. 证明:平行六面体的体积等于 $1+a+\dfrac{b}{2}+\dfrac{c}{4}$.

(2) 证明:如果在四面体内部或表面上的整数点仅仅是它的各顶点,那么它的体积能够任意大.

证 (1) 可以认为,已知平行六面体的一个顶点位于坐标原点. 考察正方体 K_1,它的点的坐标的绝对值不超过某个整数 n. 作平行于已知平行六面体各面的平面,它们把空间分割成等于已知平行六面体的各平行六面体. 相邻的平行六面体之间由平移整数向量来得到. 所以所有这些平行六面体都具有整数的顶点. 设 N 是与正方体 K_1 具有公共点的平行六面体的个数. 它们全部在正方体 K_2 的内部,它的点的坐标的绝对值不超过 $n+d$,这里 d 是已知平行六面体顶点之间的最大距离.

设 V 为已知平行六面体的体积,因为被考察的 N 个平行六面体包含正方体 K_1 并且被包含在正方体 K_2 中,那么 $(2n)^3 \leqslant NV \leqslant (2n+2d)^3$,即

$$\left(\dfrac{1}{2n+2d}\right)^3 \leqslant \dfrac{1}{NV} \leqslant \left(\dfrac{1}{2n}\right)^3 \tag{1}$$

编辑手记

对于被考察的 N 个平行六面体中的每一个,我们写出邻近它的整数点的下列数:与内点邻近的为数 1,与侧面上的点邻近的为数 $\frac{1}{2}$,与棱上的点邻近的为数 $\frac{1}{4}$,而与顶点邻近的为数 $\frac{1}{8}$(合计邻近同属于某些平行六面体的点,将写出某几个点).与正方体 K_1 的每一个整数点邻近的数之和等于 1(需要顾及侧面上的每个点属于两个平行六面体,棱上的点为四个,而顶点为八个);对于正方体 K_2 内部的整数点这个和不超过 1,而对于 K_2 外部的点没有这些数,所以所有被考察的数的和介于正方体 K_1 和 K_2 整数点的数量之间.另一方面,它等于 $N(1+a+\frac{b}{2}+\frac{c}{4})$,所以

$$(2n+1)^3 \leqslant N\left(1+a+\frac{b}{2}+\frac{c}{4}\right) \leqslant (2n+2d+1)^3 \qquad (2)$$

式(1)和(2)相乘,我们得到,对于任意自然数 n 成立不等式

$$\left(\frac{2n+1}{2n+2d}\right)^3 \leqslant \frac{1+a+\frac{b}{2}+\frac{c}{4}}{V} \leqslant \left(\frac{2n+2d+1}{2n}\right)^3$$

因为当 n 趋于无穷大时,上界和下界的估值都趋于 1,于是

$$1+a+\frac{b}{2}+\frac{c}{4}=V$$

(2)考察具有整数顶点的直平行六面体 $ABCDA_1B_1C_1D_1$,它的三棱平行于坐标轴且它们的长等于 $1,1$ 和 n.四面体 A_1BC_1D 的整数点仅是它的顶点,而它的体积等于 $\frac{n}{3}$.

问题 3 在空间中给定三条直线和一个平面.已知,两条直线之间所成的角以及一条直线与平面所成的所有的角都彼此相等.求这些角.

解 我们将认为,所有直线通过同一点.考察三棱锥,它的各侧面和底面所成的角都等于角 φ,而顶点上的面角等于 φ 或者 $\pi-\varphi$,这时我们得到需要的解释.相应地存在四种情况:顶点上所有的面角等于 φ;两角等于 φ,而一角等于 $\pi-\varphi$,等等.

先考察第二种情况.设在三棱锥 $ABCD$ 中,棱 DA,DB 和 DC 都和平面 ABC 构成角 φ,$\angle ADB=\angle BDC=\varphi$,$\angle ADC=\pi-\varphi$.作高 DO(图12(a)).所有的侧棱 DA,DB 和 DC 彼此相等.设它们等于 1,这时 $AB=BC=2\sin\frac{\varphi}{2}$,$AC=2\cos\frac{\varphi}{2}$;$O$ 为三角形 ABC 外接圆的圆心;

编辑手记

这个圆的半径等于 $\cos\varphi$,得到以 $2\sin\dfrac{\varphi}{2},2\sin\dfrac{\varphi}{2},2\cos\dfrac{\varphi}{2}$ 为边的三角形,其外接圆的半径等于 $\cos\varphi$.

在等腰三角形 ABC(图 12(b))中引高

$$BE=\sqrt{AB^2-AE^2}=\sqrt{4\sin^2\dfrac{\varphi}{2}-\cos^2\dfrac{\varphi}{2}}$$

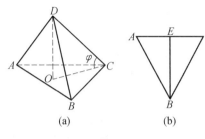

图 12

由正弦定理 ($R=\dfrac{a}{2\sin A}$) 有

$$\cos\varphi=\dfrac{BC}{2\sin A}=\dfrac{BC\cdot AB}{2BE}=\dfrac{2\sin^2\dfrac{\varphi}{2}}{\sqrt{4\sin^2\dfrac{\varphi}{2}-\cos^2\dfrac{\varphi}{2}}}$$

得到关于 φ 的方程

$$\cos\varphi\cdot\sqrt{4\sin^2\dfrac{\varphi}{2}-\cos^2\dfrac{\varphi}{2}}=2\sin^2\dfrac{\varphi}{2}$$

设 $\cos\varphi=y$,我们有方程

$$y\sqrt{2-2y-\dfrac{1+y}{2}}=1-y$$

由此

$$5y^3-y^2-4y+2=0$$

这个方程没有正根,这可以这样证明:比如把它的左边表示成和的形式

$$y(5y^2-4y+\dfrac{4}{5})+(3y^2-\dfrac{24}{5}y+2)$$

在括号中的二次三项式的第一个是非负的,而第二个是正的.

考察情况:顶点上的两个面角等于 $\pi-\varphi$,而一个等于 φ,我们也推导得出这样的方程.

如果顶点上所有面角等于 φ,那么所考察棱锥是正棱锥.关于 φ

编辑手记

的方程有下列形式:$\frac{\sqrt{3}}{2}\cos\varphi = \sin\frac{\varphi}{2}$. 从这个方程求得 $\cos\varphi = \frac{\sqrt{7}-1}{3}$.

(方程可以作为关于 $\sin\frac{\varphi}{3}$ 的二次方程来解,也可以两边平方并当作关于 $\cos\varphi$ 的方程来解.)

最后一种情况(顶点上所有的面角都等于 $\pi-\varphi$)原来是不可能的,所得的方程对于 $\cos\varphi > 0$ 无解.

答案:$\arccos\frac{\sqrt{7}-1}{3}$.

问题 4 在空间中给定 n 个向量 $a_1,a_2,\cdots,a_n$,证明:存在指标的一个选取 $i_1,i_2,\cdots,i_k$,使得成立等式

$$|a_1|+|a_2|+\cdots+|a_n| \leqslant 8\sqrt{3}|a_1+a_2+\cdots+a_n|$$

证 我们认为,给出一个空间直角坐标系并且 k 个向量位于正的象限(包括它的边界),而它们的长度之和不小于位于剩下七个象限中任一个中的向量长之和,设这是前 k 个向量. 这样

$$|a_1|+|a_2|+\cdots+|a_n| \leqslant 8\sqrt{3}|a_1+a_2+\cdots+a_n| \quad (1)$$

考察通过坐标原点和点 $(1,1,1)$ 的直线 l. 记 b_i 和 φ_i 分别是 a_i 在 l 上的射影之长和 a_i 与 l 之间所成的角,即 $b_i = |a_i||\cos\varphi_i|$. 我们来证明:对于任意位于第一象限中的向量,$\cos\varphi \geqslant \frac{1}{\sqrt{3}}$. 考察球心在坐标原点,位于第一象限中的单位球面部分,第一部分和坐标原点位于平面 $x+y+z=1$(这个平面通过点 $(1,0,0)$,$(0,1,0)$ 和 $(0,0,1)$)的两侧. 因为这个平面交直线 l 于点 $\left(\frac{1}{3},\frac{1}{3},\frac{1}{3}\right)$,第一象限中的任意单位向量在 l 上的投影大于 $\frac{1}{\sqrt{3}}$,所以,$\cos\varphi \geqslant \frac{1}{\sqrt{3}}$.

进而我们有

$$|a_1|+|a_2|+\cdots+|a_n| = \frac{b_1}{\cos\varphi_1}+\frac{b_2}{\cos\varphi_2}+\cdots+\frac{b_k}{\cos\varphi_k}$$
$$\leqslant \sqrt{3}(b_1+b_2+\cdots+b_k)$$
$$\leqslant \sqrt{3}|a_1+a_2+\cdots+a_n| \quad (2)$$

由不等式(1)和(2)得到题设的不等式.

问题 5 求内接于棱长为 a 的正方体的八面体的最大体积.

解 第一种情况:如果考察所有侧面是三角形的任意八面体,那么这样的多面体有最大的体积:它的顶点是正方体八个顶点中的六

编辑手记

个,除去两个相对的顶点(图 13(a)中的多面体 $ABDB_1C_1D_1$).我们来证明这点.

首先我们指出,我们能仅考察八面体(在上面所指的意义上).它们有对称中心,并且这个中心和正方体的中心重合.其次,我们考察正方体的某个内接八面体,联结正方体的中心和八面体的各顶点,得到八个四面体.取它们之中体积最大者并将它的三个顶点关于正方体的中心作对称变换,得到对称中心在正方体中心的八面体,它的体积不小于原八面体的体积.进而能仅考察所有顶点和正方体顶点重合的八面体.我们来证明这点,比如用下列方法.

固定八面体的四个顶点,除去两个相对的顶点.当这两个顶点与由四个固定点确定的平面距离最大时,它的体积将最大,而分布在正方体表面的点中,正方体的一个顶点到平面的距离达到最大.这样,我们得到图 13(a)中描画的多面体,它的体积等于 $\frac{2}{3}a^3$.

第二种情况:考察内接于正方体的正八面体,在棱 B_1C_1, AB, AD 和 D_1C_1 上分别取点 K, L, M 和 N,使得四边形 $KLMN$ 是正方形,而它的边 NK 和 LM 平行于对角线 D_1B_1 和 DB(图 13(b)).如果这个正方形的边等于 x,那么 $PC_1=AQ=\frac{x}{2}$,PQ 在 AC 上的投影等于 $a\sqrt{2}-x$,我们得到关于 x 的方程

$$(a\sqrt{2}-x)^2+a^2=x^2$$

由此得 $x=\frac{3a}{2\sqrt{2}}$.

考察正方体的截面 ACC_1A_1(图 13(c)).从点 O 为正方体的中心引 PQ 的垂线 OR.因为 $\cos\varphi=\frac{a}{x}=\frac{2\sqrt{2}}{3}$,那么 $OR=\frac{a\sqrt{2}}{2\cos\varphi}=\frac{3}{4}a=ON$.这样,如果在直线 OR 上于点 O 的两侧截取线段,其长等于 $\frac{3}{4}a$,即正方形 $KLMN$ 对角线的一半,那么在棱 AA_1 和 CC_1 上得到两点.这两点和正方形的各顶点一起,是内接于正方体的八面体的顶点,这个八面体的体积等于

$$V=8\cdot\frac{1}{6}\cdot\left(\frac{3}{4}\right)^3 a^3=\frac{9}{16}a^3$$

我们来证明:得到的八面体是能够放置于正方体内的所有正八面体中最大的,考察点 O 为球心且半径为 $\frac{3}{4}a$ 的球.在这球面与顶点在

编辑手记

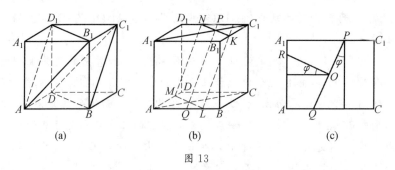

图 13

正方体的顶点的三面角的交线构成了诸曲边三角形,大小大于已得到的正八面体,中心位于正方体的中心且顶点在正方体内部的八面体,它的对角线与球面应该相交于这些曲边三角形之内.存在两条对角线,它们与对应于距离为 $\sqrt{2}a$ 的正方体两个顶角的三角形相交.不难证明:这些三角形(它们的顶点在正方体的棱上)的两点之间的最小距离等于所作八面体的棱 $\dfrac{3a}{2\sqrt{2}}$.由此得,八面体的中心对于它的相应棱的视角,大于 $90°$,这意味着,这样的八面体不是正八面体.

问题 6 已知正方体 $ABCDA_1B_1C_1D_1$,在棱 AB 和 BC 上取点 K 和 L,使得 $BK=CL=\dfrac{1}{3}AB$.求位于侧面 $A_1B_1C_1D_1$ 上的点 M 的轨迹,使从 M 到 K 的最短路径之长等于从 M 到 L 的最短路径之长,如果所有的路径是沿着正方体表面进行的.

解 为了在联结 K 和 M 且与棱 A_1B_1 相交的所有路径中求得最短者.这样"展开"侧面 ABB_1A_1 和 $A_1B_1C_1D_1$(图 14(a)),使得它们位于一个平面上(图 14(b));所指的展开用实线表示,点用与它们在正方体中对应的点来表示).在这个展开中,线段 MK 符合与棱 A_1B_1 相交的最短路径.

为了求与棱 BB_1 和 CC_1 相交的最短路径,需要作另一个平面展开,它在图 14(b)中对应于阴影线和带有一个撇的点.最后,为了求与棱 AA_1 和 A_1D_1 相交的最短路径,应该再作一个展开,它在图 14(b)中对应于点划线和带有两个撇的点.这样,K 和 M 之间沿着正方体表面的最短路径,在图 14(b)中对应于线段 MK,MK',MK'' 中的最小者.(不难确认,沿着正方体表面的所有其他路径大于所指三条线段之一.)最短路径的长等于这些线段中最小者之长.线段 KK' 的垂直平分线通过 B_1(因为 $B_1K=B_1K'$)并且交 D_1C_1 于点 E,于是

$$\dfrac{BC_1}{D_1C_1}=\dfrac{K'A'}{A'K}=\dfrac{1}{2}$$

这样,如果点 M 在三角形 EC_1B_1 内部,那么 $MK'<MK$. 在其余的情况下 $MK'\geqslant MK$. 类似地确定 KK'' 的垂直平分线与 D_1C_1 的交点 F;$D_1F=\frac{1}{5}D_1C_1$. 从而侧面 $A_1B_1C_1D_1$ 被分成三部分:三角形 EC_1B_1,对于它的所有的点最短路径适合于线段 MK';梯形 A_1B_1EF,对于它的所有的点最短路径适合于线段 MK,最后,三角形 FD_1A_1,对于它的所有的点最短路径是线段 MK''. 在每一种情况下最短路径之长等于相应的线段之长.

类似地确定点 L,L' 和 L''(图 14(c)),也确定 A_1D_1 上的点 U 和 V:

$$D_1U=\frac{1}{2}D_1A_1, A_1V=\frac{1}{5}A_1D_1$$

这样,侧面 $A_1B_1C_1D_1$ 被分成 8 个部分(图 14(c)),对于它们之中的每一个容易找到联结点 M 和点 K 以及点 L 的沿着正方体表面的最短途径的长. 这样,对于四边形 $HNOB_1$,这些路径的长分别等于线段 MK 和 ML. 所以,如果点 M 位于四边形 $HNOB_1$ 内部并且属于欲求的轨迹,那么它应该在线段 KL 的垂直平分线上,仿此三角形 OC_1B_1 内部欲求的点的轨迹是线段 LK' 的垂直平分线的一条线段.

现在能够求作点 M 的所有的轨迹,使点 M 和 K 之间沿着正方体表面的最短路径之长等于点 M 和 L 之间的最短路径之长. 首先作线段 PQ(图 14(c)),这里 PQ 为 LK' 的垂直平分线的一部分,然后作线段 QR,即 KL 的垂直平分线的一部分(容易验证,R 在线段 NO 上);进而得到线段 RS 和 KL' 的垂直平分线的一部分,最后,线段 ST 在 $K''L'$ 的垂直平分线上. 这样,所有的点的轨迹是四环折线 $PQRST$,这条折线的顶点的位置不难确定.

问题 7 设 l_1,l_2 和 l_3 是空间中三条两两异面的直线. 考察集合 M,它由所有可能的直线组成,它们中的每一条与直线 l_1,l_2 和 l_3 构成相等的角并且与这些直线等距离.

(1)集合 M 可由怎样的最大条数的直线组成?

(2)n 能取怎样的值? 这里 n 是包含在集合 M 中的直线的条数.

解 设三条已知直线不平行于一个平面. 我们首先来找与直线 l_1,l_2 和 l_3 成等角的方向. 这样的方向有四个. 事实上,通过点 O 引平行于已知诸直线的直线,并在它们上从 O 在两侧取相等的线段 OA 和 OA_1,OB 和 OB_1,OC 和 OC_1(图 15(a)). 得到一个八面体,通过 O 且垂直这个八面体的两个对侧面的直线,显然与它的对角线构成等角,

编辑手记

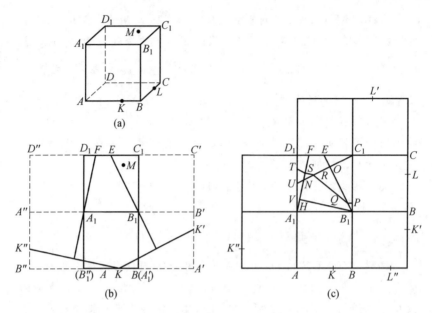

图 14

就是说与已知直线 l_1, l_2 和 l_3 构成等角. 设 p——通过 O 且垂直于八面体的一双对侧面的直线 i——投射已知诸直线到垂直于 p 的平面上. 平行于 p 的任意直线投射到一点, 而平行于 p 且与 l_1, l_2 和 l_3 等距离的各直线投射到各点, 它们与已知直线的射影——直线 l'_1, l'_2 和 l'_3 的距离相等. 有三种可能的情况: ①l'_1, l'_2 和 l'_3 构成一个三角形(图 15(b)); ②三条中的两条平行(图 15(c)); ③所有三条直线相交于一点(图 15(d)). 在第一种情况下存在与 l'_1, l'_2 和 l'_3 等距离的四点——形成的三角形的内切圆心和三个旁切圆圆心——相应地存在四条直线, 它们平行于 p(就是说, 与 l_1, l_2 和 l_3 构成等角)并且与 l_1, l_2 和 l_3 距离相等. 在第二种情况下这样的直线有两条, 而在第三种情况下有一条. 这样, 与已知各直线构成等角的任一方向对应于或者四条, 或者两条, 或者一条与它们等距离的直线. 因为方向有四个, 所以集 M 中直线的最大条数不超过 $4 \times 4 = 16$.

不难举出一个使这个数目能够达到的例子. 考察三条异面直线, 它们中每一条包含固定正方体的一条棱, 正方体的对角线与它的棱构成相等的角. 容易看出, 正方体的三条两两异面的棱在垂直于它的任一对角线平面上的射影, 构成(也可能是在延长之后)三角形. 这样, 问题(1)的答案得到了: 16.

现在研究对应于第二种情况的位置(图 15(c)). 这种情况能发

编辑手记

生,如果垂直于八面体两个相应侧面的垂线落到棱上(图 15(e);描画了半个八面体).

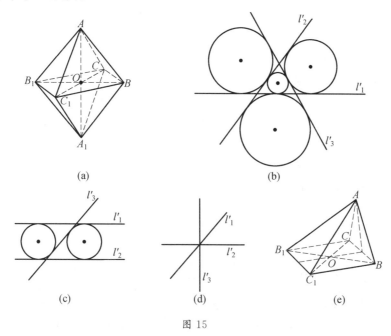

图 15

情况中三角形 ABC 是直角三角形,平面 ABC 垂直于平面 BCB_1C_1. 但是 BCB_1C_1 是矩形. 这意味着,BC_1 和 CB_1 垂直于平面 ABC,$\angle ABC_1$ 和 $\angle ACB_1$ 是直角. 由此得,O 在侧面 ABC_1 和 AB_1C 上的射影分别落在棱 AC_1 和 AB_1 的中点,而这意味着,对于由它们确定的方向,第二种情况亦成立(它们中每一个各给集合 M 贡献两条直线). 能够证明:在这种情况下三角形 AB_1C_1 是锐角三角形,并且垂直于平面 AB_1C_1 的方向,对应于四条(第一种情况)或者一条(第三种情况)集合 M 中的直线. 这样,直线的条数等于 10 或者 7(容易看到,两个值都是可能的). 进而,在第二种情况和第三种情况中,数 n 去掉了 3 的倍数的数,即 n 能取值 1,4,7,10,13 和 16.

容易作出当 $n=13$ 时的一个例子(对于三个方向——第一种情况,对于一个方向——第三种情况. 在上面所举的有关正方体的给出 $n=16$ 的例子中,可以把包含正方体棱的直线 i 对于自身平行移动到正方体的中心). 剩下验证两种可能性:1 和 4.

此外,需要考察直线 l_1,l_2 和 l_3 平行于一个平面的情况. 但如果已知直线都平行于一个平面,那么存在唯一的与 l_1,l_2 和 l_3 构成等角的方向,这是垂直于 l_1,l_2 和 l_3(与它们平行的平面)的方向. 相应地,n

能够等于 1 或者 4. 这样，问题(2)的答案如下：n 能取值 $1,4,7,10,13$ 和 16.

问题 8　一个二面角的大小为 α，一个直角三角形在它两个面上的射影是边长为 1 的正三角形，求直角三角形的斜边之长.

解　我们认为，以 AB 为斜边的直角三角形 ABC 的顶点 C 位于二面角的棱上（如果不是这样，对于自身平移这个三角形）. 现在我们指出，如果某条线段在二面角的两个面上的射影相等，那么通过这条线段且平行于二面角的棱（包括棱）的平面，平行于二面角的两个角平分面之一（与它们之一重合）. 因此得，三角形 ABC 位于已知二面角角平分面之一上.（我们把角平分面理解为一个平面，它所有的点与已知二面角的两个面确定的平面的距离相等. 对于任意二面角在这种意义下的角平分面恰有两个.）

我们考察情况：三角形 ABC 属于与二面角的两个面构成等于 $\dfrac{\alpha}{2}$ 角的角平分面（对于第二个角平分面，这些角等于 $\dfrac{\pi}{2}-\dfrac{\alpha}{2}$）. 设 A' 和 B' 分别是 A 和 B 在二面角的一个面上的射影. 在平面 ABC 和 $A'B'C'$ 上用下列方式引入直角坐标系：它们的原点和点 C 重合，轴 Ox，两个坐标系公共轴和二面角的棱重合，轴 Oy 和 $O'y$ 这样选取，使得它们正方向所成的角等于 $\dfrac{\alpha}{2}$. 轴 Ox 的正方向能这样选取，使得向量 $\overrightarrow{CA}$ 和 $\overrightarrow{CB}$ 与它构成角 φ 和 $\varphi+\dfrac{\pi}{3}$. 在这些坐标系中（图 16）分别有点

$$A'(\cos\varphi,\sin\varphi) \text{ 和 } A\left(\cos\varphi,\dfrac{\sin\varphi}{\cos\dfrac{\alpha}{2}}\right)$$

$$B'\left(\cos\left(\varphi+\dfrac{\pi}{3}\right),\sin\left(\varphi+\dfrac{\pi}{3}\right)\right) \text{ 和 } \left(\cos\left(\varphi+\dfrac{\pi}{3}\right),\dfrac{\sin\left(\varphi+\dfrac{\pi}{3}\right)}{\cos\dfrac{\alpha}{2}}\right)$$

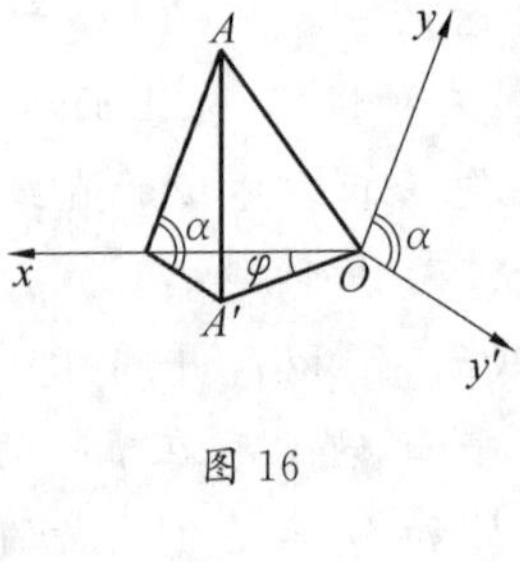

图 16

编辑手记

由 CA 和 CB 垂直的条件可知方程

$$\cos\varphi \cdot \cos\left(\varphi+\frac{\pi}{3}\right)+\frac{1}{\cos^2\frac{\alpha}{2}} \cdot \sin\varphi \cdot \sin\left(\varphi+\frac{\pi}{3}\right)=0$$

由此得

$$\left(\frac{1}{2}+\cos\left(2\varphi+\frac{\pi}{3}\right)\right)\cos^2\frac{\alpha}{2}+\left(\frac{1}{2}-\cos\left(2\varphi+\frac{\pi}{3}\right)\right)=0$$

$$\cos\left(2\varphi+\frac{\pi}{3}\right)=\frac{1+\cos^2\frac{\alpha}{2}}{2\left(1-\cos^2\frac{\alpha}{2}\right)}$$

所考察的情况是可能的,如果

$$\cos\left(2\varphi+\frac{\pi}{3}\right)=\frac{1+\cos^2\frac{\alpha}{2}}{2\left(1-\cos^2\frac{\alpha}{2}\right)}\leqslant 1$$

即当 $\cos^2\frac{\alpha}{2}\leqslant\frac{1}{3}$ 或 $\cos\alpha\leqslant-\frac{1}{3}$.

进而我们求得

$$AB^2=\left(\cos\left(\varphi+\frac{\pi}{3}\right)-\cos\varphi\right)^2+\frac{1}{\cos^2\frac{\alpha}{2}}\left(\sin\left(\varphi+\frac{\pi}{3}\right)-\sin\varphi\right)^2$$

$$=\sin^2\left(\varphi+\frac{\pi}{6}\right)+\frac{1}{\cos^2\frac{\alpha}{2}}\cos^2\left(\varphi+\frac{\pi}{6}\right)$$

$$=\frac{1}{2}\left(1-\cos\left(2\varphi+\frac{\pi}{3}\right)\right)+\frac{1}{2\cos^2\frac{\alpha}{2}}\left(1+\cos\left(2\varphi+\frac{\pi}{3}\right)\right)^2$$

$$=\frac{3\left(1+\cos^2\frac{\alpha}{2}\right)}{4\cos^2\frac{\alpha}{2}}$$

在第二种情况下处处用 $\pi-\alpha$ 代替 α,结合两种情况,我们得到下列答案:如果 $0<\alpha\leqslant\arccos\frac{1}{3}$,那么

$$AB=\frac{\sqrt{3}}{2\sin\frac{\alpha}{2}}\sqrt{1+\sin^2\frac{\alpha}{2}}$$

如果 $\pi-\arccos\frac{1}{3}\leqslant\alpha<\pi$,那么

编辑手记

$$AB = \frac{\sqrt{3}}{2\cos\frac{\alpha}{2}}\sqrt{1+\cos^2\frac{\alpha}{2}}$$

对于 α 的其他的值问题无解.

最后想向两位作者致敬,写作不易,人生苦短,有人游玩,有人作为大多数人是怎么过一生的?有一位网友是这样总结的"因为害怕自己并非明珠而不敢刻苦琢磨,又因为有几分相信自己是明珠,而不能与瓦砾碌碌为伍."

我们普通但又不甘于普通的人都是如此!

刘培杰

2022 年 6 月 14 日

修改于哈工大

刘培杰数学工作室
已出版（即将出版）图书目录——初等数学

书　　名	出版时间	定　价	编号
新编中学数学解题方法全书(高中版)上卷(第2版)	2018—08	58.00	951
新编中学数学解题方法全书(高中版)中卷(第2版)	2018—08	68.00	952
新编中学数学解题方法全书(高中版)下卷(一)(第2版)	2018—08	58.00	953
新编中学数学解题方法全书(高中版)下卷(二)(第2版)	2018—08	58.00	954
新编中学数学解题方法全书(高中版)下卷(三)(第2版)	2018—08	68.00	955
新编中学数学解题方法全书(初中版)上卷	2008—01	28.00	29
新编中学数学解题方法全书(初中版)中卷	2010—07	38.00	75
新编中学数学解题方法全书(高考复习卷)	2010—01	48.00	67
新编中学数学解题方法全书(高考真题卷)	2010—01	38.00	62
新编中学数学解题方法全书(高考精华卷)	2011—03	68.00	118
新编平面解析几何解题方法全书(专题讲座卷)	2010—01	18.00	61
新编中学数学解题方法全书(自主招生卷)	2013—08	88.00	261
数学奥林匹克与数学文化(第一辑)	2006—05	48.00	4
数学奥林匹克与数学文化(第二辑)(竞赛卷)	2008—01	48.00	19
数学奥林匹克与数学文化(第二辑)(文化卷)	2008—07	58.00	36'
数学奥林匹克与数学文化(第三辑)(竞赛卷)	2010—01	48.00	59
数学奥林匹克与数学文化(第四辑)(竞赛卷)	2011—08	58.00	87
数学奥林匹克与数学文化(第五辑)	2015—06	98.00	370
世界著名平面几何经典著作钩沉——几何作图专题卷(共3卷)	2022—01	198.00	1460
世界著名平面几何经典著作钩沉(民国平面几何老课本)	2011—03	38.00	113
世界著名平面几何经典著作钩沉(建国初期平面三角老课本)	2015—08	38.00	507
世界著名解析几何经典著作钩沉——平面解析几何卷	2014—01	38.00	264
世界著名数论经典著作钩沉(算术卷)	2012—01	28.00	125
世界著名数学经典著作钩沉——立体几何卷	2011—02	28.00	88
世界著名三角学经典著作钩沉(平面三角卷Ⅰ)	2010—06	28.00	69
世界著名三角学经典著作钩沉(平面三角卷Ⅱ)	2011—01	38.00	78
世界著名初等数论经典著作钩沉(理论和实用算术卷)	2011—07	38.00	126
发展你的空间想象力(第3版)	2021—01	98.00	1464
空间想象力进阶	2019—05	68.00	1062
走向国际数学奥林匹克的平面几何试题诠释.第1卷	2019—07	88.00	1043
走向国际数学奥林匹克的平面几何试题诠释.第2卷	2019—09	78.00	1044
走向国际数学奥林匹克的平面几何试题诠释.第3卷	2019—03	78.00	1045
走向国际数学奥林匹克的平面几何试题诠释.第4卷	2019—09	98.00	1046
平面几何证明方法全书	2007—08	35.00	1
平面几何证明方法全书习题解答(第2版)	2006—12	18.00	10
平面几何天天练上卷·基础篇(直线型)	2013—01	58.00	208
平面几何天天练中卷·基础篇(涉及圆)	2013—01	28.00	234
平面几何天天练下卷·提高篇	2013—01	58.00	237
平面几何专题研究	2013—07	98.00	258
平面几何解题之道.第1卷	2022—05	38.00	1494
几何学习题集	2020—10	48.00	1217
通过解题学习代数几何	2021—04	88.00	1301
圆锥曲线的奥秘	2022—06	88.00	1541

刘培杰数学工作室
已出版(即将出版)图书目录——初等数学

书　名	出版时间	定　价	编号
最新世界各国数学奥林匹克中的平面几何试题	2007—09	38.00	14
数学竞赛平面几何典型题及新颖解	2010—07	48.00	74
初等数学复习及研究(平面几何)	2008—09	68.00	38
初等数学复习及研究(立体几何)	2010—06	38.00	71
初等数学复习及研究(平面几何)习题解答	2009—01	58.00	42
几何学教程(平面几何卷)	2011—03	68.00	90
几何学教程(立体几何卷)	2011—07	68.00	130
几何变换与几何证题	2010—06	88.00	70
计算方法与几何证题	2011—06	28.00	129
立体几何技巧与方法	2014—04	88.00	293
几何瑰宝——平面几何500名题暨1500条定理(上、下)	2021—07	168.00	1358
三角形的解法与应用	2012—07	18.00	183
近代的三角形几何学	2012—07	48.00	184
一般折线几何学	2015—08	48.00	503
三角形的五心	2009—06	28.00	51
三角形的六心及其应用	2015—10	68.00	542
三角形趣谈	2012—08	28.00	212
解三角形	2014—01	28.00	265
探秘三角形:一次数学旅行	2021—10	68.00	1387
三角学专门教程	2014—09	28.00	387
图天下几何新题试卷.初中(第2版)	2017—11	58.00	855
圆锥曲线习题集(上册)	2013—06	68.00	255
圆锥曲线习题集(中册)	2015—01	78.00	434
圆锥曲线习题集(下册·第1卷)	2016—10	78.00	683
圆锥曲线习题集(下册·第2卷)	2018—01	98.00	853
圆锥曲线习题集(下册·第3卷)	2019—10	128.00	1113
圆锥曲线的思想方法	2021—08	48.00	1379
圆锥曲线的八个主要问题	2021—10	48.00	1415
论九点圆	2015—05	88.00	645
近代欧氏几何学	2012—03	48.00	162
罗巴切夫斯基几何学及几何基础概要	2012—07	28.00	188
罗巴切夫斯基几何学初步	2015—06	28.00	474
用三角、解析几何、复数、向量计算解数学竞赛几何题	2015—03	48.00	455
用解析法研究圆锥曲线的几何理论	2022—05	48.00	1495
美国中学几何教程	2015—04	88.00	458
三线坐标与三角形特征点	2015—04	98.00	460
坐标几何学基础.第1卷,笛卡儿坐标	2021—08	48.00	1398
坐标几何学基础.第2卷,三线坐标	2021—09	28.00	1399
平面解析几何方法与研究(第1卷)	2015—05	18.00	471
平面解析几何方法与研究(第2卷)	2015—06	18.00	472
平面解析几何方法与研究(第3卷)	2015—07	18.00	473
解析几何研究	2015—01	38.00	425
解析几何学教程.上	2016—01	38.00	574
解析几何学教程.下	2016—01	38.00	575
几何学基础	2016—01	58.00	581
初等几何研究	2015—02	58.00	444
十九和二十世纪欧氏几何学中的片段	2017—01	58.00	696
平面几何中考.高考.奥数一本通	2017—07	28.00	820
几何学简史	2017—08	28.00	833
四面体	2018—01	48.00	880
平面几何证明方法思路	2018—12	68.00	913

刘培杰数学工作室
已出版(即将出版)图书目录——初等数学

书　　名	出版时间	定　价	编号
平面几何图形特性新析.上篇	2019—01	68.00	911
平面几何图形特性新析.下篇	2018—06	88.00	912
平面几何范例多解探究.上篇	2018—04	48.00	910
平面几何范例多解探究.下篇	2018—12	68.00	914
从分析解题过程学解题:竞赛中的几何问题研究	2018—07	68.00	946
从分析解题过程学解题:竞赛中的向量几何与不等式研究(全2册)	2019—06	138.00	1090
从分析解题过程学解题:竞赛中的不等式问题	2021—01	48.00	1249
二维、三维欧氏几何的对偶原理	2018—12	38.00	990
星形大观及闭折线论	2019—03	68.00	1020
立体几何的问题和方法	2019—11	58.00	1127
三角代换论	2021—05	58.00	1313
俄罗斯平面几何问题集	2009—08	88.00	55
俄罗斯立体几何问题集	2014—03	58.00	283
俄罗斯几何大师——沙雷金论数学及其他	2014—01	48.00	271
来自俄罗斯的5000道几何习题及解答	2011—03	58.00	89
俄罗斯初等数学问题集	2012—05	38.00	177
俄罗斯函数问题集	2011—03	38.00	103
俄罗斯组合分析问题集	2011—01	48.00	79
俄罗斯初等数学万题选——三角卷	2012—11	38.00	222
俄罗斯初等数学万题选——代数卷	2013—08	68.00	225
俄罗斯初等数学万题选——几何卷	2014—01	68.00	226
俄罗斯《量子》杂志数学征解问题100题选	2018—08	48.00	969
俄罗斯《量子》杂志数学征解问题又100题选	2018—08	48.00	970
俄罗斯《量子》杂志数学征解问题	2020—05	48.00	1138
463个俄罗斯几何老问题	2012—01	28.00	152
《量子》数学短文精粹	2018—09	38.00	972
用三角、解析几何等计算解来自俄罗斯的几何题	2019—11	88.00	1119
基谢廖夫平面几何	2022—01	48.00	1461
数学:代数、数学分析和几何(10—11年级)	2021—01	48.00	1250
立体几何.10—11年级	2022—01	58.00	1472
直观几何学:5—6年级	2022—04	58.00	1508
谈谈素数	2011—03	18.00	91
平方和	2011—03	18.00	92
整数论	2011—05	38.00	120
从整数谈起	2015—10	28.00	538
数与多项式	2016—01	38.00	558
谈谈不定方程	2011—05	28.00	119
质数漫谈	2022—07	68.00	1529
解析不等式新论	2009—06	68.00	48
建立不等式的方法	2011—03	98.00	104
数学奥林匹克不等式研究(第2版)	2020—07	68.00	1181
不等式研究(第二辑)	2012—02	68.00	153
不等式的秘密(第一卷)(第2版)	2014—02	38.00	286
不等式的秘密(第二卷)	2014—01	38.00	268
初等不等式的证明方法	2010—06	38.00	123
初等不等式的证明方法(第二版)	2014—11	38.00	407
不等式·理论·方法(基础卷)	2015—07	38.00	496
不等式·理论·方法(经典不等式卷)	2015—07	38.00	497
不等式·理论·方法(特殊类型不等式卷)	2015—07	48.00	498
不等式探究	2016—03	38.00	582
不等式探秘	2017—01	88.00	689
四面体不等式	2017—01	68.00	715
数学奥林匹克中常见重要不等式	2017—09	38.00	845

刘培杰数学工作室
已出版(即将出版)图书目录——初等数学

书 名	出版时间	定价	编号
三正弦不等式	2018—09	98.00	974
函数方程与不等式:解法与稳定性结果	2019—04	68.00	1058
数学不等式.第1卷,对称多项式不等式	2022—05	78.00	1455
数学不等式.第2卷,对称有理不等式与对称无理不等式	2022—05	88.00	1456
数学不等式.第3卷,循环不等式与非循环不等式	2022—05	88.00	1457
数学不等式.第4卷,Jensen不等式的扩展与加细	2022—05	88.00	1458
数学不等式.第5卷,创建不等式与解不等式的其他方法	2022—05	88.00	1459
同余理论	2012—05	38.00	163
[x]与{x}	2015—04	48.00	476
极值与最值.上卷	2015—06	28.00	486
极值与最值.中卷	2015—06	38.00	487
极值与最值.下卷	2015—06	28.00	488
整数的性质	2012—11	38.00	192
完全平方数及其应用	2015—08	78.00	506
多项式理论	2015—10	88.00	541
奇数、偶数、奇偶分析法	2018—01	98.00	876
不定方程及其应用.上	2018—12	58.00	992
不定方程及其应用.中	2019—01	78.00	993
不定方程及其应用.下	2019—02	98.00	994
Nesbitt不等式加强式的研究	2022—06	128.00	1527
历届美国中学生数学竞赛试题及解答(第一卷)1950—1954	2014—07	18.00	277
历届美国中学生数学竞赛试题及解答(第二卷)1955—1959	2014—04	18.00	278
历届美国中学生数学竞赛试题及解答(第三卷)1960—1964	2014—06	18.00	279
历届美国中学生数学竞赛试题及解答(第四卷)1965—1969	2014—04	28.00	280
历届美国中学生数学竞赛试题及解答(第五卷)1970—1972	2014—06	18.00	281
历届美国中学生数学竞赛试题及解答(第六卷)1973—1980	2017—07	18.00	768
历届美国中学生数学竞赛试题及解答(第七卷)1981—1986	2015—01	18.00	424
历届美国中学生数学竞赛试题及解答(第八卷)1987—1990	2017—05	18.00	769
历届中国数学奥林匹克试题集(第3版)	2021—10	58.00	1440
历届加拿大数学奥林匹克试题集	2012—08	38.00	215
历届美国数学奥林匹克试题集:1972~2019	2020—04	88.00	1135
历届波兰数学竞赛试题集.第1卷,1949~1963	2015—03	18.00	453
历届波兰数学竞赛试题集.第2卷,1964~1976	2015—03	18.00	454
历届巴尔干数学奥林匹克试题集	2015—05	38.00	466
保加利亚数学奥林匹克	2014—10	38.00	393
圣彼得堡数学奥林匹克试题集	2015—01	38.00	429
匈牙利奥林匹克数学竞赛题解.第1卷	2016—05	28.00	593
匈牙利奥林匹克数学竞赛题解.第2卷	2016—05	28.00	594
历届美国数学邀请赛试题集(第2版)	2017—10	78.00	851
普林斯顿大学数学竞赛	2016—06	38.00	669
亚太地区数学奥林匹克竞赛题	2015—07	18.00	492
日本历届(初级)广中杯数学竞赛试题及解答.第1卷(2000~2007)	2016—05	28.00	641
日本历届(初级)广中杯数学竞赛试题及解答.第2卷(2008~2015)	2016—05	38.00	642
越南数学奥林匹克题选:1962—2009	2021—07	48.00	1370
360个数学竞赛问题	2016—08	58.00	677
奥数最佳实战题.上卷	2017—06	38.00	760
奥数最佳实战题.下卷	2017—05	58.00	761
哈尔滨市早期中学数学竞赛试题汇编	2016—07	28.00	672
全国高中数学联赛试题及解答:1981—2019(第4版)	2020—07	138.00	1176
2022年全国高中数学联合竞赛模拟题集	2022—06	30.00	1521
20世纪50年代全国部分城市数学竞赛试题汇编	2017—07	28.00	797

刘培杰数学工作室
已出版(即将出版)图书目录——初等数学

书　　名	出版时间	定　价	编号
国内外数学竞赛题及精解:2018～2019	2020—08	45.00	1192
国内外数学竞赛题及精解:2019～2020	2021—11	58.00	1439
许康华竞赛优学精选集.第一辑	2018—08	68.00	949
天问叶班数学问题征解100题.Ⅰ,2016—2018	2019—05	88.00	1075
天问叶班数学问题征解100题.Ⅱ,2017—2019	2020—07	98.00	1177
美国初中数学竞赛:AMC8准备(共6卷)	2019—07	138.00	1089
美国高中数学竞赛:AMC10准备(共6卷)	2019—08	158.00	1105
王连笑教你怎样学数学:高考选择题解题策略与客观题实用训练	2014—01	48.00	262
王连笑教你怎样学数学:高考数学高层次讲座	2015—02	48.00	432
高考数学的理论与实践	2009—08	38.00	53
高考数学核心题型解题方法与技巧	2010—01	28.00	86
高考思维新平台	2014—03	38.00	259
高考数学压轴题解题诀窍(上)(第2版)	2018—01	58.00	874
高考数学压轴题解题诀窍(下)(第2版)	2018—01	48.00	875
北京市五区文科数学三年高考模拟题详解:2013～2015	2015—08	48.00	500
北京市五区理科数学三年高考模拟题详解:2013～2015	2015—09	68.00	505
向量法解数学高考题	2009—08	28.00	54
高中数学课堂教学的实践与反思	2021—11	48.00	791
数学高考参考	2016—01	78.00	589
新课程标准高考数学解答题各种题型解法指导	2020—08	78.00	1196
全国及各省市高考数学试题审题要津与解法研究	2015—02	48.00	450
高中数学章节起始课的教学研究与案例设计	2019—05	28.00	1064
新课标高考数学——五年试题分章详解(2007～2011)(上、下)	2011—10	78.00	140,141
全国中考数学压轴题审题要津与解法研究	2013—04	78.00	248
新编全国及各省市中考数学压轴题审题要津与解法研究	2014—05	58.00	342
全国及各省市5年中考数学压轴题审题要津与解法研究(2015版)	2015—08	58.00	462
中考数学专题总复习	2007—04	28.00	6
中考数学较难题常考题型解题方法与技巧	2016—09	48.00	681
中考数学难题常考题型解题方法与技巧	2016—09	48.00	682
中考数学中档题常考题型解题方法与技巧	2017—08	68.00	835
中考数学选填压轴好题妙解365	2017—05	38.00	759
中考数学:三类重点考题的解法例析与习题	2020—04	48.00	1140
中小学数学的历史文化	2019—11	48.00	1124
初中平面几何百题多思创新解	2020—01	58.00	1125
初中数学中考备考	2020—01	58.00	1126
高考数学之九章演义	2019—08	68.00	1044
高考数学之难题谈笑间	2022—06	68.00	1519
化学可以这样学:高中化学知识方法智慧感悟疑难辨析	2019—07	58.00	1103
如何成为学习高手	2019—09	58.00	1107
高考数学:经典真题分类解析	2020—04	78.00	1134
高考数学解答题破解策略	2020—11	58.00	1221
从分析解题过程学解题:高考压轴题与竞赛题之关系探究	2020—08	88.00	1179
教学新思考:单元整体视角下的初中数学教学设计	2021—03	58.00	1278
思维再拓展:2020年经典几何题的多解探究与思考	即将出版		1279
中考数学小压轴汇编初讲	2017—07	48.00	788
中考数学大压轴专题微言	2017—09	48.00	846
怎么解中考平面几何探索题	2019—06	48.00	1093
北京中考数学压轴题解题方法突破(第7版)	2021—11	68.00	1442
助你高考成功的数学解题智慧:知识是智慧的基础	2016—01	58.00	596
助你高考成功的数学解题智慧:错误是智慧的试金石	2016—04	58.00	643
助你高考成功的数学解题智慧:方法是智慧的推手	2016—04	68.00	657
高考数学奇思妙解	2016—04	38.00	610
高考数学解题策略	2016—05	48.00	670
数学解题泄天机(第2版)	2017—10	48.00	850

刘培杰数学工作室
已出版(即将出版)图书目录——初等数学

书　名	出版时间	定　价	编号
高考物理压轴题全解	2017—04	58.00	746
高中物理经典问题25讲	2017—05	28.00	764
高中物理教学讲义	2018—01	48.00	871
高中物理教学讲义：全模块	2022—03	98.00	1492
高中物理答疑解惑65篇	2021—11	48.00	1462
中学物理基础问题解析	2020—08	48.00	1183
2016年高考文科数学真题研究	2017—04	58.00	754
2016年高考理科数学真题研究	2017—04	78.00	755
2017年高考理科数学真题研究	2018—01	58.00	867
2017年高考文科数学真题研究	2018—01	48.00	868
初中数学、高中数学脱节知识补缺教材	2017—06	48.00	766
高考数学小题抢分必练	2017—10	48.00	834
高考数学核心素养解读	2017—09	38.00	839
高考数学客观题解题方法和技巧	2017—10	38.00	847
十年高考数学精品试题审题要津与解法研究	2021—10	98.00	1427
中国历届高考数学试题及解答.1949—1979	2018—01	38.00	877
历届中国高考数学试题及解答.第二卷,1980—1989	2018—10	28.00	975
历届中国高考数学试题及解答.第三卷,1990—1999	2018—10	48.00	976
数学文化与高考研究	2018—03	48.00	882
跟我学解高中数学题	2018—07	58.00	926
中学数学研究的方法及案例	2018—05	58.00	869
高考数学抢分技能	2018—07	68.00	934
高一新生常用数学方法和重要数学思想提升教材	2018—06	38.00	921
2018年高考数学真题研究	2019—01	68.00	1000
2019年高考数学真题研究	2020—05	88.00	1137
高考数学全国卷六道解答题常考题型解题诀窍：理科(全2册)	2019—07	78.00	1101
高考数学全国卷16道选择、填空题常考题型解题诀窍.理科	2018—09	88.00	971
高考数学全国卷16道选择、填空题常考题型解题诀窍.文科	2020—01	88.00	1123
高中数学一题多解	2019—06	58.00	1087
历届中国高考数学试题及解答：1917—1999	2021—08	98.00	1371
2000～2003年全国及各省市高考数学试题及解答	2022—05	88.00	1499
2004年全国及各省市高考数学试题及解答	2022—07	78.00	1500
突破高原：高中数学解题思维探究	2021—08	48.00	1375
高考数学中的"取值范围"	2021—10	48.00	1429
新课程标准高中数学各种题型解法大全.必修一分册	2021—06	58.00	1315
新课程标准高中数学各种题型解法大全.必修二分册	2022—01	68.00	1471
高中数学各种题型解法大全.选择性必修一分册	2022—06	68.00	1525
新编640个世界著名数学智力趣题	2014—01	88.00	242
500个最新世界著名数学智力趣题	2008—06	48.00	3
400个最新世界著名数学最值问题	2008—09	48.00	36
500个世界著名数学征解问题	2009—06	48.00	52
400个中国最佳初等数学征解老问题	2010—01	48.00	60
500个俄罗斯数学经典老题	2011—01	28.00	81
1000个国外中学物理好题	2012—05	48.00	174
300个日本高考数学题	2012—06	38.00	142
700个早期日本高考数学试题	2017—02	88.00	752
500个前苏联早期高考数学试题及解答	2012—05	28.00	185
546个早期俄罗斯大学生数学竞赛题	2014—03	38.00	285
548个来自美苏的数学好问题	2014—11	28.00	396
20所苏联著名大学早期入学试题	2015—02	18.00	452
161道德国工科大学生必做的微分方程习题	2015—05	28.00	469
500个德国工科大学生必做的高数习题	2015—06	28.00	478
360个数学竞赛问题	2016—08	58.00	677
200个趣味数学故事	2018—02	48.00	857
470个数学奥林匹克中的最值问题	2018—10	88.00	985
德国讲义日本考题.微积分卷	2015—04	48.00	456
德国讲义日本考题.微分方程卷	2015—04	38.00	457
二十世纪中叶中、英、美、日、法、俄高考数学试题精选	2017—06	38.00	783

— 6 —

刘培杰数学工作室
已出版(即将出版)图书目录——初等数学

书　名	出版时间	定　价	编号
中国初等数学研究　2009卷(第1辑)	2009—05	20.00	45
中国初等数学研究　2010卷(第2辑)	2010—05	30.00	68
中国初等数学研究　2011卷(第3辑)	2011—07	60.00	127
中国初等数学研究　2012卷(第4辑)	2012—07	48.00	190
中国初等数学研究　2014卷(第5辑)	2014—02	48.00	288
中国初等数学研究　2015卷(第6辑)	2015—06	68.00	493
中国初等数学研究　2016卷(第7辑)	2016—04	68.00	609
中国初等数学研究　2017卷(第8辑)	2017—01	98.00	712
初等数学研究在中国.第1辑	2019—03	158.00	1024
初等数学研究在中国.第2辑	2019—10	158.00	1116
初等数学研究在中国.第3辑	2021—05	158.00	1306
初等数学研究在中国.第4辑	2022—06	158.00	1520
几何变换(Ⅰ)	2014—07	28.00	353
几何变换(Ⅱ)	2015—06	28.00	354
几何变换(Ⅲ)	2015—01	38.00	355
几何变换(Ⅳ)	2015—12	38.00	356
初等数论难题集(第一卷)	2009—05	68.00	44
初等数论难题集(第二卷)(上、下)	2011—02	128.00	82,83
数论概貌	2011—03	18.00	93
代数数论(第二版)	2013—08	58.00	94
代数多项式	2014—06	38.00	289
初等数论的知识与问题	2011—02	28.00	95
超越数论基础	2011—03	28.00	96
数论初等教程	2011—03	28.00	97
数论基础	2011—03	18.00	98
数论基础与维诺格拉多夫	2014—03	18.00	292
解析数论基础	2012—08	28.00	216
解析数论基础(第二版)	2014—01	48.00	287
解析数论问题集(第二版)(原版引进)	2014—05	88.00	343
解析数论问题集(第二版)(中译本)	2016—04	88.00	607
解析数论基础(潘承洞,潘承彪著)	2016—07	98.00	673
解析数论导引	2016—07	58.00	674
数论入门	2011—03	38.00	99
代数数论入门	2015—03	38.00	448
数论开篇	2012—07	28.00	194
解析数论引论	2011—03	48.00	100
Barban Davenport Halberstam 均值和	2009—01	40.00	33
基础数论	2011—03	28.00	101
初等数论100例	2011—05	18.00	122
初等数论经典例题	2012—07	18.00	204
最新世界各国数学奥林匹克中的初等数论试题(上、下)	2012—01	138.00	144,145
初等数论(Ⅰ)	2012—01	18.00	156
初等数论(Ⅱ)	2012—01	18.00	157
初等数论(Ⅲ)	2012—01	28.00	158

刘培杰数学工作室
已出版(即将出版)图书目录——初等数学

书　名	出版时间	定　价	编号
平面几何与数论中未解决的新老问题	2013—01	68.00	229
代数数论简史	2014—11	28.00	408
代数数论	2015—09	88.00	532
代数、数论及分析习题集	2016—11	98.00	695
数论导引提要及习题解答	2016—01	48.00	559
素数定理的初等证明.第2版	2016—09	48.00	686
数论中的模函数与狄利克雷级数(第二版)	2017—11	78.00	837
数论:数学导引	2018—01	68.00	849
范氏大代数	2019—02	98.00	1016
解析数学讲义.第一卷,导来式及微分、积分、级数	2019—04	88.00	1021
解析数学讲义.第二卷,关于几何的应用	2019—04	68.00	1022
解析数学讲义.第三卷,解析函数论	2019—04	78.00	1023
分析・组合・数论纵横谈	2019—04	58.00	1039
Hall代数:民国时期的中学数学课本:英文	2019—08	88.00	1106
基谢廖夫初等代数	2022—07	38.00	1531
数学精神巡礼	2019—01	58.00	731
数学眼光透视(第2版)	2017—06	78.00	732
数学思想领悟(第2版)	2018—01	68.00	733
数学方法溯源(第2版)	2018—08	68.00	734
数学解题引论	2017—05	58.00	735
数学史话览胜(第2版)	2017—01	48.00	736
数学应用展观(第2版)	2017—08	68.00	737
数学建模尝试	2018—04	48.00	738
数学竞赛采风	2018—01	68.00	739
数学测评探营	2019—05	58.00	740
数学技能操握	2018—03	48.00	741
数学欣赏拾趣	2018—02	48.00	742
从毕达哥拉斯到怀尔斯	2007—10	48.00	9
从迪利克雷到维斯卡尔迪	2008—01	48.00	21
从哥德巴赫到陈景润	2008—05	98.00	35
从庞加莱到佩雷尔曼	2011—08	138.00	136
博弈论精粹	2008—03	58.00	30
博弈论精粹.第二版(精装)	2015—01	88.00	461
数学 我爱你	2008—01	28.00	20
精神的圣徒　别样的人生——60位中国数学家成长的历程	2008—09	48.00	39
数学史概论	2009—06	78.00	50
数学史概论(精装)	2013—03	158.00	272
数学史选讲	2016—01	48.00	544
斐波那契数列	2010—02	28.00	65
数学拼盘和斐波那契魔方	2010—07	38.00	72
斐波那契数列欣赏(第2版)	2018—08	58.00	948
Fibonacci数列中的明珠	2018—06	58.00	928
数学的创造	2011—02	48.00	85
数学美与创造力	2016—01	48.00	595
数海拾贝	2016—01	48.00	590
数学中的美(第2版)	2019—04	68.00	1057
数论中的美学	2014—12	38.00	351

刘培杰数学工作室
已出版(即将出版)图书目录——初等数学

书　名	出版时间	定　价	编号
数学王者　科学巨人——高斯	2015—01	28.00	428
振兴祖国数学的圆梦之旅:中国初等数学研究史话	2015—06	98.00	490
二十世纪中国数学史料研究	2015—10	48.00	536
数字谜、数阵图与棋盘覆盖	2016—01	58.00	298
时间的形状	2016—01	38.00	556
数学发现的艺术:数学探索中的合情推理	2016—07	58.00	671
活跃在数学中的参数	2016—07	48.00	675
数海趣史	2021—05	98.00	1314
数学解题——靠数学思想给力(上)	2011—07	38.00	131
数学解题——靠数学思想给力(中)	2011—07	48.00	132
数学解题——靠数学思想给力(下)	2011—07	38.00	133
我怎样解题	2013—01	48.00	227
数学解题中的物理方法	2011—06	28.00	114
数学解题的特殊方法	2011—06	48.00	115
中学数学计算技巧(第2版)	2020—10	48.00	1220
中学数学证明方法	2012—01	58.00	117
数学趣题巧解	2012—03	28.00	128
高中数学教学通鉴	2015—05	58.00	479
和高中生漫谈:数学与哲学的故事	2014—08	28.00	369
算术问题集	2017—03	38.00	789
张教授讲数学	2018—07	38.00	933
陈永明实话实说数学教学	2020—04	68.00	1132
中学数学学科知识与教学能力	2020—06	58.00	1155
怎样把课讲好:大罕数学教学随笔	2022—03	58.00	1484
中国高考评价体系下高考数学探秘	2022—03	48.00	1487
自主招生考试中的参数方程问题	2015—01	28.00	435
自主招生考试中的极坐标问题	2015—04	28.00	463
近年全国重点大学自主招生数学试题全解及研究.华约卷	2015—02	38.00	441
近年全国重点大学自主招生数学试题全解及研究.北约卷	2016—05	38.00	619
自主招生数学解证宝典	2015—09	48.00	535
中国科学技术大学创新班数学真题解析	2022—03	48.00	1488
中国科学技术大学创新班物理真题解析	2022—03	58.00	1489
格点和面积	2012—07	18.00	191
射影几何趣谈	2012—04	28.00	175
斯潘纳尔引理——从一道加拿大数学奥林匹克试题谈起	2014—01	28.00	228
李普希兹条件——从几道近年高考数学试题谈起	2012—10	18.00	221
拉格朗日中值定理——从一道北京高考试题的解法谈起	2015—10	18.00	197
闵科夫斯基定理——从一道清华大学自主招生试题谈起	2014—01	28.00	198
哈尔测度——从一道冬令营试题的背景谈起	2012—08	28.00	202
切比雪夫逼近问题——从一道中国台北数学奥林匹克试题谈起	2013—04	38.00	238
伯恩斯坦多项式与贝齐尔曲面——从一道全国高中数学联赛试题谈起	2013—03	38.00	236
卡塔兰猜想——从一道普特南竞赛试题谈起	2013—06	18.00	256
麦卡锡函数和阿克曼函数——从一道前南斯拉夫数学奥林匹克试题谈起	2012—08	18.00	201
贝蒂定理与拉姆贝克莫斯尔定理——从一个拣石子游戏谈起	2012—08	18.00	217
皮亚诺曲线和豪斯道夫分球定理——从无限集谈起	2012—08	18.00	211
平面凸图形与凸多面体	2012—10	28.00	218
斯坦因豪斯问题——从一道二十五省市自治区中学数学竞赛试题谈起	2012—07	18.00	196

刘培杰数学工作室
已出版（即将出版）图书目录——初等数学

书　名	出版时间	定　价	编号
纽结理论中的亚历山大多项式与琼斯多项式——从一道北京市高一数学竞赛试题谈起	2012—07	28.00	195
原则与策略——从波利亚"解题表"谈起	2013—04	38.00	244
转化与化归——从三大尺规作图不能问题谈起	2012—08	28.00	214
代数几何中的贝祖定理(第一版)——从一道 IMO 试题的解法谈起	2013—08	18.00	193
成功连贯理论与约当块理论——从一道比利时数学竞赛试题谈起	2012—04	18.00	180
素数判定与大数分解	2014—08	18.00	199
置换多项式及其应用	2012—10	18.00	220
椭圆函数与模函数——从一道美国加州大学洛杉矶分校(UCLA)博士资格考题谈起	2012—10	28.00	219
差分方程的拉格朗日方法——从一道 2011 年全国高考理科试题的解法谈起	2012—08	28.00	200
力学在几何中的一些应用	2013—01	38.00	240
从根式解到伽罗华理论	2020—01	48.00	1121
康托洛维奇不等式——从一道全国高中联赛试题谈起	2013—03	28.00	337
西格尔引理——从一道第 18 届 IMO 试题的解法谈起	即将出版		
罗斯定理——从一道前苏联数学竞赛试题谈起	即将出版		
拉克斯定理和阿廷定理——从一道 IMO 试题的解法谈起	2014—01	58.00	246
毕卡大定理——从一道美国大学数学竞赛试题谈起	2014—07	18.00	350
贝齐尔曲线——从一道全国高中联赛试题谈起	即将出版		
拉格朗日乘子定理——从一道 2005 年全国高中联赛试题的高等数学解法谈起	2015—05	28.00	480
雅可比定理——从一道日本数学奥林匹克试题谈起	2013—04	48.00	249
李天岩－约克定理——从一道波兰数学竞赛试题谈起	2014—06	28.00	349
整系数多项式因式分解的一般方法——从克朗耐克算法谈起	即将出版		
布劳维不动点定理——从一道前苏联数学奥林匹克试题谈起	2014—01	38.00	273
伯恩赛德定理——从一道英国数学奥林匹克试题谈起	即将出版		
布查特—莫斯特定理——从一道上海市初中竞赛试题谈起	即将出版		
数论中的同余数问题——从一道普特南竞赛试题谈起	即将出版		
范·德蒙行列式——从一道美国数学奥林匹克试题谈起	即将出版		
中国剩余定理：总数法构建中国历史年表	2015—01	28.00	430
牛顿程序与方程求根——从一道全国高考试题解法谈起	即将出版		
库默尔定理——从一道 IMO 预选试题谈起	即将出版		
卢丁定理——从一道冬令营试题的解法谈起	即将出版		
沃斯滕霍姆定理——从一道 IMO 预选试题谈起	即将出版		
卡尔松不等式——从一道莫斯科数学奥林匹克试题谈起	即将出版		
信息论中的香农熵——从一道近年高考压轴题谈起	即将出版		
约当不等式——从一道希望杯竞赛试题谈起	即将出版		
拉比诺维奇定理	即将出版		
刘维尔定理——从一道《美国数学月刊》征解问题的解法谈起	即将出版		
卡塔兰恒等式与级数求和——从一道 IMO 试题的解法谈起	即将出版		
勒让德猜想与素数分布——从一道爱尔兰竞赛试题谈起	即将出版		
天平称重与信息论——从一道基辅市数学奥林匹克试题谈起	即将出版		
哈密尔顿－凯莱定理：从一道高中数学联赛试题的解法谈起	2014—09	18.00	376
艾思特曼定理——从一道 CMO 试题的解法谈起	即将出版		

刘培杰数学工作室
已出版(即将出版)图书目录——初等数学

书　名	出版时间	定　价	编号
阿贝尔恒等式与经典不等式及应用	2018—06	98.00	923
迪利克雷除数问题	2018—07	48.00	930
幻方、幻立方与拉丁方	2019—08	48.00	1092
帕斯卡三角形	2014—03	18.00	294
蒲丰投针问题——从2009年清华大学的一道自主招生试题谈起	2014—01	38.00	295
斯图姆定理——从一道"华约"自主招生试题的解法谈起	2014—01	18.00	296
许瓦兹引理——从一道加利福尼亚大学伯克利分校数学系博士生试题谈起	2014—08	18.00	297
拉姆塞定理——从王诗宬院士的一个问题谈起	2016—04	48.00	299
坐标法	2013—12	28.00	332
数论三角形	2014—04	38.00	341
毕克定理	2014—07	18.00	352
数林掠影	2014—09	48.00	389
我们周围的概率	2014—10	38.00	390
凸函数最值定理:从一道华约自主招生题的解法谈起	2014—10	28.00	391
易学与数学奥林匹克	2014—10	38.00	392
生物数学趣谈	2015—01	18.00	409
反演	2015—01	28.00	420
因式分解与圆锥曲线	2015—01	18.00	426
轨迹	2015—01	28.00	427
面积原理:从常庚哲命的一道CMO试题的积分解法谈起	2015—01	48.00	431
形形色色的不动点定理:从一道28届IMO试题谈起	2015—01	38.00	439
柯西函数方程:从一道上海交大自主招生的试题谈起	2015—02	28.00	440
三角恒等式	2015—02	28.00	442
无理性判定:从一道2014年"北约"自主招生试题谈起	2015—01	38.00	443
数学归纳法	2015—03	18.00	451
极端原理与解题	2015—04	28.00	464
法雷级数	2014—08	18.00	367
摆线族	2015—01	38.00	438
函数方程及其解法	2015—05	38.00	470
含参数的方程和不等式	2012—09	28.00	213
希尔伯特第十问题	2016—01	38.00	543
无穷小量的求和	2016—01	28.00	545
切比雪夫多项式:从一道清华大学金秋营试题谈起	2016—01	38.00	583
泽肯多夫定理	2016—03	38.00	599
代数等式证题法	2016—01	28.00	600
三角等式证题法	2016—01	28.00	601
吴大任教授藏书中的一个因式分解公式:从一道美国数学邀请赛试题的解法谈起	2016—06	28.00	656
易卦——类万物的数学模型	2017—08	68.00	838
"不可思议"的数与数系可持续发展	2018—01	38.00	878
最短线	2018—01	38.00	879
幻方和魔方(第一卷)	2012—05	68.00	173
尘封的经典——初等数学经典文献选读(第一卷)	2012—07	48.00	205
尘封的经典——初等数学经典文献选读(第二卷)	2012—07	38.00	206
初级方程式论	2011—03	28.00	106
初等数学研究(Ⅰ)	2008—09	68.00	37
初等数学研究(Ⅱ)(上、下)	2009—05	118.00	46,47

刘培杰数学工作室
已出版(即将出版)图书目录——初等数学

书　名	出版时间	定　价	编号
趣味初等方程妙题集锦	2014—09	48.00	388
趣味初等数论选美与欣赏	2015—02	48.00	445
耕读笔记(上卷):一位农民数学爱好者的初数探索	2015—04	28.00	459
耕读笔记(中卷):一位农民数学爱好者的初数探索	2015—05	28.00	483
耕读笔记(下卷):一位农民数学爱好者的初数探索	2015—05	28.00	484
几何不等式研究与欣赏.上卷	2016—01	88.00	547
几何不等式研究与欣赏.下卷	2016—01	48.00	552
初等数列研究与欣赏·上	2016—01	48.00	570
初等数列研究与欣赏·下	2016—01	48.00	571
趣味初等函数研究与欣赏.上	2016—09	48.00	684
趣味初等函数研究与欣赏.下	2018—09	48.00	685
三角不等式研究与欣赏	2020—10	68.00	1197
新编平面解析几何解题方法研究与欣赏	2021—10	78.00	1426
火柴游戏(第2版)	2022—05	38.00	1493
智力解谜.第1卷	2017—07	38.00	613
智力解谜.第2卷	2017—07	38.00	614
故事智力	2016—07	48.00	615
名人们喜欢的智力问题	2020—01	48.00	616
数学大师的发现、创造与失误	2018—01	48.00	617
异曲同工	2018—09	48.00	618
数学的味道	2018—01	58.00	798
数学千字文	2018—10	68.00	977
数贝偶拾——高考数学题研究	2014—04	28.00	274
数贝偶拾——初等数学研究	2014—04	38.00	275
数贝偶拾——奥数题研究	2014—04	48.00	276
钱昌本教你快乐学数学(上)	2011—12	48.00	155
钱昌本教你快乐学数学(下)	2012—03	58.00	171
集合、函数与方程	2014—01	28.00	300
数列与不等式	2014—01	38.00	301
三角与平面向量	2014—01	28.00	302
平面解析几何	2014—01	38.00	303
立体几何与组合	2014—01	28.00	304
极限与导数、数学归纳法	2014—01	38.00	305
趣味数学	2014—03	28.00	306
教材教法	2014—04	68.00	307
自主招生	2014—05	58.00	308
高考压轴题(上)	2015—01	48.00	309
高考压轴题(下)	2014—10	68.00	310
从费马到怀尔斯——费马大定理的历史	2013—10	198.00	I
从庞加莱到佩雷尔曼——庞加莱猜想的历史	2013—10	298.00	II
从切比雪夫到爱尔特希(上)——素数定理的初等证明	2013—07	48.00	III
从切比雪夫到爱尔特希(下)——素数定理100年	2012—12	98.00	III
从高斯到盖尔方特——二次域的高斯猜想	2013—10	198.00	IV
从库默尔到朗兰兹——朗兰兹猜想的历史	2014—01	98.00	V
从比勃巴赫到德布朗斯——比勃巴赫猜想的历史	2014—02	298.00	VI
从麦比乌斯到陈省身——麦比乌斯变换与麦比乌斯带	2014—02	298.00	VII
从布尔到豪斯道夫——布尔方程与格论漫谈	2013—10	198.00	VIII
从开普勒到阿诺德——三体问题的历史	2014—05	298.00	IX
从华林到华罗庚——华林问题的历史	2013—10	298.00	X

刘培杰数学工作室
已出版(即将出版)图书目录——初等数学

书 名	出版时间	定 价	编号
美国高中数学竞赛五十讲.第1卷(英文)	2014—08	28.00	357
美国高中数学竞赛五十讲.第2卷(英文)	2014—08	28.00	358
美国高中数学竞赛五十讲.第3卷(英文)	2014—09	28.00	359
美国高中数学竞赛五十讲.第4卷(英文)	2014—09	28.00	360
美国高中数学竞赛五十讲.第5卷(英文)	2014—10	28.00	361
美国高中数学竞赛五十讲.第6卷(英文)	2014—11	28.00	362
美国高中数学竞赛五十讲.第7卷(英文)	2014—12	28.00	363
美国高中数学竞赛五十讲.第8卷(英文)	2015—01	28.00	364
美国高中数学竞赛五十讲.第9卷(英文)	2015—01	28.00	365
美国高中数学竞赛五十讲.第10卷(英文)	2015—02	38.00	366
三角函数(第2版)	2017—04	38.00	626
不等式	2014—01	38.00	312
数列	2014—01	38.00	313
方程(第2版)	2017—04	38.00	624
排列和组合	2014—01	28.00	315
极限与导数(第2版)	2016—04	38.00	635
向量(第2版)	2018—08	58.00	627
复数及其应用	2014—08	28.00	318
函数	2014—01	38.00	319
集合	2020—01	48.00	320
直线与平面	2014—01	28.00	321
立体几何(第2版)	2016—04	38.00	629
解三角形	即将出版		323
直线与圆(第2版)	2016—11	38.00	631
圆锥曲线(第2版)	2016—09	48.00	632
解题通法(一)	2014—07	38.00	326
解题通法(二)	2014—07	38.00	327
解题通法(三)	2014—05	38.00	328
概率与统计	2014—01	28.00	329
信息迁移与算法	即将出版		330
IMO 50年.第1卷(1959—1963)	2014—11	28.00	377
IMO 50年.第2卷(1964—1968)	2014—11	28.00	378
IMO 50年.第3卷(1969—1973)	2014—09	28.00	379
IMO 50年.第4卷(1974—1978)	2016—04	38.00	380
IMO 50年.第5卷(1979—1984)	2015—04	38.00	381
IMO 50年.第6卷(1985—1989)	2015—04	58.00	382
IMO 50年.第7卷(1990—1994)	2016—01	48.00	383
IMO 50年.第8卷(1995—1999)	2016—06	38.00	384
IMO 50年.第9卷(2000—2004)	2015—04	58.00	385
IMO 50年.第10卷(2005—2009)	2016—01	48.00	386
IMO 50年.第11卷(2010—2015)	2017—03	48.00	646

刘培杰数学工作室
已出版(即将出版)图书目录——初等数学

书　名	出版时间	定　价	编号
数学反思(2006—2007)	2020—09	88.00	915
数学反思(2008—2009)	2019—01	68.00	917
数学反思(2010—2011)	2018—05	58.00	916
数学反思(2012—2013)	2019—01	58.00	918
数学反思(2014—2015)	2019—03	78.00	919
数学反思(2016—2017)	2021—03	58.00	1286
历届美国大学生数学竞赛试题集.第一卷(1938—1949)	2015—01	28.00	397
历届美国大学生数学竞赛试题集.第二卷(1950—1959)	2015—01	28.00	398
历届美国大学生数学竞赛试题集.第三卷(1960—1969)	2015—01	28.00	399
历届美国大学生数学竞赛试题集.第四卷(1970—1979)	2015—01	18.00	400
历届美国大学生数学竞赛试题集.第五卷(1980—1989)	2015—01	28.00	401
历届美国大学生数学竞赛试题集.第六卷(1990—1999)	2015—01	28.00	402
历届美国大学生数学竞赛试题集.第七卷(2000—2009)	2015—08	18.00	403
历届美国大学生数学竞赛试题集.第八卷(2010—2012)	2015—01	18.00	404
新课标高考数学创新题解题诀窍:总论	2014—09	28.00	372
新课标高考数学创新题解题诀窍:必修 1～5 分册	2014—08	38.00	373
新课标高考数学创新题解题诀窍:选修 2－1,2－2,1－1,1－2分册	2014—09	38.00	374
新课标高考数学创新题解题诀窍:选修 2－3,4－4,4－5 分册	2014—09	18.00	375
全国重点大学自主招生英文数学试题全攻略:词汇卷	2015—07	48.00	410
全国重点大学自主招生英文数学试题全攻略:概念卷	2015—01	28.00	411
全国重点大学自主招生英文数学试题全攻略:文章选读卷(上)	2016—09	38.00	412
全国重点大学自主招生英文数学试题全攻略:文章选读卷(下)	2017—01	58.00	413
全国重点大学自主招生英文数学试题全攻略:试题卷	2015—07	38.00	414
全国重点大学自主招生英文数学试题全攻略:名著欣赏卷	2017—03	48.00	415
劳埃德数学趣题大全.题目卷.1:英文	2016—01	18.00	516
劳埃德数学趣题大全.题目卷.2:英文	2016—01	18.00	517
劳埃德数学趣题大全.题目卷.3:英文	2016—01	18.00	518
劳埃德数学趣题大全.题目卷.4:英文	2016—01	18.00	519
劳埃德数学趣题大全.题目卷.5:英文	2016—01	18.00	520
劳埃德数学趣题大全.答案卷:英文	2016—01	18.00	521
李成章教练奥数笔记.第 1 卷	2016—01	48.00	522
李成章教练奥数笔记.第 2 卷	2016—01	48.00	523
李成章教练奥数笔记.第 3 卷	2016—01	38.00	524
李成章教练奥数笔记.第 4 卷	2016—01	38.00	525
李成章教练奥数笔记.第 5 卷	2016—01	38.00	526
李成章教练奥数笔记.第 6 卷	2016—01	38.00	527
李成章教练奥数笔记.第 7 卷	2016—01	38.00	528
李成章教练奥数笔记.第 8 卷	2016—01	48.00	529
李成章教练奥数笔记.第 9 卷	2016—01	28.00	530

刘培杰数学工作室
已出版(即将出版)图书目录——初等数学

书　名	出版时间	定　价	编号
第19～23届"希望杯"全国数学邀请赛试题审题要津详细评注(初一版)	2014—03	28.00	333
第19～23届"希望杯"全国数学邀请赛试题审题要津详细评注(初二、初三版)	2014—03	38.00	334
第19～23届"希望杯"全国数学邀请赛试题审题要津详细评注(高一版)	2014—03	28.00	335
第19～23届"希望杯"全国数学邀请赛试题审题要津详细评注(高二版)	2014—03	38.00	336
第19～25届"希望杯"全国数学邀请赛试题审题要津详细评注(初一版)	2015—01	38.00	416
第19～25届"希望杯"全国数学邀请赛试题审题要津详细评注(初二、初三版)	2015—01	58.00	417
第19～25届"希望杯"全国数学邀请赛试题审题要津详细评注(高一版)	2015—01	48.00	418
第19～25届"希望杯"全国数学邀请赛试题审题要津详细评注(高二版)	2015—01	48.00	419
物理奥林匹克竞赛大题典——力学卷	2014—11	48.00	405
物理奥林匹克竞赛大题典——热学卷	2014—04	28.00	339
物理奥林匹克竞赛大题典——电磁学卷	2015—07	48.00	406
物理奥林匹克竞赛大题典——光学与近代物理卷	2014—06	28.00	345
历届中国东南地区数学奥林匹克试题集(2004～2012)	2014—06	18.00	346
历届中国西部地区数学奥林匹克试题集(2001～2012)	2014—07	18.00	347
历届中国女子数学奥林匹克试题集(2002～2012)	2014—08	18.00	348
数学奥林匹克在中国	2014—06	98.00	344
数学奥林匹克问题集	2014—01	38.00	267
数学奥林匹克不等式散论	2010—06	38.00	124
数学奥林匹克不等式欣赏	2011—09	38.00	138
数学奥林匹克超级题库(初中卷上)	2010—01	58.00	66
数学奥林匹克不等式证明方法和技巧(上、下)	2011—08	158.00	134,135
他们学什么:原民主德国中学数学课本	2016—09	38.00	658
他们学什么:英国中学数学课本	2016—09	38.00	659
他们学什么:法国中学数学课本.1	2016—09	38.00	660
他们学什么:法国中学数学课本.2	2016—09	28.00	661
他们学什么:法国中学数学课本.3	2016—09	38.00	662
他们学什么:苏联中学数学课本	2016—09	28.00	679
高中数学题典——集合与简易逻辑·函数	2016—07	48.00	647
高中数学题典——导数	2016—07	48.00	648
高中数学题典——三角函数·平面向量	2016—07	48.00	649
高中数学题典——数列	2016—07	58.00	650
高中数学题典——不等式·推理与证明	2016—07	38.00	651
高中数学题典——立体几何	2016—07	48.00	652
高中数学题典——平面解析几何	2016—07	78.00	653
高中数学题典——计数原理·统计·概率·复数	2016—07	48.00	654
高中数学题典——算法·平面几何·初等数论·组合数学·其他	2016—07	68.00	655

刘培杰数学工作室
已出版(即将出版)图书目录——初等数学

书　名	出版时间	定　价	编号
台湾地区奥林匹克数学竞赛试题.小学一年级	2017—03	38.00	722
台湾地区奥林匹克数学竞赛试题.小学二年级	2017—03	38.00	723
台湾地区奥林匹克数学竞赛试题.小学三年级	2017—03	38.00	724
台湾地区奥林匹克数学竞赛试题.小学四年级	2017—03	38.00	725
台湾地区奥林匹克数学竞赛试题.小学五年级	2017—03	38.00	726
台湾地区奥林匹克数学竞赛试题.小学六年级	2017—03	38.00	727
台湾地区奥林匹克数学竞赛试题.初中一年级	2017—03	38.00	728
台湾地区奥林匹克数学竞赛试题.初中二年级	2017—03	38.00	729
台湾地区奥林匹克数学竞赛试题.初中三年级	2017—03	28.00	730
不等式证题法	2017—04	28.00	747
平面几何培优教程	2019—08	88.00	748
奥数鼎级培优教程.高一分册	2018—09	88.00	749
奥数鼎级培优教程.高二分册.上	2018—04	68.00	750
奥数鼎级培优教程.高二分册.下	2018—04	68.00	751
高中数学竞赛冲刺宝典	2019—04	68.00	883
初中尖子生数学超级题典.实数	2017—07	58.00	792
初中尖子生数学超级题典.式、方程与不等式	2017—08	58.00	793
初中尖子生数学超级题典.圆、面积	2017—08	38.00	794
初中尖子生数学超级题典.函数、逻辑推理	2017—08	48.00	795
初中尖子生数学超级题典.角、线段、三角形与多边形	2017—07	58.00	796
数学王子——高斯	2018—01	48.00	858
坎坷奇星——阿贝尔	2018—01	48.00	859
闪烁奇星——伽罗瓦	2018—01	58.00	860
无穷统帅——康托尔	2018—01	48.00	861
科学公主——柯瓦列夫斯卡娅	2018—01	48.00	862
抽象代数之母——埃米·诺特	2018—01	48.00	863
电脑先驱——图灵	2018—01	58.00	864
昔日神童——维纳	2018—01	48.00	865
数坛怪侠——爱尔特希	2018—01	68.00	866
传奇数学家徐利治	2019—09	88.00	1110
当代世界中的数学.数学思想与数学基础	2019—01	38.00	892
当代世界中的数学.数学问题	2019—01	38.00	893
当代世界中的数学.应用数学与数学应用	2019—01	38.00	894
当代世界中的数学.数学王国的新疆域(一)	2019—01	38.00	895
当代世界中的数学.数学王国的新疆域(二)	2019—01	38.00	896
当代世界中的数学.数林撷英(一)	2019—01	38.00	897
当代世界中的数学.数林撷英(二)	2019—01	48.00	898
当代世界中的数学.数学之路	2019—01	38.00	899

刘培杰数学工作室
已出版(即将出版)图书目录——初等数学

书　名	出版时间	定　价	编号
105个代数问题:来自AwesomeMath夏季课程	2019—02	58.00	956
106个几何问题:来自AwesomeMath夏季课程	2020—07	58.00	957
107个几何问题:来自AwesomeMath全年课程	2020—07	58.00	958
108个代数问题:来自AwesomeMath全年课程	2019—01	68.00	959
109个不等式:来自AwesomeMath夏季课程	2019—04	58.00	960
国际数学奥林匹克中的110个几何问题	即将出版		961
111个代数和数论问题	2019—05	58.00	962
112个组合问题:来自AwesomeMath夏季课程	2019—05	58.00	963
113个几何不等式:来自AwesomeMath夏季课程	2020—08	58.00	964
114个指数和对数问题:来自AwesomeMath夏季课程	2019—09	48.00	965
115个三角问题:来自AwesomeMath夏季课程	2019—09	58.00	966
116个代数不等式:来自AwesomeMath全年课程	2019—04	58.00	967
117个多项式问题:来自AwesomeMath夏季课程	2021—09	58.00	1409
118个数学竞赛不等式	2022—08	78.00	1526
紫色彗星国际数学竞赛试题	2019—02	58.00	999
数学竞赛中的数学:为数学爱好者、父母、教师和教练准备的丰富资源.第一部	2020—04	58.00	1141
数学竞赛中的数学:为数学爱好者、父母、教师和教练准备的丰富资源.第二部	2020—07	48.00	1142
和与积	2020—10	38.00	1219
数论:概念和问题	2020—12	68.00	1257
初等数学问题研究	2021—03	48.00	1270
数学奥林匹克中的欧几里得几何	2021—10	68.00	1413
数学奥林匹克题解新编	2022—01	58.00	1430
图论入门	2022—09	58.00	1554
澳大利亚中学数学竞赛试题及解答(初级卷)1978～1984	2019—02	28.00	1002
澳大利亚中学数学竞赛试题及解答(初级卷)1985～1991	2019—02	28.00	1003
澳大利亚中学数学竞赛试题及解答(初级卷)1992～1998	2019—02	28.00	1004
澳大利亚中学数学竞赛试题及解答(初级卷)1999～2005	2019—02	28.00	1005
澳大利亚中学数学竞赛试题及解答(中级卷)1978～1984	2019—03	28.00	1006
澳大利亚中学数学竞赛试题及解答(中级卷)1985～1991	2019—03	28.00	1007
澳大利亚中学数学竞赛试题及解答(中级卷)1992～1998	2019—03	28.00	1008
澳大利亚中学数学竞赛试题及解答(中级卷)1999～2005	2019—03	28.00	1009
澳大利亚中学数学竞赛试题及解答(高级卷)1978～1984	2019—05	28.00	1010
澳大利亚中学数学竞赛试题及解答(高级卷)1985～1991	2019—05	28.00	1011
澳大利亚中学数学竞赛试题及解答(高级卷)1992～1998	2019—05	28.00	1012
澳大利亚中学数学竞赛试题及解答(高级卷)1999～2005	2019—05	28.00	1013
天才中小学生智力测验题.第一卷	2019—03	38.00	1026
天才中小学生智力测验题.第二卷	2019—03	38.00	1027
天才中小学生智力测验题.第三卷	2019—03	38.00	1028
天才中小学生智力测验题.第四卷	2019—03	38.00	1029
天才中小学生智力测验题.第五卷	2019—03	38.00	1030
天才中小学生智力测验题.第六卷	2019—03	38.00	1031
天才中小学生智力测验题.第七卷	2019—03	38.00	1032
天才中小学生智力测验题.第八卷	2019—03	38.00	1033
天才中小学生智力测验题.第九卷	2019—03	38.00	1034
天才中小学生智力测验题.第十卷	2019—03	38.00	1035
天才中小学生智力测验题.第十一卷	2019—03	38.00	1036
天才中小学生智力测验题.第十二卷	2019—03	38.00	1037
天才中小学生智力测验题.第十三卷	2019—03	38.00	1038

刘培杰数学工作室
已出版(即将出版)图书目录——初等数学

书　名	出版时间	定　价	编号
重点大学自主招生数学备考全书:函数	2020—05	48.00	1047
重点大学自主招生数学备考全书:导数	2020—08	48.00	1048
重点大学自主招生数学备考全书:数列与不等式	2019—10	78.00	1049
重点大学自主招生数学备考全书:三角函数与平面向量	2020—08	68.00	1050
重点大学自主招生数学备考全书:平面解析几何	2020—07	58.00	1051
重点大学自主招生数学备考全书:立体几何与平面几何	2019—08	48.00	1052
重点大学自主招生数学备考全书:排列组合・概率统计・复数	2019—09	48.00	1053
重点大学自主招生数学备考全书:初等数论与组合数学	2019—08	48.00	1054
重点大学自主招生数学备考全书:重点大学自主招生真题.上	2019—04	68.00	1055
重点大学自主招生数学备考全书:重点大学自主招生真题.下	2019—04	58.00	1056
高中数学竞赛培训教程:平面几何问题的求解方法与策略.上	2018—05	68.00	906
高中数学竞赛培训教程:平面几何问题的求解方法与策略.下	2018—06	78.00	907
高中数学竞赛培训教程:整除与同余以及不定方程	2018—01	88.00	908
高中数学竞赛培训教程:组合计数与组合极值	2018—04	48.00	909
高中数学竞赛培训教程:初等代数	2019—04	78.00	1042
高中数学讲座:数学竞赛基础教程(第一册)	2019—06	48.00	1094
高中数学讲座:数学竞赛基础教程(第二册)	即将出版		1095
高中数学讲座:数学竞赛基础教程(第三册)	即将出版		1096
高中数学讲座:数学竞赛基础教程(第四册)	即将出版		1097
新编中学数学解题方法1000招丛书.实数(初中版)	2022—05	58.00	1291
新编中学数学解题方法1000招丛书.式(初中版)	2022—05	48.00	1292
新编中学数学解题方法1000招丛书.方程与不等式(初中版)	2021—04	58.00	1293
新编中学数学解题方法1000招丛书.函数(初中版)	2022—05	38.00	1294
新编中学数学解题方法1000招丛书.角(初中版)	2022—05	48.00	1295
新编中学数学解题方法1000招丛书.线段(初中版)	2022—05	48.00	1296
新编中学数学解题方法1000招丛书.三角形与多边形(初中版)	2021—04	48.00	1297
新编中学数学解题方法1000招丛书.圆(初中版)	2022—05	48.00	1298
新编中学数学解题方法1000招丛书.面积(初中版)	2021—07	28.00	1299
新编中学数学解题方法1000招丛书.逻辑推理(初中版)	2022—06	48.00	1300
高中数学题典精编.第一辑.函数	2022—01	58.00	1444
高中数学题典精编.第一辑.导数	2022—01	68.00	1445
高中数学题典精编.第一辑.三角函数・平面向量	2022—01	68.00	1446
高中数学题典精编.第一辑.数列	2022—01	58.00	1447
高中数学题典精编.第一辑.不等式・推理与证明	2022—01	58.00	1448
高中数学题典精编.第一辑.立体几何	2022—01	58.00	1449
高中数学题典精编.第一辑.平面解析几何	2022—01	68.00	1450
高中数学题典精编.第一辑.统计・概率・平面几何	2022—01	58.00	1451
高中数学题典精编.第一辑.初等数论・组合数学・数学文化・解题方法	2022—01	58.00	1452

联系地址:哈尔滨市南岗区复华四道街10号　哈尔滨工业大学出版社刘培杰数学工作室
网　　址:http://lpj.hit.edu.cn/
邮　　编:150006
联系电话:0451—86281378　　13904613167
E-mail:lpj1378@163.com